国家科学技术学术著作出版基金资助出版

Chemical Process Intensification

Methods and Technologies

化工过程强化

方法与技术

刘有智 等编著

U0376288

化学工业出版社

·北京·

化工过程强化技术是国内外化工界长期奋斗的目标,被列为当前化学工程优先发展的领域之一。

《化工过程强化方法与技术》是国内第一本系统论述涵盖化工过程强化的专著,由数十位知名学者历经几年的努力才得以完成。本书包含了化工过程强化方面几乎所有的重要内容。全书共分11篇:第1篇介绍超重力化工技术及系统集成;第2篇介绍混合过程强化与反应技术;第3篇介绍外场作用及强化技术;第4篇介绍新型分离强化技术;第5篇介绍新型换热装置与技术;第6篇介绍新型塔器技术;第7篇介绍反应介质强化技术;第8篇介绍微化工技术;第9篇介绍反应与分离过程耦合技术;第10篇介绍分离过程耦合技术;第11篇介绍其他过程强化技术,包括挤出反应器、旋风分离器等强化技术。

《化工过程强化方法与技术》可供化工、化学、催化、精细化工、资源、能源、环境、材料等学科领域从事基础研究和工业应用的研究人员、工程技术人员以及高校相关专业研究生、高年级本科生参考。

图书在版编目(CIP)数据

化工过程强化方法与技术/刘有智等编著. —北京:化学工业出版社,2017.3(2020.6重印)
ISBN 978-7-122-28825-7

Ⅰ.①化… Ⅱ.①刘… Ⅲ.①化工过程-研究 Ⅳ.①TQ02

中国版本图书馆CIP数据核字(2017)第002100号

责任编辑:杜进祥 徐雅妮 丁建华　　　　装帧设计:韩 飞
责任校对:宋 玮

出版发行:化学工业出版社(北京市东城区青年湖南街13号 邮政编码100011)
印　　装:北京虎彩文化传播有限公司
787mm×1092mm 1/16 印张46 字数1140千字 2020年6月北京第1版第3次印刷

购书咨询:010-64518888　　　　　　售后服务:010-64518899
网　　址:http://www.cip.com.cn
凡购买本书,如有缺损质量问题,本社销售中心负责调换。

定　　价:198.00元

化学工程是一门重要的工程科学，是化学实验室通向化工厂的桥梁和纽带，在能源、资源、环境、国防、医药卫生等领域都有着广泛的应用。随着安全和环保要求日益提高和实现可持续发展的迫切要求，化学工程在创新过程中不断发展。化工过程强化（Chemical Process Intensification）就是国内外化学工程研究和发展的热点之一。

化工过程强化是灵活应用化学工程的理论和计算技术，通过技术创新，改进工艺流程，提高设备效率，使工厂布局更紧凑，能耗更低，三废更少。它是一类以节能、降耗、环保、安全和集约化为目标的现代化工技术，受到人们的高度关注。

由于化工过程强化研究具有多学科交叉的特点，只有化学、化工、机械和信息技术等学科的协同努力，以及理论紧密联系实际，才能不断推进化工过程强化的研究和实践，开发具有自主知识产权的新过程、新设备，实现我国化学工业绿色、低碳发展的目标。

近年来，愈来愈多的中青年学者投身于这项事业，推动了化工过程强化的方法与手段不断创新，新装置不断涌现，应用领域逐步拓宽，示范装置运行和工程化推广成果层出不穷，在节能减排和降耗增效等方面取得了一批重大成果，社会效益和经济效益显著。国内外从事化工过程强化的学者也定期召开学术交流会议、发表高水平论文、探索新方向、推广新技术。化工过程强化技术的研究和应用方兴未艾。

本书作者们都是从事化工过程强化技术的研究人员，他们根据多年的研究、设计及工程化经验，共同编著了这本涉及化工过程强化主要领域的参考书，反映国内外化工过程强化技术的若干新发展和新成果。本书注意举例示范，注重工程化，在内容系统性和实用性的结合方面很有特点，对学术研究和工程实施均有指导意义。本书可供高等院校师生和研究设计部门专家参考，可望受到广大读者的欢迎并促进化工过程强化技术在更多领域的应用。

我很钦佩本书作者在编著的过程中所表现出的敬业精神，并预祝他们在今后的工作中取得更大的成绩。

中国科学院院士
清华大学化工系教授

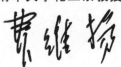

化工过程强化技术是针对现有常用设备与技术相比而言，通过采用新设备和新工艺，达到大幅度减小设备尺寸或提高产能、降低能耗及废物排放，形成高效节能、清洁、可持续发展的技术。因而，过程强化技术具有明显的平台技术、效率倍增和可持续发展特征，是解决化学工业"高能耗、高污染和高物耗"等问题的有效途径，被视为实现化工过程的高效、安全、环境友好、可持续发展的新兴技术，将会对化学工程学科发展产生具有里程碑意义的影响。由于化工过程强化涉及的领域相当广泛、强化技术的多样性和复杂性，国内外出版的书籍仅局限于某领域或某方面的过程强化，还没有系统论述覆盖化工过程强化的书籍著作。正是基于此，本书特邀了数十位该领域的专家、教授致力于本书的撰写，经过几年的集体努力，这本体现了当前化工过程强化最新发展动态和趋势的著作终于问世。

全书内容将基础研究与生产应用相融合，着重介绍在化工过程强化领域最新的研究方法、手段和研究动态，体现最新研究成果和未来的发展趋势；注重对最细的科研成果、理论研究、研究方法介绍，特别是突出工程化推广应用举例。书中主要内容所涉及的研究领域与技术，具有研究活跃、创新性强、关注度高、应用广泛的特性和重要的学术和应用价值。

本书由超重力化工技术及系统集成、混合过程强化与反应技术、外场作用及强化技术、微化工技术等11篇共29章组成，基本涵盖了化工过程强化的主要方法和涉及的领域。在各章分别介绍各种强化技术和方法，阐述当今发展和前沿动态，并详细总结了研究与开发的成果、工程化应用的成功范例以及目前存在的问题及发展方向等。全书贯穿化工过程强化支撑化工可持续发展的理念，以工程化实施的实例分析对比，阐述过程强化技术保障化工本质安全、提升产品品质、节能减排、降低成本的作用和意义，展现过程强化促环境友好、改化工形象、支撑化工可持续发展的技术潜质。全书由中北大学刘有智教授所作的绪论开头，然后是第1章气-液过程超重力化工强化技术，该章的折流板精馏部分由浙江工业大学计建炳教授撰写，其余部分由刘有智教授撰写；另外，刘有智教授撰写了第2、3、4、9、16、17、26、29章，详细介绍了超重力技术强化液-液、气-固、超重力-电化学耦合与反应等化工过程技术；沈阳化工大学吴剑华教授和刘有智教授共同完成了第5章静态混合器的编写；浙江大学冯连芳教授撰写了第6章，介绍了新型动态混合与聚合反应技术；第7章由南京工业大学吕效平教授详述了超声波化工技术；第8、14、15章由天津大学李鑫钢教授、高鑫副研究员撰写；第10章由太原理工大学鲍卫仁教授撰写；第11、19章由南京工业大学邢卫红教授撰写；山东理工大学傅忠君教授撰写了第12章分子蒸馏技术及应用；武汉工程大学喻九阳教授撰写了第13章新型换热器；第18章微反应器由中国科学院大连化学物理研究所陈光文研究员与尧超群副研究员撰写；第20章反应精馏技术由华东理工大学漆志文教授撰写；清华大学秦炜教授撰写了第21章反应萃取技术；天津工业大学吕晓龙教授和赵丽华博士共同完成了第22章、与高启君副研究员共同完成了第23章；北京化工大学朱吉钦教授和华东师范大学路勇教授共同完成第 24 章规整结构催化剂及反应器；第 25 章挤出反应器由浙江大学张才亮副教授撰写；青岛科技大学李建隆教授撰写了第 27 章旋风分离器有关内容；华东理工大学王飞博士完成了第 28 章旋流分离器技术的撰写。华南理工大学张正国教授参与了本书的工作，并给予了帮助和支持。超重力化工过程山西省重点实验室的祁贵生、栗秀萍、焦纬洲、张巧玲、袁志国、高璟、申红艳、李伟伟、刘志伟、张珺、罗莹等老师参与了本书的部分工作。

十分感谢费维扬院士为本书作序，感谢国家科学技术学术著作出版基金评选和审稿的各位专家。在本书的撰写过程中参考了国内外公开出版或发表的文献，从中吸取了丰富的知识和成果，可以说没有他们的奉献和支持，本书难以问世。在此，对这些中外专家学者表示崇高的敬意和衷心的感谢！

由于化工过程强化涉及的范围宽、领域广，内容难免有遗漏，编排和归类难免有不合适的地方。限于编著者的水平、学识，难免存在不妥和不足之处，敬请读者提出宝贵意见和建议。

编著者
2016 年 10 月

绪论 ··· 1
　0.1　概述 ·· 1
　　0.1.1　化工过程 ··· 2
　　0.1.2　化工过程强化 ··· 2
　0.2　化工过程强化的发展及历史 ·· 3
　0.3　化工过程强化的原理及方法 ·· 5
　　0.3.1　化工过程强化的思路及基本原理 ································ 5
　　0.3.2　化工过程强化的方法及分类 ···································· 6
　0.4　化工过程强化技术特征 ·· 7
　　0.4.1　平台技术特征 ··· 7
　　0.4.2　效率倍增特征 ··· 8
　　0.4.3　可持续发展特征 ··· 8
　0.5　化工过程强化技术是可持续发展的新兴技术 ·························· 8
　0.6　化工过程强化技术展望与愿景 ······································ 9
　参考文献 ·· 10

第1篇　超重力化工技术及系统集成

第1章　气-液过程超重力化工强化技术 ⚫15

　1.1　气-液超重力技术简介 ··· 16
　　1.1.1　超重力技术概述 ··· 16
　　1.1.2　气-液超重力装置的结构与类型 ·································· 18
　　1.1.3　超重力技术强化气-液化工过程研究进展 ·························· 23
　1.2　超重力流体力学性能 ·· 27
　　1.2.1　液体流动形态 ··· 27
　　1.2.2　气相压降性能 ··· 28
　　1.2.3　液泛现象 ··· 29
　　1.2.4　停留时间 ··· 30
　　1.2.5　小结 ·· 30
　1.3　超重力吸收 ··· 30

1.3.1 超重力吸收原理 ··· 30

1.3.2 超重力吸收工艺 ··· 31

1.3.3 超重力吸收应用 ··· 31

1.4 超重力解吸 ··· 34

1.4.1 超重力解吸原理 ··· 35

1.4.2 超重力解吸工艺 ··· 35

1.4.3 超重力解吸应用 ··· 36

1.5 超重力精馏 ··· 40

1.5.1 超重力旋转填料床精馏 ····································· 40

1.5.2 超重力折流板精馏 ··· 43

1.6 超重力气-液反应 ··· 48

1.6.1 超重力气-液反应机理 ······································· 49

1.6.2 超重力气-液反应工艺 ······································· 49

1.6.3 超重力气-液反应应用 ······································· 49

1.7 超重力直接换热 ··· 51

1.7.1 超重力换热器 ··· 51

1.7.2 超重力场中传热过程 ······································· 51

1.7.3 超重力换热器特点 ··· 53

参考文献 ·· 54

第2章 液-液过程超重力化工强化技术 57

2.1 概述 ··· 57

2.2 IS-RPB 装备及技术 ··· 57

2.2.1 撞击流 ··· 57

2.2.2 IS-RPB 装置 ··· 60

2.2.3 IS-RPB 的设计原则 ··· 60

2.2.4 IS-RPB 内流体流动及混合（工作原理） ··············· 61

2.3 IS-RPB 微观混合性能 ··· 62

2.3.1 微观混合研究方法 ··· 62

2.3.2 微观混合性能对比 ··· 63

2.3.3 黏性体系对微观混合性能的影响 ······················· 63

2.3.4 IS-RPB 微观混合时间的确定及对比 ··················· 64

2.4 化工过程强化 ··· 64

2.4.1 乳化 ··· 64

2.4.2 萃取 ··· 69

2.4.3 液膜分离 ··· 71

2.5 反应过程强化 ··· 72

2.5.1 纳米氢氧化镁 ··· 72

2.5.2 重氮盐水解制酚 ··· 76

2.5.3 磁性纳米 Fe_3O_4 ·· 79

  2.5.4 纳米零价铁 ……………………………………………………… 82

  2.5.5 纳米 2,4-二羟基苯甲酸铜 ………………………………………… 85

 2.6 发展趋势与前景 ………………………………………………………… 86

 参考文献 …………………………………………………………………… 87

第3章 气-固过程超重力化工强化技术 ⑨⓪

 3.1 超重力多相分离 ………………………………………………………… 90

  3.1.1 多相分离概述 …………………………………………………… 90

  3.1.2 超重力多相分离原理与特点 …………………………………… 91

  3.1.3 超重力多相分离性能研究 ……………………………………… 93

  3.1.4 超重力湿法净化气体中细颗粒物技术应用实例 ……………… 97

  3.1.5 超重力除尘装置与传统除尘设备性能比较 …………………… 99

 3.2 离心流态化 …………………………………………………………… 100

  3.2.1 离心流化床的工作原理 ……………………………………… 100

  3.2.2 离心流化床的分类 …………………………………………… 100

  3.2.3 离心流化的流体力学性能研究 ……………………………… 103

  3.2.4 离心流化床传热传质的研究 ………………………………… 107

 3.3 离心流化的工业应用前景 …………………………………………… 109

  3.3.1 医药、食品行业热敏性物质的快速干燥 …………………… 109

  3.3.2 煤的液化 ……………………………………………………… 109

  3.3.3 超细粉体 (Geldart C 类颗粒) 的流化 …………………… 109

  3.3.4 离心流化燃烧方面的研究 …………………………………… 109

 参考文献 ………………………………………………………………… 110

第4章 超重力-电化学耦合与反应技术 ①①②

 4.1 概述 …………………………………………………………………… 112

 4.2 离心机改装的超重力电化学反应装置 ……………………………… 113

  4.2.1 装置结构 ……………………………………………………… 113

  4.2.2 过程强化原理 ………………………………………………… 114

  4.2.3 超重力电沉积导电聚合物膜的应用研究 …………………… 115

  4.2.4 超重力电沉积金属薄膜的应用研究 ………………………… 116

  4.2.5 超重力电解水的应用研究 …………………………………… 117

  4.2.6 超重力氯碱电解的应用研究 ………………………………… 118

 4.3 多级同心圆筒-旋转床（MCCE-RB）式的超重力电化学反应装置 … 119

  4.3.1 装置结构 ……………………………………………………… 120

  4.3.2 过程强化原理 ………………………………………………… 121

  4.3.3 超重力电化学耦合氧化降解废水的应用研究 ……………… 123

 4.4 离心高速旋转的超重力电沉积装置 ………………………………… 126

  4.4.1 装置结构 ……………………………………………………… 127

　　4.4.2　过程强化原理 ·· 127

　　4.4.3　超重力电沉积 MnO_2 电极材料的应用研究 ·································· 128

　4.5　结语 ·· 128

　参考文献 ·· 129

第 2 篇　混合过程强化与反应技术

第 5 章　静态混合器　132

　5.1　概述 ·· 132

　5.2　静态混合器的类型 ·· 132

　5.3　静态混合器的工作原理 ·· 134

　5.4　静态混合器流体力学特性 ·· 135

　　5.4.1　静态混合器流体力学实验研究 ·· 135

　　5.4.2　流体力学数值模拟 ·· 135

　　5.4.3　静态混合器的压降 ·· 136

　5.5　静态混合器强化混合-反应性能 ·· 137

　5.6　静态混合器强化传热性能 ·· 138

　　5.6.1　传热因子 Nu ·· 139

　　5.6.2　传质系数 Ka ·· 140

　5.7　静态混合器的应用 ·· 141

　　5.7.1　静态混合器在制备纳米药物载体中的应用 ······································ 141

　　5.7.2　静态混合器在超细粉体制备中的应用 ·· 141

　　5.7.3　静态混合器在硝化反应中的应用 ·· 141

　　5.7.4　静态混合器在环保领域的应用 ·· 142

　　5.7.5　静态混合器在混合油精炼工艺中的应用 ·· 144

　　5.7.6　静态混合器在酮还原反应中的应用 ·· 144

　　5.7.7　静态混合器在气液混合中的应用 ·· 144

　　5.7.8　静态混合器在脱硫中的应用 ·· 145

　5.8　新型静态混合器 ·· 145

　　5.8.1　微型静态混合器 ·· 145

　　5.8.2　立交盘式静态混合器 ·· 146

　　5.8.3　内循环静态反应器 ·· 146

　　5.8.4　静态催化反应器 ·· 146

　　5.8.5　生物静态发酵器 ·· 147

　　5.8.6　复合型静态反应器 ·· 147

　参考文献 ·· 148

第 6 章　新型动态混合与聚合反应技术　150

　6.1　概述 ·· 150

6.2　溶液聚合和液相本体聚合的工艺特点 ·················· 150
6.3　高效预分散技术 ························· 151
　　6.3.1　快引发聚合过程中催化剂高效预分散 ·········· 152
　　6.3.2　高活性官能团缩聚过程中单体高效预分散 ········· 153
6.4　复杂聚合物系的混合强化 ···················· 155
　　6.4.1　变黏聚合过程的混合 ··················· 155
　　6.4.2　高黏聚合过程的混合 ··················· 157
6.5　聚合物脱挥与传质强化 ····················· 160
6.6　结语 ······························· 162
参考文献 ···························· 162

第3篇　外场作用及强化技术

第7章　超声波化工技术 ⑯

7.1　概述 ······························· 166
7.2　超声波化工过程的基本原理 ··················· 168
7.3　超声波乳化/破乳技术 ······················ 169
　　7.3.1　概述 ··························· 169
　　7.3.2　超声乳化与破乳的原理 ·················· 170
　　7.3.3　超声乳化过程强化 ···················· 172
　　7.3.4　超声破乳过程强化 ···················· 172
7.4　超声波化学反应技术 ······················ 177
　　7.4.1　概述 ··························· 177
　　7.4.2　超声波对有机化学反应的强化 ··············· 178
7.5　超声波萃取与浸取技术 ····················· 182
　　7.5.1　概述 ··························· 182
　　7.5.2　超声强化萃取过程 ···················· 183
　　7.5.3　超声强化提取过程 ···················· 183
7.6　超声波结晶技术 ························· 184
　　7.6.1　概述 ··························· 184
　　7.6.2　超声结晶过程 ······················ 184
　　7.6.3　超声在结晶分离技术中的应用 ··············· 186
　　7.6.4　超声结晶的应用展望 ··················· 187
7.7　超声波膜技术 ·························· 187
　　7.7.1　概述 ··························· 187
　　7.7.2　超声强化膜清洗 ····················· 188
　　7.7.3　超声强化膜过滤的影响因素及其应用 ············ 190
7.8　超声波吸附/脱附技术 ······················ 190

  7.8.1 概述 ……………………………………………………… 190

  7.8.2 超声强化吸附/脱附机理 ………………………………… 191

 7.9 超声波污水降解技术 ……………………………………………… 192

  7.9.1 超声降解污水过程机理 ………………………………… 192

  7.9.2 超声降解酚类有机废水 ………………………………… 193

  7.9.3 超声处理造纸废水 ……………………………………… 194

 7.10 超声波生物污泥减量技术 ……………………………………… 195

  7.10.1 超声促进生物污泥减量 ……………………………… 195

  7.10.2 生物污泥减量工业应用研究 ………………………… 196

 7.11 超声波粉碎技术 …………………………………………………… 197

  7.11.1 超声粉碎的机理 ……………………………………… 197

  7.11.2 超声粉碎机械的特点 ………………………………… 197

  7.11.3 超声粉碎的应用研究 ………………………………… 197

 7.12 超声波除尘技术 …………………………………………………… 198

  7.12.1 超声波除尘技术原理 ………………………………… 198

  7.12.2 超声波雾化除尘技术原理 …………………………… 198

  7.12.3 超声波除尘在工程方面的应用 ……………………… 198

 7.13 结语 ………………………………………………………………… 199

  7.13.1 超声化工技术的发展前景 …………………………… 199

  7.13.2 超声化工技术的发展瓶颈 …………………………… 201

 参考文献 ……………………………………………………………………… 203

第 8 章 微波化工技术   206

 8.1 概述 ………………………………………………………………… 206

 8.2 微波化学反应与合成 ……………………………………………… 208

  8.2.1 微波无机合成 ………………………………………… 208

  8.2.2 微波有机反应 ………………………………………… 209

  8.2.3 微波聚合反应 ………………………………………… 210

 8.3 微波干燥 …………………………………………………………… 211

  8.3.1 概述 …………………………………………………… 211

  8.3.2 技术介绍 ……………………………………………… 212

  8.3.3 技术应用 ……………………………………………… 213

 8.4 微波加热 …………………………………………………………… 214

  8.4.1 微波加热机理 ………………………………………… 214

  8.4.2 微波加热的量子力学解释 …………………………… 215

  8.4.3 微波加热的特点 ……………………………………… 216

  8.4.4 微波热解油砂 ………………………………………… 217

 8.5 微波萃取 …………………………………………………………… 218

  8.5.1 概述 …………………………………………………… 218

8.5.2 技术介绍 ……………………………………………… 219

8.5.3 技术应用 ……………………………………………… 220

8.6 微波蒸发 ……………………………………………………… 220

8.6.1 概述 …………………………………………………… 220

8.6.2 技术介绍 ……………………………………………… 220

8.6.3 技术应用 ……………………………………………… 220

参考文献 ……………………………………………………… 221

第9章 磁稳定床技术 · 224

9.1 概述 …………………………………………………………… 224

9.2 磁稳定床原理与结构 ………………………………………… 225

9.3 气-固磁稳定床 ………………………………………………… 226

9.3.1 气-固磁稳定床流体力学特性 ………………………… 226

9.3.2 磁场破碎气泡的机理 ………………………………… 228

9.3.3 气-固磁稳定床的传热、传质 ………………………… 228

9.3.4 气固磁稳定床的应用 ………………………………… 229

9.4 液-固磁稳定床 ………………………………………………… 231

9.4.1 液-固磁稳定床流体力学特性 ………………………… 231

9.4.2 液-固磁稳定床传质特性 ……………………………… 232

9.4.3 液-固磁稳定床的应用 ………………………………… 233

9.5 气-液-固磁稳定床 …………………………………………… 234

9.5.1 气-液-固磁稳定床流体力学特性 …………………… 234

9.5.2 气-液-固磁稳定床传质特性 ………………………… 235

9.5.3 气-液-固磁稳定床的应用 …………………………… 235

9.6 结语 …………………………………………………………… 236

参考文献 ……………………………………………………… 236

第10章 等离子体化工技术 · 239

10.1 概述 ………………………………………………………… 239

10.1.1 等离子体及其特性 …………………………………… 239

10.1.2 热等离子体的应用 …………………………………… 240

10.2 电弧等离子体裂解煤制乙炔 ………………………………… 241

10.2.1 等离子体热解煤制乙炔的热力学分析 ……………… 241

10.2.2 等离子体裂解煤制乙炔的实验研究 ………………… 243

10.3 电弧等离子体裂解富含甲烷气制乙炔 ……………………… 247

10.3.1 等离子体裂解甲烷的热力学分析 …………………… 247

10.3.2 等离子体裂解甲烷的实验研究 ……………………… 248

10.3.3 乙炔制备技术路线的分析比较 ……………………… 251

10.4　电弧等离子体裂解甲烷制纳米碳纤维 ·· 252

参考文献 ··· 254

第4篇　新型分离强化技术

第11章　膜分离技术及应用 **258**

11.1　概述 ··· 258

11.2　膜分离技术 ··· 258

　11.2.1　常规膜分离技术 ·· 258

　11.2.2　新型膜分离技术 ·· 260

11.3　膜分离技术的应用 ··· 261

　11.3.1　水处理工业 ··· 261

　11.3.2　石化工业 ··· 267

　11.3.3　食品工业 ··· 271

　11.3.4　医药工业 ··· 272

参考文献 ··· 272

第12章　分子蒸馏技术及应用 **276**

12.1　分子蒸馏理论基础 ··· 276

　12.1.1　分子蒸馏技术发展 ·· 276

　12.1.2　分子运动平均自由程 ··· 277

　12.1.3　分子蒸馏基本原理 ·· 278

　12.1.4　分子蒸馏分离过程及特点 ·· 278

12.2　分子蒸馏设备 ··· 281

　12.2.1　分子蒸馏器的分类 ·· 281

　12.2.2　实验室分子蒸馏设备 ··· 281

　12.2.3　降膜式分子蒸馏器 ·· 284

　12.2.4　离心式分子蒸馏器 ·· 285

　12.2.5　刮膜式分子蒸馏器 ·· 288

　12.2.6　多级分子蒸馏器 ·· 290

12.3　分子蒸馏过程 ··· 291

　12.3.1　液膜内的传热与传质 ··· 291

　12.3.2　热量和质量传递阻力对分离效率的影响 ··· 293

12.4　分子蒸馏的工业化应用 ··· 295

　12.4.1　分子蒸馏技术的应用现状 ·· 295

　12.4.2　分子蒸馏技术的工业化应用实例 ·· 301

参考文献 ··· 305

第5篇　新型换热装置与技术

第13章 新型换热器 308

13.1　概述 …………………………………………………………………… 308
13.2　板式换热器 ………………………………………………………… 308
　13.2.1　基本结构 ……………………………………………………… 308
　13.2.2　设计方法 ……………………………………………………… 308
　13.2.3　计算方法 ……………………………………………………… 309
　13.2.4　研究进展 ……………………………………………………… 309
　13.2.5　相关应用 ……………………………………………………… 310
13.3　板壳式换热器 ……………………………………………………… 313
　13.3.1　基本结构 ……………………………………………………… 313
　13.3.2　研究进展 ……………………………………………………… 314
　13.3.3　相关应用 ……………………………………………………… 314
　13.3.4　设计计算 ……………………………………………………… 316
13.4　螺旋板式换热器 …………………………………………………… 318
　13.4.1　基本结构 ……………………………………………………… 318
　13.4.2　基本特点 ……………………………………………………… 318
　13.4.3　设计方法 ……………………………………………………… 319
　13.4.4　计算方法 ……………………………………………………… 319
　13.4.5　研究进展 ……………………………………………………… 324
　13.4.6　相关应用 ……………………………………………………… 325
13.5　板翅式换热器 ……………………………………………………… 326
　13.5.1　基本结构 ……………………………………………………… 326
　13.5.2　研究进展 ……………………………………………………… 326
　13.5.3　相关应用 ……………………………………………………… 328
　13.5.4　计算方法 ……………………………………………………… 331
13.6　伞板换热器 ………………………………………………………… 333
　13.6.1　基本结构 ……………………………………………………… 333
　13.6.2　设计方法 ……………………………………………………… 333
　13.6.3　研究进展 ……………………………………………………… 334
　13.6.4　相关应用 ……………………………………………………… 334
13.7　热管换热器 ………………………………………………………… 335
　13.7.1　基本结构 ……………………………………………………… 336
　13.7.2　研究进展 ……………………………………………………… 337
　13.7.3　相关应用 ……………………………………………………… 338
　13.7.4　设计方法 ……………………………………………………… 340

参考文献 ……………………………………………………………………… 341

<h1 style="text-align:center">第 6 篇　新型塔器技术</h1>

第14章　新型填料技术　　346

14.1　概述 ……………………………………………………………………… 346
　14.1.1　国内外高效填料的发展 …………………………………………… 346
　14.1.2　高效填料的分类 …………………………………………………… 347
　14.1.3　典型的高效填料及特性——散堆填料 …………………………… 347
　14.1.4　典型的高效填料及特性——规整填料 …………………………… 349
　14.1.5　其他新型高效填料 ………………………………………………… 353
14.2　高效填料原理 …………………………………………………………… 353
　14.2.1　BH 型高效填料的原理及特点 …………………………………… 354
　14.2.2　BHS-Ⅱ型填料原理及特点 ………………………………………… 355
　14.2.3　双曲 (SQ) 丝网波纹填料原理及特点 …………………………… 355
14.3　流体力学及传质性能分析 ……………………………………………… 356
　14.3.1　散堆填料的流体力学模型 ………………………………………… 356
　14.3.2　散堆填料的传质研究 ……………………………………………… 357
　14.3.3　规整填料的流体力学模型 ………………………………………… 359
　14.3.4　规整填料的传质研究 ……………………………………………… 361
14.4　高效填料的应用 ………………………………………………………… 364
　14.4.1　高效规整填料在尿素解吸塔的应用 ……………………………… 364
　14.4.2　高效填料在双氧水生产中的应用研究 …………………………… 366
　14.4.3　BH 型高效填料的工业应用 ……………………………………… 367
　14.4.4　甲醇的精馏分离提纯过程 ………………………………………… 368
14.5　发展趋势 ………………………………………………………………… 369
　14.5.1　规整填料 …………………………………………………………… 369
　14.5.2　散堆填料 …………………………………………………………… 370
　14.5.3　结语 ………………………………………………………………… 371
参考文献 ……………………………………………………………………… 371

第15章　新型塔板技术　　377

15.1　概述 ……………………………………………………………………… 373
15.2　立体喷射型塔板 ………………………………………………………… 374
　15.2.1　新型垂直筛板塔板 NEW-VST …………………………………… 374
　15.2.2　梯矩形立体连续传质塔板（LLCT） ……………………………… 376
　15.2.3　立体传质塔板（CTST） …………………………………………… 377

15.3　复合塔板 •• 377

15.3.1　穿流型复合塔板 •••••••••••••••••••••••••••••••••••••• 377

15.3.2　并流喷射填料塔板（JCPT） •••••••••••••••••• 378

15.3.3　新型多溢流复合斜孔塔板 ••••••••••••••••••••••• 379

15.4　浮阀类塔板 •• 380

15.4.1　导向浮阀塔板 •• 380

15.4.2　超级浮阀塔板（SVT） ••••••••••••••••••••••••••• 380

15.4.3　NYE 塔板 •• 381

15.4.4　Triton 塔板 •• 382

15.4.5　BJ 塔板 •• 383

15.5　筛孔型塔板 •• 383

15.5.1　MD、ECMD 塔板及国内开发的 DJ 系列塔板 •••••••••••••• 383

15.5.2　Cocurrent 塔板 ••••••••••••••••••••••••••••••••••• 384

15.5.3　95 型塔板 ••• 385

15.5.4　一种具有机械消泡功能的新型塔板 •••••••••• 385

15.6　穿流塔板 •• 386

15.6.1　穿流式栅板 •• 386

15.6.2　非均匀开孔率穿流塔板 •••••••••••••••••••••••••••• 387

15.7　高速板式塔——旋流塔板 ••••••••••••••••••••••••••••••••• 387

15.8　隔壁塔 •• 389

参考文献 •• 389

第7篇　反应介质强化技术

第16章　离子液体 392

16.1　概述 •• 392

16.1.1　离子液体简介 •• 392

16.1.2　离子液体结构 •• 393

16.1.3　离子液体性质 •• 394

16.1.4　构效关系与分子模拟 •••••••••••••••••••••••••••••••• 396

16.1.5　合成方法 •• 396

16.2　离子液体强化反应过程 ••••••••••••••••••••••••••••••••••••• 398

16.2.1　强化反应过程 •• 398

16.2.2　强化传递过程 •• 400

16.3　离子液体的应用研究 ••• 401

16.3.1　反应过程应用 •• 402

16.3.2　分离过程应用 •• 405

16.3.3　储能应用 •• 407

16.4　结语 ·· 408

参考文献 ·· 408

第17章　超临界化工技术　412

17.1　概述 ·· 412

17.2　超临界流体的基本原理 ·································· 413

17.3　超临界化工技术的优势 ·································· 413

　17.3.1　超临界萃取技术 ·································· 413

　17.3.2　超临界水氧化技术 ································ 414

　17.3.3　超临界流体沉积技术 ······························ 416

17.4　超临界流体技术的化学工业应用 ·························· 417

　17.4.1　超临界流体技术在煤炭工业中的应用 ·············· 417

　17.4.2　超临界流体技术在石油化工中的应用 ·············· 419

　17.4.3　超临界流体技术在环境污染治理中的应用 ·········· 422

　17.4.4　超临界流体技术在材料制备中的应用 ·············· 423

17.5　结语 ·· 426

参考文献 ·· 427

第 8 篇　微化工技术

第18章　微反应器　432

18.1　概述 ·· 432

　18.1.1　微反应器内传递特性和强化原理 ···················· 432

　18.1.2　微反应技术的优势 ································ 433

18.2　微反应器内传递特性 ···································· 434

　18.2.1　单相流动 ·· 434

　18.2.2　气-液两相流动与传质 ····························· 435

　18.2.3　液-液两相流动与传质 ····························· 440

　18.2.4　气-液或液-液系统压降 ···························· 442

　18.2.5　三相系统 ·· 445

18.3　微混合器 ·· 447

　18.3.1　混合机理和理论 ···································· 447

　18.3.2　微混合器的分类 ···································· 448

　18.3.3　微混合器混合性能的表征方法 ······················ 450

　18.3.4　微混合器性能比较 ································ 451

18.4　微反应技术应用 ·· 452

　18.4.1　万吨级磷酸二氢铵的工业应用 ······················ 452

    18.4.2　万吨级石油磺酸盐应用示范 ·································· 454

    18.4.3　阻燃添加剂 Mg(OH)$_2$ 生产工艺 ·························· 455

  18.5　结语 ··· 456

  参考文献 ·· 456

第 9 篇　反应与分离过程耦合技术

第19章　反应-膜分离耦合技术　466

  19.1　概述 ··· 462

  19.2　反应与膜分离耦合技术的分类 ································· 463

  19.3　反应与膜分离耦合技术的典型应用 ··························· 463

    19.3.1　萃取型膜反应器 ··· 463

    19.3.2　分布型膜反应器 ··· 473

    19.3.3　接触型膜反应器 ··· 474

  参考文献 ·· 476

第20章　反应精馏技术　479

  20.1　引言 ··· 479

  20.2　反应精馏技术的原理与特点 ···································· 479

    20.2.1　反应精馏技术的原理和主要特点 ····················· 479

    20.2.2　反应精馏技术的优势与限制 ·························· 480

    20.2.3　反应精馏技术的复杂性 ······························· 482

    20.2.4　反应精馏技术可行性分析与过程开发方法 ··········· 483

  20.3　反应精馏的典型应用 ·· 485

    20.3.1　酯化反应 ··· 485

    20.3.2　酯类水解反应 ··· 486

    20.3.3　水合反应 ··· 487

    20.3.4　醚化反应 ··· 488

    20.3.5　二聚反应和缩合反应 ··································· 489

    20.3.6　加氢反应 ··· 489

    20.3.7　缩醛反应 ··· 490

    20.3.8　产品分离与提纯 ··· 490

  20.4　反应精馏过程模型 ··· 491

    20.4.1　平衡级（EQ）模型 ······································ 491

    20.4.2　非平衡级（NEQ）模型 ································· 493

    20.4.3　反应精馏过程模型的计算 ····························· 495

  20.5　结语 ··· 496

参考文献 ·· 496

第21章 反应萃取技术 498

21.1　概述 ·· 498
21.2　反应萃取的原理、设备结构及其分类 ································ 498
  21.2.1　反应萃取的原理 ·· 498
  21.2.2　萃取设备的结构及其分类 ······································ 505
21.3　填料萃取塔 ··· 507
  21.3.1　填料萃取塔 ·· 507
  21.3.2　脉冲填料萃取塔 ·· 510
21.4　气体扰动作用的化学萃取过程 ······································ 511
21.5　加盐反应萃取精馏 ·· 513
参考文献 ·· 514

第 10 篇　分离过程耦合技术

第22章 膜蒸馏 518

22.1　概述 ·· 518
  22.1.1　膜蒸馏基本原理 ·· 518
  22.1.2　膜蒸馏的特征 ·· 519
  22.1.3　膜蒸馏技术的优缺点 ·· 519
  22.1.4　膜蒸馏技术分类 ·· 520
  22.1.5　膜蒸馏的膜材料及组件 ·· 524
22.2　膜蒸馏过程研究现状 ·· 530
  22.2.1　膜蒸馏过程的机理研究 ·· 530
  22.2.2　膜蒸馏过程影响因素 ·· 532
  22.2.3　提高膜蒸馏通量及选择性的措施 ································ 534
  22.2.4　膜蒸馏过程中的膜污染问题 ···································· 534
22.3　膜蒸馏技术的应用 ·· 536
  22.3.1　海水和苦咸水淡化 ·· 536
  22.3.2　化工产品浓缩和提纯 ·· 537
  22.3.3　废水处理 ·· 537
22.4　膜蒸馏存在问题及发展方向 ·· 538
  22.4.1　存在问题 ·· 538
  22.4.2　发展方向 ·· 538
22.5　结语 ·· 539
参考文献 ·· 539

23.1   概述 ··· 542

23.2   膜吸收原理及特点 ··· 542

23.3   膜吸收的分类 ·· 543

23.4   吸收膜材料 ··· 543

   23.4.1   有机聚合物膜材料 ···································· 544

   23.4.2   无机膜材料 ··· 544

   23.4.3   有机无机复合膜材料 ·································· 545

23.5   膜组器和流动方式 ·· 546

23.6   操作条件对膜吸收性能的影响 ································· 548

23.7   吸收剂选择 ··· 549

23.8   膜吸收过程的传质机理 ······································ 550

   23.8.1   疏水膜吸收过程传质模型 ······························ 550

   23.8.2   亲水膜吸收过程传质模型 ······························ 552

   23.8.3   部分润湿及疏水-亲水复合膜吸收过程传质模型 ············· 554

   23.8.4   微孔-无孔复合膜吸收过程传质模型 ···················· 555

   23.8.5   膜吸收过程总传质方程简化 ···························· 557

23.9   膜吸收技术的应用 ·· 558

   23.9.1   在氨气回收中的应用 ·································· 558

   23.9.2   脱除 SO_2、H_2S 等酸性气体的应用 ···················· 559

   23.9.3   在 CO_2 气体脱除和固定上的应用 ······················ 560

   23.9.4   在天然气净化中的应用 ································ 561

   23.9.5   挥发性有机废气的净化 ································ 562

   23.9.6   饱和烃和不饱和烃的分离 ······························ 564

23.10   结语 ·· 564

参考文献 ··· 564

第11篇   其他过程强化技术

第24章   规整结构催化剂及反应器   568

24.1   概述 ·· 568

   24.1.1   规整结构催化剂的产生 ································ 568

   24.1.2   规整结构催化剂的发展 ································ 569

   24.1.3   规整结构催化剂的研究与前景 ·························· 570

   24.1.4   前景展望 ··· 571

24.2   规整结构催化剂 ··· 572

  24.2.1 规整结构催化剂主要分类 ··············· 572
  24.2.2 规整结构催化剂的特点 ··············· 574
  24.2.3 规整结构催化剂的制备 ··············· 575
  24.2.4 规整结构催化剂的表征 ··············· 577
 24.3 规整结构反应器的分类 ··············· 580
  24.3.1 气-固两相催化反应中的规整结构反应器 ··············· 580
  24.3.2 气-液-固三相催化反应中的规整结构反应器 ··············· 582
 24.4 规整结构反应器的应用 ··············· 583
  24.4.1 环保领域 ··············· 584
  24.4.2 化工产品合成领域 ··············· 588
 24.5 规整结构反应器与常规反应器的比较 ··············· 588
  24.5.1 规整结构反应器与填充床反应器比较 ··············· 589
  24.5.2 规整结构反应器与浆态床反应器比较 ··············· 591
  24.5.3 工程放大方面的比较 ··············· 592
 24.6 规整结构反应器工程问题 ··············· 593
  24.6.1 规整结构催化剂在 Fischer-Tropsch 合成中的应用 ··············· 593
  24.6.2 规整结构催化剂在 VOCs 催化燃烧中的应用 ··············· 595
 24.7 新型泡沫/纤维结构的非涂层催化功能化及其多相催化应用 ··············· 597
  24.7.1 泡沫/纤维结构的湿式化学刻蚀催化功能化及其应用 ··············· 597
  24.7.2 基于原电池置换反应的泡沫/纤维结构催化功能化及其应用 ······· 599
  24.7.3 铝基结构的水蒸气氧化功能化及其应用探索 ··············· 600
  24.7.4 偶联剂辅助的 NPs@Oxides 核-壳催化剂的规整结构化
    及其应用 ··············· 601
  24.7.5 金属 Fiber 结构上原位晶化生长 ZSM-5 分子筛及其 MTP 性能 ··· 602
  24.7.6 烧结纤维包结细颗粒催化剂及其应用 ··············· 602
 参考文献 ··············· 605

第25章 挤出反应器 609

 25.1 概述 ··············· 609
 25.2 反应挤出原理及设备 ··············· 609
  25.2.1 反应挤出原理 ··············· 609
  25.2.2 反应挤出设备 ··············· 610
  25.2.3 单螺杆挤出机 ··············· 610
  25.2.4 双螺杆挤出机 ··············· 611
 25.3 反应挤出的优缺点 ··············· 613
 25.4 反应挤出的应用 ··············· 614
  25.4.1 聚合物的可控降解与交联 ··············· 614
  25.4.2 聚合物的合成 ··············· 615
  25.4.3 聚合物的接枝改性 ··············· 619

25.4.4 反应共混 ·· 620

25.4.5 原位相容 ·· 621

25.4.6 原位聚合与原位相容 ······························ 622

25.4.7 高效脱挥 ·· 623

25.5 结语 ··· 625

参考文献 ·· 625

第26章 旋转盘反应器 628

26.1 概述 ··· 628

26.2 反应器结构 ··· 628

26.3 传递特性 ··· 629

26.3.1 转盘表面的流体流动 ······························ 629

26.3.2 传质性能 ·· 631

26.3.3 传热性能 ·· 632

26.4 旋转盘反应器的应用 ··································· 633

26.4.1 自由基聚合 ·· 633

26.4.2 逐步聚合 ·· 636

26.4.3 有机催化反应 ······································ 637

26.4.4 光催化降解有机废水 ································ 639

26.4.5 超细粉体制备 ······································ 642

26.4.6 复乳的制备 ·· 644

26.5 结语 ··· 645

参考文献 ·· 645

第27章 旋风分离器 652

27.1 概述 ··· 648

27.2 旋风分离过程机理与工业应用 ··························· 648

27.2.1 旋风分离器结构与工作原理 ·························· 648

27.2.2 旋风分离器内的流场分布 ···························· 649

27.2.3 旋风分离器内的颗粒运动 ···························· 651

27.2.4 旋风分离器的性能指标 ······························ 652

27.2.5 旋风分离机理 ······································ 653

27.2.6 旋风分离器的结构类型 ······························ 655

27.3 旋风分离流场的导流整流与过程强化 ····················· 658

27.3.1 旋风分离过程的结构优化 ···························· 658

27.3.2 旋风分离过程的强化 ································ 659

27.3.3 环流式旋风分离技术 ································ 661

27.3.4 环流循环除尘系统与导流整流 ························ 666

27.3.5　直流降膜式旋风除雾器的研究与开发 ································ 669

27.4　结语 ··· 670

参考文献 ··· 670

第28章　旋流分离器　　　　　　　　　　673

28.1　概述 ··· 673

28.1.1　旋流器结构 ··· 673

28.1.2　旋流器内的流体流动 ··· 674

28.1.3　旋流分离效率 ··· 676

28.2　旋流分离器微小型化 ··· 678

28.2.1　旋流器微小型化 ··· 678

28.2.2　微细颗粒旋流排序 ··· 678

28.2.3　排序强化微旋流分离 ··· 679

28.2.4　旋流分离强化其他方法 ··· 681

28.3　微旋流分离器的并联放大 ··· 682

28.3.1　微旋流器组并联配置几何模型 ·· 682

28.3.2　微旋流器组并联配置数学模型 ·· 682

28.3.3　模型求解 ··· 686

28.3.4　准确性验证及工业应用效果 ·· 687

28.4　微旋流分离器的工程应用——甲醇制烯烃废水处理工艺 ··········· 689

28.5　结语 ··· 691

参考文献 ··· 691

第29章　非定态操作　　　　　　　　　　695

29.1　概述 ··· 695

29.2　基本原理 ··· 695

29.3　工程研究与实践 ··· 696

29.3.1　进料参数周期性变化非定态操作 ·· 696

29.3.2　流向变换强制周期非定态操作 ··· 700

29.3.3　模型化研究 ··· 707

29.4　结语 ··· 709

参考文献 ··· 710

绪　　论

化学工业是国民经济的重要组成部分，与我们的生产和生活密切相关，医药、农药、化肥、塑料、橡胶、涂料、汽油、柴油、染料、火炸药等都是化学工业的产品。化学工业为国民经济发展作出了重要的贡献，促进了中国经济社会发展。但是，传统化工给人的印象是塔群林立，设备高耸，噪声刺耳，跑冒滴漏形成气味刺鼻、粉尘飘扬、液滴飞溅，造成严重的"三废"污染，其生产过程也造成资源浪费和能源的高消耗。由此带来的问题，对社会经济发展提出了挑战。因此，节能减排、低碳发展上升到重要的战略地位[1]。

低碳经济是指在可持续发展理念指导下，通过技术创新、制度创新、产业转型、新能源开发等多种手段，尽可能地减少煤炭石油等高碳能源消耗，减少温室气体排放，达到经济社会发展与生态环境保护双赢的一种经济发展形态。发展低碳经济是摒弃以往先污染后治理、先低端后高端、先粗放后集约的发展模式的现实途径，是实现经济发展与资源环境保护双赢的必然选择。低碳经济发展基于可持续发展的理念，就是要达到经济社会发展与生态环境保护齐推进，解决好"发展与污染"的矛盾。节能减排就是要节约物质资源和能量资源、减少废弃物和环境有害物排放。不难看出，节能减排是发展低碳经济的重要途径，并在很大程度上依赖于节能减排技术作为基本支撑[2]。

纵观近半个世纪的新技术发展和潜能，过程强化（Process Intensification，PI）技术是实现节能减排的重要手段之一，尤其是在"中国制造"的环境与背景下，催生、孕育和促进了新兴的化工过程强化技术基础的发展和工业示范、工程化技术推广进程，已取得显著的节能减排效果，潜能作用已显现。化工过程强化技术已成为实现化工过程的高效、安全、环境友好、密集生产，推动社会和经济可持续发展的新兴技术。

为此，本章概要介绍化工过程强化的概念、简史、方法及分类，阐述化工过程强化的特征及可持续发展的作用。

0.1　概述

近年来，化工发展的一个明显趋势是安全、清洁、高效的生产，其最终目标是将原材料全部转化为符合要求的最终产品，实现生产过程的零排放，减少对环境的污染。想要达到这一目标，可以从化学和化工两个方面着手。从化学反应本身着手，就是利用化学原理将反应物的原子全部转化为期望的最终产物，在制造和应用化学产品时应有效利用原料，消除废物和避免使用有毒的和危险的试剂和溶剂，通过采用新的催化剂和合成路线从源头上减少和消除工业生产对环境的污染；从化学工程出发，就是采用新的设备和技术，通过强化化工生产过程来实现节能减排、降低资源和能源消耗[3-5]。前者属于绿色化学的内容，侧重从化学反应本身来消除环境污染、充分利用资源、减少能源消耗；后者属于化工过程强化的范畴，强调在生产能力不变的情况下，在生产和加工过程中运用新技术和设备，极大地减小设备体积或者极大地提高设备的生产能力，显著地提升能量效率，大量地减少废物排放[6]。为此，本著作着重介绍化工过程强化方面的内容。

0.1.1　化工过程

何为过程？不同的学科对过程有着不同的解释。从哲学意义上讲，过程一般是指相互关联的一系列活动或变化，是事物的发展，是事情经历的经过，指的是客观事物从一个状态到另一个状态的变化。也可以把"过程"理解为是事物发展所经过的程序、阶段，也是将输入转化为输出的系统。

而对化工生产来讲，从原料开始到生产制造出期望得到的化学产品，要经过众多的化学和物理加工处理步骤，所涉及的每一个化学加工处理步骤、物理加工处理步骤、构成产品生产的一系列加工处理步骤（生产工艺）都称为化工过程，即化工过程也相应地包括化学过程和物理过程及其组成生产工艺过程，简称"过程"，这就是本著作中提及的"化工过程"或"过程"范畴。化学工业种类繁多、所用的加工制造方法各不相同，但如果将其制造过程加以整理，则可得到若干应用较广而为数不多的基本化学反应过程（例如氧化、还原、磺化、硝化、氯化等）和基本物理加工过程（例如吸收、加热、冷却、精馏等）。这些基本化学反应过程和物理加工过程（亦称单元操作）组成了各种化工产品的生产工艺（即生产过程）。因此，本著作中谈及的化工过程简称为"过程"，就是指这些化学反应过程、物理加工过程和化工生产的工艺过程。

0.1.2　化工过程强化

化工过程强化技术是针对现有常用设备与技术相比而言，强调以化工原理和反应工程及相关物系平衡特性为基础，通过采用新设备和新工艺，显著提升传递过程速率或反应过程速率及其选择性，达到大幅度减小设备尺寸或提高产能、降低能耗及废物排放，形成高效节能、清洁、可持续发展的技术。

这里提及的"新设备和新工艺"是核心，是过程强化技术之所在，要靠方法创新、技术创新来实现。"新设备和新工艺"还说明了化工过程强化涉及两个方面的基本内容，即过程强化设备和过程强化（工艺）方法。

"显著提升过程速率"就是要成数倍乃至数十倍甚至更高比例地提升，是大幅度的提升或变化，这种"强化"本质上是创新性的、革命性的，而非渐进性的，带来的变化是巨大的。这是过程强化技术区别于一般技术改造或技术革新在原来的基础上挤出百分之几的根本所在。

Stankiewicz对过程强化给予了这样的描述，过程强化包括新型装备和技术，这些装备和技术与当今常用的装备和技术相比，可以显著地改进制造和加工过程，大幅度地提高设备产能，降低能耗或废物的产生，最终形成更廉价、更可持续发展的技术[7]。

由此看出，化工过程强化产生的效果是大幅度减小生产设备尺寸，简化工艺流程，减少装置数量，使工厂布局更加紧凑合理，单位能耗、废料、副产品显著减少[8,9]。实际上，化工过程强化带来的益处是多方面的。设备生产能力的显著提高，导致单位产品成本大幅降低。设备体积的微型化，将带来设备和基建投资及土地资源的节省。由于能充分利用能量、生产效率高，能耗将显著降低。大幅度减少化学物质的在线存量，提升安全等级。由于反应迅速、均匀，副反应少，从而大大减少了副产物的生成，污染环境的废物排放也会显著减少[10]。

在已研究和发展的 20 多种化工过程强化技术中，如整体催化技术、超重力强化技术和过程耦合强化技术等，因具有明显的平台技术特征和很好的工业应用前景，而备受化学和化工界的重视。化工过程强化是高效、安全、环境友好、密集生产，推动社会和经济可持续发展的新兴技术，将从整体上提升我国化学工业的绿色生产技术水平，被认为是解决化学工业"高能耗、高污染和高物耗"问题的有效技术手段，可望从根本上变革化学工业的面貌。

0.2　化工过程强化的发展及历史

单从"过程强化"这个短语来说，涉及的不但是过程工业范畴，而且还涉及非工业的过程领域，本书着重于过程工业尤其是化工过程来讨论"过程强化"。通俗地讲，化工生产的发展，充满了许许多多化工工艺及装备技术的进步。比如为了从食盐水中得到固体食盐，从最初靠阳光自然蒸发到人工强制加热，就是加快蒸发水分的过程速率；对气体中有害物质的吸收，从鼓泡吸收到填料塔吸收，也是提高吸收过程的速率和吸收效率[11]；催化剂的开发，使得反应速率极慢的化学反应速率提高或使得通常不可能发生反应的化学反应变为可能；类似的例子很多，正是这样许许多多的例子，构成了现代的化工工艺及装备技术。在这里讲到的化工过程强化，不仅仅局限于此，正像前面介绍化工过程强化的概念一样，化工过程强化在这里赋予了可持续发展、效率倍增等本质内容。

将旋转用于分离和化学反应已有近百年的历史，但是，这个方面的研究在 1979～1983 年期间得到了新的发展。在此期间，英国帝国化学工业公司（Imperial Chemical Industries，ICI）新科学小组的 Colin Ramshaw 教授等先后提出了在旋转填料床（Rotating Packed Bed，RPB；可产生离心加速度达 $200g \sim 1000g$）内进行化工分离操作，名为"Higee"的一系列技术专利。1983 年 Colin Ramshaw 教授发表的论文中报道了工业规模的超重机（旋转填料外径 800mm，内径 300mm，厚度 300mm）平行于传统板式塔进行乙醇与异丙醇和苯与环己烷分离，成功运转数千小时的情况，肯定了这一新技术的工程与工艺可行性[12,13]。它的传质单元高度仅为 1～3cm，较传统填料塔的 1～2m 下降了两个数量级，它极大地降低了投资和能耗，显示出十分重大的经济价值和广阔的应用前景。因此，谈及过程强化，则以 1983 年 Colin Ramshaw 教授发表的论文为标志。几个月后，有关过程强化学术会议在曼彻斯特理工大学（University of Manchester Institute of Science and Technology，UMIST）召开。可以说最早的过程强化定义（或者说是一种描述）出现在上述 Ramshaw 的论文和 UMIST 会议的报告中。Ramshaw 认为过程强化就是"设计极其紧凑的化工厂，降低主要设备和安装费用"。

在 20 世纪 70 年代到 80 年代初，ICI 的过程强化思想是基于 Colin Ramshaw 和他的研究小组成员在取得数个技术发展基础上形成的，包括"Higee"旋转填料床气液接触器、印刷电路热交换器、Rotex 吸收热泵、聚合物膜紧凑热交换器等技术的发展。直到 20 世纪 90 年代初期，过程强化仍然只是一个限于英国的学科，主要涉及四个领域：离心场的应用、紧凑高效换热、强化混合和组合技术。

然而当时这个具有十分重大的经济价值和广阔的应用前景的化工过程强化技术已成为一个国际热点，许多国家的研究机构已经涉足该领域。1983 年汪家鼎院士在国内化学工程会议上介绍了 ICI 所开发的超重力新技术的情况。北京化工大学郑冲教授于 1988 年与美国

Case Western Reserve 大学合作，开始进行旋转填料床的应用。得到原化工部和国家科委的高度重视和大力支持，经论证，被列为国家 1989 年度和"八五"重点科技攻关项目，也得到了中国自然科学基金委对这项高新技术的基础研究的支持。

需要指出的是，1983 年 ICI 公司作出判断，认为超重力技术不可能建造更大规模的连续工艺系统，因此 ICI 公司放弃了对超重力技术的进一步研究。这个技术转让给了美国专门从事填料塔吸收系统制造设计的 Glitsch 公司。很快 Glitsch 公司启动了数个工程项目，包括天然气除臭、地下水净化修复等，而且证明了超重力装置在机械上的可靠性并达到设计要求。到 1990 年，Glitsch 公司也从该市场领域退出；很久以后，美国陶氏公司开创了超重力用于次氯酸制造的应用，示范装置成功运行，随后有几台超重力装置安装使用，达到了设计规范和要求。

英国于 1995 年 1 月在伦敦举办了第一届国际过程强化会议，会议上 Ramshaw 再次提出：化工过程强化是指在生产能力不变的情况下，能够显著减小化工厂体积的措施。

各国的专家和学者也组织了过程强化网，积极开展学术交流和科技合作。其中，以 Colin Ramshaw 为首席，于 1999 年 1 月 1 日在英国纽卡斯尔成立了过程强化网（Process Intensification Network，PIN），吸引了众多的工业界和学术界的参与者，并于当年 4 月份举行了首届 PIN 学术会议，有 64 位成员参加[14]。此后该学术交流会议每年举办 1～2 次，到 2016 年 6 月 21 日，在英国纽卡斯尔大学召开了第 24 届 PIN 会议。荷兰也建立了类似的网络。

2000 年以来，国内学者对化工过程强化认识达到了前所未有的高度，发表了大量化工过程强化的论文，举办了多种形式的学术交流会议、产学研合作会议等，政府和企业也给予了高度的关注和支持，有力地推进了化工过程强化技术的研究和应用进展。

2006 年，为促进我国化学工业向能源资源节约型和环境友好型生产模式转变，国家科技部将化工反应过程强化技术项目列入"十一五"国家"863"计划，开发对化学反应过程有显著强化效果的关键共性技术。

2009 年 11 月首届"精细化工过程强化技术交流大会"在南京成功召开，成立了全国化工过程强化技术指导委员会，此后，"化工过程强化技术交流大会"陆续举行。2010 年 9 月，第二届全国精细化工过程强化技术交流大会在杭州召开。2011 年 11 月，第三届全国精细化工过程强化技术交流大会在青岛召开。2014 年 11 月，第四届全国化工过程强化技术交流大会在青岛召开。会上专家作报告，众多化工企业参加，会下企业与专家面对面，交流化工过程强化技术，结合生产实际和需求，解决问题，在推动了化工过程强化技术在企业落地开花的同时，企业也提出了新要求，进一步促进了化工过程强化技术的发展。

2011 年 6 月，"面向可持续发展化学工业的过程强化技术国际会议"（International Conference on Process Intensification for Sustainable Chemical Industries）在北京国家会议中心召开。会议由中国化工学会主办，北京化工大学承办，得到了国家自然科学基金的资助。会议顺应了当代国际化工科技发展潮流，促进了国内外的学术交流和科研合作，对推动我国在化工过程强化与绿色过程领域的技术进步，实现化工行业的节能减排具有重要作用。

2013 年 9 月，2013 北化国际系列论坛——"化工过程强化与绿色技术国际研讨会"（International Symposium on Chemical Process Intensification and Green Technology）主要讨论了化工过程强化、化工过程强化（流体混合专场）、材料化学工程、绿色化工技术四个主题，旨在加强国际间合作。

2015 年中国化工学会年会就以"创新驱动，绿色发展"为主题，揭示了化工产业可持续发展的方向和实现路径，体现了化工行业转型发展的新理念、新方向，是学术、科技、产业界的共同盛会。

中国化工企业管理协会于 2016 年 3 月在杭州市举办"2016 绿色化工暨化工工艺技术创新研讨会"。为紧随科学技术的脚步，传统的化工行业需要通过技术创新来推动化工行业发展，全方位推进节能减排，强化化工行业绿色制造，加快工艺技术升级。

2000 年以来，化工过程强化技术得到国家自然科学基金持续多个方面的资助。

近些年来，我国"制造大国"总体环境，对化工清洁生产、环境友好、可持续发展提出了新要求，为化工过程强化技术的发展提供了发展的空间和市场，化工过程强化技术受到人们更多的关注，化工过程强化技术与绿色化工紧密结合、与节能减排相关联，必将达到可持续发展的要求。

0.3　化工过程强化的原理及方法

0.3.1　化工过程强化的思路及基本原理

过程速率是指物理或化学变化过程在单位时间内的变化率。一般用单位时间过程进行的变化量表示过程的速率。如传热过程速率用单位时间传递过的热量，或用单位时间单位面积传递过的热量表示；传质过程速率用单位时间单位面积传递过的质量表示。

单纯从生产的产品数量看，在现有技术条件下，可以通过扩大规模或延长生产时间来实现，显然这个不是我们在这里要讨论的问题。众所周知，过程进行的速率决定设备的生产能力，过程速率越大，意味着单位时间设备生产能力也越大，或在同样产量时所需的设备尺寸越小。需要特别指出的是，往往过程速率的提高还不仅仅是一个简单的生产能力问题，过程速率的提高往往涉及化学反应的有效调控，会产生在通常条件下难以实现目标产物的高产率、低副产物的情况，甚至获得意想不到的化学反应结果，达到理想的期盼。如采用撞击流-旋转填料床（Impinging Stream-Rotating Packed Bed，IS-RPB）作为反应器，氯化镁与氢氧化钠反应生成氢氧化镁结晶，沉降速率加大提高。因此，过程速率的提高，意味着在完成同样任务的条件下，运行时间缩短，目标产物的转化率提高（成品率提高，副产物和污染物的排量减少）、设备的体积缩小（占地面积较小，安装空间节省，投资减小，运行费用降低）、生产在线的化学物料量减少（对化工易燃易爆的特点，意味着提高了生产安全性）。

由此可见，化工过程强化实质上就是要提升过程速率，而且要大幅度提升这个速率。这个就是解决问题的出发点和落脚点，是解决问题的根本所在，这就是化工过程强化的思路。

化工过程强化的基本原理就是综合运用物系内部和物系（多相流）之间的传递原理和反应原理及相关平衡特性，通过新设备和新工艺，提高过程速率。

传递现象是自然界和化工生产中普遍存在的现象，只要物系内部或物系之间存在速度、温度、浓度梯度，即可发生动量、热量、质量传递，直到平衡为止。由此看来，不平衡的存在是传递的前提条件，平衡特性是化工过程强化必须考虑的关键因素。以化工过程强化来提升过程速率，实际上是加快达到这样的平衡。因此，尽管在工程方面，考虑过程的速率问题往往比物系的平衡问题重要，但平衡问题在一定程度上显得更重要。改变平衡特性也是过程强化的内容，超临界流体和离子液体等就是典型的例子。

实际上，化工过程主要涉及多相流之间发生的化学反应和传递过程，包括动量传递、热量传递和质量传递以及相互间的作用，即"三传一反"。研究化工过程速率问题，就是研究化学反应速率和传递速率，化学反应速率往往受到传递速率的影响。

化工过程涉及的"三传"问题，可以用"现象方程"加以描述，这个在化工传递学中已经描述得很清楚。传递速率等于传递的动力与传递的阻力之比，即符合现象方程：

$$通量＝－扩散系数×浓度梯度$$

这里浓度梯度是传递的动力，扩散系数的倒数即为传递的阻力，可以将现象方程写成：

$$传递速率＝\frac{1}{阻力}×传递推动力$$

这里的推动力和阻力不一定是物体之间的相互作用，而是广义的力，其推动力应该理解为促使过程加快进行的外界作用，而阻力应该理解为影响过程进行的外界作用。

对于不同过程的研究，总是以提高过程的速率为目的。提高传递速率的方法，不外乎要么加大传递的动力、要么减小传递的阻力，或同时加大传递动力和减小传递阻力。加大传递的动力必然要增加能耗，一般不予采取；在推动力一定的条件下，过程的速率提高又必须以削弱过程的阻力为前提。减小传递阻力表现在改变和控制多相流的流动形态、尺度、流动形式和接触方式，加大多相流的相际面积等。

化学反应不仅受到反应动力学的限制，往往动量传递（流体力学及混合）、传热和传质过程决定着整个反应过程。如果利用化工过程强化技术能有效消除"三传"的限制，或者将传递过程速率提高到远比反应动力学速率快得多的程度，这将使得反应过程强化接近或达到化学反应动力学极限，这时化学动力学完全可以控制反应过程目标。从化学角度看，化工过程强化给了每个分子相同的过程经历。

这里的推动力和阻力不一定是物体之间的相互作用，而是广义的力，其推动力应该理解为促使过程加快进行的外界作用，而阻力应该理解为阻碍过程进行的外界作用，这个影响还与物质本身的某种特性——物性参数有关，即物质的物性参数影响过程进行的快慢。

0.3.2　化工过程强化的方法及分类

如前所述，化工过程强化主要是基于新设备和新工艺两个方面，即化工过程强化技术包括过程强化设备（硬件）和过程强化方法（软件）两个方面。需要指出的是，在一些情况下，两个方面是相互联系、相互渗透和交叉的，在创新的过程中，往往研究新的强化方法通常需要开发新设备，反之亦然。

设备强化的方法与分类，可以依据是否涉及化学反应分为反应器和单元操作设备；也可以依据设备从事的具体化工操作进一步分类，如混合器、萃取器、吸收装置、蒸发设备；也可以依据外场作用（离心场、超声波、微波、电场等）分类，如超重力反应器、超重力精馏装置、超声波设备、微波反应器等；也可以依据流体的流动状态进行分类，如静态混合器、静态反应器、动态混合器、撞击流混合器等；也可以依据设备的体积分类，如微混合器、微（化工）反应器等[7]。

工艺方法强化方法与分类，可以依据反应与分离耦合方法分类，如膜反应器、反应精馏、反应萃取等；也可以依据分离方法耦合进行分类，如膜蒸馏、吸附蒸馏、膜萃取等；也可以依据外场作用（离心场、超声波、微波、电场等）分类，如超重力技术、超声波技术、等离子技术等；也可以依据流体状态分类，如超临界流体技术、离子液体等[3,15-18]。

过程强化技术的分类见图 0-1 所示，具体细节在后续的相关章节进行详细讨论。

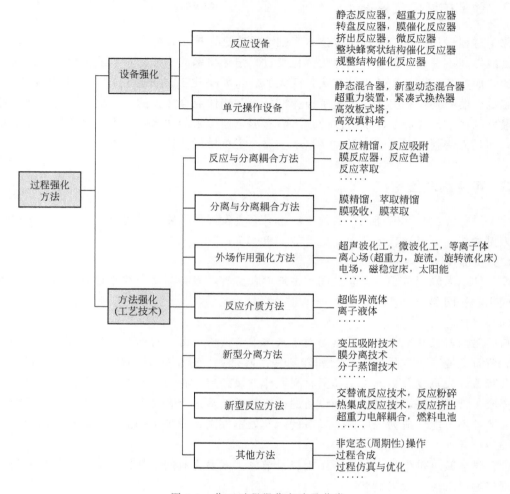

图 0-1　化工过程强化方法及分类

0.4　化工过程强化技术特征

化工过程强化的技术特征，可以简要概括为平台技术、效率倍增、可持续发展的特征。

0.4.1　平台技术特征

化工过程强化技术是方法创新，不是基于某一个问题而提出的，也不是简单的就事论事。化工过程强化是一个方法创新和技术创新的结合，这本身就决定了化工过程强化技术具有平台技术特点。例如超重力化工技术、超声波化工技术、微化工技术等均可以广泛应用于诸多的化工单元操作和化学反应。因此，化工过程强化技术打造的是一个个平台技术，基于这样的一个平台，可以派生不同的专项技术。从现在的情况看，这些平台技术在逐渐趋于成熟，得到广泛的工程应用与推广，大量的专利授权、专著出版，逐渐在形成真正的"平台"，"平台技术"效应正在发挥作用。因此，化工过程强化技术平台技术的特征更加突显。

0.4.2 效率倍增特征

化工过程强化技术不是在原有技术基础上的改进，挤出百分之几的效率，而是成数倍或数十倍地提高，是一场革命性的变化。化工过程强化技术的"强化"本质上是创新性的、革命性的，而非渐进性的，带来的变化是巨大的，这就是化工过程强化技术的最重要的特征。如静态混合器的发明和引入，打破了搅拌槽技术在流体混合方面的主导地位，就是现代过程强化最好的例子。我们要特别关注的是，静态混合器带来的技术突破不是对传统搅拌本身的改善，而是方法创新开辟新途径，从根本上摒弃了机械搅拌这一流体混合的方法！

0.4.3 可持续发展特征

化工过程强化技术节能减排的效果，符合绿色发展的思路，其可持续发展特征可以简要概括为更紧凑、更经济、更环保、更节能、更安全。

（1）更紧凑

设备体积大幅度减小，安装空间和占地面积节省，设备与生产线布置更紧凑，单元操作的集成化，管网和土建工程减少。

（2）更经济

指的是设备尺寸减小、流程紧凑而带来的设备造价降低、管网和土建工程量减少而减小投资、节省土地、成本降低、运行和能耗费用降低等。还需要说明的是设备尺寸缩小数十倍，意味着原先贵重金属或价格昂贵材料制作的设备造价将大幅度降低，以往投资偏大的设备现在成了常规价格，甚至比常规设备的价格还低。从这个意义上讲，化工过程强化带来的是原来的"不可能"成为了可能。设备的生产效率提高，设备台数减少，运行费用削减。

（3）更环保

设备显著减小带来设备制造所用钢材量节省，本身含有间接低碳效应；强化技术的高效率，副产物少，减排效果显著。

（4）更节能

设备效率提高，能量得到充分利用；设备体积缩小，特别是高度降低，减少了用于液体的输送能量。

（5）更安全

设备大幅度减小，使得过程得到很好的控制，同时生产过程的在线物料存量陡然缩小，反应器内物料滞留量非常小，即便发生爆炸，泄漏量也是微不足道的，想必也不会造成严重后果，本质安全能力显著提升。反应热效应实时快速控制，副反应受到抑制，使危险化学品的生产也能做到生产线的本质安全。

0.5　化工过程强化技术是可持续发展的新兴技术

可持续发展实际上就是对资源的持续循环利用，强调环境与经济的和谐。从化工可持续发展的角度看，我们应该着重从以下三个方面来认识和审视问题。

在分子和化学合成层面，应更多地考虑绿色化学的研究。即研究化学反应本身的绿色化途径，在原子经济性和可持续发展的基础上研究合成化学和催化的基础问题，侧重从化学反应本身来消除环境污染、充分利用资源，通过采用绿色合成和绿色催化、选择合适的原料和合成路线，从源头上制止污染物的生成。

在化工操作和流程方面，应更多地从过程强化的角度思考问题。即研究开发节能降耗的高效率的新装备和工艺技术，通过强化化工生产过程更有效地解决生产过程的高效、安全、清洁、环境友好等问题。

在更大区域（如工厂、园区、地域、国家和全球），应更多从循环经济和生态化工的角度去认识和解决问题。从循环经济角度看，在经济发展中，实现废物减量化、资源化和无害化，使经济系统和自然生态系统的物质和谐循环，维护自然生态平衡，是以资源的高效利用和循环利用为核心，以"减量化、再利用、资源化"为原则，符合可持续发展理念的经济增长模式。从生态化工的角度看，要做到资源利用、加工和产品的生态化。即产品源于那些可以再生的资源，甚至源于废弃物资源；生产工艺是环境友好的，低污染甚至是无污染；产品本身及在使用过程中不会产生生态污染。

我国化学工业迫切需要以循环经济模式为指导，以生态化工要求为目标，向资源节约型和环境友好型发展模式转变，而针对复杂化工体系利用过程强化技术来推动和促进这一转变过程则是化学工业的必由之路。通过过程强化技术开发新型、高效的生产工艺，或对传统工艺进行改造和升级，使过程的能耗、物耗和废物排放大幅度减少，必将从根本上变革化学工业的面貌。

过程强化是国内外化工界长期奋斗的目标，也是化学科学和工程研究的主要成果之一。化工过程强化的可持续发展的特征，已经表明了化工过程强化目前已成为实现化工过程的高效、安全、环境友好、密集生产，推动社会和经济可持续发展的新兴技术。

0.6　化工过程强化技术展望与愿景

在高度追求生产规模化和提升产能的年代，什么样的设备和技术是先进的？往往是看设备的大小和产能，设备大代表着规模水平，似乎也代表着先进技术，这就是在规模化生产前提下的评价原则和发展理念；因为在初始发展阶段，物质产品需求是第一追求，由此而产生的资源和能源的高消耗、环境污染等都不是主要问题。在那个物质缺乏的年代，就是一门心思去追求大规模，更是无暇顾及技术创新，不愿采用新技术而冒险，生怕耽误了生产和影响规模化发展。这种粗放型的经济发展方式是以高投入、高消耗、高污染、高排放为前提，换来的却是较低的经济效益。随着我国快速的工业化进程，化工行业面临可持续发展的压力和挑战更加突出。

不过，化工过程强化技术的出现正在改变这种情况。化工过程强化目前已成为实现化工过程的高效、安全、环境友好、密集生产，推动社会和经济可持续发展的新兴技术。

随着社会的发展，人们更看重的是生产装置的高效率，从以往的"我的设备最大"向"我的设备最有效"转变，比的是更有效、更节能、更环保。就像电子管与晶体管做比较一样，是以晶体管的体积小、低能耗、更有效、更稳定而得到发展。化工过程强化本质就是正在从"电子管"式的化工装置，走向"晶体管"式的化工装置的过程，大量的"晶体管式化工装置"正在兴起，如微反应器、超重力化工装置等，由此建立的化工工艺及生产线也正在悄然走入化工生产的序列，在支持着化工的可持续发展。

如果提到化工厂，人们一般想到的是宽敞的厂房，高高的烟囱。然而在不久的将来，这样的情景在某些地方将变成历史。化工过程强化带来的装置设备小型化、高效率，使得化工生产设备更紧凑、流程简化，设备体积缩小数十倍，高大耸立的装备变得小型化和微型化；人们由此而设想，一种微型化的化工厂将取代庞大、复杂的传统化工厂。期盼着化工生产线也能进入到"蔬菜大棚式"的厂房内，实现花园式工厂，憧憬着共同的期盼——美丽化工。

化工过程强化带来的是投资小，易建设。"晶体管式的化工装置"有各种规格，可以非常方便地被运往目的地。它们也可以按照计划好的模式组装成工艺生产线，从而完成一系列化工产品的生产。对于这些装置的控制也可以实现全自动化，或者通过控制中心进行无线遥控。更有甚者，微反应系统的模块结构可真正实现工厂的便携化，实现因地制宜的"建厂开工"，并且可通过增加通道数或更换模块来调节生产，实现弹性操作。这样，有望实现哪里需要使用化学品，就在哪里建厂的诉求。这不仅很好地解决了危险物料的运输问题，而且使分散的资源得到了有效利用，还能大大减少人员开支和经营费用，所生产的化工产品也可以直接运到顾客群附近。另外，化学品长途运输量将会减少，危化品的运输安全得到彻底改善。

化工过程强化装置设备小型化、高效率，使得化工生产中的在线物料量极大减少，即使危险化学品的生产也能做到生产线的本质安全，这点是多年从事危化品生产人员的共同期盼。

◆ 参考文献 ◆

[1] 孙宏伟，陈建峰. 我国化工过程强化技术理论与应用研究进展 [J]. 化工进展，2011，30(1): 1-15.

[2] 费维扬. 发展低碳经济、推动节能减排. 中国化工学会2009年年会暨第三届全国石油和化工行业节能节水减排技术论坛会议论文集（下）[C]. 广州：中国化工学会，2009: 1.

[3] 张永强，闵恩泽，杨克勇 等. 化工过程强化对未来化学工业的影响 [J]. 石油炼制与化工，2001，32(6): 1-6.

[4] 费维扬. 化工过程强化呈现新特点 [N]. 中国化工报，2002-05-23A04.

[5] 褚秀玲，仇汝臣. 化工过程强化的理论与实践初探 [J]. 化工生产与技术，2010，17(1): 9-14, 7.

[6] 张明国. 面向节能减排的化工过程强化技术研究. 第三届全国科技哲学专家专题论坛"在为国服务中发展自然辩证法"学术研讨会论文集 [C]. 北京：中国自然辩证法研究会，2010: 3.

[7] Stankiewicz A J，Moulijn J A. Process intensification: transforming chemical engineering [J]. Chem Eng Prog, 2000, (2): 22-34.

[8] 方向晨，黎元生，刘全杰. 化工过程强化技术是节能降耗的有效手段 [J]. 当代化工，2008，37(1): 1-4, 34.

[9] 李昕桐，赵壮，华恩乐. 我国化工过程强化技术理论与应用研究进展 [J]. 化工设计通讯，2016，42(1): 46.

[10] 路勇. 化工过程强化与微反应技术——构筑高效、节能、清洁的未来化工厂的新技术 [J]. 世界科学，2006，(3): 20-21.

[11] 费维扬. 国外化工塔器的若干最新进展 [J]. 化工进展，1996，(6): 40-44.

[12] 陈建峰，邹海魁，初广文 等. 超重力技术及其工业化应用 [J]. 硫磷设计与粉体工程，2012，(1): 6-10, 5.

[13] Ramshaw C. Higee distillation—An example of process intensification [J]. Chemical Engineer, 1983, 389(2): 13-14.

[14] Ramshaw C. Process intensification by miniature mass transfer [J]. Process Engineering, 1983, 64(1): 29.

［15］ 李敬生，沈琴，昌庆 等. 超声波对化工过程的强化作用［J］. 西安建筑科技大学学报(自然科学版)，2007，39
(4): 563-568.

［16］ 秦炜，原永辉，戴猷元. 超声场对化工分离过程的强化［J］. 化工进展，1995，(1): 1-5.

［17］ 闵恩泽，孟祥堃，温朗友. 新催化材料和化工过程强化——非晶态合金/磁稳定床反应器和负载型杂多酸/悬浮床
催化蒸馏［J］. 石油炼制与化工，2001，32(9): 1-6.

［18］ 费维扬，王德华，尹晔东. 化工分离技术的若干新进展［J］. 化学工程，2002，30(1): 63-66, 5.

第 1 篇

超重力化工技术及系统集成

气-液两相流体的接触、传质与反应是化工生产中最为常见的化工过程，以塔器为主要设备，使用广泛、数量大，在化工生产中占据了非常重要的位置。在塔器设备中，液体靠重力作用从塔顶沿填料或塔板向下流动，气体从塔底向上依次经过填料或塔板。总之，气-液接触的整个过程是在地球重力场下完成的。受重力场所限，传质效率不高，为达到生产目的，使用的塔设备体积较为庞大。化工上，采用各种方法增大气-液接触面积、提高气液湍动程度，以改善气-液传质与反应的效果。

超重力技术就是将常规重力条件下的化工过程，置于几十倍到上百倍的超重力环境下来完成，超重力的加入使得化工过程中流体间的混合、传质、反应、传热效率得到了大幅度提高。通常，将填料装入转子内，并通过电机带动转子的离心旋转来实现超重力（场），这样的超重力设备称为旋转填料床（Rotating Packed Bed，RPB）。旋转填料床的发明，改变了气-液接触单纯靠重力作用来完成的化工过程。气体和液体通过旋转填料床来完成接触操作，从表观上看，流体受到了离心力的作用；从流体质点本身看，流体质点实际上受到了超重力作用，处在超重力场的环境中。这也就为化工过程的完成人为地创造了一个超重力环境。这样一个观念的提出，这样一个环境的改变，带来了化工过程的极大强化，带来了革命性的变化。

一般认为，超重力概念的提出和研究始于 20 世纪 70 年代末，英国 ICI 公司（帝国化学工业公司）的 Ramshaw 教授等在超重力场中进行了蒸馏、吸收等化工分离单元操作的研究，发现在超重力环境下气-液间传递速率系数得到极大的提高，并提出了"超重力"的概念。随后引起了美、英、中、印等国的广泛关注，超重力技术方面的专利、文章逐年上升。

超重力旋转填料床可以实现多相流体之间的快速均匀高效混合，是强化化工"三传一反"的有效途径。超重力技术在过程强化方面十分有效，以小的设备体积、少的物料接触时间获得了更高的效率，起到了节能降耗提质的作用。超重力化工技术其核心是将旋转填料床作为流体混合、传递和反应的主体设备，耦合具体的化工工艺，通过系统集成和创新，从而开发出的一系列新型高效的化工过程强化技术。

最初的研究多集中于气-液两相流体接触的化工过程，涉及吸收、解吸、精馏、气-液反应、气-液直接换热等。按操作方式或气-液流动的方向，超重力旋转填料床可分为逆流、并流和错流三种基本形式。经过多年的发展，科研工作者对旋转填料床的流体力学和传质性能进行了基础和应用研究，并在吸收、解吸等领域实现了工程示范，获得了良好的效果。随着研究的深入，研究学者进一步明确了超重力过程强化机理，开发了新的超重力设备结构形式，拓展了超重力技术的应用领域，超重力技术的研究与应用呈现出新的发展趋势。

研究发现气-液过程的强化主要是对液相传递系数和总传递系数提高了 1～3 个数量级，但对气相控制的气-液过程的气相传递系数远远达不到这个水平；针对这样的问题，强化气相传递系数的新技术、新装备，气流对向剪切旋转填料床（Counter Airflow Shear Rotating Packed Bed，CAS-RPB）诞生了，研究结果表明，CAS-RPB 能数倍提高气相控制的气-液传质过程的传质系数，进一步丰富和完善了气-液过程强化的超重力技术。

液-液混合与接触的过程强化的新型机制——撞击流-旋转填料床（Impinging Stream Roating Packed Bed，IS-RPB）耦合机制的提出，有效强化了液-液接触过程，将气-液超重力化工技术从气-液过程强化拓展到了液-液过程的强化，解决了液-液均相和液-液非均相的混合、萃取、化学反应、液膜分离、乳化等化工过程强化问题，使得产品提质增效，取得显著的节能减排效果。IS-RPB 无疑是一个液-液过程强化的新方法，丰富和发展了超重力化工技术。

基于气-液过程强化方法的思路，以消除和减小传质阻力为突破点，以提高传质效率为目标，进一步创新了气-固过程的强化方法、电化学过程强化的方法等，将超重力技术从气-液过程，拓展至液-液过程、气-液-固过程和电化学过程等。由此看来，超重力技术已被应用到了更为广泛的范畴和更加广阔的领域。因此，本书谈及的超重力技术在化工过程强化方面更具有广泛的意义。

本篇将着重介绍超重力技术在气-液过程、液-液过程、气-固过程和电化学过程方面的方法和技术。

第1章 气-液过程超重力化工强化技术

多相流之间的传递过程与反应是化学工业及许多相关领域中的一个基本过程，而对于气-液两相流体的相间传递过程，使用最为普遍的传质设备是塔器设备，包括板式塔、填料塔、喷淋塔等，这些操作均是液体流动靠着重力作用从塔顶向塔底流动，是在重力场下完成的，液相的流动主要是受重力作用的影响，由于重力加速度 g 是一个不能改变的有限值，这也就从宏观上决定了液体的流动基本行为。即在传质设备中液相流体以较厚的流体层缓慢流动，形成相间传递面积更新频率低和传递面积较小的状态，使相间的传递速率受到限制[1]。

利用离心力场强化传质过程的思路最早可追溯到 20 世纪初期。1925 年，Myers 和 Jones 制作了最早的带有转动体的锥形截板式蒸馏柱；1965 年，Vivian 等曾用试验研究离心力场对气体吸收的影响，试验利用由陶瓷鲍尔环填料构成的转子测试了 CO_2 在水中的溶解情况，发现液相体积传质系数随着离心力呈 0.41～0.48 次方的变化关系；1976 年，美国在太空进行的气-液两相间的传质试验表明，在完全失重的条件下，气液间传质无法实现；受此传质试验的启发，在 20 世纪 70 年代末，英国帝国化学工业公司（ICI）以 Ramshaw 教授为首的课题组[2]经过数年的研制，设计出了新型的传质设备——超重力装置亦叫旋转填料床（Rotating Packed Bed，RPB）或旋转床或超重机，并且在旋转填料床内做了一系列气液化工分离单元操作，并发表了名为"Higee"（High "g"）的许多技术专利，逐渐形成了"超重力强化传质"的概念。这一研究成果促成了超重力分离技术的诞生，随后引起了美、英、中、印等国的应用技术研究和开发热潮，相关的专利、文章和成果每年呈上升趋势。

自超重力概念提出以来，其研究领域主要集中在精馏、吸收、解吸等类似塔设备所涉及的化工单元过程中的气液接触方面，同时在其液相流体的流动形态、气相流体力学等基础理论方面的研究也取得明显的进展。特别是近十多年来，随着研究的深入，逐渐将研究领域拓展到气-液传热、液相高聚物脱挥、多相分离（除尘、除湿）、化学反应等化工单元过程的气液传递方面。

本章集中讨论超重力技术对于气-液化工过程的强化，从阐述超重力环境的液体流动形态和气相压降等有关流体力学性能开始，介绍超重力吸收、超重力解吸、超重力精馏、超重力气液反应和超重力气液直接换热的基本原理、超重力过程强化特性及研究进展情况。

1.1　气-液超重力技术简介

1.1.1　超重力技术概述

1.1.1.1　基本概念

超重力是指在比地球重力加速度大得多的环境下，物质所受的力（包括引力或排斥力）。研究超重力环境下的物理和化学变化过程的科学称为超重力科学。利用超重力科学原理而创制的应用技术称为超重力技术[1]。超重力技术作为过程强化的新型技术，在工业上有着广阔的应用前景。

气液两相流体在旋转的填料床中进行接触和反应，旋转填料床体系是一个非惯性体系，由于流体微元受到惯性力（也就是通常说的离心力），其大小与流体微元质量、旋转角速度和所处的半径位置有关。由于气体微元质量小，所受的惯性力就小，气体在克服这种惯性力作用下，沿着惯性力的反方向通过旋转填料；而液体微元质量较大，所受的惯性力就大些。从这个意义上来讲，液体微元在通过填料时其形状和大小不仅在不断变化，而且在惯性力作用下，液体由转子的内圆沿直径方向通过旋转填料。

由于惯性力实际上并不存在，实际存在的只有原本将该物体加速的力，对填料旋转来说，就是由电机作用于转轴的力来加速其运转的。因此惯性力又称为假想力。概念的提出是因为在非惯性系中，牛顿运动定律并不适用。但是为了思维上的方便，可以假想在这个非惯性系中，除了相互作用所引起的力之外还受到一种由于非惯性系而引起的力——惯性力。

旋转填料床体系就是一个非惯性体系，在这个体系中，流体微元受到了惯性力（离心力）的作用。如果把任一瞬间物质在旋转体内各点所受的惯性力分布总和，称为惯性力（离心力）场的话，因为惯性力是不存在的，那么这个惯性力场就是模拟的力场。在这个惯性力场中的加速度，就是离心加速度 G，即：$G = r\omega^2$。式中，ω 为转子旋转的角速度，1/s；r 为转子的半径，m。

如果这个离心加速度（G）大于重力加速度（g），这个惯性力场也就称为超重力场。即：$G = r\omega^2 > g$，式中，g 为重力加速度（9.8m/s²）。

从这里可以看出，惯性力加速度是可以靠调节角速度来改变其大小的；在相同角速度条件下，离转动圆心越远，惯性加速度就越大。只要将靠近转轴处的惯性加速度调节到大于重力加速度，就可以保证整个旋转填料床内的各处均处于超重力场的环境。

根据化学工程的研究方法，可以用无量纲参数（即无因次数）来表达超重力场的强度，以便于不同尺寸、不同转速的旋转填料床进行对比。把惯性加速度与重力加速度之比称为超重力因子，用 β 来表示。超重力因子的表达式为：

$$\beta = \frac{G}{g} = \frac{r\omega^2}{g} \tag{1-1}$$

将有关数值代入，超重力因子可以简化为：

$$\beta = \frac{N^2 r}{900} \tag{1-2}$$

式中　ω——转子旋转的角速度，1/s；

r——转子的半径，m；

N——转子旋转的转速，r/min。

当转速一定时，超重力因子随转子的半径呈线性变化，表现为沿径向方向超重力因子呈线性增大，如图1-1所示。

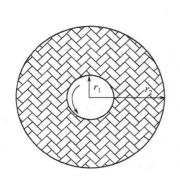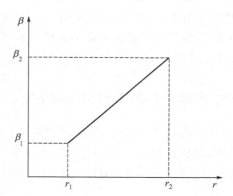

图1-1 填料层内超重力场沿径向的分布

r_1—旋转填料的内径；r_2—旋转填料的外径

由于超重力场强度沿径向存在一定的分布，为使用方便，通常用平均超重力因子来描述超重力场的强度。实际上，超重力场具有立体结构分布场的性质，当转子中的填料在轴向均匀分布装填情况下，超重力场可以看成是一个平面的分布场。超重力场强度的平均值就是其面积平均值：

$$\overline{\beta}=\frac{\int_{r_1}^{r_2}\beta\times2\pi r\mathrm{d}r}{\int_{r_1}^{r_2}2\pi r\mathrm{d}r}=\frac{2\omega^2(r_1^2+r_1r_2+r_2^2)}{3(r_1+r_2)g} \tag{1-3}$$

实际上，超重力因子就是表达模拟力场的加速度是β倍的重力加速度，为此，也可称为"超重力数"。这是一个无量纲数，可以使人们看到事物的本质，更便于分析比较在不同尺寸设备和不同转速条件下的数据。超重力因子也可理解为质量相同的流体微元受到的超重力（mG）与重力（mg）之比。

如此看来，超重力场是由旋转而产生的离心力场来进行模拟的，也可以看成流体微元处于超重力场的环境，受到了超重力的作用。流体在超重力场所受的力要远比重力场中大得多，流体的流动和形态发生了根本的变化，流体微元的形成速度更快，瞬间即逝，流体微元的尺度变得更小、更纤细，表面的更新速度更快。

1.1.1.2 超重力装置（旋转填料床）的技术特点

旋转填料床中气液两相的传质过程是在超重力场中进行的，与重力场中的填料塔、鼓泡塔以及筛板塔等传统塔设备相比，旋转填料床具有以下特点[1,3]：

① 强化传递效果显著，传递系数提高了1～3个数量级；

② 气相压降小，气相动力能耗少；

③ 持液量小，即生产过程在线物料存量少，提升生产的本质安全，适用于昂贵物料、有毒物料及易燃易爆物料的处理；

④ 物料停留时间短，适用于某些特殊的快速混合及反应过程，有利于用于控制某些反应的选择性；

⑤ 达到稳定时间短，便于开停车，便于更换物系，易于操作；

⑥ 设备体积小，成本低，占地面积小，安装维修方便；

⑦ 既易于微型化适用于特殊场合，又易于工业化放大；

⑧ 填料层具有自清洗作用，不易结垢和堵塞；

⑨ 应用范围广、通用性强、操作弹性大。

1.1.2　气-液超重力装置的结构与类型

超重力装置结构主要包括转子、液体分布器和外壳等[4]。超重力设备可分为单轴结构和双轴结构，其中单轴结构按气、液接触构件的结构形式可分为旋转填料床（逆流、错流和并流）和折流床，双轴结构分为分裂填料旋转床（SP-RPB）和气流对向剪切旋转填料床（CAS-RPB）。

1.1.2.1　单轴结构

（1）旋转填料床

旋转填料床（如图 1-2 所示）在转子内装载大量填料作为相间接触构件。填料由转子装载和固定，装填的填料可以是规整填料，或是随意堆积的散装填料，也可以是按某种结构设计的形状等，填料在动力驱动下进行高速旋转。液体从液体分布器均匀喷洒在填料内缘，在填料高速旋转产生的离心力作用下，以液滴、液丝和液膜的形式由填料内缘沿径向向外流动。气体在压力作用下穿过旋转的填料层，与液体在填料表面和内部进行密切接触。填料不仅为气液接触提供较大的传质表面[5]，还通过高速旋转来改善气液分布、增强气液的分散及混合效果，为提高过程的传递效率、减小流动阻力及特殊产品的制备提供了重要支撑。

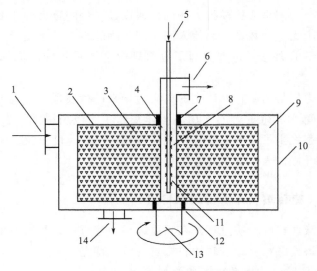

图 1-2　超重力装置结构示意图

1—气体进口；2—转子；3—填料；4—超重力装置内腔；5—液体进口；6—气体出口；7,12—密封；8—喷嘴；9—超重力装置外腔；10—外壳；11—中央分布器；13—转轴；14—液体出口

按照旋转填料床内气、液接触的流动方式，可以将旋转填料床分为逆流旋转填料床、错

流旋转填料床和并流旋转填料床三类[6]。

　　a. 逆流结构。逆流结构的旋转填料床如图 1-3 所示，在旋转填料内气、液两相呈逆流接触，即液体经液体分布器均匀喷淋到填料内缘，在离心力的作用下，沿填料的表面或间隙呈液滴、液丝或液膜的形式流向填料外缘，碰到静止的器壁后落下，从位于底部的液体出口排出。气体从气体进口进入，在压力的作用下，由填料外缘进入旋转填料床，与液体在填料内逆流接触后通过填料层进入填料内缘，后从位于填料中心气体出口排出。

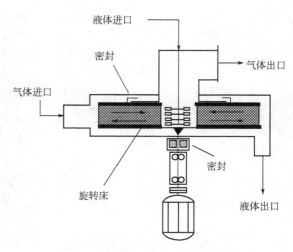

图 1-3　逆流结构旋转填料床示意图

　　逆流结构的旋转填料床以丝网填料和碟片填料旋转床[7]为代表，结构如图 1-4 和图 1-5 所示。在此过程中，由于强大的离心力的作用，液体在高分散、强混合及界面快速更新的环境下与气体充分接触，极大地强化了传递和反应过程。

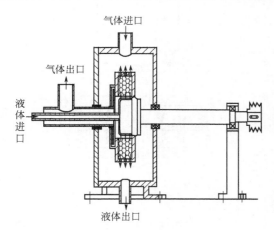

图 1-4　丝网填料逆流旋转床示意图

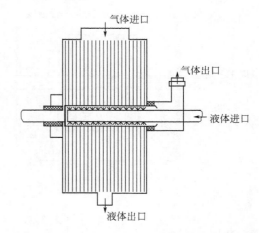

图 1-5　同心环碟片填料逆流旋转床结构示意图

　　b. 错流结构。错流结构的旋转填料床如图 1-6 所示，在旋转填料内气、液两相呈错流接触，即液体经液体分布器均匀喷淋到填料内缘，在离心力的作用下，沿填料的表面或间隙呈液滴、液丝或液膜的形式流向填料外缘，碰到静止的器壁后落下，从位于底部的液体出口排出。与逆流旋转填料床不同，气体由气体进口引入后，在压力作用下，由填料下端轴向穿过旋转填料床，其间与液体在填料内呈错流接触，后由填料上端穿出，再从位于壳体上端的气体出口排出。相比逆流旋转填料床，错流旋转填料床不存在液泛问题，而气体的液沫夹带问题很容易通过在液体喷淋段后面增设捕沫段得到解决。因此，错流床适合高气速下操作；除此之外，在正常通气情况下，床内液体无明显轴向分散，液体的轴向返混很小，因此，错流旋转填料床具有更广泛的工业应用价值。

　　如图 1-7 所示是由北京化工大学[8]开发研制的一种卧式错流旋转填料床。液体由空心轴进入，在转子的喷淋段沿径向喷出与轴向流动的气体错流接触后被抛到外腔，然后由设备底

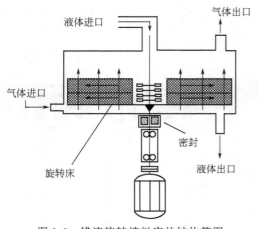

图 1-6　错流旋转填料床的结构简图

部液体出口排出；气体由气体进口进入，经过叶轮增压后进入填料层与液体错流接触，然后沿轴向通过除雾段，最后从气体出口离开。

如图 1-8 所示是由中北大学开发研制[9]的一种立式错流旋转填料床。其特点在于填料分上下两层设计，转子固定在与轴相连的中隔套上，在电机的带动下旋转。气体自气体进口进入，沿轴向自下而上通过下层填料后进入中隔套进行二次分布，再沿轴向通过上层填料，然后从旋转填料床的上部气体出口离开。液体从位于转子中心的液体分布器进入转子内缘，沿径向甩出，与沿轴向穿过填料层的气体错流接触，液体被甩到外壁后垂直落下，从液体出口排出。液体进料管共有四个，可通过单独使用或同时使用几个进料管来控制液体的最大进料量和进料位置。在仅仅使用下层的两个液体进料管时，上层填料可起到除雾的作用。

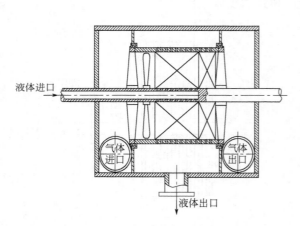

图 1-7　卧式错流旋转填料床结构简图

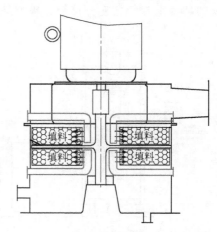

图 1-8　两级轴向错流旋转填料床结构简图

c. 并流结构。并流结构旋转填料床如图 1-9 所示[10]。气、液两相同时由填料内缘同向穿过填料层后到达填料外缘。填料在电机的带动下高速旋转，气体由气体入口管导入填料内腔，在压力作用下自填料内腔进入床层，经过填料进入外腔，从气体出口排出；液体由位于填料内腔的液体分布器喷洒在填料内缘进入床层，在高速旋转产生的离心力作用下，由填料内缘沿径向向外流动，碰到静止的机壳后落下，从位于底部的液体出口排出。在此过程中，由于强大的离心力的作用使得液体被雾化，液体在高分散、强混合及界面快速更新的环境下与气体并流接触。并流结

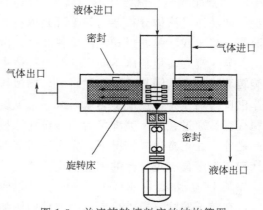

图 1-9　并流旋转填料床的结构简图

构旋转填料床的操作虽然简单，但操作范围较小，分离效率不高，工业应用较少。

应当指出，由于气相的流通路径的不同，气、液相的接触形式随之发生了变化，这会带来诸多流体力学、传质性能及工业应用上的差异。例如，在正常的操作条件下，由于气、液逆流接触，在相界面产生较大的相对滑移速度，提高了相际间表面更新速度，利于气液传质效果的提升，逆流旋转填料床具有明显的传质优势；与此同时，逆流接触会造成气体在流通过程中产生巨大的阻力，使得逆流旋转填料床的气相压降明显高于错流旋转填料床和并流旋转填料床，若将两相流接触形式由逆流改为错流，可以减轻液泛现象的发生，还可以使转子的直径减小到与气体管路的直径相当，达到减小设备体积、降低设备造价的目的。因此，错流旋转填料床在工业应用上表现出更广泛的应用价值。

（2）折流床

折流床（图 1-10、图 1-11）是在转子内设置一定数量规则排列的同心动、静折流圈，动、静折流圈之间的环隙空间提供了气液流动的曲折通道[11]。液体在动静圈之间经历了多次分散-聚集的过程，气体在折流通道内与液体呈逆流接触。折流式旋转床转子内气液的接触时间较长，因而单个转子的分离能力较旋转床有显著提高，且易于实现多层结构，从而成倍地增加单台设备的分离能力。折流床是一种气液接触效率较高、体积小的气液传质设备，有效地克服了旋转床中气液接触时间短的缺点，特别在精馏、吸收和化学反应等场合得到广泛应用。

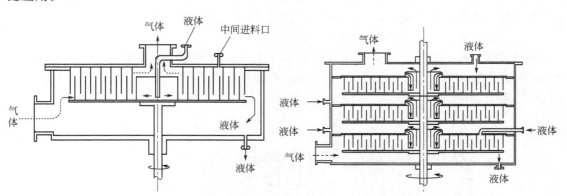

图 1-10 单层折流式旋转床的结构简图　　　　图 1-11 多层折流式旋转床的结构简图

1.1.2.2 双轴结构

旋转填料床作为一种新型高效的传质设备已有较多研究，普遍认为旋转填料床对传质过程中的液相传质系数的提高极为明显，但对于传质过程中的气相传质系数影响不大，基于强化气膜控制的传质过程，传统旋转填料床的结构研究者则提出了许多新型双轴结构旋转填料床以改善和强化对气膜控制的传质过程。

（1）分裂填料旋转床（SP-RPB）

在普通旋转填料床中的液相传质系数比传统塔有效地提高了数倍至数十倍，但对气相传质控制过程的传质系数与传统塔气相传质系数相当，这主要是由于旋转填料床中高比表面积填料对气体的曳力作用不足，造成气体与填料间的相对滑移速度较小，气体几乎随旋转填料床中的填料同步旋转，和传统塔一样以"整体"或"股"经过填料层，气体的湍动程度较小，相界面得不到快速更新，不能有效地强化气膜内的传质过程。而且传统单轴旋转填料床存在着液体分布不均的现象，使得气相传质过程得不到强化。为此，研究学者对普通旋转填料床转子结构进行改装以强化气相传质过程。其中最具代表性的为 Chandra A 等[12] 提出一种新型双轴转子结构旋转填料床——分裂填料旋转床（Split Packing Rotating Packed Bed，SP-RPB），结构如图 1-12 所示。

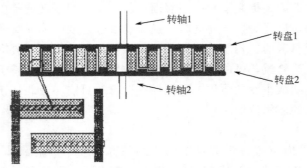

图 1-12　SP-RPB 转子结构示意图

对 SP-RPB 机制进行分析可知，强化气膜控制传质过程是发生在相邻的两个填料环之间的环间隙内。当气体通过相邻填料环之间的环间隙时，会受到旋转填料对其产生的曳力作用而做切线运动，但由于其曳力作用十分有限，对气体切向流动的推动力不足，使得气体只能形成一定的扰动，在局部区域形成湍流，对气相传质过程强化起到一定的促进作用。但随着径向方向的气速不断增大，曳力作用引起的切向流速会明显降低，严重时将导致强化气相传质的机制逐渐失去作用。因此，仅靠填料的曳力作用促进气体湍动以及强化气相传质也是有限的；再者 SP-RPB 采用泡沫金属为填料，不易更换，机械强度不足，难以应用于大气、液通量的场合；靠近转子中心处的填料环半径较小，气体受到填料作用获得的切向速度较小，强化气膜控制传质过程的效果不明显。

（2）气流对向剪切旋转填料床（CAS-RPB）

中北大学刘有智教授[13] 提出了另一种强化气膜控制传质过程的新型双轴结构——气流对向剪切旋转填料床（Counter Airflow Shear Rotating Packed Bed，CAS-RPB）[14]。其转子结构如图 1-13 所示。

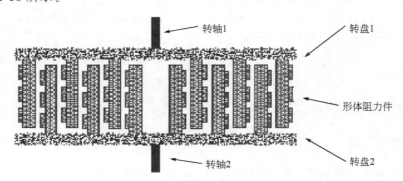

图 1-13　CAS-RPB 转子结构及形体阻力件示意图

CAS-RPB 的转子是由能独立旋转的上、下两个转盘组成。每个转盘上各固定若干个同心环状填料，每个同心环状填料的支撑框架为同心薄壁圆筒围成，周向密布开孔，作为流体的通道；这些支撑框架的薄壁圆筒外侧布局安装有流体力学的形体阻力件（凸出圆筒曲面），强化气体剪切作用；支撑框架的内部则是填料的装填区，可以装填不同的填料。当上、下转盘逆向旋转时，相邻的两个填料环呈相反方向转动，形体阻力件对气体产生巨大的剪切力，形成连续的涡流和强烈的湍动，以"整体"流动的气体被"破碎"，打破了传统旋转填料床中气体"股"的流动模式，使得气体与填料间的相对滑移速度增加，气体的湍动程度增强，气膜表面更新速率加快，传质阻力减小，从而有效地强化了气膜内的传质过程[15]。

　　旋转填料是由多个形体阻力件构成的圆环片组合而成，相邻的圆环片交替式分别安装在两个旋转盘上，圆环之间留有空隙，当两个旋转盘旋转时，相邻圆环片以相反的方向旋转。形体阻力件（图 1-13）设置在圆环之间的空隙，旋转时将引起气体的剪切和边界层分离，强化气相的传质速率。形体阻力件是指多孔波纹圆环片型或两圆环间装入其他填料的圆环组件型，也可以是在圆环的圆周上安置类似风叶状的翅片型。填料边缘构建的形体阻力件，增大对气体的剪应力和形变速率，促进实现气体边界层分离，从而形成漩涡，实现气体的湍流，直至紊流运动，加速气体界面更新，达到强化气相传质的效果。CAS-RPB 强化传质机制就是通过形体阻力件在填料环隙空间内创造气体边界层分离，形成漩涡，实现气体强扰动、高湍流，加速气体界面更新。改变形体阻力件的尺寸参数，增加气体曳力，在加速气体的切向速度的同时，加大气体剪应力和形变速率。

　　自 CAS-RPB 开发以来，研究者就对其基础性能及应用进行了研究：2013 年，杨力等[16]对 CAS-RPB 内部气相流场进行了模拟计算，并与已有的分层式旋转填料床进行对比发现：CAS-RPB 内气相湍动能较高，用扰流翅片作为形体阻力件能明显促进湍流，有利于相界面的快速更新，从而促进气相传质与微观混合过程。2015 年，谷德银等[15]以 CO_2-NaOH 体系考察了 CAS-RPB 的气相传质特性，研究结果发现 CAS-RPB 的气相体积传质系数比文献逆流结构的 RPB 提高 36%，有效地强化了气相传质过程。2015 年，张芳芳等[17]在 CAS-RPB 中以 NaOH 为吸收液脱除烟气中的 SO_2，考察了超重力因子、液气体积比、进气量等因素对脱硫率和气相传质系数的影响及循环次数对脱硫率和溶液 pH 值的影响，得到的最佳工艺条件为：超重力因子 67，进气量 $55m^3/h$，液气体积比 $(1.1\sim1.3)\times10^{-3}$。在该条件下，出口气体中 SO_2 质量浓度低于 $100mg/m^3$，脱硫率稳定在约 98.7%。CAS-RPB 的开发，将超重力过程强化技术从原有的液膜控制的传质过程拓展到气膜控制的传质过程，有效弥补了超重力过程强化的局限性，丰富了超重力化工过程强化的理论与实践。

　　与 SP-RPB 相比，CAS-RPB 具有以下特征：①转子的各个填料环外缘构建了多个形体阻力件。在各个填料环外缘上构建形体阻力件后，形体阻力件将会随着填料环同步旋转，增大对气体的剪应力和形变速率。与此同时，当气体进入 CAS-RPB 中的填料环间隙时，由于形体阻力件在填料环隙间的凸起，改变了原有的流体通道，气体在到达形体阻力件时因流通截面积变小而作加速减压运动，在流过形体阻力件之后就因流通截面积变大而作减速增压运动，这就产生了速度梯度和逆压梯度，使得形体阻力件附近产生了气体回流涡，从而促进实现气体边界层分离，形成气流漩涡，实现气体的湍流运动，直至紊流运动，加快气体界面的更新速率。此外，形体阻力件将电机所提供的动能传递给气体，除了弥补气体产生漩涡所消耗的能量外，还使得气体的湍动能增加，也使气液的流动轨迹更加蜿蜒曲折，停留时间也相应延长，气液两相得到充分的接触、混合和反应，从而达到强化气膜控制传质过程的效果。②采用填料支撑来固定填料，根据不同处理要求可以更换合适的填料，且机械强度增加，适用于大气液通量的场合。③填料环自由端采用迷宫式密封以此加强气体的密封效果。④在气体出口处构建了缓冲室，使其更容易解决液泛问题，运行更加稳定。

1.1.3　超重力技术强化气-液化工过程研究进展

　　超重力技术相比于其他常规技术具有成本和性能方面的显著优势，已经广泛应用于气体分离与净化、水处理、精馏和纳米材料制备等工业过程，在环境治理和资源回收方面发挥出重要作用。目前，世界上许多大的化学公司都在竞相对超重力技术进行开发研究，并进行了一定的中试或工业化运行，主要集中在以下几个方面：

1.1.3.1　超重力气体分离和净化技术

（1）超重力湿法脱除硫化氢

在河北某陶瓷企业实现工业化，采用中北大学超重力法脱除煤气中硫化氢，处理煤气量约为 $10000m^3/h$（标准状况），其中 H_2S 含量 $1000mg/m^3$，工业化装置的转速仅为 $200\sim400r/min$，处理后煤气中硫化氢可降低至 $15mg/m^3$ 以下，单级脱硫率可达到 95% 以上，替代天然气烧制陶瓷，年节约燃料费 500 万元。此技术同时在四川平武锰业、广西华银铝业等地实现工业应用，节能减排效果显著。

北京化工大学与中国海洋石油总公司等合作，成功将超重力脱硫技术应用于海洋平台天然气脱硫化氢工业过程，实现了油田天然气中 H_2S 的深度脱除，效果显著。

超重力脱硫反应器设备体积仅约为传统塔的 1/10 或更小，体现出明显竞争优势。

（2）超重力脱除二氧化硫技术

火电厂排放的大气中含有大量的二氧化硫气体，传统湿法石灰石/石灰-石膏法烟气脱硫很难达标治理，且存在投资大、设备易结垢、堵塞、有二次污染等问题。

中北大学将湿法与超重力技术相结合，充分利用了湿法脱硫剂可循环使用、可回收二氧化硫资源与超重力技术投资小、脱硫率高的技术优势。采用超重力湿法脱除二氧化硫，强化吸收效果明显，在较低的液气比下，可获得 99% 以上的脱硫率，该技术具有脱硫效率高、液气比小、成本低、设备体积小、使用范围宽等优点。

北京化工大学与硫酸厂合作，采用亚胺吸收法进行了超重力脱硫的工业侧线实验，经过超重力设备吸收后尾气中二氧化硫含量降至 $100mg/m^3$ 以下，若将单级超重力脱硫与喷射脱硫器相结合，可在设备投资、动力消耗、气相压降等方面较原有技术有较大优势。

（3）超重力净化硝烟技术

火炸药行业硝化过程中排放高浓度氮氧化物（俗称"硝烟"），污染严重、治理难度大。传统常压净化技术采用多级吸收但效果仍不理想，排放浓度 $5000mg/m^3$ 左右。

中北大学将超重力技术用于火炸药行业高浓度硝烟净化治理，创建了超重力常压净化高浓度 NO_x 新工艺。采用该工艺后，当进口浓度为 $18000mg/m^3$ 时，通过两级深度净化吸收组合分解塔工艺，硝烟浓度可降到 $240mg/m^3$ 以下，NO_x 排放量削减了 95%，达到了国家排放标准。相比现有塔设备成本可降低 30% 以上，节省投资 75%，运行费用降低 79%，为有效解决高浓度硝烟污染问题提供了新方法，具有良好的工业化应用前景。

与山西平朔煤矸石发电有限公司联合开发高效实用型（DN-A）CFB 锅炉 SNCR 脱硝系统。此工艺采用超重力烟气气提方法，将质量浓度为 20%～25% 氨水中游离氨吹脱至气相中，含氨 10% 左右气体作为氮源加入到炉内脱硝，保证脱硝效率，减少危险源，实现本质安全。超重力吹氨设备处理氨水量为 $0.1\sim0.8m^3/h$，稀释空气用量为 $1000\sim2400m^3/h$，氨水吹脱率可达 95% 以上，NO_x 排放浓度小于 $100mg/m^3$，氨逃逸浓度小于 $8mg/m^3$。

（4）超重力湿法净化气体中细颗粒物技术

燃煤发电、化工、冶炼等固定污染源排放的工业废气中，含大量细颗粒物，难以被常规除尘器脱除。超重力湿法净化气体中细颗粒物技术复合了离心沉降、过滤、机械旋转碰撞、惯性碰撞捕获及扩散、水膜等多种细颗粒物捕集净化机制，切割粒径小、净化效率高、液气比小、压降低、能耗低，适于工业应用。

山西省超重力化工工程技术研究中心将超重力技术和湿法除尘技术耦合，应用于天脊兴化公司富铵钙尾气除尘，超重力除尘设备直径1.6m，高3.4m，气体处理量43000m³/h，液体循环量12m³/h，除尘效率达到了99.5%；在贵州开磷集团实现原料气的深度净化，处理后气体中尘含量低于10mg/m³；在新疆广汇新能源公司压缩机进口煤锁气除尘技术改造项目，2台超重力湿法除尘设备，单台处理气量21000m³/h，焦油煤尘去除率大于90%，年回收煤气2.3亿立方米，解决了煤锁气火炬燃烧排放造成的环境污染和资源浪费的行业难题。

（5）超重力脱氨除湿技术

硝酸磷肥行业排放的含氨含尘含湿尾气，气体成分复杂，氟化物易堵塞设备，难以治理。采用超重力旋转填料床实现了脱氨除湿一体化治理。在天脊集团实现工业应用，单台设备处理气量55000m³/h，脱氨率90%以上，除湿率56.4%，并推广应用于全球最大的缓控释肥生产基地——山东金正大公司，实现脱氨率92%以上，除湿率45.5%，两台超重力装置总处理气量达25000m³/h，温度降低到80℃，取得了良好的环境与社会效益。

（6）超重力脱除挥发性有机化合物

随着我国工业的快速发展，挥发性有机化合物（Volatile Organic Compounds，VOCs）排放到大气中，对人类健康和生态环境造成巨大的危害，随着人们环保意识增强，VOCs的治理也越来越受到重视。旋转填料床作为一种高效的传质设备，在治理挥发性有机化合物废气方面具有极大应用价值。

台湾工业技术研究院化学工业研究所开发的旋转脱气机，其液体处理量1m³/h，液体黏度小于0.01Pa·s，每米传质单元数大于25。研究表明，当气液比为25且转速为700r/min时，常温下脱除水中甲苯，脱除率可达95%以上；当气液比为63且转速为1200r/min时，液体预热至95℃则脱除水中丙酮物质，脱除率可达95%以上。

中北大学以旋转填料床为吸收装置，考察超重力参数对甲苯吸收率的影响，确定适宜的工艺操作参数。研究表明：旋转填料床用于吸收治理甲苯废气是可行的，且填料的润湿程度对甲苯吸收率有重要影响。在超重力因子为33.42，液气比为5~6.67L/m³，气体流量为6m³，在入口甲苯浓度为500ppm（1ppm=10^{-6}）时，吸收率可达到74.2%左右。将旋转填料床应用于吸收治理挥发性有机化合物，可克服传统塔设备存在的压降大、设备体积庞大、开停车不方便等应用限制，具有灵活通用、使用成本低和占地面积小的优点，具有极为广阔的应用前景。

1.1.3.2 超重力水处理技术

工业废水存在危害大、难降解，成分复杂等问题，传统水处理方法很难使其达到排放标准。将超重力技术借助其高效传质的特点应用于废水处理，是一种既经济又有效的处理方法。

（1）氨氮废水处理

中北大学应用超重力技术在氨氮废水吹脱方面进行了研究，对某化肥厂铜洗工序的氨氮废水进行了处理，当进口氨氮废水pH值为10.5~11.5、处理量为20~50L/h、气流量为

$30\sim120m^3/h$ 时，氨的单程吹脱率高达85%。气液比为1200（是传统吹脱法气液比的1/4～1/3），由于床层压降较小，气体用量减少，能耗明显低于传统吹脱法。该项目被列入2002年度国家科技成果重点推广计划，科技部计划发展司授予"超重力法吹脱氨氮废水示范工程"的依托单位证书。

（2）超重力氧化技术

北京化工大学与中国石化石油化工研究院合作，以超重力机为氧化再生反应器，进行脱硫醇废碱液深度氧化反应与分离耦合的新工艺技术开发，并实现工程化，数月连续运行结果表明：新技术既能满足油品升级对高品质MTBE的生产要求，又实现了碱渣近零排放，为液化气深加工产业减轻环保压力，具有广阔的应用前景。

山西省超重力化工工程技术研究中心针对TNT红水具有成分复杂、毒性大、色度高、难降解，以及臭氧氧化技术受气液传质限制的特点，应用旋转填料床作为臭氧氧化气液反应装置，使臭氧溶于液相的效率极大提高，提升臭氧的利用率。该技术较传统臭氧氧化技术可缩短反应时间（减少约40%），节约臭氧消耗量（减少约30%），降低水处理成本（减少约45%）。

台湾工业技术研究院化学工业研究所采用超重力臭氧氧化技术去除水中COD，每小时处理量为 $300m^3$。试验将超重力装置与卷气式反应器进行了对比。结果表明，操作费用约减少48%，能源成本可减少37%。由此可见，超重力臭氧氧化系统除了具有高效率之外，其潜在经济效益亦非常可观。

1.1.3.3　超重力精馏技术

精馏是石油化工、炼油生产过程中一个重要环节，也是能耗最大的化工分离过程。对塔器精馏设备改进和研发，产生了明显的技术进步和经济效益。但化工行业仍面临着节能降耗、产业升级的需求，超重力精馏技术以其高效，低成本的特点逐渐成为一个新的研究热点。

浙江工业大学将超重力精馏技术应用于包括甲醇/水、乙醇/水、丙酮/水、DMSO/水、DMF/水、甲醇/甲缩醛/水、乙酸乙酯/水等的常规精馏过程，无水乙醇制备的萃取精馏过程，乙腈/水的共沸精馏过程，以及医药中间体分离、有机溶剂回收等过程，取得了很好的传质效果。

中北大学分别以乙醇-水和甲醇-水为体系进行了全回流精馏实验研究，得出了不同操作条件下的理论塔板高度。研究表明超重力装置的传质效率比传统填料塔高1～2个数量级，体积缩小为原来的1/10，而且操作稳定，不易液泛，具有广阔的应用潜力。

1.1.3.4　超重力强化气-液反应技术

（1）超重力纳米粉体制备技术

中北大学以 CO_2 和 $NaAlO_2$ 为原料连续制备出粒径小于20nm的超细氢氧化铝，超重力技术的应用极大提高混合程度，缩短碳化时间，实现超细粒子的合成及改性一步工艺，该项目获得了山西省科技进步一等奖。

北京化工大学以 CO_2 和 $Ca(OH)_2$ 为原料，采用超重力技术制备出平均粒径为15～30nm的纺锤形等多形态纳米碳酸钙，该项目已进行工业化推广。以四氯化钛和氯化钡为原料，以氢氧化钠溶液为沉淀剂，利用超重力反应器采用直接沉淀法制备了 $30\sim70nm$ 纳米级立方相 $BaTiO_3$ 粉体。采用超重力反应器以 $NaAlO_2$ 溶液及 CO_2 气体为原料，制备了平均直径 $1\sim5nm$，长 $100\sim300nm$ 的纤维状纳米拟薄水铝石。

（2）超重力卤化技术

溴化丁基橡胶（BIIR）广泛应用于轮胎、医用胶囊、防腐防化等领域，北京化工大学将超重力技术用于强化丁基橡胶溴化反应过程，研究结果表明，与搅拌釜反应器相比，反应时间可缩短至 2min，用该技术制备的 BIIR 产品结构、性能指标均与市售的国际公司的 BIIR 产品指标相当，具有良好的工业应用前景。

1.2 超重力流体力学性能

流体力学性能是衡量超重力装置气液传递性能的重要指标之一，气液传质性能优劣、负荷的大小及操作的稳定性等很大程度取决于流体力学性能。流体在超重力场下的流体力学性能不能简单地用超重力场代替重力场而求取，超重力场下的流体力学性能比传统塔设备中更为复杂。超重力装置流体力学性能一般包括流体流动形态、压降、液泛及停留时间等。

1.2.1 液体流动形态

（1）液体在旋转填料中的流动状态

液体在超重力场中的流动状况十分复杂。国内外学者采用摄像机或高速频闪照相实验技术，直接观察液体的流动过程和流动状态。Burns 和 Ramshaw 等[2,18] 发现：在超重力场中填料的流动状态可以分为三种流动形态：孔流（Pore Flow）、液滴流动（Droplet Flow）、液膜流动（Film Flow），如图 1-14 所示。郭锴等发现液体在被加速时并非是一起被加速的，而是存在两种情况：一是当它们被填料捕获后，就达到与填料相同的速度；二是未被填料捕获的部分则保持原有的速度，大约经过 10mm 左右才全部被捕获，表明填料床存在端效应区。张军等[8] 发现液体以液滴、液线和液膜三种形态存在于填料中，在填料内缘处，液体主要以液滴形态存在，在填料主体区，填料表面上液体主要以液膜形式存在。

孔流　　　　　液滴流动　　　　　液膜流动

填料

液体

图 1-14　液体在填料中的三种流动形态

（2）液体在旋转填料中的分布状态

Burns 采用高速频闪照相机对液体在填料中的不均匀分布问题进行了研究，结果如图 1-15 所示。液体在填料中的分布很不均匀，液体以放射状螺旋线沿填料的径向流动，向周向的分散很少。为考察液体在旋转填料中分布性，采用两个 20mm 的金属挡片垂直放置于液体分布器与填料内侧之间，将填料内圈一些部分用挡片挡住，使液体不能从此部分进入填料。结果发现：金属挡片沿填料外缘径向阻挡的这部分填料是干的，说明液体基本上是径向运动，而周向分散很小，见图 1-16。

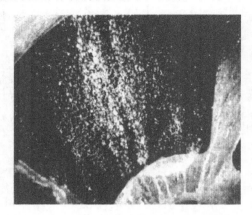

图 1-15　液体在填料中的不均匀分布

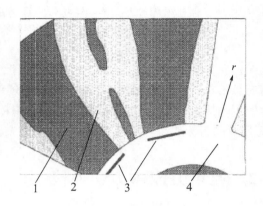

图 1-16　液体在填料中的不均匀流动
1—干填料；2—湿填料；
3—金属挡片；4—有机玻璃支架

1.2.2　气相压降性能

气相压降是衡量设备阻力大小和能量消耗的一项重要指标，是设备设计、填料选择等必须考虑的问题。超重力场下压降的产生依据受力的状态[19-21]可以分为：

① 离心阻力即高速旋转的填料对气体形成剪切作用，对气体进行剪切变形，带动气体流动造成能量损失，这就是离心压降产生的主要原因。离心压降的大小与填料旋转的速度、填料形状、装填方式及空隙率等有关；

② 摩擦阻力是指气体在流动过程中在填料表面和气液界面上产生的黏性曳力；

③ 形体阻力是由于气体通过的流道突然增大或缩小以及方向改变等造成的能量损失。

为便于对超重力场各种条件下的压降进行研究和比较，在此介绍几个有关压降的概念。超重力装置的气相压降特性有床层压降（Δp_s）、离心压降（Δp_c）、干床压降（Δp_d）及湿床压降（Δp_w）、总压降（Δp_t）等指标。

1.2.2.1　气液逆流操作的气相压降

以水-空气为研究体系，对逆流式超重力装置的气相压降进行实验测定研究，测压点分布如图 1-17 所示，点 1 设置在超重力装置气体入口处，点 2 设置在超重力装置气体出口处，点 1-2 所测的气相压降为总压降（Δp_t）；点 3 设置在超重力装置填料内侧，点 4 设置在填料外缘处，点 3-4 所测气相压降为床层压降（Δp_s）。在室温条件下，改变气体流量、液体流量及转子转速，待设备运转稳定后，测出对应段的气相压降。气相压降由 U 形管压差计测定，转速由光电转速测定仪测定，气液流量由转子流量计测定。

研究者[22,23]对逆流旋转填料床气相压降性能进行了分段研究，研究发现进口压降和外腔压降均与液量无关，只与转速、气量有关，液体刚引进时，出口压降迅速增大，内腔压降明显减小，该床的干床压降大于湿床压降。科氏力引起的压降占总压降的 $12\%\sim20\%$ 之间，摩擦力引起的压降占总压降的 $40\%\sim70\%$ 之间，其中对科氏力及摩擦力引起的压降影响最为显著的是转速。

1.2.2.2 气-液错流操作的气相压降

错流式超重力装置[24,25]具有处理物料通量大、压降小和泛点高等优点，备受广大科技工作者的青睐。测试方法如下：

以水-空气为工作介质，对错流超重力装置的离心压降、干床压降和湿床压降进行了测量，测压点分布如图 1-18 所示，通过测定气体进出口点 1-2 为超重力装置总压降。气相压降由 U 形斜管压差计测定，超重力因子由变频器调节转轴的速度来测定，气液流量由转子流量计测定。

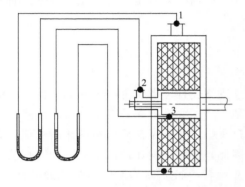
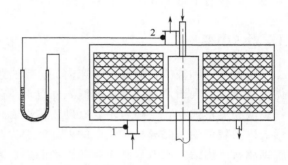

图 1-17 逆流旋转填料床测压点分布测试图　　　　图 1-18 错流旋转填料床测压点分布测试图

研究者们[26-30]研究了错流旋转填料床的气相压降特性，研究结果表明：错流旋转填料床湿床压降大于干床压降，其干床压降与湿床压降均与气速的平方成正比，处于阻力平方区；干床压降与转速无关；湿床压降与转速的平方成反比，与液体流量成正比；气相压降关联式与传统塔设备类似，但是不同于逆流旋转填料床；错流旋转填料床不会受到液泛气速的影响，气体流速可高达 15m/s，甚至更高；与逆流旋转填料床相比，错流旋转填料床填料的直径可大大缩小。影响错流旋转填料床气相压降主要是转速和气量，液量影响较小，与逆流旋转填料床相比，错流旋转填料床的压降是它的 1/10。床层气相压降与填料的空隙率及其厚度有关。

1.2.3 液泛现象

气液在超重力装置内接触的过程中，由于液相流体受到较大的超重力场的作用或者说流体质点受到较大的离心力作用，其流速远比在塔设备中的液体流速大得多。因此，在这种情况下，气体速度能在较高的速度情况下操作，气液接触一般不易发生液泛现象。但是，在操作不当的情况下，会发生气体中大量夹带液体的现象，甚至出现液泛现象，严重时会影响整个气液接触操作。

逆流旋转填料床的转子中心出现液雾状液滴，气体出口有大量液体喷出，压降有较大幅度波动时，可认为逆流旋转填料床[31,32]出现液泛现象。液泛现象首先出现在内缘（内腔）区，与气量、液量和转速有关，主要表现形式是气相夹带液滴，从正常操作到发生液泛的过程中气相压降、液相夹带量连续增加。相比之下，错流旋转填料床[21]不存在液泛问题，只有液沫夹带问题，可以在很高的气速下操作。而错流出口气体中的液沫夹带是很容易通过捕沫器设计解决的。在通气的情况下床内存在轻微轴向偏流，床内液体无明显轴向分散，因此液体轴向返混程度很小。

1.2.4　停留时间

　　液体在旋转填料床中的停留时间取决于填料径向深度、填料种类、转速以及液体本身的性质。衡量填料转子内液体量有两种基本方法：一个是转子内液体的平均停留时间；另一个是填料内的持液量。旋转填料床内的液体的停留时间可以通过示踪观察或者示踪电导传感的方法来测定，实验测得停留时间为 0.2～1.8s，并且随着转速、液量和转子径向距离的增加而减小，而气量和液体黏度对停留时间影响不大。国内外研究者对旋转填料床持液量的研究并不多，仅有 Basic 和 Burns 的文献报道[1]。

1.2.5　小结

　　掌握气体和液体在旋转填料床内的流动特性对于理解其性能非常重要。例如，良好的液体分布特性有利于填料的均匀润湿，而且对于防止填料转子失衡非常重要；液体以液滴、液丝和液膜的形式存在于填料中，有助于传质和传热过程的强化；错流旋转填料床不受液泛的影响以及较低的压降导致了设备的处理能力提高。因此，旋转填料床的流体力学性能直接影响到填料床内的传质效果和设备的生产能力。通过对旋转填料床内部流体力学性能的研究，掌握设备结构及内构件对流体的作用机理，有助于设备性能的改善和提升，为超重力设备设计、操作参数的设置、设备放大及商业化应用提供重要的技术支持。

1.3　超重力吸收

　　吸收过程是最典型的传质过程，超重力装置作为一种新型的传质设备，可显著强化传质过程，因此超重力吸收技术在吸收过程占有极重要的地位。

1.3.1　超重力吸收原理

　　气体吸收过程是利用气体混合物中各组分在溶剂中溶解度的差异或与溶剂中活性组分化学反应的差异实现组分分离的过程，也是气体净化的常用单元操作，气体吸收过程实质是溶质由气相到液相的质量传递过程。工业上的气体吸收过程可分为物理吸收、化学吸收和物理化学吸收三大类。无论采用何种吸收形式，都要解决过程的极限和过程速率两个基本问题。

　　传统塔设备是利用重力作用达到气液两相在其中的充分接触实现物质传质，由于重力场较弱，液膜流动缓慢，在传质过程中体积系数较小，故这类设备通常体积庞大，空间利用率和生产强度低。超重力吸收设备，则是利用高速旋转的填料床，使液体产生强大的离心力，在几百至上千倍重力加速度时，液体流速可比重力场提高 10 倍，液体在巨大的剪切力作用下被拉伸或撕裂成微小的液滴、液丝和液膜，产生巨大的相间接触面积，流体的湍动程度大大增强，减小了相界面的传质阻力，大大强化了气液两相的传质。

　　因此，超重力吸收设备具有传统塔设备无法比拟的独特优势，越来越多的人们意识到它在过程强化领域的发展潜力以及应用前景。许多国家和地区（例如美国、中国、印度、英国、巴西和中国台湾等）的研究机构在不断地对旋转填料床进行开发应用研究，学者们采用不同吸收体系（CO_2～NaOH[33]、CO_2～H_2O[34]），不同结构旋转填料床（错流床[35]、逆流床[36]）研究了旋转填料床的气液吸收传质性能。结果表明，旋转填料床的传质效果明显高于传统塔设备，其液相体积传质系数比普通气液传质塔设备高1～2个数量级。试验结果均表明，超重力吸收装置可显著地强化吸收过程的传质速率。

1.3.2 超重力吸收工艺

采用超重力技术进行气液吸收实验，可采取类似以下工艺流程进行。在吸收实验工艺流程中，采用的旋转填料床可以是错流床、逆流床、多级轴向旋转床、SP-RPB、CAS-RPB等，采用的吸收体系可以是气膜控制，也可以是液膜控制。以 Na_2CO_3 溶液吸收 H_2S 为例，采用错流旋转填料床描述超重力吸收工艺。实验流程如图 1-19 所示。

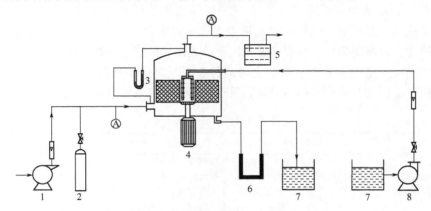

图 1-19 超重力吸收 H_2S 实验流程示意图
1—罗茨风机；2—H_2S罐；3—U形压差计；4—旋转填料床；5—吸收槽；
6—液封装置；7—碱液槽；8—离心泵

贫液槽中的脱硫贫液在贫液泵的作用下，沿旋转填料床液体进口进入旋转填料床，经液体分布器分布后喷洒于高速旋转填料内缘，在离心力作用下向填料外缘甩出，在旋转的填料内，液体被分割为微小的液滴和液膜。含硫化氢原料气体经输气管路进入旋转填料床空腔，在压差推动下，气体沿填料外缘向内缘流动，与脱硫液逆流接触。气液两相在高湍动、强混合及相界面快速更新的情况下完成脱硫液对硫化氢气体的吸收过程。脱硫后的气体由旋转填料床中部的气体出口排出，接入下道工序。装置主要工艺参数见表 1-1。

表 1-1 装置主要工艺参数

项 目	内 容	项 目	内 容
处理气量	300～500m³/h	脱硫催化剂	PDS
进装置硫化氢含量	500～600mg/m³	液量	1.7～4.5m³/h
脱硫主体设备	旋转填料床(ϕ220×1500)	旋转填料床转速	600～1200r/min
碱源	碳酸钠		

1.3.3 超重力吸收应用

超重力技术极大地强化了气液间的传递过程，其体积传质系数比重力场条件下提高了一个数量级，这意味着完成同样的生产任务，超重力装置的体积将比普通的吸收设备缩小数十倍，不仅使系统设备体积和占地面积或空间体积大幅度减小，节省大量基建投资；而且设备重量轻，维修方便，可缩短检修周期，大大降低产品的生产成本。因此，在超重力场进行气体吸收操作是十分有利的，在这个方面已经实现了许多工程化应用，在这一节中，对几个典型实例进行简要说明。

1.3.3.1 超重力场中净化硝烟

在硝基苯、硝基炸药、硝基染料的生产过程，以及金属与非金属表面硝酸处理过程、硝基化合物分解等过程中会产生硝烟，其浓度达 $10000mg/m^3$ 以上。硝烟成分复杂，主要为 N_2O、NO、NO_2、N_2O_4、N_2O_5 的混合物，排放量较小、排放点集中、扩散速度快、危害严重、治理难度大。目前，氮氧化物的治理方法有干法和湿法两种，干法主要是针对低浓度的氮氧化物烟气，而高浓度的氮氧化物治理主要采用湿法进行。中北大学[37]率先提出采用超重力技术治理火炸药行业的硝烟，将超重力旋转填料床作为硝烟吸收器，通过其强大气-液传递速率的特性，提高硝烟控制步骤的吸收速率，进而加快整个吸收过程速率，达到深度净化的目的。该技术应用于太原某厂，通过现场试验表明，该技术对硝烟的处理有良好的预期效果，可以适用于不同场合硝烟气体的治理，易于操作，尾气排放达标。工艺参数见表1-2。

表 1-2　工艺参数

项目	操作参数	项目	操作参数
硝烟处理量(标况)	$600\sim20000m^3/h$	吸收停留时间	0.3s
NO_x进口浓度(标况)	$18000\sim20000mg/m^3$	氧化停留时间	60s
NO_x出口浓度(标况)	$\leqslant1000mg/m^3$	水力负荷	$10\sim20m^3/(m^2\cdot h)$
液气比 L/G	$20L/m^3$	吸收剂	新型高效吸收剂
操作气速	$0.2\sim0.3m/s$		

1.3.3.2 超重力法脱除硫化氢气体

超重力法硫化氢吸收技术，其核心是将超重力技术应用于湿法脱硫工艺，采用超重力设备——超重力旋转填料床作为脱硫设备，利用其传质效率高、停留时间短的特性，使得脱硫过程得到强化，脱硫选择性得到提高，从而有望低耗、高效地实现选择性脱硫。超重力设备用于湿法脱硫的优势在于：脱硫效率高、脱硫液循环量小、填料具有自清洗作用、设备体积小、停留时间短、选择性好、设备可选用耐腐蚀材料。

该技术可推广应用于天然气、炼厂气、煤层气、合成气、煤气、半水煤气、焦炉煤气和变换气等气体中 H_2S 的脱除。目前，江苏海基环保能源公司已经将该技术应用于炼油厂、化肥厂的尾气脱硫，年处理量达到 7200 万立方米/年，处理后 H_2S 含量小于 $20mg/m^3$，实现达标排放的同时，还节省了脱硫成本。中北大学[38]将超重力脱硫技术成功地应用于山西某厂选择性脱除 H_2S、陶瓷行业的煤气脱硫、焦化行业的焦炉煤气脱硫、四川某集团的氨法低成本净化尾气、广西某厂的发生炉煤气等行业领域。以某行业超重力脱硫技术为例，其与常规方法对比的工艺技术参数如表 1-3 所示。

实践证明，采用超重力技术脱硫能使脱硫液循环量和泵的扬程减小，整套脱硫装置的阻力降低，大大节省了能源。与传统技术相比，该技术脱硫率高，可达到 90% 以上，年减排 H_2S 700 余吨。

表1-3 工艺参数对比

项目	常规方法	超重力法	参数对比
主体设备/mm	$\phi 3500 \times 40000$	$\phi 1400 \times 3500$	1/70
液体循环量/(m³/h)	1200	300	25%
脱硫率/%	83	90	
电耗/(kW·h/d)	12000	4440	37%
碱耗/(t/d)	70	1	1.4%
填料结垢	堵塞、难更换	延缓、易换	
总投资/万元	3000	700	2300
年运行费用/万元	5284	128	5156

1.3.3.3 超重力法脱除二氧化硫

由于我国经济的高速发展，能源的消耗量不断增加，二氧化硫的排放量也日趋增多。我国酸雨面积已占国土面积的40%，成为继欧洲和北美之后的第3大酸雨区。面对如此严重的防治酸雨的形势，国家强令关停小火力发电站、小型水泥厂、小型砖瓦窑，实现了一定程度的SO_2减排；同时，对大型火力发电厂烟气开展深度治理，使排放烟气中SO_2含量达到发达国家水平。为此必须通过经济和安全的手段使其达标排放，而现行的脱硫装置设备庞大，投资高，效率低，为了实现酸雨和二氧化硫污染控制目标，必须加快国产脱硫技术和设备的研究、开发、推广和应用。

现行的脱硫方法分为干法，半干法和湿法，而以湿法脱硫为主（85%以上）。湿法脱硫工艺的主体设备为吸收塔，有板式塔、填料塔和喷淋塔等。在此过程中，液膜流动缓慢，单位体积内有效接触面积小、液膜控制的传质过程的体积传质系数低，因此此类设备体积庞大，空间利用率和设备生产强度低。而在超重力旋转床中，液体被高度分散，气液界面高度湍动，形成了不断更新、极大的表面积，传质速度得到了极大的提高。正是基于这一特点，北京化工大学利用超重力旋转床对硫酸厂尾气气量为$3000\,\mathrm{m^3/h}$进行处理，可以使尾气中的二氧化硫含量降到100ppm。若将单级超重力脱硫与喷射脱硫器相结合，可在设备投资、动力消耗、气相压降等方面较原有技术有较大的优势。

1.3.3.4 超重力法吸收二氧化碳

近几十年来，由于CO_2的过量排放造成地球表层的气温不断升高，给环境带来了很大的危害，各种自然灾害也愈演愈烈。但CO_2也是一种非常宝贵的碳资源，可以被广泛用于多种领域，在工业生产中有非常重要的应用。对排放的CO_2进行回收、固定、资源再利用，已成为世界各国特别是发达国家十分关注的问题。现阶段采用的吸收装置主要有：各种类型的吸收塔，文丘里洗涤器，鼓泡反应器等。但是这些反应器都存在明显的缺点，如传质效率不高、设备体积大、能耗高、安装维修不方便等。而超重力反应器由于其高效的传质效果，将其应用于二氧化碳的吸收过程，比传统的反应器传质效率更高、能耗减少、更经济。

中北大学的刘有智等对混合胺回收低分压二氧化碳的传质行为进行研究，认为超重力旋转填料床回收低分压CO_2机理在于提高了气-液相接触总比表面积，强化了气液间的传质速率，提高了吸收效率；通过循环及时排走了反应生成热，有利于反应向吸收方向进行，最终使传质系数得以提高。工业生产中，CO_2的吸收和再生是同时操作的，溶液再生的能耗决定了回收CO_2的经济成本。在考察吸收状况的同时，进行溶液再生的研究是十分必要的。

北京化工大学教育部超重力工程研究中心对二氧化碳的捕集和纯化进行了研究，并且这一研究计划得到了国家"十一五"科技支撑。

1.3.3.5　超重力法吸收 VOCs

挥发性有机化合物（VOCs）是一种具有刺激性或臭味的气体，成分复杂、易挥发，可导致人体出现诸多不适，多数是由化工相关产业生产过程、产品消费行为以及机动车尾气造成的。我国针对石化、有机化工、合成材料、化学药品原药制造、塑料产品制造、装备制造等重点行业，完善 VOCs 的污染防治体系，以期达到改善空气质量和污染减排的目的。

传统 VOCs 控制方法主要以吸收法为主，利用液态吸收剂处理废气，气体溶解于液体中，从而达到控制大气污染的一种方法。该法适用于大气量、中等浓度的含 VOCs 废气的处理。采用常见的吸收设备如喷淋洗涤器、泡沫洗涤器、文丘里洗涤器等。传统设备存在传质效果差、体积庞大、装置阻力大等问题，采用旋转填料床取代传统吸收设备，可以有效解决以上问题。蒸汽汽提法被认为是从有机化工工业、塑料工业和合成纤维（OcPsF）工业产生的废水中去除 VOCs 的"最有利用价值的技术"。北京化工大学[39]采用超重力汽提技术去除 VOCs，实验证明该技术能显著缩小反应器或分离设备的体积，简化工艺流程，实现了过程的高效节能，减少了污染排放，提高了产品质量。

1.3.3.6　超重力法吸收其他物质

合成氨、碳酸铵、硝酸铵、硫酸铵、纯碱、硝酸磷肥等化工生产过程中产生的含 NH_3 类废气，气量大、浓度高，且含大量水汽和粉尘等杂质。在处理过程中，粉尘等杂质在水汽冷凝过程中会形成泥浆类物质，导致塔设备堵塞、NH_3 回收率低，难以稳定运行，是行业的难题。针对某厂气量为 $55000\mathrm{m}^3/\mathrm{h}$、含 NH_3 的废气，其中含 NH_3 为 $7960\mathrm{mg/m}^3$，先前的吸收填料塔存在氟化物易堵塞，风机压头有限等难题，中北大学采用超重力技术进行脱氨除湿。结果表明，采用超重力技术脱氨率达到 85% 以上，年回收氨 2800t，环境效益明显，经济效益每年可达 420 万元。该技术在山东某化肥公司也投入工业化，采用两台超重力装置，总气量可达 $25000\mathrm{m}^3/\mathrm{h}$，脱氨率可达 92% 以上，有效解决了行业难题。

此外，超重力气液吸收技术还应用于回收醋烟技术方面，中北大学将该技术引进到某厂进行现场中试，实验结果表明，针对气量为 $4500\mathrm{m}^3/\mathrm{h}$ 的醋烟，以水为吸收剂进行吸收，年可回收 225t 醋酸，回收率比原工艺提高了 15%，年经济效益可达 146 万元。

超重力气液吸收技术不仅可以达到常规技术所不能比拟的高吸收率，而且超重力设备具有体积小、单位体积处理量大、设备和基建费用少、开停车短等特点。在创造可观经济效益的同时，也使得吸收装置自动化，取得了良好的社会效益。

1.4　超重力解吸

解吸是吸收的逆过程，又称气提或汽提，是将吸收的气体与吸收剂分开的操作。解吸的作用是回收溶质，同时再生吸收剂（恢复吸收溶质的能力）。工业上，解吸是构成吸收操作的重要环节。解吸分为物理解吸（无化学反应）和化学解吸（伴有化学反应）。采用传统的塔设备进行解吸，同样存在传质效果差、气液接触面小等缺点，采用超重力技术解吸，其优势在于解吸率高、气体用量小、不易结垢堵塞、设备体积小、气相压降小等。前面论述了超重力下的吸收操作，与吸收相反的过程，是超重力下的解吸过程，使溶质从液相中分离出来而转移到气相的过程。解吸与吸收的区别仅仅是物质传递的方向相反，它们所依据的原理是相似的。

1.4.1　超重力解吸原理

解吸是与吸收相反的过程，即溶质从液相中分离出来而转移到气相的过程（用惰性气流吹扫溶液或将溶液加热或将其送入减压容器中使溶质放出）。解吸和吸收的区别仅仅是过程中物质传递的方向相反，他们所依据的原理并无二致。超重力解吸技术同样如此，解吸液体在旋转填料床中被高速旋转的填料切割成尺寸很小的液丝、液滴和液膜，液体的湍动程度随转速的增大而增大，气液两相接触面积增大，液膜表面的更新速度加快，液相传质阻力减小，与惰性气体接触时，能更有效地进行解吸过程。

氨氮废水治理方法很多，主要有空气气提法、蒸汽汽提法、预氯化-活性炭吸附法、离子交换法、氧化池法、生物硝化-反硝化法等。其中空气气提法技术可靠，投资费用和运行费用相对较低，是应用最广泛、运行成本最低的一种方法。空气气提法是利用相间氨浓度差促使水中游离氨向空气中扩散的一种单元操作，即吸收操作的逆过程，又称为解吸或气（汽）提。在此单元操作中气提速率与气液接触方式及相间传质过程密切相关，利用超重力技术在强化传质方面的优势，可以使解吸设备体积小型化。这里以吹脱氨氮废水（即空气气提法处理氨氮废水）为例来介绍超重力场下的解吸过程。

水中的氨氮主要以铵根离子（NH_4^+）和游离氨（NH_3）的形式存在。常温常压下，它们与水中 OH^- 保持化学平衡，其平衡关系式如下：

$$NH_4^+ + OH^- \rightleftharpoons NH_3 + H_2O$$

工业上通过加碱后，将铵根离子转变为游离氨，再采用空气吹脱（气提）或蒸汽汽提的方法，脱除液相中的游离氨。存在的问题主要是采用空气吹脱法时效率很低，吹脱率仅40%左右；且所需空气量大，风机能耗高。超重力技术单程吹脱率在85%以上，填料塔吹脱率只有40%～50%，出口气相氨浓度为平衡浓度的70.3%，理论推算的估计值为68%，本技术更接近理论平衡态，接近极限状态。超重力场中由于传质系数的大幅度提高，在气液比为传统方法 1/4 左右时即可达到同样的吹脱效果，减少了气液比，压降通常在200mmH$_2$O（1mmH$_2$O＝9.80665Pa）左右，从而对风机全压的要求较低，减小了风机能耗，减少了设备投资及运行费用。

1.4.2　超重力解吸工艺

以吹脱氨氮废水为例说明超重力解吸过程，其工艺流程见图 1-20。空气由罗茨鼓风机输送，空气首先经缓冲罐和转子流量计计量后，由气体进口管导入到转鼓外侧，在压力作用下气体自转鼓外侧进入床层，经过填料流至转鼓内腔并由气体出口管排出；调节好碱度的氨氮废水由输液泵自废水槽泵出，经流量计计量后送至位于转鼓内腔的静止液体分布器，均匀喷洒于转鼓内缘，进入床层的液体受到高速旋转填料的作用，由内向外径向流动。在此过程中，由于强大离心力的作用，液体在高分散、强混合及界面快速更新的环境下与气体充分接触并产生质量传递。为控制体系温度，在气体输入管路以及氨水槽均配有恒温加热器。本实验所用氨氮废水由某化肥厂提供，用 NaOH 做碱源调节氨氮废水的 pH 值。

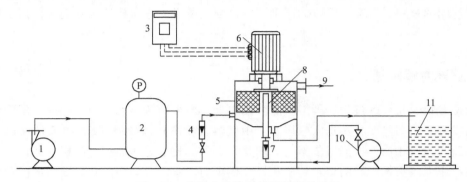

图 1-20　超重力吹脱氨氮废水工艺流程

1—风机；2—缓冲罐；3—变频器；4,7—流量计；5—旋转填料床；6—电机；
8—液体分布器；9—气体出口；10—液泵；11—氨氮废水

1.4.3　超重力解吸应用

超重力解吸技术与传统的解吸方法相比，具有处理效果好、设备体积小、成本低等优势，有利于解吸液中溶质的析出。目前，超重力解吸技术应用于氨氮废水、脲醛胶脱甲醛、提溴、吹碘等方面，下面分别介绍这几种工艺。

1.4.3.1　超重力法吹脱氨氮废水

氨氮污染可能引起江河水体藻类过度繁殖，形成富营养状态，大量消耗水中的溶解氧，致使鱼类和其他水生物窒息死亡，威胁生物的生长，破坏生态平衡。氨氮废水治理方法很多，主要有空气气提法、蒸汽汽提法、预氯化-活性炭吸附法、离子交换法、氧化池法、生物硝化-反硝化法等。其中空气气提法技术可靠，投资费用和运行费用相对较低，是应用最广泛、运行成本最低的一种方法。

超重力法吹脱氨氮废水技术[40,41]是采用旋转填料床作为吹脱设备，以空气为汽提剂，将水中的游离氨分子解吸到气相中的氨氮废水治理方法。在适宜工况下，单程吹脱率可达85%，采用两次逆流吹脱，总吹脱率可达98%，吹脱过程中气液比为传统吹脱法的1/4～1/3。整体来看，与传统吹脱法相比，超重力法吹脱氨氮废水具有气相动力消耗小；氨氮去除率高；设备体积小、运行稳定且操作弹性大；气液比小，利于氨回收；能增加水中溶解氧等特点。工程化应用效果显著，具有广泛的工业化应用前景。

中北大学与山西朔州某厂联合开发高效实用型（DN-A）CFB 锅炉 SNCR 脱硝系统。将原先的氨气化工艺改为氨水吹脱，减少了能源消耗，降低了危险发生概率，实现了本质安全。采用超重力吹脱技术，使整个装置设备体积大大减小，节省了占地空间，并且改善了吹脱效果。实践证明，采用超重力烟气气提方法，将质量浓度为20%～25%氨水中游离氨吹脱至气相中，含氨10%左右气体作为氮源加入炉内脱硝，保证了脱硝效率。运行过程中的具体工艺参数如表 1-4 所示。

表 1-4 工艺参数

项目	操作参数	项目	操作参数
气量	2400m³/h	NO_x 排放浓度	<100mg/m³
液量	0.1~0.8m³/h	氨逃逸浓度	<8mg/m³
吹脱率	>95%		

1.4.3.2 超重力法吹碘

碘是制造无机和有机碘的基本原料，是重要的资源，一方面碘对人体健康有重要作用，也广泛用于医药、农药、化工、电子及军事工业；另一方面，含碘废液不加以处理直接排放会带来环境污染。目前，中国碘的年产量只有几百吨，与中国对碘的需求量形成巨大的反差，这直接导致国内市场碘的售价昂贵，而且中国每年都要花费大量的外汇从国外进口碘物资。在磷矿工业中伴生的碘一直作为"暂难利用"资源，在磷肥生产过程中耗散。因此，在磷化工企业中开展回收碘资源是一项利国利民的有意义的工作。

从稀磷酸中回收碘，碘的吹脱是稀酸提碘工艺中重要的一个环节。目前，工业中常用的方法为离子交换法和空气吹出法，离子交换法操作步骤比较繁琐，而空气吹出法工艺较简单，尤其是用于湿法磷酸中碘的回收对主产品稀磷酸的质量无任何影响。我国目前对碘的需求量还很大，碘的生产规模仍然较小，工艺技术水平低，旋转填料床既可用于传质分离过程，又可用于复相反应过程，采用超重力技术进行吹碘，具有良好的应用前景。

中北大学在贵州某集团进行了超重力吹碘实验，该集团拥有世界上第一个以磷矿伴生极低品位碘资源为原料的碘回收工业化装置，采用吹出吸收工艺从稀磷酸中回收碘。原料液中有5%左右的石膏、且本身也易结垢的特性，采用热空气吹脱、单层筛板塔仍只能连续运行5天。对于吹脱装置提出了抗腐蚀、强化气液接触、延缓结垢堵塞的要求。采用超重力吹碘技术后，将旋转填料床代替庞大的、滞留时间较长的填料塔，减少了工艺过程中的气液比、减少了空气用量、降低了碘资源及能源的消耗，简化了流程设备，强化了设备的生产能力，为工业化回收碘资源提供了新的技术方法。

由实验结果及分析可得：

① 超重力技术应用于碘吹脱过程，可获得平均58%以上的吹脱率，最低出碘含量：8ppm。

② 超重力吹脱过程，气液比由原工况的133减小到34左右时，空气用量减少2/3，吹脱率仍可保持在58%左右；减少热空气用量，增加吹脱后气体中碘浓度，有利于后续的碘吸收过程。

③ 采用超重力吹脱工艺，将热空气改为常温空气，吹脱工艺仍可正常运行，且吹脱效果无明显减小。

1.4.3.3 超重力法提溴

溴素是一种重要的基础性化工原料，在医药、农药、阻燃剂、灭火剂、制冷剂、感光材料、精细化工、油田开采等领域广泛应用。近年来，我国含溴卤水资源中溴浓度日益降低，而主流的空气吹出提溴工艺存在能耗高和温度适用范围窄的缺陷，当含溴卤水浓度较低时，空气吹出法提溴经济性变差，因此以降低能耗、提高效率为目标，离子交换树脂吸附法、气态膜法、乳化液膜法、鼓气膜吸收法和超重力法等提溴方法得以广泛研究。

空气吹出尾气封闭循环酸法制溴（简称酸法制溴）是国内卤水提溴领域的主流工艺。该工艺主要由酸化、氧化、吹出、吸收等工序组成。其中吹出工序是影响产品质量和成本的关键所在。其吹脱率的大小不仅关系着产品的最终得率，而且关系到吹后废液中残余的游离溴含量和影响着下游整个盐田生态系统。

提溴工序普遍是用空气在塔设备中将氧化液中游离溴吹出，通常吹脱率较低，即使在最适宜的条件下，吹脱率也仅有 $75\% \sim 85\%$；另外，塔设备存在阻力大和吹脱气液体积比大，风机的运行费用高的问题。超重力空气吹出氧化液中游离溴是利用超重力技术高度强化传质的特性，强化游离溴解吸至气相的传质过程。超重力场中氧化液在高速旋转的转子内填料的作用下被分散、破碎成极大的、不断更新的表面，在高分散、高湍动、强混合以及界面急速更新的情况下与空气以极大的相对速度在弯曲的孔道中逆向接触、传质，将氧化液中游离溴吹出，传质过程得到极大强化。

针对空气吹出提溴工艺吹出率低、能耗大的缺陷，中北大学利用旋转填料床，以不锈钢丝网为填料，在高转速条件下，利用离心力场取代重力场使含溴原料在填料表面分布，与吹溴空气错流接触进行解吸操作，其特点在于在高速离心作用下，一方面使得含溴料液内的传递阻力大为降低，另一方面，液体在气体中被分散为尺度极小的液膜、液丝和液滴等形式，极大地提高了传质比表面积。基于这两个特点，超重力法提溴在旋转填充床内实现了游离溴解吸过程的强化。

超重力技术的引入不仅使空气吹出酸液吸收法制溴工艺中氧化与吹出工序的配氯率与气液比降低，氧化率与吹脱率提高而且降低了气、液相动力消耗，尤其是超重力装置对气液变化不敏感，体积较小，维修方便的优点更为分散式卤水溴资源的开发利用提供了便利条件。我国西部大开发将伴随有大量油气田卤水的采出，为满足市场需求，提高产品质量，降低成本，超重力技术应用于我国卤水提溴工艺具有重要的历史意义和经济效益，为我国溴产品与国际化水平接轨提供了技术创新。

1.4.3.4　超重力法脱挥

在单体聚合成高分子物质的过程中，从反应器中出来的大多数聚合物都含有低相对分子质量的组分，如单体、溶剂、水及反应副产物，被统称为挥发分，是聚合物中不应含有的组分。这些单体或低聚物通常对于聚合物的品质有影响，或是对聚合物的物理化学特性有影响，或是对聚合物的应用性能有影响。从聚合物本体中脱除挥发分可以提高聚合物的性能、回收单体和溶剂、满足健康和环境要求、去除异味和提高聚合度；其脱除过程则称为挥发分脱除，简称脱挥。

聚合物系脱挥过程是将挥发性物质从液相移到气相并加以分离的过程。在聚合物制备过程中，脱挥过程所消耗的能量占全过程的 $60\% \sim 70\%$，因此脱挥过程的节能是一个重大的研究课题。聚合物生产及后处理过程的好坏，在很大程度上取决于所采用的聚合设备和脱挥设备的特性。聚合物脱挥是个受热力学、传质控制的分离过程，其单元操作具有很强的技术性，难点在于处理的是高黏性物料，操作过程中伴随发生的传热、传质及化学反应影响了聚合物的性能，使得过程更加复杂。由于这些限制，需要专门设计分离装置，使其中的流体流动方式更利于有效的分离。通常，高黏流体和超高黏流体的流动性极差，几乎无法在常规分离设备中操作。另外，高的黏度使得挥发物的传递速率大幅度下降，常规分离设备的效率大大下降。这就对分离设备提出了特殊的要求：要求能够在高黏度下操作时仍然保持较高的分离效率。因此，高速表面更新的新型高效传质设备的开发成为聚合物脱挥技术推广的关键。

超重力脱挥过程依靠超重力设备来实现。待处理的聚合物经过预热后，靠泵将其送入超重力装置内环处的分布器，进入旋转的填料内，在高速旋转的填料的剪切应力的作用下，使得液态的聚合物的流动形态成为极薄的液膜和极小的液滴，甚至形成雾滴状态，并且得到快速更新。在超重力设备内，一方面使低分子及易挥发的成分从高聚物中脱出的阻力降低，另一方面使得气液接触面积极大提高，从而促进挥发组分在聚合物中向气-液界面扩散，极大强化了相间传递过程。

一般来说，传质系数会随着黏度的增大而减小，对于非牛顿流体来说，在高剪切力的状况下其表观黏度也会相对减小，从而有利于传质的进行。超重力设备能够提供对液体强大的剪切力，不仅可以有效地迫使高黏度流体通过填料层，而且对于强化非牛顿流体的传质过程十分有效。超重力脱挥过程的优势有：

① 巨大的剪应力克服了表面张力，将高黏度聚合物撕裂成液体薄膜，增加气液的接触面积；

② 加快了液相聚合物表面更新速度；

③ 高剪切力使物系的表观黏度相对减小，利于传质的进行；

④ 高速旋转的填料有助于气泡的破裂；

⑤ 填料存在很大的表面积，使得气液接触面积增大；

⑥ 超重力场可强化微观混合和传递过程。

脲醛树脂胶黏剂是以甲醛和尿素为原料通过缩聚反应得到一种热固性树脂。因价格低廉、使用方便、有较高的胶合强度而广泛用于纤维板、胶合板等人造板的制造和木材加工工业。当前国内脲醛胶的主要缺陷是产品的游离甲醛含量较高，一般游离甲醛含量都在 3% 左右，使胶接产品在生产和使用过程中有较高的有毒气体甲醛逸出，严重地污染环境，损害了生产者和消费者的身心健康。目前，降低脲醛树脂中游离甲醛的主要方法除改进生产脲醛树脂的配方和合成工艺外，还使用甲醛捕捉剂、合理选用固化剂和脱水工艺等。虽然这些方法对降低游离甲醛起到很大作用，但也存在诸多不足，如树脂的胶接性能、水溶性能、初黏性等的降低。采用超重力常压空气吹脱的方法进行脱除脲醛树脂中游离甲醛单体，其处理量大，处理效果显著，处理后其中游离甲醛最低可达到 0.1% 以下。

中北大学[43]采用超重力技术对脱除脲醛树脂中游离甲醛进行了应用研究，研究结果表明超重力场脱除脲醛树脂中游离甲醛效率高，单程脱除效率在 85% 以上，脱除时间短，比常规的方法缩短 70% 左右的时间，适合间歇操作。处理后脲醛树脂中游离甲醛含量（质量比）不超过 0.5%，其他性能指标按照《木材工业胶粘剂用脲醛、酚醛、三聚氰胺甲醛树脂》(GB/T 14732—2006) 执行。超重力场脱除脲醛树脂中游离甲醛工艺简捷，配套设备少，只需在原有工艺中增加超重力装置和引风装置即可，以空气为介质脱除甲醛单体的同时，也降低了脲醛树脂的温度，省去采用冷却水降温过程。

静态型脱挥设备简单、可靠、经济，同时要求溶液黏度低且易于流动，但在静态型设备内，物料停留时间较长且分布宽，不适用于热力学不稳定的聚合物即最高操作温度较低的情况；膜更新可以形成更小的薄膜厚度，但是为了获得巨大的气液传质面积，薄膜蒸发器一般都体积巨大，要形成更小的薄膜厚度就需要更高的设备精度要求，难度较大；排气挤出型设备的主体设备结构简单，工业应用成熟，但它是负压操作，在排气口处容易冒料，而且从经济角度评价，工业应用的大部分脱挥器中，双螺杆挤出机能耗最高，使得脱挥工段占据了聚合物制备工艺的大部分能耗；表面更新型脱挥器优化设备的结构使液膜变薄，提高传质传热面积，增加表面更新，强化传质过程，缩短物料停留时间，防止过热、避免发生再聚合。

超重力旋转填料床具有传质效率高、能耗低等优点，在聚合物脱挥工业中的应用必将越来越受到人们的重视。虽然该项技术在基础理论和应用方面取得的较大的进展，但在某些方面还有待于完善，如不同物系对填料结构的不同要求以及工业放大设备的动平衡与密封件的寿命问题。虽然如此，超重力技术显示出的极好性能，将会使其广泛应用于聚合物脱挥工业中。

1.5　超重力精馏

化工生产常需要将互溶液体混合物进行分离，以达到提纯或回收有用组分的目的。互溶液体混合物的分离按照混合物的物理化学特性有多种分离的方法，而蒸馏及精馏是最常用的方法。

精馏过程是利用混合液体中各组分的相对挥发度之间的差异，在精馏设备中根据多次部分汽化与冷凝的过程使得组分得以分离。常用的精馏设备有填料塔、板式塔等，在这些塔设备中，汽液的接触与流动都是在重力下进行的，因此液体流动缓慢，在填料表面形成的液膜面积小，且更新慢，进而导致了传质系数低，设备体积庞大，造价及运行费用高。针对这些问题，科学工作者对塔器设备结构、塔板结构及填料等方面进行了大量改进和研发工作，取得明显的技术进步和经济效益，推动了精馏技术的发展。随着经济的发展和节能降耗的要求，超重力精馏技术逐渐成为一个新的热点。

在超重力环境下，汽液实现高分散、高混合、强湍动，界面更新速度快，产生巨大相界面，混合物在短时间内得到分离提纯，大大强化了传递效率，设备体积相比传统精馏塔设备呈数十倍的比例减小，运行成本明显降低。超重力技术的这些优异特点，引起科技工作者的高度重视，使得人们在超重力精馏技术方面进行了不断的探索[43-49]。下面依据多年的研究工作和掌握的情况，对超重力场精馏原理、设备结构、传递特性等进行阐述。

1.5.1　超重力旋转填料床精馏

1.5.1.1　超重力旋转填料床精馏装置

超重力场精馏装置与流程可以依据气液流动形式、装置的结构、填料的设置情况、操作条件、流程结构等进行分类。

（1）依据填料设置情况分类

① 单级超重力精馏装置　单级超重力精馏装置工作原理：蒸汽从气体进口管进入超重力精馏装置的外腔后，在压力的作用下自旋转填料的外侧沿径向通过填料层到达填料内侧，汇集于超重力精馏装置的内腔，然后从气体出口离开超重力精馏装置。液体从液体进口管进入超重力精馏装置的中央分布器，通过喷嘴均匀分散到填料的内侧，在超重力的作用下，液体自旋转填料内侧沿径向通过填料层向外侧甩出，经外壳收集后从液体出口流出。这种超重力精馏装置在工业中只能用于简单蒸馏，或用于精馏塔中的精馏段或提馏段。

② 两级或多级超重力精馏装置　两级或多级超重力精馏装置指填料的设置分内外两

（多）级和上下两（多）级填料。图1-21所示为内外两级超重力精馏装置，图1-22、图1-23所示为上下多级超重力精馏装置。两级或多级超重力精馏装置的不同级可作为精馏段和提馏段，因此，该装置可用于连续精馏操作。

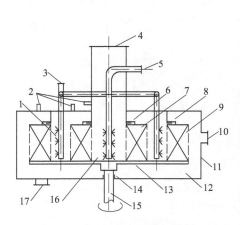

图1-21　两级超重力精馏装置结构示意图

1—液体分布器；2—测压口；3—原料液进口；
4—气体出口；5—回流液进口；6,8—密封；
7—第一级填料；9—第二级填料；10—气体进口；
11—超重力精馏装置外壳；12—超重力精馏装置外腔；
13—转子；14—轴承；15—转轴；16—超重力精馏
装置内腔；17—液体出口

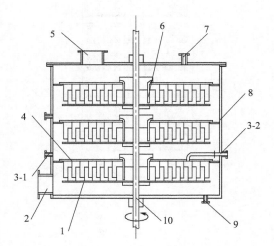

图1-22　多层折流式超重力精馏装置

1—旋转折流盘；2—气体进口；
3-1,3-2—液体进口；
4—固定折流盘；5—气体出口；
6—引导管；7—液体进口；
8—支架；9—液体出口；10—转轴

（2）依据流程结构情况分类

① 单台超重力精馏装置流程　图1-24所示为常压、全回流间歇操作精馏工艺流程。待分离的液体混合物，由再沸器汽化后，经气体流量计控制流量、压力表测压和温度计测温后，从气体进口管进入超重力精馏装置的外腔，在气体压力作用下自外向内强制性流过填料层，汇集于超重力精馏装置的中心管，然后在超重力精馏装置的气体出口经测压后进入冷凝器。冷凝液体通过液体转子流量计计量和温度计测温后进入超重力精馏装置的中央分布器，经喷嘴喷入旋转填料内侧，填料在电机的带动下高速旋转，形成超重力场，液体受超重力作用被甩向外侧，经超重力精馏装置的外壳收集后，从液体出口流回再沸器进行循环。

② 双台超重力精馏装置流程　图1-25所示为双台超重力精馏工艺流程。原料在泵的作用下，经转子流量计计量后进入超重力精馏装置（RPB2），在填料中，受离心力的作用由填料内侧向外侧甩出，经液体出口流入再沸器。再沸器中的液体部分引出，部分经程序控温加热产生蒸气，减压阀控制蒸气量后进入超重力精馏装置（RPB2），蒸气在压力作用下由旋转填料外侧向内侧流动，由超重力精馏装置（RPB2）气体出口进入超重力精馏装置（RPB1）。从超重力精馏装置（RPB1）气体出口进入冷凝器的蒸气，经冷凝后部分作为回流液回流到超重力精馏装置（RPB1），其余作为产品贮存。

1.5.1.2　超重力旋转填料床精馏研究进展

超重力精馏作为一种可能带来巨大社会和经济效益的新兴化工分离工程技术，如今正吸

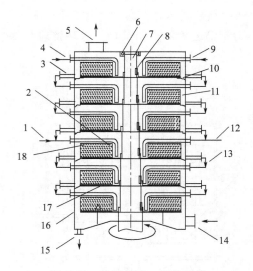

图 1-23　单层错流、总体逆流
超重力精馏装置

1,12—原料进口；2—液体分布器；3—取样口；
4,9—回流液进口；5—气体出口；6—轴承轴；
7—转轴；8—转子固定楔；10—受液盘；11—转子；
13—降液管；14—介质进口；15—液体出口；16—旋转
床外壳；17—填料下支撑盘片；18—填料上支撑盘片

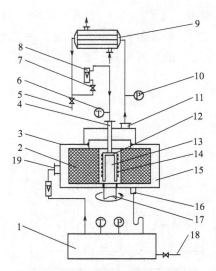

图 1-24　单台超重力精馏工艺流程

1—再沸器；2—填料；3—机壳；4—液体入口；
5,18—取样口；6—温度计；7—阀门；
8—流量计；9—冷凝器；10—U形差压计；
11—气体出口；12—液体分布器；13—中心管；
14—喷嘴；15—外腔；16—液体出口；
17—转轴；19—气体进口

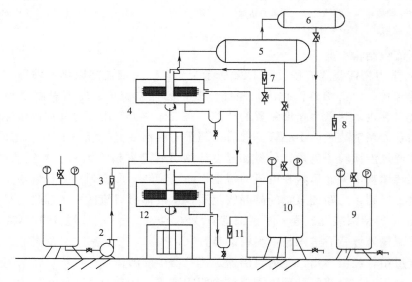

图 1-25　双台超重力连续精馏工艺流程

1—原料贮槽；2—泵；3,7,8,11—转子流量计；4—RPB1；5—分凝器；6—全凝器；
9—废液贮槽；10—再沸器；12—RPB2

引了世界各处的科研工作者对其进行研究，如表 1-5 所示。目前，在化学工业上已经成功地应用了超重力精馏技术，并显示出超重力设备相对传统塔设备的极大优越性。基于此，包括 Glitsehteeh、Akzonobel 在内的著名化工企业都开设了专门研究超重力精馏技术及设备的部门。今后超重力精馏的发展方向将主要是实现超重力精馏设备向中试和工业化的迈进以及对超重力精馏设备的转子、液体分布器以及填料的选择进行更加科学系统的研究；同时如何将超重力精馏技术与其他特殊精馏技术，如反应精馏、减压精馏、热偶精馏等结合起来，拓展超重力精馏技术的应用领域，也将是今后超重力精馏技术的发展重点。

表 1-5　各研究机构关于超重力精馏研究一览表

时间	研究者	研究机构	研究内容
2010	Wenjing Yang 等	清华大学	计算流体动力学模型,进行了三维的物理模型的描述和开发。初步的仿真结果表明,该模型用于描述碘化物能更好地理解旋转流
2010	J.V.S.Nascimento 等	坎皮纳斯大学	正己烷/正庚烷体系:质量传递系数取决于液体流量和转速。设备有很高的分离效率而且降低床体积
2010	Lava Agarwal 等	印度理工学院	实验结果表明:可能特别适用于集约化的气体侧传质阻力控制过程,能有效地减少塔体积和降低传质单元阻力
2011	A. Mondal 等	Jadavpur University	设计转子,其传质性能优于传统的旋转。实验数据分析表明,转子速度影响整体的体积传质系数的设计
2012	Edgar L. Martínez 等	坎皮纳斯大学	利用计算流体动力学研究三维模型是为了描述多相流的执行水-SO_2碘化物和在 950r/min 的旋转速度计算速度沿旋转域分布。仿真结果可以增进对多相流的旋转和旋转速度对流体流动影响的了解
2012	Yong Luo 等	北京化工大学	提出一种专为连续精馏设计的两段式精馏工艺。研究的动力学特征包括气相压降和流体动力(转速、进料量等)。在一定的实验条件下,塔板高度可达到 4.94～11.57mm
2012	Ronald Jaimes Prada 等	坎皮纳斯大学	介绍超重力精馏技术的研究背景以及其自身特点,与传统精馏设备相比较可有效地减小设备尺寸,提高效率
2012	栗秀萍等	中北大学	甲醇-水体系,翅片导流板填料能延长气液接触时间、维持设备动平衡和解决液沫夹带等问题
2012	李俊妮等	中北大学	苯-甲苯体系,采用数值分析方法——分段抛物插值法对二元理想体系的气液平衡曲线进行模拟,并结合 MATLAB 软件和图解法对精馏段操作线、q 线和提馏段操作线进行数值计算和绘制曲线以计算精馏塔理论塔板数,从而完成精馏塔的设计
2012	李俊妮等	中北大学	介绍精馏的原理及填料性能,重点叙述了在国内外这种特殊精馏用填料的应用研究进展,并展望了其发展方向
2013	栗秀萍等	中北大学	甲醇-水体系,考察多级超重力精馏过程的传质性能研究,并与其他超重力精馏填料的传质性能进行比较。研究表明:装有不锈钢波纹丝网填料的多级旋转填料床在精馏实验过程中运行平稳;并确定了最佳实验条件
2014	王新成	中北大学	基于 Aspen Plus 平台建立的气、液两相非平衡级超重力精馏模型对超重力精馏分离甲醇-水过程进行了模拟与优化,深入分析超重力精馏塔内进料位置、回流比、转速、原料流量、原料浓度等操作参数对整个体系的影响

1.5.2　超重力折流板精馏

1.5.2.1　超重力折流板精馏装置

一般而言，精馏过程需要的理论塔板数较多，单个转子具有的理论塔板数难以满足精馏的要求，而在一台超重力设备内同轴串联多个转子，又存在转子之间的密封问题。一种转子由动静部件相结合的旋转床[50]，可以方便地解决转子之间的密封问题，在一台超重力床内同轴串联两个以上的转子[51,52]，满足一般精馏所需要的理论塔板数，并可在一台超重力床内实现连续精馏所必须的中间进料。由于气液在转子内折流流动，故称为折流式超重力床

（Rotating Zigzag Bed，RZB），其结构如图1-26所示。RZB的核心部件为动静部件相结合的转子，转子是由一个动盘1（下）和一个静盘5（上）构成，动盘和转轴11相连，静盘和壳体9固定进行密封。动盘1上表面固定有一组同心的圆形圈2（称为动折流圈），圈的上部开有小孔（图中未画出），动折流圈随动盘一起绕转轴旋转。静盘5下表面固定有另一组同心的圆形圈4（称为静折流圈），转子转动过程中静折流圈保持静止。动静两组折流圈相对且交错嵌套布置，动静折流圈之间的环隙空间与动折流圈和静盘以及静折流圈和动盘之间的缝隙，提供了流动的通道。

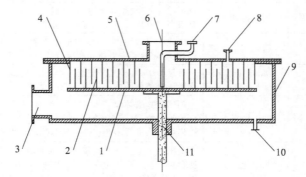

图1-26　折流式超重力床结构简图

1—动盘；2—动折流圈；3—气体进口管；4—静折流圈；5—静盘；6—气体出口管；7—液体进口管；
8—中间进料管；9—壳体；10—液体出口管；11—转轴

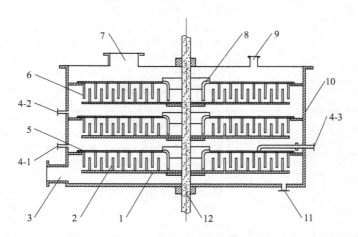

图1-27　三层折流式超重力床结构简图

1—动盘；2—动折流圈；3—气体进口管；4-1，4-2，4-3—液体进口管；5—静盘；6—静折流圈；7—气体出口管；
8—导流管；9—回流管；10—壳体；11—液体出口管；12—转轴

多层折流式超重力床的结构如图1-27所示（以三层为例），每层转子与单层旋转床相比，其中心处增加了导流管8，将来自上层转子外缘的液体引入到下层转子的中心，实现液体在各层转子之间的依次流动。另外，由于多层转子结构较单层转子的重量成倍增加，考虑到轴和壳体的机械强度以及设备的动平衡问题，因此多层结构通常采用中心悬垂式结构，即转轴完全穿过壳体，因此需要上下两处轴密封。另外多层结构还设置有多个进料口4，进料位置既可以在转子之间（4-1，4-2），也可以在某层转子上（4-3），这样可以在一台多层超重力床中实现带有多股进料、侧线采出、中间换热的复杂精馏以及萃取精馏、共沸精馏等过程。

1.5.2.2　超重力折流板精馏装置流体力学和传质特性

（1）流体力学性能[53-56]

折流式超重力床的结构以及气液流动方式均与其他旋转床不同，结构和流动形式的差异必然会引起旋转床内流体力学特性的变化。旋转床内流体力学特性的研究，对旋转床的操作有重要的指导意义，也是进一步研究旋转床传质性能的基础。

实验是在壳体直径和高度均为 800mm 的单层折流式超重力床内进行，实验装置流程如图 1-28 所示，转子外径为 600mm，内径为 150mm，高度为 80mm，内含 7 个动折流圈和 6 个静折流圈，转速为 600～1400r/min，离心加速度约为 $75g$～$410g$（以转子的平均半径计）。实验采用空气-水作为测试物系，压降采用 U 形管压差计进行测量，主要研究了气体流量、液体流量和转速对气相压降的影响。

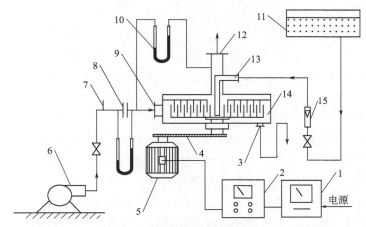

图 1-28　折流式超重力床流体力学性能测试实验流程示意图

1—三相电度表；2—调频器；3—液体出口；4—传动皮带；5—调速电机；6—旋涡气泵；
7—温度计；8—孔板流量计；9—气体进口；10—U 形压差计；11—高位槽；12—气体出口；
13—液体进口；14—折流式超重力床；15—转子流量计

研究结果表明：干床压降随着转速的增加而单调增加，与周向速度的平方成正比，即与转速的平方成正比，因此这部分压降可以称为离心压降；在气流存在的情况下，干床压降随着转速和气量的增加而增大，此时干床压降除了来自于离心力之外，还来自于气体通过转子的摩擦阻力和局部阻力；气量增大，干床压降增大，这主要是由于气体的径向运动时的局部阻力所引起的，气速的增加会加大局部阻力，从而使得通过旋转床的压降随气量的增加而增大。湿床压降随着气量的增加而增大，这主要是因为气体通过转子时径向运动时所造成的阻力损失增大，与气量影响干床压降的机理相类似；湿床压降均随着液量的增加而减小，减小的趋势随着气速的增加更为明显，当液量继续增大到一定值（约为 600L/h）时，湿压降随着液量的变化不大；湿压降随转速的增大而增加，湿床的气相压降随转速的变化较为缓慢。

（2）传质性能[53,56]

传质性能测定实验在双层折流式超重力床内进行，实验装置流程如图 1-29 所示。旋转床壳体直径为 800mm，高度为 550mm，壳体内包含两个相同的转子，外径为 630mm，内径为 200mm，高度为 80mm。壳体内上层转子作为精馏段，有 9 个静折流圈和 8 个动折流圈，下层转子作为提馏段，有 9 个静折流圈和 8 个动折流圈。实验测试物系为乙醇-水。

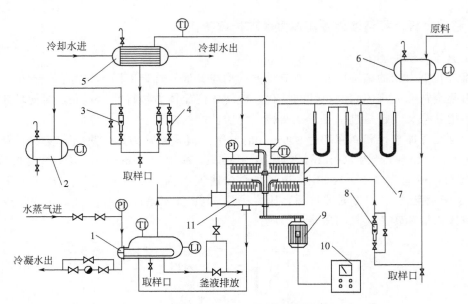

图 1-29　折流式超重力床传质性能测试实验流程示意图

1—再沸器；2—产品储槽；3—产品转子流量计；4—回流转子流量计；5—冷凝器；6—原料高位槽；
7—U 形压差计；8—原料转子流量计；9—调速电机；10—调频器；11—双层折流式超重力床

研究结果表明：理论板数随着回流流量的增加而降低，但当回流流量超过 300L/h 时，理论板数几乎不再变化。这是因为一方面回流流量的增加减小了气液之间的接触时间，削弱了传质，另一方面回流流量的增加会加大气液之间的相对速度，从而加剧湍动程度和液相表面的更新，强化了传质过程。通常来说，尤其是回流流量较小的情况下，转速对传质效率的影响比较大。实验发现传质效率随着转速增大而增加，且增加的幅度较大。在回流流量大于 300L/h 的情况下，理论板数随转速增加的变化不再明显，表明此时气液已经达到了完全的接触。这种变化趋势可归因于转速的双重效应，一方面转速增加会使得液膜变薄，有利于液相分散和传质过程；另一方面，转速增加会减小气液的接触时间，会导致传质效率的降低。因此折流式超重力床操作转速宜在 1000r/min 左右，此时单台旋转床的理论板数可以达到 14 块。

1.5.2.3　折流式超重力床的工业应用

折流式超重力床是一种通用的气液接触设备，其新颖的结构及独特优点决定了该设备在化学工业的诸多领域内具有广泛的应用前景。经过十多年的反复试验及改进，目前折流式超重力床已成功地应用于工业生产中连续精馏过程。现已产业化应用的设备有近 600 套，而且推广应用的范围和地域在不断地扩大，其中部分装置已连续运行近十年，设备操作稳定，性能良好，并为企业带来了可观的经济效益和社会效益。

（1）常规精馏——甲/乙醇回收[57]

折流式超重力床可以在单台设备内方便地实现中间进料和多转子同轴串联，而连续精馏是工业中应用最广泛且分离要求较高的单元操作，因此折流式超重力床是化学工业中的连续精馏过程最佳选择。折流式超重力床用于连续精馏过程的流程如图 1-30 所示。在目前已实现工业应用的折流式超重力床中，浙江某制药厂用于乙醇-水物系精馏的旋转床，其转子直径为 630mm，两层转子，外壳直径为 800mm、高为 550mm。连续精馏，进料乙醇体积分数为 40%，回流比 2.5。所得产品乙醇体积分数为 95%，再沸器残液中乙醇体积分数为 0.5%，产品出料量 4.5t/d。嘉兴某化工有限公司用于甲醇-水溶液精馏的旋转床，其转子直径为 750mm、厚度为 80mm，三层转子，外壳直径 830mm、高 800mm。连续精馏，进料甲醇质量分数为 70%，回流比为 1.5。所得产品中甲醇质量分数大于 99.7%，再沸器残液中甲醇质量分数小于 0.5%，产品出料量为 12t/d。在工艺条件相同的情况下，表 1-6 给了折流式超重力床与传统填料塔高度和体积比较的结果，从表中可以看出折流式超重力场旋转床可极大地降低设备高度，缩小设备体积，是一种资源节约型的小型化气液传质设备，为超重力技术用于连续精馏过程提供了一个很好的范例。

表 1-6 相同任务下折流式超重力床和传统填料塔的尺寸对比

物系	设备	直径/m	总高度/m	体积/m³	高度比/体积比
乙醇/水	折流式超重力床	0.8	0.55	0.276	16.4/4.1
	填料塔	0.4	9.0	1.13	
甲醇/水	折流式超重力床	0.83	0.8	0.433	13.8/7.2
	填料塔	0.6	11.0	3.11	

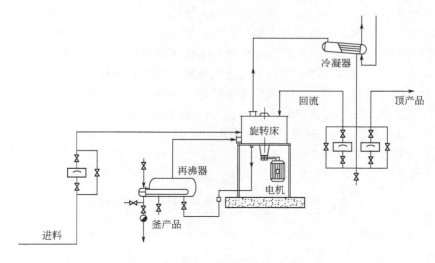

图 1-30 折流式超重力旋转床应用于连续精馏过程的流程

（2）汽提过程——高黏度热敏产品脱溶剂[57,58]

折流式超重力床作为通用的气液传质设备亦可以应用到工业中的汽提过程。浙江某生化股份有限公司在某产品合成过程中会引入甲醇作为溶剂，而最终要将含量约为 10% 的甲醇溶剂脱除。该脱除过程通常采用精馏操作在填料塔中进行，流程如图 1-31（a）所示。由于产品脱除甲醇后水溶液呈浆状，黏度很高，易堵塞填料，因此原料只能直接加入再沸器，水蒸气直接通入再沸器进行加热。同时，由于物料在塔釜中停留时间较长，所以为防止产品水解而须采用真空操作以降低塔釜温度，而这又会导致塔顶甲醇蒸气温度过低，往往需要采用冷冻盐水来进行冷凝。在正常操作中为了减少进出料的次数，采用庞大的再沸器，而且最终产品中甲醇的含量也仅能降至 0.3%，影响了产品的质量和产品的市场。该流程较复杂，操作繁琐，设备投资费用和操作费用也较高。

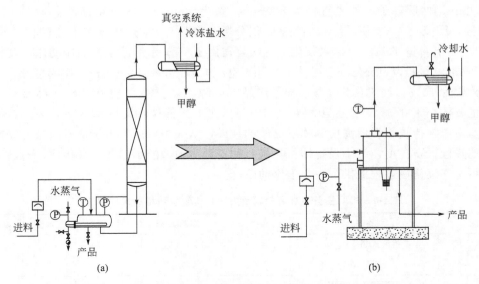

图 1-31　填料塔（a）和折流式超重力床（b）应用于高黏度热敏产品脱甲醇过程的流程

现利用折流式超重力床对原工艺进行了改造，改造后的流程如图 1-31（b）所示。新工艺中水蒸气和物料直接进入旋转床内进行常压汽提操作。该工艺具有以下特点：①旋转床具有较强的防堵塞能力，因此原料可以直接加入到旋转床中，从而省掉了造价较高的再沸器；②旋转床内物料的停留时间短，在较高操作温度下也不会发生显著的分解，因此操作可在常压下进行，从而省去了真空系统，节约了设备的投资和能源的消耗；③由于有效地减少了物料的分解，产品收率得到了提高；④采用常压操作，甲醇蒸气可以采用廉价的自来水进行冷凝，省去了冷冻盐水系统；⑤由于折流式超重力床传质速率高，产品中的甲醇质量分数可降至 0.1% 以下，显著地提高了产品的质量。由此可见，利用折流式超重力床改造后的新工艺大大地减少了设备投资费用和能耗，形成了独具特色的技术，带来了可观的经济效益和社会效益。表 1-7 给出了新工艺中折流式超重力床和原工艺中填料塔主要技术指标的对比。

表 1-7　折流式超重力床和原工艺中填料塔主要技术指标的对比

项目	折流式超重力床	填料塔
原料处理量/(t/h)	2	2
产品中甲醇含量/%	0.1	0.3
再沸器容积/m³	无	8
冷却系统	自来水	冷冻盐水
真空系统	无	有
冷冻机组电机功率/kW	—	20
真空机组电机功率/kW	—	15
旋转床电机功率/kW	18	—
总电功消耗/kW	18	35
系统占地面积/m²	4	16
系统所占空间/m³	12	80

1.6　超重力气-液反应

气-液反应是气相组分进入液相进行的反应，反应组分可以是气体和液体，也可以都是气体，但参与反应的气体组分需进入含有催化剂的液相才能进行反应。

气-液反应按反应类型主要有两类：一类是气体和液体间进行的气液相反应，以制取产品为目的。其中，化学吸收通常用于除去气相中某一组分以及从各种尾气中回收有用组分或除去有害组分等也属于这类反应。另一类是在液体催化剂存在下进行气相反应，例如乙烯和氧气通入氯化钯-氯化铜的盐酸水溶液生成乙醛。在这里主要介绍以制取产品为目的的第一类气液反应。

气-液传质设备类型有很多，主要应用板式塔和填料塔，其他亦可用喷淋塔、卧式塔、鼓泡塔、湿壁塔等。在选择气-液设备过程中要满足以下基本要求：相际面积大和气-液两相充分接触；生产能力大，可以保证正常的有效操作；操作稳定，操作弹性大；阻力小，节省能耗；结构简单，制造、安装方便；不堵塞、易检修。旋转填料床作为一种新型的气-液反应设备，可以有效满足以上基本要求，在气-液反应方面具有很大的应用前景。

1.6.1 超重力气-液反应机理

同传统塔器传质设备相比，超重力旋转床中的气-液两相间传质过程更为复杂。国内外的研究者们对不同结构的旋转填料床的传质性能进行了大量的实验研究，分别考察了设备结构参数、操作参数以及所选物系参数等对旋转填料床传质性能的影响情况，证明旋转填料床对传质的强化优于传统塔设备。这是由于超重力场的存在，使旋转填料床具有比塔设备更高的有效传质比表面积和气-液相的传质系数，从而使得气-液相传质的总传质系数得到大幅度的提高。

超重力旋转床中，液体在高分散、高湍动、强混合以及界面急速更新的情况下与气体以极大的相对速度在弯曲孔道中逆向接触。虽然这一过程极大地强化了传质过程，但也致使气-液间的传质过程变得较为复杂。为此，很多学者根据研究体系的不同，在3种典型气-液传质理论（Whitman 提出的双膜理论、Higbie 提出的溶质渗透理论和 Danckwerts 所提出的表面更新理论）基础上进行相应的合理简化和假设，提出了不同的超重力旋转床运行过程中的气-液传质理论及相应的气-液传质模型。到目前为止，在超重力旋转床中并没有普适性的气-液传质机理理论和传质模型式，从而难以为超重力旋转床的工业应用提供相应的设计基础数据。

1.6.2 超重力气-液反应工艺

以超重力气-液反应器制备纳米氢氧化铝为例，说明超重力气-液反应过程。深度脱硅脱钙除铁后的铝酸钠溶液放入循环贮液槽，经泵送至超重力反应器内部液体分布器，均匀喷射到旋转填料的内侧，二氧化碳/空气按比例混合后经过缓冲罐后送至旋转填料层外腔。气-液两相在旋转填料中逆向接触，发生沉淀反应，反应后液体流回循环槽中，在充分搅拌下，进行循环反应，当 pH 达到规定程度引入粒度控制剂，继续循环一段时间，终止反应。纳米氢氧化铝制备工艺如图 1-32 所示。

1.6.3 超重力气-液反应应用

1.6.3.1 超重力气-液反应器制备纳米氢氧化铝

纤维状氢氧化铝是一种胶态的结晶不够完整的假水软石，晶相纯度高，成型性能好，具

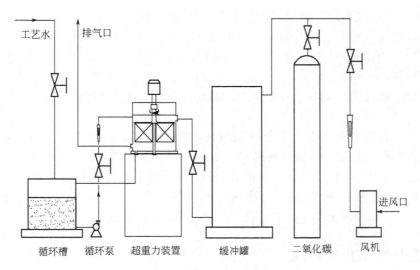

图 1-32 纳米氢氧化铝制备工艺

有触变性凝胶的特点。纤维状氢氧化铝主要用作生产催化剂载体、活性氧化铝原料等。由拟薄水铝石制得的活性氧化铝的比表面积、吸附性能较高,表面化学特性较好,具有一定的孔隙率和孔径分布,常用于催化剂及载体,大孔容的超细活性氧化铝用于加氢催化剂和重整催化剂载体。纳米级活性氢氧化铝阻燃剂是合成材料无卤阻燃剂之一,它具有阻燃、消烟、填充功能,在燃烧时无二次污染,并且其比表面积更大,表面能更高,阻燃效果更好,作为添加剂不影响材料的力学性能和加工特性,而且具有补偿性能。氢氧化铝的超细化及开发高性能的增效剂和高效的表面处理剂,是氢氧化铝阻燃剂的发展方向之一。

超重力技术制造的纳米粉体,具有颗粒小、粒径分布窄的优点,而且容易大量生产,是目前生产纳米粉体成本最低的方法之一。螺旋通道型旋转床超重力反应器,就是利用强大的离心力,使气-液流速提高,此装置可极大地强化传质反应过程并使微观混合均匀。碳分反应沉淀过程中,CO_2 与偏铝酸钠溶液反应是一气-液反应过程,螺旋通道型旋转床超重力反应强化其传质反应过程,并使其微观混合均匀。干燥过程中加入辅助分散剂异丁醇进行共沸蒸馏干燥,从而制备出粒径小且分布均匀的氢氧化铝纳米粉末。北京化工大学采用超重力反应水热耦合法得到的纳米氢氧化铝,形态单一、分布均匀,这是由于旋转填料床具有强化传质和微观混合的作用,相比搅拌槽,可以得到性能更为优异的氢氧化铝凝胶。

1.6.3.2 超重力臭氧氧化废水

目前,超重力处理含硝基苯废水、TNT 红水、黑索金(也称黑索今,一般指环三亚甲基三硝胺)废水已达到了很好的效果。臭氧单独氧化过程中,虽然臭氧具有较高的氧化还原电位(2.07V),但其在水中溶解性差,存在臭氧利用率低等缺点;而双氧水单独作用氧化能力差。当两者以适当的比例混合协同处理废水时,可大幅提高废水的去除率。因为在臭氧和双氧水反应过程中生成了更多氧化性更高的羟基自由基,进而提高了废水的去除率[59]。

中北大学[60]采用 RPB-O_3/H_2O_2 法处理黑索金废水,黑索金去除率达到 98% 以上,处理后废水中黑索金质量浓度为 0.056mg/L,COD 为 21mg/L,达国家一级排放标准。超重力臭氧双氧水处理含硝基苯废水去除率可以达到 96.7%;处理含黑索金废水去除率可以达到 98.6％。中北大学同样采用 RPB-O_3/H_2O_2 法处理硝基苯废水，循环处理 35min 硝基苯去除率可达 96.7％，处理时间 60min 后，废水中硝基苯含量 1.4mg/L，COD 为 39mg/L，达国家一级排放标准。这是由于在旋转填料床中用 O_3-H_2O_2 法来进行氧化反应。一方面通过将强氧化剂臭氧与双氧水组合，产生氧化性更强的羟基自由基·OH 来降解有机物，是一种高效、无二次污染的高级氧化技术；另一方面超重力技术使得气-液传质速率比传统的气-液反应装置提高了 1～3 个数量级，极大地强化了气-液传质过程，提高了臭氧利用率。

1.7 超重力直接换热

传热是化工重要的单元操作之一。基于以提高传热速率、减少热损失和缩小传热设备结构尺寸的目的，一些学者对超重力技术应用于气液两相之间的强化传热进行了探索性的研究。

1.7.1 超重力换热器

超重力场中的热交换是属于冷、热流体直接接触混合的热交换，该换热方式属于直接接触式换热，把完成这种直接接触式换热的超重力装置称为超重力换热器[61,62]。在旋转填料床中，由于超重力的作用，填料对液体的高剪切作用把液体分割成具有一定线速度的极薄的液膜和细小的液滴，气体通过高速旋转的、弯曲狭窄且多变的、充满着极薄的液膜和细小的液滴的填料层中的空隙时，气体和液体都与填料形成了急速的碰撞接触，可能使得液膜厚度减小，提高了传热系数，强化了传热过程。因而，超重力直接换热器换热机理主要是通过增强流体湍动程度，减小传热边界层中滞留内层的厚度，提高了对流传热系数，减小了对流传热的热阻，从而实现介质在设备中的快速换热，强化传热效果。

因气-液逆流接触状况是平均温度差 Δt 最大的情况，因而逆流型是主要的超重力换热器，其结构如图 1-33 所示。以水与空气为冷、热介质，其在超重力换热器中的热交换过程为：热气流通过超重力换热器的进气口进入，在压力作用下自转鼓周边进入填料层，

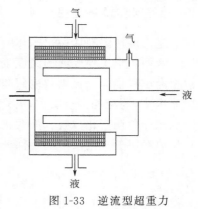

图 1-33 逆流型超重力
换热器的结构

经过填料进入外腔，从出口排出；冷流体通过液体分布器后进入填料层，液相流体被强大超重力强制沿径向做雾化分散。这样被高速旋转的填料分散成的极微小液滴、雾滴在填料层与热流体经过充分的接触，完成气-液两相间的传热传质过程。液相流体经壳内壁汇集到装置底部的排液口排出，气流则由装置上部排出。在填料层内既发生气相向液相的热量传递，也发生水的汽化或冷凝，即传质过程。

1.7.2 超重力场中传热过程

在超重力换热器中的换热属于直接接触式传热，由于传热、传质同时进行，传热和传质

的方向可能不同。旋转填料床内部实际过程的传递方向应由各处两相的温度和分压的实际情况确定。本节将以气液逆流接触的旋转填料床中热气体的直接水冷和热水的直接空气冷却为例进行讨论，定性分析其在超重力换热器中的热质传递过程。

1.7.2.1 过程传递的方向

在超重力换热器中进行的传热过程，传热和传质的方向都可能会发生逆转，在任何情况下，温度是传热方向的判据，分压（浓度）是传质方向的判据。以空气与水为例分析其在旋转填料床中的热质传递过程。气体中水汽分压的最大值为同温度下水的饱和蒸气压值，此时的空气称为饱和湿空气。显而易见，只要空气中含水汽未达饱和时（不饱和空气），该空气与同温度的水接触其传质方向必由水到空气。

在热、质同时进行传递的过程中，造成传递方向逆转的根本原因在于：液体的平衡分压（即水的饱和蒸气压 p_s）是由液体温度唯一决定的，而未饱和气体的温度 t 与水蒸气分压 $p_{水汽}$ 则是两个独立的变量。因此，当气体温度 t 等于液体温度 θ 而使传递过程达到瞬时平衡时，则未饱和气体中的水汽分压必低于同温度下水的饱和蒸气压，此时必然发生传质，即水的汽化。同理，当气体中的水汽分压等于水温 θ 下的饱和蒸气压时，传质过程达到瞬时平衡，但不饱和气体的温度必高于水温 θ，此时必有传热发生，水温将会上升。由此可见，传热与传质同时进行时，一个过程的继续进行必定打破另一过程的瞬时平衡，并使其传递方向发生逆转。

1.7.2.2 冷热流体换热过程分析

（1）逆流旋转填料床中热气体的直接水冷

气、液两相沿填料径向的温度变化和水蒸气蒸气压的变化如图 1-34 所示。宏观上，气相和液相沿填料径向（自填料内部向填料层外部）的温度变化是单调下降的，而液相的水蒸气平衡分压 p_e 与液相温度有关，因而也相应地单调下降。可是，气相中的水蒸气分压 $p_{水汽}$ 则可能出现非单调变化。气、液两相的分压曲线在填料层中某处相交，可以依据其交点（虚拟点）将填料层分成内、外两个部分（这个划分不是物理划分，而是热力学划分）。

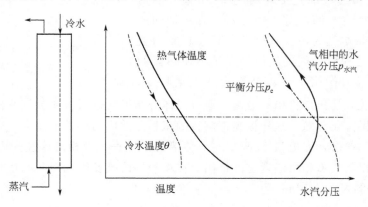

图 1-34　逆流超重力换热器中热气体的直接水冷过程

① 内层：指靠近填料内腔的填料层。从热量传递过程看，在此区域，气体温度高于液体温度，热量由气相向液相传递，液相自气相获得显热又以潜热的形式随汽化的水分返回气

相，液相温度变化缓和；从质量传递过程看，在此区域，由于气相温度变化急剧，同时，气相中的水汽分压 $p_{水汽}$ 低于液相的水汽平衡分压（水的饱和蒸气压 p_s），此时 $p_{水汽} < p_s$，质量由液相向气相传递。因此，填料层内层的过程特点是：热、质反向传递，水汽分压自下而上急剧上升，但气体的热焓变化较小。

② 外层：指靠近填料外沿部分的填料层。从热量传递过程看，在此区域，气体温度高于液体温度，气体传热给液体；从质量传递过程看，在此区域由于水温较低，气相中的水汽分压 $p_{水汽}$ 高于液相的水汽平衡分压（水的饱和蒸气压 p_s），相应的水的饱和蒸气压 p_s 也低，气相水汽分压 $p_{水汽}$ 转而高于液相平衡分压 p_e，水汽将由气相转向液相，即发生水汽的冷凝。因此，填料层外层过程的特点是：热、质传递同向进行，水温急剧变化。

（2）逆流旋转填料床中热水的直接空气冷却

图 1-35 表示气、液两相沿径向填料高度方向的温度变化和水蒸气压的变化。类似地，宏观上，液相温度从填料层外沿向填料层内腔方向流动时呈现单调下降的趋势；液相的水蒸气平衡分压 p_e 也相应地单调下降；而气相中的水汽分压 $p_{水汽}$ 则可能出现非单调变化。依据气液两相的分压曲线交点（虚拟点）将填料层分成内、外两个部分（这个划分不是物理划分，而是热力学划分）。

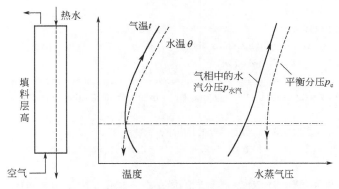

图 1-35　逆流超重力换热器中热水的直接空气冷却

① 外层：指靠近填料外沿部分的填料层。从热量传递过程看，在此区域，热水与温度较低的空气接触，水传热给空气；从质量传递过程看，在此区域由于水温高于气温，液相的水汽平衡分压必高于气相的水汽分压 $p_{水汽} < p_s$，水汽化转为气相。此时，液体既给气体以显热，又给汽化的水分以潜热，因而水温自上而下较快地下降，该区域内热、质同时传递，都是液相转向气相。

② 内层：指靠近填料内腔的填料层。从热量传递过程看，在此区域，水与进入的较干燥的空气相遇，发生剧烈的汽化过程，虽然水温低于气温，气体传热给液体；但对液相来说，由气相获得的显热不足以补偿水分汽化所带走的潜热，从质量传递过程看，在此区域，质量由液体转向气体。因此，填料层内层的过程特点是：热、质反向传递，液相温度自上而下地逐渐下降。

1.7.3　超重力换热器特点

超重力换热器通过快速而均匀的微观混合使得换热面更新加快，增大了传热面积；填料的高速旋转增强了流体湍动程度，使传热边界层中滞留内层的厚度减小，提高了对流传热系数，即减小了对流传热的热阻，从而强化了换热效果，其换热特点如下：

① 超重力旋转填料床总传热、传质面积等于填料面积与液滴表面积之和；

② 用超重力旋转填料床代替传统的换热塔，放大倍数显示其传热效果比传统填料塔提高了 1～2 个数量级，传热单元高度为 0.08～0.23cm；

③ 逆流超重力旋转填料床中热气体的直接水冷，在填料层内层的过程的特点是热、质反向传递；填料层外层过程的特点是热、质同向进行；

④ 逆流超重力旋转填料床中热水的直接空气冷却，在填料外层热、质同时传递，都是液相转向气相；填料层内层的过程的特点是热、质反向传递，液相温度自上而下地逐渐下降；

⑤ 超重力旋转填料床用作换热设备，强化传热的最大影响因素是转速；其他的影响因素（如冷热介质的流量、温度等）和传统塔设备的影响趋势相同，但趋势的变化加剧，充分说明传热强化主要因素是超重力旋转填料床产生的超重力场。

◆ 参考文献 ◆

[1] 刘有智. 超重力化工过程与技术 [M]. 北京：国防工业出版社，2009.

[2] Burns J R, Ramshaw C. Process intensification: visual study of liquid maldistribution in rotating packed beds [J]. Chem Eng Sci, 1995, 51:1347-1352.

[3] Weizhou Jiao, Youzhi Liu, Guisheng Qi. Gas pressure drop and mass transfer characteristics in cross-flow rotating packed bed with porous plate packing [J]. Industrial & Engineering Chemistry Research, 2010, 49 (8):3732-3740.

[4] 陈建峰. 超重力技术及应用 [M]. 北京：化学工业出版社，2002.

[5] 欧阳朝斌，刘有智，祁贵生等. 一种新型反应设备——旋转填料床技术及其应用 [J]. 化工科技，2002, 10 (4):50-53.

[6] 刘有智，刘振河，康荣灿等. 错流旋转填料床气相压降特性 [J]. 化工学报，2007, 58 (4):869-874.

[7] 简弃非，邓先和，邓颂九. 碟片旋转床流体力学实验研究 [J]. 化学工程，1998, 26 (2):6-9.

[8] 郭奋. 错流旋转床内流体力学与传质特性的研究 [D]. 北京：北京化工大学，1996.

[9] 焦纬洲，刘有智，刁金祥等. 多孔波纹板错流旋转床的传质性能 [J]. 化工进展，2006, 25 (2):209-212.

[10] 袁志国，刘有智，宋卫等. 并流旋转填料床中磷酸钠法脱除烟气中 SO_2 [J]. 化工进展，2014, (5):1327-1331.

[11] 隋立堂，徐之超. 折流式超重力旋转床转子结构对气相压降的影响. 高校化学工程学报，2008, 22 (1):28-33.

[12] Chandra A, Goswami P S, Rao D P. Characteristics of flow in a rotating packed bed (HIGEE) with split packing [J]. Ind Eng Chem Res, 2005, 44 (11):4051-4060.

[13] 杨力，刘有智，邵凡. 气相剪切旋转填料床流场特性的数值模拟 [J]. 计算机与应用化学，2013, 30 (3):286-290.

[14] Youzhi Liu, Deyin Gu, Chengcheng Xu, Guisheng Qi, Weizhou Jiao. Mass transfer characteristics in a rotating packed bed with split packing. Chinese Journal of Chemical Engineering, 2015, 23 (5), :868-872.

[15] 谷德银，刘有智，祁贵生等. 新型旋转填料床强化气膜控制传质过程 [J]. 化工进展，2014, (9):2315-2320.

[16] 杨力，刘有智，邵凡等. 气相剪切旋转填料床流场特性的数值模拟 [J]. 计算机与应用化学，2013, (3):286-290.

[17] 张芳芳，刘有智，祁贵生等. 新型旋转填料床脱除烟气中 SO_2 的实验研究 [J]. 过程工程学报，2015, 15 (4):589-593.

[18] J R Burns, J N Jamil, C Ramshaw. Process intensification: operating characteristics of rotating packed beds determination of liquid hold-up for a high-voidage structured packing [J]. Chemical Engineering Science,

2000, 55: 2401-2415.

[19] 陈建峰. 超重力技术及应用 [M]. 北京: 化学工业出版社, 2002.

[20] 王焕, 祁贵生, 刘有智等. 错流旋转填料床气相压降特性实验研究 [J]. 天然气化工 (C1 化学与化工), 2013, (06): 38-41.

[21] 赵海红, 刘有智等. 错流旋转填料床气相压降特性研究 [J]. 化工科技. 2004, 12 (2): 12-15.

[22] 谢国勇, 柳来栓等. 旋转填料床气相压降研究进展 [J]. 煤化工, 2001, 1: 24-26.

[23] 李振虎, 郭锴, 陈建铭等. 旋转填充床气相压降特性研究 [J]. 北京化工大学学报, 1999, 26 (4): 5-10.

[24] 计建炳, 王良华, 徐之超. 旋转填料床流体力学性能研究 [J]. 石油化工设备, 2001, 30 (5): 20-23.

[25] 焦纬洲, 刘有智等. 多孔板错流旋转床流体力学性能研究 [J]. 化工进展, 2005, 24 (10): 1162-1164.

[26] 焦纬洲, 刘有智等. 塑料孔板旋转填料床吸收性能研究 [J]. 天然气工业, 2005, 25 (12): 125-127.

[27] 郭奋. 错流旋转床内流体力学与传质特性的研究 [D]. 北京: 北京化工大学, 1996.

[28] 赵海红, 刘有智, 石国亮等. 错流旋转填料床气相压降特性研究 [J]. 化工科技, 2004, 12 (2): 12-15.

[29] 刘有智, 刘振河, 康荣灿等. 错流旋转填料床气相压降特性 [J]. 化工学报, 2007, 58 (4): 869-874.

[30] 王焕. 错流与逆流旋转填料床气相压降性能研究 [D]. 太原: 中北大学, 2014.

[31] Munjal S, Dudukovic M P, Ramachandran P A. Mass-Transfer in Rotating Packed Beds with Countercurrent Gas-Liquid Flow [C]. Chicago, Illinois: 77th Annul AICHE Meeting, 1985, 11: 10-15.

[32] 陈海辉等. 逆流型旋转填料床的液泛实验研究 [J]. 青岛科技大学学报. 2004, 25 (3): 228-231.

[33] 焦纬洲, 刘有智等. 多孔板错流旋转床流体力学性能研究 [J]. 化工进展, 2005, 24 (10): 1162-1164.

[34] 焦纬洲, 刘有智等. 塑料孔板旋转填料床吸收性能研究 [J]. 天然气工业, 2005, 25 (12): 125-127.

[35] 康荣灿, 刘有智等. 填料结构对错流旋转填料床传质性能的影响 [J]. 青岛科技大学学报, 2007, 28 (5): 406-409.

[36] 杨平, 胡孝勇. 超重力反应器有效传质比相界面积的测定 [J]. 闽江学院学报, 2004, 25 (2): 83-86.

[37] 李鹏, 刘有智等. 超重力技术治理火炸药行业氮氧化物的初步研究 [J]. 环境污染与防治, 2007, 29 (7): 545-547.

[38] 祁贵生, 刘有智, 潘红霞, 焦纬洲. 错流旋转填料床中湿式氧化法脱除气体中硫化氢 [J]. 石油学报 (石油加工), 2012, (02): 195-199.

[39] Chen Y S, Liu H S. Absorption of VOCs in arotating packed bed [J]. Ind Eng Chem Res, 2002, 41 (6): 1583-1588.

[40] 焦纬洲, 刘有智, 刘建伟等. 超重力旋转床处理焦化氨氮废水中试研究 [J]. 现代化工, 2005, 25 (7): 257-259.

[41] 刘有智, 柳来栓, 谢国勇, 霍红, 赵海红, 张艳辉, 贾建芳, 李裕, 任永成. 超重力法吹脱氨氮废水技术研究 [Z]. 太原: 中北大学, 2001.

[42] 刘有智, 刘会雪. 超重力旋转填料床在聚合物脱挥中的应用研究 [J]. 高分子材料研究, 2007, 10: 15-16.

[43] 栗秀萍, 刘有智, 张振翀. 多级翅片导流板旋转填料床精馏性能研究 [J]. 化学工程, 2012, (06): 28-31.

[44] 栗秀萍, 王新成, 李俊妮, 刘有智. 超重机内多孔板填料上气液流场的计算流体动力学模拟 [J]. 石油化工, 2013, (12): 1361-1366.

[45] 徐之超, 俞云良等. 折流式超重力场旋转床及其在精馏中的应用 [J]. 石油化工, 2005, 34 (8): 778-781.

[46] 计建炳, 徐之超等. 多层折流式超重力旋转床装置 [P]. ZL200510049145, 2005.

[47] 俞云良, 计建炳等. 折流式旋转床电功率消耗特性 [J]. 石油化工设备, 2004, 33 (4): 4-7.

[48] 陈文炳, 金光海等. 新型离心传质设备的研究 [J]. 化工学报, 1989, 5: 635-639.

[49] 徐欧官, 计建炳等. 折流式旋转床精馏研究 [J]. 浙江化工, 2003, 34 (3): 3-5.

[50] 计建炳, 王良华, 徐之超等. 折流式超重力场旋转床装置 [P]. ZL01134321. 4, 2001.

[51] 计建炳, 徐之超, 俞云良. Equipment of multi-rotors zigzag high-gravity rotating beds [P]. US7344126B2, 2005.

[52] Wang Guangquan, Xu Zhichao, Yu Yunliang, Ji Jianbing. Performance of a Rotating Zigzag Bed-A New HIGEE [J]. Chemical Engineering Processing, 2008, 47 (12): 2131-2139.

[53] 计建炳, 俞云良, 徐之超. 折流式旋转床——超重力场中的湿壁群 [J]. 现代化工, 2005, 25 (5): 52-54, 58.

[54] Todd, David B. Multistage vapor-liquid contactor [P]. US3486743, 1969.

[55]　俞云良. 折流式旋转床性能的研究 [D]. 杭州：浙江工业大学，2004.

[56]　Wang Guangquan, Xu Zhichao, Ji Jianbing. Progress on Higee distillation—Introduction to a new device and its industrial applications [J]. Chemical Engineering Research and Design, 2011, 89（8）:1434-1442.

[57]　王广全，徐之超，俞云良等. 超重力精馏技术及其产业化应用 [J]. 现代化工，2010，30（S1）:55-59.

[58]　焦纬洲，刘有智，祁贵生，杨森，李孟委. 超重力氨法制备超细氧化锌 [J]. 化学反应工程与工艺，2012，（04）:341-345.

[59]　刘有智，张琳娜，李裕等. 卤水提溴工艺中超重力空气吹出技术研究 [J]. 现代化工，2009，29（8）: 78-81.

[60]　梁晓贤，刘有智，焦纬洲等. RPB-O_3/H_2O_2 法处理含黑索今废水的实验研究 [J]. 现代化工，2012，32（9）: 89-92.

[61]　栗秀萍，刘有智，王晓莉. 超重力精馏过程传热传质机理研究 [J]. 化学工业与工程技术，2010，（02）:1-5.

[62]　王新成，栗秀萍，刘有智，宋子彬. 管壳式换热器的简捷设计与 HTRI 设计对比及分析 [J]. 计算机与应用化学，2014，（03）:303-306.

第2章 液-液过程超重力化工强化技术

2.1 概述

超重力技术是基于强化气-液两相接触过程而提出的,正像前一章所述,迄今强化气-液接触与反应方面的基础研究和应用研究取得很大的进展,其研究范畴涉及吸收与解吸、传热、气液反应等方面,研究成果在脱硫、除尘、脱氨、除湿、VOCs净化等领域得到了较广泛的应用[1]。但是,将超重力技术用于强化液-液相间传递过程和混合,也是近些年化工强化理论与实践的事情[2]。

基于多年的研究基础,山西省超重力化工工程技术研究中心提出了强化液-液混合与接触过程的新型超重力机制——撞击流-旋转填料床(Impinging Stream-Rotating Packed Bed,IS-RPB)[1],把超重力技术的研究领域从气-液相间的传递强化拓展到液-液相间的传递强化,并在液-液混合、萃取、液膜分离等化工过程强化和液-液反应合成纳米粒子等反应过程强化方面进行了大量的研究工作[3-6],部分工作已经形成工业规模的装置,并成功运行。

本章将从阐述撞击流的原理出发,介绍 IS-RPB 装置结构及液-液微观混合机制,阐述 IS-RPB 对化工过程强化和反应过程强化特性的基本理论、规律、性质和应用。

2.2 IS-RPB 装备及技术

2.2.1 撞击流

撞击流的概念是由前苏联教授 Elperin[7] 在 1961 年提出并试验的,最早应用于气-固体系,其基本原理为等量的两股气体在加速管中将固体颗粒充分加速后形成气-固两相流,相向流动,在两加速管的中心区域同轴撞击,此时轴向速度迅速减小,转变为径向速度,并迅速增大,如图 2-1 所示。由于较大的撞击初速度(高达 $20\text{m} \cdot \text{s}^{-1}$),在两加速管中心形成了一个强烈湍动的撞击区(Impingement Zone),极大地促进了动量、热量以及质量传递过程。

对于液体而言,虽然不像气体那样能够达到较大的撞击初速度,但是液体密度比气体大3 个数量级,两液体间的动量传递要比气体间的强烈得多[8]。若两种撞击流装置加速管的截

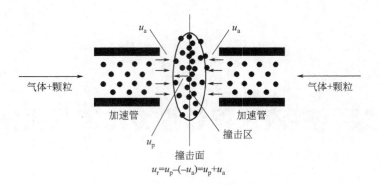

图 2-1　撞击流反应器基本原理示意图

面积相等，即 $A_L = A_G = A$，假定液体密度为气体密度的 3 个数量级，则

$$\rho_L = 10^3 \rho_G, u_{0L} = 0.1 u_{0G} \tag{2-1}$$

式中　ρ_L、ρ_G——液体、气体的密度，$kg \cdot m^{-3}$；

u_{0L}、u_{0G}——以液体为连续相、气体为连续相的相向两流体撞击速度，$kg \cdot m^{-3}$；

根据 Newton 定律，液体为连续相的撞击流装置（LIS）中，单位时间内两股液体相向撞击的动量传递 M_L 如式(2-2) 所示：

$$M_L = m_L u_{0L} = V_L \rho_L u_{0L} = u_L A \rho_L u_{0L} = A \rho_L u_{0L}^2 \tag{2-2}$$

式中　A——加速管截面积，m^2；

M_L——LIS 中传递的动量，$kg \cdot m \cdot s^{-1}$；

m_L——LIS 中液体液滴的质量，kg；

V_L——LIS 中液体体积，m^3。

气体为连续相的撞击流装置（GIS）动量传递为：

$$M_G = A \rho_G u_{0G}^2 \tag{2-3}$$

根据式(2-1) ～式(2-3) 可得到 GIS 的动量传递与 LIS 动量传递之间的关系如式(2-4) 所示：

$$M_L = A \rho_L u_{0L}^2 = A \times 10^3 \rho_G (0.1 u_{0G}^2) = 10 A \rho_G u_{0G}^2 = 10 M_G \tag{2-4}$$

即 LIS 传递的动量要比 GIS 中高 10 倍，如此高的动量传递再加上液体处于分子紧密聚集的状态，使得同轴相向撞击的液体间发生强烈的相互作用，例如：流团、分子间相互碰撞、挤压等，极大程度地促进了分子尺度的混合，达到理想的微观混合效果。

撞击流的分类很多，根据连续相的不同，可分为旋流型、平流型；根据射流在撞击流反应器的流动，可分为同轴逆流、偏心逆流、曲线同轴、曲线不同轴；根据撞击面的特征和数目，可分为固定型、移动型、多区型、平面径向流、平面环流；根据接触器的操作方式，可分为两侧进料连续式、单边进料连续式、半间歇式；根据撞击自由度不同，可分为受限式撞击流反应器（Confined Impinging Jets Reactors，CIJRs）和开放式撞击流反应器（Free Impinging Jets Reactors，FIJRs）。此外，研究较多的还有浸没式撞击流反应器、毛细撞击流反应器等。

（1）受限式撞击流反应器

CIJRs 主要是指两股流体撞击空间受限，即两股流体经加速管 2 加速后，在一个很小的腔室内同轴相向撞击。由于 CIJRs 混合腔室空间较小，流体在撞击过程中是全部充满混合腔室 1，系统为液-液单相流，在加速管 2 轴线上方的左右两侧各形成两个回流区，通过漩涡卷吸作用，卷吸周围流体从而促进混合过程。当流体到达出口处 3 时，出口直径缩小，腔室与出口的连接处呈现一定的角度，流体在此位置静压能最大，停留时间延长；流体在从腔室到出口的流动过程，类似于流体在由粗变细的变径管道中流动，静压能转换为动能，形成二次混合，提高了混合效率。常见结构如图 2-2 所示[9]。

Gao 等[10]采用粒子图像测速技术（Particle Image Velocimetry，PIV）技术对 CIJRs 内流场流动特性进行研究，结果表明撞击区中心湍动能最大，强化了动量传递过程，提高了混合效果；但是在加速管轴线上方，靠近混合腔壁面会形成死区，此区域流体保持较低的平均速度和瞬时速度，混合效果较差。

（2）开放式撞击流反应器

FIJRs 用于液-液混合的研究最早是 Savart[11]于 1833 年发现两股相等入口速度的流体在开放的环境或者是体积较大的腔室中相向撞击，撞击过程不受反应器壁的限制，原本稳定流动的液体被破碎。当两股流体在开放的环境中相向撞击，同轴撞击时产生圆形的撞击面，倾斜撞击时形成椭圆形或叶片形的撞击面，任意撞击角度的两股液体撞击流装置的结构如图 2-3 所示。在撞击过程中由于液体的不稳定性而产生强烈波动，促使其变形。当波动达到一定程度，液体破碎形成液滴；随着喷嘴出口速度的增大，液膜不稳定性的增强促进了破碎模式的转换，液体破碎形成更多、直径更小的液滴，最终形成较高程度的雾化。这个过程为气-液两相流系统，产生了高动能耗散和剧烈的湍动，促进动量传递和混合过程。

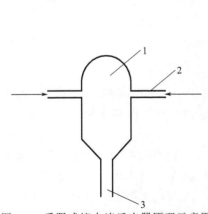

图 2-2　受限式撞击流反应器原理示意图
1—混合腔室；2—加速管；
3—液体出口

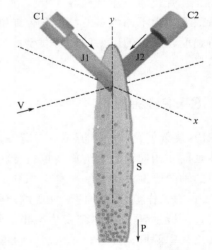

图 2-3　开放式撞击流反应器原理示意图[12]
C1，C2—溶液 1，2 进料毛细管；J1，J2—溶液 1，2 入射口；
y—垂直中心线或重力方向；x—水平轴向；
S—流体碰撞后形成的 x-y 面；P—产物流体；
V—视图方向

中北大学首次采用 PIV 技术，以去离子水为测试体系，加入 $8 \sim 12 \mu m$ 的空心玻璃珠为示踪粒子，研究了开放式撞击流反应器流场流动特性，建立了粒子图像测速系统、高速相机流场视频和酸催化水解平行竞争化学反应研究开放式撞击流流动特性的方法体系[13,14]。不同喷嘴出口雷诺数 Re 下，FIJRs 内湍动能如图 2-4 所示[13]。从流线可以看出，在 FIJRs 中并没有回流区的形成，不会形成死区影响混合效果；从湍动能的分布可以看出，撞击区中心湍动仍然最剧烈，从而强化了动量传递过程，提高了混合效果；然而，在撞击面边缘湍动程度较弱且湍动程度分布不均匀，混合不均匀，相对于撞击中心，混合效果较差。由于这种边界效应的限制，使得 FIJRs 边缘混合或传递不够均匀。

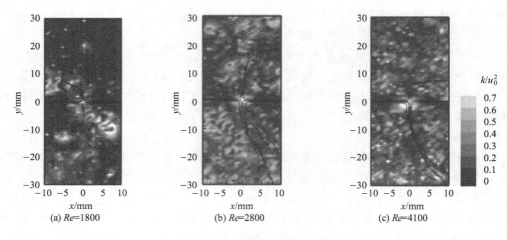

(a) Re=1800　　(b) Re=2800　　(c) Re=4100

图 2-4　Re 对湍动能分布的影响

综上所述，液-液体系的撞击流反应器极大程度地强化了两液体间的动量传递，提高了混合效果，同时开发了不同的撞击流的撞击方式，如单反射-环式喷嘴撞击流结构、川形撞击流结构、套管式撞击流结构等[15-17]，其与旋转填料床的耦合技术 IS-RPB 能够消除撞击流混合边缘效应，为不同物系的物料混合提供均匀的环境，显示出了较强的微观混合性能、较高的传质强度、较短的停留时间等优势，在液-液混合、反应、乳化、萃取等方面具有广阔的应用前景。

2.2.2　IS-RPB 装置

IS-RPB 装置就是将撞击流装置设置在旋转填料床转子中心部位的填料空腔内，两个射流喷嘴同轴同心相向设置，与旋转填料床转子的转轴同心或平行。两喷嘴的轴向安装位置要求与填料的轴向厚度的中心线对称，如图 2-5 所示。

IS-RPB 的工作流程是：两股加压的流体自两个液体进口分别进入后，自喷嘴以射流的形式喷出，两股射流相遇即刻发生撞击，形成一垂直于射流方向的圆（扇）形薄雾（膜）面，在其过程中两股流体进行了混合，该雾面边缘随即进入旋转填料床的内腔，流体在高速旋转填料作用下沿填料孔隙向外缘流动，并在此期间液体被多次切割、凝并及分散，从而得到进一步的混合。最终，液体在离心力的作用下从转鼓的外缘甩到外壳上，在重力的作用下汇集到出口处，经出口排出，完成液-液接触混合过程，从而实现均匀混合。

2.2.3　IS-RPB 的设计原则

如图 2-6 所示，在进行 IS-RPB 设计时，需要首先确定的主要部件的几何尺寸包括：进液管直径 D_1；喷嘴直径 d_0；喷嘴间距 L；旋转床内径 d_1；旋转床外径 d_2；旋转床轴向厚度 H。这些几何尺寸的设计，由如下的结构设计和操作设计来决定。

结构设计原则：撞击流装置置于旋转填料床转子中心部位的空腔内，根据液体流量的大

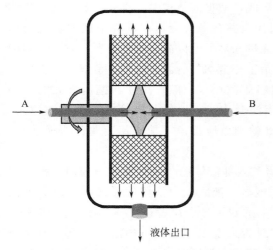

图 2-5　撞击流-旋转填料床主体结构示意图

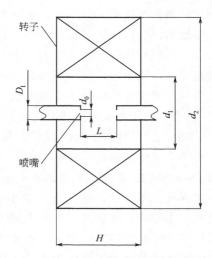

图 2-6　IS-RPB 主要设计参数示意图

小，可以设置两股流体撞击或多股流体撞击，以确保经过流体撞击形成的雾面落在填料中心的空腔区域。

操作设计原则：经过对撞击流速和填料的旋转速度的协同调节，实现液体撞击形成的雾化面，落入结构设计要求的范围，达到撞击混合与填料旋转二次混合的耦合混合效果。

针对不同的物系及操作目的，以上参数之间有着不同的关系，同时不同结构的撞击流设计原则见参考文献 [1，15-18]。

2.2.4　IS-RPB 内流体流动及混合（工作原理）

撞击流的基本原理是使两股很靠近的等量流体沿同轴相向流动，并在两股流体的中点处撞击。宏观上，两股射流相向撞击过程中，由于惯性，流体微元穿过撞击面渗入反向流。由于较大的动能作用，在撞击处动能转化为静压能，静压能的作用使得两股流体的流向发生改变，形成与原流体流动方向垂直的撞击（雾）面。微观上，相向流体撞击的结果产生一个较窄的高度湍动区，流体间碰撞产生的剪切力可导致滴粒破碎，增大其表面积并促进表面更新，从而增大传递速率。但是，在撞击面的外沿处其湍动程度明显减弱，其传递速率减小。

经过两股射流相向撞击后的液体在填料转子旋转的作用下进入旋转填料层内侧，混合较弱的撞击雾面边缘在旋转填料床作用下得到进一步混合。进入填料的液液混合流体被高速旋转的填料剧烈地微滴化，同时分布在旋转丝网填料的表面及填料空间。在此旋转填料床混合过程中，部分液体被第一层丝网捕获后，获得与丝网一致的周向速度；未被填料捕获的部分则保持原有的速度沿径向运动，由于填料丝网直径小（0.3mm）且缠绕密实，第二层丝网填料高速旋转所产生的巨大剪切力将未被捕获的流体进行部分捕获，依照这种运动方式，经过数层丝网后，未被捕获的液体均会被高速旋转的丝网填料所切割和捕获。捕获后的液滴依附在旋转的丝网填料上，由于流体的各个质点受力不均，部分液体被丝网甩出，甩出后的液滴周向速度小于半径处丝网的速度，所以液滴运动相对于丝网存在滞后。在周向上与初始入射角度相比，运动轨迹沿旋转方向的反方向有一定角度的偏移。角度的偏移会促进液滴在高速旋转填料中被切割成液丝、液滴和液膜等形态，旋转的填料对液体的作用有利于增大接触面积和促进丝网填料的表面更新，使得两种流体多次被捕获、雾化、凝并和分散，液体微元被高速旋转填料多次剪切为液丝、液膜和液滴等形式，使得液体被多次雾化，致使两种流体的强化接触与混合。旋转填料床内液体微元之间的聚并分散过程是瞬间完成的并且混合均匀，而在旋转填料床的填料主体内，由于液体微元进入之前就以高速进入，所以它们之间相对速度也较高，两个液体微元从相遇到再次相遇是个完全均匀的混合过程，能够使撞击以后没有完全混合的边缘部分进一步地混合。旋转填料床内径（内腔）尺寸与撞击雾面的大小"耦合"是这一机制的关键所在，也是消除撞击流混合边缘效应提高混合效果的根本原因。IS-RPB 的最大混合特点是利用超重力装置内径处的端效应抵消了撞击流装置的边缘效应，从而使物料完成强化接触与混合过程。

在 IS-RPB 内，由于其独特的混合机理，使得其内部液体的总体对流扩散与湍流扩散得到极大的强化。一方面，液体是以极小的液滴、液丝、液线以及液膜的形式存在且高度湍动，从而使得湍流扩散造成的流体微团的尺度基本达到了分子尺度；另一方面，在 IS-RPB 内的液体混合在各处趋于均匀，从而不需要总体对流来实现混合设备内的均匀化。IS-RPB 内对于湍流扩散的极大强化作用使得液体微团的尺度达到微米级水平，分子扩散的混合作用就变得非常明显，从而使流体微团消失，达到了设备内分子尺度的均匀微观混合。

2.3 IS-RPB 微观混合性能

2.3.1 微观混合研究方法

微观混合[19]是指物料由湍流分散后的最小尺度到分子尺度的均匀化过程，它对燃烧、聚合、有机合成、沉淀、结晶等快速反应过程有着重要的影响。其原因在于快速反应体系需要短的停留时间和高强度的局部混合以避免分子尺度上的离集。微观混合不但影响这些化学反应的转化率和选择性，同时也影响产物的性质和质量。因此，对撞击流-旋转填料床混合性能的研究是十分重要和必需的。

采用平行竞争反应碘化物-碘酸盐反应体系评价撞击流-旋转填料床的混合性能[19,20]。

$$\mathrm{H_2BO_3^- + H^+ \xrightarrow{k_1} H_3BO_3} \tag{2-5}$$

$$\mathrm{5I^- + IO_3^- + 6H^+ \xrightarrow{k_2} 3I_2 + 3H_2O} \tag{2-6}$$

$$\mathrm{I^- + I_2 \xrightleftharpoons{k_3} I_3^-} \tag{2-7}$$

其中，反应(2-5)为中和反应，可以在瞬间完成；反应(2-6)为氧化还原反应，反应速率比反应(2-5)慢，反应程度取决于微观混合的好坏。如果达到最大混合均匀状态，则所加入的 H^+ 完全被反应(2-5)消耗，反应(2-6)不会进行；如果达到完全离集状态，则所加入的 H^+ 完全被反应(2-6)消耗；如果微观混合处于两种状态之间，则所加入的 H^+ 被两个反应竞争消耗；同时出现反应(2-6)和反应(2-7)。

由定义如下的离集指数 X_S 来表征 IS-RPB 反应器微观混合效率：

$$X_S = \frac{Y}{Y_{ST}} \tag{2-8}$$

$$Y = \frac{2[n(\mathrm{I_2}) + n(\mathrm{I_3^-})]}{n(\mathrm{H^+})} \tag{2-9}$$

$$Y_{ST} = \frac{6c(IO_3^-)_0}{6c(IO_3^-)_0 + c(H_2BO_3^-)_0} \tag{2-10}$$

式中，Y 为参与反应(2-6) 的 H^+ 的量与所加入的 H^+ 总量的比；Y_{ST} 为完全离集状况下 X_S 的值。X_S 值在 $0 \sim 1$ 之间，$X_S = 1$ 为完全离集，$X_S = 0$ 为最大微观混合。根据要求配置的溶液 A 和 B 分别加入两个贮槽 1 和 7 中，两股液体由泵打入 IS-RPB 反应器，如图 2-7 所示。在液体出口 3 处取样，然后用分光光度计（波长 353nm）检测 I_3^- 的浓度进而计算出 I_2 的浓度，进而计算 IS-RPB 反应器的离集指数。

2.3.2　微观混合性能对比

在相近操作条件的情况下，对撞击流（IS）、旋转填料床（RPB）和撞击流-旋转填料床（IS-RPB）三种反应器的微观混合性能进行对比的结果见图 2-8。从图 2-8 看出随着流量的增加，X_S 下降。IS（$0.038 < X_S < 0.115$）与 RPB（$0.0201 < X_S < 0.111$）的离集指数相近，但明显高于 IS-RPB（$0.003 < X_S < 0.018$），表明 IS-RPB 具有良好的微观混合性能。

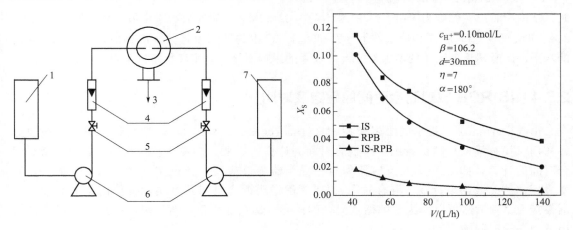

图 2-7　实验工艺流程

1,7—贮槽；2—IS-RPB 反应器；3—液体出口；

4—转子流量计；5—调节阀；6—计量泵

图 2-8　三种反应器对离集指数的影响

同时，与其他反应器进行对比，气动搅拌槽[21]的离集指数为 $0.3 \sim 0.7$，Liu 等[22]对 Couette Flow 反应器进行了微观混合性能研究，其离集指数随旋转速度的增加由 0.95 降低至 0.14；2000 年，Monnier[23]采用超声测定连续流的微观混合性能，研究发现超声可以提高微观混合效率，在流量为 9.53mL/s 的条件下，离集指数从 0.03 变化到 0.07。Yang[24]等对旋转填料床微观混合性能进行研究，在实验操作条件下，离集指数的变化范围为 $0.008 \sim 0.024$。通过这些研究发现：在超重力和初始液体撞击的作用下，IS-RPB 可以显著提高微观混合效率。同时，作为一个连续的混合器或反应器，将会在化学工业和其他工业中产生深远的影响。

2.3.3　黏性体系对微观混合性能的影响

通过甘油来配制不同黏性溶液，考察 IS-RPB 微观混合性能，固定氢离子浓度 $c_{H^+} =$

0.1mol/L，撞击间距 $d=30$mm，撞击角度 $\alpha=180°$ 和两股流体的体积流量比 $\eta=7$，考察不同黏性流体微观混合性能的影响关系[19]，实验结果如图2-9所示。

从图2-9中看出，不同黏性流体微观混合性能的离集指数随超重力因子 β 的增加而减小并趋于定值；随着黏度的增加，微观混合效果变差，当黏度继续增加，微观混合效果相近。当超重力因子较小时，不同黏度的溶液微观混合差异较大；但当超重力因子较大时，高速旋转产生的剪切力强化了溶液中分子的扩散速率，导致不同黏度的溶液的微观混合的离集指数相近，特别是对于黏度为 15mPa·s 和 20mPa·s 的溶液更为明显；同

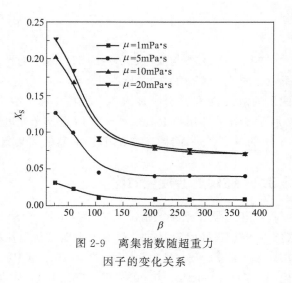

图2-9　离集指数随超重力
因子的变化关系

时，从图中看出，黏度为1mPa·s的水体系在 $\beta>106.2$ 离集指数趋于定值，而黏性流体在 $\beta>208.1$ 时趋于定值，在高转速条件下（$\beta>208.1$）产生的剪切力将分子的扩散速率强化到较高的水平，此时超重力因子的增大对于混合效果的影响不显著，则离集指数下降不明显。

2.3.4　IS-RPB 微观混合时间的确定及对比

由 Villermaux 等提出的团聚模型[25]（Incorporation Model）逐渐受到了关注，该模型最初用于搅拌槽反应器的特征微观混合时间的计算。后来被扩展到连续式反应器特征微观混合时间的计算，如 Coutte 流反应器和静态混合器等反应器。通过实验测定 X_S 随某一控制变量变化的曲线为渐近线。混合时间 t_m 是了解微观混合真正具有实际价值的重要参数；而离集指数 X_S 虽然可以作为了解微观混合的向导，却只能用于相对比较。因此，有必要计算出微观混合时间 t_m。

根据团聚模型及实验中所得的离集指数，求得 IS 的微观混合时间 t_m 为 0.05~1.6ms，RPB 的微观混合时间 t_m 为 0.02~1.4ms，IS-RPB 的微观混合时间 t_m 为 0.004~0.03ms，黏性体系的微观混合时间为 0.05~0.1ms。与传统搅拌槽反应器 $t_m=5$~50ms 和 IS 反应器 $t_m=50$~200ms[8]，Y 型微通道反应器[26] $t_m=0.1$~1ms，定-转子反应器[27] $t_m=0.01$~0.05ms 以及旋转填料床[24] $t_m=0.01$~0.1ms 相比，微观混合时间远远小于以上几种反应器，表明 IS-RPB 反应器是一种高效的微观混合设备。

2.4　化工过程强化

IS-RPB 实现了将气-液过程强化拓展到超重力液-液过程的强化，在此以液-液乳化、萃取、液膜分离等化工过程为例，阐述其过程强化特性和应用性能。

2.4.1　乳化

乳化操作是一类普遍的化工操作，在此以甲醇柴油乳化燃料的制备为例来介绍 IS-RPB

强化乳化的过程和特性。

甲醇柴油乳化燃料是一种可控污染排放的环境友好燃料、可部分代替柴油，在能源紧缺、环境日益严重的今天越来越受到科研工作者的重视。影响制备甲醇柴油乳化燃料性能的两个关键因素是乳化剂和乳化装置[4]。在乳化剂方面，国内外文献显示：采用单一乳化剂达不到乳化目的，采用含氮类乳化剂的燃料燃烧时会导致 NO_x 污染物的增加，同时上述乳化剂含量高、用量大，显著增加了乳化柴油成本；在乳化装置方面，传统乳化装置主要有搅拌器、均质器和胶体磨等，存在流体质点受力不均、混合效果差、间歇操作、设备体积大和能耗高等缺点，致使乳化剂用量大、稳定性差。因此，开发新型乳化剂和连续操作的高效乳化装置势在必行。

2.4.1.1 IS-RPB 强化甲醇-柴油乳化过程分析

IS-RPB 制备甲醇柴油乳液的过程中，所有流体质点的运动途径是相同（近）和连续的过程，通过初始乳化、强化乳化、完善乳化等三个环节完成多级逐级强化甲醇柴油乳化的过程。同时采用计算流体力学的方法，首次研究了 IS-RPB 的流体形态，并且证实了其混合的三个过程的存在[4]。IS-RPB 制备甲醇柴油乳液是一个连续的、流体质点受力均匀的稳定过程。高速分散器和 IS-RPB 两种乳化装置制备甲醇柴油乳液主要的区别在于甲醇和柴油在乳化装置中所受到力是不同的。在超重力场中，甲醇和柴油在乳化剂作用下的乳化是连续的，且所有甲醇和柴油流体质点在超重力环境下所受的力是一样的（所有流体质点经过撞击流乳化过程、旋转填料床乳化过程和壁面反溅乳化过程等）；高速分散器制备甲醇柴油乳液是间歇操作，距离转子较近的甲醇和柴油有效乳化的频率是较高的，但距离较远的就不能达到有效乳化，在有些死角，甚至有的甲醇和柴油不能得到乳化，达不到乳化的能垒，也就谈不上有效乳化。基于所有甲醇和柴油流体质点所受的力不一样，也就使得油包水型甲醇柴油乳液的分散相大小不均，从而导致乳化效果的降低。因此，连续式超重力装置制备甲醇柴油乳液的混合效果优于间歇式高速分散器。

2.4.1.2 IS-RPB 强化甲醇-柴油乳化工艺流程

按比例分别称取柴油、甲醇、亲水性乳化剂和亲油性乳化剂，甲醇和亲水性乳化剂混合制得水相，将其加入水相储槽1；柴油和亲油性乳化剂混合制得油相，将其加入至油相储槽3。在液泵的作用下经计量后进入撞击流-旋转填料床5。在此过程中，水相和油相在撞击流装置中发生撞击，水相和油相在乳化剂的作用下，降低油水界面张力，增强水相和油相混合，形成一垂直于射流方向的圆（扇）形薄膜（雾）面，实现了乳化柴油的初步乳化，混合较弱的撞击雾面边缘进入旋转填料床的内腔，流体沿填料孔隙向外缘流动，填料的高速旋转造成喷头喷出的液体与旋转填料的相对速度较大，对径向喷入的液体具有强烈的剪切作用，产生了强烈雾化作用，在此期间液体被多次切割、凝并及分散，从而得到进一步的混合。乳化柴油从液体出口排出，制得甲醇-柴油乳化燃料产品进行各种性能测试，其工艺流程见图 2-10。

2.4.1.3 稳定性能

稳定性作为乳化柴油最重要性质之一，其性能的好坏直接影响到乳化的效果，稳定性差

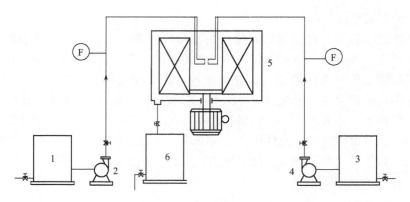

图 2-10　超重力环境下甲醇柴油乳液制备工艺流程

1—水相储槽；2,4—离心泵；3—油相储槽；5—IS-RPB；6—产品储槽

的乳化柴油，就会出现分层，致使节能效率降低。通过考察甲醇含量、乳化剂含量、液体流量、超重力因子、HLB 值、助溶剂类型和循环次数等对甲醇柴油乳液稳定时间的影响[4,28-31]，得出如下规律：

① 超重力因子和液体流量的增加提高了甲醇和柴油两股液体微元的湍动程度，有利于甲醇和柴油的乳化，延长了甲醇柴油乳液的稳定时间，采用非离子表面活性剂界面吸附拔河模型解释乳化剂的 HLB 值对甲醇柴油乳液稳定性的变化规律，得出最佳的 HLB 值为 5.4，通过对撞击间距的考察，能够确定制备甲醇柴油乳液的旋转填料床内径与撞击面的"耦合"雾化切割半径；

② 根据 Prince 混合膜理论，开发了新型复合乳化剂，得出不同助溶剂对甲醇柴油乳液稳定性的影响关系：正丁醇＞正戊醇＞异戊醇＞正己醇＞丙醇＞无助溶剂；

③ 乳化剂含量的增加和乳状液循环次数的提高，有利于增强甲醇柴油乳液的稳定性，而甲醇含量的增加降低了甲醇柴油乳液的稳定性，甲醇含量为 15％、乳化剂含量为 3％、乳化剂 HLB 值为 5.4，循环三次时，实验测得甲醇柴油乳液的稳定时间达 30 天以上。

2.4.1.4　流变性能

甲醇柴油乳液的流变性是发动机燃油的一个重要特性[30,32]，对保证发动机的正常工作至关重要。它是衡量流体内部摩擦阻力大小的尺度，是流体内部阻碍其相对运动的一种特性，体现了流体抵抗剪切作用的能力。采用复合乳化剂条件下研究超重力环境下柴油-甲醇乳液的流变特性随油含量、乳化剂种类及含量等参数的影响规律[4]。研究表明：牛顿型复合乳化剂条件下，甲醇柴油乳液在各种组分配比下均近似牛顿流体，其黏度随着乳化剂含量及黏度的增加而增大；甲醇柴油乳液的黏度随着柴油含量的减少而增大。当其中乳化剂含量小于 3％时，乳液黏度随乳化剂含量的增加而缓慢增大；当其中乳化剂含量高于 3％时，乳液黏度随乳化剂含量而增大的幅度较大；当甲醇含量低于 15％时，甲醇柴油乳液黏度为 3.3～5.8mPa·s，满足压燃式发动机国家标准（GB/T 265）。

2.4.1.5　分散性能

乳化柴油中分散相的尺寸不仅关系到乳化柴油在柴油机中的燃烧效果，也关系到乳化柴油的稳定性和黏度，因此它是表征乳化柴油性能的一个重要的参数[33]。甲醇在柴油中分散得越均匀，分散的颗粒越微细，其在燃烧过程中的"微爆"效果则越佳，雾化效果越好。采用通过光学显微镜观察一定面积内甲醇柴油乳液中分散相-甲醇的个数和粒径大小，然后进行统计，用Sauter[34]平均直径D来表征分散度的概念，Sauter平均直径D是指乳化柴油中全部分散相液滴的体积与总表面积的比值，其值越小，表示相同体积的液体具有的表面积越大，分散度越高。

超重力制备甲醇柴油溶液分散特性[35]研究结果表明：甲醇乳化柴油分散相的平均粒径随超重力因子、柴油液体流量和乳化剂含量的增加而减小，但随甲醇含量的增加而增大；超重力环境下制备的甲醇柴油乳液分散相平均粒径为$10\sim40\mu m$，当超重力因子为208.1，柴油流量为70L/h和甲醇含量为15%时，甲醇乳化柴油中分散相甲醇的分散度为$22\mu m$，在实验操作条件下，应用MATLAB语言编制应用程序对实验数据的回归分析得出了超重力环境下甲醇乳化柴油分散相甲醇平均粒径的关联式（2-11），关联式的平均误差为4.2%，最小误差为0.2%，最大误差为8.9%，说明关联式拟合较好。

$$D=1.0997\beta^{-0.3395}V_A^{-0.8189}c^{0.7112}\theta^{-0.4735} \tag{2-11}$$

式中，D为分散相甲醇的平均粒径，μm；V_A为甲醇的体积流量，L/h；θ为乳化剂的质量分数，%；c为甲醇的体积分数，%。

2.4.1.6 理化性质

焦纬洲等[36]在乳化剂的作用下，分别以质量分数为5%、10%、15%、20%、25%的甲醇与0#柴油在超重力环境下进行乳化制得甲醇柴油乳液。乳化剂以柴油和甲醇总质量的质量分数来计算，范围为1%～5%；超重力因子范围为26.5～373.2；液体流量为40～90L/h；甲醇含量为5%～25%。所得的甲醇柴油乳液按石油产品的国家标准分别进行密度、表面张力和腐蚀性等物化性质的检测，实验温度为（20±1）℃。

超重力场下制备甲醇柴油乳液的实验过程中测得甲醇乳化柴油的密度为$0.825\sim0.851g/cm^3$，与柴油的密度$0.835g/cm^3$相近，满足国家柴油标准；甲醇乳化柴油的表面张力随乳化剂和甲醇含量的增加而呈现不同程度的降低，有利于改善燃料的喷射雾化效果；采用新磨光的铜片浸泡在制备好的甲醇乳化柴油中（GB/T 5096），研究铜片表面的腐蚀性能。结果表明，超重力环境下制得的甲醇乳化柴油的铜片腐蚀性为中度变色，符合柴油腐蚀性要求；甲醇乳化柴油十六烷值随着甲醇含量的增加呈线性下降趋势，当甲醇含量增加至25%时，其十六烷值降至40以下，基于不改变内燃机结构考虑，当甲醇含量低于15%时，甲醇乳化柴油的十六烷值为43以上，满足柴油机对十六烷值的要求（GB/T 386）。

2.4.1.7 性能对比

（1）稳定性对比

对比高速分散器和超重机对甲醇乳化柴油的稳定性影响。当操作条件一致时，超重力技术和高速分散器分别制备甲醇柴油乳液的稳定时间为288h和220h，进一步证明超重力装置制备乳化柴油的稳定性优于高速分散器（参见图2-11）。主要是由于流体微元在超重力场中所受的力是均匀和连续的，而在高速分散器中流体微元所受的力是不均匀的，致使分散相-甲醇粒径分布很不均匀，所以稳定性较低[37]。

（2）分散度对比

通过图 2-12 看出，随着甲醇含量的增加两种乳化装置制备甲醇柴油乳液分散相甲醇的粒径分布呈现递增的变化趋势，且分散相的平均粒径低于高速分散器，这主要与乳化装置的结构有关。对于超重力装置，甲醇和柴油流体在超重力环境下各个质点所受到的力是均匀的，而且在填料转子高速旋转所产生巨大剪切力的作用下使得甲醇和柴油有效乳化，致使制得的甲醇柴油乳液分散相粒径小且均匀；对于高速分散器，所有甲醇和柴油微元在烧杯中有效乳化的频率是不一致的，致使分散相粒径分布不均匀且平均粒径较大。这一点

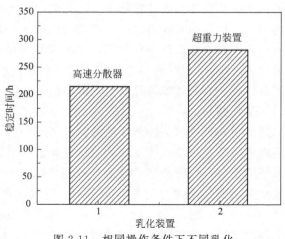

图 2-11　相同操作条件下不同乳化
装置稳定时间对比

可以通过相同条件下两种乳化装置制备的甲醇柴油乳液分散相的显微摄影照片和分散相粒径分布得到论证（图 2-12～图 2-14）。图 2-13 为超重力装置制备甲醇柴油乳液的显微镜摄影照片，条件是甲醇含量为 10%，乳化剂含量为 4%，HLB 值为 5.4，液体流量为 70L/h 和超重力因子为 208.1，其分散相平均粒径为 $14\mu m$；图 2-20 为高速分散器制备甲醇柴油乳液的显微镜摄影照片，条件是甲醇含量为 10%，乳化剂含量为 4%，HLB 值为 5.4，转子转速为 $5 \times 2800 r/min$ 和乳化时间为 2min 时，其分散相平均粒径为 $26\mu m$。同时对比图 2-13 和图 2-14 可以看出，高速分散器制备的甲醇柴油乳液分散相粒径分布很不均匀。

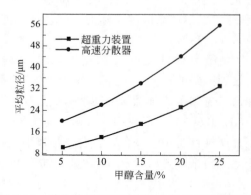

图 2-12　乳化装置对甲醇柴油乳液分散性的影响

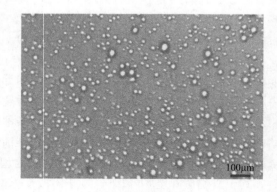

图 2-13　超重力装置甲醇柴油乳液分散相

图 2-15 为两种乳化装置制备甲醇柴油乳液分散相的粒径分布，操作参数是分别与图 2-13 和图 2-14 相对应。从图 2-15 中看出，在相近操作参数条件下，超重力装置制备的甲醇柴油乳液分散相的分布很窄，且呈现正态分布，分散相粒径范围为 $6\sim25\mu m$，其平均粒径为 $14\mu m$；对比高速分散器制备的醇乳化柴油中分散相的粒径分布较宽，且分布很不均匀，分散相粒径范围为 $1\sim58\mu m$，其平均粒径为 $26\mu m$，其主要原因分析同上。

（3）运转功耗对比

间歇式高速分散器制备甲醇柴油乳液的适宜参数为：乳化时间 2min，乳化甲醇柴油混合物的质量为 50g，高速分散器的功率为 360W；连续式超重力装置制备甲醇柴油乳液适宜

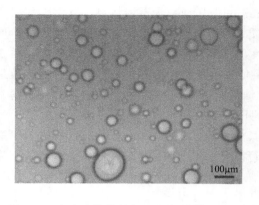

图 2-14　高速分散器制备甲醇柴油乳液分散相

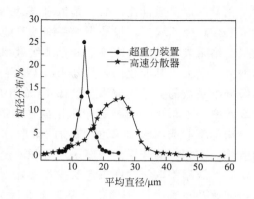

图 2-15　不同乳化装置分散相粒径分布

参数为超重力因子 208.1、柴油流量为 70L/h，电机功率为 750W。高速分散器制备甲醇柴油乳液单位时间生产每克甲醇柴油乳液的运转功耗为：$360/(50×2)＝3.6W/(g·min)$；超重力装置制备甲醇柴油乳液时，当甲醇含量为 15%，乳化剂含量为 3% 时，甲醇柴油乳液换算成质量为 $70kg/h＝1167g/min$，则超重力装置（IS-RPB）生产甲醇柴油乳液的运转功耗为：$750/1167＝0.64W/(g·min)$，说明高速分散器的运转功耗要远远高于超重力乳化装置，即制备相同量的甲醇柴油乳液时，超重力装置的运转能耗仅为高速分散器的 17.8%，且超重力装置具有连续操作、分散相粒径分布窄和平均粒径小等优点。

2.4.2　萃取

萃取是从稀溶液中提取物质的一种有效方法，广泛地应用于制药、湿法冶金、石油化工、工业废水、生物化工、核工业等领域。在液-液萃取过程中，两个液相的密度差小，而黏度和界面张力较大，两相的混合与分离比气-液传质过程（如吸收、精馏等）困难得多，为达到理想的萃取效果就需要萃取设备有很好的混合与萃取传质性能。IS-RPB 在强化液-液混合方面十分有效，可作为萃取器应用于液-液萃取过程，本节主要介绍 IS-RPB 的萃取性能。

萃取操作是依靠不互溶的两液相间的混合与分相两个过程来实现，IS-RPB 用于萃取过程实质上是将 IS-RPB 应用于萃取过程中的混合过程，利用其强化混合的特性来强化萃取传质过程。其操作示意图如图 2-16 所示。

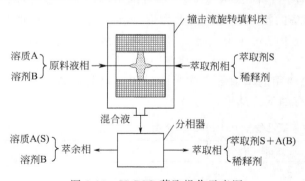

图 2-16　IS-RPB 萃取操作示意图

由图 2-16 可以看出：IS-RPB 完成萃取过程的混合操作是连续操作过程，而分相操作是间歇操作，由 IS-RPB 的混合与间歇分相操作组成了萃取单元操作。根据不同的分离目的及要求，可以用多个这样的萃取单元操作组成多级萃取，如多级错流萃取流程和多级逆流萃取流程。

刘有智、祁贵生等[38,39]以 IS-RPB 作为萃取器，进行了化学萃取传质性能和物理萃取传质性能的研究。

化学萃取传质性能的研究是以水-苯酚-磷酸三丁酯（煤油）为萃取体系，其中磷酸三丁酯（TBP）为萃取剂，煤油为稀释剂，苯酚为溶质；用级分配系数和萃取级效率来表征萃取效果。结果表明，级分配系数和萃取级效率随超重力因子、撞击初速、撞击角等操作参数值的增大而增大，其变化的趋势与 IS-RPB 混合效果增强的变化趋势相类似。在进行混合效果与级分配系数的关系研究中，已知 10％TBP（煤油）萃取剂的平衡分配系数为 48.8，则萃取级效率 $\eta = 99.90\%$，接近于理论的平衡值，说明 IS-RPB 对萃取过程的传质强化效果。

物理萃取选用水-苯甲酸-煤油的萃取体系，其中水为萃取剂，$0.15 \sim 0.2 \text{g/L}$ 的苯甲酸为溶质。水相中的苯甲酸浓度采用酸碱滴定法进行测定。由于苯甲酸在两相的分配比并不为一常数，故用萃取级效率来考察操作参数对萃取效果的影响。研究结果表明：随着 IS-RPB 撞击初速及超重力因子增加，萃取效果呈增加的趋势，可以得到 99％以上的萃取传质级效率。

IS-RPB 萃取的应用研究已在含酚废水的处理、醋酸萃取浓缩和湿法炼铜等方面取得较好的效果。祁贵生等用 IS-RPB 对实际的含酚废水（苯酚浓度 4994mg/L）进行了萃取研究，采用磷酸三丁酯（TBP）为萃取剂，煤油作为稀释剂。萃取操作条件为：单级萃取处理，相比为 1，撞击初速 12.58m/s，超重力因子 240，由于 IS-RPB 优良的萃取传质性能使得在单级萃取过程完成后，级分配系数已接近于平衡分配系数，得到了良好的萃取效果。

祁贵生等[39]以 IS-RPB 为萃取设备，20％TBP（煤油为稀释剂）为萃取剂，萃取醋酸稀溶液（浓度 31.2g/L），撞击初速 5.95 $\sim$ 7.9m/s，超重力因子 136 $\sim$ 240，萃取级效率在95.5％ $\sim$ 97.1％。再次验证了 IS-RPB 优良的萃取传质性能。另外，选用国内某大型湿法炼铜厂浸出的铜液，以 LIX984N 为萃取剂，煤油为稀释剂，以 IS-RPB 为萃取器和反萃取器的实验研究结果表明：在萃取剂体积分数为 5％、相比为 1:1、超重力因子为 135、流量为80L/h 的情况下，萃取效率达到 98.8％；在两相分离后，以 IS-RPB 为反萃取器和180g/L的 H_2SO_4 为反萃剂对富含铜的油相（LIX984N＋煤油）进行反萃取操作，在相比为1:1、超重力因子为 135、流量为 80L/h 的工艺条件下，一级反萃取效果良好，反萃取率为 95％。反萃取操作完成，分相后萃取剂相可循环使用。将 IS-RPB 用于铜液的萃取，能大大提高铜萃取率，节省运行成本，操作简便，该设备的投入使用，将大力促进湿法冶炼铜行业的发展，在我国铜资源不足问题日益突出的情况下显得尤为重要，对我国铜工业的可持续发展具有重要意义。

IS-RPB 作为连续萃取器其处理能力比通用的萃取设备大得多，用比负荷（单位时间内通过单位设备截面的两相总流量）来对比有如下的结果，见表 2-1。

表 2-1　主要的几种萃取设备与 IS-RPB 的比负荷

萃取设备	比负荷/[m³/(m²·h)]	备注
混合澄清槽	0.2～1	—
萃取柱及萃取塔	2～20	—
离心萃取器	40～80	最大处理量 5t/h
IS-RPB	178	放大效应不明显

从表 2-1 中可以看出，IS-RPB 的处理能力很大，在处理能力相同的条件下，IS-RPB 可以极大地减少萃取设备的体积。

总之，IS-RPB 既可以作为连续萃取器，也可以作为连续反萃取器，液体在设备中的停留时间短，无返混，设备中的液体滞留量极少，对处理特殊物料及更换萃取剂等极为方便。

设备体积小，处理能力大，萃取效率几乎达到平衡效率，这些特点必将引起萃取技术的发展。

2.4.3　液膜分离

液膜分离由于其液膜比表面积大、分离效率高、成本低等特点，成为分离、纯化与浓缩溶质等有效手段，在湿法冶金、废水处理、有机物分离、生物制品分离与生物医药分离等领域有着广泛的应用前景。而传统制备乳状液膜技术是在强烈搅拌混合器内完成，其设备庞大、效率不高、制膜时间长、消耗能量高，属于间歇制膜工艺，液膜尺寸和稳定性不宜保障，特别在后续使用过程中，长时间的滞留会造成膜的稳定性下降。

基于 IS-RPB 的高传质特性，中北大学首次提出了 IS-RPB 制乳工艺与技术，同时将 IS-RPB 也作为提取装置，开展了含酚、含苯胺废水的液膜分离研究。

液膜制备过程（即制乳过程）是将膜相溶液（Span80、液体石蜡、煤油）与内相溶液（氢氧化钠溶液等）以一定的比例进入 IS-RPB，两种液流得到充分的接触，形成较均一的乳状液膜。其性能以制乳率（以氢氧化钠为示踪剂，通过测定未进入原始乳液外部的氢氧化钠的总量来计算制乳率）来衡量制乳过程的效果。

液膜分离过程（即提取过程）是把制得的液膜乳液和配制的含酚量为 1000mg/L 含酚溶液分别送入 IS-RPB 完成酚的提取过程。静置分层后，上层液为提取后的乳液，下层液为脱酚后的废水。

杨利锐等[40-43]分别采用 IS-RPB 和普通搅拌槽为制乳设备，进行了制乳率、膜稳定性、膜溶胀率的比较。实验采用由 Span80、液体石蜡、煤油组成膜相，其质量分数分别为：4%、3%和93%；NaOH 溶液的质量分数为5%，油水比为1∶1.5；IS-RPB 的超重力因子（β）为346.7；制乳流量（油相）为60L/h；普通搅拌制乳使用 JB90-D 型强力电动搅拌机作为普通制乳设备，制乳转速为 2800r/min；每次制乳量为 40L。研究表明：利用 IS-RPB 作为制乳装置进行乳液的制备可以瞬间制乳且制乳效率可达 99.90%。而传统高速搅拌器制乳效率也较高，最高达到 99.77%，但其制乳时间较长，达到最高制乳率需要 20min 左右。

利用 IS-RPB 和高速搅拌器两种方法制得的液膜稳定性表明，通过 IS-RPB 制得的乳液破损率要明显低于高速搅拌器制得乳液的破损率。高速搅拌器制得的乳液的平均破损率是 IS-RPB 制得的乳液平均破损率的 10 倍左右。利用 IS-RPB 作为脱酚提取装置，可以瞬间完成且脱酚效率可达 99.7% 以上。而传统的高速搅拌方法脱酚效率不太高，最高只达 89.57%，并且脱酚时间较长，达到最高脱酚率的提取时间需要 25min 左右。

李倩甜[44]采用 IS-RPB 乳状液膜法处理苯胺废水进行研究，考察 IS-RPB 操作条件对乳液稳定性和苯胺去除率的影响，得到最佳工艺条件为：Span-80 用量 4%、煤油 96%、内相盐酸浓度 1mol/L、油内比（油相和内相体积比）$R_{oi}=1∶1$、乳水比（乳液和外相体积比）$R_{ew}=1∶20$、初始外相 pH=9、超重力因子 65、撞击初速 9.45m/s。在此工艺参数下，提取 10min，苯胺去除率可达 99.5% 左右，剩余苯胺浓度降至 5mg/L，达到国家规定的三级排放标准。最后比较 IS-RPB 和传统搅拌两种制乳方式制得的乳液性能，发现 IS-RPB 制乳时间大大缩短，乳液稳定性明显提高，苯胺去除效果明显，为液膜技术的进一步发展提供新的思路。

因此，IS-RPB 作为高效的制乳、提取设备，具有操作时间短、效率高、易于放大、可连续化操作的优点，此技术适应任何形式（包括 W/O 型、O/W 型）的乳液的制备和提取过程，有望在液膜分离技术的工业化生产中具有广阔的应用前景。

2.5 反应过程强化

当反应系统由两种互溶度较小的液体构成时，参与反应的反应物分别存在于两个液相中，这样的非均相反应即为液-液反应。液-液反应广泛应用于工业过程，常见的液-液反应有硝化、磺化、缩合、乳液聚合、烃化反应等[1]。对于这类反应，若将反应物置于溶剂相内，然后通过相界面的溶解和传质而进入反应相内，使反应物在反应相内的浓度受到分配系数和传质速度的控制，从而控制反应速率和反应释放热。

液-液非均相反应不但涉及反应器内两相间的反应速率，也关系到连续相和分散相间的相平衡、传质以及液滴分散、凝聚等过程。液-液反应过程中同时存在反应物在相界处的溶解、相间传质反应过程，如果反应在某液相内进行，也可根据相间传质速率和反应速率的相对大小，用双膜理论把液-液相反应划分为慢速、中速、快速、瞬间反应等几种。液-液非均相反应通常认为反应分别在液滴分散相内或连续相内进行，但实际反应速率往往取决于传质过程，并且与相界面面积，也就是液滴大小有关。在此以纳米氢氧化镁、重氮盐水解制酚、纳米 Fe_3O_4、纳米零价铁、纳米 2,4-二羟基苯甲酸铜等反应过程为例，阐述其过程强化特性和应用性能。

2.5.1 纳米氢氧化镁

随着人们安全和环境保护意识的逐渐增强，开发绿色环保型的阻燃剂成为阻燃领域的发展方向。氢氧化镁是一种无卤、绿色友好型阻燃剂，因其具有阻燃、抑烟、无毒、无腐蚀、热稳定性好和促基材成炭作用好等优点，在国内外受到广泛关注。

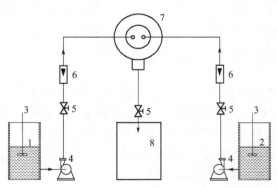

图 2-17 撞击流-旋转填料床（IS-RPB）制备纳米氢氧化镁工艺流程

1,2—储液槽；3—搅拌器；4—泵；5—阀门；6—流量计；7—撞击流-旋转填料床（IS-RPB）；8—收集槽

目前，工业上主要采用液相沉淀法制备氢氧化镁，该法操作简便，设备简单，原料易得，生产成本低，产物纯度高。但该法通常采用传统搅拌釜为反应器，由于反应器结构对反应物微观混合的局限性，导致产物存在粒径分布不均匀和批次重现性差等问题。同时氢氧化镁浆料的固液分离难以及氢氧化镁的表面有机化改性又是液相沉淀法制备纳米氢氧化镁工业化应用的关键技术问题。因此，研究开发一种制备高品质纳米氢氧化镁的高效混合反应器，且开发出一步合成形貌规则、高分散、表面有机化的纳米氢氧化镁的工艺路线，同时提高氢氧化镁浆料的沉降性能，是液相沉淀法制备纳米氢氧化镁工业化应用的关键技术[45,46]。

2.5.1.1　工艺流程

撞击流-旋转填料床（IS-RPB）制备纳米氢氧化镁的工艺流程如图 2-17 所示。在搅拌条件下，在储液槽 1 和 2 中分别配置一定浓度的氯化镁溶液和氢氧化钠溶液，开启加热器，待原料液温度上升到 60℃ 以后，开启 IS-RPB，控制转速，设备运行稳定后，同时开启氯化镁和氢氧化钠原料液输送泵 4，调节流量为 40L/h，使两股原料液在进液管的喷嘴处以 8.47m/s 的初速相向撞击，形成扇形液面。撞击后的溶液进入以超重力因子为 55.31 的转速旋转的环形填料中，形成氢氧化镁浆料，经板框压滤机过滤、洗涤、干燥、研磨后制得氢氧化镁粉体。

经过大量的实验研究发现，IS-RPB 使成核过程可控，粒度分布窄化。但采用该反应器制备纳米氢氧化镁，并不能实质性地改变氢氧化镁表面的"亲水疏油"的结构。在线改性（又称沉淀改性）具有同时完成制备和改性的技术优势，可有效改变氢氧化镁表面的"亲水疏油"的结构，同时提高料浆的过滤性能，降低生产能耗，弥补 IS-RPB 所存在的不足。二者协同所形成的超重力在线改性技术可解决液相沉淀法工业化制备纳米氢氧化镁阻燃剂的关键性问题。

2.5.1.2　传统沉淀法与超重力沉淀法的对比

通过对传统沉淀法与超重力沉淀法进行对比发现，超重力沉淀法制备的氢氧化镁浆料沉降速度是正向沉淀法的 4.7 倍，是反向沉淀法的 12.4 倍，是双向沉淀法的 2.1 倍，见图 2-18。因此，采用超重力沉淀法解决了传统沉淀法制备氢氧化镁存在的浆料分离难和产品粒径分布宽等问题，见图 2-19。

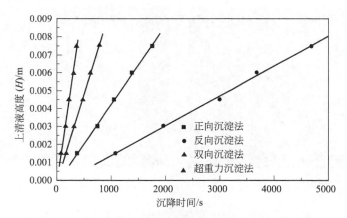

图 2-18　制备方法对氢氧化镁浆料沉降速度的影响

2.5.1.3　氢氧化镁的性能表征

采用扫描电子显微镜和接触角测量仪对未改性 $Mg(OH)_2$ 和油酸改性 $Mg(OH)_2$ 的形貌、粒径和表面润湿性进行对比，如图 2-20 和图 2-21 所示。结果发现，未改性 $Mg(OH)_2$ 微晶界限模糊，氢氧化镁晶体的形状不规则，粒度分布不均匀，且出现许多片状交叉在一起形成大的团聚体。经油酸改性后的氢氧化镁呈规则的六方薄片状，粒径约为 30nm，粒径分布均匀，分散性好，基本无团聚现象。且油酸改性后的氢氧化镁其接触角大于 110°，远大

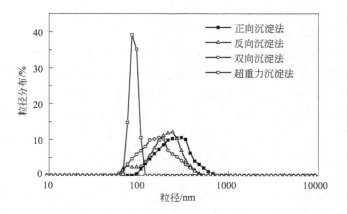

图 2-19　制备方法对产物粒径分布的影响

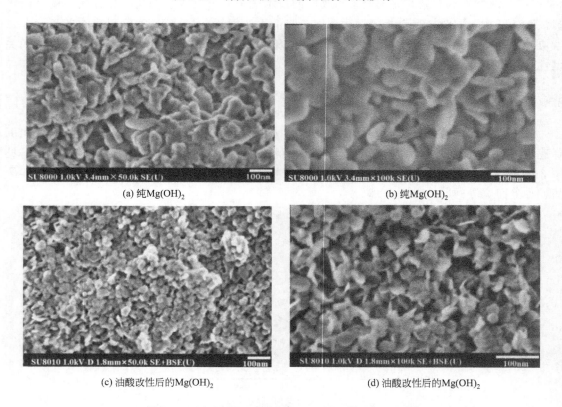

图 2-20　Mg(OH)$_2$ 和改性 Mg(OH)$_2$ 的 FESEM 图

于未改性氢氧化镁的接触角（小于 10°），这说明改性后的氢氧化镁表面的亲水性降低，亲油性增大。

2.5.1.4　氢氧化镁纯度检测

经改性后的氢氧化镁，氧化钙的含量均小于 1.0％，盐酸不溶物的含量在 0.02％～0.06％之间，水分含量大部分在 0.93％～1.49％之间，Cl$^-$ 含量在 0.293％～0.325％之间，铁离子含量在 7.03×10^{-5}％～8.47×10^{-5}％，筛分余物含量在 0.463％～0.538％[45,46]，

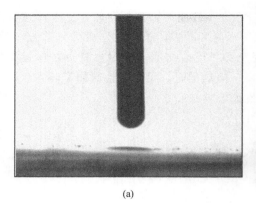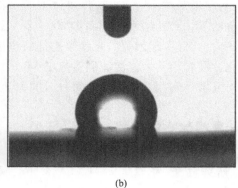

(a)　　　　　　　　　　　　　　(b)

图 2-21　(a) $Mg(OH)_2$、(b) 油酸改性后的 $Mg(OH)_2$

氢氧化镁粉体的激光粒径在 $226\sim277nm$，小于 $0.5\mu m$，氢氧化镁粉体的灼烧失量[47]范围为 $9.41\%\sim11.08\%$ 之间，优于未改性氢氧化镁。

2.5.1.5　纳米氢氧化镁阻燃聚丙烯的应用研究

聚丙烯（Polypropylene，PP）作为产量最大的高分子材料之一，由于其具有价格低廉、易于成型、无毒、耐化学腐蚀性好、综合力学性能优良及性价比高等特点，使其在包装业、纺织业、制造业、电子行业、制药行业等领域得到广泛应用。近年来，随着聚丙烯聚合技术的快速发展，其力学性能、表面光泽性、耐热性和电绝缘性等得到了更大的提高，使其成为家电、汽车、民用建筑等行业的主导材料。

由于聚丙烯的极限氧指数（LOI）仅为 $17.0\%\sim17.5\%$，极易燃烧，且在燃烧过程中不易成炭，产生的熔滴又极易传播火焰，并产生大量的烟雾和有毒气体，这对于扩大聚丙烯的应用是个障碍，尤其是用作建筑、车辆和电绝缘材料时，对聚丙烯的阻燃要求很高。因此，为了保证人民的生命、财产安全，赋予聚丙烯阻燃性能显得极其重要。

经表面改性后的无机添加型阻燃剂 $Mg(OH)_2$ 的表面亲油性明显提高，进而使其与聚丙烯的相容性提高，采用其阻燃聚丙烯，在保证阻燃效果的同时不会影响聚丙烯的力学性能。经改性后的 $Mg(OH)_2$ 进行了阻燃聚丙烯的应用研究，通过燃烧性能（氧指数）和力学性能测试（拉伸性能）发现：

（1）氧指数分析

超重力沉淀法制备的纳米氢氧化镁添加到聚丙烯中，氧指数均有所增加，其值均大于添加市售氢氧化镁后复合材料的氧指数值，而超重力沉淀法制备的 $Mg(OH)_2$ 阻燃剂氧指数值与前两者相比有较为明显的增大。这证明添加型阻燃剂的粒度对其阻燃性能影响较为明显，粒度小且分布较窄会使得阻燃剂在材料聚丙烯中均匀分散，从而使阻燃性能得到较大的改善。而氢氧化镁改性前后，添加到 PP 中 LOI 值也有较大的改变，说明改性后的 $Mg(OH)_2$ 阻燃剂与聚丙烯的界面差减小，使二者相容性有明显的改善，从而使得阻燃性能得到进一步的加强。

（2）力学性能分析

添加 $Mg(OH)_2$ 阻燃剂后，材料的力学性能均有所下降。而采用传统沉淀法制备的氢氧化镁阻燃剂添加 30% 后，拉伸强度和断裂伸长率减小了 15.23% 和 24.34%，相比市售

Mg(OH)₂阻燃剂减小 39.28% 和 28.68%，对 PP 力学性能的影响相对较小。采用超重力沉淀法制备的 Mg(OH)₂ 阻燃剂添加 30% 后，拉伸强度和断裂伸长率则分别减小了 11.76% 和 22.69%。由此证明超细氢氧化镁阻燃剂的粒径小和粒度分布窄能够尽量减少对材料力学性能的恶化。同时超重力沉淀法制备超细 Mg(OH)₂ 阻燃剂时，机械改性减弱了其亲水性，在聚丙烯中分散性和相容性更好，对材料的力学性能影响最小。

2.5.2 重氮盐水解制酚

2.5.2.1 研究背景

芳烃基重氮盐的水解反应是合成相应酚类产品的重要环节，在化学合成方面占据十分重要的地位，该路线制备对酚具有原料价廉、产物易分离、产品纯度高等优点，其产品大多是国民经济发展需要的重要精细化工中间体（如愈创木酚、间甲酚、对羟基苯甲醛等），广泛应用于医药、农药、香料、化妆品、液晶、电镀等领域。

重氮盐水解制酚时，主、副反应属平行连串反应，可用式(2-12)和(2-13)表示：

$$\text{R}\underset{A}{\underset{N_2}{\bigcirc}} + \underset{B}{H_2O} \xrightarrow{K_1} \text{R}\underset{P}{\underset{OH}{\bigcirc}} + N_2\uparrow \tag{2-12}$$

$$\underset{P}{\underset{OH}{\bigcirc}}\text{R} + \text{R}\underset{A}{\underset{N_2}{\bigcirc}} \xrightarrow{K_2} \text{R}\underset{S}{\underset{OH}{\bigcirc}}\text{N}=\text{N}\bigcirc\text{R} \tag{2-13}$$

据文献[48]报道，耦合反应的活化能为 59.36～71.89kJ·mol⁻¹，水解反应的活化能为 95.3～138.78kJ·mol⁻¹，反应温度每升高 10℃，耦合反应速率增加 2～2.4 倍，水解反应速率增加 3.1～5.3 倍，可见，从活化能的角度分析，升高温度有利于主反应对副反应的竞争。

目前芳烃基重氮盐的水解反应均采用传统釜式水解法，这种水解方式不可避免地存在如下问题：随着反应的进行，生成的酚在反应体系中的浓度越来越高，副反应生成偶氮化合物的概率越来越大；重氮盐的酸溶液采用滴加的方式同反应釜中的溶液接触，滴加速度太慢，降低工业生产的效率；另外，反应物料在釜内升温速度慢，由于副反应较主反应有较低的活化能，使得反应在升温阶段均处于对副反应有利的低温阶段。以上原因造成传统釜式水解法生产时间长、产物收率低、副产物多、能耗高等问题。

2.5.2.2 重氮盐水解动力学分析

（1）从活化能的角度分析

升高温度有利于主反应对副反应的竞争，一般来说，升高温度主要有两种途径，如图 2-22 所示[49]。

曲线Ⅰ表示：先加热部分反应物料到反应温度，再滴加另一部分物料，这样才能保证整个水解过程

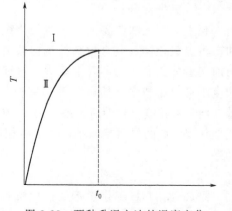

图 2-22 两种升温方法的温度变化

都在最佳的温度条件下进行，以确保反应温度始终处于对水解反应有利的高温范围。曲线Ⅱ表示：反应物料一次性全部加入反应器后升温，在 $t<t_0$ 时间内均处于升温过程，此阶段有利于副反应，因此此种情况下产物选择性较低。如果反应物料一次性全部加入，通过采取特殊的升温措施，能够将 t_0 缩短到可以忽略（缩短升温过程，实现瞬间升温），即如果将水解液和重氮盐溶液一次性加料，而且达到曲线Ⅰ的升温效果，这样既省去了滴加原料所用的长时间，又满足了瞬间升温的要求，这便是动力学要求的最佳效果。

（2）从加料方式与分布分析

化学反应是在分子尺度上进行的过程，无论对简单反应还是复杂反应，分子尺度上的混合（即微观混合）、相间传质、分散相在连续相中的分散均匀性都可以影响化学反应的转化率和选择性。

传统釜式水解法采取的滴加部分原料的方法可满足快速升温的条件。冷的重氮盐溶液滴入高速搅拌的高温水解液中，先分散后反应很重要，要保证重氮盐充分分散于水解液中，最佳的效果是每个重氮盐分子周围都是水分子。若重氮盐在水解液中不能快速、均匀分散，必然形成部分重氮盐小液滴，原料液滴表面水解生成的产物会迅速与原料液滴内部未反应的重氮盐发生耦合副反应，从而降低产物收率。

在水解过程中，随着水解反应的进行，体系内产物酚的浓度会逐渐增加，必然加大新滴入原料与反应器内高浓度酚发生副反应的概率。从产物的浓度考虑，必须采取措施将生成的产物酚及时移走，这样才能确保减少副反应，提高主产物收率。

上述分析总结出两点：一是将原料重氮盐均匀快速分散在水解液中，确保先分散后反应；二是采取适宜的措施将产物酚及时从体系中移出，降低体系中产物浓度，降低副反应发生的概率。理想的分散图如图 2-23 所示。

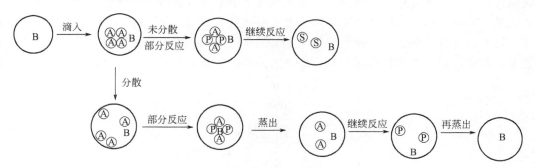

图 2-23　理想的原料与产物分散图

（3）产物的移出方式

通常从体系中移出酚有两种方式，一是水蒸气蒸馏法[50,51]：将水解过程产生的酚与水蒸气一起蒸出，使体系中产物浓度降低，从而降低副反应发生的概率；二是相转移法，将重氮盐滴入水与有机溶剂的非均相混合物中，在水相生成的产物迅速转移至油相，相当于降低了水相中酚的浓度，减少了副产物的生成。该法一般适用于不易挥发、在水中溶解度远小于油中溶解度的酚类。

以上两种产物移出方式中，水蒸气蒸馏法对降低体系中酚的浓度效果显著，但该法温度高，时间长、能耗高，大量水蒸气同产物一同蒸出后，经分离会产生更多的含酚废水；相转移法需要增加后续溶剂的分离与回收等工序。

由动力学分析可知，要同时提高水解反应的转化率和主产物的选择性，必须提高主反应对副反应的竞争，从动力学的角度出发必须解决以下几个关键问题：

① 解决快速升温：将原料在最短的时间内升高到所需的水解温度，缩短升温过程，使反应始终处于对主反应有利的高温范围。解决此问题的传统法是将重氮盐滴加到高温的水解液中，但此法时间长、能耗高。

② 解决快速分散：将滴入的重氮盐快速分散到水解液中，先分散后反应。滴加重氮盐的方式在一定程度上解决了分散问题，但在釜式反应器中仅靠搅拌的分散作用有限，一定程度的原料累积必然导致副反应的发生。

③ 及时移出产物酚：传统法是采用水蒸气蒸馏法将酚及时从体系中移出，该法采用高温蒸馏产生水蒸气，耗时长，必然带来能耗高，同时增加了后续分离等。

作为一种新的过程强化设备，撞击流-旋转填料床具有微观混合特性和高效的传质传热特性，解决传统水解反应器存在的快速分散和快速升温问题；管式反应器具有平推流特点，可有效抑制物料返混，减少副反应发生的概率，同时控制物料在管式反应器中的停留时间使得水解反应更加完全。将撞击流-旋转填料床和管式耦合反应器（IS-RPB/PFR）作为水解反应的核心反应器，具备加热速度快、分散效果好、返混程度小等特征，满足重氮盐水解动力学要求。

2.5.2.3　工艺流程

IS-RPB/PFR 水解反应流程简图见图 2-24。将一定配比的水解液放入储罐 2，用空气压缩机 1 将水解液打入套管预热器 5 预热至 85～90℃，经转子流量计以一定流速进入撞击流-旋转填料床 6 的液体分布器喷口 A；冷的重氮盐水溶液放入储罐 3，用空气压缩机输送，经转子流量计 4 以与水解液相同的流量直接进入液体分布器喷口 B，两股液体以相同流量同轴对撞。进液前开启导热油炉，控制导热油温度到所需水解温度。两股液体对撞后迅速分散在填料中，并在此期间液体被多次切割、聚并及分散，从而得到进一步的混合，确保重氮盐均

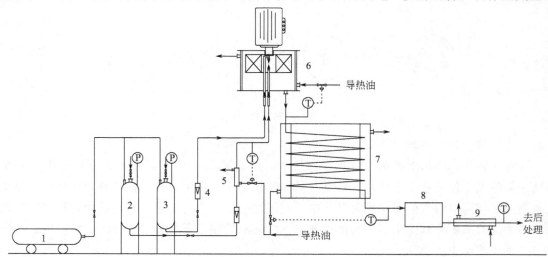

图 2-24　重氮盐水解 IS-RPB/PFR 流程简图

1—空气压缩机；2—水解液存储压力罐；3—重氮液存储压力罐；4—液体转子流量计；
5—套管预热器；6—撞击流-旋转填料床；7—管式反应器（设有加热夹套）；8—活性炭过滤器；9—列管冷凝器

匀分散于水解液中。之后混合液在离心力的作用下被甩到填料床内壳，经旋转床套管进一步加热到所需的水解温度，在重力的作用下汇集到液体出口处，经出口排出进入长度为 30m、内径为 21mm 的管式反应器 7 中继续将水解反应进行完全（管式反应器温度用油浴保温，与水解温度保持一致），反应完的混合液流出管式反应器 7 后趁热用活性炭过滤器 8 滤掉漂浮在上层的焦油副产物，再进入列管冷凝器 9 冷凝，收集冷凝后的产物混合液，并进行后处理得到纯品。

2.5.2.4 实施效果

以重氮盐水解制备对苯二酚为例，采用 IS-RPB/PFR 水解反应器达到了缩短反应时间、提高收率和生产效率的目的[52]。与传统釜式反应器的对比结果见表 2-2。

表 2-2　釜式反应器与组合反应器水解工艺的比较

对比项目	釜式反应器	组合反应器
水解反应时间/平均停留时间/h	3.0～4.0	0.24
加热介质温度/℃	102～108	95
反应器容积/L	35.333	12.116
表面积/m²	0.54	2.31
比表面积/(m²/m³)	15.3	19.1
产品收率/%	64.31	59.25
单位时间产量/(kg/h)	<0.11	1.31
产品纯度/%	98.58%	98.58%

由表 2-2 可知，取 0.53kg 对氨基苯酚进行重氮盐水解制备对苯二酚，与釜式反应器相比，采用组合反应器具有一定的优势：收率相当，而反应时间由 3～4h 缩短到 0.24h 内，极大地缩短了水解时间，相应地也节约了能耗；设备体积显著减小，同样处理 0.53kg 原料，釜式反应器体积为 35.333L，而组合反应器则为 12.116L，约为釜式反应器体积的 1/3；生产效率也得到了极大的提高，单位时间产量由 0.11kg/h 提高到了 1.31kg/h，整整提高了约 12 倍。

2.5.3 磁性纳米 Fe_3O_4

2.5.3.1 背景

磁性纳米粒子（如 Fe_3O_4）既具有纳米材料的特性如表面效应、小尺寸效应、量子效应和宏观量子隧道效应，又具有良好的磁导向性、超顺磁性和生物相容性等特殊性质，使得其广泛应用于磁记录材料、磁流体、磁催化、巨磁电阻材料、磁成像、传感器、雷达吸波材料以及生物医药等领域，发展批量连续制备磁性纳米粒子并付诸应用受到人们的极大关注。目前，已经发展了许多种制备磁性纳米粒子的方法，如机械球磨法、水热法、溶胶-凝胶法、微乳液法和共沉淀法等。近年来，快速反应沉淀法已成为制备磁性 Fe_3O_4 纳米粒子的重要方法，被认为是一种低成本、可规模化制备 Fe_3O_4 纳米粒子的新技术。然而，在传统化学反应器中分子尺度上的传递和混合速率常慢于成核速率，导致成核和生长过程处在分子尺度上的不均匀性环境，因而存在粒径大、粒度分布宽、形貌难控、批次重复性差、过程放大效应大等工业性技术难题。

近十多年来，人们一直致力于研究和开发能够高度强化传质和混合的新型反应器。撞击流-旋转填料床（IS-RPB）是适用于液-液混合接触的过程强化的新型设备。其原理是利用两股高速射流相向撞击，经撞击混合形成的撞击雾面沿径向进入旋转填料床内侧，两股高速撞击的射流在强大离心力作用下，巨大的剪切力使液体撕裂为纳米级的膜、丝和滴，产生很大和快速更新的相界面，微观混合与传质过程得到极大强化。由前面可知，团聚模型初步估算的 IS-RPB 内微观混合均匀特征时间 t_m 约在 $0.1\sim0.01$ms，可见，超重力环境下微观混合均匀特征时间 t_m 远小于成核诱导期特征时间 t_{ind}。可以使反应系达到理想均匀成核环境，均一的成核速率，使颗粒呈现出较窄的粒径分布。

在制备 Fe_3O_4 的过程中，首先按照化学计量比配置一定浓度的铁盐混合溶液和碱液，然后等体积的两股反应物料通过液体分布器的喷嘴等速撞击后喷射到旋转填料床的内缘上，在任意一个时刻铁盐混合溶液和碱液都是按照设定的比例进行混合后反应生成 Fe_3O_4 沉淀，不存在传统的搅拌反应器中将碱液逐步加入到铁盐混合溶液的过程中产生的过饱和度稀释的问题，且生成的 Fe_3O_4 粒子在 IS-RPB 中无返混，不会对后续物料产生影响。因此，利用 IS-RPB 反应器强大的微观混合性能，可以使反应体系达到较高且分布均匀的过饱和度以及小于成核诱导时间的微观混合时间，由此可以制备出粒径小且分布均匀的 Fe_3O_4 纳米粒子，且具有反应时间短、制备成本低、易于工业化放大生产（与常规方法相比可提高 $4\sim20$ 倍）等优点。

2.5.3.2　工艺流程

采用 IS-RPB 为反应器，以 NaOH 为沉淀剂，$FeCl_2 \cdot 4H_2O$ 和 $FeCl_3 \cdot 6H_2O$ 为铁源采用共沉淀法制备 Fe_3O_4 纳米粒子，其反应原理为：

$$Fe^{2+} + 2Fe^{3+} + 8OH^- \longrightarrow Fe_3O_4 + 4H_2O \qquad (2-14)$$

IS-RPB 制备 Fe_3O_4 纳米粒子的工艺流程见图 2-25，称取一定质量的 $FeCl_3 \cdot 6H_2O$ 和 $FeCl_2 \cdot 4H_2O$，按照 Fe^{3+} 与 Fe^{2+} 的摩尔比为 $1.8:1$ 配置一定浓度的铁盐混合溶液；按照 OH^- 与 Fe^{3+} 的摩尔比为 $6:1$ 配制一定浓度的 NaOH 溶液；将铁盐混合溶液和 NaOH 溶液分别加入到原料储槽 5 和 6 中，预热到 $80℃$，启动离心泵将液体经流量计 3 输送入 IS-RPB 主体装置 7 中，等速的两股原料液通过两个液体分布器相向撞击，在两喷嘴的中间位置形成了撞击区，进行初步混合反应，撞击形成的扇形雾面进入旋转的填料床，液体在离心力的作用下沿填料孔隙由转子内缘向转子外缘流动，并在填料层中相互混合反应，反应物在填料外缘处甩出到外壳上，最后在重力作用下汇集到液体出口流出，反应在氮气保护下进行。反应结束后，磁性分离反应物，并用蒸馏水反复洗涤至中性，真空干燥，得磁性 Fe_3O_4 纳米粒子。

2.5.3.3　结果分析

通过考察超重力因子、撞击初速以及反应物的浓度对所制备的 Fe_3O_4 纳米粒子粒径及其分布的影响，结果表明 Fe_3O_4 纳米粒子的粒径随着超重力因子、撞击初速度以及反应物 $FeCl_3 \cdot 6H_2O$ 浓度的增大而减小。在 Fe_3O_4 晶核形成之前，较高的超重力因子和撞击初速度使液体微元之间的相对速度较大产生强大的微观混合效果，有利于生成较高且分布均匀的过饱和度。并且反应物 $FeCl_3 \cdot 6H_2O$ 浓度增大，这些变化都加快了成核速率，导致 Fe_3O_4

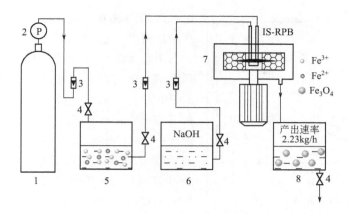

图 2-25　IS-RPB 制备 Fe_3O_4 纳米粒子的工艺流程

1—氮气瓶；2—减压阀；3—转子流量计；4—阀门；5—铁盐储槽；6—碱液储槽；7—IS-RPB；8—产物储槽

纳米粒子的粒径减小，这与反应沉淀法制备 Fe_3O_4 的热力学和动力学分析结果相吻合。根据所制备的 Fe_3O_4 纳米粒子的晶体组成、形貌、粒径及粒径分布得到 IS-RPB 制备 Fe_3O_4 纳米粒子的最佳操作条件为超重力因子为 65.32、撞击初速为 9.43m/s、反应物 $FeCl_3 \cdot 6H_2O$ 浓度为 0.321mol/L。在此条件下，IS-RPB 成功地制备出平均粒径约为 9nm 的 Fe_3O_4 纳米粒子。与传统的 Fe_3O_4 纳米粒子的制备方法不同（如水热法、球磨法等），在此最优参数下，IS-RPB 能够以 2.23kg/h 的生产能力连续制备 Fe_3O_4 纳米粒子[53]。

采用 IS-RPB 在最佳工艺条件制备的 Fe_3O_4 纳米粒子的形貌及粒径分布如图 2-26 所示，所制备的 Fe_3O_4 纳米粒子主要为球形结构，粒子大小约为 9nm，且分散性较好、粒径分布较窄［图 2-26（b）］。此外，所制备的 Fe_3O_4 纳米粒子在室温下均表现为超顺磁性，且 Fe_3O_4 纳米粒子的饱和磁化强度为 60.5emu/g（图 2-27）。这一特性使得所制备的 Fe_3O_4 纳米粒子有较广泛的应用领域，如药物传递、生物分离以及磁共振成像等[54]。这一点也与当 Fe_3O_4 纳米粒子粒径小于临界尺寸 25nm 时具有超顺磁性的结论是一致的[55]。

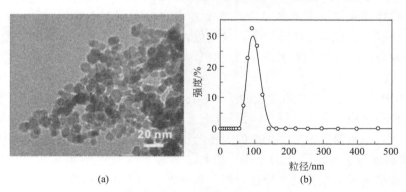

(a)　　　　　　　　　　　　　　(b)

图 2-26　（a）Fe_3O_4 纳米粒子的 TEM 图及 （b）Fe_3O_4 纳米粒子的粒径分布图

2.5.3.4　应用

随着社会经济的发展和人民生活水平的提高，水中重金属离子的检测与去除问题备受关注。磁性纳米材料由于具有纳米材料和磁性能的双重特性，其纳米材料特性具有高比表面积和丰富的与重金属相互作用的活性位点；其磁性能可以在外加磁场吸引的作用下快速地实现

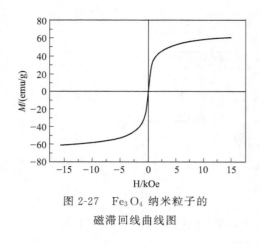

图2-27　Fe₃O₄纳米粒子的
磁滞回线曲线图

回收分离。这个"双重特性"使其在水中重金属离子的检测和去除方面展现出广泛的应用前景。

中北大学将 IS-RPB 制备的 Fe_3O_4 纳米粒子作为纳米吸附剂材料用于对水中重金属 Pb(Ⅱ) 和 Cd(Ⅱ) 的去除，IS-RPB 制备的 Fe_3O_4 纳米粒子对 Pb(Ⅱ) 和 Cd(Ⅱ) 的最大吸附容量分别为 30.47mg/g 和 13.04mg/g。为了提高 Fe_3O_4 纳米粒子对重金属的吸附容量，利用壳聚糖的 pH 响应性，以 IS-RPB 为反应器，采用超重力反应沉淀法一步原位制备出粒径约为 18nm 的包埋结构的超顺磁性壳聚糖基磁性纳米粒子（Fe_3O_4/CS），其饱和磁化强度为 33.5emu/g，制备效率为 3.43kg/h。Fe_3O_4/CS 纳米粒子对 Pb(Ⅱ) 和 Cd(Ⅱ) 的吸附过程属于单分子层吸附，最大吸附容量分别为 79.24mg/g 和 36.42mg/g。

此外，将所制备的磁性 Fe_3O_4 和 Fe_3O_4/CS 纳米粒子作为电极修饰材料，采用阳极溶出伏安法实现了对 Pb(Ⅱ)、Hg(Ⅱ)、Cu(Ⅱ) 和 Cd(Ⅱ) 四种重金属离子的单独和同时检测，并且对 Pb(Ⅱ) 表现出较高的检测灵敏度和选择性[56]。

通过超重力过程强化技术可以连续制备、可重复利用的磁性纳米吸附剂材料和重金属检测的传感器，该方法具有制备工艺简单、成本低、制备时间短、可快速批量生产，是一种具有工业应用潜力的制备方法。

2.5.4　纳米零价铁

2.5.4.1　背景

针对传统搅拌式反应器在纳米零价铁制备过程中存在混合不均匀、颗粒粒径分布不均匀、滴加式进料难以大批量生产等问题，利用撞击流-旋转填料床（IS-RPB）能够强化微观混合、反应，实现连续进料的特点，在 IS-RPB 中批量、连续制备颗粒粒径均匀的纳米零价铁[57]。

利用 IS-RPB 能够实现纳米零价铁的批量、连续化生产，但制备出来的纳米零价铁在与废水反应之前仍需洗涤、分离、储存。而洗涤、分离、储存等过程仍需耗费巨大的水、电等人力、物力。为进一步简化纳米零价铁的制备及使用过程，提高纳米零价铁的利用率，采用撞击流-旋转填料床将纳米零价铁的生成反应与纳米零价铁还原硝基苯的反应耦合在一起，实现超重力制备纳米零价铁并同步处理含硝基苯废水。本方法变多步为一步，避免了常规处理方法纳米零价铁制备过程中的洗涤、分离、干燥、储存等繁杂操作，极大地简化了制备及使用步骤，有效降低废水处理成本。实验完成，可为含硝基苯废水的处理提供一种简便、高效、低成本的处理方法。

2.5.4.2　工艺流程

利用 IS-RPB 制备纳米零价铁并降解硝基苯废水的反应原理见式（2-15）和式（2-16），其工艺流程如图 2-28 所示。先将一定量的硫酸亚铁溶解于 3.0L 自来水中配制成 0.1mol/L 含铁离子溶液，调节溶液 pH 值至 4.0 后置于储液槽 1 中；将一定量的硼氢化钠溶解于 3.0L 水中配成 0.2mol/L 的还原剂溶液，置于储液槽 5 中。设置撞击流旋转填料床的转速为 800r/min。储液槽 1 和 5 中的两股液体由泵打入撞击流-旋转填料床 4 中，两股液体体积流量相等，经液体流量计计量调至 40L/h 后由喷嘴喷出，在撞击区内进行初次快速碰撞、混合、反应；随后液体沿径向由内向外运动进入到高速旋转的填料层中，被旋转的填料高速碰撞、剪切，流体之间进行二次深度均匀混合、反应；混合反应后的液体最后被甩出，沿旋转填料床外壳内壁流至出液口，排入储液槽 8[58]。

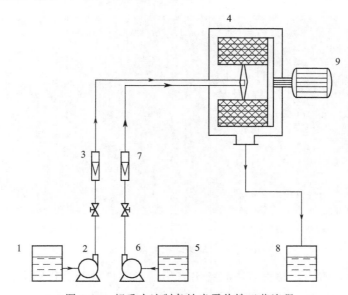

图 2-28　超重力法制备纳米零价铁工艺流程

1,5,8—储液槽；2,6—泵；3,7—液体流量计；4—撞击流-旋转填料床；9—电机

$$Fe(H_2O)_6^{3+} + 3BH_4^- + 3H_2O \longrightarrow Fe^0 + 3B(OH)_3 + 10.5H_2 \tag{2-15}$$

纳米零价铁与硝基苯的反应式：

$$C_6H_5NO_2 + 3Fe^0 + 6H^+ \longrightarrow C_6H_5NH_2 + 3Fe^{2+} + 2H_2O \tag{2-16}$$

制备出来纳米零价铁，先用磁铁将其从反应液中分离出来，得到黑色纳米零价铁固体颗粒。随后，将黑色固体颗粒加入适量清水中，超声洗涤 5min 以去除颗粒间包覆的其他离子。超声之后，用磁铁将其与液体分离。如此，反复多次，直到洗涤溶液的 pH 值为中性。洗涤完成后，将纳米零价铁与液体分离开，浓缩成浆料转移到小口黑色样品瓶中，4℃下低温保存、备用。部分样品进行真空干燥，用以检测分析。

2.5.4.3　结果分析

图 2-29 为超重力法制备出来的纳米零价铁与常规搅拌法制备出来的纳米零价铁 TEM 图。对比两图可知，超重力法制备出来的纳米零价铁颗粒粒度分布均匀，颗粒粒径在 10～20nm 左右，颗粒间的团聚现象明显减少，颗粒分散性较好。硼氢化钠还原二价铁离子生成零价铁单质，是一个快速的反应沉淀过程。反应沉淀过程中，化学反应与晶粒成核、生长串联进行，而化学反应通常比较迅速，过程多为微观混合所控制。由结晶化学可知，晶粒的形

成包括成核、生长、团聚等过程。成核时间称为成核特征时间（t_N），其值约为1ms级。成核特征时间与反应器的微观混合均化特征时间（t_m）的相对大小，影响着晶粒的粒径、均匀性。当 $t_N < t_m$ 时，微观混合未完全，既已有晶核形成，成核和生长在非均匀微观环境中进行，易导致晶粒粒径较大、且粒径分布不均；而当 $t_N > t_m$，微观混合完全后，晶核才开始形成，成核与生长在均匀微观环境中进行，晶粒粒径容易控制，且分布较窄。据估算，传统搅拌式反应器的 t_m 在 5～50ms 之间[59]，而超重力反应器的 t_m 在 0.01～0.1ms 之间[19]。显然，传统搅拌式反应器中 $t_N < t_m$，而超重力反应器中 $t_N > t_m$。因此，超重力法能够制备出粒径更小、分布更均匀的纳米零价铁。

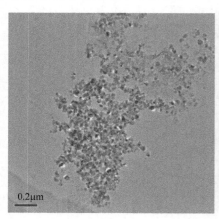
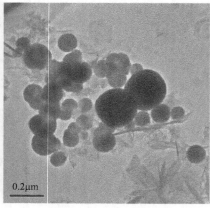

(a) 超重力法制备　　　　　　　　　　(b) 搅拌法制备

图 2-29　纳米零价铁的 TEM

从图 2-29 中可以看出，超重力法制备出来的纳米零价铁的颗粒球形性没有传统搅拌方法制备出来的好。其原因是在超重力场内，高速旋转的填料对纳米零价铁晶核具有强大的碰撞、剪切、撕裂作用，纳米零价铁晶粒在生长过程中生长环境受到了影响，晶粒生长被抑制。

2.5.4.4　应用

将制备的纳米零价铁用于含硝基苯废水的降解，硝基苯初始浓度为 250mg/L，废水初始 pH 值为 4.0，反应时间为 30min。在特定停留时间内硝基苯去除率随着纳米零价铁剂量的增加而增加。当纳米零价铁剂量增加至 4.0g/L 时，废水中硝基苯去除率即可达到将近100%。与常规搅拌方法制备的纳米零价铁相比要达到接近 100% 的硝基苯去除率[57]，纳米零价铁的剂量至少在 5.0g/L 以上。分析其原因可能是，超重力法制备出来的纳米零价铁颗粒尺寸比常规搅拌方法制备出来的要小，其在废水中的分散性良好，暴露给反应底物的表面积更加充分，纳米零价铁表面利用率更高，因而较小的剂量即可达到较高的硝基苯去除率。

在此基础上，用超重力技术对纳米零价铁的制备及其处理含硝基苯废水进行过程强化，进行了超重力制备纳米零价铁并同步处理含硝基苯废水实验。将纳米零价铁的制备与纳米零价铁还原硝基苯的反应耦合在一起，在纳米零价铁制备中同步实现含硝基苯废水的快速处理。纳米零价铁的生成环境在硝基苯废水中，纳米零价铁一经生成即被硝基苯分子包围住，纳米零价铁在成核初期及生长过程中即与硝基苯发生还原反应，纳米零价铁的利用率更加充分。考察了撞击流-旋转填料床转速、液体流量、硝基苯废水初始浓度、废水中铁（Fe^{2+}）

离子初始浓度、硼氢化钠溶液浓度、废水初始 pH 值等因素对硝基苯去除率的影响。实验结果表明：假设反应过程中铁（Fe^{2+}）离子完全还原成纳米零价铁，按铁（Fe^{2+}）离子初始浓度为 0.05mol/L 计，换算成纳米零价铁剂量约为 2.79g/L。与前述处理方法对比，同步处理在纳米零价铁剂量上，比常规制备方法处理少用 2g/L 以上，比用超重力法制备出来后再进行处理少用 1g/L 以上。处理过程中，投加的铁离子适宜初始浓度约为硝基苯废水中硝基苯浓度的 20～30 倍，硼氢化钠还原剂溶液浓度范围为铁离子初始浓度的 2.0～3.0 倍。以含硝基苯废水直接配制硼氢化钠还原剂溶液，在原废水基础上实现含硝基苯废水的处理，处理后废水总体积不变，不增加后续处理负荷。本方法变多步为一步，避免了传统方法纳米零价铁制备过程中的洗涤、分离、干燥、储存等繁杂操作，极大地简化了制备及使用步骤，为含硝基苯废水的处理提供了一条简便、快速的新途径。

2.5.5　纳米 2,4-二羟基苯甲酸铜

2.5.5.1　理论基础

以 2,4-二羟基苯甲酸、氢氧化钠和硫酸铜为原料反应制备 2,4-二羟基苯甲酸铜[60]，其反应过程如下：

$$\hspace{8cm} (2\text{-}17)$$

$$\hspace{8cm} (2\text{-}18)$$

$$NaOH + NaHSO_4 \longrightarrow H_2O + Na_2SO_4 \hspace{3cm} (2\text{-}19)$$

上述反应式(2-17)为酸碱中和，在 STR 反应器进行，式(2-18)为反应结晶过程，式（2-19）是副反应，由结晶理论可知，粒子形成过程是晶体生长过程，对于溶液中晶体的生长，可以分为晶核形成与晶体长大两个过程，该过程也是相变过程。式(2-18)反应结晶过程是均匀成核过程，生成 2,4-二羟基苯甲酸铜的相变驱动力为自由能变化为：

$$\Delta G = -\frac{4}{3}\pi r^3 \frac{\Delta g}{V} + \pi r^2 \sigma \hspace{3cm} (2\text{-}20)$$

式中，ΔG 为吉布斯自由能变化；r 为成核胚芽半径；Δg 为摩尔相变吉布斯自由能变化；V 为摩尔体积。

由 Gibbs-Thomson 关系式，临界晶核大小：

$$r_c = \frac{2V\sigma}{RT\ln S} \hspace{3cm} (2\text{-}21)$$

式中，R 为气体常数；S 为过饱和度。

成核过程可以看做是激活过程，成核所需的活化能为：

$$E_c = \Delta G_c = \frac{4}{3}\pi \left(\frac{4V^2\sigma^3}{R^2T^2} \right) \frac{1}{\ln^2 S} \qquad (2\text{-}22)$$

可见，提高溶液中 2,4-二羟基苯甲酸铜的过饱和度 S，可以大大降低 ΔG_c 使 r_c 减小。因此，溶液的 2,4-二羟基苯甲酸铜过饱和度是纳米粒子形成的必要条件。

2.5.5.2 工艺说明

2,4-二羟基苯甲酸铜合成路线见图 2-30，启动 IS-RPB 反应器，调节变频器控制 IS-RPB 装置转鼓的转速，稳定运转。启动反应液进料泵，调节阀门控制反应物流量，两股反应物液体同时进入 IS-RPB 装置，在 IS-RPB 装置内反应后反应液流回贮液槽，保温熟化一段时间，过滤后洗涤数次，洗涤直到不能检测到硫酸根离子为止。过滤后所得滤饼，分别在水或乙醇中超声波振荡分散，抽干后在 80℃ 下真空干燥 3h，得浅黄色粉末。

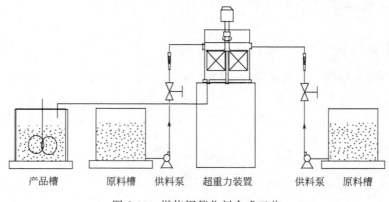

图 2-30　燃烧铜催化剂合成工艺

2.5.5.3 应用

传统的反应器不能满足液相快速反应对混合的要求，所制备的粉末以粒度大，粒度分布宽为主要特征。采用撞击流旋转填料床制备的 2,4-二羟基苯甲酸铜粒子，在转速 1000r/min 和撞击初速 28m/s 以及 100℃ 真空干燥温度的操作条件下，粉体产品为形貌规则的片状结构，平均粒径 610nm，大部分粒子分布在 $0.12 \sim 0.363\mu m$，比表面积为 $11.6265m^2/g$。表明撞击流旋转填料床制备纳米颗粒具有生产能耗低、混合效率高等优点，可以为沉淀反应提供一个理想的反应环境[5,61,62]。

2.6　发展趋势与前景

液-液均相和非均相体系广泛地存在于精细化工、高聚物合成、制药工业、炸药生产、生物化工、燃料调制等工业过程中，良好的微观混合是这类过程得以进行的前提和必要条件，而 IS-RPB 对液-液强化的效果，显示出 IS-RPB 是迄今强化液-液相间传递最有效的方法之一，越来越被广大科技工作者广泛关注[63]。预计未来一个时期将会在以下方面加大研究力度，拓宽应用范围：

① 提高反应的选择性。根据化学产品合成过程中，主反应与副反应动力学、热力学的

原理，利用 IS-RPB 连续快速微观混合的特性来促进主反应，同时抑制副反应发生或减慢副反应的速率，提高反应的选择性，最大限度提高产品的收率，减少副产物，优化反应过程。

② 乳化过程研究和乳化产品开发。这是今后 IS-RPB 研究的一个领域，包括乳化炸药生产过程、乳化食品生产、乳化涂料及其他乳化产品的生产等。

③ 提升高聚物合成技术。随着高聚物合成反应的进程，体系的黏度会不断增大，IS-RPB 的强制混合和聚合效果，有利于保证聚合度的均一性，提升产品的质量。

④ 液膜分离技术不断完善。IS-RPB 连续制备的液膜具有液膜滴径小、且分布范围窄、乳液稳定性好、溶胀率高、膜现制现用、不需存放等优点。同时 IS-RPB 作为提取装置，具有提取效率高、连续操作等优点，将仍然为十分活跃的研究领域，该技术将不断完善。在湿法冶金、废水处理、气体分离、有机物分离、生物制品分离与生物医药分离、化学传感器与离子选择性电极等领域有着广泛的应用前景。

⑤ 强化废水处理过程。随着科技的飞速发展，废水的排放量呈逐年上升趋势，废水中污染物的控制成为首要解决的问题，IS-RPB 反应器可以实现连续制备的纳米金属或金属氧化物粒子，解决粒径大、粒度分布宽、形貌难控、间歇操作、批次重复性差、过程放大效应大等技术难题，实现有机废水、重金属废水中污染物的强化处理。同时，IS-RPB 也可应用于废水中的萃取、吸附及纳米过渡金属制备及降解废水一体化等过程。

⑥ 拓宽应用领域。IS-RPB 将在相关化学反应中的结晶、硝化、耦合、磺化和烷基化等领域具有更加广阔的应用前景。

总之，由 IS-RPB 强化传质特性，必将推进液-液接触与反应技术的新的发展，逐渐形成效率高、设备体积小、占地面积小、能耗低、稳定连续操作的符合提质降耗系列的液-液连续快速接触与反应的新工艺和新技术。

◆ 参考文献 ◆

[1] 刘有智. 超重力化工过程与技术 [M]. 北京：国防工业出版社，2009.

[2] Burns J R, Ramshaw C. Process intensification: Visual study of liquid maldistribution in rotating packed. beds [J]. Chemical Engineering Science, 1996, 51: 1347-1352.

[3] Liu Y Z, Jiao W Z, Qi G S. Preparation and properties of methanol-diesel oil emulsified fuel under high-gravity environment [J]. Renewable Energy, 2011, 36 (5): 1463-1468.

[4] 焦纬洲. 超重力强化甲醇柴油乳化燃料制备技术 [M]. 北京：国防工业出版社，2013.

[5] Li Y, Liu Y Z. Synthesis and catalytic activity of copper (Ⅱ) resorcylic acid nanoparticles [J]. Chemical Research in Chinese Universities, 2007, 23 (2): 217-220.

[6] Fan H L, Li L, Zhou S F, Liu Y Z. Continuous preparation of Fe_3O_4 nanoparticles combined with surface modification by L-cysteine and their application in heavy metal adsorption [J]. Ceramics International, 2016, 42 (3): 4228-4237.

[7] （以色列）Tamir A. 撞击流反应器——原理和应用 [M]. 伍沅译. 北京：化学工业出版社，1996.

[8] 伍沅. 撞击流：原理·性质·应用 [M]. 北京：化学工业出版社，2006.

[9] Johnson B K, Prud' homme R K. Chemical processing and micromixing in confined impinging jets [J]. AIChE Journal, 2003, 49 (9): 2264-2282.

[10] Gao Z M, Han J, Xu Y D, et al. Particle Image Velocimetry (PIV) Investigation of Flow Characteristics in Confined Impinging Jet Reactors [J]. Industrial & Engineering Chemistry Research, 2013, 52 (33): 11779-11786.

[11] Savart F. Memoire sur le choc de deux veines liquides animees de mouvements directement opposes circulaire [J]. Annali di Chimica, 1833, 54: 56-87.

[12] Erni P, Elabbadi A. Free impinging jet microreactors: controlling reactive flows via surface tension and fluid viscoelasticity [J]. Langmuir, 2013, 29 (25): 7812-7824.

[13] Zhang J, Liu Y Z, Qi G S. Investigation of Flow Characteristics in Free Impinging Jet Reactors by Particle Image Velocimetry (PIV) [J]. Fluid Dynamics Research, 2016, 48 (4): 045505.

[14] Zhang J, Liu Y Z, Luo Y. The turbulent behavior of novel free triple-impinging jets with large jet spacing by means of particle image velocimetry [J]. Chinese Journal of Chemical Engineering, 2016, 24 (6): 757-766.

[15] 刘有智, 焦纬洲, 祁贵生等. 一种连续制备甲苯二异氰酸酯的单反射超重力装置及工艺 [P]. 中国专利 201410481252. 0, 2014-09-20.

[16] 刘有智, 焦纬洲, 祁贵生等. 一种连续制备甲苯二异氰酸酯的装置及工艺 [P]. 中国专利 201410481281. 7, 2014-09-20.

[17] 刘有智, 祁贵生, 焦纬洲等. 一种连续制备甲苯二异氰酸酯的川形超重力装置及工艺 [P], 中国专利 201410481280. 2, 2014-09-20.

[18] 张珺, 开放式撞击流反应器流场特性研究 [D]. 太原: 中北大学, 2016.

[19] Jiao W Z, Liu Y Z, Qi G S. A new impinging stream-rotating packed bed reactor for improvement of micromixing iodide and iodate [J]. Chemical Engineering Journal, 2010, 157 (1): 168-173.

[20] Jiao W, Liu Y, Qi G. Micromixing Efficiency of Viscous Media in Novel Impinging Stream-Rotating Packed Bed Reactor [J]. Industrial & Engineering Chemistry Research, 2012, 51 (20): 7113-7118.

[21] Lin W W, Lee D J. Micromixing effects in aerated stirred tank [J]. Chemical Engineering Science, 1997, 52 (21-22): 3837-3842.

[22] Liu C I, Lee D J. Micromixing effects in a couette flow reactor [J]. Chemical Engineering Science, 1999, 54 (13-14): 2883-2888.

[23] Monnier H, Wilhelm A M, Delmas H. Effects of ultrasound on micromixing in flow cell [J]. Chemical Engineering Science, 2000, 55 (19): 4009-4020.

[24] Yang H J, Chu G W, Zhang J W, et al. Micromixing Efficiency in a Rotating Packed Bed: Experiments and Simulation [J]. Industrial & Engineering Chemistry Research, 2005, 44 (20): 7730-7737.

[25] Fournier M C, Falk L, Villermaux J. A new parallel competing reaction system for assessing micromixing efficiency-determination of micromixing time by a simple mixing model [J]. Chemical Engineering Science, 1996, 51 (23): 5187-5192.

[26] Yang K, Chu G W, Shao L, et al. Micromixing Efficiency of Viscous Media in Micro-channel Reactor [J]. Chinese Journal of Chemical Engineering, 2009, 17 (4): 546-551.

[27] Chu G W, Song Y H, Yang H J, et al. Micromixing efficiency of a novel rotor-stator reactor [J]. Chemical Engineering Journal. 2007, 128 (2-3): 191-196.

[28] 焦纬洲, 李晓霞, 李鹏等. 超声制备甲醇柴油乳液及其稳定性研究 [J]. 日用化学工业, 2015, 45 (10): 568-571.

[29] 李静, 焦纬洲, 刘有智等. 甲醇柴油乳液稳定性研究 [J]. 日用化学工业, 2014, 44 (7): 366-370.

[30] 焦纬洲, 刘有智, 祁贵生. 柴油-甲醇-水三元乳化液 W/O 流变特性的研究 [J]. 石油学报 (石油加工), 2010, 26 (2): 214-218.

[31] Jiao W, Wang Y, Li X, e al. Qiaoling Zhang. Stabilization performance of methanol-diesel emulsified fuel prepared using an impinging stream-rotating packed bed [J]. Renewable Energy, 2016, 85: 573-579.

[32] 焦纬洲, 李静, 刘有智等. 甲醇柴油乳液的黏度特性 [J]. 石油学报 (石油加工), 2014, 30 (2): 279-282.

[33] 焦纬洲, 刘有智, 上官民等. 甲醇乳化柴油分散特性研究 [J]. 燃料化学学报. 2011, 39 (4): 311-314.

[34] 童祐嵩. 颗粒粒度与比表面测量原理 [M]. 上海: 上海科技文献出版社, 1989.

[35] Jiao W, Li J, Liu Y, et al. Dispersion Performance of methanol-diesel oil emulsified fuel prepared by high gravity technology [J]. China Petrol Proc & Petrochem Techn, 2014, 16 (1): 27-34.

[36] 焦纬洲,刘有智,祁贵生等. 柴油-甲醇-乳化剂三组元乳化液的制备及其理化特性 [J]. 石油学报（石油加工），2011, 27（1）: 91-94.

[37] Cheng C H, Cheung C S, Chan T L. Comparison of emissions of a direct injection diesel engine operating on biodiesel with emulsified and fumigated methanol [J]. Fuel, 2008, 87（10-11）: 1870-1879.

[38] 刘有智, 祁贵生, 杨利锐. 撞击流-旋转填料床萃取传质性能研究 [J]. 化工进展, 2003, 22（10）: 1108-1111.

[39] 祁贵生, 刘有智, 杨利锐. 撞击流-旋转填料床处理含苯酚废水的单级试验研究 [J]. 化学工业与工程技术, 2004, 25（1）: 9-12.

[40] 祁贵生, 刘有智, 杨利锐. 撞击流旋转填料床内磷酸三丁酯对苯酚的络合萃取 [J]. 化工生产与技术, 2004, 11（1）: 13-16.

[41] 杨利锐, 刘有智, 祁贵生等. 撞击流-旋转填料床乳状液膜法处理含酚废水的研究 [J]. 应用化工, 2004, 33（3）: 31-33.

[42] 杨利锐,刘有智,焦纬洲等. 撞击流-旋转填料床乳状液膜法处理含酚废水的研究Ⅱ [J]. 化工科技, 2004, 1: 40-43.

[43] 杨利锐, 刘有智, 祁贵生等. 撞击流-旋转填料床制乳性能研究 [J]. 化工科技, 2003, 11（5）: 36-39.

[44] 李倩甜. IS-RPB 乳状液膜法处理苯胺废水的基础研究 [D]. 太原: 中北大学, 2014.

[45] 冯霞, 刘有智, 申红艳等. 超细氢氧化镁阻燃剂的研究现状 [J]. 塑料工业, 2013,（02）: 7-10.

[46] 白俊红, 刘有智, 申红艳等. 表面改性对超细氢氧化镁过滤性能和沉降性能的影响 [J]. 化工进展, 2013,（06）: 1363-1366.

[47] 焦学瞬, 贺明波. 乳状液与乳化技术新应用 [M]. 北京: 化学工业出版社, 2006.

[48] 蒋登高, 章亚东, 周彩荣. 精细有机合成反应及工艺 [M]. 北京:化学工业出版社, 2003: 148-158.

[49] 陈荣业.有机合成工艺优化 [M]. 北京: 化学工业出版社, 2006: 182-195.

[50] 张珍明. 水蒸气蒸馏技术在精细化学品生产中的应用 [J]. 化工时刊, 2004, 18（6）: 48-49.

[51] 张珍明. 相转移催化合成邻乙氧基苯酚的研究 [J]. 淮海工学院学报, 1998, 7（4）: 43-45.

[52] Zhang Q L, Liu Y Z, Li G M, et al. Preparation of *p*- Hydroxybenzaldehyde by Hydrolysis of Diazonium Salts Using Rotating Packed Bed [J]. Chinese Journal of Chemical Engineering, 2011, 19（1）: 140-144.

[53] Fan H L, Zhou S F, Qi G S, et al. Continuous preparation of Fe$_3$O$_4$ nanoparticles using Impinging Stream-Rotating Packed Bed reactor and magnetic property thereof [J]. Journal of Alloys and Compounds, 2016, 662: 497-504.

[54] Akbarzadeh A, Samiei M, Davaran S. Magnetic nanoparticles: preparation, physical properties, and applications in biomedicine [J]. Nanoscale Research Letters, 2012, 7（1）: 1-13.

[55] Qu J, Liu G, Wang Y, et al. Preparation of Fe$_3$O$_4$-chitosan nanoparticles used for hyperthermia [J]. Advanced Powder Technology, 2010, 21（4）: 461-467.

[56] Fan H L, Zhou S F, Gao J, et al. Continuous preparation of Fe$_3$O$_4$ nanoparticles through Impinging Stream-Rotating Packed Bed reactor and their electrochemistry detection toward heavy metal ions [J]. Journal of Alloys and Compounds, 2016, 671: 354-359.

[57] Jiao W Z, Feng Z R, Liu Y Z, et al. Degradation of nitrobenzene-containing wastewater by carbon nanotubes immobilized nanoscale zerovalent iron [J] Journal of Nanoparticle Research, 2016, 18: 198.

[58] 佘志荣. 纳米零价铁处理含硝基苯废水实验研究 [D]. 太原: 中北大学, 2016.

[59] 康荣灿, 刘有智, 郭雨等. 撞击流-旋转填料床合成超细平台燃烧催化剂 β-Cu [J]. 化工科技, 2006, 14（4）: 1-5.

[60] 陈建峰, 邹海魁, 刘润静等. 超重力反应沉淀法合成纳米材料及其应用 [J]. 现代化工, 2001, 21（9）: 9-12.

[61] 李裕, 郭雨, 刘有智等. 纳米 2,4-二羟基苯甲酸铜粉体的合成及表征 [J]. 火炸药学报, 2006, 29（3）: 32-35.

[62] 刘有智, 郭雨, 李裕等. 2,4-二羟基苯甲酸铜（Ⅱ）的合成 [J]. 合成化学, 2006, 14（3）: 269-271.

[63] 刘有智. 超重力撞击流-旋转填料床液-液接触过程强化技术的研究进展 [J]. 化工进展, 2009, 28（7）: 1101-1108.

第3章 气-固过程超重力化工强化技术

气固过程是一个重要的化工单元操作，在一切伴有气固两相的生产过程中，它是不可缺少的一个环节，在化工、石油、煤炭、冶金、电力、化肥、水泥、纺织、食品、轻工等工业及环境保护工程中有着广泛的应用。大体可归纳为三类。

① 获得洁净的气体。如煤气化过程中煤气的除尘，硫酸生产中硫铁矿焙烧制备的原料气脱除砷、硒等微粒，保证后序压缩、分离或反应工序能够顺利进行。在天然气进入合成氨厂的大型离心压缩机之前必须除净其中所含的微细粉尘，以保证压缩机的安全稳定运转。炼油厂催化裂化再生烟气的能量回收，需将高温烟气中大于 $10\mu m$ 的颗粒除净，才能保证高温烟气轮机的长周期安全运行。

② 净化废气保护环境。各国对于燃煤锅炉、炼钢炉、有色金属冶炼炉、矿烧结机、水泥窑以及炭黑生产、石灰锻炼、颜料、复合磷肥等生产中的尾气排放要求都有明确的规定，尤其是近年来大气污染越来越严重，对排放上限要求越来越严格，对大部分锅炉烟气实行超低排放。

③ 回收有用的物料。如各种流化床反应器内将催化剂回收返回床层；如在化肥、农药、颜料、洗涤剂及各种聚合物等的气流干燥过程中收集粉料产品，在有色金属冶炼过程中回收贵重的金属粉末等。

面对环保压力，国家相继出台或修订并通过了《中华人民共和国大气污染防治法》《大气污染防治行动计划》《烟气超低排放标准》等系列法律法规政策，如国家环保总局提出了超细粉尘达到超低排放的新要求（如排放烟气中的尘含量低于 $5mg/m^3$），工业过程节能降耗、污染物排放上限进一步降低，急切需要新的技术及其装备来强化气固过程，实现气固高效分离、过程节能降耗。因此，本章将从气-固过程强化技术着手，重点介绍超重力多相分离和离心流态化技术。

3.1 超重力多相分离

3.1.1 多相分离概述

气固分离可分为干法和湿法两大类。干法是利用气体与固体之间物理性质的差异（如密度、荷电性、表面性质等），依靠重力、惯性力、热聚力、扩散附着力、静电力等外力作用达到分离目的。干法分离设备主要有除尘器、惯性除尘器、旋风除尘器、过滤式除尘器、静电除尘器等[1-4]。湿法是利用液体对固体的浸润、包裹、湿润、聚集等性质，依靠分离设备对多相流之间产生的剪切作用而达到分离目的，涉及气、液、固三相，因而又称为多相分离。湿法分离设备主要有板式洗涤器、纤维填充洗涤器、喷雾式洗涤器、旋转式洗涤器、冲击式洗涤器、文丘里洗涤器和空塔喷淋等[5-7]。目前国内外工业上常用的除尘器类型与性能比较见表 3-1。

表 3-1　常用除尘器的类型与性能比较

型　式	除尘设备种类		粉尘粒径 /μm	粉尘浓度 /(g/m^3)	温度 /℃	阻力 /Pa	不同粒径效率/%		
							50μm	5μm	1μm
干式	重力除尘器		>15	>10	<400	200~1000	96	16	3
	惯性除尘器		>20	<100	<400	400~1200	95	20	5
	旋风除尘器		>5	<100	<400	400~2000	94	27	8
	电除尘器		>0.05	<30	<300	200~300	>99	99	86
	袋式 除尘器	振打清灰	>0.1	3~10	<260	800~2000	>99	>99	99
		脉冲清灰				800~1500	100	>99	99
		反吹清灰				800~2000	100	>99	99
湿式	自激式除尘器		100~0.05	<100	<400	800~2000	100	93	40
	喷雾式除尘器			<10	<400		100	96	75
	文丘里除尘器			<100	<800	5000~1000	100	>99	93
	湿式静电除尘器		>0.05	<100	<400	300~400	>98	98	98

从表 3-1 中看出，对细小颗粒物脱除效率较高的有袋式除尘器、静电除尘器和文丘里除尘器。但袋式除尘器具有滤料易损坏、清灰时效率下降明显、占地面积大等缺点；电除尘器除尘效率高，但基建费较高，占地面积大，且其对 0.1~2μm 的细颗粒物脱除效率很低，容易产生二次飞灰，不能有效地控制细颗粒物的排放浓度；文丘里除尘器可以脱除粒径大于 0.5μm 的颗粒物，但其压降过高，甚至达到 5000Pa 以上，想要脱除亚微米级颗粒物则压降更大（大于 10000Pa），阻力损失严重。综合来看，目前国内外还没有适宜的高精度净化气体中细颗粒物技术，随着国家对大气环境保护要求越来越严格，深度净化细颗粒的技术研发迫在眉睫。因而，研发一种低成本、低能耗、高效率的细小颗粒物净化技术成为当务之急。

超重力多相分离技术正符合这一需求，即低成本、低投入、高效率地深度脱除工业气体中的细颗粒物。

3.1.2　超重力多相分离原理与特点

超重力场下，气-固分离过程是在气-液接触型超重力装置中，将气体中的固体（尘或尘粒）快速转移到液相中，即超重力多相分离过程是将水膜浸润与捕获、离心沉降、过滤、机械旋转碰撞和惯性碰撞、扩散等多种除尘机制集于一体的复合除尘，最终利用密度差异而达到分离的目的[8]。

浸润与捕获机制：在超重力场作用，液体被旋转的填料剪切分割成极薄的液膜、细小的液滴和液丝，并在填料层内多次快速地凝并与分散，使得气-液-固接触面积和表面更新速率得到极大提高，强化液体对粉尘的浸润和捕获，对气体中的微细粉尘形成了极强的捕获能力。

离心沉降机制：当含尘气体通过超重力转子时，被高速旋转的填料层加速，随填料层一起旋转，其中较大颗粒粉尘或是被液体润湿聚并的粉尘在离心力作用下实现离心沉降分离。

碰撞机制：当含有较大粒度粉尘的气体在运动时遇到液滴和填料时，尘粒自身的惯性会使它们不能沿流线绕过液滴或填料，而碰撞到液滴或填料表面而被液滴或填料捕集，即粉尘与液体、填料间都形成了快速的碰撞接触，粉尘的惯性沉降能力增强，进而强化气-固分离过程。

过滤机制：当含尘气体通过转子时，填料层中弯曲狭窄复杂的孔道、液滴、液膜对粉尘形成良好的过滤而实现气固分离。

布朗扩散机制：含尘气体经过转子时，其中较小粒度粉尘在气流夹带的作用下围绕液滴、液丝和润湿的填料运动过程受到布朗扩散作用导致尘粒沉积在液滴、液膜上而被分离。因旋转填料极大地提高了相界面积，从而可以强化布朗扩散作用。

超重力多相分离技术正是耦合了上述多种除尘机制作用，使得其具有切割粒径小、净化效率和除尘精度高、液气比小、压降低、能耗低等优点。因而，人们利用超重力技术进行了除尘净化研究。

张海峰[9]对超重力旋转填料床的除尘效果进行了实验考察，结果表明，旋转填料床的除尘效率随着液量和转速的增大而增大，在最佳参数下，旋转床对灰尘的捕集效率达到99%以上，能够完全除去 $3\mu m$ 以上的颗粒。张艳辉[10]等采用逆流旋转填料床，利用燃煤飞灰模拟含尘气体，进行了超重力湿法除尘研究，结果表明，除尘效率可达99.9%以上，出口含尘浓度一般小于 $50mg/m^3$，设备压降约在 $600\sim1250Pa$ 之间。同时考察了转速、液气比对除尘效率的影响，发现除尘效率随着转速、液气比的增大而提高，且液气比仅为 $0.21L/m^3$。柳巍[11]分别采用了并流、逆流旋转填料床处理燃煤飞灰，考察了液量和转速对出口粉尘浓度的影响。结果表明，并流旋转填料床的总除尘效率高于逆流旋转填料床，而旋转填料床在最佳条件下对 $1\mu m$ 以下粉尘的脱除效率仍达99%以上。进口气体粉尘浓度对总的除尘效率影响不大，但进口气体所含粉尘的粒径分布会影响除尘的分级效率。宋云华[12]等采用燃煤飞灰模拟的粉尘平均粒径为 $2.55\mu m$ 进行脱除实验，结果表明，旋转填料床切割粒径达到 $0.02\sim0.3\mu m$，与袋式除尘器的切割粒径相当，出口气体的含尘浓度小于 $100mg/m^3$，除尘率高于99%，且旋转填料床的压降小于 $3000Pa$。黄德斌[13]对多级雾化旋转填料床进行了改进，考察转速、液量、轴向的平面丝网层数对除尘效率的影响，结果表明，3层平面丝网的效率远高于1层平面丝网。

通过大量研究和工程应用结果表明，超重力多相分离技术具有如下特点：

① 切割粒径小、净化效率和除尘精度高。因超重力多相分离过程耦合了多种除尘机制，对微细粉尘具备协同作用，切割粒径达到 $0.02\sim0.3\mu m$。

② 液气比小。由于旋转的填料对液体具有高度分散、聚并作用，使得相界面积和界面更新速率得到极大的提高。

③ 有效防止填料结垢、堵塞。由于在超重力场下，液体随填料层高速旋转而对填料具有良好的冲涮和清洗作用，即液体对填料层内捕集到的粉尘具有极强的"携带"和"清洗"作用，使得粉尘、泥等污染物不易在填料上结垢或结疤等。

④ 气相压降减小，能耗低。因超重力装置中的填料层高度仅为 $0.2\sim0.3m$，即气体通过填料层的路径短，其气相阻力极小，一般对原有管路和风机影响不大，可以不另增设风机。

⑤ 设备体积小、开停车时间短，易于安装、操作、检修。超重力强化气液固的传递作

用显著，传递速率一般是塔设备的 1～3 个数量级，因而超重力装置体积大幅度缩小。

⑥ 适用范围广泛，操作弹性大。气体负荷可在 20%～150% 范围内波动，气体流量波动对净化效率影响较小；既适合于新建厂，也适合于老厂改造；可用于原料气深度净化，也可用于排放尾气的深度净化和超低排放要求。

总的来讲，超重力多相分离技术具有气体净化度高、操作弹性大、能耗低、设备体积小、易于安装和维护、适用范围宽等优势。

3.1.3　超重力多相分离性能研究

细颗粒物是指空气动力学直径小于 $2.5\mu m$ 的粉尘，又称 $PM_{2.5}$，具有极大的比表面积，能够吸附各种重金属、多环芳烃等有毒、有害物质，并沉积在人体肺部，导致心脑血管疾病和肺癌，严重危害人体健康。同时，细颗粒物还是降低大气能见度，导致"雾霾"现象的罪魁祸首，给交通带来了很大的影响。细颗粒物的来源主要是人为排放：各种燃料燃烧，如发电、冶金、石油、化学、纺织印染等工业过程、供热过程中燃煤与燃气或燃油排放的烟尘和机动车尾气等。相对于石油和天然气等清洁燃料，我国现阶段仍然以煤炭为主，燃煤发电、取暖等过程排放的可吸入颗粒物占排放总量的 30% 以上。因此，从源头治理工业含尘气体，对于减小细颗粒物的排放，缓解大气污染，具有重要的现实意义。为此，国家针对燃煤烟气实行超低排放，即燃煤机组在完成治理之后的烟气排放达到天然气机组标准（SO_2 不超过 $35mg/m^3$、NO_x 不超过 $50mg/m^3$、烟尘不超过 $5mg/m^3$），现有技术难以经济地满足此要求，必须开发新的方法及装备，突破现有除尘方法及装备的局限，耦合多种除尘机制。

中北大学付加等[14-17]以太原第二热电厂的粉煤灰来模拟粉尘〔使用激光粒度分布仪对进口粉尘的粒度分布（数量分散度）进行测量，粒度分布见表 3-2，其粒径集中分布在 1～$3\mu m$，平均粒径为 $2.25\mu m$〕，对转子规模相近的错流与逆流旋转填料床脱除细颗粒物进行了研究，分别对二者的总除尘效率和分级除尘效率进行了系统研究，并进行了对比分析。通过对超重力多相分离工艺参数——气体含尘浓度、超重力因子、液体喷淋密度、气速、液体循环时间对除尘效率影响的研究，确定适宜工艺条件。

表 3-2　模拟粉尘的粒度分布

粒径区间/μm	含量/%	累积/%	粒径区间/μm	含量/%	累积/%
0～0.5	1.32	1.32	1.7～2.0	13.54	73.59
0.5～0.7	4.63	5.95	2.0～2.3	8.63	82.22
0.7～1.0	8.45	14.40	2.3～2.5	6.42	88.64
1.0～1.3	10.82	25.22	2.5～3.0	5.92	94.56
1.3～1.5	16.36	41.58	3.0～5.0	3.56	98.12
1.5～1.7	18.47	60.05	5.0～6.0	1.88	100

3.1.3.1　超重力多相分离流程

超重力多相分离流程如图 3-1 所示。烘干后的粉煤灰由小型螺杆加料机 3 以一定流量挤出到离心风机 1 的入口处，再与由风机吸入的定量空气混合，在管道内形成一定浓度的均匀含尘气体。同时，储液槽中的水由液泵 5 输送至错流或逆流旋转填料床 4，在填料内部被剪切与聚并成液滴、液丝和液膜，捕集尘粒后排出进入储液槽，循环使用。

实验过程中使用 TFC-30s 型双通道粉尘采样仪对进、出口气体进行采样分析：即采样

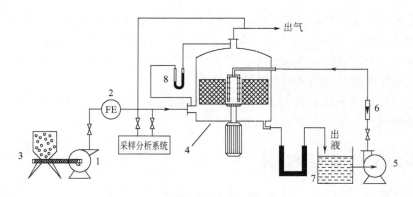

图 3-1　超重力气-固分离除尘性能实验流程

1—风机；2—气体流量计；3—螺杆加料机；4—逆流/错流旋转填料床；

5—液泵；6—液体流量计；7—储液槽；8—U 形管压差计

前在采样仪的双通道内分别放入干燥后的过氯乙烯滤膜，取样过程中，分别调节采样仪的双通道流量计，使其对进、出口气体进行同时采样，粉尘过滤在滤膜上，一定时间后，关闭采样仪，取下滤膜；然后将滤膜融入 10mL 乙酸丁酯溶剂中，使用激光粒度分布仪对粉尘的粒度分布进行分析，即得到粉尘的数量频率。同时，使用 LB-FC 手持式智能粉尘烟尘检测仪对旋转填料床进、出口的含尘浓度进行实时在线测量。

3.1.3.2　超重力的多相分离性能

（1）错流旋转填料床的分离性能

错流旋转填料床的分离性能如图 3-2～图 3-9 所示，分别是总除尘效率和分级除尘效率随超重力因子、空床气速、液体喷淋密度、气体含尘浓度（或粉尘粒度）的变化规律。

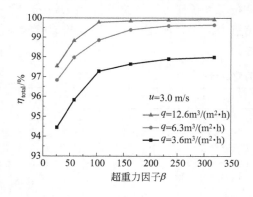

图 3-2　超重力因子 β 对总除尘效率的影响

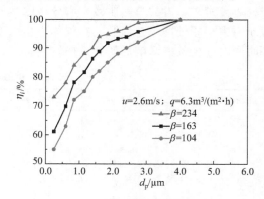

图 3-3　超重力因子 β 对分级效率的影响

对研究结果分析发现，错流旋转填料床的总除尘效率和分级除尘效率均随着超重力因子、液体喷淋密度、空床气速的增大而增大；粉尘粒度越大越易脱除，粒度为 $2.0\mu m$ 的脱除度达 99%，切割粒径达 $0.08\mu m$；适宜的工艺参数：超重力因子 160，液体喷淋密度为 $6.3m^3/(m^2\cdot h)$，空床气速为 2.6m/s；对于进口气体中含尘浓度低于 $16g/m^3$ 的总除尘效率可稳定在 99.5% 以上，若气体含尘浓度较高，可以采用两级或多级来处理，以达到超低排放要求。

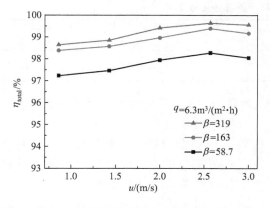

图 3-4 空床气速对总除尘效率的影响

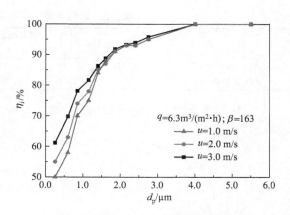

图 3-5 空床气速对分级效率的影响

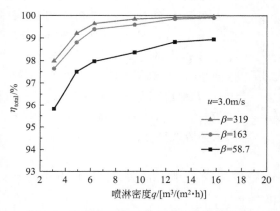

图 3-6 液体喷淋密度对总除尘效率的影响

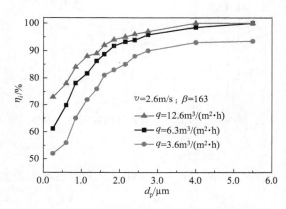

图 3-7 液体喷淋密度对分级效率的影响

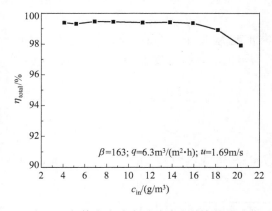

图 3-8 气体含尘浓度对总除尘效率的影响

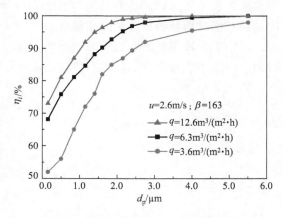

图 3-9 粉尘粒度对分级效率的影响

（2）错流与逆流旋转填料床的分离性能对比

在相近工艺条件下，对比研究了超重力因子 β、液体喷淋密度 q 和空床气速 u 等参数对错流和逆流旋转填料床的总除尘效率和分级效率的影响。

① 总除尘效率对比　表 3-3 是错流与逆流旋转填料床分别在各自的适宜操作条件的总除尘效率。

表 3-3　错流与逆流旋转填料床的总除尘效率对比

名　称	超重力因子 β	液体喷淋密度 q /[m³/(m²·h)]	空床气速 u /(m/s)	最佳操作条件下的除尘效率
错流旋转填料床	163	6.3	2.6	99.6
逆流旋转填料床	80	4.8	1.6	99.8

对比结果说明，逆流旋转填料床可以在更小的超重力因子和液体喷淋密度条件下，达到更高的除尘效率。

② 分级除尘效率对比　图 3-10 是错流床与逆流旋转填料床在各自适宜操作条件下的分级效率。

对比研究结果知，逆流旋转填料床的分级效率略高于错流床，但对于大于 2.5μm 的粉尘，二者的脱除率都超过 99.8%，即错流床和逆流床对 2.5μm 粉尘的分级效率 $\eta_{2.5}$ 分别可以达到 99.87% 和 99.9%，对 0.25μm 粉尘的分级效率 $\eta_{0.25}$ 分别为 70.1% 和 75.7%，均高于现有除尘器，且逆流床的分级效率更高。

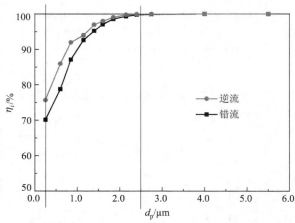

图 3-10　错流与逆流旋转填料床的分级效率对比

（3）分级效率拟合

W. Licht 等[18]研究发现，大多数除尘器的分级效率与粉尘粒径的关系可以用下式表示：

$$\eta_i = 1.0 - \exp(-m d_p^n) \tag{3-1}$$

式中，m、n 为特性系数。其中，m 反映分级除尘效率大小，m 越大，除尘器的分级效率越高；系数 n 反映粉尘粒度对该除尘器分级效的率影响，n 越小，分级效率曲线越平坦，除尘器对细微颗粒物的分级效率越高。

对错流旋转填料床在超重力因子为 163，喷淋密度为 6.3m³/(m²·h)，气速为 2.6m/s 时的分级效率数据进行回归分析得出，$m=1.72$，$n=0.51$，拟合度 $R^2=0.96$，拟合结果良好，如图 3-11 所示。

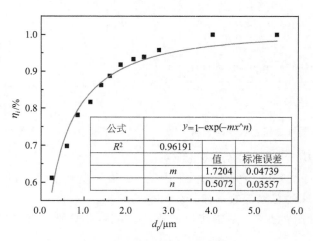

图 3-11　错流旋转填料床分级效率拟合曲线

表 3-4 是几种常见除尘器的分级效率特性系数。对比发现，旋转填料床的分级效率大于一般湿式除尘器，与静电除尘器相近，可以高效脱除气体中的细颗粒物。逆流旋转床的 m 值大于错流床，说明逆流床的分级效率高于错流床；二者的 n 值相近，说明错流床与逆流床对细微颗粒物的脱除效率相当。

表 3-4 不同除尘器的分级效率特性系数

除尘器	m	n
旋风除尘器	0.002~0.1	0.8~2.0
湿式除尘器	0.09~0.6	0.5~0.8
静电除尘器	0.8~2.5	0.2~0.5
错流旋转填料床	1.72	0.51
逆流旋转填料床	2.02	0.50

通过对超重力多相分离工艺参数的优化研究，得出以下结论：错流旋转填料床的除尘效率均随着转速、液气比、空床气速的增大而增大，且在相同操作条件下，逆流旋转填料床的除尘效率略高于错流旋转填料床，且对于粒径为 $0.25\mu m$ 粒子的去除率达 99.5% 以上，可以高效率地脱除气体中的细颗粒物。

3.1.4 超重力湿法净化气体中细颗粒物技术应用实例

我国近年来频繁地出现长时间，大范围的"雾霾"天气，引起国家高度重视，出台政策强调，必须从源头治理雾霾。因而，高效脱除工业气体中细颗粒物技术的工业应用，对于缓解大气污染具有重要的现实意义。下面结合超低排放需求介绍几个典型的应用案例。

3.1.4.1 治理复合肥烟囱含尘尾气中的应用

山西某集团是我国最大的硝基复合肥生产基地，复合肥二厂利用硝酸磷肥副产硝酸钙生产硝酸铵钙的过程中，因操作温度和压力的不稳定使转鼓流化床造粒机和转鼓流化床冷却机产生大量的造粒尾气，气量为 $43000m^3/h$，其含尘约 $3000mg/m^3$ 的硝酸铵钙产品，直接排放对环境污染大。该尾气存在尘粒径细小，且含尘浓度高，常规方法无法高效脱除，且极易堵塞除尘设备，难以长期稳定运行；同时，富铵钙生产装置在 22m 高的平台上，空间位置十分有限（厂房内高度仅有 5m），传统除尘设备因除尘效率与空间布置问题而不能实施，导致多年无法治理。

中北大学针对此难题，开发了超重力湿法回收富铵钙尾气治理工艺及装备，建立了示范工程，于 2003 年 10 月投入使用。项目中超重力装置直径 1.6m、高 3.5m，安装在生产现场狭小空间内，满足了厂房内布置的特殊限制。经过 10 多年运行结果表明超重力多相分离技术除尘效果良好，出口气体中含尘量仅为 $5mg/m^3$，除尘效率达到了 99% 以上，循环用水量仅为 $8~12t/h$，用水量仅为普通湿法除尘的 20%~40%，且除尘效率更高。吸收粉尘后的液体进入生产工序，既治理了污染，又回收了产品。

3.1.4.2 治理高浓度硫酸铵尾气中的应用

贵州某厂是中国规模最大、工艺技术最先进的磷化工企业，在国内外磷化工行业具有举足轻重的地位。2012 年贵州地区硫酸铵粉尘排放标准：从 $700mg/m^3$ 降低到 $250mg/m^3$，原有的麻石除尘器因效率低，且除尘率不稳定，随入口气体中尘含量的变化波动较大，已无法满足此要求。据实地监测，尾气中硫酸铵高达 5000～8000mg/m³，不仅对周围环境造成极大污染，也造成了资源浪费。含硫酸铵的尾气工况见表 3-5。

表 3-5　含硫酸铵的尾气工况

气量/(m³/h)	温度/℃	含尘量/(g/m³)	除尘后含尘量/(g/m³)	入口压力/kPa
120000(两股)	70～80	5～8	0.4～1.2	5.7

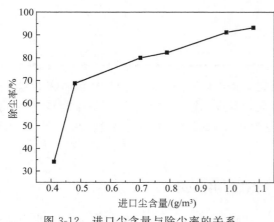

图 3-12　进口尘含量与除尘率的关系

2012 年中北大学在生产现场原有的除尘装置后增设了超重力湿法净化硫酸铵尾气装置，进行了工业试验和参数优化工作。进口尘含量对除尘率的影响情况如图 3-12 所示。

从结果看出，超重力除尘装置的除尘率随进口尘含量的增加而增加，特别是浓度在 0.4～0.5g/m³ 除尘率增加显著，从 35% 快速增加到 70%。工艺参数优化后，在液气比为 0.6L/m³ 左右，超重力因子为 65，停止原麻石除尘装置进水的情况下，除尘率达 99.7%，即从入口尘含量 7000mg/m³ 左右脱除到 240mg/m³ 以下，达到了当地排放标准。表明超重力多相分离技术同样适用于高浓度粉尘气体的净化，且循环水量仅为原麻石除尘的 1/3。

3.1.4.3　深度净化半水煤气中的应用

贵州某集团年产 20 万吨/年合成氨项目合成车间压缩机进口半水煤气含有硫膏、粉尘、焦油等杂质，经常堵塞压缩机活门而导致压缩机停车、清洗以及长期点天灯的现象，严重影响装置的正常稳定运行、浪费煤气资源和污染环境。

2011 年 12 月～2012 年 3 月中北大学进行了超重力湿法净化半水煤气工程的设计及实施。超重力设备直径 1600mm，高度 3200mm，最高转速 600r/min，装机功率 18.5kW，半水煤气进口压力为 10～45kPa，煤气流量 21000m³/h，洗涤水流量 10m³/h，净化后的煤气含粉尘及焦油浓度降低到了 5mg/m³ 以下，气相压力损失低于 800Pa。连续运行 30 天后，压缩机的活门没有焦油和粉尘的积结与堵塞。项目实施后，压缩机连续稳定运行了半年以上，极大地缓解了压缩机堵塞和停车的情况，提高了生产效率，有效地回收了煤气，结束了多年点天灯的资源浪费现象，减少了环境污染。

3.1.4.4　深度净化煤锁气中的应用

新疆某有限公司合成氨造气车间的煤锁气尽管经过水洗涤塔和旋风除尘器除去了大部分的粒尘和部分焦油，但仍然含有大量的微细颗粒物及焦油等杂质，经常导致压缩机的活门结疤、堵塞而停运，煤锁气只能去点火炬烧掉，不仅导致煤气浪费，而且污染环境。为此，2013 年 1 月，引入中北大学超重力多相分离技术，在煤气进入压缩机前安装超重力多相分离装置，利用超重力旋转填料床湿法深度净化气体技术将煤气中的粉尘、焦油等杂物进一步脱除，以利后续压缩机正常运行。

处理煤气量 20700m³/h；煤气温度约 40℃；压力约 3.4kPa；

压缩机进口压力要求≥2.0kPa；气体含有微量焦油、尘、氨等杂质。

因压缩机进口处原有旋风除尘器，故在该项目中省去了气液分离器，经超重力装置除尘后的煤气沿切线进入旋风分离器，将夹带的少量液体去除后，进入压缩机。

该项目 2013 年 7 月投入运行，压缩机可连续稳定运行 6 个月以上，结束原来只有连续1~2 周的限制。经过连续 1 个月的监测结果表明，超重力多相分离技术的除油率、除尘率和除氨率分别达到 90%、95% 和 88% 以上，为压缩机长期稳定运行创造了条件。解决了煤锁气火炬燃烧排放造成的环境污染和资源浪费的行业难题。

3.1.5 超重力除尘装置与传统除尘设备性能比较

多年工业应用表明，超重力多相分离技术具有效率高、压降低、体积小、能耗低、适应范围宽等特点，且切割粒径小，特别适用于细颗粒物的脱除，将是从源头治理雾霾的利器。表 3-6 给出超重力装置与传统设备性能对比数据。

表 3-6 旋转填料床与传统工业除尘器性能对比

除尘器	设备体积比	耗水量比	平均压降/Pa	分离效率/%	切割粒径/μm
高效旋风除尘器	34	—	1200	84.2	5
袋式除尘器	120	—	500	99.8	0.3
静电除尘器	140	—	250	99	
湿式静电除尘器	100	0.4	150	99	0.02
喷淋塔	40	3	360	94.5	2
旋风洗涤器	25	0.6	1000	91	1.5
自激式洗涤器	30	0.1	2000	87.9	
文丘里洗涤器	60	0.1	8000	99.9	0.3
旋转填料床	1	1.1	1100	99.9	0.02

总的来讲，超重力多相分离技术与传统技术相比具备以下特点。

① 利用超重力强化气液传递，并耦合多种除尘机制的特性，极大地提高除尘效率和净化度，实现超低排放，对于亲水或非亲水性粉尘，一次除尘效率达到 99% 以上。

② 液气比小，约为传统的 1/4 左右，较小液气比意味着液体循环量的减少，从而减小循环泵的功率，降低后处理过程投资和运行费用。

③ 适用范围广，与传统除尘机制相比，超重力场除尘更具有良好适应性，能够适用于多种来源的含尘气体处理，包括亲水、憎水、高浓度、低浓度、飘尘、颗粒、油烟、焦油等体系。

④ 压力损失小，与传统除尘设备相比，超重力装置压力损失小，在低液气比情况下，其压降小于 200Pa，在高的液气比条件下，其压降在 800Pa 以下，而文丘里洗涤器、填料塔的压降高于 500~1000Pa。超重力场对于气相压力要求不高，多数场合不需要增加风机。

⑤ 占地面积小，超重力装置单位体积处理能力大，设备体积最小，相应的投资少、占地省。

面对国家提倡的工业过程节能减排、超低排放等需求，超重力多相分技术可以广泛适用于工业气体的深度净化，实现过程工业的节能、减排、高效、绿色发展。

3.2　离心流态化

相对于传统重力流化床及其不足，20 世纪 60 年代初前苏联学者提出了离心流化床（CFBD）概念。由于该技术可通过调节超重力因子（即离心力场）使颗粒在理想的气速下进行流化操作，因而比之于传统流化床，该技术具有许多独特的优势：流化气速可调，操作弹性较大，操作范围比传统流化床宽；由于颗粒在超重力场下有效重力增加，因而流化时气固之间的相互作用极大地增强，这不仅使其传质传热速率远高于传统流化床，而且还有助于限制或减小气泡的生成、颗粒的聚团倾向和阻止颗粒的扬析，促进聚式流态化向散式化的转变，从而改善颗粒尤其是超细颗粒的流化质量；此外，离心流化床表面积较小、设备紧凑、空间布置灵活并能够在重力场外（如太空）和晃动条件下操作。所以该技术一提出，人们便认识到了它潜在的广阔应用前景，并进行了大量的研究工作。

3.2.1　离心流化床的工作原理

离心流态化是相对于传统重力流态化的一种新型气-固接触技术。如图 3-13 所示，在一刚性的、壁上均匀、有气体分布孔的圆形转鼓内装入固体物料，然后使转鼓以一定的转速旋转，由于受到离心力的作用，物料将均匀分布在转鼓内壁上，形成环状固定床。此时，由转鼓外侧经壁孔通入气体，床层中的物料将受到离心力及与离心力方向相反的气体作用力。当气速增加到最小流化速度时，内层物料所受的离心力与气体作用力达到平衡，开始流化。随着气速的进一步增加，床层内物料由内开始向外逐层流化至完全流化状态。

3.2.2　离心流化床的分类

离心流化床按结构特点可分为立式和卧式两种。

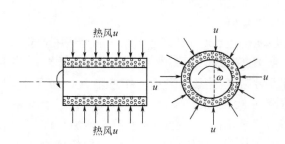

图 3-13　离心流化床的原理图

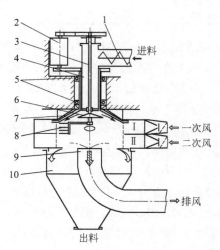

图 3-14　立式离心流化床设备结构示意图
1—螺旋进料器；2—电动机；3—搅拌及分布器轴；
4—空心轴；5—轴承；6—物料分布器；7—干燥转鼓；
8—搅拌齿；9—排风管；10—物料分离器

立式离心流化床的转鼓轴线处于垂直位置（图3-14），流态化时受重力的影响，不易均匀流态化，特别是对于大颗粒、湿含量高的物料难以控制。故一般用于颗粒较小，密度较低，表面水分高的物料的干燥。干燥的时间可以很短，且出料方便。

卧式离心流化床的转鼓轴线处于水平位置，物料流化时受重力的影响相对较小，因而适合处理颗粒大、密度高、湿含量也高的物料，能获得较好的流化质量。同时，其干燥时间也可加以控制。

图3-15所示是前苏联学者设计的带有窄的固相出料口和迷宫密封的离心流化床示意图。在这个结构中，进料是通过中空的旋转轴，但出料是通过转鼓的一端和出料室之间窄的出料口流出的。

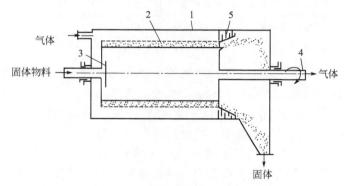

图 3-15　一个床层的设备示意图
1—外壳；2—转鼓；3—反射板；4—空心轴；5—迷宫式密封

图3-16所示为连续进料的多层床层的示意图。转鼓为锥形结构。物料通过中空的旋转轴进入，首先在转鼓的最内层流化，当物料层高度超过层与层之间的物料导管高度时，在离心力作用下进入第二层进行流化，依次进行。(a)、(b)结构上不同之处在于出料方式的不同：(a) 中物料经转鼓最外层的窄的出料口流入出料室；(b) 中转鼓最外层有一导管与中空的旋转轴相连，最终的物料在气体曳力作用下经导管沿中空的旋转轴流出。

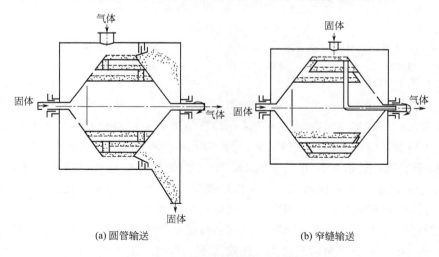

(a) 圆管输送　　　　　　　　　　　　　(b) 窄缝输送

图 3-16　具有固相循环的多层床设备

图3-17所示为连续进料的单层转鼓的结构示意图。(a) 中在转鼓内设有一系列径向挡

板，物料经中空旋转轴进入，依次在挡板与挡板之间流化，最终在气流曳力作用下沿旋转轴流出；（b）中在转鼓内部径向贯穿一系列螺旋形的挡板，物料经中空旋转轴进入，依次沿着螺旋形的挡板流到转鼓另一端，在气流曳力作用下沿旋转轴流出。（a）、（b）这样的结构便于形成一定的浓度梯度和温度梯度。

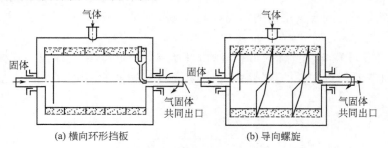

图 3-17　固体循环的单床层设备

美国学者 P. F. Hanni 等在 D. F. Farkas 的装置基础上，设计出适用大规模生产的卧式连续离心流化床干燥器。转鼓直径为 254mm，长度为 2540mm，干燥表面积可达 1.953m³，孔直径为 2.4mm 孔间距为 9.6mm，开孔率为 45%。转鼓采用皮带传动，速度可达 350r/min。图 3-18 为进料、进风端的示意图。物料由转鼓一端通过压缩空气进入。在空气进口端设有一系列逆流叶片，便于在 0～45°之间调节空气的流向。图 3-19 所示为物料流和排出室的示意图。物料经转鼓另一端的出料口卸出，排出室内设有一挡板以调节出料速度。整个转鼓有一个支架可以在 0～6°的范围内调节以便于控制物料的停留时间。

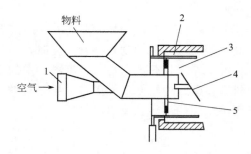

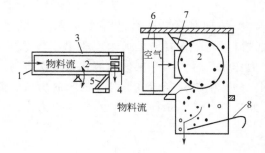

图 3-18　进料、进风端的示意图
1—压缩空气进料器；2—空气室；3—干燥器；
4—倾斜装置；5—折叶密封

图 3-19　物料流和排出室示意图
1—物料入口；2—干燥器；3—空气室；
4—出料口；5—可调斜形支撑；6—导流叶片；
7—密封挡板；8—出料口

中国王喜忠、阎红等在研究离心流化床干燥器流体力学性能时设计了卧式连续离心流化床干燥器。该装置干燥转鼓的内径和长度均为 150mm。转鼓孔径为 12mm 错列；转鼓内衬有 40 目不锈钢丝网；转鼓的总开孔率为 28.2%。在转鼓开口一侧，用法兰连接一内径为 110mm 的中空滑动轴，主要作用是：①支撑转鼓旋转；②相当于堰，限定床层的最大高度为 20mm，必要时还可改变堰高，以调节床层中物料厚度。

CFBD 按进风方式，可分为全角度进风和半角度进风两种。图 3-20 为全角度进风 CFBD 的结构示意图。热风从各个角度沿转筒径向吹入干燥器内，床层内的物料在各个角度上均受到离心力（超重力）和与其相反的气体作用力。特点是物料流化均匀，床层稳定，有清晰的流化界面，对物料的磨损小。图 3-21 为半角度进风 CFBD 的结构示意图，床层物料在进风的一侧受到离心力和方向相反的气体作用力而流化，而在出风的一侧，物料受到方向相同的上述两个力的作用，变为固定床。这种方式的特点是：气体通过床层的压力较小，物料在转筒内的运动类似活塞流，并且由于气体二次通过床层，热效率高，但物料和转筒间的碰撞严重，流化也不均匀，不稳定。因此，为获得较好的流化质量，采用全角度进风方式的设备较多。

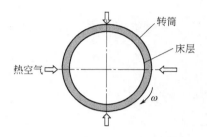

图 3-20　全角度进风 CFBD 的结构示意图

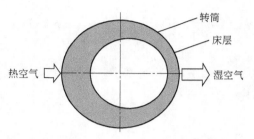

图 3-21　半角度进风 CFBD 的示意图

3.2.3　离心流化的流体力学性能研究

3.2.3.1　离心流化床的压降及流化速度关联式

CFBD 的压降公式是通过流化床层物料受力分析得到的，其压力降公式如下：

$$\Delta p = \frac{M}{A_p} a_c = \frac{M}{A_p} Fcg \tag{3-2}$$

式中，Δp 为床层压降，mmH_2O；M 为床层中物料的质量流量，kg/s；A_p 为床层中颗粒物料的总外表面积，m^2；a_c 为离心加速度，m/s^2；Fc 为离心因子 $r\omega^2/g$；g 为重力加速度，m/s^2；r 为转鼓半径，m；ω 为转筒角速度，1/s。

在可比的条件下，离心流化床的床层压降是普通流化床床层压降的 Fc 倍。式子形式简单，计算方便，而且易于和重力流化床比较。但其计算的压降值和实测的压降值相差较大。造成这种误差的原因有以下几点：①推导时没有考虑离心流化床物料流化时的特点，即由于离心流化心力的存在，不论气体的运动还是床层物料的运动都和重力流化床中的有所不同，未充分考虑气体的流型和床层物料的运动，所造成的影响势必带来误差；②推导时忽略了重力场的影响，重力的影响是存在的，造成床层物料流化的不均匀性，是造成误差主要原因。因此，式（3-2）有必要进行研究与修正。

Fan 等（1985）提出的 CFBD 中的压降及临界流化速度关联式适用性也较广。他在考虑了圆柱状转鼓的"曲率效应"影响的前提下作了下列假设：

① 当流体对物料的曳力与整个床层物料的有效重量相等时，物料开始流化；

② 流体的径向速度相等。

推导出的压降关联式如下：

$$\Delta p = \phi_1 u_0 r_0 \ln \frac{r_0}{r_1} + \phi_2 u_0^2 r_0^2 \left(\frac{1}{r_1} - \frac{1}{r_0}\right) + \frac{\rho_g \omega^2}{2}(r_0^2 - r_1^2) + \frac{\rho_g u_0^2 r_0^2}{2}\left(\frac{1}{r_1^2} - \frac{1}{r_0^2}\right) \tag{3-3}$$

式中，Δp 为床层压降，mmH_2O；ϕ_1 为压降方程系数；u_0 为基于外半径的表观流化气速，m/s；r_0 为转鼓外半径，m；r_1 为转鼓内半径，m；ϕ_2 为压降方程系数；ρ_g 为气体密度，kg/m^3；ω 为转筒角速度，1/s。

当 $u_0 = u_{0c}$ 时，床层的压降达到了最大值 $\Delta p_{\max}$。

$$\Delta p_{\max} = \phi_1 u_{0c} r_0 \ln\frac{r_0}{r_1} + \phi_2 u_{0c}^2 r_0^2 \left(\frac{1}{r_1} - \frac{1}{r_0}\right) + \frac{\rho_g \omega^2}{2}(r_0^2 - r_1^2) + \frac{\rho_g u_{0c}^2 r_0^2}{2}\left(\frac{1}{r_1^2} - \frac{1}{r_0^2}\right) \quad (3\text{-}4)$$

式中，u_{0c} 为临界流化速度，m/s。

临界流化速度的关联式如下：

$$\left[\phi_2 r_0^2 \ln\frac{r_0}{r_1} + \rho_g\left(\frac{1}{r_1} - \frac{1}{r_0}\right)\right] u_{0c}^2 + \phi_1 r_0 (r_0 - r_1) u_{0c} - \frac{\omega^2}{3}\left[(1-\varepsilon)(\rho_s - \rho_g) - \rho_g\right](r_0^3 - r_1^3) = 0$$

$$(3\text{-}5)$$

式中，ρ_s 为物料密度，kg/m³。

其中

$$\phi_1 = \frac{1650(1-\varepsilon)\mu_g}{d_p^2} \quad (3\text{-}6)$$

$$\phi_2 = \frac{24.5(1-\varepsilon)\rho_g}{d_p} \quad (3\text{-}7)$$

式中，ε 为床层孔隙率；d_p 为床层中颗粒粒径，m；μ_g 为气体黏度，Pa·s。

关于 CFBD 的临界流化速度的关联式，大多是借用重力流化床的关联式直接外推而得到的经验或半经验式。目前运用最广泛的是 Gelperni 通过修正重力场的关系式得到的：

$$Re = \frac{Ar'}{K + L(Ar')^{0.5}} \quad (3\text{-}8)$$

$$Ar = \frac{d_p^3 \rho_f (\rho_s - \rho_f) g}{\mu_g^2} \quad (3\text{-}9)$$

$$Ar' = (Ar)(Fc) \quad (3\text{-}10)$$

$$Fc = \frac{r\omega^2}{g} \quad (3\text{-}11)$$

式中，Ar' 是用离心因子 Fc 修正的阿基米德数；Re 是最小流态化速度时的雷诺数；ρ_f 为液体密度；K、L 与床层空隙率相关。

D. F. Farkas 等对上式进行验证，指出该式仅对球形颗粒有较好的准确性，且需有准确 d_p 和 ε 值。对非球形颗粒则需要校正为球形颗粒。由于床层中的 ε 值不易准确测取，该式的应用受到了限制。因而需要另外的特征数关联式，在这种关联式中不含有孔隙率 ε，或找出一种可以间接估算 ε 的方法，这一方面的工作还需要进一步加强。

3.2.3.2　离心流化床的床层压降与流化速度的关系

关于压降与气速的关系，中外学者中存在着两种不同的观点。分别以两种不同的压降-气速曲线加以说明。

一种观点如图 3-22 所示，曲线（1）代表了 Kroger（1979）[19]，Metcalfe（1977）[20]，Levy（1978）[21]，Demirean（1978）[22]，Y-Men-Chen（1987）[23] 等的实验结果。

由图 3-22 中曲线（1）可以看出，CFBD 的压降与其表观气速的关系分为三个阶段。第一阶段，即固定床阶段，此时，$u_s = u_{bf}$，曲线呈直线，表明压降随气速的增加而线性增加；第二阶段，半流化阶段，此时，$u_{bf} \leqslant u_s < u_{0c}$ 曲线呈圆弧状，表明压降随气速的增加与固定

床时的相比，增加幅度下降；到第三阶段，完全流化阶段，$u_s \geqslant u_{0c}$，此时压降恒定不变，为常数。其中 u_s 为气体表观速率；u_{bf} 为起始流化速度；u_{0c} 为临界流化速度。

另一种观点的主要分歧在第三阶段，研究者认为当 $u_s \geqslant u_{0c}$，时，压降随气速的增加而减小，如图 3-23 中曲线（2）所示。这种观点的主要代表人有 Fan（1955）、Takahashi 等。

Chen 提出 CFB 的分层流化机理来解释曲线（1）的趋势，认为当 $u_s \geqslant u_{bf}$ 时，Δp 基本上为一常数，与重力流化床的相似，其基本方程式是根据动量平衡提出的，表明其结论的关系式如下：

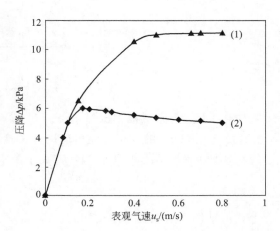

图 3-22　两种压降对气速关系曲线

压降方程系数

$$\phi_1 = \frac{150(1-\varepsilon)^2 u_s^3}{\varepsilon^3(\phi_s d_p)^2} \tag{3-12}$$

$$\phi_2 = \frac{1.75(1-\varepsilon)\rho_g}{\varepsilon^3 \phi_s d_p} \tag{3-13}$$

式中，u_s 为表观操作气速，m/s；ϕ_s 为球形度。

ε 由下式确定：

$$-\frac{\phi_1 u_s r_0}{r} + \phi_2\left(\frac{u_s r_0}{r}\right)^2 + \frac{\rho_g(1-\rho)u_s^2 r_0^2}{\varepsilon^3 r^2\left(\dfrac{1}{r}+\dfrac{d\varepsilon}{\varepsilon dr}\right)} = (1-\varepsilon)(\rho_s-\rho_g)rw^2 \tag{3-14}$$

$$\Delta p = \int_{r_1}^{r_0} \rho_s(1-\varepsilon)rw^2 dr + \rho_g\int_{r_1}^{r_0}\left(\varepsilon rw^2 + \frac{r_0^2 u_s^2}{\varepsilon r^3} + \frac{r_0^2 u_s^2}{\varepsilon^2 r^2}\frac{d\varepsilon}{dr}\right)dr \tag{3-15}$$

r 由下式确定：

$$M = \int_{r_1}^{r_0} \rho_s(1-\varepsilon)2\pi r L dr \tag{3-16}$$

式中，M 为床层中物料质量流量，kg/s；L 为转鼓长度，m。

令人感兴趣的是方程式(3-14) 在式(3-16) 的限制下，方程式(3-16) 的 M 为床层中粒子的总质量，是一个常数。方程式(3-14) 右端第一项也是一个常数，第二项远小于第一项，所以当气速超过临界流化气速以后，压力降呈现一段平稳值。

T. Takahahsi 等经过研究认为，离心流化床的压降曲线不同于重力流化床的，在达到临界流化速度时床层压降为一最大值，此后压降将减小，而不是一常数。最大值为式(3-17)。

$$\Delta p = \frac{M\omega_0^2}{(2\pi L)} \tag{3-17}$$

临界流化速度 u_{0c} 为：

$$u_{0c} = \frac{\left[B-(B^2-4AC)^{0.5}\right]}{2A} \tag{3-18}$$

$$A = \frac{1.75 d_{\mathrm{p}} \rho_{\mathrm{s}} r_0^2 \left(\dfrac{1}{r_0} - \dfrac{1}{r_1}\right)}{(1-\varepsilon)} \tag{3-19}$$

$$B = 150 u_{\mathrm{s}} r_0 \ln\left(\frac{r_0}{r_1}\right), \quad C = \frac{\varepsilon^3 d_{\mathrm{p}}^2 \Delta p_{\max}}{(1-\varepsilon)^2} \tag{3-20}$$

式中，$\Delta p_{\max}$ 为床层最大压降，Pa。

J. Kao 等对 Chen 的分层流化机理进行了验证，并对 Chen 和 Takahashi 的实验结果差异作了解释。他所作的预测如下：当气速大于最小流化速度后，有式：

$$\Delta p = \frac{1}{2}(1-\varepsilon)(\rho_{\mathrm{s}} - \rho_{\mathrm{g}})\omega^2(r_0^2 - r_1^2) \tag{3-21}$$

上式可解释为当床层厚度增加时，内部空气的曳力大于床层表面的离心力，致使表面粒子被带出床层，压降减小，从而导致曲线（2）的趋势。

3.2.3.3 床层混合与夹带

（1）床层中的颗粒混合

虽然对 CFBD 流体力学性质的一些理论研究已日趋成熟，但对 CFBD 中物料的具体混合情况，近几年才见报道。

Menon 和 Durian（1997）用分波器（DWS）对普通重力流化床中的粒子运动进行观察[24]，结果表明：一些细小的气泡是床层中粒子混合的原因；流化床的壁面效应是促成粒子环状流的原因；在初始流化后，气泡生成前，才可能有均匀一致的流态化；随气速的增加，气泡的生成促使粒子做轴向或径向的对流运动。Kroger 等[25]（1980）曾研究过 CFBD 中粒子混合情况。他们的研究表明气泡是 Gekdert-B 和 Gekdert-D 粒子径向混合的最主要动力，然而他们没有观察 Gekdert-A 粒子的混合情况。Gui Hua Qian[26] 等用频闪观测器记录两层颜色不同的 Gekdert-A 粒子在 CFBD 中的混合情况。他们的结论表明，临界流化速度后气泡的生成是促使相同材料、不同颜色的两层粒子混合的原因。对于密度不同的两种 Gekdert-A 粒子，混合性质决定于靠近分布板的是哪种粒子，若密度较大的粒子靠近分布数，混合情况则与同种密度的两种粒子的混合情况一致。若密度较小的粒子靠近分布板，由于两层粒子的密度差及流化特性的不同，在气泡生成之前，两层粒子已完全混合。

在传统流化床中，最小气泡生成速度 u_{mb} 依赖于粒子的尺寸及密度，而在 CFBD 中由于离心力的存在，粒子加速度比普通流化床中的粒子加速度大，而且没有明显的壁面效应造成环状流。因此决定 u_{mb} 的因素比较复杂，目前还没有文献报道。

（2）夹带

Gelperin 等曾就 CFBD 的床层厚度与夹带的情况进行研究，发现床层厚度增大，夹带增大。R. Chevery 等[27]研究了 CFBD 中的气泡动力学和颗粒夹带情况，指出离心力和 Coriolis 力能减少气泡的生成量、气泡的尺寸以及物料的夹带量，提高流化质量。E. K. Levy 等[28]、T. Takahashi 等[29]、V. A. Borodulya 等[30]均就 CFBD 中物料的夹带及其影响因素进行过研究，得出一些可供参考的结论。T. Takahashi 等还研究了卧式 CFBD 中物料的轴向混合情况，并得到了经验关联式。

3.2.4　离心流化床传热传质的研究

CFBD 中气固运动和热质传递过程非常复杂，再加上测试手段的局限性，关于 CFBD 在传热、传质方面的研究比较少，还没有发现具有普遍意义的规律性，甚至是半经验半理论的关联式也很少见。

Gelperin 等采用砂和硅胶对在 CFBD 中的传热、传质特性作过一些研究。得出，在 CFBD 中同样存在着传递作用高度，颗粒与流化介质之间传热、传质只在离气体分布网不大的距离 h_a（称稳定带）内完成，对于 $d_p=0.2\text{mm}$ 的沙子，在距离气体分布网 4mm 处已达到恒定温度。验证了热量衡算用于传热计算的可靠性。并用硅胶吸附水分的实验，关联了传质系数与 Re 的关系，如式（3-22）：

$$B=1.8\times10^{-4}\left[\frac{Re(1-\varepsilon_0)}{\varepsilon_0^3}\right]^{1.1}u_s^{\frac{2}{3}} \tag{3-22}$$

其中：

$$B=\frac{2}{3}\pi^2\frac{\ln c}{\ln\left(\frac{\pi^2}{6c}\right)} \tag{3-23}$$

$$\ln c=\frac{6kt}{d_p} \tag{3-24}$$

式中，c 为任意时刻颗粒内湿分的平均浓度；k 为传质系数。

$$U=\frac{(Re-Re_0)}{(Re_B-Re_0)} \tag{3-25}$$

$$Re_0=\frac{Ar}{1400+5.22(Ar)^{0.5}} \tag{3-26}$$

$$Re_B=\frac{Ar}{18}+0.61(Ar)^{0.5} \tag{3-27}$$

式中，Ar 为阿基米德数。

得出 CFBD 的传热、传质速率高于重力流化床。但是 Gelperin 的研究涉及的物料少，Re 的范围窄，且未考虑其他因素的影响，因而没有普遍性。

联邦德国的 F. Alstetter[31] 采用传递单元数模型（NUT 模型）关联低密度、小颗粒湿物料与热空气间传热、传质特性，得出和关联式如下：

$$(T_{gout}-T_s)=(T_{gin}-T_s)\exp(-\text{NTU}) \tag{3-28}$$

传热时

$$\text{NUT}=\frac{aA_p}{c_{pg}M_g} \tag{3-29}$$

传质时

$$\text{NUT}=\frac{Nu}{0.25Pe\left(\dfrac{d_p}{L}\right)} \tag{3-30}$$

式中，T_{gout} 为床层出口温度，℃；T_s 为床层温度，℃；T_{gin} 为床层进口温度，℃；NTU 为传质单元数；A_p 为床层中颗粒物料的总外表面积，m²；c_{pg} 为气体定压比热容，kJ/(kg·℃)；M_g 为空气的质量流量，kg/s；Nu 为努塞尔数；d_p 为颗粒直径 m；L 为转鼓长度，m；Pe 为贝克莱数。

此模型完全地描述了流体和相界面之间接触时由显热向潜热的转换，但只限于小颗粒、低密度的物料。

前苏联的 V. A. Borodulya 等[30]用耐酸灰和砂进行了 CFBD 的传热研究，将传热特征数 Nu 与床层空隙率 ε、Re、Pr、床高 H 及颗粒直径 d_p 进行关联，稍后，V. A. Borodulya[32]进一步研究了 CFBD 的传质特性，得到了 Sh 与 Re 和床高与颗粒直径之比的特征数关联式，肯定了 CFBD 强化了气固间的热质传递，但未关联超重力因子，而且物料种类少，代表性不强。

东南大学的郝英立、施明恒[33,34]引入连续介质方法将固体颗粒看作是与流体相相互作用的流体，建立了 CFBD 中气固两相运动和热质传递的物理模型，如式(3-31)～式(3-36)所示。

连续性方程

气相：

$$\frac{\partial(\varepsilon\rho_f)}{\partial t}+\nabla\cdot(\varepsilon\rho_f\boldsymbol{u})=0 \tag{3-31}$$

固相：

$$\frac{\partial(1-\varepsilon)}{\partial t}+\nabla\cdot[(1-\varepsilon)\boldsymbol{v}]=0 \tag{3-32}$$

式中，$\boldsymbol{u}$ 为绝对速度矢量；$\boldsymbol{v}$ 为相对速度矢量。

动量方程

气相：

$$\varepsilon\rho_f\frac{\partial\boldsymbol{u}}{\partial t}+\varepsilon\rho_f\boldsymbol{u}\nabla\cdot\boldsymbol{u}=-\varepsilon\nabla\rho+\nabla\cdot(\varepsilon\tau_f)+\varepsilon\rho_f g-\varepsilon\rho_f\boldsymbol{\Omega}\times(\boldsymbol{\Omega}\times\boldsymbol{r})-$$
$$2\varepsilon\rho_f(\boldsymbol{\Omega}\times\boldsymbol{u})-\beta(\boldsymbol{u}-\boldsymbol{v})-(1-\varepsilon)D\rho_f\frac{d}{dt}(\boldsymbol{u}-\boldsymbol{v}) \tag{3-33}$$

固相：

$$(1-\varepsilon)\rho_s\frac{\partial\boldsymbol{v}}{\partial t}+(1-\varepsilon)\rho_s\boldsymbol{v}\nabla\cdot\boldsymbol{v}=-(1-\varepsilon)\nabla p-G(\varepsilon)\nabla\varepsilon+$$
$$\nabla\cdot[(1-\varepsilon)\tau_s]+(1-\varepsilon)\rho_s g-(1-\varepsilon)\rho_s\boldsymbol{\Omega}\times(\boldsymbol{\Omega}\times\boldsymbol{r})-$$
$$2(1-\varepsilon)\rho_f(\boldsymbol{\Omega}\times\boldsymbol{v})+\beta(\boldsymbol{u}-\boldsymbol{v})+(1-\varepsilon)D\rho_f\frac{d}{dt}(\boldsymbol{u}-\boldsymbol{v}) \tag{3-34}$$

式中，$\boldsymbol{\Omega}$ 为运动坐标系旋转速度矢量；r 为流体质点的相对矢径；β 为相间动量传递系数；τ_s 为固体黏性应力张量，τ_f 为气体黏性应力张量；ρ_s 为固体密度；ρ_f 为液相密度；D 为虚拟质量系数，对于离散的球形颗粒可取 $1/2$。

能量方程

气相：

$$\varepsilon\rho_1 c_{V,f}\frac{\partial T_f}{\partial t}+\varepsilon\rho_f c_{V,f}\boldsymbol{u}\cdot\nabla T_f=-\varepsilon\rho\nabla\cdot\boldsymbol{u}+\varepsilon\tau_f\cdot\nabla\boldsymbol{u}+\nabla\cdot(\varepsilon k_f\nabla T_f)-h(T_f-T_s)$$
$$\tag{3-35}$$

固相：

$$(1-\varepsilon)\rho_s c_{V,s}\frac{\partial T_s}{\partial t}+(1-\varepsilon)\rho_s c_{V,s}\boldsymbol{v}\cdot\nabla T_s$$
$$=-(1-\varepsilon)p\nabla\cdot\boldsymbol{v}-\rho_s\nabla\cdot\boldsymbol{v}+(1-\varepsilon)\tau_s\cdot\nabla\boldsymbol{v}+\nabla\cdot[(1-\varepsilon)k_s\nabla T_s]+h(T_f-T_s)$$
$$\tag{3-36}$$

式中，$c_{V,s}$ 为固体定容比热容；$c_{V,f}$ 为液体定容比热容；k_s 为固相热导率；k_f 为气相热导率；T_s 为固相温度；T_f 为液相温度。

3.3 离心流化的工业应用前景

3.3.1 医药、食品行业热敏性物质的快速干燥

离心流态化技术比之于传统流态化技术的最大优势是具有快速干燥能力，但在生产规模和操作连续化方面不如传统流化床，因此离心流态化技术应用于气固体系最有前景的是对干燥时间和强度有严格要求的高附加值产品的干燥。另一方面，虽然国内对于离心流态化干燥中的传质传热过程进行了理论和实验研究工作，但在这些研究中尚未有人从生产实际出发考虑工业设备的结构问题，商业化离心流化床干燥机在国内还属空白。因此，针对特定领域、以设备开发为目标进行必要的操作工艺研究和装备结构研究，可望尽快取得创新性成果。

3.3.2 煤的液化

利用煤的间接或直接加氢可以使煤转化为液态烃。这一转化过程通常是在高温（537.8℃）和高压下（6.8MPa）进行。为了最大程度地取得液体产物，氢的接触时间必须小于1s，而煤亦需尽快加热到反应温度并在该温度下维持数秒钟，所得产物宜迅速冷却以避免液体产物的进一步裂解，传统重力流化床难以胜任这一过程。由于离心流化床存在着相当高的离心力场，因此可以使用较大的气体速度，并由此导致较高的传热系数和传质系数。这样一来，短的接触时间以及使用较细粉煤等要求亦易于实现[35]。目前仅见国外报道，该项研究作为高新技术研究，可在实验机内进行相关实验工作，一旦取得实效，将是创新成果，在能源应用领域将产生历史性的革命，有着非常重要的市场价值。

3.3.3 超细粉体（Geldart C 类颗粒）的流化

超细粉流态化具有重要的经济价值和技术价值，因此目前国内外都在积极开展超细粉流态化技术的研究，采用了表面改性、增加添加剂、外加声场、高压操作等方法，但效果有限。采用超重力技术流化超细粉的研究目前仅见国外报道，且取得了良好的效果。该项研究主要作为高新技术研究，可在干燥实验机内进行相关实验工作，一旦取得实效，将是创新成果，有重要的市场价值。

3.3.4 离心流化燃烧方面的研究

另一广泛的应用是用于燃料的燃烧。英国学者 C. I. Metcalfe 等对丙烷在离心流化中的燃烧进行实验研究，通过实验观察到丙烷能够在 CFB 中快速、稳定地燃烧，而且燃烧集中、加料便利。所用的实验设备如图 3-23 所示。

另外，CFB 也被用于二元固体分离、气体脱硫、除尘[36]、核反应[37]以及不均匀催化反应。

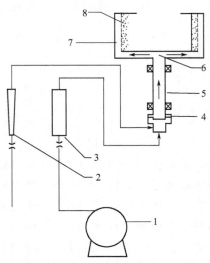

图 3-23　离心流化燃烧实验设备

1—风机；2—丙烷流量计；3—空气流量计；

4—旋转密封；5—空心驱动轴；6—通气入口；

7—通气室；8—气体分布板

CFB 由于其理论研究的不足，开发的设备形式种类很少，许多工作只处于探索阶段，所以阻碍了它的工业应用。基于 CFB 的适用性和经济性，预计其商业前景是广阔的，这就迫切地要求加快、深入地研究出能指导实践的可靠理论，进而以适应该技术的推广和适用。CFB 干燥理论模型化的研究中也将存在巨大困难：一是实验设备上获得的动力学结果在大型工业化干燥设备能否重现；二是干燥过程中需要微观测量及瞬间测量的技术还不完善，而测试技术是揭示流态化内部机理的一把钥匙。由于流体中存在着运动的颗粒，给测试工作带来许多困难，造成较大误差。因此，不同的作者对同一问题用不同的测试手段进行研究，会得出差别很大的结果，流化床传热系数的研究就是一例。

目前，需要解决的测试方法有：无接触的测试、运动着的固体颗粒温度的测试、床层中空隙率的测试、颗粒速度的测试、床层中颗粒的取样技术、物料湿含量的瞬间测试等。解决这些测试手段的问题，对 CFB 的研究和了解将是一个飞跃。

◆参考文献◆

[1]　李永胜. 提高高炉煤气重力除尘器除尘率的方法 [D]. 鞍山：辽宁科技大学，2006.

[2]　张殿印，顾海根. 回流式惯性除尘器技术新进展 [J]. 环境科学与技术，2000，(3)：45-48.

[3]　张艳辉，刘有智. 旋风除尘器的研究进展 [J]. 华北工学院学报，1998，19 (4)：324-328.

[4]　高坚，张卫东，郝新敏. 空气除尘设备及技术的发展 [J]. 现代化工，2003，23 (10)：49-53.

[5]　向洪滨. 新型湿法除尘器介绍 [J]. 纯碱工业，1981，06：48-49.

[6]　周艳民，孙中宁，谷海峰，苗壮. 文丘里洗涤器去除气溶胶特性实验研究 [A] // 中国核学会核能动力分会反应堆热工流体专业委员会. 第十四届全国反应堆热工流体学术会议暨中核核反应堆热工水力技术重点实验室 2015 年度学术年会论文集 [C]. 中国核学会核能动力分会反应堆热工流体专业委员会，2015：4.

[7]　魏光. 高效空塔喷淋技术在烟气脱硫装置中的应用 [J]. 化学工程与装备，2011，7：230-233.

[8]　刘有智. 超重力化工过程与技术 [M]. 北京：国防工业出版社，2009.

[9]　张海峰. 旋转床除尘技术的研究 [D]. 北京：北京化工大学，1996.

[10]　张艳辉，柳来栓，刘有智. 超重力旋转床用于烟气除尘的实验研究 [J]. 环境工程，2003，21 (6)：42-43.

[11]　柳巍. 超重力并流除尘技术的研究 [D]. 北京：北京化工大学，2004.

[12]　宋云华，陈建铭，付继文等. 旋转填充床除尘技术的研究 [J]. 化工进展，2003，22 (5)：499-502.

[13]　黄德斌，邓先和，田东磊等. 超重力旋转床脱除微米级粉尘的实验研究 [J]. 化学工程，2011，39 (3)：42-45.

[14]　付加. 超重力湿法除尘技术研究 [D]. 太原：中北大学，2015.

[15]　李俊华，刘有智. 超重力法烟气除尘机理及试验 [J]. 化工生产与技术，2007，14 (2)：35-37.

[16]　付加，祁贵生，刘有智等. 超重力湿法脱除气体中细颗粒物研究 [J]. 化学工程，2015，43 (4)：6-10.

[17]　付加，祁贵生，刘有智等. 错流旋转填料床脱除气体中细颗粒物的研究 [J]. 化工进展，2015，34 (3)：680-683.

[18] Licht W. Air pollution control engineering: Basic calculations for particulate collection [M]. CRC Press, 1988.

[19] Kroger D G, Abdelnour G, Levy E K, Chen J. Flow characteristics in Packed and Rotating Beds [J]. Powder Technol, 1979, 24: 9.

[20] Metcalfe C I, Howard J R. Fluidization and Gas Combustion in a Rotating Fluidized Bed [J]. PPI Enegry, 1977, 3: 65.

[21] Levy E, Martin N, Chen J, Minimum Fluidization // Kearins D L, ed. Fluidization [M]. Cmabridge: Cambridge Univ Press, 1978; 71.

[22] Demirean N, Gibbs B H, Swithenbakn J, Taylor D S. Rotating Fluidized Bed Combustor // Dvaidson J F, Kaims D L, eds. Fluidization [M].Cmabridge : Cmabridge Univ Press, 1978: 270.

[23] Y M Chen. FundamentalsofaCentrifugalFluidizedBed [J]. AIChE Journal, 1987, 33 (5): 722-728.

[24] Menon N, D J Durian, et al. Practice Motions in a Gas-Fluidized bed of sand [J]. Phy Rev Lett, 1997, 79: 3407.

[25] Kroger D G, Abdelnour G, Levy E K, et al. Particle Distribution and Mixing in a Centrifugal Fluidized Bed [M].Fluidization. Springer US, 1980: 349-356.

[26] Gui-Hua Qian, John G Steven S, et al. Particle Mixing in a Rotating Fluidized Beds; inferences about the Fluidized State [J]. AIChE Journal, 1999, 45 (1): 1401-1410.

[27] R Chevery, Y M Chen, et al. AIChE Journal, 1980, 26, (1); 26, (3).

[28] E K Levy,W J Shakespeare,et al. Particle Elutriation from Centrifugal Fluidized Beds [J]. AIChE Symp osium Series, 1981, 7792050: 86-95.

[29] T Takahashi, S Kaseno, et al. Lateral Solid Particles Mixing in a Centrifugal Fluidized Bed [J]. Journal of Chemical Engineering of Japan,1988, 21 (S): 493-497.

[30] V A Borodulya, A I Podberezskii et al. Entrainment of Fluidized Material from Vertical Rotary Apparatus [J].Vestsi Akad Navuk BSSR,Ser Fiz-Energ, Navuk, 1984, (4): 79-82.

[31] F Alstetter. Fluidized Bed in a Centrifugal Field and It's Use in Drying Technology [J].VDI-Ber, 1986, 607 (1): 611-644.

[32] V A Borodulya, A I Podebryozskii, G I Zhuravskii. Mass transfer in a centrifugal fluidized bed // Heat and Mass Transfer: from Theory to Practice [in Russian], ITMO im A V. Lykova AN BSSR, Minsk, 1984: 31-34.

[33] 郝英立, 施明恒. 离心流化床的连续介质模型 [J]. 东南大学学报,1997,26 (2): 18-23.

[34] 郝英立, 施明恒. 离心流化床中气固传热特性的实验研究 [J]. 化工学报,1996,47 (1): 22-28.

[35] 卢天雄. 流化床反应器 [M]. 北京: 化学工业出版社, 1986.

[36] Brookhaven National Laboratoyr. BNL50990 [R], 1978.

[37] Brookhvaen National Laboratoyr. BNL50362 [R], 1972.

第4章 超重力-电化学耦合与反应技术

4.1 概述

在常规重力场中，电化学反应过程中常常伴随着阳极表面析氧和析氯、阴极表面析氢的电极反应，这些析出的气体会以气泡形式吸附于阴极或阳极表面和分散于电解液中，造成电极活性面积减少、产生电极极化、引起溶液欧姆压降和电化学反应器工作电压升高，从而使得能耗增加，此现象为"气泡效应"。溶液中的离子运动受扩散影响，使得离子间的传递受阻，直接影响有效离子间反应；并且溶液本体与电极表面的浓度会产生浓度梯度，从而产生浓差极化，此现象为"传质受阻"。电化学反应过程中"气泡效应"和"传质受阻"对电化学反应速率和过程能耗有重要的影响。

为了加快气泡从电极表面和电解液中脱离，防止由此造成的电极活性面积减少和能耗增加，即减弱"气泡效应"，以及强化电化学反应的传质过程，早在 1929 年，Thomson[1]公开的专利中提出在离心力条件下可强化电化学反应过程，该研究者通过对离心力条件下的电解水实验研究，验证了离心力条件下有利于电化学反应过程中的气体分离。随后在 1964 年，Hoover[2]的专利提出了旋转的氯碱电解槽，将氯碱电解过程置于旋转的电解槽中以强化反应过程，但未进行详细的研究报道。直到 1993 年，日本的 KanekoH[3]将电解水的实验置于飞机上，飞机按抛物线的轨迹飞行来研究微重力对电解过程中电极附近气泡的影响。研究发现微重力场中电极表面富集的气泡多于重力场中的。因此，提出了相反条件下即超重力场中可能会使电极表面富集的气泡减少，可能会促进电极表面富集的气泡脱离电极表面。之后在 1999 年，日本东京大学的 Mahito Atobe 等[4]将离心机改装成超重力电化学反应装置，形成了超重力-电化学耦合（超重力电化学）技术，研究了超重力场中电沉积聚苯胺膜。研究发现超重力场中可促进气泡脱离电极表面，从而有利于电沉积制备性能良好的聚苯胺膜。至此引起了研究者们对超重力技术强化电化学反应过程的关注，相继完善该类离心机改装的超重力电化学反应装置[5]，进行超重力场中电沉积制备材料、电解水和氯碱电解等研究，取得了良好的实验效果，为超重力技术强化电化学反应过程奠定了研究基础。

超重力-电化学耦合技术是通过超重力电化学反应装置来实现。离心机改装的超重力电化学反应装置属于间歇操作的超重力电化学反应装置。由于高速旋转形成转动惯量的制约，此装置结构适用于小批量间歇操作，仅适用于实验室研究，限制了超重力-电化学耦合技术的进一步发展。为了研发适合连续操作、规模处理的超重力电化学反应装置，中北大学的刘有智等[6]提出了"多级同心圆筒-旋转床（MCE-RB）"电化学强化机制，研制出可连续操作的、适合规模处理和工业放大的多级同心圆筒-旋转床（MCE-RB）式的超重力电化学反应装置，并将其应用于电解废水工艺中，有效减弱了电解废水时的"气泡效应"并强化了废水的电化学反应传质过程。在所研发的多级同心圆筒式超重力电化学反应装置基础上，通过将超重力分别与电催化和电 Fenton 技术耦合，发展出超重力-电化学-催化氧化耦合（超重力电催化）技术及装置、超重力-电化学-Fenton 氧化耦合（超重力电 Fenton）技术及装置，形成了一系列超重力-电化学耦合（超重力电化学）技术及装置。目前，该类超重力-电化学耦合装置及技术在电解废水方面取得了一些研究成果，在提效降耗方面体现出该装置及其技术优势。该类多级同心圆筒-旋转床（MCE-RB）式的超重力电化学反应装置及其技术丰富了超重力电化学反应装置结构类型，拓展了超重力-电化学耦合技术可连续化和规模化进行反应和生产的思路，拓宽了超重力技术的应用领域，为超重力-电化学耦合技术迈向工业化发展迈出重要一步。随后杜建平等研制出离心高速旋转的超重力电沉积装置，进行了超重力场中电沉积 MnO_2 电极材料的研究[7]。研究表明超重力场中可快速制得性能优良的电沉积材料。

目前，主要有以上三种典型的超重力电化学反应装置，所形成的超重力-电化学耦合技术已在多个电化学反应过程中体现出超重力技术对其过程强化的技术优势，具有广阔应用前景。本章将分别介绍这三种典型的超重力电化学反应装置，通过介绍相关的装置结构、过程强化原理及其应用，了解超重力-电化学耦合技术在强化电化学反应过程方面的技术优势。

4.2 离心机改装的超重力电化学反应装置

离心机改装的超重力电化学反应装置属于间歇操作的超重力电化学反应装置。1999 年，日本东京大学的 Mahito Atobe 等首先报道了使用该装置在超重力场中进行电沉积聚苯胺（PANI）膜的研究。随后伊朗电化学研究中心的 Ali Eftekhari 等、英国纽卡斯尔大学的 Cheng H 等、中国科学研究院过程工程研究所的郭占成、王明涌等通过对离心机改装后的超重力电化学反应装置增设各种检测功能及配套器件等，完善了该超重力电化学反应装置，进行了超重力环境下电沉积制备材料、电解水、氯碱电解等研究。

4.2.1 装置结构

离心机改装的超重力电化学反应装置是将离心机的转子部分进行改装，将电解槽（圆柱形塑料试杯）置于并固定在转子的一端，在与之对应的转子直径的另一端安放平衡物，两者处于轴对称平衡状态。转子旋转时，电解槽和平衡物围绕离心机的中心轴旋转，以此来模拟超重力场的作用。电解液一次性装入试杯中，操作结束后将电解液排出。如图 4-1 所示[5]。

离心机改装的超重力电化学反应装置主要包括：离心机、强电传输系统、弱电传输系统、气体传输系统、图像采集系统、电解槽体系和电化学反应控制系统。其中，电化学反应在电解槽中进行。利用离心机转子的旋转为电化学反应过程模拟超重力场；通过调速旋钮来调节超重力场强度的大小；利用弱电系统的铜环来传输电化学信号、温度控制信号和图像信号；利用强电传输系统的功率环来传送电解槽升温所需的电力；通过气体传输系统实现电化学反应产生气体的在线收集或电解槽内气氛的控制；利用图像采集系统来监控电极表面的反

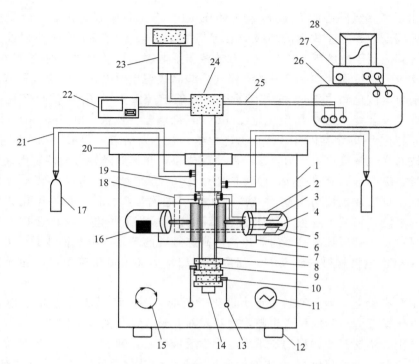

图 4-1 离心机改装的超重力电化学反应装置

1—离心机；2—试杯；3—对电极；4—探头；5—工作电极；6—离心机转子；7—强电输入导线；8—铜环支架；

9—铜环；10—石墨组件；11—转速表；12—离心机底座；13—强电传输系统外电源接线端；14—主轴；

15—调速旋钮；16—动平衡部件；17—气瓶；18—动态导气管；19—气体动密封组件；20—离心机盖；

21—静态导气管；22—温度控制器；23—图像采集系统手持式控制器；24—弱电信号导电环；

25—弱电信号导线；26—电化学工作站或直流稳压电源；27—计算机主机；28—计算机显示器

应过程及界面状态。该装置可同步实现超重力场强度控制、电化学反应控制、温度控制、图像采集、气体收集和槽内气氛控制多种功能，适用于在实验室内进行超重力环境下电化学反应过程的基础研究。

4.2.2 过程强化原理

离心机改装的超重力电化学反应装置是利用电解槽绕离心机的中心轴旋转来模拟超重力场的作用。利用超重力减弱电化学反应过程中的"气泡效应"和强化电化学反应的传质过程，从而实现超重力强化电化学反应过程的目的。相关的过程强化原理如下所述。

（1）超重力减弱电化学反应过程中的"气泡效应"

离心机改装的超重力电化学反应装置所提供的超重力之所以能减弱电化学反应过程中的"气泡效应"主要是因为超重力加速了气泡脱离电极表面和加快了气泡从电解液中溢出，可从气泡的形成分析原因[8]。

气泡生成的形核功为：

$$\Delta G = 4\pi r^2 \sigma + \frac{4}{3}\pi r^3 \Delta G_V^* = 4\pi r^2 \sigma + \frac{4}{3}\pi r^3 \frac{p_0 + \rho(1+\beta)gh}{p_0}\Delta G_V \tag{4-1}$$

式中，r 为气泡半径；σ 为气体-溶液界面张力；p_0 为外压；ρ 为溶液密度；g 为重力常数；β 为超重力因子；ΔG_V 为电极上吸附的气体原子生成单位标准体积气体的能量变化；ΔG_V^* 为标准能量变化。

将式(4-1)对半径求导，并令 $\partial \Delta G / \partial r = 0$，得到临界气泡生成半径为：

$$r^* = \frac{-2\sigma}{\Delta G_V} \times \frac{p_0}{p_0 + \rho(1+\beta)gh} \tag{4-2}$$

电解液大多属于低浓度水溶液体系。在常规重力条件下，即超重力因子 $\beta = 0$ 时，气核形成时的临界半径为：

$$r_0^* \approx \frac{-2\sigma}{\Delta G_V} \tag{4-3}$$

在超重力场中，气核形成时的临界半径为：

$$r_\beta^* \approx \frac{-2\sigma}{\Delta G_V} \times \frac{1}{1+0.1\beta h} = \frac{r_0^*}{1+0.1\beta h} \tag{4-4}$$

因为超重力因子 β 大于 0，溶液深度 h 大于 0，则 $r_\beta^* < r_0^*$，即超重力场中气泡临界形核半径小于重力条件下气泡临界形核半径。那么对于同样大小的气泡，超重力场中气泡所受的浮力大于重力条件下气泡所受的浮力。并且超重力因子 β 越大，r_β^* 越小于 r_0^*，气泡所受的浮力越大，气泡分离的推动力 $\Delta(\rho g)$ 越大，从而有效地促进气泡从电极表面脱离以及从电解液中溢出，减弱了电化学反应过程中的"气泡效应"，维持了电极的活性面积，从而使电极电势、溶液欧姆压降以及电化学反应器的工作电压降低，进而达到降低能耗的目的。

（2）超重力强化电化学反应传质过程的原理

电化学反应的传质过程涉及电子的脱附、传递、吸附以及物质传递过程。这些过程主要有电迁移、对流和扩散这三种传质方式。电迁移传质的推动力是电场力，对流传质对于自然对流的推动力是密度差或温度差，其实质是重力差；强制对流的推动力是机械外力。扩散传质的推动力是浓度差，其实质是存在化学位梯度。当电流通过电极时，三种传质过程往往同时存在。

离心机改装的超重力电化学反应装置可为电化学反应过程营造超重力场，即提高了重力加速度 g，这将增加自然对流传质的推动力 $\Delta(\rho g)$[9]，进而增强自然对流速率，加速反应粒子向电极附近传输，有利于及时补充电极附近消耗的反应粒子，从而提高电化学反应传质过程效率和反应速率，即离心机改装的超重力电化学反应装置主要是通过强化自然对流传质过程来加快电极附近液相流速，进而也可在一定程度上减轻浓差极化，从而达到超重力强化电化学反应传质过程的目的。

目前，国内外研究者使用该类离心机改装的超重力电化学反应装置，针对各种应用目的和处理体系，使用不同的电极材料和电解液体系，控制不同的电化学反应条件，进行了不同体系的超重力-电化学耦合与反应技术的应用研究，如：超重力环境下电沉积制备材料、电解水、氯碱电解等。

4.2.3　超重力电沉积导电聚合物膜的应用研究

由于电沉积法具有可在常温下进行，可一步成膜、膜厚度可通过电量控制等优点，所以是制备聚合物膜常用方法之一。但目前制备过程中存在聚合速率较慢，沉积效率较低的不足。1999 年，Mahito Atobe 等首先报道了在超重力场中电沉积聚苯胺膜以提高电沉积效率的研究内容。随后超重力场中电沉积聚合物膜的研究报道相继出现。

1999 年，Mahito Atobe 等[4] 使用离心机改装的超重力电化学反应装置，在超重力因子为 1～300 时研究发现，超重力作用于电极表面的各向异性使得聚苯胺膜的聚合速率不同。当电极表面相对于超重力方向朝内时，聚合物膜的聚合速率相比常重力条件下的聚合速率增加；当电极表面相对于超重力方向朝外时，聚合物膜的聚合速率相比常重力条件下的聚合速率减小。同时研究也发现，聚苯胺膜的物理和化学性质（如：膜厚、粗糙度、电导率、峰电流、膜的表面形貌）均与电极表面超重力的方向有关。电极表面相对于超重力方向朝内时的聚苯胺膜的物理和化学性质，优于当电极表面相对于超重力方向朝外时和常重力条件下的聚苯胺膜物理和化学性质。2004 年，Mahito Atobe 等使用同样的离心机改装的超重力电化学反应装置，采用和研究聚苯胺膜同样的研究方法，研究了超重力场中聚噻吩膜和聚吡咯膜的聚合速率和物理化学性质，结果同超重力场中聚苯胺的一样。从而得出结论：超重力技术可对电沉积芳香族聚合物膜的聚合速率和膜的质量起到积极作用。超重力场中电沉积聚合物膜时的聚合速率相比常重力条件下的聚合速率增加，聚合物膜具有优良的物理和化学性能，且超重力作用于电极表面的各向异性使得聚合物膜的聚合速率及其物理化学性质均不同。

Ali Eftekhari 等[10] 于 2004 年使用离心机改装的超重力电化学反应装置，对超重力场中铝基上电沉积聚吡咯膜的稳定性和传导性进行了研究。研究发现，超重力因子越大，峰电流越大，则由此得到的聚吡咯膜表面聚合得更致密，内部结构排列更有序，使得所形成的膜的稳定性增强，膜的使用寿命也延长。同时采用了四探针法，对不同超重力因子时的聚吡咯膜电阻率进行测试，研究表明：随着超重力因子的增大，传导率也随之增大。

超重力场中电沉积导电聚合物可加快聚合物膜的聚合速率，短时间内可获得较多的电沉积量，使得聚合物膜表面致密、平整，电导率高，不仅具有优良的稳定性，还具有优良的导电性。超重力技术在电沉积导电聚合物膜中的应用具有重要的研究价值。

4.2.4   超重力电沉积金属薄膜的应用研究

如何能在短时间内电沉积出性能好、附着力好的致密金属薄膜一直是行业中追求的目标。近年来，出现了将超重力技术应用于电沉积金属薄膜的研究报道，并在制备良好性能的金属薄膜方面取得了一定的研究成果。

金属铜具有电导率高、抗电迁移能力大、导热性好、热膨胀系数小和熔点高等特点，通常基体上镀铜应用于集成电路制造业中。巩英鹏等[11] 使用离心机改装的超重力电化学反应装置，将超重力技术应用于镍基化学镀铜过程。通过 X 射线衍射（XRD）、扫描电子显微镜（SEM）分析铜膜成分及表面形貌发现：铜膜生长速度随着超重力因子的增大而显著增大。当超重力因子为 1430 时，其生长速度可达到常重力条件下的 2 倍多。超重力场中相比常重力条件下电镀速率也增大。同时也发现：镀膜表面平行于超重力方向时比垂直于超重力方向时可获得更好的电镀效果。相同时间内不仅膜厚增加较多，电镀速率增大较多，且铜晶粒生长的速度较快，铜膜更致密。

Ali Eftekhari 等研究了超重力场中硅基体上电沉积铜膜。其使用离心机改装的超重力电化学反应装置，考察了不同超重力因子时，不同的沉积时间所获得的铜膜厚度。结果表明：沉积相同厚度的铜膜时，超重力场中相比常重力条件下沉积的时间短。且超重力因子越大，沉积相同厚度的铜膜所需的时间越短。研究了沉积膜厚为 120nm 时，超重力因子对沉积膜导电性能的影响。结果表明：随着超重力因子的增大，沉积时间随之变短，沉积速率随之加快，这使得粒子间在沉积过程中强烈集合碰撞，从而容易形成致密膜，导电性能增加。说明超重力场中有利于短时间内沉积导电性能好的致密膜。通过研究常重力和不同超重力场中沉积膜的电阻率和膜厚的变化情况表明：沉积相同厚度的膜时，超重力场中相比常重力条件下沉积的膜的电阻率小，且超重力因子越大，铜膜的电阻率越小。同样验证了超重力场下电沉积可降低膜阻，增强膜的导电性。通过测定，超重力场中，沉积 120nm 铜薄膜电导率为 $7.2\mu\Omega\cdot cm^{-1}$，远远大于常重力条件下金属铜的电导率 $1.67\mu\Omega\cdot cm^{-1}$，分析原因可能是由于常重力条件下电沉积铜膜时可能有 Cu_2O 的形成，或是沉积的铜膜存在缺陷和含有氢气所导致的。而在超重力场中，短时间内便可沉积相同厚度的、导电性能好的致密铜膜，这将能避免以上情况的发生。同时研究发现，超重力场中电沉积的铜膜粗糙度小，生长指数大，且超重力因子越大，粗糙度越小，生长指数越大，膜面生长趋向于扩散过程，这表明超重力场有利于电沉积表面光滑的膜。通过拉脱试验表明超重力场中可加强沉积膜的附着力，且附着力随着超重力因子的增大而增大。以上研究说明，将超重力技术应用于电沉积金属膜，在短时间内可电沉积出性能好、附着力好的致密金属薄膜。

中国科学院过程工程研究所的王明涌、郭占成、王志、刘婷、巩英鹏等于 2007～2010 年使用离心机改装的超重力电化学反应装置进行超重力场中电沉积金属镍[8,12-14]、电解铜[15,16]、电沉积金属铅[17]、电沉积铁箔[18] 和电沉积 NiW 合金[19,20] 的研究。超重力场中电沉积金属箔的研究表明：超重力技术可改变金属箔的组织结构，细化产物晶粒。超重力场中电沉积金属镍的研究中发现：超重力场可促进析氢反应和离子传质，使得过电位降低，极限电流密度提高。超重力垂直于电极表面的情况下即惯性力与电流方向同向时，相比重力条件下有利于获得组织结构致密性能更好的电沉积材料，所电沉积的镍箔晶粒细化，表面平整，表面粗糙度降低，力学性能得到提高。不同超重力因子下镍箔的表面形貌如图 4-3 所示。超重力场中电解制取铜粉时，将离心机改装的超重力电化学反应装置加以改进，电解槽使用有机玻璃或玻璃钢材料并置于试杯中。研究表明：超重力技术可促进铜粉从电极表面脱离，从而获得粒径较小的铜粉，同时提高了电解铜粉的电流效率，并对该过程进行了反应机理的相关研究。超重力场中电沉积金属铅的研究表明：超重力场中，铅的本体沉积和欠电位沉积均得到一定程度的强化，析氢副反应得到抑制；当超重力作用方向为垂直背向时（VBD），超重力对电沉积过程的强化程度最大；在超重力场中电沉积法可直接获得纯金属，有利于铅的资源化利用。超重力场中电沉积铁箔的研究表明：超重力场中电沉积的铁箔相比重力条件下的粒径小、表面光滑、粗糙度低、拉伸强度和硬度均有不同程度的增加。超重力场中电沉积 NiW 合金镀层的研究表明：与重力条件电沉积的 NiW 合金相比，超重力场电沉积的 NiW 合金中 W 含量增加，镀层表面无微裂纹产生，无破碎和起皮现象发生，镀层的耐碱腐蚀性能也得到改善，如图 4-2 所示。

4.2.5 超重力电解水的应用研究

电解水过程中气体的产生会导致电解液和电解槽的阻抗增大，影响电解效果和速率。工业化应用中，电流密度较大，气泡的影响会更加显著。针对此问题，英国纽卡斯尔大学的 Cheng H，Scott K[21] 于 2002 年使用离心机改装的超重力电化学反应装置进行了超重力场中电解水制备氢气的实验。实验对比了重力条件下和两种超重力场中，电解水所需电压的变化情况。实验

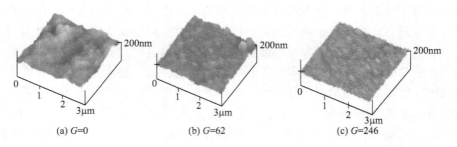

(a) G=0　　　　　(b) G=62　　　　　(c) G=246

图 4-2　不同超重力因子 G 下沉积镍箔的 AFM 图

结果表明：超重力的作用增大了电解质的自然对流速度，加速了附着在电极上的气体脱离，增强了电极的活化，减小了电极电势，使电解槽的槽电压下降，最终降低了能耗。

日本京都大学的 Matsushima H、Nishida T、Konishi Y[22] 于 2003 年进行了微重力场中电解水的研究。实验是通过将电解水从高为 700m 的塔内下落，并对下落过程中电极附近气泡的变化情况进行了研究，结果发现微重力条件下电极表面富集的气泡多于且大于重力条件下的，因此研究了相反条件下，即超重力场中电极表面气泡富集情况，结果发现，超重力场中电解水可以提高气体的浮力及气体从电极表面和电解液中逸出的速度，进而可增加溶液的导电性，提高电极的利用率，提高电解效率。

中国科学院过程工程研究所王明涌、王志、郭占成[23] 也于 2010 年报道了超重力环境下电解水制氢的研究结果：恒电流电解时，槽电压随着超重力因子的增大而减小，并与超重力因子的对数呈线性关系，如图 4-3 所示；另外，电流密度的增大，有助于槽电压的减小；超重力技术的应用不仅降低了能耗，还增加了氢气的产量。

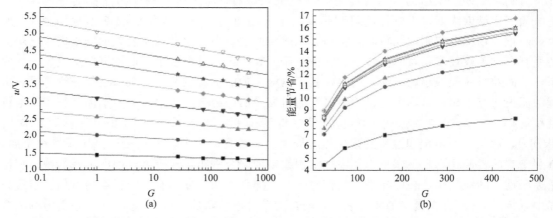

图 4-3　不同电流密度下（a）水电解槽电压 u 和（b）能量节省与超重力因子 G 间的关系曲线
■ 0.1A·cm²；● 0.2A·cm²；▲ 0.3A·cm²；▼ 0.4A·cm²；
◆ 0.5A·cm²；★ 0.6A·cm²；△ 0.7A·cm²；▽ 0.8A·cm²

超重力技术在水电解制氢过程中可减弱"气泡效应"、强化离子传质以降低槽电压。超重力技术在水电解领域的应用对于实现电解能耗和制氢成本的降低将产生积极的作用。

4.2.6　超重力氯碱电解的应用研究

氯碱工业是基本无机化学之一，是世界上最大规模的电化学工业。但用电量大，能耗较高。因此提高电流效率，降低槽电压以降低能耗一直是氯碱工业努力的方向。而能耗高的主要原因是因为氯碱电解过程中产生的气泡造成的，要有效解决应从此原因着手。

英国纽卡斯尔大学的 Cheng H、Scott K 等[24]于 2003 年进行了超重力场中电解食盐水制备氢氧化钠的研究。研究验证了超重力场中的电解传质过程加强，可促进氯气析出，提高电解效率。

中国科学院过程工程研究所的王明涌等[25]于 2008 年采用离心机改装的超重力电化学反应装置进行了超重力环境下氯碱电解的研究。研究表明，超重力降低了析氯反应过电位和析氢反应过电位，如图 4-4 所示。并于 2009 年对超重力场中氢气的析出行为进行了进一步研究[26]。研究验证了超重力场中可强化析氢反应和析氯反应的进行。相比重力条件下，气泡更容易从电解液中溢出，溶液电阻和槽电压降低，同时加速了电解液的对流与扩散，降低了溶液电阻。

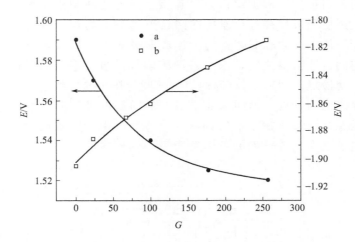

图 4-4　析氯反应电位（a）和析氢反应电位（b）随重力系数的变化曲线

超重力场中进行氯碱电解可促进氢气和氯气的析出，强化传质过程，有望达到提高电解效率，降低电解能耗的目的。

总之，离心机改装的超重力电化学反应装置在强化电沉积制备材料、电解水和氯碱电解等过程的应用研究中取得了良好的实验效果，提出了相关的过程强化理论，显现出超重力技术和电化学技术的耦合优势，为超重力技术用于强化电化学反应过程奠定了研究基础。

4.3　多级同心圆筒-旋转床（MCCE-RB）式的超重力电化学反应装置

多级同心圆筒-旋转床（MCCE-RB）式的超重力电化学反应装置属于连续操作的超重力电化学反应装置。离心机改装的超重力电化学反应装置用于电化学反应过程，取得了一系列理论和应用的实验研究成果。由于该装置是间歇操作方式，在应用转化和生产实践中难以满足连续化和规模化的生产要求。为此，中北大学的刘有智等提出了"多级同心圆筒-旋转床（MCCE-RB）"电化学强化机制，研制出多级同心圆筒-旋转床（MCCE-RB）式的超重力电化学反应装置，该装置技术可实现连续操作，适合规模处理，并催生出超重力-电化学-催化氧化耦合（超重力电催化）技术及装置、超重力-电化学-Fenton 氧化耦合（超重力电 Fenton）技术及装置，形成了一系列超重力-电化学耦合（超重力电化学）技术及装置，并将其应用于电解废水工艺中，有效减弱了电解废水时的"气泡效应"并强化了电化学反应传质过程，在提效降耗方面体现出该装置的技术优势。

4.3.1 装置结构

多级同心圆筒-旋转床式的超重力电化学反应装置包括：外壳、电极组、超重力控制系统、电化学反应控制系统、温度控制系统、动力与电信号传输系统、液体输送系统、液体分析检测系统、气体分析检测系统等。装置及工艺流程如图 4-5 所示[6]。核心部件为电极组，其结构主要由圆筒外壳和动、静圆筒电极组成的电极组转子构成。其中，电极组由阳极组和阴极组组成。阳极组由阳极连接盘及连接在阳极连接盘上的若干同心圆筒阳极组成，阴极组由阴极连接盘及连接在阴极连接盘上的若干同心圆筒阴极组成。若干圆筒阳极和若干圆筒阴极同心交替排列，构成多级同心圆筒式电化学反应装置。各圆筒阳极的自由端与阴极连接盘之间，以及各圆筒阴极的自由端与阳极连接盘之间均留有相等的距离，为电解液提供"S"形流通通道。各圆筒阳极与阳极连接盘之间以及各圆筒阴极与阴极连接盘之间均可自由拆卸。处于顶部的圆筒电极及其连接盘呈静止状态，处于底部的圆筒电极及其连接盘在中心转轴带动下旋转。由于受到旋转圆筒电极及其旋转连接盘的作用，电解液在交替排列的各圆筒阳极和阴极之间流动时会受到离心力作用或处于超重力场中。

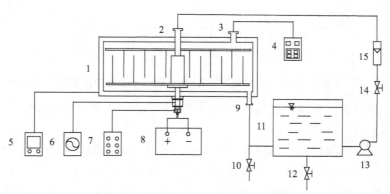

图 4-5 多级同心圆筒-旋转床式的超重力电化学反应装置及工艺流程

1—超重力电化学反应装置；2—液相进口；3—气相出口；4—气体分析检测系统；
5—温度控制系统；6—超重力控制系统；7—动力与电信号传输系统；8—电化学工作站或直流稳压电源；
9—液相出口；10,12,14—阀门；11—液相贮槽；13—泵；15—流量计

多级同心圆筒-旋转床式的超重力电化学反应装置及工艺运行过程中，电解液连续不断地从装置顶部的中心液相进口处流入装置，在底部旋转圆筒电极及其旋转连接盘的旋转作用下而受到离心力作用或处于超重力场中，由中心沿径向向外、经"S"形流通通道依次经过交替排列的圆筒阳极和阴极，发生多级氧化和还原电极反应后，由装置外壳收集，并连续不断地从底部的液相出口处离开装置。电化学反应过程中产生的气体由气相出口管排出或收集检测。该装置实现了连续化操作，可在一定程度上保证工艺参数稳定和实现自动化控制。并且，装置中的各圆筒阳极与阳极连接盘之间以及各圆筒阴极与阴极连接盘之间均可自由拆

卸，可根据生产能力、处理要求和电极更新情况，调整电极数量和更换电极材料，以便于实现工程化生产及其产能需求的目的。因此，多级同心圆筒-旋转床式的超重力电化学反应装置具有较大的 A/V 值（有效表面积/体积），电极填置率和装置利用率较高，生产能力及操作弹性较大，由此易实现在超重力环境下连续化和规模化地强化电化学反应过程，进行一定规模的电化学工业生产。

4.3.2　过程强化原理

多级同心圆筒-旋转床式的超重力电化学反应装置利用其所模拟的超重力场来减弱电化学反应过程中的"气泡效应"和强化电化学反应的传质过程，从而实现超重力强化电化学反应过程的目的。其原因和离心机改装的超重力电化学反应装置一样，但二者的工作原理和过程强化的方式不同。离心机改装的超重力电化学反应装置是利用离心机转子的旋转，带动转子一端的整个电解槽绕轴旋转，为电解槽其中的电化学反应过程模拟超重力场，从而强化电化学反应过程。其中，在电解槽旋转过程中，电解槽的外壳、内部阴阳电极和电解液一起绕轴旋转。对于多级同心圆筒-旋转床式的超重力电化学反应装置而言，阳极电极组和阴极电极组仅其中一组旋转，另一组和电解装置外壳呈相对静止状态。其是利用旋转电极组的圆筒电极及其连接盘的高速旋转而产生的离心力（大于重力）来模拟超重力场。在超重力场中，旋转电极及其旋转连接盘不仅带动电解液周向旋转，而且阴阳电极组中交替排列的若干圆筒阳极和阴极之间还使电解液由装置中心处沿径向"S"形流向外缘外壳，以此来减弱"气泡效应"和强化传质过程，达到强化电化学反应过程的目的。相关的过程强化原理如下所述。

（1）超重力减弱电化学反应过程中的"气泡效应"

多级同心圆筒-旋转床式的超重力电化学反应装置所提供的超重力之所以能减弱电化学反应过程中的"气泡效应"主要是因为超重力加速了气泡脱离电极表面和加快了气泡从电解液中溢出，即促进了气液固相间分离。因为多级同心圆筒-旋转床式的超重力电化学反应装置依靠与转轴连接的电极连接盘及镶嵌其上的同心圆筒电极以不同的转速旋转，为电化学反应过程模拟不同强度的超重力场。在此环境下，一是重力场反应变成超重力场反应，重力加速度 g 变成超重力因子 β，而 $\beta > g$，故气泡分离的推动力 $\Delta(\rho g)$ 增大。并且超重力因子 β 越大，气泡分离的推动力越大，越易于分离；二是电极及其连接盘的旋转对电解液有一定的周向旋转的带动，并促使电解液在同心、等距、交替排列的若干圆筒阳极和圆筒阴极之间沿径向由内至外呈"S"形流动，电解液运动的加速度以及相对流速比在重力场中要大，电极表面会受到电解液的强剪切力并不断地被电解液冲刷，从而有利于附着于电极表面的气泡快速脱离电极表面。即多级同心圆筒-旋转床式的超重力电化学反应装置会促使相间分离，使得相间的相对运动速率增大，这样会使气相气泡与固相电极之间、气相气泡与液相电解液之间具有高的相间滑移速率，从而有效地促进气泡从电极表面脱离以及从电解液中溢出，减弱电化学反应过程中的"气泡效应"，维持电极的活性面积，防止电极表面的电流分布不均，减轻由此带来的电化学反应本身迟缓而引起电化学极化，进而减少电化学极化所形成的超电势，达到降低能耗的目的。

（2）超重力强化电化学反应传质过程的原理

电极表面和附近液层存在双电层区、扩散层区和对流区。真实电化学反应体系中，扩散层和对流层往往有所叠加，扩散传质和对流传质往往同时存在。若电解液中存在大量局外电解质时，溶液中输送电荷的任务主要是由它承担，反应离子的电迁移就很小，可忽略电迁移作用，则向电极表面传输粒子的过程由对流和扩散两个步骤共同完成。加快对流区的对流速度和扩散层区的扩散速度有利于强化电化学反应过程。

在多级同心圆筒-旋转床式的超重力电化学反应装置所模拟的超重力场中，当电解液由装置中心液相进口引入动电极组时，首先，电极及其连接盘的旋转对电解液的周向旋转带动使得电解液具有较大惯性，在旋转圆筒电极表面反生电极反应后甩离，带有径向速度和切向速度的电解液高速撞击到静止圆筒电极上。在强大的撞击力和剪切力作用下，撞击过程中的电解液得到分散、破碎、剪切和飞溅，瞬间以细小液滴或液滴形式运动，液体比表面积增大，混合程度得以强化；然后，撞击后的电解液在重力作用下下落到旋转电极盘上，或是在静止圆筒电极表面以液膜的形式下滑至旋转电极盘上并聚集，同时在电极表面发生电极反应。最后，电解液在旋转电极及其连接盘的周向旋转带动下，经旋转圆筒电极阻挡，沿旋转圆筒电极表面以液膜形式爬流而上，同时在电极表面发生电极反应。并当爬到旋转圆筒电极自由端时，在惯性力作用下，脱离旋转圆筒电极，并以较高的速度撞击到静圆筒电极上。如此在旋转电极及其连接盘的周向旋转带动下，电解液不断地在交替排列的若干圆筒阳极和圆筒阴极之间经历多次分散、破碎、剪切和聚集，以较高的传质效率由装置中心沿径向由内至外"S"形流动，并发生多级氧化还原电极反应，最后经壳内收集后连续由液相出口引出。同时提高物理传质速率和电化学反应速率，完成多级电化学反应过程和超重力对其过程的强化。

对于多级同心圆筒-旋转床式的超重力电化学反应装置而言，在强化电化学反应传质过程方面，起主要作用的传质方式主要有强制对流和扩散两种，并由这两种传质方式共同完成。当电解液在静止圆筒电极表面以液膜的形式下滑并同时发生电极反应时，以及在旋转圆筒电极表面以液膜形式爬流而上并同时发生电极反应时，需消耗大量粒子。若扩散速度跟不上，本体溶液浓度也降低时，集中在对流区的反应粒子需通过对流传质方式进行补充。而在多级同心圆筒-旋转床式的超重力电化学反应装置所模拟的超重力场中，电解液在旋转圆筒电极和静止圆筒电极表面反生电极反应后，由于受到电极及其连接盘的旋转作用而被周向带动并具有较大惯性，在旋转圆筒电极表面反生电极反应后甩离，分别迅速脱离旋转圆筒电极和静止圆筒电极表面，并分别以高速撞击到静止圆筒电极和旋转圆筒电极表面。如此电解液在旋转电极及其旋转连接盘的强制力作用下进行强制对流传质，在多组电极之间多次以强制对流传质方式来提高对流传质速率，加快反应粒子脱离和传输，减轻浓差极化。同时，溶液的湍动和混合程度得以加强，有利于间接电化学反应速率的提高；此时，在强制对流条件下，对流传质阻力很小，电解液由相界面附近转入与界面平行方向，与界面垂直方向的速度分量在界面附近逐渐变为零，传质阻力转入扩散层区，存在于扩散边界层，需通过扩散传质方式传输和转移反应粒子。而在多级同心圆筒-旋转床式的超重力电化学反应装置中，电解液在超重力作用下，在阴、阳电极同心、交替排列为其所提供"S"形流通中，带有径向速度和切向速度地以高速撞击、冲刷和脱离阴、阳圆筒电极，相间的相对运动速率较大，电极表面的液膜更新速度较快，这将有利于减少扩散边界层的有效厚度，从而减小扩散层传质阻力，促进反应粒子扩散，提高扩散传质推动力和速度，强化电化学反应的扩散传质过程，进而提高电流密度和电流效率，加快电化学反应的进行。

目前，多级同心圆筒-旋转床式的超重力电化学反应装置已被应用于电化学氧化降解废水的研究。

4.3.3　超重力电化学耦合氧化降解废水的应用研究

中北大学刘有智等研究者使用研发的多级同心圆筒-旋转床式的超重力电化学反应装置及超重力电化学反应技术[6]（超重力-电化学耦合技术）、超重力电催化反应技术（超重力-电化学-催化氧化耦合技术）、超重力电 Fenton 反应技术[27-29]（超重力-电化学-Fenton 氧化耦合技术）氧化降解含酚废水，以解决废水电化学反应过程中的气泡效应和反应传质过程受限的难题，达到提高废水处理效率和降低过程能耗的目的。

（1）超重力-电化学耦合技术降解含酚废水的应用研究

自 2010 年起，中北大学刘有智、高璟[30]等使用研发的超重力电化学反应装置，采用超重力-电化学耦合技术降解含酚废水。通过对超重力场中、常重力条件下以及常重力搅拌条件下的电化学技术降解含酚废水过程中的气泡行为及废水颜色变化的研究表明，常重力条件下和常重力搅拌条件下电极表面均有大量气泡富集、废水中均有大量气泡分散于其中，而超重力场中电极表面富集的气泡非常少，废水中几乎没有气泡分散于其中，这表明超重力技术可消除传统电解过程中的"气泡效应"、从而使得电极表面的气泡快速脱离、废水中分散的气泡快速溢出。在装置气相出口关闭的情况下，溢出的气泡聚集于装置端盖上，而常重力条件下和常重力搅拌条件下气泡主要吸附在电极表面，装置端盖上几乎没有气泡聚集，仅仅笼罩一层雾气，说明超重力技术加速了气泡脱离电极表面，加快了气泡从电解液中的溢出。为了能反映出超重力技术对废水中气泡溢出情况的影响，处理废水过程中向废水中加入表面活性剂十二烷基硫酸钠。气泡若不能及时从废水中溢出，会在表面活性剂的作用下形成泡沫分散在废水中并不断地漂浮于废水表面，因此可根据水面上泡沫的多少来反映气泡的溢出速率。通过对废水处理过程中的泡沫富集情况进行研究发现，常重力条件下水面上富集的泡沫较多，泡沫层较厚，说明常重力条件下气泡从废水中溢出的速率较慢；常重力搅拌的条件下水面上的泡沫次之，但泡沫直径较大，说明气泡发生了聚合从而变大；而超重力场中水面上的泡沫较少，泡沫层较薄，泡沫直径较小，说明超重力场中气泡从废水中溢出的速率较快。为了研究超重力技术强化电化学反应传质过程的行为，通过电极两侧废水颜色的变化和对比来直观地反映废水中离子的扩散速率和反应速率，进而分析传质过程。因为电解含酚废水过程中会产生一些中间产物，如醌类物质等，这些产物呈黄棕色。当废水完全降解为 CO_2 和 H_2O 时，废水会呈无色。若实验使用配置的苯酚溶液（无色）来模拟含酚废水的话，在电解含酚废水过程中，假如废水降解较彻底的话，废水颜色应由无色逐渐变为黄棕色再逐渐变浅直至无色。废水颜色变化的速率快慢可直观反映废水传质速率和降解速率的快慢。通过对电极两侧的废水颜色的变化情况进行对比发现，常重力条件下电极两侧电解的废水的颜色差别较大，且和原始废水的颜色相近，可见常重力条件下废水的扩散速率和降解速率均较慢，传质效果较差；常重力搅拌条件下电极两侧电解的废水的颜色差别不大，均为黄棕色，和原始废水的颜色差别较大，可见常重力搅拌条件下废水的扩散速率和降解速率较快，但废水中分散着大量的气泡，无法消除"气泡效应"，说明搅拌对废水的传质过程可起到一定的作用，但传质效果有限。分析原因是因为重力搅拌技术是在地球的重力场，即重力加速度为一个 g 的力场下强化反应过程，能使物料混合均匀，可使气泡在液体中均匀分散，而不是脱离，所以对于电化学反应过程中的"气泡效应"无法消除，强化传质过程是有限的。超重力场中电极两侧电解的废水的颜色几乎没有差别，均为黄棕色，和原始废水的颜色差别较大，可见超重力场中废水的扩散速率和降解速率较快，且废水中无明显气泡分散于其中，说明超重力技术可突破传统搅拌的传质极限，对废水的传质过程可起到很好的强化作用。

为了从降解废水效果上分析超重力技术的强化效能，研究者进行了超重力因子等操作条件对废水处理效果的影响规律，研究表明了超重力因子是影响废水处理效率的主要因素。在适宜的操作条件下，相同处理时间时，超重力场中电化学降解废水后酚的去除率是常重力条件下的 2.2 倍；相同处理效率时，超重力场中电化学降解废水的时间是常重力条件下的一半，如图 4-6 所示。相同处理效率时，超重力场中电化学降解废水的电压是常重力条件下的 82%。说明超重力技术可缩短电化学降解含酚废水处理时间、降低槽电压以及提高废水处理效果[31]。电化学降解废水的动力学研究表明，超重力和常重力条件下的废水电化学降解过程均符合表观一级反应的动力学规律，但超重力场中的准一级反应速率常数大于常重力条件下的，活化能较小且小于常重力条件下的活化能[32]，如图 4-6 所示，说明超重力场中废水可更快、更好地被电化学降解。

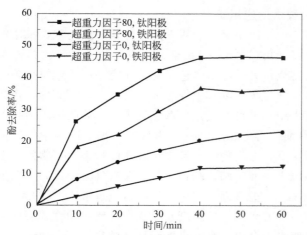

图 4-6　电解时间对超重力电化学技术和电化学技术降解含酚废水效果的影响
（钛阳极和铁阳极，不锈钢阴极，处理量 6L、超重力因子 80、电压 12V、电流 6A、酚初始浓度 1000mg/L、废水进液量 80L/h）

为了从降解废水机理上分析超重力技术的强化效能，通过高效液相色谱分析发现：在相同废水降解时间内，超重力电化学技术相比电化学技术降解含酚废水时，代表苯酚的峰高降低的速度较快，说明相同废水降解时间内超重力场中的酚类去除率较高，超重力技术可提高废水处理效率。同时推测出超重力电化学技术与电化学技术降解含酚废水过程中产生的中间产物和降解历程相似，均为：苯酚→对苯二酚＋邻苯二酚→对苯醌→顺丁烯二酸→乙二酸→二氧化碳＋水。研究表明：超重力技术不能改变电化学反应历程，但可以通过强化电化学反应的传质过程，从而达到提高电化学反应效率的目的。

超重力-电化学耦合技术氧化降解含酚废水，可在一定程度上解决废水电化学反应过程中的气泡效应和反应传质过程受限的难题，有利于废水处理效率的提高和过程能耗的降低。

（2）超重力-电化学-催化氧化耦合技术降解含酚废水的应用研究

中北大学在前期的超重力电化学耦合技术降解含酚废水的科研工作中发现，虽然超重力可强化电化学反应传质过程，但不改变反应历程，强化程度有限。而电催化技术可利用电极表面附着的催化剂控制反应方向和反应历程，但传统的电催化反应器传质效率较低，影响着电场能量对催化电极的催化效应的发挥。因此，研制出超重力电催化反应装置，利用超重力-电化学-催化氧化耦合技术即超重力电催化技术降解含酚废水，在超重力、电场和催化剂三者的协同作用下，控制反应方向和进程，充分发挥超重力与电场能量的协同效应，从而提高电化学反应效率，降低过程能耗。

刘引娣等[33]使用 $Ti/IrO_2-Ta_2O_5$ 做阳极，不锈钢做阴极，进行了超重力电催化技术降解含酚废水的研究，系统地考察了超重力因子、电流密度、电解时间、电解质浓度、液体循环流量、苯酚初始浓度因素对苯酚降解效果的影响，研究结果表明，超重力电催化技术降解含酚废水相比传统电催化技术可获得较高的去除效率，如图 4-7 所示，在最佳工艺条件下电催化降解 100mg/L 的苯酚废水，7h 后苯酚和 COD 的去除率分别为 99.1％和 24.7％，TOC 去除率为 40.42％。而且在相同电解时间条件下，适宜超重力环境下的苯酚去除率均大于常重力环境下的去除率；在相同苯酚去除率条件下，适宜超重力环境下降解苯酚的时间小于常重力环境下所需时间。超重力环境下电催化降解含酚废水过程的动力学研究表明，超重力环境下电催化降解含酚废水的动力学过程符合一级反应动力学，反应速率常数为 $0.3376h^{-1}$。因此，提出将超重力、电化学与催化技术耦合降解废水可达到短时间内高效处理废水的目的。

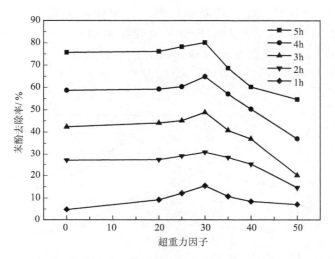

图 4-7　超重力因子对电催化技术降解废水效果的影响

（电流密度为 $200A/m^2$、Na_2SO_4 浓度为 3g/L、液体循环流量

为 80L/h、电解时间为 5h、含酚废水初始浓度 100mg/L）

超重力-电催化耦合技术氧化降解含酚废水，可弥补传统电催化技术在废水降解过程中传质受限的不足，二者的耦合可充分发挥超重力技术所具有的高效传质效率和电催化技术所具有的高效降解效能的技术优势，在废水处理效率的提高方面相比传统电催化技术体现出一定的技术优势，具有一定的应用前景。

（3）超重力-电化学-Fenton 氧化耦合技术降解含酚废水的应用研究

电 Fenton 法是电化学法和 Fenton 法的耦合方法。该方法可依靠电化学方法现场产生或持续产生 Fenton 试剂（Fe^{2+} 和 H_2O_2），从而减少 Fenton 试剂用量。Fenton 试剂进而可生成强氧化剂·OH，·OH 具有强氧化性，可氧化大部分有机物。但由于目前电 Fenton 反应器的传质效率较低，且电 Fenton 反应过程中的"气泡效应"，均会使得电化学法生成 Fenton 试剂的数量与速率都会受到影响，导致电 Fenton 反应效率降低。目前，中北大学的研究者研制出一种超重力-电化学-强氧化剂耦合集成技术及装置，即超重力电 Fenton 技术及反应装置。利用超重力技术来强化电 Fenton 反应的传质过程，以达到提高电 Fenton 反应效率的目的。

高璟、刘引娣、李皓月等[34]进行了超重力电 Fenton 技术氧化降解含酚废水的研究，系统地考察了电解液初始 pH 值、FeSO₄·7H₂O 投加量、H₂O₂ 投加量、超重力因子、电流密度、电解时间、液体循环流量、苯酚初始浓度、H_2O_2 投加次数因素对苯酚降解效果的影响。在最佳工艺条件下降解 100mg/L 的苯酚废水，1h 后苯酚和 COD 的去除率分别为99.56% 和 65.43%，TOC 去除率为 70.99%；而传统电 Fenton 氧化法降解含酚废水，苯酚和 COD 的去除率低于最佳超重力环境下的去除率，分别仅为 71.51% 和 46.55%，如图 4-8所示。研究表明由于超重力技术强化了电 Fenton 反应传质过程，从而获得较高的废水降解效率。超重力-电化学-Fenton 氧化耦合形成的超重力电 Fenton 技术降解含酚废水可形成协同作用，提高废水降解效率，可达到短时间内高效处理废水和降低过程能耗的目的。同时通过高效液相色谱法对超重力电 Fenton 氧化技术和电 Fenton 氧化技术降解含酚废水的降解过程进行了分析检测，研究发现，这两种技术降解含酚废水的历程是一致的，大致为：苯酚转化为邻苯二酚、对苯二酚以及间苯二酚，进而降解为醌类，继而分解为有机酸，最终分解为 CO_2 和 H_2O。但超重力电 Fenton 氧化技术相比电 Fenton 氧化技术降解含酚废水时，苯酚和中间产物的降解速率较快。研究进一步说明：超重力技术虽然不能改变电 Fenton 反应历程，但可以通过强化电 Fenton 反应的传质过程，从而达到提高电 Fenton反应效率的目的。

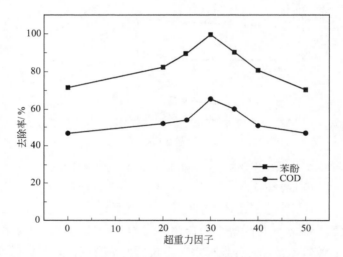

图 4-8　超重力因子对电 Fenton 技术降解废水效果的影响

（电解液初始 pH 值为 3、$FeSO_4 \cdot 7H_2O$ 投加量为 1.25g/L、H_2O_2 投加量
为 40mmol/L、电解时间为 1h、电流密度为 $200A/m^2$、液体循环
流量为 80L/h、含酚废水初始浓度 100mg/L）

　　由于超重力技术的过程强化作用，使得超重力-电 Fenton 耦合技术相比传统电 Fenton技术在氧化降解含酚废水时，可显著改善废水的处理效果和缩短处理时间，从而提高废水的处理效率。

4.4　离心高速旋转的超重力电沉积装置

　　离心高速旋转的超重力电沉积装置属于连续操作的超重力电化学反应装置，是继离心机改装的超重力电化学反应装置和于多级同心圆筒-旋转床式的超重力电化学反应装置之后的第三类超重力-电化学耦合装置。相关的装置结构、原理及应用如下所述。

4.4.1　装置结构

2012 年，燕山大学的杜建平、邵光杰等[7]通过对前期研制的离心高速电沉积装置改进，研制出离心高速旋转的超重力电沉积装置（超重力反应釜），如图 4-9 所示。

离心高速旋转的超重力电沉积装置内部为反应釜。反应釜由 4 部分组成。其中，上半部分由聚四氟材料制作，下半部分由不锈钢制作。聚四氟垫板用于阻隔不锈钢与电解液的接触。阳极是镀铂钛环，镀铂钛环与不锈钢紧密接触可以良好导电，阴极是不锈钢管，固定在仪器顶部，深入到反应釜中。电解液通过泵浸入反应釜中，与阳极相通的石墨电刷与不锈钢底座接触，不锈钢底座与阳极接触以良好导电，不锈钢与阴极相通。反应釜的高速旋转形成超重力场。通过泵使电解液在超重力反应釜和贮液槽之间循环运行，在阴阳电极之间形成一稳定的电解液液流的方法实现超重力高速电沉积。

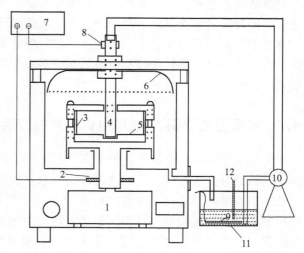

图 4-9　离心高速旋转的超重力电沉积装置
1—电动机；2—石墨电刷；3—镀铂钛环（阳极）；
4—不锈钢管（阴极）；5—聚四氟乙烯垫板；
6—伞形塑料隔板；7—直流电源；8—铜夹；
9—加热棒；10—泵；11—溶液槽；12—温度计

该装置利用反应釜的高速旋转来模拟超重力场，该点和离心机改装的超重力电化学反应装置利用电解槽的高速旋转来模拟超重力场相似，但电解槽（或反应釜）旋转方式和操作方式均不同。该装置是电解槽结构呈中心轴对称而绕中心轴旋转，连续操作方式；离心机改装的超重力电化学反应装置是电解槽在垂直于中心轴的一端，和另一端与其平衡物一起绕轴旋转，间歇操作方式。该装置连续操作方式与多级同心圆筒式超重力电化学反应装置相似，但二者装置结构和模拟超重力场的方式不同。该装置一组阴阳圆筒电极进行电沉积，整个电解槽旋转来模拟超重力场；而多级同心圆筒式超重力电化学反应装置是多组静、动结合的阴、阳圆筒电极进行电化学反应，阳极电极组和阴极电极组仅其中一组旋转，另一组和电解装置外壳呈相对静止状态。其并不是利用整个电解槽旋转来模拟超重力场，而是利用旋转电极组的圆筒电极及其连接盘的高速旋转来模拟超重力场。

4.4.2　过程强化原理

离心高速旋转的超重力电沉积装置是利用反应釜的高速旋转为电沉积过程模拟超重力场。此装置的整个电解槽包括设置在圆周的阳极和设置在轴心位置的阴极高速旋转时，圆周的液位要远远高于轴心附近的液位；当转速过高时，轴心处的液位会进一步降低，将会导致阴极裸露在空气中，致使电化学条件破坏。该装置通过将电解液从轴心位置不断加入电解槽中以弥补这种情况，以维持电极表面较均匀的电流分布。同时，利用超重力场的作用来提高重力加速度 g，增强自然对流速率，进而强化电沉积过程。主要体现在：一是由于电沉积的极限扩散电流密度与电解液流速的 1/2 次方成正比，在反应釜高速旋转而实现高速电沉积过程中可以减小浓差极化；二是可以改变电极表面生成气泡的形态和脱离速度；三是在高过电位下，电沉积形核速度被大大加快，因而沉积层组织被细化；四是通过过程强化，可制备成均匀分散的悬浮溶液。由于悬浮溶液的密度大于电解液的密度，因而在超重力场中，悬浮于电解液中的材料其所受到的法向作用力下，可定向移动到电极上（工件内壁）并在其表面富集，有利于与沉积产物复合制备成表面致密平整的复合材料。

目前，离心高速旋转的超重力电沉积装置已被用于超重力场中电沉积 MnO_2 电极材料的研究中。

4.4.3　超重力电沉积 MnO_2 电极材料的应用研究

MnO_2 电容性能优良、价格低且无污染，适用于制备成电极材料。常规槽中电沉积的 MnO_2 电极材料比表面积不大，这将影响着电化学反应速率。

杜建平等使用离心高速旋转的超重力电沉积装置，进行了超重力场中电沉积 MnO_2 电极材料的研究。通过实验探讨不同转速（超重力因子）、电流密度、电解液浓度及电沉积温度等因素对沉积产物电化学性能的影响，从而确定出超重力场中 MnO_2 的最佳制备工艺条件。研究表明：当转速达到 3000r/min 时，即超重力因子为 540 时，超重力场中制得的 MnO_2 电极材料的比表面积最大，且大于重力条件下的比表面积。制得的 MnO_2 最大比表面积为 127.71m^2/g，比常规重力电沉积制备样品的比表面积 75.75m^2/增长了 68.6%。这是因为超重力场中电沉积制备的 MnO_2 纳米片之间的距离小且排列更紧密，这样的形貌可以提高 MnO_2 电极材料的比表面积。比表面积的增加有利于电极材料在充放电过程中和电解液的接触，且有利于离子的嵌入和脱出，提高电极比容量。因此，在此最佳超重力因子条件下，制备的 MnO_2 的比容量比常规重力制备样品的比容量提高 19.3%，达到 277.9F/g。同时，在超重力场中电沉积 MnO_2 最佳条件的基础上对其进行复合与掺杂改性，分别探讨了复合碳纳米管和石墨，掺杂 Co 元素对 MnO_2 电极材料的形貌和电化学性能的影响。测试结果表明：复合与掺杂均没有改变 MnO_2 材料的晶体结构，但影响电极材料的电容性能。

离心高速旋转的超重力电沉积装置制备 MnO_2 电极材料的研究表明，超重力场的作用可改变电极材料的形貌、结构和电化学性能，可增大电极材料的比表面积和提高电极比容量。超重力场中电沉积制备电极材料可制得性能优良的电沉积材料。

4.5　结语

三种超重力电化学反应装置通过巧妙结构设计，为电化学反应过程模拟超重力场，形成超重力-电化学耦合与反应技术，例如：超重力电化学技术、超重力电催化技术以及超重力电 Fenton 技术，达到超重力技术强化电化学反应过程的目的。目前，通过各国科学家的探索研究，初步探明了超重力技术可减轻电化学反应过程中的"气泡效应"，强化传质过程，提高电化学反应效率，降低槽电压，缩短电化学反应时间。研究结果显示出该技术潜在的价值和优势，但仍存在一些问题，需进行深入研究。

① 超重力强化电化学反应传质过程机理尚需深入研究和阐明。需继续加大基础研究力度，探索超重力强化电化学反应过程的各种传质特性，建立科学合理的超重力电化学反应过

程模型，丰富超重力强化电化学反应过程的理论依据，为超重力技术应用于电化学工业中提供重要的理论和数据支持。

②　超重力电化学反应装置类型仍较少，并且反应装置的构效关系尚未研究，需要继续研发适应于工业化放大且高效能的超重力-电化学耦合与反应装置，研究其构效关系，为电化学工业提供切实高效的电化学反应装置。

③　超重力技术应用于电化学反应过程中的技术优势十分明显，但还应结合超重力技术自身所消耗的电能、放大效应和投入费用等进行综合研究，以便为该技术的工业化应用提供经济性指导。

超重力-电化学耦合及反应技术符合"节能降耗"要求，有望成为新一代的"提效、降耗"技术，具有重大的研究价值和广阔的应用前景。今后应着眼电化学工业中存在的难题，结合超重力技术特点，继续寻找二者的有效切合点，研制高效能的超重力电化学反应装置及其技术，以更好地发挥超重力技术优势，扩大超重力技术应用领域范围，解决更多的电化学反应工艺难题，推动超重力、电化学及其二者耦合技术进一步发展，为电化学工业节能降耗做出贡献。

◆ 参考文献 ◆

[1]　Thomson E. Electrolytic apparatus and method of operation [P]. US1701346, 1929.

[2]　Hoover T. Rotating electrolytic cell assembly [P]. US3119759, 1964.

[3]　Kaneko H, Tanaka K, Iwasaki A, et al. Water electrolysis under microgravity condition by parabolic flight [J]. Electrochim Acta, 1993, 38: 729-735.

[4]　Mahito A, Shingo H, Tsutomu N. Chemistry in centrifugal fields (Part1): Electrooxidative polymetization of aniline [J]. Electrochemistry Communications, 1999, 1: 278-281.

[5]　王明涌, 王志, 林荣毅等. 一种用于超重力电化学反应的装置及其方法 [P]. 中国专利 ZL 200810116967. 0, 2008.

[6]　刘有智, 高璟, 焦纬洲. 一种连续操作的超重力多级同心圆筒式电解反应装置及工艺 [P]. 中国专利 ZL 201010033393. 8, 2010.

[7]　杜建平. 超重力电沉积制备 MnO_2 和改性材料及其性能的研究 [D]. 秦皇岛: 燕山大学, 2012.

[8]　郭占成, 卢维昌, 巩英鹏. 超重力水溶液金属镍电沉积及极化反应研究 [J]. 中国科学, 2007, 37(3): 360-369.

[9]　王明涌, 王志, 郭占成. 超重力技术: 电化学工业新契机 [J]. 工程研究, 2015, 7(3): 289-297.

[10]　Ali Eftekhari. Enhanced stability and conductivity of polypyrrole film prepared electrochemically in the presence of centrifugal forces [J]. Synthetic Metals, 2004, 142: 305-308.

[11]　Yingpeng Gong, Zhancheng Guo, Weichang Lu. Electroless copper coating on nickel foils in super-gravity field [J]. Materials Letters, 2005, 59: 667-670.

[12]　Guo Zhancheng, Lu Weichang, Gong Yingpeng. Electrochemical studies of nickel deposition from aqueous solution in super-gravity field [J]. Science China Seieries, 2007, 50(1): 39-50.

[13]　刘婷, 郭占成, 王志等. 超重力场中电沉积金属镍的结构与性能 [J]. 中国有色金属学报, 2008, 18(10): 1858-1863.

[14]　Liu Ting, Guo Zhancheng, Wang Zhi, et al. Structure and corrosion resistance of nickel foils deposited in a vertical gravity field [J]. Applied Surface Science, 2010, 256: 6634-6640.

[15]　Wang Mingyong, Wang Zhi, Guo Zhancheng. Preparation of electrolytic copper powders with high current efficiency enhanced by super gravity field and its mechanism [J]. Trans Nonferrous Met Soc China, 2010, 20: 1154-1160.

［16］　王明涌，王志，郭占成. 一种强化电解制取铜粉的方法及其装置专利［P］. 中国专利 ZL 200910085166. 7, 2009.

［17］　王明涌，王志，郭占成. 超重力场强化铅电沉积的规律与机理［J］. 物理化学学报，2009, 25（5）：884-889.

［18］　Liu Ting, Guo Zhancheng, Wang Zhi, et al. Structure and mechanical properties of iron foil electrodeposited in super gravity field［J］. Surface & Coatings Technology, 2010, 204: 3135-3140.

［19］　Wang Mingyong, Wang Zhi, Guo Zhancheng. The structure evolution and stability of NiW films electrode-posited under super gravity field［J］. Materials Letters, 2010, 64: 1166-1168.

［20］　王明涌，王志，郭占成. 超重力场电沉积 NiW 合金及其耐碱腐蚀性能［J］. 物理化学学报，2010, 26（12）：3164-3168.

［21］　Cheng H, Scott K, Ramshaw C. Chlorine evolution in a centrifugal field［J］. J Appl Electrochem, 2002, 32: 831-838.

［22］　Matsushima H, Nishida T, Konishi Y, et al. Water electrolysis under microgravity-Part 1. Experimental technique［J］. Electrochim Acta, 2003, 48: 4119-4125.

［23］　王明涌，王志，郭占成. 超重力场水电解制氢及其强化机理［C］. 吉林大学：第十五次全国电化学会议，2009.

［24］　Cheng H, Scott K. An empirical model approach to gas evolution reactions in a centrifugal field［J］. Journal of Electroanalytical Chemistry, 2003, 544（1）：75-85.

［25］　王明涌，刑海青，王志等. 超重力强化氯碱电解反应［J］. 物理化学学报，2008, 24（3）：520-526.

［26］　Wang Mingyong, Wang Zhi, Guo Zhancheng. Understanding of the intensified effect of super gravity on hy-drogen evolution reaction ［J］. International Journa of Hydrogenenergy, 2009, 34: 5311-5317.

［27］　高璟，刘有智，焦纬洲等. 超重力强化电 Fenton 法处理废水的传质过程的装置及工艺［P］. 中国专利 ZL201320144120. X, 2013.

［28］　高璟，刘有智，祁贵生等. 超重力多级牺牲阳极电 Fenton 法处理难降解废水的装置及工艺［P］. 中国专利 ZL201320143979. 9, 2013.

［29］　高璟，刘有智，张巧玲. 超重力多级阴极电 Fenton 法处理难降解废水的装置及工艺［P］. 中国专利 ZL 201320144240. X, 2013.

［30］　高璟，刘有智，祁贵生等. 超重力环境下电化学反应过程中的气泡行为［J］. 化学工程，2014, 42（4）：1-6.

［31］　Gao Jing, Liu Youzhi, Chang Lingfei. Treatment of phenol wastewater using high gravity electrochemical reactor with multi-concentric cylindrical electrodes［J］. China Petroleum Processing & Petrochemical Tech-nology, 2012, 14（2）：71-74.

［32］　高璟，刘有智，刘引娣. 超重力场中电解含酚废水的动力学［J］. 化学工程，2014, 42（6）：5-8.

［33］　刘引娣，刘有智，高璟. 超重力-电催化耦合法降解含酚废水的研究［J］. 化工进展，2015, 07：2070-2074.

［34］　李皓月，刘有智，高璟等. 超重力-电催化-Fenton 耦合法处理含酚废水［J］. 过程工程学报，2015, 06：1006-1011.

第 2 篇

混合过程强化与反应技术

在化学反应中，经常需要将两种反应物溶液混合，以使分子之间相互碰撞而发生化学反应。流体流动和混合是影响化学反应的重要因素。目前常用的混合方式包括动态混合器和静态混合器。动态混合器是依靠机械动力元件迫使系统发生流体运动，以达到物料混合均匀的目的。静态混合器是指管内无运动元件，依靠流体自身的能量，以静止元件改变流体在管内的流动状态，物体被多次分割、旋转、复合等，从而实现均匀混合。

混合过程强化包括反应器及非反应器的操作设备强化，如搅拌釜反应器，静态混合反应器，撞击流混合反应器，超重力反应器，外加声、光、电、磁能量强化混合等。目前，科研工作者对多种反应器的微观混合状态进行了研究，以开发适合快速反应的新型反应器。因此，强化混合在未来会成为进一步提高工业生产效率，优化工业生产条件的重要因素。

本篇重点介绍静态混合器、新型动态混合与聚合反应技术。

第5章　静态混合器

5.1　概述

　　静态混合器（Static Mixer）是 20 世纪 70 年代才得到工业性开发的一种先进的单元设备。最早的静态混合器由荷兰的研究者发明（荷兰专利号 185539），其设计的思路为：利用特殊管路结构实现流体的"分割-位置移动-重新汇合"过程。此后，静态混合器的开发、研究都继承了这一基本思路。1970 年，欧洲的 Achema 化学工程展览会展出了第一台 Kenics 型静态混合器[1]。1973 年，工业化的 Sulzer 型静态混合器的问世标志着静态混合器的研究、发展进入了新纪元。我国从 80 年代起逐步对静态混合器进行了研究，并研发了 SK、SX、SV 等系列静态混合器，在液-液、液-气、液-固、气-气的混合、乳化、中和、吸收、萃取、反应和强化传热等单元操作中得到了研究和应用。

　　① 液-液混合　从层流至湍流，黏度在 $10^6 \mathrm{mPa \cdot s}$ 的范围内的流体都能达到良好的混合。分散液滴最小径可达到 $1 \sim 2 \mu \mathrm{m}$，而且大小分布均匀。

　　② 液-气混合　静态混合器可以使液-气两相组分的相界面连续更新和充分接触，在一定条件下可以代替鼓泡塔和筛板塔。

　　③ 液-固混合　当少量固体颗粒或粉末（固体占液体体积的 5％左右）与液体在湍流条件下混合，使用静态混合器，可强制固体颗粒或粉末充分分散，能达到使液体萃取或脱色的要求。

　　④ 气-气混合　可用于冷、热气体的混合以及不同气体组分的混合。

　　⑤ 强化传热　由于静态混合器增大了流体的接触面积，即提高了给热系数，一般来说对气体的冷却或加热，如果使用静态混合器，气体的给热系数可提高 8 倍；对于黏性液体的加热，给热系数可提高 5 倍；对于有大量不凝性气体存在的气体冷凝时，给热系数可提高 8.5 倍；对于高分子熔融体的换热可以减少管截面上的温度和黏度梯度。

5.2　静态混合器的类型

　　静态混合器是相对于搅拌器而言的，经过长期的发展，搅拌装置已经有了很大的改进，但仍存在着一定的缺陷，如轴封部件泄漏、存在死区、混合均匀度不高、不能连续化生产以及装置的动力消耗太大等。静态混合器是一种没有任何机械运转部件的新型高效传质设备，它是由具有一定的几何形状的混合元件有规则地排列组合并静置于管道内构成的。因其结构紧凑、维护较易、混合效率高、能耗较低而且能实现连续操作，被誉为一种"虽然非常简单，却能发挥巧妙作用"的工业设备。

随着研究的深入和应用的普及，目前静态混合器达 50 余种，国内最常用的有上海化工研究院开发的 SV、SX、SL、SK 和 SH 型 5 种，国外常用的有美国的凯尼斯型 Kenics、瑞士苏尔寿公司的 SMV 型、SMX 型、SMXL 型，以及日本的东丽型（HI）等。静态混合器的种类很多，可以针对不同的物料条件以及工艺要求进行选用。表 5-1 列出了几种具有代表性的结构。

表 5-1　静态混合器的类型

型式	结构特性	适用范围	图例
Kenics 型	由单孔道左、右扭转 180° 的螺旋单元体错开 90° 排列而成	适用于精细化工、塑料、环保、合成纤维、矿冶等，对较小流量并伴有杂质或高黏性介质尤为适用	
SMX 型	由金属板条按 45° 角组合或"多 X 形"的几何结构，$D/d \approx 4$，每个单元交错 90° 组装在管道内	用于中高黏度液-液反应、混合、吸收过程或生产高聚物流体的混合、反应过程，处理量较大时使用效果更佳	
SMXL 型	由金属板条按 30° 角组合，$D/d \approx 2$，每个单元交错 90° 组装在管道内		
SMV 型	由波纹板组成，波纹与管轴线成一定角度，相邻波纹板的波纹倾角与管轴线对称分布，相邻混合单元的波纹板旋转 90°	已经在化工、冶金、环保等领域广泛地应用，并创造了巨大的经济效益	
SH 型	由双孔道单元组成，孔道内放置螺旋片，相邻单元双孔道的方位错为 90°，单元之间设有流体再分配室	用于硝基化合物乳化、合成纤维纺丝、三聚乙烯反应、维纶湿纺等过程，对流量小、混合要求高的工艺尤为适用	
SV 型	由一定规格的波纹板单元组装而成的圆柱体，元件互成 90° 错开排列	用于低黏度且洁净的液-液、液-气、气-气的混合过程以及强化传热过程	

续表

型式	结构特性	适用范围	图例
SL 型	由金属条交叉成 30°的"简单 X形"元件相互交错 90°组合在管道中	适合高黏度流体混合过程,有时与 SV 型串联增加停留时间,应用于某些慢速反应	
SD 型	在同一个横截面上具有多个旋向相同的螺旋,构成多个螺旋通道,成为一个混合单元,相邻混合单元的螺旋通道旋向相反且错开一定角度	用于混合、反应、传热等单元操作,在化工、石油、环保等行业均有广泛应用	 左旋叶片右旋叶片混合管 心轴
SK 型	混合元件为扭角 180°角的扭旋叶片,左旋、右旋叶片在管内错开90°角交替排列	用于混合、反应、传热等单元操作,在化工、石油、环保等行业均有广泛应用	
SX 型	单元由金属板条按 45°角组合或"多 X 形"的几何结构,每个单元交错 90°角组装在管道内	用于黏度≤10Pa·s 的液-液反应、混合、吸收过程或生产高聚物液体的混合、反应过程	
日本东丽型	由几个单元混合器和短管及法兰组成,混合器内部具有两排通道,每个通道内都含螺旋片,又把通道分成两部分,相邻混合元件之间有一个中间室,且相邻单元的螺旋叶片旋向相反	用于气体混合、溶解、液液混合和乳化、吸收、液液反应、液液萃取等领域	 扭转叶片中间室 扭转叶片

5.3　静态混合器的工作原理

当预混合的物料流沿着管道进入静态混合器时,物料流在其自身功能的作用下,依次通过交替排列的一组左、右旋螺旋元件构成的特殊通道,被切割成很多层,而且每层都十分薄;再者,物料流在其中将彻底地连续不断地翻动,由于物料流的连续性,物料流中的任何粒子均被迫挤向管壁,而在两个螺旋元件的连接面上被迫改变旋转方向,又迫使它暂时离开管壁,随后它又会挤向管壁,这就是彻底的径向混合作用,流体自身的旋转作用在相邻组件连接处的接口上亦会发生,这种完善的径向环流混合作用,使物料获得混合均匀的目的。正由于这种作用的结果,消除了物料流在径向上的温度、密度、黏度和组分上的差异。

静态混合器的工作原理,就是让流体借助自身动能,在管线中流动冲击各种类型板元件,增加流体层流运动的速度梯度或形成湍流,层流时是"分割-位置移动-重新汇合",湍流时,流体除上述三种情况外,还会在断面方向产生剧烈的涡流,有很强的剪切力作用于流体,流体在管路中受到流道形状和截面变化等约束,不断进行分流切割、合流剪切以及旋转搅拌等运动,最终达到流体的充分混合[2]。

5.4　静态混合器流体力学特性

静态混合器的流体力学特性，主要包括流体速度场、湍动能分布以及压降，分析方法有实验研究和数值模拟，本节将从上述两方面分析其流体力学特性。

5.4.1　静态混合器流体力学实验研究

静态混合器的流体力学测试主要采用热线热膜风速（HWA）技术和激光测量技术。其中，激光测量技术又包括激光多普勒（LDA）技术、相位激光多普勒（PDA）技术、激光粒子成像（PIV）技术以及激光诱导荧光（LIF）技术等。科研工作者采用不同技术对静态混合器进行了流体力学实验研究。

Shaffiq[3]应用 LDA 技术测得了 $L/D=0.8$、1.0、1.5 的 Kenics 混合器在低雷诺数条件下的流场数据，并给出了轴向速度和周向速度侧形。结果表明：进入混合器的流动侧形为稳定的、抛物线速度场，进口效应不可能导致涡旋。Byrde 和 Sawley[4] 在雷诺数 $Re=100$ 的条件下从混合元件的扭转角度对混合效率的影响出发利用 CFD 进行优化，数值模拟实验表明螺旋混合元件的扭曲角度 180° 时较优。费维扬等利用 LDA 技术研究了 50mm 内径的 Kenics 型混合器的流场、压力降和液滴平均直径。结果显示：Kenics 型混合器在中心部位切向速度较大，而在靠近管壁处，切向速度迅速下降；当流量较低时，出口轴向速度脉动值随流量增加得很快，而当流量大于 $7.7\text{m}^3/\text{h}$ 后增加的速度变慢。转折点处的流速约为 1m/s；当混合单元数大于 4 时，静态混合器出口速度脉动值基本上不再随混合单元数的增加而增加，静态混合器的设计流速对混合和液滴粉碎情况都有重要影响。对于水-油体系来讲，1m/s 左右的流速（相当于约 $7\text{m}^3/\text{h}$）既能提供良好的混合，又能使液滴得到良好的粉碎，压力降也不至于太大。

Ujhidy 等[5]采用 PDA 技术研究了卷绕通道的流体流动模式。证实了在流体层流状态下，静态混合元件中的二次流的存在。对于 $Ar=1.0$ 和 $Ar=1.5$ 的螺旋元件，发生二次流时，Re 分别为 20 和 50。螺旋的表面影响了速度的空间分布，而元件的扭转主要影响二次流的结构。

肖世新等[6]用 PIV 方法测量了改进的 Ross 型静态混合器轴截面混合单元出口流体轴向速度侧形，验证了模拟结果的正确性。赵建华等利用 PIV 技术获得了静态混合器出口处的流场分布，同时与计算流体力学计算结果进行了比较。

Wadley 等[7]用 LIF 测量了 Kenics、HEV 和 SMX 三种尺寸相同的混合器的流场，用标准化偏差量化混合效果。得到的结论是：混合质量是一个与进料位置、混合长度、流形、混合器种类相关的参数；当混合器很短时，进料对混合质量有显著的影响；总的来说，增加混合长度会提高混合质量，一般 1~2 个混合元件后，混合已经很充分了；在过渡区，Re 增加混合质量提高，直到混合质量达到一个定值为止。

5.4.2　流体力学数值模拟

Kenics 静态混合器是数值模拟中研究最多的一类混合器，其数值模拟早期是在螺旋坐标中求解 N-S 方程，以此获得流场分布。Arimond 和 Erwin[8,9] 求解了控制方程，主要通过示踪剂粒子来获得模拟粒子在混合器内的流动轨迹，并且通过优化混合元件的扭转角来获得较合理的结果，但由于条件的限制，他们只计算了二维的简单情况。1993 年，Bakker[10] 将静态混合器的流场计算发展为三维模拟。同时，随着计算机硬件的发展和 CFD 方法的不断进步，静态混合器的流场模拟结果更加合理，在这方面研究最多的是 Hobbs 和 Muzzio 等[11-14]。模拟将混合器分成三段：进口段由空管和前两个元件组成，出口段由后两个元件及其后的空管组成，中间段由第三和第四个元件组成。结果显示：流场与混合器的结构相类似呈周期性变化，任意长度的混合器都可以看成是由这样的三段组成，只不过是把中间段的两个元件任意重复而已。

Vimal 和 Vaibhav 等[15] 采用 CFD 模拟方法模拟研究了 Kenics 静态混合器在较宽的 Re（1～25000）条件下的流动模式和混合行为。结果显示：混合元件的中心处形成强制涡旋，在接近壁面处形成自由涡旋；在元件与元件交接的地方，流动受到影响的区域占整个元件长度的 30%，其余的范围内流动充分发展。Byrde 和 Sawley[16,4] 应用对流欧拉法求解雷诺平均方程，在 $Re=100$ 条件下模拟了 SK 型静态混合器（$L/D=1.5$，6 个单元结构）流动。结果显示：标准的 Kenics 静态混合器在扭转角为 180° 时性能最优。当以第四个混合元件的出口为研究对象，他们指出流体的旋转方向与混合元件的局部螺旋方向相反，同时在每个元件的进料口发现有二次涡。

除了对 Kenics 型静态混合器的研究外，Fourcade 等[17] 利用数值模拟的方法对比研究了 SMX 型和 Kenics 型静态混合器在层流流动时的混合情况，相同的能量输入，SMX 型比 Kenics 型的混合效果更好。Lang 和 Drtina[18] 对 SMV 型静态混合器中流体流动和混合过程进行 CFD 模拟，认为混合器结构形成的旋涡是流体混合的主要推动力。Regner 等[19] 应用 CFD 软件 Fluent 6.1 描述两种商业用的静态混合器。认为：混合元件的曲率引起了混合元件交叉口的二次流，容易产生二次流的地方存在于流体改变方向的位置；由于 Lightnin 型的中间有边界，所以旋涡强度高于 KM 型；对于长径比为 1.5 的混合器，发现涡旋形成时的 Re 数为 10。张晓露等采用 Fluent 分别计算了 Kenics 型静态混合器和 GK 型静态混合器内的流场，GK 型静态混合器的湍流强度低于 SK 型，压力降是 SK 型的 55.4%～57.9%，但两者的传热膜系数相近，从而得出 GK 型具有较高的综合性能的结论。

5.4.3　静态混合器的压降

张春梅等在湍流流体不可压缩的假设前提下，利用实验数据对理论关联式进行修正得出流动摩擦系数与 $Re^{-0.25}$ 呈线性关系。Kumar 等[15] 对直径为 0.0254m、长径比为 1.5 的 Kenics 静态混合器进行数值模拟，回归得到适用于 $Re=1$～25000 压力降经验关联式；对比实验结果，发现混合器特征元件的压力降随着流体雷诺数的增加而增加；在低雷诺数下（1≤Re≤1000），CFD 模拟得到的压力降数值与 Joshia 等[20] 的实验结果相吻合；在更高的雷诺数下，采用 k-ω 湍流模型得出的压力降数值介于 Berkman 和 Calabrese[21] 的实验结果与上述实验结果之间。Etchells[22] 和禹言芳等[23] 综述了近几年 Kenics 型静态混合器的特点和工作原理，总结出了压力降的计算公式（见表 5-2）。

考虑到摩擦因素的影响，Song 和 Han[24] 运用 CFD 软件标准 k-ε 湍流模型对 SK 静态混合器（结构类似 Kenics 型）内的流场进行数值模拟，并将混合器流动阻力影响因素之间的联系简化为摩擦系数（f）与雷诺数（Re）和混合元件长径比（$Ar=L/D$）之间的关系（表 5-3）与文献提供特定长径比 Ar 和操作条件的摩擦系数 f 相比吻合较好，同时将适用范

围推广到 $Re=0.1\sim1\times10^5$。费维扬等曾研究了混合元件数对 SK 型静态混合器出口速度脉动值的影响。SK 型静态混合器压降公式如表 5-3 所示。

表 5-2　Kenics 型静态混合器压降经验公式

研究者	适用范围	压降公式
Mudde 等	$1<Re<1000$	$Z=4.99+Re/3.14$
Etchells 和 Meyer	$K=K'_{OL}+K'_{OL}Re^{0.921},10<Re<2000$ $K=K_{OL}+K'_{OL}Re^{0.921},2000<Re<100000$	$\Delta p'_{SM}=4Kc_f\left(\dfrac{L}{D}\right)\left(\dfrac{\rho u^2}{2}\right)$
Kumar	$Re=1000\sim10000$ $Re=10000\sim25000$	$Z=0.0031Re+14.69$ $Z=0.023Re^{0.5}-4\times10^{-8}Re^{-2}+25.36$
Song 和 Han	$Re=0.9\sim200000,Ar=1.0\sim2.5$	$\lambda Ar^{2.04}=K(Re/Ar^{2.15})^n$
张春梅，吴剑华等	$Re=1000\sim35000,Ar=1.0\sim1.5$	$Re^{-0.25}+3.158Ar^{-2}$

表 5-3　SK 型静态混合器压降公式

研究者	关联式	Ar	Re
Cybulski 等	$\Delta p_1/\Delta p_2=5.4+0.618Re^{0.5}$	1.36	<20
Grace	$\Delta p_1/\Delta p_2=4.86+0.68Re^{0.5}$	1.5	1000
Wilkinson 等	$\Delta p_1/\Delta p_2=7.19+Re/32$	1.5	<50
Sir 等	$\Delta p_1/\Delta p_2=5.34+0.021Re$	2.0	<2300
Lecjaks 等	$\lambda=(213+224/Ar)/Re+4.7/Ar-0.55$	$2.0\sim5.0$	$15\sim1200$
Joshi 等	$\Delta p_1/\Delta p_2=7.41+1.04Re^{0.5}/Ar^{1.04}$	$1.5\sim2.5$	<700
Gong	$\lambda=0.413Re^{-0.25}+3.158Ar^{-2}$	$1\sim1.5$	$1000\sim35000$

5.5　静态混合器强化混合-反应性能

静态混合器内流体的混合包括层流混合和湍流混合。混合过程具体表现为流团/颗粒破碎、条纹厚度变化和组分界面面积改变。层流混合主要靠流体的"分割-位移-汇合"过程，层流过程中，流体不断被分割，流体厚度不断变小，同时在流动过程受到剪切、拉伸以及旋转作用，汇合后进行扩散传质；而湍流混合比较复杂，按照混合理论可以分为宏观混合（Macromixing）、介观混合（Mesomixing）以及微观混合（Micromixing），如图 5-1 所示[15]。微观混合是分子尺度的混合，直接影响反应结果。对于液相快速反应过程往往对应较短的反应时间，混合时间要求达到毫秒级甚至更低才能实现均相反应过程，提高产物的质量。特别是对沉淀反应、聚合反应等过程，提高混合效率能够实现均相成核，不仅避免了副产物的产生，而且所得产品粒径分布以及纯度都会极大地提升。因此，研究静态混合器的混合过程有助于发展高效的反应过程强化设备。

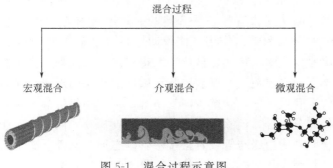

图 5-1　混合过程示意图

国内外研究者对于静态混合器的混合-反应过程做了大量的研究。例如，Fourcade 等[17]在层流条件下基于 Ottino 微混合理论，提出一种计算 Kenics 型静态混合器内条纹平均稀释速率的新方法，其数值计算结果与 LIF 实验数据吻合较好。除了采用物理方法研究混合外，许多研究者还采用化学探针来研究静态混合器的微观混合。Fang 等[25]在含有 6 对 $L/D=$ 1.03、$D=0.08m$ 的 Kenics 静态混合器内，通过碘化物-碘酸盐平行竞争反应体系(图 5-2)，在 $Re=66\sim1020$ 范围内，定量评价混合器内的微观混合效率，研究发现无论是层流还是湍流，Kenics 静态混合器相对于空管都可以显著地提高混合效果；在相同的功率输出条件下，Kenics 静态混合器相对连续流搅拌釜反应器能够达到更高的混合效率。

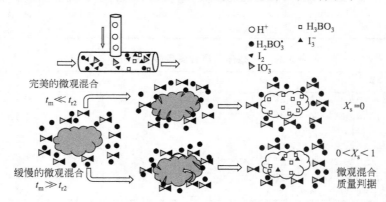

图 5-2 碘化物-碘酸盐平行竞争反应分析微观混合效率

相对于实验研究来说，对静态混合器的数值计算方面的研究方向要广泛得多。Hobbs 等[12]通过研究相邻混合元件结合处流体横截面的示踪粒子的轨迹线，定性地描述了其混合过程特征，同时建立了流体混合状态与流经混合器的轴向距离之间的方程，定量描述了混合性能。研究结果说明 Kenics 静态混合器的混合过程是一种无序混合。Elizabeth 和 Mickaily-Huber 等[26]对 SMRX 型静态混合器进行了数值模拟，发现混合效果是一个关于管道内交叉角的函数，认为交叉角为 90°时混合效果较优，压力损失与速度成正比，而且随着交叉角的增长而增长。

5.6 静态混合器强化传热性能

在空管管壳式换热器中，管内流体流动的速度沿径向非均匀分布，靠近管壁处的速度很小，可形成层流层，而在对流传热时，热阻集中在层流层。流体的黏度越大，在相同的流速情况下，层流层越厚。流体在含有静态混合器的换热器管内与在空管内的流动情况大不相同。混合元件对流体的分割和转向作用，使流动边界层沿轴向处于不断形成和不断破坏之中，从而导致边界层厚度变薄，传热、传质性能得以强化。此外，由于静态混合元件的径向混合作用，大大减小了管内层流层的厚度，甚至破坏层流层的形成。流体由静态混合元件的导向不断从管中心流向管壁，又从管壁流向管中心。由于相邻的静态混合件可轴向错开一定的角度，使管内流体充分混合，消除了管内流体的温度梯度。同时，对于非拆卸式静态混合元件，由于静态混合元件的边缘与管壁直接接触，静态混合元件就起到翅片的作用，这样大大增加了传热面积，从而强化传热，其传热系数是空管传热系数的 3~7 倍以上。

5.6.1　传热因子 Nu

通常，对于换热器来说，最关键的参数是 Nusselt 数（Nu），静态混合器的 Nu 关联式见式(5-1)：

$$Nu = C_1(RePr)^{C_2}(Pr/Pr_w)^{0.14} \tag{5-1}$$

式中，Pr 是平均温度下的普朗特数；Pr_w 是壁面温度下的普朗特数。

对于不同的静态混合器，由于内部元件的差异，传热因子的关联式也有不同，表 5-4 中列出了部分静态混合器的 Nu 关联式。

表 5-4　常见静态混合器的 Nu 关联式

类型	关联式	适用范围	研究者
Kenics	$Nu = 3.65 + 3.89\left(RePr\dfrac{D}{L}\right)^{1/3}$	$Re < 2000$	Grace(1971)
	$Nu = 6.1\left(RePr\dfrac{D}{L}\right)^{1/3}\left(\dfrac{D}{L}\right)0.71$	$Re < 700$	Joshi(1995)
	$Nu = 0.1Re^{0.8}Pr^{0.4}\left(\dfrac{D}{L}\right)^{0.71}$	$700 < Re < 1000$	
	$Nu = 0.46Re^{0.58}Pr^{0.4}\left(\dfrac{D}{L}\right)^{0.71}$	$Re > 1000$	
	$Nu = 1.4Re^{0.37}Pr^{1/3}\left(\dfrac{\mu}{\mu_w}\right)^{0.14}\left(\dfrac{1}{T}\right)^{0.566}$	$0.1 < Re < 200$	Tooru 和 Tamotu(1996)
SMX	$Nu = 3.55Re^{0.4}Pr^{0.4}\left(\dfrac{D}{L}\right)^{0.25}\left(\dfrac{Pr}{Pr_w}\right)^{0.14}$	层流	Li 等(1996)
	$Nu = 2.6Re^{0.36}Pr^{0.36}$	$10^3 < Re < 10^5$	Cybulski 和 Werner(1986)
SMV	$Nu = 2Re^{0.4}Pr^{0.4}$	湍流	Cybulski 和 Werner(1986)

表中所示的关联式中都考虑到长径比 L/D 这一项，表明流体在壁面的更新是有限的，温度边界层在静态混合器处没有得到充分发展。根据经验，采用 Kenics 静态混合器，传热系数增大 2～3 倍，采用 SMX 静态混合器后，传热系数约增大 5 倍。另外，Cybulski 和 Werner[27]给出了预测加入静态混合器管路的 Nu 数的普遍关联式如式(5-2)：

$$Nu = Nu_0 + aRe^b Pr^c\left(\dfrac{D}{L}\right) \tag{5-2}$$

式中，Nu_0 是纯导热因子；Pr 为 Prandtl 数，定义式如下：

$$Pr = \dfrac{\mu C_p}{k} \tag{5-3}$$

Azer 和 Lin[28]定义了一个新的参数 H，同时考虑加入静态混合器后传热和压降的变化，其定义式如下：

$$H = \dfrac{(Q_{heat}/A_q\Delta p)_{with\ mixer}}{(Q_{heat}/A_q\Delta p)_{without\ mixer}} \tag{5-4}$$

式中，Q_{heat} 指的是热通量；A_q 是传热面积。结果表明，H 值随 Re 的增加而降低，主要原因是在湍流情况下，压降随 Re 的增加急剧增大。静态混合器在强制对流，单相流动或过冷（欠热）沸腾，泡核沸腾场合的应用非常有效，因为加入静态混合器后传热得到强化，而压降增加得较少。在低 Re 下，单位压降所带来的热通量是随着 Re 数增大而增加的。

还有学者提出了一种表面更新理论来表征管内出现的冷凝或汽化现象，Nu 关联式如式 (5-5) 所示：

$$Nu = aPrReL\left(\frac{\mu_L}{\mu_m}\right)\left(\frac{D}{L}\right)\left(\frac{\rho_m}{\rho_L}\right)^{\frac{1}{2}}\left[\frac{(1-x)H_f+H_s}{c_p(T_b-T_w)}\right]^{\frac{1}{2}} \tag{5-5}$$

式中，下标 m，w 分别代表气-液混合物和壁面特性；H_f 为潜热；H_s 为显热；x 为冷凝器出口的气相分率；c_p 为比热容；T_b 为管壁温度；D、L 分别表示管径、管长。

5.6.2 传质系数 Ka

通常，传质系数 Ka 可以用下式计算：

$$Ka = N/(V\Delta\bar{y}) \tag{5-6}$$

式中，N 为传质速率，mol/h；V 为萃取器的体积，L；$\Delta\bar{y}$ 是平均推动力，mol/L；Ka 是传质系数。

静态混合器的传质性能往往与流体线速度、混合元件数目、液滴尺寸等相关。许多研究者将静态混合器的空管线速度与传质系数关联。叶楚宝[29]指出：$D_0=19\text{mm}$ 时，KNS 型静态混合器传质系数 Ka 的关联式：

$$Ka = 9695\omega^{1.86} \tag{5-7}$$

与空管比较，表观线速度 $\omega=0.3\sim0.9\text{m/s}$ 时，传质系数大约有 2~10 倍的强化；但随着线速度的降低，传质系数逐渐接近空管。他们以蒸馏水为萃取剂，从苯甲酸煤油溶液里萃取苯甲酸，通过分析流体线速度 u 对传质系数的影响，得到以下几种静态混合器的 Ka 经验关联式（见表 5-5）。

表 5-5 静态混合器 Ka 经验关联式

类型	整体		混合单元	
	关联式	强化倍数	关联式	强化倍数
SMV-2.3	$Ka=7292\omega^{1.52}$	3.7~6.6	$Ka=16500\omega^{1.52}$	8.7~15.2
Hi-2.0	$Ka=6421\omega^{1.63}$	2.7~5.6	$Ka=14890\omega^{1.78}$	4.7~11.9
SMX-6/25	$Ka=8663\omega^{1.60}$	3.0~5.9	$Ka=17350\omega^{1.73}$	6.0~14.3
SMXL-10/20	$Ka=4466\omega^{1.56}$	2.1~4.0	$Ka=8744\omega^{1.80}$	2.7~6.9
KNS-20	$Ka=3951\omega^{1.54}$	2.0~3.6	$Ka=9695\omega^{1.86}$	2.6~7.5

F. Steriff 将传质系数 Ka 与扩散系数 D_c，液滴平均直径 D_s，表观线速度 ω 和黏度 μ 联系起来：

连续相一侧的传质分系数为：

$$K_c a = k_1\sqrt{\frac{D_c}{D_s}\omega} \tag{5-8}$$

分散相一侧的传质分系数为：

$$K_d a = k_2\omega\frac{\eta_c}{\eta_c+\eta_d} \tag{5-9}$$

对于甲苯/苯甲酸/水体系，用 SMV 型静态混合器进行试验，测得 $k_1=0.32$，$k_2=2.98\times10^{-4}$。井田惠三等对 Hi 型静态混合器进行试验，用水作为萃取剂，从煤油溶液中萃取安息香酸，测定结果表明，在单元数 3~10 的范围内，$Ka \propto n^{0.18}$（n 是单元数）。使用 5 个单元的 Hi 型，Ka 约是空管的 7 倍。

5.7 静态混合器的应用

5.7.1 静态混合器在制备纳米药物载体中的应用

Dong 等采用静态混合器连续制备纳米壳聚糖（CS），实验流程以及静态混合器结构如图 5-3 所示。CS 纳米颗粒受到 CS 浓度、流量、CS 与 TPP 的体积比等过程参数的影响。结果表明：增大 CS：TPP 溶液的流量，降低 CS 浓度或者降低 CS：TPP 的体积比都能够减小产物粒径；通过静态混合技术可以实现 CS 纳米颗粒的可控制备，所得产物粒径范围为 152~376nm。此外，Dong 等还利用上述的静态混合器成功合成固态脂质体。通过控制脂质体溶液浓度以及负载药的输入量可以实现药物的可控制备；在流量为 25~100mL/min，脂质体浓度为 25mg/mL 条件下，该工艺的产量可达 37.5~150g/h，所得产物粒径为 200nm。

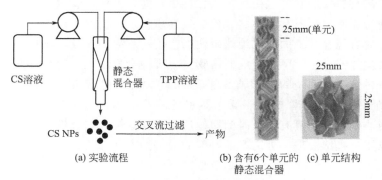

图 5-3 静态混合器制备纳米壳聚糖

5.7.2 静态混合器在超细粉体制备中的应用

钱刚等将静态混合器应用于 ZrO_2 纳米晶微粉的制备，流程如图 5-4 所示。物料流的流动状态、静态混合器单元数、反应物浓度、流量等都会对粉末性能造成影响。由于静态混合器可消除反应器内物料在径向上的浓度、温度等差别，物料在其中的流动状态近似于活塞流；反应物浓度越大，越能够减小粉末的一次粒径，但团聚粒径变大；而增大反应物流量则有利于生成粒径较小的粒子。另外，Douroumis 等[30]利用静态混合器实现流体的快速微观混合以合成超细 OXC 微粉，产品平均粒径大约为 $2\mu m$，与搅拌槽混合器相比粒径分布更窄。

5.7.3 静态混合器在硝化反应中的应用

沈阳化工大学与辽宁庆阳化工有限公司合作开发了一种绝热硝化工艺，即采用静态混合器的管道式绝热硝化工艺。管道式绝热硝化工艺与有搅拌装置的釜式串联绝热硝化工艺相比，具有很明显的节能特点。管道式生产装置不需要搅拌设备，流体在混合元件间流动受到

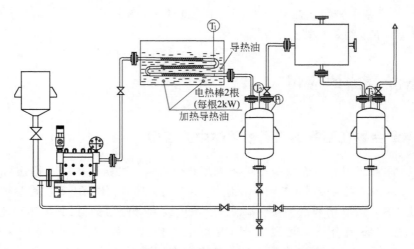

图 5-4 静态混合器制备 ZrO_2 装置流程

的流体阻力也很小,而釜式反应器内要设置搅拌设施,生产时要额外消耗部分电能,所以管道式绝热硝化工艺与釜式串联绝热硝化工艺相比更节能。另外,管道式绝热硝化工艺物料混合均匀、反应进行彻底、原料利用率高、反应热容易移走,消除了因物料混合不均而导致温度上升的危险,而有搅拌装置的釜式绝热硝化工艺硝化反应不连续,物料要在反应釜中停留一段时间,一旦搅拌器发生故障,反应器内物料温度便会急剧上升,容易发生危险。在不扩建厂房的条件下,使硝化系统的生产能力由原来的 6000t/a 提高到 12000t/a。

王阳等[31]利用静态混合管式绝热反应器制备硝基甲苯,此工艺与传统硝化工艺相比,静态混合管式绝热硝化工艺具有反应时间短、反应条件温和、安全性高、全密闭无污染的特点,反应热可以用来提浓混酸,分离产品,使能量得到有效利用。

5.7.4 静态混合器在环保领域的应用[32]

(1)絮凝剂与废水的混合

上海怡中纺织实业公司纺织废水与无机絮凝剂(碱式氯化铝)的混合过程采用 SVL 型静态混合器,取得了预期的效果。为了确保出水水质,经生化处理的废水需要加入碱式氯化铝后再一次去沉淀池进行沉降。废水与絮凝剂混合均匀与否,直接影响到凝聚过程,从而影响沉淀后排放出的水质。该公司沉淀后的排放水达到工业废水排放标准,即化学需氧量 COD≤100mg/L,生物需氧量 BOD≤30mg/L,悬浮物质 SS≤70mg/L,pH=6~9。

上海普林电路板公司采用 SVL 型静态混合器进行有机絮凝剂和电路板废水的混合。废水流量为 40m³/h,聚丙烯酰胺水溶液的流量为 23L/h,用计量泵加入,两者流量比为 1739∶1。流量相差如此之大的流体混合一般都比较困难,采用了静态混合器作为混合设备,混合效果很好,与未采用静态混合器相比,颗粒沉降速度明显加快,确保了沉淀池排放水的水质。

(2)含酚废水的处理

上海染化二厂生产碳酸二苯酯(OPC)过程中产生大量的含酚污水,平均每天有 27t 含酚量在 2000~5000mg/L 的废水产生,需用 N-503 萃取废水中的酚。原采用脉冲萃取塔,但处理效果差,特别是运转一定时间后塔内阻力增大,严重影响处理能力,致使操作不稳定。在原脉冲塔污水进口区接装 SVL-50 型静态混合器后,排出污水的含酚量大大下降,达到工业排放标准，处理能力也得到提高，二者对比见表 5-6。

表 5-6　静态混合器和脉冲萃取塔的对比

设备名称	废水处理量/(t/d)	排放废水平均含酚量/(mg/L)	样品的标准偏差
静态混合器	30	43.3	18.4
脉冲萃取塔	12	523.3	216.2

相同工艺在河南四通精细化工有限公司、上海高桥石化公司化工厂、上海中华化工厂、浙江建德更楼化工厂等得到了应用。

（3）含粗胺废水的处理

某农药化工有限公司在甲胺磷生产过程中产生粗胺废水，废水中粗胺含量 2.5%～5%，用纯苯作萃取剂进行处理。原来使用脉冲萃取塔，操作中发现顶部分不清，后来增加一个分离槽后效果仍不理想，且噪声大。采用 SVL 型静态混合器后，问题得到解决，噪声消除，操作稳定。

（4）用作中和反应器

九江化工厂盐水中和过程采用 SVL-200 型静态混合器。原来用曲径槽，由于两种液体的流量相差较大，所以难以达到混合均匀，往往因混合不均匀而造成中和不均匀，致使反应器出口各点的 pH 值相差较大。采用静态混合器作混合设备后情况大大改变，比较见表 5-7。

表 5-7　曲径槽出口处与静态混合器出口处 pH 值比较

项目	曲径槽出口处测得结果				静态混合器出口处测得结果	
序号	1	2	3	4	1	2
静态混合器	9.20	9.30	9.38	9.40	9.41	9.43
曲径槽	7.90	8.00	8.60	8.90	8.99	9.05

（5）用作曝气装置

北京焦化厂在废水的生化处理脱酚中，原来采用穿孔管鼓风曝气，实践证明穿孔管的最大缺点是布气孔易堵、操作不稳定，此外能耗较大、效率较低。改用静态混合式曝气器后，不仅解决了穿孔管布气孔堵塞造成的操作不稳定，而且可以节约一台 30kW 的鼓风机，动力消耗降低 15%～25%。

（6）用于废气处理

兰州炼油化工总厂引进的硫化烷基酚钙装置，原采用填料塔二级串联吸收流程处理尾气中硫化氢，使用氢氧化钠水溶液作为吸收剂。第一级吸收塔处理的是高浓度硫化氢气体，塔内填料在硫化氢和碱的腐蚀下很快粉化，不仅半年左右就需更换填料，而且粉化物随碱液循环造成机泵磨损。后采用 SVL-300 型静态混合器替代原来的 $1000mm \times 10000mm$ 第一级吸收填料塔。静态混合器的实际吸收率超过了设计值，达到 99% 以上。有关数据参见表 5-8。

表 5-8　静态混合器的吸收效率

序号	1	2	3	4
入口 H_2S 浓度(体积)/%	42	35	28	58
出口 H_2S 浓度(体积)/%	0.2	0.25	0.15	8
吸收效率(质量)/%	99.7	99.5	99.6	

5.7.5　静态混合器在混合油精炼工艺中的应用

在混合油精炼工艺中，油-酸混合、油-碱混合采用静态混合反应器，由于酸碱在混合油中分散效果好于动态反应器，混合反应时间可比动态搅拌反应器节省反应时间75%。以600t/d混合油精炼生产线作为研究对象，生产线可节省动力67.5kW，每天减少电耗907.2kW·h，以每年生产300d计，每年可减少电耗27.2×10^4kW·h，运行成本大大降低。由于减少了电机动力，相应的电气配置费用减少约4万元，每年可节省维修费用约2万元，维修简单、使用寿命长。静态混合反应器使用前后的生产运行指标见表5-9。

表 5-9　静态混合反应和动态混合反应的对比

项目	指标	动态混合反应	静态混合反应	备注
酸混合器 碱混合器	规格型号	YHD600	SK-75/150	不锈钢
	搅拌动力/kW	15	0	
	体积/m³	0.3	装在管路上	
	造价/万元	3.0	0.5	
酸反应器	规格型号	YSHQ160	YSHQ-225/450	不锈钢
	搅拌动力/kW	7.5	0	
	体积/m³	12	12	
	造　价/万元	19	22	
碱反应器	规格型号	YZHQ240×2	YZHQ-125/250	碳钢
	搅拌动力/kW	15×2=30	0	
	体积/m³	30×2=60	30	
	造价/万元	18	16	

南充炼油厂在异丁醇脱沥青装置上使用静态混合器后，装置加工能力由原来的62t/d提高到85t/d，脱沥青油回收率也提高了2.9%，产品合格率由原来的95.4%提高到99.7%，溶剂比下降了0.7~0.8。

5.7.6　静态混合器在酮还原反应中的应用

德国 Merck 公司在生产某种精细化学品过程中把 Grignard 试剂用于酮还原反应。此反应为强放热反应，生产过程中需要导出反应热，反应时间较长。Merck 公司建成了一套全自动连续生产中试装置，由五个小型混合器并联操作，中试生产的产率高于实际间歇式生产产率20%，反应时间由原来的5h缩短至10s内。

5.7.7　静态混合器在气液混合中的应用

Dow Corning 公司采用填料塔进行气液反应来生产一种关键化工产品，由于气体在填料塔中分散不均，导致填料塔的有些部位过热，反应过程中生成一种胶状的副产物，这种副产物严重影响催化剂的性能。因此，2~3周必须关闭一次设备来进行催化剂更换。并且，当气体流量超过272kg/h后，反应设备不能稳定操作，限制了设备生产能力。该公司与 BHR 有限公司合作经过技术改造后，仅投资2万美元，使反应的气体和液体首先经过一个静态混合器，然后再进入填料塔进行反应，设备生产能力提高了42%，同时彻底消除了胶状副产物，明显地增加了催化剂的寿命。

5.7.8 静态混合器在脱硫中的应用

齐鲁石化炼油厂原采用填料塔来脱除硫醇,但处理能力低、压力降大,抽提率不高,硫醇含量一般在 15mg/kg 左右,甚至能达到 $30\sim50mg/kg$,该厂使用 SK 型静态混合器对填料塔进行技术改造,改造后精制油的硫醇含量降至 5.98mg/kg,满足了生产要求;塔河油田在外输首站原有输油流程上安装静态混合器,对加注脱硫剂和原油进行强制混合,外输油的 H_2S 含量由原来的 $25\sim30mg/kg$ 下降到 15mg/kg 以内,脱硫剂的配比度也由原来的 $1.5‰\sim2‰$下降到 $1‰$以内,极大地降低了脱硫剂的成本。

5.8 新型静态混合器

到目前为止,包括 Kenics、SMX、SMV、SMXL、SH 等典型的静态混合器在内,世界上已有上百种静态混合器的专利,其中有相当一部分已实现商业化。

实验方法与数值模拟的发展不断促进静态混合器的研发,研究的尺度也由原来的宏观尺度过渡到微观尺度。通过对静态混合器混合机理的不断深入研究,人们发展了各种各样的新型静态混合器,能够适用于各类实际生产活动。同时,随着化工生产要求的提高,单一的结构形式的静态混合器已经不能满足需求,这进一步促进了各类新型设备的发展,特别是开发复合型静态反应器,将会是静态混合器的发展趋势。

5.8.1 微型静态混合器

随着微加工技术的发展与应用,微型化成为了化工发展的新方向。与常规静态混合器相比,微型静态混合器主要用作生物化学分析仪器的微传感器,以及用于生物芯片和微量化学分析与检测系统中的不同检体、不同试剂之间的混合;还用于药物的快速混合和微量注射;在第二代能源系统中的微燃烧器和微燃气透平等方面,微混合器也有着广阔的应用前景。Bertsch 等[33]通过微加工技术构造了 3D 型微型静态混合器,如图 5-5 所示。两种微混合器分别采用了交叉和螺旋的内部结构,研究表明:交叉型微结构($Re=12$)在连接处形成了复杂的梯度分布,而螺旋型微结构则出现了明显的入口和出口效应;通过粒子轨迹可以判断出交叉型结构能够促进流体分割/重新汇合的过程,因此末端流体分散性明显提高;相反螺旋型结构使流体不断伸长折叠,导致混合效率降低。

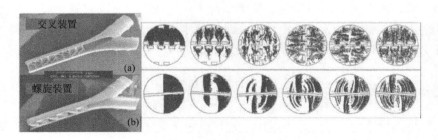

图 5-5 微型静态混合器及其流动轨迹

针对微尺度混合的特点,傅新等提出了一种以玻璃湿法刻蚀加工技术为交叉导流式微型静态混合器。利用周期排列的导流块，在流场内产生剪切流和延伸流，增加不同流体间的界面面积，同时加强分子扩散作用，通过在微管道内设置周期交替的导流块，利用轴向的压力梯度产生的横向速度分量诱发混沌对流达到实现快速而高效混合的目的。王瑞金等设计了一种新型的螺旋式微混合器。通过与直通道和蛇形通道比较发现螺旋式混合通道是一种新的加快混合效果的有效方法，在小 Re 数下由于流体分层而增加了流体接触面积，螺旋式混合通道显著加快了流体混合速度，其混合效果不仅比直通道有明显提高，甚至比蛇形通道还好。

5.8.2　立交盘式静态混合器

施景云等[34]提出了一种立交盘式静态混合器，该混合器由管体或筒体或塔体和至少两层立交盘组成，立交盘盘底为圆锥面，均布至少两个缺口或孔，各连接一异型短管，相邻短管间设置拱形顶盖，诸异形短管上口及拱形顶盖外缘组成的空间曲线在管体或筒体或塔体横截面的投影为直径等于管体或筒体或塔体的内径的完整圆周。该静态混合器结构简单，无流动死角，有效地消除流体状态径向差异。经过进一步发展，他们又提出了多种结构的立交式静态混合器，由于管内构件立交盘和螺旋片或交叉条带型等周向混合能力较强的静态混合元件，强化管壁传热，保证任意截面径向和周向流体状态均匀。图 5-6 为单个立交盘与一对螺旋片式静态混合元件交替排列的管道反应器。

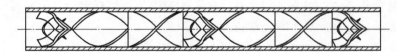

图 5-6　立交盘式静态混合/反应器

5.8.3　内循环静态反应器

内循环静态混合二甲醚流化床反应器是一种新型的内循环静态混合反应器，它属于对现有二甲醚三相浆状床反应器从结构上的改进。主要是通过在流化床反应器中下部设置带有静态混合元件的内套筒，在顶部设置轴流气液旋分器和除沫器；在环形区和反应器底部各设置一个气体分布器形成内循环导流，从而提高了液相中催化剂含量、含气率和设备单位体积处理能力，实现了气液混合均匀、气固接触充分。它主要由流化床反应器、带有静态混合元件的内套筒、轴流气液旋分器、除沫器和气体分布器等构成，具有以下突出的优点：①液相中催化剂固体含量高，有利于提高单位体积的处理能力；②气液混合均匀，液相含气率高，气固接触充分，反应效率高，同时避免了节涌和沟流；③气动内循环，浆液流动速度快，有利于取热；④静态强制混合，无运动内件，密封性要求降低，保证了设备长周期运行；⑤浆状床内带轴流分液器和除沫器，反应器高度大大降低。

5.8.4　静态催化反应器

K. A. 韦尔普和 A. R. 卡托兰奥发明了一种由整块催化反应器和静态混合器构成的改进型设备，反应器和混合器均有入口和出口，静态混合器的出口与整块催化反应器的入口相通。他们还对整块催化反应器中实施反应的方法进行改进，其中将反应气和反应液导入整块催化反应器的入口，并使其反应，然后反应产物经整块催化反应器的出口排出。此外，可以在静态反应器中加入红外发生装置，同时结合原位 FTIR、XRD、XPS、BET、质谱和连续微量反应等手段。王琳等[35]采用该静态反应器对大气颗粒物及氧化物对 CS_2 进行多相催化，结果表明，CS_2 在大气颗粒物表面同样可以发生多相催化反应，生成氧硫化碳（COS）及单质硫（S），进一步深度氧化会生成 CO_2，并在大气颗粒物表面形成硫酸根（SO_4^{2-}），揭示城市大气中 COS 的来源，对 CS_2 和 COS 的污染控制研究具有一定的指导意义。

5.8.5 生物静态发酵器

目前，在微生物发酵领域中，高黏度微生物发酵是一个难题。为了解决这一难题，许平和江伯英[36]设计发明了一种新型高黏度生物静态发酵器。该高黏度生物反应器由静态混合器、螺杆泵、循环管组成的外循环装置组成，并在反应罐内的底部有一个挡气板。它以静态混合代替动态混合，较好地解决了高黏度液罐内气-液混合问题。该装置具有结构简单、易拆洗、操作方便等优点，并且提高了氧传递效率、降低了能耗，提高了发酵生产率，对菌无任何生理不利影响。

5.8.6 复合型静态反应器

黄卫等[37]采用搅拌釜与静态混合器组合的高效化学反应器［图 5-7(a)］，主要构成部分包括搅拌釜、物料循环泵、静态混合器以及构成回路的连接管道；其中，搅拌釜、物料循环泵和静态混合器由连接管道形成闭合的回路，反应釜的上部为进料口，下部为出料口，反应釜中设有搅拌桨。该设备通过釜内搅拌和外循环两种措施强化了传质和传热，静态混合器则进一步加速了传质和传热过程，提高了设备的利用率，在最大程度上削弱了放大效应，提高了产品质量；结构简单，性能稳定可靠，经济适用。

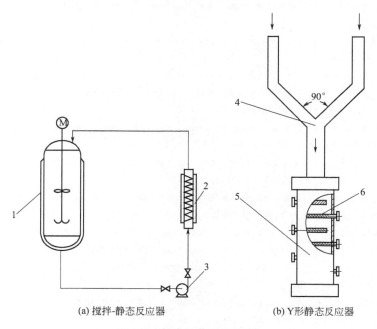

(a) 搅拌-静态反应器 (b) Y形静态反应器

图 5-7 复合型静态反应器

1—搅拌釜；2—静态混合器；3—物料循环泵；4—Y形三通；5—静态混合器；6—螺杆

　　王峥等[38]开发了实用新型 Y 形管式反应器［图 5-7(b)］，具体涉及一种将两种能够发生反应液体分别快速从上部两进料口通入，并从下部出料口排出的反应容器，属于反应容器技术领域。所要解决的问题是：提供一种 Y 形管式反应器，在不使用电能的情况下，使液体在流过反应器的过程中能够较充分地发生反应。采用的方案为：Y 形管式反应器，由正向放置 Y 形二通和位于 Y 形二通下方的管式静态混合器组成，管式静态混合器为桶形容器，其内部至少设置有一组可以分别绕顺时针和逆时针旋转的螺杆。这种新型 Y 形管式反应器可广泛应用到各种化工反应容器中。

◆ 参考文献 ◆

［1］　John R Bourne, Eros Crivelli, Paul Rys. Chemical selectivity disguised by mass diffusion V: Mixing-disguised azo coupling reactions ［J］. Helvetica Chimica Acta, 1977, 60 (8): 2944-2957.

［2］　Pahl M H, Mtlshelknuatz E. Static mixers and their applications ［J］. International Chemical Engineering, 1982, 22 (2): 197-204.

［3］　Shaffiq A Jaffer. Experimental studies of static mixers and twin screw extruders ［D］ Hamilton: McMaster University, 1998.

［4］　Byrde O, Sawley M L. Optimization of a Kenics static mixer for non-creeping flow conditions ［J］. Chemical Engineering Journal, 1999, 72 (2): 163-169.

［5］　Ujhidy A, Németh J, Szépvölgyi J. Fluid flow in tubes with helical elements ［J］. Chemical Engineering and Processing, 2003, 42 (1): 1-7.

［6］　肖世新, 高正明, 黄雄斌. 牛顿流体流动的实验与数值模拟 ［J］. 过程工程学报, 2006, 6 (1): 6-10.

［7］　Wadley R, Dawson M K. LIF measurement of blending in static mixers in the turbulent and transitional flow regimes ［J］. Chemical Engineering Science, 2005, 60 (8): 2469-2478.

［8］　Arimond J, Erwin L. A simulation of a motionless mixer ［J］. Chemical Engineering Communication, 1985, 37 (2): 105-126.

［9］　Arimond J, Erwin L. Modeling of continuous mixers in polymer processing ［J］. EngngInd-Trans ASME, 1985, 107 (1): 70-76.

［10］　Bakker A, LaRoche R. Flow and mixing with Kenics static mixer ［J］. Cray Channels, 1993, 15 (3): 25-28.

［11］　Hobbs D M, Muzzio F J. The Kenics static mixer: a three-dimensional chaotic flow ［J］. Chemical Engineering Journal, 1997, 67 (3): 53-166.

［12］　Hobbs D M, Muzzio F J. Effects of injection location flow ratio and geometry on Kenics mixer Performance ［J］. Chemical Engineering Journal, 1997, 43 (12): 3121-3132.

［13］　Hobbs D M, Muzzio F J. Reynolds number effects on laminar mixing in the Kenics static mixer ［J］. Chemical Engineering Journal, 1998, 70 (2): 93-104.

［14］　Hobbs D M, Muzzio F J. Optimization of a static mixer using dynamical systems techniques ［J］. Chemical Engineering Science, 1998, 53 (8): 3199-3213.

［15］　Vimal Kumar, Vaibhav Shirke, Nigam K D P. Performance of Kenics static mixer over a wide range of Reynolds number ［J］. Chemical Engineering Journal, 2008, 139 (2): 284-295.

［16］　Byrde O, Sawley M L. Parallel computation and analysis of the flow in a static mixer ［J］. Computor and Fluids, 1999, 28 (1): 1-18.

［17］　Eric Fourcade, Rob Wadley, Hubb C J, et al. CFD calculation of laminar striation thinning in static mixer reactor ［J］. Chemical Engineering Science, 2001, 56 (23): 6729-6741.

［18］　Lang E, Drtina P. Numerical simulation of the fluid flow and the mixing process in a static mixer ［J］. Internatoinal Journal of Heat Mass Transfer, 1995, 38 (12): 2239-2250.

[19]　Mårten Regner, Karin Östergren, Christian Trägårdh. Effects of geometry and flow rate on secondary flow and the mixing process in static mixers—A numerical study [J]. Chemical Engineering Science, 2006, 61 (18): 6133-6141.

[20]　Joshia P, Nigama K D P, Naumanb E B. The Kenics static mixer: New data and proposed correlations [J]. Chem Eng J, 1995, 59 (3): 265-271.

[21]　Berkman P D, Calabrese R V. Dispersion of viscous liquids by turbulent flow in a static mixer [J]. AIChE J, 1988, 34 (4): 602-609.

[22]　Etchells A W, Meyer C F. mixing in pipelines: Science and practice [M] . Hoboken: John Wiley Sons Inc, 2004: 391.

[23]　禹言芳, 王丰, 孟辉波等. 旋流静态混合器内瞬态流动特性研究进展 [J]. 化工进展, 2013 (32): 255-262.

[24]　Hyun-Seob Song, Sang Phil Han. A general correlation for pressure drop in a Kenics static mixer [J]. Chemical Engineering Science, 2005, 60 (21): 5696-5704.

[25]　Fang J Z, Lee D J. Micromixing efficiency in static mixer [J]. Chemical Engineering Science, 2001, 56 (12): 3797-3802.

[26]　Elizabeth S, Mickaily-Huber T, Meyer, et al. Numerical simulations of mixing in an SMRX static mixer [J]. The Chemical Engineering Journal, 1996, 63 (2): 117-126.

[27]　Cybulski A, Werner K. Static mixers-criteria for applications and selection [J]. International Chemical Engineering, 1986, 26 (1): 171-180.

[28]　Azer N Z, Lin S T. Augmentation of forced boiling heat transfer with Kenics motionless mixers. Industrial & Engineering Chemistry [J]. Process Design and Development, 1980, 19: 246-250.

[29]　叶楚宝. 五种静态混合器传质性能比较 [J]. 化学工程, 1985, 1: 21-26.

[30]　Douroumis D, Fahr A. Enhanced dissolution of Oxcarbazepine microcrystals using a static mixer process [J]. Colloids and Surfaces B: Biointerfaces, 2007, 59 (2): 208-214.

[31]　王阳, 裴世红, 郭瓦力等. 静态混合管式绝热硝化制备——硝基甲苯工艺研究 [J]. 精细石油化工, 2014, 31 (1): 33-38.

[32]　宋忠俊. 静态混合器在环保领域的应用 [J]. 化工装备技术, 2003, 5 (24): 9-12.

[33]　Bertsch A, et al. Static micromixers based on large-scale industrial mixer geometry [J]. Lab on a Chip, 2001, 1: 56-60.

[34]　施景云, 刘兆彦. 新型静态混合器 [P]. CN 00109872.1, 2001-01-03.

[35]　王琳, 张峰, 陈建民. CS$_2$ 与大气颗粒物的多相催化反应研究 [J]. 高等学校化学学报, 2002, 23 (5): 866-870.

[36]　许平, 江伯英. 一种高粘度生物反应器 [P]. CN 90105299.X, 1991-12-11.

[37]　黄卫, 陈志明, 邵利等. 搅拌釜与静态混合器组合的高效化学反应器 [P]. CN 200820036463.3, 2008-06-06.

[38]　王峥, 王兆华, 田计青. Y型管式反应器 [P]. CN 200820077390.2, 2008-05-28.

第6章 新型动态混合与聚合反应技术

6.1 概述

聚合物（塑料、橡胶、纤维等，又称高分子材料）是关系到国计民生的重要材料，在日常生活、工业设施、新兴领域等的用途覆盖极其广泛。2015 年全球聚合物需求的年均增长率接近 5%，全球年消费量超过 2 亿吨，国内年消费量超过 1 亿吨。聚合物新材料具有性能优异、技术含量高、产品附加值高的特点，由于国外长期的高端技术封锁，我国聚合物工业尚未形成完整体系的自主创新能力。采用相同的原材料、相近的工艺和装置，国内聚合物生产企业往往只能生产中低端的产品，并且许多产品的原材料消耗和能耗水平显著高于国外企业。聚合物材料的品质不仅对下游制造业影响巨大，而且影响国家的总体工业技术的发展，是国家工业水平的重要标志之一。作为基础性原材料工业，聚合物的生产制造水平已成为我国由制造大国向制造强国迈进的瓶颈。

溶液聚合和液相本体聚合是最重要的聚合物制造方法，包括高抗冲聚苯乙烯、顺丁橡胶、异戊橡胶、乙丙橡胶、丁苯三嵌段共聚热塑性弹性体（SBS）、溶聚丁苯橡胶、POE 热塑性弹性体、聚酯纤维、聚酯瓶片、聚酰胺、氨纶、芳纶、碳纤维、丙烯酸类高吸水性树脂、聚苯硫醚等，占国内聚合物总产能的 60% 以上。不同于常规的低黏牛顿物系，聚合物溶液和熔体的高黏与非牛顿的复杂流变特性导致混合、传热、传质的异常困难，并且与聚合反应互相耦合；反应结束后溶剂和残留单体的分离也带来了一系列的能耗和环境排放问题。溶液聚合和液相本体聚合工艺与装备的开发、设计、优化一直是业界困扰的问题，例如，缺乏新型聚合反应器制约了国内芳纶、碳纤维等高端聚合物材料的发展，顺丁橡胶等常规聚合物制备过程的长流程、高耗能严重抑制了国内产业的竞争力。因此，如何透彻理解聚合反应工艺，面向聚合过程特性强化混合、传热、传质，开发高效、低耗的聚合反应新技术与新设备，生产差异化、高端化产品，提升装置效能，将是聚合物生产企业的"主旋律"，也是聚合物产业未来的发展方向。

6.2 溶液聚合和液相本体聚合的工艺特点

溶液聚合是单体和引发剂（或催化剂）溶于溶剂中的聚合，液相本体聚合是单体加有（或不加）少量引发剂（或催化剂）的聚合，其中以水为溶剂的水溶液聚合和液相本体聚合方法后处理简单、产物纯净，是比较经济、绿色的聚合方法（表 6-1）。

溶液聚合和液相本体聚合过程中，单体、聚合物、溶剂是互溶的，聚合反应在液相中进行。随着聚合过程的进行，体系变黏，呈现出高黏非牛顿的复杂流变特性，物料的流动、混合、传热和传质越来越困难，不仅影响过程的效率同时也会影响产品的质量。

表 6-1　溶液聚合和液相本体聚合生产示例

聚合物	溶剂	引发剂/催化剂	过程特点和难点
高抗冲聚苯乙烯系列	乙苯	自由基引发或热引发	聚合中期出现相反转,搅拌对于橡胶相的分散和形态有显著影响;聚合后期的黏度很高,搅拌混合、传热和脱挥是主要工程问题
顺丁橡胶、异戊橡胶	己烷	镍系、稀土催化剂	快引发、慢增长、无终止的聚合反应机理,对于催化剂的预分散要求高;聚合后期的物系黏度很高,制约了体系中的聚合物含量,后处理时溶剂的分离和精制能耗大
溶聚丁苯、SBS	己烷	锂系催化剂	无终止无链转移的负离子活性聚合,催化剂和分子量调节剂的计量和混合决定了产物的分子量及其分布
乙丙橡胶	己烷	钒系、茂金属催化剂	钒系催化剂的活性比较低,需要通过水洗处理纯制聚合物溶液。茂金属催化剂受到国外公司的技术封锁,国内无自主技术
聚烯烃热塑性弹性体	烷烃	Z-N 催化剂	催化剂技术受到国外公司的技术封锁,国内无工业化装置
聚酯	—	官能团缩聚	聚合后期体系黏度很高,小分子的脱除决定了聚合物的分子量,脱挥传质和缩聚反应互相耦合,需要高效传质表面更新聚合装置
聚酰胺	水	开环或官能团缩聚	聚合后期体系黏度很高,小分子的脱除决定了聚合物的分子量,脱挥传质和缩聚反应互相耦合,需要高效传质表面更新聚合装置
丙烯酸类高吸水性树脂	水	自由基引发剂	聚合体系呈凝胶状,黏度高,聚合物分子量大,搅拌剪切会引起聚合物链的断裂,需要特殊结构的聚合反应装置
碳纤维用聚丙烯腈	DMSO 或 DMF	自由基引发剂	分子量分布和共聚物组成分布的均匀性控制要求很高
氨纶	—	官能团缩聚	先预聚、再扩链的方法获得所需要的聚合度。官能团之间缩聚反应很快,体系黏度极高,混合困难
芳纶	NMP-CaCl₂	官能团缩聚	固液相快速反应,两种单体在溶液中的高效分散极其重要。任何影响化学计量的因素制约了产物的聚合度

6.3　高效预分散技术

聚合反应体系的均匀性是合成高品质聚合产物的前提。对于慢引发过程，聚合反应起始阶段物系的黏度很低，单体、引发剂或催化剂、溶剂之间的混合和分散比较容易。但是，对于快引发体系或者高活性的官能团缩聚反应，不同进料的高效预分散往往是聚合过程强化和聚合物质量的关键工程问题。

为了高效混合和分散，在实验室配方和工艺开发阶段都采用了大功率的搅拌装置，若以单位体积搅拌功率计算远超工业装置。不同于实验装置，工业化聚合装置往往是连续的、且要求功率配置最小化，因此高效预分散技术成为许多聚合物公司的内部核心技术。

6.3.1　快引发聚合过程中催化剂高效预分散

对于一些快引发的聚合反应体系，催化剂与单体接触后立即发生反应，生成的聚合物会包裹来不及分散的催化剂，从而导致催化剂在后期聚合过程中一直未被良好分散，影响了催化剂效率和聚合物产品质量。因此，理想的要求是催化剂分散优先于反应的启动，但是解决该问题并非容易。

以我国自主开发的顺丁橡胶聚合工艺为例，采用 $Ni(naph)_2$-$Al(i$-$Bu)_3$-$BF_3 \cdot OEt_2$（简称 Ni-Al-B）的催化体系，以抽余油为溶剂，镍、铝陈化及稀硼单加的催化方式，具有很高的聚合活性。另一方面，由于镍、铝、硼三元催化体系反应机理复杂，催化剂的陈化方式和配比（Al/Ni 比，Al/B 比）对聚合有明显的影响。因此，占比很少的催化剂在单体溶剂混合物中的预分散对于聚合反应过程影响显得非常重要。

史云龙[1]研究了 Bd-Ni-Al，B 单加的陈化方式下的聚合反应动力学，考察了 20～40℃下聚合反应转化率对聚合反应时间的变化，如图 6-1 所示。从图中可以看出，在低温条件下仍可以发生引发和聚合反应。例如，温度为 40℃时，反应时间 5min 后丁二烯的转化率就达到了 5%，温度越高反应速率就越快。可以推断，在多釜串联的连续聚合工业化装置中，催化剂直接进入第一聚合釜的方式必然会导致催化剂的分散不良。

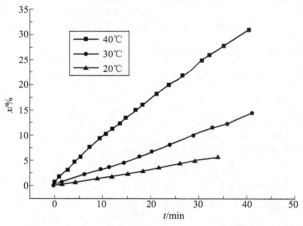

图 6-1　低温低转化率丁二烯聚合动力学

$Ni/Bd = 8 \times 10^{-5}$；$Al/Ni = 8$；$Al/B = 0.35$

史云龙[1]在催化剂预分散工艺的中试研究中，流程如图 6-2 所示，采用了"Ni-Al 陈化、B 单加"的预混方式，并与"Ni-B 陈化、Al 单加"方式进行对比，发现第一种陈化方式很容易造成预混釜进口堵塞，很难进行连续化试验。究其原因，是"Ni-Al 陈化、B 单加"预混方式的催化活性很高，"Ni-B 陈化、Al 单加"方式相对降低了催化剂活性。反映出催化剂活性越高，堵塞越严重。

实际上，上述预分散工艺流程和方案中，聚合物料在预混釜中的停留时间达 10～20min，尽管"Ni-B 陈化、Al 单加"方式相对降低了催化剂活性，预混釜内仍然有不少转化率的聚合反应发生，胶液挂壁和堵管的现象就难以避免，预混装置的长周期运行就难以实现。

依据丁二烯的初期聚合动力学特征，如果催化剂的预分散在"秒"数量级的时间尺度下完成，管线和预混釜堵塞现象将显著减轻。本章作者课题组依据丁二烯的初期聚合动力学特征，利用计算流体力学（CFD）模拟方法，设计了管道动混器作为 Ni-Al-B 催化体系丁二烯聚合的预混装置（图 6-3）[1]。高效混合与短停留时间，强化了催化剂在单体溶剂体系中的分散，解决了胶液挂壁和堵管的问题，并成功用于工业规模的顺丁橡胶生产装置[2]。

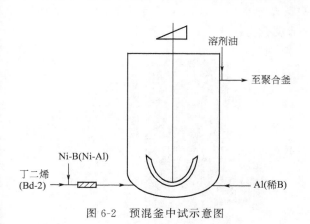

图 6-2　预混釜中试示意图

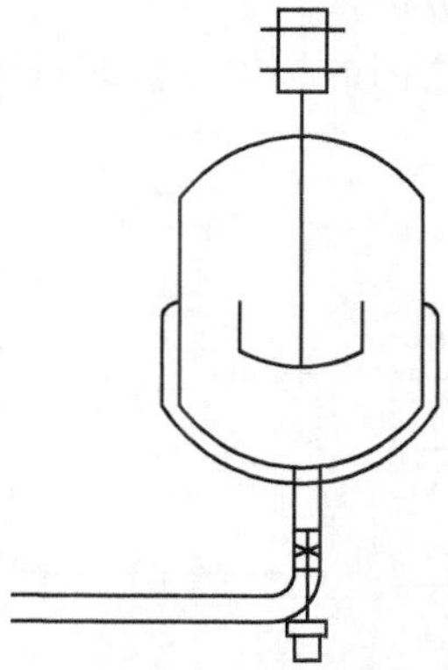

图 6-3　用于顺丁橡胶的催化剂高效
管道预分散装置

工业试验结果表明：

① 在首釜聚合转化率不变条件下，首釜门尼黏度由 45 降为 23。说明凝胶减少了，催化剂得到了比较好的分散。

② 后釜的反应温度由 100℃升至 105℃，胶液罐压力也降低，丁二烯的回用量也减少。也就是总转化率提高了，催化剂的利用率提高了。

③ 后釜充油量由 3.5m³/h 降为 1.5m³/h。说明凝胶含量降低，体系黏度下降，流动容易。因此，催化剂的有效分散，能显著降低凝胶含量，提高了催化剂的有效利用率，提高了聚合转化率。

④ 在硼剂用量降低 33.3%、铝剂用量相应稍有降低情况下，门尼黏度却正常，反应强度也有提高。

6.3.2　高活性官能团缩聚过程中单体高效预分散

氨纶（Polyurethane）是芳香双异氰酸酯和含有羟基的聚酯链段的镶嵌共聚物（简称聚酯型氨纶）和芳香双异氰酸酯与含有羟基的聚醚链段镶嵌共聚物（简称聚醚型氨纶）的统称。氨纶的连续聚合与传统间歇式聚合相比，可以消除间歇聚合的批次差异，具有高效、环保、产品质量稳定等特点，是目前先进的生产方式。由于异氰酸酯官能团的高活性，遇到羟基就迅速发生缩聚反应，聚合体系黏度迅速增加、混合均匀困难，氨纶连续化生产技术与装备一直被美国 DuPont 和韩国晓星公司所垄断。双官能团反应物料的高效预混或预聚是技术关键之一。

刘安平提出了一种氨纶预聚合的连续化溶液聚合方法[3]，主要是将二异氰酸酯和聚醚二醇分别用极性溶剂溶解配成一定浓度的溶液，然后将两种溶液按比例在高速动态混合器中混合均匀，混合后的溶液以一定速度经过静态混合器管道，在设定温度下反应生成两端均为异氰酸酯基的预聚物溶液，如图 6-4 所示。该预聚物溶液黏度适中、冷却和移送都比较方便，可直接用来进行扩链反应，扩链生成的聚氨酯溶液可用于纺丝生产氨纶纤维。从而实现溶液聚合工艺制备氨纶的连续化。

上海弗鲁克公司提出采用高速分散头解决氨纶预聚合及混合工艺新方案，如图6-5所示。分散腔内有三组特殊的高速剪切工作头，将进入分散腔中的物料依次进行粗、中、细三次剪切和分散，18m/s以上的线速度能将物料充分剪切，强化了二异氰酸酯官能团和二羟基官能团之间的接触，同时整个反应腔体内部没有物料死角、物料残留少。

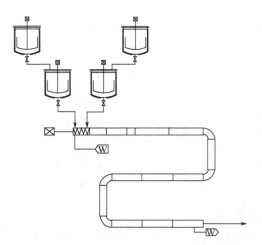

图 6-4　氨纶预聚合的连续化溶液聚合方法　　　　图 6-5　弗鲁克氨纶预聚合装置

尚永胜披露了一种氨纶连续聚合生产的反应器[4]。所述的反应器如图6-6所示，反应器本体（3）包括前腔室和后腔室两部分，分别设置前腔室多叶搅拌器（5）、后腔室多叶搅拌器（6），腔室的内壁设置有冷却壁。前腔室多叶搅拌器（5）的端面与前腔室的腔室冷却壁之间的间隙为3~6mm，物料进入该极小间隙区域时，高速旋转的前腔室多叶搅拌器会对物料形成强烈的搅拌和剪切，使氨纶预聚物与二胺混合物在该反应器中得到充分的接触和混合，为快速反应提供良好的条件。后腔室多叶搅拌器更多地是起到了泵叶轮的作用，将来自前腔室的反应完成的原液输送出反应器。

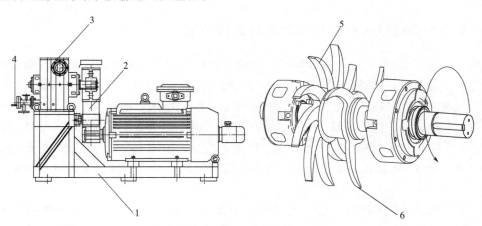

图 6-6　氨纶连续聚合生产的反应器

1—机架；2—传动机构；3—反应器本体；4—进料管；

5—前腔室多叶搅拌器；6—后腔室多叶搅拌器

6.4　复杂聚合物系的混合强化

溶液聚合和液相本体聚合过程中，聚合体系渐渐变黏，黏度从数厘泊增加到数百万厘泊，呈现出高黏、非牛顿的复杂流变特性，物料的流动、混合、传热和传质都越来越困难，聚合装置的操作工况越来越严苛，不仅影响过程的效率同时也会影响产品的质量。

聚合物体系的复杂性，非牛顿流体本构方程的缺陷，流动、传热和传质与聚合反应的相互耦合，致使聚合反应器的开发和强化一直依赖实验和经验，研发难度大、效率低，聚合物工程公司都把专有聚合反应器视为核心技术秘密。

6.4.1　变黏聚合过程的混合

对于间歇聚合过程，聚合物体系的变黏是在同一个聚合装置内发生的，这就要求搅拌混合结构既能适应反应初期的低黏度时催化剂的分散、物料的混合，反应中期的高强度传热和传质，又要满足反应后期的高黏度混合。因此，促使研究者致力开发黏度宽适应性的搅拌机构。

日本公司相继开发出一些大型宽叶搅拌桨[5]，如 MAXBLEND（MB）、FULLZONE（FZ）、SANMELER（SM），参见图 6-7。这些搅拌桨适用黏度范围广（$10^{-3}\sim100\mathrm{Pa\cdot s}$），对于混合、液液、固液、气液系的分散，具有低能耗、高效率的特点，并具有槽内均一的高传热性能[6]。这几种搅拌桨的特性虽然稍有差异，但本质上是相同的。

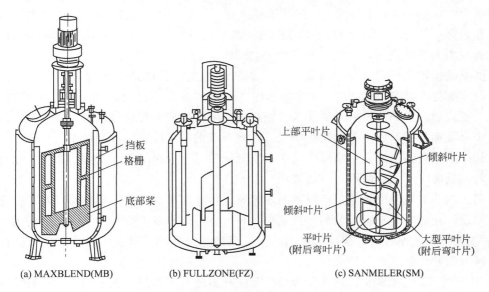

（a）MAXBLEND(MB)　　　（b）FULLZONE(FZ)　　　（c）SANMELER(SM)

图 6-7　宽叶片搅拌器

以 FZ 桨为例，参见图 6-7(b)，2 枚宽桨分上下 2 段交错配置，上段桨的底部有 2 根腿样的叶片具有辅助搅拌功能，下段桨的外缘在旋转方向为向后弯曲的后掠状叶片可增加泵出流量，上下段间留有适当间隙对上下段产生的流量起着桥梁作用。搅拌桨的直径 d 与槽径 D 之比：$d/D=0.5\sim0.7$。FZ 搅拌桨产生的流动状态在搅拌槽内存在着上段桨区域的循环流、下段桨区域的循环流，以及由上段区域直到下段区域的在槽内全体发生的循环流，这些循环流动是由于交错配置的 2 段宽桨上下间存在的压力梯度引发的[7]。FZ 搅拌桨的混合性能与框式桨、锚式桨、双螺带桨等的比较[8]见图 6-8，从图中可以看出：在宽范围的 Re 数范围内（$Re>30$），FZ 搅拌桨比其他搅拌桨的混合性能都优越。

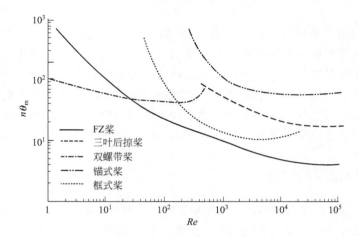

图 6-8　FULLZONE 桨混合性能的比较

θ_m—混合时间

刘宝庆[9]对新型大双叶片搅拌器进行实验研究与结构优化，建立了不同结构参数下的单位体积功率与混合时间数的关系曲线，确定了新型搅拌器的优化结构，并将双螺带搅拌器和 FZ 搅拌器进行了对比，显示出明显的综合性能优势。

加拿大 Tanguy 研究小组采用粒子成像速度仪（PIV）对 MAXBLEND 搅拌器的流场进行了实验研究[10]，并与 EKATOIINTERMIG 搅拌器进行了比较，表明 MAXBLEND 桨能产生比较规则的循环流场，促进了上下物流的交换。

我国氨纶技术主要以日本东洋纺、日清纺技术为主，且都是间歇溶液聚合工艺。第一步，聚醚二醇与二异氰酸酯以 $1:2$ 的摩尔比在一定的反应温度及时间条件下形成预聚物；第二步，预聚物经溶剂溶解后，再加入二胺进行链增长反应，形成嵌段共聚物溶液。预聚和扩链两步反应都是变黏、高黏的快化学反应，聚合液的质量决定了后期纤维的品质。后道纺丝能力和产品质量的提高，对预聚合反应及其原液质量等提出了更为苛刻的要求：物料搅拌更加均匀，反应时间要求缩短，节能降耗。

早期从国外引进干法氨纶生产技术的预聚釜搅拌采用桨式双折叶搅拌器，其中存在的一个最大问题是底部不容易搅拌均匀，特别当两种以上不同密度的物料预聚时，底部成为"死区"。后来改为框式搅拌器，搅拌的范围扩大，但仍然是在原流动态下操作，底部椭圆形封头内物料的混合仍然非常不理想。

张峰[11]对于干法氨纶生产的预聚合反应釜搅拌器进行了改进（图 6-9），在进行设计过程中考虑并力求叶轮在搅拌釜内的纵向剖面上投影面积占釜的纵向剖面面积的比例较大，搅拌叶片不仅需具有高的混合效率，还要对被搅拌流体提供较大的剪切，适合于液-液分散以及要克服"死区"；增加上下循环流动，采用上下搅拌，下部做成整板折叶式，上部使用框式，整板折叶方向与轴旋转方向相反，且与框式搅拌器成 $45°$ 角，不断推进物料上下翻动，送给框式搅拌器均匀搅拌；框板制成多孔式，既能够起搅拌作用又能够减少阻力、混合均匀。该搅拌器的应用很好地满足了生产工艺的要求，搅拌时间按要求缩短，电流峰值比原先降低 20%，关键是物料均匀一致，对后道的加工、反应有着显著改善，产品质量稳步、显著提高。

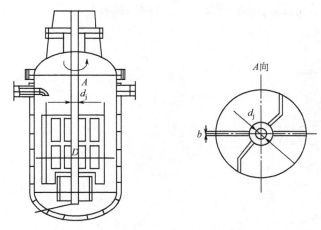

图 6-9　干法氨纶生产的间歇预聚合反应釜

6.4.2　高黏聚合过程的混合

聚合物生产的本体聚合过程或浓溶液聚合过程，溶剂消耗少、后处理成本低、产物纯净、反应器空间利用率高，深受工业界的欢迎，是聚合物生产过程的发展方向。由于本体聚合过程的高转化率阶段以及聚合物的熔融状态，体系的黏度高达数十万至数百万毫帕秒，常规反应器和混合装置难以对物系进行有效的流动和混合。相对于国外在高黏物料处理技术及装备方面的进展，国内无论从基础研究、技术开发和关键设备设计与制造都落后得多，已经严重制约了相关工业的发展。

（1）立式组合搅拌混合

溶液聚合工艺顺丁橡胶是我国自主开发的万吨级成套技术，其中核心设备的聚合釜曾采用偏框搅拌（用于 $12m^3$ 釜）。后来改用内外单螺带桨替代传统的偏框桨，加强了聚合反应器的轴向混合，上下温差由 16℃ 减少至 1℃ 以下，取得了减轻凝胶和挂胶、延长运转周期和提高产品物理力学性能的实效[12]。顺丁橡胶 $30m^3$ 聚合釜[13]的内外单螺带式搅拌结构如图 6-10所示。

实际上，国内现有的工业装置中，催化剂、单体和冷溶剂是直接进入聚合首釜，底部异黏度、异密度、异温度物料的微混合需要有强烈剪切力搅拌，同时聚合首釜又需要全釜温度均一的要求，内外单螺带和锚式组合桨难以兼顾上述两方面的要求。国外先进装置采取了反应釜整体流体循环与釜底部局部强烈剪切相匹配的双驱动复合搅拌，前述的催化剂预混方案也是比较好的解决措施。

杨琳琳比较了螺带和双螺带螺杆搅拌桨的混合特性[14]。结果表明，双螺带螺杆搅拌桨能在叶片周围产生较强的剪切作用，同时由于螺杆加强了强弱剪切区域之间的流体交换，因此双螺带螺杆搅拌桨既能在搅拌釜内产生较强的整体环流，又能在小尺度上混合均匀，因而具有很好的混合性能。随着流体黏度的增加，搅拌桨形式对于釜内流场的影响更加明显，当黏度达到 $600Pa \cdot s$ 时，单螺带搅拌桨产生的流动区域很小，整体混合效果已经很差，双螺带螺杆搅拌桨的优越性也就更加明显。张敏革的研究也获得了类似结果[15]。

（2）卧式自清洁搅拌混合

针对高黏物系的混合和反应，近年来日本和欧洲开发了很多种卧式搅拌设备。图 6-11

所示为日本三菱重工的产品，它能使搅拌叶片之间以及叶片与槽壁之间达到彻底的自清洁。

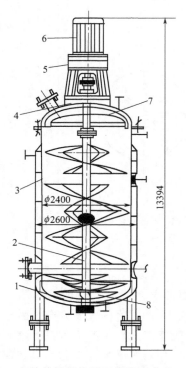

图 6-10　内外单螺带式顺丁橡胶聚合釜（30m³）

1—下凸缘；2—搅拌器；3—釜体；

4—上凸缘；5—减速机；6—电机；

7—上刮刀；8—下刮刀

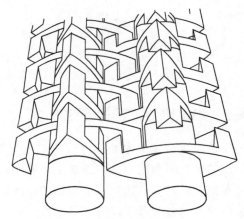

图 6-11　三菱重工卧式双轴
自清洁混合器

但是图 6-11 所示的设备存在有效反应体积比较小的缺陷，三菱重工开发了 2 种新型卧式高黏搅拌设备[16]，商品名为 HVR（Horizontal Highly Viscosity Reactor），参见图 6-12 中（a）和（b）。物料在反应器中都是半釜操作，可进行本体聚合、溶液聚合、缩聚、脱挥发分、溶剂回收以及粉体与气体的接触和干燥。图 6-12(c) 所示为自清洁式反应器，商品名为 SCR（Self-Cleaning Reactor）。该反应器在半釜操作时，可进行缩聚、高黏液的脱挥、高黏液相和气相的接触和混合；在满釜操作时，可进行本体聚合、溶液聚合以及高黏液与低黏液或粉体的混合。

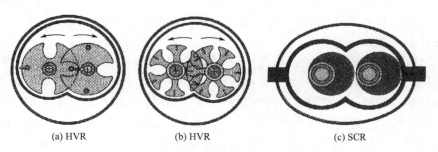

(a) HVR　　　　　　　(b) HVR　　　　　　　(c) SCR

图 6-12　三菱重工卧式双轴高黏反应器

瑞士 LIST 公司开发了一系列高有效体积的自清洁搅拌混合设备。图 6-13 所示为卧式单轴自清洁型搅拌设备[17]，它靠槽壁上伸出的许多钩子与转轴上的 T 形叶片相配合来完成自清洁功能。图 6-14 所示为卧式双轴搅拌设备[18]，属于全相型混合设备，即既能混合高黏、面团状的物料（如树脂熔体），又能混合粉体，这些粉体可以是通过一个黏稠、能结成硬皮的过程而形成的。

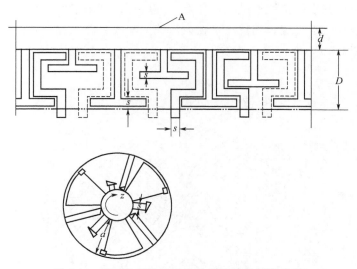

图 6-13　瑞士 LIST 公司单轴自清洁搅拌混合器

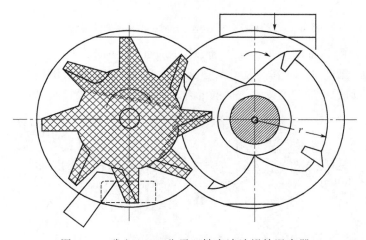

图 6-14　瑞士 LIST 公司双轴自清洁搅拌混合器

　　LIST 卧式双轴搅拌设备的 2 根轴中，左边一根是主搅拌轴，上面有许多被捏和杆连在一起的盘片，捏和杆稍有倾斜，使物料在进行径向混合的同时，能受到一个轴向的输送力；另一根轴称作清洁轴，该轴上装有一排倾斜的捏和框。清洁轴以 3 倍于主搅拌轴的转速进行旋转，通过各轴上的元件相互啮合，使搅拌器具有自清洁功能。搅拌轴和盘片中间是空的，能通入传热介质，加上夹套的传热面积，使该搅拌设备有高的传热能力。装料系数为65%～70%，提供的捏和能量为 $0.01 \sim 0.2 \text{kW} \cdot \text{h/kg}$。物料在设备内的流动基本上属于平推流，物料的停留时间可以从几分钟到 2h。该设备的标准型操作压力为 $-10^5 \sim 0.5 \times 10^5 \text{Pa}$，操作温度小于 300℃，系列产品的最大容积为 5m^3，最大驱动功率为 200kW。对于特殊型号，操作压力可达 0.6MPa，温度可大于 300℃。对于能自由流动的物料，可以通过槽底或在槽侧面开孔的办法出料，当采用侧面出料时，可以安装一个可调节高度的堰板；对于高黏性物的出料则可由 LIST 公司专门设计的双螺杆出料器来完成。该设备可用作聚合反应器，如用来生产氢氟酸、聚酯、聚氨酯、氨基塑料、合成橡胶、硅脂、染料中间体、纤维素衍生物等，也可用来混合和捏和物料。

德国 BUSS 公司开发的卧式双轴反应器/混合器[19]，可用于处理高黏、黏弹性或高固含量物料的物理混合和化学反应，其特点是在内筒壁上配置有静态混合元件，与搅拌桨叶的配合强化了混合（图 6-15）。

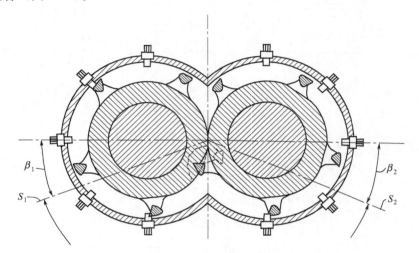

图 6-15　德国 BUSS 公司的高黏自清洁搅拌混合器

德国 Bayer 公司的 Schebesta Klaus[20] 和 Schuchardt Heinrich[21] 分别公开了系列卧式双轴高黏混合设备的专利（图 6-16），其最大特点是反应器不仅具有完全自清洁特性，并且拥有大的有效反应体积，特别适于处理高黏性流体的混合、传热，高黏聚合反应和脱挥等。

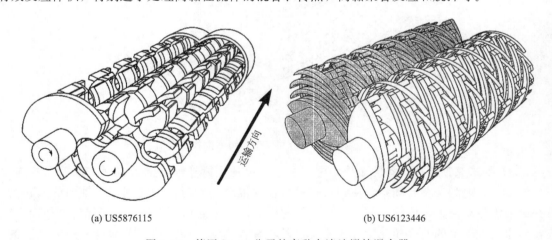

(a) US5876115　　　　　　　　　　　　　(b) US6123446

图 6-16　德国 Bayer 公司的高黏自清洁搅拌混合器

6.5　聚合物脱挥与传质强化

早期我国仪征化纤和燕山石化引进的德国吉玛公司的聚酯后缩聚反应器是卧式单轴式的表面更新型反应器，如图 6-17 所示，其旋转的盘片式搅拌叶片与隔板之间有一定的自清洁作用。仪征化纤 10 万吨/年聚酯装置改造过程中，其关键是后缩聚反应器的增容改造。金山石化引进的聚酯装置的后缩聚反应器是卧式双轴型的，其作用机理与双螺杆挤出机相似，既能解决高黏流体的混合，又有强的自清洁作用，且上部有很大的蒸发空间，有利于利用低沸点液体的蒸发潜热撤除反应热，脱挥效率比单轴式高。

实际上，日立公司用于生产制造纤维级聚酯的后缩聚反应器的搅拌叶片如眼镜状，故称作眼镜式聚合反应器（见图 6-18）。近年来，聚酯树脂用作工程塑料的比例增大，而用作工程塑料的聚酯树脂在反应器中的黏度比用作纤维的更大，故日立公司开发了适合于更高黏度的聚合反应器，其叶片呈方框状，称框式叶片卧式双轴聚合反应器。日立公司的脱挥设备其表面更新特性远优于吉玛公司的卧式单轴圆盘反应器。

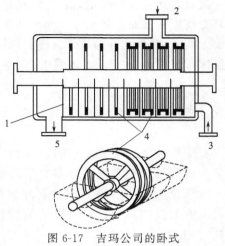

图 6-17　吉玛公司的卧式
单轴聚合反应器

1—隔板；2—脱气口；3—物料进口；
4—圆盘；5—物料出口

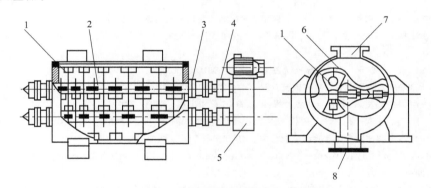

图 6-18　日立公司的眼镜式叶片卧式双轴搅拌机

1—叶片；2—轴；3—轴封；4—连轴节；5—驱动装置；6—液表面；7—蒸汽出口；8—液出口

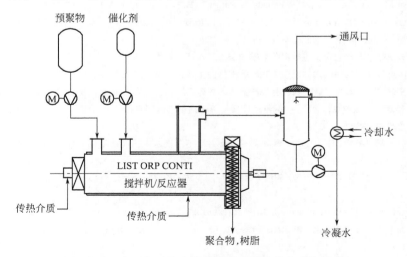

图 6-19　LIST 公司的高黏自清洁本体聚合与脱挥装置

比较日立公司的眼镜式叶片卧式双轴搅拌机，瑞士 LIST 开发的双轴自清洁搅拌设备不仅具有高度的表面更新特性，同时具有自清洁的作用，用作高黏和黏弹性复杂物系的蒸发或干燥[22]，具有非常好的效果。特别是用于本体或浓溶液聚合过程、聚合物系的溶剂回收以及脱挥，如图 6-19 所示，流程短、能耗小。

6.6　结语

高黏物料处理相关工业的发展很大程度依赖于工程设备技术的发展，针对高黏物系的复杂性国外陆续开发了许多专用的装置，其中大部分是专利设备。而国内在该领域的研究发展比国外落后得多，过程开发往往重工艺而不重设备，应该引起高度的重视。特别是大有效反应体积、具有自清洁特性的高效高黏流体混合装置与聚合反应器是研究发展的方向。

◆ 参考文献 ◆

［1］　王嘉骏，冯连芳，顾雪萍. 一种制备顺丁橡胶的催化剂预混方法与装置［P］.CN201410721611.5，2015-4-8.

［2］　冯连芳. 顺丁橡胶工业聚合装置的工程解析//合成橡胶技术丛书——顺丁橡胶分册［M］.北京：中国石化出版社，2016.

［3］　刘安平. 氨纶预聚合的连续化溶液聚合方法［P］.CN200810063668. 5，2008-12-31.

［4］　尚永胜，张益兴. 氨纶连续聚合生产的反应器［P］.CN201110315267. 6，2012-12-5.

［5］　张和照，杨中伟，冯波. 多功能大型宽叶搅拌桨［J］.化学工程，2004，32(4)：30-35.

［6］　顾雪萍，冯连芳，王嘉骏，刘烨，王凯. 泛能式搅拌桨搅拌特性研究［J］.化学工程，2008，31(4)：54-59.

［7］　李健达. 宽粘度域搅拌器在假塑性流体混合中的 CFD 模拟［D］.烟台：烟台大学，2014.

［8］　K Takata, Y Okamoto, M Kikuchi, H Ito. Development of High Efficiency Mixing Impellers［J］.Journal of Japan Society of Fluid Mechanics, 2003, 22(11): 201-207.

［9］　刘宝庆，钱路燕，刘景亮等. 新型大双叶片搅拌器的实验研究与结构优化［J］.高校化学工程学报，2013，27(6)：946-52.

［10］　A Hidalgo-Millán, R Zenit, C Palacios, R Yatomi, H Horiguchi, P A Tanguy, G Ascanio. On the hydrodynamics characterization of the straight Maxblend® impeller with Newtonian fluids［J］.Chemical Engineering Research and Design, 2012, 90(9): 1117-1128.

［11］　张峰. 干法氨纶生产预聚合反应釜搅拌器的改进［J］.江苏纺织，2009，(1)：49-50.

［12］　乔三阳. 稀土催化丁二烯的本体聚合［J］.合成橡胶工业，1993，16(1)：11-15.

［13］　苏纪才，史庆和. 大型顺丁橡胶聚合釜关键部件的制造［J］.石油化工设备，1993，22(4)：45-46.

［14］　杨琳琳，吴高杰，陈剑佩，曹贵平. 螺带螺杆搅拌釜中高黏流体的 CFD 模拟计算［J］.华东理工大学学报(自然科学版)，2009，35(5)：693-700.

［15］　张敏革，张吕鸿，姜斌，李鑫钢. 双螺带-螺杆搅拌桨在不同流体中的搅拌流场特性［J］.天津大学学报，2009，42(10)：-884-890.

［16］　島田隆文，大本節男，近藤正実等. 新型セルフクリ-ニング式重縮合反応器の開発［J］.三菱重工技報，1993，30(1)：1-3.

［17］　List Jorg, Schwenk Walther, Kunz Alfred. Mixing and kneading apparatus［P］. US5934801, 1999-8-10.

［18］　Arnaud Daniel, Kunz Alfred, Fleury Pierre-Alain. Devices for carrying out mechanical, chemical and or thermal processes［P］. US9126158, 2015-9-8.

［19］　Hans Peters, Steffen Mohr. Double shaft reactor/mixer and system including and end cap for a reactor/mixer and a discharge screw connector block [P]. US20140321232A1, 2014-10-30.

[20] Schebesta Klaus, Schuchardt Heinrich, Ullrich Martin. Self-cleaning reactor/mixer for highly viscous and cohesive mixing materials [P]. US5876115, 1999-3-2.

[21] Schuchardt Heinrich. Mixing apparatus for highly viscous products [P]. US6123446, 2000-9-16.

[22] Fleury Pierre-Alain, Lichti Pierre. Process and apparatus for treating viscous products [P]. US8678641, 2014-3-25.

第 3 篇

外场作用及强化技术

随着科技的发展和学科间的交叉融合，许多新兴的过程强化技术应运而生，其中外场技术对化工生产过程强化的影响非常显著，已经取得了突破性的进展。同时，环境意识提高呼唤绿色材料的诞生，而外场处理能在节能节材的条件下，减少对环境和材料本身的污染，实现清洁化生产和材料加工、使用的可持续发展。因此，从 20 世纪 90 年代起外场技术成为研究的新热点。外场技术引入化工生产过程中，引发了一系列常规材料成形与加工过程中不可能出现的新现象和新规律，这对于发展新型材料和改进传统材料都有重要的科学和工程意义，展现外场技术控制材料的制备和加工过程提高材料综合性能的巨大潜力与广阔应用前景，从而使其成为一种与时俱进的材料制备与加工技术。目前在化工生产过程中应用的外场主要有超声波、微波、电磁场、重力场、浓度场、压力场、瞬变温场、等离子体和激光波等。本篇就化工生产过程中使用较多的超声波技术、微波场技术、电磁场技术和等离子体技术等外场技术的研究概况进行了总结和评述，为今后的研究和工业化应用提供参考。

第7章　超声波化工技术

7.1　概述

超声技术出现于 20 世纪初，近一个世纪的发展表明，超声是声学发展中最活跃的一部分，它已渗透到国防建设、国民经济、人民生活及科学技术等各个领域。如超声诊断和超声治疗技术，已在现代医学中占有重要地位；声表面波技术也在信息高速公路建设中起到重要作用；20 世纪 80 年代兴起的声化学，已构成化学化工新分支——声化学与超声化学工程。

研究前景较好、开始较为成功应用的有超声医学工程（超声诊断与治疗，如超声洗牙、B 超超声刀、白内障乳化等）、超声清洗除垢、超声加工、超声焊接、超声检测（声呐、无损探伤）、超声过程强化（传质、乳化、破乳、雾化、结晶、粉碎、萃取、浸取、传热等）、超声化学反应、超声环保应用（生物污泥减量、除尘）与膜过程强化（膜过滤、膜清洗等）、油田采油等。而正在进行的超声应用研究与开发越来越多，相信在不久的将来将有更多的过程强化处理技术与超声设备得到开发与应用。声化学（Sonochemistry）与超声化学工程（Sonochemical Engineering）给超声提供了过程工业应用的新领域。

早在 20 世纪 20 年代，美国的 Ricards 和 Loomis 首先由超声对各种固体、液体和溶液的作用，研究超声场对化学化工过程强化，发现超声波化学效应可以加速化学反应。由于当时的电子设备与超声技术水平较低，研究和应用受到了很大影响和限制。到了 80 年代中期，随着科学技术的进步，高效、经济的各种功率超声处理设备的制造已经成为可能，为超声在化学化工过程中的应用提供了重要的条件，也使沉默了近半个世纪的这一领域的研究工作又蓬勃发展起来。

1986 年 4 月在英国召开了首次国际超声化学会议。此后，声化学的研究和学术活动十分活跃，对声化学的机理和应用作了较为详尽的学术研究，欧美国家先后组织了多次声化学学术讨论会，并成立了声化学学会，发表了一批有价值的学术论文和专著。随着科学技术的迅速发展，目前对声化学的研究已涉及有机合成、无机合成、催化、生物化学、分析化学、高分子化学、电化学、能源、材料、轻工、制药、食品、表面加工、生物技术、环境保护及过程强化等方面。超声波几乎能应用于化学、化工及其他过程工业的各个领域，在 20 世纪 80 年代后期逐渐形成了一门将声学及其超声波技术与化学紧密结合的新的边缘交叉型学科——声化学与超声化学工程[1]。

超声场强化化学化工过程的研发与应用推广工作已在传质、传热和化学反应等方面取得较好的研究成果，如何尽快地把声化学的研究成果从实验室应用于工业生产，已成为世界各国研究的热点。随着高效超声功率设备的研制和普及，美、英、法、日、俄等国在工业化方面已取得一些进展。我国在这方面的研究工作起步较晚，大量的研究报道集中于 2000 年以后，但我国科研人员对于超声在有机化学、高分子化学、电化学与工程强化等方面的研究得到较好的应用成果，其中中科院声学研究所、中科院东海站、南京大学、陕西师范大学、南京工业大学、华南理工大学、哈尔滨工业大学、清华大学、上海同济大学、上海交通大学、河海大学等单位在功率超声理论及应用研发上做了较多工作；同时超声波在我国过程工业（化学、石化、石油、冶金、医药、生物、轻工、食品、环保等）中的应用与发展还离不开为数众多的从事超声工业应用及超声设备开发的有关企业，如中船重工 726 所、成都九洲超声技术有限公司、广州市新栋力超声电子设备有限公司、佛山市顺德区长兴电子科技有限公司、杭州成功超声设备有限公司、昆山超声设备厂、昆山日盛电子有限公司、山东济宁超声设备公司和汕头超声仪器研究所有限公司等。尤其值得一提的是中国石油化工集团公司、中国石油天然气股份有限公司参与的在超声强化采油过程、污油与原油的破乳脱水脱盐过程、超声环保应用（换热器除垢、烟囱除尘、剩余污泥减量）等开发应用项目均达到国际先进水平。

根据超声的声学特点及其应用范围，可按高频低功率、低频高功率分为检测超声与功率超声。过程强化常使用功率超声。由于声空化效应有多种作用，从理论上讲，超声技术可用于绝大部分"三传一反"过程，即通常所说的传质、传热、动量传递与化学反应过程，用于不同的化工单元操作过程的强化。但由于超声空化现象受声场、体系及环境的控制，不适用于不易产生空化的高温高压条件与高黏度、高表面张力、高蒸气压体系的处理；在这些情况下，可能使空化阈值很高而难以产生空化或产生的空化效应很微弱。

超声波是一种机械能量的传播形式，功率超声在介质中传播会产生许多效应，主要有三个：热学效应、力学效应、声空化效应，超声过程中的各种表现与效果都是它们的综合作用。超声作用使液体内气核产生震荡，当声压幅值超过空化阈时，体系内微小泡核随声压变化产生剧烈的膨胀、压缩，直至气泡崩溃，接近崩溃时的气泡壁的压缩速度极大，能超过泡内气体声速，使能量高度聚集，当气泡崩溃瞬间会引发高温、高压、发光、放电、高速射流与冲击波等空化效应。图 7-1 较清楚地表示了声空化的各种效应，说明声空化效应是声化学效应和声流效应等的主动力，也表明了超声化工技术具有在声化学与化学工程各领域的良好应用前景。

过程工业中离不开传质、传热、动

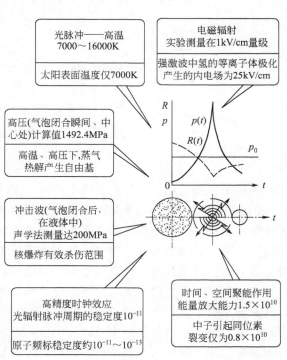

图 7-1 空化气泡高速闭合瞬间
产生的奇特效应示意图[2]

量传递及化学反应过程，而功率超声具有的低频超声波能量则可强化上述过程。所以根据超声不同的作用，如空化作用、热作用与机械作用（声波的反射、折射、透射、微混合、声凝聚等），用于不同过程工程，而其中空化作用在许多过程中起到了主要作用。

超声对化工过程的强化是超声化学工程研究领域的重要组成部分，超声强化化学反应研究及应用主要在合成化学、高聚物化学、电化学、有机化合物降解领域；超声强化过程分离的研究取得了较多进展，开始由实验室研究阶段发展到工业应用阶段，开发出相应的工业超声处理装备。工艺对象则多围绕于多相液-液或固-液体系。例如超声强化乳化/破乳过程（油品破乳脱水）、超声吸附/脱附过程、超声雾化、防垢、除尘、超声强化膜分离及清洗、结晶、超声强化膜蒸馏、超声强化超临界流体萃取与有色金属萃取、天然物有效成分的提取、油页岩中沥青浸取、油田采油、煤洁净化、蔗糖溶液结晶、剩余污泥厌氧消化过程、环境监测样品中待测物质的提取等。

在科研人员的努力下超声的应用越来越多，其应用的成功与否与对它们的机理、规律的掌握有关，另一关键的是各种超声处理器的成功设计与工业化放大。本章因篇幅所限，只能介绍一些主要及应用较成功的超声过程强化技术内容。

7.2　超声波化工过程的基本原理

所谓的超声波一般是指频率范围在 $20kHz\sim10MHz$ 的声波，见图 7-2。

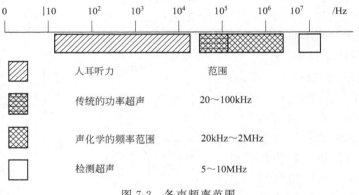

图 7-2　各声频率范围

超声学的主要应用技术体现在两个方面：检测超声和功率超声。

检测超声（高频、小功率超声）可称为弱超声的"被动应用"，检测超声是利用数微瓦到数十毫瓦量级的小功率超声的传播特性对媒质的各种非声学量及其变化实施检测或控制。由于高频超声的穿透能力强、对材料与人体无损害、使用方便等特点，使超声检测技术成为一种重要的无损检测技术，广泛用于医学、能源、材料、化工等现代工业、高科技产业与环境保护中。例如医学中的 A 超、B 超、C 超等显像诊断仪器；工业中的金属材料与混凝土探伤，高分辨率射频（RF）超声复合材料（航空宇航、陶瓷）无损检测，材料内应力测量，聚合物检测，厚度、液位、距离及流速测量，声呐，膜污染监测，天然气计量，物料停留时间分布测试，物性测量（气液浓度、流体密度、黏度、固体硬度、温度等）、超声显微镜与超声成像和大气污染检测等。

功率超声（低频、大功率超声）称为强超声的"主动应用"，其声功率由数十毫瓦到数千瓦或更大,是利用超声波振动能量来改变物质组织的结构、状态、功能与加速这些变化的过程,其较好的应用前景主要是用于化工工业(过程工业)中的过程强化与声化学反应[3]。

一定强度的超声波在媒质中传播时,会产生力学、热学、光学、电学和化学等一系列效应,这些效应归纳起来,有三种最基本的作用。

① 机械作用。超声波是机械能量的传播形式,与被动过程有关,能产生线性交变的振动作用。这种机械能量主要体现在媒质的质点间的振动、加速度冲击、声压剪切等效应力作用。若 28kHz、$1W/cm^2$ 的声强在水中传播,其产生的声压值为 242kPa,这就是说,在 242kPa 的压力下产生 2.8 万次振动,其最大质点加速度大约为重力加速度的 2000 倍。

② 空化作用。当一定强度的超声波在液体媒质中传播时,使液体中的微气泡的振荡生成、增大、收缩、崩溃导致气泡附近的液体产生强烈的激波,形成局部点的极端高温高压,空化泡崩溃的瞬间其周围极小空间内产生 5000K 以上的高温和大约 50mPa 的高压,其温度变化速率达 $10^9K/s$,并伴生出强烈冲击波和时速达 400km 的微射流,这种极端高压、高温、高射流又是以每秒数万次连续作用产生的,超声空化引起了湍动效应、微扰效应、界面效应,聚能效应。其中湍动效应使边界层减薄,增大传质速率;微扰效应强化了微孔扩散;界面效应增大传质表面积;聚能效应扩大了分离物质分子从而从整体上强化了化工分离强化过程的传质速率和效果。因此,空化作用是功率超声最基本的特性。

③ 热作用。超声波在媒质中传播,其振动能量不断被媒质吸收转变为热能而使自身温度升高。声能被吸收可引起媒质中的整体加热、边界外的局部加热和空化形成激波时波前处的局部加热。

简单地说,超声作为一种物理手段可产生空化作用,能够在化学反应常用的介质中产生一系列接近于极端的条件,如产生局部和瞬间高温(5000K)、高压($5×10^7Pa$)、微射流(100m/s),具有放电与发光效应等,这种能量不仅能够激发或促进许多化学反应,加快化学反应速率,而且可以改变某些化学反应平衡与方向,产生一些令人意想不到的效果[4]。冲击波和微射流的高梯度剪切可在水溶液中产生羟基自由基,相应产生的物理化学效应主要是机械效应(声冲流,冲击波,微射流等)、热效应(局部高温高压,整体升温)、光效应(声致发光)和活化效应(水溶液中产生羟基自由基),四种效应并非孤立,而是相互作用、相互促进,加快传质与反应进程。

7.3 超声波乳化/破乳技术

7.3.1 概述

超声空化导致的乳化效应在化学工业中有着广泛的应用,其远胜于机械搅动或搅拌的效果。因为它具有无机械磨损、不需在待处理乳液中注入气泡等优点,而且它不需对待处理乳液加温。

超声乳化的用途很多,在食品工业中,它可用来制备乳制品、酱汁、肉汁、蛋黄酱以及色拉油和合成奶油等。在冷冻食品工业中,由超声乳化制备的调味汁能承受反复冷冻解冻过程而不变样。在石油化学工业中,超声可用于制备乳化柴油、汽油,稳定性高且节约能源。超声乳化还可以用于化妆品、软膏以及各种抛光剂的制备过程。

当超声强度未达到空化阈，而只是对液体产生扰动的情况下，超声还具备破乳的效应。当超声波通过含有悬浮液的液体时，辐射声压将沿声波传播的方向推动这些粒子。在驻波系统内，这些粒子将从声压的腹点处被推向节点处聚集起来，当粒子聚集到一定重量以后，足以克服液体的黏滞阻力及静压力的浮力时，就开始沉淀。如果粒子是气泡，则它们在节点处汇集成较大的气泡上浮。这种效应可用来处理乳化污油、原油等，促进其脱水。也可分散烟雾、用来对玻璃溶液、金属溶液及液体食品做除气处理。

7.3.2　超声乳化与破乳的原理

7.3.2.1　超声乳化

1944 年 Wood 和 Loomis 首次提出了超声乳化是由于容器壁附近破裂的气泡使液体残缺不全的射入另一液体中进一步分散成细滴而产生的。而 Soollner 等也在对超声乳化过程进行定量和定性分析的基础上得出了超声空化是油水乳化的必备条件之一。超声乳化可能是由于表面波的不稳定性引起及超声作用下所引起的液体的微流化效应。

（1）空化机理（Acoustic Cavitation）

声空化是指液体中的微小泡核在声波的作用下被激活，表现为泡核的振荡、生长、收缩乃至崩溃等一系列动力学过程。超声空化所产生的高温高压为乳化的进行提供了很多优越条件：

① 超声空化可以产生很高的自由基生成速度，并可很容易地通过改变超声功率来控制，以改变乳胶粒和分子量的大小及分布。

② 超声空化提供的巨大能量可以加速反应的进行。

③ 超声空化生成的氢和氢氧自由基的体积更小，运动更快，从而使乳化更快更彻底。

④ 超声空化生成的乳胶粒其尺寸分布更加集中，使乳液更稳定。

在分析 $p_0 - p_a \sin\omega t$（其中，p_0 为媒体静压；p_a 为声压振幅）声压场气泡特性的基础上，当超声频率 $\omega \gg \omega_0$ 时（ω_0 为气泡自然频率），气泡以一定幅度按近似正弦振荡；当 $\omega \ll \omega_0$ 时，气泡在瞬间压力减小时增大尺寸，在气泡破裂瞬间，质点速度可达超声速并产生冲击波从而促使混合液乳化。

（2）界面不稳定性机理

当超声射到两种液体的分界面时，界面受到很高的周期性加速度，当这个加速度的方向是从较轻液体到较重液体时，就引起了不稳定性，使得界面的扰动增大，最终引起一种液体残缺不全地射入另一种液体，从而达到乳化的效果。

（3）超声乳化的工作参数

根据超声乳化机理，超声乳化油-水体系主要遵循空化机理，因此参数的选择应利于空化的产生。超声乳化油-水体系的声学工作参数主要有声频率、声强和声功率等。

① 声频率（f）随着超声频率的增高，空化过程变得难以发生。频率增高虽然能使流体质点产生较大的速度和加速度，但声波膨胀相时间变短，空化核来不及增长到可产生效应的空化泡，即使空化泡能够形成，声波的压缩相时间亦减短，空化泡可能来不及发生崩溃，从而削弱空化效应。

② 声强（I）　声场某一点处单位时间内通过垂直单位面积的平均声能。一般认为提高声强可以使空化强度增强，从而提高乳化速度，并且所获得的乳液粒度小、浓度大。但声强

过高会导致声压幅值（PA）提高，空化泡在声波膨胀相内的增长过大以致在声波压缩相内来不及发生崩溃而影响空化效果。

③ 声功率（W）　单位时间内通过某一面积的声能。

7.3.2.2　超声破乳原理

在一般超声波的作用下，声场与粒子之间的相互作用（所谓的同向动力相互作用，Orthokinetic Interaction）所造成的主要效应，在于不同的粒子（粒径、密度、重量）受声波带动的程度不同。例如同一种物质不同粒径的粒子，较小的粒子被带动的程度大，从而造成粒子间产生相对运动，增加粒子间的碰撞，导致凝聚[1]。

在超声驻波场条件下，声场对粒子的作用力主要导致了粒子向波节或波腹的移动，移向波腹还是波节则取决于流体和粒子的密度、声速、粒子直径及流体和粒子的相对特性等（例如，液体中的固体粒子移向波腹，液体中的气泡则会移向波节。本文原油中水滴向波腹集中）。而当粒子聚集在波腹或波节平面后，促使凝聚的主要力量就变成了粒子之间的基于Bernoulli流体力学的流体相互作用等。超声凝聚早在19世纪就已被发现，最近几十年研究进入快速发展期。近年来由于超声设备技术的进展和出于废液处理（环保要求）以及新兴的生物技术等方面的需要，发达国家尤其是欧洲国家在超声凝聚方面投入了较大的力量，希望开拓出有价值的应用成果。欧盟拨出专项资金，成立了跨国协作组研究这一问题。例如EUSS计划，有奥地利、荷兰、英国、爱尔兰、德国等国家共八个大学、研究机构和企业加入了研究组。从各方面都投入了很大力量，其工作主题为设计开发高性能、稳定的超声凝聚、分离设备，并进行超声凝聚、分离等方面的深入研究，其中双液相的凝聚、分离也是其中一个子项（Splitting of emulsions by use of high performance ultrasonic separation systems）。该项合作的目的是制造了一些高效分离装置，与多家研究机构和公司协作，已在生物应用方面取得了一些成果[3]。

国内外对于超声凝聚的研究已经历了相当长的历程。早在19世纪70年代，就有描述声波驻波使流体中悬浮粒子凝聚现象的文献[4]，人们发现，在驻波的作用下，流体中的粒子向驻波的波节或波腹移动并凝聚。对于超声波凝聚的研究，粗略来讲，可分为应用实验和理论两大类型，其中第一类将重点放在凝聚效应的本身，注重的是实验结果；第二类注重粒子在流场中运动规律的研究，是从基础理论出发推导粒子在声场中的运动规律，属于纯理论研究。第一类研究者通常在实验中会参照第二类研究者所发展的理论，去解释所观察到的凝聚现象。

声辐射凝聚与Bernoulli流体相互作用效应是超声凝聚过程中两项最基本的效应。在实际的声场中，还存在着一些其他效应例如超声作用于介质产生的热作用，声压引起的流体流动与反混作用，温度不均引起的热对流等，这些效应受声场（频率、功率）和介质参数（两相密度、黏度、表面张力、液滴粒径、温度、压力）以及声作用时间、流动状态等的影响，不容忽视，必须予以考虑。

超声凝聚分离技术和化学方法相比，该技术具有不污染已有体系的优点，这一特点在化工、食品、生物医药等方面的许多应用场合下具有优势；和单纯沉淀的物理方法相比具有快速的优点。强电场实现乳液中粒子凝聚等方法，则可以显著加强其效果。在粒子不能被极化而不能采用电场方法，又不能采用化学方法的条件下，超声凝聚破乳法则无疑成为一种良好的选择。正是由于上述特点，该技术一直为学术界所关注，在近年来由于石油化工、环境保护和生物技术的发展加速了超声凝聚破乳技术的研究。

7.3.3 超声乳化过程强化

燃油掺水乳化的传统方法是机械混合法，包括机械搅拌、喷雾、鼓泡法等。超声乳化是一种新兴的乳化工艺，具有乳化质量好、生产效率高、成本低等显著优点，主要表现为[5]：

① 所形成的乳液平均液滴尺寸小（可为 0.2～2μm），液滴尺寸分布范围窄（可为0.1～10μm 或更窄），浓度高（纯乳液浓度可超过 30%，外加乳化剂可高达 70%）。

② 所形成的乳液更加稳定，可以不用或少用乳化剂便可产生极稳定的乳液。

③ 可以控制乳液的类型。在某些声强下，O/W 和 W/O 型乳液都可制备。

④ 生产乳液所需功率小，成本低，易于实现工业规模生产。

采用超声乳化工艺，掺水率最大在 20% 左右，节油率高达 10%，从而可节约大量燃油，经济效益显著，引起了广泛的研究兴趣。

南京工业大学超声化学工程研究所的吕效平等通过超声波乳化柴油过程，研究了各工艺参数超声波功率、处理时间、水含量、乳化剂量等对柴油乳化液粒径稳定性的影响。利用亲水-亲油值的计算选择表面活性剂，并据此研究配制了复合型柴油乳化剂。研究结果表明：在相同油水比情况下，超声波作用功率大乳化效果好，且超声波作用存在最佳时间，超声波功率为 700W 时，最佳作用时间为 10min；超声波作用功率和作用时间一定的条件下，乳化液中含水量有一个极限值 12.5mL/200mL 柴油；复配乳化剂、超声波作用功率、作用时间和油水比一定的条件下，随着乳化液静置时间的延长，在乳化液内存在着大液滴破裂的过程，表现为随着静置时间的延长，平均粒径随之减小。用自行研制的乳化剂、超声乳化器制取掺水率为 30% 的油包水型乳化柴油[6]，经 1135 型，1E150C 型及 6110A-1 型柴油机的试验表明，耗油率下降 10%，NO$_x$ 降低了 3%，碳烟下降 0.5BSU，可进入实用性的试用阶段。

重油加入乳化剂，并采用超声乳化技术制备乳化燃油，经过多次工业炉燃烧试验证明，节能效果明显，一般达到节油率 10%～20%[7]。东北第六制药厂 1992 年购超声乳化装置[8]，将超声重油掺水乳化技术用在燃油炉上。投入运行后发现效果非常好：其中炉膛温度上升 39℃，炉顶温度升高 34～38℃，火焰温度升高 12℃，烟气温度降低了 11～14℃，排烟黑度下降，锅炉汽压稳定，油嘴、炉膛不结焦。由于雾化的效果好，空气过剩系数由原 1.2～1.25 下降到 1.05～1.1 左右；另外锅炉油嘴的损坏率也大大降低。使用该设备后油耗降低了 9%，而设备维护费下降了 210%，1996 年该装置净创效益近 80 万元左右，还有益于环境保护。

7.3.4 超声破乳过程强化

超声破乳在化工中主要应用于各种油品的破乳。早在 20 世纪 50、60 年代，国外就开始了超声波辅助破乳的研究。到了 80 年代，美国 Teksonix 公司已分别在美国的 8 家工厂进行工业化试验且取得了良好的应用效果。日本三菱重工、美国 Exxonmobil 研究工程公司等也开展了相关研究[9]。国内开展此项研究起步较晚，开始于 90 年代，现在主要的研究与应用单位有南京工业大学、中国石化、中国石油相关油田及分公司等，国内已有多家生产破乳设备及相应工程公司。

　　影响超声波破乳脱水效果的有两个因素[10]：频率与声强。在试验的频率段范围内超声波频率对破乳的影响不是很明显，确定最佳频率为 21kHz。对于不同的油样，声强与破乳脱水之间的规律变化较大：东辛落地油的最佳无量纲声强范围在 0.065～0.108 之间；东辛盐 14 块原油的最佳无量纲声强为 0.108；孤岛三采油的最佳无量纲声强为 0.374。

　　超声场参数对原油破乳脱水率的影响，其中，声强、辐照时间和频率是影响原油脱水率的主要因素，而间歇比、脉冲宽度为次要因素。用一台功率 1kW 的超声波发生器在声强 $0.65W/cm^2$，频率 20kHz，脉冲宽度 97ms，间歇比 3：1 条件下，在 55℃将江苏真武含水原油（800mL）辐照 10min，静置沉降脱水，同时与自然沉降、化学破乳（破乳剂加量 100mg/kg）、化学破乳＋超声辐照破乳等方法作了对比[11]。理论上分析和实验证明，化学破乳剂和超声波联合作用可以进一步提高原油的破乳脱水效率。

　　韩萍芳等[12]重点研究了超声声强、作用时间、沉降时间、破乳剂用量、温度等可控因素对超声波原油破乳脱水的影响。结果表明，超声实验适宜的声强为 $0.32W/cm^2$，破乳剂用量 30mg/L。在驻波场中进行了原油的脱水研究。针对鲁宁管输原油，初始体积含水率为 1.40%，远远高于炼厂要求。考察了 NS-2003 破乳剂浓度、沉降时间、超声声强和超声辐照时间等单因素对原油破乳脱水的影响；并设计了正交试验，得到原油破乳脱水的最佳试验条件：原油处理温度 70℃，破乳剂浓度 $20\mu g/g$，超声声强 $0.23W/cm^2$，超声辐照时间 5min，沉降时间 120min。在最佳试验条件下，原油体积含水率从初始值 1.40% 降至 0.07%，脱水率 95.0%。并得到影响原油脱水最重要的因素为沉降时间，其次为声强，再次为超声波处理时间。

　　南京工业大学超声化学工程研究所还以鲁宁管输原油为研究对象，按照工厂实际电脱盐流程设计了超声波电脱盐联合破乳实验装置进行破乳动态小试实验[13]，实验流程如图 7-3 所示。实验比较了超声波电脱盐联合作用和单一电脱盐作用的脱盐脱水效果。在超声电脱盐联合作用下，盐含量从 39.46mg/L 可降至 2.2mg/L 左右，水含量可降至 0.13% 左右，小于工厂脱盐指标 6mg/L 和脱水指标 0.3%；而单一电脱盐在相同条件下，原油盐含量只能降到 7.13mg/L 左右，水含量只能降至 0.57% 左右。

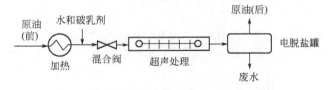

图 7-3　原油超声波电脱盐联合破乳实验流程

　　通过对原油超声联合电脱盐过程的动态实验，提出了强化原油电脱盐处理的方法[14]。实验结果表明在工厂动态原油预处理过程，注水量与电脱盐罐的电场强度的选择具有重要影响。对原油预处理过程，结合超声-电脱盐工艺进行了一级连续动态实验研究，由江苏金门能源装备有限公司制造的实验装置见图 7-4。原油脱后水含量＜0.3%；盐含量＜5.0mg NaCl/L，脱盐率＞90%，破乳剂量降为 $15\mu g/g$。该工艺操作温度不必高达 120～140℃，100℃足以满足生产要求。对于 800 万吨/年加工能力的炼厂预处理原油脱水脱盐，其预期回收周期为 3.6 年（节约破乳剂费用计算），同时脱盐率的提高降低了设备的腐蚀，产品质量的提高更可产生相当高的技术经济效益与环境效益。

　　目前超声波原油破乳虽不可能完全替代电脱盐过程，但由于超声破乳过程不受原油性质

图 7-4　原油超声联合电脱盐过程
动态实验装置正面图

影响，故超声波处理可作为电脱盐过程的预处理，即可以作为强化原油破乳脱水或减轻电脱盐装置负荷的有效途径。

南京工业大学超声化工研究所将驻波超声与电场作用结合在一起，达到脱水脱盐的目的[15]。即原油加入新鲜水与破乳剂静态混合器或其他混合装置均匀混合，先经过驻波或行波超声作用，然后进入常规电脱盐装置脱水脱盐，见图 7-5。该工艺改进、强化现有的油品脱水、脱盐工艺，提高脱水、脱盐工段对油品的适应能力，进一步降低油品中的水含量、盐含量，满足炼油生产需要。

Bulgakov A. B. 等[11]开发的原油脱水脱盐装置的超声波作用器（图 7-6）是由通过圆柱体连接的两个截锥体组成，空化嵌板置于圆柱体中，超声波发生器安装在内部截锥体的轴线上，内部截锥体彼此间通过嵌板连接。超声波作用方向与流体流动方向一致，流体通过截锥体及空化嵌板能产生良好的空化效应。

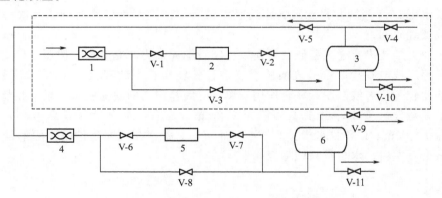

图 7-5　驻波超声及电场联合脱水脱盐流程

1,4—静态混合器；2,5—驻波管；3,6—常规电脱盐罐；V-1～V-11—阀门

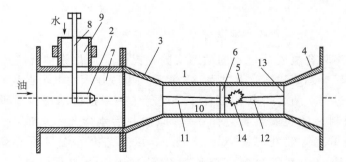

图 7-6　原油脱水脱盐超声波作用器结构

1—混合器；2—供水管；3,4—截锥体；5—流动管；6—空化嵌板；7—三通；8—入口；
9—横向开口；10—超声波发生器轴向安装；11,12—截锥体；13—长挡板；14—爆破区

俄罗斯 Galiakbarov V. F. 等[16]在其开发研究的一种圆柱筒式破乳装置中，将原油与

水、添加剂混合，在声场中通过涡流波作用破乳，超声振动频率在 $10\sim30Hz$，振幅在 $0.0001\sim10MPa$。所用的添加剂含有一定比例特定类型的聚乙烯、高沸点组分 M-22、浮选剂 oxalT-66、亚乙基二醇/水混合物。破乳装置见图 7-7，其中油旋流部件带有切向入口的带压管，涡流室具有回转抛物面结构，超声波发生器轴向安装在进水管，因而提高了油水乳液破乳效率。

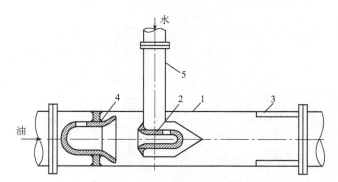

图 7-7　圆柱筒式破乳装置
1—圆柱筒破乳容器；2—涡流室；3—缓冲器；4—油旋流部件；5—进水管

美国 Exxon Mobil 研究工程公司[17]通过用超声波处理一组油水乳状液，检测油水乳状液的油水界面膜强度与对应的超声波功率，将乳液分离成水相和油相。

中国石化齐鲁分公司研究院开发的超声波作用器[18]是一管状结构（见图 7-8），在其两端设置两个超声波探头，一个超声波探头产生与油水乳液流动方向相反的超声波，另一个超声波探头产生与油水乳液流动方向相同的超声波，在超声波作用区内破乳，然后油水混合物去沉降罐进行油水分离或电场作用下脱水后沉降分离。该技术 2003 年在胜利炼油厂联合装置进行了一级电脱盐工业试验，目前已经在胜利油田石化总厂、洛阳石化、九江石化等单位有所应用。

南京工业大学超声化学工程研究所利用超声波对炼油厂含水（体积分数）为 5.4% 的污油在实验室进行了破乳脱水回收试验[19]，考察了超声波参数对污油脱水的影响。结果表明，超声波对污油脱水作用相当明显，在相同的破乳剂用量、温度等条件下，污油脱水量与单纯热沉降相比可提高 2 倍左右；温度是乳化污油脱水的敏感因素，使用超声波处理污油可降低污油处理温度；超声波的声强对污油脱水量有直接影响，超声波脱水的声强应在临界阈值以下；破乳剂用量对污油脱水也有很大的影响，为了获得较好的脱水效果，破乳剂用量应控制在临界值以下。在声强 $1.148W/cm^2$，频率 40kHz，作用时间 15min，破乳剂 NS22003 用量 375Lg/g，温度 70℃，沉降 4h 的条件下，用超声波技术处理炼油厂污油，可使脱后污油水含量在 0.2% 以下。

南京工业大学发明的污油脱水新工艺，涉及一种炼厂轻污油和重污油的脱水与油田污油的脱水回收[20]。含水污油经超声波处理器内声场为驻波或行波的超声波处理装置后进入热沉降罐进行油水分离，或含水污油进入具有驻波或行波超声装置的热沉降罐进行油水分离，见图 7-9。该工艺属于物理破乳脱水法，对污油的适应性强，不受油品性质的影响，快速实现油水分离；能在短时间内实现油水分离，缩短了热沉降时间且最终脱水率提高，操作成本低。采用此工艺对污油进行回收，减少污染源，有较好的环保效益和社会效益。

图 7-10 所示为中石化某分公司炼油厂 20000t/a 超声处理含水污油装置。该装置设计污

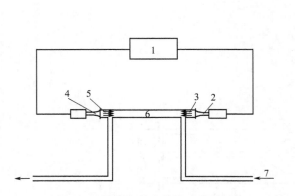

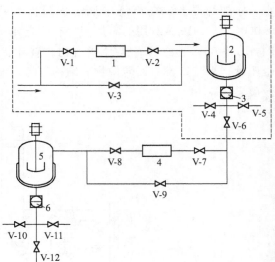

图 7-8　顺逆流联合作用破乳装置

1—超声波发生器；2,4—超声

波探头；3—顺流超声波；5—逆流超声波；

6—超声波作用区；7—油水乳化物

图 7-9　超声污油脱水工艺流程

1,4—超声波作用部分；2,5—热沉降罐；

3,6—视镜；V-1～V-12-阀门

图 7-10　20000t/a 超声处理含水污油装置

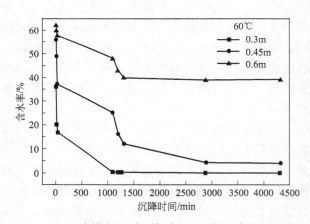

图 7-11　沉降罐内不同沉降时间、不同液高处含水率

（初始含水率 60%，污油总高 1.2m，

由液面向下计高度）

油处理量 12t/h，超声频率 40kHz，超声声强 0.6W/cm²，超声辐照时间 3min 左右，污油沉降温度 60℃。图 7-11 所示为经超声处理后的污油在沉降罐内不同沉降时间、不同液高处的含水率。

由图 7-11 比较可知，取样位置越靠近顶部，含水率越低，取样位置距液面 0.3m 处基本为分离出的油层，在 0.4m 和 0.6m 处的含水率随沉降时间变化曲线不平滑，原因是上层的水沉降时会对中下部含水率变化造成影响。由三条曲线规律可知，沉降时间越长含水率越低。在 0.4m 以上为含水率 0.1% 的油层，大约 0.4～0.6m 处存在较稳定的乳化层，经过 4320min 热沉降污油的含水率没有变化。这是由于部分油水分离后，上层为油层，下层为水层，中部剩下的含水污油中沥青质、胶质、石蜡、石油酸及微量黏土颗粒含量相对增高，使该层污油乳状液更稳定，尤其胶质、沥青质、石油酸等界面活性物含量高的污油，其乳化后形成的界面膜耐热、机械强度高，则乳化液的稳定性更好，不加破乳剂一般无法使之破乳。该装置处理的污油含水率低于炼油厂回收污油含水率的要求。目前工厂的污油沉降温度为70～90℃，含水率达 8.5% 时，其沉降时间为 5～7 天。而由图 7-11 可知，在本实验条件下只要沉降 2400min（40h），中层污油即可达 8.5% 水含量标准。因此利用超声破乳技术可以节约大量的时间和能耗。目前该公司与南京工业大学超声化学工程研究所合作，已完成超声强化 8000000t/a 原油脱水脱盐工业装置的工艺包的设计。

7.4　超声波化学反应技术

7.4.1　概述

超声化学研究较早、进展很快，已发现对多种化学反应有很好的强化效果，如加快反应速率、缓和反应条件、改变反应途径等，甚至能使一些在常规条件难以进行的反应得以实现。

（1）超声强化化学反应。

超声强化化学反应主要动力来自超声空化作用。空化泡核的崩溃产生局部高温、高压和强烈的冲击波及微射流，为在一般条件下难以实现或不可能实现的化学反应提供了一种新的非常特殊的物理化学环境。

（2）超声催化反应。

超声催化反应作为一个新兴的研究领域已引起业内工作者越来越浓厚的兴趣。超声波对催化反应的作用主要是：

① 高温高压条件有利于反应物裂解成自由基和二价碳，形成更为活泼的反应物种；

② 冲击波和微射流对固体表面（如催化剂）有解吸和清洗作用，可清除表面反应产物或中间物及催化剂表面钝化层；

③ 冲击波可能破坏反应物结构；

④ 分散反应物系；

⑤ 超声空蚀金属表面，冲击波导致金属晶格的变形和内部应变区的形成，提高金属的化学反应活性；

⑥ 促使溶剂深入到固体内部，产生所谓的夹杂反应；

⑦ 改善催化剂分散性。

在超声均相催化反应中，研究较多的是金属羰基化合物作为催化剂的烯烃异构化反应。Suclick 等详细研究了超声条件下以 $Fe(CO)_5$ 为催化剂的 1-戊烯异构化生成 2-戊烯的反应，发现超声条件下的反应速率比没有超声时增加了 105 倍。Suclik 等分析认为，超声空化气泡崩溃时产生的高温高压以及周围环境的快速冷却有利于 $Fe(CO)_5$ 解离，形成更高活性物种 $Fe_3(CO)_{12}$。

前苏联的 Maitsev 较早研究了超声对多相催化过程的影响，发现超声能使单程转化率提高近 10 倍，其原因认为是增加了催化剂的分散度。Suslick 等在声强为 $50W/cm^2$ 条件下研究了此反应，结果发现在25℃时该混合物超声5min后，产率可达95％以上，同时发现助催化剂在此对产率和反应时间并无影响。Suslick等详细研究了镍粉作为催化剂的加氢反应，发现在超声作用下其反应活性提高了5个数量级。

众所周知，普通镍粉对烯烃加氢反应的催化活性很差，一般在300h后，反应都难以进行。但用超声处理镍粉后，反应很快启动，其反应速率先随超声处理时间的延长而增加，后又逐渐减少。

超声波在催化剂的活化、再生和制备中也显示出独特的优势。美国伊利诺斯大学研制成功一种超声波洗涤浴，可用于除去镍粉表面的氧化膜，使镍催化剂活化。美国 Exxon 公司 Henry 报道，用超声波可使加氢裂化使用的持久失活的镍-钼催化剂得以再生。最近，Suslick 等在超声作用下研究 $Fe(CO)_5$ 和 $Co(CO)_3$ 的相互作用发现：在强超声作用下形成了纳米级 Fe-Co 合金催化剂，其对环己烷的脱氢具有很高的活性，详细的机理正进一步研究中。

（3）超声聚合物化学。

超声波在聚合物化学方面的应用引起了人们的广泛关注。超声处理可以降解大分子，尤其是处理高分子量聚合物的降解效果更显著。纤维素、明胶、橡胶和蛋白质等经超声处理后都可得到很好的降解效果。目前对超声降解机理一般认为超声降解的原因是由于受到力的作用以及空化泡爆裂时的高压影响，另外部分降解可能是来自热的作用。一定条件下功率超声也可引发聚合，强超声辐照可引发聚乙烯醇与丙烯腈共聚制备嵌段共聚物、聚醋酸乙烯与聚环氧乙烷共聚形成接枝共聚物等。

（4）超声场强化新型化学反应技术。

新型化学反应技术和超声场强化相结合是超声化学领域中又一极具潜力的发展方向。如以超临界流体为介质，用超声场进行强化的催化反应。如以超临界流体具有类似于液体的密度和类似于气体的黏度和扩散系数，这使得其溶解相当于液体，传质能力相当于气体。利用超临界流体良好的溶解性能和扩散性能，可以很好地改善非均相催化剂的失活问题，但如能加以超声场进行强化，则无疑是锦上添花。超声空化产生的冲击波和微射流不但可以极大地增强超临界流体溶解某些导致催化剂失活的物质，起到解吸和清洗的作用，使催化剂长时间保持活性，而且还有搅拌的作用，能分散反应物系，令超临界流体化学反应传质速率更上一层楼。另外，超声空化形成的局部点高温高压将有利于反应物裂解成自由基，大大加快反应速率。目前对超临界流体化学反应研究较多，但利用超声场强化此类反应的研究极少。

7.4.2　超声波对有机化学反应的强化

7.4.2.1　引言

超声辐照促进化学反应早在1927年前就由美国学者 Richards 等首次报道，他们发现超声波有加速硫酸二甲酯水解和亚硫酸还原碘化钾的作用[21]，但当时并未引起人们的重视。在随后的五十年中，声化学虽受到不同程度的重视，但其研究对象多局限于简单的水溶液体系，并没有获得重要突破。直到进入20世纪80年代，Luche 等[22]发现即使使用工业乙醚，借助超声辐射也能进行格氏反应后，声化学才真正得到有机化学家的普遍关注。目前已逐渐形成了一门将超声学及超声波技术与化学紧密结合的崭新的科学——超声化学。成为继有机光化学、有机电化学、有机热化学及高压化学之后又一独具特色的反应方法。

7.4.2.2 声化学合成原理

超声的频率在 $14kHz \sim 500MHz$（气体介质的上限为 $5MHz$），远不足以改变分子的结构和键合方式。但早在 20 世纪 30 年代，人们就已发现超声波能使水分解为氢和过氧化氢。到了 50 年代，又进一步观察到某些有机化合物在超声作用下分解为相应的游离基[23]。如氯仿和四氯化碳能被声解，分别放出氯化氢和氯气。即使化学性质最不活泼的烷烃也能在超声作用下分解，Suslick 等在室温下用超声辐射烷烃，主要得到氢气和低碳烃，产物分布与高温裂解（>$1200℃$）或真空紫外光解条件下所得的结果十分相似[24]。对于水的分解也借助 ESR 方法证明是经过了 H·和 HO·[25]。莫喜平、冯若等[26]研究发现虽然氮气与氧气在通常条件下是不发生化学反应的，但声空化可使溶于水中的氮和氧反应生成 NO，进而又被氧化成 NO_2，NO_2 与水反应生成等摩尔的硝酸与亚硝酸。一般也称声化学为高能化学。关于声化学的作用机理，大体上可以归纳为两类：超声放电理论与热点理论，目前一般多倾向于认为超声空化及其他一些非线性现象是造成上述结果的主要原因。

超声在均相反应体系中主要是通过超声产生的游离基或游离基-离子中间体来实施对反应的影响。超声在溶液中产生"声气泡"，从而导致反应体系中出现不同的反应区域。声气泡内具有高温、高压的极端条件，只有那些有挥发性的物质才可能进入声气泡内，进行极端条件下的反应。如：$H_2O \xrightarrow{)))} H· + OH·$。但实验室使用的超声设备所产生的声气泡的量有限，因而声气泡内不是反应的主要区域。不过在声气泡内的反应产物可作为整个反应的引发剂。值得注意的是：在超声过程中有机溶剂也可能有分解，但相对整个反应，其分解的量可以忽略不计。对于均相反应而言，空化应占重要地位。

对于液-固非均相反应来说，空化和表面微流都十分重要。和均相体系一样，在液-固体系中，超声也可以产生空化泡，但是由于固体的存在，空化泡在破裂时不再是对称的。当固体是颗粒状，空化泡产生的作用取决于颗粒的大小和类型，这些作用包括使团状颗粒分散；清除颗粒表面惰性层，进而有利于表面反应和反应物及产物的扩散。后者则引起湍流，使溶液与固体表面之间的物质交换得到有效的改善。有金属参与的反应中，在金属表面及周围，非球形对称空化泡的形成、增长和崩溃产生微喷而引起的瞬时高压，迫使反应物或溶剂进入金属表面微空，使金属表面颗粒脱落，产生腐蚀，造成缺陷，形成反应中心。

影响空化的因素很多，如声强、频率、溶剂、体系蒸气压及流体静压等。传声媒质中任何一点的声压 $[P(t)]$ 都是时间（t）和频率（f）的函数：

$$P(t) = P_A \sin(2\pi ft + \theta) \tag{7-1}$$

式中，P_A 为声压振幅。随着频率的增加，需要增加辐照的振幅（或电压），以产生相同的空化能量。这就是为什么在较高的频率，特别是在 MHz 下，产生空化更困难。因此，高频下空化可能极难实现。例如 $500kHz$ 高频下，崩塌发生在 $4 \times 10^{-7}s$，比多数自由基寿命都短。而频率为 $20kHz$ 时，声气泡崩溃发生在约 $10^{-5}s$，足够 OH·进行再结合反应，如（产生过氧化氢、超氧化物，激发水分子等）。因此，高频超声下，只能观察到声化学现象，而低频超声下将有连续的自由基转移发生。

声强可以用下面的方程表达：$\quad I = P_A^2 / 2\rho c \tag{7-2}$

式中，ρ 代表介质密度；c 代表声速。一般情况下，增大声强会引起更强的声化学作用。

由于液体的饱和蒸气压对空化泡崩溃而产生的局部瞬时高温高压的大小有决定性作用，因此溶剂的选择，包括它的挥发性、黏度、表面张力和溶解气体等，在有机声化学反应中常起重要作用。一般而言，采用饱和蒸气压低的溶剂或通过降低反应温度、增加外部压力来降低溶剂的饱和蒸气压，对空化作用都是有利的。二溴甲烷和酮在锂存在下的声化学反应中，在输入电压为 530V、温度为 -50℃时反应的结果远不如 0℃时的结果。当输入电压提高到 1020V 时，这种差异明显减少。这说明增大超声强度有助于减少温度对反应的影响[27]。此外，当使用饱和蒸气压较高的溶剂时，使用高频超声波或许是有益的。

总之，超声辐照对化学反应体系的影响是复杂的，因素很多。除空化作用外，超声波还有许多次级效应，如机械振荡、乳化、扩散、击碎及热效应等，都有助于加强反应物之间的相互作用和非均相体系的充分混合，加快反应速率。

7.4.2.3　声化学反应装置

声化学反应器是有机声化学合成技术的关键装置，它一般由电子部分（信号发生器及控制部分）、换能部分（振幅放大器）、耦合部分（超声波传递）及化学反应器部分（反应容器、加液、搅拌、回流、测温等）组成。随着声化学的发展，各种类型的声化学反应器不断出现，如：

① 超声清洗槽式反应器；
② 探头插入式反应器；
③ 杯型超声反应器；
④ 有金属参与反应的反应器；
⑤ 超声气升式反应器。

任何声化学基础研究的成果，都希望最大限度地走向生产规模。因此，解决生产规模的大型声化学反应器就成为十分重要的问题。

吕效平等[28]将超声和气升式内环流反应器结合，耦合两者的优点，开发了新型气升式内环流声化学反应器。对反应器的流体力学性能、传质性能作了研究。因为气升式反应器的结构简单，运行阻力减少，维护方便，并可实现催化剂连续再生，具有较小剪切力，能耗也较少，易于放大及建造，其本身的处理量就比较大；而且变幅杆式的超声发生器具备高声强和易于控制等优点。

7.4.2.4　超声促进下的有机反应

（1）氧化反应

通常条件下的氧化反应往往由于氧化剂的强弱和反应条件等因素的影响，难以控制氧化反应的产物停留在所需的阶段，缺乏很好的选择性。而超声化学条件一般都很温和，并能很好地活化氧化剂，且具有很高的选择性。

Kaliská 等[29]在超声波的作用下，顺利地实现了在通常的无声搅拌或回流反应条件下所无法完成的由大位阻的哌嗪（Piperazine）到亚硝酰自由基的氧化反应，而且收率也比较高[如式(7-3)]。如果仅用搅拌，该反应不会发生。

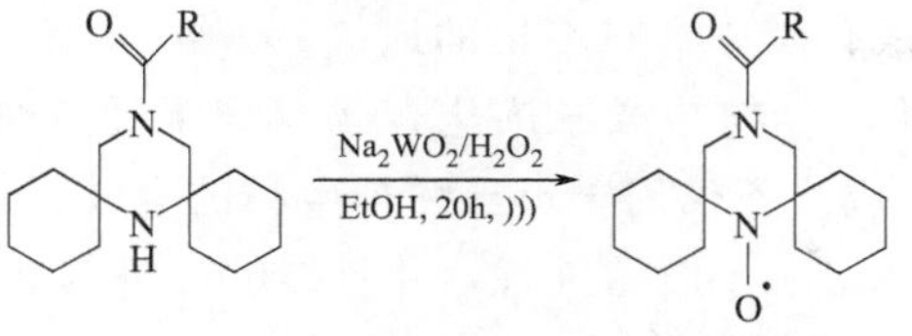

$$(7\text{-}3)$$

产率:58%～86%

南京工业大学超声化学工程研究所研究了超声作用下环己烯环氧化[30]和环己酮的 B-V 氧化反应[31]：超声对反应有显著的促进作用，提出了超声促进氧气氧化环己酮和环己烯的可能机理。两个反应均为自由基反应机理，超声引发自由基的产生从而引发链反应。超声在 ε-己内酯合成中，促进了过氧苯甲酸的形成从而促进反应［式(7-4)］；在环氧环己烷的合成中，超声对过酸的生成及氧转移两步反应都有促进作用［式(7-5)］。

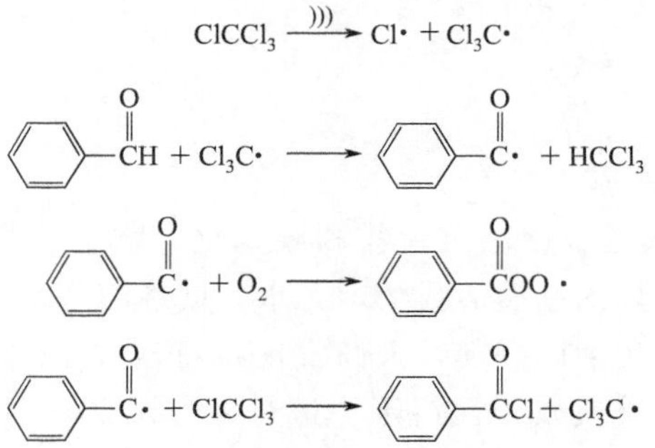

$$(7\text{-}4)$$

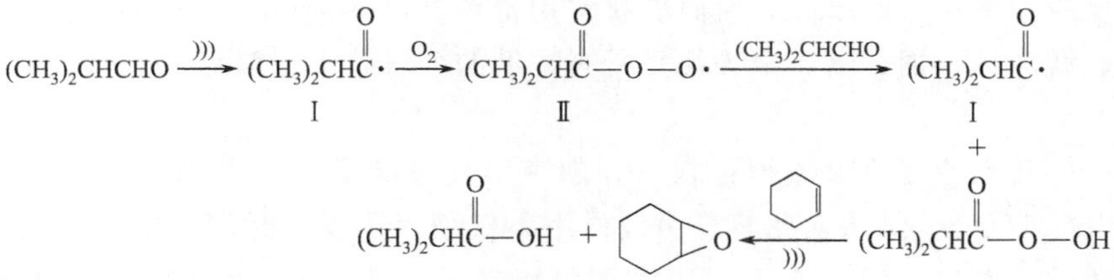

$$(7\text{-}5)$$

（2）还原反应

有机还原反应中很多都采用金属或其他固体催化剂，超声波对这类反应的促进作用是明显的。将芳硝基化合物转变为芳胺是有机合成中的重要反应。Nagaraja 等[32]曾对用铝还原芳香族硝基化合物进行了研究。结果发现，超声波作用下芳香族硝基化合物反应速率大大提高。以硝基苯为例，当选用传统的室温回流方法时，需反应 24h，还原产率才可达 75%，而当选用超声波作用时，室温下仅 2h，便可达到同样效果［式(7-6)］。

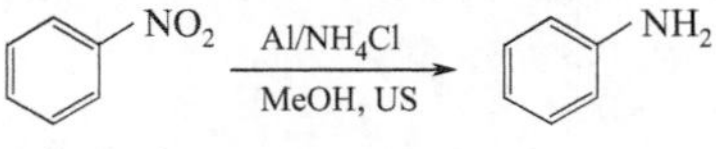

$$(7\text{-}6)$$

（3）羰基化合物的缩合及加成反应

以往制备氨基腈多在水溶液中进行，操作步骤冗长。Hanafusa 等[33]将氯化铵（或甲胺盐酸盐）、氰化钾和脂肪醛（或芳香醛）混合后，在氧化铝载体和超声辐射的促进下可得到 α-氨基腈，产率提高约 30%，为氨基酸提供了一种简单的合成方法。

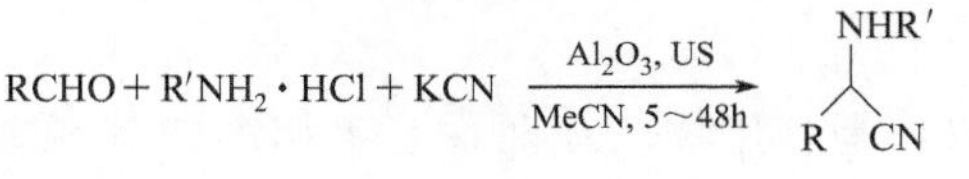

$$RCHO + R'NH_2 \cdot HCl + KCN \xrightarrow[\text{MeCN, 5～48h}]{Al_2O_3,\ US} \quad (7\text{-}7)$$

（4）环加成反应

环加成反应是一类生成环状化合物的协同反应，可用来把较小分子组合成具有指定构型的碳骼（碳架），在有机合成化学中占有突出的地位。

Diels-Alder 反应是二烯化合物与亲二烯化合物（如烯烃、炔烃等）之间所进行的环加成、并生成环状化合物的反应。不仅用于环己烯衍生物的合成，还可用于多种杂环化合物的合成。超声波能促进 Diels-Alder 反应的进行，并且能够改进其区域选择性。

$$(7-8)$$

（5）Barbier 型声化学反应

Barbier 反应指的是金属锂或镁、卤代物和羰基化合物经一步反应得到醇的反应。因有许多缺点，如要使用活泼的烯丙基型卤代物，无水，惰性溶剂，产率不高等，因而被人们冷落了相当长的时间。随着声化学的兴起，人们发现在超声作用下的 Barbier 反应可使用不活泼的卤代烷，可以在含水介质或质子性溶剂中进行，可跟 α, β-不饱和羰基化合物或腈进行共轭加成，反应速率快，产率高，因而更有实用价值。已知的 Barbier 型声化学反应多种多样，有机锂、镁、锌、铜、锡、汞等几乎所有常见的金属有机试剂都可借助超声辐射原位快速产生。

Leprêtre[34] 等研究了在金属锂存在下，超声引发吡啶类 1,2-二氮萘类和二氮杂苯类化合物的 Barbier 型反应。结果表明，超声波作用不仅缩短了反应时间，提高了收率，同时也缓和了反应条件。例如 5-溴-间二氮杂苯和苯甲醛超声作用下反应 0.5h，产率达 55%，无超声作用产率仅为 27%。更重要的是，超声作用克服了传统方法中的低温条件（−75℃），使反应在室温下就能进行。

$$(7-9)$$

目前声化学反应在工业上的实际应用仍不多，其主要瓶颈是工业超声化学反应器设计与制造落后于实验室的化学反应研究。

7.5 超声波萃取与浸取技术

7.5.1 概述

萃取一般称为溶剂萃取，是利用物质在两种互不相溶的溶剂中的溶解度或分配系数的不同，将溶质从一种溶剂里转移到另一种溶剂里，从而使溶质和原溶剂分离的单元操作过程。

浸取一般称为固液萃取，是利用溶剂分离固体混合物中的组分，即使溶剂进入待提取固体物中以溶出有用成分。中药材行业中多称为提取，如用水溶出甜菜中的糖类，用乙醇浸出黄豆中的豆油，用无水乙醇、氯仿、苯等溶剂提取中药材中的有效成分（如生物碱、苷类、糖类、酚类、酸类等）。提取的传统方法是粉碎、蒸煮等方法，现又发展了超声提取、微波提取、超临界流体萃取、生化提取、内部沸腾提取等方法。萃取过程一般是一个物理过程。

超声萃取（Ultrasound Extraction）技术是近年来发展起来的一种新型分离技术，与常规的萃取技术相比，超声波萃取技术具有快速、价廉、安全、高效等特点。另外超声波萃取对溶剂和目标萃取物的性质（如极性）关系不大，可供选择的萃取溶剂种类多，目标萃取物范围广泛。

超声对萃取或浸取的强化作用最主要的原因是空化效应即存在于液体中的微小气泡，在超声场的作用下被激活，表现为泡核的形成、振荡、生长、收缩乃至崩溃等一系列动力学过程，及其引发的物理和化学效应。伴随超声空化产生的微射流、冲击波等机械效应加剧了体系的湍动程度，加快相相间的传质速度。同时，冲击流对动植物细胞组织产生一种物理剪切力，使之变形、破裂并释放出内含物，从而促进细胞内有效成分的溶出。另外，超声波的热作用和机械作用也能促进超声波强化萃取。超声波在媒质质点传播过程中其能量不断被媒质质点吸收变成热能，导致媒质质点温度升高，加速有效成分的溶解。超声波的机械作用主要是超声波在介质中传播时，在其传播的波阵面上将引起介质质点的交替压缩和伸长，使介质质点运动，从而获得巨大的加速度和动能。巨大的加速度能促进溶剂进入提取物细胞，加强传质过程，使有效成分迅速逸出。

7.5.2 超声强化萃取过程

超声强化萃取过程较多用于分析检测前处理中的微量提取与富集。研究者[35]将离子液体［C_4mim］［PF_6］用于分散液-微萃取五氯酚（Pentachlorophenol，PCP），并利用超声辅助萃取技术加快萃取速度，研究了离子液体超声辅助液相微萃取/高效液相色谱-谱测定水中痕量 PCP 的方法。该法具有简便、干扰少、特异性强的特点，可用于环境水样中痕量 PCP 的测定。经实际环境水样的测定，得到满意结果。

7.5.3 超声强化提取过程

利用超声所产生的各种效应来提取分离中草药材中的化学成分，是国际上声化学研究的一个重要内容。超声波具有空化、乳化、搅拌、扩散、化学效应、凝聚效应等特殊作用，使植物细胞的细胞壁破裂，加速胞内有效成分的释放、扩散和溶解，增大介质的穿透力以提取生物有效成分，而超声波的热效应使得药材或者生物质温度升高，也促进有效成分的溶解。另外超声波的机械效应可以强化介质的传质和扩散，提高有效成分的提取率。与传统提取工艺相比，超声提取技术具有溶剂用量少、提取速率快、提取率高、节约成本等特点，且超声提取不会影响有效成分的化学结构和生物活性的变化。

目前已较成功应用于中药材和各种动、植物有效含量的提取，是替代传统剪切粉碎工艺，实现高效、节能、环保的现代高新提取技术。其技术优点如下：

① 提取效率高，提取率比传统工艺显著提高达 50%～500%；

② 提取速度快，比传统方法缩短提取时间 2/3 以上；

③ 提取温度低，超声提取中药材的最佳温度在 $40\sim60℃$，可避免破坏遇热不稳定、易水解或氧化的药材中有效成分，同时大大节省能耗；

④ 适应性广，超声提取中药材不受成分极性、分子量大小的限制，适用于绝大多数种类中药材有效成分的提取；

⑤ 选择性好，提取的药液杂质少，利于分离、纯化有效成分；

⑥ 操作简单易行，设备维护、保养方便；

⑦ 提取工艺运行成本低，综合经济效益显著。

超声提取已广泛用于不同药用部位中药的提取，如根和根茎类，三七、人参、丹参、黄芪等；全草类，益母草、长春花等；叶皮类，银杏、杜仲等；花类，曼陀罗、金银花等；果实和种子类，沙枣、山楂、枸杞等。药材中提取的化学成分有生物碱、挥发油类、多糖类、苷类、黄酮类、醌类、萜类、氨基酸类等。该方法具有提取温度低、提取时间短、提取效率高、适用性广、能耗低等特点，如超声提取辣椒碱，比热浸渍法快 5 倍，且提取效率更高；提取多酚，比索氏提取法快 4 倍。

超声提取仍存在一定的局限性。液体在摩擦或热传导过程中吸收超声波导致液体整体温度升高而引起升温效应，可能会导致某些提取的化学成分的物理化学性质改变；超声波提取受热不均匀，提取液比较浑浊，不易滤过；超声波在不均匀介质中传播会发生散射衰减，影响提取效果；噪声污染大，产业化困难，容易造成有效成分的变性、损失等。今后应深入开展超声提取机制、动力学理论的研究；超声提取对中药活性成分稳定性影响的研究；超声提取与其他提取技术如超临界流体萃取、固相萃取、微波提取、高速逆流色谱、酶法提取、真空蒸馏等的集成研究[36]；解决超声辐射设备的安全标准及大型工业化超声提取设备的研制问题。

7.6　超声波结晶技术

7.6.1　概述

结晶是从蒸汽、溶液或熔融物中以晶体形式析出固体物质的过程。一般晶体在溶液中形成的过程称为结晶。结晶过程中只有同类分子或离子才能排列成晶体形态，因而结晶过程具有提纯效应，析出的晶体纯度较高，所以结晶用途多于一般凝固过程。但是并非所有物质都易于结晶。一般来说，分子量越大、分子组成越复杂，就越容易生成稳定的过饱和溶液，而不易结晶。有些物质虽然本身分子量不大，组成也不复杂，但由于能与水分子形成牢固的氢键，造成其溶液黏度高、传热传质性能差，因此这类溶液很难析出晶体。另外随着对晶体产品要求的提高，不仅要求纯度高、产率大，还对晶型、晶体的主体粒度、粒度分布、硬度等都有具体要求。而晶体成核和生长过程将直接影响最终产品的性状，为了解决这些物质的结晶问题，人们研究利用改变外部物理场条件促进结晶的各种可行方案，其中利用超声波能量控制结晶的超声结晶过程及其应用已受到化工、轻工、食品、生物、医药等领域的关注，该技术已成为强化结晶过程的关注焦点之一[37]。

7.6.2　超声结晶过程

一般认为超声空化产生的聚能效应、湍动效应、微扰效应、界面效应等的综合作用能减薄传质过程中边界层、增大传质速率，促进结晶过程。超声空化效应影响溶液结晶过程中的一些体系物性、溶解度、介稳区及结晶诱导期等因素。超声波对结晶的影响，主要是通过空化效应进行的。超声结晶技术主要通过调控超声空化作用，促进结晶-溶解可逆反应向着结晶方向进行。超声波机械振动能加速晶粒在溶液中的扩散，提升晶粒在溶液中分布的均匀度，从而为晶体的继续生长和最后获得优良结晶产品打下良好基础。

超声结晶还能显著缩短整个结晶周期。一般而言，处于生长过程中的单个晶体生长速率决定于晶粒大小。二次成核形成的晶核初期尺寸非常小，形成的微小晶核在无超声波协同的情况下，内在固有的生长驱动力很低。但由于其尺寸明显小于空化气泡，一旦施以超声辐照，空化作用对其生长的促进效应显而易见。

7.6.2.1　超声对结晶诱导时间的影响

结晶诱导时间是溶质在一定条件下，从形成过冷体系到出现可见的结晶所需要的时间，它受结晶温度、溶液搅拌强度及杂质的影响。温度升高，结晶诱导时间缩短；超声空化效应及机械效应可强化传质、降低溶液黏度，缩短结晶诱导时间。曾雄等[38]研究了超声对碳酸锂溶液反应结晶成核过程的影响，发现超声处理后，碳酸锂溶液结晶的诱导时间有明显的降低。

7.6.2.2　超声对成核的强化

在超声波辐照下，空化气泡的产生与崩溃过程会伴随非常大的加热与冷却速率（大于$10^9 K/s$）。迅速的降温过程还可能带来很高的局部过饱和度；而且随着超声波在溶液介质中传播，溶质分子的有效碰撞也加剧；这些都能促进一次成核的进行。同时空化气泡的崩溃还可能产生速度高于100m/s的微射流。由于较大晶种的尺寸数倍大于气泡，这种液体流会极大地冲大晶种，会在晶体表面形成凹蚀或击碎晶体，影响晶型。破碎后的晶体虽有部分溶解，但大部分又成为新的晶种生长晶体，促进了二次成核。因此可通过超声控制成核速率与可控地增加晶核的绝对数量，解决晶种的制备与数量问题，有效降低投种量、影响晶型，提高制晶的质量与产量。

7.6.2.3　超声改变晶体形貌

超声场对晶体晶型的影响，主要是因为超声波改变了溶质分子进入晶体晶面的速度，改变了晶体特定晶面的生长速率，使得晶体的晶型发生变化。

通过柠檬酸湿法工艺处理废旧铅酸蓄电池铅膏，浸出转化得到的前体柠檬酸铅结晶的产物粒度较小，不易过滤。采用超声波辐照对柠檬酸铅的结晶过程加以控制，对处理前后的样品进行 SEM 表征，对比超声波处理前后的柠檬酸铅晶体形貌变化。由图 7-12 可以看出，未超声处理得到的样品和超声处理后得到的柠檬酸铅晶体的结晶相貌有较大差别。可以看出，超声波处理能够有效调控柠檬酸铅晶体的结晶形貌，改善柠檬酸铅前体的过滤性能，提高铅膏湿法转化的效率[39]。这方面的研究例子还有很多。

7.6.2.4　超声对晶体粒度的影响

影响晶体粒度的因素有：成核速率、晶体生长速率、粒子在结晶过程中的碰撞。超声辐

(a) 无超声波结晶产物   (b) 超声波处理结晶产物

图 7-12 超声波处理前后柠檬酸铅晶体 SEM 照片

照后的晶体粒度通常小于无超声处理的晶体粒度,但使晶体粒度分布变窄。在溶液相同过饱和度时,超声处理时间长、声功率大、频率高均可减小晶体的平均粒度。粒度分布随结晶容器的增大而增大。当然在不同产品要求下,以上工艺条件均需经过优化,不是单纯越大越好或越小越好那么简单。

7.6.3 超声在结晶分离技术中的应用

7.6.3.1 超声优化溶液结晶产品

在化工行业结晶操作中,可用超声波强化磷酸钙、硝酸钾、氯化铵、乙酰胺、酒石酸钾钠等溶液结晶。在食品行业中,溶液结晶是蔗糖、葡萄糖、食盐和味精生产的必需过程,所以超声优化结晶过程以改变食品特性,达到改善食品品质的目的,如麦芽糖、油脂、巧克力、冰淇淋的特性修饰等。超声场对蔗糖溶液结晶成核过程的影响研究结果表明,在超声场作用下,结晶成核过程可以在低饱和度下实现,所得晶核较其他方法均匀、完整、光洁,晶粒尺寸范围分布较窄。

7.6.3.2 超声用于金属结晶以改善金属材料性能

在熔融金属的冷却过程中用超声作用可除气和获得较小的晶粒,另外通过超声影响结晶过程,使金属晶粒细化,达到改善材料性能、金属材料凝固补缩的目的。超声波还可以改善金属电沉积层的附着性、硬度和光泽度等,在表面工程中有广泛应用前景。

超声对铝液结晶过程进行干涉后,其交变机械力使具有大量结构缺陷的树枝晶碎断,最后生成细小均匀的粒状晶组织。超声波功率愈大,树枝晶破碎得愈彻底,晶粒细化效果也愈好,大大改善了铝液凝固时的补缩状况,使铝液的结晶组织变得更致密、平整,见试件端面收缩截面图 (图 7-13)[40]。

7.6.3.3 超声用于聚合物结晶以调控聚合物的结构与性能

在超声对聚丙烯结晶影响的研究中,超声除了会引起聚丙烯结晶度、晶面间距、晶型及晶粒尺寸等发生变化以外,还使聚丙烯/苯甲酸钠体系出现了 β-晶,聚丙烯/滑石粉体 α-晶的晶面选择性生长。

(a) 未经超声波处理　　(b) 800W, 290Hz超声处理　　(c) 1000W, 195Hz超声处理　　(d) 1500W, 185Hz超声处理

图 7-13　试件端面收缩截面图

7.6.3.4　强化纳米材料结晶增强其物理和化学性能

Eng-Poh Ng 等[41]在连续超声辐照下由稻壳灰合成了 EMT 沸石纳米晶体。室温下控制系统中的 EMT 沸石诱导、成核、结晶阶段和传统的热液法比较。发现超声波的引入加快了纳米 EMT 沸石生长，在 24h 内达到纳米 EMT 沸石的完全结晶，远快于传统的水热合成法（36h）。

7.6.3.5　超声处理食品冷冻冰结晶以改善冷冻食品品质

在食品冷冻、冷藏工业中的冰晶体形成过程需保持原有食品原料质量，而超声可以使过饱和溶液的固体溶质产生迅速而平缓的沉淀并强化晶体的生长。丘泰球等[42]研究了超声对蔗糖溶液结晶的动力学关系，如软水果（草莓）的冷冻，而超声作用能产生更多更均匀的冰晶体，缩短了膨胀时间，冰晶体的最终尺寸减少，对细胞的损坏也就变小了。

7.6.3.6　超声减缓蒸发罐积垢

超声可以减缓在热交换器上的晶垢沉积，提高传热速率。

7.6.4　超声结晶的应用展望

随着对结晶机理研究与认识不断深入和结晶技术的工业化应用需求，溶液结晶技术日益受到关注，且人们对所需固体产品提出了更高的标准，制订了更严格的质量指标，因此工业结晶科学领域与技术领域将面临巨大的发展机遇。

相对于传统的结晶方法，超声结晶的优势十分显著。超声将使很难结晶物质的结晶带来可能，并可根据需要改进结晶产品的纯度、形貌、结构、尺寸等，有助于结晶工艺与设备向着更加高质、高效、简便的方向发展。

从工程应用的角度看，为促进溶液体系结晶分离过程、超声结晶的工业化生产，除了声场及其操作参数（如超声频率、功率、温度、作用时间等）对结晶过程中晶核的生成和晶体的成长的影响机理十分重要外，还需对超声结晶专用设备开发与工业化放大做很多工作。

7.7　超声波膜技术

7.7.1　概述

膜分离技术具有节能、分离效率高、过程简单、不污染环境等优点，已广泛应用于化工、环保、食品、医药、电子等工业领域。但在膜分离过程中，存在浓差极化和膜污染等现象，导致料液中的微粒、胶体粒子或溶质分子在膜表面及膜孔中沉积，使膜阻力增大，渗透通量下降，成为膜分离技术应用的主要障碍。

超声波强化超滤与微滤过程中，超声空化所产生的微射流和冲击波等可以促进液流与颗粒的宏观运动，使颗粒易于被液流带走，避免了颗粒的沉积，有效地减缓浓差极化现象及滤饼层的形成，使边界层阻力及滤饼阻力显著减小。同时，空化泡崩溃时产生足够的能量，克服了物质与膜之间的作用力，减弱了溶质的吸附和膜孔的堵塞，起到超声清洗的作用，从而抑制了膜污染。此外，超声波的空化作用使膜表面的溶质浓度减少，降低了溶质的渗透压，抑制了由浓差极化引起的渗透压升高，也有益于膜通量的增加。

另外，对于膜蒸馏、膜吸收等传质膜分离过程，超声波对过程的强化也主要是由其空化作用所致。

超声强化膜分离应用主要在两个方面：①强化膜过滤过程，提高膜通量与抑垢；②强化膜清洗与反冲洗。以上两过程可结合使用。

7.7.2　超声强化膜清洗

7.7.2.1　超声强化膜清洗机理

由图 7-14[43]清楚地表现了气泡在膜面污垢上的运动及其特点，以及超声的各种微观的作用形式，有声流（Acoustic Streaming）、微流（Microstreaming）、微流体（Microstreamer）、微射流（Micro-jets）等。

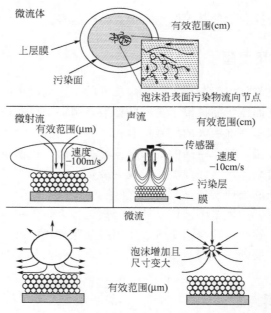

图 7-14　超声导致颗粒从污染表面脱落的机理

7.7.2.2　超声膜清洗的影响因素

超声膜清洗的影响因素主要有声强或声压、频率、清洗液的物理化学性质等。除此之外，渗透压、超声辐照和膜面的位置、超声作用时间、处理液的温度等因素对超声清洗膜面都有重要的影响因素。

7.7.2.3　超声膜清洗应用

南京工业大学超声化学工程研究所晋卫等[44]将平板式超声换能器浸没于水中，分别取多段污染的聚偏氟乙烯（PVDF）有机膜放入清水中置于换能器前 1.6cm 处。分别在 30W、100W、245W 下处理 30min，并对这些膜做扫描电镜，通过表观和膜孔分布比较清洗的效果。

原污染膜和使用平板浸没式超声处理器清洗后的膜电镜照片如图 7-15 所示。

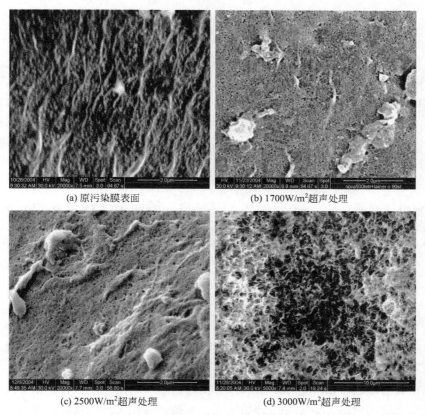

(a) 原污染膜表面　　　　　　　　　(b) 1700W/m²超声处理

(c) 2500W/m²超声处理　　　　　　　(d) 3000W/m²超声处理

图 7-15　原污染膜和使用平板浸没式超声处理器清洗后的膜电镜照片

图 7-15 所示为原污染膜和在 40kHz 下 3 种声强超声处理 30min 后的膜表面（20000 倍）照片，从图 7-15(a)～(c) 可以看出，相比于原污染膜，超声作用后，膜面上的污垢减少了很多。同时，超声的声强越大，空化效应也越大，更容易克服污染物与膜间的相互作用力，因此声强越大，清洗效果越好。但图 7-15(d) 表明在 3000W/m² 时 PVDF 膜破坏较严重，露出了表层下的支撑体。实验认为使用超声波清洗时声强应控制在 2700W/m² 以下为好。

工业膜过滤过程具有过滤、反冲清洗两个操作阶段。超声用于强化膜反冲清洗过程也有很好的效果。由图 7-16[45] 看出，超声辅助反冲清洗具有好的效果，经过超声作用 90min 后，通量由原来的 21.6L/(h·m²) 增加为 39.3L/(h·m²)，通量恢复率达到 81.9%。比不加超声的反冲清洗效果（21.8%）明显好得多。

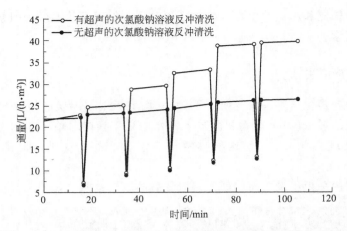

图 7-16　有无超声时反冲清洗对膜通量的影响

陶瓷膜由于烧结成型温度比较高，从而具有机械强度高、耐酸碱、耐高温等优良特性。Lamminen 等[46]采用阳极 $\gamma\text{-}Al_2O_3$ 陶瓷膜进行微滤分离实验，运用 SEM 成像技术检测超声对膜损坏的情况，并对超声处理过膜的溶液中的 Al 进行分析。研究发现，陶瓷膜在高功率低频超声（$20W/cm^2$，$2kHz$）的长时间作用下，SEM 照片并没有显示出膜表面有任何损

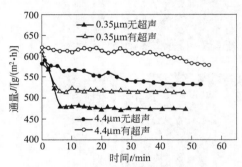

图 7-17　有无超声对膜通量的影响

伤。使用频率 $70\sim620kHz$ 的超声可有效清洗无机膜，不会对膜造成损伤。

7.7.3　超声强化膜过滤的影响因素及其应用

影响超声强化膜处理效果的因素主要有：超声频率、超声强度、溶质的性质、错流速度、温度、操作压力等。

舒莉等[47]研究了在陶瓷膜过滤氧化铝悬浮液分离时超声（$21kHz$）的影响，在两种氧化铝粒径条件下加入了超声的作用时，膜通量都有了一定程度的提高，见图 7-17。

超声强化膜过滤应用很多，几乎所有膜分离过程均可利用超声强化。由较多文献可见当前超声强化膜过滤在食品、轻工方面开始使用，如超声强化果汁的超滤膜过滤与茶饮料的澄清、松籽蛋白质分离等。

7.8　超声波吸附/脱附技术

7.8.1　概述

在化工生产中，吸附专指用固体吸附剂处理流体混合物，将其中所含的一种或几种组分吸附在固体表面上，从而使混合物组分分离，是一种属于传质分离过程的重要单元操作之一，所涉及的主要是物理吸附。脱附也称解吸，是吸附的逆过程。是使已被吸附的组分从饱

和吸附剂中析出，使吸附剂再生的操作过程。吸附/脱附分离广泛应用于化工、石油、医药、食品、轻工和环保等部门。

吸附技术须解决最终吸附剂解吸再生的问题，需要减小溶质在多孔吸附材料内部以及溶液与吸附剂表面之间的浓差极化所产生的传质阻力，而超声空化在强化微传质方面比普通机械搅拌等方法更为有效。

7.8.2 超声强化吸附/脱附机理

国内外许多学者的研究大多表明，与非超声波条件下的吸附过程相比，超声波作用下，饱和吸附量下降，吸附等温线下移，但等温线下移的幅度不大，其形状不变[48]。

超声波处理吸附/脱附过程，既可改变相平衡状况，又可使吸附/脱附速率明显加快。因此将超声波用于吸附剂的再生，不仅可以加快脱附速率，而且可使吸附剂再生彻底，能有效克服目前工业中普遍存在的吸附剂再生不彻底、利用效率低等缺点。

7.8.2.1 超声波在吸附/脱附过程中的热力学研究

郭平生等[49]建立了 Langmuir 吸附系统在外场作用下的吸附相平衡关系式，认为超声波场对 Langmuir 吸附相平衡方程（或相平衡）存在影响，使吸附相分子比非吸附相分子在超声波场中能获得更多的能量。因此，超声波场作用下的 Langmuir 平衡吸附量 θ 比相同常规条件下明显减少。

超声波强度是影响吸附/脱附相平衡的参数之一。由图 7-18[50]可见超声波对液固吸附平衡的影响。超声波作用时的吸附/脱附等温线比不加超声波时的要低，平衡吸附量下降；吸附/脱附等温线下移，平衡吸附量下降，即表明该过程有利于解吸。

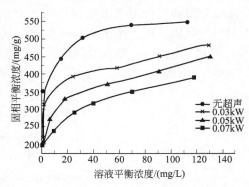

图 7-18 不同超声功率作用下活性炭
吸附罗丹明的等温吸附曲线

7.8.2.2 超声波在吸附/脱附过程中的动力学研究

Hamdaoui O. 等[51]研究了对氯苯酚/活性炭体系，发现与搅拌相比，加入超声波后体系的吸附速率明显加快，即吸附动力学曲线的斜率远大于普通搅拌时的斜率。经计算得出，影响传质扩散的控制步骤——孔扩散系数提高了 5～7 倍。

南京工业大学超声化学工程研究所周玉青等[52]研究了超声协同交联 β-环糊精处理苯酚过程中超声频率对对苯酚去除率的影响。超声频率为 20kHz 和 40kHz 时最高吸附率达到 92.8% 和 94.1%，随着超声频率的增加，吸附率有所降低。

温度对超声波吸附/脱附速率的影响除了对体系物性的影响（吸附热、表面张力、黏度等），还有对声空化的影响。高温有助于空化气泡的产生，从而提高了吸附/脱附速率；但同时，由于温度的升高，空化强度减小，空化泡崩溃时对吸附/脱附速率的影响减小。因此，在此两个因素作用下，应有一个超声波处理最佳温度，以达到加快吸附/脱附速率的目的。

7.9 超声波污水降解技术

利用超声波降解工业污水中的多种化学污染物，尤其是难降解的有机污染物是近几年来发展起来的新型水处理技术，其具有去除效率高，反应时间短，提高废水的可生化性，设施简单，占地面积小等优点。近年来，超声波作为一种深度氧化处理技术，广泛应用于各种高浓度难降解的单一有机废水处理的理论研究与工业应用中。单独超声以及超声与其他高级氧化法联合使用来降解水中的有机污染物成为水处理方向的研究与应用热点。

7.9.1 超声降解污水过程机理

一般认为，超声辐照会引起许多化学变化。超声加快化学反应，被认为是空化。在超声降解反应中形成的·OH 和·H 可以结合成 H_2 和 H_2O_2，又可以进攻溶质分子发生氧化还原反应。热点理论模型认为：一定频率和压强的超声波辐照溶液时，在声波负压相作用下产生空化泡，在随后的声波正压相作用下空化泡迅速崩溃，整个过程发生在 ns～μs 时间内，产生瞬间的高温高压。在正常温度和压力下的液体中产生了高温高压点，即形成了"热点"。进入空化泡的水蒸气在高温高压才发生分裂和连锁反应，反应的方程式如下：

$$H_2O \longrightarrow \cdot OH + \cdot H \tag{7-10}$$
$$O_2 \longrightarrow 2O\cdot \tag{7-11}$$
$$O_2 + \cdot H \longrightarrow \cdot OOH \tag{7-12}$$
$$O_2 + \cdot H \longrightarrow \cdot OH + O\cdot \tag{7-13}$$
$$O\cdot + H_2O \longrightarrow 2\cdot OH \tag{7-14}$$
$$2\cdot OH \longrightarrow H_2O_2 \tag{7-15}$$
$$O_2 + \cdot H \longrightarrow \cdot OOH \tag{7-16}$$
$$2\cdot H \longrightarrow H_2 \tag{7-17}$$

当水的温度超过临界温度 374℃，压力超过临界压力 2.2×10^7 Pa 时，水就处于超临界状态。处在超临界状态下的水在黏度、电导、离子活度积、溶解度、密度和热容等物理化学性质方面与常温常压下的水有很大的不同。有文献认为，瞬态超临界水的形成是加速化学反应的重要因素之一。由此可见，超声空化在溶液中除了能形成局部高温高压区以外，还可以在这个局部区域生成高浓度的·OH 和 H_2O_2，并能形成超临界水。

综上所述，超声空化降解化学物质主要有以下三种途径：①自由基氧化；②高温热解；③超临界氧化。根据超声降解处理污水的作用机理，凡是对空化泡的产生与寿命、空化泡的大小等性质产生影响的因素，均可能影响超声技术的作用效果。

7.9.1.1 超声频率的影响

在超声污水处理过程中，随着频率会影响空化泡的形成、生长等，以致空化效应不同。一般来说，超声频率越高，污水降解效果越好，但由于设备制造的原因，超声换能器功率越大，超声频率提高越困难，工业化超声降解装置的超声频率很难高过 1000kHz。

7.9.1.2 超声功率和声强的影响

处理污水输入的超声能量是另外一个重要参数。衡量超声能量大小的是声功率或声强。能量输入的增大可增加空化泡数量，并使空化泡的崩溃更激烈，水中有机物降解速率也增加。但是，并不是输入的功率越大越好，实验研究表明不同污染物的降解中，都会有一个使降解反应效果达到最佳的功率值，超过最佳功率值后，降解效果反而降低。

7.9.1.3 被处理物系的物理化学性质的影响

废水的温度、目标污染物的理化性质及体系内废水溶液化学组成、固体颗粒等均可影响超声降解作用效率。

7.9.2 超声降解酚类有机废水

酚类废水的处理通常采用生物法，但微生物较难降解芳烃及有机酚类废水，且在工业废水的排放标准中，酚类物质的含量都应小于几百 ppm，处理要求较高。可以考虑采用声化学处理方法作为生物处理芳烃、酚类等物质的预处理，以减轻生化处理工序的负担。以下介绍超声降解几种有代表性的芳烃、酚类水溶液的研究结果。

7.9.2.1 超声降解间苯二酚水溶液[53]

南京工业大学超声化学工程研究所以间苯二酚为代表进行超声降解二元酚的研究，详细研究了声强、溶液初始浓度、溶液初始 pH 值、溶解气体等因素对超声空化降解效果的影响，并对超声作用机理及其反应动力学作了初步的探索和研究。

研究结果表明间苯二酚初始浓度对降解效果的影响明显，间苯二酚的初始浓度越低，其降解率越高；超声波的声强大小对间苯二酚的超声降解效果影响显著，声强越大越有利于间苯二酚的降解；同时曝气和超声处理效果明显优于单独超声的处理效果。

间苯二酚超声降解反应动力学研究表明，间苯二酚的超声降解过程以自由基氧化反应为主，并且该反应遵循表观一级动力学反应的特征。

7.9.2.2 超声降解五氯酚钠水溶液[54]

最近较多文献探讨了超声波降解有机化合物过程，均认为用这种超声辐射的方法可以很有效地降解水中的化学污染物，例如含氯的碳氢化合物、杀虫剂等。但在理论上人们还不是完全清楚其作用的具体方式。南京工业大学超声化学工程研究所徐宁、吕效平等针对超声波降解含五氯酚钠废水研究超声化学降解作用的原因与影响因素。

无超声处理时，五氯酚钠的浓度下降很少，而单独用超声波作用可使溶液的浓度有明显的降低，但存在一个最佳声功率；超声频率高有利于五氯酚钠废水的降解；研究表明 H_2O_2 与超声波的联合作用可强化降解五氯酚钠。超声波处理技术可作为生化处理或其他处理技术预处理的强化技术使用。

7.9.3 超声处理造纸废水

超声波处理造纸废水的原理及其影响因素与超声降解其他化工污水的相同。

利用超声与高级氧化技术组合处理造纸废液，可得到更好的降解效果。周珊、吴晓晖等利用超声技术（US）及超声与组合高级氧化技术（AOPs），例如 US-H_2O_2、US-H_2O_2-Fe-SO_4，对造纸废水进行处理。得出结论：①超声辐照下，可以将造纸废液中大分子有机污染物部分分解为小分子有机物；②超声辐照时间对造纸废液降解有一定影响；③活性自由基的产生如 HO·，可显著提高造纸废液的超声降解效果。单独 US 工艺下辐照 4h，废液 COD_{Cr} 去除率仅为 17.5%，TOC 去除率仅为 13.7%；但在 US-H_2O_2-$FeSO_4$ 组合工艺下辐照 4h，由于活性自由基的产生，使废液 COD_{Cr} 去除率高达 47.9%，TOC 去除率高达 45.8%；④单独 US 法及其与 H_2O_2、$FeSO_4$ 的组合工艺均可以部分降解造纸废水中的有机物，可望成为生化法的预处理过程。

超声空化降解技术单独使用不多，开发超声与其他氧化工艺的联合作用，实现多项单元技术的优化组合，将会使其从技术上和经济上更可行。例如：

① 超声-臭氧（US-O_3）联用。在超声辐照下，O_3 被分解，在溶液中产生了更多的具有化学活性的·OH，并且加快了向溶液中的传质速率，从而提高了有机物的去除率。一般可以超声降解、杀菌与臭氧消毒共同处理污水。超声-臭氧技术特别适合于处理成分复杂的工业废水，同时具有节能高效、运行稳定、操作方便的优点，具有很大的应用价值。

② 超声-过氧化氢（US-H_2O_2）联用。原理类似超声-臭氧联用技术，对污染水体进行降解、杀菌、消毒。

③ 超声-紫外光联用（US-UV）。该工艺不仅利用了 US 技术和 UV 技术各自降解能力的叠加或互补作用，还具有协同降解作用，同 US 技术单独使用相比，US-UV 工艺大大提高了有机物的去除速率。对污水中常见的有机污染物苯酚、四氢化碳、三氢甲烷和三氯乙酸进行降解，使四种物质的降解产物为水、二氧化碳、Cl^- 或易于生物降解的短链脂肪酸。

④ 超声-紫外-臭氧（US-UV-O_3）联用。该技术同样有很好的协同降解作用。

⑤ 超声-紫外光催化氧化（US-UV-TiO_2）联用技术。

⑥ 超声波-磁化处理技术联用。磁化对污水既可以完成固液分离，也可以对 COD、BOD 等有机物降解，还可以对染色水进行脱色处理[55]。

⑦ 超声-电化学联用技术。大多数有机污染物在阳极氧化时可降解为 CO_2 和 H_2O，但当有机物在电极上被氧化或还原时，会在电极表面生成一层聚合物膜，导致电极活性下降和电耗增加；利用超声波的空化作用，可使电极清洗复活及强化反应物从液相主体向电极表面的传质过程，消除浓差极化等。

⑧ 超声-湿法氧化联用技术。由于超声处理不易完全降解有机物，而湿法氧化技术不适合处理某些大分子有机物，所以利用超声先在常温下将大分子有机物降解成小分子，再用湿法氧化处理，起到了互补作用。超声提高了湿法氧化速率和 COD 去除率。

⑨ 超声-生物处理联用技术。利用超声首先处理难生化降解的废水，以提高其生化降解性，再用常规生化法处理，同样具有较好的互补性。

⑩ 超声波强化传统化学杀菌处理技术。在用传统化学方法进行大规模污水处理时[56]，增加超声波辐射，强化药物的微分散，可以大大降低化学药剂的用量。

声化学过程具有低能耗、少污染和无污染等特点，且超声能将水体中有毒有机污染物降

解为 CO_2、H_2O、无机离子或比原来毒性小的有机物，是一种环境友好的治污技术，这些联用技术可用于处理造纸废液，也可用于其他污水，它们的使用不仅使处理效果大大提高，同时也减少了废水处理的成本，有良好的工业应用前景。

虽然超声波在污水处理领域的应用已经得到了人们广泛的认识，但是有许多问题仍然有待进一步完善：

① 超声波反应的条件较复杂，影响因素多。不同的物料的物理化学性质不同，故其最佳的反应条件也不同；污染物不同，其超声波参数与工艺条件（频率、强度、分解温度与时间、催化剂、体系 pH 值及溶解气体等）也不同，需进行优化试验，达到最佳的降解效果。

② 针对不同目标处理物的最佳超声联用技术需进一步开发。

超声波大规模废水处理应用的问题主要在工业化超声处理设备上，需开发出大处理量的超声波反应器。目前，超声波水处理技术已开始较大规模运用到生产中，国内一些水处理公司已推出其超声波水处理技术与相应超声水处理设备。

7.10 超声波生物污泥减量技术

目前我国城市污水年排放量大于 500 亿立方米，二级处理率达到 15%，污泥产生量约为 1600 万吨/年（按 97% 计）。因此，实现污泥的零排放将是石化污水处理的最新发展趋势。

7.10.1 超声促进生物污泥减量

由于声空化的作用，超声预处理可产生声化学反应，强化有机部分的生物转化，加快细胞溶解；用于污泥回流系统时，可强化细胞可溶解性，减少污泥产量；用于污泥脱水设备时，有利于污泥脱水、降低污泥含水率、污泥减量和最终减少处理费用。超声强化厌氧降解污水污泥可减少发酵时间。

7.10.1.1 超声分解污泥

高强度超声具有空化作用，使污泥中细胞分解。细胞物质溶解到上清液中，可用后续厌氧过程处理。结果表明后续厌氧消化过程能提高生物产气量，减少污泥量，提高废水处理场经济效益。

日本和德国近年来有关专利表明，高强度的超声可以分解污泥，促进厌氧发酵过程[57,58]；H_2O_2 和强酸结合，后续超声辐照（高温高压）处理剩余污泥，可以提高污泥的溶解性，降低处理成本；如采用热处理与超声相结合溶解污泥，则不需使用化学药剂。

超声处理污泥主要为机械分解作用，超声分解后，污泥稳定性增加，后续厌氧过程产气量增加或减少发酵时间[59,60]。另有研究将超声结合各种方法处理好氧过程产生的污泥，如化学试剂、热处理、臭氧、脉冲电场、均质器或球磨机等，能够提高剩余污泥的溶解性，减少污泥中有机物含量，加速厌氧，污泥产量、体积减少。

南京工业大学超声化学工程研究所韩萍芳等的研究表明[61]，采用高强度超声可以降解生物污泥，释放出其中的有机物质。低功率超声则能够改善污泥的膨胀特性、提高污泥沉淀特性和脱水能力，降低剩余污泥的含水率，达到减量的目的。经超声处理并简单过滤出的滤液 COD 值达到 4200ppm 左右，污泥含水率由 99.4％降低至 85％左右。

7.10.1.2 超声促进污泥减量

采用超声好氧处理生物污泥，最终可使污泥减量，有机物显著减少。Sakakibara 等采用 26kHz，120W 超声处理剩余污泥，后续膜分离。污泥减少了 83％。膜分离的液体中，COD 和 BOD 比最终处理出水略有增高。处理前后污泥挥发性悬浮固体（Volatilesu Spended Solids，VSS）从 80％降低到 70％[62]。

7.10.1.3 超声促进污泥脱水

超声发生器装在废水处理装置上，无需太大的能量，就能促进污水中有害物质分解，提高固液分离效率以及污泥沉淀性能。功率超声能够产生较高的剪切应力，打碎污泥菌丝，消除污泥膨胀。去除污泥的结合水，从而促进污泥脱水。处理后污泥团块的沉降性能有所提高。采用超声波和臭氧技术处理石化厂剩余活性污泥可以促进其脱水，且超声在减小污泥尺寸方面优于臭氧化效果。南京工业大学超声化学工程研究所吕凯等研究认为小功率超声对污泥脱水效果较好，最佳超声条件为：输出电压 70V，超声时间 2min；污泥含水率随臭氧量的增加而降低，最佳臭氧剂量为 0.05gO_3/gSS。传统的絮凝方法加上超声和臭氧可以使污泥含水率再降低 2％以上，减少絮凝剂用量近 40％[63]。石油污泥加热并加入 0.05％～0.5％的破乳剂及分散剂（氧磷化物和甲胺类化合物），同时采用超声辐照，悬浮物去除率达到 91％～96％[64]。超声处理能够促进污泥发酵过程，发酵时间从传统的 28 天提高到 20 天，并且发酵以后的污泥脱水性能提高[65]。Wolny、Bień 和 Nowak 采用 22kHz 超声处理原生以及消化污泥。超声处理 5～10min 时活细菌数量大大减少。超声处理几秒钟，就可以减少絮凝剂用量一半，污泥脱水后体积比无超声处理的减少 65％[66]。

7.10.2 生物污泥减量工业应用研究

由于近年来高效超声发生器的产生，使得超声环保方面的研究具有较好的可行性。超声发生器采用压电陶瓷换能器，可以产生较高声强及声能转换率，其形式有探头式、清洗槽式等。

德国 Uwe 和 Neis[67] 利用超声法将超声反应器与污泥池组合，经 96s 生化反应，试样上清液 COD 由 100mg/L 上升到 6000mg/L；污泥消化时间由传统的 22 天减至 8 天。在 Augsburg 和 Holzkirchen 两座工厂的研究表明，超声预处理可以增加 25％的沼气产量[68]。Seong-Hoon Yoon[69] 将膜生物反应器与超声细胞粉碎装置相结合，能够达到零污泥产出，但是出水水质比原来略差。

南京工业大学超声化工研究所进行了超声波促进污泥脱水减量并提高污泥厌氧消化效率的中试研究[70]。超声处理时间对污泥厌氧消化的影响更加显著。污泥在 2000W/m² 超声声强下处理 300min，厌氧消化 25 天，总产气量比未处理污泥提高了 144％；污泥的 COD 降低率也大大提高，至少可提前 10 天完成厌氧消化。由此可见，超声波预处理可以明显改善污泥的后续厌氧消化性能，增加消化过程中生物气产量，加快有机物去除率，提高厌氧消化效率。

7.11　超声波粉碎技术

7.11.1　超声粉碎的机理

粉碎被定义为利用机械力量将固体打碎成为更小的颗粒，同时并不改变其聚集形态。而在传统的研磨机械中，真正应用于破碎的能量只有机器能耗的1％。目前研磨技术效率较低的原因是由于应力作用于物料整体。由于物料的弹性，使应力中的一大部分以热量的形式消耗掉了。这就需要寻找一种能够将能量直接利用于物料破碎的方法。超声粉碎是利用超声振动的力学效应击碎被加工物质，加工成的粉末直径小、分布均匀，可用来粉碎一些对细度要求很高的物质。

7.11.2　超声粉碎机械的特点

将高密度表面能量集中在较小的粉碎活性区域，允许被处理的物料有较短的滞留时间；采用高频应力使破碎率提高，这两点互为补充。超声波能量的缺点是能够得到的振幅较小，使得一些特殊的物料在破碎前产生应变。只有通过设计先进的机械来克服这种缺点，以使振幅在机器表面和颗粒之间的所有接触点上都达到最大。因为振幅只限于几个微米，所以粉碎表面只限于几个颗粒厚的物料层，否则单个颗粒（振幅/直径）的应变不足以导致物料破裂。为了取得一定的粉碎效果，粉碎面必须尽可能大，这是超声波粉碎机设计的主要难点。

超声破碎在生物、医药、化工、食品等领域有效多的应用。超声粉碎细胞等在微生物学研究中的应用仍然是国内外粉碎的主要项目，目前美、英、德、日等国均有超声细胞粉碎机。而且性能、功能都不断提高。国内也有很多厂家生产有各类超声粉碎机。

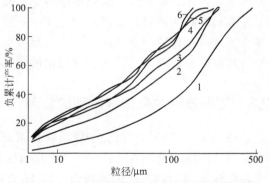

图 7-19　超声处理不同时间下的粒度分布曲线

1—未经超声处理；2—处理 5min；3—处理 10min；4—处理 15min；5—处理 20min；6—处理 25min

7.11.3　超声粉碎的应用研究

超声粉碎技术在矿物粉碎以及植物提取方面都有所应用。

胡军[71]等研究了超声波处理矿浆对煤泥粒度的影响（图 7-19），用激光粒度分析仪和小筛分试验测定了原煤样和用超声波处理过的煤样的粒度组成，证实了超声波对煤泥的破碎作用；同时，对各粒级产物的灰分和硫分分别进行了测定，推知超声波的破碎作用可使黄铁矿等杂质从煤中部分解离出来，因而超声波处理矿浆在改变粒度的同时，若选择适当浮选工艺也可增强脱硫效果。因此利用超声波强化脱硫具有一定可行性。

7.12　超声波除尘技术

超声波技术在除尘方面的工程应用包括超声波除尘技术和超声波雾化除尘技术[72]。

7.12.1　超声波除尘技术原理

超声波除尘技术的原理是超声凝聚现象[73]。含尘气体受到超声波的振动，气体中颗粒运动紊乱，碰撞概率增加，从而凝聚成质量较大的颗粒。当颗粒凝聚到一定质量，由于重力作用而沉降下来。超声除尘技术的应用，不但可以减轻大气污染，保护环境，而且沉降颗粒可以收集再利用，提高燃烧效率。超声波除尘过程主要利用颗粒筛分作用、惯性作用、凝聚作用和电磁力作用等四方面作用。

7.12.2　超声波雾化除尘技术原理

超声雾化除尘技术是国际上 20 世纪 80 年代发展起来的新型除尘技术，已经应用于部分产尘量大的场合。其原理是应用压缩空气冲击共振腔产生超声波，超声波把水雾化成浓密的微细雾滴（通过压力调节，水雾颗粒直径可以在 $1\sim50\mu m$ 之间调节），雾滴在局部密闭的产尘点处捕获、凝聚微细粉尘，使粉尘迅速沉降，实现就地抑尘。同时，由于雾滴微细，耗水量很少，抑尘后物料的增湿量，不会给工艺流程带来影响。

超声波雾化技术有两种形式，一种通过换能器的机械振动产生超声波雾化液体，另一种是通过超声波雾化喷头实现。

利用超声波雾化喷头实现的超声雾化加湿技术是利用声波共振原理。当压缩空气冲击共振腔时，气流出口与共振腔之间产生声波，声波在共振腔内反射产生共振，当振动频率达到超声波频率，声强足够大时，水能得到很好的雾化。超声雾化液体可得到均匀而大小可控的雾滴，随着超声频率的提高，雾滴尺寸变小。当今研究的重点在于超声波雾化产生的雾滴尺寸和雾化速度与超声波频率强度、液体的黏度等性质的关系[74]，以及在雾化过程耗散于液体中变为热能的超声能量占输入功率的比例等方面。

7.12.3　超声波除尘在工程方面的应用

前苏联学者为了清除和沉淀烟煤微粒，用低频超声波进行试验研究，研究认为最合适的清除烟煤微粒的频率范围在 $1\times10^4\sim2\times10^4$ Hz。在排气量 $1000\sim2000\text{m}^3/\text{min}$ 的气体洗涤设备中，在声强为 $1\text{W}/\text{cm}^2$ 的声场中停留 4s 的悬浮微粒开始黏聚。该方法可以把一般洗涤器的作用范围从直径 $10\mu m$ 的微粒扩展到直径为 $0.05\mu m$ 的微粒[75]。

通过超声波的处理可以使 $15\sim100\mu m$ 的干燥尘粒的沉降速度增至 0.5cm/s 以上，这样的尘粒可被旋风分离器毫无困难地迅速清除。1977 年美国新泽西声能发展公司率先开发出一种能喷激细水雾的超声波雾化器[76]。这种由超声雾化产生的水雾的直径比普通水雾小 10 倍，较常规雾化效率提高了 1000 倍，因此仅用少量的水就可获得极高的除尘效率，故其亦被称为超声干式捕尘技术。

冶金部马鞍山研究院从 20 世纪 80 年代开始从事这项技术的研究与产品开发，90 年代初已经开发出自己的 CW 型超声雾化器并应用于工业除尘及井下除尘，收到了良好效果，主要的应用方式有以下两种：超声雾化就地捕尘和超声雾化旋风除尘器[77]。

7.13 结语

7.13.1 超声化工技术的发展前景

过程强化主要需要大功率超声，即功率超声，其前期研究大部分集中在其声学效应的应用和开发，主要是前面提到的力学效应、热学效应、空化效应及衍生的化学效应、声流效应等，除了在功率超声清洗方面，超声波在医疗、探伤、焊接、机械加工、冶金铸态处理、超声淬火、超声雾化和超声乳化等方面已有广泛的商业化应用。

在我国科研院所、高校科研人员与相关超声设备制造企业员工的共同努力下，在声化学反应、超声提取、超声粉碎、超声破乳、超声除尘、超声除垢、超声干燥、超声灭菌、超声过滤、超声处理纸浆、超声酒类醇化、超声生物工程（种子处理）已由实验室研究进入过程工程开发与应用阶段。目前我国用于石化系统的首套超声污油脱水装置已达 60kt/a 规模[78]；超声烟囱除尘装置和超声换热器强化传热除垢装置已商品化，在炼油厂均有安装使用；超声在岩盐矿山已用于防垢、除垢等；除常用的超声清洗机外，市场已有超声波酒类醇化机、超声中药提取装置、超声波工业加湿器、凝汽超声波除垢设备和超声波振动筛等超声应用新产品，虽然仍有待于继续改进与开发，但我国超声技术在过程工业中的应用已走出了第一步。功率超声强化过程已发展成为一个新兴的技术。下面介绍一些较新开发的超声强化过程技术与相关领域。

（1）不断加大研究广度与深度的声化学领域

① 超声制备高性能催化剂。通过超声参加反应使原用普通化学反应制备的催化剂结构变化、活性组分负载量增加。制出拥有良好的电、磁和其他适用的特性的过渡金属和金属化合物。

② 超声电化学。超声电合成、超声光电化学、超声电分析是超声电化学的主要领域，其中研究最广泛也最具有应用前景的是超声电合成。超声波的声空化效应、机械效应、活化效应、热效应等对电化学体系的影响主要有：a. 加快传质速率；b. 持续清洁电极表面维持其电化学活性；c. 改变电极表面微观结构，增大比表面积。

③ 超声电镀。在电镀工业中引入超声波，利用超声波的声空化效应、机械效应、活化效应、热效应等对电化学沉积过程中液相传质、表面转化、电荷转移、电结晶步骤的影响，解决电镀过程中的电流效率低、电流微观分布不均、液相传质慢、微粒粒度分布范围广等问题，从而改善镀层与基体的结合力、细化晶粒、改善镀层表面的粗糙度、扩大电流密度、提高电流效率等得到性能更佳的电镀层。超声波强化电镀技术，是在不改变镀液配方、不增加镀液维护困难的前提下，大幅度改变镀层性能和提高电镀速度的一种新方法，因此是探索改良镀层和实现快速电镀的有前途的研究方向之一，预计超声波电镀将对传统的电镀工业的发展起较大的促进作用。

④ 核燃料后处理中锕系元素的声化学调价。硝酸水溶液在超声波辐照下产生自由基及活性分子，通过加入辅助试剂或控制硝酸浓度可以选择性地利用这些活性组分氧化或还原

铀、镎、钚等锕系元素。在核燃料后处理流程中对锕系元素进行声化学调价，实现锕系元素调价的无盐化，在某些调价过程中甚至无需额外加入任何试剂，符合核燃料后处理工艺无盐化的发展潮流。由于上述优点，声化学方法有望在后处理流程的铀、钚、镎调价方面得到应用。

⑤ 超声辅助制备新材料石墨烯的研发。国内已采用液相超声直接剥离法制备了不同厚度的纳米石墨烯片，所制备的石墨烯厚度范围为 $10\sim80nm$；石墨烯作为水基添加剂具有良好的减摩抗磨性能，使纯水的磨损机理发生转变，由严重的黏着磨损和腐蚀磨损转变为磨粒磨损。

⑥ 超声合成纳米材料。声化学能提供了一个简单利用超声波合成纳米材料的路线。超声制备核-壳结构纳米磁性复合颗粒，可简便地制得粒度分布均匀、可控、结晶度高、磁响应较强的核-壳结构纳米磁性复合颗粒。超声与化学相结合制备的淀粉纳米粒在生物医药、化工、造纸、化妆品等领域有广阔的应用前景。

⑦ 高分子声聚合反应。超声辐照聚氯乙烯（PVC）和甲基丙烯酸甲酯（MMA）的混合溶液，通过这种方法，可以使一种单体通过接枝的办法包裹在另一种聚合物颗粒表面形成具有核壳结构的共聚物。超声辐照可以引发环构碳酸酯的开环聚合，其聚合速率快、转化率高，是一种开环聚合的新方法，聚合不需溶剂和化学引发剂，产物中不含不稳定的残余物，因此特别适合于高分子复合材料的生产和处理。另外还有超声聚合物降解反应及超声聚合物加工新技术。

（2）过程单元操作超声强化的研究

目前过程单元操作超声强化的研究同样在深度与广度方向发展。在超声强化乳化/破乳、化学反应、萃取与浸取、结晶、膜过程、吸附/脱附、污水降解、生物污泥减量、粉碎和除尘等，继续深入这些超声处理单元过程的机理、不同处理对象与体系工艺优化及相应声处理设备的研发。同时还扩展到多种生产过程与产品的超声强化技术。

① 超声铸态处理。在液态金属的成形过程中引入功率超声，通过超声的空化和高能量声流等声学与力学效应影响金属凝固过程中的形核和晶粒生长，可使其凝固组织由粗大柱状晶或树枝晶变为细小均匀的等轴晶，改善宏观和微观偏析程度，促进气体的排除，利于夹杂物的凝聚消除等一系列作用，达到对成形产品最终组织与性能的改善和控制。

② 超声含油污泥分离技术。与普通超声清洗技术类似，通过声场的机械振动、空化效应及热作用来破坏含油污泥的结构，降低污泥中原油的黏度，减小原油与无机固体间的黏附作用，从而使含油污泥中的油和泥砂分离。

③ 超声强化热风干燥。超声干燥较多用于液体介质中强化食品渗透脱水预处理，因为新鲜物料组织结构紧密，渗透脱水速率缓慢，而利用超声在液体介质中所产生的声空化效应，则可以显著提高脱水速率，脱水后产品的感官品质与新鲜物料几乎相同。

热风干燥是农产品加工中的重要单元操作，但目前其能效利用低。近年来干燥领域向节能、高效，并能进一步提高产品质量的高标准要求方向发展。但目前研究停留在工艺条件的优化，没有深入研究超声场对热风干燥机理，超声对体系温度场、动量场的影响，超声、热风干燥与物料特性因素之间的关系，即研究超声耦合热风干燥过程机理，提高超声强化气体介质干燥作用。

④ 超声强化蒸发与蒸馏。超声能在液体表面产生超声喷雾和超声空化，可以大大增加液体的蒸发表面积、湍动系数、压力降。两组分之间的体积分数越接近，蒸发速率随时间越

容易表现出线性的变化关系。已对超声强化水蒸气蒸馏提取天然右旋龙脑与超声强化气隙式膜蒸馏过程进行实验研究。分析认为空化效应是声场强化溶液蒸发的作用机理，能够降低溶液的表面张力，从而降低了成核势垒，促进了液体内部的能量交换，使溶液蒸发过程得以强化。

（3）超声可再生生物质处理

酶法水解预处理的主要目标之一是提高纤维素酶易受性，提高纤维素和淀粉消化率。超声酶法预处理应用于纤维素和淀粉基原料提高水解的效率，增加糖产量和乙醇产量。超声处理会对水解产品的结晶度、聚合度、形态结构、颗粒大小和黏度产生影响。

（4）超声技术与其他过程强化技术协同联用

如超声提取与其他提取技术的集成强化。超声提取已得到较广泛的应用，但超声提取仍存在一定的局限性，如超声处理过程中的液体升温效应、受热不均匀、提取液不易过滤；超声波传播衰减较大，影响提取效果。已有与其他提取技术如超临界萃取、亚临界萃取、固相萃取、微波提取、酶法提取、真空蒸馏、高速逆流色谱等的集成研究。

其他化工或过程生产中也进行了超声技术与别的过程强化技术协同联用，均有较好的研究结果。例如超声强化催化化学反应过程；超声结合电脱盐强化原油脱盐、脱水过程；超声波和微波协同强化传热与化学反应过程等。

由于不同物理场强化化工过程各有特点与缺陷，超声技术与其他过程强化技术协同联用可以取长补短，得到更好的强化过程手段，满足化工生产的要求。

（5）超声微反应器的开发

中科院大连化物所董正亚、陈光文等[79]正在研发较有新意与应用前景的超声处理设备——超声微反应器。微反应器的内部微通道的特征尺寸为数微米至数毫米，具有体积小、比表面积大、热质传递速率大、安全可控、易于放大等特点，微反应器已成为化工领域最具应用前景的新兴技术。虽然微反应器有很多优点，但仍有易堵塞、操作弹性差等问题。超声场的穿透性能与可控性好、能量密度大，如引入超声可强化微反应器中的传递过程与反应，即产生协同声化学反应，防止颗粒堵塞问题。另一方面，传统声化学反应器由于尺寸相对较大，存在声场不匀、空化效果不能令人满意、放大困难等问题。将此两个技术结合，形成新的"声化学反应器"，相互取长补短，以实现高效、可控、大批量生产的目的。

7.13.2　超声化工技术的发展瓶颈

大量研究表明，超声化工技术研究在小试阶段的成果往往是令人满意的，主要瓶颈在于开发各种用于不同化工过程的声处理器或声反应器及其工业化放大。问题的具体表现有：

① 声空化过程机理需更深入研究。考虑如何从空化效应动力学理论角度提高声化学产率，例如声致发光机理仍未解决，将影响声光化学反应的应用。

② 研究声场在化工过程强化的机理。化工过程的"三传一反"过程本身是一个复杂的过程，故在声场作用下各过程工程机理、动力学特征就更加复杂，今后应加强声与过程工程联合作用强化机理研究，以期为建模、设备开发以及工程放大提供依据。

③ 缺乏测量较准确、方便、经济的声测量仪器。由于功率超声的非线性声学特征，造成声参数的测量困难与数值准确问题，如常用到声强与声功率的测量，目前较多使用水听器，其测量方便，但不太适合用于功率超声的测量。

④ 过程专用功率超声工业化设备的设计与制造困难。需深入了解各具体化工过程原理与声场过程的良好耦合或配合，同样说明各应用领域与声学学科知识交叉应用的重要。

⑤ 超声设备拟达到的声参数（频率、功率）需求和有效作用范围还受声特性、声学制造材料与过程工艺条件的制约，使研发出的声处理设备不能满足化工工艺条件的要求。如化学分解反应或废水降解过程一般要求具有大功率、高频率的声反应器，但在超声换能器的设计与制造中，它们是很难都得到满足的，需采用其他办法来弥补不足。目前热门研究的超声微反应器应是一个方向。

⑥ 声处理器一般的放大手段是加大换能器的声功率，但由于空化只能产生在换能器壁附近，无法使整个反应体积都有空化效应；声强太大，会使换能器变幅杆壁周围产生"空化屏蔽"，增加的声能无法进入液体产生空化。所以不能简单地进行反应器体积放大与声功率放大，而且大功率的超声装置成本高、安全性与稳定性低、使用寿命受影响。需开发新的换能器形式与反应器声场合理配置。

⑦ 目前大部分进行超声强化化工过程或过程工程的研究者不是声学专业的学者而是化学家与化学工程师居多，声学理论知识有待提高，否则将妨碍超声化工技术研究与开发。如在研究工作中，没有统一超声功率说明的规定，未给出是声功率还是电功率，有的干脆就按超声发生器仪表盘上的刻度的百分之几来说明实验的声功率，使实验结果与声参数的关联度很差，使其他研究者也无法重复相同的实验条件，不利学术与工作交流。

⑧ 高等教育落后于形势需要。高等院校极少有声学工业应用开发的选修课程，使理科与工科院校均处在较低水平的声化工技术的研发。

⑨ 过程专家与声学专家的合作应是促进超声化工技术发展的重要途径之一。中国声学会功率超声分委员会在这方面做了很多工作，积极组织全国有关研究院所、高校、企业的声学学科、声设备制造、过程工业的专家、学者、工程师参加每两年一次的全国功率超声学术会议，极大地推动了超声化工技术在我国化工与过程工业应用的发展，当然参会人员与公司企业规模仍需发展；另一方面也反映化学化工学会与声学会加强学科交流的迫切性。

超声化学与超声强化技术是一门集物理、化学、化工于一体的新兴交叉学科。目前关于超声技术的研究已延伸到各个领域，成为近代物理学与化学中的十分活跃的分支。超声对化学反应有巨大的促进作用；声空化效应、热效应、机械效应强化"三传一反"的作用也表明超声波在化学工业中的应用具有非常广阔的前景。20世纪中叶以来，已经探讨了超声能量的发生或加强各种流程应用，但只有较少数量的超声过程强化技术已应用在食品、轻工与环境等相关工业生产上。化工过程方面的大部分应用研究均取得较好的实验室研究结果，但对一些声学基础理论知识的研究还有待发展，尤其对化工过程的强化机理及相应声处理设备的放大规律尚需要深入研究，还应扩大超声的工业化应用领域，研制出高效、低价的大容量超声化学反应器与专用声处理器，但近年来这种反应器的设计进展依然缓慢。随着全球能源的日趋紧张和人类对环境的日趋重视，人类亟须改进传统的生产方式，发展高效率、对环境友好的生产方式，而超声技术正是这样一种极具发展潜力的前沿科学技术。由此看来，需要大量的科研、生产开发人员通力协作，进一步深入研究超声化学与强化技术的机理，并且将超声波与传统技术或其他新型强化技术相耦合，研制出新型、大规模、高效率的功率超声系统（发生器和反应器），这必将是传统化学工业的一场革命，并为传统的化学工业与其他过程工业的发展带来新的发展与机遇。

◆ 参考文献 ◆

[1] Song L. Modeling of acoustic agglomeration of aerosol particles [D]. Pennsylvania State University, 1990.

[2] 冯若. 超声手册 [M]. 南京: 南京大学出版社, 1999: 89.

[3] Benes E, Groeschl M, Nowotny H, et al. The ultrasonic h-shape separator: harvesting of the alga spirulina platensis under zero-gravity conditions [C]. Paris: WCU, 2003, 9: 7-10.

[4] Spengler J, Jekel M. Ultrasound conditioning of suspensions-studies of streaming influence on particle aggregation on a lab- and pilot-plant scale [J]. Ultrasonics, 2000, 38 (1): 624-628.

[5] 顾煜炯, 杨昆, 杜大明. 燃油掺水超声乳化技术的研究 [J]. 现代电力, 1997, 14 (2): 6-10.

[6] 许峰, 齐国荣, 朱国朝等. 油水乳化柴油的实用性研究 [J]. 机电设备, 1999, 3: 33-37.

[7] 童景山, 张正儒. 重油< CHO> 乳化节能技术及其机理的研究 [J]. 节能技术, 1998, 6: 2-5.

[8] 王登新, 董敏, 王猛等. 重油掺水超声乳化技术在燃油炉上的应用 [J]. 管道技术与设备, 2000, 4: 16-19.

[9] 赵双霞, 张义玲, 张红宇, 苟社全. 超声波辅助原油破乳研究进展 [J]. 齐鲁石油化工, 2010, 38 (2): 151-154.

[10] 付静, 孙宝江, 温志刚. 超声波破乳的频率和声强 [J]. 石油钻采工艺, 1999, 21 (4): 69-72.

[11] Bulgakov A B, Bulgakov B B, Olejnik J K, et al. Method and device for oil conditioning before processing [P]. RU2003123728, 2005-1-27.

[12] 韩萍芳, 祁高明, 徐宁. 原油超声破乳研究 [J]. 南京工业大学学报, 2002, 24 (6): 30-34.

[13] 谢伟. 超声波动态原油破乳的研究 [D]. 南京: 南京工业大学, 2005.

[14] 叶国祥, 宗松, 吕效平等. 超声波强化原油脱盐脱水的实验研究 [J]. 石油学报 (石油加工), 2007, 23 (3): 47-51.

[15] 吕效平, 彭飞, 叶国祥等. 一种原油脱水、脱盐工艺 [P], CN 200510094978. X, 2005-10-24.

[16] Galiakbarov V F. Composition for dehrdration and desalting of crude oil and a method for its use on water-oil emulsion breaking apparatus [P]. RU2178449, 2002-1-20.

[17] Varadaraj R. Demulsification of water-in-oil emulsions [P]. US6714358, 2004-04-06.

[18] 苟社全, 达建文, 张由贵等. 顺流和逆流超声波联合作用使油水乳化物破乳的方法及装置 [P]. CN03139172. 9, 2005-03-09.

[19] 张玉梅, 彭飞, 吕效平. 超声波处理炼油厂污油破乳脱水的研究 [J], 石油炼制与化工, 2004, 35 (2): 67-71.

[20] 吕效平, 彭飞, 叶国祥等. 炼厂或油田污油脱水工艺 [P], CN 200510094267. 2, 2005.

[21] William T Richards, Alfred L Loomis. The chemical effects of high frequency sound waves I. A preliminary survey [J]. Journal of the American Chemical Society, 1927, 49 (12): 3086-3100.

[22] Luche J L, Damiano J C. Ultrasounds in organic syntheses. Effect on the formation of lithium organometallic reagents [J]. Journal of the American Chemical Society, 1980, 102 (27): 7926-7927.

[23] Schulz R C, Fleischer D, Henglein A, et al. Addition compounds and complexes with polymers and models [J]. Pure & Applied Chemistry, 1974, 38 (1-2): 227-247.

[24] Suslick K S, Gawienowski J J, Schubert P F, et al. Alkane sonochemistry [J]. The Journal of Physical Chemistry, 1983, 87 (13): 2299-2301.

[25] Makino K, Mossoba M M, Riesz P. Chemical effects of ultrasound on aqueous solutions. Formation of hydroxyl radicals and hydrogen atoms [J]. The Journal of Physical Chemistry, 1983, 87 (8): 1369-1377.

[26] Xiping M O, Feng R, Zhou H, et al. The electrochemical determination of the effect of ultrasound cavitation [J]. Acoustics Letters, 1992, 15 (12): 257-259.

[27] 冯若, 李化茂. 声化学及其应用 [M]. 安徽: 安徽科学技术出版社, 1991: 157.

[28] 汤立新, 韩萍芳, 吕效平. 超声波气升式内环流反应器传质性能的实验研究 [J]. 高校化学工程学报, 2003, 17 (3): 243-247.

[29] Kaliská V, Toma š, Lcško J. Synthesis and mass spectar of piperidine and piperazine N-oxylradicals [J]. Collection of Czechoslovak Chemical Communications, 1987, 52 (9): 2266-2273.

[30] Zhang P, Yang M, Lu X P. The preparation of ε -Caprolactone in Airlift Loop Sonochemical Reactor [J]. Chemical Engineering Jounal, 2006, 121 (2-3): 59-63.

[31] Zhang P, Yang M, Lu X P. Epoxidation of Cyclohexene with Molecular Oxygen in Ultrasound Airlift Loop Reactor [J]. Chinese Journal of Chemical Engineering, 2007, 15 (2): 196-199.

[32] Nagaraja D, Pasha M A. Reduction of aryl nitro compounds with aluminiumNH₄Cl: effect of ultrasound on the rate of the reaction [J]. Tetrahedron Lett, 1999, 40 (44): 7855-7856.

[33] Hanafusa T, Ichihara J, Ashida T. Useful Synthesis of α-Aminonitriles by Means of Alumina and Ultrasound [J]. Chemistry Letters, 1987 (4): 687-690.

[34] Leprêtre A, Turck A, PléN, et al. Syntheses in the Nitrogen π-Deficient Heterocycles Series Using a Barbier Type Reaction Under Sonication. Diazines. Part 29 [J]. Tetrahedron, 2000, 56 (23): 3709-3715.

[35] 闵剑青, 陈梅兰, 陈晓红等. 离子液体超声辅助萃取/LC-MS 法测定环境水中痕量五氯酚 [J]. 分析测试学报, 2015, 34 (4): 438-442.

[36] Shirsath S R, Sonawane S H, Gogate P R. Intensification of extraction of natural products using ultrasonic irradiations-A review of current status [J]. Chemical Engineering and Processing: Process Intensification, 2012, 53: 10-23.

[37] 朱涛. 超声结晶及其应用 [J]. 现代物理知识, 2007, 19 (5): 28-29.

[38] 曾雄, 易丹青, 王斌等. 超声对碳酸锂溶液反应结晶成核过程的影响 [J]. 有色金属文摘, 2015, 30 (3): 120-122.

[39] 孙晓娟, 张伟, 李卉等. 超声波对铅膏湿法转化产物结晶形貌的影响 [J]. 化工进展, 2013, 32 (8): 1974-1978.

[40] 王家宣, 李文杰, 熊洪淼等. 功率超声对 A356 熔体处理效果的影响 [J]. 特种铸造及有色合金, 2007, 2 (10): 739-741.

[41] Ng E P, Awala H, Ghoy J P, et al. Effects of ultrasonic irradiation on crystallization and structural properties of EMT-type zeolite nanocrystals [J]. Materials Chemistry and Physics, 2015, 159: 38-45.

[42] 丘泰球, 张喜梅. 超声处理溶液中蔗糖晶体的生长 [J]. 华南理工大学学报 (自然科学版), 1996, 24 (6): 110-114.

[43] Lamminen M O, Walker H W, Weavers L K. Mechanisms and factors influencing the ultrasonic cleaning of particle-fouled ceramic membranes [J]. Journal of Membrane Science, 2004, 237 (1-2): 213-223.

[44] Jin W, Guo W, LüX P, et al. Effect of the Ultrasound Generated by Flat Plate Transducer Cleaning on Polluted Polyvinylidenefluoride Hollow Fiber Ultrafiltration Membrane [J]. Chinese Journal of Chemical Engineering, 2008, 16 (5): 801-804.

[45] 晋卫, 李亚, 郭伟等. 聚偏氟乙烯中空纤维超滤膜的超声辅助清洗及反冲清洗 [J]. 水处理技术, 2008, 34 (10): 82-85.

[46] Lamminen M O, Walker H W, Weavers L K. Mechanisms and factors influencing the ultrasonic cleaning of particle-fouled ceramic membranes [J]. Journal of Membrane Science, 2004, 237 (1-2): 213-223.

[47] 舒莉, 邢卫红. 超声在陶瓷膜过滤氧化铝悬浮体系中的应用 [J]. 膜科学与技术, 2009, 29 (5): 6-11.

[48] 刘雪粉, 俞云良, 陆向红等. 超声波应用于吸附/脱附过程的研究进展 [J]. 化工进展, 2006, 25 (6): 639-645.

[49] 郭平生, 韩光泽, 华贲. 超声波场影响 Langmuir 吸附相平衡的机理分析 [J]. 华南理工大学学报 (自然科学版), 2006, 34 (10): 25-29.

[50] 潘伟城, 倪亚微, 顾超峰等. 超声强化活性炭吸附罗丹明 B 的研究 [J]. 广州化工, 2011, 39 (14): 51-53.

[51] Hamdaoui O, Naffrechoux E, Tifouti L, et al. Effects of ultrasound on adsorption-desorption of p-chlorophenol on granular activated carbon [J]. Ultrasonics Sonochemistry, 2003, 10 (2): 109-114.

[52] 周玉青, 韩萍芳, 吕效平. 超声协同交联 β-环糊精处理苯酚废水 [J]. 化工进展, 2014, 33 (3): 758-761.

[53] 徐宁, 王凤翔, 吕效平. 低频超声辐照降解间苯二酚水溶液的研究 [J]. 环境污染治理技术与设备, 2006, 7 (9): 69-72.

[54] Xu N, Lu X P, Wang Y R. Study on Ultrasonic Degradation of Pentachlorophenol Solution [J]. Chemical and Biochemical Engineering Quarterly, 2006, 20 (3): 343-347.

[55] 丁字娟, 周景辉. 超声空化技术在造纸废水处理上的应用 [J]. 造纸科学与技术, 2009, 28 (5): 66-70.

[56] 胡兰兰, 王三反. 超声波及其联用技术在废水处理中的应用研究 [J]. 农村经济与科技, 2012, 23 (10):

153-156.

[57] Suzuki T, Yamada N, Nishimoto M. Method and apparatus for methane fermentation of sludge [P]. JP 2002336898, 2002

[58] Zhang S T, Yoshimura T, Miseki K. Method and device for reducing volume of excess sludge in wastewater treatment plants [P]. WO 2002088033, 2002.

[59] Eder B, Gunthert F W. Practical experience of sewage sludge disintegration by ultrasound [J]. Hamburger Berichte zur Siedlungswasserwirtschaft (Ultrasound in Environmental Engineering II), 2002, 35: 173-168.

[60] Bougrier C, Carrère H, Delegenès J P. Solubilisation of waste-activated sludge by ultrasonic treatment [J]. Chemical Engineering Journal, 2005, 106: 143-149.

[61] 韩萍芳, 殷绚, 吕效平. 超声处理石化厂污水剩余污泥 [J]. 化工环保, 2003, 23(6): 133-137.

[62] Sakakibara T, Mitekura Y, Kosaki Y, et al. Excess sludge reduction using ultrasonic wave [J]. Mizu Shori Gijutsu, 2002, 43(6): 299-303.

[63] 吕凯, 季文芳, 韩萍芳等. 超声、臭氧处理石化污水厂剩余活性污泥研究 [J]. 环境工程学报, 2009, 3(5): 907-910.

[64] Safonov E N, Kalimullin A A, Rygalov V A, et al. Method for treatment of petroleum sludges [P]. RU 2154515, 2002.

[65] Bień J B, Wolny L, Jablonska A. Sewage sludges preparation for dewatering with ultrasonic field application [J]. Wydawnictwo Politechniki Częstochowskiej, 2001, 4(1): 9-14.

[66] Wolny L, Bień J B, Nowak D. Conditioning and decontamination of sewage sludges in the sonification process [J]. Journal of the Chinese Institute of Chemical Engineers, 2001, 32(6): 559-564.

[67] Neis U. Ultrasound in water, waste water and sludge treatment [J]. Wastewater & Sewage Sludge, 2000, 21(4): 36-39.

[68] Eder B, Gunthert F, Wolfgang. Minimization of sewage sludge by ultrasonic cell digestion [J]. Abwasser, Abfall, 2003, 50(3): 333-342.

[69] Yoon S H, Kim H S, Lee S. Incorporation of ultrasonic cell disintegration into a membrane bioreactor for zero sludge production [J]. Process Biochemistry, 2004, 39(12): 1923-1929.

[70] 马守贵, 许红林, 吕效平等. 超声波促进处理剩余活性污泥中试研究 [J]. 化学工程, 2008, 36(2): 46-49.

[71] 胡军, 张文华. 超声波处理矿浆对煤泥粒度的影响 [J]. 煤炭加工与综合利用, 1997, 4: 25-29.

[72] 郎毅翔, 张海波, 王明立. 超声波除尘器研究 [J]. 应用科技, 2000, 27(4): 7-8.

[73] 张克荣, 涂卫东, 彭宇轩. 超声粉碎——石墨炉悬浮液进样的前处理方法 [J]. 理化检验: 化学分册, 1990: 304-306.

[74] R Rajan, A B Pandit. Correlations to predict droplet size in ultrasonic atomization [J]. Ultrasonics, 2001, 39: 235-255.

[75] 刘亦芬, 马琦. 超声技术在除尘吹灰方面的应用 [J]. 华北电力技术, 1992, 4: 40-41.

[76] 徐立成, 孙和平. 微细水雾捕尘理论与应用 [J]. 通风除尘, 1996, 4: 16-16.

[77] 陈秀厅, 徐立成. 超声雾化抑尘技术在选厂除尘中的应用 [J]. 化工矿山技术, 1998, 27(1): 22-24.

[78] 首套污油超声脱水工业装置投运 [EB/OL]. 全球化工设备网 (http://www.chemsb.com).

[79] Dong Z, Yao C, Zhang Y, et al. A high-power ultrasonic microreactor and its application in gas-liquid mass transfer intensification [J]. Lab on a Chip, 2015, 15(4): 1145-1152.

第8章 微波化工技术

8.1 概述

微波是一种特殊的电磁波，其频率大约在 $300MHz\sim300GHz$ 之间，对应的波长在1m～1mm 之间，尽管其位于电磁波谱的红外辐射（光波）和无线电波之间，但却不能仅仅依靠将低频无线电波和高频红外辐射的概念加以推广的办法得出微波的产生、传导和应用的原理。在第二次世界大战期间对于雷达的研制大大促进了微波技术的飞速发展，战争结束后微波技术逐渐地向其他的工程技术部门渗透而应用于广播电视、通信、导航、电子对抗、空间技术、原子能研究、可控热核反应、遥测遥感、射电天文、化学、生物学、医学、工业、农业以至日常生活等各个领域。为了防止微波功率对无线电通信、广播、电视和雷达等造成干扰，在全世界范围内规定工业、科研、医用及家用等民用微波功率的国际通用频段为915MHz（偏差 15MHz）和 2450MHz（偏差 50MHz）[1]。

微波具有加热物质的能力从 20 世纪 70 年代初开始逐渐被人们所认识，微波炉的发展迄今也已经有 60 多年的历史。由 Gedye 等于 1986～1988 年发表的经典著作开启了微波对均相化学反应影响研究的热潮[2]。从那时起，众多研究论文被广泛发表，研究方向也拓展到微波对均相体系催化和分离的影响。与普通加热相比，微波加热

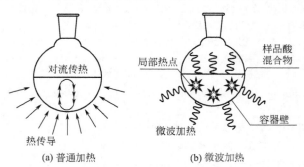

图 8-1 常规加热方式和微波加热方式的加热机理

具有众多优势。首先就是其加热均匀、速度快，图 8-1 展现了微波加热与普通加热方式的区别。

一般来讲，热量的传递是通过热传导、热对流及热辐射三种方式将热量从物质的表面向内部传递，在物质体内会产生一定的温度梯度。而微波对于物质的加热作用是一种"体热"，即通过电磁场与分子之间的交互作用将微波能直接输送到物质体内的各个位置并转化为热能[3]。微波加热的过程属于能量转化的过程，这与其他普通加热方式的能量传递过程截然不同。对物质加热方式上的不同使得微波技术具有许多潜在的优势，由于微波能够渗透

到物质内部转换能量，所以热量会在整个物质内部同时产生，这样物质会迅速并且均匀地被加热，避免了普通加热方式中的加热不均匀且时间较慢的缺点。微波加热技术的另一大特点是其具有"选择性加热"的功能，这是由于不同分子结构的物质对微波的吸收作用是不同的。只有具有极性的分支结构的物质才有吸收微波的能力，极性越大吸收微波的能力越强，而非极性物质是没有这种能力的。这一特点可以应用在许多普通加热方式不能完成的任务中。例如，在多相体系中，某一相如果能够更快地吸收微波能量，这将使得这一相具有了与其他没有吸收微波能的相不同的功能。另外，微波还有可能通过选择性加热的功能激发在普通加热方式下不可能发生的化学反应。

当微波遇到不同的物质时，会产生反射、透射和吸收等现象，这将取决于物质本身的一些介电特性：介电常数、介电损耗和损耗角正切等。对液相体系，具有永久偶极距的分子会因微波中电场的存在而产生转动，同时离子产生快速的平动运动，由此在极性介质中产生了"内摩擦"，引发了热效应。对固体材料，体系与微波之间的作用方式主要分为三种：①如金属、石墨等导体可以在表面直接反射微波；②如聚丙烯、石英玻璃等绝缘体会使微波从中穿透而过；③如碳化硅（又名金刚砂）等"电介质损耗材料"根据其本身特性（如介电常数、介电损耗）的不同而对微波产生不同的反射、透过和吸收作用。

对于是何种作用使得微波场改变了化学反应的结果，仅仅是微波场产生的热能迅速的原因，还是对于微波场与物质间的作用存在什么特殊的效应这一问题，引起了众多化学研究者的兴趣，但是至今仍没有一个统一的答案。对于微波场加速化学反应的原因，目前学术界有两种不同的观点：

一种观点认为，尽管微波对反应体系提供能量时具有内加热、加热速度快、加热均匀无温度梯度、选择性加热等众多优点，但微波场强化化学反应的过程，其仅仅被当做一种特殊的加热方式。对于某个反应而言，在反应的各种条件都相同的情况下，无论该反应使用什么样的加热方式，该反应的动力学不变[4]。这种观点认为用于强化化学反应的微波场属于非离子化辐射，在与物质作用时其不可能引起分子的化学键发生断裂，也不可能使分子激发到更高的转动或者振动能级。所以他们认为微波对化学反应的加速作用归结为其对物质的体加热、迅速加热和选择性加热等特点，即微波的热效应。许多文献中的实验结果支持了这一观点[5]，Toukoniitty等[6]在微波加热和普通加热两种情况下对丙酸和乙醇的酯化反应动力学进行了研究，结果表明丙酸与乙醇的酯化反应动力学和反应平衡与加热方式无关。Carlos等[7]研究了微波作用下油酸的酯化反应，得出的结论是微波加热与传统的加热方式相比对反应的转化率没有影响，只不过微波加热情况下反应体系可以在很短的时间内得到反应所需的较高温度。

另一种观点认为，除了热效应外，微波作用下的化学反应还存在一种不是由温度引起的非热效应，这种非热效应近年来引起了众多研究者的极大关注。这方面的报道很多，Shibata等[8]在微波场下通过对碳酸氢钠水溶液分解反应中Arrhenius图的研究，发现微波场降低了反应的活化能，从而加快了反应的速率，这些都归功于微波场的非热效应。最近，Borivoj等[9]采用十六烷基三甲基溴化铵作为相转移催化剂分别在微波加热与常规加热两种情况下，研究了富勒醇形成的反应动力学，结果表明与常规加热相比，在微波场下该反应的活化能与反应速率方程中的指前因子都有不同程度的降低。因此，他们认为微波对化学的作用存在非热效应。除了在化学领域外，生物领域的研究者们也发现了微波与物质作用的非热效应[10]。

总而言之，尽管微波强化技术应用到化学领域至今已有几十年，但对微波场加速化学反应机理的研究还处于起步阶段，对于它的研究不能单从宏观的角度出发，而更应该结合量子化学理论，从电磁场与分子之间的作用来研究微波场加速化学反应的机理。

相对于微波技术广泛应用于化学反应过程，微波在化工分离过程中的应用研究较少。近些年来随着一些关于微波场强化化工分离过程重要研究成果的出现，标示着微波强化技术应用于化工过程的潜力巨大，其中包括微波强化干燥、结晶、萃取、蒸发等过程。

8.2 微波化学反应与合成

微波在有机化学领域被广泛应用于酯化反应、Diels-Alder 反应、Knoevenagel 反应、重排反应、Perkin 反应、Dickmann 反应、Reformatsky 反应、羟醛缩合反应、Wittig 反应、取代反应、水解、烷基化、开环、消除、成环、氧化、加成、聚合、自由基、脱羧、脱保护反应等，几乎涉及了有机合成反应的各个领域。大量的实验研究表明，微波强化有机合成不但大幅度提高了反应的速率与转化率，而且在很大程度上节约了能耗[1,11]。此外，微波在无机化学领域的应用主要集中在陶瓷以及金属化合物的烧结、燃烧合成以及超细粉体制备等方面。微波烧结法已经成功用于燃烧合成的材料包括氮化物、硼化物、硅化物、铝化物、碳化物、硫脲化合物以及氯化物等陶瓷、金属化合物以及金属复合物等[12]。而超细粉体的合成方法主要有水热法、蒸汽冷凝法、化学液相共沉淀法以及凝胶法等。当引入微波辅助以后，其制备出的超细粉体不但在粒径尺寸、均匀性等方面均优于常规方法，而且其产率也被很大程度地提高。目前，已有很多关于超细金属氧化物颗粒在微波辐射下成功合成的报道[13]。近些年来，微波在分析化学中的应用也得到了较快速的发展，所涉及的应用领域较广泛，主要包括等离子体原子光谱分析、波谱分析、萃取、溶样、测湿、脱附、分离富集、干燥、热雾化、形态分析以及显色反应等方面。微波在环境化学中应用的报道虽不算多，但涉及的领域较广，包括污油回收、微波除污、放射性废料陶化、SO_2 和 NO_x 的还原等[14]。最近，Sateesh 等对微波技术应用于油砂分离领域的研究进展进行了综述[15]。

8.2.1 微波无机合成

除应用于烧结陶瓷和制备超细粉体，微波还在纳米材料、碳材料及一些功能材料无机物制备方面有着广泛的应用。

纳米材料传统制备方法对溶液的控制温度较低、反应时间长、控制条件严格，而微波合成法具有反应快、操作简便、节能等优势。我国学者先后用微波辐射制备出了 α-Fe_2O_3 纳米粒子、平均粒径 50.64nm 的球形磷酸钴纳米粒子、硫化镉和硫化铋纳米粒子[16]、平均粒径为 100nm 的 CeF_3 纳米颗粒。Wala 等使用微波加热法成功制备出了平均粒径为 7nm 的 Ni 纳米颗粒[17]。

利用不同物质对微波展现出的选择性，诸多新型碳材料也通过微波加热技术被成功有效地制备出。西班牙研究院成功使用微波加热活性炭纤维制备出了碳分子筛，因微波对 O_2/N_2/CO_2/CH_4 的混合气体展现出良好的选择效果，所以与传统的化学沉积法相比，微波加热会更快速、低成本。此方法又先后成功、有效地应用于直纳米管膜[18]、碳纳米管列阵等碳材料的合成过程[19]。

微波加热技术还成功应用于功能材料的合成，大大缩短了合成材料所需时间，甚至还改进了部分材料的性质。例如，太阳能电池的特殊材料铜铟硫（$CuInS_2$）和铜铟硒（$CuInSe_2$）在使用微波加热技术制备时只需 3min，与传统高温燃烧 12h 相比，大大提高了制备的效率，且操作过程简单。同样的，微波加热制备 NY 沸石与传统制备方法相比节省了近 24h，且有效控制了晶体粒径，提高了其产品质量。此外，微波技术还成功实现对 TiO_2、卤化银感光材料、ABO_3 复合氧化物等的改性，同时提高了材料的生产效率。

8.2.2 微波有机反应

大部分有机化合物具有易挥发、沸点低、易燃易爆的特点，这限制了微波场中有机合成技术的发展。直到 1986 年 Lauventain 大学 Gedye 教授与其同事发表了一篇微波炉中酯化、氧化、水解、亲核取代反应与常规条件下这些反应进行比较的研究报告[2]，才引起了人们对微波应用于有机化学反应的广泛关注。从 1986 年至今的三十年时间，微波应用于有机化学反应研究已经发展成为一个引人注目的前沿领域——MORE 化学（Microwave-Induced Organic Reaction Enhancement Chemistry）。目前，微波有机反应的研究主要集中于下面三个方面：微波有机合成反应新技术的开发、微波有机合成反应技术的应用和微波有机化学理论的研究。

微波有机合成反应技术主要包括四种：微波密闭合成技术、微波常压合成技术、微波干法合成技术和微波连续合成技术[20]。微波密闭合成技术指直接将装有反应物的密封反应器置于微波源下，反应在微波辐射下进行，结束后待反应器冷却至室温再进行产品纯化的过程。1986 年 Gedye 等正是首次使用该技术成功实现了一系列有机反应。该技术的特点是反应器会瞬时获得高温高压（最高温度达 250℃，最大压力达 8MPa），因此也有容易使反应器发生变形及爆裂的缺陷。Mingos[21]、Wickersheim 等[22]成功发展了这一技术，实现了对微波下反应器的控温和控压。

为了使微波技术应用于常压有机合成反应，Bose 等在 1991 年对微波常压技术进行了试验[23]。但由于该技术是敞开反应体系置于微波炉内，不可避免地会造成部分反应物和溶剂挥发到微波炉体内，容易引发火灾及爆炸。帝国理工学院 Mingos 对此技术进行了改造[24]，并使用改造技术成功合成了一些金属有机化合物。

在微波常压合成技术不断发展的同时，微波干法作为一门新兴的技术也在迅速发展。干法指无机固体为载体的无溶剂有机反应。微波辐射下的干法有机反应是将反应物浸渍在氧化铝、硅胶、黏土、硅藻土或高岭石等多孔无机载体上，干燥后放入微波炉内进行反应，待反应结束后将产物用适当溶剂萃取后再纯化。法国科学家 Bram[25]、台湾大学 Hui-Ming Yu[26]等分别对这种微波合成技术进行了改进与发展。但这种技术受限于在载体上进行，使参加反应的反应物量受到较大限制。同时，对不同反应来说，所选择的固体无机支撑物的难度也在逐渐增大，这显然制约了其适用范围。

1990 年台湾大学 Chen 等开发了连续微波技术用于有机合成，成功应用于酯化反应、消旋化反应、水解反应和环化反应，得到的反应转化率均高于其他反应器中进行的同类反应。但是，该技术装置具有反应系统温度无法测量、样品出口因无减压装置而不易接收的缺陷。Cablewski 等在此基础上研制出了一套新的微波连续技术（CMR）反应装置[27]，并利用该装置顺利实现了丙酮制备丙三醇、PhCOOMe 的水解反应等，其中前者的反应速率较传统合成方法提升了 1000～1800 倍。近些年，这种连续微波合成技术在不断地发展壮大。

微波应用于有机化学反应，相比传统的加热方式反应速率加快数倍至上千倍，而且具有操作便捷、产品纯度高、产率高等优势。Madhvi A. Surati 将微波作用于有机化学反应大致分为两类：微波作用的有机反应物溶解在溶剂中，以及微波在非溶剂条件下直接作用于有机反应物[28]。

一方面，当微波作用于溶解在溶剂中的有机反应物时，它主要起能量输送介质的作用。例如，氯化苄的水解反应在微波辐射下在 3min 内完成，且得到 97％产率的苄醇，与一般需总时长 35min 的水解相比，这大大提高了反应效率。甲苯在 $KMnO_4$ 存在下于一般条件下进行氧化反应，所需时长 10～12h，而在微波辐射下该过程仅需 5min[29]。苯甲酸和丙醇在微波辐射作用下，酯化反应仅需 6min[30]。叠氮化物与含取代基酰胺在甲苯溶剂中经过 120W 微波辐射 1h（75℃下）进行环加成反应，产率将达到 70％～80％。仲胺和异氰酸盐在二氯甲烷溶剂中经微波辐射 8～10min 进行酰化反应就可得到 94％的产率[31]。

另一方面，因对大部分反应的适用性和过程中无废物产生的优势，微波作用无溶剂有机合成的方法也得到了广泛的发展。此时，微波主要作用于三种反应类型：纯反应物反应、含固-液相转移催化的反应和有固体矿物载体参与的反应[32]。其中芳香亲核取代、脱乙酰反应均属于纯反应物反应，研究显示微波辐射作用于此类反应可大大加快反应的进程，并得到较高产率[33,34]。此外，O-烷基化、N-烷基化、氧化、Knoevenagel 缩合等含固-液相转移的反应也均被证明可通过微波加热来提高产率、缩短反应时间。同样的，有固体矿物质参与的 N-烷基化、S-烷基化反应也被证明微波加热有同样的效果，例如哌啶类化合物和氯烷烃在硅存在时经微波辐射 6～10min 后的产率可达 79％～99％。

8.2.3 微波聚合反应

微波辐射应用于聚合物合成的研究整体看来在过去几十年的发展是连续的，并且已经得到了广泛的关注。但相对微波应用于有机物合成，它的发展似乎有些缓慢。造成这一结果的主要原因是大部分的聚合反应都有明显放热的特点，而且反应热源如果不能得到有效控制将造成极大的潜在危险。随着先进技术的发展，人们可以设计出克服上述缺陷的微波反应器，这才大大提升了聚合反应研究者们对微波强化聚合物合成技术的兴趣。

微波作用于聚合反应的优势体现在，它不仅可以极大提高过程反应速率而且通过使用不同的分子量配比来实现体系反应不同的加速。如图 8-2 所示，Velmathi 等在 2005 年对微波辅助下丁烷-1,4-丁二醇与琥珀酸的缩合反应进行了研究，得到了相应的摩尔量-反应时间曲线。由图 8-2 可以明显看出，使用微波辐射的聚合反应明显快于使用传统加热下的该反应，而且可以得到相较传统加热聚合法两倍摩尔数的聚合产物。这个结论被 Komorowska 等所反对，原因是他们在进行非催化和锡（Ⅱ）氯催化的己二酸和新戊二醇的微波缩聚反应时，不能得到除缩短反应时间外的其他结论[35]。越来越多的研究经验表明，微波如何强化聚合反应直接取决于反应体系的化学性质和过程条件。近些年，一些微波强化聚合反应被证明成功缩短了反应时间或增大了产物的分子量，如 Choi 等（2013）对微波强化缩聚反应的研究[36]和 Adlington 等（2013）对微波强化催化链转移的研究[37]。

微波强化聚合反应的研究主要包括以下几种反应类型：自由基聚合（如甲基丙烯酸酯）、

可控的自由基聚合、乳液聚合（如聚苯乙烯）、开环聚合（如聚噁唑啉）、逐步增长聚合等。

　　微波作用于自由基聚合的研究成果在 1979 年被 Gourdenne 及其同事首次提出，自此微波自由基聚合才开始被广泛研究，并很快应用于乳液聚合中。当微波作用于自由基聚合反应时，可以提高对目标产物的选择性。图 8-3 是一个表现微波对（甲基）丙烯酰胺合成的选择性影响实例[39]。此外，图 8-4 中苯乙烯聚合反应在微波加热作用下会产生不同大小粒子的产物[40]。

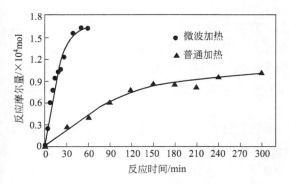

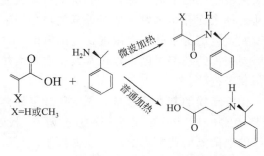

图 8-2　丁烷-1,4-丁二醇与琥珀酸缩合反应的摩尔量-反应时间曲线[38]

图 8-3　微波对（甲基）丙烯酰胺合成选择性的影响

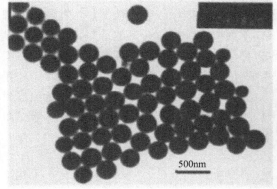

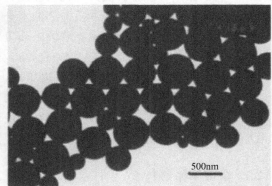

(a) 无微波乳液聚合　　　　　　　　　　(b) 微波下乳液聚合

图 8-4　合成聚苯乙烯粒子图像

　　微波加热应用于可控自由基聚合的研究在聚合物合成领域正不断地发展，如今最受欢迎的是微波强化可逆链增长-断裂转移过程的研究。相比之下，微波强化逐步增长聚合过程是热门研究领域之一，且现阶段的研究目标主要是共轭聚合物的微波强化合成[41]，在此不做详细讨论。

8.3　微波干燥

8.3.1　概述

　　微波干燥起源于 20 世纪 40 年代，直至 60 年代才在国外普遍使用。微波干燥频率为

915MHz 和 2450MHz，可认为是一种微波加热介质干燥。将微波的高频电磁场作用于物质分子，物质吸收微波能转换为自身的热能，从而进行干燥。

8.3.2　技术介绍

8.3.2.1　微波干燥的基本原理

微波干燥与常规干燥方法的机理有较大差别。常规干燥方法一般通过介质加热，水分通常从物体表面开始蒸发，造成外部的水分子浓度变低，从而与内部的水分子浓度形成一定的浓度差，内部的水分子在浓度梯度的推动下，慢慢扩散到物体外表面进行蒸发。此种干燥方法需要很高的外部温度以提供蒸发所需的热量，而且温度一般由外部传向内部，外部温度通常高于内部。

微波干燥的基本原理是介质物料和半导体材料通过在高频电场中受热脱水达到干燥的目的[42]。当介质物料处于高频交变电场时，极性分子和非极性分子电解质都会反复极化，因微波的电磁场变化频率很高，故偶极子反复极化速度非常剧烈。反复极化运动越剧烈，表示在微波场中得到的能量越高。在反复极化的过程中，偶极子之间相互作用，导致分子和分子之间有激烈的摩擦，从而将自身从微波得到的能量转化为热能。而物料中的水分介质介电损耗较大，能强烈地吸收微波能并转化成热能，因此在微波干燥的过程中，水分的升温和蒸发是在整个物体中同时进行的。物质内部的水分子受到微波的作用，直接被加热，在物质内部迅速生成蒸汽，又不能立即逸出到物体表面蒸发，从而内部蒸汽压会迅速升高，在物体内部形成一定的压力梯度。初始物料含水率越高，压力梯度的影响越强，内部形成的蒸汽有可能在压力梯度的作用下直接从物体内部被压出，类似一种"泵"的效应，将水分由内向外排出，干燥速度大大提升。因此在微波干燥过程中，物料内部温度高于外部温度，热量由内向外传递，与传质方向相同。这就克服了在常规干燥中因物料外层首先干燥而形成硬壳板结阻碍内部水分继续外移的缺点。

8.3.2.2　微波干燥的特点

微波干燥的特点如下[42]：

① 干燥速度快　电磁场与物料中的水分作用，不需要通过其他热源进行传递加热，可以在物体内部迅速产生热效应，微波加热干燥速率远远高于常规加热干燥。

② 均匀加热　能量均匀分布于湿润区，相比常规加热方式中出现明显的温度梯度的缺点有很大优势。

③ 选择性　微波只能与吸收微波的物质作用，对于物料中其他挥发性物质迁移量较少，水分在物体内以蒸汽的方式排出，很少带出其他成分[43]。

④ 能量有效利用　微波能直接与物质中的水分作用，不需要其他的介质传递热量，而且一般干燥腔为金属材料，对微波具有反射作用，没有微波泄漏，能量均被吸收，从而微波能量得到充分利用。

⑤ 高质量　因为微波可实现均匀加热，且在物料内部传热和传质方向相同，避免了常规加热过程中出现的局部温度过高的现象，可以很好地避免表面过热而导致的板结、表面硬化和内应力等现象，从而提高干燥产品的质量。

⑥ 节省占地面积 一般微波加热操作简单，所需的占地面积较小。

8.3.2.3 微波干燥装置

微波干燥装置主要由电源、磁控管、波导、微波腔及冷却系统等几部分组成。微波能量通过波导传输到微波腔，对腔体内的湿物料进行干燥。微波干燥装置主要有箱型、隧道型、平板型等几种类型。

箱式微波干燥装置具有门结构，微波经波导原件传到微波腔，对湿物料进行加热干燥，未被物料吸收的微波射线，经腔体反射又返回到物料，被物料吸收，微波可以在各个方向对物体进行加热干燥，并且微波几乎能全部被物料吸收。此种干燥装置内部微波分布均匀，可以对物料进行均匀加热干燥。

隧道式微波干燥装置具有进出口通道，被干燥物料可以在腔体内连续移动。其优势在于物料可以通过场强不同的几个区域，进行连续加热干燥，而且物料在移动过程中，会对微波分布产生一定的影响，使得微波分布更加均匀。因此，微波对物料的加热干燥更加均匀。此种干燥器可以有多个微波源，多腔串联共同使用，提供大功率容量的干燥操作。

平板型微波干燥装置可用于生产饮料、巧克力、蜂乳晶等，其加工时间短，营养破坏少，受到食品加工行业的广泛使用。

微波干燥系统经常同热空气干燥联合使用，热空气干燥操作可有效降低物料表面的含水量，而电磁场加热的泵效应又可以加速内部干燥的过程，两者联合发挥各自的优点，较大程度上提高干燥过程的效率和经济性。

8.3.3 技术应用

由于微波具有选择性加热的特点，因此利用微波加热干燥特别适宜含水物质或含有某些有机溶剂的物质。食品、药品、化工产品、胶片、塑料、油漆、油墨等均可用微波进行干燥[42]。

① 食品工业 用微波干燥食品，不仅可以大大缩短干燥时间，还可以保存其有效成分。比如普通干燥过程中，生产果脯所用时间及周期很长，用微波干燥可以有效缩短干燥时间。在微波干燥龙眼鲜果的过程中，经过 2.7～5h 便可以将龙眼内的水分干燥到 20％以下。微波加热干燥蔬菜至水含量少于 20％的菜干，其干燥效率是普通方法的十倍多，基本不会破坏蔬菜的组织结构。用微波干燥面团时间是热空气干燥的 1/4～1/5，同时节能 25％左右。

对于温度稍高就易于变质的物料，运用真空干燥，基本没有热对流，为热传导干燥，所用时间很长。用微波真空干燥可有效减少干燥时间。

微波加热干燥对食品的杀菌和保鲜功能也有很好的效果，对于霉菌的孢子，用微波杀菌的时间是常规灭菌时间的 1/10。

微波同热空气联合的加热方式也可以应用于食品工业，其对西红柿、土豆片、胡萝卜、葡萄等食品进行加热干燥，产品的皱缩程度变低，复水性更好。

② 医药工业 微波干燥技术应用于新鲜银杏叶的干燥，可以大幅度提高时空利用效率并节省能耗，具有明显的技术优势[44]。将微波干燥应用在香菊胶囊的生产过程中，具有干燥温度低，速度快，过程操作控制简单等优点，从经济效益等方面综合考虑，微波干燥技术能缩短生产工艺周期（省时）、高效、节能，不影响产品质量。而且经微波干燥得到的药品

有含菌量少，有效成分不受影响，色泽好等优点。

③ 材料化工、生物质、天然橡胶、陶瓷等工业　张英华等成功将微波干燥技术应用于制备纳米硅酸铝，发现微波加热可以使粒径更加均匀。王贤华等将微波干燥应用于生物质热解液化过程中生物质原料的预处理。研究表明，微波炉的干燥速率明显大于烘箱（5 倍以上），同时在微波快速干燥过程中，原料内部的孔隙结构得到了进一步的改善[45]。总之，在微波干燥工艺中不仅所用时间少，效率高，还可以大大降低能耗。

8.4　微波加热

微波所引起的热效应是在微波研究过程中最早被人们发掘和利用的效应之一。1945 年，Spencer P. L. 申请了微波加热技术的第一个专利。在 1955 年，美国泰潘公司向市场推出了世界上第一台微波炉。20 世纪 70 年代初期，我国开始研究并利用微波加热技术，首先是在连续微波磁控管的研制方面取得重大进展，特别是大功率磁控管的研制成功，为微波加热技术的应用提供了先决条件。20 世纪 80 年代，我国开始生产微波炉。到目前为止，已经发展有家用微波炉、工业微波炉等系列产品，质量接近或达到世界先进水平。

相较于传统加热手段而言，微波加热是一种新型的特殊加热方式，能够实现能量的直接传递，具有加热速度快、加热均匀、节能高效和对物料选择性加热、非接触加热以及清洁卫生等特点；微波可直接加热物体，改善传热效果，减少加热过程的传热损失；易于自动化控制，具有其他加热方式不可比拟的优点，受到学术界与工业界的广泛关注，并不断扩展其应用领域。

8.4.1　微波加热机理

微波加热过程是通过极性介质材料对微波的吸收作用，将微波的电磁能转化为介质的热能来实现的。该转化过程与介质材料内部分子的极化作用有密切关系，主要通过偶极极化、离子传导和界面极化三种作用来实现。当把含有极性分子的物料置于微波辐射电磁场时，介质材料中的极性分子在高频交变的电磁场中产生每秒高达数亿次的剧烈转动，并随着高频交变电磁场的方向重新排列，极性分子这种有规律的周期性运动必须克服相邻分子间的干扰和阻碍，从而产生一种类似于摩擦的效应。该效应微观结果表现为微波的电磁能量转化为介质材料内的热量，而宏观即表现为被加热物体的温度升高。

偶极极化机理是指在微波场中介质材料中的极性分子由原来的随机分布状态转变为依照电场的极性取向排列，这些取向在按交变电磁高频率变化过程中，偶极子和交变电场在偶极方向及电场方向存在相位差，分子间为了阻碍这种变化产生摩擦和碰撞消耗电场能量，交变电场的场能转化为介质的热能，从而实现介电加热。由于介质材料的相对介电常数 ε，和介质损耗角正切值 $\tan\delta$ 不同，因此微波场对不同物质作用的热效应也不同。介质中极性分子偶极矩越大，加热速度越快。离子传导机理是指带电介质在微波场作用下产生振荡，与其临近的分子和原子发生碰撞，碰撞引起搅动和运动，从而产生热量。界面极化机理是在两种不同介质相接触的界面上产生电荷所引起的极化，当微波作用在由导体材料分散在绝缘体材料中的系统时主要体现此种机理。三种加热机理相比较，离子传导机理对于微波热效应的贡献比较大，但三者的作用均和被加热材料本身的性质有较大关系。

在微波加热的实际应用中，三种机理的微波加热可同时存在。三种加热机理对介质加热的贡献还取决于介质离子的迁移率、浓度以及介质的弛豫时间等。如果介质离子的迁移率和浓度较低，则介质的加热主要由偶极子转动加热机理控制。相反，则微波加热将由离子传导加热机理控制，升温速度不受介质弛豫时间的影响。

微波加热特性取决于介质的介电特性，在特定频率和温度条件下，介质将电磁能转化为热的能力取决于损耗角正切 $\tan\delta = \varepsilon_1/\varepsilon_2$，$\varepsilon_1$ 是物质的介电损耗，表示物质将电磁能转换为热能的效率；ε_2 是物质的介电常数，表示物质被极化的能力，即介质阻止微波穿透的能力。介质具有较大损耗角正切值才能被快速加热。损耗角正切值取决于微波频率和系统温度[46]。

随着微波频率的增大，加热的效率提高，但是随着频率的增大，微波的波长变短，穿透介质的距离减小，被极化的体积数减小，只能加热介质表面，达不到整体加热的效果，所以选择合适的加热功率对微波加热效果非常重要。

微波的内加热作用不是无限的，对被加热物料有一定尺寸要求，主要取决于穿透能力。电磁波从介质的表面进入并在其内部传播时，由于能量不断被吸收并转化为热能，它所携带的能量会随着在介质内部的深入以指数形式衰减，电磁波能量衰减到只有表面的 $1/e^2 \approx$ 13.5% 时所透入的介质深度（$D = \dfrac{\lambda}{\pi\sqrt{\varepsilon_2}\tan\delta}$）称为穿透深度，大约有 86.5% 的能量在介质表面深度为 D 的层内消耗掉。以 915MHz（$\lambda = 33.3$cm）的常用加热频率为例，其理论穿透深度最大为 230mm。随着功率增大，波长减小，微波的理论穿透深度减小。穿透深度与损耗角正切值成反比。在微波加热技术规模化应用时，穿透深度的概念在应用时就显得尤为重要。

8.4.2 微波加热的量子力学解释

从量子力学角度分析，微波是一种电磁波，具有波粒二象性，其量子能量为 $1.99\times 10^{22} \sim 1.99\times 10^{25}$ J。微波场中分子的取向同时影响相撞"分子对"整体的运动和分子间相对于共同质心的运动，后者提高了碰撞频率，从而加快加热速度。微波对物质加热的另一重要影响是能量，分子中的电子在分子轨道上运动，各原子核之间存在相对振动，整个分子还存在着转动，分子的能量由电子能量、振动能量和转动能量组成，分子内存在不同类型的能级。跃迁能级上的电子受到某种激发，就会发生跃迁[47]。一般说来，电子能级间跃迁频率 10^{15} Hz 落在紫外线或可见光谱范围内；振动能级间的跃迁频率在 10^{14} Hz 处于红外光谱区，电子光谱与振动光谱的频率远远超过微波频率；而转动能级间的跃迁频率为 $10^9 \sim 10^{11}$ Hz，恰在远红外和微波波段。假定极性分子是双原子分子并且是刚性转子，其分子的总转动能为：

$$E = \frac{1}{2}m_a v_a^2 + \frac{1}{2}m_b v_b^2$$

分子一旦获得能量而发生跃迁，就会成为一种亚稳态状态，变得极为活跃，分子内部、分子间旧键的断裂和新键的形成更为激烈，分子间的碰撞频率增加，促进反应的进行。不同分子的偶极矩不同，转动惯量不同，转动动能也不相同。理论上，分子的动能最大时，其热效应最好。

8.4.3　微波加热的特点

8.4.3.1　即时性

用微波加热介质物料时，加热非常迅速。只要有微波辐射，物料即刻得到加热，反之，物料就得不到微波能量而立即停止加热，它能使物料在瞬间得到或失去热量来源，表现出对物料加热的无惰性。根据德拜理论，极性分子在极化弛豫过程中的弛豫时间 T 与外加交变电磁场极性改变的角频率 ω 有关，在微波频段时有 $\omega=1$ 的结果。我国工业微波炉加热设备常用的微波工作频率为 915MHz 和 2450MHz，根据计算，其周期 T 约为 $10^{-11}\sim10^{-10}$ s 数量级。因此，微波能在物料内转化为热能的过程具有即时性的特点。

8.4.3.2　整体性

微波是一种穿透力较强的电磁波，如频率为 915MHz 的电磁波，它能穿透物体的内部，向被加热材料内部辐射微波电磁场，推动其极化水分子的剧烈运动，使分子相互碰撞、摩擦而产生热量。因此其加热过程在整个物体内同时进行，升温迅速，温度均匀，温度梯度小，是一种"体加热"的方式，即通过电磁场与分子之间的交互作用直接输送到物质体内的各个位置并转化为热能，这将大大缩短常规加热中热传导的时间。除体积特别大的物体外，一般可以做到表里一起均匀加热，这符合工业连续化生产和自动化控制的要求[48]。

8.4.3.3　选择性

并非所有材料都能用微波加热，不同材料由于其自身的介电特性不同，其对微波的吸收程度也不相同。微波对介质的作用主要体现在介质的介电特性上，介电特性是指介质分子中的束缚电荷对外加电场的响应特性，其决定了材料在微波场中的行为，而介电常数是综合反映物质介电特性的重要宏观物理量。

根据材料对微波吸收程度的不同，可将材料分为[49]：微波反射型、微波透明型、微波吸收型和部分微波吸收型。因此，可以利用微波加热的选择性对混合物料中的各组分或零件的不同部位进行选择性加热，如：利用微波加热对物料进行胶合加工时，其发热和温升集中在胶层，避免了胶缝周围物料因高温而造成的热损失，很好地利用了微波加热的选择性。

8.4.3.4　高效性

在常规加热中，设备预热、辐射热损失和高温介质热损失在总的能耗中占据较大的比例。采用微波进行加热时，介质材料吸收微波能，将其转化为热能，而设备壳体金属材料是微波反射型材料，它只能反射而不能吸收微波（或极少吸收微波）。所以，组成微波加热设备的热损失仅占总能耗的极少部分。再加上微波加热是内部"体热源"，它并不需要高温介质来传热，因此绝大部分微波能量被介质物料吸收转化为升温所需要的热量，形成了微波能量利用高效率的特性。与常规电加热方式相比，它一般可以节省电能 30%～50%。

8.4.3.5　清洁性

工业上常规加热一般采用矿物燃料作为能源，其燃烧产生的二氧化碳被称为产生"温室效应"的主要成分,而产生的二氧化硫等有毒有害气体更是破坏大气环境的元凶。微波加热所用能源为电能,不直接对环境产生污染,但需要注意微波辐射的防护。

8.4.4 微波热解油砂

油砂(亦称焦油砂)由砂粒或岩石、水和稠油组成,是一种重要的非常规化石资源。油砂稠油的密度通常大于 $1g/cm^3$,黏度大于 $1\times10^4Pa\cdot s$(通常黏度超过 $1\times10^4Pa\cdot s$ 的稠油也称为沥青),流动性极差。油砂通常含有 $70\%\sim90\%$ 的无机矿物质(砂、黏土等)、$3\%\sim6\%$ 的水、$6\%\sim30\%$ 的稠油。通常油砂稠油是烃类和非烃类有机物质,呈黑色、黏稠的半固体,约含 80% 的碳元素,还有氢元素和少量的氮、硫、氧以及微量金属,如钒、镍、铁、钠等[50],随着全球范围石油需求的不断增长及石油价格的不断攀升,对非常规油气资源进行开发和利用将具有重大的战略意义。热解处理提取油砂中的沥青是油砂开发利用的重要途径之一,对替代常规化石资源,缓解石油供应压力具有重要的意义。

油砂热解过程主要包括以下三个步骤:

① 在热解开始的低温阶段,主要是油砂外部水和结合水的脱离过程,还有吸附的有机气体逸出以及弱键的断裂,包括一些吸附在油砂空隙间的小分子烃类物质,如饱和链烃等的断裂过程。

② 随着热解温度的升高,热解反应的转化率迅速提高,进入激烈反应阶段,失重速率峰值出现在此温度区间,成为热解反应的最主要阶段。在这一阶段中,油砂中有机物大量逸出,部分大分子油类产品的 C—C 链断裂分解成小分子有机物,并都以气态形式逸出。此时发生的是强键的断裂,因而表观活化能也比较高。

③ 热解温度达到 $500℃$ 以上时,反应转化率达 85%,热解反应进入后期,此时热解过程基本结束,主要反应为稠环芳烃的脱氢、缩聚及重排过程,反应多样化且进行比较困难,其表观活化能也是整个过程中最高的。这一阶段主要是油砂里层油分析出和高分子有机物继续裂解成小分子气态有机物的过程。

微波热解油砂过程的影响因素如下:

(1) 微波吸收剂

由于微波加热具有选择性,因此在使用微波作为加热手段进行油砂热解时,体系具有能够吸收微波,将微波能量转化为热能的物质是其必要条件。油砂内部成分结构复杂,主要由其内部的水(自由水和结合水)作为微波吸收物质。油砂因其产地不同,水含量差异比较大,同一产地不同品味的油砂,水含量也存在较明显的差异。例如:我国新疆小石油沟油砂中水的质量分数只有 0.7%,我国新疆克拉玛依油砂中水的质量分数约为 1.7%,印尼油砂中水的质量分数约为 3.2%,加拿大阿萨巴斯卡高品位油砂中水的质量分数约为 3.4%,其低品位油砂中水的质量分数高达 7.4%。在微波处理油砂的过程中,油砂内部的水分子首先吸收微波能量并升温直至汽化,油砂整体温度也随之升高,但是并不足以达到热解的温度。为了解决这个问题,选择加入适宜的微波吸收剂来实现微波热解油砂过程。常用的微波吸收剂有金属及其氧化物(铁、氧化铁),碳(活性炭、焦炭、石墨),碳化硅,离子晶体(碳酸钾、氢氧化钠)等,这些吸收剂熔点较高,在能够保证持续吸收微波并将其转化为热能的同时,通过传热使得油砂温度升高至目标热解温度，达到热解目的。

不同的微波吸收剂对于热裂解最终产物的组成有着比较明显的影响。当使用活性炭作为微波吸收剂时热解内蒙古油砂时，热解气相产物质量分数高达 51%，液相产物质量分数为 20%；而使用铁粉作为微波吸收剂时热解气相产物质量分数只有 22%，液相产物质量分数为 31%，存在比较明显的差距。

（2）颗粒大小

进行热解的油砂首先需要进行粉碎，当油砂粒径处在 2～20mm 之间时，常规加热方法下粒径越大，油产率越高；而在微波加热条件下，结论却与之相反。K. El Harfi 等[51]在恒定微波加热功率（450W）条件下研究了油品产率与油砂粒径的关系，如图 8-5 所示，对此 K. El Harfi 等提出了相应的理论进行解释，他认为处在油砂孔隙中的有机物质在裂解过程中会因为油砂表面热解微缝隙的形成而逸出，当粒径较小的时候，微缝隙使有机物逸出的效果更

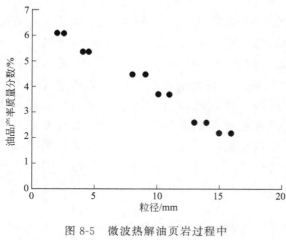

图 8-5　微波热解油页岩过程中
粒径对油品产率的影响

加明显，提高了油的产率。另外，当粒径较大时，油砂颗粒间隙也比较大，间隙中气体是微波的不良吸收体，会造成微波能量的不规则传递，从而降低热传递效率，影响油品产率。

（3）加热速率

相比于传统加热方式，微波加热的优点之一就是升温速率快，可以更为迅速地达到适宜的裂解温度。Berna Hascakir 等[52]研究发现，若想获得最佳的油品回收率，对于传统加热方式来说，只需达到热解温度即可，而对于微波加热的方式而言，所达到的温度必须远高于热解温度才可以，这是由于微波热解温度升高较快，停留时间短，因此只达到裂解温度还远远不够，还需要适当的停留时间来保证油品的产率。另外，升温过快也会造成结焦情况的发生，因此适当的加热速率对于微波热解来说是必要的。考虑到生产实际要求，将传统加热和微波加热进行耦合，先使用微波加热处理油砂使其能够迅速达到热解温度，再使用传统加热方式提供热量维持热解温度的稳定，节省能量，实现经济效益的最大化。

8.5　微波萃取

8.5.1　概述

微波萃取技术是将微波同传统萃取方法相结合的一种新兴技术。将微波应用到萃取过程中，可以利用微波辐射的特性加速对样品中的目标萃取物的萃取过程。早在 20 世纪 80 年代已有研究将家用微波炉应用于萃取过程[53]。

8.5.2　技术介绍

8.5.2.1　微波萃取原理

由于微波加热独有的特点，不同的物质具有不同的吸收微波能力，产生的热量及传递给周边物质的热量也就不同。在微波作用下，被处理物质中各组分被选择性加热，吸收微波能力强的物质加热速度快，易于从原物料中分离出来，进入到吸收微波能力差的萃取剂中，其中萃取溶剂的作用非常重要。首先，萃取溶剂要有一定的吸收微波的能力，用来进行内部加热；其次，萃取溶剂要对目标萃取物有很好的溶解能力，而且要考虑到萃取剂的沸点等因素[54]。如果用非极性溶剂进行萃取，一般要在非极性萃取剂中加热一定极性溶剂，吸收微波进行加热，可以加速萃取过程。

8.5.2.2　微波萃取的特点

① 加热迅速　微波萃取过程中，微波能量可以直接被分子吸收，使物料内部整体迅速产生热效应，起到迅速加热的效果。

② 选择性加热　对于不同的目标萃取物和不同的物料，微波的作用能力不同，选择的萃取剂也不同，利用微波选择性加热这一特点，可有效提高萃取过程的效率。

③ 加热均匀　样品和萃取剂可以均匀地吸收微波，均匀加热，降低由体系内的温度梯度造成的浓度不均现象。

④ 能量有效利用　微波能直接与物料中的分子作用，不需要其他的介质进行传递加热，而且微波腔体基本没有微波泄漏，微波除少量传输损耗外，均被吸收，进一步提高微波能量的利用效率。

⑤ 安全环保　微波萃取过程不产生粉尘污染和余热排放的问题，也没有毒性气体的排放。

传统的萃取方法，萃取剂一般含有有毒物质，而且萃取过程耗时长、费试剂、能耗高、效率低、重现性也很差。采用微波萃取的方法，可有效避免上述缺点，而且适用范围广泛。

8.5.2.3　微波萃取装置

常用的微波萃取装置可分为三种：高压密闭微波萃取装置、开放式微波萃取装置和开放式微波-超声波辅助萃取装置。

高压密闭微波萃取装置的萃取过程发生在密闭的萃取釜中，为了防止物料的泄露并承受微波加热所产生的高温高压，萃取釜需要有足够的强度和密封性。微波萃取釜包含外罐和内罐，外罐为工程塑料材料，不吸收微波辐射，内衬由 PPS 材料构成，以保证其强度及韧性，内罐为聚四氟乙烯材料，可以完全透射微波。微波作用下，萃取釜中的样品和萃取剂吸收微波能后温度迅速升高，并产生高压，高温高压的环境有利于目标萃取物和样品间的价键断裂，加速萃取剂溶解到样品中，或促使样品中的目标萃取物溶入到萃取剂中，从而达到加速萃取的目的。

　　开放式微波萃取装置的萃取过程是在常压下进行的。采用微波炉的构架，并在微波炉腔体内设有索氏抽提器，将微波与索氏抽提结合进行微波萃取过程。萃取剂必须能很好地吸收微波能。其样品容量较大，微波萃取过程迅速，还具有高效、安全可靠等众多优点。

　　微波-超声波辅助萃取装置将开放式微波萃取装置和超声波进行了有效的结合。将产生的微波能和超声波的振动能同时加在样品及萃取剂上。因此，这种微波-超声波联合萃取的方法不仅有微波萃取的各种优点，还充分体现了超声波的空化作用。

8.5.3　技术应用

　　微波萃取技术已经应用到很多领域，如食品、植物、土壤、动物等领域均可采用微波萃取，其基本包含了有机萃取的各个方面。

　　熊国华等将微波萃取技术应用于土壤中 PAHs 的萃取。实验发现索氏萃取耗时长、需要溶剂多。微波萃取 6min 的回收率高于索氏萃取 1.5h 所得回收率，与索氏萃取 4h 的效率相当[55]。与已有的国标方法相比，用微波辅助液液萃取 GC/MS 方法分析蔬菜、水果中多种拟除虫菊酯的残留，所用有机溶剂量少，操作简便，提取液无须严格净化便可进行 GC/MS 分析，大大提高了分析速度，而且可以避免农药残留检测中的假阳性现象。

8.6　微波蒸发

8.6.1　概述

　　微波蒸发技术是将微波辐射应用于蒸发过程的一项新技术。利用微波加热辅助蒸发过程，其主要利用微波加热独有的特点对物质进行选择性加热蒸发。

8.6.2　技术介绍

　　微波蒸发过程同微波干燥类似，微波干燥常用于水分的加热干燥，微波蒸发不仅可用于水分蒸发，还应用于其他有机溶剂的蒸发过程。微波蒸发同样具有蒸发速度快、加热均匀、选择性蒸发、能量利用高、易于控制、产品质量高和无破坏性等特点。

　　Kathrin Werth 等对微波蒸发过程进行了研究，结果发现常压微波蒸发过程中，会有过热现象发生，尤其是液相达到稳态后其沸点会有显著升高，其升高程度和微波的功率正相关，相比而言对气相温度基本没有影响[56]。

8.6.3　技术应用

　　Shima Yousefi 等采用微波蒸发技术对石榴汁浓缩过程中的加热速度和产品质量的关系进行了研究，研究结果表明用微波加热不仅可以缩短蒸发时间，还可以有效避免其颜色变化、花青素降解和抗氧化活性降低[57]。

◆ 参考文献 ◆

[1] Pelle Lidstrom, Jason Tierney, Bernard Wathey, et al. Microwave assisted organic synthsis-a review [J]. Tetrahedron, 2001, 57(45): 9225-9283.

[2] Gedye R, Smith F, Westaway K, et al. The use of microwave ovens for rapid organic synthsis [J]. Tetrahedron Letters, 1986, 27(3): 279-282.

[3] Thostenson E T, Chou T W. Microwave processing: fundamentals and applications [J]. Composites Part A: Applied Science and Manufacturing, 1999, 30(9): 1055-1071.

[4] Plazl I, Leskovsek S, Koloini T. Hydrolysis of sucrose by conventional and microwave heating in stirred tank reactor [J]. Chem Eng J Biochem Eng J, 1995, 59(3): 253-257.

[5] Pipus G, Plazl I, Koloini T. Esterification of benzoic acid with 2-ethylhexanol in a microwave stirred tank reactor [J]. Ind Eng Chem Res, 2002, 41(5): 1129-1134.

[6] Toukoniitty B, Mikkola J P, Eranen K, et al. Esterification of propionic acid under microwave irradiation over an ion-exchange resin [J]. Catalysis Today, 2005, 100(3): 431-435.

[7] Carlos A R, Melo J, Carlos E R, et al. Solid-acid catalyzed esterification of oleic acid assisted by microwave heating [J]. Industrial & Engineering Chemistry Research, 2010, 49(23): 12135-12139.

[8] Yasunori T, Ayano H, Tomohisa Y, et al. In situ observation of nonequilibrium local heating as an origin of special effect of microwave on chemistry [J]. The Journal of Physical Chemistry C, 2010, 114(19): 8965-8967.

[9] Borivoj A, Mihajlo G, Milena S, et al. Comparative study on isothermal kinetics of fullerol formation under conventional and microwave heating [J]. Chemical Engineering Journal, 2008, 140(1): 570-577.

[10] Banik S, Bandyopadhyay S, Ganguly S. Bioeffects of microwave-a brief review [J]. Bioresource Technol, 2003, 87: 155-159.

[11] Kappe C O. Microwave dielectric heating in synthetic organic chemistry [J]. Chemical Society Reviews, 2008, 37(6): 1127-1139.

[12] Sathupunyaa M, Gularib E, Wongkasemjita S. ANA and GIS zeolite synthesis directly from alumatrane and silatrane by sol-gel process and microwave technology [J]. Journal of the European Ceramic Society, 2002, 22(13): 2305-231.

[13] Kingston, Howard M, Jassie L B. Introduction to microwave sample preparation: theory and practice [M]. Washington D C: American Chemical Society, 1988.

[14] Andrzej Z. The application of microwave radiation to analytical and environmental chemistry [J]. Critical Reviews in Analytical Chemistry, 1995, 25(1): 43-76.

[15] Sateesh M, Craig F, Pare J R J, et al. Microwave applications to oil sands and petroleum: A review [J]. Fuel Processing Technology, 2010, 91(2): 127-135.

[16] 吴华强, 邵名望, 顾家山等. 微波辐射方式 CdS 和 Bi_2S_3 纳米粒子结晶度的影响 [J]. 无机化学学报, 2003, 19(1): 107-110.

[17] Backhouse N B, Hollingworth J M, Konstadopoulou A, Vourdas A. Symmetry and Structural Properties of Condensed Matter [M]. Singapore, New Jersey, London, Hong Kong: World Scientific Publishing Co Pte Ltd, 2001: 236.

[18] 王升高, 汪建华, 张保华等. 微波等离子体化学气相沉积法低温制备直纳米管膜 [J]. 无机化学学报, 2003, 19(3): 329-332.

[19] 陈新, 杨绍光. 微波等离子体辅助化学气相沉积法低温合成定向碳纳米管阵列 [J]. 高等学校化学学报, 2001, 22(5): 731-733.

[20] 金钦汉, 戴树珊, 黄卡玛. 微波化学 [M]. 北京: 科学出版社, 1999: 118.

[21] Mingos D M P, Baghurst D R. Applications of Microwave Dielectric Heating Effects to Synthetic Problems in Chemistry [J]. Chemical Society Reviews, 1991: 20(1): 1-47.

[22] Wickersheim K A, Sun M H, Rall D H. Microwave and High Frequency [J]. Int Conf, Nice, 8~20at,

1991，183.

[23] Bose A K，Maghars S，Malay Ghosh，et al. Microwave-induced organic reaction enhancement chemistry. 2. Simplified techniques [J]. The Journal of Organic Chemistry，1991，56(25)：6968-6970.

[24] Baghurst D R，Mingos D M P. Superheating effects associated with microwave dielectric heating [J]. J Chem Soc，Chem Commun，1992 (9)：674-677.

[25] Bram G，Loupy A，Majdoub M，et al. Anthraquinone Microwave-Induced Synthesis in Dry Media in Domestic Ovens [J]. ChemInform，1992，23(17)：133-133.

[26] Yu H M，Chen S T，Wang K T. Enhanced coupling efficiency in solid-phase peptide synthesis by microwave irradiation [J]. The Journal of Organic Chemistry，1992，57(18)：4781-4784.

[27] Cablewski T，Faux A F，Strauss C R. Development and application of a continuous microwave reactor for organic synthesis [J]. The Journal of organic chemistry，1994，59(12)：3408-3412.

[28] Surati M A，Jauhari S，Desai K R. A brief review：microwave assisted organic reaction [J]. Archives of Applied Science Research，2012，4(1)：645-661.

[29] Gedye R N，Smith F E，Westaway K C. The rapid synthesis of organic compounds in microwave ovens [J]. Canadian Journal of Chemistry，1988，66(1)：17-26.

[30] Gedye R，Smith F，Westaway K，et al. The use of microwave ovens for rapid organic synthesis [J].Tetrahedron letters，1986，27(3)：279-282.

[31] Perreux L，Loupy A，Volatron F. Solvent-free preparation of amides from acids and primary amines under microwave irradiation [J]. Tetrahedron，2002，58(11)：2155-2162.

[32] Surati M A，Jauhari S，Desai K R. A brief review：microwave assisted organic reaction [J]. Archives of Applied Science Research，2012，4(1)：645-661.

[33] Dahmani Z，Rahmouni M，Brugidou R，et al. A new route to α-hetero β-enamino esters using a mild and convenient solvent-free process assisted by focused microwave irradiation [J]. Tetrahedron Letters，1998，39(46)：8453-8456.

[34] Scharn D，Wenschuh H，Reineke U，et al. Spatially addressed synthesis of amino-and amino-oxy-substituted 1，3，5-triazine arrays on polymeric membranes [J]. Journal of Combinatorial Chemistry，2000，2(4)：361-369.

[35] Komorowska M，Stefanidis G D，Van Gerven T，et al. Influence of microwave irradiation on a polyesterification reaction [J]. Chemical Engineering Journal，2009，155(3)：859-866.

[36] Choi S J，Kuwabara J，Kanbara T. Microwave-assisted polycondensation via direct arylation of 3，4-ethylenedioxythiophene with 9，9-dioctyl-2，7-dibromofluorene [J]. ACS Sustainable Chemistry & Engineering，2013，1(8)：878-882.

[37] Adlington K，Jones G J，El Harfi J，et al. Mechanistic investigation into the accelerated synthesis of methacrylate oligomers via the application of catalytic chain transfer polymerization and selective microwave heating [J]. Macromolecules，2013，46(10)：3922-3930.

[38] Velmathi S，Nagahata R，Sugiyama J，et al. A Rapid Eco-Friendly Synthesis of Poly (butylene succinate) by a Direct Polyesterification under Microwave Irradiation [J]. Macromolecular Rapid Communications，2005，26(14)：1163-1167.

[39] Hoogenboom R，Schubert U S. Microwave-Assisted Polymer Synthesis: Recent Developments in a Rapidly Expanding Field of Research [J]. Macromolecular Rapid Communications，2007，28(4)：368-386.

[40] Yi C，Deng Z，Xu Z. Monodisperse thermosensitive particles prepared by emulsifier-free emulsion polymerization with microwave irradiation [J]. Colloid and Polymer Science，2005，283(11)：1259-1266.

[41] 张文思. 微波辅助共轭聚合物合成的条件优化及机理研究 [D]. 长春：吉林大学，2014.

[42] 刘相东. 常见工业干燥设备及应用 [M]. 北京：化学工业出版社，2005.

[43] Gao X，Li X G，Zhang，J S，et al. Influence of a microwave irradiation field on vapor-liquid equilibrium [J]. Chemical Engineering Science，2013，90：213-220.

[44] 鞠兴荣，汪海峰. 微波干燥对银杏叶中有效成分的影响 [J]. 食品科学，2002，23(12)：56-58.

［45］ 王贤华，陈汉平，张世红等.生物质微波干燥及其对热解的影响［J］.燃料化学学报，2011，39(1): 14-21.

［46］ 罗万江，兰新哲，宋永辉.微波加热技术及其热解油页岩的研究进展［J］.材料导报 A，2014，28(11): 109-114.

［47］ 马双忱，姚娟娟，金鑫等.微波化学中微波的热与非热效应研究进展［J］.化学通报，2011，74(1): 41-46.

［48］ 高鑫.微波强化催化反应精馏过程研究［D］.天津：天津大学，2011.

［49］ 牟群英，李贤军.微波加热技术的应用与研究进展［J］.物理学和高新技术，2004，(6): 438-442.

［50］ 李术元，王剑秋，钱家麟.世界油砂资源的研究及开发利用［J］.中外能源，2011，16(5): 10-23.

［51］ El Harfi K，Mokhlisse A，Chanaa M B，et al. Pyrolysis of the Moroccan (Tarfaya) oil shales under microwave irradiation［J］. Fuel，2000，79(7): 733-742.

［52］ Hascakir B，Babadagli T，Akin S. Field-scale analysis of heavy-oil recovery by electrical heating［J］. SPE Reservoir Evaluation & Engineering，2010，13(01): 131-142.

［53］ Richard G，Frank S，Kenneth W，et al. The use of microwave ovens for rapid organic synthesis［J］.Tetrahedron Letters，1986，27(3): 279-282.

［54］ 陈亚妮，张军民.微波萃取技术研究进展［J］.应用化工，2010，39(2): 270-279.

［55］ 熊国华，梁今明，邹世春等.微波萃取土壤中 PAHs 的研究［J］.高等学校化学学报，1998，19(10): 1560-1565.

［56］ Kathrin W，Philip L，Anton A，et al. A systematic investigation of microwave-assisted reactive distillation: Influence of microwaves on separation and reaction［J］. Chemical Engineering and Processing，2015，93: 87-97.

［57］ Shima Y，Zahra E D，Sayed M A M，et al. Comparing the Effects of Microwave and Conventional Heating Methods on the Evaporation Rate and Quality Attributes of Pomegranate(*Punica granatum* L.) Juice Concentrate［J］. Food Bioprocess Technol，2012，5(4): 1328-1339.

第 9 章 磁稳定床技术

9.1 概述

由于气固颗粒系统的不稳定性，通常表现为聚式鼓泡状态，而散式流态化具有稳定均匀等特性，所以气固流态化的散式化研究引起人们的兴趣和重视。将磁场引入普通气固流化床，形成磁场控制下的散式气固流态化系统，是聚式流态化散式化的主要方法。

20 世纪 60 年代，前苏联学者 Filippov 将磁场引入传统流化床，提出了一种新型的流化床体系——磁流化床（Magnetically Fluidized Bed，MFB），它不同于传统的流化床，而是以磁性颗粒为固相，在外加磁场作用下使床层中的固体颗粒在操作过程中不是作无序的自由运动，而是呈有序排列状态，即磁流化床是流态化技术与电磁技术相结合的产物[1]。在此基础上，20 世纪 70 年代 Rosensweig 等又提出了磁稳定床（Magnetically Stabilized Bed，MSB）的概念，磁稳定床是磁流化床的特殊形式，它是在轴向、不随时间变化的空间均匀磁场作用下发生定向排列，只有微弱运动的稳定床层，使床层既具有与固定床类似的稳定结构，又具有一定的流动性，真正实现了固体粒子与流体的逆向接触，兼有固定床和流化床的优点。它可以像流化床那样使用小颗粒固体而不至于造成过高的压力降，外加磁场的作用有效地控制了相间返混，同时均匀的空隙度又使床层内部不易出现沟流；细小颗粒的可流动性使得床层装卸固体非常便利；使用磁稳定床不仅可以避免流化床操作中经常出现的固体颗粒流失现象，也可以避免固定床中可能出现的局部热点；同时磁稳定床可以在较宽范围内稳定操作，还可以破碎气泡改善相间传质。磁稳定床是磁体流体力学与反应工程不同领域知识结合形成新思想的典范，是一种新型的、具有创造性的床层形式。

基于气固两相流的似流体性质，以及磁流化床优越的流化特性，磁稳定流化床的分选性能更为突出，Rosensweig 等（1987）首先在实验室采用磁稳定流化床对矿物进行分离研究，取得了令人满意的结果，为磁流化床的分选特性研究，以及它在矿物分选领域中的应用研究开了先河。

总的来说，磁稳定床突破性地结合了众多反应器的优点[2]（见表 9-1），可以适用于气-固、液-固以及气-液-固的化工过程。重要的是，其显著强化了质量、热量传递，提高了化学过程和反应的效率。因而，磁稳定床从其诞生起就受到了科学界与工程界的广泛关注。目前，在石油化工、生物化工和环境工程领域已有成功应用的报道，尤其近些年来在生物化工领域的应用，如生物分离、固定酶催化等过程表现出优异的性能，被业界认为是具有良好应用前景的反应器之一。

表 9-1 常见反应器特性

反应器	投资	操作成本	操作弹性	质量/热量传递	催化剂要求			
					稳定性	长	尺寸	形状
浆态床	L	L	M	L	L	L	L	L
固定床	M	L	L	L	H	H	H	H
移动床	H	H	M	M	M	H	H	H
流化床	H	H	M	H	L	H	H	H
磁稳定床	M	M	H	H	L	L	L	L

注：H—难度高；M—中等难度；L—低难度或较易。

9.2 磁稳定床原理与结构

磁稳定床要求外加磁场强度不随时间变化，且分布均匀。一般来说，提供稳定磁场的方法主要有永磁体和 Helmholtz 线圈两种。其中，永磁体提供的磁场不需要外加能量，设备结构简单。但是，产生的磁场强度无法调节，因此一般应用在特定条件。考虑到生产实践中工况的复杂性，所以在目前的报道中，多采用磁场强度可调节的 Helmholtz 线圈来实现稳定、均匀的磁场，图 9-1 所示为典型的 Helmholtz 线圈式磁稳定床。通过调节缠绕在反应器外壳上的线圈电流来改变磁场强度，反应器内部填充的磁性颗粒受到磁场的作用稳定排列成流化态床层，物料从反应器下端进入床层，实现了真正的逆流接触。磁性颗粒受到磁场的作用力，不会因为气量过大而被带出反应器，并且磁性颗粒稳定排列，返混的程度明显比流化床降低。另外，由于磁性颗粒的稳定排列，形成固定间距狭小的空隙，克服了固体颗粒较小无法在固定床中使用的难题。进入磁稳定床的物料可以是气体、液体或者气-液混合物，因此把磁稳定床分类为气-固、液-固以及气-液-固磁稳定床，下文中以此分类方法进行详细叙述。

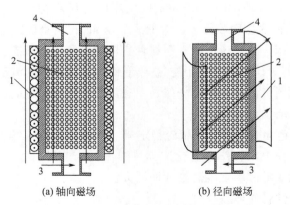

(a) 轴向磁场   (b) 径向磁场

图 9-1 Helmholtz 线圈式磁稳定床

1—线圈；2—磁性颗粒；3—物料进口；4—物料出口

9.3　气-固磁稳定床

9.3.1　气-固磁稳定床流体力学特性

1961 年，Filippov[3]首次采用相图分析了磁场对液体流动行为的影响，见图 9-2。随着液体流速和磁场强度的变化，床层变化经

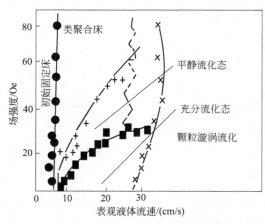

历了初始固定床、类聚合床 (Pseudo-Polymerized Bed)、平静流化态 (Calm Fluidization)、充分流化态 (Developed Fluidization) 和颗粒漩涡流化 (Particle Elutriation) 五个阶段。同时，Filippov 还指出：①最小流化速度与磁场强度无关；②固定床转变为类聚合床 (Pseudo-Polymerized Bed) 即为流化发生点。总的来说，这些观点对利用磁场强化化工过程的发展具有重要意义，并且，至今一些研究者依然沿用 Filippov 的假设。重要的是，Rosensweig 指出类聚合床 (Pseudo-Polymerized Bed) 即为 1969 年 Tuthill 提出的磁稳定床。

图 9-2　Filippov 提出的磁流化床相图

（1）固相磁性颗粒体系

Rosensweig[4]采用空气-铁磁性颗粒体系对气-固磁稳定床内部流场进行了初步探索，结果与 Filippov 得到的相图相似，见图 9-3。表明：磁稳定床结合了流化床和固定床的特点，在不同气速下表现出三种不同的形式：当表观气速较小时，床层表现为固定床形式；当表观气速大于最小流化速度后，床层操作状态发生变化，由于外加均匀磁场的作用，气泡的形成得到消除，床层像活塞一样膨胀，床层疏松、稳定、无气泡，这种膨胀的流化床就是磁稳定床；当表观气速大于过渡速度后，由于气泡的形成，气泡上升引起床层压力降波动，则表现出非稳定流化床的形式。另外，Rosensweig 指出床层的压降与气速、磁性颗粒大小无关。Penchev 等[5]采用空气-铁磁性颗粒体系，对 Rosensweig 的实验研究进行了证实，认为床层状态经历固定床、膨胀床、膨胀床崩溃、颗粒聚集体的链状均匀流态化、鼓泡流态化五个阶段，见图 9-4。同时，不少研究者研究了空气-球形铁粒子体系下的流动行为。Saxena[6]根据磁场强度的大小，将磁场可以分为弱磁场区、中磁场区、强磁场区，并且认为磁稳定床的流态化特征随磁场强度的增加而变化。

Penchev 等[7]认为径向磁场可以产生磁稳定床（见图 9-5），该结论被 Contal 等[8]证实，同时指出磁稳定床存在固定床、稳定流化床、鼓泡流化床三种状态（见图 9-6）。最小流化状态下对应的压降、气速随磁场强度的增加而增大。

（2）固相掺杂非磁性颗粒体系

在一些实际应用中，固相不一定全部为磁性颗粒，因此，也有一些学者探索了固相中存在一定质量分数非磁性颗粒情况下的流场。Arnaldos 等[9]研究了三种不同体系（空气-镍、

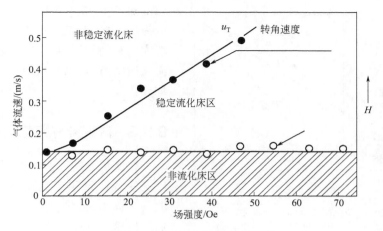

图 9-3　Rosensweig 提出的相图

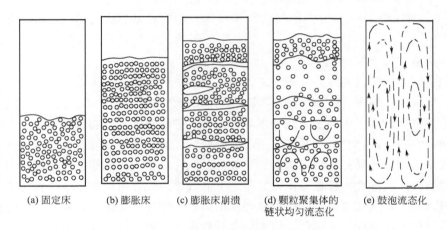

(a) 固定床　　(b) 膨胀床　　(c) 膨胀床崩溃　　(d) 颗粒聚集体的　(e) 鼓泡流态化
链状均匀流态化

图 9-4　Penchev 床层随着气速状态变化

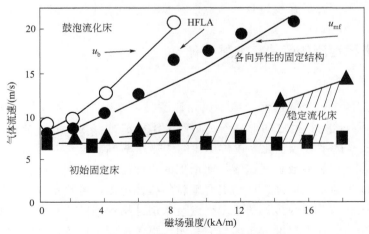

图 9-5　Penchev 和 Hristov 相图

u_b—气泡上升速度；u_{mf}—起始流化速度

硅，空气-铁、铜，空气-铁、硅）下流场特性，并对磁稳定床稳定性进行数学描述。他引入

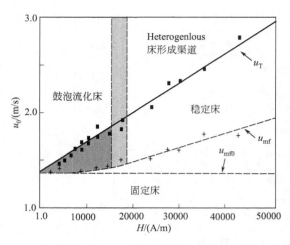

图 9-6　Contal 提出的横向磁场相图
u_T—带出速度；u_{mf}—起始流化速度

鼓泡流态化初始速度 v_B 来衡量稳定性，认为 v_B 越大稳定性越好，同时磁场强度增大也有利于稳定性的增强，并认为最小流化速度与磁场和混合物中磁性颗粒的质量分数无关。

9.3.2　磁场破碎气泡的机理

在流化床的工业化应用中，人们发现床层中气体通道常常会形成一个大的空隙，被称作"气泡"[10]，在很大程度影响了传递和反应过程，因此尝试了各种方法消除这些气泡，结果发现外加一种外部作用力可以消除气泡。一些科研工作者通过实验发现，外加磁场[11]和电场[12]都能不同程度地抑制"气泡"的产生。

在磁稳定床中，正是利用外加磁场来抑制"气泡"产生的，大多数的研究是在径向磁场的情况下。Lucchesi 等[13]认为磁化的颗粒之间存在着内聚力，此力限制了气泡的形成和长大，并认为无气泡时床层中的磁力线分布均匀，处于磁稳定状态；当床层中有气泡时，气泡在床层中构成非磁性区，它的存在降低了磁流密度，气泡周围的磁力线变弯曲，弯曲的磁力线有恢复成原来均匀、平行、稳定状态的趋势。因此，产生指向气泡中心的磁张力，此力限制了气泡的长大。铁磁性颗粒在磁场力的作用下沿着磁力线方向形成很多针状结构，它们从气泡顶部进入气泡，使气泡破碎。这种破碎作用不同于传统流化床中颗粒对气泡的破碎，在传统流化床中位于气泡顶部的颗粒或团聚物在通常情况下受到背离气泡的合力，只有颗粒粒度合适并满足一定条件时[14]，才能进入气泡，使气泡破碎；而磁稳定床中颗粒对气泡的破碎不受粒度限制，只要磁场强度适宜，铁磁性颗粒就能形成针状结构，使气泡破碎。

9.3.3　气-固磁稳定床的传热、传质

（1）传热

在气固磁稳定床中，当气速低于最小流化速度时，气-固传热系数与气速无关；气速介于最小流化速度和过渡速度之间时，气-固传热努塞尔数（Nussellt 数，Nu）与雷诺数（Reynolds 数，Re）的平方成正比，单位体积的传热速率与颗粒大小无关，传热系数随气速增加而缓慢增大，且传热系数随气速增加而增加的程度比在固定床中高；当气速高于过渡速度时，传热系数随气速急剧增加。对于混合颗粒的磁稳定床，传热系数随磁性颗粒所占分数的增加而降低。床层与器壁的传热随磁场强度及床层结构的不同而有较大的差别。

对磁稳定床径向和轴向温度分布的研究表明，当气速低于过渡速度时，磁稳定床内的温度分布类似于固定床，而当气速高于过渡速度时，磁稳定床的温度分布类似于流化床。提高磁场强度，由于磁性颗粒的运动受到限制，磁稳定床的有效热导率降低。总之，磁稳定床的传热要优于固定床，而劣于流化床[15]。

Hristov[16]对磁稳定床中浸入加热面与床层之间的传热系数数据进行了整理，得到了部分传热关联式，结果如表 9-2 所示。

表 9-2 部分传热关联式

研究者	材料	颗粒直径/μm	方程式(9-1)			方程式(9-2)		
			A_0	m	R^2	B_0	n	R^2
Bologa 和 Syutkin	Fe	160~325	239.6	−0.586	0.887	1.23	−0.836	0.707
Bologa 和 Syutkin	Fe	90	57.042	−1.488	0.985	—	—	—
Arnaldos	Fe	460	312.23	−0.124	0.827	—	—	—
Arnaldos	Ni	325	29.76	−0.2	0.642	26.30	−2.42	0.60
Dolidovich	Fe	1511	192.22	0.0782	0.864	25.03	−0.922	0.998
Qian 和 Saxena	Fe	733	21.93	0.27	0.511	24.3	−0.72	0.845
Ganzha 和 Saxena	Fe	1086	55.56	−0.02	0.055	13.8	−1.022	0.912

关联式：

$$Nu = \frac{h_w d_p}{k_g} = A_0 Re^m S_0 \tag{9-1}$$

$$S_0 = Pr^{0.8} \sqrt{Ar} \left(\frac{k_g}{k_p}\right)\left(1 - \frac{H}{M_s}\right)$$

式中，Nu 为努塞尔数；d_p 为颗粒直径；h_w 为流化床与外壁的给热系数；k_g 为气泡与乳相间的传质系数；Re 为雷诺数；Pr 为普朗特数；Ar 为阿基米德数；k_p 为颗粒主体的传热系数；H 为磁场强度；M_s 为固体磁性粒子的饱和磁化强度。

$$j_h = B_0 Re^n \tag{9-2}$$

式中，j_h 为 Chilton-Colburn 因子；B_0 为方程系数。

（2）传质

目前对常规气-固磁稳定床传质性能研究暂未有系统报道。2008 年，天津大学杜明洋[17]采用萘升华法对加压气-固磁稳定床传质性能进行了研究。试验发现：磁场的引入使得磁性颗粒的运动受到束缚，固体周围的气体边界层受到颗粒的冲击减弱，边界层变厚，从而固体与床层之间的传质系数减小；床层在充分流化阶段的轴向、径向传质系数分布均匀；由于压力升高使得气体扩散系数降低而使得气固传质系数降低，但是并没有像扩散系数随压力升高急剧降低相似的趋势；加压下气固磁稳定床的气固传质系数关联式为：

$$Sh_p = Sc^{1.4986} Re_p^{0.8646} e^{-1.317\frac{H}{M_s}} \tag{9-3}$$

式中，Sh_p 为颗粒相舍伍德数；Sc 为施密特数；Re_p 为颗粒相雷诺数；H 为磁场强度，kA/m；M_s 为固体磁性粒子的饱和磁化强度，kA/m；$2u_{mf} \leqslant u \leqslant 5u_{mf}$，$0 \leqslant H \leqslant 20kA/m$。

Arnaldos 研究了钢球与氧化铝混合颗粒磁稳定床干燥湿空气过程中的气固传质。研究发现，磁稳定床的传质效率比常规流化床高；当气速低于过渡速度时，磁稳定床的传质效率比固定床高，当气速大于过渡速度时，磁稳定床的传质效率比固定床低。增加磁场强度，床层空隙率增加，颗粒沿磁力线重新排列，改善了气固接触，所以效率因子随磁场强度增加而加大。

9.3.4 气固磁稳定床的应用

（1）在除尘方面的应用

Albert 等[18]将磁稳定床技术应用到除尘领域，发现除尘效率主要受磁场强度和捕获尘粒的二次飞扬的影响，并且随运行时间的延长而除尘效率降低，通过增加床层高度，可以延长高效捕集尘粒的运行时间。Cohen 等[19]研究了临界稳定流化区域的磁流化床除尘效果，结果发现因局部的扰动导致床内出现大量气泡，除尘效率会明显下降，当磁稳定流化床中累积的尘粒一旦达到饱和点，磁颗粒之间的相互作用力减弱，床层就脱离磁稳定流化而进入鼓泡流化状态，除尘效率急剧下降。Geuzens 等[20]探索了压力、温度对除尘效率的影响，研究表明，高温主要对颗粒层黏度造成影响，而高压主要对床层的空隙率造成影响，但是对除尘效率影响不大，略有降低。并且得出除尘效率：

$$\eta = 1 - \exp\left[-\frac{3}{2}\frac{(1-\varepsilon)}{\varepsilon d_{\mathrm{p}}}\eta_{\mathrm{t}}\right]\tag{9-4}$$

式中，η 为除尘效率；ε 为床层的空隙率；d_{p} 为颗粒直径；η_{t} 为单球效率。

Rincon[21]把颗粒床的过滤理论应用于磁稳定床，并通过修正黏附特性系数的经验表达式来预报磁稳定流化床的除尘效率。他认为除尘效率只取决于黏附特性系数，与磁场强度、床料粒径、气体表观流速、尘粒直径等参数无关。归柯庭[22]在研究磁稳定流化床空气过滤器的过滤特性时，得到过滤效率与磁场强度、床层高度、床料粒径等参数的变化曲线，并结合过滤模型，分析各参数对过滤效率的影响程度。Wang 等[23]采用磁稳定床对烟道气中的颗粒进行脱除，结果发现在稳定操作条件下除尘率高达 95%，研究结果与前人不同，除尘效率随着床高、磁场强度的增加而增大，但是随着颗粒直径的减小而减小，随着气速的增大，除尘效率也会减小。

（2）在选煤方面的应用

Rosensweig 等[24]探索了两种操作方式下磁稳定床在煤炭分选领域的应用。首先是间歇操作方式，其原理为利用物质的密度差，把混合物从高出床层表面 20cm 处落入床层，煤浮在磁稳定床的上部表面，而石灰石沉入磁稳定床中。在实验中选用 0.177~0.250mm 的磁铁矿作为流化介质，在磁场强度为 32Oe［1Oe＝(1000/4π)A/m］，流化气速为 45cm/s，床层密度维持在 1.47g/cm³ 的条件下进行，被分离的物料是煤（相对密度为 1.39）和石灰石（相对密度为 2.71）的混合物，粒度均在 6.5mm 左右。其次是连续操作方式，在磁稳定流化床中对粒度为（－13＋4）mm（即 4~13mm）的煤（密度为 1.39g/cm³）和石灰石（密度为 2.71g/cm³）的等比例混合物进行了分选试验。所用分选介质为 70% 的不锈钢铁粉与 30% 的铝粉组成的混合介质，粒度为（－1.4＋0.85）mm（即 0.85~1.4mm）。流化气速为 109cm/s，磁场强度为 75Oe。试验结果为：煤的产率为 90.6%，石灰石的产率为 97.5%。其分选结果为：煤纯度达到 97% 的情况下其回收率仍达到 90.6%，石灰石在保持纯度为 93% 情况下回收率仍达到 97.5%，分选效果令人满意。宋树磊[25]自行研制了一种错流磁稳定流化床分选模型机（见图 9-7），对煤炭分选方面的应用进行了探索。研究表明磁铁矿粉、磁珠和硼铁矿粉，这三种加重质都是强磁性物质，有一定的强度、耐磨性和抗氧化性，可以作为空气重介质磁稳定流化床的分选介质。加重质的流化特性说明，初始流化速度 u_{mf} 与磁场强度无关，而起始鼓泡速度 u_{mb}、颗粒带出速度 u_{t}、稳

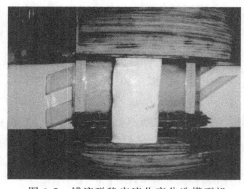

图 9-7　错流磁稳定流化床分选模型机

定操作速度范围以及床层膨胀率随着磁场强度的增大而增大。外加磁场使磁性介质形成磁链是磁稳定流化床消除气泡的主要原因。密度稳定性研究表明磁稳定流化床的床层压力波动极小，始终处于稳定状态，且密度分布均匀；而普通流化床的压力波动较为明显，密度分布不均匀。并且研究了模拟颗粒在错流磁稳定流化床中的分选实验，重点考察了磁场强度和流化气速对模拟颗粒分选的综合影响，得到可能偏差 E_p 公式。并且，对小于 6mm 的细粒煤进行了分选实验研究。研究表明，自行研制的错流磁稳定流化床分选模型机可以实现（－6＋0.5)mm （即 0.5～6mm）的细粒煤的分选，分选效果良好。但是分选效果随着原煤粒度的减小而降低。

9.4　液-固磁稳定床

9.4.1　液-固磁稳定床流体力学特性

在液-固磁稳定床中，在一定外加磁场作用下，当液速小于最小流化速度时，床层为固定床，当液速大于最小流化速度后，床层开始膨胀，床层有明显的链排列，床层稳定，当液速较大时，链摇摆；当液速大于颗粒带出速度时，颗粒呈散粒状做自由运动并被液体带出。郭慕孙等[26]提出了不同磁场强度下液固系统磁稳定床有三种操作方式：散粒式、链式和磁聚式。低磁场时，床层中的固体颗粒以单个粒子形式存在，床层空隙率基本保持恒定，此时为散粒式；磁场较强时，床中颗粒两聚、三聚或者多聚形成链状，链沿磁力线方向排布，床层空隙率随场强的增加而降低；磁场进一步增强时，多聚链间相互作用，最后磁性颗粒凝聚形成不动体，床层空隙率恒定，床体不能流化。郭慕孙等还提出了预测床层空隙率及各种操作形式之间转换的数学关联式。液固磁稳定床中最小流化速度和带出速度均随磁场强度的增加而增大。流化点反映了磁稳定床从类似于固定床的状态向链式磁稳定床的转化。在流化点之前，床层类似于固定床；在流化点之后，颗粒被带出之前，床层处于链式磁稳定床状态。磁场的流态化曲线与普通流态化曲线类似，即流速较小时，床层压力随液速增大而增加，到达流化点后床层压力降基本保持恒定[27]。

Siegell J. H.[28]采用水-不锈钢球及非磁性材料体系进行了研究，结果表明：床层中分布器压降越大，床层操作越稳定，带出速度越高。稳定操作状态下床层的高度，不取决于磁场强度和采取的操作方式，而取决于液体的流速，床层的高度随液速的增大而增加。此外，不同磁场强度及液速下有四种不同操作状态：填充床、稳定床、滚动床、散粒床。液体的物性参数如密度、黏度等对床层的稳定性有很大的影响，在同样的流动状况下，液体密度的增加，浮力的增大，使得床层操作状态变得不稳定。床层的最小流化液速是磁场强度、粒子的直径以及液体物性参数（密度/黏度）的函数。但是，胡宗定[29]采用水-含有磁粉的聚丙烯酰胺凝胶粒子体系进行了研究，其认为在不同磁场强度下液-固磁稳定床床层流化时存在三种状态：散流床、链流式和磁聚床。Mooson Kwauk[30]采用水-钢/铁钴镍合金/波特兰水泥和铁粉混合物/波特兰水泥和镍粉混合物体系进行了研究。结果发现：最小流化速度和带出速度均随磁场强度的增加而增大。磁场强度越大，使固体流态化的液速越大。在不同磁场强度及液速下有三种操作方式：散粒式、链式和磁聚式，其研究结果与胡宗定的相似。孟祥堃等[31]采用 SNRA-4 水-SNR4 催化剂体系进行了研究。结果发现：当液速较低时，床层颗粒静止，床层表现为固定床形式。当液速大于最小流化速度后，随磁场强度由小到大变化，床层表现出 3 种形式：散粒状态、链式状态、磁聚状态。付强强等[32]采用水-铁粉体系进行流体形态研究，结果发现：在液体不同流速下，床层表现出四种不同的状态（见图 9-8），而在不同磁场强度下，床层表现出三种不同的状态（见图 9-9），并且发现最佳操作状态为链式状态。为了确保磁稳定床的高效率，必须保证其床层是在链式状态。

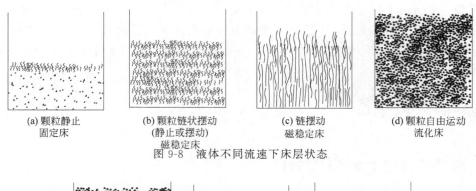

(a) 颗粒静止　　　　(b) 颗粒链状摆动　　　(c) 链摆动　　　　(d) 颗粒自由运动
　　固定床　　　　　（静止或摆动）　　　磁稳定床　　　　　　流化床
　　　　　　　　　　　磁稳定床
图 9-8　液体不同流速下床层状态

 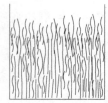 

(a) 散粒状态80Oe　　　　(b) 链式状态50Oe　　　　(c) 磁聚状态100Oe
图 9-9　不同磁场强度下床层状态

为了方便液-固磁稳定床的设计，一些学者对操作条件进行了关联总结，见表 9-3。

表 9-3　液-固磁稳定床的设计关联式

研究者	研究物系	关　联　式
胡宗定[29]	水-含有磁粉的聚丙烯酰胺凝胶粒子	床层膨胀遵从 Richardson-Zaki 关系式：$\dfrac{u_1}{u_t}=\bar{\varepsilon}^n$
郑传根[33]	水-钢丸	磁稳定床流态化关联式：$[(\varepsilon-\varepsilon_m)/(\varepsilon_p-\varepsilon_m)]=\exp[-(\lvert H\rvert/H_0)^S]$
Mooson Kwauk[30]	钢/铁钴镍合金/波特兰水泥和铁粉混合物/波特兰水泥和镍粉混合物	压力梯度与空隙率的关联式：$\Delta p/L=(1-\varepsilon)(p_s-p_f)$

注：u_1 为液相表观速度；u_t 为颗粒带出速度；$\bar{\varepsilon}$ 为平均床层空隙率；ε 为床层空隙率；ε_m 为磁聚床的空隙率；$\varepsilon_p=\sqrt[n]{u/u_t}$；$S$ 为磁场强度指数；H 为磁场强度；H_0 为特征磁场强度；Δp 为压降。

9.4.2　液-固磁稳定床传质特性

M. Franzreb 和 R. Hausmann 的研究表明，在相同的操作条件下，与常规流化床相比，磁稳定床液固之间的扩散传质速率显著减小，主要受液体流动速度和粒子最小流化速度的比率的影响。在两种不同的初始操作状态下——先加磁场（Magnetization First）和后加磁（Magnetization Last）及不同雷诺数下磁稳定床表现了不同的传质特性。

Lisa J. Graham 研究表明，与常规流化床相比，磁稳定床能够显著提高液固之间的对流传质速率。其原因是：应用新的力——磁场力，可以消除流体对磁性粒子产生的曳力，从而提高床层空隙之间流体的速率，提高了在流体与粒子之间的传质，Goran Jovanovic 也得到了相似的结论。Colin 等指出了提高流动速率可增强液固之间的对流传质速率，在较高表观液速下及磁场力的作用下，使用小直径的粒子，能够减小内在和外在的传质阻力[34]。

9.4.3 液-固磁稳定床的应用

(1) 处理含酚废水

胡宗定[29]等将磁稳定床应用于聚丙烯酰胺凝胶固定化细胞处理含酚废水过程（装置见图 9-10）。菌种采用的是热带假丝酵母菌，固定化细胞是采用包埋法进行制备的，以丙烯酰胺为聚合物单体、N,N'-亚甲基双丙烯酰胺为交联剂、β-二甲氨基丙腈为催化剂、过硫酸钾为引发剂，在氮气保护中进行聚合，聚合前加入湿菌体的菌悬液及磁粉。结果发现：磁场对苯酚的生物降解速度未带来明显影响。然而，施加磁场带来的优点有如下两个方面：①固相粒子可在更大的流速下才能从磁场生物流化床冲出；②单位反应器体积所降解的酚量明显提高。

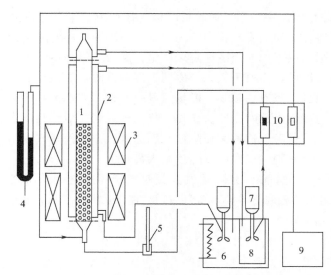

图 9-10　磁稳定床处理含酚废水实验装置

1—磁稳定床；2—水夹套；3—磁场线圈；4—压差计；5—温度计；6—恒温水浴；

7—水泵；8—反应液储槽；9—无油气压机；10—流量计

(2) 生化分离过程

液-固磁稳定床可应用于生化分离过程。稳定操作状态下的磁稳定床由其独特的床层特性，可以实现连续操作，且对发酵液无须作预处理。稳定分级后无颗粒返混，液相以平推流方式与固相逆流接触，不会造成床层堵塞。Burns 和 Graves 进行的人血清蛋白连续亲和层析，采用含磁粉的海藻酸钙颗粒连接 Cibacron Blue F3Ga 亲合配基纯化人血清白蛋白（HAS）。其采用 40Oe 稳恒轴向磁场，上样速度稳定维持在 10mL/min，固相介质以 0.5g/min 速度流加，通过调整操作条件获得了与理论预期值相近的吸附量。Burns 采用 50～150μmNi 珠与亲合吸附树脂构成混合颗粒系统，树脂颗粒填充于 Ni 珠构成的具有磁响应性的网络中，实现连续分离。在 75 Oe 磁场下分离肌红蛋白与溶菌酶，获得与使用其他方法同样的分离效果。Terranova 和 Burns 建立了连续磁稳定床处理细胞悬液的系统。采用 56Oe

的轴向均匀磁场，$100 \sim 150 \mu m Ni$ 珠利用静电吸附分离酵母细胞发酵液，截留酵母细胞达 99%，上样速度达 $34cm/min$。

（3）细胞培养

Bramble 等将磁稳定床应用于植物细胞固定化培养，生产次生代谢物。吕秀菊等在这方面已经获得两项专利，其中之一是用磁稳定床培养贴壁依赖性动物细胞，使用这种方法培养的细胞，密度达到 10^8 个细胞/mL 以上；另外一项专利是用磁稳定床培养贴壁依赖性动物细胞生产病毒，用这项发明培养的乙脑病毒，病毒滴度能达到 8.5 $TCID^{-43}$。此外，磁稳定床还可用于免疫检测及相应的细胞分离[34]。

9.5　气-液-固磁稳定床

9.5.1　气-液-固磁稳定床流体力学特性

在气-液-固三相磁稳定床中，当气速较低时，三相磁稳定床中开始通入气体时床层有收缩现象。当气速较低时，三相磁稳定床中的固相状态与液固磁稳定床类似，床层膨胀特性与液固磁稳定床类似，但床层不如液固磁稳定床稳定，床层上界面不清晰。床层中气体流动分为气泡聚并区和气泡分散区，当液速较大、磁场强度较低时，气泡分散均匀、气泡小，此时床层操作处于气泡分散区；当液速较小、磁场强度较高时，气泡大小不一、分散不均匀，床层中心处气泡大上升速度快，此时床层操作处于气泡聚并区；对三相反应有利的操作区域为气泡分散区。最小流化液速随气速增大而降低，固体颗粒带出量随气速增大和磁场强度降低而增多。床层中平均气含率随气速和磁场强度增大而增大。

胡宗定等[35]采用空气-水-磁性聚丙烯酰胺凝胶粒子体系进行了研究，结果表明：在不同磁场强度下气-液-固系统磁稳定床床层流化时存在三种状态：散流床、链流式和磁聚床。平均气含率与磁场强度关联式为：

$$\bar{\varepsilon}_g = 0.04 u_g^{0.5} u_1^{0.5} \exp(0.0028H) \tag{9-5}$$

式中，$\bar{\varepsilon}_g$ 为平均气含率；H 为磁场强度；u_1 为液体速度；u_g 为气体速度。

在弱磁场条件下，床层气含率 ε_g 和床层固含率 ε_s 的径向分布均可用抛物线方程来描述。当磁场强度增大，床层成链流床或近于磁聚床时，相含率的径向分布变成平缓，而且 ε_s 的分布与气固填充床分布趋近。粒子带出速度随磁场强度的增加而增大。翁达聪[26]采用空气-液-含磁性固定化细胞载体-海藻酸钙凝胶粒子体系进行了研究，结果表明：床层局部固含率、气含率沿床径向呈不均匀分布。局部气含率与磁场强度关联式为：

$$\varepsilon_g = (1.878 - 0.00368H)\bar{\varepsilon}_g(1 - \phi^2) \tag{9-6}$$

式中，H 为磁场强度；ε_g 为床层气含率；$\bar{\varepsilon}_g$ 为平均气含率；ϕ 为径向壁面距离与塔径比值。

在一定磁场下，床内有稳定的气泡。磁场大小显著影响气泡大小，而液速、气速和粒径对气泡大小影响不大。在磁场作用下，气泡直径与上升速度受到限制。Mooson Kwauk[30]采用空气-水-铁颗粒体系进行了研究，结果表明：在不同磁场强度下气液固系统磁稳定床有三种操作方式：散粒式、链式和磁聚式。随着磁场强度的增加，气泡的大小和气泡的上升速度减小。气泡最大直径与磁场强度的关联式为：

$$D_{B,\max} = \frac{K_D d_p u_B + f(\theta)\pi d_p \sigma - (\pi/6)g\rho_s d_p^3}{K_H H(H-H_d) - (\pi/8)g(\rho_s\varepsilon_s + \rho_l\varepsilon_l + \rho_g\varepsilon_g)d_p^2} \tag{9-7}$$

式中，d_p 为颗粒直径；$D_{B,\max}$ 为气泡最大直径；u_B 为气泡速度；K_D 为曳力系数；K_H 为磁张力系数；$f(\theta)$ 为气-液相界面函数；σ 为气-液相界面张力；ρ_s 为固体密度；ρ_g 为气体密度；ρ_l 为液体密度；H 为磁场强度；H_d 为颗粒磁场强度；ε_g 为床层气含率；ε_l 为床层液含率；ε_s 为床层固含率。

Thompson[36]采用空气-水-含磁性藻胶钙粒子体系进行了研究，结果表明：在不同的磁场强度下，床层有六种不同的操作状态：散粒式、链式、链-通道式、不稳定状态、通道式、磁聚式。气含率是气体表观速度、液体表观速度和磁场强度的函数。随着磁场强度的增加，气含率减小。在低磁场强度时，局部气含率相对稳定，而在高磁场强度时，局部气含率波动较大。慕旭宏[37]基于氮气-水-铁粉/氢气-重整生成油-(Ni-RE-P) 和铁粉的混合颗粒体系研究了磁稳定床的最小流化速度随外加磁场强度的变化，研究表明：磁稳定床的最小流化速度随外加磁场强度的增大而增大，随气速的增大而减小。细粉铁磁性颗粒形成的磁稳定床随流体速度的变化，表现出不同的操作状态，流化点反映了磁稳定床从类似于固定床的状态向链式磁稳定床的转化。在流化点之前，床层类似于固定床；在流化点之后，颗粒被带出之前，床层处于链式磁稳定床状态。床层有三种操作状态：散粒状态、链式状态和磁聚状态。链式状态是最有利于气-液-固三相反应的床层操作状态。吕雪松[38]采用空气-水-细铁粉体系进行了研究，结果表明：随着磁场强度的增加，流化床表现为散流区、链流区、磁聚区。床层膨胀比与液速、气速和磁场强度的关联式为：

$$\frac{h}{h_0} = 9.46 u_l^{0.2038} u_g^{0.06645} e^{-0.003606H} \tag{9-8}$$

式中，h 为床层高度；h_0 为床层起始高度；u_l 为液体速度；u_g 为气体速度；H 为磁场强度。

9.5.2　气-液-固磁稳定床传质特性

Chia-Min Chen 等研究表明，气-液-固磁稳定床中气-液体积传质系数比常规流化床的高，在高磁场强度下，传质系数增加 70%；传质速率基本上与鼓泡塔相等。Thompson 等也得到了相似的结论，指出气-液体积传质系数是磁场强度的函数，与常规流化床相比，在链式流状态下气-液传质系数增长 30%。Z. Al-Qodah 等研究发现气-液体积传质系数是气体表观速度和磁场强度的函数，它随气速和磁场强度的增加而增大；而磁场加入的先后对气-液传质特性没有影响[39]。

9.5.3　气-液-固磁稳定床的应用

慕旭宏等[40,41]以镍系非晶态合金催化剂和铁粉混合颗粒为固相，将气-液-固三相磁稳定床用于重整轻馏分油加氢生产新配方汽油组分及重整油烯烃选择性加氢过程。石油化工科学研究院与中石化巴陵分公司合作进行的磁稳定床己内酰胺加氢精制研究取得了突破性进展。以非晶态合金为催化剂，在磁稳定床反应器中对 30% 的己内酰胺水溶液进行加氢精制，与工业上常用的釜式反应器相比，加氢效果提高 10~50 倍，催化剂耗量可以降低 70%，经济效益显著。2003 年，65kt/a 的磁稳定床己内酰胺加氢精制工业装置（30% 己内酰胺处理能力 240kt/a)，在石家庄化纤有限责任公司首次实现了工业化应用，与釜式加氢工艺相比，磁稳定床工艺反应温度降低了 10℃，催化剂消耗降低了 70%，反应器体积减少了 85%，从而降低了装置的投资，同时产品质量明显提高。并且于 2004 年，100kt/a 磁稳定床己内酰胺加氢在中国石化巴陵分公司实现工业化应用[2]。

孟祥堃等利用磁稳定床进行了重整生成油后加氢过程研究，与传统固定床后加氢工艺及白土精制工艺相比，磁稳定床重整生成油后加氢工艺具有催化剂装卸方便、反应条件温和、空速大等优点。孟祥堃在己内酰胺加氢精制过程实验中发现，磁稳定床反应器加氢效果优于釜式加氢，同时催化剂耗量降低一半以上[39]。

9.6 结语

磁稳定床反应器有许多优越之处，但磁稳定床反应器的应用也有一些限制，如要求固体催化剂具有磁性和良好的低温反应活性，同时具有均匀稳定的磁场等。为了使这种性能优越的反应器在工业生产中得到更广泛的应用，还需在下列领域继续深入开展研究工作：

① 研制开发磁性催化剂。催化剂应具有良好的铁磁性，在磁场中易于磁化，去掉磁场时催化剂剩磁应较少；催化剂应具有良好的低温反应活性，因为当反应温度高于催化剂的居里温度时，催化剂将失去磁性。

② 选择适宜的反应体系。反应应在低温下进行，不应为高放热反应；对于催化剂内扩散控制的体系、反应量较少的体系（如除杂质）、催化剂易失活的体系，使用磁稳定床反应器比较有利。

③ 均匀稳定磁场的放大及磁稳定床反应器的工程放大。

④ 由于磁稳定床既与固定床不同又有别于常规流化床，有其自身的复杂性，为使床层操作处于适宜的状态，必需找到床层状态与磁场、催化剂物性、流体流量之间的定量关系。

◆ **参考文献** ◆

[1] Tulhill E J. Magnetically stabilized fluidized bed [P]. US3440731, 1969-4-29.

[2] Zong B, Meng X, Mu X, et al. Magnetically stabilized bed reactors [J]. Chinese Journal of Catalysis, 2013, 34(1): 61-68.

[3] Filippov M V. Resistance and expansion of a fluidized bed of Magnetic in a magnetic field [J]. Latv PSR Zinat Akad Vestis, 1961, 12(173): 47.

[4] Rosensweig R E. Hydrocarbon conversion process utilizing a magnetic field in a fluidized bed of catalitic particles [P]. US4136016, 1979-1-23.

[5] Penchev L P, Hristov J Y. Behaviour of fluidized beds of ferromagnetic particles in an axial magnetic field [J]. Powder Technology, 1990, 61(2): 103-118.

[6] Saxena S C, Shrivastava S. The influence of an external magnetic field on an air-fluidized bed of ferromagnetic particles [J]. Chemical Engineering Science, 1990, 45(4): 1125-1130.

[7] Penchev L P, Hristov J Y. Fluidization of beds of ferromagnetic particles in a transverse magnetic field [J]. Powder Technology, 1990, 62(1): 1-11.

[8] Contal P, Gonthier Y, Bernis A, et al. Etude du' n lit fluidise gas-solid stabilizemagnetiquement par des aimants permanents (Study of a gas-solidfluidized bed magnetically stabilized by permanent magnets) [J].

Powder Technology, 1992, 71:101-105.

[9] Arnaldos J, Casal J, Lucas A, et al. Magnetically stabilized fluidization: modelling and application to mixtures [J]. Powder Technology, 1985, 44(1): 57-62.

[10] Kunii D, Levenspiel O. Circulating fluidized-bed reactors [J]. Chemical Engineering Science, 1997, 52 (15): 2471-2482.

[11] Katz H, Sears J T. Electric field phenomena in fluidized and fixed beds [J]. The Canadian Journal of Chemical Engineering, 1969, 47(1): 50-53.

[12] Johnson T W, Melcher J R. Electromechanics of electrofluidized beds [J]. Industrial & Engineering Chemistry Fundamentals, 1975, 14(3): 146-153.

[13] Lucchesi P J, Hatch W H, Mayer F X, et al. Magnetically Stabilized Beds: New gas-solids contacting technology, Proc [C]. Bueharest, Heyden, PhiladePhia, PA: 10th World Petroleum Congress, 1979, 4: 419.

[14] Siegel J H. Radial dispersion and flow distribution of gas in magnetieally stabilized beds [J]. Industrial & Engineering Chemistry Process Design and Development, 1982, 21(1): 135-141.

[15] 龚全安, 赵承军. 磁稳定床研究进展 [J]. 河北化工, 2005, (5): 11-19.

[16] Hristov J. Magnetic field assisted fluidization: A unified approach. Part 3. Heat transfer in gas-solid fluidized beds: A critical re-evaluation of the results [J]. Reviews in Chemical Engineering, 2003, 19(3): 229-355.

[17] 杜明洋. 加压气固磁稳定床性能研究 [D]. 天津: 天津大学, 2008.

[18] Albert R V, Tien C. Particle collection in magnetically stabilized fluidized filters [J]. AIChe Journal, 1985, 31(2): 288-295.

[19] Cohen A H, Chi T. Aerosol filtration in a magnetically stabilized fluidized bed [J]. Powder Technology, 1991, 64(1): 147-158.

[20] Geuzens P, Thoenes D. Magnetically Stabilized Fluidization, Part Ⅱ: Continuous Gas Filtration [J]. Chemical Engineering Communications, 1988, 67(1): 229-242.

[21] Rincon J. Removal of fine particles from gases in a magnetically stabilized fluidized filter [J]. Separation Science and Technology, 1993, 28(6): 1241-1252.

[22] 归柯庭, 郅雨红. 磁稳流化床空气过滤器特性研究 [J]. 燃烧科学与技术, 2000, 6(2): 135-139.

[23] Wang Y, Gui K, Shi M, et al. Removal of dust from flue gas in magnetically stabilized fluidized bed [J]. Particuology, 2008, 6(2): 116-119.

[24] Rosensweig R E, Lee W K, Siegell J H. Magnetically stabilized fluidized beds for solids separation by density [J]. Separation Science and Technology, 1987, 22(1): 25-45.

[25] 宋树磊. 空气重介磁稳定流化床分选细粒煤的基础研究 [D]. 北京: 中国矿业大学, 2009.

[26] 翁达聪, 韩宇, 欧阳藩. 气液固三相磁场流态化床气泡特性及液相返混 [J]. 化学反应工程与工艺, 1990, 6(2): 10-12.

[27] 慕旭宏, 闵恩泽. 细粉颗粒为固相的气液固三相磁稳定床操作特性 [J]. 化工学报, 1996, 47(6): 746-750.

[28] Siegell J H. Liquid-fluidized magnetically stabilized beds [J]. Powder Technology, 1987, 52(2): 139-148.

[29] 胡宗定, 吴建勇. 磁场生物流化床特性的研究 [J]. 化工学报, 1988, 39(1): 120-125.

[30] Kwauk M, Ma X, Ouyang F, et al. Magnetofluidized g/l/s systems [J]. Chemical Engineering Science, 1992, 47(13): 3467-3474.

[31] 孟祥堃, 慕旭宏, 江雨生等. 液固磁稳定床流体力学特性 [J]. 化工学报, 2004, 55(1): 134-137.

[32] Fu Q, He T, Fu Q. Study on operation characteristics of magnetically stabilized bed [J]. Hans Journal of Chemical Engineering & Technology, 2013, 3(2): 76-78.

[33] 郑传根, 董元吉. 液-固磁场流态化模型及普遍化相图 [J]. 化学反应工程与工艺, 1990, 6(2): 1-8.

[34] 胡瑞杰, 卢立祥, 孟祥堃. 液固磁稳定床研究进展 [J]. 化学工业与工程, 2004, 21(3): 198-200.

[35] 胡宗定, 吴建勇. 磁场生物流化床特性的研究 [J]. 化工学报, 1988, 39(1): 120-125.

[36] Thompson V S, Worden R M. Phase holdup, liquid dispersion, and gas-to-liquid mass transfer measurements in a three-phase magnetofluidized bed [J]. Chemical Engineering Science, 1997, 52(2): 279-295.

［37］　慕旭宏，宗保宁. 气液固三相磁稳定流化床的操作状态对反应结果的影响［J］. 化学反应工程与工艺，1997，13(2)：198-202.

［38］　吕雪松，慕旭宏. 细铁粉气液固三相磁场流化床的床层膨胀特性［J］. 化工冶金，1999，20(2)：129-135.

［39］　张金利,卢立祥,孟祥塈. 气-液-固磁稳定床研究进展［J］. 现代化工，2003，23(增刊)：12-14.

［40］　慕旭宏，宗保宁. 磁稳定床用于重整轻馏分油加氢生产新配方汽油组分的研究［J］. 石油学报 (石油加工)，1998，14(1)：41-45.

［41］　汪颖，慕旭宏. 非晶态合金催化剂在己内酰胺生产中的应用［J］. 石油化工，2001，30(8)：631-634.

第10章 等离子体化工技术

10.1 概述

10.1.1 等离子体及其特性

物质除气、液、固三种状态外，还存在有第四种状态，即等离子体状态。简单地说，等离子体就是电离体，由完全或部分电离的导电气体组成。气体在外力作用下发生电离，产生数量相等、电荷相反的电子和正离子以及游离基，电子、离子和游离基之间又可复合成原子和分子，总体呈电中性，故称为等离子体。等离子体和普通气体性质的不同主要在于，普通气体由分子构成，分子之间的相互作用力是短程力，仅当分子碰撞时，分子之间的相互作用力才有明显效果，理论上可用分子运动论描述；而等离子体中，带电粒子之间的库仑力是长程力，库仑力的作用效果远远超过带电粒子的局部短程碰撞效果，等离子体中的带电粒子运动时，能引起正电荷或负电荷局部集中产生电场，电荷定向运动引起电流产生磁场。电场和磁场影响其他带电粒子运动，并伴随极强的热辐射和热传导，等离子体能被磁场约束作回旋运动等。产生等离子体的方法主要有气体放电、激光压缩、射线辐照及热电离等，最主要和常见的是气体放电法，根据放电条件的不同可分为电晕放电、辉光放电和电弧放电。

等离子体的特点主要表现在以下几个方面：

① 导电性：等离子体的强导电性是由等离子体在发电过程中产生的自由电子和带正、负电荷的离子形成的。

② 电准中性：等离子体内部存在有很多电荷粒子，但电荷分离的空间尺度和时间尺度很小，粒子所带的正负电荷总数是相同的。

③ 与磁场的可作用性：等离子体是由电荷粒子组成的导电体，可以通过外加磁场控制等离子体的位置、形状和运动。

④ 能量高度集中：气体进入电弧的瞬间即成为离子态，一旦离开，离子会立即复合成原子、分子，放出大量的热，产生常规状态没有的高温。

⑤ 高的电效率、电热转换效率和传热效率。

⑥ 良好的可控性：直流电弧等离子体火炬比常规交流电弧稳定，易于调节。

等离子本身是一门交叉学科，涉及热物理、力学和电学等，在不同的发展阶段和以不同的研究角度，分类方法不同。主要包括：

① 按温度分类：高温等离子体（温度范围为 $10^5 \sim 10^9\,\mathrm{K}$，电子温度和离子温度相等、电离度大于 0.1%）；低温等离子体（又分为热等离子体和冷等离子体，温度范围为室温~$10^5\,\mathrm{K}$，电子温度和离子温度不等，电离度小于 0.1%）。

② 按粒子密度分类：致密等离子体（粒子数密度范围：$\rho_n \geqslant 10^{15} \sim 10^{18}$ 个/cm^3，粒子间的碰撞起主要作用）；稀薄等离子体（$\rho_n \leqslant 10^{12} \sim 10^{14}$ 个/cm^3，粒子间的碰撞基本不起作用）。

③ 按产生方法分类：电弧等离子体；高频等离子体；微波等离子体和燃烧等离子体等。

④ 按电离程度分类：部分电离等离子体；完全电离等离子体。

低温等离子体除含有相当数量的电子和离子外，还含大量的中性粒子（原子、分子和自由基），粒子间的相互作用比完全电离的高温等离子体更复杂。低温等离子体中的热等离子体是大量活性粒子（离子、原子、自由基）的来源，可以作为高焓载体，多数大规模的化学工艺采用这种类型的等离子体。电弧等离子体是气流在电弧的作用下产生的，属于热等离子体，不仅具有普通方法难以达到的极高温度（$10^4 \sim 10^5\,\mathrm{K}$），还可用作高焓热源，气态等离子体本身又是活性极高的反应物，能使许多传统方法难以实现或不可能实现的化学反应易于发生。热等离子体中所有的性征（成分、导电性、导热性等）均为温度的单值函数，即所有的等离子体微粒可用统一函数描述，传统热力学对这些性质能够进行精确计算。

产生电弧等离子体的工作气体（等离子气）可以分为氧化气氛、还原气氛、惰性气氛，常用有 N_2、Ar、He、H_2、O_2。双原子气体 N_2、H_2 和 O_2 在热电离时首先吸收热量分解成原子，然后再电离；单原子 Ar 和 He 气无分解过程，直接吸收热量电离。气体分解和电离过程中吸收的热能就是等离子体蕴藏的热能，称为等离子体热焓。显然，单原子气体的热焓低于双原子气体，其引弧性能优于双原子气体，电弧稳定性也好。

10.1.2　热等离子体的应用

利用等离子体的能量高度集中、高热焓、高化学活性和反应气氛可变等特点，与化学转化相结合，形成化学转化的一条有效途径，在机械、冶金、材料加工和环保领域具有广泛的应用。等离子体条件下的化学反应主要通过低气压下的辉光放电或高频放电，产生低温等离子体，自由电子从电场中获得足够的能量后，与气体中的原子或分子碰撞，使其激发或电离，产生具有较高化学活性的激发态分子、离子、自由基，各种化学反应在高激发态下进行。与经典的化学反应完全不同，等离子体的原子或分子的本性都发生改变，即使是较稳定的惰性气体也会变得具有很强的化学活泼性，引起一般条件下无法进行的化学反应的发生。

煤等离子体热解生产乙炔的研究始于 20 世纪 60 年代，美、德、日、英、前苏联和印度都在小试装置上对该技术做了不少基础研究，甚至还进行了半工业规模的工艺开发。英国 Bond[1] 采用阳极钻孔的方法将煤粉输入氩或氢等离子体的研究发现，乙炔占所有气态热解产物总量的 95% 以上，挥发分影响乙炔的产率，无烟煤几乎不发生反应。印度 Chakravartty[2] 等研究数种印度煤在氩等离子体中热解直接制备乙炔的可行性，发现乙炔产率随挥发分含量的增加而增大，灰分不影响乙炔产率，但却增加了煤制乙炔的能耗。德国 Beiers 等[3] 认为除功率、温度、供粉速度和停留时间外，煤的化学性质、电弧等离子体中的传热过程、煤热解动力学及均相气相反应等是影响乙炔生成的主要因素。

清华大学、四川大学、华东理工大学和复旦大学等对等离子体裂解煤制乙炔分别进行试验研究，新疆天业（集团）有限公司与复旦大学、俄罗斯科学院、中科院等离子体物理研究所、清华大学等单位合作开发 5MW 等离子体裂解煤制乙炔示范装置。太原理工大学在利用等离子体技术对煤热解、气化及富含甲烷气体转化等方面具有多年的研究工作积累，较好地掌握了煤的元素组成、挥发分含量、反应器的结构、环境气氛和淬冷操作等对煤及其热解气等离子转化的影响和作用[4]。

10.2　电弧等离子体裂解煤制乙炔

10.2.1　等离子体热解煤制乙炔的热力学分析

煤热裂解制取乙炔从本质上来说取决于 C-H 热力学体系，等离子体的成分及性质是影响煤裂解的主要因素。热等离子体中的成分、导电性、导热性等均为温度的单值函数，传统热力学对这些性质能够进行精确计算，特定条件下的热力学分析能够进一步探索反应进行的最大程度和最高转化率，为生产工艺的优化和反应条件的确定提供理论依据。

考虑 H、H_2、C_2H、C_2H_2、CH、C 和 C_2 组分[5]的 C-H 体系气相平衡计算结果显示，C-H 单相体系是一种亚稳状态，而 C-H 多相体系才是真正意义上的热力学稳定状态[6]。无论 H/C 比如何变化，低温区体系中的主要组分为 CH_4、C（s）和 H_2；中温区域（1500～2500K），C（s）和 H_2 是 C 和 H 元素的主要存在形式；C（s）在温度超过 3500K 时基本消失，而 C_2H_2 和 C_2H 的量相继达到最大值。陈宏刚等[7]对 0.1MPa 下考虑固相碳存在的 C-H 多相体系平衡组成计算得到，生成乙炔的最佳温度范围是 3400～3800K，但未考虑煤中氧对乙炔生成的影响。不同变质程度煤的元素组成不同，O、N、S 含量变化很大，这会影响煤热解过程中各种自由基浓度分布，进而影响目的产物。煤粉在低于 4000K 的氢等离子体中热解时，乙炔主要来自于挥发分[8]，低于 4000K 时固体碳几乎不与氢反应，高于 4000K 时碳气化以后和氢反应生成以乙炔为主的碳氢化合物。吕永康[9]结合煤和石墨在等离子条件下的热解实验，选择与煤挥发物类似的 C_6H_6、$C_{12}H_8$、C_6H_{12}（环）、CH_4、C_2H_4、C_2H_6、C_5H_8 和石墨为模型的化合物进行热力学分析认为，生成乙炔的难易程度为脂肪族化合物＞环脂族化合物＞不饱和烯烃＞稠环化合物＞苯，石墨与氢的反应最难，等离子体反应器中煤一次热解挥发分与乙炔的生成密切相关。

不同变质程度煤的元素组成不同，热解过程中各种自由基浓度分布也不同，考虑热解过程中固相碳的存在及煤中 O、N、S 含量对生成物影响的 C-H-O-N-S 热力学多相体系平衡组成的计算结果对等离子体热解煤种的选择才有实际意义。基于煤的元素组成及等离子体热解煤的特点，采用 Gibbs 自由能函数最小法，对 C-H-O-N-S 多相体系平衡组成进行计算，优化适合等离子体热解煤制乙炔的热解气氛和合理的 H/C 比以及不同变质程度的煤及煤中 O、N、S 对乙炔产率的影响[4]。以大同煤为例，考虑 H、H_2、C、CH、CH_2、CH_3、CH_4、C_2、C_2H、C_2H_2、C_2H_4、C_2H_6、C_3、C_6H_6、O、O_2、CO、CO_2、C_2O、OH、H_2O、N、N_2、CN、C_2N_2、NH_3、HCN、C_3HN、S、CS、CS_2、H_2S、COS、C（s）34 个组分，在 300～5000K 温度范围内的计算结果如图 10-1 所示。为了清楚表述与乙炔生成密切相关的产物，图中仅给出 10^{-4} 数量级以上的组分。C-H-O-N-S 多相体系热力学平衡计算结果显示，两种气氛平衡体系中 C_2H_2 和 C_2H 浓度最大值均在 3500K 左右，但氮气气氛使得 HCN 的摩尔产率增加，进而影响到乙炔的摩尔产率，而含氢气体作为热解气氛则有利于乙炔的生成。

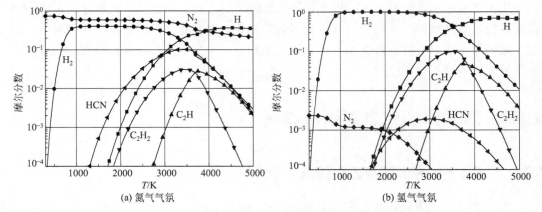

图 10-1　大同煤在氮气和氢气气氛下的多相体系气相平衡浓度

乙炔由 C、H 两种元素组成，设定气体中的氢和煤中碳的摩尔比为 1、2、3、4 和 5，进行不同 H/C 比的 C-H-O-N-S 多相体系气相产物中乙炔摩尔分数影响的计算，得到大同煤多相体系的 $C_2H + C_2H_2$ 浓度最大值随 H/C 比的变化，结果如图 10-2 所示。可以看出，H/C 比增大 $C_2H + C_2H_2$ 浓度最大值增加，H/C 比超过 2 时增加的速度变缓。

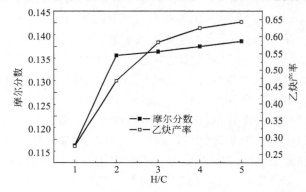

图 10-2　热力学分析中 $C_2H + C_2H_2$ 浓度的最大值随 H/C 比的变化

为了考察 O、N、S 元素对乙炔产率的影响，分析比较了 8 个中国典型煤矿煤种的 C-H 和 C-H-O-N-S 多相热力学平衡体系，结果如图 10-3 和图 10-4 所示。不同特性煤种生成乙炔的规律随温度变化一致，但生成温度最大值和生成量的大小随煤中 O、N、S 元素含量的不同而呈不同的变化趋势。在 C-H-O-N-S 多相热力学平衡体系中，氧含量低的阳城、东山、晋阳和辛赵煤生成 $C_2H + C_2H_2$ 最大值的温度和 C-H 体系生成 $C_2H + C_2H_2$ 最大值的温度相差不大，氧含量高的霍林煤生成 $C_2H + C_2H_2$ 最大值的温度相差最大，由 C-H 体系下的 3790K 变为 3700K，$C_2H + C_2H_2$ 最大值也由 C-H 体系下的 0.12mol 变为 0.10mol。

不同煤种在 C-H-O-N-S 多相热力学平衡体系中生成 C_2H、C_2H_2 和 $C_2H + C_2H_2$ 的摩尔最大值及最佳温度见表 10-1 所示。由于 O、N、S 元素在体系中会消耗 C、H 元素而影响 $C_2H + C_2H_2$ 最大值。CO 生成的结果显示，温度高于 1100K 后 CO 具有相对稳定的生成量，且接近于煤中氧的摩尔数。可以推测，乙炔的生成主要取决于煤本身的 H/C 比，氧降低了乙炔的产率，但其只争夺碳源，对乙炔的生成不存在竞争关系；氮、硫元素对乙炔的生成存在不利的影响。

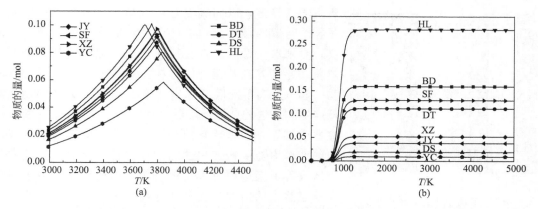

图 10-3　不同煤种在 C-H-O-N-S 体系中的 $C_2H+C_2H_2$（a）和 CO（b）随温度的变化

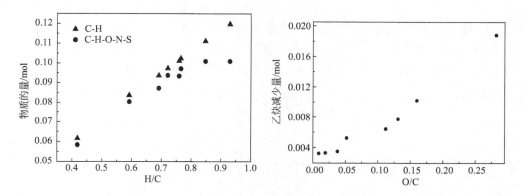

图 10-4　不同煤种生成 $C_2H_2+C_2H$ 的最大值在两个体系中随 H/C 比及最大值之差随 O/C 比的变化

表 10-1　C-H-O-N-S 多相体系 8 种煤生成 C_2H、C_2H_2 和 $C_2H+C_2H_2$ 的最佳温度

煤样	温度/K	C_2H 最大值 /mol	温度/K	C_2H_2 最大值 /mol	温度/K	$C_2H+C_2H_2$ 最大值 /mol
YC	3850	0.035	3650	0.026	3840	0.058
DS	3840	0.046	3670	0.041	3830	0.080
JY	3810	0.050	3660	0.049	3810	0.094
DT	3790	0.046	3650	0.045	3790	0.087
XZ	3800	0.050	3650	0.052	3790	0.097
BD	3760	0.048	3650	0.055	3750	0.100
SF	3780	0.047	3650	0.050	3770	0.093
HL	3720	0.054	3590	0.058	3700	0.100

10.2.2　等离子体裂解煤制乙炔的实验研究

　　煤等离子体裂解主要是用载气将煤粉带入反应器，与等离子体射流作用发生闪速热解生成气固相产物，急冷器淬冷后气固分离。实验装置主要包括：等离子体电源控制系统、等离子体发生器、供料系统、煤粉分布器、气体输入装置、反应器、取样系统、温度检测系统、冷却系统及计算机控制系统和水、电、气等伺服系统。热等离子体发生器又称为等离子体炬或等离子体枪，可稳定产生温度在 $2\times10^3\sim10^4$ K 的等离子体并将电能转化为热能。实验用直流电弧等离子体发生器，具有功率变化范围宽（10～100kW）、工作气体选择范围广、放电稳定、寿命长等特点。进料系统采用双螺杆螺旋装置，煤样在空气流形成的负压条件下被

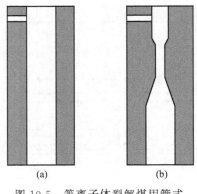

图 10-5　等离子体裂解煤用管式
反应器 (a) 和射流反应器 (b)

吸入输送管道，以固气混合射流喷入反应装置；反应器是整个装置的核心部位，外壁配水冷夹套，内壁衬石墨套；自来水作为急冷剂直接和炽热的热解气体接触；分离单元连接淬冷装置，气体在上部排出，冷却水和固相物一起从分离单元底部排出。图 10-5 所示为实验用管式反应器和改进的射流反应器示意图[10]。图 10-6 为两种反应器中煤等离子体热解结果，两种反应器煤裂解生成乙炔的产率均随供粉速率的增加而降低，但射流反应器较好地改善了煤进料量大时的行为。结构调整改变了煤粒在反应器中的历程，使其和等离子体射流充分混合，反应更完全，煤的转化率相应增大；但煤进样量小时，由于反应很快，较长的停留时间又引起了乙炔分解形成炭黑和氢气，使乙炔产率降低。射流反应器中煤转化率的提高也引起了裂解产品气中烃类产物总量的增加。煤粉进样量增大，烃类产物（CH_4、C_2H_2、C_3H_6）的总产率降低，但甲烷含量升高，证实了未分解的煤样运行到反应器下部温度相对较低的区域时已不能形成乙炔。

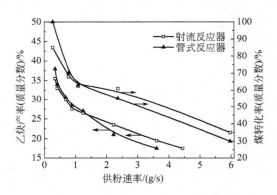
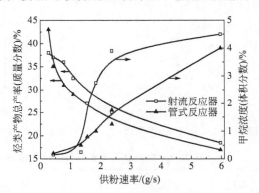

图 10-6　不同结构反应器中煤的转化率和乙炔的产率、甲烷浓度和烃类产物总产率

　　从热力学来看，所有不饱和烃中乙炔最易分解成碳和氢，对产物气体进行骤冷使其温度低于 573K 是保证较高乙炔产率的关键。合适的淬冷剂不仅可以阻止乙炔在高温下的分解、降低乙炔的能耗，而且有利于 C_2H 进一步复合为乙炔，提高乙炔的产率。动力学方法研究急冷过程对乙炔产率影响的结果表明，适当的急冷过程不仅可以阻止高温下乙炔分解，同时又不会阻碍 C_2H 官能团复合成乙炔，产物中乙炔的浓度超过热力学的平衡浓度[11]；C_2H_2 和 C_2H 是 C-H 在 3500K 左右时的主要碳氢化合物，急冷过程中对乙炔有作用的官能团反应是 $C_2H + H_2 \rightleftharpoons C_2H_2 + H$，而不是 C_2H 和 H 的反应[12]。图 10-7 所示为淬冷装置前后气体样品中乙炔的浓度值。淬冷后气体中乙炔的浓度比淬冷前明显增大，淬冷对乙炔的"保护"作用在高供粉速率下更明显。按照冷却剂和反应气接触与否，一般可将其分为直接急冷和间接急冷。直接

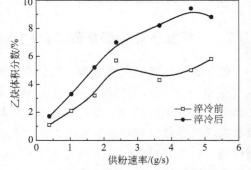

图 10-7　淬冷对煤等离子体裂解
气体产物中乙炔浓度的影响

急冷的方式相对广泛，水作为冷却剂的操作较易调节，但急冷要求快速、均匀。

煤的变质程度或挥发分是制约乙炔产率大小的主要因素，煤的结焦性也是影响热解过程的重要因素，挥发分较高、氧含量较低的肥煤或焦煤在高温富氢的条件下会生成大量的胶质体，胶质体极易黏附在喷嘴出口处和反应器壁上，从而造成喷嘴和反应器堵塞，影响反应正常进行，因此适合等离子体热解煤制乙炔的煤种特性相对比较苛刻。具有不同挥发分含量的10个不同变质程度的煤样[4]在等离子体射流中热解的实验结果如图10-8所示。

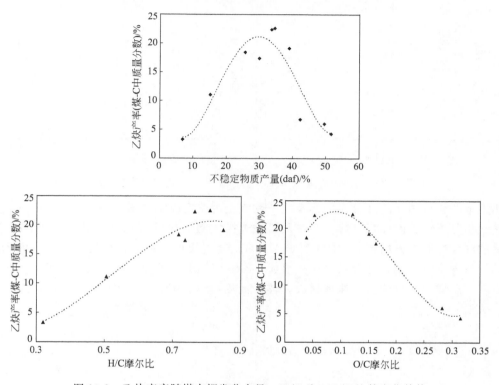

图10-8 乙炔产率随煤中挥发分含量、H/C比、O/C比的变化趋势

挥发分产率在25%～40%的烟煤有高的乙炔产率，大于40%时乙炔产率反而迅速下降。结合煤质分析，随煤中C含量的降低乙炔产率并不呈单调递增的趋势。实验用煤的H/C比、O/C比和乙炔产率的关联结果显示，煤中H/C比增加乙炔产率总体呈上升的趋势，这一结果和C-H-O-N-S热力学平衡体系的结果相近，证实了C-H-O-N-S热力学平衡体系比C-H体系更适宜于煤在等离子体条件下热解过程的分析。O/C比小于0.15时，乙炔产率随煤中O含量的增加呈逐渐上升的趋势，氧含量继续增大乙炔产率则显著下降。煤中的氧对乙炔产率的影响，主要是消耗C源并没有消耗H源，在一定含量范围内，生成CO和C_2H_2并不构成竞争关系。所以从提高乙炔产率的角度考虑，应以H/C比为主进行煤样选择。

以大同煤为例考察煤的转化率、乙炔产率随供粉速率的变化，发现供粉速率增加煤的转化率、乙炔产率呈下降的趋势。需要注意的是，煤的转化率大于乙炔产率，这应该与等离子转化过程中，煤热解生成乙炔外还有含碳的氧化物和其他烃类化合物存在有关；低供粉速率时煤的转化率大于挥发分含量，但随供粉速率的增加，煤的转化率与挥发分含量相当，此时乙炔产率也逐渐下降。乙炔比能耗（SEC）和供粉速率及乙炔产率的关系如图10-9所示。乙炔的比能耗随供粉速率的增加逐渐降低，随乙炔产率的增加而增大。供粉速率较低时，等离子体射流的热焓一定，小的供粉速率可以使煤完全热解，乙炔产率较高；但产品气中乙炔浓度较低，乙炔能耗又相对较高。供粉速率增加到一定程度时，大量的煤粉又会造成体系温度下降，挥发分难以进一步发生裂解生成乙炔。此时尽管乙炔的浓度高，但乙炔的产率较低，生成乙炔的比能耗也会升高。产物乙炔的比能耗最低情况下，煤样供粉速率与乙炔产率及乙炔浓度三者之间存在一个最佳平衡点，实际应用中需综合考虑使之达到最优。

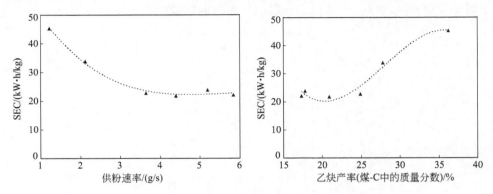

图 10-9　乙炔的比能耗（SEC）和供粉速率及乙炔产率的关系

　　热力学分析可知，C-H 体系中的反应产物完全由温度决定。图 10-10 所示为产品气中乙炔和其他小分子烃类的体积分数、产率及乙炔选择性随供粉量的变化曲线。供粉速率增加，各产物的浓度都有上升的趋势；CO 和 C_2H_2 为主要气相产物成分，甲烷、乙烯、丙烯、二氧化碳的浓度相对较小；随着供粉速率增加，乙炔产率逐渐下降，而甲烷、乙烯等小分子物质的产率有所增加。说明供粉速率增大，体系温度降低，等离子射流中的活性离子如 H^+、

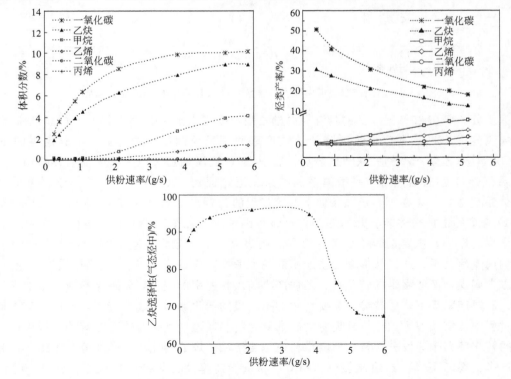

图 10-10　供粉速率和各产物体积分数、产率及乙炔选择性的关系

H^- 以及大量的电子相对不足，等离子体射流提供的能量不足以使挥发分全部裂解为乙炔，而生成了对能量要求较低的其他烃类，特别是甲烷。图中结果显示，供粉速率较高和较低时都不利于乙炔的生成，供粉速率在 $0.5\sim4.0g/s$，乙炔的选择性可以达到约 95%。

10.3　电弧等离子体裂解富含甲烷气制乙炔

等离子体裂解煤生产乙炔是一种"理想"的工艺，但是不可避免地存在的诸多缺陷，使该工艺工业化应用难以实现。需要解决的问题主要包括：煤加工成适宜粒径分布的煤粉需要能耗、煤粉输送需要特殊设备和惰性气体保护；煤质要求苛刻；煤热解过程结焦，消除或抑制结焦引入新的物质对乙炔产率和系统能耗及产品气分离又有负面影响；氢等离子体中氢气的大量消耗；等离子体热解煤经历加热冷却循环，消耗大量热能（赤热焦炭带走的显热占 45% 左右）等。既然煤中的挥发分与等离子体制乙炔具有直接的关联，那么将富含甲烷的焦炉煤气或热解煤气为原料进行等离子体转化对该技术的应用应该具有积极的促进作用，甲烷转化为更有价值的乙炔，从经济角度分析更有意义。以谢克昌院士为带头人的研究团队[13]基于对等离子体热解煤的深刻理解，构建了"煤快速热解或连续焦化与等离子体热解技术组合制乙炔"的技术体系。甲烷裂解制乙炔是一个强吸热反应 $2CH_4 \longrightarrow C_2H_2 + 3H_2 - 377kJ$，生成的乙炔在高温下可能分解 $C_2H_2 \longrightarrow 2C + H_2$，实际操作中必须使物料瞬间达到高温，极短停留时间（$10^{-3}s$）后骤冷，防止乙炔分解。电弧等离子体除可提供反应所需的高温条件外，还可使反应物处于高活性、高导热状态，具有快速有效的加热和骤冷速率（$10^5\sim10^7K/s$），因此认为电弧等离子体是热解甲烷制乙炔的理想热源。

10.3.1　等离子体裂解甲烷的热力学分析

热等离子体形成的高温电离环境以及高温差（达 10^4K）使得体系中的传热和流动机理难以定量描述，而且反应温度高、反应速率快，没有可靠、系统的方法准确预测反应物在电弧等离子体中热解产物的分布。热力学平衡计算的 C-H 多相体系在 H/C=4 时的结果显示，生成 C_2H_2 最大值的温度在 $3300\sim3800K$ 之间[14~16]，但最大值因初始组分的设定和条件不同差异很大。若考虑 C_2H 自由基在淬冷时与 H 原子完全复合生成 C_2H_2 的反应（$C_2H + H \longrightarrow C_2H_2$），则 C_2H_2 的最终浓度会更高，以碳为基准的乙炔产率最高达 92%。Fincke 等[17]对 C-H 单相体系计算得到 C_2H_2 的最大产率为 98.5%，而考虑固相炭的 C-H 多相体系的 C_2H_2 产率为 91%。C-H 单相与多相体系中乙炔产率相差很小的主要原因是多相体系考虑了 C_2H 自由基在淬冷时与 H 原子完全复合生成 C_2H_2，C_2H 自由基对乙炔产率贡献很大，接近 100%。图 10-11 是考虑 H、H_2、CH、CH_2、CH_3、CH_4、C_2H、C_2H_2、C_2H_4、C、C_2、C_3 和 C_6H_6 共 13 个组分，计算的 C-H 单相和多相两种体系的结果。H/C=4 的单相体系中乙炔最大摩尔数为 0.4984mol，乙炔产率最大值接近 100%；多相体系中乙炔最大摩尔数为 0.2656mol，乙炔产率最大值仅为 53.1%，C_2H 自由基摩尔数仅为 0.0894mol，其对乙炔形成的贡献很小。Fincke[17]认为乙炔和苯等不饱和烃的生成速率远大于它们分解形成烟炱和氢的速率，如果产品气中的乙炔能够在烟炱开始成核聚集形成固相炭之前及时冷却，热力学计算就可以不考虑固相炭的生成。

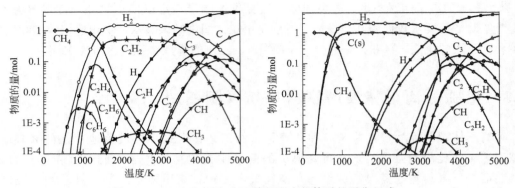

图 10-11　H/C＝4 时 C-H 单相和多相体系的平衡组成

10.3.2　等离子体裂解甲烷的实验研究

采用 H_2/Ar 直流电弧等离子体发生器，Ar/H_2 摩尔比为 2∶1 工作气体，图 10-12 所示为甲烷流量影响等离子体热解甲烷的实验结果[4]。输入系统的能量一定时，改变甲烷流量意味着改变单位甲烷得到的能量。甲烷流量增加，甲烷转化率、乙炔产率、乙炔选择性均呈减小的趋势。流量小于 4.0m³/h 时，甲烷转化率大于 96%，乙炔产率从初始的 98% 缓慢降低到 86%，乙炔选择性从 99% 降到 89%；甲烷流量大于 4.0m³/h 时，甲烷转化率、乙炔产率下降幅度大，而乙炔选择性下降相对缓慢，保持在 80% 以上。乙炔浓度随甲烷流量增加呈增加的趋势，但乙炔能耗和甲烷流量的关系是非线形的，甲烷流量达到 4.0m³/h 时乙炔能耗出现最小值，随后能耗逐渐增加。乙炔能耗的最小值 9.7kW·h/kg 接近 2000K 时甲烷转化率达 100%，乙炔产率 100% 时生成乙炔的理论最小能耗值 7.9kW·h/kg，这为不考虑固相炭的 C-H 单相体系的合理性提供了实验支撑。当乙炔能耗最低为 9.7kW·h/kg 时，乙炔体积浓度为 11.4%，乙炔产率为 86.2%，此时并不是乙炔浓度和产率的最大值，在该技术开发中不能一味追求高产率，应当综合考虑乙炔产率、能耗和产品气的分离等因素，寻求最适合的工艺条件和经济指标。

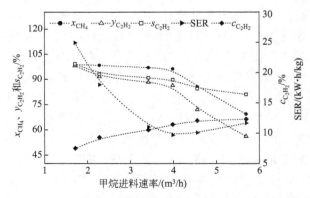

图 10-12　甲烷流量对等离子体热解甲烷的反应结果的影响

x_{CH_4}—甲烷转化率；$y_{C_2H_2}$—乙炔产率；$s_{C_2H_2}$—乙炔选择性；SER—乙炔比能耗；$c_{C_2H_2}$—乙炔浓度

甲烷裂解产品气中，除乙炔外，还含副产物 CH_4、C_2H_4、C_3H_6 和 C_3H_8 等，图 10-13 所示为甲烷流量对各热解产物浓度的影响。随甲烷流量的增加，热解气体中各产物浓度有不同程度的增加，其中乙炔增加的幅度较大，C_2H_4 和 C_3 烃类浓度的增加幅度不太明显；当甲烷流量超过 $5m^3/h$ 时，乙炔的变化趋势比较平缓，而 C_2H_4 的浓度明显降低。经热力学分析认为[18,19]C-H 体系中反应产物完全由温度决定，体系温度在 900K 时，甲烷是主要产物，产率随温度升高而降低；体系温度超过 1500K 时，发生强烈吸热反应，乙炔生成自由能小于甲烷、乙烷等小分子烃类，成为碳氢化合物中占优势的物种。因此甲烷流量较小时，等离子射流提供的热量足以使甲烷完全裂解，随着甲烷流量的增加，乙炔的生成量逐渐增大，随甲烷流量进一步增加，体系温度下降，甲烷的裂解反应难以完全发生，此时甲烷浓度上升而乙炔浓度下降。

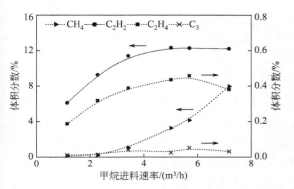

图 10-13　甲烷流量对各热解产物浓度的影响

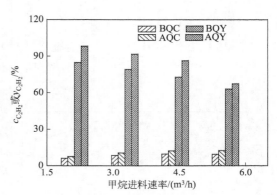

图 10-14　淬冷对乙炔浓度和产率的影响

A—淬冷前；B—淬冷后；Q—淬冷；

Y—乙炔产率；C—乙炔浓度

图 10-14 所示为淬冷对乙炔浓度和产率的影响。淬冷后乙炔浓度和产率都得到了提高，但增加的幅度随甲烷流量的不同而不同。在甲烷流量为 $4.5m^3/h$ 时，乙炔浓度和产率分别增加了 26% 和 18%；甲烷流量较大时，尽管淬冷后乙炔产率提高，但也有较大幅度的降低。甲烷在等离子体中主要是自由基反应机理，在高温高焓中产生的大量自由基极不稳定，相互间会发生反应生成较稳定的产物。动力学研究表明[20]，稳定状态的乙炔在 2ms 内即可获得，甲烷在 1.0ms 时已经完全分解[16]，在 0.1~0.7ms 内乙炔是主要产物，超过 0.7ms，乙炔会发生分解。这从动力学角度证明了反应产物适时、有效淬冷的重要性。

反应器在等离子体裂解甲烷的实验中是整个装置的核心，长度和体积的改变直接影响物料在其中的停留时间，实验改造得到如图 10-15 所示的四种不同结构的反应器。其中，反应器 A 是直管形，B、C 和 D 都有不同的变径，反应器的长度也有调整。

图 10-16 所示为不同的反应器中甲烷转化率的实验结果。反应器不同，甲烷转化率的差异比较明显。流量较小时，反应器 A 和 B 中甲烷转化率下降较快，反应器 C、D 中小流量的甲烷没有引起甲烷转化率大的变化。与反应器 A 相比，淬冷前经过扩径的反应器 B 有较高的转化率，其原因可能是由于扩径后反应器内气体产物的压力较低，使得甲烷的转化率维持在较高的水平。反应器 C 和 D 在原来的基础上缩短，减小了气体在反应器中的停留时间，使得甲烷转化率有较大的提高，甲烷流量较小时的减小趋势比较平缓，流量较大时转化率下降的趋势较大。乙炔在高热高焓的环境体系中有一部分会发生裂解生成 C_2H-自由基，淬冷使产物温度骤降到乙炔稳定的温度状态，一定程度上保护了乙炔气体，另外淬冷也促使部分 C_2H-自由基进一步反应生成 C_2H_2。

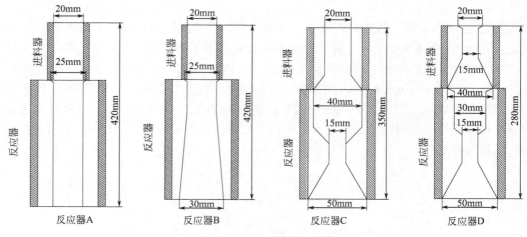

图 10-15 反应器结构简图

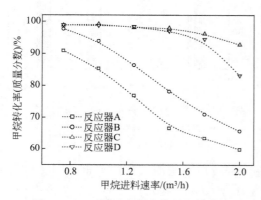

图 10-16 不同反应器中的甲烷转化率

图 10-17 所示为实验用四种反应器中乙炔浓度和选择性结果。随甲烷流量增加，乙炔浓度均增大，但反应器 A 和 B 的增大幅度很小，反应器 C 和 D 中乙炔浓度明显较大，在甲烷流量为 $2m^3/h$ 左右时，反应器 C 和 D 中所得乙炔浓度相近。与反应器 A 和 B 相比较，后两种反应器不仅在长度上缩短了，而且采用了变径式，这样的结构有助于反应气体在等离子体气氛下的充分混合，使其与等离子体的高温高焓区域有效接触并发生反应。但当甲烷流量大到一定程度时，虽然改进了反应器结构，进入等离子体的甲烷已经不能获得足够的能量裂解，此时两种反应器表现为乙炔浓度接近，变化趋势平缓。乙炔的选择性变化趋势相近，随甲烷流量的增加，整体都呈下降的趋势。反应器的结构对乙炔浓度的变化起关键作用，适当的反应器长度表现为合适的停留时间，在等离子体中的高温且气流速度非常快的体系中，停留时间是关键的因素，对甲烷的转化率、乙炔浓度等都有很大的影响。

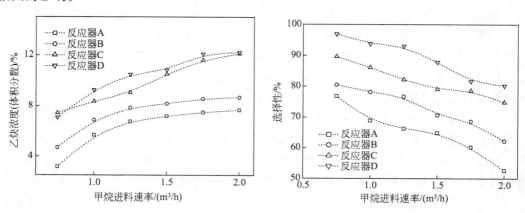

图 10-17 不同反应器中的乙炔的浓度和选择性

图 10-18 所示为不同反应器对乙炔产率和能耗影响的结果。与反应器 A 和 B 相比，变径反应器 C 和 D 的变化趋势明显缓和，在甲烷流量为 1.75m³/h 时，乙炔产率还接近 80%，但 A 和 B 的乙炔产率已下降到 60% 以下。这是由于反应器结构缩短以后，体积减小，相同实验条件下反应物的停留时间减少，甲烷在等离子体中的反应在毫秒（ms）级时间内即可完成，C 和 D 的长度应该足够提供反应所需要的时间，A 和 B 反应器中生成的乙炔可能进一步裂解为固相炭和氢气所致。与 C 相比，D 的反应器体积又有所减小，引起 C 和 D 反应器中的乙炔浓度有差别，但流量大时 C 和 D 中的反应物得到的能量不足以使甲烷裂解完全又趋于接近，此时的停留时间已不是最主要的影响因素。比能耗（kW·h/kg-C_2H_2）是衡量生产单位质量的乙炔所消耗的能量标准，在实现工业化过程中也是必须考虑的重要因素。不同反应器中，甲烷流量在一定范围内增大，都降低了生成乙炔的能耗，但减小的速度逐渐降低，它和供料速度的关系是非线形的，乙炔的产率也因此下降。当流量超过这个限度时，生成单位质量乙炔所需能耗就升高，并造成乙炔浓度的降低。四种反应器比能耗不同，反应器 D 在甲烷流量为 3.9m³/h 时，乙炔比能耗达到最小值 9.6786kW·h/kg-C_2H_2，随流量继续增大呈上升的趋势，而乙炔产率则以更大的幅度减小。实际生产中需综合考虑，使之达到最优化。

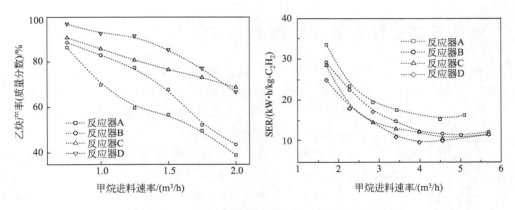

图 10-18　不同反应器中的乙炔产率和比能耗

10.3.3　乙炔制备技术路线的分析比较

现有乙炔生产的工业化方法主要有电石法和天然气部分氧化法。传统电石水解法因废水、废渣和废气的产生，能量、资源消耗量大而被逐渐取缔。天然气部分氧化法甲烷与氧气通过氧化燃烧和热裂解完成反应，在天然气资源比较丰富的地区受到重视。等离子体裂解煤生产乙炔，因煤含有适宜的氢碳比、避免了严重的环境污染，在理论上被认为是一种"理想"的乙炔生产工艺。基于煤为原料和富含甲烷气体为原料的等离子体热解的研究结果，优化构建"煤-热解焦化-等离子体热解-乙炔"的乙炔生产新工艺。该技术主要是首先对煤进行热解焦化，然后利用热解焦化产生的富含甲烷焦炉煤气进行等离子体转化制取乙炔，在避免原料煤要求苛刻和转化过程中积碳严重的同时，可为劣质煤资源提供有效利用途径，并具副产炭黑和氢气的优势。各类乙炔生产工艺路线分析比较结果见表 10-2。

尽管煤为原料通过等离子体裂解直接生产乙炔的前景较好，但工业化应用中存在诸多难以克服的缺陷（如，煤种特性要求苛刻、热解过程中结焦和高能耗等）；天然气部分氧化制

表 10-2　乙炔生产工艺路线的分析比较

煤等离子体裂解	天然气部分氧化法	煤热解气等离子体裂解
原料制备、运输费用高,煤种要求苛刻	原料利用率小于30%,需预热到约650℃,成本高	原料无需预热,节省15%的能量,成本低
固体产物(煤渣)利用价值低	少量的固体产物(炭黑)利用价值较低	固体产物(焦炭或半焦)利用价值高,且副产碳纳米管材料
煤的转化率20%~40%乙炔的产率小于20%	甲烷的转化率约80%~90%乙炔的产率62%~76%	甲烷的转化率约95%~98%乙炔的产率大于85%
乙炔浓度6%~8%分离成本高	乙炔浓度7%~10%分离成本高	乙炔浓度11%~14%分离成本低
需补充氢气,存在结焦、能耗高(约20kW·h/kg)	无需补充氢气,能耗较低(10~13kW·h/kg)	无需补充氢气,能耗低(9~12kW·h/kg)

乙炔虽然已有工业化生产,但其原料利用率较低,预热和产物分离所需的成本较高,投资较大。将煤热解分级转化生成焦炉煤气或热解煤气,进一步进行等离子体转化的路线,在原料煤来源广泛、污染物易于调控、能耗低等各方面均有优势,是一条具有广泛应用前景的新技术。

10.4　电弧等离子体裂解甲烷制纳米碳纤维

纳米碳纤维(CNFs)的外径处于50~500nm的范围,100nm左右的空心碳纤维也称为碳纳米管。根据结构中石墨碳层延展方向,纳米碳纤维可分为空心管状、空心套杯状和竹节状[21-23]。空心套杯状纳米碳纤维因其结构特殊,在氢气储存[24,25]、催化剂载体[26]、复合物增强体[27,28]等方面具有广泛应用。套杯状纳米碳纤维一般以过渡金属元素为催化剂,在全部或部分氢气气氛、500~1200℃反应温度下通过催化CVD的方法热解碳源而成,该法具有高产率、低成本和操作控制简单等优点,但存在过程不连续、催化剂前驱物选择范围小等缺陷,尤其CVD法反应温度较低,制得的纳米碳纤维产物外壁经常被无定形碳覆盖,制约了作为催化剂载体、储氢和结构增强方面的应用。热等离子射流法具有高温、高速、高热容射流、大量活性物种(离子和中子)、便于各种物态原料和各种化合态金属催化剂进入和工艺条件可实现独立控制等优点,优化操作条件可制备高品质、结构可控的纳米材料。利用兼具高温、高速和可连续化运行等性能的热等离子体技术,通过等离子射流反应器的改进,借助催化剂与等离子射流协同作用可形成一条制备CNFs的新型工艺。

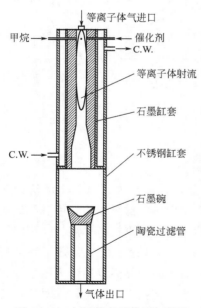

图 10-19　电弧等离子体裂解甲烷实验反应器的装置示意图

（图中标注：等离子体气进口；甲烷；催化剂；C.W.；等离子体射流；石墨缸套；C.W.；不锈钢缸套；石墨碗；陶瓷过滤管；气体出口）

电弧等离子体裂解甲烷实验中,采用定型的非转移型直流电弧等离子发生器,等离子体反应器、进料系统和产品收集系统根据反应特点及工艺要求自行设计,见图10-19装置示意图。与常规热等离子反应器相比,明显的不同是高温裂解约束区加长至25cm,产物生长和实验取样处于垂直于射流方向的碗状石墨内表面。

等离子工作主气为氮气，以 Fe_2O_3 为催化剂前驱物，甲烷等离子体裂解产物的形貌和结构如图 10-20 所示。甲烷进料流量为 $0.3m^3/h$ 时，产物中大部分为空心纳米碳纤维，在整个扫描观察区内的含量约为 70%，这些通心粉形状的碳纤维外表面光滑、平直、互相交织在一起，长度大于 $3\mu m$，外径分布在 $40\sim240nm$，而典型的电弧法或气相沉积法制得的多壁碳纳米管的外径一般为小于 40nm。中空纤维管壁的石墨层延展方向与管轴的夹角约为 $20°\sim25°$，是典型的套杯状结构。管内表面的石墨层边缘裸露，而管外表面的相邻石墨层大部分互相桥连，不附着任何颗粒或无定形碳。甲烷进料流量为 $0.5m^3/h$ 时，产物特征有较大的变化，最明显的是产物中碳纳米纤维的含量更大，约为 90%，纤维管外径的分布范围也加大（$40\sim300nm$），纤维管外径可发现周期性的增大或减小现象，并在外壁有颗粒附着。产物中除包含空心状纳米碳纤维外，还出现大量竹节状纳米碳纤维，外径约为 150nm，内腔每隔 300nm 左右就有一个竹节状隔断，把内部空间分成小隔间，内部无金属填充。纳米碳纤维管中的"节"由几层到几十层石墨层堆垛成的穹顶样曲面，穹顶中心往往不在管的中轴线上，导致曲面一边厚一边薄。从石墨纹路可以确定，竹节状纳米碳纤维管空心部分的石墨层延展方向与管轴呈大约 20°角，和竹节状碳纳米管石墨纹路与管轴平行不同，说明它是一种未成熟的套杯状结构。

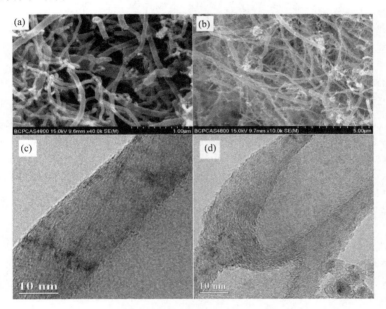

图 10-20　氮气氛不同流量条件下甲烷等离子体裂解产物的形貌和结构
甲烷流量：(a)，(c) $0.3m^3/h$；(b)，(d) $0.5m^3/h$

氩气为等离子气时的石墨碗内产物的 SEM 和 TEM 结果如图 10-21 所示。氩气气氛下的产物与氮气气氛具有相似的形貌，外径在 $40\sim240nm$ 之间。不同于氮气气氛的绝大多数空心状结构，氩气气氛下的产物结构包括空心状、竹节状以及颗粒管，整体石墨化程度较差，在管外壁发现有突出的石墨块和褶皱（图中箭头所示），Ar 的第一电离能是 1520.6kJ/mol，N 的第一电离能是 1402.3kJ/mol，N_2 的离解能为 869.4kJ/mol。在同样能量输入水平下，氩气远不如氮气热等离子温度高，且在射流过程中轴向温度梯度极大，Ar 作为工作气本身的热容值低，适宜纳米碳纤维生长的高温区很短，产物整体表现为石墨化程度较差。图 10-21(c) 所示产物中空心状纳米碳纤维的壁层结构显示，石墨纹路不清晰，而且有起伏和重叠，但总体方向依然与管轴成 $20°$ 左右角，表现为套杯状结构。

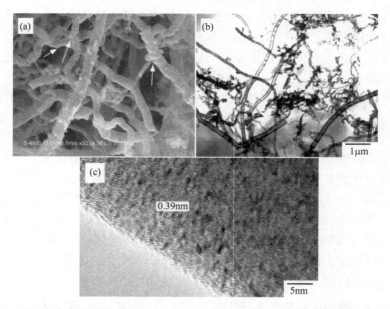

图 10-21　氩气氛下产物的 SEM（a）、TEM（b）及壁层结构 HRTEM（c）图

◆ 参考文献 ◆

[1]　Bond R L, Ladnre W R. Reaction of coal in a plasma jet [J]. Fuel, 1966, 45（4）: 381-395.

[2]　Chakravartty S C, Dutta D. Reaction of coals under plasma conditions: X-ray studies [J]. Fuel, 1976, 55（3）: 254-255.

[3]　Beiers H G, Baumann H, Bittner D, et al. Pyrolysis of some gaseous and liquid hydrogen plasma [J]. Fuel, 1988, 67（7）: 1012-1016.

[4]　鲍卫仁. 煤基原料等离子体转化合成的基础研究 [D]. 太原: 太原理工大学, 2010.

[5]　Dai B, Fan Y, Yang J, et al. Effect of radicals recombination on acetylene yield in process of coal pyrolysis by hydrogen plasma [J]. Chemical Engineering Science, 1999, 54（7）: 957-959.

[6]　蔡国峰. 等离子体热解煤制乙炔的热力学分析 [D]. 太原: 太原理工大学, 2007.

[7]　Chen H G., Xie K C. Clean and direct production of acetylene-coal pyrolysis in a H_2/Ar plasma jet [J]. Energy Sources, 2002, 24（6）: 575-580.

[8]　李明东. 以煤层气为冷却剂的等离子体裂解煤制乙炔方案研究 [D]. 北京: 清华大学, 2005.

[9]　吕永康. 等离子体热解煤制乙炔及热力学和动力学分析 [D]. 太原: 太原理工大学, 2003.

[10]　鲍卫仁. Ar/H_2 等离子体热解煤制乙炔 [D]. 太原: 太原理工大学, 2003.

[11]　戴波. 氢等离子体裂解煤制取乙炔的研究 [D]. 北京: 清华大学, 2000.

[12]　Li M D, Fan Y S, Dai B, et al. Study on mechanism of C-H radicals' recombination into acetylene in the process of coal pyrolysis in hydrogen plasma [J]. Thin Solid Films, 2001, 390（1）: 170-174.

[13]　谢克昌, 田原宇, 鲍卫仁等. 煤连续焦化与等离子体热解制乙炔组合工艺 [P]. 中国专利 ZL 02102262. 3, 2003-08-06.

[14]　罗义文, 漆继红, 印永祥等. 热等离子体裂解甲烷的热力学与动力学分析 [J]. 四川大学学报, 2003, 35（4）: 33-37.

[15]　陈宏刚, 谢克昌. 等离子体裂解煤制乙炔碳-氢体系的热力学平衡分析 [J]. 过程工程学报, 2002, 2（2）: 112-117.

[16] Dai B, Fan Y S, Yang J Y, et al. Effect of radicals recombination on acetylene yield in process of coal pyrolysis by hydrogen plasma [J]. Chemical Engineering Science, 1999, 54 (7): 957-959.

[17] Fincke J R, Anderson R P, Hyde T, et al. Plasma thermal conversion of methane to acetylene [J]. Plasma Chemistry and Plasma Processing, 2002, 22 (1): 105-136.

[18] Xie K C, Lu Y K, Tian Y J, et al. Study of coal conversion in an arcplasma jet [J]. Energy Sources, 2002, 24 (12): 1093-1098.

[19] 吕永康, 庞先勇, 鲍卫仁等. 等离子体热解煤及模型化合物的热力学分析 [J]. 燃料化学学报, 2001, 29 (1): 65-69.

[20] Anderson R P, Fincke J R, Taylor C E. Conversion of nature gas to liquids via acetylene as an intermediate [J]. Fuel, 2002, 81 (7): 909-925.

[21] Rodriguez N M, Chambers A, Baker R T K. Catalytic engineering of carbon nanostructures [J]. Langmuir, 1995, 11 (10): 3862-3866.

[22] Endo M, Kim Y A, Hayashi T, et al. Structural characterization of cup-stacked-type nanofibers with an entirely hollow core [J]. Applied Physics Letters, 2002, 80 (7): 1267-1269.

[23] Monthioux M, Noe L, Dussault L, et al. Texturising and structurising mechanisms of carbon nanofilaments during growth [J]. Journal of Materials Chemistry, 2007, 17 (43): 4611-4618.

[24] Park C, Anderson P E, Chambers A, et al. Further studies of the interaction of hydrogen with graphite nanofibers [J]. The Journal of Physical Chemistry B, 1999, 103 (48): 10572-10581.

[25] Merkulov V I, Lowndes D H, Baylor L R, et al. Field emission properties of different forms of carbon [J]. Solid State Electronics, 2001, 45 (6): 949-956.

[26] Mojet B L, Hoogenraad M S, Van Dillen A J, et al. Coordination of palladium on carbon fibrils as determined by XAFS spectroscopy [J]. Journal of the Chemical Society, Faraday Transactions, 1997, 93 (24): 4371-4375.

[27] Andrews R, Jacques D, Ninot M, et al. Fabrication of carbon multiwall nanotube/polymer composites by shearmixing [J]. Macromolecular Materials and Engineering, 2002, 287 (6): 395-403.

[28] Tibbetts G G, McHugh J J. Mechanical properties of vapor-grown carbon fiber composites with thermoplastic matrices [J]. J Mater Res, 1999, 14 (7): 2871-2880.

第 4 篇

新型分离强化技术

在化工生产过程中，分离技术对于合理利用资源、节能减排降耗和提高产品质量都起着十分重要的作用。随着社会的发展和科技的进步，自然资源在不断地减少和劣化，而环境污染却日益加剧，这些都对化工分离技术提出了更高效、更低耗、更绿色的要求。这些客观需求推动了人们对新型分离技术的不懈探索。

常规分离技术，如过滤、沉降、蒸馏、吸收、萃取等在设备、工艺方面不断地改进，特殊精馏、超临界萃取、双水相萃取等分离技术得到了发展；分离与分离过程、分离与反应过程的耦合集成也给分离技术带来了许多革命性的变化，诸如反应精馏、膜蒸馏、膜萃取、反应吸附分离技术引起了广泛关注，膜分离技术的完善和发展，为这些耦合新技术奠定了基础；一些特色明显的新型分离技术也悄然兴起，如分子蒸馏、泡沫分离、变压吸附、分子识别和印迹分离等。这些新型分离技术的出现与应用，都起到了节省物耗和能耗，简化流程，减少设备的化工过程强化作用。

本篇以膜分离技术和分子蒸馏技术作为代表对新型分离技术进行介绍。膜分离过程是利用流体中组分在特定的半透膜中迁移速度的不同，经半透膜的渗透作用，改变混合物的组成，达到组分间的分离，其主要应用包括微孔过滤、超滤、反渗透、纳滤、渗析、电渗、液膜、渗透蒸发等；膜分离技术与其他反应和分离过程的耦合，也促进了新型分离技术的发展。分子蒸馏技术，在分离的内因上与传统蒸馏技术依据沸点差实现分离不同，靠混合物中各组分分子运动平均自由程的差别来实现分离，具有操作温度低、受热时间短、分离效率高等特点，已引起研究者的广泛关注，并得到了工业应用，取得了良好的效果。

本篇主要介绍膜分离技术和分子蒸馏技术的基本原理、研究进展和应用情况。

第 11 章 膜分离技术及应用

11.1 概述

膜是一种具有一定物理和/或化学特性的屏障物，它可与一种或两种相邻的流体相之间构成不连续区间并影响流体中各组分的透过速度。简而言之，膜是一种具有选择性分离功能的新材料，它有两个特点：①膜必须有两个界面，分别与两侧的流体相接触；②膜必须有选择透过性，它可以使流体相中的一种或几种物质透过，而不允许其他物质透过。膜可以是均相的或非均相的，对称的或非对称的，中性的或荷电性的，固态的或液态的，甚至是气态的。膜的厚度一般从几纳米到几百微米，几何形状有平板、中空纤维、管式等，从材料上可分为无机膜、有机膜、有机无机复合膜、混合基质膜等。膜分离技术是以膜为核心，在膜两侧给予某种推动力（压力梯度、浓度梯度、电位梯度、温度梯度等）时，原料侧的组分选择性透过膜，以实现料液中不同组分的分离、纯化及浓缩。该技术可以在温和、低成本的条件下实现物质分子水平的分离，与传统的分离技术相比，具有高效、节能、设备紧凑、过程易控制、操作方便、环境安全、便于放大、易与其他技术集成等优点。膜分离技术发展历史较短，其大致发展史为：从 20 世纪 30 年代开始开发微孔过滤，40 年代为透析，50 年代为电渗析，60 年代为反渗透，70 年代为超滤和液膜，80 年代为气体分离，90 年代为渗透汽化或称渗透蒸发。膜分离技术作为一种新型、高效流体分离单元操作技术，近年来已取得令人瞩目的成绩，已广泛应用于国民经济各个部门，被认为是 21 世纪最有发展前途的高新技术之一。

11.2 膜分离技术

11.2.1 常规膜分离技术

常规膜分离技术有微滤、超滤、纳滤、反渗透以及结合电化学技术的电渗析等。超/微滤膜、纳滤/反渗透膜都是以压力差为推动力，使一部分溶剂及小于膜孔径的组分透过膜，而微粒、大分子、盐等被膜截留下来，从而达到分离的目的；其差别主要是被分离物颗粒或分子大小不同，以及膜结构与性能的不同。电渗析是以电位差为推动力，利用阴、阳离子交换膜对水中阴、阳离子的选择透过性来实现分离的过程。

11.2.1.1 超滤/微滤（UF/MF）

超滤（Ultrafiltration，UF）/微滤（Microfiltration，MF）膜分离技术始于 19 世纪中叶，以静压差为推动力，利用筛网状过滤介质膜的"筛分"作用进行分离。微滤膜主要作用是从气相或液相物质中截留胶体、细菌和固体微粒等粒径大于 $0.05\mu m$ 的物质，以达到净化、分离和浓缩等目的，常作为超滤的预处理过程；超滤膜利用薄膜选择渗透性，在常温下依靠一定压差和流速，使小于膜孔径的小分子物质透过膜而使大分子物质被截留。超/微滤膜材料主要由聚砜类、聚烯烃类、聚丙烯腈等有机材料或陶瓷、金属等无机材料制备。

超/微滤膜分离技术的应用中存在的主要问题是膜组件价格昂贵以及膜污染、清洗问题。因此，开发耐污染型水处理膜和多种复合型膜组合工艺是研究的重点。

11.2.1.2 纳滤/反渗透（NF/RO）

纳滤（Nanofiltration，NF）介于反渗透和超滤之间，研究始于 20 世纪 70 年代末 NS-300 膜的开发。纳滤膜的孔径范围在纳米级，其相对分子质量截留范围为数百道尔顿，对小分子有机物等与水、无机元素进行分离，实现脱盐与浓缩同时进行。纳滤膜组件于 80 年代中商品化，多为卷式，另外有管式和中空纤维式。纳滤膜独特的特点使其在饮用水净化、水质软化、染料、抗生素、多肽、多糖等化工和生物工程产物的分级和浓缩、脱色和去异味，甚至废水处理和资源回收等方面发挥越来越明显的作用[1]。

反渗透（Reverse Osmosis，RO）主要应用于小分子有机物浓缩，只允许溶剂分子通过，盐、氨基酸等小分子被截留。它借助半透膜对溶液中溶质截留，在高于溶液渗透压的压差推动力下，使溶剂渗透半透膜，达到溶液脱盐的目的。美国加利福尼亚大学的 Loeb 和 Sourirajan 博士于 1960 年首次制成了具有历史意义的高脱盐、高通量的非对称醋酸纤维素反渗透膜。到 20 世纪 80 年代末，高脱盐的交联芳香聚酰胺复合膜已经实现工业化。20 世纪 90 年代中，超低压高脱盐交联芳香聚酰胺复合膜也开始进入市场。纳滤膜和反渗透膜材料主要有醋酸纤维、聚酰胺类、硅橡胶、陶瓷材料、聚丙烯腈基碳以及材料复合膜。

作为分子级别的分离功能材料，反渗透膜的研究主要集中在材料合成（包括分离层材料和支撑层材料）、制备工艺和应用过程三个方面。反渗透膜是以良好的超滤支撑膜为基础的，因此反渗透膜制备水平的进步将直接带动超/微滤膜和纳滤膜水平的提升。

11.2.1.3 电渗析（ED）

电渗析（Electrodialysis，ED）分离技术是一种利用电能的膜分离技术，在直流电场的作用下，以电位差为推动力，利用阴、阳离子交换膜对水中阴、阳离子的选择透过性，使某种离子通过膜转移到另一侧，从而实现溶液的浓缩、淡化、精制和提纯。将电渗析技术与离子交换技术有机结合而衍生出连续电除盐（Electrodeionization，EDI）技术，在电场的作用下进行水的电解，通过离子交换膜的离子选择通过功能，结合阴阳树脂的加速离子迁移能力，去除进水中大部分的离子，以降低产水的电导率。该技术兼有常规电渗析连续操作和离子交换深度脱盐的优点，主要用于高纯水/超纯水制备过程中。

连续电除盐技术已实现了设备的规模化、系列化，有关电除盐过程中的离子迁移、浓差极化和水解离规律等也有很多的研究报道，但大多围绕纯水应用这一领域。尽管有不少关于该技术应用于废水处理、饮用水脱硝酸盐、废水脱重金属离子等方面的报道，但仍处于研究阶段，需进一步开展深入研究，推动该技术的推广应用。

11.2.2　新型膜分离技术

在常规膜分离技术广泛用于工业生产的同时，越来越多的新工艺和过程对膜分离技术提出了更多的要求。由此诞生了渗透汽化、气体分离等新型膜分离技术。

11.2.2.1　渗透汽化(PV)

渗透汽化（Pervaporation，PV）用于液体混合物分离，以低能耗实现蒸馏、萃取、吸收等传统方法难以完成的分离任务。该技术得到广泛重视是在发生能源危机后的 20 世纪 70 年代末至 80 年代初，由于新聚合物合成，膜制备技术发展以及工业中降低能耗的要求，第一代渗透汽化膜才走向工业应用。

渗透汽化膜可分为 3 类，即水优先透过膜、有机物优先透过膜和有机物/有机物分离膜。水优先透过膜研究最早，近 10 年来，渗透汽化膜技术用于有机物脱水取得较大进展，已进入工业化实用阶段。适于制备优先透水膜的材料有聚乙烯醇、聚羟基甲酯、交联聚甲基丙烯酸等，无机材料有无定形 SiO_2、NaA 型分子筛、T 型分子筛和 Y 型分子筛等。优先透有机物膜材料主要有有机硅聚合物、含氟聚合物、纤维素衍生物和聚苯醚等。

长期以来渗透汽化研究工作基本集中在水/醇体系分离，特别是水/乙醇体系分离。原德国 GFT 公司（现属瑞士 Sulzer Chemtech）以聚乙烯醇（PVA）为膜材质，对水优先透过渗透汽化膜首先进行系列产业化。我国渗透汽化透水膜材料已实现产业化，疏水膜材料处于产业化前期。在透水膜方面，开发了聚乙烯醇（PVA）透水膜材料制备技术和工业应用技术，已建成规模化生产线，实现了工业化应用；采用原位水热合成法制备出 NaA 型分子筛膜，膜性能接近国际同类产品水平，在甲醇、乙醇、异丙醇、四氢呋喃、乙腈等有机溶剂的脱水上已有工业应用装置。在疏水膜方面，研制了具有产业化前景的聚二甲基硅氧烷膜（PDMS）、含硅有机无机复合膜和全硅分子筛无机膜等。研究膜选择性和膜通量之间的关系，开发高稳定性的膜材料及产业化技术是研究重点。

11.2.2.2　气体分离

气体膜分离技术工业化始于 20 世纪 40 年代，而膜法气体分离技术真正实现大规模工业化应用是以美国孟山都（Monsanto）公司 1979 年开发的 Prism 中空纤维氮/氢分离器为标志。20 世纪 80 年代，Henis 等人发明了阻力复合膜，实现了气体膜分离技术的飞跃。自此，气体膜分离技术进入了工业化应用新阶段。

常见的气体分离机理：①气体通过多孔膜微孔扩散机理；②气体通过非多孔膜溶解-扩散机理。气体首先在膜表面进行溶解，溶解在膜表面的气体进一步在膜主体内扩散。气体对膜溶解能力越强以及气体在膜内扩散速度越快，都将导致该种气体更加容易透过膜。

气体分离膜技术与其他分离技术相比具有独特优势，如分离过程中无相变、分离流程较简单、操作费用低、占地面积小、节能、环保等。目前气体分离膜技术已成为气体分离过程中较为优先考虑的单元操作。气体分离膜技术主要应用于工业氢气回收，天然气净化（除湿、除酸气 CO_2、H_2S），CO_2 分离、富集，空气分离富氧富氮，高温气体除尘等。

气体分离膜材料可分为聚合物材料、无机材料、有机与无机集成材料。聚合物膜材料主要有聚砜类、聚酰胺类、醋酸纤维素、乙基纤维素、聚碳酸酯、聚烯烃类、乙烯类聚合物、含硅聚合物、含氟聚合物和甲壳素类。由于聚酰亚胺膜克服了聚合物材料不耐高温及化学腐蚀的弱点，可制成高通量自支撑型非对称中空纤维膜，已被用于天然气脱酸气（二氧化碳、硫化氢等）、氢气回收、有机蒸汽回收工艺中。而聚砜膜优良的抗氧化性、热稳定性和高温熔融稳定性、优良的力学性能、电性能以及价廉易得等特点，使其被用于合成氨弛放气中回收氢、从炼油厂各含氢废气中回收氢、从空气中提取氮或富集氧等。无机膜包括致密膜和多孔膜，多孔膜结构有对称和非对称结构，玻璃、金属、铝、氧化锆、沸石、陶瓷膜和碳膜已用作商业多孔无机膜材料。其他如碳化硅、氮化硅、氧化锡和云母也被用作多孔无机膜材料。钯和钯合金、银、镍、稳态氧化锆已用于气体分离，其中，钯复合膜由于其优异的热稳定性以及良好的透氢选择性广泛应用于氢气分离与提纯。高温致密透氢钯复合膜的研究近年来发展迅速，已有工业化应用的案例，中国、美国、俄罗斯、日本等国家在此领域的研究最为突出。有机与无机复合膜材料将聚合物的良好分离性能与无机材料良好的热、化学、机械稳定性优化集成在一起，实现高温、腐蚀环境气体的分离。近年来，用于纯氧分离的高温混合导体透氧膜、耐硫化物和氮化物的适合 IGCC 发电系统的膜材料以及适合二氧化碳脱除和回收的膜材料是研究的热点。

11.3 膜分离技术的应用

11.3.1 水处理工业

膜分离技术具有处理效率高、适用范围广、易与其他过程集成等特征，相较于传统的水处理技术，如萃取、蒸馏、蒸发、吸附、混凝、沉淀等具有明显的优势。该技术既能对废水进行有效的净化，又能回收一些有用物质，在水处理领域，如海水淡化、工业废水、饮用水以及城市污水处理等方面发挥着越来越重要的作用。

11.3.1.1 海水淡化

地球上 97% 以上的水资源是以海水的形式存在，因此，高效的海水淡化技术可以有效缓解淡水资源不足的问题。用于海水淡化的分离过程很多，有蒸馏法（多级闪蒸、多效蒸馏、压汽蒸馏等）、膜法（反渗透、电渗析、膜蒸发等）、离子交换法、冷冻法等，其中适用于大规模淡化海水的方法主要是多级闪蒸、多效蒸馏和反渗透法。按从标准海水生产淡水计，目前三种主要淡化方法的工程投资为：多级闪蒸 1800～2000 美元/($m^3 \cdot d$)，低温多效蒸馏 1100～1600 美元/($m^3 \cdot d$)，反渗透 700～900 美元/($m^3 \cdot d$)。在多种海水淡化方法中，RO 能耗最低，水本体能耗为 $3kW \cdot h/m^3$（中试规模已可降至 $1.58kW \cdot h/m^3$）；膜元件的价格仅为 10 年前的 1/10，从而使制水成本下降了 67%。此外，RO 海水淡化目前十分重视水电联产以及与化工生产等过程的集成和优化。浓盐水的综合利用、对环境的影响及其对策也备受关注。据统计，全球现有 150 多个国家和地区建有海水淡化工厂，已建成和在建海水淡化工厂超过 15000 个，淡水产能达到 $7 \times 10^7 m^3/d$，解决了 2 亿多人的生活用水问题，满足了一定量的工业生产用水需求[2]。国外具有代表性的反渗透海水淡化工厂主要在中东和地中海地区，全球规模最大、技术最先进的以色列 Sorek 反渗透海水淡化厂于 2013 年 10 月投入全面运营，产水规模达 $6.24 \times 10^5 \mathrm{m}^3/\mathrm{d}$，其中约 $5.4 \times 10^5 \mathrm{m}^3$ 的水直接进入供水系统，为 150 多万人提供纯净的饮用水，占以色列市政供水的 20%[3]。预计到 2016 年，全球海水淡化的水产能将达到 $1.3 \times 10^8 \mathrm{m}^3/\mathrm{d}$[4]。我国首个自主设计、安装完成的日产淡水 $5 \times 10^4 \mathrm{t}$ 的膜法海水淡化工程于 2011 年在河北曹妃甸建成投产，标志着我国膜法海水淡化工程技术能力迈上新台阶，预计到 2020 年，我国海水淡化产水总量将达到 $2.5 \times 10^6 \sim 3 \times 10^6 \mathrm{m}^3/\mathrm{d}$[5]。

我国已具备规模化生产海水淡化的核心材料反渗透膜的能力，但与国际水平相比，在脱盐率和渗透性等方面还存在差距，因而目前在国内运行和开工建设的大型海水淡化工程主要使用进口反渗透膜。因此亟待加强以反渗透膜为代表的高性能海水淡化膜的研究，提高产水水质，降低水处理成本，满足对淡化海水持续增长的需求。聚酰胺复合反渗透膜因其脱盐率高、通量大、稳定性好等特点已成为目前最重要的反渗透膜材料，应用于绝大多数膜法海水淡化工程。目前对于反渗透膜材料的研究也主要集中于界面聚合的方法体系中，对界面聚合的单体进行筛选和优化，以期进一步提高反渗透性能。日本东丽公司用均苯三胺部分代替间苯二胺，提高了海水淡化反渗透膜的脱盐率。杜邦公司使用环己烷三酰氯，得到了高通量低压反渗透膜。我国研究人员在单体分子设计方面也开展了卓有成效的研究工作。中国科学院长春应用化学研究所采用联苯类单体合成制备了高通量反渗透复合膜，其水通量比均苯三甲酰氯/芳香二胺膜提高近 20%[6]。浙江大学以超支化芳香族聚酰胺酯和超支化聚乙烯亚胺作为水相单体进行界面聚合，获得了厚度仅为 100nm 的超薄分离层，该膜显示出优异的超低压反渗透性能[7]。在聚合物膜中掺入水通道蛋白 aquaporin-Z 可将水传递速率提高 800 倍[8]。研究者以结构相对简单的单壁碳纳米管对生物水通道进行了模拟，发现空间受限效应和高度疏水的孔壁是产生"水通道效应"的根源。在膜中构建受限空间，对其结构和表面性质进行调变，以获得超常的传递速度，为突破现有反渗透膜材料的限制、获得"颠覆式"的海水淡化膜材料指明了方向。而对于支撑层，最近的数值模拟工作表明，支撑层的孔道结构和表面性质直接影响反渗透膜的通量、截留率和污染特性，且分离层越薄，这种影响越明显[9]。在理想状况下，应使用孔径均一的多孔膜（即"均孔膜"）作为反渗透复合膜的支撑层，以确保获得均匀、无缺陷的分离层。

11.3.1.2　工业废水

工业废水排量大，污染物种类复杂，污染行业以及污染程度存在区域差异性，治理难度大。近年来，各种膜技术的快速发展为解决工业废水污染问题提供了可能性。通过不同膜过程的组合可以满足不同废水的处理要求。

（1）含油废水

含油废水主要来源于油田采出水、钢铁厂冷轧乳化液废水、金属切削及清洗液等。据统计[10]，我国仅油田采出水每年就有约 5 亿吨需要处理。全球每年有上千万吨含油废水排放到自然水体中，造成了资源浪费，同时也带来了严重的污染。废水中的油一般以浮油、乳化油和分散油的形式存在，主要区别在于油滴的尺寸不同。乳化油的分离难度非常大，用电解或者化学法分离费用较高，采用膜技术处理含油废水，透过液对 COD 和油的去除效果很好，浓缩液可进一步加工处理并回收油循环使用。研究者采用反渗透、纳滤、超滤和微滤及其组合工艺对含油乳化废水进行了大量研究[11-13]。同时也不断对膜材料进行研究，尤其是有机高分子膜、无机膜及其改性研究[14-17]。相对于有机膜，无机膜具有非常好的热稳定性和化学稳定性，已经广泛应用于微滤和超滤过程。尤其是陶瓷超滤膜在钢铁冷轧乳化液废水处理方面，取得了良好的效益[18]。多种工艺的优化组合的出现，如超声陶瓷膜法、震动膜法-生化法、超滤-膜生物反应器（MBR）、电凝聚-超滤等技术，可以不断地弥补原有工艺的一些缺陷，使得膜技术在含油乳化废水方面有新的发展。

（2）造纸工业废水

制浆造纸工业在我国国民经济中占有重要地位，但属于高物耗、高能耗的污染大户，2013 年废水排放量达 28.5 亿吨，居全国工业废水排放量的首位[19]。制浆造纸尾水主要为制浆过程和造纸过程中产生的废水，经过物理、化学、生物等方法处理后，达到国家环保排放标准的水。这部分水排放量大且含盐量高，COD 为 80~100mg/L，主要是无法降解的有机物，排放到水体中对环境污染重。采用膜技术将排放尾水处理后实现分步、分级回用，将大幅度减少新鲜水的补给，降低吨纸吨浆的耗水量，对于我国的环境保护和造纸行业的可持续发展意义重大。

处理造纸废水常用的方法是化学沉淀、药浮、气浮及活性污泥法等，但是经过这些工艺处理的废水往往很难达到排放的标准。膜分离技术作为一种高效的水处理技术，已逐步被引入造纸工业制浆废液、漂白废水、脱墨废水、涂布废水、造纸白水以及中段废水的回收处理中。其中，膜生物反应器是一种有效的水处理技术，它是超/微滤与生物反应器相结合的生物化学反应系统，以酶、微生物或者动植物细胞为催化剂进行化学反应或生物转化，同时凭借膜分离技术不断分离反应产物并截留催化剂而进行的连续反应装置[20]，具有分离效率高、反应效率高、出水水质稳定、操作简便、占地面积小等优点。与活性污泥法相比，能有效去除浆料中的 COD、TOX 及固体悬浮物。浙江省某跨国造纸公司[21]使用浸没式膜生物反应器处理造纸废水。系统的设计流量均为 0.25~0.5m³/h，设计水力停留时间 14~18h，采用国产 PVDF 帘式膜组件，膜过滤孔径为 0.2μm，过滤面积为 25m²，设计通量为 15L/(m²·h)。产水水质稳定后，S-MBR 系统对 COD 去除率一直稳定在 90%~95%之间，产水 COD 稳定在 80~110mg/L，浊度小于 0.24NTU，色度稳定在 100PCU。山东某浆纸有限公司[22]采用浸没式膜生物反应器结合电解技术处理造纸废水。经测试，废水的 COD 为 1100~2000mg/L，BOD_5 为 300~600mg/L，SS 为 300~500mg/L，色度为 160~220 倍。该工艺对造纸废水这种生物难降解有机废水的 COD 和色度的去除率分别达到 95%和 75%以上。造纸废水经电解/膜生物反应器处理后，水质符合 DB 37/676—2007 的一级标准要求。

采用膜分离法中的超滤、纳滤、反渗透等方法处理造纸废水和纸浆，能够高效地去除深色木质素和漂白过程中产生的氯化木质素，达标后排放，过程中还能够分离回收木素磺酸盐、硫酸盐木素和半纤维素等有效成分。此外，膜集成技术也是处理造纸废水的可靠选择。山东某纸业有限公司[23]以经过深度处理后的中段水作为水源，于 2010 年 6 月份建成投用了 50000m³/d 中水回用设施，主体采用臭氧氧化、活性炭过滤以及低压膜中水回用技术工艺，其中"臭氧氧化＋活性炭过滤"建设规模为 50000m³/d，低压膜水处理建设规模为 50000m³/d，水质达到了生产用水要求。工艺流程图见图 11-1，低压膜水处理前后水质对比见表 11-1。

（3）印染废水

纺织工业是我国的传统产业，2013 年废水排放高达 21.5 亿吨，居工业废水总排放量的

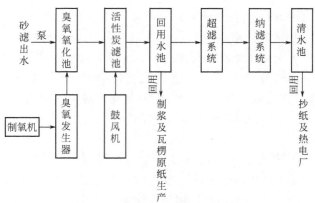

图 11-1　中水回用系统工艺流程

表 11-1　低压膜单元水质指标

项目	COD /(mg/L)	SS /(mg/L)	色度/倍	电导率 /(μS/cm)	总硬度 (以 Ca_2CO_3 计)/(mg/L)
进水	21	3	5	3974	925
出水	0	0	0	582	48
去除效率/%	100	100	100	85.4	94.8

第三[19]。印染废水主要来源于退浆、煮练、漂白、丝光、染色、后处理等工序中排放的废水，具有水量大、杂质复杂、有机污染物含量高、色度大、可生化性差、含盐量高、电导率大、pH 值变化大、含有较大生物毒性的硝基、氨基化合物及铜、铬、锌、砷等重金属元素等特点，是较难处理的一类工业废水。印染废水的深度处理和回用迫在眉睫。印染废水的处理方法主要有吸附、絮凝、高能物理处理、超声波气振等物理化学法，臭氧氧化、光催化氧化和电化学氧化等化学法以及好氧、厌氧和好氧-厌氧集成等生物法。通过多种技术结合，可以取得一定的净化效果，但仍难达到废水排放标准及回用要求。随着膜分离技术在废水处理过程中研究的不断深入，使其用于印染废水的深度处理和回用成为可能。

　　最初用于印染废水处理时较多采用单一的膜过程，一般采用孔径小、分离效果好的反渗透膜。而纳滤膜由于其表面带电荷，使其用于印染废水的处理获得较好的效果[24]。近年来，一些新型的微滤膜和超滤膜用于处理印染废水也取得了不错的效果[25,26]。然而，随着印染废水的复杂性变化，单一的膜过程在应用过程中仍然存在不少问题。如反渗透膜和纳滤膜的膜污染问题，新型膜材料处于研究阶段，离工业化应用有很大差距。越来越多的工艺采用膜技术集成或者膜技术与其他技术集成处理不同水质的印染废水。多种膜过程集成技术利用膜材料孔径的不同实现印染废水的分级处理，以此减少膜污染，提高出水效果[27]。如微滤膜作为预处理，解决了纳滤和反渗透对进水水质要求高的问题，有效缓解了膜污染问题；纳滤或反渗透实现高盐度、难降解有机染料废水有效处理的同时，回收印染废水中有价值贵金属的物质。而膜技术与其他技术集成[28]，主要采用絮凝等方法作为预处理。

　　（4）重金属废水

　　矿山、冶炼、电解、电镀、油漆、颜料、农药等企业产生大量的重金属废水，含有浓度很高的镍、铁、铜和锌等重金属。重金属废水的危害性很强，传统的化学沉淀、离子交换、中和沉淀处理工艺不能满足排放要求，膜分离技术对重金属废水进行处理不但工艺简单，而且去除率更高。如电渗析技术用于电镀工业漂洗水中高浓度重金属的回收，如铜、镍、锌、铬，其中含镍废水已有成套工业装置。日本—精炼钢厂[29]采用日本旭化成公司生产的离子交换膜电渗析装置处理含硫酸镍的废酸液，实现了含镍废水的零排放。反渗透技术处理含重金属的废水具有无药剂投放、不改变溶液物化性质、能耗低、设备紧凑等优点，在低浓度重金属废水的回收处理中有应用前景。微滤和超滤借助其他的物理或者化学过程，将重金属离子转变为粒径较大的离子，如沉淀-微滤、胶束强化超滤、水溶性聚合物络合超滤等，可以获得好的水处理效果。采用纳滤膜技术，不仅可以回收90％以上的废水，同时使重金属离子的含量浓缩10倍，浓缩后的重金属具有回收的价值。与固相膜分离技术相比，液膜分离技术具有选择性高、传质面积大、通量大及传质速率高等特色。此技术可以将两种组成不同的溶液隔开，经选择性渗透而使物质分离提纯，可从低浓度废水中分离、富集重金属离子[30]。

（5）放射性废水

放射性废水的处理方法包括化学沉淀法、膜处理法和离子交换法等。相对于传统的处理方法，膜处理法被认为是最有效的处理方法之一[31]。目前应用于放射性废水处理上较为成熟的膜分离技术有微滤、超滤、纳滤、反渗透、电渗析等，新型膜分离过程，如膜蒸馏、支撑液膜法等在放射性废水处理中的应用和研究也逐渐增多。美国的 Rocky Flats 采用微滤处理含铀、重金属和有机毒物等污染物的废水，对铀的去除率超过99.9％[32]。超滤可以截留尺寸更小的颗粒物，但仍旧难以截留放射性离子，常和反渗透或者离子交换和连续电除盐工艺联用，以获得高核素去除率。纳滤可以有效去除高价离子，在核工业中主要应用于含硼、钴的废水和燃料铀的回用处理。与上述3种压力驱动膜过程相比，反渗透处理放射性废水的技术较为成熟，美国的 Pilgrim、Comanche Peak、Dresden、Bruce 等核电站都采用反渗透技术处理放射性废水。与压力驱动膜过程相比，膜蒸馏对非挥发性的放射性核素具有100％的理论截留率，但由于过程热能利用率较低、膜长期使用的亲水化等问题阻碍了膜蒸馏技术在该领域的大规模应用。

11.3.1.3　饮用水

传统的饮用水处理工艺是针对未受污染的水源水建立的，主要以去除浊度、控制水中细菌性及病毒性传染病为目的，具体工艺见图11-2，我国绝大多数的自来水厂都采用此净水工艺。

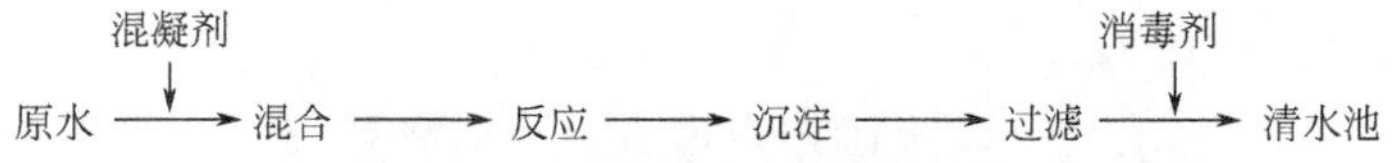

图 11-2　常规处理工艺流程

对于常规净水工艺改造方法包括：增加深度处理，如臭氧氧化技术、活性炭吸附、臭氧-活性炭联用法等；对现有的常规工艺加以改造，如强化混凝、强化过滤、优化消毒。深化改造的工艺能较好地去除水中有机物、微量有机污染物及氯化消毒副产物，但对"两虫"（水中的致病原生动物——蓝氏贾第鞭毛虫和隐孢子虫）传统工艺消毒剂难以杀灭，水蚤和藻类不能被完全去除，经常采用的臭氧氧化工艺能生成对人体有较严重毒害作用的氧化副产物溴酸盐。特别是当饮用水取水源遭受突发污染，传统净水工艺的局限性更为明显。针对上述问题，安全高效的新型饮用水净化工艺的研发显得尤为必要。

膜分离技术是近些年来发展起来的饮用水处理工艺。目前应用于饮用水处理的技术主要有微滤、超滤、纳滤和反渗透。针对不同水源的水质特点，有不同的膜工艺选择。微滤可以有效地去除水中的小颗粒有机物、悬浮固体以及浊度和微生物，因不能完全去除细菌和病毒，常用于原水的预处理，并在后续阶段集成其他工艺进一步处理；超滤能够有效去除其中的浊度（产水浊度<0.1NTU）、颗粒物、病原微生物（去除率达99.9999%）等。超滤膜系统的标准化、模块化与相对集约化，使传统水厂的施工周期缩短，占地面积大为减少。在国外已经应用近20年，工艺选择、建设以及UF水厂管理、维护已经相当成熟。在国外，特别是美国，优先选择超滤膜用于城市水厂，超滤净水工艺已成为膜法自来水厂的主流处理工艺。我国第一座采用超滤工艺的水厂是2005年在江苏苏州木渎镇建成了日产$1×10^4 m^3$的超滤水厂。随后，台湾高雄拷潭、天津杨柳青、南通卢泾、山东东营南郊以及无锡中桥等水厂顺利投产[33]。纳滤可有效地去除大分子有机污染物、溶解性有机物、消毒副产物前驱体，同时还能保留水中的微量元素及矿物质（Na^+，K^+等），可以用来生产优质饮用水。世界上第一个大型纳滤饮用水深度处理系统建于法国，日产淡水$1.4×10^5 m^3$，长期运行结果表明水质极好，且生物稳定性好，有效防止细菌再繁殖，可为50万人提供高品质饮用水[34]。浙江大学[35]为了应对杭州钱塘江潮汐导致的饮用水咸度过高，建立了一套以纳滤为核心技术的自来水深度处理示范装置，日产净化水500m³，该系统不仅能有效脱除盐分，还能降低水体中的有机污染物。反渗透对几乎所有有害物质都有很高的去除率，以反渗透为核心技术应用于海水淡化，可有效解决水资源短缺的问题。世界上第一套以反渗透为核心技术的水再生厂于1995年建在美国加利福尼亚州[36]。

单纯采用微滤、超滤、纳滤或反渗透往往处理效果欠佳，且膜污染受原水水质的影响较大，因此，需要集成膜工艺以及预处理工艺[37]。常用的预处理工艺有混凝、砂滤、颗粒活性炭过滤和投加粉末活性炭等。如1997年法国Vigneux建成了一座日产水为5.5万立方米的水厂，采用的工艺是粉末活性炭（PAC）耦合超滤工艺。2007年世界上最大的超滤耦合反渗透工艺的水厂在台湾高雄拷潭净水厂建成，日产水能力为30万立方米。

11.3.1.4　城市污水

城市居民生活用水量与生活污水排放量基本相当，城市生活污水的回用，将极大缓解我国城市的缺水问题。我国目前正在大力推进新型城镇化，2014年3月国务院发布《国家新型城镇化规划（2014—2020）》，提出到2020年城镇公共供水普及率提高到90%，城市污水处理率提高到95%，并列为主要指标。

对于城市污水，由于其水量大，水质相对稳定，含营养物质丰富，适合微生物生长，普遍而言，生物处理是城市污水处理最经济有效的方法。目前世界上已建成的城市污水处理厂90%以上是用生物处理法（典型工艺流程见图11-3）。一级处理的主要功能是去除颗粒状有机物，减轻后续生物处理的负担，并调节水质、水量和水温，有利于后续生物处理。二级处理主要是通过各种形式的生物处理工艺，去除胶体状和溶解状的有机物，保证水达标排放。三级处理为根据需要处理二级出水中残存的SS、有机物，或脱色、杀菌，为深度处理。

随着污染性缺水问题日趋严重与普遍，传统生物处理法由于自身的缺点（出水水质差、占地面积大、处理周期长、冲击负荷低等）已不能满足经济社会发展的需求。膜技术尤其是膜技术与生物处理技术的结合——膜生物反应器（MBR）作为一种新的污水处理与回用技术，正日益显示它的优越性。在膜生物反应器中，多数有机物被微生物降解，膜过滤强化了有机物去除效果。一般情况下，化学需氧量（COD）、生物需氧量（BOD）、固体悬浮物

(SS)、UV₂₅₄ 的去除率均高于 90%，其中，固体悬浮物几乎可以被完全去除。同时，由于重金属及其他微污染物会附着在固体悬浮物上，也提高了对它们的去除效果。除了回收水外，还可回收其中的营养物质（如 N、P）和能源。国内 MBR 典型的案例是无锡市城北污水处理厂 MBR 项目[38]，于 2010 年 1 月开始投入运营，日处理污水能力 5 万吨，是目前太湖流域处理规模最大的 MBR 膜处理工程，出水指标优于国家《城镇污水处理厂污染物排放标准》中的一级 A 标准。MBR 的出水一部分回用，作为景观用水，另一部分直接排放。MBR 出水可达到一般农业灌溉和工业用水要求，若后接反渗透（RO）工艺和紫外消毒工艺，则出水完全可达到饮用水标准。考虑到 RO 膜污染，在 MBR 中可采用较小孔径的超滤膜。未来在污水处理中得到的直饮水也许只需两步，即纳滤膜生物反应器（MBR 中用纳滤膜取代微滤/超滤膜）加紫外消毒或光催化反应器。

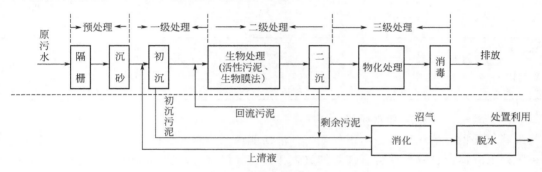

图 11-3　城市生活污水处理典型的工艺流程

11.3.2　石化工业

石化工业是现代社会的支柱产业，主要包括石油和天然气的勘探、开采、炼制加工及多种石化产品的生产过程。众多技术难题有待解决，如上述含油废水的深度处理、天然气的净化和有效利用、有机溶剂的分离等，采用膜分离技术有望大幅度提高石化工业的技术水平。

11.3.2.1　气体分离

气体膜分离技术的研究起始于 20 世纪 80 年代。90 年代以来，氮氧分离技术、富氧和有机蒸气回收等膜分离技术走向工业化。目前气体膜分离技术成功用于富氧、富氮、氢回收、天然气中水和酸性气体脱除及净化、工业废气中有机废气回收以及高温气固分离等。

（1）空气分离

通常情况下，体积含量高于 21% 的空气称为富氧空气，它具备普通空气的助燃和工业氧化等重要作用。富氧技术在石化领域应用非常广泛。将富氧空气代替普通空气用于以煤、炭、煤气、天然气和重油等为燃料的工业窑炉和玻璃窑中，如在燃油玻璃窑上可节能 6%～18%，提高质量 3%～15%；在燃煤锅炉上可节能 5%～20%，在冶金、陶瓷制造和水泥生产中也有明显的节能和环保效应。将其用于催化氧化反应，可提高产品的质量和产量，丙烯酸、丙烯腈、乙二酸、乙醛、乙烯等化工产品可用富氧参与生产。

膜法富氮技术可用于石油开采过程中的用氮和石油化工的安全用氮。中国曾使用美国 Generon 公司生产的膜法富氮装置，在钻井现场制备纯度 95%～99% 的氮气，供气量 600～2400m³/h，压力达到 40MPa 左右[39]。由于膜分离装置紧凑，运行过程无运动部件，稳定可靠，适应性强，适合于车载移动使用。

（2）氢气回收

采用膜法回收工业氢气是目前气体膜分离技术应用最广的一个领域。如，从合成氨驰放气中回收氢气，它充分利用了合成的高压，能耗低，经济效益显著；从甲醇驰放气中回收氢气；从炼厂气中回收氢气。除此之外，还用于加氢精制尾气、催化裂化尾气、催化重整尾气中回收氢气，H_2/CO_2 调比以及 CO 纯化等。表 11-2 为采用膜分离法、变压吸附和深冷分离这 3 种不同方法对炼厂气氢气进行回收的比较[40]。从表中可以看到，在回收氢气浓度和氢气回收率相近的条件下，膜分离的功耗、投资费用和占地面积都是三种方法中最低的。

表 11-2 炼厂气中不同氢气回收方法的比较

方法		氢气回收率 /%	产品氢浓度 /%	产品流量 /m³	功耗 /kW	蒸汽消耗 /(kg/h)	冷却水耗量 /(t/h)	投资费用/百万美元	设备占地/m²
膜分离	30℃	87	97	73940	220	230	38	1.22	8.0
	120℃	91	96	76619	220	400	38	1.09	4.8
变压吸附		73	98	60010	370	—	64	2.03	60.5
深冷分离		90	96	76619	390	60	79	2.06	120.0

（3）天然气的净化和有效利用

天然气是世界第三大能源，不仅是一种清洁能源，还是一种优质的化工原料。天然气是一种复杂的气体混合物，它含有需要的碳氢化合物如甲烷、乙烷、丙烷、丁烷等，同时还存在一些杂质，如二氧化碳、硫化氢、水等。这些杂质不但会降低天然气的热值，增加气体运输设备的负荷，还会腐蚀气体运输管道，其燃烧产物会污染环境。

国内外采用多种方法对天然气进行处理，如胺（如 DEA 和 MDEA）、物理吸收（如Selexol）和甘醇脱水（如 TEG 脱水）。随着制膜技术的不断提高，用膜法进行天然气脱水越来越受到重视。美国 Separeax、Grace 和 Air Product 等公司相继研制开发出了适合其市场需求的膜技术、膜产品及工艺装置，并进行了大量的工业性试验，在美国、加拿大、日本等国家已进入工业应用。膜法脱水材料主要有聚砜、醋酸纤维素、聚酰亚胺等，制备成中空纤维或卷式膜组件。我国于 20 世纪 90 年代初开始膜分离法天然气脱水研究及其应用。中国科学研究院大连化学物理研究所[41]于 1994 年在我国长庆气田研制出中空纤维膜天然气脱水装置，并在长庆气田进行了天然气膜法脱水先导性试验，在此基础上开发出天然气膜法脱水工业试验装置，继而进行了工业规模的现场试验。该方法采用了复合膜结构，其致密层是聚砜材料，支撑层是硅橡胶；膜组件的构造是中空纤维式。试验结果表明：输气压力 4.6MPa下，净化气水露点达到 −8～13℃，甲烷回收率不低于 98%，满足了现场传输要求。

目前天然气脱除 CO_2、H_2S 等酸性气体主要方法是化学溶剂吸收法，此法存在着一些无法克服的缺点，如：工艺复杂、设备体积庞大、投资巨大、运行和维护费用也比较昂贵等。近年来，膜分离法尤其适合处理原料气流量低、含酸气体浓度高的天然气。对于 CO_2含量大于 20% 的天然气，可先通过膜分离法将含量降至 10% 以下，再配合传统吸收法进一步精制，这样能够显著减少成本。目前，国内外利用高分子膜技术分离天然气的研究应用广泛，许多石油公司如 UOP、ABB 等均有成熟的技术。2006 年，中科院大连化学物理研究所曹义鸣等开发完成了年处理量为 1360 万标准立方米低品位天然气中 CO_2 膜法分离技术，标志着我国利用膜技术分离天然气中 CO_2 技术工艺步入世界先进行列。

膜分离技术在天然气加工领域也取得了迅猛发展，这其中包括：①烃类脱氢，如 C_2～

C_3 低级烷烃脱氢制烯烃，丁烷丁烯脱氢制丁二烯，丙烷脱氢环化制苯；②烃类的氧化，如甲烷直接氧化制甲醇，甲醇氧化制甲醛，甲醛氧化偶联制乙烯，甲烷部分氧化制合成气等；③加氢反应，可透氢的载钯膜催化剂可以解决对乙烯中的乙炔选择性加氢的问题。所用到的技术是反应-膜分离耦合技术，典型的案例如第 19 章所述。

（4）有机废气的分离

有机废气称作挥发性有机化合物（Vollatile Organic Compounds，VOC），常温下沸点在 50～260℃，可以以气态形式稳定存在于大气环境中的各种有机化合物，按结构可分为烷类、芳烃类、脂类、醛类等，是废气中较难处理的一种气体。在很多工业生产过程中，都产生大量的有机废气，排放到大气中将对生态环境造成严重的破坏以及资源浪费。针对挥发性有机物的处理，目前国内外采用的主流方法有两类：一类是破坏性方法，如燃烧法，将有机废气通过燃烧转化为二氧化碳和水；另一类是回收法，如碳吸附法、冷凝法和膜分离法。其中膜分离法是一种新的高效分离方法，它与传统的吸附法和冷凝法相比，具有高效、节能、操作简单和不产生二次污染并能回收有机溶剂等优点。膜分离技术回收挥发性有机物的机理是利用不同气体分子通过膜的溶解扩散速度不同来实现分离目的。

现在全世界已有近 60 套膜法 VOCs 回收装置。近年来，德国的 GKSS 公司、美国的 MTR 公司和日本的日东电工都成功地实现了采用膜技术回收废气中的 VOCs。

（5）高温工业废气除尘

在工业生产过程中，涉及高温含尘气体净化除尘的领域十分广泛。如石化和化工工业中高温烟气的过滤以及催化剂的回收，能源工业煤的整体煤气化燃气蒸汽联合循环发电技术（IGCC 工艺流程）、玻璃工业的高温尾气，锅炉、焚烧炉的高温废气，冶金工业高炉与转炉高温煤气等。高温工业气体含有大量的物理热、化学潜热、动力能及可利用的物质，它的合理利用有十分巨大的经济价值。

高温气体介质过滤净化除尘技术的核心是高性能过滤材料，由于其在高温、高腐蚀性气体中工作，因此对过滤材料的要求很高。要除去高温气体中的尘粒，必须要求所选材料能承受高温（500～1000℃）、高压（1.0～3.0MPa）、良好的气体渗透性，孔隙率高，且孔隙分布均匀；较高的强度、韧性、耐热性和抗热震性；优良的耐高温气体腐蚀能力和化学相对稳定性以及脉冲反吹时因温度差突变而引起的热应力变化。目前，高温介质除尘过滤器的滤芯一般采用多孔陶瓷膜和多孔金属膜。高温陶瓷膜的开发主要集中在碳化硅、堇青石和陶瓷纤维材料[42-45]方面，其中碳化硅是共价键性极强的化合物，除尘的分离效果相当好，是其他过滤材质所不可替代的。金属膜可用 FeAl、FeCrAl、316L 不锈钢等粉末烧结而成。材料结构包括试管式、蜂窝式、布袋式、片式等，产品达上百种。

目前，国外已将无机膜过滤器用于煤炭气化、废物焚烧、废物热解、再生黑色金属熔化、贵金属回收、多晶硅生产、流化床催化剂净化、锅炉装置、化工制造和玻璃熔化等工业化领域。瑞典、芬兰和美国等国家最早将该技术研究应用于燃煤发电厂的除尘系统。如芬兰的 Ahlstrow 公司和美国的 Babcock&Wilcox 公司等锅炉制造厂都引进了日本旭硝子株式会社研制的高温废气处理用陶瓷过滤器[46]。用无机陶瓷膜过滤器处理燃煤工厂的废气已被证实是英国最适合的颗粒脱除技术，在 Grimethorpe PFBC 电站，自 1991 年起使用陶瓷膜过滤器进行烟气除尘[47]。美国陶瓷膜（Ceramem）公司报道了他们研制的多孔陶瓷膜过滤器，其体积/面积比达到 500m³/m²（布袋除尘器仅为 33m³/m²），可直接安装在烟道气中滤去 99％的烟尘[48]。在国内，我国一些科研院所在高温过滤材料的研制、过滤介质再生技术的研究等方面做了大量的工作，工业废气处理膜材料和成套装备技术也进入工业化应用阶段。

11.3.2.2　有机溶剂的分离

渗透汽化膜分离技术对有机溶剂的分离具有较大的经济优势，主要可用于有机溶剂中水的脱除，水中有机溶剂的分离回收以及有机溶剂混合物的分离三方面。

在有机溶剂脱水方面，渗透汽化主要用于醇类、酯类、醚类以及酮类等有机溶剂的脱水。1982 年，德国 GFT 公司在巴西建立了日产 1300L 乙醇脱水制无水乙醇的生产装置，奠定了渗透汽化技术在有机溶剂脱水领域的工业应用基础。随后，GFT 公司在世界范围内建造了 60 多套渗透汽化有机溶剂脱水装置。但有机膜材料的通量和选择性较低，热化学稳定性较差，使其应用领域受到了限制。1999 年，日本三井造船公司开发出 NaA 分子筛膜，并应用于医药、化工、微电子、食品等领域的溶剂回收。该类膜材料表现出高的渗透通量和选择性，并且具有良好的热化学稳定性，展示出良好的工业应用前景。2002 年，德国 Inocermic 公司也开发出高性能的 4 通道 NaA 型分子筛膜，并联合德国 GFT 公司进行了有机溶剂脱水工业应用的推广。目前，全球已经有 200 多套 NaA 分子筛分离工业装置在运行，涉及甲醇、乙醇、异丙醇、四氢呋喃等溶剂的脱水。我国对渗透汽化透水膜的研究起步较晚，但发展十分迅速。在 20 世纪 90 年代末，清华大学研制出 PVA 渗透汽化透水膜，并成功完成了中试放大。2003 年以清华大学渗透汽化膜技术为核心的山东蓝景膜公司，在广州建成 5000t/a 无水异丙醇工业生产装置，标志我国具有自主知识产权的渗透汽化膜技术正式走向工业应用。目前在国内已有 60 多套有机溶剂脱水工业应用装置，主要应用于乙醇、异丙醇、叔丁醇等脱水。在透水分子筛膜的研究上，2003 年南京工业大学联合大连化学物理研究所对 NaA 型分子筛膜制备技术及其渗透汽化过程开展了深入的研究，后来南京工业大学联合南京九思高科技有限公司进一步开发出分子筛膜规模化制备与渗透汽化成套装置技术，建成了国内首套 NaA 分子筛膜用于有机溶剂脱水工业装置，并成功应用于制药异丙醇溶媒脱水回收[49]。随后引入社会风险投资，成立了江苏九天高科技股份公司致力于该技术的产业化推广，建成了 10000m²/a 的管式 NaA 分子筛膜生产线，并实现了分子筛渗透汽化膜的工业应用。截至 2014 年年底，江苏九天高科技股份有限公司已在生物医药、化工等行业推广渗透汽化膜装置 50 余套，成功应用于甲醇、乙醇、异丙醇、四氢呋喃、乙腈等有机溶剂的脱水分离。为了进一步提高分子筛膜的渗透通量，研究者对支撑体的结构进行了优化设计。目前，用于工业应用的透水分子筛膜主要采用单通道或四通道管式膜，其通量和装填密度相对较低，带来了装备投资偏高的问题。为了降低分子筛膜装备成本，人们不断探索新的膜制备方法，其中在中空纤维多孔陶瓷支撑体上制备 NaA 型分子筛膜受到人们广泛关注。中科院大连化学物理研究所[50]于 2004 年报道了中空纤维陶瓷支撑体上制备 NaA 型分子筛膜的研究，在三次重复合成后，膜的致密度得到明显改善。2009 年，浙江大学[51]采用浸渍-擦涂组合晶种涂覆方式，通过水热合成在中空纤维陶瓷支撑体表面制备出致密的 NaA 型分子筛膜，其渗透汽化通量是管式分子筛膜的 3 倍以上。南京工业大学也开发出高通量的 T 型和 MFI 型分子筛膜[52,53]。由于膜通量与膜组件装填面积明显高于管式分子筛膜，中空纤维分子筛膜的应用将大幅度减少膜设备投资。

石化行业中产生的大量含挥发性有机物废水，出于环保和经济的考虑，需要对水中有机物进行回收，相对于吸附、萃取等传统技术来看，渗透汽化极具竞争力。早期的研究主要集中在有机膜的研制方面。例如，德国 GFT 公司、美国 MRT 公司开发的聚二甲基硅氧烷（PDMS）膜，以及德国 GKSS 研究中心开发的聚醚共聚酰胺（PEBA）膜已实现产业化，应用于废水中有机污染物的去除、发酵液中乙醇的分离等；在日本，GKSS 公司开发了一种有机膜用于脱除生化处理装置出水中的芳香族化合物；MTR 公司开发了一种卷式渗透汽化膜用于研究四氯化碳、己烷同分异构体和 1-辛烷混合液的污染物的分离；Mitsui 和 Lintec 公司开发了一种聚丁基丙烯酸膜，用于回收废水中的含氯溶剂。与有机膜相比，分子筛膜具有更好的分离选择性与热化学稳定性。近年来国际上对疏水分子筛膜也开展了大量的研究工作，MFI 型分子筛膜等表现出良好的醇选择性分离性能，在燃料乙醇、丁醇、二甲苯分离等方面具有广阔的应用前景，目前尚未见到该类膜材料工业应用的报道。南京工业大学联合南京九思高科技有限公司，开发出高性能的 PDMS/陶瓷复合膜的规模化生产技术[54-56]，通过重点解决有机-无机复合膜规模化制备中的性能提高、稳定性、重复性制备等关键技术难点，研制出年产 1000m² 的自动化有机-无机复合膜流水生产线。同时进行了膜组件与成套装备的设计与开发，建成了渗透汽化优先透有机物工业装置，成功应用于涂布印刷行业中有机溶剂的回收，并开发出内循环膜法工艺，解决大气量、低浓度有机废气难处理问题，实现了废气零排放。该技术已经实现了工业化应用，回收反应尾气中的丙酮加以利用，回收率可达 95%，降低了原材料的损耗，同时降低了丙酮对环境的污染。

石化行业中有大量的有机混合物需要分离，如从石脑油中回收甲苯、苯乙烯等芳香烃。且相当一部分有机混合物为恒沸物、近沸物及同分异构体，采用普通精馏难以分离，用恒沸精馏或萃取精馏则使得分离过程复杂化，投资操作费用及能耗增加，而采用渗透汽化技术则表现出很好的优势。在芳烃-脂肪烃混合物的分离中，如苯-环己烷、甲苯-异辛烷、甲苯-辛烷，目前已有多种渗透汽化膜应用于其中。在异丁烯、异戊烯与甲醇反应制取 MTBE 和甲基叔戊基醚等产品的过程中，醚化反应产物是一种含有醚、醇及烃（$C_4 \sim C_7$）的恒沸混合物，传统的分离工艺能耗大，过程复杂。AirProduct 公司已建立了第一套膜分离装置用于甲醇/MTBE 的分离。但是，目前渗透汽化膜分离技术用于有机溶剂混合物分离的工业化应用较少。有机混合物分离的膜材料品种单一、分离性能有限，制约了该技术的大规模应用[57]。目前，研究者在膜材料性能提升方面开展了大量的研究工作，涉及的膜材料包括：有机材料、无机材料和有机/无机材料，其应用体系包括：汽油脱硫、醇类/芳香族、芳香族/脂肪族、甲苯/庚烷、芳香族/酯环族、苯/环己烷以及异构体之间的分离。

除上述应用外，膜分离技术在化学品的生产过程中，如以超细纳米颗粒作为催化剂的催化反应、生成超细颗粒的沉淀反应、受限于平衡限制的酯化反应等，同样展现出良好的应用前景和市场。应用实例如第 19 章所述。

11.3.3 食品工业

膜分离技术用于食品工业始于 20 世纪 60 年代末，首先应用于乳品加工，随后又逐渐用于果蔬汁饮料的无菌过滤、酒类精制和酶制剂的提纯、浓缩等方面。常用的膜过程主要有微滤、超滤、纳滤、反渗透和电渗析。随着膜技术的发展，应用的范围越来越广，主要用于以下几个方面：①乳品加工：浓缩鲜乳、分离乳清蛋白和浓缩乳糖、乳清脱盐、分离提取乳中的活性因子和牛奶杀菌等方面。当前，几乎所有的国际乳品加工厂都采用了工业化 RO 和 UF 装置加工脱脂乳和乳清液，尤其是利用膜分离浓缩乳清蛋白已形成了一定的生产能力。

②果蔬、饮料饮品加工：果蔬汁、饮料等饮品的脱酸、脱苦、澄清、浓缩、过滤、除菌、天然色素提取及加工废液处理等方面。③发酵、酿造食品加工：酒类、调味品、有机酸和氨基酸等产品的生产。④粮油食品加工：主要用于谷物蛋白的分离、糖类物质的分离与精制、大豆蛋白和多肽的分离、大豆乳清中功能性成分的分离以及油料、谷物油脂的精炼等。⑤水产品、畜禽产品加工：在水产品及水产品调味料的生产，藻类醇、多糖等物质的提取纯化，蛋白质酶解物的分离纯化，畜禽的血液、脏器、皮骨等副产物资源利用等方面。以水产品、畜禽产品及其副产物为原料，采用将传统方法与 NF、UF、MF 组合的集成膜工艺，提取和精制超氧化物歧化酶（Superoxide Dismutase，SOD）、凝血酶、肝素、抗菌肽、明胶、硫酸软骨素等生物活性物质。当然，膜分离技术在食品工业产生的废水中也有重要的应用[58]。

11.3.4　医药工业

近年来，膜分离技术在生物制药方面发挥着重要的作用。可以用于多肽、氨基酸、抗生素、乳酸、低聚糖等小分子物质的分离。以氨基酸的分离为例来说明，氨基酸属于两性化合物，有特定等电点，依据道南效应，即电荷的同性相斥、异性相吸，利用带电荷的分离膜可高效截留离子。因此，在分离氨基酸时往往调节料液的 pH 值，而且大多利用纳滤膜的带电性质以达到最大分离的效果。膜分离技术在抗生素的提取过程中也发挥着重要作用。抗生素主要是通过微生物或者高等动植物发酵产生，其含量（w/v）占发酵液的 0.1%～5%，甚至更低，分子量多集中于 300～1200。传统的分离方法有沉淀、吸附、离子交换和溶媒萃取等，工艺繁琐、原料消耗大、能耗高、产品收率低，抗生素容易失活。膜分离技术具有节约能耗、不破坏产品结构、污染少和操作简单等优点，在抗生素提取、残留检测以及废水中抗生素的处理等领域得到广泛应用。超滤可有效去除发酵液中的蛋白质、热原、病毒、炭黑等大分子，多用于抗生素发酵液的预处理。纳滤可以脱除盐分，同时浓缩发酵液，然后再萃取发酵液，也可以直接分离得到抗生素。反渗透可以截留抗生素、氨基酸、无机盐等小分子物质，直接提取得到纯度较高的抗生素[59]。

同时，膜分离技术在医疗器械方面有广泛的应用。微滤用于滤除空气或药液中的不溶性微粒，或全血、红细胞制剂、血浆制剂中的白细胞等。常应用于医疗器械产品中的输液输血类产品，如一次性使用输液器、一次性使用注射器、一次性使用去白细胞输血器。在血液净化方面，主要应用在空心纤维血液透析器、血液滤过器、血液透析滤过器等医疗器械中。通过由透析膜相隔的血液和透析液中各成分间的浓度差所造成的扩散和渗透达到清除血液中多余的肌酐、尿素、钾等废物和有害杂质的目的。膜分离技术还被用于心脏外科手术中体外膜肺氧合（ECMO）治疗过程中，当出现急性肾衰竭时，通过在 ECMO 循环通路上连接血滤器进行超滤，起到去除血液中多余水分、清除尿素氮、肌酐等有害溶质的同时补充营养的作用[60]。

◆ 参考文献 ◆

［1］　高从堦，俞三传，张建飞 等. 纳滤［J］. 膜科学与技术，1999，19：1-6.
［2］　中华人民共和国科学与技术部，中华人民共和国国家发展与改革委员会. 海水淡化科技发展"十二五"专项规划［Z］. 2012-08-29. http://www.most.gov.cn/tztg/201208/W020120829519791096815.pdf.

［3］ 徐子丹. 全球规模最大的反渗透海水淡化厂［J］. 水处理技术，2014，（6）：17.

［4］ Elimelech M, Phillip W A. The Future of Seawater Desalination: Energy, Technology and the Environment ［J］. Science, 2011, 333（6043）：712-717.

［5］ 国家海洋局. 海水利用专项规划［EB/OL］. 2007-3-19 ［2015-10-15］. http: //www. soa. gov. cn/bmzz/jgbmzz2/zcfzydyqys/201211/t20121107_13813. html.

［6］ Li L, Zhang S B, Zhang X S, et al. Polyamide Thin Film Composite Membranes Prepared from Isomeric Biphenyl Tetraacyl Chloride and m-Phenylenediamine［J］. J Membr Sci, 2008, 315: 20-27.

［7］ Qin J X, Lin S S, Song S Q, et al. 4-Dimethylaminopyridine Promoted Interfacial Polymerization Between Hyperbranched Polyesteramide and Trimesoyl Chloride for Preparing Ultralow-Pressure Reverse Osmosis Composite Membrane［J］. ACS Appl Mater Interfaces, 2013, 5: 6649-6656.

［8］ Kumar M, Grzelakowski M, Zilles J, et al. Controlling Water Transport Through Artificial Polymer/Protein Hybrid Membranes［J］. Proc Natl Acad Sci USA, 2007, 104: 20643-20644.

［9］ Ramon G Z, Wong M C Y, Eric H M V. Transport Through Composite Membrane, Part 1: Is There an Optimal Support Membrane［J］. J Membr Sci, 2012, 415: 298-305.

［10］ 郑书忠. 工业水处理技术及化学品［M］. 北京：化学工业出版社，2010.

［11］ Yang Y Q, Chen R Z, Xing W H. Integration of Ceramic Membrane Microfiltration with Powdered Activated Carbon for Advanced Treatment of Oil-in-Water Emulsion［J］. Sep Purif Technol, 2011, 76（3）：373-377.

［12］ Fouladitajar A, Ashtiani F Z, Okhovat A, et al. Membrane Fouling in Microfiltration of Oil-in-Water Emulsions: A Comparison between Constant Pressure Blocking Laws and Genetic Programming （GP）Model ［J］. Desalination, 2013, 329: 41-49.

［13］ Widiasa I N, Susanto A A, Susanto H. Performance of an Integrated Membrane Pilot Plant for Wastewater Reuse: Case Study of Oil Refinery Plant in Indonesia［J］. Desalin Water Treat, 2014, 52: 40-42.

［14］ Zhang S M, Wang R S, Zhang S F, et al. Treatment of Wastewater Containing Oil Using Phosphorylated Silica Nanotubes （PSNTs）/Polyvinylidene Fluoride （PVDF）Composite Membrane［J］. Desalination, 2014, 332: 109-116.

［15］ Zhao F B, Yu Z J, Park H D, et al. Polyvinylchloride Ultrafiltration Membrane Modified with Different SiO_2 Particles and Their Antifouling Mechanism for Oil Extraction Wastewater［J］. J Environ Eng, 2015, 141: 04015009.

［16］ Chang Q B, Zhou J E, Wang Y Q, et al. Application of Ceramic Microfiltration Membrane Modified by Nano-TiO_2 Coating in Separation of a Stable Oil-in-Water Emulsion［J］. J Membr Sci, 2014, 456: 128-133.

［17］ Vasanth D, Pugazhenthi G, Uppaluri R. Cross-Flow Microfiltration of Oil-in-Water Emulsions Using Low Cost Ceramic Membranes［J］. Desalination, 2013, 320: 86-95.

［18］ 徐南平，邢卫红，赵宜江. 无机膜分离技术与应用［M］. 北京：化学工业出版社，2003.

［19］ 中华人民共和国环境保护部. 2013年环境统计年报［EB/OL］. 2014-11-24 ［2015-10-15］. http: //zls. mep. gov. cn/hjtj/nb/2013tjnb/201411/t20141124_291868. htm.

［20］ （英）Judd S. 膜生物反应器水和污水处理的原理与应用. 陈福泰，黄霞译［M］. 北京：科学出版社，2009.

［21］ 胡维超. 膜生物反应器处理造纸废水的研究［J］. 工业水处理，2009，29：36-39.

［22］ 朱殿林，管锡珺，殷其中 等. 电解/膜生物反应器组合工艺处理造纸废水［J］. 中国给水排水，2010，26：77-82.

［23］ 张义华，张华东. 突破水资源制约瓶颈、实现节水减排-中冶银河中水回用运行实践［J］. 中华纸业，2011，32：44-47.

［24］ Ong Y K, Li F Y, Sun S P, et al. Nanofiltration Hollow Fiber Membranes for Textile Wastewater Treatment: Lab-Scale and Pilot-Scale Studies［J］. Chem Eng J, 2014, 114: 51-57.

［25］ Tahri N, Jedidi I, Cerneaux S, et al. Development of an Asymmetric Carbon Microfiltration Membrane: Application to the Treatment of Industrial Textile Wastewater［J］. Sep Purif Technol, 2013, 118: 179-187.

［26］ Koseoglu-lmer D Y. The Determination of Performances of Polysulfone （PS）Ultrafiltration Membranes Fabricated at Different Evaporation Temperatures for the Pretreatment of Textile Wastewater［J］. Desalination, 2013, 316: 110-119.

[27]　Selene G. Textile Wastewater Treatment in a Bench-Sacle Anaerobic-Biofilm Anoxic-Aerobic Membrane Bioreactor Combined with Nanofiltration [J]. J Environ Sci Heal A, 2011, 46: 1512-1518.

[28]　Harrelkas F, Azizi A, Yaacoubi A, et al. Treatment of Textile Dye Effluents Using Coagulation-Flocculation Coupled with Membrane Processes or Adsorption on Powdered Activated Carbon [J]. Desalination, 2009, 235: 330-339.

[29]　林海波, 伍振毅, 黄卫民等. 工业废水电化学处理技术的进展及其发展方向 [J]. 化工进展, 2008, 27: 223-229.

[30]　吴艾璟, 彭黔荣, 杨敏等. 液膜分离技术在消除废水中重金属的研究进展 [J]. 化工新型材料, 2015, 43 (3): 222-224.

[31]　侯立安. 关注膜技术在核生化沾染水处理中的应用研究 [J]. 科技导报, 2012, 30 (10): 3.

[32]　王建龙, 刘海洋. 放射性废水的膜处理技术研究进展 [J]. 环境科学学报, 2013, 33 (10): 2639-2656.

[33]　范茜, 陈爱因, 田青. 超滤技术在饮用水处理行业的应用及发展展望 [J]. 天津科技, 2014, 41 (2): 11-14.

[34]　Cyna B, Chagneau G, Bablon G, et al. Two Years of Nanofiltration at the Mery-sur-Oise plant, France [J]. Desalination, 2002, 147 (1-3): 69-75.

[35]　陈欢林, 吴礼光, 陈小洁等. 钱塘江潮汐水源的饮用水膜法集成系统示范运行经验 [J]. 中国给水排水, 2013, 29: 98-101.

[36]　侯立安, 张林. 膜分离技术: 开源减排保障水安全 [J]. 中国工程科学, 2014, 16 (2): 10-15.

[37]　Fan X J, Tao Yi, Wang L Y, et al. Performance of an Integrated Process Combining Ozonation with Ceramic Membrane Ultrafiltration for Advanced Treatment of Drinking Water [J]. Desalination, 2014, 335 (1): 47-54.

[38]　蒋岚岚, 龚兆宇, 胡邦等. 无锡城北污水处理厂 MBR 系统运行效果分析与探讨 [J]. 环境工程, 2013, 31: 1-4.

[39]　王保国, 文湘华, 陈翠仙. 膜分离技术在石油化工中应用现状 [J]. 化工进展, 2002, 21: 880-884.

[40]　沈光林, 陈勇, 吴鸣. 国内炼厂气中氢气的回收工艺选择 [J]. 石油与天然气化工, 2003, 32 (4): 193-196.

[41]　刘丽, 陈勇, 康元熙等. 天然气膜法脱水工业过程开发 [J]. 石油化工, 2001, 30 (4): 302-304.

[42]　Han F, Zhong Z X, Zhang F, et al. Preparation and Characterization of SiC Whisker-Reinforced SiC Porous Ceramics for Hot Gas Filtration [J]. Ind Eng Chem Res, 2015, 54: 226-232.

[43]　Antonio G, Matteo C R, Giovanni L. Efficiency Enhancement in IGCC Power Plants with Air-Blown Gasification and Hot Gas Clean-Up [J]. Energy, 2013, 53: 221-229.

[44]　 Heidenreich S, Walter H, Manfred S. Next Generation of Ceramic Hot Gas Filter with Safety Fuses Integrated in Venturi Ejectors [J]. Fuel, 2013, 18: 19-23.

[45]　Lim K Y, Kim Y W, Song I H. Low-Temperature Processing of Porous SiC Ceramics [J]. J Mater Sci, 2013, 48: 1973-1979.

[46]　冯胜山, 许顺红, 刘庆丰等. 高温废气过滤除尘技术研究进展 [J]. 工业安全与环保, 2009, 36 (1): 6-9.

[47]　Burnard G K. Operation and Performance of the EPRI Hot Gas Filter at Grimethorpe. PFBC establishment: 1987-1992 [M]. Springer Netherlands, 1993: 88-110.

[48]　任祥军, 程正勇, 刘杏芹等. 陶瓷膜用于气固分离的研究现状和前景 [J]. 膜科学与技术, 2005, 25 (2): 65-68.

[49]　孙宏伟, 张国俊. 化学工程-从基础研究到工业应用 [M]. 北京: 化学工业出版社, 2015.

[50]　Xu X, Yang W, Liu J, et al. Synthesis of NaA Zeolite Membrane on a Ceramic Hollow Fiber [J]. J Membr Sci, 2004, 229 (1): 81-85.

[51]　Wang Z B, Ge Q Q, Shao J, et al. High Performance Zeolite LTA Pervaporation Membranes on Ceramic Hollow Fibers by Dipcoating-Wiping Seed Deposition [J]. J Am Chem Soc, 2009, 13 (20): 6910-6911.

[52]　Wang X, Chen Y, Zhang C, et al. Preparation and Characterization of High-Flux T-type Zeolite Membranes Supported on YSZ Hollow Fibers [J]. J Membr Sci, 2014, 455: 294-304.

[53]　Shu X J, Wang X R, Kong Q Q, et al. High-Flux MFI Zeolite Membrane Supported on YSZ Hollow Fiber for Separation of Ethanol/Water [J]. Ind Eng Chem Res, 2012, 51: 12073-12080.

[54]　Wei W, Xia S S, Liu G P, et al. Effects of Polydimethylsiloxane (PDMS) Molecular Weight on

Performance of PDMS/Ceramic Composite Membranes [J]. J Membr Sci, 2011, 375: 334-344.

[55] Wei W, Xia S S, Liu G P, et al. Interfacial Adhesion between Polymer Separation Layer and Ceramic Support for Composite Membrane [J]. AIChE J, 2010, 56: 1584-1592.

[56] Dong Z Y, Liu G P, Liu S N, et al. High Performance Ceramic Hollow Fiber Supported PDMS Composite Pervaporation Membrane for Bio-Butanol Recovery [J]. J Membr Sci, 2014, 450: 38-47.

[57] Smitha B, Suhanya D, Sridhar S, et al. Separation of Organic-Organic Mixtures by Pervaporation- A Review [J]. J Membr Sci, 2004, 241: 1-21.

[58] 赵黎明. 膜分离技术在食品发酵工业中的应用 [M]. 北京: 中国纺织出版社, 2011.

[59] 张川, 褚良银. 膜分离技术在抗生素提取中的应用 [J]. 过滤与分离, 2014, 24: 20-24.

[60] 胡相华, 党玺芸, 吴敏俞. 医疗器械领域膜分离技术 [J]. 中国医疗器械杂志, 2014, 38: 44-46.

第 12 章　分子蒸馏技术及应用

12.1　分子蒸馏理论基础

12.1.1　分子蒸馏技术发展

（1）分子蒸馏技术概况

蒸馏是化工过程实现物质分离的一种基本方法，广泛应用于固-液或液-液等混合物的分离。有些高沸点混合物可采用减压蒸馏的方法，使混合物在相对较低的温度下分离。为解决高沸点有机物蒸馏问题，开发设计了薄膜蒸发器，如降膜式蒸发器等。尽管这些技术及装备部分解决了分离问题，并使高沸点混合物可实现相对低温分离，但由于薄膜蒸发器仍属于常规减压蒸馏设备，其蒸发汽化的大量分子聚集靠压差移至外部冷凝器，因此，其蒸发面上的实际操作压力仍然比较高。对于分子量较大、高沸点及热稳定性差的特殊混合物，不适合于采用常规减压的蒸馏方式。分子蒸馏技术及装备可广泛应用于高黏度、热敏性等物质的分离纯化，适用于提取、分离各种天然物质，在国际上已被广泛应用于石油化工、食品、医药、香料、化妆品等行业中。

分子蒸馏（Molecular Distillation）是在高真空下进行的一种特殊蒸馏分离技术，是利用物质不同分子运动自由程差异来实现混合物分离的新技术[1,2]。早在 1930 年，Hickman[3] 就设计了一套分子蒸馏设备，分子蒸馏的概念首次被提出。20 世纪 30 年代至 60 年代，是分子蒸馏理论及技术的发展时期，Lawala 和 Stephan[4] 对分子蒸馏理论及技术进行深入研究，发现在原有的设备和操作条件下，如果适当增加冷凝面和蒸发面的距离，混合物料处理量有显著的增加，但对分子蒸馏蒸发速率和分离效果的影响并不很明显，这一发现促进了分子蒸馏的规模化工业应用。因此，短程蒸馏（Short Path Distillation）的概念被提出，它与分子蒸馏的区别在于冷凝面和蒸发面之间的距离小于或等于蒸发分子的平均自由程，适用于实验室小试研究；而短程蒸馏则稍大于被分离物料的蒸发分子平均自由程，适用于工业化大生产。由于蒸发面和冷凝面的间距近于或等于被分离物料气体分子平均自由程，所以又被称为短程蒸馏，短程蒸馏即分子蒸馏。其克服了常规蒸馏操作温度高、受热时间长、分离程度低等缺点，突破了传统蒸馏利用相对挥发度分离的原理，利用分子运动平均自由程差异原理实现物质的分离，从而使物料在远离沸点下进行蒸馏分离成为可能。

分子蒸馏作为一种强化蒸馏分离手段，相对于常规蒸馏分离具有分离温度低、受热时间短等优点，可以解决常规蒸馏无法解决的难题，如气味不纯、杂质清除不净、热敏性物质损失等。分子蒸馏的这些优点都有利于改变化工产品蒸馏分离工艺落后的状况，提高产品收率，减少废气蒸馏残渣排放。

（2）分子蒸馏发展沿革

自20世纪40年代Hickman设计出实验室离心式分子蒸馏器，到60年代是分子蒸馏理论及技术不断发展和完善时期，世界各国均十分重视分子蒸馏技术的研究与发展，德、日、美均有多套大型分子蒸馏装置投入到工业化大生产，解决了很多传统蒸馏设备无法分离的过程技术问题。目前，应用分子蒸馏技术分离提纯的产品可达200余种，遍及食品、香精香料、油脂以及石油化工等各个领域，尤其对一些高黏度、热敏性等物质及各种天然营养物质的分离和提纯，更显示分子蒸馏技术分离高沸点及热敏性混合物的优越性。

我国对分子蒸馏技术的研究起步较晚，20世纪60年代，中石油玉门石化建立了分子蒸馏分离航空润滑油半工业化实验生产装置。70年代后，天津大学在分子蒸馏研究方面有技术文献报道，但直到20世纪80年代末，通过引进分子蒸馏工业化装置，引起国内有关高校研究的重视。北京化工大学、四川大学、山东理工大学[5]、华南理工大学等单位研究分子蒸馏技术理论，通过小试、中试直至工业化的大量应用研究工作，周松锐、杨宏伟等[6,7]研究分子蒸馏器分离废润滑油、芥酸及其酯的工艺技术，实现工业化应用。山东理工大学在分子蒸馏技术规模产业化方面，先后在15kg/h（蒸发器面积0.1m²）小试，120kg/h（蒸发器面积0.8m²）中试基础上，率先在2008年建成投产2万吨/年废润滑油分子蒸馏再生联合装置，是分子蒸馏装置应用再生废弃重质油相对大的工业化装置之一。浙江理工大学等在分子蒸馏分离天然有机物方面具有技术文献报道，并取得科技成果。目前，国内利用分子蒸馏技术先后完成了天然有机物分离有维生素E、辣椒红色素、鱼油和胡椒基丁醚等70多种产品的分离提纯；在分离植物沥青残渣制备二聚酸、高收率再生回收废润滑油方面均实现产业化。

12.1.2　分子运动平均自由程

分子之间一直存在着相互作用的引力与斥力，当两分子之间的距离接近到一定程度时，排斥力就成为两分子间主要作用力，从而使两分子互相排斥分离，发生分子的碰撞过程。一分子在相邻的两次碰撞之间所经过的路程就叫分子自由程，在液体蒸发为气相分子分离过程中，任一分子在运动过程中都会发生自由程的变化。分子平均自由程是指气体分子在某时间段内发生碰撞所需要的平均距离，在外界条件一定的情况下，不同物质的分子平均自由程各不相同。根据分子运动理论，混合物的分子受热后运动会加剧，当能量达到一定程度时，分子就会从液面逸出。随着液面上方气相分子数目的增加，部分气体就会被冷凝返回液体。在外界条件保持恒定情况下，最终会达到分子运动的动态平衡，即从宏观上看，达到了动态平衡。根据热力学原理可推导出分子平均自由程公式：

$$\lambda_m = \frac{K}{2^{1/2}\pi} \times \frac{T}{d^2 p} \tag{12-1}$$

式中　　λ_m——平均自由程；

K——波尔兹曼常数；

d——分子有效直径；

p——分子所处环境压强；

T——分子所处环境温度。

由分子平均自由程公式可知，分子所处环境的温度、压力及分子的有效直径是影响分子运动平均自由程的主要因素。当分子的有效直径为定值时，温度越高，分子之间相互碰撞的概率越大，分子运动越剧烈，平均自由程越大；而降低压力会使单位体积内分子数减少，分子之间碰撞概率减小，分子平均自由程就相对增大。

12.1.3 分子蒸馏基本原理

（1）分子热运动蒸发与冷凝原理

根据分子热运动理论，液体分子混合物受热后分子运动会加剧，当接受到足够能量时会气化从液面逸出。不同种类的分子由于其分子有效直径不同，故其平均自由程也不同，逸出液体表面后飞行距离亦不同。在分子自由程距离上有冷凝捕捉气相分子的内部冷凝面，实现在对气相分子的冷凝捕捉，即通过冷凝相变实现气相混合物分子间分离。

（2）不同大小分子汽化逸出的条件

克劳修斯-克拉佩龙方程（简称克-克方程）由法国化学家 Clapeyron B. P. E. 于 1834 年分析包含气液平衡的卡诺循环后首先提出[8]。

$$\frac{\mathrm{d}\ln p}{\mathrm{d}T} = \frac{\Delta_{\mathrm{vap}} H_{\mathrm{m}}}{RT^2} \tag{12-2}$$

式中，$\Delta_{\mathrm{vap}} H_{\mathrm{m}}$ 为摩尔汽化潜热。

1850 年克劳修斯为该微分方程作了严格的热力学推导，假定蒸发熔与温度无关，在一定边界条件下定积分结果为：

$$\ln \frac{p_1}{p_2} = \frac{-\Delta_{\mathrm{vap}} H_{\mathrm{m}}}{R} \left(\frac{1}{T_1} - \frac{1}{T_2} \right) \tag{12-3}$$

由公式可以看出：克-克方程表明了单元系统的相平衡压力随温度的变化率。在一定温度下液气两项能否相变，取决于气相压力是否是液相的饱和蒸气压，当蒸气压随温度升高到可反抗外压时，液体内部分子即可形成气泡放出，出现沸腾，沸腾时为蒸气压与外压相等，此温度即为给定压强下的沸点。方程式(12-3)表示了液体沸点随外压而变化，在汽化潜热一定的条件下，沸点随压力之间变化的函数关系[9]。对高沸点或热敏性有机混合物，在达到常压沸点汽化前就易发生分子键断裂、聚合等化学变质现象，根据克-克方程函数关系，可以通过在分子蒸馏器内降低压强实现低沸点蒸馏，通过控制残压与温度，控制物质的饱和蒸气压及沸腾蒸发速率，实现低温强化分离。

12.1.4 分子蒸馏分离过程及特点

（1）分子蒸馏分离过程

根据分子蒸馏原理，在高真空条件下，混合组分受热后低沸点组分首先获得足够的能量从液膜表面逸出，然后在冷凝面上被冷凝，并在重力作用下沿冷凝器壁面馏出。而那些未能逸出蒸发面的重组分则沿蒸发面作为重馏分流出。因此，分子蒸馏过程一般可分为五个步骤：物料在加热面上形成液膜并向蒸发面扩散；分子在液膜表面上自由蒸发；分子从加热面向冷凝面运动；分子在冷凝面上被冷凝捕获；对馏出冷凝物和残余物进行收集。液体有机物

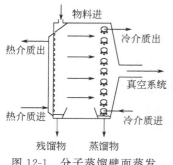

图 12-1 分子蒸馏壁面蒸发
冷凝原理示意图

分子在分子蒸馏器壁面蒸发传质示意图如图 12-1 所示。

分子蒸馏是由高真空下物质分子自由程的差异实现分离，且此过程因温度（沸点）低，可避免物质的热分解。与普通蒸馏相比，分子蒸馏系统蒸发面与冷凝面之间的距离介于被分离物料汽化轻分子与重分子的平均自由程之间，根据设备大小不同，可在大约在 1~8cm，实际操作时，因过热及速率需要，所蒸出分子平均自由程往往大于蒸发与冷凝面间距。高真空条件下轻分子离开蒸发表面后方向一致，相互碰撞概率小，直接到达冷凝面被冷凝；而重分子运动路径较短，可能在碰撞后又返回蒸发面[10]。当系统提供给所蒸发物能量达一定数值，分子即会从蒸发液面不断逸出，轻分子不断呈现的汽化冷凝蒸出现象，即宏观上的蒸馏动态平衡过程。

（2）分子蒸发速率

分子蒸发速率是影响分子蒸馏装置生产能力的一个重要因素，在分子蒸馏过程中起重要作用。Langmuir 和 Knudsen 在高真空条件下用纯物质对分子蒸发速率进行了深入研究，从理论上得出绝对真空下分子蒸发的速率为：

$$J^0 = p^0 \left(\frac{M}{2\pi RT} \right)^{1/2} \tag{12-4}$$

式中，p^0 为纯物质的饱和蒸气压。

如果溶液中存在多种组分，在理想状况下，混合物中组分的蒸发速率为：

$$J_i = p^0 X_i \left(\frac{M}{2\pi RT} \right)^{1/2} \tag{12-5}$$

式中，X_i 为组分 i 的组成。

Kawala 和 Stephan[11] 以多组分理想气体为基础研究发现，当进料温度与蒸馏温度相同，假设分子蒸馏只是表面现象且对流传热与传导传热的比值可忽略不计，在此设想的前提下推导出两组分理想混合物的蒸发速率模型：

$$J_i = p^0 X_i \left(\frac{M}{2\pi RT} \right)^{1/2} \left[1 - (1-f)(1-e^{-\frac{H}{\lambda}})^n \right] \tag{12-6}$$

式中，λ 为冷凝系数；H 为蒸发面与冷凝面间距；n 通过试验获得，一般为 4~5。

分子蒸馏过程在高真空条件下轻重分子具有自由程差异，轻分子离开蒸发表面后，可直接到达冷凝面被冷凝，轻分子会从蒸发液面不断蒸发逸出。将蒸发面局部放大后如图 12-2 所示，宏观上混合液中轻分子不断蒸发并在冷凝板上冷凝液化，重质有机物则沿分子蒸馏器蒸发内壁流到底部被回收，实现分子蒸馏过程轻重有机混合物分离。

（3）分子蒸馏技术的优点

由分子蒸馏的基本原理可知，分子蒸馏应满足两个条件，一是轻、重分子的平均自由程要有差异，且差异越大越易分离，二是蒸发面与冷凝面间距须小于轻分子的平均自由程，创造有利于轻分子达到冷凝面后即被冷凝实现分离工艺技术条件。

① 操作温度低。根据克-克方程［式(12-3)］可知，压强越低，操作温度越低，一些高沸点重质物靠常规蒸馏无法进行分离的重质混合物，可由分子蒸馏低温分离，尤其适合高沸点石油混合物馏分、热敏性物质、高黏度化合物的分离。分子蒸馏不需要达到物质常压沸点即可进行分离，甚至可在远低于常压沸点条件下分离，特别适合于高沸点、热敏性物质的分离提纯。

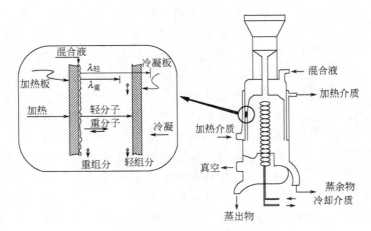

图 12-2　分子蒸馏装置原理及结构

② 操作蒸馏压强低。根据分子运动自由程公式可知，降低蒸馏压强可以增大分子的平均自由程。由于分子蒸馏装置采用内冷器，蒸发面与冷凝面间距小，分子间摩擦及真空管路气阻非常小，因此可获得很高的真空度。工业分子蒸馏可在 $5\sim50Pa$ 压力下操作。

常规蒸馏的相对挥发度一般用下式表示：

$$\alpha_c = p_A^* \gamma_A / p_B^* \gamma_B \tag{12-7}$$

式中，p_A、p_B 分别是组分 A 和组分 B 的饱和蒸气压；γ_A、γ_B 分别是组分 A 和组分 B 的活度系数。而分子蒸馏挥相对发度可用下式表示：

$$\alpha = \alpha_c \sqrt{\frac{M_B}{M_A}} \tag{12-8}$$

由上式可知，在环境压力相同的条件下，重组分的分子量 M_B 比轻组分的分子量 M_A 大，所以分子蒸馏挥相对发度 α 要大于常规蒸馏的相对挥发度 α_c。这表明对于同种物料来说，分子蒸馏的分离效果比常规蒸馏的要好，并且重、轻组分的分子量差别越大，分子的分离程度就越高。

尽管常规的减压蒸馏也可达到较高的真空度，但一般减压蒸馏时其分子运动及管路压降较分子蒸馏装置大，因而难以达到蒸发面上的高真空度，而实验室分子蒸馏真空度可达 $0.1\sim50Pa$，工业规模分子蒸馏真空度可在 $5\sim100Pa$ 范围调节。由此可见，分子蒸馏是在更高真空度下远离物质常压沸点条件下分离，实际操作温度比常规真空蒸馏低，一般可低 $100\sim250℃$。

③ 受热时间短。分子蒸馏是靠不同物质分子运动平均自由程的差别而实现物质分离，分子汽化由液面逸出几乎没有经过分子碰撞就可以到达冷凝面被冷凝，受热及扩散时间短。若采取侧壁进料，离心均布并由旋转刮板在蒸发器壁布料液，则使混合物液膜以较薄（$50\sim100\mu m$）液膜均匀分布于蒸发面上，混合物易快速升温并蒸发而使物料在设备中的停留时间较短，沿侧壁下落过程中获得足够能量逸出蒸发，因此，蒸出及蒸余物料的受热时间均很短。假定一般真空蒸馏需受热数十分钟甚至数小时，分子蒸馏在蒸馏器内受热仅为几秒或十几秒。

④ 分离程度高。分子蒸馏常用来分离高黏度、高沸点等常规蒸馏不易分离开的混合物，是不可逆的非平衡蒸发过程。其相对于一般减压蒸馏分离程度更高，获得更多一般减压蒸馏不能蒸发的更多气相馏分，因此具有更好的分离深度，常规减压蒸馏的分离深度远不如分子蒸馏的高。需要说明的是提高分离深度只是相比一般精馏可多得到更多重质馏分，或者对热敏物质而言因低温下不致分解提高了蒸馏收率，但与精馏相比并不能提高产品的纯度，因为

在分子蒸馏过程只相当于一块理论板，在通过多级分子蒸馏切出馏程段后，对要求纯度较高的产品还需要进行精馏，但对纯度要求不高，产品要求可在某馏程段的产品而言，直接分离即可满足产品质量及分离要求。

（4）分子蒸馏的缺点及使用局限性

分子蒸馏器存在一定的缺点：液体分配装置难以在器内十分完善，很难保证所有的蒸发表面都被液膜均匀覆盖；液体流动及蒸发时会发生暴沸现象，所产生的雾沫也会因挡板不合理而溅到冷凝面上，并且由于刮膜器的作用，液体的流动、传质和传热过程变得很复杂，其内部的许多化学工程参数均难以测定，使得对刮膜分子蒸馏过程运行机制、传热传质规律及性能了解十分困难。另外，涉及热量平衡问题，分子蒸馏潜热利用和系统换热不如常规蒸馏方便，可能因热损失及动力消耗增加能耗，使其在工业化应用上具有局限性。

分子蒸馏技术作为一种新型的分离技术，适用于分离高沸点、高黏度、受热易氧化分解等物质，可以分离提纯出许多新型结构产品，分子蒸馏技术的理论研究和实际生产过程中仍然存在一些问题，主要体现在：

① 对分子蒸馏技术理论研究较少。国内在分子蒸馏技术基础理论研究起步比较晚，对分子蒸馏设备相及关过程工程模拟研究也较少，直到20世纪90年代分子蒸馏的理论及应用技术研究才开始在我国有所发展。深入研究分子蒸馏器内的质量及温度场分布真实状况，设计分离效果及蒸发强度更好的分子蒸馏器内构件及结构形式，是分子蒸馏技术及装备发展的一个重要方向。

② 分子蒸馏的实际生产能力较小。由于混合物料的液面会形成薄膜均匀分布于蒸发面上，使受热面与蒸发面的面积几乎相等，提高传质负荷受限；由于蒸发面的面积受设备结构限制，其有效蒸发面积一般都小于常规蒸馏的受热面积，这样分子蒸馏装置对物料的处理能力就比常规蒸馏要小。并且，分子蒸馏设备要求极高的密封性和真空度，也限制了分子蒸馏技术的广泛应用。

12.2　分子蒸馏设备

12.2.1　分子蒸馏器的分类

分子蒸馏设备有多种不同的结构形式，目的主要是使物料均匀分布受热，提高单程效率。物料分布内构件使物料沿蒸发面形成能连续更新、完全覆盖、厚度均匀的蒸发液膜，并通过刮膜器使物料均匀受热，通过对蒸发面与冷凝面设计核算，使具有足够的冷凝面积保证到达冷凝面的分子全部被冷凝。分子蒸馏器设计计算主要是温度、真空度、蒸发与冷凝面积、停留时间与液膜厚度，通过选择高真空并设计刮板、挡板形式，选择高效冷凝与加热方式实现低温强化分离。目前，早期分子蒸馏器已被逐渐淘汰，新型分子蒸馏器不断推出。分子蒸馏器的基本形式可分为三类：自由降膜式、机械离心式和旋转刮膜式。

12.2.2　实验室分子蒸馏设备

分子蒸馏设备及其技术由于涉及材料、密封、传热、传质等多个学科，工艺过程、装备内构件及流程复杂，其开发研究多集中在发达国家。随着相关科学技术的进步，分子蒸馏在内构件设置、工艺流程及耦合其他设备方面都在逐步完善。

（1）实验室分子蒸馏器装置及工艺流程

① 实验室间歇式分子蒸馏装置如图 12-3 所示。

间歇瓶式分子蒸馏装置分别由异性玻璃分子蒸馏器及外部设施组成，分子蒸馏器主要由内部挡板、易挥发物收集导管及接收器、蒸出物收集导管及接受器组成，外部设施主要由加热源、真空泵、温度及压力计组成。

② 内加热、外冷凝降膜式分子蒸馏实验装置如图 12-4 所示。

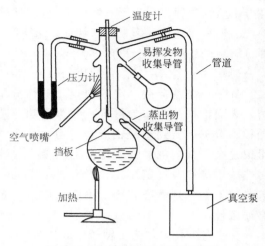

图 12-3　间歇瓶式分子蒸馏装置

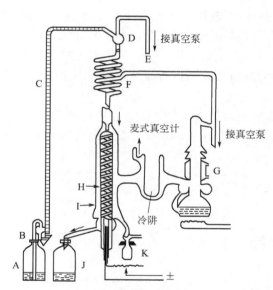

图 12-4　内加热、外冷凝降膜式分子蒸馏实验装置

A—进料储存器；B—滴液速率计数器；C—进料液加热管；D—油气分离球；E—真空管；
F—脱气盘管；G—扩散泵；H—蒸发器；I—冷凝器；J—蒸余物接受器；K—蒸出物接受器

装置由专门制作的异性玻璃仪器组装而成。蒸馏工艺过程为：原料放入进料储存器 A，通过滴液速率计数器 B 沿加热管 C 进入脱气盘管 F，经油气分离球 D 然后进入内加热、外冷凝降膜分离器，蒸出物进入接受器 K，蒸余物进入接受器 J，系统中设有真空泵系统 G 及冷阱。

③ 简易离心式分子蒸馏实验装置。

图 12-5 所示为离心式循环蒸发间歇分子蒸馏器装置。由泵从储罐（可循环）中将待蒸馏物打入分离器锥形盘上，由电机带动锥形蒸发盘旋转，靠离心力而使液体形成薄膜，物料向锥形盘周边离心运动，液膜则逐渐变薄并被加热，其上部为高真空系统，过程中易挥发物被蒸出，并在真空罩周围冷凝，顺着蒸出物液槽流出至蒸出液瓶中，余物则被离心甩入液槽

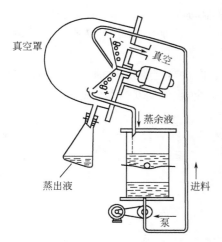

图 12-5　简易离心式分子蒸馏实验装置

图 12-6　单台实验室分子蒸馏器

外流至蒸余物储罐中，蒸余物可循环蒸馏。

目前实验室研究多以玻璃装置为主，因玻璃在高温使用过程发生易碎及不易密封紧固问题，有向不锈钢金属系统装置发展趋势。分子蒸馏器无论是单套蒸发器还是整套装备系统，都出现了不同类型和组装形式。这里只举例介绍单套实验室用分子蒸馏器设备和组合式分子蒸馏装置系统。

（2）分子蒸馏装置及分离流程

① 随着对分子蒸馏器理论及实验室设备制备技术的提升，为克服单一薄壁玻璃分子蒸馏器的弊端，单台分子蒸馏器采用厚壁玻璃与金属结构组合，即可直观观察物料状态，又可强力清洗和便于组装及拆卸使用。单台实验室分子蒸馏器如图 12-6 所示。

单台组装式分子蒸馏器主要内置冷凝器、蒸发器、上下压盖、收集接口、真空接口、冷阱、支架等组成。使用及形成实验条件需要另外配置真空和加热系统。

② 组合式分子蒸馏装置。

单台分子蒸馏器使用必须外接真空、加热及冷凝系统。为满足实验室及工业应用需要，组合配套的实验室分子蒸馏装置。国内外具有各种型号及规格的整套式分子蒸馏装置，可满足不同类型实验室需要。分子蒸馏整套组合式装置如图 12-7 所示。

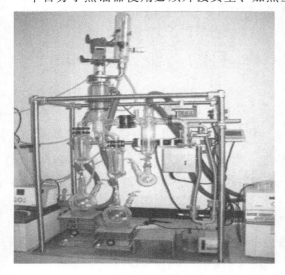

图 12-7　实验室分子蒸馏组合式装置

组合式分子蒸馏装置主要由以下系统组成：

a. 物料输入、输出系统：由计量泵、输料泵和物料输出泵经连接管组成，主要完成分子蒸馏系统的连续进出料及流量记录。

b. 加热系统：加热系统为导热油间接加热，热源可以是蒸汽或熔盐，根据热源不同而设置不同方式的加热及换热系统。另有电加热及微波加热等。

c. 真空系统：分子蒸馏是在极高真空下

连续稳定操作，该系统密封性要求极高，是系统装置中的关键设备。真空系统的组合方式可有多级真空泵串联，实验室一般为扩散泵，工业装置为罗茨加滑阀泵或罗茨、水环泵组合，具体需要根据物料及真空（残压）要求确定。

d. 蒸发系统：以分子蒸馏器为核心设备，蒸馏器内设有受热蒸发面，并配置合理冷凝面，并在蒸馏器外设置冷阱系统，以保证不凝气进一步回收而使真空系统稳定。

e. 控制系统。

从图12-7中可以看出，分子蒸馏装置分离过程需要配置一套复杂的外部公用工程系统，其效率及分离能力不仅取决于由单台设备所组成的单元装置，而且其可靠性及配套设施亦极为关键。

12.2.3 降膜式分子蒸馏器

Kawala[11]和Ruckenstein等[12,13]对降膜分子蒸馏过程进行了研究，降膜式分子蒸馏器内物料流体靠重力在热壁面自由流动形成一层液膜，轻分子物料被加热汽化，分子自由程大于加热与冷凝面间距就可在内冷凝器上被冷凝捕集，分子自由程小于加热与冷凝面间距或未汽化物则以液膜流体形式靠重力沿蒸发面下流。

（1）自由降膜式分子蒸馏器示意图

图12-8为自由降膜式分子蒸馏器示意图。

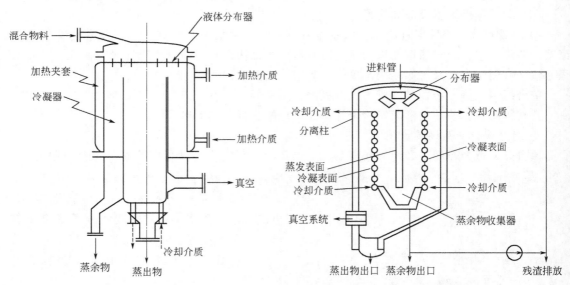

图12-8 自由降膜式分子蒸馏器示意图　　　　图12-9 内蒸发面自由降膜式分子蒸馏器

其特点是原料液由上部进料，经液体分布器使物料均匀沿塔壁向下流动，形成液膜，液膜被加热后逸出的蒸气分子沿径向向内冷器运动，在内部凝器冷凝面被冷凝，沿冷凝面下流至轻馏分物料出口；不易挥发物重分子仍在液相，沿塔壁下流至蒸馏残余物出口。自由降膜式分子蒸馏器设备结构简单，无转动密封及泄露真空问题。降膜式装置结构简单，冷凝器与蒸发器是两个同心的筒体，在蒸发面上形成的液膜较厚且传质和传热阻力都很大，影响了有效面积上的蒸发率，且因高温极易结碳结垢，蒸发速率低，效率差，该种形式目前已较少使用。

美国专利[14]（US 4517057）介绍了一种自由降膜式分子蒸馏器，结构如图12-9

所示，其特点是蒸发器设在内部。混合液由上部加入，经液体分布器使液体均匀分布在蒸发面上，易挥发物到达与蒸发面距离很短的冷凝面上被冷凝分离，蒸出物与蒸余物分别由排出口排出。该分子蒸馏器还设置了蒸余物循环系统，可更有效地分离有效成分，提高产品收率。

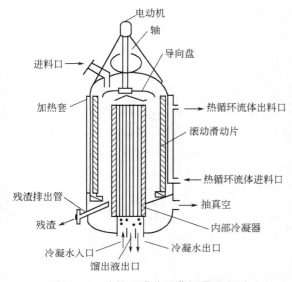

图 12-10　旋转刮膜分子蒸馏器示意图

（2）旋转刮膜分子蒸馏器

图 12-10 为旋转刮膜式分子蒸馏器示意图。该分子蒸馏器特点是在自由降膜的基础上增加了刮膜装置。混合液沿进料口进入，经导向盘将液体均匀分布在加热蒸发器壁上，由于设置了刮膜装置，因而在塔壁上形成了薄而均匀的液膜，这样就大大减少了液膜的传热、传质阻力，提高了蒸发速率，相应地提高了分离效率。

如图 12-10 所示，旋转刮膜分子蒸馏器因增加了刮膜装置，使设备结构复杂，由于刮膜装置为旋转式，给高真空下动密封提出了更高要求，但是随着近代相关密封技术发展，高真空动密封技术问题已得到解决，旋转刮膜分子蒸馏器已比较成熟，刮膜装置及其挡板的结构设计是该种蒸馏器的关键。随温度及材质不同，已发展有刮膜、滚膜及不同刮板结构。

图 12-11 所示为刮膜式分子蒸馏器内、外部形式及构件结构，其由单级刮膜式分子蒸馏器、冷凝器、缓冲罐、扩散泵、真空泵等组成。

（3）刮膜式分子蒸馏装置流程

图 12-12 为旋转刮膜式分子蒸馏实验装置流程示意图，按照图 12-12 中进行组装试验时，实验原料存于原料罐 1 内，视镜是用来观察并同时通过阀门控制进料速度。物料进入分子蒸馏器 4 后被汽化分离，蒸出及蒸余物分别由进出料口进入储罐 2、3 内，蒸余物及蒸出物均可返回原料罐再次循环分离。真空系统由旋片真空泵、扩散泵或罗茨泵串联组成。

12.2.4　离心式分子蒸馏器

离心式分子蒸馏器是依靠高速旋转的转盘将物料在旋转面加热蒸发形成薄膜，向其对面冷凝面蒸发冷凝。它具有一旋转的圆锥加热表面，液体从底部进入，馏出物从锥形冷凝器底部抽取，残留物从蒸发面顶部外缘专门管道收集。分离物料在离心力的作用下形成覆盖整个蒸发面、持续更新的厚度均匀蒸发膜，该液膜分布均匀且薄，分离效果好，物料停留时间很短，适于各种物料的蒸馏，在工业上应用也较广。但由于受热面不是强制更新，对于重质高沸点混合物有时因过热结焦，使用受到一定限制。

多级离心式分子蒸馏器如图 12-13 所示。专利[15]报道，离心式分子蒸馏器在串联分离生物柴油方面得到实际应用。

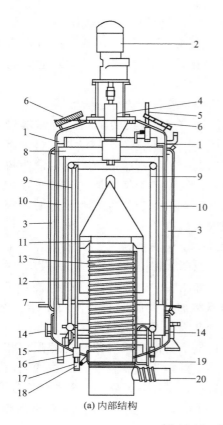
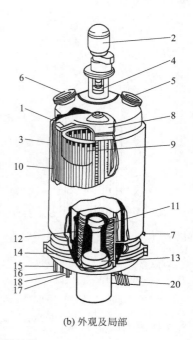

(a) 内部结构　　　　　　　　　　　　(b) 外观及局部

图 12-11　刮膜式分子蒸馏器结构

1—加料口；2—电动机；3—蒸发器壁；4—油封填料箱；5—被蒸物料加料；

6—视镜；7—排水夹套；8—旋转器；9—冷凝器垂直管；10—碳质刮片；

11—扩散泵喷头；12—扩散泵冷却油；13—扩散泵内真空；14—法兰；

15—蒸余物出口；16—冷凝器入口；17—蒸馏物出口；18—冷凝液出口；

19—冷凝水出口；20—真空泵接口

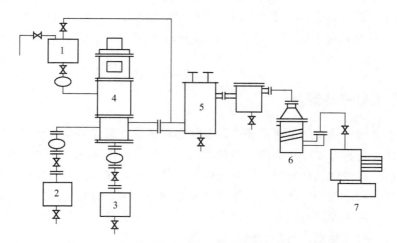

图 12-12　旋转刮膜式分子蒸馏实验装置流程示意图

1—原料储罐；2—蒸余物储罐；3—蒸出物储罐；4—分子蒸馏器；

5—冷却器；6—扩散泵；7—真空泵

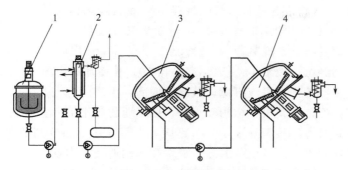

图 12-13　离心式分子蒸馏串联装置示意图

1—酯化罐；2—脱轻薄膜蒸馏器；

3—一级离心式分子蒸馏器；4—二级分子蒸馏器

美国专利[16]介绍了一种带电传感加热器的离心式分子蒸馏器，如图 12-14 所示。

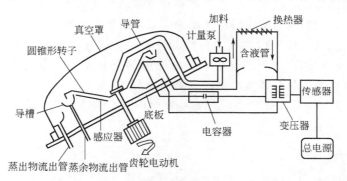

图 12-14　带电传感加热器的离心式分子蒸馏器

Hickman 研制的另一种形式的离心式分子蒸馏器，其结构及各构件如图 12-15 所示。

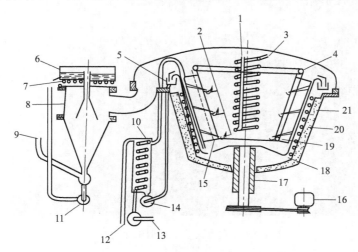

图 12-15　立式离心式分子蒸馏器

1—冷却水入口；2—蒸出物出口；3,4—冷却水出口；5—蒸余物储槽；

6—喷射泵炉；7—喷射泵加热器；8—喷射泵；9—泵连接管；10—热交换器；

11—喷射泵炉加料泵；12—蒸余物出口；13—进料泵；14—蒸余液泵；

15—冷却水入口；16—电机；17—轴；18—旋转盘；19—冷凝器；20—加热器；21—导热油介质

工作时由进料泵 13 将混合液打入热交换器 10，物料经热交换器被预热后进入分子蒸馏器旋转盘 18，旋转盘由电动机 16 经过轴 17 带动旋转，旋转盘中混合液经加热器 20 加热后，液相蒸发，易挥发组分遇冷凝器 19 被冷凝。冷凝器由三层叶片组成，每层都有独立的冷凝液出口。蒸余物经蒸余液泵 14 打入热交换器 10，被冷却后由蒸余物出口 12 流出。

离心式分子蒸馏器的优点是液膜薄，蒸发效率高，生产能力大，另外，其特点是蒸发面与冷凝面间距可调，但是因其机械结构较复杂，在工业化应用推广上受到一定限制。由于转盘高速旋转，可得到极薄的液膜且液膜分布更均匀，蒸发速率和分离效率更好；其缺点是：结构复杂，真空密封较难，而且设备的制造成本高，制造及操作难度大。因此较适于大型实验室、中试厂及工业上产品经济价值较高或特殊性能物质的分离。

12.2.5　刮膜式分子蒸馏器

刮膜式分子蒸馏器比降膜式分子蒸馏器具有更高的分离效率，它是在降膜蒸馏器内部设置了滚筒式刮膜板，当物料沿壁面轴向流动的时候，刮板可由转动产生的离心力对液膜产生滚动，使沿壁面由在重力场下的液膜强化均匀分布，将进入蒸发面的物料迅速刮成厚度均匀、连续更新的涡流状蒸发膜，不仅使下流液层得到充分搅拌，而且使蒸发面液层不断更新，有利于强化物料的传热和传质，提高分离效率。

图 12-16 所示为山东理工大学与江苏某企业合作开发的第一代刮膜式分子蒸馏工业化装置，在此基础上进行了第二、第三代改进。

图 12-16　刮膜式分子蒸馏工业化装置

在实际应用中，由于混合物一般为多组分，产品质量通常又有多方面的需求，通过单级分子蒸馏分离装置难以达到要求，需要设计多级分子蒸馏装置或配套前处理脱轻设备。

改进型刮板式分子蒸馏器设备通过对刮板形式的优化改进，将刮板做成具有导角和特殊形状的刮膜器，利用刮膜器转动和刮板导角行成螺旋型物料薄膜分布，并对物料刮擦使在加热面受力搅动进一步产生返混，使易挥发成分从加热面分离出来。通过刮板斜槽促使物料围绕蒸馏器壁向下运动，使物料产生有效的微小的跃动，而非被动地将物料滚辗在蒸馏器壁上，实现了最短的加热驻留时间，并且可以控制薄膜的厚度，从而能够达到最佳的热能传导、物质传输和分离效率[17]。

新型刮板优势在于带缝隙的刮板设计，它使液体向下运动，并且滞留时间、薄膜厚度和流动特性都受到影响，非常适合热敏性物质的分离应用。与传统的降膜式、旋转蒸发器和其他分离设备比较，新型刮板式分子蒸馏器刮膜效果进一步提高，在未来化工分离应用中具有更好发展前景。图 12-17 为笔者设计并放大应用的前置脱轻设备二级刮膜式分子蒸馏装置流程示意图。

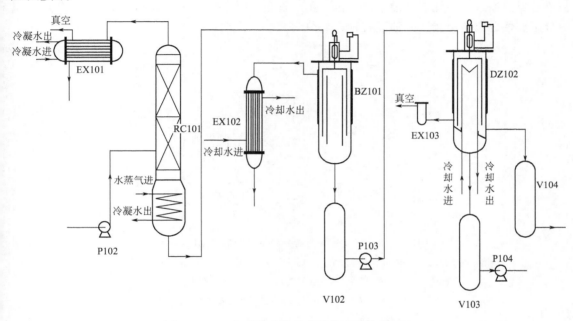

图 12-17　二级刮膜式分子蒸馏装置流程示意图

图 12-17 中，物料经计量泵进入脱轻塔，然后进入一级分子蒸馏器，在脱轻塔得到低分子轻馏分副产物，在一、二级分子蒸馏器中各得到相对纯度的馏分产品，重馏分在二级分子蒸馏器中底部排出。

分子蒸馏器内部结构及内构件型式一直是研究热点，在离心式分子蒸馏器的研究方面，除国外有大量研究开发的型式外，我国蔡沂春早期开发的 M 型离心式分子蒸馏器、陈德裕开发的悬锥形离心分子蒸馏器也具有一定优势及特点。翟志勇、喻健良等[18,19]对离心式分子蒸馏器加热系统进行了研究，山东理工大学等高校对刮膜式分子蒸馏器应用技术开展研究工作，建立了万吨级连续产业化分子蒸馏分离示范装置。对分子蒸馏器的研究着重进行了分子蒸馏器构件、结构、加热方式及加热器结构、冷凝方式及冷凝器结构型式、真空稳定及获得方式方面改进，具有实际应用价值。Jan Cvengros 等研究的刮膜式分子蒸馏器刮膜板形式以及切向速度、持液量、液体黏度及停留时间等对效率影响认为，刮膜板形式不仅与装置大小、结构型式有关，还与物料性质等因素有关。

山东理工大学在国内长期开展了刮膜式分子蒸馏器分离重质油剂研究工作，针对不同黏度、不同沸点及分子量物料，对分子蒸馏器刮板、内构件及布料形式改进，降低了传质阻力，提高了传热效果，所研究设计分子蒸馏器及多级串联组合装置，已在多个企业应用。为了适应千变万化的重质有机物馏分，根据不同黏度及分子量物料，对分子蒸馏器结构型式开发研究，需要高校与企业联合开展基础理论研究工作，在大型分子蒸馏器内物料质量场、温度场分布及优化研究方面，仍是分子蒸馏技术研究缺憾的问题。

12.2.6　多级分子蒸馏器

对于多组分液体混合物，为了获取多种馏分或提高产品纯度，可设计组合在一个装置系统中多级分子蒸馏器串联或并联，由此可实现一次送料获得连串多个馏分段产品，其流程类似于减压蒸馏过程多侧线精馏采出过程。实用新型专利[20]（CN201320371297.3）介绍了三级分子蒸馏分离单硬脂酸甘油酯装置，如图12-18所示。

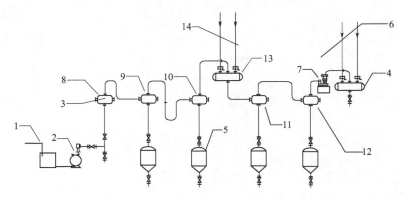

图12-18　三级分子蒸馏分离单硬脂酸甘油酯装置

1—循环水池；2—水环泵；3—罗茨泵；4,13—真空分配器；5—积液器；6—真空负载装置；
7—真空泵；8——级罗茨泵；9—二级罗茨泵；10—三级罗茨泵；11—四级罗茨泵；
12—五级罗茨泵；14—第二真空负载装置

液体物料由进料管经液体分布器均匀分布后，沿加热壁向下流动，被加热后蒸气中轻分子气化移向冷凝器，冷凝后沿冷凝壁冷凝下流，重质物料则沿蒸发加热面下流。被加热液体由一根转动轴带动旋转刮膜板按一定转速转动，使之形成薄的液膜。一级（低真空级）液膜流向级间隔离板收集液槽后，再导流进入二级（真空平衡级），然后再导流进入三级（高真空级），经过三级后的残液由下部残液出口排出。经过冷凝后的蒸出液分别由各级冷凝液出口排出为产品。各级真空段均设有真空梯级控制系统。该多级分子蒸馏装置工艺流程简单，无级间泵输送系统，节省设备材料，且由于各级设置单独的真空系统，操作工艺技术条件可调。

我国近年对分子蒸馏技术基础研究报道呈增长趋势，不仅有在分子蒸馏器结构及刮膜构件形式的研究，而且在研究液膜形态及传质热力学方面也有报道。周松锐等[21]研究利用分子蒸馏对废润滑油进行加工利用，所得润滑油基础油质量指标可接近或达到国家标准。Zuogang Guo等[22]采用多级分子蒸馏串级技术，对高沸点重质混合有机物切断分馏，工艺技术原理具有参考价值。国内对分子蒸馏器内温度场分布、热力学及动力学模拟、传热与传质理论及气液平衡测试研究报道较少。近年，分子蒸馏分离重质油模拟建模，国外研究报道、论文发表及专利申请增多，对分子蒸馏在分离理论探讨方面呈快速发展趋势。

12.3 分子蒸馏过程

12.3.1 液膜内的传热与传质

（1）液膜分子传质

分子蒸馏器内液膜或气相分子传质模型，均可在膜内某质点作三维空间流体扩散动力学分析。根据欧拉模型观点，在流体流通过程中取一边长为 dx、dy、dz 的流体微元，在三维坐标中进行传质分析。进出微元体积的质量守恒，如图 12-19 所示。

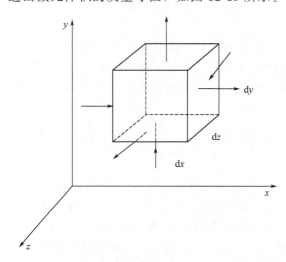

图 12-19 壁面液膜内微元体积质量三维扩散示意图

根据质量守恒定律，各项质量速率应符合下式及过程：

$$（输出－输入）＋累积－生成＝0 \tag{12-9}$$

输出与输入流体微元的质量流率差。在直角坐标系中，任取一点（x、y、z），假设流体的质量平均流速为 u，则在三个坐标方向上分量组分 u_x、u_y、u_z，A 的质量通量分别为 $\rho_A u_x$，$\rho_A u_y$，$\rho_A u_z$。令组分 A 在三个坐标方向上的扩散质量通量为 j_{Ax}，j_{Ay}，j_{Az}。由此可得组分 A 沿 x 方向输入流体微元的总质量流率为 $(\rho_A u_x + j_{Ax})\,dydz$。

而由 x 方向输出流体微元的质量流率为：

$$(\rho_A u_x + j_{Ax})dydz + \frac{\partial\left[(\rho_A u_x + j_{Ax}) + dydz\right]}{\partial x}dx$$

$$= \left[(\rho_A u_x + j_{Ax}) + \frac{\partial(\rho_A u_x + j_{Ax})}{\partial x}dx\right]dydz \tag{12-10}$$

于是可得，组分 A 沿 x 方向输出与输入流体微元的质量流率差为：

$$（输出－输入）_x = \left[(\rho_A u_x + j_{Ax}) + \frac{\partial(\rho_A u_x + j_{Ax})}{\partial x}dx\right]dydz -$$

$$(\rho_A u_x + j_{Ax})dydz = \left[\frac{\partial\left[\partial(\rho_A u_x)\right]}{\partial x} + \frac{\partial j_{Ax}}{\partial x}\right]dxdydz \tag{12-11}$$

同理依次类推，可推导出组分 A 沿 y、z 方向输出与输入流体微元的质量流率差。

假设流体中组分 A 的质量浓度为 ρ_A，且 $\rho_A = f(x, y, z, \theta^*)$，则流体微元流动中任一瞬时组分 A 的质量为：

$$M_A = \rho_A \, \mathrm{d}x \, \mathrm{d}y \, \mathrm{d}z \tag{12-12}$$

考虑质量累积速率，并假设流体流通过程的系统中有化学反应，单位体积流体中组分 A 的生成质量速率为 r_A，流体微元内由于化学反应生成的组分 A 的质量速率为：

$$反应生成的组分 A 质量速率 = r_A \, \mathrm{d}x \, \mathrm{d}y \, \mathrm{d}z \tag{12-13}$$

（2）分子传质微分方程

若系统内部无化学反应，根据费克第一定律（扩散通量方程），可推出分子蒸馏器内某质点传质微分方程，又称为菲克第二定律：

$$\frac{\partial \rho_A}{\partial \theta^*} = D \left(\frac{\partial^2 \rho_A}{\partial x^2} + \frac{\partial^2 \rho_A}{\partial y^2} + \frac{\partial^2 \rho_A}{\partial z^2} \right) \tag{12-14}$$

所分析的分子蒸馏器内壁为圆筒状，为将方程进一步简化，将其转化为柱坐标，即忽略气体沿 x，y 方向上的扩散，气体分子扩散方向为筒体切线法线方向，其浓度与 z 即 r 径向坐标位置有关，在柱坐标中，径向坐标为 r，轴向坐标为 z，θ 为方位夹角，则转化为柱坐标方程为：

$$\frac{\partial \rho_A}{\partial \theta^*} + u_r \frac{\partial \rho_A}{\partial r} + \frac{u_\theta}{r} \frac{\partial \rho_A}{\partial \theta} + u_z \frac{\partial \rho_A}{\partial z} = D \left[\frac{1}{r} \frac{\partial}{\partial r} \left(r \frac{\partial \rho_A}{\partial r} \right) + \frac{1}{r^2} \frac{\partial^2 \rho_A}{\partial \theta^2} + \frac{\partial^2 \rho_A}{\partial z^2} \right] + r_A \tag{12-15}$$

式中，θ^* 为时间。

（3）液膜速度分布

微元流体液膜在重力场沿筒壁降落时，因其流动仅靠重力作用，所以流速不高，属于层流。根据传质微分方程求解液膜厚度需要液膜浓度分布，因此，将连续性方程、运动方程、对流扩散方程应用于降落液膜内的稳态传质过程，并根据条件进行简化：

$$\mu \frac{\mathrm{d}^2 u_y}{\mathrm{d}z^2} + \rho g = 0 \tag{12-16}$$

过程为稳态，流动为一维流动，且由于气体逸出时的传质速率较小，不致在壁面法线方向上有明显的速度；液膜靠重力作用下降，组分 A 沿 y 方向的扩散较其随液膜的运动可以忽略不计；无化学反应，$r_A = 0$。通过对物料连续性方程与运动方程化简，分析边界条件，积分求解公式(12-16)，可得液膜内任一质点速度分布方程。

$$u_y = \frac{\rho g \delta^2}{2\mu} \left[1 - \left(\frac{z}{\delta} \right)^2 \right] \tag{12-17}$$

液膜内任一截面处的平均流速 u_b 为：

$$u_b = \frac{1}{\delta} \int_0^\delta u_y \, \mathrm{d}z = \frac{1}{\delta} \int_0^\delta \frac{\rho g \delta^2}{2\mu} \left[1 - \left(\frac{z}{\delta} \right)^2 \right] \mathrm{d}z \tag{12-18}$$

积分得：

$$u_b = \frac{\rho g \delta^2}{3\mu} \tag{12-19}$$

由此可得某位置质点扩散速度 u_y 与平均主体流动速度 u_b 的关系为：

$$u_y = \frac{3}{2} u_b \left[1 - \left(\frac{z}{\delta} \right)^2 \right] \tag{12-20}$$

（4）液膜厚度及发展

由公式(12-20)亦可得液膜厚度 δ 与分子平均流速 u_b 的定量关系式为：

$$\delta = \left(\frac{3u_b\mu}{\rho g}\right)^{1/2} \tag{12-21}$$

定义 Γ 为单位液膜宽度的质量流率，即：

$$\Gamma = \rho u_b(\delta)(l) = \rho u_b \delta \tag{12-22}$$

则：

$$\delta = \left(\frac{3\mu\Gamma}{\rho^2 g}\right)^{1/3} \tag{12-23}$$

液膜厚度函数亦可用雷诺数表示，可用式（12-21）直接计算，通过与式（12-23）联立，已知体积流量时可用下式直接计算。

$$\delta = \sqrt[3]{\frac{3\mu V}{\rho g L}} \tag{12-24}$$

式中　V——体积流量，m^3/s；

　　　μ——运动黏度，m^2/s；

　　　L——蒸馏器周长，m；

　　　g——重力加速度，m/s^2；

　　　ρ——密度，kg/m^3。

液膜厚度与进料速度有关，直接影响分子蒸馏分离效率及速度，对一定处理量而言，影响蒸馏器结构及传质空间，在蒸馏器结构形式的设计中，影响蒸发速率及操作弹性，如何设计液膜厚度是工艺包提供者应考虑的重要参数。

分子蒸馏设计过程中，液膜厚度和平均停留时间是影响分子蒸馏过程的两个重要因素，可以对加热蒸发面的面积产生影响，因此，根据所要分离的物料负荷，计算其进入分子蒸馏器后形成的液膜厚度和平均停留时间，可对加热蒸发面积、蒸馏器内径和蒸馏器高度作设计计算。

对于降膜式蒸发器，已知体积流量层流状态下的平均薄膜厚度可用式（12-24）直接计算。由于刮膜式分子蒸馏装置在内部设置刮膜形式结构上对液膜施加了影响，因此，其液膜厚度需要有校正系数予以校正，到目前为止，还很难找到适用于多种物料的科学的计算方法，因为膜厚随着蒸发器长度、周边持液量、物料黏度和成膜受力强度不同而变化。

一般分子蒸馏装置内液膜厚度为：降膜式 $0.06 \sim 0.5$cm；刮膜式 $0.01 \sim 0.06$cm；离心式 $0.005 \sim 0.03$cm。

12.3.2　热量和质量传递阻力对分离效率的影响

蒸馏过程中，在忽略热量和质量传递阻力影响时，接近平衡条件下两种混合物的相对挥发度依式表示为：

$$\alpha = p_1/p_2 \tag{12-25}$$

分子蒸馏过程条件下真空度高，处于非平衡状态，相对挥发度可表示为：

$$\alpha = p(p_1/p_2)(M_2/M_1)^{1/2} \tag{12-26}$$

在平衡蒸馏过程，分离度等于热力学的相对挥发度 (p_1/p_2)，其中 p_1 和 p_2 是所要求的状态下组分 A 和 B 的蒸气压。在非平衡蒸馏过程条件下，分离度最大值可达到 (p_1/p_2) $(M_2/M_1)^{1/2}$，实际分离程度应在二者之间。

(1) 热力学与动力学平衡状态对分离效率影响

Arijit Bose 等[23]研究了分子蒸馏过程中热量和质量传递对分离效率的影响,证明分子蒸馏过程的分离程度不仅取决于各组分之间的相对挥发度,还取决于液相的传递阻力及界面传递阻力,及其热量传递阻力。通过对 NOP-EHS［邻苯二甲酸正辛酯与癸二酸二(2-乙基己基)酯］混合物进行模拟计算,证明当在低温初期分离阶段时,分离度在热力学与动力学限制区域,当高温非平衡状态时,分离度远离动力学及热力学区域,证明传质阻力上升为影响分离度因素之一,并证明传热、传质阻力两种因素对于分离度具有加合作用影响。

决定分子运动平均自由程大小的主要因素是温度、压力和分子量,Juraj Lutisan[24]等研究表明,分子蒸馏中的分子运动平均自由程与热力学条件下的分子运动平均自由程有一定差距,分子蒸馏器内冷凝器与蒸发器板间距越小,分子运动平均自由程越小。

(2) 蒸发压力、冷凝温度及冷热面间距对蒸发效率的影响

C. B. Batistella 等[25]对降膜式分子蒸馏器进行了模拟开发,在建立数学模型的基础上研究了各种因素对蒸发效率的影响,蒸发效率定义为实际蒸馏量与理想蒸馏量的比率,理想的蒸馏速度(理想蒸气)由 Langmuir 方程决定。所开发模型研究结果结论如下:

① 因为蒸馏过程气相中随着残压增大分子密度加大,分子碰撞概率增加,摩擦力因而增加,蒸发效率随系统压力的增加而降低。

② 蒸发效率随冷凝温度变化,随着冷凝温度升高,蒸发效率降低。不同冷凝温度下分子运动平均自由程与位置的关系表明,冷凝界面温度越低,分子平均自由程越大,而且随蒸发器长度的变化,平均自由程也在变化,随温度升高,已凝结物会再蒸发,因此,对于有些不能在过低温度下冷凝的有机物质,要选择适宜的冷凝介质及温度。

③ 蒸发效率随内冷凝器与蒸发面间距变化而变化,随间距加大,温度梯度加大,将有更多的蒸气分子未到达冷凝面而发生冷凝,间距加大发生分子碰撞的概率加大,蒸发效率随蒸发器与冷凝器的间距增大而降低。不同板间距分子运动平均自由程与蒸发圆筒壁轴向距离不同时,板间距越小,分子运动平均自由程越小,而且随着蒸发器长度的变化,平均自由程也在变化。

以上结果表明,在给定的工作条件下,在进入到蒸发器之前,将进料预先加热到接近于稳态条件下液膜的汽化温度是有利和有效的。否则,进料温度与液膜表面温度差越大,蒸发器内部加热时间越长,同时液膜厚度衰减长度越大,即在蒸发器内部需加热的时间越长。山东理工大学与企业合作,也开展了对上述问题的研究,并结合工业化应用实践积累了丰富的经验,在此基础上已建立了专用设计软件。

(3) 进料温度对分子蒸馏效率的影响

Jan Cvengros 等[26]对进料温度高低不同对蒸馏效率影响进行了研究。其实验选内蒸发圆筒直径为 300mm,壁面温度为 90～110℃,蒸发器与冷凝器间距为 30mm。选择不同进料温度实验研究对薄膜表面温度的影响变化规律,研究结论为不同进料温度下,其液膜表面温度 T_s 的渐进值一致,不同进料温度下,达到液膜表面温度的衰减长度也不同,进料温度越低,这个长度越大,即进入蒸发器后被加热时间越长。

选用分子蒸馏技术分离混合物时,为提高时空收率需要一定进料温度,需对进入分子蒸馏器物料预热,进料温度高低直接影响收率。在选择最佳预热温度时,不但要考虑分离物系的理化性质,还要考虑预热温度与蒸发沸点温度的差。作者以自制分子蒸馏器分离重质减压渣油为研究对象,在残压为 20Pa,温度为 250℃,刮膜转速为 230r/min 的条件下,研究预

热温度对分离效果的影响。以预热温度对减压渣油中重质蜡油收率为考察对象，温度对馏分蜡油收率的影响如图 12-20 所示。

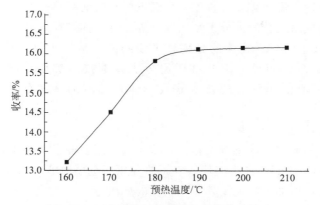

图 12-20　预热温度对重质蜡油收率的影响

由图 12-20 可知，进料预热温度较低时，减压渣油黏度较大，物料在分子蒸馏器中的停留时间增加，并且未达汽化蒸发温度，加热时间会相应增加，降低分子蒸馏效率，油品的收率低；随着预热温度的升高，减压渣油的黏度随之减少，流动性增强，且进入分子蒸馏器后，在加热壁上更容易形成均匀的液膜，利于传热和传质。同时因物料预热温度升高，用来达到蒸发温度的蒸发面积及时间也减少，物料的实际蒸发面积一定时，提高了分离产品收率。当预热温度升到一定值时，收率的变化趋缓，是由于在该状态可汽化蒸馏馏分段一定，不以预热温度高而增加更多馏分。其他影响分离效率因素：在高真空条件下，惰性气体（不凝气）对分离过程的影响，是影响分子蒸馏过程分离效率的一个重要因素，因此，被分离物质在进入分子蒸馏器前应进行必要的脱气处理。但实验证明，当惰性气体压力比被蒸馏液体压力低得多时，惰性气体的影响很小。

12.4 分子蒸馏的工业化应用

12.4.1 分子蒸馏技术的应用现状

分子蒸馏新型分离技术得到越来越多的关注，现已部分应用于分离提纯动植物油、大分子酯类等高附加值产品。目前工业化应用的品种已达百余种，涉及国民经济的许多领域。对该项技术进行进一步的开发和应用，将是新型强化分离技术发展的方向之一。

（1）分子蒸馏技术的应用范围

分子蒸馏技术本质上是一种液-液分离过程强化技术，可适宜于分离含固量大的液-固物系，相对于精馏塔而言，溶液中固体粒子对分子蒸馏过程影响不像精馏塔易堵塞塔盘，同样具有很好的分离效果。

分子蒸馏可用于分子量接近但性质差别较大的物质分离，如沸点差较大、分子量接近的物系的分离。由常规蒸馏原理可知，物质沸点差越大，越易分离。对某些常压沸点相差小而其分子量相差较大的物系，也可通过分子蒸馏方法分离。原因在于尽管两物质的沸点接近，但由于其分子量不同，其分子运动平均自由程相差较大，因而也适宜于应用分子蒸馏进行分离。

　　由分子蒸馏的特点可知，因其操作温度远离沸点（操作温度低）、被加热时间短，因此，对许多高沸点、热敏性物质而言，可避免在高温下、长时间受热。对于从天然物质中提取分离有效成分、易分解或易聚合的大分子物质纯化等，分子蒸馏均效果良好。

　　分子蒸馏不适宜于同分异构体的分离，由于同分异构体不仅结构类似，而且其分子量相等，分子平均自由程相近，因此难于用分子蒸馏技术加以分离。对于同分异构体的分离，可以采用萃取法相结合的技术路线，即先用溶剂萃取分离，再对物质进行分子蒸馏分离。

　　（2）分子蒸馏工业化应用领域

　　由分子蒸馏技术的原理及其特点来看，它可应用于工农业、海洋业等各领域。

　　① 重质油的分离与精制　如生产低蒸气压油（如真空泵油等）；制取高黏度润滑油；重质碳氢化合物的分离；原油的渣油及其类似物质的分离等。

　　重质油分子蒸馏连续生产工艺是将重油原料，如减压渣油、蜡油、油浆、燃料油等经预处理或预热后，将原料油脱气、脱水分后入精馏塔，脱出轻质油。然后将原料入一级分子蒸馏器，切割分离出一级轻相油为轻馏分产品。一级蒸馏重质残液油入二级分子蒸馏器并加热和继续减压，分离获得1♯混合芳烃油和残液超重芳烃产品[27]。

　　重油分子蒸馏连续工艺过程及参数条件为：预热温度在 200℃左右，压力在 1000～1500Pa，脱出水分、低沸点组分；然后进入一级分子蒸馏器，加热到 220℃左右，压力在100～300Pa，切割分离出轻相油和重质馏分油，一级轻重质残液油进二级分子蒸馏器，加热到 250℃左右，压力在 3～60Pa，分离的轻相产品可作重柴或混合芳烃油产品，二级重质残液进入三级分子蒸馏器，加热到 280℃左右，压力在 1～30Pa，将三级重质油分离获得2♯重质蜡油或重混合芳烃油，残液超重芳烃产品或渣油经过滤除固体微粒，可作沥青原料，工艺流程示意图如图 12-21 所示。

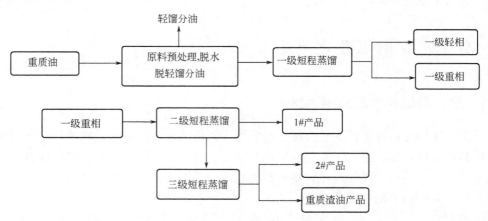

图 12-21　重油分子蒸馏连续工艺流程示意图

　　② 专用化学品及精细化工　专用化学品、化工中间体及表面活性剂精制提纯等，如高碳醇、乳酸、芥酸酰胺、油酸酰胺、烷基多苷、羊毛酯酸制取等。

　　分子蒸馏分离单硬脂酸甘油酯的甘油回收装置[28]，包括分子蒸馏器加热、冷却系统，甘油储罐、出料泵、蒸馏釜、冷凝器、罗茨真空泵以及与罗茨真空泵连接的管线，连接蒸馏釜底部变频出渣泵及接收罐等，如图 12-22 所示。

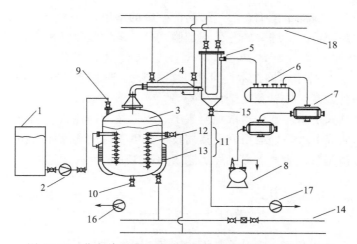

图 12-22 分离单硬脂酸甘油酯及甘油分子蒸馏装置示意图

1—待处理罐；2—变频出料泵；3—静态蒸馏釜；4—速冷器；5—列管式冷凝器；6—真空分配缸；

7—罗茨真空泵；8—水环式真空泵；9—进料口；10—出渣口；11—加热系统；12—第一加热管；

13—第二加热管；14—导热油管道；15—回收出料口；16—变频出渣泵；17—甘油回收泵；18—循环水管道

③ 食品工业 采用分子蒸馏对混合油脂分离，可获得 90%～95% 以上的单脂肪酸酯，如硬脂酸单甘油酯、月桂酸单甘油酯、丙二醇酯等；从动植物中提取天然产物，如食品工业精制鱼油，鱼肝油、脂肪酸及其衍生物、二聚酸、生育酚、单甘酯、脂肪酸酯、牛油及猪油脱胆固醇、小麦胚芽油、可可油、双甘油酯、辣椒油树脂、植物蜡、米糠油等。肖斌等[29]考察了分子蒸馏工艺参数对维生素 E 收率的影响，并利用分子蒸馏多级操作，对维生素 E 进行分离提纯。Patricia Bogalhos Lucente Fregolente 等利用分子蒸馏技术从大豆油中提取甘油单酸酯，这种物质可作为一种高效食用乳化剂。曾凡奎等分别采用单因素实验和正交实验研究分子蒸馏技术提纯不饱和单甘酯的影响因素，得出最佳工艺条件，并使不饱和单甘酯的纯度达到 80%，用来取代饮食中常用的甘油三酯，使人类饮食更加健康。分子蒸馏还用于分离提纯辣椒红色素、深海鱼油、海狗油等，在食品行业中有着越来越广泛的用途。

对辣椒红色素和大蒜素的分离纯化[30,31]公开了一种分子蒸馏制备方法。该方法将辣椒油经三级分子蒸馏，分别得到辣椒碱类物质和辣椒红色素两种产品，辣椒碱类物质中的辣椒碱和二氢辣椒碱的总含量大于 70%，辣椒红色素的色值高于 200。

将辣椒油树脂与携带剂按照体积比为 1：1～5 的比例混合均匀，加入到分子蒸馏器中进行Ⅰ级蒸馏；分子蒸馏条件为真空度 1500Pa 左右，温度 80～100℃，物料流速约 3mL/min，冷凝面温度 20～30℃；将Ⅰ级分子蒸馏所得物料进行Ⅱ级分子蒸馏，分子蒸馏条件为真空度 20～200Pa，温度 120℃ 左右，物料流速 3mL/min，冷凝面温度 20～30℃；收集从分子蒸馏壁流出组分，得到辣椒红色素分离产物；从分子蒸馏设备的冷凝柱流出的组分则进行Ⅲ级分子蒸馏，蒸馏条件为：真空度 2～20Pa，温度 90℃ 左右，物料流速 5mL/min，冷凝面温度 20～30℃；收集从分子蒸馏设备的冷凝柱流出的组分，得到辣椒碱类物质分离产物。将经三级分子蒸馏得到的辣椒碱类物质再进行多次重结晶，获得结晶产品。

④ 医药工业领域 由于某些制药中间体和药品主要成分的特殊性，使用普通的分离手段很难获得高纯度的有效成分，分子蒸馏技术在医药方面的应用越来越受到人们的重视。如采用分子蒸馏从退热止痛散中提取镇痛活性有效成分进行分离提纯，得到镇痛效果良好的有

效成分，为新药的开发提供了依据；为了提高茴香醛的产率，利用分子蒸馏提高茴香油的纯度，使其大量转化为茴香醛。呼晓姝等采用刮膜式分子蒸馏装置分析研究了蒸馏温度、刮膜速率等因素对神经酸分离提纯的影响，并对工艺条件进行了优化，使神经酸的纯度由16.3％提高到40.5％。分子蒸馏技术还可用于制备天然药物标准品、医药中间体的提纯等诸多方面，例如制备激素缩体、葡萄糖衍生物等。

如用分子蒸馏从天然鱼肝油中提取维生素A，提取浓缩药用级合成及天然维生素E，从天然物质中提取β胡萝卜素等；运用分子蒸馏技术还可获得激素缩体；制取氨基酸及葡萄糖衍生物等。分子蒸馏制取β胡萝卜素流程示意图如图12-23所示。

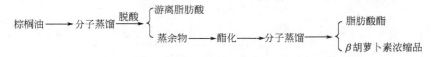

图12-23　分子蒸馏制取β胡萝卜素流程示意图

林涛[31]利用刮膜式分子蒸馏装置在蒸馏温度160℃，操作压力0.1Pa，进料速率110mL/h，刮膜器转速200r/min条件下，蒸馏分离纯度为91％的合成维生素E，经过6～7级分子蒸馏，可以将原料中的维生素E由原来的91％提纯至98％。

⑤ 农药生产领域　农药及农药中间体的提纯与精制。如氯菊酯、增效醚、氧化乐果、除草剂、杀虫剂等的提纯。分子蒸馏分离农药增效醚流程示意图如图12-24所示。

图12-24　分子蒸馏分离农药增效醚流程示意图

⑥ 香精香料工业　对高纯精细化工产品和天然绿色产品的需求不断提高，大分子化合物及热敏化学品提纯，分子蒸馏设备及应用技术在香料香精化妆品行业得到进一步研究开发和完善。如利用分子蒸馏从玫瑰鲜花中提取出香气纯正、色泽清亮的玫瑰精油。有学者研究探讨了分子蒸馏技术提纯苎烯的工艺条件，在二级分子蒸馏操作工艺条件下苎烯的纯度可达到90％，使苎烯作为一种添加剂广泛应用于化妆品行业中。

采用分子蒸馏提纯山苍子芳香油的方法[32]，可分离山苍子油中的低沸点成分，将重组分收集再进行二次分子蒸馏分离，收集高沸点成分获得柠檬醛产品，解决了山苍子芳香油分离过程中产率低、品质下降与结焦的问题，物料加热温度低，停留时间短，蒸发效率高，最大限度地保持了原料的天然性，对环境无污染。其具体步骤如下：

将山苍子芳香油脱除水分，过滤后获得纯净的山苍子芳香油，将获得的预处理山苍子芳香油进行分子蒸馏，蒸馏温度45℃左右，压力1～10Pa可调，冷却水－5℃，分离山苍子油中的低沸点馏分，将重组分收取进行后二次分子蒸馏分离，蒸馏温度60～80℃，压力3～10Pa左右，分离获得山苍子高沸点柠檬醛产品。

⑦ 塑料及涂料工业　增塑剂型酯类的提纯，高分子物质的脱臭、脱轻组分，树脂类物质的精制，如异氰酸酯、环氧树脂、丙烯酸酯、增塑剂等脱轻组分。磷酸酯脱轻组分流程示意图如图12-25所示。

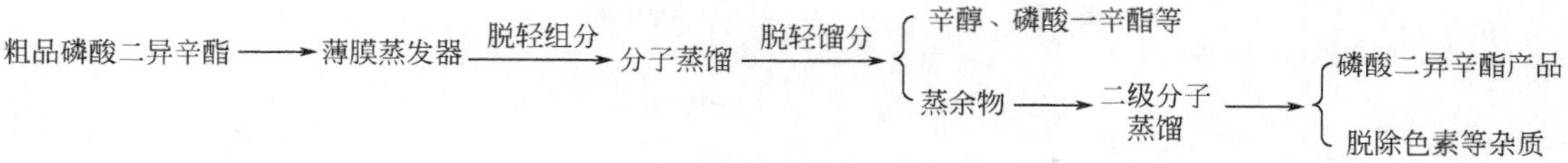

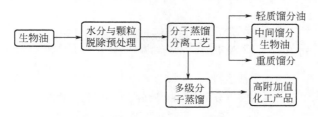

粗品磷酸二异辛酯 ⟶ 薄膜蒸发器 脱轻组分⟶ 分子蒸馏 脱轻馏分⟶ { 辛醇、磷酸一辛酯等 / 蒸余物 ⟶ 二级分子蒸馏 } ⟶ { 磷酸二异辛酯产品 / 脱除色素等杂质 }

图 12-25　磷酸酯脱轻组分流程示意图

应用分子蒸馏提纯的酯类增塑剂脱轻可还有许多，如磷酸三丁酯、磷酸三苯酯、磷酸甲苯二苯酯、磷酸二苯异癸酯等。同样，类似物邻苯二甲酸酯类产品，如邻苯二甲酸二异壬酯、邻苯二甲酸丁苄酯、邻苯二甲酸二苯酯等；脂肪族二元酸酯类产品，如己二酸二辛酯、壬二酸二辛酯、癸二酸二丁酯；偏苯三酸酯类的产品，如偏苯三酸三辛酯、均苯四酸四辛酯等，都适合采用分子蒸馏技术进行纯化。

⑧ 中草药有效成分分离及应用　开发中国中草药有效物分离应用技术研究，分子蒸馏法提取中草药有效成分，如对当归油、甘草油、棒皮油等提取物进行分离精制技术研究。可进一步提纯脱色、脱臭、纯化，提高中草药疗效。过去由于技术上的原因，天然植物中存在的多种有效成分难以分离，而分子蒸馏技术依靠其独特的低温、高深度分离功能，可清除中草药中无效物质、残留农药及重金属。分子蒸馏技术可使中草药有效物生产科学化、现代化，实现低温下连续稳定操作。

（3）分子蒸馏的工业化应用

根据分子蒸馏分离原理和技术特点，通过大量的工业化应用实践可以证明，分子蒸馏在工业化应用中具有独特的、多方面优越性。

① 脱除热敏性物质中的轻分子组分　许多工业产品存在气味不纯、残存溶剂、杂质（单体）清除不净的问题，分子蒸馏技术可有效脱除热敏性物质中的轻分子物质，提高产品质量。

有专利公开了一种生物油分子蒸馏分离技术[33]，将生物油进行悬浮物水分脱除预处理后，提取生物油馏分内的羧酸类、醛类、酮类、醇类、酚类或糖类化合物。该工艺技术采用分子蒸馏分离，在蒸馏温度 200℃，压力 100～500Pa 左右可调，获得生物油馏分中高附加值化学品，经多级分子蒸馏分离过程，解决了分离过程中生物油品质下降与结焦的问题，可提供特性各异的生物油馏分和多种高附加值化工产品。其流程方框示意图如图 12-26 所示。

生物油 ⟶ 水分与颗粒脱除预处理 ⟶ 分子蒸馏分离工艺 ⟶ { 轻质馏分油 / 中间馏分生物油 / 重质馏分 }
分子蒸馏分离工艺 ⟶ 多级分子蒸馏 ⟶ 高附加值化工产品

图 12-26　生物油分子蒸馏分离流程方框示意图

采用该技术可回收水曲柳生物油中的 1-羟基-2-丙酮等酮类高附加值化合物，分离提取研究选择蒸馏温度 90℃，蒸馏压力 800Pa 的条件，对生物油进行馏分分离获得中间馏分。再以中间馏分为原料，在 80℃与 600～800Pa 左右进行 1-羟基-2-丙酮等酮类的提纯，可得到目的产物。

② 脱除天然产物异味　天然产物中的臭馏分为轻组分，如香精香料脱臭、大蒜油脱臭、姜油脱臭、油脂的脱臭等。姜油脱臭流程示意图如图 12-27 所示。

粗姜油
薄膜蒸发
脱气
分子蒸馏
脱臭
一级轻组分油
蒸余物
二级分子蒸馏
脱色
精制姜油
残余物

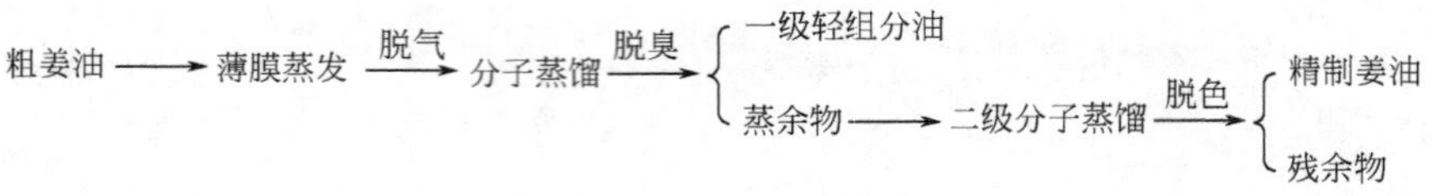

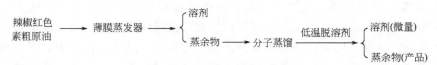

图 12-27　姜油脱臭流程示意图

③ 产品物质中脱溶剂　在天然有机产品提纯中使用工业溶剂萃取，容易使产品中残存有毒的有机溶剂，采用常规蒸馏法清除这些溶剂时操作温度高，受热时间长而使产品易分解、聚合或品质下降，因此给清除残留溶剂带来困难。由于常用的有机溶剂相对于大多数产品是轻分子物质，用分子蒸馏法很容易将其彻底清除。如辣椒红色素脱溶剂分子蒸馏流程示意图如图 12-28 所示。

辣椒红色素粗原油
薄膜蒸发器
溶剂
蒸余物
分子蒸馏
低温脱溶剂
溶剂(微量)
蒸余物(产品)

图 12-28　辣椒红色素脱溶剂分子蒸馏流程示意图

④ 聚合物产品中脱单体　由单体合成聚合物的过程中会残留过量未聚合单体物质，并可能会产生少量小分子聚合物，这些单体或小分子聚合物会影响产品质量。应用传统方法来清除这些“杂质”时，往往会因操作温度高而使聚合物发生质量变异，可采用分子蒸馏解决聚合物脱单体问题。

a. 双酚 A 分子环氧树脂提纯　利用分子蒸馏技术提纯双酚 A 分子环氧树脂[34]，包括以下步骤：将待处理双酚 A 环氧树脂通过薄膜蒸馏器分离去除轻质分子，薄膜蒸馏器真空度保持 60Pa，温度保持为 160℃左右，然后在分子蒸馏器中分离除去高沸点多聚体双酚 A，得到提纯后的双酚 A 环氧树脂，分子蒸馏器内真空度保持为 20Pa 左右，温度为 180℃左右，可得到高质量双酚 A 分子环氧树脂。

b. 酚醛树脂中单体酚的脱除　酚醛树脂中一般含有 3%～5%的单体酚及双酚等小分子物质，传统方法很难将单体酚脱除干净，而且酚醛树脂在高温下容易缩合变质，而采用分子蒸馏技术则在脱出单体时容易脱出且提高产品质量。工艺流程示意图如图 12-29 所示。

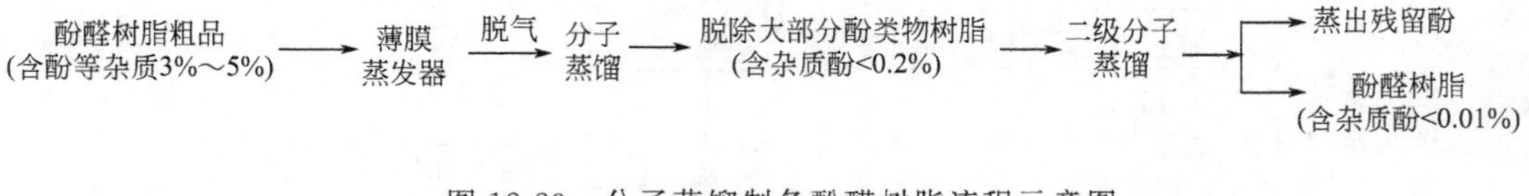

酚醛树脂粗品
(含酚等杂质3%～5%)
薄膜蒸发器
脱气
分子蒸馏
脱除大部分酚类物树脂
(含杂质酚<0.2%)
二级分子蒸馏
蒸出残留酚
酚醛树脂
(含杂质酚<0.01%)

图 12-29　分子蒸馏制备酚醛树脂流程示意图

⑤ 脱除重质大分子有机物产品的杂质及颜色　大分子有机物含有杂质或在医药、食品方面应用时，对杂质和颜色要求较高，一般方法达不到质量要求。分子蒸馏可被用作有效的脱色及提纯手段，使产品纯度和色泽更好。如应用于脂肪酸及其衍生物、醇及其衍生物等的精制，产品如芥酸、亚油酸、亚麻酸、二聚脂肪酸、油酸酰胺、芥酸酰胺、油酸单甘油酯、硬脂酸单甘油酯、丙二醇酯、高碳醇等。

以芥酸酰胺反应后生成的混合物中不仅含有低沸点杂质，如脂肪腈及低碳脂肪酸酰胺等，而且含有二聚单体和色素等。由于芥酸酰胺的分子量大、热敏性强，采用常规蒸馏难以蒸出。若采用溶剂结晶法则能耗大、成本高、环境污染严重，而采用分子蒸馏技术生产出的产品不仅纯度高，而且色泽好，国内已实现分子蒸馏分离芥酸及芥酸酰胺工业化。

⑥ 降低热敏性物质的热损伤　对于很多热敏性的有机物物系，采用传统真空蒸馏和分子蒸馏都可以将产品蒸出。习惯上通常认为选择设备投资较低的釜式蒸馏比较经济，但事实刚好相反，釜式蒸馏虽然投资低，但其对物料的损伤程度高出分子蒸馏几个数量级，产品收率上的年损失价值要远远大于分子蒸馏装置的年折旧费，而且釜式蒸馏也难以实现大规模生产。而采用分子蒸馏技术可有效降低热敏性物质的热损伤，提高产品收率，降低产品成本。

以采用釜式蒸馏和分子蒸馏分别进行鱼油乙酯的生产为例进行对比，釜式蒸馏物料温度在 200℃以上，物料受热时间长达 2h；而分子蒸馏的物料温度仅在 130℃左右，而且受热时间仅为几分钟甚至时间更短，分子蒸馏收率比釜式蒸馏要高出 12％左右，且质量差异是无法可比较的。

（4）改进传统生产工艺，实现清洁生产

随着人类保护环境的意识增强，即需要新兴产业提供给优质产品的同时，又不能对环境产生污染，而分子蒸馏技术可以改进传统生产方式，在提高质量和收率的同时，还可更好地实现环境保护。传统脱除甘油三酸酯中游离酸的方法为碱炼法，即先用 NaOH 使游离酸皂化，再经水洗得到纯甘油三酸酯，该方法不仅使甘油三酸酯大量皂化，影响收率，而且污染大，产生的大量废水。采用分子蒸馏技术，可避免对环境的污染。如鱼油甘三酯脱酸、小麦胚芽油脱酸、米糠油脱酸、椰子油脱酸、大豆油脱酸等，均可采用分子蒸馏新技术，鱼油甘三酯精制流程示意图如图 12-30。

图 12-30　分子蒸馏鱼油甘三酯精制流程示意图

12.4.2　分子蒸馏技术的工业化应用实例

近年来分子蒸馏新技术及其设备在工业化方面发展迅速，已充分显示了分子蒸馏方法的重要作用。该新技术不仅可用于重质石油产品的分离，脱溶剂、脱臭、脱色、聚合物脱单体及纯化等方面，而且在天然有机物分离制备、医药产品开发方面具有实际应用意义。

（1）从鱼油中提取 DHA、EPA

EPA 和 DHA 分别是二十二碳五烯酸（Eicosapentaenoic Acid）和二十二碳六烯酸（Docosahexaenoic Acid），是对人体有多种生理功能的不饱和脂肪酸，主要来源于深海鱼油。研究表明，DHA 和 EPA 不仅具有降血脂、降血压、抑制血小板聚集、降低血液黏度等作用，而且还具有抗炎、抗癌、提高免疫能力等作用。因此，由 EPA 和 DHA 制成的各种形式的保健食品和药品普遍受到了人们的青睐，EPA 和 DHA 的提取技术成为开发的热点。

如何将 DHA、EPA 从鱼油中提取出来，研究方法如皂化酯化-尿素包合法、超临界萃取法、层析分离法、分子蒸馏法等。生产中已经普遍采用的皂化酯化-尿素包合法，是先将鱼油皂化，再用盐酸酸化，酸化油再与乙醇反应转化为鱼油乙酯，然后再对鱼油乙酯进行一次或多次尿素包合，最后经过脱色脱臭得到产品。这种方法虽然易于控制，但处理时间长、工艺复杂、成本高、产率低，所生产出的产品过氧化值高、有害杂质多、色泽差、鱼腥味大。通过多年实验研究及工业化实践，我国已成功地将分子蒸馏技术应用于鱼油精制

（DHA＋EPA 提取），并建成多个工厂。

（2）分子蒸馏在石油化工领域中的应用

分子蒸馏技术在回收废润滑油、分离重质油、特种蜡等石油产品方面都有很大的作用。随着对资源利用率和环境友好要求的提高，废润滑油再回收利用，而不是经过小炼油裂化为柴油成为关注的焦点，利用分子蒸馏技术对废润滑油进行再生利用，不但提高再生率，且可以将废油中不易分离的组分切割出来，并大大减少高温裂解产生的低分子烃排放；对石油制品及天然石油中重质高附加值资源化利用，意义十分重要。对原油深度拔出，尤其是那些人工无法合成、结构复杂的烷烃及芳香烃组分，可最大程度保持原料物料的天然性，比减三线法精馏切割出来的馏程段更加清晰，可提高石油及废弃油品的利用价值。工业化规模用于重质石油产品分离分子蒸馏器国内外已多有报道。万吨级工业规模分子蒸馏器外形及内部剖面结构如图 12-31、图 12-32 所示。

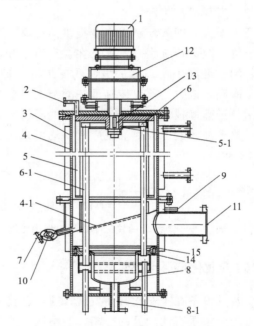

图 12-31　工业化单台分子蒸馏器外形及内部剖面结构示意图

1—电机；2—进料管；3—加热夹套；4—筒体；4-1—接收盘；5—刮膜件；5-1—分布器；
6—冷凝管固定架；6-1—冷凝管；7—蒸余液接管；8—馏出液收集槽；8-1—重馏分接管；9—支撑环；
10—接管阀门；11—真空接管；12—变速箱及支架；13—联轴器；14—法兰；15—固定座

石油中重质组分的沸点很高，在残压达到 0.1kPa 左右也只能蒸馏出相当于常压沸点为530℃以下的馏分。如再继续提高蒸馏温度重油会发生分解。因此，对于高沸馏分需要用分子蒸馏。对于石油中较大的分子，在 0.1Pa 高真空下，其平均自由程可达到 10cm 左右。在这样低的压力下加热，便可避免因温度过高而造成重质油分子分解。为避免重质原料油分解，其加热温度最高不超过 280℃，而冷却表面的温度约为 60℃。这样，在压力为 0.1Pa 条件下，可将相当于常压沸点为 630℃以下的高沸馏分蒸出。

（3）废油剂再生

采用多级分子蒸馏再生利用废弃油剂在国内有很多成功的例子，图 12-33 是某专利公开的三级分子蒸馏分离废润滑油工艺流程示意图。

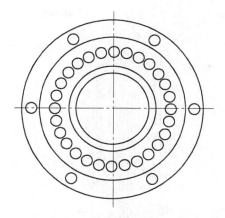

图 12-32 工业分子蒸馏器桶体及内部冷凝器剖面俯视示意图

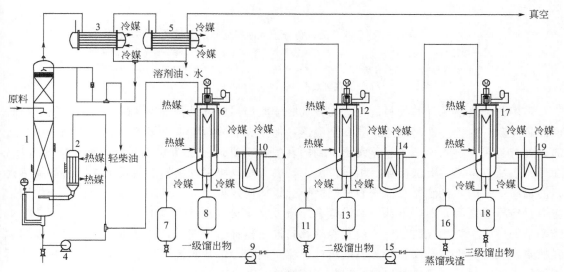

图 12-33 三级分子蒸馏分离废润滑油工艺流程示意图

1—精馏柱；2—再沸器；3,5—冷凝器；4,9,15—流程泵；6,12,17—刮膜式分子蒸馏柱；
7,11—物料缓存罐；8,13,16,18—产品缓存罐；10,14,19—冷阱

（4）精细化工

专利公开了一种利用分子蒸馏技术分离乳酸的分子蒸馏器及设备结构，其分离方法及操作步骤包括：

① 使用活性炭对乳酸发酵液经酸解过滤后的料液进行脱色；

② 将脱色后的料液进行离子交换；

③ 对离子交换后的料液进行降膜蒸发；

④ 将降膜蒸发后得到的乳酸物料进行薄膜蒸发，使物料中水的质量分数小于等于 2%；

⑤ 对薄膜蒸发后得到的乳酸物料进行分子蒸馏得到的馏出物为精品乳酸。

采用分子蒸馏生产乳酸包括如下过程，活性炭对乳酸发酵液过滤后脱色，将脱色后的料液进行离子交换；对离子交换后的物料先进刮板降膜蒸发，转速约为 50r/min 左右，蒸汽夹套内部温度为 120℃左右，绝对压力为 1kPa 左右。使乳酸物料中水的质量分数小于等于 2%后，再进行分子蒸馏，得到的馏出物为精品乳酸，即为目标产物。

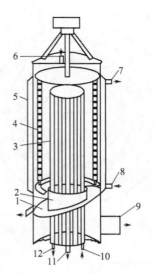

图 12-34　分离乳酸单台分子蒸馏器剖面结构示意图

1—导流板；2—直立圆筒；3—内置冷端物料捕集器；4—刮膜器；5—圆筒形加热夹套；
6—乳酸物料入口；7—加热介质出口；8—加热介质入口；9—真空系统接口；10—冷凝介质入口；
11—精品乳酸出口；12—冷凝介质出口

采用分子蒸馏对乳酸物料进行蒸馏，其分子蒸馏器内部结构如图 12-34 所示，包括圆筒形加热夹套、内置冷端物料捕集器和刮膜器，加热夹套外侧壁上下设置加热介质进出口、上部设置有乳酸物料入口，薄膜蒸发后得到的乳酸物料进入分子蒸馏器并沿内侧壁向下流动，加热介质从入口通过夹层换热后由出口流出，内置冷端物料捕集器安装设置在圆筒形加热夹套的轴向中孔内，刮膜器对称安装在圆筒形挡板的固定架上，并且刮膜器的刮板位于内侧壁与内置冷凝器之间，器内下部倾斜设置有导流板，承接内侧壁上流下来的蒸馏剩余物并将蒸馏剩余物导流至重相乳酸出口。内置冷端物料捕集器穿过导流板，在导流板上绕内置冷端物料捕集器设置有直立圆筒，精品乳酸出口也位于内置冷端物料捕集器的底部，沿冷凝管表面流下的乳酸物料从精品乳酸出口流出分子蒸馏器。

分子蒸馏器配套装置采用由水环真空泵、罗茨真空泵和蒸汽喷射真空泵组成的真空系统，开始蒸馏时将真空系统与分子蒸馏器的连接阀门打开，打开水环真空泵，同时开启圆筒形加热夹套输入加热介质，使温度升至 70℃ 左右，待分子蒸馏器内的绝对压力降至 3000Pa 时，启动罗茨真空泵，待分子蒸馏器内的绝对压力降至 700Pa 时，启动蒸汽喷射真空泵，将分子蒸馏器内的绝对压力降至 15Pa 以下；打开分子蒸馏器的进料阀门和出料阀门；保持分子蒸馏器内负载时的绝对压力为 5~30Pa。分子蒸馏器蒸发热面的温度为 110~130℃，分子蒸馏器冷面的温度为 55~60℃，刮膜器转子转速为 40~150r/min，分子蒸馏器加热表面至冷端物料捕集器的间距约为 13~30cm。控制分子蒸馏器送料速度为 2~3t/h，内置冷端物料捕集器由第两组冷凝管组成，第一组冷凝管在第一圆周上相间设置，第二组冷凝管中的每个冷凝管正对第一组冷凝管的两个相邻冷凝管间隙。蒸馏剩余物为重相乳酸，输送到颗粒碳柱中脱色。分子蒸馏分离乳酸流程示意图如图 12-35 所示。

董海波等[35,36]采用离心式分子蒸馏器从浓缩发酵液中提取 L-乳酸，经三级蒸馏分离，乳酸总收率达 75%，乳酸质量符合聚合乳酸纯度要求。

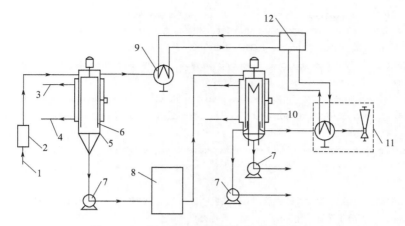

图 12-35　单级分子蒸馏分离乳酸流程示意图

1—乳酸原料入口；2—进料预热器；3—蒸汽入口；4—冷凝水出口；5—薄膜蒸发器；6—刮膜转子；
7—出料泵；8—中间储罐；9—真空泵；10—分子蒸馏器；11—真空系统；12—制冷系统

参考文献

［1］　Erdweg K J. Molecular and short path distillation ［J］. Chemistry and Industry, 1983, 9:342-3451.

［2］　王倩倩, 傅忠君等. 化工分子蒸馏设备及应用技术 ［J］. 现代化工, 2011, 31 增刊（1）: 385-388.

［3］　戴钧梁. 废润滑油再生 ［M］. 第 3 版. 北京: 中国石化出版社, 2000: 131-228.

［4］　张传斌, 张学明, 张雪柏. 无机膜应用于废润滑油再生 ［J］. 重庆工商大学学报, 2009, 26(4): 364-367.

［5］　王倩倩. 短程蒸馏在废重质油再生利用研究 ［D］. 淄博: 山东理工大学, 2011.

［6］　周松锐. 短程蒸馏传热传质研究及其在废润滑油再生中的应用 ［D］. 成都: 四川大学, 2007.

［7］　杨宏伟, 费逸伟, 胡建强. 国内外废润滑油的再生 ［J］. 润滑油, 2006, 21(6): 9-11.

［8］　天津大学物理化学教研室编. 物理化学 ［M］. 第 3 版. 北京: 高等教育出版社, 1997:12.

［9］　吴义彬. 饱和蒸汽压下单元液体的物态方程及其应用 ［J］. 江西科学, 2010, 28(5): 593-597.

［10］　闫广. 分子蒸馏传热与传质过程数值模拟及实验研究 ［D］. 南京: 南京工业大学, 2004.

［11］　Kawala Z, Stephan K. Evaporation rate and separation factor of molecular distillation ［J］. Chem Eng Technol, 1989, 12: 406-413.

［12］　Ruckenstein E, Hassink W. The conbined effect of diffusion and evaporation on the molecular. distillation of ideal binary liquidmixture ［J］. SepSciTechnol, 1983, 18(6): 523-545.

［13］　Cvengroš J, et al. Film wiping in the molecular evaporator ［J］. Chemical Engineering Journal, 2001, 81: 9-14.

［14］　Fauser, et al. Method and apparatus for short path distillation ［P］. US4517057, 1985.

［15］　朱宝璋. 利用分子蒸馏技术制备甘油 ［P］. CN200610036865. 9, 2006-8-1.

［16］　Nuns, et al. Molecular distillation apparalus having induction—heating ［P］. US5334290, 1994.

［17］　A H Mehrkesh, S Hajimirzaee, M S Hatamipour. A Generalized Correlation for Characterization of Lubricating Base-oils from Their Viscosities ［J］. Chinese Journal of Chemical Engineering, 2010, 18(4): 642-647.

［18］　翟志勇, 喻健良. 离心式分子蒸馏器加热装置的研究 ［J］. 化工装备技术, 2000, 21 (3): 23-25.

［19］　闫雪梅, 张勇, 马海乐. 分子蒸馏技术应用 ［J］. 农机化研究, 2004, 11(6): 206-210.

［20］　严春, 徐怀义. 一种分子蒸馏单硬脂酸甘油酯的中央真空装置 ［P］. CN203315770U, 2013-12-04.

［21］　周松锐. 短程蒸馏传热传质研究及其在废润滑油再生中的应用 ［D］. 成都: 四川大学, 2007.

［22］　Zuogang Guo, Shurong Wang, Yueling Gu, Guohui Xu, Xin Li, Zhongyang Luo. Eparation characteristics of biomass pyrolysis oil in molecular distillation ［J］. Separation and Purification Technology, 2010, 1(76):

52-57.

[23] Arijit Bose. Influence of heat and mass transfer resistance on the separation efficiency in molecular distillations [J]. Ind Eng Chem Fundam, 1984, 23:459-465.

[24] Juraj Lutisan, Jan Cvengros. Effect of inert gas pressure on the molecular distillation process [J]. Separation Science and Technology, 1995, 30 (17): 3375-3389.

[25] C B Batistella, Maciel M R W. Rigorous modeling and simulation of molecular distillations:envelopment of a simulator under conditions of non ideality of vapor phase [J]. Computers and Chemical Engineering, 2000, 24: 1309-1315.

[26] Jan Cvengros, Alexander Tkac. Continuous processes in wiped films: 2. Distilling capacity and separating efficiency of a molecular evaporter with a convex evaporating surface [J]. Ind Eng Chem Process Des Dev, 1978, 17(3): 246-251.

[27] 何家坤, 王鸣阳. 重油短程蒸馏（分子蒸馏）连续生产工艺 [P]. CN102719266B, 2014-03-12.

[28] 严春, 徐怀义. 一种分子蒸馏单硬脂酸甘油酯的甘油处理回收装置 [P]. CN203458820U, 2014-03-05.

[29] 郭亮. 超临界 CO_2-分子蒸馏分离纯化大蒜素的研究 [D]. 泰安：山东农业大学, 2011.

[30] 蒋林, 陶红, 乐敏莉等. 分子蒸馏法分离纯化辣椒碱和辣椒红色素的方法 [P]. CN103232726A, 2013-08-07.

[31] 林涛. 分子蒸馏提纯合成维生素 E 的工艺及过程模型的研究 [D]. 天津：天津大学, 2009.

[32] 韩长日, 宋小平, 于长江等. 采用分子蒸馏技术提纯山苍子芳香油的方法 [P]. CN103232331A, 2013-08-07.

[33] 王树荣, 骆仲泱, 余春江等. 一种生物油的分子蒸馏分离方法 [P]. CN102206141B, 2013-09-25

[34] 徐伟红, 张犇, 夏宇等. 利用分子蒸馏技术进行提纯双酚 A 分子环氧树脂的方法及装置 [P]. CN101914193 A, 2010-12-15.

[35] 张鹏, 于培星, 穆鹏宇等. 利用分子蒸馏技术工业化生产乳酸的方法 [P]. CN103724183 A, 2014-04-16.

[36] 董海波. 离心式分子蒸馏精制 L-乳酸及蒸发液膜流场的 CFD 模拟 [D]. 天津：天津大学, 2010.

第5篇

新型换热装置与技术

换热装置是用来使热量从热流体传递到冷流体，以满足规定的工艺要求的装置，是对流传热及热传导的一种工业应用，是化工、石油、制药及能源等行业中应用相当广泛的单元设备之一，其在化工生产中可作为加热器、冷却器、冷凝器、蒸发器和再沸器等。换热装置在国民经济和化工生产领域中对产品质量、能量利用率以及系统的经济性和可靠性起着举足轻重的作用。随着现代化的新技术、新工艺、新材料的不断发展和日益严重的能源危机，为了节能降耗，提高化工生产的经济效益，开发和研究新型高效、结构紧凑的换热装置成为化工生产领域的当务之急。从20世纪80年代起，新型高效换热装置的开发与研究始终是人们关注的热点课题，国内外先后推出了一系列新型高效换热装置。在过程工业中，目前常见的新型换热装置按其结构特性可分为板式换热器、板壳式换热器、螺旋板式换热器、板翅式换热器、伞板换热器和热管换热器等。本篇主要介绍上述六种新型换热装置的基本结构、研究进展以及相关应用情况。

第 13 章　新型换热器

13.1　概述

换热器在国民经济和化工过程生产领域中对产品的质量、资源利用率以及过程经济性、可靠性有着举足轻重的作用，因此开发和研究新型高效和结构紧凑的换热器是目前化工过程强化研究的一个重要方向。几十年来，新型高效换热器的开发与研究始终是人们关注的课题，为此国内外先后推出了一系列新型高效换热器。在过程工业中，目前常见的新型换热设备按其结构特性可分为板式换热器、板壳式换热器、螺旋板式换热器、板翅式换热器、伞板换热器和热管换热器等。

13.2　板式换热器

板式换热器（Plate Heat Exchanger）是一种紧凑式换热器，广泛用于工业应用，如制冷、加热、冷却、化学处理等[1]。目前广泛应用在石油化工，医药、食品、核工业和海洋能源开发中，主要用于各类介质的热交换过程。

板式换热器各板片之间形成许多小流通断面的流道，通过板片进行热量交换，它与常规的壳管式换热器相比，在流动阻力和泵功率消耗一样的情况下，其传热系数要高出很多[2]。

13.2.1　基本结构

板式换热器的类型主要有框架式（可拆卸式）和钎焊式两大类。其主要结构包括：板式换热器板片和板式换热器密封垫片，固定压紧板，活动压紧板，夹紧螺栓，上导杆，下导杆，后立柱，如图 13-1 所示。

13.2.2　设计方法

目前关于板式换热器的选型软件，一般各自厂家根据自己的板型都有自己的选型软件。国际上通用的软件有 HTRI、HTFS 等。板式换热器的设计包括板型选择、流程和流道的选择以及压降的校核[3]。

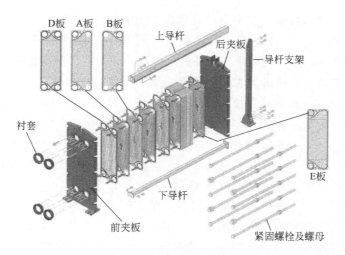

图 13-1　板式换热器结构

①　板型选择　板片型式或波纹式应根据换热场合的实际需要而定。对流量大、允许压降小的情况，应选用阻力小的板型，反之选用阻力大的板型。根据流体压力和温度的情况，确定选择可拆卸式，还是钎焊式。确定板型时不宜选择单板面积太小的板片，以免板片数量过多，板间流速偏小，传热系数过低，对较大的换热器更应注意这个问题。

②　流程和流道的选择　流程指板式换热器内一种介质同一流动方向的一组并联流道，而流道指板式换热器内，相邻两板片组成的介质流动通道。一般情况下，将若干个流道按并联或串联的方式连接起来，以形成冷、热介质通道的不同组合。流程组合形式应根据换热和流体阻力计算，在满足工艺条件要求下确定。尽量使冷、热流体流道内的对流换热系数相等或接近，从而得到最佳的传热效果。因为在传热表面两侧对流换热系数相等或接近时传热系数获得较大值。虽然板式换热器各板间流速不等，但在换热和流体阻力计算时，仍以平均流速进行计算。

③　压降校核　参见 13.2.3 节。

13.2.3　计算方法

关于传热系数和压降的计算，由各个厂家产品的性能曲线计算得到。性能曲线（准则关联式）一般来自于产品的性能测试。对于缺少性能测试的板型，也可通过参考尺寸法，根据板型的特性几何尺寸获得板型的准则关联式，国际上的一些通用软件均采用这种方法。

13.2.4　研究进展

目前，板式换热器设计、运行还是主要依靠实验研究。18 世纪末，德国发明了板式换热器，直到 19 世纪 30 年代 APV 公司才开始成批生产铸铜沟道板片的板式换热器，之后该公司研究出不锈钢波纹板型板式换热器，从此为现代板式换热器奠定了基础。瑞典阿法拉伐（Alfa Laval）公司生产的板式换热器[4]产品型号齐全，其独创的金属板设计，是以最小的换热面积来提供高热效能；另外板片之间均匀网状分布着许多接触点，使之非常结实和坚固。

通过实验研究和应用表明，人字形板片的传热特性和流阻特性效果优良，所以现在的板式换热器大都采用人字形板片。其中最具有代表性的实验是 W. W. Focke 的实验研究，采用了有限扩散电流技术（DLCT），通过类比关系得到人字形板片在换热器上流通的传热速率[5,6]。通过实验找出了板式换热器波纹倾角对传热及阻力性能的定性关系。

近年来板式换热器的研究方向主要有创新板型以及研究板型的几何参数对换热及流动的影响。Muley 和 Manglik 通过对多种板式换热器进行实验研究，得出了一系列传热及流阻的综合关系式[7]。Emila M. Djordjevic 等研究了制冷剂（R134a）在板式换热器凝结过程中的传热系数和压降[8]，他们将板片的面积沿垂直轴划分成若干段，对于每一段的局部值的传热系数和摩擦压降都进行了计算，并算出平均蒸汽质量含量，沿板表面安装的是热电偶传感器，以确定在板内的温度场分布和蒸汽质量分布对换热的影响。

板式换热器的使用受到限制的一个重要因素是它的流动阻力相对于其他换热器较大。对于板式换热器的阻力特性和压力分析问题，Reinhard Wurfel 进行了比较详细的研究，得出了影响板式换热器性能的主要原因是变负荷和波纹板几何参数的影响[9]。板式换热器中流体的分布不均匀是影响板式换热器性能的另一个主要因素。B. Prabhakara Rao 等对板式换热器中不均匀流动做了分析研究。研究发现，在板式换热器流道中流速相等的假设与实验情况有很大的出入。然后他们在实验基础上考虑了非均匀流动分布因素，建立了新的传热与流动阻力公式，其结果与实验吻合较好[10]。

研究板式换热器内流体的流动有一种办法就是速度场可视化技术。Saboya F. E. M. 和 Sparrow E. M. 采用了萘升华技术对波纹槽道的流动二维速度场进行了可视化研究[11]。

国内在 20 世纪 70 年代制造出第一批人字形波纹板片的板式换热器，从此我国开始了一系列的实验研究工作。天津大学的赵镇南比较系统地研究了不同波纹倾角对板式换热器的影响和人字形波纹通道中的基本流型[12]。他的研究成果与 W. W. Focke 的研究类似。许淑惠对板式换热器的压力分布和阻力特性进行了研究，通过实验发现了两种板型进口段的流型分布和压力损失的原因[13]。用全透明的板片来显示通道内流动情况的方法，对于采用激光技术对板式换热器内部速度场和温度场的测定具有一定的启示作用。周明连等通过实验观测板式换热器，发现板式换热器内存在的偏流等流量分配不均现象使板式换热器的传热性能下降，并且增大了内部流动阻力[14]。国内还有一些学者采用染色剂示踪法对人字形波纹槽道和斜波纹槽道进行观测，得到的结果对后续研究具有一定的启发性。近年来也有学者应用局部组合通道内的可视化及传热机理研究方法来预测推断板式换热器的传热及流阻特性，这为新板片的开发提供了一种新的途径。

13.2.5　相关应用

板式换热器已广泛应用于冶金、矿山、石油、化工、电力、医药、食品、化纤、造纸、轻纺、船舶、供热等部门，可用于加热、冷却、蒸发、冷凝、杀菌消毒、余热回收等各种情况。

① 太阳能利用　应用纳米流体的板式换热器参与太阳能集热板中传热介质乙二醇等防冻液热量交换过程，以达到利用太阳能目的。

② 化学工业　制造氧化钛、酒精发酵、合成氨、树脂合成、制造橡胶、冷却磷酸、冷却甲醛水、碱炭工业、高效节能电解制碱。

③ 钢铁工业　冷却淬火油、冷却电镀用液、冷却减速器润滑油、冷却轧制机、冷却拉

丝机。

④ 冶金行业　铝酸盐母液的加热和冷却、铝酸钠冷却、炼铝轧机润滑油冷却。

⑤ 机械制造业　各种淬火液冷却，冷却压力机、工业母机润滑油，加热发动机用油。

⑥ 食品工业　制盐，乳品的高效制作及减少污染食品，制酱油，醋的杀菌、冷却，动植物油加热、冷却，啤酒生产中啤酒、麦芽汁的加热冷却，制糖，明胶浓缩、杀菌、冷却，制造谷氨酸钠。

⑦ 纺织工业　各种废液热回收，沸腾磷化纤维的冷却，冷却黏胶液，醋酸和酸醋酐的冷却，冷却碱水溶液，黏胶丝的加热和冷却，聚丙烯熔喷织布。

⑧ 造纸工业　冷却黑水，漂白用盐、碱液的加热、冷却，玻璃纸废液的热回收，加热蒸煮酸，冷却氢氧化钠水溶液，回收漂白张纸的废液，排气的凝缩，预热浓缩纸浆废液。

⑨ 加热系统　在要求舒适性、可靠性与安全性的各种加热应用中，人们普遍采用了板式换热器（图13-2）。

图 13-2　加热系统中的板式换热器

与传统的罐式生活热水加热系统相比较，板式换热器有着许多优越性（图13-3）。当自

图 13-3　板式换热器用于生活热水加热

来水通过板式换热器时，可以在瞬间加热至所需要的温度。这就意味着可以在任何时候，立即得到热水的供应。使用板式换热器加热生活热水的另一项好处在于：与传统的罐式生活热水加热系统相比较，板式换热器系统所占用的空间要小得多。如果利用太阳能来制取生活热水，板式换热器可将太阳能板中经过处理的水与自来水环路分离开来，可以减轻太阳能板中的积垢问题和腐蚀问题。

⑩ 冷却系统　在各种制冷应用中，特别是蓄冷和自由冷却等工况，对于两端温差的要求是非常高的。但是板式换热器可以实现将两个循环回路之间温度差控制在 0.5℃。另外，对于这样的工况，板式换热器都可以通过单流程来实现，这种所有四个接口都在前端固定板上的连接方式，使得设备的安装与维护都非常方便（图 13-4、图 13-5）。

图 13-4　冷却系统中的板式换热器

图 13-5　板式换热器在中央制冷系统的应用

⑪ 油脂工业　加热、冷却合成洗涤剂，加热鲸油，冷却植物油、氢氧化钠、甘油等。

⑫ 电力工业　发电机轴泵冷却，变压器油冷却。板式换热器液体除湿系统替代传统的空调系统，以控制空气湿度，特别是在炎热和潮湿的气候，能改善室内空气质量，降低能耗，减少环境污染，带来环保型产品，有效利用能源资源。

⑬ 船舶　中央冷却器，卸套冷却器，活塞冷却器，润滑油冷却器，预热器，海水淡化系统（包括多级及单级）。

13.3　板壳式换热器

板壳式换热器（Shell-and-plate Heat Exchanger）是高效紧凑式热交换器的一种，具有换热效率高、端部温差小、压降低、节省占地面积、节约工程及设备安装费用、装置操作费用低等优点，可提高炼油化工企业的经济效益和装置运行效能[15]，适合炼油、化工等领域大型化生产装置的使用。板壳式换热器是介于板式换热器和管壳式换热器二者之间的产品，国外一般称之为膜式热交换器或薄片式热交换器[16]。其板束安装在压力壳内，安全可靠性较高。从使用效果来看有传统管壳式换热器无法替代的优点，有效地解决了安全与高效的矛盾，被广泛应用在石油化工等行业。

13.3.1　基本结构

板壳式换热器由一些直径较小的圆管加上管板组成管束，外套一个压力壳构成[17]。板式热交换器由一系列具有一定波纹形状的金属片叠加构成[18]，主要由板片、密封垫片、固定压紧板、活动压紧板、压紧螺柱和螺母、上下导杆以及前支柱等零部件组成[19,20]。板壳式热交换器则结合了管壳式热交换器和板式热交换器的优点，它以板为换热面，主要由板束和壳体两部分组成。目前板壳式热交换器的结构有导孔型结构和板管型结构两大类[21,22]。

① 导孔型板壳式热交换器　导孔型结构主要适合于中小型热交换器[22]，其内部核心是由一组特制的、几何结构相同的金属圆板片完全焊接而成，形成一个圆柱状的换热板组，板中的两个圆孔形成板程流道，壳体和板片之间形成壳程流道[23]。为了使壳程的流体经过板间流动，通常会在壳体和板组之间加导流块。根据结构的不同，导孔型板壳式热交换器一般可分为全焊接型［图13-6(a)］、可拆卸型［图13-6(b)］和紧凑型［图13-6(c)］板壳式热交换器。

(a) 全焊接型　　　　　　(b) 可拆卸型　　　　　　(c) 紧凑型

图 13-6　导孔型板壳式热交换器结构

② 板管型板壳式热交换器　板管型板壳式热交换器主要由板管束和壳体两部分组成，其整体结构见图13-7。将冷压成型的成对板条的接触处严密焊接在一起，构成一个包含多个扁平流道的板管，见图13-8。多个宽度不等的板管按一定次序排列，为保持板管之间的间距，在相邻板管的两端镶进金属条，并与板管焊接在一起，板管两端部便形成管板，从而使许多板管牢固地连接在一起构成板管束。将板管束装配在壳体内，A流体在板管内流动，B流体则在壳体内的板管间流动。

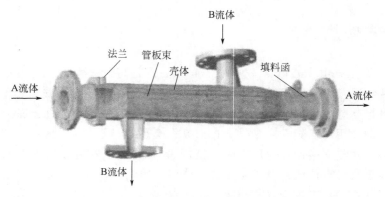

图 13-7　板管型板壳式换热器整体结构

13.3.2　研究进展

从 20 世纪 80 年代起[24]，欧美发达国家就开始研发各种型式的板壳式热交换器。其中具有代表性的为法国 Packinox 公司，该公司于 20 世纪 80 年代首次在催化重整装置中使用了 1 台大型板壳式热交换器，取代了传统的管壳式热交换器组。在 20 世纪 90 年代末期，Packinox 公司又将大型板壳式热交换器应用在加氢装置。该公司的产品得到了 UOP（美国联合油）的认证，其主要用于催化重整、芳烃及加氢等装置。

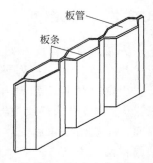

图 13-8　板壳式热交换器板管结构

Jamil Assaad、Antoine Corbeil 等采用冷喷涂技术生产新型叠丝网板壳式换热器[25]，该研究采用可行性的脉冲气动喷涂工艺（PGDS），沉积金属粉末使用在金属网片的外表面作为高效紧凑式换热器。采用不锈钢丝编织网织成的平网编织网，并将其烧结后切成薄片。晶片的外表面均采用 PGDS 沉积技术，相对于传统的钎焊板液密封，该换热器密封面之间接触紧密，从而促进外壁传导，提高换热效率。

板壳式热交换器的研究在我国起步比较晚。由于国外技术封锁和国内市场的迫切需求，20 世纪 80 年代末，兰州石油机械研究所开始研制国产板壳式热交换器，并且在较短时间之内有了多项技术突破。1999 年，兰州石油机械研究所成功研制出大型板壳式热交换器，并在炼油厂重整装置、化肥厂水解解吸装置及集中供热换热站等场合得到了良好的应用。

13.3.3　相关应用

板壳式热交换器板型因结构设计合理，传热与流动阻力特性匹配合理，故传热效率高、压降低且综合性能好，适用于传热效率高、结构紧凑和压降小的气-气、气-液及液-液换热场合，将成为管壳式热交换器的替代产品。近年来，板壳式热交换器在欧美等发达国家已竞相开发研制，有的采用高分子材料制造，并在炼油化工、冶金和环保等领域广泛应用，如炼油厂的重整进料热交换器、塔顶冷凝器、水冷器及空气预热器等以及用于汽车应用的热电发电机。与此同时把纳米流体运用在板壳式换热器，以强制对流换热、提升能量利用率也具有一定的发展前景。

要求在恶劣的海洋环境中进行苛刻的气体压缩工作，板壳式换热器是一个紧凑型的焊接热交换器，可满足上诉要求。其流体通道较大，可确保高可靠性运行和最大化正常运行时间；相比传统的管壳式换热器，节省大量的占地面积和重量，比相应的管壳式换热器要轻50%；采用可移动芯，使它易于维护。热交换器的冷却介质在板侧和壳侧的高压气体流动，确保高的换热效率和高设计压力所需的机械强度（图13-9）。换热器的板面，以确保均匀的压力降和液流分布和消除因水合物的形成可能发生的变化而产生局部的死区。中央分布管确保冷却介质进入换热板片的中部，绕换热板片绕流，然后从另一端流出，由于壳侧的喷嘴是完全独立的，所以形成非对称流量。

板壳式换热器还可作为APV空化器应用在食品和饮料加工（图13-10），可缩短生产周期和降低运营成本，该换热器没有换热表面，因此没有热点或冷点。这使得空化器潜在的加热装置的高污染和热敏感的产品如鸡蛋液、乳清蛋白、布丁、奶酪和烧烤酱汁得到温和的加热，保护其蛋白质的功能特性。其空化器优异的换热性能可以改善产品外观和质量。板壳式换热器可以在腐蚀、高压力和高温度的环境下应用，在整个热交换器中，因其完全焊接结构所以没有一个密封垫（图13-11）。由于其合理的结构设计，可保证最大的正常运行时间；和传统的换热器相比，其能耗小和对环境污染少，并且热效率高；体积小和重量轻使其安装成本降低。

图 13-9　高压压力板壳式换热器

图 13-10　板壳式换热器用于 APV 空化器

我国板壳式热交换器经过近年来的发展，结构型式多样，应用有催化重整装置，取得了良好的效果，既节约了能耗，产品质量又得到保证，经济效益显著，在同类装置中具有应用推广价值，并且延伸到常减压蒸馏、甲醇、芳烃和合成氨等装置。装置运行良好，特别是气体换热器，负荷大小对其影响很小，设备运行平稳，节能效果显著，同时节省投资成本，实际证明板壳式换热器特别适合在这类装置中应用。在预加氢进、出料换热工位首次将国产板壳式换热器应用于预加氢装置替代原管壳式热交换器[26]。

重整反应系统中应用高效板壳式换热器[27]，立式结构，采用全焊接板壳式换热器结构，由板束、上下膨胀节及壳体构成，换热器内换热板片为人字形板片。换热器型号为 LBQ2500-1.06/0.85-RZ4，由兰州某公司研制。该装置开工以来，高效板壳式换热器运行情况良好，节能效果明显。换热板束结构简图和板壳式换热器设备结构分别见图13-12和图13-13。

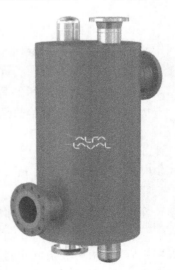

图 13-11　板壳式换热器应用于腐蚀、高压力和高温度的环境装置

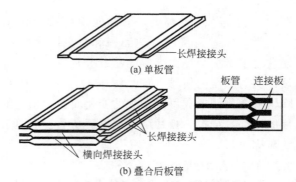

图 13-12　板壳式换热器换热板束结构简图

在该板壳式换热器内，冷却的循环氢与重整进料经分布器分布后，在板束下管箱内混合，然后均匀进入板管通道，物料在板管通道中从下而上流动，最后流过板束上集箱并流出换热器。反应出料从板束上端壳程侧向开口流入板管间的通道，物料在板管间通道从上而下流动，最后在板束下端壳程侧向开口流出壳程。板程介质和壳程介质在板束中为纯逆流换热。

13.3.4　设计计算

板壳式换热器的设计计算方法和步骤与管壳式换热器基本一致。由于板束代替了管束，因此应注意到两种换热器某些计算参数选用是不同的。例如板壳式换热器的传热系数、流速等参数均应较管壳式换热器大。

（1）传热系数

通常确定传热系数 K 值可用计算和实验测定两种方法。计算时，板束内外的传热可认为是平壁传热，其传热系数的倒数为多层串联热阻之和，即

$$\frac{1}{K}=\frac{1}{\alpha_1}+\frac{1}{\alpha_2}+\sum\frac{\delta_n}{\lambda_n} \tag{13-1}$$

式中　α_1，α_2——板束壁面两侧介质的给热系数，m^2；

　　　　δ_n——介质间各固体层的厚度，m；

　　　　λ_n——介质间各固体层的热导率，$\mathrm{W/(m^2\cdot ℃)}$。

应用有关公式计算给热系数时，应注意用当量直径 d_e 替代公式中的定性直径尺寸。

$$d_e=\frac{4F}{n} \tag{13-2}$$

式中　F——流道面积，m^2；

　　　　n——浸润周边，m。

在板束中当量直径可近似取

$$d_e=2h \tag{13-3}$$

式中　h——两块板条之间的间距，m。

按上述方法和有关公式可以计算传热系数 K。工业生产中使用的板壳式换热器，其传热系数 K 值的大致范围，可参阅表 13-1。在传热系数 K 的计算或选用中，均应慎重考虑污垢的影响。

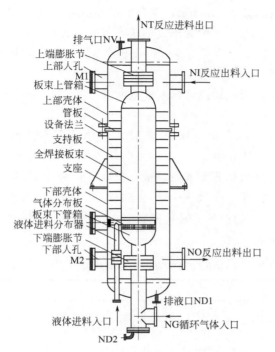

图 13-13　板壳式换热器设备结构

表 13-1　工业用板壳式换热器传热系数 K 值

介　　质	K 值/[W/(m²·℃)]
水～水	1700～2900
蒸汽冷凝	2900～3500
气体～气体	120～1200

（2）流速

合适的管束和管间流速，对板壳式换热器正常操作是重要的。提高流速可以增大传热系数 K，减小所需的传热面积，因此在动力消耗经济合理的情况下，应尽可能提高流速。但考虑到板束的结构特点，在过高流速情况下，为了达到所需要的传热面积就必须加长板束或增加程数，而在这两方面均有限制。板束最长不超过 6m，且管束和管间一般均为单程。我国曾生产过管束和管间均为双程的板壳式换热器，但实践证明，分程结构给制造带来很大困难。国外也很少采用分程结构，尤其是管间的分程。

在限定板壳式换热器的直径和长度时，适宜的板束和管间流速可通过选择适当的板束内部间距和外部间距来实现。改变间距，调整板束和管间流道断面积，使两者与两种介质的流量成适当比例，能得到较佳的流速或提高传热系数。板束内部和外部间距一般是 3～8mm。

高的流速并不会使板壳式换热器产生很大的压力降，在实际应用中，压力降很少超过 0.05MPa。板束的流道越直，板面越大越平，实际压力降越接近理论计算值。

（3）板条材料及厚度

板壳式换热器的传热面可采用从碳钢到高合金钢，一切可焊的和能冷成型的金属制造。目前，国外使用的标准材料是不锈钢。通常使用的有耐酸不锈钢、镍合金，也用钛等其他材料。国内曾使用材料 Q235-A 和 0Cr19Ni9。由于板壳式换热器结构紧凑，需要的传热面结构材料少。因此，在需用昂贵的或稀有材料的特殊场合，它是最经济的。

板条的厚度，碳素钢通常为 1.5mm，也有采用 2mm；不锈钢为 1~2mm。这是从制造工艺的要求确定。从强度观点，它所能承受的压力远较设计压力高。国外板壳式换热器的标准设计压力是 1.0MPa，板条的厚度 1.5mm。2mm 厚板条制成的板束已用于压力 5.0MPa。

（4）规格和系列

国内因板条货源问题，板壳式换热器未能成批生产。而国外这种换热器已大批量生产，产品规格系列化。

瑞典根据壳体的内径，制定出 Ramen 板壳式换热器系列标准。内径从 100mm 开始，每 25mm 递增一级，达到 1000mm。

板束的长度可按照传热面积的要求而调整，长度最长为 6m。对于最小的换热器 VR100（壳体直径 100mm），1m 长度可提供 $1m^2$ 的传热面积，而对于 VR500 则是 $34m^2$。而对于一台长度 6m、直径为 1.1m 的设备，其传热面积达 $600m^2$。各种尺寸的壳体直径下，每米长度所提供的传热面积见表 13-2。

表 13-2　各种尺寸壳体直径下每米长度板束的传热面积

型　号	直　径		每米长度上的传热面积 /m^2
	/mm	/in（近似值）	
VR100	100	4	1.15
VR200	200	8	5.14
VR300	300	12	11.9
VR500	500	20	33.9
VR700	700	28	66.3
VR900	900	36	109.5
VR1000	1000	39	135.5

13.4　螺旋板式换热器

螺旋板式换热器是用薄金属板压制成具有一定波纹形状的换热板片，然后叠装，用夹板、螺栓紧固而成的一种换热器[28]。工作流体在两块板片间形成的窄小而曲折的通道中流过。冷热流体依次通过流道，中间有一隔层板片将流体分开，并通过此板片进行换热，适用气-气、气-液、液-液，对液传热，现行标准为 API STD 664—2014《螺旋板式换热器》。

13.4.1　基本结构

螺旋板式换热器结构形式可分为不可拆式（Ⅰ型）螺旋板式及可拆式（Ⅱ型、Ⅲ型）螺旋板式换热器。其主要结构包括：波纹形状的换热板片，夹板，夹紧螺栓，盖板，一次水进、出口，二次水进、出口。如图 13-14 所示。

13.4.2　基本特点

螺旋板式换热器的特点是：①结构较紧凑；②温差应力小；③传热效能好；④有自清洗作用；⑤密封性能好；⑥适用于回收低温位热能。螺旋板式换热器最大的缺点是检修困难，如发生内圈螺旋板破裂，便会使整台设备报废。

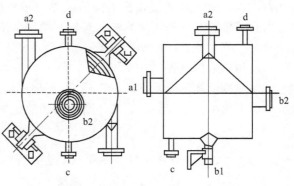

图 13-14　螺旋板式换热器结构

13.4.3　设计方法

螺旋板式换热器的设计包括板型选择、基本参数的确定。目前关于螺旋板式换热器的选型软件，一般各厂家根据自己的板型都有自己的选型软件。国际上通用的软件有 HTRI、HTFS 等。通用的计算软件公开的很少，国内一些生产厂家提供了换热器的在线计算软件，可供参考使用。

（1）板型选择

① Ⅰ型不可拆式螺旋板式换热器螺旋通道的端面采用焊接密封，因而具有较高的密封性。

② Ⅱ型可拆式螺旋板式换热器结构原理与不可拆式换热器基本相同，但其中一个通道可拆开清洗，特别适用有黏性、有沉淀液体的热交换。

③ Ⅲ型可拆式螺旋板式换热器结构原理与不可拆式换热器基本相同，但其两个通道可拆开清洗，适用范围较广。

（2）基本参数

① 螺旋板式换热器的公称压力 PN 规定为 0.6MPa、1MPa、1.6MPa、2.5MPa。

② 螺旋板式换热器与介质接触部分的材质，碳素钢为 Q235A、Q235B，不锈钢为 SUS321、SUS304、3161。其他材质可根据用户要求选定。

③ 允许工作温度碳素钢的 $t=0\sim350℃$，不锈钢酸钢的 $t=-40\sim500℃$。

④ 选用设备　应通过适当的工艺计算，使设备通道内的液体达到湍流状态（一般液体速度≥0.5m/s；气体≥10m/s）。

⑤ 设备可卧放或立放，用于蒸汽冷凝时只能立放。

⑥ 用于烧碱行业必须进行整体热处理，以消除应力。

⑦ 当通道两侧流量值差较大时可采用不等间距通道来优化工艺设计。

13.4.4　计算方法

（1）工艺设计

螺旋板式换热器主要由外壳、螺旋体、密封和进出口等四部分组成。

在换热器的设计计算过程中应考虑以下两个问题：①确定流体流动路程，尽量使两流体呈全逆流流动，增加两流体的对数平均温差，以增加传热推动力。使内外圈螺旋板受力更加合理，即外圈承受较小的压力，内圈承受较大的压力，使螺旋通道易于清洗等。②流体流速的选择，尽量增加总的传热系数，减少换热面积及污垢沉积的可能性，同时要达到一个较小的压力降。

一般来说通道越长所造成的沿程阻力就越大，而螺旋通道相对来说就较长，因此在选择流体流速时，要使通道内流体呈湍流状态，这样既能提高传热效率，也能降低阻力损失，减少动力消耗。由于螺旋板式换热器的换热通道截面是矩形弯曲的，且弯曲的直径还是变化的，因此其传热系数和压力降还没有确切的科学论断，目前所使用的计算公式基本上都是根据经验和一些实验数据归纳起来的。

（2）传热量的计算

已知热冷流体的流量 W_h、W_c(kg/s) 和进口温度 $T_{i,h}$、$T_{i,c}$(℃)，当流体受到单独加热或冷却而不发生相态变化时，流体所传递的热量如下

$$Q_h = W_h c_{ph}(T_{i,h} - T_{o,h}) \text{ 或 } Q_h = W_c c_{pc}(T_{o,c} - T_{i,c}) \tag{13-4}$$

式中 c_{ph}，c_{pc}——热冷流体的定压比热容，J/(kg·℃)；

$T_{o,h}$，$T_{o,c}$——热冷流体的出口温度。

传热中流体发生相态变化时的传热量的计算在这里不做介绍。

流体流速的计算

已知通道截面积 $F = Hb$，则

$$w = \frac{V}{F} \tag{13-5}$$

式中，V 为流体的体积流量，m³/s；H 为有效板宽，m，其值取决于换热面积和通道长度，设计时可先根据钢板规格选定；b 为螺旋通道间距，m。螺旋通道当量直径 d_e（m）：

$$d_e = 4r_{水} = 4\frac{F}{\Pi} \tag{13-6}$$

其中浸润周边 $\Pi = 2(H + b)$；所以通道当量直径 $d_e = 4\frac{F}{\Pi} = \frac{2Hb}{H+b}$。

雷诺数 Re 的计算：雷诺数的大小可以判断流体的状态，即为湍流还是层流，作为选择传热系数计算公式的依据

$$Re = \frac{Gd_e}{\mu} \text{ 或 } Re = \frac{d_e w \rho}{H+b} \tag{13-7}$$

式中 G——流体的质量流速，kg/(m²·s)；

μ——流体的黏度，Pa·s；

w——流体流速，m/s；

ρ——流体密度，kg/m³。

普朗特数 Pr 的计算：普朗特数是一个无量纲量，表示动黏滞系数和热扩散率的比例，也可以视为动量传递和热量传递效果的比例，

$$Pr = \frac{c_p \mu}{\lambda} \tag{13-8}$$

式中 c_p——流体的定压比热容，J/(kg·℃)；

λ——流体的热导率，W/(m·℃)。

传热系数 α [W/(m²·K)] 的计算：影响螺旋板式换热器传热系数的因素很多，计算公式也很多。大部分都是在圆形直管计算的基础上，用含有当量直径 d_e 的参数对圆形直管做出修正，得到螺旋通道传热系数的计算公式。螺旋板式换热器的传热系数一般可以在六种情况下来求解。

① 无相变液体的螺旋流　当 $Re \geqslant 6000$ 时，传热系数按下式进行计算：

$$\alpha = 0.023 \left(1 + 3.54 \frac{d_e}{D_m} \right) \frac{\lambda}{d_e} Re^{0.8} Pr^n \tag{13-9}$$

式中，n 当液体被加热时取 0.4，当液体被冷却时取 0.3；D_m 为螺旋通道的平均直径，m；$D_m = \dfrac{d + D_0}{2}$，m；d 为中心管的直径，m；D_0 为螺旋体的外径，m；λ 为流体的热导率，W/(m·K)。

式(13-9) 就是在圆形直管的基础上，用含有当量直径 d_e 的参数对圆形直管做出修正后得到的公式。

当 $Re < 6000$ 时，推荐下式计算传热系数：

$$\alpha = 1.86 c_p G Re^{-2/3} \left(\frac{L}{d_e} \right)^{-1/3} \left(\frac{\mu}{\mu_m} \right)^{0.14} \tag{13-10}$$

式中，μ 为流体定性温度下的动力黏度，Pa·s；μ_m 为流体壁面温度下的动力黏度，Pa·s；L 为螺旋通道的通道长度，mm。

② 无相变液体的对流传热　一般采用 Sauder 计算公式：当 $Re \geqslant 1000$ 时

$$\alpha = \left[0.0315 \left(\frac{d_e G}{\mu} \right)^{0.8} - 6.65 \times 10^{-7} \left(\frac{L}{b} \right)^{1.8} \right] \left(\frac{\lambda}{d_e} \right) \left(\frac{c_p \mu}{\lambda} \right)^{0.25} \left(\frac{\mu}{\mu_w} \right)^{0.17} \tag{13-11}$$

式中，μ 为流体定性温度下的动力黏度，Pa·s；μ_w 为流体壁面温度下的动力黏度，Pa·s；λ 为流体的热导率，W/(m·k)；G 为流体的质量流速，kg/(m²·s)；

③ 无相变流体的轴向流　当 $Re > 10000$ 时，无相变液体的轴向流传热系数用下式计算

$$\alpha = 0.023 c_p G Re^{-0.2} Pr^{-2/3} \tag{13-12}$$

当 $Re > 10000$ 时，无相变气体的轴向流传热系数用下式计算

$$\alpha = 0.00303 c_p G^{0.8} d_e^{-0.2} \tag{13-13}$$

式中，G 为流体的质量流速，kg/(m²·s)；c_p 为流体的定压比热容，J/(kg·℃)。

④ 无相变气体的螺旋流　当 $Re > 20000 (d_e/D_m)^{0.32}$ 时，无相变气体的螺旋流传热系数计算公式如下

$$\alpha = 0.00303 \left(1 + 3.54 \frac{d_e}{D_m} \right) c_p G^{0.8} d_e^{-0.2} \tag{13-14}$$

还有两种具体情况是螺旋板式换热器用于蒸汽冷凝和立式热虹吸再沸器，可以参考《换热器设计手册》。在实际的设计过程中，为了便于计算总传热系数，有时会预先选择一个传热系数，各种介质传热系数的大致范围如表 13-3 所示。

表 13-3　介质传热系数范围

传热的种类	值的范围/[W/(m²·℃)]
水蒸气的滴状冷凝	45600~140000
水蒸气的膜状冷凝	4560~17400
有机蒸气的冷凝	580~23200
水的沸腾	580~52300
水的加热冷却	230~11600
油的加热冷却	60~1740
过热蒸汽的加热冷却	20~110
空气的加热冷却	1~60

污垢对传热系数的影响：换热器中流体一般为液体、气体或气液混合物，这些流体一般都含有杂质或有腐蚀性，易形成污垢热阻。污垢对换热器的总传热系数有一定的影响，而螺旋板式换热器由于具有自洁能力，所以其污垢热阻和管壳式换热器相比较小。目前管壳式换热器的污垢热阻研究得较为全面，有了较为完整的参考系数，而螺旋板式换热器却还没有有成效的研究，因此，螺旋板式换热器在选择污垢系数时可参考管壳式换热器选取，选取略小于管壳式换热器的即可。总传热系数的一些推荐值见表 13-4。

表 13-4　总传热系数的一些推荐值

传热性质	介质名称		流动形式	传热系数/[W/(m² · K)]	备注
对流传热	清水	清水	逆流	1700～2200	
	废水	清水	逆流	1600～2100	
	有机液	有机液	逆流	350～580	
	中焦油	中焦油	逆流	160～200	
	中焦油	清水	逆流	270～310	
	高黏度油	清水	逆流	230～350	
	油	油	逆流	90～140	
	气	气	逆流	29～47	
	电解液	水	逆流	1270	
	变压器油	水	逆流	327～550	推荐 350
对流传热	电解液	热水	逆流	600～1900	推荐 810
	浓碱液	水	逆流	350～650	推荐 470
	浓硫酸	水	逆流	760～1330	推荐 700
	辛烯酸	水	逆流	760～1330	推荐 700
蒸汽冷凝	水蒸气	水	错流	1500～1700	
	有机蒸气	水	错流	930～1160	
	苯蒸气	水蒸气混合物和水	错流	930～1160	
	轻质有机物与腊混合物	水	错流	620	
	氨	水	错流	1500～2260	

上述即为螺旋板式换热器的传热计算过程，由传热计算过程所得的数据就可以对螺旋板式换热器进行几何计算。下面介绍螺旋板式换热器的压力损失计算，螺旋板式换热器的压力损失包括通道阻力和进出口的局部阻力。流体阻力的大小和动力消耗相关，阻力过大即表示动力消耗过大，所付出的成本也会相应提升，所以要控制阻力降。随着近年来对换热器研究的深入，在圆形及方形或长宽比不大的矩形截面的通道中，其流体压力降已有了成熟的算法。但螺旋板式换热器矩形通道的长宽比较大，且是弯曲的，曲率半径是变化的，还有定距柱，所以流体在其中的压力降相应的也比直管道中大，一般只能用试验的方法测定。

由于螺旋板式换热器结构相对复杂，所以一般将其作为以通道当量直径为直径的圆管，按 Fanning 公式计算之值乘以系数 η。

$$\Delta p = \frac{2fLw^2\rho}{d_e}\eta \tag{13-15}$$

式中，f 为摩擦系数，对于钢管 $f = 0.055Re^{-0.2}$，或由 f 和 Re 图查得；η 为系数，与流速、定距柱直径和间距有关，$\eta = 2 \sim 3$。

当考虑黏度影响时，压力降可由下式计算：

$$\Delta p = \left(\frac{4f}{2g}\right)\left(\frac{G^2}{\rho}\right)\left(\frac{L}{d_e}\right)\left(\frac{\mu_w}{\mu}\right)^{0.14} \tag{13-16}$$

或

$$\Delta p = \frac{2fLw^2\rho}{d_e}\left(\frac{\mu_w}{\mu}\right)^{0.14} \tag{13-17}$$

式中，摩擦系数 f 可近似采用流体流经圆管时的摩擦系数，其值可由 f 和 Re 图查得。但在查图时所需的雷诺数 Re 应当以 d_e 带入公式。

在考虑了定距柱影响因素后，归纳出了流体压力降的计算公式：

（1）流体为液体时的压力降计算公式

$$\Delta p = \left(\frac{L}{d_e}\frac{0.365}{Re^{0.25}} + 0.0153Ln_0 + 4\right)\frac{\rho w^2}{2} \tag{13-18}$$

式中，n_0 为单位面积上的定距柱，个/m²。由式(13-18)可以看出，流体压力降由弯曲通道、定距柱、进出口管等三部分压力降组成。

（2）流体为气体时的压力降计算公式

$$\Delta p = \frac{G^2}{\rho_m}\left(\ln\frac{p_1}{p_2} + 2f_0\frac{L}{d_e}\right) \tag{13-19}$$

式中，ρ_m 为流体的平均密度 kg/m³；G 为质量流速，kg/(m²·s)；p_1、p_2 为进出口的压力，Pa；f_0 为系数，当 $n_0 = 116$ 时，$f_0 = 0.022$。

流体做螺旋流动时的压力降。

① 湍流范围，当 $Re > Re_c$ 时：

$$\Delta p = 0.591\left(\frac{L}{\rho}\right)\left(\frac{W}{bH}\right)\left[\frac{0.55}{b+0.00318}\left(\frac{\mu H}{W}\right)^{1/3}\left(\frac{\mu_w}{\mu}\right)^{0.17} + 1.5 + \frac{5}{L}\right] \tag{13-20}$$

式中，Re_c 为临界雷诺数，$Re_c = 20000$；1.5 为当定距柱个数 $n_0 = 194$ 个/m² 时的值，若定距柱个数变化，则 1.5 也会变化。

② 层流范围，当 $100 < Re < Re_c$ 时：

$$\Delta p = 0.591\left(\frac{L}{\rho}\right)\left(\frac{W}{bH}\right)\left[\frac{1.78}{b+0.00318}\left(\frac{\mu H}{W}\right)^{1/2}\left(\frac{\mu_w}{\mu}\right)^{0.17} + 1.5 + \frac{5}{L}\right] \tag{13-21}$$

式(13-21)是根据定距柱个数和管子直径确定的。

当 $Re < 100$ 时，按下式计算：

$$\Delta p = 56.557\left(\frac{L}{\rho}\right)\left(\frac{W}{bH}\right)\left(\frac{\mu}{b^{1.75}}\right) \tag{13-22}$$

③ 当蒸汽冷凝时压力降计算：

$$\Delta p = 0.296\left(\frac{L}{\rho}\right)\left(\frac{W}{bH}\right)\left[\frac{0.55}{b+0.00318}\left(\frac{\mu H}{W}\right)^{1/3}\left(\frac{\mu_w}{\mu}\right)^{0.17} + 1.5 + \frac{5}{L}\right] \tag{13-23}$$

当流体无相变时（$Re > 10000$），流体做轴向流动时的压力降：

$$p = \frac{2G^2}{\rho}\left[0.046\left(\frac{d_2 G}{\mu}\right)^{-0.2}\frac{H}{d_{\mathrm{e}}}+1\right] \tag{13-24}$$

蒸汽冷凝时的压力降：

$$\Delta p = \frac{G^2}{\rho}\left[0.046\left(\frac{d_2 G}{\mu}\right)^{-0.2}\frac{H}{d_{\mathrm{e}}}+1\right] \tag{13-25}$$

综上所述，压力降的计算公式有很多种，各种方法考虑的影响因素不同，上述计算方法都可以作为螺旋板式换热器压力降计算时的参考。

13.4.5　研究进展

在热交换工艺中使用螺旋形流道的设想，来源于 20 世纪 30 年代，法国阿法拉伐公司针对某一家企业所发生的特殊工艺问题而作出的反应。这家企业某项工艺是"易结垢、难以处理"的介质需要换热，当时其他的技术方案都失败了，螺旋板式换热器完美地解决了这一难题。阿法拉伐公司已成为按美国机械工程师协会 ASME 标准生产螺旋板式、板式热交换器最有实力的制造商。

我国从 20 世纪 50 年代开始在化工领域使用螺旋板式换热器，并进行了仿造。到 60 年代中期，由于采用了卷床卷制，提高了产品质量并能批量生产。1970 年原一机部通用机械研究所、苏州化工机械厂开始进行标准化、系列化工作，随后与原大连工学院协作对螺旋板式换热器的传热和流体阻力进行了系统的研究。1973 年原一机部制定标准 JB 1287—73，并由原一机部通用机械研究所负责编制了《螺旋板式换热器图纸选用手册》，对螺旋板式换热器的应用和推广起了很大的推动作用。随着原南京化工学院和广西大学在螺旋板式换热器强度和刚度研究的进展，螺旋板式换热器的设计更加系统化。20 世纪 80 年代末至 90 年代中期，机械工业部合肥通用机械研究所先后制定了 JB/TQ 724—89《螺旋板式换热器制造技术条件》、JB 53012《螺旋板式换热器制造质量分等》、JB/T 4723《不可拆螺旋板式换热器型式与基本参数》、JB/T 6919《螺旋板式换热器性能试验方法》，形成了我国螺旋板式换热器的整个体系框架。1991～1997 年机械部合肥通用机械研究所、苏州化工机械厂联合完成了基金课题"大型可拆螺旋板式换热器的研制"，将我国螺旋板式换热器的水平推上了一个新的台阶。颁布的综合性行业标准《螺旋板式换热器》标志着我国螺旋板式换热器的设计、制造、检验与验收更加规范化。

1983 年由前捷克斯洛伐克国家化工设备研究所科学家杰卢卡和杰尼姆肯斯基等首次提出使壳程流体作螺旋流动可以强化换热器壳程的传热效率；

第一代螺旋折流板换热器，在 ABB 公司投入工业化实用，并转让日本三重重工；

第二代螺旋折流板换热器，在西安交大研发成功，少量投入工业化实用；

第三代螺旋折流板换热器，在北京研发成功，首台工业原型机在龙山化工厂投入工业化实用。

全封闭螺旋流道连续型换热器主要优点是：

① 形成真正意义的全封闭螺旋流道，从而形成真正意义的稳定螺旋流型；

② 大大提高了换热效率，且可以根据化工生产工艺技术的需要，非常容易地组合成壳程的多程传热；

③ 振动小噪声低，经计算螺旋折流板换热器换热管最低固有频率比对应垂直弓形板换

热器换热管固有频率大 9 倍，这是螺旋折流板换热器的优势，因此在相同换热面积和相同工况下的螺旋折流板换热器的抗振效果要远优于垂直弓形板换热器；

④ 制造过程相对容易，在 90°拼装导流板的制造所用胎具设计简单安装方便，易于制造；

⑤ 高效全封闭流道式连续型螺旋折流板换热器从理论上讲也属于管壳式换热器，其结构或功能类型与普通管壳式换热器基本相同，因此，可直接参照 GB 151—2014《热交换器》规范的范围安排生产。

当今，螺旋板式换热器已成为现代工业企业热交换的一个重要设备，性能好的螺旋板式换热器不但节约能源，而且可以长寿命周期运行，降低维护成本，螺旋板式换热器在当今不少企业中越来越受到重视。借助传热学、焊接技术和机械处理经验，当今螺旋板式换热器技术得到了飞速发展和应用，结构形式也推陈出新。随后，人们又发明了性能佳、寿命长、适用更广的换热设备即螺旋板式换热器的分支——板式换热器（可拆式、全焊式），目前得到了快速发展和应用。

13.4.6　相关应用

螺旋板式换热器（图 13-15）应用广泛。在中国，中小型合成氨厂的变换热交换器和合成塔下部的热交换器已先后用螺旋板式换热器取代管壳式换热器。烧碱厂的电解液加热器和浓碱液的冷却器，采用螺旋板式换热器所用的设备费仅为管壳式换热器的 1/3。此外，这种换热器用于塔顶冷凝、淬火油冷却、发烟硫酸冷却和脂肪酸冷却等都有良好的效果。这种设备用于蒸汽的冷凝和无相变的对流传热效果最佳，也可用于沸腾传热。其主要应用领域是化工，如合成氨工艺、精细化工生产、氨水生产、甲醛生产、SPVC 装置气提系统、煤气生产，其中在煤气生产中用于润滑油、氨水、苯、洗油、碱液等介质的冷却或加热，其对于控制工艺参数、提高化工产品回收有重要作用。下面简单介绍几种应用：

（1）在发酵工业中的应用

图 13-15　螺旋板式换热器

在发酵工业生产过程中，物料的温度始终是一个重要的工艺参数，经常需要对物料进行升温、降温操作，过去主要是采用各种各样的蛇管换热器来完成这些操作。但蛇管换热器存在着传热系数较小、需换热介质较多、体积大、占地面积大等缺点。因此，继化学工业采用了螺旋板式换热器之后，发酵工业也逐渐采用新型的螺旋板式换热器取代蛇管换热器，其应用范围包括：①应用于培养基制备和灭菌过程；②应用于发酵过程；③应用于发酵产物的提取过程。

（2）甲酯生产中的应用

甲酯生产过程中产生大量的热必须及时交换掉，才能满足工艺要求，传统工艺是采用酯化釜体夹层、釜内螺旋盘管的方式，用冷冻盐水进行热交换，由于换热面积小，不能满足工艺要求，因此需要大量的机冰来辅助降温，耗时、耗力、浪费能源，采用螺旋板式换热器同步外循环降温，较好地解决了这个问题。

（3）在精细化工行业的应用

由于螺旋板式换热器在操作压力及操作温度方面的局限，在精细化工生产当中主要应用在：①溶解、反应单元；②浓缩单元；③溶剂回收单元等。

（4）在酒精生产中的应用

在酒精生产过程中，原料的液化、糖化及发酵等，都需要适宜的温度。传统的真空和蛇形管喷淋冷却方法，需要消耗大量的水，随着酒精生产量的不断增加，耗水量也随之加大，加剧了水资源短缺的局面。为了节约用水，同时又使酒精生产过程不受影响，经过反复研究、试验，设计了螺旋板换热器，改造了冷却系统。实用结果表明，螺旋板式换热器在酒精生产中的优越性突出，它不仅降低了用水量，而且温度调节比较精确，占用空间小，故障率低，达到了既节能降耗，又保证了生产顺利进行的目的。

13.5　板翅式换热器

板翅式换热器（Plate-fin Heat Exchanger）是由波纹翅片和扁平隔板组成一块交替层的紧凑型换热器[29]。早在1930年英国Marston Excelsior公司就用铜合金浸渍钎焊方法制成航空发动机散热用的板翅式换热器。经过70年的发展，目前板翅式换热器作为一种高效、紧凑、轻巧的换热设备[30]，已在石油化工、航空航天、电子、原子能、武器工业、冶金、动力工程和太阳能等领域得到广泛应用，并在利用热能、回收余热、节约材料、降低成本以及一些特殊用途上取得了显著的经济效益。

13.5.1　基本结构

通常由隔板、翅片、封条、导流片组成。在相邻两隔板间放置翅片、导流片以及封条组成一交替层，称为通道，将这样的交替层根据流体的不同方式叠置起来，钎焊成一整体便组成板束，板束是板翅式换热器的核心，配以必要的封头、接管、支撑等就组成了板翅式换热器。翅片类型有（见图13-16）：(a) 平直形；(b) 锯齿形；(c) 多孔形；(d) 波纹形。流道单元结构见图13-17。

13.5.2　研究进展

近年来板翅式换热器的设计理论、试验研究、制造工艺的研究方兴未艾，特别是一些新技术的渗透，使板翅式换热器的应用范围更加广泛，下面将介绍近年来在板翅式换热器的相关研究。

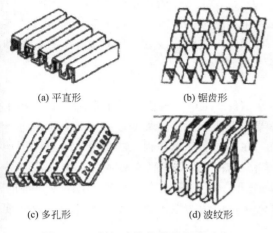

(a) 平直形　　　　(b) 锯齿形

(c) 多孔形　　　　(d) 波纹形

图 13-16　板翅式换热器的翅片型式

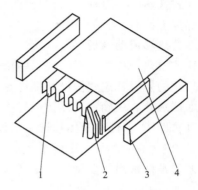

图 13-17　流道单元结构
1—翅片；2—导流片；3—封条；4—隔板

（1）表面处理技术[31]

板翅式换热器在压缩机中主要用于油冷却器和压缩空气冷却器，有空冷和水冷两种形式。无论是空冷还是水冷冷却器，高温压缩空气在冷却过程中都会有冷凝水析出，并在翅片上聚集形成"水桥"，造成空气流通不畅，从而使空气压力降增大，并导致热交换效率下降，空调中的板翅式换热器也存在类似的情况。尽管铝制合金板翅式换热器具有良好的抗蚀性能，但是长期滞留在铝表面的冷凝水吸收空气中的氧、硫及氮等，在铝表面形成腐蚀电池，加速腐蚀。腐蚀产物在铝翅片表面聚集，将降低热交换效率。对于水冷却器，在水侧同样存在腐蚀性问题，长期运行也将缩短铝制板翅式换热器的寿命。

为提高铝表面的抗腐蚀和亲水性能，对铝翅片表面处理技术进行研究，提出了一种两步成膜法。先用铬酸-铬盐在铝翅片表面形成一层防蚀纳米膜。在此涂层之上，再用小于100nm 的细硅酸微粒进行涂膜，SiOH 基团将在水中离解并产生负电荷，可使水中分散的负电荷稳定，当加热此液态悬浮液时，硅粒子就很难再分散并且很难从表面移走。这些粒子上的 SiOH 基团可以吸附水分子形成亲水表面。实际使用效果表明，采用此方法能提高换热器寿命和减小空气侧压力降。

（2）快速创型系统[32]

目前，不借助计算机，手工完全可以进行一个完整的换热器热力计算。然而，由于板翅式换热器的设计公式比较复杂，通道设计又十分困难，计算过程将十分费时且易出现人为的误差，为便于简化计算还必须忽略许多二阶量的影响。另外多股流板翅式换热器和有相变板翅式换热器的手工计算几乎不可能，因此板翅式换热器经常弃置不用，设计者通常选用低效但相对简单的管壳式换热器。近年来计算机辅助工程技术的发展，使应用计算机模拟技术对换热器稳态和瞬时进行性能模拟已成为可能，这将解决多年来一直困扰设计人员的手工热力计算的难题。

Shah 首先对紧凑式换热器的计算机辅助热工计算进行了讨论[33-35]。英国传热服务公司 HTFS、美国 ALTEC 公司和 SW 公司等都曾推出专用商业软件。经过多年的研究与开发，于 1995 年正式推出了板翅式换热器的快速创型系统（RIS-PFHE）软件包，该系统具有优化设计、参数化绘图和快速报价等功能。经过部分厂家使用，结果表明可提高设计效率

10～20倍，大大减少了过去设计、绘图文件生成中的人为错误，使产品的设计周期大为缩短。

一个高水平的计算机辅助设计程序必须兼备优化功能，RIS-PFHE 系统应用遗传算法实现了板翅式换热器多目标的人工智能设计优化。实际使用表明，该方法具有极强的鲁棒性和全局寻优能力。

（3）传热和流动分析[36]

板翅式换热器传热分析一般采用传热单元数法（ε-NTU），该法为便于手工计算，作了一些理想化的假设，这些假设条件有时会对换热器的设计产生显著影响，因此必须考虑进行修正。如传热计算中确定流体物性的单一温度值，在冷端温降不是很大的情况下，可用平均温度计算物性[37]。但若流体物性变化很大，则应将换热器按能量平衡分成几部分，假定各部分内的物性为一常数。温度对传热因子 j 和动能因子 f 的影响有时也需考虑，如 j 和 f 试验数据通常在常温下获得，用于高温下时就要修正，应用物性比法计入了流体物性随温度变化对 j 或 NTU 和 f 的影响。

物流不均匀会引起板翅式换热器性能显著下降，特别是 NTU 大的板翅式换热器尤甚。简单的总管分配不均匀性可通过解析方法完成，如两股流板翅式换热器[38]。复杂的只有通过数值计算方法来分析传热过程，如 Chiou 研究了两种情况下流量分配不均匀性对单程错流换热器热工性能的影响。对通道间物流分配不均匀的研究，London 采用单通道模型对低 Re 层流状态下的情况进行了理论分析。后来又将该理论分析推广于 N 通道模型分析[39]。

板翅式换热器表面可以在沸腾与冷凝的工况下提供很大的换热系数，但相对于单相流的传热和流动，两相流传热机理研究还很不够，目前公开发表的关于板翅式表面在相变和两相流方面的文献还较多局限于空分设备领域中[40,41]。由于板翅式换热器中沸腾和冷凝的性能数据非常有限，因此还无法提供用于设计的通用综合关系式，也不能提供对圆管公式的修正方法。

（4）真空钎焊工艺[42]

真空钎焊工艺已被世界各国的板翅式换热器生产厂家所接受，并已取代了原来的盐浴浸渍老工艺。目前世界上真空钎焊设备的主要供应商是英国康萨克（CONSARC）公司、日本真空技术株式会社、美国伊普森（IPSEN）公司以及国内的兰州真空设备厂。我国板翅式换热器真空钎焊工艺应用时间虽短，但发展迅速，目前应用大型真空钎焊炉生产的最大工件尺寸已达 1200mm×1200mm×6000mm，最高设计压力可达 8.0MPa，流体股数最多达 12 股。

13.5.3　相关应用

板翅式换热器的应用范围越来越广，在石油化工、原子能、航空航天等均有一定的应用。

① 用于空分设备的换热器；

② 采用无源技术和纳米流体的涡流发生器；

③ 石油化工的乙烯装置、合成氨装置、天然气液化与分离等装置中。

板翅式换热器应用在天然气处理装置系统，其换热效能的好坏将直接影响到天然气处理中烃水露点的控制水平。板翅式换热器在天然气处理露点系统装置中的应用如图 13-18 所示，来自天然气井的天然气（干气）、液态天然气和水经井口阀组、集气管线到天然气处理站经汇集后流入生产分离器中进行分离，分离后的天然气经过空气冷却器冷却后再进入预分离器，预分离器将冷凝的液烃与水分离后进入露点控制主装置。进入主装置的天然气分为两股，一股进入板翅式换热器和在低温分离器中分出的天然气进行热量交换以降温；另一股则进入气-液换热器和低温分离器分出的液态相进行热量交换以降温。然后把经过降温后的两股天然气进行混合，经过节流降温，再进入低温分离器。最后从低温分离器分离出来的天然气经板翅式换热器后向外输送。

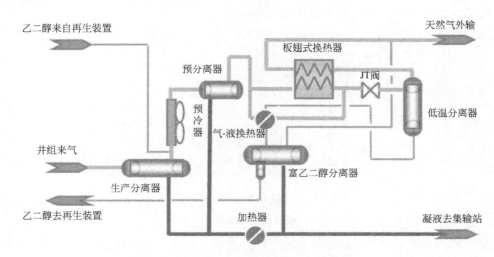

图 13-18　板翅式换热器在天然气处理露点系统装置应用流程示意图[43]

　　由上述应用流程可知，板翅式换热器在天然气露点装置中起到的作用是利用来自低温分离器中天然气的低温使预分离器中的天然气温度可以降低到预定的温度。由于板翅式换热器以其优秀的换热性能和结构特点，适用于该装置控制烃水露点，处理后的天然气是合格的，又有效地降低了成本，值得推广应用。

（1）用于深低温的氢、氦、制冷、液化设备中

（2）用于制冷和空调领域，例如微板翅式散热片

　　酒店标准客房均设独立的新风、排风系统，排风系统位于客房的卫生间。板翅式换热器在系统中的布置如图 13-19 所示。为预防排风处的灰尘和气味污染新风，在换热器的新风入口处增设了 1 台低噪声混流送风机，用来确保换热器的新风气流处于正压状态。该送风机提供足够的压力克服换热器设备阻力和换热器到新风机入口处之间的管段阻力。

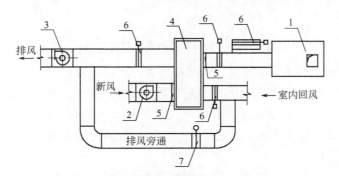

图 13-19　板翅式全热交换器在系统中的布置
1—新风处理器；2—送风机；3—排风机；4—板翅式换热器；
5—过滤器；6—双位电动阀；7—电动多叶调节阀

结果证明，在酒店空调中使用板翅式换热器这种热回收设备，换热效率高、经济节能效果良好，投资回收期短，值得广泛应用。

（3）板翅式换热器在燃油燃气锅炉余热回收中的应用

板翅式换热器由于其结构紧凑、换热性能强，可以提高能源利用率，降低工厂运行成本，并且能使设备小型化，广泛应用于各个工业部门，是生产与生活中不可缺少的重要换热设备。板翅式换热器余热回收应用如图13-20所示。

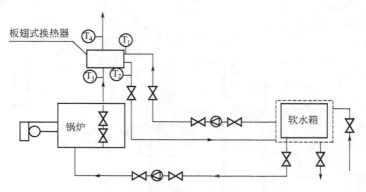

图13-20　板翅式换热器余热回收系统

板翅式换热器主要是用在液相与气相之间的发生热传递。气相流动的翅片侧，作为对流换热系数的气体流量低于液体流量，这使得板翅式换热器相比一般传统的管式换热器更紧凑和更轻便。一些航空燃气涡轮发动机采用板翅式换热器作为风冷式油冷却器或风冷式整体驱动发电机（IDG）油冷却器。图13-21是板翅式换热器应用于微型燃气轮机中。该板翅式换热器工作在一个高温环境，板翅式换热器的顶部和底部之间的温度差是300℃左右，可以显著地改善油冷器的换热性能。

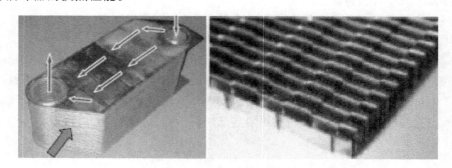

图13-21　板翅式换热器用于油冷却器

加热锅炉余热回收系统应用板翅式空气预热器，可以使加热炉热效率得到有效提高，并且降低燃料的消耗。空气预热器的结构布置为立式布置，板式空气预热器位于上部，板翅式空气预热器位于下部（图13-22）。高温烟气先通过板式预热器降温后，再通过板翅式预热器换热排出，在板式和板翅式预热器之间的空气和烟气侧分别设置了测温测压接口，烟气侧还设置了氧含量检测口。

经过实际运行，板翅式空气预热器运用在常减压装置中可节省投资，并且具有结构紧凑、传热效率高、便于操作、易于维修、不易漏风、易清理积灰等一系列优点，可有效降低排烟气温度，解决了传统预热器有一定泄漏的问题，加热炉的热效率得到提高，从而延长了预热器的周期运行时间。

13.5.4 计算方法

板翅式换热器设计包括几何尺寸计算
和传热设计计算两部分。

（1）几何尺寸计算（图 13-23）

① 当量直径 d_e

$$d_e = \frac{4A'}{U} = \frac{4xy}{2(x+y)} = \frac{2xy}{x+y}$$

$$(13-26)$$

② 通道横截面积 A

图 13-22 空气预热器实物

对于每层单元，通道的横截面积为

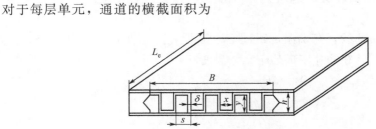

图 13-23 几何尺寸

h—翅片高度，m；δ—翅片厚度，m；s—翅片间距，m；B—翅片有效宽度，m；
L_e—翅片有效长度，m；n—通道层数；x—翅片内距，$x=s-\delta$，m；
y—翅片内高，$y=h-\delta$，m

$$A_i = xy\frac{B}{s}, \text{m}^2$$

$$(13-27)$$

芯体的 n 层通道的横截面积为

$$A = nA_i = nxy\frac{B}{s}, \text{m}^2$$

$$(13-28)$$

n 层通道的一次传热面积

$$F_1 = \frac{x}{x+y}F, \text{m}^2$$

$$(13-29)$$

n 层通道的二次传热面积

$$F_2 = \frac{y}{x+y}F, \text{m}^2$$

$$(13-30)$$

n 层通道的总传热面积

$$F = \frac{2(x+y)BL_e n}{s}, \text{ m}^2$$

$$(13-31)$$

（2）传热设计计算（图 13-24）

取一个翅片间距的微小单元对翅片效率进行分析，通过一次传热面的热量：

$$Q_1 = \alpha F_1(t_w - T)$$

$$(13-32)$$

式中 α 为壁面与流体间的给热系数，$W/(\text{m}^2 \cdot \text{K})$；$F_1$ 为一次传热面积，m^2；t_w 为隔板
表面温度，K；T 为流体温度，K。

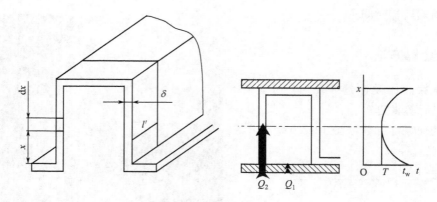

图 13-24　翅片间距微小单元

由于沿气流方向的翅片长度大大超过翅片厚度，所以翅片的导热可以作为一维导热处理。

根据翅片表面温度分布曲线，两端温度最高等于隔板表面温度 t_w，而随着翅片与流体的对流给热，温度不断降低，在翅片中部趋于流体温度 T。

通过二次传热面的热量：

$$Q_2 = \alpha F_2 (t_m - T) \tag{13-33}$$

换算成 $t_w - T$，得到：

$$Q_2 = \alpha F_2 \, \eta_f (t_w - T) \tag{13-34}$$

翅片效率：

$$n_f = \frac{t_m - T}{t_w - T} \tag{13-35}$$

可见，翅片效率就是二次传热面的实际平均传热温差和一次传热面传热温差的比值。

在忽略金属翅片厚度方向温度梯度的前提下，在截面和之间的翅片中，由于热传导所得到的热量为：

$$Q = \lambda_f \delta l' \frac{d^2 t}{dx^2} dx \tag{13-36}$$

式中，λ_f 为翅片热导率。

同时这段翅片与流体之间通过对流传热得到的热量为：

$$2\alpha' l' dx (t - T) \tag{13-37}$$

在假设传热过程稳定的前提下，有如下等式成立：

$$\lambda_f \delta l' \frac{d^2 t}{dx^2} dx = 2\alpha' l' dx (t - T) \tag{13-38}$$

解微分方程，得：

$$\theta = \frac{\theta'' \sinh(Px) + \theta' \sinh[P(L-x)]}{\sinh(PL)} \tag{13-39}$$

式中，L 为翅片总长度。

由解式可看出，操作时沿翅片高度温差是变化的，在翅片整个高度上平均温差可由解式根据中值定理求出：

$$\theta_{cp} = \frac{\theta'' + \theta'}{2} \times \frac{\tanh\left(\dfrac{PL}{2}\right)}{\left(\dfrac{PL}{2}\right)} \tag{13-40}$$

根据翅片效率的定义，即翅片的平均温差与翅片根部温差的比值，式中，$\tanh\left(\dfrac{PL}{2}\right)$ 为双曲正切函数。

对于两股流板翅式换热器，当一个热通道与一个冷通道间隔排列时，根部温差对称，$\theta'=\theta''=\theta_0$。并用定性尺寸表示，翅片效率 n_f 可以表示为：

$$\eta_f=\frac{\theta_{cp}}{\theta_0}=\frac{\tanh(Pb)}{Pb} \tag{13-41}$$

其中：$P=\sqrt{\dfrac{2\alpha'}{\lambda_f\delta}}$，$\alpha'=\dfrac{1}{\dfrac{1}{\alpha}+r}$

式中，b 为翅片的定性尺寸，m；α 为流体给热系数，$W/(m^2\cdot K)$；r 为污垢系数，$m^2\cdot K/W$。翅片的定性尺寸是指二次表面热传导的最大距离，通道中的传热具有对称性。

13.6　伞板换热器

伞板换热器和其他板式换热器一样，关键零件是传热板片，也就是伞板。在伞板的锥面上还冲有螺旋型的槽。换热器由伞型板片、异型垫片组成，两端加上端板由螺栓拉紧，加上接管及其他零件就组成一台完整的伞板换热器。蜂拐型伞板换热器是由若干带螺旋槽的伞型板片叠加成的。换热器的外型、传热板片和垫片如图 13-25 所示。

13.6.1　基本结构

伞板换热器分为蛛网式和蜂螺式两种。它的结构基本上与板式换热器相同，由一对端板（头盖、底板）和许多伞形板片叠加成的板束构成，整个设备由支座支承。冷、热流体（A、B 流体）分别流过板束中奇数层或偶数层间，并借助板片间的异形密封垫片而不相混、不外漏。

其主要结构包括：板片，垫片，头盖，底盖，支座，流体入口，流体出口，如图 13-26 所示。

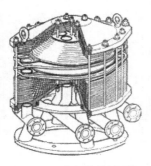

图 13-25　伞板换热器外型

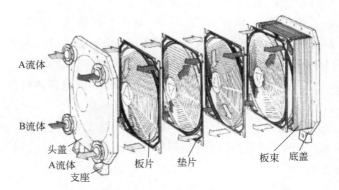

图 13-26　伞板换热器结构

13.6.2　设计方法

该类换热器在合肥通用机械研究所、江阴轴承厂、津北机械厂等单位的不断努力下，获得进一步的发展和完善，规格不断增多，质量不断提高。由于它是一个新生事物，人们对于其内在规律尚无足够的认识，缺乏必要的技术资料，因此在设计方面存在着一定的困难。具体设计和选型由各个厂家产品的性能曲线计算得到。性能曲线（准则关联式）一般来自于产品的性能测试。对于缺少性能测试的板型，也可通过参考尺寸法，根据板型的特性几何尺寸获得板型的准则关联式。

13.6.3　研究进展

1967 年由天津铆造厂（现在的天津石油化工设备厂）的工人师傅及技术人员，在一机部通用机械研究所的配合下试制了第一台蜂螺型伞板换热器。形状像蜂窝，故取名蜂窝螺旋型伞板换热器，简称峰螺型伞板换热器。蜂螺型伞板换热器的关键零件伞板传热片采用了滚压成型的新工艺，可以在专用的机床上滚压成所需的形状，从而克服了板式换热器一定要大吨位的水压机才能冲压传热板片的缺点，而继承了板式换热器的结构紧凑、传热效率高、便于拆洗的特点。

1970 年底蜂螺型伞板换热器转由天津市制刀厂生产，规格有两种，一种是传热板片直径 50mm，另一种是传热板片直径 1000mm。1971 年 7 月，天津市制刀厂和通用机械研究所一起继续进行试验工作，在原蜂螺型伞板换热器的基础上又试制了复波型伞板换热器。这种换热器的传热板片是方型的 1000mm^2 大小。至 1971 年为止共生产过以上三种规格的伞板换热器。

板片的制造是在车床上滚压成型，无需大吨位压力机和复杂的模具。板片材质除不锈钢、有色金属、碳素钢外，还可采用涂层以及搪瓷防腐措施。由于密封结构不断改进，板片叠加形成蜂窝通道，适于承受较高的操作压力。所以，虽然板片厚度仅有 0.7mm，但操作压力可达 10～13kgf/cm^2（试验压力为 16kgf/cm^2，1kgf/cm^2＝98.0665kPa）。以上是伞板换热器与一般板式换热器比较所独具的特点。同时它还具有螺旋板换热器的全逆流、通道面积小、流阻小及板式换热器的可增减板片、变换板程、适应性强等优点，因而伞板换热器是一种很有发展前途的新型板式换热器。

伞板换热器自 1967 年在天津试制成功并投入生产后，现已应用于化工、轻工、发电等工业部门。1973 年底，在无锡压缩机厂和合肥通用机械研究所的配合下，江阴轴承厂又试制成功一种碳素钢镀锌伞板换热器的新品种，其结构设计、制造工艺都做了进一步的改进与提高，可在操作压力 10kgf/cm^2、温度 200℃的范围内使用。

实践证明，它具有传热性能良好、流体阻力小、结构紧凑、加工简单及易于维修、拆卸和清洗等特点，是一种很受用户欢迎的换热设备。但是由于试验研究工作做得较少，文献资料不多，特别是对流体的流动特性和传热性能方面的认识尚不充分，在一定程度上影响了它的发展和推广。

13.6.4　相关应用

伞板换热器在国外应用很少，在我国多用于动力行业，作为电厂发电机组的配套设备，用于冷却定子和转子内循环蒸馏水和润滑油，也可用于化工、石油、机械、轻工等部门。例如，天津市大沽化工厂烧碱车间[44]蒸发工段 1976 年 9 月正式将复波伞板换热器用于加热隔膜电解液，效果较好。目前存在问题是：①耐压不太高（此外电解液压力为 3.5kgf/cm² 表压），在开停工时有时发生渗漏；②阻力较大，系统阻力约 1.5kgf/cm²（四程时），比列管式约大三倍；③使用时间不长。综上所述伞板换热器尚待继续摸索经验。下面简单介绍几种应用：

（1）在生产螺杆式压缩机上的应用

我国生产的螺杆式压缩机，主要配用螺旋板换热器作为油冷却器，在维修清洗方面较为困难。因此，需要一种效率高、体积小、维修拆洗方便的新型换热器作油冷却器。对于满足上述使用要求，伞板换热器是适合的。1973 年 12 月，无锡压缩机厂会同江阴轴承厂、上海化工学院、合肥通用机械研究所，在该厂 LG20-10/7 型螺杆式压缩机上，采用江阴轴承厂生产的碳素钢镀锌伞板换热器用作油冷却器进行了试验，初步取得了一定的效果。试验采用 φ500mm 板片，先后组装成单流程和三流程。对单流程，虽然油侧压力降仅有 0.5kgf/cm²，比原设备大幅度降低，但传热系数基本与原设备相同。对三流程，虽然传热系数显著增加达 300kJ/(m²·h·℃)，但油测压力降亦显著增加达 2.6kgf/cm²。压力降与传热系数是相互矛盾的，在试验中单流程与三流程，这矛盾的两个方面没有得到兼顾。另一方面，压缩机所需换热面积为 5.5m²，直径为 500mm 的板片（0.15m/片）组装换热器仅需 36 片，所以换热器显得盖大而板片少。为了合理地处理上述矛盾，对板片的结构与尺寸作了改进，设计制造了 φ350mm 伞板换热器，于 1974 年三月在无锡压缩机厂再次进行试验，其结果是压力降不超过 1kgf/cm²，传热系数为 280～300kJ/(m²·h·℃)。结构紧凑，外形美观，重量约比原用螺旋板换热器减轻 100kg。这次试验表明，较合理地解决了压力降和传热系数的矛盾，较合理地统一了板片数量、承压能力与结构尺寸、设备轻巧紧凑等方面的矛盾。LG20-10/7 型螺杆式压缩机的油-水冷却系统，油冷却采用新设计的 φ350mm 伞板换热器，使油温降低，延长机器寿命，降低比功率，将直径为 500mm 的板片改成小直径板片满足了压缩机厂提出的要求。

（2）在烧碱蒸发工段的应用

天津市大沽化工厂烧碱车间蒸发工段 1976 年 9 月正式将复波伞板换热器用于加热隔膜电解液，效果较好。该复波伞板换热器实际传热面积 62.2m²，由 89 块 1000mm 锥形板组成，程数为四程，组装厚度为 500mm。与相同传热面积的列管式换热器相比，体积和占地面积分别缩小为原来的 1/3.5、1/5.5。换热器的热载体为一效及二效乏水（110～136℃），冷载体为 70～82℃ 的隔膜电解液（含 115～120g/L 氢氧化钠、180～190g/L 氢化钠），实测传热系数 K 在 1200 以上，比列管式换热器 K 值提高三倍以上。目前存在问题是：耐压不太高（此外电解液压力为 3.5kgf/cm² 表压），在开停工时有时发生渗漏，阻力较大，系统阻力约 1.5kgf/cm²（四程时），比列管式约大三倍，因使用时间不长，尚待继续摸索经验。

13.7　热管换热器

随着热管（Heat Pipe）技术的不断发展，由热管组成的热管换热器也随之出现。将热管元件按一定行列间距布置，成束装在框架的壳体内，用中间隔板将热管的蒸发段和冷凝段隔开，构成热管换热器。

热管是一种具有高导热性能的传热组件，热管技术首先于 1944 年由美国人高格勒（R. S. Gaugler）所发现[45]，并以"热传递装置"（Heat Transter Device）为名取得专利，当时因未显示出实用意义而没有受到应有的重视。直到 20 世纪 60 年代初期，由于宇航事业的发展，要求为宇航飞行器提供高效传热组件，促使美国洛斯-阿拉莫斯科学实验室的格罗弗（G. M. Grover）于 1964 年再次发现这种传热装置的原理[46]，并命名为热管，首先成功地应用于宇航技术，之后引起了各国学者的极大兴趣和重视。热管技术于 20 世纪七八十年代进入中国。

13.7.1　基本结构

以热管为传热单元的热管换热器是一种新型高效换热器，其结构如图 13-27 所示，它是由壳体、热管和隔板组成的。热管作为主要的传热元件，是一种具有高导热性能的传热装置。它是一种真空容器，其基本组成部件为壳体、吸液芯、工作液。

按照热流体和冷流体的状态，热管换热器可分为：气-气式，气-汽式，气-液式，液-液式，液-气式。按照热管换热器的结构形式可分为：整体式，分离式和组合式。

热管是一种具有高导热性能的传热元件，它通过在全封闭真空管壳内工质的蒸发与凝结来传递热量，具有极高的导热性、良好的等温性、冷热两侧的传热面积可任意改变、可远距离传热、可控制温度等一系列优点。

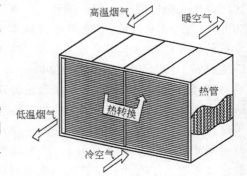

图 13-27　气-气式热管换热器结构

热管气-气换热器（图 13-27）是目前应用最为广泛的一种余热回收设备，它利用锅炉、加热炉等排烟余热预热炉内的助燃空气，不仅可提高炉子的热效率，还可以减轻对环境的污染。因此，热管气-气换热器在余热回收利用中得到非常广泛的应用。

热管气-气换热器综合起来有如下一些特点：

① 传热性能高。由于热管气-气换热器的加热段和冷凝段都有带翅片，大大扩展了换热表面，因此，其传热系数比普通光管气-气换热器的要大好多倍。

② 对数平均温差大。由于热管气-气换热器可以方便地做到冷流体与热流体的纯逆向流动，这样在相同的进、出口温度条件下，就可以产生最大的对数平均温差。

③ 传热量大。由于热管气-气换热器的传热系数和对数平均温差大，因此传热量就大；体积小、重量轻、结构紧凑。由于热管气-气换热器所传输的热量大，因此在传输同样的热量情况下，热管气-气换热器就显得体积小、重量轻、结构非常紧凑，因而占地面积也就大大减少。热管气-气换热器这一独特的优点就使其在余热回收等应用领域开辟了广阔的天地。

④ 便于拆装、检查和更换。热管气-气换热器是由许多根独立的换热元件——热管按照一定的排列方式组成的。因此更换部分热管不会影响热管气-气换热器整体的正常工作；热管气-气换热器具有很大的灵活性，可以根据不同的热负荷和气体的流量将几个热管气-气换热器串联或并联起来使用；明显地提高了金属壁温，减轻了低温腐蚀；有效地防止了漏风，降低了引风机的耗电量；加强了换热能力，余热回收率高，提高了锅炉热效率；明显地减轻了受热面积灰，不会出现堵烟现象而影响锅炉正常运行；流阻小，降低了换热器运行时的动力消耗。

总之，热管气-气换热器与管壳式预热器相比，主要体现在传热性能好、结构简单、紧凑、投资小、运行费用低和流动阻力小等方面。热管气-气换热器的技术优势在于利用了热管内部工质的相变传热，换热系数大，易于控制空气及烟气的出口温度。

13.7.2 研究进展

热管作为一种具有高导热性能的传热装置，其概念首先由美国通用发动机公司的Gaugler 于 1944 年提出[47]。他当时的想法是：液体在某一位置上吸热蒸发，而后在它的下方某一位置放热冷凝，不附加任何动力而使冷凝的液体再回到上方原位置继续吸热蒸发，如此循环，达到热量从一个地点传动到另一个地点的目的。Gaugler 所提出的第一个专利是一个冷冻装置，由于时代条件的限制，Gaugler 的发明在当时未能得到应用。

1962 年特雷费森向美国通用电气公司提出报告，倡议在宇宙飞船上采用一种类似Gaugler 的传热设备。但因这种倡议并未经过实验证明，亦未能付诸实施。

1963 年 Los-Alamos 科学实验室的 Grover 在他的专利中正式提出热管的命名，该装置基本上与 Gaugler 的专利相类似。他采用一根不锈钢管作壳体，钠为工作介质，并发表了管内装有丝网吸液芯的热管实验结果，进行了有限的理论分析，同时提出了以银和锂作为热管的工作介质的观点[46]。

1964 年 Grover 等首次公开了他们的试验结果。此后英国原子能实验室开始了类似的以钠和其他物质作为工作介质的热管研究工作。工作的兴趣主要是热管在核热离子二极管转换器方面的应用。与此同时，在意大利的欧洲原子能联合核研究中心也开展了积极的热管研究工作。但兴趣仍然集中在热离子转换器方面，热管的工作温度达到 1600~1800℃[48]。

1964~1966 年期间，美国无线电公司制作了以玻璃、铜、镍、不锈钢、钼等材料作为壳体，水、铯、钠、锂、铋等作为管内的工作液体的多种热管，操作温度达到 1650℃[49]。

1967~1968 年，美国应用于工业的热管日渐广泛，应用范围涉及空调、电子器件、核电机的冷却等方面。并初次出现了柔性热管和平板式的异形热管。Los-Alamos 科学实验室的工作一直处于领先状态，其工作重点是卫星上热管的应用研究。1967 年一根不锈钢-水热管首次在空间运转成功。1965 年 Cotter 首次较完整地阐述了热管理论，他描述了热管中发生的各个过程的基本方程，并提出了计算热管工作毛细限的数学模型，从而奠定了热管理论的基础[50]。Katzoff 于 1966 年首先发明有干道的热管。干道的作用是为后冷凝段回流到蒸发段的液体提供一个压力降较小的通道。

1969 年，苏联、日本的有关杂志均发表了有关热管应用研究的文章。在日本的文章中描述了带翅片热管管束的空气加热器。在能源日趋紧张的情况下，它可以用来回收工业排气中的热能。同年特纳核比恩特提出了"可变导热管"作为恒温控制使用。格雷提出转动热管，此种热管没有吸液芯，依靠转动中的离心力使液体从冷凝段回流到蒸发段，这些发明都是热管技术的重大进展。

我国热管研究开始于 1970 年左右。在 1972 年，第一根钠热管运行成功，以后相继研制成功氨、水、钠、汞、联苯等各种介质的热管，并在应用上取得了一定的进展[51]。

1981 年国内第一台试验性热管换热器运行成功，各地相继出现了各种不同类型的、不同温度范围的气-气热管换热器和气-液热管换热器，在工业余热回收方面发挥了良好的作用，并积累了一定的使用经验。

20世纪80年代初，国内一些科研院所及制造厂相继开展了热管气-气换热器的试验研究。主要目的是解决热管的制造工艺、碳钢-水热管的相容性、中高温热管的研制、热管的传热性能及热管换热器的设计方法等问题，其研究成果陆续在石化、冶金、电力等行业推广应用。目前国内已有数千台热管气-气换热器先后投入使用，取得了较好的使用效果。但也暴露了不少问题，如热管失效、低温腐蚀、积灰、漏风等，影响了热管气-气换热器的进一步推广。因此，急需对这些问题进行细致分析与研究，完善热管气-气换热器的设计制造方法，提高热管气-气换热器的使用效果和寿命[52]。

热管（HPS）近几十年来得到了相当的重视，特别是在电子制冷领域，这就需要从有限体积的环境中移除额外的热量。小热管HPS广泛用于电子应用，这通常是因为电子设备的紧凑结构和有限尺寸。如小型/微型HPS和两相回路（TPLs）迷你/微灯芯，包括环HPS（LHP）和毛细泵回路（CPL），不仅高效率，小尺寸还兼容半导体器件的使用。特别地，与传统HPS相比的特殊的优点在于可以使用在重力场的任何方向上，热的传输距离可达几米。进一步的电子制冷领域的新型小型蒸汽室（VCS）被称为扁平的HPS，其重量轻，几何形状上具有灵活性，热导率非常高。硅广泛应用于电子，它是一种小型/微型HPS上TPLs的首选材料。此外，基于小型HPS聚合物很有进一步发展的潜力，它们廉价并且容易制造。因为小灯芯能提供较大的毛细管力，纳米芯的碳纳米管（CNTs）可能具有潜在的未来特性。如超亲水型芯微膜增强微通道，使用20nm厚的二氧化硅（SiO_2）利用原子层沉积（ALD）技术（图13-28）。ALD SiO_2 涂层能提高混合灯芯水薄膜蒸发速度达56%。

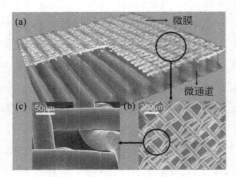

图13-28　超亲水型微膜结构
增强了微通道的灯芯[53]

在工业生产领域，随着理论计算和实验研究的进步，热管技术获得了高速的发展，但实际用于工业生产的应用程序和管道系统却并没有真正发挥其潜力，由于温度波动范围广泛，只能单一地对一个系统进行优化处理。

13.7.3　相关应用

以热管为传热元件的换热器具有传热效率高、结构紧凑、流体阻损小、有利于控制露点腐蚀等优点[54]。目前已广泛应用于冶金、化工、炼油、锅炉、陶瓷、交通、轻纺、机械等行业中，作为废热回收和工艺过程中热能利用的节能设备，取得了显著的经济效益。

高温液态金属热管已广泛地用于动力工程的核反应堆和同位素反应器的冷却系统[55]，并在空间应用中作为热离子核热电发生器的重要部件；此外，作为高温换热器回收高温热能颇具应用前途。

中温热管广泛地被用于电子器件及集成电路的冷却、大功率行波管的冷却、密闭仪表的冷却；在动力工程中用于透平叶轮、发电机、电动机以及变压器的冷却；在能量工程方面用于废气热能回收、太阳能和地热能的利用；在机械工程方面用于高速切削工具（车刀、钻头）的冷却。

低温热管在通信联络中冷却红外线传感器、参量放大器；在医学方面可用作低温手术刀，进行眼睛和肿瘤的手术。随着热管技术的发展，其应用范围还在扩大。几个典型的应用如下：

美国阿拉斯加输油管线工程采用热管作输油管线的支撑[56]。这条管线穿过寒冷的冻土地带，夏天冻土融化，使得管线下陷，引起管线破裂。后来通过在管架支撑中装设简单的重力热管解决了这个困难。冬天通过热管将管桩基础周围的热量带出并散失在空气中，使土壤冻透，形成结实的"低温锚桩"。夏天，由于重力热管具有单向传热性能，大气中的热不能传到地下，故地下冻土不能融化；采用了氨-碳钢热管，长 10～20m，上部散热端装有铝翅片，埋入土壤中的深度为 9～12m，在热管两端温差小于 1℃ 的情况下，保证每根热管可输送 300W 的热流。其热管的设计使用寿命可达 30 年，满足整个管线工程的要求。在 1290km 长的管线上，总共使用了 112000 多根热管。热管应用于一个化学反应釜，反应釜的搅拌轴就是一根热管。当反应釜中的反应温度达不到热管启动温度时，热管不工作，一旦温度上升到热管工作温度时，热管便通过釜内的吸热片把热量传到釜外，通过散热片散入空间，从而使得釜内反应温度保持恒定。

2015 年基姆和巴特尔等开发了一种热管余热回收系统代替传统的汽车散热器[57]。该系统如图 13-29 和图 13-30 所示。只使用现有的移动组件像水泵和风扇，更换散热器无法引入一个额外的移动组件。热管换热器和 TEG 的应用可以使传热和电力生产不引入额外的移动部件。该系统包括 72 个尺寸为 40mm 的 TGE 和 128 个小直径热管。在空闲条件下，该系统的热端接近有 90℃ 冷端也差不多有 70℃，可以回收 28J 的热量。在汽车驾驶速度达到 80km/h 时，系统热端接近 90℃，冷端接近 45℃，这种情况下可回收 75J 的热量。

图 13-29　TEG 模拟控制系统[57]

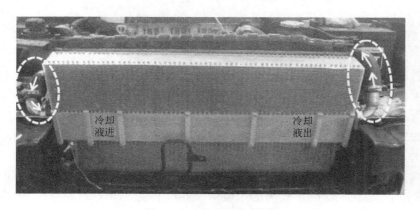

图 13-30　热管换热器[57]

13.7.4　设计方法

热管气-气换热器是由若干独立传热的热管按一定的排列方式所组成，目前的工业应用场合均采用重力式热管作传热元件[58]，所以热管气-气换热器的工艺设计计算内容包括重力式热管，以及以重力式热管作传热元件的气-气换热器两个部分的设计计算。

（1）热管的材料及工作温度

根据热管的工作原理可知，影响热管性能的几个主要因素为：管内的工作液体，热管的工作温度以及管壁（壳体）材料[59]。在进行热管设计计算以前，首先应考虑怎样确定上述因素。一般地说与设计的目的有关。因为热管的用途相当广泛，不同的用途对热管的要求也不尽一致。在某些场合下要求相当苛刻，例如宇航、军工等领域。此时管子的数量可能较少，但可靠程度和精密性要求却相当严格，可靠性占第一位，经济性则处于次要地位。在民用和一般工业中，管子数量相当多（已属批量生产），这时经济性占了突出地位，如果价格昂贵，应用也就失去意义。故此时的热管设计应注意经济性，应尽量采用价廉易得且传输性能好的工作液体；不采用吸液芯，完全依靠重力回流；对管壁则尽可能采用廉价金属——碳钢。壳体材料首先应满足与工质的相容性要求。除此之外壳体材料还应满足在工作温度下的刚度和强度要求。同时应考虑对热管壳体材料的选择必须符合我国有关标准的规定。热管是依靠工作液体的相变来传递热量的，因此工作液体的各种性质对于热管的工作特性也就具有重要的影响。

台湾大学开发了一种新的太阳能热水器，一个 LHP 系统连接到一个热管后，用热管转移到图 13-31 所示的水箱。该系统的总体效率比传统的太阳能热水系统低 50.3%，但是它可以直接安装在建筑物的屋顶具有结构完整性。

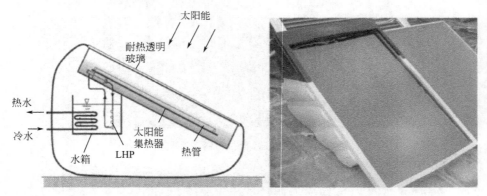

图 13-31　新的太阳能热水器及系统[60]

（2）热管的强度与最大传热功率

热管的设计计算通常按以下 3 个步骤进行：①根据一定的蒸汽速度确定热管的直径；②按照工作压力对热管进行机械强度校核；③验算与热管最大传热能力有关的工作极限。

热管管径的大小对热管的性能有影响，即对热管换热器的性能有影响。对单管传热量来说，管径越大，传热面积就越大，单管传热量就越多。

对一台换热器来说，当总的热负荷一定时，所需要管子的根数就减少，这就会降低设备的造价和投资。因此增大管径是有利的。但对于热管传热热阻，就热管气-气换热器来说，在总的传热热阻中，起控制作用的是管外两侧的放热热阻。随管径的增大，管外放热系数要下降，热阻要增大（此项是热管传热的主要热阻），对传热不利。对热管的强度来说，在其他条件相同的情况下，管径越小，所能承受的管内压力就越高，管径小些有利。从以上看来，管径越小，热管换热器的性能越好。但管径的大小还直接影响了管内流通面积的大小，从而影响着热管的几项传热极限。受流通截面影响最为显著的传热极限有两个，一个是声速极限，另一个是携带极限。在热管的加热段如果增加输入的热量超过一定值时，工质蒸气流在加热段的出口处达到声速，便出现蒸气流动的阻塞现象，由此现象产生的传热量的界限称为声速极限（声速限）。管径计算的一个基本原则是管内蒸气速度不超过一定的极限值。这个极限值是在蒸气通道中最大马赫数不能超过 0.2。在这样的条件下，蒸气流动可以被认为是不可压缩的流体流动。这样轴向温度梯度很小，并可忽略不计。否则，在高马赫数下蒸气流动的可压缩性将不可忽略。

一般来说，一根热管所要传递的最大轴向热流量 Q_{max} 是已知的。热管气-气换热器一般采用的是重力式水-碳钢热管，换热器设计计算后只对工质的工作温度进行校核。

（3）热管气-气换热器的设计计算方法

热管气-气换热器设计计算的主要任务在于求取总传热系数 U，然后根据平均温差 ΔT 及热负荷 Q 求得总传热面积 A，从而定出管子根数 N。

设计中考虑的问题有：合适的迎风面风速，风速过高会导致压力降过大和动力消耗增加，风速过低会导致管外膜传热系数降低，管子的传热能力得不到充分的发挥；热管的管径、厚度，以及翅片的间距、高度、厚度等参数；冷流体及热流体运行参数，包括流量，进出口温度等[61]。热管气-气换热器的两种基本计算方法是平均温差法和传热单元数法，它们都能完成预热器的设计计算和校核计算。设计计算是设计一个新的气-气换热器，要求确定气-气换热器所需的换热面积；而校核计算是对已有的气-气换热器进行校核，以确定气-气换热器的流体出口温度和换热量。通常由于设计计算时冷热流体的进出口温度差比较易于得到，对数平均温度能够方便求出，故常常采用平均温差法进行计算；而校核计算时由于热管气-气换热器冷热流体的热容流率和传热性能是已知的，热管气-气换热器的效能易于确定，故采用传热单元数法进行计算。

参考文献

［1］ Raffaele L, Amalfi, Farzad Vakili-Farahani, John R Thome. Flow boiling and frictional pressure gradients in plate heat exchangers. Part 1: Review and experimental database ［J］. Refrigeration, 2015, 7（1）: 11-16.

［2］ Seong-Yeon Yoo, Jin-Hyuck Kim, Myoung-Seok Jie. A study on energy saving of cooling/reheating system using compact heat exchanger ［J］. Journal of Mechanical Science and Technology, 2010, 24（4）: 887-892.

［3］ Jens Schmidt, Matthias Scheiffele, Matteo Crippa, et al. Design, Fabrication, and Testing of Ceramic Plate-Type Heat Exchangers with Integrated Flow Channel Design ［J］. Applied Ceramic Technology, 2011, 8（5）: 1073-1086.

［4］ Lyon. SSIEM 2015 Annual Symposium ［J］. Journal of Inherited Metabolic Disease, 2015, 38（1）: 35-378.

［5］ Focke W W, et al. The effect of the corrugation in-clination angel on the thermal hydraulic performance of plate heat exchangers ［J］. Int J Heat Mass Transfer, 1985, 28（8）: 1469-1475.

［6］ Focke W W. Turbulent Convective Heat Transfer in Plate Heat Exchzngers ［J］. Int Comm Heat Mass Transfer, 1983, 10（3）.

［7］ Muley A Manglik R M. Experimental Study of Turbulent Flow Transfer and Pressure Drop in a Plate Heat Exchanger with Chevro Plates [J]. Journal of Heat Transfer, 1999, 121（1）: 110-117.

[8] Emila M, Djordjević, Stephan Kabelac, Slobodan P Šerbanović. Heat transfer coefficient and pressure drop during refrigerant R-134a condensation in a plate heat exchanger [J]. Chemical Papers, 2008, 62（1）: 78-85.

[9] Reinhard Wrfel, Nikolai Ostrowski. Experimental investigations of heat transfer and pressure drop during the condensation process with in plate heat exchangers of the herring bone-type [J]. International Journal of Thermal Sciences, 2004, 43（1）: 59-68.

[10] Prabhakara Rao B, P Krishna Kumar, SaritK Das. Effect of flow distribution to the channel on the thermal performance of a plate heat exchanger [J]. Chemical Engineering and Processing, 2002, 41: 49-58.

[11] Saboya F E M, Sparrow E M. Local and average transfer coefficients for one row plate fin and tube heat exchanger configurations [J]. ASME J Heat Transfer, 1974, 96: 265-272.

[12] 赵镇南. 板式换热器人字波纹倾角对传热及阻力性能影响 [J]. 石油化工设备, 2001,（5）: 2-3.

[13] 许淑惠, 周明连. 板式换热器进出口流道内的压力分析、流阻及流型显示的试验研究 [J]. 节能, 1996,（8）: 12-15.

[14] 周明连. 板式换热器流动分布的理论分析及实验研究 [J]. 北方交通大学学报, 2001, 25（1）: 67-71.

[15] Jae-Hong Park, Young-Soo Kim. Evaporation Heat Transfer and Pressure Drop Characteristics of R-134a in the Oblong Shell and Plate Heat Exchanger [J]. KSME International Journal, 2004, 18（12）: 2284-2293.

[16] Yen Chean Soo Too, Graham Morrison, Masud Behnia. Performance of Falling Film Heat Exchangers for Solar Water Heaters [J]. Proceedings of ISES World Congress, 2007, 2009（5）: 2013-2017.

[17] 赵国辉, 隋军. 管壳式换热器技术进展 [J]. 化学工业与工程技术, 2000, 21（4）: 12-14.

[18] 赵晓文, 苏俊林. 板式换热器的研究现状及进展 [J]. 冶金能源, 2011, 3 0（1）: 52-55.

[19] 蔡晓君, 王利华, 吕涛. 板式换热器的结构及应用 [J]. 化工设备与管道, 2011, 38（4）: 14-16.

[20] Marcus Reppich. Use of High Performance Plate Heat Exchangers in Chemical and Process Industries [J]. Int J Therm Sci , 1999, 38: 999-1008.

[21] 蔡丽萍, 郭国义, 陈定岳等. 板壳式换热器的应用和进展 [J]. 化工装备技术, 2011, 32（2）: 27-31.

[22] 毛希澜. 换热器设计 [M]. 上海: 上海科学技术出版社, 1988.

[23] 李含苹. 全焊接板壳式换热器在传热中的应用 [J]. 船舶, 2004,（4）: 35-38.

[24] Ayub Z H. Plate heat exchanger literature survey and new heat transfer and pressure drop correlations for refrigerant evaporators [J]. Heat Transfer Engineering, 2003, 24（5）: 3-16.

[25] Jamil Assaad, Antoine Corbeil, Patrick F. Richer, et al. Novel Stacked Wire Mesh Compact Heat Exchangers Produced Using Cold Spray [J]. Journal of Thermal Spray Technology, 2011, 20（6）: 1192-1200.

[26] 陈满, 陈韶范, 苏畅等. 板壳式热交换器在预加氢装置的应用 [J]. 石油化工设备, 2014, 43: 78-80.

[27] 曹世凌. 板壳式换热器在重整反应系统应用中的节能分析 [J]. 河南化工, 2014, 31（2）: 45-47.

[28] 田朝阳, 刘丰, 刘春燕. 多通道螺旋板式换热器几何设计 [J]. 广东化工, 2011, 6: 188-189.

[29] Guo Z Y, Liu X B, Tao W Q, et al. Effectiveness-thermal resistance method for heat ex-changer design and analysis [J]. Int J Heat Mass Transfer, 2010, 53: 2877-2884.

[30] Chen L G, Wei S H, Sun F R. Construable entransy dissipation minimization for 'volume-point' heat conduction [J]. J Phys D: Apple Phys, 2008, 41: 195-198.

[31] Guo Z Y, Zhu H Y, Liang X G. Entransy-A physical quantity describing heat transfer ability [J]. International Journal of Heat and Mass Transfer, 2007, 50(4): 2545-2556.

[32] Wang Q W, Xe G N, Pen B T, et al. Experimental study and genetic-algorithm-based correlation on shell-side heat transfer and flow performance of three different types of shell-and-tube heat ex-changers [J]. Journal of Heat Transfer-Transactions of the Acme, 2007, 129（9）: 1277-128.

[33] Shah R K. Compact heat exchanger design procedures. In: Kakac S, Bergles A E, Mayinger F, ed. Heat Exchangers: Thermal-Hydraulic Fundamentals and Design [M]. Washington DC: Hemisphere/ McGraw- Hill, 1981: 495-536.

[34] Shah R K. Compact heat exchanger. In: Kakac S, Bergles A E, Mayinger F, ed. Heat Exchangers: Thermal-Hydraulic Fundamentals and Design [M]. Washington D C: Hemispere/ Mc-Graw- Hill, 1981: 111-151.

[35] Shah R K, London A L. Effects of nonuniform passages on compact heat exchanger performance [J]. J Eng Power, 1980, 102A: 653-659.

[36] 凌祥, 涂善东. 板翅式换热器快速创型系统 V2. 0. 软件版权登记号 2001SR0542 [CP]. 北京: 国家版权局, 2001.

[37] Lunsford K M. Advantages of brazed aluminum heat exchangers [J]. Hydrocarbon Processing, 1996, (7): 55-63.

[38] 凌祥, 柳雪华, 涂善东. 板翅式换热器 CAD 系统的开发 [J]. 炼油设计, 1997, 27 (6): 57-59.

[39] Mueller A C, Chiou J P. Reviewof various types of flowmaldis-tribution in heat exchangers [J]. Heat Transfer Engineering, 1988, 9 (2): 36-50.

[40] 许健. 换热器传热性能的优化研究进展 [J]. 门窗, 2014, 09: 442-445.

[41] 凌祥, 邹群彩, 涂善东. 板翅式换热器参数化绘图 [J]. 化工机械, 2000, 27 (6): 325-327.

[42] 曹勇, 毕华. 板翅式换热器真空钎焊工艺评定分析 [J]. 科技传播, 2012, (7): 15-16.

[43] 陈俊. 板翅式换热器在天然气处理装置中的应用与故障诊断 [J]. 石油化工设备, 23 (2): 64-67.

[44] 天津板式换热器厂 [A]. 2000 年全国包装和食品机械及相关技术发展研讨会文集 [C]. 天津: 1992.

[45] 乔晓刚, 夏妙水, 郭卫琳. Heat pipe-exterior wall dry-hang facing integrated multifunctional thermal insulation system [P] CN102162292 B, 2012.

[46] Grover G M. Heat pipe and method and apparatus for fabricating same [P]. US4020898 A, 1977.

[47] Westwater J W. Boiling heat transfer in compact heat exchang-ers. In: Kakac S, Ishii M ed. Advances in Two- Phase Flow and Heat Transfer, Vol. Ⅱ [M] Boston: Martinus Nijhoff, 1983: 827-857.

[48] Morteza Khoshvaght, Aliabadi1. Thermal performance of plate-fin heat exchanger using passive techniques: vortex-generator and nanofluid [J]. Heat Mass Transfer, 2015, (7): 1-10.

[49] Rezania A, Rosendahl L A. New Configurations of Micro Plate-Fin Heat Sink to Reduce Coolant Pumping Power [J]. Journal of Electronic Materials, 2012, 41 (6): 1298-1304.

[50] 连之伟, 屠纯云. 板翅式换热器在酒店空调中的应用 [J]. 暖通空调, 2005, 35 (4): 67-69.

[51] 张红, 庄骏. 热管技术研究、发展与工业应用 [J]. 南京师范大学学报: 工程技术版, 2004: 1-13.

[52] 韩春福. 气-气热管换热器在电站余热回收中的应用 [J]. 沈阳工程学院学报: 自然科学版, 2002, (01): 45-47.

[53] Wang S, Zhang W, Zhang X, et al. Study on start-up characteristics of loopheat pipe under low-power [J]. Int J Heat Mass Transfer, 2011, 54: 1002-1007.

[54] Levoy L. Direct thermal-electric conversion for geothermal energy recovery [P] US4047093 A, 1977.

[55] Chuang, Tzuyu, Lee, et al. Display Module, Electronic Device and Method Applied to Display Module [P] WO/2014/176712, 2014.

[56] Max Clifton Brewer, 金会军, 胡万志等. 阿拉斯加输油管的设计和施工方式方案变更过程及其背后的原因和哲学思想 [J]. 冰川冻土, 2007, 28 (6): 809-817.

[57] 陶汉中, 张红, 庄骏. 槽道吸液芯热管的研究进展 [J]. 化工进展, 2010, 29 (3): 403-412.

[58] 姚普明. 热管应用现状及其发展 [J]. 动力工程学报, 1983, (02).

[59] 许欣. 夹套式热管传热特性实验研究及其换热器壳程流场数值模拟 [D]. 长沙: 中南大学, 2009.

[60] 张红, 庄骏. 热管技术研究、发展与工业应用 [J]. 南京师范大学学报: 工程技术版, 2004: 1-13.

[61] 沈玉英, 方国文. 气-气热管换热器的优化选型设计 [J]. 辽宁石油化工大学学报, 2000, 20 (02): 52-54.

第 6 篇

新型塔器技术

在炼油、石油化工、精细化工、化肥、核工业及环保等部门，塔器均属量大面广的重要单元设备，主要用于精馏和吸收单元，而精馏在化工流程中占有重要位置。传统的精馏技术能耗高、效率低，其投资约占流程工业总设备投资的 30%～60%，精馏能耗占整个分离过程能耗的 50%～70%。因而，一些新的分离技术如新型精馏塔器、新型填料、高效塔内件的开发等成为研究热点，其中，塔板和填料是应用最广的精馏分离元件，是实现精馏塔高效率、高通量、低压降、宽操作弹性的重要条件。本篇重点介绍新型填料技术和新型塔板技术，主要介绍国内外高效填料的发展、新型高效填料原理及特点、应用及发展趋势、国内外新型塔板结构及性能等，使读者了解和认识新型填料和塔板在节能增效方面所发挥的重要作用。

第 14 章　新型填料技术

14.1　概述

14.1.1　国内外高效填料的发展

　　填料塔是化工和炼油生产中常见的一种重要设备，在蒸馏、吸收、萃取、化学交换、洗涤、冷却、混合反应、生化处理等过程中有着广泛的应用。填料塔具有制造和更换容易、适应能力强以及效率高等优点，且大多数情况下分离性能优于板式塔。填料作为填料塔的核心构件，提供了塔内气、液两相传质传热的表面，使气、液两相间的物质和能量传递得以顺利进行。填料的性能决定了塔的操作，只有性能优良的填料再辅以理想的塔内件才能构成技术上先进的填料塔。对填料改进与更新的目的在于：改善流体的均匀分布性能、提高传递效率、减少流动阻力以满足节能降耗、设备放大以及高纯产品制备等各种需要。

　　填料塔在增产、节能、提高产品质量等方面均能发挥巨大作用，在国内外有着广阔的市场前景。国际著名蒸馏专家、英国阿斯顿（Aston）大学的 K.E. Porter 教授 1989 年在天津大学讲学时指出："近十五年来，在蒸馏和吸收领域最突出的变化是新型填料，特别是规整填料在大直径塔中开始广泛应用，这标志着填料、塔内件及填料塔的综合技术进入了一个新的阶段"。

　　优化设备、过程强化、提高能量的利用效率是实现石油化工、精细化工等行业节能减排的根本途径。通过研发新型高效的填料，不但可以提高过程的分离效率，提高产品的纯度，而且可以增大塔设备的生产能力，降低单位产品的成本。新型高效填料的开发使用，更加展示出填料塔的优势，增强填料塔的活力，在石油化工生产中，特别是在真空蒸馏和精密分馏领域里形成了应用和推广填料塔的新局面。首先，现已运行的填料塔面临着已有塔填料的检修更换。例如，在 20 世纪 70 年代初引进的大型合成氨厂的脱碳塔和再生塔中，绝大多数是鲍尔环，如能将其换成通量更大、效率更高的阶梯环或矩鞍环（IMTP），塔的生产能力可提高 20%～50%，同时操作阻力将有明显下降；而在无机化工"三酸"生产中仍然使用阻力高、效率低的瓷拉西环填料，应该从填料结构形式或材质上着手开发能够替代的低阻力高效率的新型填料。

　　新型规整填料在石油化学工业中的应用方面，瑞士苏尔寿（Sulzer）公司大力推广采用高效规整填料，该公司用规整填料改造过的精馏塔，塔径最大可达 12.4m。近年来，我国在规整填料的推广和使用方面也取得了较大成绩。早在 1985 年，天津大学就用规整填料塔及其新型塔内件技术改造了燕山石化公司乙烯装置中塔径为 6.8m 的汽油分馏塔，且改造后综合年经济效益 2385 万元。在炼油方面，1998 年，天津大学采用规整填料塔技术研制了当时国内最大的塔器——塔径达 8.4m 的茂名石化公司 500 万吨/年原油常减压蒸馏装置中的减压蒸馏塔；2002 年，中石化北京设计院与天津大学合作在上海高桥石化公司 800 万吨/年炼油润滑油型常减压蒸馏装置中，设计了直径为 10.2m 的减压塔，其中采用了当时最先进的规整填料塔技术，这些努力使大型化规整填料塔技术的国产化实现了重大突破。目前我国自行设计和制造的规整填料塔是 2008 年中国石油广西石化分公司 1000 万吨/年炼油常减压装置中直径达 13.7m 的减压塔。

随着石油化工的发展，填料塔日益受到人们的重视，填料塔技术有了长足的进步，涌现出形形色色的新型高效填料。随着新型高效填料的不断开发与应用，填料塔大型化的放大效应问题基本得到了解决，使填料塔向着行业化、节能化、复合化、大型化的方向发展。

14.1.2　高效填料的分类

填料按其性能可分为通用填料和高效填料，按形状结构可分为实体填料（拉西环、鲍尔环、鞍形填料、孔板波纹填料、格栅填料等）和网体填料（丝网波纹填料、网板波纹填料、压延孔环、θ网环、双层θ网环等），按装填方式可分为散堆填料和规整填料。散堆填料是随机的、无规则地堆积在塔内的具有一定结构尺寸和形状的气-液传质设备，而规整填料是在塔内以均匀几何图形排布、整齐堆砌的气-液传质设备。

14.1.3　典型的高效填料及特性——散堆填料

散堆填料，是一种具有一定几何形状和尺寸的颗粒体，在填料塔内以散堆方式堆积。1914 年问世的拉西环是最早的定形散堆填料，它是具有内外表面的实壁填料，也是填料塔的一个重大突破。拉西环结构简单，具有较大的比表面积，但由于气体通过能力低，阻力也大，液体到达环体内部较为困难，因而存在润湿不充分且传质效果差的问题。为了增加实壁填料的有效比表面积，德国公司于 1948 年在拉西环的基础上开发出环壁开孔、环内带有舌片的第二代填料——鲍尔环填料，在气-液分布和传质性能方面均比拉西环有较大的改善。此后又相继出现了改进型鲍尔环和阶梯环，特别是高径比为 0.3 的阶梯环，兼具了阻力小、通量大等优良性能的特点。与此同时，为了改善液体分布性能，开发出了鞍型填料和环形填料。其中，美国 Norton 公司于 1978 年推出的金属环矩鞍填料，集中了鲍尔环、鞍形填料和阶梯环三者的优点，具有低压降、高通量、液体分布性能好、传质效率高、操作弹性大等优质性能，成为了第三代填料的标志，在工业散堆填料中占有明显的优势。尽管如此，传统的散堆填料在大直径塔的应用中仍然存在一定的困难，这是因为散堆填料的流体动力学特性是不规则且不可控的，往往容易产生液体沟流和分布不均的问题。

近年来，出现了许多高性能的散堆填料，在大直径塔中也有广泛的应用。例如，阶梯环填料是一种改进的开孔环形填料，不仅降低了环体的高度，还在环侧增加了锥形翻边，进而改善了鲍尔环的性能。从理论研究和工业开发来看，散堆填料的发展趋势是向着增大空隙率、降低压降、提高比表面积、改善表面润湿性能以及功能多样化的方向发展。

14.1.3.1　阶梯短环填料

阶梯短环填料（Cascade Mini Ring，CMR）是由美国 Glitsch 公司兼并英国传质公司后大力推广的一种散堆填料。如图 14-1 所示，与阶梯环相比，高径比从 0.5 降到 0.3，这也是 CMR 性能优越的关键之处[1]。大量实验表明 CMR 的性能明显优于鲍尔环和筛板塔，其压降约为拉西环的 30%，传质系数比拉西环提高大约 50%；而且 CMR 还可以用碳钢、不锈钢、非铁合金、塑料和陶瓷等材料制造。因此，CMR 的应用十分广泛，已在近千座工业塔中得到应用。

14.1.3.2　超级扁环填料

由清华大学研制的内弯弧型筋片扁环填料（QH-1 型扁环填料），其具有优异的水力学与传质性能。如图 14-2 所示，其结构特点为：①采用和传统填料不同的内弯弧型筋片结构，使填料内部的流道更为合理，提高传质效率的同时也提高了填料的结构强度；②针对液液体系轴向混合严重的特点，采用 0.2～0.3 的高径比，使填料在填装时也能够体

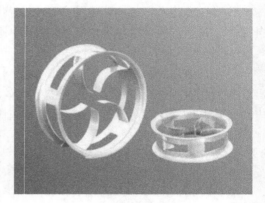

图 14-1　阶梯短环填料

现出一定程度的有序排列，从而降低阻力，有效抑制气-液两相的非理想流动，有助于进一步提高处理能力和传质效率；③可根据体系和生产要求，采用多种材质加工制造，且有多种规格，因而选用范围宽，操作弹性大。实验研究和工业应用表明，该填料用于液液萃取时的性能明显优于鲍尔环、Intalox 等填料，且轴向混合小、处理能力大、压降低，与传统散堆填料相比传质效率可提高 20% 以上。为进一步提高扁环填料的性能，又开发了新型挠性梅花扁环填料（QH-2 型扁环填料），其综合性能比 QH-1 型又有所提高。实验表明与鲍尔环相比，QH-2 型扁环填料处理能力提高约 15%～35%，传质系数提高约 15%～25%。超级扁环填料特别适用于合成氨厂脱碳塔和再生塔等液气比极大的吸收、液液萃取和高压精馏等过程的技术改造[2]。

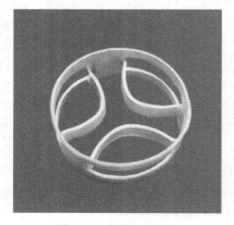

图 14-2　金属扁环填料

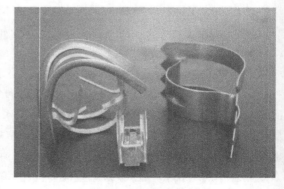

图 14-3　双鞍环填料

14.1.3.3　双鞍环填料

由北京化工大学开发的双鞍环填料结构如图 14-3 所示，其特点为：①双鞍环在结构上

属于开孔环、鞍环，既包含环矩鞍的构成，又融入纳特环的构思，由于突破一般填料的对称性，有利于构成较为均衡的床层，具有良好的水力学和传质的硬件条件；②双鞍环的基本性能全面优于环矩鞍，压降降低 10%～20%，处理物料能力可提高约 10%，分离效率提高约 17%，尤其是传质单元压降减少近 40%，这对于塔的节能改造、真空精馏设计以及热敏性物系的分离具有较高的实用价值；③在若干技术经济指标的对比上，双鞍环不仅有较高的综合技术指标，而且在提高强度重量比和节省材耗等方面也呈现出较强的经济性，因此比环矩鞍更具有竞争力[3]。

14.1.3.4 IMPAC 填料

IMPAC 填料最初由美国 Lantc 公司提出，它集扁、鞍和环结构于一体，可看作由数十个 Intalox 填料连体而成，并采用多褶壁面、多层筋片、消除塔内滞留区和单体互相嵌套等技术，兼有规整填料和散堆填料的特性，可用于冷却塔中。如图 14-4 所示，该填料的特点是：①与一般的散堆填料相比，通量可提高 10%～30%；②具有较高的比表面积 131m²/m³，单元传质高度低，比一般散堆填料低 5%～35%；③无翻边结构，避免气液滞留；④多层翅片，具有良好的水滴分散性能和自分布性能优良，每立方米有多达 5 万个水滴；⑤压降小，比一般散堆填料低 5%～15%；⑥单体外形呈扁环形，使填料单元立放最稳，有利于加强气液湍动，活化内表面；⑦既具

图 14-4 IMPAC 填料

有一般散堆填料拆装方便、维修改造灵活的特性，又具有规整填料比表面积大、空隙率高、流体分布均匀的长处；⑧具有长达 10 年的使用寿命，有效降低了操作成本[4]。

14.1.3.5 其他散堆填料

Envicon 公司的新型 Mc-Pac 环金属填料，有 30mm×15mm 和 65mm×30mm 两种尺寸。该产品与 50mm 鲍尔环相比，其较大型号的效率可提高 40%，且压降降低 60%。Raschig 公司的 Raschig-Super-Ring 塑料环，与 50mm 鲍尔环相比，压力损失可减少 70%，负荷能力可提高 50%。Lantc 公司的 Q-pac Metal Hybrid Packing（混合填料），既具有规整填料的效率，又有散堆填料的经济性和通用性，可降低理论塔板高度（HETP）30% 以上，压力损失减少 40%。Koch 公司的 K$_{4G}^{TM}$ 高效填料，被称作第一个第四代散堆填料，具有更低的压降和较高的分离能力。经美国得克萨斯州能量研究中心测试证明，其能力可比鲍尔环提高 15%，被称作当时最先进的散堆填料之一。此外还有日本的 M-pak 环和 Koch 公司的 K-pak 环[5,6]。

近年来我国也引进了许多高效、先进的散堆填料，如金属矩鞍环（MTP）、改进型金属鲍尔环（HyPAK）、金属阶梯环、塑料矩鞍环、共轭环、θ 型丝网填料等。与规整填料相比，散堆填料具有更好的自清理能力，不易堵塞。

14.1.4 典型的高效填料及特性——规整填料

规整填料，是一种按照几何图形均匀排布，在精馏塔内规整堆砌的填料，近年来广泛应

用于国内外化工行业的工业化装置中。规整填料具有以下特点：①分离效率高；②通量及操作弹性大；③阻力降较小；④液体滞留量少；⑤放大效应低；⑥节能等，故可显著减小塔径[7]。目前规整填料种类很多，形状不同、性能有所差异，在精细化工、香料工业、炼油、化肥、石油化工等领域的众多塔器内得到了广泛的应用。近几十年来，规整填料对塔盘、散堆填料及其他多种气液传质塔产生了较大的冲击和影响。

纵观规整填料的发展历史，大体上可以分为三个阶段：第一阶段是早期出现的规整填料，如斯特曼填料（Stedman Packing）；第二阶段主要是帕纳帕克（Panapak）、古德洛（Goodloe）、海泊费尔（Hyperfil）及栅格（Grid）填料等；第三阶段是麦勒派克（Mellapak）、朗博派克（Rombopak）等。其中，Mellapak 填料（带孔波纹板，比表面积 $64\sim700\mathrm{m}^2/\mathrm{m}^3$）是瑞士苏尔寿公司的专利产品，它的问世是 20 世纪 70 年代规整填料史上一座重要的里程碑。近些年，规整填料的新品种层出不穷，如 SUPERX-PACK 填料，其特点是压降和接触面积可以通过填料尺寸来调节，在改造传统的精馏塔中获得了较好的经济和社会效果[8]。

近代填料的工业应用和研究表明，与散堆的颗粒性填料相比，排列整齐的规整填料具有分离效率高、阻力小、通量大等众多优点，已在国内外化工等行业的工业装置中得到广泛应用。规整填料的种类繁多，按照几何形状可分为波纹填料、格栅填料、脉冲填料等。每种填料还可以根据其比表面积、孔隙率及几何尺寸进行细分，根据各自特性应用于不同场合。与散堆填料相比，虽然规整填料具有众多优点，但由于波纹结构自身的原因，也存在一定的缺陷：①壁流效应较大；②润湿性较差，填料表面利用率低；③成膜面积不能充分利用。而这些缺陷，也是在开发新型高效规整填料的过程中需要解决的关键问题。

我国自 20 世纪 60 年代以来，对规整填料进行了系统的研究，形成了比较完整的科研生产体系。天津大学在高效填料的研究基础上开发出新型双向波纹填料及 Zupak 填料，清华大学开发出蜂窝形格栅式规整填料，上海化工研究院则开发出 SW 系列网孔波纹填料等[9]。目前，我国规整填料应用成功的领域主要有：①炼油厂减压塔、气体分离塔、催化裂化吸收稳定系统及脱硫塔等；②乙烯/苯乙烯精馏塔的改造、乙烯装置汽油分离精馏塔及其他石油化工产品的加工；③化肥行业的脱硫、脱碳、再生塔、尿素除尘塔和热水饱和塔等；④空气分离装置、天然气分离装置；⑤精细化工、食品、环保、制药等行业。

14.1.4.1　BSH 规整填料

BSH 填料是由 Montz 公司生产的，介于网、板填料之间的新型高效填料，它独特的可膨胀金属织物结构弥补了金属丝网和片状金属规整填料间的差距。BSH 织物结构的毛细管作用，使填料在任何操作工况下都具有较高的传质效率[10]。该填料的开口处可以保证填料的有效表面不断更新和填料两边液体的交换，以达到最佳的气-液接触和分离效果。其每米填料理论板数高达 8 块，比表面积可高达 $750\mathrm{m}^2/\mathrm{m}^3$。其主要应用在反应蒸馏、空气分离、制药填料塔以及炼油厂的粗馏塔。BSH 填料配用 Nutter 公司的专利液体分布器等全部塔内件，其理论塔板数高、HETP 低，压降小。

14.1.4.2　Optiflow 规整填料

瑞士 Sulzer 公司在 ACHENIA'94 展览会上推出了一种称为高技术产品的一流结构填料

Optiflow 填料[11]。这种填料结构新颖、具有多通道，其基本原件是压有横向纹理液流沟槽的菱形薄片，并在其中开小孔，将菱形片搭成翼轮状。它改变了液相在 Mellapak 填料表面上稳定流过较长距离的传统模式，通过曲折而不断改变方式的板片，促进液相的分散-聚合-再分散循环，保证了液相与气相的良好接触，并使传质表面不断更新。这种填料具有很好的几何结构形式和高度的对称性，综合了规整填料和散堆填料的优点，具有较高效率的同时，也具有极大的通量，因此可以显著提高填料的传质分离性能。据报道，与常规塔板和填料相比，在相同的分离效率条件下，处理能力可提高 20% 左右，而在相同的处理能力情况下，传质效率可以提高 50%[12]。但，由于其制作困难且机械强度较差，至今尚未得到广泛应用。

14.1.4.3　Raschig-Superpak 填料

Raschig-Superpak 填料是德国 Raschig 公司开发的一种高性能规整填料。据称，Raschig-Superpak300 填料在比表面积和分离效率相同的条件下，与传统规整填料相比，通量可以提高 26%，压降可降低 33% 左右[13]。

14.1.4.4　Durapack 玻璃纤维规整填料

Schott 公司的 Durapack 玻璃纤维规整填料，是一种高抗腐、耐高温、低压降、具有高通量及良好分离性能的新型高效填料。其比表面积为 $280m^2/m^3$ 和 $400m^2/m^3$，空隙率分别为 80% 和 72%，网纹表面分为粗糙表面和光滑表面，装入 $DN100 \sim DN1000mm$ 的塔内[14,15]。

14.1.4.5　12M 型 Rombopak 填料

Rambopak 系列填料是瑞士 KUHNI 公司于 20 世纪 80 年代开发的一种垂直板网类规整填料。它开辟了按照气-液最佳流动设计规整填料的新途径。KUHNI 公司对原有的 Rombopak 系列填料应用 CFD 优化设计改造成 Rombopak-S 系列，之后又相继推出了 Rombopak-S4M 和 S6M 填料，与对应的 Rombopak-4M 和 6M 填料相比，在保持分离效率的情况下压力降减少 30%，处理能力提高 15%。目前该填料已扩展到 12M 型，其比表面积为 $450m^2/m^3$。据报道，在一个内径为 $DN50mm$ 的实验塔内，用氯苯/乙苯实验体系在 6600Pa 的压力环境下测得：当气相动能因子为 $0.5Pa^{1/2}$ 时，每米的理论塔板数为 10[16]。

14.1.4.6　断续波纹规整填料

断续波纹规整填料包括组片式（Zupak）和峰谷搭片式（Dapak）波纹填料，均是天津大学开发的专利产品[17]。如图 14-5 所示，Zupak 填料的每一周期波纹由位于 4 个平面上的断续平面图形薄片相交所组成，其侧向投影形状为 2 条互相交错的波纹状折线。Dapak 主要特征是在填料波纹板片的波峰和波谷上，规则间断地开设截面形状呈三角形的谷段和峰段，构成谷段的 2 个谷面为上小下大的梯形，构成峰段的 2 个峰面为上大下小的梯形。Dapak 与 Zupak 相比具有更加优良的流体力学和传质性能，与相应型号的 Mellapak 填料相比，分离效率提高约 10%，通量提高 20%，压力损失减小 30% 左右。开发成功后，首次应用在当时国内最大直径的填料塔中，塔直径为 8400mm。目前，两种填料均已广泛应用在工业中。

14.1.4.7　蜂窝型格栅式规整填料

蜂窝型格栅式规整填料是清华大学开发出的一种新型规整填料[18]。其结构是在与垂直方向倾斜一定角度的多层平面上，有两块以上的矩形板片平行排列，在矩形板片之间按一定距离插入相应的矩形隔板，以使板片与隔板相互交叉成"X"形。经实验对比，蜂窝型填料塔的比负荷约为 Filip 型填料塔的 1.4 倍，且该填料具有处理能力大、压降小、传质效率高

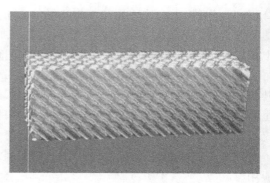

图 14-5　Zupak 规整填料

及易加工制造和安装维修等优点，在汽油脱硫醇、溶剂脱沥青、润滑油糠醛精制等液液抽提过程中得到了广泛而成功的应用。

14.1.4.8　双向波纹填料

双向波纹填料是在金属孔板波纹填料和 Intalox 散堆填料基础上开发的新一代规整填料。它兼有金属孔板波纹填料和 Intalox 散堆填料的优点，结构特点是在波纹填料的楞线上按一定间距冲有反向波纹，每一波纹片上形成方向相反、大小不同的波纹组装成填料盘。由于板片上不冲孔，而是开有反向波纹环，因此它比孔板波纹填料表面积增加 10% 左右，纵向开孔率也比后者提高了 40%。这种填料的特点是传质比表面积大，气-液相流动得到优化，横向扩散能力强，在抗堵塞能力、刚度、压力降及通过能力方面都明显优于金属孔板波纹填料[19]。

14.1.4.9　Mc-pak 规整填料

Mc-pak 规整填料由日本三菱商事（株）开发研制，分为丝网和板材两种。其中，丝网500 目，比表面积为 $1000m^2/m^3$；板材有 250S、350S、500S 和 500SL 四种，比表面积分别为 $250m^2/m^3$、$350m^2/m^3$ 和 $500m^2/m^3$。Mc-pak 填料的总体特点是压降小、HETP 小、操作范围宽、操作弹性大[20]。

14.1.4.10　SW 系列网孔波纹填料

上海化工研究院国家高效分离塔填料及装置技术研究推广中心于 20 世纪 70 年代开发了SC、SB 丝网波纹填料系列，80 年代开发了 SM 系列孔板波纹填料，90 年代将金属薄带进行适当处理、冲制拉伸成特定规格的压延网孔制成波纹填料，推出了 SW 系列网孔波纹填料并获得了相关专利。该填料兼具了丝网与孔板波纹填料的优点，其分离效率大约为每米6.6～7.0 块理论板，比表面积为 $643m^2/m^3$，已成功应用于分离甲醇、甲醛和硝基氯苯等精馏过程中。

此外，还有天津大学开发的旨在改善液体分布性能的自分布填料和再分布填料、由天津市博隆科技开发公司开发的 CHINAPAK 填料、由南京大学开发的波纹型系列无壁流规整填料 SINOPAK 填料、由清华大学在规整填料基础上采用交错 90°排列水平波纹组合而推出的新型复合填料等，这些填料已经在蒸馏塔装置中得到了成功应用[21]。

14.1.5　其他新型高效填料

14.1.5.1　薄密筛板填料

薄密筛板填料是一种综合了板式塔和填料塔两者优点，而削减两者缺点的传质装置。薄密筛板填料的工作原理既不同于板式塔中的筛板塔，也不同于填料中的实体填料和网体填料，它的气-液接触方式类似于喷淋式换热设备中的淋降板直接接触冷凝器，只不过筛板间距更为紧密、筛板更薄、筛板之上的液层也更为浅薄。在淋降板式冷凝器中，由于液体在下落过程中是自由落体，是匀加速运动，因而液柱或液滴在空间分布不是均匀的，而是自上而下液柱由粗变细，变为液滴，液滴由密变疏，而薄密筛板填料的结构排布方式则充分地利用了液柱或液滴密布的空间。由于筛板排布较密，气液两相界面的更新也更为频繁。

薄密筛板填料与之前的填料相比，根除了固有的沟流和壁流现象，改善了放大效应，可取消配流板，塔内填料也不必再分段，可一段到底。而根据用途的不同，这种薄密筛板填料可以采用不同的轮廓或形状，如：用于蒸馏时，可采用有透气孔的圆形筛板；当用循环冷却水降温时，则可采用无透气孔的长方形筛板[22]。

14.1.5.2　EUROMATIC 填料

近年来国外推出一种 EUROMATIC 填料，为塑料椭球形空心薄壁填料，尺寸为 30mm、50mm 和 110mm，这种填料可以应用于流态化填料床中。它可以解决流态化填料床容易出现的悬浮于气相和液相中的固体颗粒堵塞填料床的现象，可实现较高的气流速率和传质速率。它的开发促使人们对流态化填料床的研究更加深入。由于这种填料的性能特点，预计其在工业中的应用前景光明[23]。

14.1.5.3　软性填料、半软性填料和立体弹性填料

软性填料比表面积大，孔隙可变性大，不易堵塞。半软性填料散热良好，气体通过时阻力小，气液相分布性能好，易成膜且能破碎气泡。立体弹性填料孔隙可变性大、不堵塞，它不仅能使气、水、生物膜之间充分接触进行传质，而且在运行过程中比表面积逐渐增大，同时能进行良好的新陈代谢，弹性填料是其他填料所不可比拟的，是继各种硬性类填料、软性类填料和半软性填料后的第四代高效节能新型填料[24]。

14.2　高效填料原理

高效填料由于其特有的优点，已经在化工、石化、炼油等工业中得到了广泛的应用。自从 1963 年瑞士苏尔寿公司率先研究开发金属波纹填料以来，新型高效填料的研究开发与推广应用工作进行得非常活跃。

对于散堆填料而言，新型填料大多朝着以下几个方向发展：增大空隙率、降低压降、提高比表面积、改善表面润湿性能以及功能多样化。通过环壁开孔、环侧增加锥形翻边等手段改善填料结构，使填料内部的流道更为合理，在提高传质效率的同时，也提高了填料的结构强度，都可实现填料高效，传质性能提高。降低环体高度进而降低高径比，使填料在填装时

能够体现出一定程度的有序排列，从而降低阻力，有效抑制气-液两相的非理想流动，有助于进一步提高处理能力和传质效率。在改善表面润湿性能方面，北京化工大学采用对填料表面进行特殊的理化处理方法，使其对液体的亲和性大为增强，提高了液体在填料表面的成膜性能，增加了气、液接触面积，进而提高了填料的分离效率[25]。

对于规整填料而言，新型填料的波纹结构是决定填料性能的主要因素。因此合理地设计填料的波纹形状，合理地改变波纹板结构可以有效地提高波纹填料的性能，改善填料塔内流体的流动状态，从而改善填料的流体力学性能，降低分离能耗以及生产成本。这种通过改善波纹结构而提高效率的高效填料代表有 BH 型高效填料、BHS-Ⅱ型填料和双曲（SQ）丝网波纹填料。此外，规整填料还可以通过曲折而不断改变方式的板片，促进液相的分散-聚合-再分散循环，保证了液相与气相的良好接触，并使传质表面不断更新，如 Optiflow 填料。

14.2.1　BH 型高效填料的原理及特点

BH 型高效填料是在深入研究填料流体力学性能与传质学的基础上开发的。与传统填料不同的是，BH 型高效填料采用折线式波纹结构（如图 14-6 所示），波纹折角以 30°—45°—30°的折线变化，折线连接处以圆角圆滑过渡。因此，BH 型板波纹填料结合了 X 型和 Y 型填料波纹线结构的优点，它改变了传统波纹填料波纹线的直线结构形式，创造性地设计出折线式网纹构型。此种构型的填料，在液膜沿填料表面向下流动时，当沿 30°波纹斜线流动到与 45°波纹斜线交点时，流向会发生变化，液体和气体均受到了扰动，加大了湍动力度，增加了湍流强度，使层流底层减薄，传质阻力减小，同时在折线拐点处增加了液膜表面更新的机会，使液体在整个填料表面充分润湿，形成均匀的液膜，有效地解决了普通填料难以润湿成膜，传质效果不好的问题，极大地提高了传质效率。

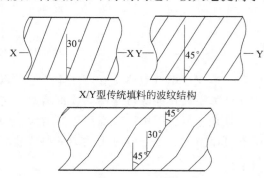

X/Y型传统填料的波纹结构

BH型高效填料的波纹结构

图 14-6　BH 型高效填料与传统填料
波纹结构的对比示意图

提高表面利用率是提高传质效率的重要途径。由于填料结构、气液分布状况等原因，填料所提供的表面并非都成为传质面。有些表面未被液体润湿，有些表面虽被液体润湿，但由于气相偏流，在局部形成死区，气液未能接触，达不到传质的目的，导致有些液体形成了壁流、沟流，未从填料表面均匀流下。

BH 型高效填料的另一特点在于填料表面采用特殊方式进行了表面物理、化学粗糙化处理，解决了大表面张力物系难以良好成膜的问题，这也从另一个角度提高了填料表面的润湿能力，改善了液体在填料表面的成膜性，增大了有效传质面积，提高了传质效率。在此基础上开发出由双层或多层丝网组成的填料，液体的流动由一维变成三维。以上几方面对传质效果的强化作用，极大地提高了填料的有效膜面积，提高了传质效率。根据测定，该 BH 型高效填料的分离效率可以达到 1m 填料相当于 6～10 块理论塔板，为目前已问世的填料中效率最高的之一，在需要特别高效率填料或对过程进行强化时效果尤为突出。此外，BH 型高效填料具有压降小，操作性能稳定，操作弹性大等优点，适用于化工、石油炼制、精细化工等行业的精馏操作，应用前景十分广阔。

14.2.2 BHS-Ⅱ型填料原理及特点

BHS-Ⅱ型填料是一种新开发的填料，与 BH 型高效填料类似，它也采用一种新型的丝网波纹线条，此线条按 30°—45°—30°的角度顺序变化。同时，连接处用圆角光滑过渡。尽管它与传统的 X 型和 Y 型填料不同，但是，它融合了 X 型和 Y 型填料波纹线结构的优点。在直线变化角度时，液体和气体受到了扰动，加大了湍动力度，增加了湍流强度，进而提高了传质效率。由于其显著的优越性，它在精馏塔的设计和改造中得到了广泛的应用。

BHS-Ⅱ型填料具有以下优点：①理论塔板数高（工业应用表明：1m 高度的 BHS-Ⅱ型填料约相当于 5 块理论板），通量大，压降低；②低负荷性能好，理论板数随着气体负荷的降低而增加；③放大效应不明显。

综上所述，BHS-Ⅱ型填料适用于以下场合：①要求生产能力大或者扩产改造；②要求分离效率高以及精密分离；③要求压降低特别是真空精馏。

14.2.3 双曲（SQ）丝网波纹填料原理及特点

双曲（SQ）丝网波纹填料改变了传统的 X 型或 Y 型填料的直线波纹形状，其波纹呈双曲线变化，流体通道较为平滑，相邻两片填料呈反向弧形变化，如图 14-7 所示。这种特殊的波纹结构，加强了液体在填料层内的湍动，使液膜沿填料波纹面向下流动的过程中流向不断发生变化，液膜表面得到不断更新，促进了气液传质，提高了传质效率。同时，填料波纹片平滑的波纹结构，也减小了气体通过填料层的阻力，降低了填料层的压降。

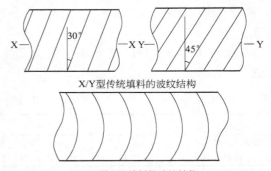

X/Y型传统填料的波纹结构

SQ型高效填料的波纹结构

图 14-7　SQ 型高效填料与传统填料波纹结构的对比示意图

在材料加工方面，因丝网波纹填料表面易于润湿，具有加大的比表面积和较好的流体分布性能，且在较小的气液负荷下仍具有较高的传质效率，因此 SQ 型填料多使用金属丝网材质来进行生产加工。首先由金属丝网压制而成若干波纹片，再将波纹片按一定的直径要求垂直叠合组装成盘状的规整填料。在流体力学性能方面，SQ 型填料特殊的波纹结构能够加强流体在填料层内的湍动，加强径向扩散，不断更新液膜表面，改善气液接触状况，缓解沟流和壁流的现象。同时，也降低了压降，与传统填料相比，具有较小的能耗。在传质性能方面，SQ 型填料的曲线波纹结构，增加了气液接触面积，与传统填料相比，具有较大的填料表面，提高了传质效率。SQ 型填料的理论塔板数每米最高可以达到 20 块以上，具有较高的传质效率。

综上所述，SQ 型填料压降小，操作弹性大，具有较大的液泛气速和较高的传质效率，流体力学性能和传质性能均较好。且在较大的气液负荷下，填料不发生液泛。因此，SQ 型填料能同时满足高通量、低压降、低能耗、高效率等生产要求，具有很好的应用前景。

14.3 流体力学及传质性能分析

14.3.1 散堆填料的流体力学模型

14.3.1.1 泛点气速模型

目前较为广泛使用的计算方法是利用 Eckert 泛点气速关联图或者采用 Bain-Hougen 的泛点气速关联式等。

Eckert 通用关联图最初由 Sherwood 提出,仅有一条液泛曲线,1953 年 Leva 给此图加入了一组等压降曲线,Eckert 在 Sherwood 与 Leva 等以后,对包括有泛点线和等压降线的填料塔通用关联图进一步进行了改进,1970 年,该图被编入美国《化学工程师手册》。近年来,国内外有很多学者通过实验方法确定了泛点因子为液体喷淋密度的函数。

Bain-Hougen 泛点关联式如下[26]:

$$\lg \left[\frac{u_f^2}{g} \frac{a}{\varepsilon^3} \left(\frac{\rho_G}{\rho_L} \right) \mu_L^{0.2} \right] = A - B \left(\frac{L}{G} \right)^{1/4} \left(\frac{\rho_G}{\rho_L} \right)^{1/8} \tag{14-1}$$

式中,u_f 为泛点气速,m/s;a 为比表面积,m²/m³;ε 为填料空隙率,m³/m³;ρ_G、ρ_L 为气、液相密度,kg/m³;μ_L 为液相黏度,mPa·s;G、L 为气、液体的质量流量,kg/h。

系数 A 和系数 B 和散堆填料的类型有关。表 14-1 中给出了四种散堆填料的 A、B 值[27]。

表 14-1 四种散堆填料的 A、B 值

填料类型	常用 A 值	常用 B 值	填料类型	常用 A 值	常用 B 值
陶瓷改进矩鞍	−0.05	−1.75	金属麦勒环	0.174	−1.75
金属哈埃派克环	0.1	−1.75	金属 QH-2 扇环	0.121	−1.7

14.3.1.2 塔径计算模型

填料塔塔径的计算有泛点算法、载点算法、Robbins 算法、气体负荷因子算法等。目前计算塔径较为常用的方法是计算填料塔的液泛点气体速度,并取其某一倍数作为塔的操作气速,然后依据气相的处理量确定塔径。实际设计中,可取泛点气速的 0.5~0.8 倍作为填料塔的操作气速。塔径计算公式如下:

$$D_T = 2 \sqrt{\frac{G}{\pi \rho_G \mu_G}} \tag{14-2}$$

式中,G 为气相质量流率;ρ_G 为气相密度;μ_G 为气相黏度。

14.3.1.3 压降计算模型

目前,气体通过填料层引起的压降,主要根据以实验数据为基础的压降通用关联图或关联式进行估算。Eckert 通用关联图应用于估算散堆填料塔的压降已有 50 余年的历史,在计

算填料压降时所用的填料因子 ϕ 为压降填料因子 ϕ_p，经研究压降填料因子 ϕ_p 也是液体喷淋密度的函数。随着近 20 年来新型散堆填料和规整填料的研究开发，Eckert 通用关联图应用于压降计算的准确性有所下降。根据大量实测数据分析得出 Eckert 通用关联图误差较大的原因是由于该图取 $\phi_F = \phi_{\Delta p}$ 以及图上各关联线的形状与位置均存在偏差。对此，金祖源[28]重新绘制了关联图，在绘制中采用 $\phi_F \neq \phi_{\Delta p}$ 和压降-气速方程：$\Delta p = mx'/(1-nx')$ 绘制了等 Δp 线，并且增加了一条载点线。新 Eckert 通用关联图更易看出 Eckert 泛点线的问题所在及改进后泛点线与原 Eckert 泛点线的差别。

14.3.1.4 持液量模型

填料塔的持液量是影响塔性能的重要参数之一，它对压降、效率、最大允许通量以及液体通过填料层的停留时间都有重要影响，液体在塔中的停留时间过长，对危险物品和热敏性物料是不希望的。主要的持液量模型有 Mackowiak 模型，Mohunta 模型，Buchanan 模型，大竹公式以及 Billet 模型。其中，Mackowiak 模型误差比较大，Mohunta 模型和 Buchanan 模型只能计算载点以下的持液量，大竹公式中的填料参数并不完全，不能用于填料层持液量的计算。Billet 模型是由 Billet 从填料表面流体中微元体所受重力和摩擦力的平衡出发，以垂直管流模型为基础，提出的系统流体力学参数计算模型。在填料层的恒持液量区，Billet 模型能更好地预测填料层的持液量[29]，主要公式如下：

泛点持液量：

$$h_{L,f} = 0.3741\varepsilon \left(\frac{\mu_L/\rho_L}{\mu_V/\rho_V}\right)^{0.05} \tag{14-3}$$

式中，下标，L、V 分别表示液相和气相。

正常操作持液量：

$$h_L = h_{LS}\left[1 + 1.2\left(\frac{\mu_G}{\mu_f}\right)^{13}\right] \tag{14-4}$$

静持液量：

$$h_{LS} = \left(12\frac{\mu_L a^2 u_L}{\rho_L g}\right)^{1/3} \tag{14-5}$$

14.3.1.5 等板高度模型

迄今为止，对于一些新型填料，尚无准确可靠的方法来计算填料的 HETP 值，目前主要还是从工业应用的实际经验中选取 HETP 值。散堆填料常用的等板高度的计算模型包括以下几种：Hands and Whitt 公式，Murch 公式，Strigle 公式和 Frank 公式。对于阶梯环填料的不同尺寸，将可用于计算阶梯环填料等板高度的模型的计算值与文献值比较，发现 Frank 模型的 HETP 预测效果较好。

Frank 关联式如下：

当 $D_T > 0.5m$ 时，$HETP = 0.5D_T^{0.3}$；当 $D_T < 0.5m$ 时，$HETP = D_T$；式中，D_T 为塔径。

14.3.2 散堆填料的传质研究

散堆填料从环、鞍形到鞍环形，人们千方百计地改进几何形状，目的只是为了使其比表面积和空隙率尽量大，液体再分布性能更好，堆积后尽量不重叠，从而改善流体在填料中的流体力学和传质性能。由其发展历程可以看出，理想的散堆填料需具备以下特点：①填料几何形状好，结构开放，流动阻力小，气体通量大，流体停滞不动的可能性小；②气、液接触面积大；③填料间为点接触，气、液相湍动剧烈，表面更新频率快。这可以看作是填料个体对气、液传质的主要影响因素，要使物质在设备内快速稳定地传递，还需考虑大量填料聚集在一起产生的综合功能，即填料床层的影响。

14.3.2.1　传质效率与气、液有效接触面积的关系

气体在流过液膜间隙的过程中，气、液两相之间真正参与物质交换的面积才是有效的接触面积。有效接触面积越大，传质效果越好[30]。有效接触面积必定是润湿的，但润湿的表面不一定有效。在填料层的某些局部区域，液体运动极其缓慢或处于停滞状况，即使有气体掠过液体表面，此处的液体容易达到饱和状态，对传质贡献不大。一般来讲，气、液相有效接触面积＜润湿面积＜干填料表面积。

（1）增大有效接触面积的条件

要增大气、液相间的有效接触面积，需满足以下条件：①干填料比表面积大。填料厚度越薄，自身所占空间越小，具有的比表面积越大。对于同种类型的填料，个体尺寸越小，填料的比表面积越大。②填料对液体的铺展能力强。材质和表面性质选择得当，液体在填料表面具有较大的润湿能力，使用较少量的液体便可获得较大的润湿表面。润湿面积大，气、液相湍动充分，则有效接触面积便大。

（2）提高液体润湿能力的措施

填料的表面能高有助于液体润湿，为了使液体能在所流经的填料表面充分铺展开来，填料的表面能需足够大，通常要求填料表面的临界表面张力大于液体的表面张力。采取如下几种措施可增大填料的表面能[31]：①表面粗糙化用喷砂、磨砂及溶剂浸泡等方法，使填料的表面形成沟槽或花纹，减小接触角，从而提高表面能；②化学处理法，利用化学反应使填料表面形成中性亲水层，以增大液体对填料的润湿，或在填料表面发生氧化作用，生成含氧极性基团附着在填料表面，增大表面能；③还有等离子处理法、辐射法、喷涂处理法等处理方法。

另外，填料对液体的铺展能力强，一方面可减小液体喷淋量，降低再生装置负荷，节约生产成本。另一方面可减小液膜厚度，增大气体自由流通截面积，能够提高处理能力。液膜薄，填料与液体的作用力大，即使气速较大，也不会将液体吹离填料表面，塔内气液两相流动稳定，有利于平稳操作，提高操作弹性。

14.3.2.2　适当缩小填料的长径比是提高传质效率的有效措施

填料数目受到塔高、塔径和填料个体规格尺寸的限制。在塔高、塔径确定的情况下，个体尺寸小，比表面积较大，传质效率较高，但空隙率较小，处理量较低。评价填料塔的优劣，不仅要考虑传质效率，且同时也要重视处理能力。因此通过减小填料尺寸来提高传质效果，调节余地非常有限。研究表明，适当缩小散堆填料的长径比，使其按一定规律排列（规整化），可提高传质效率。例如，鲍尔环的高径比为1，阶梯环降到0.5，阶梯环与同材质同规格的鲍尔环相比，流动阻力可降低25％左右，处理量增加约10％[32]。20 世纪 80 年代中

期，美国 Glitsch 公司对阶梯环作了进一步改进，将高径比下调至 0.3，称为阶梯短环（CMR 填料），大量实验表明，CMR 填料性能明显优于鲍尔环，压降约为拉西环的 30%，传质系数比拉西环增加 50%，而在相同气速下，鲍尔环压降约为拉西环的 50%[33]。

Impak 填料最初由美国 Lantacskan 公司提出，后经北京化工大学等单位多年研究改进，是散堆填料发展的新成果。Impak 填料单体外形呈扁环，研究对比表明：其负荷能力与 $DN50mm$ 金属 Intalox 鞍环相当，且在相同的气、液流率下，传质效率比 $DN50mm$ 金属 Intalox 鞍环高出 30% 以上，传质单元压降很低[34]。

清华大学开发的超级扁环填料 QH-2 型扁环填料采用 0.2～0.3 极低的高径比，传质效率高、处理能力大、阻力降小[35]。实验表明，与鲍尔环相比，QH-2 扁环填料处理能力提高约 15%～35%，传质系数增加约 15%～25%。

高径比减小，传质效率提高。一般认为，这是由于填料与液体之间存在较大的表面张力，当液体依靠重力自上而下流动时，填料具有将液体分布到与其流动方向垂直的径向上去的能力，即径向分布能力。因轴向受到重力作用，液体轴向分布能力更大些，因而造成液体润湿不均匀的现象。高径比减小，能降低液体轴向流动速率，增大气液接触时间，将有利于其径向分布。

14.3.2.3　气液传质效率与床层均匀度有关

填料床层填充不均匀，气体分布不均会造成填料层内液体分流，使传质效率严重下降。反之，床层横截面上气液分布均匀，物质传递量均匀，能够减小填料塔横截面上的浓度梯度，减小径向返混，有利于提高传质效率。

14.3.3　规整填料的流体力学模型

14.3.3.1　扩散模型

填料塔内气、液两相流动分布对气液两相的有效接触和传质效率影响很大，其中液体的流动分布尤为重要。因此人们对填料层中液体的流动分布做了大量的研究，提出了很多模型来解释或描述填料层中的液体流动。但这些研究大多是针对于散堆填料塔，对于规整填料塔则研究得相对较少，且因液体在其内部的分布过程十分复杂，既有规则性又有随机性从而使人们对规整填料塔内部液体的流动机理认识得还不十分透彻。在最初研究规整填料塔内的液体流动模型时，许多研究者都搬用散堆填料塔内广泛使用的扩散模型：

$$\frac{\partial W}{\partial Z} = D\left(\frac{\partial^2 W}{\partial r^2} + \frac{1}{r}\frac{\partial W}{\partial r}\right) \tag{14-6}$$

式中，W 为扩散的量。

Hoek 等认为液体完全沿规则通道的倾斜方向流下，其横向扩散是由于交叉点处液体的混合形成的，并推导出了将扩散模型应用于规整填料时液体有效分散系数的表达式：

$$D = 0.22a^2/b \tag{14-7}$$

对于规整填料塔中是否能使用扩散模型，不同学者有不同的观点。众所周知，扩散模型推导的基础是液体在填料塔内的随机流动，而对于规整填料塔，其流道十分规则，液体流动的随机性受到很大限制。目前还没有研究者报道过规整填料塔内液体流动符合随机流动原理。因此，在规整填料塔中搬用扩散模型是值得怀疑的。

14.3.3.2 结点网络模型

结点网络模型源于 Dangizer 对结构上类似于板波纹填料的 SULZER SMV 型静态混合器中液体分布规律的研究。其中填料纹棱交叉点构成了一系列结点网格，液体在结点处发生混合。徐崇嗣在此基础上建立了金属板波纹填料塔内液体的分布模型：

$$W_{out}(i,j) = (1-4\alpha)W(i,j) + \alpha[W(i-1,j-1) + W(i-1,j+1) +$$
$$W(i+1,j-1) + W(i+1,j+1)] \tag{14-8}$$

他假设：①在每盘填料内，液体在板片之间的一系列夹层内作二维运动。在每一夹层内，液体沿波纹通道流动，仅在通道的交叉点处发生相互混合；②液体不从板孔透过板片；③液体流到塔壁之后即发生完全反射；④两盘填料的交接面上相邻通道的液体发生横向混合。

这一模型是以 Dangizer 静态混合器模型为理论基础的，但 Dangizer 的一个最重要的假设就是液体为"满流"。而在规整填料塔内，由于填料的润湿性一般较好，液体通常以膜状分布在填料表面，在两片填料中间存在很大空间供气体通过，液泛时除外。因而相邻填料片上的液体在交叉点上是点与点的接触，发生返混的分率很小，因此，该模型适用程度值得讨论。此外，结点处的返混系数很难测定，目前还未找到合理估计结点返混系数的方法。

朱学军通过实验研究认为，液体在相邻两片填料上流动时在结点处基本上不发生混合。他通过对金属板波纹填料内液体流动机理的细致分析，提出如下结点模型：

$$L_x(x+n,j) = p_i L_{xx} \qquad L_y(x+n,j) = p_i L_{yy} \tag{14-9}$$

该模型假定：①液体以"溪流"方式进入由波纹板片上端组成的流道区域内，并因注入点的不同，按一定比例分为两股溪流流入相邻的两片填料内；②每股溪流进入波纹板片后，迅速在填料片上成面状分布流动，面分布所跨越的各流道内液体流量不同，其值与液体物性、填料结构和材质有关；③相邻两片填料上的液体流动彼此不发生干扰，也不发生混合。

该模型的特点之一是其适用于各种液体初始分布，值得注意的是，该模型假定液体在塔壁上发生完全反射，即没有考虑壁流的影响。

14.3.3.3 "电子渗流器"模型

在填料塔内由于液体分布不均，使得塔内各个微小空间内液体的流量不同。在给定流动条件下，有些空隙空间液体很少或几乎没有液体，而有些空隙空间却被液体充满。Hanley 借用"电子渗流器"的概念来描述塔内气液流动。他认为，没有被液体充满的塔内空隙对气体来说可以通过，类似于"导电"；这些空隙若被液体堵死后，则气体不能通过，类似于"绝缘"。整个填料塔就是由大量"导电"与"绝缘"的空隙格栅组成，其构成类似于"电子渗流器"。Haley 指出，当塔内没有液体注入时，整个空隙格栅都处于"导电"状态，而当填料塔发生液泛时，整个空隙格栅都处于"绝缘"状态。因此，填料塔内的气液接触过程，可以看成空隙格栅不断"导通"和"绝缘"的过程。

14.3.3.4 空隙率流动模型

Grosser 等和 Dankworth 等提出了一个气液流动的宏观模型，该模型以气、液相空隙率的流动为基础，其模型方程如下：

$$\varepsilon_1+\varepsilon_g=\varepsilon,\ \frac{\partial \varepsilon_i}{\partial \theta}+\nabla(\varepsilon_i u_i)=0$$

$$\rho_i \varepsilon_i \left(\frac{\partial u_i}{\partial \theta}+u_i \nabla u_i\right)=-\varepsilon_i \nabla p_i+\varepsilon_i \rho_i g+F_i+\varepsilon_i \nabla \tau_i+\Delta R_i \qquad (14\text{-}10)$$

$$i=1,g(液相，气相)$$

通过该模型可预测泛点下的液体持液量和压力梯度，也可预测泛点。以上两模型还未见其他学者引用或改进，因此应用较少。

14.3.4　规整填料的传质研究

14.3.4.1　Spiegel 模型

瑞士苏尔寿公司的 Spiegel 等对麦勒派克系列产品的传质性能进行了实验研究。在假设液相传质阻力可以忽略以及基于大量实验数据的基础上，将 4 种不同型号填料的气相传质数据绘制在以 $Sh_G/(Sc_G)^{1/3}$ 和 Re_G 为 $X\text{-}Y$ 轴的直角坐标系图上，结果呈一条直线，仅在泛点附近偏离较远。在此基础上，Spiegel 等提出了孔板波纹填料的传质计算模型：

$$Sh_G=C_1 Re_G^{0.8} Sc_G^{1/3} \qquad (14\text{-}11)$$

理论板当量高度：

$$HETP=\frac{d_h u_g}{Sh_G D_G a_e} \qquad (14\text{-}12)$$

式中，u_G 为气相表观速度 m/s；d_h 为填料的当量尺寸；D_G 为气相扩散系数 m^2/s。

对于金属孔板波纹填料，Fair 等提出了在全回流下有效比表面积的经验关联式：

$$\left(\frac{a_e}{a}\right)_{fair}=0.5+0.58f \qquad (14\text{-}13)$$

式中，$f=\dfrac{F_v}{F_{v,f}}\times 100\%$，当 $f>85\%$ 时，(a_e/a) 可取为 1；F_v 为气相动能因子；F_{vf} 为泛点气相动能因子。

该模型建立在大量麦勒派克填料实验数据的基础上，在常压或减压孔板波纹填料塔中，对于容易润湿填料表面的物系，预测结果和实验结果有较好的一致性。

14.3.4.2　SRPⅡ模型

SRPⅡ模型是美国得克萨斯大学奥斯汀分校分离研究中心（SRP）的 Bravo 等经过多年的努力在 SRPⅠ模型的基础上逐渐发展完善起来的。在借鉴了前人湿壁塔思想和溶质渗透理论的基础上，将气液传质系数与规整填料的几何尺寸、表面性质、气液相参数等影响因素关联得到的计算模型。

气相传质系数：

$$k_G=0.054\left[\frac{\rho_g(u_{ge}+u_{le})S}{\mu_g}\right]^{0.8}\left(\frac{\mu_g}{D_G \rho_g}\right)^{0.333}\left(\frac{D_G}{S}\right) \qquad (14\text{-}14)$$

式中，S 为填料片波纹边长。

液相传质系数：

$$k_L = 2\sqrt{\frac{D_L u_{le}}{0.9\pi S}} \qquad (14\text{-}15)$$

有效比表面积：

$$\left(\frac{a_e}{a}\right)_{SRP\,II} = F_{se}\frac{29.12(WeFr)_l^{0.15}S^{0.359}}{Re_l^{0.2}\varepsilon^{0.6}(1-0.93\cos\gamma)\sin^{0.3}\theta} \qquad (14\text{-}16)$$

式中，We 为韦伯数；Fr 为弗劳德数；γ 为液膜与固体表面接触角；θ 为波纹水平倾角。

有效比表面积的计算，SRP II 模型采用了 Shi-Mersmann 关联式作为基础，其中重点考虑了液体的径向分布、材质表面润湿性能和填料表面处理 3 个因素的影响，将刺孔、小纹、麻点等表面强化处理对填料流道表面液体流动分布的影响归结为常数 F_{se}，即表面强化因子。

该模型未考虑加压填料塔内气液轴向返混对其传质性能的影响，仅适用于常压或减压的精馏和吸收等单向传质过程。对于加压系统，该模型还需进一步修正。

14.3.4.3　Delft 模型

荷兰代尔夫特工业大学的 Olujic 等从宏观上将规整填料塔内填料流道看成"Z"字形结构，以塔内倾斜流道液膜流动理论为基础，根据水力学理论重新定义了流道的水力直径，提出了预测规整填料传质性能的 Delft 模型。根据规整填料塔内气液流动情况，该模型考虑了气液摩擦和气液进塔情况对传质性能的影响，气相传质系数被分成了层流和湍流 2 项。

气相传质系数：

$$k_G = \sqrt{k_{G,lam}^2 + k_{G,turb}^2} = \sqrt{(Sh_{G,lam}D_G/d_h)^2 + (Sh_{G,turb}D_G/d_h)^2} \qquad (14\text{-}17)$$

式中，d_h 为水力直径；下标 lam 表示层流，turb 表示湍流。

同样采用溶质渗透理论，在忽略液相传质阻力的情况下得到了液相传质系数：

$$k_L = 2\sqrt{\frac{D_L u_{le}}{0.9\pi d_h}} \qquad (14\text{-}18)$$

Delft 模型从最初对某一特定型号填料的关联式入手，经过不断发展，目前引入了计算散堆填料有效比表面积的恩田关联作为计算公式：

$$\left(\frac{a_e}{a}\right)_{Onda} = (1-\Omega)\left\{1-\exp\left[-1.45\left(\frac{0.075}{\sigma}\right)^{0.75}\times Re_l^{0.1}Fr_l^{-0.05}We_l^{0.2}\right]\right\} \qquad (14\text{-}19)$$

该关联式考虑了压力对有效比表面积的影响，相比模型最初提出的计算方法有更高的准确性。

Delft 模型在不需要任何填料参数的条件下，可以实现对规整填料传质性能的计算，这大大增加了其应用性，有助于规整填料塔的初步设计。

14.3.4.4　Billet 模型

德国波鸿鲁尔大学的 Billet 等将散堆填料塔中传质性能预测模型发展成了一个普遍化的填料塔传质计算模型。

气相传质系数：

$$k_G = C_G \sqrt{\frac{a}{(\varepsilon - h_1)d_h}} D_G \left(\frac{u_g}{a\nu_g}\right)^{3/4} \left(\frac{\nu_g}{D_G}\right)^{1/3} \tag{14-20}$$

式中，ν_g 为气相运动黏度。

液相传质系数：

$$k_L = 12^{1/6} C_L \sqrt{\frac{u_1 D_L}{h_1 d_h}} \tag{14-21}$$

Billet 模型根据填料塔内液体表面张力沿塔变化情况，分正向、中性、负向 3 种系统，计算有效比表面积。

对于塔内液体表面张力随液体流动方向增加或不变的正向或中性系统：

$$\left(\frac{a_e}{a}\right)_{Billet} = 1.5(ad_h)^{-0.5} \left(\frac{u_1 d_h}{\nu_1}\right)^{-0.2} \left(\frac{u_1^2 d_h}{\sigma_1}\right)^{0.75} \left(\frac{u_1^2}{g d_h}\right)^{-0.45} \tag{14-22}$$

对于塔内液体表面张力随液体流动方向减小的负向系统：

$$\left(\frac{a_e}{a}\right)_{Billet} = neg.Sys(负向系统) + |(1 - 2.4 \times 10^{-4} |Ma_1|^{0.5})| \tag{14-23}$$

Billet 模型是一个较严格的理论模型，考虑了介质物性、操作条件和设计参数对气液二相流动的影响，能够应用于整个操作负荷范围。但该模型计算方法涉及较多的填料实验常数，对于不同类型，不同尺寸的填料都需要特定的填料实验参数才能进行传质计算，这大大限制了该模型在规整填料传质性能计算中的应用。

14.3.4.5　Hanley 模型

Hanley 等基于逾渗模型及导体临界现象理论，将"导体/绝缘体晶格渗流"概念类比于填料塔内气液之间的相互作用，提出了预测规整填料塔传质性能的 Hanley 模型。该模型将填料流道中流动的气体比作"导体"，而把向下流动的液体比作"绝缘体"。当液泛的时候，气体通道完全被液体占据，填料塔液泛"绝缘"。实际上，液泛以后液体虽然占据了整个流道，但气体并未完全被堵塞，气体以鼓泡的形式在液体中运动，所以严格来讲将填料内向下流动的液体比作"半导体"更为恰当。根据塔内气液的运动及分布，模型假设得到了气液传质系数的计算公式。

$$\frac{RTK_G d_e}{D_G} = A_g Re_g^{0.8} Sc_g^{1/3}, \frac{k_L d_e}{D_L} = A_1 Re_1^{1/2} Sc_1^{1/2} \tag{14-24}$$

Hanley 模型提供了一种研究填料塔内气液接触、流体流动、传质性能的新颖的观点和思路。但模型推导复杂，类比参数众多，无法进行具体的计算，需进一步发展完善，正确性也有待进一步实验验证。

14.3.4.6　传质模型研究进展

近年来，对于规整填料传质性能计算的研究还未见有十分新颖的模型报道，发表论文多对以上 5 种传统模型进行实验验证和发展完善，使气相传质系数、液相传质系数和有效比表面积的预测更接近实验结果。

液相传质系数的关联一般都采用溶质渗透理论，具体形式各不相同。Shetty 等将示踪剂加入填料塔的液相中，对液体在填料流道中的停留时间进行了研究，得到了一个新的液相

传质系数关联式:

$$K_L = 0.4185 \sqrt{\frac{\sin\theta}{I_{ratio}}} (Re_1^{1/3}) Ga_1^{1/6} Sc_1^{1/2} \left(\frac{D_L}{2B}\right) \tag{14-25}$$

式中，I_{ratio} 为波峰之间的弧长。

针对大比表面积规整填料在实际应用中有效比表面积下降较多的情况，Olujic 等提出有效比表面积的计算可在恩田关联式右边乘上一个调整参数。

$$\left(\frac{a_e}{a}\right)_{Delft} = \left(\frac{a_e}{a}\right)_{Onda} \left(\frac{\sin45^\circ}{\sin\theta_L}\right)^n \tag{14-26}$$

调整参数中指数 n 考虑了比表面积、实际液流倾角、有效比表面积、操作压力的影响，具体数值可通过孔板波纹填料 250Y 型为基准关联得到。

$$n = \left(1 - \frac{a}{250}\right)\left(1 - \frac{\theta_L}{45}\right) + \ln\left(\frac{a_{e,Delft}}{250}\right) + \left(0.49 - \sqrt{\frac{0.1013}{P}}\right)\left(1.2 - \frac{\theta_L}{45}\right) \tag{14-27}$$

Gualito 等将 SRP II 模型具体应用于金属、陶瓷、塑料规整填料塔中，对 SRP II 模型进行了发展，修正了模型中有效比表面积的计算，增加了与压力有关的气速影响，修正后的 SRP II 模型可用于加压塔中传质性能的预测。

$$\left(\frac{a_e}{a}\right)_{Gualito} = \left(\frac{a_e}{a}\right)_{SRP II} \left[\frac{1.2}{1 + 0.2\exp(15u_1/u_g)}\right] \tag{14-28}$$

Wang 等总结和比较了传统传质模型中有效比表面积的计算方法，以美国精馏工程研究中心（FRI）的实验数据为基础，将压力对有效比表面积的影响通过气速、气液相密度直接反映在 Gualito 算法中，修正后的 SRP II 模型能够更加准确地对加压塔中的传质性能进行预测。

$$\left(\frac{a_e}{a}\right)_{Wang} = \left(\frac{a_e}{a}\right)_{SRP II} \times 0.17 \left(\frac{\rho_1}{\rho_g}\right)^{0.6} \left[\exp\left(-\frac{0.15}{u_g}\right)\right] \tag{14-29}$$

Xu 等考虑了塔内液体表面张力沿塔变化对有效比表面积预测的影响，将 Billet 模型有效比表面积计算式进行了微调，增加了一个含有表面张力的稳定因子参数（S_R），得到一个新关联式。

$$\left(\frac{a_e}{a}\right)_{Xu} = \left(\frac{a_e}{a}\right)_{Billet} (1 \pm S_R^{0.385}) \tag{14-30}$$

14.4　高效填料的应用

14.4.1　高效规整填料在尿素解吸塔的应用

Zupak 高效规整填料采用组片式波纹填料技术，改变了通常的波纹形状，具有气液分布均匀、气液接触面积大、通量大、传质效率高和流体阻力小等优点，可有效地解决效率与通量的矛盾。

某大型化肥厂尿素系统的水解装置采用意大利斯纳姆深度水解技术，设计能力 $39.3 \text{m}^3/\text{h}$，处理后的工艺冷凝液中的氨、尿素含量均在 5×10^{-6} 以下，直接作为锅炉给水。该厂尿素装置的氨水气提解吸塔原为上下两塔，均采用浮阀结构，塔径为 1.4m，上下塔塔板分别为 20 块和 35 块，中间设有升气管。条形浮阀塔的特点是效率较高、阻力降较小、结构简单和检修方便，但在高负荷条件下极易发生液泛。后来该厂新建的三聚氰胺装置投产，其副产的甲铵液、工艺冷凝液全部返回尿素装置，水解量高达 $48m^3/h$，且工艺冷凝液中的氨、尿素含量远高于设计指标，使水解装置解吸负荷达到原设计的 $150\%\sim200\%$，致使解吸塔极易发生液泛现象，严重威胁到装置的平稳运行和工艺冷凝液的回收。由于受塔径限制，在原设备结构基础上改造，不可能达到同时提高效率与增加通量的目的。为确保废水达标回收，将解吸塔结构由浮阀塔盘改为 Zupak 高效规整填料，实现了废水达标回收。

具体改造方法如下：

（1）上塔部分

拆除 36＃～55＃塔盘，冷液进料和位置不变，保留 N5A，取消 N5B，将 N4 从 40♯塔盘下移至 36♯塔盘下部。上塔部分的填料层总高 6200mm，分为 3 种结构型式：

① 上段 1200mm 高的 DZ-B 增强型丝网波纹填料；

② 上段底部 200mm 高的支承填料；

③ 下段 4800mm 高的 Zupak Ⅰ A 型组片式波纹填料。

上段填料层顶部安装预分布管、槽式液体分布器、填料压圈，底部安装填料支承栅板。下段填料层顶部安装预分布管、槽盘式气液分布器、填料压圈，底部安装填料支承栅板。

（2）下塔部分

拆除 1＃～35＃塔盘，将原 1＃塔盘改为穿流塔盘。下塔填料层总高 1100mm，分为 2 种结构型式：

①上段 5800mm 高的 Zupak Ⅰ型组片式波纹填料；

②下段 5600mm 高的 Zupak Ⅰ型组片式波纹填料。

上段填料层顶部安装进料分布管、槽式液体分布器、填料压圈，底部安装填料支承栅板。下段填料层顶部安装槽盘式气液再分布器、填料压圈，底部安装填料支承栅板，塔最底部安装 1 块穿流塔盘。

改造后的解吸塔结构如图 14-8 所示。

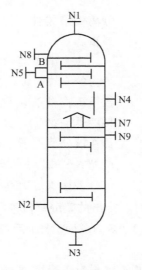

图 14-8　改造后的解吸塔结构

N1—气相出口；N2—蒸汽入口；N3—液相出口（送出界区）；N4—水解器来气相入口；N5—工艺冷凝液入口；

N7—液相出口（去水解器）；N8—甲铵液入口；N9—水解器来液相入口

改造后的解吸塔满足了尿素及尿素联产三聚氰胺装置高负荷运行的需要，废液也同时达标并且可以进行回收利用，达到了预期的设计效果。

14.4.2　高效填料在双氧水生产中的应用研究

蒽醌法生产双氧水专有技术由黎明化工研究院开发，国内已有 30 多家企业通过技术转让进行生产。由于性能优良的新型填料不断涌现，若在过氧化氢的单元操作中推广应用，能取得明显的效果。

（1）氢化固定床

钯催化剂直接装填在固定床内，氢气和工作液流经钯催化剂时进行氢化反应。这种催化剂装填方法存在一些缺陷：①催化剂床层阻力大，特别是当白土床内氧化铝粉多时，催化剂易结块，增加床阻，同时较长周期使用后，催化剂本身有少量粉化产生结块，同样会增加床阻；②工作液易产生偏流现象，使氢化不易控制，易产生副反应。

如果采用苏尔寿公司 KATAPAK-SP 型填料，它结合静态混合技术，用 2 片十字形丝网压制在一起，网内装入催化剂，成为一个单元，整体按规整填料模型制作，这样有以下几大优点：①增加接触表面，优化传质，并且延长工作液停留时间；②降低床层阻力，减少催化剂结块，同时能克服前述少量结块现象产生的床层阻力；③有利于催化剂再生，当催化剂用含水的蒸汽吹扫时，催化剂表面可能吸附的氧化铝粉易冲洗；④消除床内偏流现象且反应均匀，减少氢化副反应。

（2）油水分离

在双氧水生产过程中油水分离是一个重要操作过程，主要设备有萃取液分离器和碱分离器。双氧水生产企业很多采用的碱沉降器和干燥塔结构如图 14-9 所示。

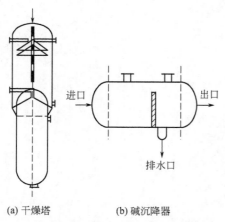

（a）干燥塔　　　（b）碱沉降器

图 14-9　原有碱沉降器和干燥塔结构

从图 14-9 中可见，原有碱沉降器结构很简单，主要通过沉降器的长度作用，使其中的碳酸钾沉降。由于生产过程流体的流动导致物料返混严重，因此分离效果欠佳，生产运行不稳定，物料夹带碳酸钾严重。

原有干燥塔对物料中的油水分离作用主要依靠塔内的 6 块斜板，分离效果较差。主要原因是原有筛板下工作液有机层薄，液滴分散不均，塔内斜板上料液返混严重，分离效率低；且塔顶分离段碱液和工作液分层不清，界面不稳，流出液碳酸钾含量高，产品收率小，后处理负荷增加。

某厂改造前从碱沉降器排出的碳酸钾溶液量为 0.5m³/h，有时萃取液含双氧水高时，排出的碳酸钾溶液每小时高达几立方米，给生产埋下了安全隐患。同时碳酸钾耗量为 3.0kg/t 双氧水，后续处理过程活性氧化铝消耗量为 11.5kg/t 双氧水。

分离元件采用塑料聚结板波纹规整填料对干燥塔和碱沉降器在充分利用的前提下进行改造。改造后装置的处理能力提高 40%。经过安装试运行，一年来生产稳定，物料夹带碳酸钾溶液量极少，从碱沉降器排出的碳酸钾溶液量为 0.08m³/d。每吨双氧水消耗碳酸钾

0.6kg，活性氧化铝 5.2kg。不仅使生产过程由于带碱而导致爆炸的危险大大降低，而且碳酸钾和活性氧化铝耗量也大大减少，为企业带来直接的经济效益。

14.4.3 BH 型高效填料的工业应用

BH 型高效填料是北京化工大学在对国内外各种填料进行深入细致研究的基础上，为满足化工行业对超高纯度产品的要求，克服普通填料表面对甘油、水等表面张力大的物系难以良好润湿成膜的缺点，并通过对各种填料网纹构型进行深入研究、综合比较，结合填料流体力学性能与传质学的研究成果而研究开发出的一种新型高效填料。

BH 型高效填料在化工、石化企业中得到了广泛的应用，提高了产品质量，降低了生产成本，扩大了产量，提高了企业技术水平和核心竞争力，达到了节能、降耗、提高产品质量的目的。

14.4.3.1 强化化工精馏技术

某公司醋酸乙烯生产过程中，精馏工段第四精馏塔（简称精馏四塔）是将主产物乙酸乙烯与副产物乙酸甲酯进行分离，将后者从系统中除去。运用 BH 型高效填料对精馏四塔进行改造。改造后填料的分离效率约相当于每米高度达 10 块理论板。目前国内外最好的指标为塔顶醋酸乙烯≤10%，塔底醋酸甲酯≤5%；运用 BH 型高效填料改造后实际开车达到塔顶醋酸乙烯≤5%，塔底醋酸甲酯≤3% 的分离指标。

技术改造设备投资约 6 万元，技改后带来的经济效益有以下几个方面：

① 节能。回流比由 20 降为 14～16，节能 30%，每年可节省蒸汽约 2500t。

② 节水。节能的同时也节省了冷却水，每年可节省 75kt。

③ 降低原料消耗。塔顶排放的 VAC 含量由原来的 18% 降为 4%，每年可节省 190.4t。

④ 提高塔釜产品质量。塔 MeOAC 含量降低，减少了其在聚合釜内生成乙醛与丁烯醛的机会，提高了聚乙烯醇产品的质量。

⑤ 产量增加。技术改造后打通了精馏四塔的瓶颈，使产量增加。

14.4.3.2 降低尾气中有机物的含量

北京某化工厂醇解车间干燥后的尾气，原工艺采用盐水冷却、传统填料塔吸收，然后排放到空气中。尾气中含有的甲醇、醋酸甲酯等化学物质含量高达 4%～6%，使排放到空气中的有机物超标。该厂于 2001 年采用 BH 型高效填料设计出高效填料塔系统，用来强化分离过程，增加尾气回收效率。

该项目上马后，将 MeOAC（醋酸甲酯）含量由 4%～6% 降低到 0.01%，MeOH（甲醇）含量由 2%～4% 降至 0.01%，达到并超过了要求的设计指标。这样一方面减轻了大气污染，同时因为回收 MeOH，带来了可观的经济效益。按 MeOAC 价格为 580 元/吨，MeOH 价格为 2500 元/吨计算，MeOAC 的经济效益约合 70.989 万元/年，MeOH 的经济效益约为 183.35 万元/年。仅计以上 2 项，每年可带来经济效益 893.24 万元，而项目投资仅 80 万元，故技改投资的回收期仅为 31 天。

14.4.3.3 降低化工残液中化学物质含量

北京某制药厂生产中因使用大量丙酮、乙醇等溶剂而产生的废液与水混合，原分离过程采用传统填料，分离效率低，致使排放残液中溶剂乙醇、丙酮等的含量高达 0.5％，对环境造成污染，同时也增加了乙醇、丙酮等溶剂消耗，增加了生产成本。采用 BH 型高效填料进行溶剂回收和处理后，排放水中溶剂含量为 $\leqslant 50 \times 10^{-6}$，比国内外排放的 $(3 \sim 5) \times 10^{-4}$ 要低，降低了环境污染，节省了能耗，带来了较大的经济和社会效益。

14.4.3.4　降低废液中氨氮含量

某公司是国内水合肼生产的代表企业，其产量约占国内市场的 60％。水合肼生产产生大量的氨氮废水，极难处理。运用 BH 型高效填料设计水合肼生产工艺中的汽提塔，将水合肼排放氨氮废水进行汽提回收。

氨氮汽提塔要求达到的技术指标：要求塔顶得到可以回收利用的氨，其浓度至少达到 8％左右；同时要求塔底废水达到当地排放需要，要求达到 50×10^{-6} 以下。

利用 BH 型高效填料进行改造后实际达到的指标如下：

① 丙酮汽提塔，流量 25m³/h，组分 NH_3 0.1％、NaCl 6％、酮连氮 [包括 $(CH_3)_2CO$] 0.35g/L。塔顶产品 NH_3 8％，回收该物料到系统循环使用；塔底产品氨、$(CH_3)_2CO$（包括酮连氮）$\leqslant 50 \times 10^{-6}$，该废水达到排放标准，但由于已经是清洁水，该公司将此水循环利用，不再排放。

② 氨汽提塔，流量 30m³/h，组分 NH_3 4.5g/L、$N_2H_4 \cdot H_2O$（水合肼）0.1g/L；经过本技术分离和汽提后，达到塔顶产品 NH_3 8％，返回生产系统回用；塔底产品 NH_3 $(2 \sim 5) \times 10^{-5}$ 达到排放标准。

本项目为企业带来每年约 642 万元的经济效益，而改造的资金投入仅约为 460 万元。

14.4.4　甲醇的精馏分离提纯过程

甲醇是重要的基本有机化工原料，在国民生产中有着广泛的应用，在化学工业中占有重要地位。在甲醇生产过程中，为满足节能降耗、提高产品质量的目的，通常需要更先进的技术对精馏塔进行改造。目前 BH 型高效规整填料在这个领域的应用已经取得了很好的成效，应用实例如下。

14.4.4.1　用填料塔代替板式塔

姚晓敏等[36]对 3 万吨/年甲醇精馏装置进行技术改造，将原有的 ϕ1600 斜口板式塔改造成 ϕ1000 的填料塔，经过设计计算得出新塔回流比由 1.8 减少至 1.4，塔釜甲醇含量由 0.7％降至 0.05％，效率显著提高。在节能方面，每年的冷却水费用、水蒸气费用和甲醇消耗费用共节约 136.5 万元。设备改造的投资成本 32.5 万元，投资回收期 79 天。实际改造中北京化工实验厂用高效规整填料对年产 3 万吨的精馏主塔进行改造，改造后的塔可达到 6 万吨/年的生产能力，同时由于降低了回流比，达到了节能降耗的目的。改造的设备投资仅 30 万元，年增经济效益逾 280 万元，为企业带来了可观的经济效益。

14.4.4.2　选用 BH 型高效填料代替传统的规整填料

甲醇是电子工业经常用到的溶剂，多用于洗涤电容器、晶体管等，要求杂质低、尘粒少、含水少、溶剂纯度高,甲醇含量达到 99.95% 以上。目前我国甲醇生产企业大多使用规整填料作为塔内件,其产品甲醇质量大致在 99.5%,不能广泛应用于电子工业。李群生等[37]对苏州某外资电容器厂的甲醇提纯塔进行技术改造,模拟并优化了甲醇提纯的工艺。BH 型高效填料在甲醇精馏塔中安装完成后,正式投入生产运营。投料后 2h,精馏塔完全开车成功。产品质量达到设计要求,在逐渐调试后,产品纯度进一步得到了提高,甲醇纯度达到 99.95% 以上。产量很快达到了设计要求,全塔压力降稳定,精馏塔操作稳定,开车正常。塔的能耗降低 23%,同时降低了原料消耗和环境污染,达到了提高产品质量,降低化学物料排放和节能的预期目标,提高了企业的技术水平和产品竞争力。具体提高效果如下:

① 经采用 BH 型高效填料对甲醇精馏塔进行优化设计,塔釜排放物中甲醇含量从 0.05% 降低到 0.001%,环境效益好。

② 回流比从 2.25 降低到 1.5,热负荷减少约 23%,每年可节省蒸汽 2000t,以每吨蒸汽 160 元计,每年可节省成本 32 万元。每年节省冷却水 7×10^4 t,以每吨成本 0.2 元计,每年可节省成本 1.4 万元。

③ 产品质量从 99.5% 提高到 99.95% 以上,在后续的电子元件清洗过程中使次品率大大降低,取得可观的综合效益。

14.5 发展趋势

14.5.1 规整填料

理想的规整填料应具备以下特点:尽可能大的比表面积,填料表面均匀润湿,液膜能不断更新,气流可高度湍动,气、液分布良好,阻力压降小,通量大,操作弹性大,适应性强,放大效应低。提高填料的传质效率,可以考虑加大填料的比表面积、提高表面利用率、提高扩散系数或减小滞流膜层厚度等因素。

从规整填料的材质来看,陶瓷材料阻力大、耐高温、耐腐蚀,不锈钢金属材料成本高,碳钢金属材料不耐腐蚀,塑料润湿性差、不耐高温。从形状和用途来看,织网类材料规整填料非常适用于低液体流率场合,格栅类规整填料由于有很大空隙率,尤其适用于加工含固体的流体或要求压力降小的场合。其他类型的高效规整填料是丝网型和波纹板型,这两类填料性能介于织网型和格栅型之间。

现在国内外应用最多的规整填料是金属孔板波纹填料,基本与瑞士苏尔寿公司的 Mellapak 相同或相近[38],主要原因是它应用时间最长、设计数据较多、应用成熟、制造较易、成本较低;后来 Klotz 等[39]总结前人经验开发了最优规整填料。但是前面所述填料片的波纹形状都是对称的,Billingham 等[40]研究认识到规整填料在层界面处开始发生液泛,通过减小每块填料底层处的气体压力降,从而克服了这种瓶颈。该研究小组根据这一理念发明了与塔板中心线相垂直且经过波峰或波谷顶点的线是不对称的规整填料,它能够减小对传质无效的压力损失,从而降低塔的必要高度。随着对塔器的更加深入的研究,目前又出现了复合规整填料、复合塔板。最近,天津大学化学工程研究所开发了专利产品:新型塔板填料复合塔。尽管目前填料的研发成果累累,但是研发新颖、高效的塔填料仍是目前的主要方向。这就要求设计方法的理论化、普遍化和精确化,并与实验室计算模拟放大相结合,从而进行数据的积累。

14.5.2 散堆填料

近年来散堆填料的研究方向主要集中在以下几个方面：

（1）散堆填料的自规整化

散堆填料的自规整化吸取规整填料结构均匀、规则、对称，大比表面积、大空隙率、大能量等优点，同时尽可能消除规整填料制造成本高、安装维护不便的缺陷。散堆填料的几何形状和结构朝着自取规整的方向发展，其目的是尽可能减少填料个体之间的面接触和线接触，增加填料之间点接触概率，使填料在塔内堆放时趋于均匀，使流体在填料层中分布均匀，减少沟流和壁效应。如 QH 型偏环填料与鲍尔环相比较，其重心降低很多，在塔内装填时，纵向取向概率要大得多，因而在液膜的填料表面更加均匀，压降也大幅度降低，传质效率提高 30%～50%。

（2）开发适用于新塔型的散堆填料

利用流态化能实现更高的气流速率和传质速率的特点，开发流化填料塔，使填料塔也可以用于除尘过程。在流化填料塔中球形、椭球形，开孔及内包丝网的散堆填料都得到了不同的尝试；利用塔体在高速旋转时产生的强大离心力——超重力强化传质效率，开发适应于不同场合的散堆填料；为了克服流化填料塔返混程度较大、段数过多时压降大的缺陷，又开发出了填料旋转塔，这种新的塔型可用于蒸发或冷却结晶过程。

（3）填料功能复合化

在球形散堆填料内装填丝网形成球形丝网填料，既利用了丝网填料比表面积大、空隙率大，表面润湿率高的优点，又避免了其装填困难，拆修不便的缺陷；Koch-Glitsch 公司最近发明了一种内部填充催化剂的鞍形填料用于反应蒸馏，该填料性能兼有气液传质和催化反应的两种特性，且制造成本低廉。

（4）对填料表面加以改性以提高传质效率

为了提高散堆填料的表面能，提高传质效率，球面沟槽式填料由球体和沟槽组成，主要是通过陶瓷工艺制作成瓷球，并在球表面开设一定规格的沟槽，通过煅烧而成，这种填料制作简单，重量轻，通透性能好，适用面广。

（5）优化填料几何结构

由于自身结构限制，流经环形填料的液体自分布能力较差，鞍形填料的气体通量较小，环鞍结合，综合两者的优势，开发新式填料，成为近年来填料研究的一个出发点。

成功的范例有：金属环矩鞍、纳特环等环鞍形填料。环鞍形填料虽然具有液体分布均匀，气体通量大的优点，但由于环鞍形填料容易产生架桥、空穴，导致床层填充密度不均，影响了填料塔传质的整体效果。

球形填料各个方向尺寸相等，不会产生架桥、空穴等现象。相对而言，数量不多的球形填料便可使床层填充均匀；另外，球形填料个体之间为严格的点接触，接触点不仅多而且分布均匀，通过增加填料个体间接触点的数量，能够加大液体汇集-分散的次数，减小液体停滞现象，使得流动的液膜发生突变性混合，加速液体表面更新。

与鞍形填料类似，气液两相在球形填料内的流道为弧形，有利于液相均匀分布，提高液体铺展能力；在球体内部采取措施可使流道方向一致，既能减小阻力，又能保证流向稳定，从而具有一定的"规整性"。整体来看，气体自下而上运动，曲折上升，不会走水平路径，而且空隙孔径逐渐扩大或缩小，与脉冲填料类似，既能减小阻力损失，又能使流速发生变化，有利于提高流体湍动程度，减小液膜厚度，提高传质效果。

但球形填料存在球体内部空间不易处理的重大缺陷，其内部流体力学及传质性能远不及其外部，这应从结构上加以改进，目前开发较为成功的有[41]：①球形丝网填料，在球形散堆填料内装填丝网形成，既利用了丝网填料比表面积大、空隙率较大，表面润湿率高的优点，又避免了其装填困难，拆修不便的缺陷；②球面沟槽式填料，由球体和沟槽组成，通过陶瓷工艺制作成瓷球，并在球表面开设一定规格的沟槽，通过煅烧而成，这种填料制作简单，重量轻，通透性能好，适用范围较广。

（6）复合填料塔

将不同的塔型如固定填料塔和流化填料塔串联使用，或是在同一个塔内将规整填料和散堆填料分段使用，或是将不同类型、不同尺寸的散堆填料混合使用。

从近些年的理论研究和工业开发来看，散堆填料的发展趋势是朝增大空隙率、减少压降，增大比表积、改善润湿性能，功能多样化的方向发展。与其他填料相比，散堆填料在今后相当长一段时间内在工业上仍将占有一席之地。

14.5.3　结语

近年来石油化工行业高速发展，生产规模趋于大型化，这就要求塔器设备具有高通量、高效率和低压降等优良的综合性能。现在由于填料的开发成功和一些基础理论研究成果在填料塔工程放大问题上的突破，填料塔大型化带来的放大效应问题得到了一定的解决。尤其是20世纪90年代，一些大通量、低压降、高效率填料和塔内件的成功开发及应用使填料塔分离工程技术进入了一个崭新阶段。

从近几年国外报道来看，填料塔今后可能将从两个方面得到发展：一是不断开发和应用更简单、更高效的填料，即沿着理想填料的方向发展；二是塔内件的发展方向，是开发先进的与高效填料相匹配的低压降气液分布系统并在材质上改进或更新。

21世纪的填料塔分离技术将向行业化、复合化、节能化、大型化方向发展。不同种类的填料组成填料复合塔，或组成填料-塔板复合塔这种新的开发途径将继续被人们大量研究[42]。新型"分布填料"也将在分布器的开发中占据重要地位。

◆ 参考文献 ◆

[1]　邓永佳，李锡源. NTJ 型瓷质阶梯环填料技术的开发 [J]. 硫磷设计与粉体工程，2008，(01): 1-6.
[2]　费维扬，孙兰义. 超级扁环填料及其在氮肥厂气体净化过程中的应用 [J]. 化工进展，2000，19 (6): 31-34.
[3]　晏莱，周三平. 现代填料塔技术发展现状与展望 [J]. 化工装备技术，2007，28 (3): 29-32.
[4]　LeGoff P, Lespinasee B. Hydrodynamics of packed columns [J]. Rev InstFrPet, 1962, 17 (1): 21-28.
[5]　Velev OD, Kaler EW. News: Structured or Random [J]. Chemical Engineering Progress, 1997, (11): 84.
[6]　李好管. 填料塔开发应用新进展 [J]. 化工纵横，2000，(10): 4-8
[7]　高碧霞，李好管. 新型规整填料及填料塔内件 [J]. 化学工业与工程技术，2000，21 (5): 18.
[8]　王广全，袁希钢，刘春江等. 规整填料压降研究新进展 [J]. 化学工程，2005，33 (3): 4.
[9]　晏莱，周三平. 现代填料塔技术发展现状与展望 [J]. 化工装备技术，2007，28 (3): 29-32.

［10］ 曹纬. 国外填料塔最新发展［J］. 石油化工设备，2000，29（2）：34-37.

［11］ 王树楹. 现代填料塔技术指南［M］. 北京：中国石化出版社，1998.

［12］ L Spiegel, M Knoche. Influence of Hydraulic Conditions on Separation Efficiency of Optiflow［J］. Chemical Engineering Research and Design, 1999, 77（7）: 609-612.

［13］ F J Rejl, L Valenz, J Haidl, M Kordač, T Moucha. Hydraulic and mass-transfer characteristics of Raschig Super-Pak 250Y［J］. Chemical Engineering Research and Design, 2015, 99: 20-27.

［14］ 曹纬. 国外填料塔最新发展［J］. 石油化工设备，2000，29（2）：34-37.

［15］ News: ACT5, Durapack［J］. Chemical Engineering, 1997, 104（6）: 156

［16］ 徐世民，张艳华，任艳军. 塔填料及液体分布器［J］. 化学工业与工程，2006，23（1）：75-79.

［17］ 梁泰安，周伟，张敏卿等. 断续波纹填料的研究和应用［J］. 天津大学学报，2000，33（2）：219-222.

［18］ 朱慎林，陈德宏，费维扬. 蜂窝（FG）型规整填料萃取塔的性能研究［J］. 化学工程，1993，（1）：15-21.

［19］ 胡晖，徐世民，李鑫钢. 大型填料塔技术及其工业应用［J］. 现代化工，2005，25（7）：53-55.

［20］ 高碧霞，李好管. 新型规整填料及填料塔内件［J］. 化学工业与工程技术，2000，21（5）：18.

［21］ 蒋庆哲，宋昭峥，彭洪湃，董莹. 塔填料的最新研究现状和发展趋势［J］. 现代化工，2008，S1：59-62+ 64.

［22］ 韦佩英，王辉，安宇. 一种新填料———薄密筛板填料［J］. 医药工程设计杂志，2003，24（1）：3-4.

［23］ （德）莱恩哈特·毕力特. 填料塔［M］. 魏建华等译. 北京：化学工业出版社，1998.

［24］ 李群生，马文涛，张泽廷. 塔填料的研究现状及发展趋势［J］. 化工进展，2005，24（6）：619-624.

［25］ 李群生，杨金苗. 新型高效填料的原理及其在脱硫工序中的应用［C］. 全国化工合成氨设计技术中心站技术交流会，2005.

［26］ 何红阳. 填料塔泛点/压降模型计算比较［J］. 化工设计，2004，14（4）：10-13.

［27］ Robbins L A. Improve pressure-drop prediction with a new correlation. Chemical engineering progress ［J］. Chemical Engineering Progress, 1991, 87（5）: 87-90.

［28］ 金祖源. 乱堆填料层压降半经验通用关联图［J］. 化学工程，1982，3：26-37.

［29］ 田正义. 规整填料塔软件开发［D］. 青岛：青岛科技大学，2009.

［30］ 丁绪维，张洪沄，张震旦等. 化工操作原理与设备（下册）［M］. 上海：上海科学技术出版社，1966：45.

［31］ 李天文，刘鸿生. 散堆填料的发展趋势［J］. 化工设备与管道，2000，37（6）：17-20.

［32］ 董谊仁，侯章德. 现代填料塔技术：（一）塔填料的发展和选择［J］. 化工生产与技术，1996，2（2）：16-24.

［33］ 蒋庆哲，宋昭峥，彭洪湃. 塔填料的最新研究现状和发展趋势［J］. 现代化工，2008，28（增刊1）：51-62.

［34］ 叶咏恒，何建斌. 高效散堆填料的新构型-Impac填料性能分析［J］. 化学工程，1997，25（3）：27-31.

［35］ 魏建华，伍昭化，陈大昌等. 高效填料塔成套分离工程［J］. 现代化工，1996，16（10）：29-33.

［36］ 姚晓敏，李群生，徐静年等. 3万t/a甲醇精馏装置的技术改造［J］. 现代化工，2002（增刊）：165-168.

［37］ 李群生，柳卫忠，常秋连等. BH高效填料的原理及其在电子工业甲醇精馏中的应用［J］. 化工进展，2009（S2）：285-287.

［38］ 李群生，马文涛，张泽廷. 塔填料的研究现状及发展趋势［J］. 化工进展，2005，24（6）：619-624.

［39］ Klotz Herbert Charles, Meski George Amir, Sunder Swaminathan. Optimal Corrugated Structured Packing ［P］. US 2003094713, 2003.

［40］ Billingham John F, Lockett Michael J. Packing with Improved Capacity for Rectification Systems［P］. US 5632934, 1997.

［41］ 计建炳，谭天恩. 我国塔器技术的进展［J］. 化工进展，2001，20（1）：43-48

［42］ 孙东升. 填料塔分离技术新进展［J］. 化工进展，2002，21（10）：769-772.

第 15 章　新型塔板技术

15.1　概述

　　板式塔作为一种具有悠久历史的气液和液液传质设备被广泛应用于化工、炼油、制药，环保等工业过程中。如今虽然填料塔以压降小，通量大等优点得到了广泛应用，但填料塔造价高，对于初始分布敏感，在压力增加时分离效率和通量的急速下降等缺点也限制了其发展。相比之下，板式塔结构较为简单，易于放大，对于常压和加压物系，特别是大塔径、多侧线传质过程具有较大的优势。因此，对于板式塔的开发研究一直在塔器技术发展中有着举足轻重的作用。

　　近年来，塔板技术得到充分的关注和发展，国内外相继推出了一系列结构新颖、性能优良的新型塔板。从这些新型塔板的结构和功能来看，国内外对于塔板的发展主要集中在以下几个方面：

　　（1）立体喷射型塔板

　　不同于传统塔板，立体传质塔板在正常操作状态下液相为分散相、气相为连续相，并把传质区域由板面液层向立体空间发展。这种塔板不仅大幅度提高了气、液两相的接触面积，而且使液滴的表面不断更新，有利于提高传质效率；同时气体不再由板上液层通过，压力降有所降低。由于这类塔盘还具有气液分离结构，可保证在很高的气速和液体充分分散的情况下很好地进行气液分离，可有效减少雾沫夹带量。

　　（2）复合塔板

　　复合塔板包括两种情况：一种是塔板和塔板的复合；另一种是塔板和填料的复合。根据塔内各段不同的分离要求和两相负荷沿塔高的分布情况而选择最适合的塔板类型进行安装和操作，这种塔板之间的复合能够使整个操作过程处于最优状态。而塔板和填料的复合是为了同时利用两者的优点。塔板能够很好地为填料进行液体分布，而填料则能够在塔板之间消除雾沫夹带，改善两板之间的气体分布以及充分利用塔板之间的空间用于气、液相间的传质。

　　（3）浮阀类塔板

　　浮阀塔板一经推出就很快得到了应用，如今已经成为了应用最广泛的塔板之一。浮阀塔板由于能够通过气体负荷调节实际开孔率，一般具有操作弹性大、塔板效率高等特点。但随着塔器技术的不断进步，浮阀塔板逐渐暴露出液面梯度大、板上液体返混严重、有效鼓泡区小以及浮阀容易磨损脱落等缺点。针对以上缺点，国内外学者在浮阀结构和阀孔排布上进行优化，相继推出了许多新型浮阀塔板对其进行进一步强化。

（4）筛孔型塔板

筛孔型塔板是历史最悠久的板型之一，工业上应用非常广泛，在欧美地区其应用甚至超过了浮阀塔板。筛板塔具有生产能力大、塔板效率高、压降低、结构简单等优点。当然，筛板塔也有自己的缺陷，如液面梯度大、操作弹性小、雾沫夹带量大等。新型筛孔型塔板则是针对以上缺点对传统筛板的结构改进和创新，并取得了相当不错的效果。

（5）穿流塔板

穿流塔板也叫做逆流型塔板，是一种无溢流塔板。相比于传统错流塔板，穿流塔板并不会设置降液与溢流装置。这样塔板上的有效传质区就扩展到了整个塔截面。因此，穿流塔板具有压降低、生产能力大、结构简单以及造价低廉等优点。但这种形式的塔板也具有操作弹性小、传质效率低等劣势。对于穿流塔板的开发研究主要集中在格栅型与筛孔型穿流塔板上。

（6）高速板式塔

高速板式塔是能够在高气速下进行操作的板式塔的总称。这类塔器的塔板一般具有特殊的结构使得塔在非常高的气速下也能够正常操作。比较有代表性的是浙江大学谭天恩教授所发明的旋流塔板。由于气、液之间接触时间较短，高速塔主要应用于气、液直接接触传热、快速反应吸收和除尘等过程。然后对于传统的精馏和物理吸收这种需要较长气、液接触时间的过程，高速塔并没有太多的应用案例。

本章主要将针对近期塔板的发展进行举例介绍。通过对近期国内外新型塔板结构及性能的阐述及分析使读者对新型塔板发展拥有一个清晰的理解和认识。

15.2　立体喷射型塔板

15.2.1　新型垂直筛板塔板 NEW-VST

如图 15-1(a) 所示，新型垂直筛板塔板（NEW-VST）是由日本三井造船公司（MSE）于 1963～1968 年开发的一种并流喷射塔板。经过美国分馏公司（FRI）1971 年性能测试，结果表明这种塔板具有处理能力大、传质效率高且压降较低等特点。我国在 20 世纪 80 年代初开始了对于这种新型塔板的研究和应用[1]。

与筛板、浮阀塔板和其他类型具有降液管的塔板类似，NEW-VST 在宏观意义上依然是一种错流塔板，具有降液区和受液区。不同的是板上的结构，NEW-VST 在板上开有多个圆形、方形或者矩形的大孔，同时在孔的正上方安置相同形式的帽罩。NEW-VST 的主要特点体现在帽罩的构造上，以最典型的圆筒形帽罩为例，帽罩以圆筒形罩体和盖板组成，可由碳钢、低合金钢和陶瓷等材料制作而成。罩体直径为 60～200mm，高度为 150～250mm，在罩体的上部设有孔或缝隙以便流体通过，顶部的盖板则是起到阻止气、液流体向上流动造成雾沫夹带的作用。整个罩体和塔板上的开孔是以同轴心固定的，在罩体和塔板固定连接处会留有一定大小的缝隙以便液体能够进入到罩体内。与其他错流塔板类似，板上开孔以三角或者矩形排列[2]。

在正常操作状态下，筛板、浮阀塔板或其他类型的错流塔板上的气、液流动接触呈泡沫或喷射状态，而新型立体喷射塔板上气、液流动［图 15-1(b)］则会经历托液拉膜、破膜粉碎、气液喷射和气液分离四个过程。首先，来自上层塔板的液体从降液管流出后会迅速在塔板上形成一定厚度的液层。由于液压的存在，液体从帽罩底部开始进入帽罩内部，与此同时，来自下一层塔板的上升气体从板孔进入到帽罩内。在高速气流的作用下，液体流向改变，在帽罩壁面处形成液膜向上运动。之后，极不稳定的液膜被湍动剧烈的气体打碎成液滴，气液两相在帽罩内进行激烈的传质过程。而后两相流从罩壁小孔沿水平方向喷射而出，形成了帽罩外的气液分离过程，气相升至上一层塔板，而液相下落至原有塔板上，一部分又被吸入帽罩进行再次循环，另一部分随板上液流进入下一个帽罩，最后溢流进入降液管流入下一层塔板。

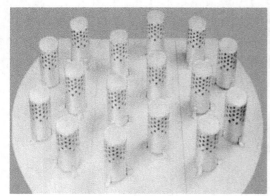 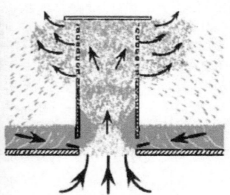

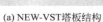

(a) NEW-VST塔板结构　　　　　　　　(b) 帽罩内外气液流动状态

图 15-1　NEW-VST 塔板及其气液流动状态

通过大量的水力学和传质实验，我们已经对这种新型垂直塔板的综合性能有了较为全面的了解[3]：

① 这种塔板的负荷能力大，其处理能力可以达到普通塔板的 1.5～2 倍。这主要是因为帽罩结构使气体呈水平方向喷出，这使得即使是高速的气体中所夹带的液体也能够有足够的时间得以聚并和沉降。另外，良好的气液分离能力使得进入降液管中的液体几乎不包含气相，因而降液管内液体的停留时间可以适当减少，降液管体积也可以酌情削减，增加了塔板的有效传质面积以便更多的气体通过。

② 具有较高的传质效率，超出传统浮阀塔板传质效率 10%～20%。塔板上的四个过程都有传质和传热过程发生，尤其是气液喷射和气液分离过程。喷射过程保证了气液两相的良好混合，并为传质传热过程提供了足够的气液相界面。同时，部分液体的回流保证了液体充足的停留时间，使传质传热过程进行得更加完全，这些要素都是高传质效率的基础保障。

③ 操作弹性大且操作条件适应性强。与普通塔板相比，这类塔板在很大的气速下操作也不易出现降液管液泛、过量雾沫夹带等不正常现象，操作弹性可与浮阀塔板相当。另外，这种塔板可适用于高压强与较低真空以及低液气比下操作，液体流量较大范围的波动也不会对板效率造成很大的影响。

④ 压降较小。普通塔板在正常操作工况下气体需要穿过较厚的液层才能够形成有效的传质传热过程，但这也会造成较大的压降。不同于普通塔板，这类塔板的气相不用克服液层所形成的压头，只需要克服被气体所打碎的那部分液体的重力，这使得塔板压降大大降低。

此外，这种塔板的板间距也比一般的塔板要小，提高了塔板间的空间利用率。同时，这种塔板还具有较好的防堵性能以及操作简便可靠等优点。

15.2.2 梯矩形立体连续传质塔板（LLCT）

梯矩形立体连续传质塔板技术（LLCT）是在 NEW-VST 技术长期工业实践成果的基础上，经过分析总结并进一步深入研究开发出来的技术水平更高、效果更好的喷射型立体连续传质塔板[4]。相比于 NEW-VST，LLCT 在罩体结构和帽罩在塔板排布上都有较新的变化。水力学实验和工业实践经验表明这种新的塔板具有更大的处理能力，更高的传质效率，更低的压降以及更好的操作性能等优点。

如图 15-2 所示，梯矩形立体连续传质塔板上均采用矩形开孔，并在孔上方安置帽罩。LLCT 的帽罩相比于 NEW-VST 有了很大的改变。LLCT 的帽罩形状均为类似于鞍马一样的梯矩形，帽罩的顶端封盖在长边向外有一定的延伸并向下弯折。盖板与罩体顶部不再封死，而是留有一定的缝隙形成矩形天窗。天窗下则是跟 NEW-VST 相同的几排圆形喷射孔。在帽罩的排布上，LLCT 不再采用等高的帽罩，而是使高低不同的帽罩错位排布。

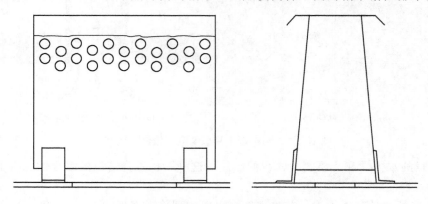

图 15-2 梯矩形立体连续传质塔板帽罩结构

在操作时，LLCT 的气液流动过程与 NEW-VST 基本相同。液体自罩体底隙进入到罩内，气体则从矩形板孔进入并将液体进行拉膜和破碎。气液混合物上升至罩体顶端碰撞到盖板后将部分折返，返回的气体及液滴与后续上升的气液激烈碰撞混合；一部分气液混合物则会从罩体上部分侧面的矩形窗与筛孔向两侧水平方向喷射而出，喷出的气液混合物中的气体继续上升至罩体上方并到达上一层塔板进行下一次传质传热过程，而液滴则会回落到液层中进行循环或者到达下一排帽罩。这样的过程在不同塔板上进行，从而形成连续的传质过程。

新型的帽罩结构为 LLCT 带来了更好的水力学和传质效果。通过大量的水力学和传质实验发现，LLCT 使液体能够以更小的液滴分散在气体中且不断地翻腾，这大大增加了气液接触面积以及相界面的更新速率，并且气、液相在塔板上的停留时间也有一定程度上的增加，这可以大大提高其传质效率。相比于 NEW-VST，LLCT 的传质效率提高了 5%～10%。同时，因为塔板上采用矩形开孔，可使 LLVT 的塔板开孔率大大提高，比 NEW-VST 提高了 30% 左右，再加上相邻帽罩采取高低错落排布，因气相碰撞而损失的动量减少，从而使生产能力大大提高，相比于 NEW-VST 提高了 50%～70%。在压降方面，LLCT 也有很大的优势，比 NEW-VST 降 30% 左右。因为采用了导向折边，这种塔板的雾沫夹带也比传统的 NEW-VST 降低了 70% 左右，这使得塔板的气相流速上限大大提升。此外，由于具有高速气流的喷射冲刷作用，因而这类塔板抗有机物自聚堵塞与固体悬浮颗粒堵塞的能力特别强，且由于板上液层为清液层而非泡沫层，因而进入降液管的液层也基本为清液，故对易发泡的物料也具有良好的适应性，这也是立体喷射塔板的共同优点。

15.2.3　立体传质塔板（CTST）

立体传质塔板（CTST）是对河北工业大学在梯矩形立体连续传质塔板的基础上所开发的一系列塔板的总称。通过不断的调整梯矩形帽罩的局部结构，河北工业大学开发出了一系列立体传质塔板来适应各种工况的需求[5,6]。同时，大量的水力学和传质实验使他们对立体传质塔板的工作原理有了充分的认识，使得他们在立体传质塔板的研究和开发上走在了国内甚至世界的前列。由于其优秀的综合性能，CTST 已经被成功运用到常压蒸馏、催化裂化、气体脱硫和溶剂再生等过程的塔器设备中，并取得了显著的经济和社会效益[7]。

河北工业大学结合 CTST 技术开发出多项高效节能的新工艺，包括立体催化精馏塔板及应用工艺、制药难分离溶剂提纯、含硫污水及低浓度溶媒废水回收处理等新工艺，节约了工艺能耗，减轻了环保压力。在反应精馏方面，成功将催化反应与组分分离在同一塔板空间内同时完成，建立了 CTST 催化塔板的空间反应动力学模型，实现了催化剂浸没型设计，使液体能够多次通过催化剂单元，催化剂的利用率提高了一倍以上，有效地提高了反应转化率，降低了工艺能耗。所开发的工艺和装置成功应用于醋酸甲酯、醋酸乙酯、醋酸丁酯、MTBE 的合成等反应精馏工艺中。例如在 PVA 生产过程中，醋酸甲酯一次水解率由 25％提高到 75％，生产能耗降低了 20.8％，大大简化了工艺流程，节省设备投资 30％以上。在维生素 C 的生产过程中，开发出高效甲醇双效精馏新工艺，并针对该工艺研发出 CTST-F1 复合立体传质塔板。新工艺实施后，操作稳定，有效地降低了工艺能耗、减少了环境污染。如在与某制药公司的合作项目中，年回收甲醇 20 万吨，每年可向环境减少排放甲醇 3000t，节约蒸气 40％，节水 30％。在环保水处理方面，开发了以 CTST 为设备核心的含硫污水净化、低浓度 DMF 废水处理等新工艺。该工艺实施后，使得生产处理量提高了 1 倍以上，节能25％，净化水可直接回用。

大量理论研究和工业实践证明，大通量、高效率的立体传质塔板 CTST 技术具有广阔的应用前景和较高的应用价值，对板式塔的理论研究与多样化开发具有重要的意义，对其进行的研究和技术应用将对我国的化工、石油、制药等行业的发展和我国塔器技术的发展有重要意义。

15.3　复合塔板

15.3.1　穿流型复合塔板

穿流型筛板拥有悠久的应用史，在操作过程中，两层塔板之间可分为两个区：鼓泡区和气、液分离区。其中，鼓泡区主要承担传质传热任务；而气、液分离区主要是气相和液相之间的分离作用，区域内绝大部分为气相，对传质和传热贡献甚微。如果板间距为 450mm，气相区高度大约为 300mm，如果能够将这部分加以利用，同时保留鼓泡层的高效区，将会大幅度提升板式塔的传质效率。

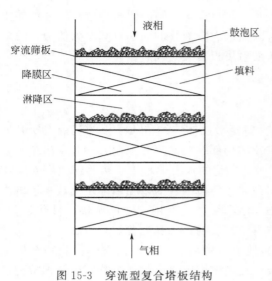

图 15-3　穿流型复合塔板结构
及操作状态示意图

图中标注：液相、鼓泡区、穿流筛板、填料、降膜区、淋降区、气相

填料塔的传质效率很大程度上取决于气液分布状态。而相对于气体分布，液体分布在实际生产中更加不易控制，即使在良好的初始分布条件下，液体通过填料层之后将会或多或少地出现分布不均和壁流的现象。液体分布不均会引起径向浓度分布不均，导致填料层的传质效率下降。因此当填料层较高时需要设置液体再分布器，以便液流和浓度的均匀分布。

结合穿流型筛板和填料塔的特点，能够使两者的优缺点进行互补。因此穿流型复合塔板应运而生。如图 15-3 所示，穿流型复合塔板一般为穿流筛板下加装一层高为 50～150mm 的薄层规整填料，板间距为 250～450mm，经过穿流筛板和填料的气、液两相均属于逆流流动。经过组合后，大部分的塔内空间得到利用，增加了传质能力。穿流塔板与规整填料的巧妙组合使复合塔板具有以下优点[8,9]：

① 液体流过一段填料之后会降落到筛板上，再经过板上的气液接触之后从各个筛孔进入到下一层填料中。在此过程中，穿流筛板就充当了下面填料层的液体再分布器，起到了均匀分布液相的作用。

② 气体进入填料后被均分到多个独立孔道内，这有利于气相的均布，并且在进入上一层塔板时不会因为液层不均造成气相在穿过筛板时分布不均的现象发生，有利于强化鼓泡区的传质效果。

③ 板式塔的雾沫夹带是限制其生产能力和操作弹性一个很重要的因素，而安置于两个塔板之间的规整填料能够很好地消除塔板间的雾沫夹带，有利于提高塔板的操作上限从而提高整塔的处理量和操作弹性。

④ 复合塔板操作时可分为三个主要区域：塔板上的鼓泡区、填料内的液膜区和填料下的淋降区，这三个区域都具有传质效果，而传统的穿流筛板绝大部分的传质和传热过程都发生在板上的鼓泡区内。所以，复合塔板拥有更高的空间利用用以进行传质和传热过程。

穿流型复合塔板在工业上已获得成功应用，并取得显著的效果。在各个领域已有 40 余座穿流型复合塔投入运行，其中包括甲醇、乙醇和丙醇等溶剂回收工艺，合成甲醇的主精馏塔、DMF 回收、废 NH_3 水处理、二甲苯的精馏及分子筛脱蜡装置抽出液塔的精馏等，塔径最大可以达到 $2.6m$[10]。

15.3.2　并流喷射填料塔板（JCPT）

并流喷射填料塔板（JCPT）是由天津新天进科技开发有限公司发明并委托天津大学化学工程研究所进行性能研究的一种新型填料塔板[11]。不同于穿流型复合塔板，JCPT（图 15-4）是将立体传质塔板和填料复合，是一种错流式的复合塔板，所以每块塔板都会设置受液区和降液区，在塔板上按照一定的排列方式开一定数目的圆孔或者方孔，在孔的上方安装帽罩，不同于垂直筛孔塔板，帽罩的上半部不再设置喷射孔和盖板，而是放置一装有规整填料的方形框架，并在框架上装有盖板；而帽罩的下半部分依然为方形或者圆形的升气筒，升气筒下部有可调支脚以调节帽罩与塔板间的底隙[12]。

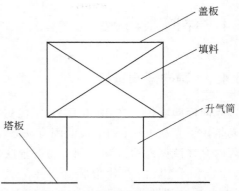

图 15-4 并流喷射填料塔板结构示意图

在正常操作时，板上的液体由于静压的作用从帽罩底隙进入到帽罩内，被下层塔板上升的经板孔加速后的高速气体提拉成环状液膜并被破碎，气液两相流以近乎乳沫状流的形式沿规整填料的规则通道向上并流，填料层可以使气液相接触面积增大并得到更新，最后形成更细小的液滴由填料层的侧面喷出，并造成相邻的罩体间激烈的对喷。并流喷射填料塔板（JCPT）与垂直筛板塔板（NEW-VST）在工作原理上很相似，均在一定程度上有效利用了塔板上的空间。同时，JCPT 也具有生产能力大，操作压降低，操作弹性大，雾沫夹带量较低等优点。而且通过比较发现，JCPT 在各个方面都要优于 NEW-VST[13]。并且，JCPT 还具有结构灵活的特点，可根据工况和物系的要求选择不同型号和材质的填料。并流喷射填料塔板凭借其优越的性能一经推出便在工业上得到推广，被应用于石油炼制和化工生产过程中，作为常压及高压蒸馏、吸收、解吸和增湿等单元操作的关键设备。

15.3.3 新型多溢流复合斜孔塔板

多降液管塔板（简称 MD 塔板）是美国 Union Carbide 公司发明的一种性能优秀的塔板，是一种介于错流和穿流之间的塔板。这种塔板的特点是降液管由彼此平行的多根降液管构成，相邻两层塔板的降液管方向交错 90°，降液管底部悬挂在下层塔板的液层以上。由于溢流堰总长度增加，这种塔特别适用于液相负荷较大的体系。同时这种塔板还具有板间距低，气体穿过塔板时分布均匀，塔板的利用率高等特点。但是这种塔板也有自己的缺点，由于液体流动距离要比单溢流形式短得多，所以塔板效率比普通塔板低 10%～15%，而且塔板结构复杂，设计成本高，安装和检修不方便[14]。

斜孔塔板是清华大学发明的一种高效能塔板，它是一种斜孔交错排列的塔板，塔板上气液流体合理：气体以水平方向喷出，相邻孔喷出的气体不会互相对冲并且分布均匀，也不会彼此叠加而致使液体不断加速，塔板上保持适当的存液量，且始终保持一定的液层，气液接触充分且雾沫夹带量少，允许气液负荷高，且有一定的自清洗作用。总之，斜孔塔板是一种具有生产能力大，压降低，传质效率高等众多优点的高效塔板[15]。

新型多溢流复合斜孔塔板采用类似于 MD 塔板的降液管形式，但只有一根或两个而不是多根降液管，从而简化了塔板结构并在一定程度上延长液体流动距离，这有利于降低加工成本和设计难度，并可以提高传质效率。在板面的设计上采用斜孔塔板来代替传统的筛板塔板，进一步提高了塔板的综合性能。因此，新型多溢流复合斜孔塔板既有 MD 塔板允许大液相负荷，又有斜孔塔板允许大气相负荷的综合特点，是一种处理量大且性能优异的塔板，可广泛应用于石化、化工和医药等行业的各种塔器内，特别适用于液相负荷较大的系统。

15.4　浮阀类塔板

15.4.1　导向浮阀塔板

导向浮阀塔板是在 20 世纪 90 年代初由华东理工大学开发的一类新型浮阀塔板，开发的初衷是为了克服 F1 浮阀塔板的固有缺陷，如液面梯度大，板上液体返混严重，塔板两侧弓形区内存在液体滞留区和浮阀容易磨损脱落等问题[16]。

F1 浮阀塔板的阀片形状为圆形，而导向浮阀塔板的阀片形状则为矩形和梯形为主（图 15-5）。同时阀片上开有一个或两个导向孔，导向孔的方向与塔板上的液流方向一致。塔板上的梯矩形板孔按照正方形或正三角形的形式排列，阀片通过在液体流动方向上设置的阀腿与板孔进行契合。在正常的操作工况下，阀片被板孔加速的气体托起形成与液体流向垂直的水平通道，一部分气体通过通道与阀孔间流经的液体混合并进行传质传热过程，另一部分气体则通过导向孔与流经阀片的液体相遇。经过充分的传质和传热过程后，液相经过溢流进入降液管并流向下一层塔板，而气相则继续上升至上层塔板[17,18]。

实验结果表明导向浮阀塔板克服了 F1 浮阀塔板的很多不足。从导向孔喷出的气体因为与液流方向一致，具有推动板上液体流动的功能，从而可以明显减少甚至完全消除塔板上的液层梯度。同时，排布在塔板两侧弓形区内的导向浮阀因为导向孔的存在，能够加速弓形区内液体的流动，从而消除塔板上的液体滞留区。从液流垂直方向喷出的气体很大程度上减少了因为气体吹拂引起的板上液相返混。最后，梯矩形的阀片不会再像圆形阀片在操作时进行转动，所以阀片不会那么容易磨损和脱落。

导向浮阀塔板不但继承了传统 F1 浮阀塔板传质效率高，操作弹性大且生产能力大等优点，也在不同程度上克服了传统 F1 浮阀塔板的固有缺陷。目前，在国内导向浮阀塔板的应用已经非常广，已有取代 F1 浮阀塔板之势。

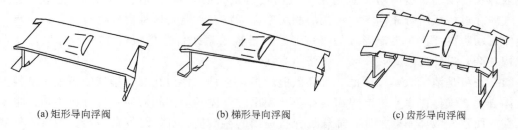

(a) 矩形导向浮阀　　　　　　(b) 梯形导向浮阀　　　　　　(c) 齿形导向浮阀

图 15-5　导向浮阀塔板系列产品结构示意图

15.4.2　超级浮阀塔板（SVT）

超级浮阀塔板是南京大学在其对于精馏塔能耗影响因素研究结论基础之上提出的一种新型塔板概念[19]。他们经过研究发现塔板类型及结构参数对精馏过程的能耗有很大影响，较低的堰高、较长的溢流堰和较大的传质区面积也都有利于降低能耗。同时，他们发现板上液体的流型也对能耗有很大的影响，平推流型塔板的能耗最低，全混流型塔板的能耗则最高。总而言之，提高单板传质效率是降低精馏过程能耗的最有效途径。基于以上结论，他们认为浮阀塔板发展的极致应该是综合考虑以上因素之后的设计成果，超级浮阀塔板的概念应运而生。与传统的浮阀塔板相比，超级浮阀塔板主要包含以下三个方面的变动：

① 弧形降液管的使用。传统塔板主要使用的是弓形降液管，这种降液管占用了很大一部分塔板面积，如果这部分面积可以用来作为传质传热过程的话，则可以有效提高传质效率。弧形降液管的使用可将塔板的有效传质区面积提高 10%～30% 不等。

② 设置全导流装置。导流板的使用可以将整个塔板分成多个狭窄的弧形流道，可有效减少板上的返混和滞留区形成，迫使液相在塔板上基本实现"活塞流"流动。

③ 采用双层菱形浮阀传质元件。这种新型浮阀结构采用了母子双浮动结构，并且采用充分考虑流体流型的菱形结构，可以大幅度提高传质效率和生产能力。

超级浮阀塔板的核心技术是具有双菱形阀片的母子导向浮阀（图 15-6）。母阀的阀片是菱形，当安放在塔板上时，阀片的长对角线垂直于溢流堰。母阀的阀腿有前后之分，靠近溢流堰一段的阀腿要高于另一条阀腿，以使母阀在全开时，母阀的阀盖与阀孔板之间向着溢流堰张开一个 10° 左右的夹角。母阀阀盖上有一个母阀阀孔，安放一个可以活动的子阀。子阀也为四边形，其四条边与母阀的四条边平行。同样的，子阀的阀腿也有前后之分，子阀的前腿要长于后退，使得子阀在全开时会与母阀阀盖之间向着溢流堰张开一个 10° 左右的夹角。

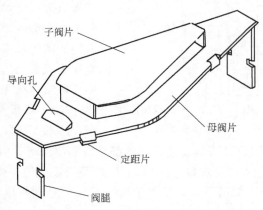

图 15-6 母子导向浮阀结构示意图

此外，在子阀后面的母阀阀盖上还会设置一个导向孔，开孔方向与液流流向一致。

在操作过程中，当气速较小时，母阀静止在塔板上，子阀升起，此时的气、液传质主要集中在子阀附近；随着气相负荷增加，子阀全部开启，母阀亦受到足够多的压力提升而逐渐开启。此时，上升气相分别从母子阀片升起的间隙进入液层，从而进行气液两相之间的传质传热过程。这种母子阀片的配合可以有效和较大范围地调节塔板开孔率和阀孔气速，而具有较大操作弹性和生产能力。同时，这种塔板可以在较低气速下仍能保持较高的传质效率，且随着通量的增加，效率基本保持不变。此外，通过观察发现，菱形的子母阀片形式不但能够对液流起到很好的导向作用，消除液面梯度，而且能够使气体分散更加细密、均匀，增加了气液相界面面积，有利于提高传质效率。同时，不同高度的阀腿使向前的气流量大于逆向的气流量，再加上母阀阀盖上导向孔的作用，使得液体流经阀孔时获得更多向前运动的动力，有效消除了板上液面梯度。通过对比实验，这种母子双阀片结构塔板要比传统的单阀片结构塔板具有更高的传质效率、更小的压降、更大的操作弹性和通量。

15.4.3　NYE 塔板

在 1992 年国际精馏与吸收会议上，Bruyn 等介绍了他们研究的一种适用于高压、高通量的塔盘——NYE 塔板。NYE 塔板与传统错流塔板的区别仅仅是不设置受液盘，而没有对板上的传质元件加以限制。所以除了降液区，NYE 塔板整个板面都为开孔区域，这样可以使板上筛孔或浮阀的布置区域进一步扩大，使原来的受液盘区域变为传质区，增大了有效鼓泡面积[20]。NYE 塔板具体实现方式是在距离塔板上一段距离为降液管设置一个弓形盲板用

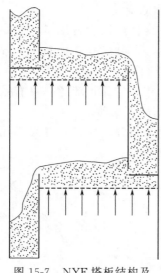

图 15-7　NYE 塔板结构及
操作示意图

以拖住降液管中的液体，新设立的降液管底部再进行液体出口的设置。这就相当于将降液管的液体出口向上提高了一定距离，而盲板以下的塔板不再受液，这样就可以进行开孔进行气、液传质。

如图 15-7 所示，在操作过程中，来自下一层塔板的气体从孔板进入液层，在正常开孔区进入的气体流动过程与传统塔板没有区别，基本上都是垂直穿过液层；而从降液管盲板下的传质区进入的气体进入板上液层后，因为盲板的存在而不得不向着液流方向流动，脱离盲板区之后便与其他气相汇合，与液相分离之后进入上一层塔板。研究发现，从盲板区进入的气体不但使液体的水平流动速度得到增加，减少了板面上的液面落差，增加了板面上的湍动程度，而且还会使由降液管进入塔板的液体立即被"活化"，从而提高了塔板的传质效率。与传统塔板相比，NYE 塔板通过增加有效传质面积使得塔板的处理量得到提高，降低了压降，并且因为特殊的结构设计，消除了液面梯度。用 NYE 塔板改造常规的筛板塔和浮阀塔，可以使塔板的通量增加 16%～20%，压降亦可以降低 13%左右。例如，用 NYE 塔板改造一个直径为 2600mm 装有 60 块常规浮阀塔板的脱异丁烷塔后，其处理量提高了 35%，同时压降降低了 13%，板效率增加了 5%，效果明显。

15.4.4　Triton 塔板

Triton 塔板是 Norton 公司开发的一种大处理能力新型浮阀塔板[21]。与传统的大通量塔板一样，在板面功能区的排布上，Triton 塔板也是将降液管液体出口提高，并在原来的受液区进行开孔以增大有效传质区的面积。可以说在这一点上 Triton 塔板并没有比传统大通量塔板有所创新。Triton 塔板的核心技术是专门为这种大通量浮阀塔板设计的一种新型浮阀。

Triton 塔板上的阀套被固定在板面上，但与常规的固定阀不同，它并不是从板面上冲压出来的，这样阀套的形状可以不受开孔限制。所以，阀套的尺寸可以按照使气体获得尽可能理想的倾斜程度的原则来设计，这是冲压成型的阀套所不能达到的。这种不受限制的阀套尺寸可以比板上开大得多，从而增大气流的水平分速。阀套的形状除了保障气相与液相拥有良好接触外，还使气相有足够大的偏斜。开孔上的阀套先使气体偏斜，然后再将气体引导入液体的流动方向。这样的动量转移对液流产生一个轻微的"推力"，使气体从含气的气泡中流出时流动比较均匀。总体效果是形成一个高度较低且更为均匀的喷射，这样就可以更有效地利用塔板间的空间以提高处理能力。

同时，Norton 公司发现降液管下方的接触阀件对提高塔板的处理能力有很大的影响。所以，在 Triton 塔板上对降液管下方的阀件进行了特殊的设计，通过改变阀套的形状和开口方向来引导气液两相的流动，使气体能够在不碰触降液管的同时并将液体前推到塔板的鼓泡区，防止降液管下方区域内的返混。同时，从全局来看，在 Triton 塔板上的不同功能区设置不同形式的阀件能够使板上液体按照设计的方向流动，并能实现直接的传质接触。Triton 塔板通过增大鼓泡区面积和改进阀的设计，成为一个真正具有高效率和高通量的塔板。

15.4.5　BJ 塔板

如图 15-8 所示，BJ 塔板是中国石化工程建设公司与天津大学一同开发的一种新型条形浮阀塔板，核心技术即为 BJ 浮阀[22]。BJ 浮阀除了具有普通条形浮阀所具有的特征外，还具有以下结构特点：

① BJ 浮阀的阀腿上开有导向孔。导向口只在与接近溢流堰的阀腿上开孔。从导向孔通过的气体对液相流动起到有效的导流作用。开在阀腿上的导向孔与开在阀盖上的导向孔不同的是通过其的气相流量不会因为操作负荷的变化而改变。导向孔的导流作用可以在很大程度

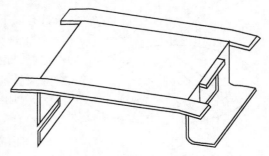

图 15-8　BJ 浮阀结构示意图

上减弱板上的液面梯度，消除塔板上的液相滞留区，提高液相流动的均匀性。同时，均匀的液相流动有利于气相均匀通过塔板，提高塔板的传质效率。

② 在导向孔的上端保留有侧条，其与阀两侧的侧条按相同方式弯折。这样的设置可以避免因导向孔的开设而导致漏液的增加，同时从导向孔通过的气体与液体接触的方式与从阀体两侧通过的气体与液体的接触方式是一致的，这就保证了传质效率不受影响。

③ 前后阀腿设计为不对称的结构。通过不对称的结构设计，修正了因开设导向孔而导致的阀体前后的质量差异，使得阀体前后的质量平衡。加之阀体尺寸与阀孔尺寸的良好配合，实现了浮阀力和力矩的平衡，从而保证了阀体能够平稳的升降。

通过与 F1 浮阀对比，BJ 塔板比其压降低 15%～35%，处理能力提高了 15%～35%，漏液量低 30%～60%，传质效率提高了约 5%。此外，BJ 塔板抗固体颗粒物沉积能力较强，应用于焦化分馏塔可解决焦化分馏塔中存在的焦粉沉积和聚集问题。BJ 塔板不但能够应用于传统石油化工分离过程，并且成功地应用于加氢精制和加氢裂化等装置中。

15.5　筛孔型塔板

15.5.1　MD、ECMD 塔板及国内开发的 DJ 系列塔板

虽然错流式筛孔型塔板可以被运用到大多数的气液接触式分离设备中，但在高压下或者高液气比的操作条件下，在设计或操作过程中，总会遇到各种问题，使得普通筛板塔板在这种工况下的可利用率降低。通过改变板上降液管的排布方式使塔板能够适应高压和高气液比的操作工况，是 MD、ECMD 塔板以及国内开发的 DJ 系列塔板的核心技术所在[23,24]。

MD、ECMD 以及国内的 DJ 系列塔板是介于错流和穿流塔板之间的一类新型塔板。如图 15-9 所示，这类塔板的降液管采用矩形降液管，并将降液管放置于塔板中间，降液管可以是一根也可以是多根。同时，不同于普通错流塔板沉浸式的降液管形式，这类塔板的降液管是悬挂在液层之上的，这使得降液管下方的塔板上也能够进行开孔，从而提高了塔板的利用效率。相邻的两层塔板的降液管成垂直排列，这样的放置有利于液体流程的加长和均布。由于这类塔板主要是为高液气比工况设计，所以一般通过这类塔板的气速不是很高，所以这

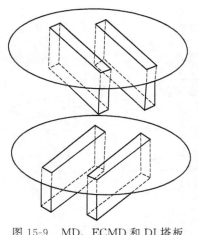

图 15-9　MD、ECMD 和 DJ 塔板
主体结构示意图

类塔板的板间距一般只是普通塔板的 50% 左右。此外，因为降液管布置于塔板中间，支撑圈无需中断，这样有益于减少安装的难度。

生产实践表明，MD、ECMD 以及国内的 DJ 系列塔板具有以下优点：

① 这类塔板特别适用于处理高液气比、大液量的操作工况，由于溢流周边总长是一般错流塔板的 2~3 倍，对降液管液泛为操作上限的高压或高气液比塔，如果以 MD 类型塔板代替原塔内件，可以提高液体通量 30%~50% 左右。

② 由于塔板的特殊结构形成多点溢流和多点降液过程，使得操作过程可以很稳定，当气液负荷发生变化时，液面波动比较小，所以压降波动也比较小。

③ 被多个降液管分隔成小空间使得气流分布均匀，且具有再分布能力，对气相初始分布要求不高。在旧塔的改造中可以不改动原气液分布装置，依靠两层塔板之间互成 90° 的旋转作用，使得气液两相都能够很快得到均匀分布。

④ 悬挂式的降液管不需要受液盘，通过增加开孔率，塔板的整体气相通量可以增加 15%~20%。

⑤ 板间距仅为一般塔板的 1/2~2/3，改造旧板式塔时，可以实现 "2 代 1" 或者 "3 代 2" 的改造，因而每米塔高理论板数可提高 30%~50%。

⑥ 因为液体流程要相对传统错流塔板短很多，所以板上液层比较低，板压降也比较低。对大液量操作工况，不容易在板上形成低效的高泡沫层，从而保证了传质效率，并节省了能耗。

经过多年推广和应用，MD、ECMD 和 DJ 系列塔板多被应用于水洗脱碳塔、碳化塔和轻烃分离塔等高液气比塔中，实践证明，这类塔盘能够在高压和高液气比工况下维持一个高效低耗的状态。

15.5.2　Cocurrent 塔板

Cocurrent 塔板是一种完全在板上空间实现气液并流操作的塔板[25]。如图 15-10 所示，这种塔板的结构要比普通塔板复杂得多，每层 "塔板" 是由一个液体分布器和一个除雾器组成，液体分布器放置于除雾器之下，两者之间的空间大小由板间距决定。在操作过程中，液体首先通过旁边的降液管出口进入液体分布器中，从而被分布呈大小均匀的液滴，而来自下一层除雾器的高速气体则会将液体吹起。气液两相流呈现并流状态从下至上通过这层塔板液体分布器和除雾器的空间并发生传质传热过程。当两相流进入除雾器后，液相被收集下来并通过与除雾器相连的降液管进入到下一层塔板的液体分布器，而分离出的气相则会继续将上一层塔板液体分布器中降落的液滴吹起进行下一层塔板的传质过程。

从 Cocurrent 塔板的操作过程来看，这种塔板将传质传热过程从板上发展到了整个板上空间，将传质空间运用到了极致，使得气液之间接触充分，再加上足够的气液相接触面积和剧烈的气液搅动形成足够快的气液界面更新，这种塔板拥有很高的传质效率。因为只需要穿过除雾器而不需要穿过液层，所以这种塔板的压降相较于普通塔板低了很多，与填料塔相当。较高的气速使得这种塔板具有很大的处理能力，比传统错流塔板提高了 50%～100%。当然，这种并流操作过程使得通过塔板的气相速率不能过低，所以这种塔板的操作弹性不大。不得不说，Cocurrent 塔板是一种突破传统液层式塔板观念束缚的塔板，具有创新性。但是这种塔板结构过于复杂，设计过程繁琐导致设计和结构成本是普通板式塔的 2 倍左右，所以使他的应用范围受到了一定程度的限制。

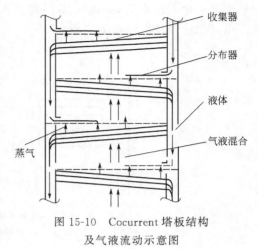

图 15-10　Cocurrent 塔板结构
及气液流动示意图

15.5.3　95 型塔板

一般有降液管的塔板具有降液区、受液区、安定区和支撑区等非有效传质区域，一般会占据整个塔板面积 30%～60%。这些区域的存在限制了塔板的传质效率和生产通量。将这些区域的设计进行优化有利于提高板上有效传质面积，95 型塔板是一种主要通过调节降液管形式来增加生产能力的筛孔式塔板[26,27]。

相对于传统筛孔式塔板，95 型塔板在以下几方面进行了较大的改进：

① 采用弧形降液管设计以便在液体畅通流动的前提下降液管横截面具有最小的面积；

② 采用降液管出口贴壁设计以取消内堰和受液区，以便受液盘面积得以开发使之成为有效传质区；

③ 采用加长溢流堰设计以减小堰上的液流强度，从而有效降低塔板上液层高度和塔板压降；

④ 采用全导流设计以消除液相返混现象，并建立平推流型液流以提高板效率；

⑤ 采用支撑区（原非开孔区）开孔设计以消除支撑区的传质盲区。

通过生产实践证明，95 型塔板的有效传质面积上升至塔板面积的 90%～95% 左右；在相同塔径下 95 型塔板的处理能力可比传统筛板提高 20%～40%；在相同气液负荷条件下，95 塔板的单板压降仅为传统塔板的 50% 以下。此外，在相同的塔径下，95 型塔板比传统筛板的液体流道长度平均加长 1/4～1/3，从而延长了液体在塔板上的停留时间，理论上可提高传质效率。

15.5.4　一种具有机械消泡功能的新型塔板

这种新型塔板的研发背景是为了提供一种能够在高液气比下有效消泡并维持较高传质效率的塔板。机械消泡的概念即在传统筛板或者其他类型的塔板上方安装消泡装置，从而达到有效的消泡效果。浙江工业大学研发的一种具有机械消泡功能的新型塔板是在普通塔板上设有特制的新型机械消泡构件，该构件半浸于塔板泡沫层中，用于塔板的机械消泡[28]。构件由多片与塔板垂直的波纹消泡板相互平行摆放组成，相邻的波纹板之间构成气体通道，这些消泡板采用定距杆固定其间距，板结构如图 15-11 所示。波纹消泡板可以是锯齿型波纹消泡板，也可以是弧线型波纹消泡板。

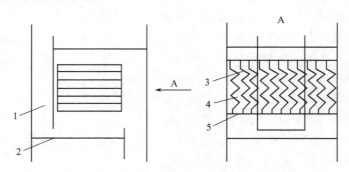

图 15-11　具有机械消泡功能的塔板示意图
1—降液管；2—塔板；3—机械消泡构件；4—波纹消泡板；5—定距杆

这种塔板的消泡功能主要体现在以下两方面：

① 减小泡沫层波峰高度。塔板泡沫层表面有波动，产生大大小小的波峰，过高的波峰是产生泡沫层过高液泛的主要原因。波峰与消泡构件的板壁发生摩擦，板壁对波峰产生向下的作用力，从而降低波峰的高度。同时泡沫层表面翻动产生大大小小的气泡，这些气泡与消泡构件下半部分碰撞，加速气泡破裂，释放出气体，从而降低泡沫层高度。

② 泡沫层上方飞溅产生大大小小的液滴，消泡构件上半部分则起惯性除沫作用。被气体夹带的液滴随气体在消泡板壁间的弯曲通道中运动，大部分被板壁拦截下来，形成液膜流回到泡沫层。

15.6　穿流塔板

15.6.1　穿流式栅板

穿流式栅板即开有栅条的无溢流塔板。栅板的构造很简单，就是一块平板上面按照一定的规则开有很多的缝条。在操作时，液体由上层塔板淋下，而气体则通过板缝由下而上地穿过塔板。由于气体通过塔板有阻力，而能在板上托起一定量的液体，形成气液两相互相接触的床层，从而进行传质过程。虽然塔板结构经过了简化，但是却使整个塔板面积都得以利用，这是错流塔板所不能及的。

经过大量的实验和生产经验得出，穿流式栅板具有以下特点[29,30]：

① 结构简单。塔板上无溢流装置，结构比一般筛板塔板还要简单，因而制造容易，安装维修方便，节省材料和投资。

② 生产能力大。由于没有溢流装置，节省了降液管和受液盘所占据的塔板面积（一般约占塔板面积的 15%～30%），所以气体流量较大。

③ 压降小。开孔率大，孔缝气速比溢流式塔板小，其压力降比泡罩塔小 40%～80%，因而可用于真空蒸馏。

④ 污垢不易沉积，孔道不易堵塞。可用塑料、陶瓷、石墨、有机玻璃等非金属耐腐蚀材料制造。

⑤ 操作弹性小。这是穿流式塔板的通病，能够保持较好的效率的负荷上下限之比约为 1.5～2.0，低于其他板式塔。

⑥ 塔板效率较低。比一般板式塔约低 30%～60%。但穿流式塔的孔缝气速较小且雾沫夹带量也小，故塔板间距可以适当缩小，因而在同样的分离条件下，塔的总高度与泡罩塔大致相同。

国内自 1980 年以来对其性能和结构进行了系统性的研究，与此同时进行了工业应用的开发，也取得了突破性的进展，近年来应用日益广泛，主要应用于化肥生产，氟化氢吸收工艺和冶炼工业等过程。

15.6.2　非均匀开孔率穿流塔板

理想状态下，穿流塔板正常工作时的状态是来自下一层塔板的气体能够均匀通过板上开孔，而液体则在液层压力下能够从每一个孔落下。这样塔板上不仅能够进行有效的传质和传热过程，并且还具有同时分散气、液两相的作用。然而在实际情况下，均匀开孔的穿流塔板在低气速下，板上不能够形成有效液层，气、液两相之间接触不充分造成传质效率低等现象发生。随着气速增加到一定的数值，板上出现液层，气液两相有序从板孔穿过，达到设计的理想状态，这时的塔板具有很高的传质效率；但这种状态随着气速的增加会很快会打破，塔板中央区域开始只通过气体而停止下液，液体大部分从临近塔壁处的板孔降落到下一块塔板，气体通量越大，这种现象就越明显，出现很明显的塔板中央气体冲射，液滴喷溅，而周围液层平静的现象。这不利于气、液相之间传质的有效解除，所以塔板的传质效率随着气速的增加急速下降。这就是普通穿流塔板的高效区很窄的原因。

为了提高穿流塔板的操作弹性，可以通过调节不同区域的开孔率来实现对于气体均匀分布的调控。四川大学开发的非均匀开孔率穿流塔板验证了这种想法的可行性[31]。非均匀开孔率穿流塔板的中心开孔率小，而从中心向外的开孔率逐渐变大，其他部分则与普通穿流筛板无异。

通过实验验证，这种塔板很好地解决了在高气速下气体分布不均的问题，在保证传质效率的前提下，提高了塔板的操作弹性。同时，非均匀开孔率穿流塔板具有生产能力大、清液层高度高、泡沫质量好（冲射现象少）等特点。根据生产实践，它的生产能力为填料塔的一倍以上。在板间距为 400mm 的情况下其清液层高度的水平为 50～60mm 汞柱，其泡沫层高度的水平达到 300mm 左右。这和有溢流堰塔板在堰高 90mm 时的数值时相当[32]。

15.7　高速板式塔——旋流塔板

旋流塔板是我国 20 世纪 70 年代自行开发、应用广泛的一种高速喷射型塔板，设计的初衷是为了解决塔板因雾沫夹带引起的操作限范围狭窄的问题。如图 15-12 所示，旋流塔板与一般塔板有很大不同，塔板的叶片如固定的风车叶片，气流通过叶片时产生旋流和离心运动，液体则通过中心的盲板均匀分配到每个叶片，形成薄膜层，与旋转向上的气流形成旋转和离心的效果，喷射成细小液滴并甩向塔壁形成液膜。液膜受重力作用集流到集液槽，并通过降液管流到下一层塔板的盲板区，而气体则继续向上进入上一层塔板进行传质传热过程。

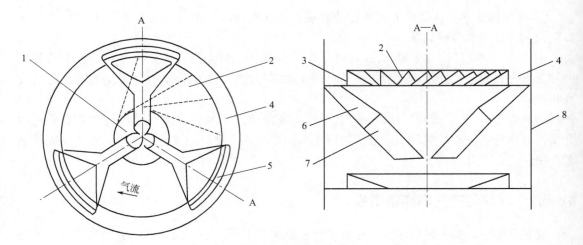

图 15-12 旋流塔板结构

1—盲板；2—叶片；3—罩筒；4—集液槽；5—溢流堰；6—异型接管；7—降液管；8—塔壁

由于旋流塔板结构的特殊性，板上气液接触状态更加复杂，随着空塔气速的增加，塔板上的操作工况依次可分为以下四个区域[33-35]：

① 倾泻区。在小气速下，塔板上的液体受气流曳力甚小，主要是沿叶片直接倾泻至下层塔板，而气体则从叶片间的空隙进入上层塔板，塔板上不积液，塔壁上也无液体，气液之间接触不良，在这种状态下塔板效率很低。

② 泡花区。随着气速的增加，根据液体喷淋密度的大小，旋流塔板的泡花区可分为两种不同的操作状态：在较大的喷淋密度下，塔板上的工况类似于筛板的泡沫态。塔板上液层湍动较为激烈，同时，存在一定量因气泡破碎而产生的微小液滴，塔壁也开始出现低的液环。漏液量虽较倾泻区大为减少，但仍相当严重；在较小的液体喷淋密度下，塔板上不出现泡沫态，而呈快速旋转的水花状。虽然泡花区内塔板仍漏液多，但由于下落液体是沿叶片运动，故向下的分速度要比普通筛板小。同时，叶片也提供一部分气液接触面积，气、液两相的接触时间较长。因而，塔板的效率得到了有效的提高。

③ 喷射区。随着气速的进一步加大，漏液量逐渐减小，从盲板流到叶片上的液流大部分被分流的剪切力破碎成大小不一的液滴，然后被气流夹带。由于喷射力较强且受离心力作用，液滴以略成螺线的轨迹越过罩筒并运动至塔壁。此时，塔板上的液体已转变为分散型，而气体则转变成连续型。旋流塔板的操作工况即进入喷射区，此时塔壁出现一明显的快速旋转的液环。喷射区内旋流塔板上的持液量明显增加。这时塔板上气液两相接触充分且界面更新速度加快，塔板效率达到最大值。

④ 全喷射区。进入全喷射区后，液体不再从叶片区滴落，而全部被高速气流喷散抛射，水滴以一定的初始抛射角自盲板边缘飞出。全喷射区内，水滴较喷射区分散得更小，更匀，塔壁液环也明显增厚，转速加快，持液量也更大。随着气速的继续加大，液环升高，大液量下液环接触到上层塔板时，即出现液泛。

旋流塔板开孔率大并且在高气速下运行，所以生产能力很大，同时这种塔板还具有压降低和操作弹性大等优点。因为气液接触时间较短，这种塔板较适用于气相扩散控制的过程，如气液直接接触换热、快速反应吸收等。

15.8　隔壁塔

隔壁塔是近些年精馏节能技术发展的热点，其概念的提出对于精馏技术革新有着划时代的意义。通过进行模拟分析，隔壁塔可以大幅度提高热力学效率，降低能耗的同时，减少设备投资[36]。

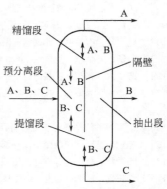

图 15-13　隔壁塔结构示意图

传统的三元混合物分离，若采用简单塔分离序列，至少需要两个精馏塔才能使其得到有效分离。如图 15-13 所示，隔壁塔是将普通精馏塔从中间沿轴向分隔成两部分。在隔壁塔中，进料侧为预分离段，另一侧为主分离塔。混合物 A、B、C 在预分离段经过初步分离后为 A、B 和 B、C 两组混合物，A、B 和 B、C 两股物流进入主塔后，塔上部将 A、B 分离，塔下部将 B、C 分离，塔顶得到产物 A，塔底得到产物 C，中间组分 B 在主塔中部采出。同时，主塔中又引出液相物流和气相物流分别混合返回进料侧顶部和底部，为预分离段提供液相回流和初始气相。这样，只需一座精馏塔就可得到三个纯组分，同时还可节省一个蒸馏塔及其附属的再沸器、冷凝器、塔顶回流泵和管道。而且占地面积也相应减少。与传统的两简单塔分离序列相比，隔壁塔的能耗及设备投资均可降低 30% 左右。

隔壁塔节能的主要原因有两个[37]：

① 避免了中间组分的返混效应。在常规两塔分离序列中，塔 1 提馏段内随着轻组分 A 浓度的降低中间组分 B 的浓度逐渐增加，但在靠近塔釜处，由于重组分 C 浓度增加，中间 B 组分浓度在达到最大值后逐渐减小，即组分 B 在该塔中发生返混，这也是该塔分离效率低的重要原因。与之相反，在隔壁塔中，经预分离段分离后的 A、B 和 B、C 两组混合物进入主塔后做进一步分离，其中，中间组分 B 在塔中浓度达到最大时采出，这就有效避免了两塔流程中的返混现象。

② 减小进料与进料板上物流组成不同引起的混合问题。在预分离段顶部和底部 B 组分的组成完全和主塔这两股物料进料板上的组成相匹配，符合最佳进料板的要求。

隔壁塔不仅仅适用于三元物系的分离，该技术也能够运用到多元物系的分离中。隔壁塔已有在工业中成功运行的先例，运行结果表明了其在降低能耗、减少设备投资方面的巨大潜力。近年来，研究者们已着眼将隔壁塔技术应用于特殊精馏体系，如反应精馏、萃取精馏、共沸精馏等新领域，以期最大限度降低能耗。

◆ 参考文献 ◆

[1]　杜佩衡. 新型垂直筛板塔（NewVST）的开发与进展 [J]. 化肥设计, 1999,（6）: 49-52.

[2]　杜佩衡. 新型垂直筛板塔（New VST）的结构原理及优异特性 [J]. 氮肥技术, 1995,（01）: 13-14.

[3]　杜佩衡. 立体连续传质塔板及其在精馏中的应用 [J]. 现代化工, 2008, 28（9）: 77-81.

[4]　杜佩衡, 杜剑婷. 梯矩形立体连续传质塔板工业应用进展 [J]. 化工进展, 2007, 26（z1）: 23-27.

[5]　李春利, 马晓冬. 大通量高效传质技术——立体传质塔板 CTST 的研究进展 [J]. 河北工业大学学报, 2013,（01）: 19-28.

［6］　李春利，孙玉春，王志英，方静. 新型立体传质塔板 CTST 的研究与开发进展［J］. 河北工业大学学报，2004, 33
　　　（02）：155-162.

［7］　吕建华，刘继东，张文林，李春利，李柏春. 立体传质塔板 CTST 技术及其在炼油装置中的应用［J］. 化工进展，
　　　2007, 25（z1）：13-16.

［8］　计建炳，姚克俭，王良华，徐崇嗣. 复合塔板的性能及其应用//国际华人石油与石油化工科技研讨会会议论文集
　　　［C］. 北京：中国石油化工集团公司，1998.

［9］　姚克俭，计建炳，谭晓红，徐崇嗣. 复合塔——一种新型的高效塔［J］. 化学工程，1992，（06）：5-9.

［10］　姚克俭，祝铃钰，计建炳，徐崇嗣. 复合塔板的开发及其工业应用［J］. 石油化工，2000, 29（10）：772-775.

［11］　哈婧，王金成，王树楹. 新型复合塔板 JCPT 的性能及工业应用［J］. 化工科技，1999，（2）：27-31.

［12］　蓝仁水，高长宝，王树楹. 喷射式并流填料塔板的研究［J］. 中国化学工程学报：英文版，2002，（5）：535-538.

［13］　王金成，尚振华，陈强，孙兰义，王树楹，兰仁水. 喷射式并流填料塔板流体力学和传质性能［J］. 化学工程，
　　　1999, (01)：15-18.

［14］　杨国增. 新型多溢流复合斜孔塔板的工业化应用［J］. 石化技术，2000，(1)：8-11.

［15］　陈斌，段瑞. 浅谈新型多溢流复合斜孔板塔的结构设计［J］. 石油化工设计，2003，(03)：19-21.

［16］　路秀林，赵培. 导向浮阀塔板的结构性能和工业应用［J］. 上海化工，1993，(05)：5-8.

［17］　李玉安，赵培，刘吉，路秀林. 梯形导向浮阀塔板［J］. 高校化学工程学报，1997，(03)：261-267.

［18］　陆慧辉. 组合导向浮阀塔板的实验研究及应用［D］. 上海：华东理工大学，2010.

［19］　董艳河，黄敏，王荣良，杜佩衡. 国外塔板技术的最新发展［J］. 过滤与分离，2003, 13 (2)：13-17.

［20］　梁治国. 大处理量的 NYE 塔板［J］. 世界石油科学，1994，(4)：75-79.

［21］　Hause R. 提高塔处理能力的 Triton 塔板［J］. 炼油技术与工程，1999：33-36.

［22］　焦军，易建彬. BJ 塔板的开发和应用［J］. 石油炼制与化工，2004, 35 (9)：66-69.

［23］　姚克俭，章渊昶，王良华，俞晓梅. 新型高效大通量 DJ 系列塔板的研究与工业应用［J］. 化工进展，2003, 22
　　　(3)：228-232.

［24］　俞晓梅，徐崇嗣. MD 型塔板及其改进型的研究和应用［J］. 全面腐蚀控制，1994，(06)：49-51.

［25］　张志炳，王志祥，耿皎，骆培成. 南京大学的专利型汽液分离技术研究进展［C］. 苏州：全国气体净化技术协作
　　　网成立大会暨首届技术交流会，2000.

［26］　郭敏强，李鹏. 新结构 95 型塔板的流体力学性能［J］. 化工学报，2004, 51 (3)：395-398.

［27］　张志炳，耿皎，孟为民. 95 型高通量塔板的开发及其工业应用［C］. 北京：2002 中国国际腐蚀控制大会，2002.

［28］　李育敏，俞晓梅，姚克俭. 一种具有机械消泡功能的新型塔板［J］. 现代化工，2005, 25 (10)：57-59.

［29］　赵文凯. 穿流栅板塔流体力学性能的研究［D］. 大连：大连理工大学，2007.

［30］　赵文凯，匡国柱，于士君. 穿流栅板塔冷模实验［J］. 沈阳工业大学学报，2008, 30 (03)：356-360.

［31］　张桂昭，洪大章，蒋述曾. 非均匀开孔率穿流塔的设计［J］. 化工设计，1997，(02)：7-11.

［32］　赵哲山. 非均匀开孔率穿流塔板传质效率的研究［J］. 化工设计与开发，1994，(2)：13-17.

［33］　陈建孟，谭天恩. 旋流塔板上的两相流场［J］. 化工学报，1993，(5)：507-514.

［34］　陈建孟，谭天恩，史小农. 旋流塔板的板效率模型［J］. 化工学报，2004, 54 (12)：1755-1760.

［35］　邵雄飞. 旋流板塔内两相流场的 CFD 模拟与分析［D］. 杭州：浙江大学，2004.

［36］　孙兰义，李军，李青松. 隔壁塔技术进展［J］. 现代化工，2008, 28 (9)：38-41.

［37］　马晨皓，曾爱武. 隔壁塔流程模拟及节能效益的研究［J］. 化学工程，2013, 41 (3)：1-5.

第 7 篇

反应介质强化技术

化学工业使用的大量易挥发性有机溶剂（VOC），如氯代烷烃、苯、酮、醚等，严重污染着生态环境，必须从根源上减少或尽量避免有毒有害物质的使用和产生。反应介质强化是从绿色化学的角度出发，运用现代科学技术的原理和方法，研究开发绿色反应介质，减少或消除化学品生产和应用中有害物质的使用与产生，使所研究的化学产品与化工过程对环境更加友好的一种过程强化技术。新型反应介质的开发对实现绿色化学合成至关重要，选择绿色反应介质既能强化传递、反应过程，又能简化溶剂回收工艺，同时降低原料和能源消耗，避免不利的环境效应。所以，新型绿色反应介质的研究对保护环境、促进有机合成化学的发展起着关键的作用。新型反应介质包括离子液体、超临界流体、水溶剂及微波无溶剂等。其中，离子液体可取代传统的有毒有害的溶剂，进而开发高效、安全的绿色反应过程；超临界流体是无毒无害溶剂研究领域最活跃的分支之一；水溶剂及无溶剂化有机合成是最有利于环保的反应介质；微波无溶剂合成技术是实现有机合成绿色化的重要途径之一。本篇将着重介绍离子液体与超临界流体强化技术及其应用。

第16章 离子液体

在化工过程中，约 90% 的反应及分离过程需要介质（溶剂和催化剂）才能完成，因而介质创新是实现化工过程绿色、高效转化的重要途径。离子液体是在绿色化工基础上发展起来的软物质材料，具有熔点低、液态温度范围宽、不易挥发、溶解能力强、可设计性、电化学窗口宽等独特性质[1]。可通过修饰或调整正负离子的结构及种类，来调控离子液体物理化学性质，如熔点、黏性、密度、疏水性等。由于离子液体的可设计性，形成了数量庞大的离子液体体系，选择合适的类型和结构可以产生良好效果。离子液体在化工生产中展示了广阔的应用潜力和前景，成为当今世界各国绿色高新技术竞争的战略高地。发达国家将离子液体列入本国的战略科技计划，许多跨国集团公司也纷纷投入到离子液体的应用技术研发中，并且部分过程已经成功开展，例如 Eastman 的环氧丁烯异构化、BASF 的烷氧基苯基膦合成、IFP 的烯烃二聚、Degussa 的氢化硅烷化等。在国内，离子液体基础和应用研究也十分活跃，多项涉及离子液体应用的技术也已进入了中试或工业设计阶段。

离子液体作为溶剂和催化剂在有机合成方面的研究十分活跃，而且出现了大量关于分离应用的报道，另外，将离子液体应用于材料制备也迸发了活力。离子液体是继超临界 CO_2 后的又一种极具吸引力的绿色溶剂，是传统挥发性溶剂的理想替代品。所以，离子液体不仅作为绿色溶剂广泛应用于分离过程、电化学、有机合成、聚合反应等方面，而且由于其独特的物理化学性质及性能，有望作为新型功能材料使用，是近年来国内外精细化工研究开发的热点领域。尽管离子液体被看作是水和超临界流体之后的第二代最有前景的绿色溶剂，但其工业化应用尚受到成本的制约。此外，对于离子液体这样的一类新体系，人类的认识还十分有限，现有的工程数据库还未完善，需要从理论与实验两方面对离子液体进行更深入的研究。总之，不断推进离子液体的研究，开发低成本、高效率的离子液体，才能使离子液体在绿色溶剂和催化剂、清洁能源、资源环境、生物制药、高新材料等领域发挥出更大作用，实现"基础研究-工业应用-产业推广"的产业链模式。

16.1 概述

16.1.1 离子液体简介

离子液体（Ionic Liquids，ILs），是室温离子液体的简称，指在室温或小于 100℃ 温度条件下呈现液态的、由有机阳离子和无机或有机阴离子所组成的盐[2]。离子液体与一般的离子化合物有着非常不同的结构（图 16-1），导致其与离子化合物的性质有很大差异。例如，离子化合物只有在高温下才能变成液态，而离子液体在较低的温度下就呈现液态。

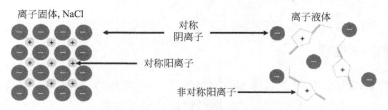

图 16-1　NaCl 与离子液体结构示意图

离子液体的研究最早可以追溯到 1914 年，Walden 等[3]报道的第一个在室温下呈液态的有机盐：硝酸乙基铵（[EtNH$_3$][NO$_3$]），但其并没有受到学术界的关注。此后，离子液体的发展较为缓慢。在 20 世纪 80 年代末，酸性的氯铝酸盐离子液体被证明是 Friedel-Crafts 反应的有效催化剂。1990 年，Chauvin 等将 Ni 催化剂溶于弱酸性的氯铝酸盐离子液体中，并将这一体系用于丙烯的二聚反应。研究表明，加入 AlEtCl$_2$ 则可抑制副反应。氯铝酸盐离子液体虽然得到了比较深入的研究，但这类离子液体一个明显的缺点就是对水及氧化性杂质很敏感，因而，不适用于含水体系，极大地限制了其在化学化工中的应用。直到 1992 年，Wikes 领导的研究小组[4]合成了低熔点、抗水解、稳定性强的 1-乙基-3-甲基咪唑四氟硼酸盐离子液体（[emim]BF$_4$）。此后，随着绿色化学的兴起，离子液体的研究进入了一个全新的发展阶段，各种各样的离子液体被开发出来，离子液体逐步走向工业化应用。2003 年，世界上第一套基于离子液体的脱酸工艺技术在 BASF 公司实现规模化工业应用。2005 年，我国建成了国内第一套离子液体大规模制备的工艺装置。德国 IoLiTec、MERCK 等公司现在已能为客户提供关于离子液体的研发、技术咨询和个性化产品设计的专业化服务。

16.1.2　离子液体结构

常用于构成离子液体的阴阳离子如图 16-2 所示，根据有机阳离子母体的不同，离子液体主要包括 4 类：咪唑盐类（Ⅰ）、吡啶类（Ⅱ）、季铵盐类（Ⅲ）和季鳞盐类（Ⅳ）[5]。目前研究最多的离子液体是二烷咪唑类离子液体，因为它易于合成且性质稳定。当然，离子液体的种类不止这些，其他代表性的阳离子还有胍盐类离子液体、硫盐离子液体、吡咯型离

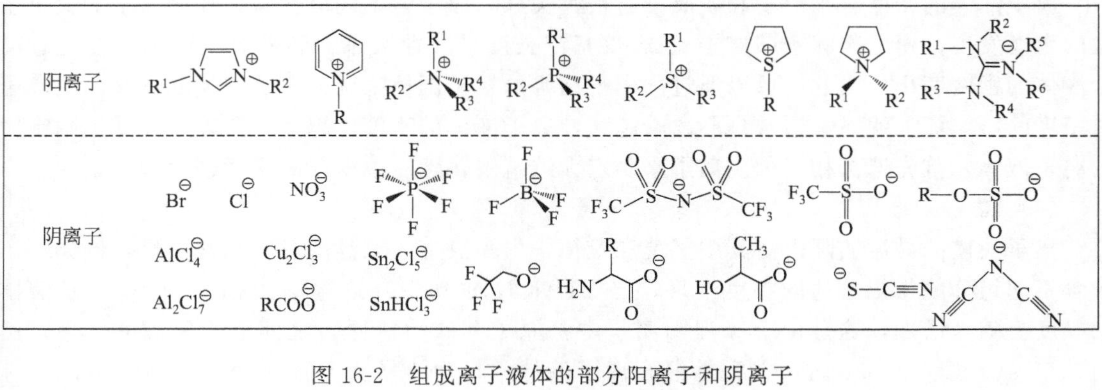

图 16-2　组成离子液体的部分阳离子和阴离子

子液体等。组成离子液体的阴离子主要分为两类：一类是单核阴离子，这些阴离子主要呈中性或碱性，其特点是离子液体遇水或空气较稳定，如 Cl^-、Br^-、BF_4^- 和 PF_6^-；另一类是多核阴离子，这类离子液体对水及空气敏感，需要在真空或惰性气体保护下进行处理和应用，如 $Al_3Cl_{10}^-$、$Fe_2Cl_7^-$、$Cu_2Cl_3^-$ 和 $Au_2Cl_7^-$ 等。

16.1.3　离子液体性质

离子液体具有以下特点[6]：①液态温度范围宽，$-96 \sim 300℃$ 之间，有着良好的化学稳定性；②蒸气压低，不易挥发；③离子结构可设计，对无机物、有机物及聚合物等有着较好的溶解能力；④可与其他溶剂形成两相或多相体系，适合做反应介质、催化剂和分离溶剂等；⑤电化学稳定性高，电化学窗口较宽。以下分别从物理和化学性质进行阐述。

16.1.3.1　物理性质

（1）熔点

熔点是评价离子液体特性的关键参数，离子液体的组成与其熔点有着紧密的联系。阳离子对离子液体熔点的影响，以 Cl^- 为相同阴离子，比较不同氯盐的熔点可以发现：碱金属氯化物的熔点高达 $800℃$，而含有机阳离子的氯盐熔点均在 $150℃$ 以下，且随阳离子不对称性程度的提高，其熔点相应下降。大量的研究表明，低熔点离子液体的阳离子具备下述特征：低对称性、弱的分子间作用力和阳离子电荷的均匀分布。此外，阴离子对离子液体熔点也有影响，比较含不同阴离子的 1-乙基-3-甲基咪唑盐离子液体的熔点可以发现，在大多数情况下，随着阴离子尺寸的增加，离子液体的熔点相应下降。

（2）溶解度

离子液体有良好的溶解性能，可以溶解有机物、无机物和聚合物等，是很多化学反应的良好溶剂。离子液体成功应用的关键是对其溶解特性的系统研究。同样地，离子液体的溶解性与其阳离子和阴离子的特性密切相关。阳离子对离子液体溶解性的影响：对比正辛烯在含不同季铵盐阳离子的离子液体中的溶解性，可以发现随着离子液体的季铵阳离子侧链变大，即非极性特征增加，正辛烯的溶解性随之变大。由此可见，改变阳离子的烷基可以调整离子液体的溶解性。阴离子对离子液体的溶解性也有影响，当离子液体的介电常数超过特征极限值时，其与有机溶剂是完全混溶的。

（3）密度

离子液体的密度与阳离子和阴离子有很大关系。比较含不同取代基咪唑阳离子的氯铝酸盐的密度发现，密度与咪唑阳离子上 N-烷基链长度呈线性关系，随着有机阳离子变大，离子液体的密度变小。由此，可以通过阳离子结构的轻微调整来调节离子液体的密度。阴离子对密度的影响更加明显，通常是阴离子越大，离子液体的密度也越大。所以，设计不同密度的离子液体，首先选择相应的阴离子来确定大致范围，然后根据阳离子对密度进行微调。

（4）黏度

离子液体的黏度实际上由其中氢键和范德华力来决定。氢键的影响非常明显，例如，比较含不同组分的氯铝酸盐的黏度发现，当 $x(AlCl_3) < 0.5$ 时，随着 $AlCl_3$ 的减少离子液体的黏度会随之增加，这是由于咪唑阳离子中氢原子和碱性氯原子之间形成氢键的结果。然而，当 $x(AlCl_3) > 0.5$ 时，在酸性混合离子液体中，由于较大阴离子 $AlCl_4^-$ 和 $Al_2Cl_7^-$ 等的存在，使形成的氢键较弱，黏度自然较低。阳离子的结构也影响离子液体的黏度。[emim]$^+$中侧链短小，活动性强，由其组成的离子液体黏度相对较低。而含更长烷基链或氟化烷基链的离子液体黏度较大，这是因为更强的范德华力作用的结果。表 16-1 的黏度数据表明，离子液体的黏度比一般有机溶剂的黏度高 1~2 个数量级。

表 16-1 含 [bmim]$^+$ 阳离子的不同离子液体的黏度

离子液体类型	黏度/mPa·s	离子液体类型	黏度/mPa·s
[bmim][CF$_3$SO$_3$]	90	[bmim][C$_3$F$_7$COO]	182
[bmim][C$_4$F$_9$SO$_3$]	373	[bmim][CF$_3$SO$_2$N]	52
[bmim][CF$_3$COO]	73		

（5）导电性

离子液体的离子导电性是其电化学应用的基础。离子液体的室温离子电导率一般在 10^{-3} S/cm 左右，其大小与离子液体的黏度、分子量、密度以及离子大小有关。其中黏度的影响最明显，黏度越大，离子导电性越差。相反，密度越大，导电性越好。应该注意离子大小和分子量的影响，尽管 [emim][CF$_3$CO$_2$] 比 [emim][(CF$_3$SO$_2$)$_2$]N 的密度低且黏度相近，但由于 [emim][CF$_3$CO$_2$] 的阴离子小且分子量小而使其导电性更好。离子液体电化学稳定电位窗口对其电化学应用也非常重要。电化学稳定电位窗，是离子液体开始发生氧化反应的电位和开始发生还原反应的电位的差值。大部分离子液体的电化学稳定电位窗为 4V 左右，这与一般有机溶剂相比是比较宽的，这也是离子液体的优点之一。离子液体的氧化电位与阴离子有关，一般在约 2V（相对 I$^-$/I$_3^-$）；还原电位因阳离子的不同而有差异，如 1,3-二烷基咪唑的还原电位与其 2 位上的 H 的酸性相关。

16.1.3.2 化学性质

（1）热稳定性

离子液体的热稳定性受到两种力的限制：一种是杂原子-碳原子之间的作用力；另一种是杂原子-氢键之间作用力。可见，离子液体的热稳定性与阳离子和阴离子的结构、性质密切相关。例如，胺或膦直接质子化合成的离子液体的热稳定性差，很多含三烷基铵离子的离子液体在真空 80℃ 下就会分解；由胺或膦季铵化反应制备的离子液体，会发生热诱导的去烷基化（逆季铵化）反应，并且其热分解温度与阴离子本质有很大关系。另外，大多数季铵氯盐离子液体的最高工作温度在 150℃ 左右，而 [emim]BF$_4$ 在 300℃ 仍然稳定，[emim][CF$_3$SO$_3$] 和 [emim][(CF$_3$SO$_2$)$_2$N] 的热稳定性温度均在 400℃ 以上。可以看出，同水和大多数有机溶剂相比，离子液体具有更宽阔的稳定液态温度范围。

（2）酸碱性

离子液体的酸碱性本质上是由阴离子的特性决定的，如图 16-3 所示。例如将 Lewis 酸、AlCl$_3$ 加入到离子液体 [emim]Cl 中：当 x(AlCl$_3$)<0.5 时，离子液体呈碱性；当 x(AlCl$_3$)=0.5 时，为中性，阴离子仅为 AlCl$_4^-$；当 x(AlCl$_3$)>0.5 时，随着 AlCl$_3$ 的增加会有 Al$_2$Cl$_7^-$ 和 Al$_3$Cl$_{10}^-$ 等阴离子存在，离子液体表现为强酸性。

上述离子液体的这些特点，使其成为兼有液体与固体功能与特性的"固体"液体（Solid Liquid），然而要想完全了解其特性并加以应用，还要从离子液体的构效关系着手。

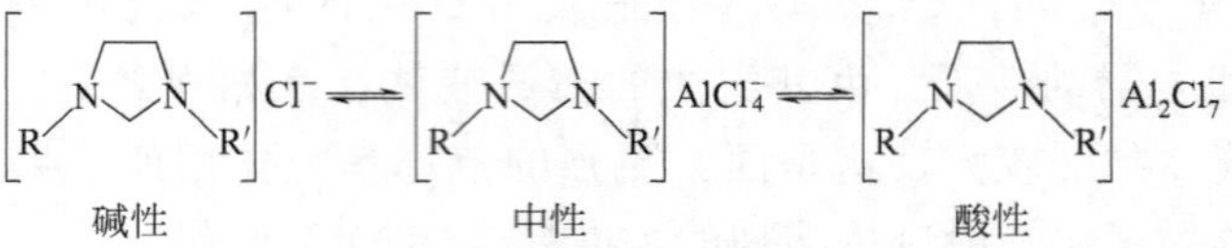

图 16-3　1,3-二烷基咪唑氧铝酸盐离子液体的酸碱性

16.1.4　构效关系与分子模拟

　　离子液体最大特点之一是可设计性，由阴阳离子组合构成的离子液体种类难以计算，性质也千差万别，想要筛选合适的离子液体，必须从分子结构出发，认识离子液体多尺度构效规律。离子液体完全由离子组成，离子间的作用力不同于普通分子型液态介质与电解质溶液。近期的研究表明，离子液体中广泛地存在着氢键网络结构，是除静电作用之外最重要的作用力。氢键能够增加离子液体的溶解性能，例如，合成环碳酸酯时，基于氢键对离子液体催化剂正负离子起到协同催化的作用，促进了 CO_2 加成速率。所以，不能简单地将离子液体看作完全电离的离子体系，也不能将其视为缔合的分子或离子体系。从微观尺度角度看，离子液体体系存在着离子、离子簇等特殊结构，团簇会影响离子液体的分散性，从而导致溶剂或催化剂的效果变差，通过改变环境条件（如链长、温度、组分浓度等），这些离子簇便会随着发生变化[7]。

　　随着计算机的高速发展，分子模拟在研究离子液体构效关系中发挥出极其重要的作用。离子液体分子模拟的基础是分子力学力场。Yu 等[8]已经建立了多个系列新型离子液体（氨基咪唑类、胍类、季鳞盐类）的分子力场，通过分析离子运动轨迹，研究了离子液体的液相结构包括阴阳离子作用位、作用能、氢键和烷基侧链的转动灵活性等，建立了离子液体的微观参数（如氢键、配位数等）与宏观性质（包括密度、相变焓、自扩散系数等）之间的定量关系。Dong 等[9]通过对常规和功能化离子液体的量化计算研究发现，离子液体中广泛存在着氢键网络结构，并从分子水平上揭示了实验观测到的离子超结构单元的形成机理。正是由于这种氢键网络结构的存在，使得离子液体具有周期性规律分布的网络结构，呈现出"液体分子筛"的特性。离子液体中氢键网络结构的存在意味着不能简单地将离子液体看作完全电离的离子体系，也不能简单地将其视为缔合的分子或离子体系，进而从分子水平上阐明了离子液体不同于分子型介质（有机溶剂）或电解质溶液的微观本质，为发展离子液体的理论模型提供了科学依据。

16.1.5　合成方法

16.1.5.1　常规合成法

　　离子液体的合成方法主要取决于目标离子的性质，而性质由其结构决定，最常见的离子液体合成方法包括直接法和两步法。

　　（1）直接法

　　直接法包括季铵化反应——叔胺与卤代烷烃或酯类物质的加成反应，酸碱中和反应——利用胺的碱性与酸发生中和反应，一步生成目标离子液体。Yang 等[10]采用逐滴滴加法，将二乙基硫酸酯与 1-甲基咪唑的苯溶液等摩尔混合，在 N_2 气氛下，合成了 1-乙基-3-甲基咪唑乙基硫酸盐（EMISE）离子液体。Sun 等[11]通过亲核加成法，将 2-甲基吡咯啉与碘丙烷在乙腈溶剂中反应，获得了 1-丙基-2-甲基吡咯啉碘化物 [MP$_3$I]，并用同样的方法合成了 1-丁基-2-甲基吡咯啉碘化物 [MP$_4$I]，收率分别为 96％和 89％。

（2）两步法

直接法难以得到目标离子液体时，就必须采用两步法。第一步先由叔胺与卤代烃反应合成季铵的卤化物；第二步再通过离子交换、络合反应、电解法或复分解反应等方法，将卤素离子转换为目标离子液体的阴离子。其中，离子交换法是将含目标阳离子的离子液体前体配成水溶液，然后通过含目标分子阴离子的交换树脂，通过离子交换反应得到目标离子的水溶液，然后蒸发除水得到产品；阴离子络合反应主要是利用卤素离子与过渡金属卤化物的络合反应生成单核或多核的络合阴离子；电解法是直接电解含目标阳离子的氯化物前体水溶液，生成氯气和含目标阳离子的氢氧化物，后者再与含目标阴离子的酸发生中和反应；复分解反应是离子液体合成的最常用的方法，将分别包含目标阴阳离子的两种电解质通过复分解反应得到所需的离子液体。

16.1.5.2　外场强化合成法

常规法制备离子液体，产物收率低、溶剂用量大、制备周期长，通过增加外场强化技术，例如超声波[12]和微波[13]，可以有效地促进离子液体制备反应的进行，为高效、经济、环境友好的离子液体制备提供了技术保障。

微波辅助合成离子液体无需溶剂，并且可以极大地缩短反应时间。由于极性分子在快速变化的电磁场中不断改变方向，从而引起分子的摩擦发热，升温速度很快，而且分子的不断转动本身也是一种分子级别的搅拌作用，可以极大地提高反应速率，甚至产率和选择性。但是反应不容易控制、有副反应发生，是微波辅助的主要缺陷。Cravotto 等[14]采用微波一步法合成阴离子为 BF$_4^-$、PF$_6^-$、OTf$^-$ 和 N(Tf)$_2^-$ 的离子液体，在密闭体系中获得中等以上的收率，见图 16-4(a)。与传统的合成方式比较，微波辅助一步法不需要溶剂和过量的卤代烷烃，副产物仅为无毒无害的无机盐，更为环境友好。Horikoshi 等[15]采用微波法一步合成了 [bmim]BF$_4$，并系统地考察了微波频率、时间和温度对合成过程的影响，结果表明在 5.8GHz 的微波频率下反应 30min，产物收率达到了 87％。

除了借助微波强化合成离子液体外，借助超声波强化合成反应也是一种常用的方式。超声空化作用形成局部的高温高压微环境，同时超声波的震动搅拌作用可以极大地提高反应速率，尤其是非均相化学反应。Leveque 等[16]使用 [bmim]Cl 和铵盐为原料，研究了超声波辅助合成 [bmim]BF$_4$、[bmim]PF$_6$、[bmim]CF$_3$SO$_3$ 和 [bmim]BPh$_4$ 的反应。在超声波作用下反应的时间只需要 1h，与常规磁力搅拌所需的 5～8h 相比大幅度减少，从而提高了合成效率。随后，该研究组又详细讨论了超声波频率、声波功率和探头直径对合成 [bmim]BF$_4$ 的影响，证实超声波对反应的促进是物理效应而非化学作用 [图 16-4(b)]。

16.1.5.3　微化工技术

微化工技术是指在微米尺寸进行化工过程研究的技术，是一种常见的过程强化技术（第18 章）。微化工技术具有空间小、能耗低以及反应时间短的优点，并且能够显著提高产物的产率与选择性以及传质、传热效率。Waterkamp 等[17]开展了微反应器强化法合成离子液体

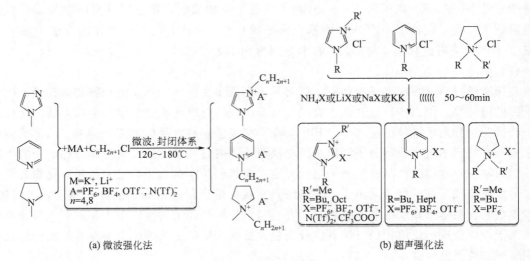

(a) 微波强化法　　　　　　　　(b) 超声强化法

图 16-4　外场强化合成法

[bmim]Br 的研究，结果表明微反应器在反应温度控制方面具有优势（图 16-5）。采用的微反应器能以 9.3kg/d 的产率制备 [bmim]Br，产物的纯度高于 99%，且不需使用其他溶剂。模拟的结果表明，在空间-时间-产率层次，微反应器法所达到的效果比传统的间歇反应器法高 20 倍。

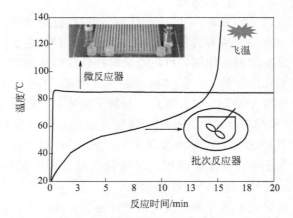

图 16-5　微反应器和批次反应器制备过程中温度随反应时间变化趋势

16.2　离子液体强化反应过程

16.2.1　强化反应过程

　　传统溶剂存在有毒、易挥发、易燃易爆等安全问题，发展绿色化工是可持续发展的重要途径[18]。离子液体用作溶剂，具有不易挥发、不易燃易爆、不易氧化以及性质稳定的特点，被广泛用于有机合成的溶剂。离子液体用作化学反应的介质时，可提供不同于传统分子溶剂的环境，能够通过改变反应机理而使催化剂活性、稳定性更好，转化率、选择性更高。离子液体种类多，选择范围宽，将催化剂溶于离子液体中，与离子液体一起循环利用，催化剂兼有均相催化效率高、多相催化易分离的优点。由于离子液体上述特性，近年来它们在有机反应中获得了广泛应用，主要包括溶剂、催化剂-溶剂、反应试剂-溶剂等。

16.2.1.1　溶剂介质

噻吩、苯并噻吩及其衍生物是燃油中有机硫化物的主要存在形式，高硫值的燃油燃烧时会产生大量 SO_2 等酸性气体，造成车辆发动机腐蚀，危害生态环境和人类健康。目前，世界上主要采用催化加氢脱硫技术脱除燃料油中的硫成分，但该工艺能耗、氢耗过大。为了解决以上问题，AkzoNobel 公司开发出一种柴油脱硫新技术，分别采用 [emim][BF₄]、[bmim][PF₆]、[bmim][BF₄] 三类离子液体与柴油混合，脱除柴油中的含硫组分，然后与柴油分离，该工艺的主要缺陷是脱硫率较低、离子液体残留量较大、成本较高[19]。接着，基于氧化脱硫原理，过程研究所开发了一种氧化-萃取脱硫技术，以羧烷基咪唑、羧烷基吡啶、羧烷基季铵及羧烷基季鏻类离子液体中的一种或几种混合物，通过氧化过程，将脱硫效果提升到 99％以上。此外，羧烷基改性离子液体具有低蒸气压、高沸点、易于回收等特点。

如今，可再生资源是各国争先发展的领域，开发再生资源的常用流程是将天然高分子（如纤维素）裂解成简单结构（如乙醇、乳酸），再组建成其他高分子。显然，破坏和重建的过程会增加工艺的复杂性，倘若能直接从天然高分子获得新原料，能够极大简化工序。为此，Rogers 开发了一种离子液体溶解技术，并获得 2005 年美国总统绿色化学挑战奖。该技术改变了已应用一个多世纪的纤维黏胶工艺，为纤维素溶剂体系开辟了一个新领域。Swatloski 等[20]通过研究，开发了可以快速溶解纤维素的溶剂，即氯化-1-丁基-3-甲基咪唑（[bmim][Cl]）离子液体，溶解后的纤维素可以很容易地在水中再生，而离子液体也可以方便地再生。该工艺中纤维素的溶解机理是，纤维素大分子中的氢键，通过离子液体中阴、阳离子与纤维素中—OH 键作用，破坏了氢键，从而实现了纤维素的溶解，实现了再生纤维素的商业应用。

16.2.1.2　催化剂-溶剂

离子液体具有 Lewis 酸的性质，可用作某些反应的催化剂。Jaeger 等[21]首次以 [EtNH₃][NO₃] 离子液体代替传统有机溶剂作为 Lewis 酸性催化剂，并应用于 Diesl-Alder 反应中。随后，Lee 等[22]报道了铝酸盐离子液体 [bmim][Cl]-AlCl₃ 或 [Bpy][Cl]-AlCl₃ 体系作为 "催化剂-溶剂"，极大地提升了环加成反应的催化性能 [式(16-1)]。结果表明，当 AlCl₃ 的含量为 51％时，该反应的反应速率是水作为溶剂的 11 倍，是 [EtNH₃][NO₃] 离子催化体系的 176 倍，同时选择性高（19.1）、产率高，这意味着氯铝酸型离子液体对该反应有良好的强化效果。Kumar 等[23]将离子液体与硅催化剂联合使用，运用于环戊二烯和 β-甲基-丙烯酸甲酯的 Diesl-Alder 反应中，发现反应速率与产物的立体选择性（endo/exo）均优于单一催化剂的效果，此外，该类离子液体经简单处理后能复用七次。

$$\text{(16-1)}$$

众所周知，过渡金属催化剂在有机溶剂中普遍存在溶解性差的缺点。鉴于阴离子为

$AlCl_4^-$、PF_6^- 或者 BF_4^- 的离子液体能与过渡金属形成弱配位键，此类离子液体可作为烯烃低聚的反应介质。法国石油研究院（IFP）的研究表明，$AlCl_3$ 或 $AlEtCl_2$ 均可以与 [bmim][Cl]、[Bpy][Cl] 或 [P4444][Cl] 形成氯铝酸盐型离子液体作为反应溶剂，从而使丙烯到己烯的异构体在 Ni(II) 络合物的催化下进行二聚。以此为基础，该机构开发了一套正丁烯二聚的双液相催化新工艺（Difasol 工艺）。相比于 Dimersol 工艺（均相催化），Difasol 工艺在反应开始时将离子液体引入循环反应器中，使 Ni 络合物和烷基铝直接形成离子液体相，构成双液相催化反应体系，产品分离在沉降分离器中进行，正丁烯的转化率高达 80%，二聚体的选择性最高为 95%[24]。

16.2.1.3　反应剂-溶剂

德国 BASF 公司开发了一种制备烷氧基苯基膦（光引发剂前驱体）的 BASIL 工艺 [式 (16-2)]，该工艺是离子液体最早工业化应用的典型[25]。二氯苯基膦和乙醇反应来制备二乙氧基苯基膦（DEOPP），以 1-甲基咪唑作为 HCl 的捕获剂，生成熔点为 75℃的氯化 1-甲基-3-氢咪唑盐，该离子液体与产物 DEOPP 不互溶，在 80℃ 条件下分相，得到上层 DEOPP，经过精馏后，产率达到 95.5%。产物氯化 1-甲基-3-氢咪唑盐中的 HCl 容易除去，同时可连续操作，克服了传统工艺上采用三乙胺作为 HCl 的捕获剂而存在的有机溶剂用量大、设备复杂、收率低（51%）的缺陷。研究表明，使用 1-甲基咪唑作为 HCl 捕获剂可以使产率提高 8 倍。

$$\begin{array}{c}\text{(structure)}\end{array} \quad + \quad EtOH \quad \xrightarrow{} \quad \underset{\text{DEOPP}}{\begin{array}{c}\text{(structure)}\end{array}} \quad + \quad \begin{array}{c}\text{(structure)}\end{array} \tag{16-2}$$

16.2.2　强化传递过程

16.2.2.1　传质规律实验研究

传统的研究设备只适用于研究分子介质的传质规律，并不能针对离子型介质。根据离子液体的导电特性，张锁江等[26]研发出一种原位装置，成功地将电极传感器与电阻层析成像系统集成到高温、高压反应器中，该条件下离子液体中传递及转化规律能够进行连续监测和自动数据采集，实现了离子液体中传递-转化耦合过程。实验中通过高速摄像技术研究了气泡在上升过程中体积、速度与形变规律。利用无量纲分析方法，提出了针对离子液体体系的曳力系数关联式，结果表明该式的预测结果与实验结果符合，相对误差在 ±10% 以内。根据气泡在离子液体内上升过程中的变形特点，Dong 等[27]提出了新的无量纲参数 IL，变形率的预测相对偏差在 ±2%。然而，实际反应体系中通常有一定的含水量，为此 Zhang 等[28]系统地研究了不同水含量条件下气泡的行为，结果表明，微量的水对离子液体中的气泡行为有显著影响。当水含量增大时，气泡运动速度加快，气泡变形加剧，当含水量达到 10% 左右时，气泡在离子液体内从直线运动上升转变为"Z形"运动上升。基于上述单气泡的研究结果，该课题组进一步探索了多气泡流动行为，气泡沿着分布器生长-脱离-聚并-破碎，根据实验数据作者提出了预测离子液体多气泡体系的平均直径关联式，与实验值吻合良好，相对误差在 ±6% 以内。该研究组又进一步研究了离子液体中气-液传质过程，测定了 CO_2 在不同离子液体内的液相传质系数，结果表明CO_2在离子液体内的传质过程与离子液体的黏度、结构及吸收能力有关[29]。

16.2.2.2　计算流体力学模拟

计算流体力学（CFD）是研究反应器内流体流动及传递行为的有效方法之一。近几年，Wang等[30]开展了离子液体吸收CO_2流体力学模拟计算，包括气泡速度、流场分布、气含率、气-液接触表面积等，通过引入离子液体的新性质——相间作用力源项来改进VOF模型组，实现离子液体体系的流体动力学模拟。实验主要针对[bmim][BF₄]、[bmim][PF₆]与[omim][BF₄]三种离子液体中气泡的上升速率、变形以及等效直径进行模拟，通过计算获得气泡内部以及周围的速度、压强信息，与实验结果吻合良好。徐琰等[31]采用Euler-Euler双流体模型（气-液两相流行为）与PBM群平衡模型（气泡尺寸预测）相耦合的方法，获得的气液相间曳力系数模型，针对鼓泡塔内IL-Gas两相流的流体力学行为进行模拟，得到气含率、相界面积、气泡尺寸大小及分布、传质系数以及反应器中的速度、压力信息。结果显示，低气速时气泡分布范围宽，气泡较大，气含率随气速增大而升高，气含率的径向分布更加均匀；气含率沿鼓泡塔轴向呈周期性分布，气速越高，周期越短；速度场分布还受到表观气速影响，当气速达到$0.02\mathrm{m \cdot s^{-1}}$时，液相流率随塔高增加而增大，液相沿塔轴速度随气速的变化不大，表明该气速下湍流充分发展。

16.3　离子液体的应用研究

从理论上讲，可能存在超过万亿种的离子液体。离子液体的多样性，加上各种特性的组合，使得构成大量性质与用途不同的介质与功能材料成为可能，如图16-6所示。以下分别从反应、分离、储能方面对离子液体的典型应用进行阐述。

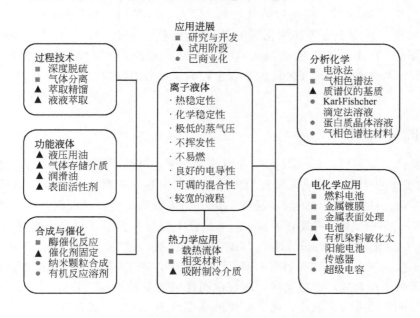

图16-6　离子液体的特性及应用进展

16.3.1　反应过程应用

16.3.1.1　Diels-Alder 与 Friedel-Crafts 反应

Diels-Alder 反应，是指双烯加成，由共轭双烯与烯烃或炔烃反应生成六元环的反应，是有机化学合成反应中非常重要的碳碳键形成的手段之一，也是现代有机合成里常用的反应之一。最先应用于 Diels-Alder 反应的离子液体是 [EtNH$_3$][NO$_3$]，主要反应物为环戊二烯与丙烯酸甲酯和甲基酮。研究表明：离子液体的种类和组成对内、外旋产物的比例影响较大，相比于丙酮等非极性溶剂，离子液体反应速率更快，内旋产物的选择性更高，解决了 Diels-Alder 反应对水敏感的问题。

Friedel-Crafts 反应，是指芳香烃在无水 AlCl$_3$ 或无水 FeCl$_3$ 等催化剂作用下，环上的氢原子也能被烷基和酰基所取代，主要用于制备烷基烃和芳香酮的方法。苯环上有强吸电子基（如—NO$_2$、—SO$_3$H、—COR）时，不发生 Friedel-Crafts 反应。Admas 等[32]在离子液体 [emim] Cl-AlCl$_3$ 中研究了氯苯、甲苯、甲氧基苯等的 Friedel-Crafts 反应，结果表明产率等于用分子溶剂的最好文献值，产物选择性较高。

16.3.1.2　氧化/还原反应

以挥发性有机溶剂进行反应，其氧化过程受气相混合物的爆炸极限制约，而采用非挥发性的离子液体作为溶剂，就不会产生上述的问题，可见离子液体应用于氧化反应有利于反应的安全性。研究较多的氧化反应有烯烃环氧化、二醇化，醇类的氧化以及芳烃的氧化等。Abu-Omar 等[33]报道了烯烃和烯丙醇的氧化，用尿素-H$_2$O$_2$ 加合物（UHP）作氧化剂，甲基三氧化铼（MTO）溶解在 [emim][BF$_4$] 中作催化剂，MTO 和 UHP 两者都完全溶解在离子液体中，发现转化率取决于烯烃的反应性和烯烃底物在反应层中的溶解度。Tang 等[34]以 [bmim] [PF$_6$] 作溶剂，采用钌基催化剂，通过 t-BuOOH 将环己醇氧化为环己酮，所得收率高达 90%，且离子液体和催化剂的复用率较高。Seddon 等[35]以 Pd(OAc)$_2$ 为催化剂，[bmim]Br、[bmim][BF$_4$]、[hmim]Cl 为溶剂，通过氧化使甲苯氧化为苯甲醇、苯甲醛以及苯甲酸。结果表明，离子液体的水含量影响苯甲酸的收率，水含量增大导致苯甲酸收率增大。

16.3.1.3　氯化/氟化反应

以醇的氯化反应为例，HCl 气体是常用的氯化剂，然而对于二元醇的氯化反应，由于环状/链状的醚类副产物的形成抑制反应的进行，反应转化率低于 100%。BASF 公司采用离子液体作溶剂，HCl 为氯化试剂，进行 1,4-丁二醇氯化反应，发现在离子液体中 HCl 的亲核性和—OH 的去除能力都显著增强，1,4-二氯丁烷的纯度显著提高，选择性达到 98%。1,4-丁二醇可以完全溶解于离子液体中，随着反应的发生，产物 1,4-二氯丁烷由于不溶于离子液体而位于反应液上层，过程如图 16-7 所示。此外，CFCs 是曾经常用的制冷剂，由于其对大气臭氧层造成严重破坏而被淘汰，现在取而代之的是无氯的 HFCs。HFCs 可以通过酸催化氯代烃与 HF 的反应来制备，通常使用的催化剂为 SbCl$_5$（或 SbF$_5$）。然而，该体系存在催化剂组分易失活的缺陷，目标产品的产率降低。Arkema 公司发展了以 [SbF$_6$]$^-$ 为阴离子的咪唑类离子液体,通过液相催化氯代烃氟化反应,结果表明产物选择性高达99.5%[36]。

图16-7 离子液体中1,4-丁二醇氯化反应

16.3.1.4 自由基聚合

自由基聚合,又称游离基聚合,是指单体经外因作用形成单体自由基活性中心,自由基活性中心再与单体连锁聚合形成高聚物的化学反应,在高分子化学中占有极其重要的地位。以离子液体为溶剂的活性自由基聚合,是离子液体应用的重要的方向。Perrier 等[37]报道了离子液体中的 RAFT 活性自由基聚合,以离子液体$[C_x][PF_6]$($x=4,6\sim8$)为溶剂,分别对 MMA、MA、St 进行 RAFT 活性自由基聚合,结果表明:由于聚苯乙烯不溶于离子液体,使聚合在较早阶段即停止;而丙烯酸酯和甲基丙烯酸酯的聚合得到相对分子质量与理论值接近且多分散指数<1.3 的聚合物,甲基丙烯酸甲酯的聚合遵循聚合动力学且相对分子质量随转化率呈线性增长,表现为活性聚合。在离子液体中,聚合产物的相对分子质量较大且分布较窄,聚合速率与离子液体的结构有关,比在本体和其他溶剂中的大。Kubisa[38]发现手性离子液体能控制聚合反应的立体过程,甲基丙烯酸甲酯在手性离子液体中的自由基聚合所得的聚合物等规二元组成分较多,并且随着离子液体与单体比率的增加,聚合物的全同立构规整度增加,随着单体取代基碳原子数目的增多,效果会更加明显。

16.3.1.5 偶联反应

C-C 偶联反应是各类精细化学品合成的基础反应,其存在的主要问题是:Pd 基催化剂稳定性差,规模化生产受限。常见的偶联反应有 Heck 反应和 Suzuki 反应。其中,Heck 反应(Coupling Reaction),是由两个有机化学单位进行某种化学反应而得到一个有机分子的过程。Herrmann 等[39]用非水离子液体代替传统分子溶剂进行了广泛的 Heck 反应研究,证实了离子液体溶剂比普通有机溶剂有明显的优点。Gerritsma[40]将 tetradecyl phosphonium-Cl 离子液体用于芳卤和丙烯酸酯的 Heck 反应,他们发现以离子液体为溶剂时,反应结束后加入己烷,反应体系形成三相,钯留在离子液体层,偶合产物在有机层,其他盐在水层,产物分离十分方便。另一类反应,Suzuki 反应是较新的有机偶联反应,主要指零价钯配合物催化下,芳基或烯基硼酸或硼酸酯与氯、溴、碘代芳烃或烯烃发生交叉偶联。Mathews 等[41]报道了用 $Pd(PPh_3)_4$ 为催化剂在 [bmim][BF$_4$] 离子液体中的 Suzuki 交叉偶联反应。相比于传统的反应条件,采用离子液体能够抑制子偶联产物的形成,催化剂再生性能良好。

16.3.1.6 纳米材料

离子液体具有界面张力低、热稳定性高、界面能低、氢键较强、溶解性能好的优良特性，在纳米材料制备过程中具有很大优势。目前，多种纳米多孔材料、纳米粒子或中空球、一维纳米材料已经被成功合成。

（1）多孔材料

多孔材料是一种由相互贯通或封闭的孔洞构成网络结构的材料，孔洞的边界或表面由支柱或平板构成。气凝胶作为一种常见的多孔材料，具有低密度、高比表面积、低热导电性和低介电常数等特性，应用于绝缘、光学、传感和催化领域。Zhou 等[42] 以 [bmim][BF$_4$] 离子液体作为模板，用 TMOS 作为溶胶-凝胶的前驱体，通过纳米构建技术制备出蠕虫状孔道结构的 SiO$_2$，孔径 2.5nm，壁厚 2.5～3.1nm，比表面积为 801m^2/g，孔容为 1.27cm^3/g。他们还提出了氢键与 π-π 堆垛共同作用的自组装机理：阴离子 BF$_4^-$ 与硅烷醇基团相互作用形成氢键，促使 BF$_4^-$ 阴离子沿着孔壁排列，而其咪唑环之间则实现 π-π 堆垛，[bmim][BF$_4$] 就形成了一个圆柱状、刚性的、有一定导向的结构，脱去离子液体后，形成蠕虫状孔道结构。Dai 等[43] 在 [emim][Tf$_2$N] 离子液体中，由 TMOS 通过溶胶-凝胶法合成了稳定的 SiO$_2$ 气凝胶。由于离子液体蒸气压小、熟化时间长、离子键强度高，不仅提高了聚合产率，而且有助于缓解溶剂蒸发导致的凝胶收缩与崩裂，使气凝胶网络结构趋于稳定。Trewyn 等[44] 利用 [C$_{14}$mim][Br]、[C$_{16}$mim][Br]、[C$_{18}$mim][Br]、[C$_{14}$Ocmim][Cl] 不同的离子液体作为模板，合成了球状、椭圆状、棒状和管状等不同形貌的纳米 SiO$_2$，通过改变离子液体模板，孔的形貌从六方相介孔变为转动的螺旋孔道结构和蠕虫状孔结构。

（2）纳米粒子或中空球

Itoh 等[45] 在具有硫醇官能团的咪唑基离子液体中合成出直径为 5nm 的离子液体改性纳米 Au 粒子，通过改变离子液体的憎水性和亲水性，纳米 Au 粒子的光学特性也随之发生变化。Kimizuka 等[46] 将室温离子液体 [bmim][PF$_6$] 加入到 Ti（OBu）$_4$/甲苯溶液中，通过界面溶胶-凝胶法得到直径为 3～20μm，壁厚为 1μm 的锐钛矿 TiO$_2$ 中空微球。结果表明：采用羧酸和金属纳米粒子对 TiO$_2$ 中空微球内、外表面改性后，可用于光催化等领域。该方法制备的 TiO$_2$ 凝胶微球在没有使用任何表面活性剂条件下，能够稳定地悬浮在溶液中而不团聚，主要是因为离子液体对无机中空微球起到了稳定剂作用，得到的 TiO$_2$ 微球在煅烧后结构仍保持稳定。Yoo 等[47] 在憎水性室温离子液体 [bmim][PF$_6$] 中通过溶胶-凝胶法合成了锐钛矿结构的 TiO$_2$ 纳米粒子，也具有很高的比表面积和纳米孔道结构。通过离子液体改性的 TiO$_2$ 纳米粒子，比表面积增大，并且形成了稳定的孔道结构，可用于太阳能转化、催化和光电子器件中。Liu 等[48] 在 1-丁基-3-甲基咪唑四氟硼酸盐离子液体和水的混合溶剂中合成了空心的铁氧体微球，并考察了反应时间、反应温度、沉淀剂量及 Co、Fe 摩尔比等因素对微球结构和磁性的影响，发现在 60～80℃、反应 12～16h、沉淀剂 (NH$_4$)$_2$CO$_3$ 为 0.15g/mL、n_{Co}/n_{Fe}＝0.5/1.0、煅烧温度在 550℃时，制得的空心铁氧体微球表现出均一的形态以及最好的磁性特点。

（3）一维纳米材料

一维纳米结构单元包括纳米管、纳米线、纳米带、纳米同轴电缆等，具有独特的物理化学特性。一维纳米材料的合成方法很多，但在传统的合成过程中常用到高温、有毒的表面活性剂，且反应时间很长的，找到一种快速、低温、非模板的绿色合成方法，始终是研究者们追求的目标。结合离子液体和微波加热的优点，Zhu 等[49] 提出了一种快速、低温、高产率和"绿色"微波辅助离子液体法，成功制备出直径为 15～40nm、长度在 600nm 左右以及直径为 20～100nm 的一维 Te 纳米棒和纳米线。微波辐射条件下，咪唑基或吡啶基的离子传性和极性，使离子液体［BuPy］［BF₄］具有较高的吸波率，从而极大地缩短了反应时间。此外，在微波高频电场使得离子极化，导致在反应系统中形成暂时的、各向异性的微域，促使了纳米材料的各向异性生长，从而形成棒、线或其他形貌的一维纳米材料。Cao 等[50] 在［C₂OHmim］［Cl］离子液体中合成出由平均厚度为 50nm，长度为几百纳米的纳米片。通过改变阳离子和阴离子的类型，可以调控吸波率，进而控制 ZnO 的形貌。另外，通过延长加热时间，发现片的聚集体向棒的聚集体发展。

（4）复合纳米材料

研究发现，离子液体可用于修饰碳纳米管。通过负载离子液体，可以使碳纳米管形成网状结构，其原因是咪唑离子和 *p*-共轭电子纳米管表面间存在特定的相互作用力。这种复合材料包含高导电性的纳米线和电解液，在电化学方面有广泛的应用前景，例如传感器、电容器以及制动器等。离子液体允许对碳纳米管进行共价键和非共价键修饰，从而构建物理性能良好的高分子复合体。离子液体不会破坏碳纳米管的 *p*-共轭型结构，而且也无需溶剂辅助，所以很容易实现柔性材料的放大生产。Mecerreyes 与合作者[51] 报道了一种由 1-乙烯基 1-3-乙基咪唑衍生的聚合物离子液体（PILs），这种离子液体由具有亲水性 Br 离子和疏水性 Tf₂N 离子构成，能够使单壁碳纳米管（SWNTs）在水和丙酮中均匀分散。PILs 和 SWNTs 之间这种强的多元作用力被认为是由聚合咪唑基与纳米管表面的 *p*-共轭电子形成的（图 16-8）。

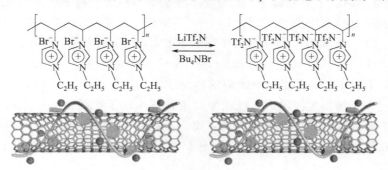

图 16-8 由咪唑离子非共价键包裹的 SWNTs 型结构

16.3.2 分离过程应用

离子液体温度范围宽，产物可通过倾析、萃取、蒸馏等简单的方法分离出来，因此在分离过程中极具应用价值。

16.3.2.1 原油脱酸

目前，我国含酸原油约 7600 万吨/年，酸腐蚀损失约 4 亿元/年，油品中环烷酸对原油的炼制和深加工造成负面影响，同时原油中环烷酸价值约 30 亿元/年，如果能合理地回收利用，将会产生较高的经济效益。张锁江等[52] 提出了一种离子液体法脱酸新工艺，原理如图 16-9 所示。首先，加入碱性脱酸剂与油品中环烷酸形成液态离子化合物——离子液体；接着，离子液体会与油相快速分离；最后，离子液体相通过加热或酸化回收环烷酸，碱性脱酸剂循环使用，油品相经精制得到高质量的清洁油品。相比于传统脱酸工艺，该工艺具有操作条件温和、脱酸效率高、油品损失少、脱酸剂可循环利用、可回收高附加值环烷酸等优点。

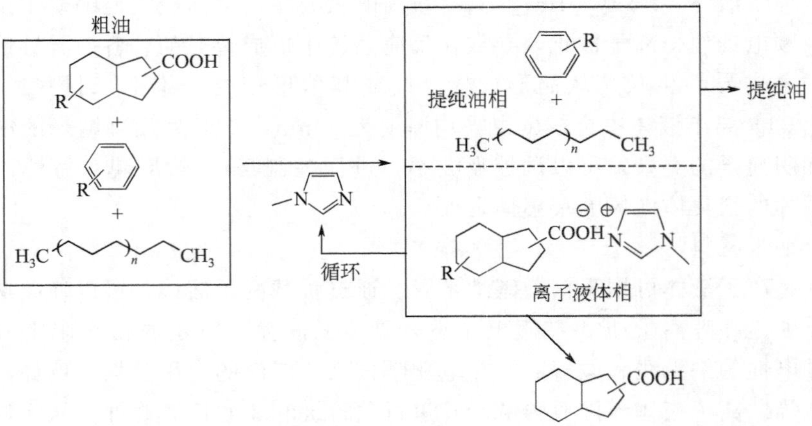

图 16-9　离子液体脱酸新工艺

16.3.2.2　天然物提纯

离子液体还可用于天然物质的分离提纯，如从生物燃料 Acetone-Butyl、Alcohol-Ethanol 的发酵液中回收丁醇，蒸馏、全蒸发等方法都不经济，离子液体因其不挥发性以及疏水性，适合于从发酵液中回收丁醇。Dai 等[53]报道了在离子液体中用二环己烷氧基-18冠-6（DCH-18C6）作萃取剂，从水溶液中萃取 $Sr(NO_3)_2$，最大的分配系数可以达到 1.1×10^4，是传统萃取体系的 4 个数量级。顾彦龙等[54]将离子液体应用于药物提纯领域中，在多种咪唑基室温离子液体中，考察了牛磺酸的溶解性能，利用对牛磺酸溶解度较大的氯化 1-甲基-3-丁基咪唑离子液体为浸取剂，在较温和条件下实现了硫酸钠和牛磺酸固体混合物的分离，提纯了牛磺酸，分离收率高于 97%，使用后的离子液体经简单处理可重复使用，并且不影响牛磺酸的分离效率。因而，开发出具有使用价值的萃取体系是离子液体研究的一个极具吸引力的方向。

然而，对于少数情况来讲，离子液体完成萃取后，产品和离子液体的分离和离子液体的回收仍存在问题，仅仅通过微调 pH 是无法解决的，这时可以将离子液体与超临界 CO_2 萃取（第 17 章）相结合。Lanchard 等[55]研究发现，非挥发性有机物可用超临界 CO_2 从离子液体中提取，CO_2 溶在有机物里促进提取，而离子液体并不溶解在 CO_2 中，实现了产品和离子液体的回收，而且离子液体没有对 CO_2 相造成任何污染，真正实现了绿色工艺。

16.3.2.3　核燃料回收

核能的使用能够缓解全球气候恶化，但核能是把双刃剑：一方面，核能是一种清洁能源；另一方面，核能的安全性和环境问题不可忽略。在核能应用过程中，对核燃料的回收是十分关键的技术，其根本目标是实现废料中有用组分的分离。溶剂萃取是最常用的分离技术，在核燃料回收技术中占据主导地位。随着能源和环境需求的提高，发展先进的核燃料回收技术十分迫切，而离子液体为核燃料的回收提供了技术支持。离子液体具有增强萃取协同效应的作用。例如，在萃取 Eu^{3+} 时，部分由 [A336]$^+$ 阳离子与有机磷酸基团形成的双功能团的离子液体，展示出显著的协同效应。此外，使用双功能团的离子液体萃取剂能够减少酸性萃取剂处理的皂化废水量。Sun 等[56]首次报道了室温离子液体的内部协同效应，这种协同效应与两种传统萃取剂的作用机理类似,但由于离子液体的协同效应是源于阴阳离子,所以也称"内部协同效应",如图 16-10 所示。

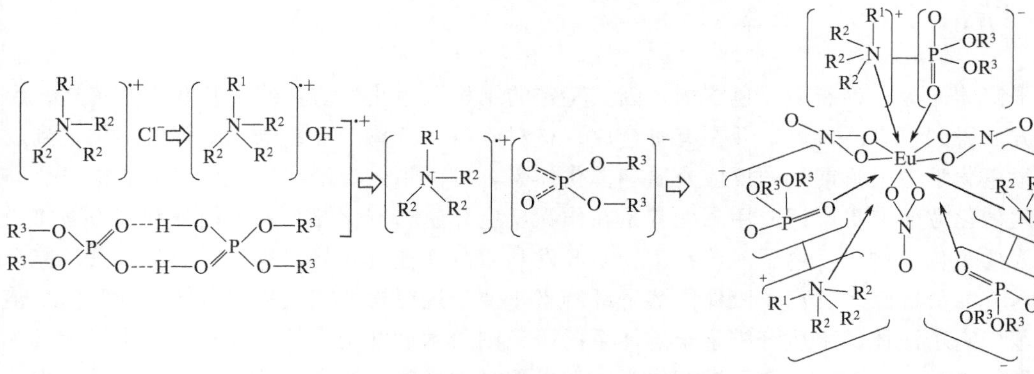

图 16-10 [A336][P204]离子液体结构及其与 Eu^{3+} 的协同效应

16.3.3 储能应用

离子液体完全是由离子组成,具有优良的电子导电性能,可以作为储能材料,包括 Li 离子电池、超级电容等电化学材料。MacFarlane 等[57]设计出塑晶网格型离子液体,可将 Li 离子掺杂进去。由于这种晶格的旋转无序性,且存在空位,锂离子可在其中快速移动,导电性能显著提高,可应用于二次电池。Yue 等[58]研究了铝的电化学沉积问题,采用介质为离子液体,系统地研究了电流密度、镀液配比、镀液温度、搅拌转速、电镀时间等条件对铝镀层质量的影响,并探讨了电流密度和镀液温度对镀层相结构、晶面取向的影响,并阐述了电化学沉积机理,结果表明:$AlCl_3$/[bmim]Cl 体系的电导率随表观摩尔比变化。Yasuhiko 等[59]对熔融盐电池电解液进行了研究,将离子液体用于双嵌式熔融盐电池,代替有机溶剂及挥发物质。

除上述的储能应用外,电还原 CO_2 也是非常重要的应用领域。电还原 CO_2 作为人工光合作用的重要组成部分,由于反应过程中需要超高电势来推进反应进程,在很大程度上阻碍了其应用。Rosen 等[60]报道了一种 [bmim][NTf_2] 离子液体电解体系,在 0.2V 的超低电势下,将 CO_2 还原成 CO。离子液体作为电解质,通过络合作用降低中间体(CO)的能量,从而降低了最初的还原势垒。用 Ag 电极催化形成最终产物,研究表明这一体系在法拉第效率高于 96% 的情况下生产 CO 可持续 7h 之久。

另外,可再生能源,如太阳能、风能及水能是地球上储量丰富且最具潜力的清洁能源,但由于其不稳定或分布不集中等特性,储能技术成为其大规模应用的关键技术,其中决定性的因素包括热储存介质与热转化流体的研发。由于传统的高温水的热传导效率很低,导热油适用范围窄,而气体用于传热载体,其热传导效率远低于液体。离子液体的液程宽、热容大、密度大,且热稳定性及化学稳定性好,是现有储能、储热材料的最佳选择。以共熔室温离子液体制备的太阳能电池功率转化效率达 8.2%,刷新了无溶剂染料敏化太阳能电池的世界纪录,该器件在加速老化测试条件下表现出优良的稳定性。英国 G24 Innovations 公司建立了染料敏化太阳能电池(DSSC)30MW 的试产线,加快了有机染料类太阳能电池的商业化进程,为便携电子器件,如笔记本电脑、手机、相机等,提供新能源。为进一步提高 DSSC 的转换效率和长期稳定性,G24i 公司与离子液体供应商 BASF 公司签署了合作协议,以开发性能更好的离子液体和电解液配方。

16.4　结语

　　离子液体作为一种新型绿色溶剂，因其特殊的结构及理化性质，使得其在强化传递、反应过程方面得到了广泛认可，并在有机合成、材料制备、分离工程、电化学等过程中得到应用，是绿色化学中最具前景的反应介质和催化体系，可以预见离子液体在化工节能减排、非均相高效催化方面有更广泛应用，尤其是在作为反应介质和催化体系的可循环利用方面将扮演着重要的角色。例如，离子液体在生物质开发利用方面独具优势，有望在非化石资源能源化工技术方面另辟蹊径；离子液体能溶解纤维素，便于进行再加工或进一步转化为高附加值产品；基于离子液体的木质纤维素全溶体系的研究则给木质纤维素的高效利用带来了前所未有的机遇。再如，近年来，离子液体作为一种新型润滑材料的研究日益增多，很有希望发展成新一代航空航天用高性能润滑材料，而且我国始终在该领域处于国际领先水平。除此之外，离子液体在废旧物的回收再利用、环境污染物消除、油品的清洁化、木材加工制造、医药合成等方面的研究也开展得如火如荼。

　　然而，离子液体的基础理论和实验研究尚处于实验阶段，其在化工过程强化方面还有待进一步发展，许多关键技术问题仍有待解决。首先，离子液体自身的绿色化问题已经引起各国学者的关注，并在很多专著和评论性文章中加以论述。这些问题包含了离子液体制备过程的绿色化，离子液体对环境、健康和安全的影响等。其次，与离子液体工业应用密切相关的黏度/密度、稳定性、腐蚀性、传质/传热、相变、流体力学等涉及工艺设计和工程放大等基础理论问题，仍是研究的关键。最后，使用离子液体的成本控制问题，需要开发离子液体的再生技术并进一步降低生产成本。

　　基于上述难题，一方面要加强理论研究和量化计算效率，另一方面要给离子液体作合理的定位，即集中应用于精细化工行业。精细化工产品附加值高、用途广、产业关联度大，直接服务于国民经济的诸多行业和高新技术产业的各个领域。此外，精细化工率（精细化工产值占化工总产值的比例）的高低已经成为衡量一个国家或地区化学工业发达程度和化工科技水平高低的重要标志。离子液体的高成本可被精细化工产品的高附加值所弥补，并且符合国家的发展战略要求。如今，大力发展精细化工已成为世界各国调整化工产业结构、提升化工产业能级和扩大经济效益的战略重点。

◆ 参考文献 ◆

[1]　Rogers R D. Materials science: Relfections on ionic liquids [J]. Nature, 2007, 447: 917-918.

[2]　Seddon K R. Ionic liquids for clean technology [J]. Chem Biotechnol, 1997, 2: 351-356.

[3]　Sugden S, Wilkins H. The parachor and chemical constitution Part XⅡ fused metals and salts [J]. J Chem Soc, 1929: 1291-1298.

[4]　Wikes J S, Zaworotko M J. Air and water stable 1-ethyl-3-methylimidazolium based ionic liquids [J]. Chem Commun, 1992(13): 965-966.

[5]　Dean J A. Lange's Handbook of Chemistry (the 15th edition) [M]. New York: McGraw Hill, 1999.

[6]　Wasserscheid P, Keim W. Ionic liquids-new "solutions" for transition metal catalysis [J]. Angew Chem Int

Ed, 2000, 39: 3772-3789.

[7] 蒋平平，李晓婷，冷炎，董玉明，张萍波. 离子液体制备及其化工应用进展 [J]. 化工进展，2014, 33: 2815-2828.

[8] Yu G, Zhang S, Yao X, Zhang J, Dong K, Dai W, Mori R. Design of task-specific ionic liquids for capturing CO_2: a molecular orbital study [J]. Ind Eng Chem Res, 2006, 45: 2875-2880.

[9] Dong K, Zhang S, Wang D, Yao X. Hydrogen bonds in imidazolium ionic liquids [J]. J Phys Chem A, 2006, 110: 9775-9782.

[10] Yang J Z, Lu X M, Guic J S. A new theory for ionic liquid-the interstice model. Part 1. The density and surface tension of ionic liquid EMISE [J]. Green Chem, 2004, 6: 541-543.

[11] Sun J, McFarlane D R, Forsyth M. A new family of ionic liquids based on the 1-alkyl-2-methylpyrrolinium cation [J]. Electrochim Acta, 2003, 48: 1707-1711.

[12] Cravotto G, Cintas P. Power ultrasound in organic synthesis: Moving cavitational chemistry from academia to innovative and large-scale applications [J]. Chem Soc Rev, 2006, 35L: 180-196.

[13] Gozde G M, Fatma I, Ahmed E K. Microwave-assisted synthesis and myorelaxant activity of 9-indolyl-1,8-acridinedione derivatives [J]. Eur J Med Chem, 2014, 75: 258-266.

[14] Cravotto G, Gaudino E C, Boffa L. Preparation of second generation ionic liquids by efficient solvent-free alkylation of N-heterocycles with chloroalkanes [J]. Molecules, 2008, 13: 149-156.

[15] Horikoshi S, Hamamura T, Kajitani M. Green chemistry with a novel 5. 8 GHz microwave apparatus. prompt one-pot solvent-free synthesis of a major ionic liquid: The 1-butyl-3-methylimidazolium tetrafluoroborate system [J]. Org Process Res Dev, 2008, 12: 1089-1093.

[16] Leveque J M, Desset S, Suptil J. A general ultrasound-assisted access to room-temperature ionic liquids [J]. Ultrason Sonoch, 2006, 13: 189-193.

[17] Waterkamp D A, Heiland M, Schluter M. Synthesis of ionic liquids in micro-reactors-a process intensification study [J]. Green Chem, 2007, 9: 1084-1090.

[18] 闵恩泽，傅军. 绿色化工技术的进展 [J]. 化工进展，1999, 3: 5-9.

[19] Zhang S, Conrad Zhang Z. Novel properties of ionic liquids in selective sulfur removal from fuels at room temperature [J]. Green Chem, 2002, 4 (4): 376-379.

[20] Swatloski R P, Spear S K, Holbrey J D. Dissolution of cellose with ionic liquids [J]. JACS, 2002, 124(18): 4974-4975.

[21] Jaeger D A, Tucker C E. Diels-Alder reactions in ethylammonium nitrate, a low-melting fused salt [J]. Tetrahedron Letters, 1989, 30 (14): 1785-1788.

[22] Lee C W. Diels-Alder reactions in chloroaluminate ionic liquids: acceleration and selectivity enhancement [J]. Tetrahedron Lett, 1999, 40 (13): 2461-2464.

[23] Kumar A, Pawar S S. Ionic liquids as powerful solvent media for improving catalytic performance of silyl borate catalyst to promote Diels-Alder reactions [J]. J Org Chem, 2007, 72 (21): 8111-8114.

[24] Olivier H. Recent developments in the use of non-aqueous ionic liquids for two-phase catalysis [J]. J Mol Catal A-Chem, 1999, 146 (1-2): 285-289.

[25] Rogers R D, Seddon K R. Ionic liquids-solvents of the future? [J]. Science, 2003, 302(5646): 792-793.

[26] 张锁江，张香平，聂毅，鲍迪，董海峰，吕兴梅. 绿色过程系统工程 [J]. 化工学报，2016, 67: 41-51.

[27] Dong H F, Wang X L, Liu L. The rise and deformation of a single bubble in ionic liquids [J]. Chem Eng Sci, 2010, 65 (10): 3240-3248.

[28] Zhang X, Dong H, Bao D. Effect of small amount of water on CO_2 bubble behavior in ionic liquid systems [J]. Ind Eng Chem Res, 2014, 53 (1): 428-439.

[29] Zhang X, Bao D, Huang Y. Gas-liquid mass-transfer properties in CO_2 absorption system with ionic liquids [J]. AIChE J, 2014, 60 (8): 2929-2939.

[30] Wang X L, Dong H F, Zhang X P, et al. Numerical simulation of absorbing CO_2 with ionic liquids [J]. Chem Eng Technol, 2010, 33: 1615-1624.

[31] 徐琰，董海峰，田肖.鼓泡塔中离子液体-空气两相流的 CFD-PBM 耦合模拟 [J].化工学报，2001，62（10）：2699-2706.

[32] Adams C J, Earle M J, Roberts G. Friedel-Craft reactions in room temperature ionic liquids [J].J Chem Soc Chem Commun, 1998, 19: 2097-2098.

[33] Abu-Omar M M, Owens G S. Methyltrioxorhenium-catalyzed epoxidations in ionic liquids [J].Chem Commun, 2000, 13: 1165-1166.

[34] Tang W M, Li C J. Ruthenium（Ⅲ）chloride catalyzed oxidation reaction of cyclohexane and cyclohexanol in ionic liquid [J].Acta Chimica Sinica, 2004, 62: 742-744.

[35] Seddon K R, Stark A. Selective catalytic oxidation of benzyl alcohol and alkylbenzenes in ionic liquids [J].Green Chem, 2002, 4: 119-123.

[36] Bonnet Ph, Lacroix E, Schirmann J P. Ion liquids derived from lewis acid based on titanium, niobium, tantalum, tin or antimony, and uses thereof [P]: WO 0181353 A1, 2001-11-01.

[37] Perrier S, Davis T P, Carmichael A J. Reversible addition-fragmentation chain transfer polymerization of methacrylate, acrylateand styrene monomers in 1-alky-3-methylimidazoliumhex fluorophosphates [J].Eur Polym J, 2003, 39: 417-422.

[38] Kubisa P, Biedron T. Ionic liquids as reaction media for polymerization processes atom transfer radical polymerization (ATRP) of acrylates in ionic liquids [J].Polym Int, 2003, 52: 1584-1588.

[39] Herrmann W A, Bohm V P. Heck reaction catalyzed by phospha-palladacycles in non-aqueous ionic liquids [J].J Organomet Chem, 1999, 572: 141-145.

[40] Gerritsma D A, Robertson A, McNulty J. Heck reactions of aryl halides in phosphonium salt ionic liquids: library screening and applications [J].Tetrahedron Lett, 2000, 19: 1123-1127.

[41] Mathews C J, Smith P J, Welton T. N-donor complexes of palladium as catalysts for Suzuki cross-coupling reactions in ionic liquids [J].J Mol Catal A, 2004, 241: 27-32.

[42] Zhou Y, Jan H, Antonietti M. Room-temperature liquids template silica with wormlike via a mesoporous pores sol-gel nanocasting technique [J].Nano Lett, 2004, 4（3）: 477-481.

[43] Dai S, Ju Y H, Gao H J, Lin J S, Pennycook S J, Barnes C E. Preparation of silica aerogel using ionic liquids as solvents [J].Chem Commun, 2000: 243-244.

[44] Trewyn B G, Whitman C M, Lin V S Y. Morphological control of room-temperature ionic liquid templated mesoporous silica nanoparticles for controlled release of antibacterial agents [J].Nano Lett, 2004, 4（11）: 2139-2143

[45] Itoh H, Naka K, Chujo Y. Synthesis of gold nanoparticles modified with ionic liquid based on the imidazolium cation [J].J Am Chem Soc, 2004, 126（10）: 3026-3027.

[46] Nakashima T, Kimizuka N. Interfacial synthesis of hollow TiO_2 microspheres in ionic liquids [J].J Am Chem Soc, 2003, 125: 6386-6387.

[47] Yoo K, Choi H, Dionysiou D D. Ionic liquid assisted preparation of nanostructured TiO_2 particles [J].Chem Commun, 2004, 17（17）: 2000-2001.

[48] Liu J C, Jiao Q Z, Cao W J. Preparation and magnetic properties of hollow ferrite microspheres by a gas-phase diffusion method in an ionic liquid/H_2O mixed solution [J].J Mater Sci, 2014, 49(10): 3795-3804.

[49] Zhu Y J, Wang W W, Qi R J. Microwave-assisted synthesis of single crystalline tellurium nanorods and nanowires in ionic liquids [J].Angew Chem Int Ed, 2004, 43: 1410-1414.

[50] Cao J M, Wang J, Fang B Q. Microwave-assisted synthesis in a ionic aggregates room-temperature liquid [J].Chem Lett, 2004, 33（10）: 1332-1333.

[51] Takanori F, Takuzo A. Ionic liquids for soft functional materials with carbon nanotubes [J].Chem Eur J, 2007, 13: 5048-5058.

[52] 张锁江，刘晓敏，姚晓倩，董海峰，张香平.离子液体的前沿、进展及应用 [J].中国科学：化学，2009，39：1134-1144.

[53] Dai S, Ju Y H, Barnes C E. Solvent extraction of strontium nitrate by a crown ether using room-temperature

ionic liquids [J]. J Chem Soc Dalton Trans, 1999, 8 (8): 1201-1202.

[54] 顾彦龙, 石峰, 邓友全. 室温离子液体浸取分离牛磺酸与硫酸钠固体混合物 [J]. 化学学报, 2004, 62(5): 532-536.

[55] Lanchard L A, Hancu D, Beckman E J. Green processing using ionic liquids and CO_2 [J]. Nature, 1999, 399: 28-29.

[56] Sun X Q, Ji Y, Zhang L N, Chen J, Li D Q. The novel separation protocol of cobalt and nickel using inner synergistic extraction from bifunctional ionic liquid extractant (Bif-ILE) [J]. J Hazard Mater, 2010, 182: 447-452.

[57] MacFarlane D R, Huang J, Forsyth M. Lithium-doped plastic crystal electrolytes exhibiting fast ion conduction for secondary batteries [J]. Nature, 1999, 402: 792-794.

[58] Yue G, Zhang S, Zhu Y, Lu X, Li S, Li Z. A promising method for electrodeposition of aluminium on stainless steel in ionic liquid [J]. AIChE J, 2009, 15: 783-796

[59] Yasuhiko I, Toshiyuki N. Non-conventional dectrolytes for electrochemical applications [J]. Electrochimica Acta, 2000, 45: 2611-2622

[60] Rosen B A, Salehi-Khojin A, Thorson M R. Ionic liquid-mediated selective conversion of CO_2 to CO at low overpotentials [J]. Science, 2011, 334: 643-644.

第 17 章　超临界化工技术

17.1　概述

　　1822 年法国医生 Cagniard 将液体封于炮筒中加热，发现敲击音响有不连续性，随后又在玻璃管中直接观察，首次在世界上发表物质的临界现象；1869 年 Andrew 测定了 CO_2 的临界参数；1879～1880 年，Hannay 和 Hogarth 二位学者研究发现了超临界流体（Supercritical Fluid，SCF）与液体一样，无机盐类能迅速在超临界乙醇中溶解，减压后又能立刻结晶析出。1950 年，美、苏等国进行以超临界丙烷去除重油中的柏油精及金属，如镍、钒等，降低后段裂解过程中催化剂中毒的失活程度，但因涉及成本考量，并未全面实用化。1954 年 Zosol 用实验的方法证实了二氧化碳超临界萃取可以萃取油料中的油脂。20 世纪 70 年代后期，德国的 Stahl 等首先在高压实验装置研究中取得了突破性进展，之后对于超临界二氧化碳萃取这一新的提取、分离技术的研究及应用有了实质性进展。1985 年，第一家利用超临界流体技术从咖啡豆中萃取咖啡因的工厂在德国设立，随后在英国与法国先后设立了利用超临界二氧化碳（SC-CO_2）萃取啤酒花的工厂[1,2]。此后，超临界流体技术在理论与应用方面都取得了很大的进展，并开始运用于工业化生产。在我国 SCF 的研究始于 20 世纪 80 年代初期，近 30 多年来，超临界化工技术在化学反应和分离提纯方面显示出了独特的优势，并广泛应用于化工、矿冶、地质、天文、医药、化妆品、食品及香料等领域，具有广阔的发展前景和市场潜力，能够带来巨大的社会、经济和环保效益。

　　由于超临界化工技术高效、绿色、环保的独特优势，其过程强化成为研究热点，并已证实在传热、传质和化学反应等方面具有强化作用。由于超临界流体具有与液体相近的溶解能力和传热系数，与气体相近的黏度系数和扩散系数，在超临界状态下气-液两相界面消失，表面张力为零，能够有效提高化学反应速率、降低反应温度、提高反应物的转化率和产物的选择性，强化"三传一反"。同时，通过调节温度和压力可提取纯度较高的有效成分或脱除有害成分，实现生产过程绿色化。因此，超临界化工技术是一种高效、节能、绿色的环境友好型新技术，尤其适用于萃取、反应、沉淀、结晶、干燥等化工单元操作。随着该技术的不断发展和完善，必将为我国的绿色发展、循环发展和低碳发展做出重大贡献。

　　由于篇幅所限，本章针对目前应用较广泛的超临界流体萃取技术、超临界水氧化技术以及超临界流体沉积技术在石油、煤炭、环境污染治理、材料制备等化学工业中的应用进行了简要陈述。

17.2 超临界流体的基本原理

SCF 是指超过了物质的临界温度和临界压力的流体。图 17-1 是纯物质的压力-温度相图[3]，流体的三条两相平衡线将相图分为不同的区域，分别为气相、液相和固相，除固相区、液相区和气相区外，还存在超临界流体区，即图中的阴影部分。A 点代表物质的固-液-气三相平衡点（简称三相点），B 点代表临界点。通过温度和压力的变化，物质的状态会发生变化。饱和蒸气压曲线始于三相点，止于临界点。

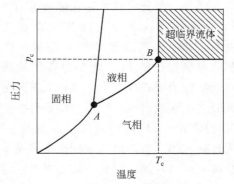

图 17-1 纯物质的压力-温度相图

当流体的温度和压力低于其临界温度与压力时，流体是两相共存的，存在明显的相界面；当温度和压力接近临界点时，两相界面开始模糊；当温度和压力高于临界温度与压力时，两相界面消失，形成超临界相。SCF 既具有与气体相似的密度、黏度、扩散系数等物性，又兼有与液体相近的溶解能力和传热系数，是处于气态和液态之间的中间状态的物质，许多物理化学性质介于气体和液体之间，但是它也具有区别于气态和液态明显的特点[1,4]，如表 17-1 所示。

表 17-1 超临界流体与气体、液体性质比较

物理性质	气体	超临界流体	液体
密度/(g/cm³)	$(0.6 \sim 2) \times 10^{-3}$	$0.2 \sim 0.9$	$0.6 \sim 1.6$
黏度/[g/(cm·s)]	$(1 \sim 3) \times 10^{-2}$	$(1 \sim 9) \times 10^{-2}$	$0.2 \sim 3$
扩散系数/(cm²/s)	$0.1 \sim 0.4$	$(0.2 \sim 0.7) \times 10^{-3}$	$(0.2 \sim 2) \times 10^{-5}$

从表 17-1 中可以看出，超临界流体具有如下的主要特征：

① 通常溶剂的溶解能力与其密度相关，密度越大，溶解能力越强，而超临界流体密度大，接近液体（稠密气体），具有较强的溶解能力，这是 SCF 作为分离溶剂的关键因素；

② 在临界点附近，压力和温度的变化都会使流体密度发生很大的改变，相应地溶解度也会发生变化，实现分离操作；

③ 超临界流体扩散系数介于气态和液态之间，扩散系数大；黏度小，接近气体；低黏度和相对较高的扩散性使得 SCF 更容易穿透固体基质并较快地运输萃取产物；

④ 在超临界状态下，超临界流体气-液两相界面消失，表面张力为零，反应速率最大，热容量、热传导率等出现峰值；

⑤ 超临界流体的介电常数、极化率和分子行为均与气液两相有着明显的差别。

常用的超临界流体有：CO_2、水、甲醇、乙醇、乙烷、乙烯、丙烷、苯和丙烯等，其中应用最广泛的是 $SC-CO_2$ 和 $SC-H_2O$，它们具备了 SCF 的一般性质，同时具有无毒、无害、不燃烧、无污染、溶剂回收和循环利用等特点，是环境友好的绿色溶剂[3]。

17.3 超临界化工技术的优势

17.3.1 超临界萃取技术

超临界萃取（Supercritical Fluid Extraction，SCFE）技术是超临界流体技术中最早发

展的一种新型分离技术，它综合了溶剂萃取和蒸馏的特点，基本原理是利用 SCF 溶解能力与密度的关系，即压力和温度对 SCF 溶解能力的影响，在超临界状态下将 SCF 与待分离的物质接触，使其有选择性地把极性大小、沸点高低和分子量大小的成分依次萃取出来。通过控制条件得到最佳比例的混合成分，然后借助减压、升温的方法使 SCF 变成普通气体，被萃取物质则完全或基本析出，达到分离提纯的目的。因此，超临界萃取过程是由萃取和分离过程组合而成的，基本流程如图 17-2 所示，取一定量的样品装入萃取釜 5，密封。加热萃取釜5 至指定温度。将 SCF 由高压泵注入萃取釜，当压

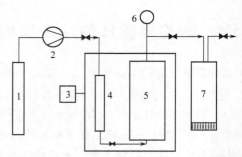

图 17-2　超临界流体萃取分离基本工艺流程
1—超临界流体（如 CO_2）贮罐；2—高压泵；
3—温度控制检测器；4—预热器；
5—萃取釜；6—压力显示器；7—分离器

力达到指定值后，打开萃取釜 5 和分离器 7 之间的阀门，SCF 穿过萃取釜时溶解被萃取物，然后经过减压阀进入到分离器 7 中。减压后，流体失去溶解能力，被萃取物在分离器中析出，完成萃取分离过程[4,5]。

　　传统的分离方法中，溶剂萃取是利用溶剂和各溶质间的亲和性即溶解度的差异来实现分离的；蒸馏是利用溶液中各组分挥发度（蒸气压）的不同而实现分离的，与传统的分离方法相比，SCFE 具有以下优点：

　　① 通过调节温度和压力可提取纯度较高的有效成分或脱出有害成分，实现生产过程绿色化；

　　② 溶剂回收简单方便，通过等温降压或等压升温，降低 SCF 密度，溶剂就可以从产品中分离，而溶剂只需重新压缩就可以循环使用，无溶剂污染，且回收溶剂无相变过程，能耗低，节约能源；

　　③ 选择适宜的溶剂如 CO_2 可在较低温度或无氧环境下操作，分离、精制热敏性物质和易氧化物质；

　　④ 具有良好的渗透性和溶解性，能从固体或黏稠的原料中快速提取有效成分；

　　⑤ 兼有萃取和蒸馏的双重功效，可用于有相物的分离、精制；

　　⑥ 同类物质如有机同系物，按沸点升高顺序进入超临界相。

17.3.2　超临界水氧化技术

　　水的临界温度和临界压力分别是 374.2℃和 22.1MPa，在此温度和压力之上，则处于超临界状态。当水进入超临界状态时，其性质如介电常数、黏度、扩散系数、离子积等均随温度和压力的变化而连续变化。例如：SC-H_2O 的介电常数值发现类似于常温常压下极性有机物的介电常数值；有机物、气体在水中的溶解度随着水的介电常数的减小而增大，无机盐在超临界水中的溶解度随介电常数的减小而减小；空气、氮气、氧气、氢气、二氧化碳和甲烷等气体可以与水完全互溶，有机物能够与水以任意比例互溶；但是无机盐的溶解度却急剧下降，呈盐类析出或以浓缩盐水的形势存在。同时，在超临界状态下，气液界面消失，SC-H_2O 黏度低、扩散性高，具有良好的传递性能和混合性能。以上 SC-H_2O 的特性是 SC-H_2O 作为氧化反应介质的一个重要条件[6]，同时使超临界水氧化（SCWO）技术成为处理

有机物，特别是难降解有机物的有效技术。

　　有机废物在 SC-H_2O 中进行的氧化反应，可以概括地用以下几个化学反应式来表示：

有机化合物＋O_2 ⟶ CO_2＋H_2O

有机化合物中的杂原子＋[O] ⟶ 酸、盐、氧化物

酸＋NaOH ⟶ 无机盐

　　超临界水氧化反应完全彻底，有机物转化为 CO_2，氢转化为水，卤素原子转化为卤化物的离子，硫和磷分别转化为硫酸盐和磷酸盐，氮转化为硝酸根和亚硝酸根离子或 N_2。为了防止在反应器中生成硫酸、硝酸及磷酸等酸性物质对设备造成的腐蚀，通常在待处理的废物中加入适量的 NaOH 进行预中和。由于相对较低的反应温度，不会有 NO_x 或 SO_2 形成，提高处理效率的同时不产生二次污染，是绿色环境治理有效方法。

　　SCWO 工艺基本上分成 7 个主要步骤，如图 17-3 所示：进料制备及加压、预热、反应、盐的形成和分离、淬冷、冷却和能量/热循环、减压和相分离、流出水的清洁。首先，废水通过高压泵打入反应器，与一般循环反应物直接混合，加热提高温度。其次，用压缩机将氧气增压后送入反应器。有害物质与氧在 SC-H_2O 相中迅速反应，使有机物完全氧化分解，氧化释放出的热量循环使用，将反应器中的所有物料加热至超临界状态。离开反应器的物料通过热交换器和减压器将水中的 CO_2 分出送入分离器，分离出的气体（主要是 CO_2）排放，液体（主要是水）作为补充水送入水槽。

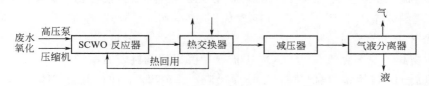

图 17-3　超临界水氧化工艺流程

　　传统治理污染物的方法是在一定温度、压力下将液态废水中的有机物氧化，或在含有铜、铁、锰等元素或过氧化氢等催化剂的条件下彻底氧化成 CO_2 和 H_2O。该过程复杂、能耗大、易造成二次污染。而 SC-H_2O 的特性使有机物、氧化剂、水形成均一的相，克服了相间的传质阻力，大大提高了有机物的氧化速率，能在数秒内将碳氢化合物氧化成 CO_2 和 H_2O。其中，SCWO 与湿式空气氧化法（WAO）以及焚烧法的比较如表 17-2 所示。

表 17-2　SCWO、WAO、焚烧法的比较

对比条件	SCWO 法	WAO 法	焚烧法
温度/℃	400～500	150～350	2000～3000
压力/MPa	30～40	2～20	常压
催化剂	不需要	需要	不需要
停留时间/min	＜1	15～20	＞10
去除率/%	＞99.99	75～90	99.99
自热	是	是	不是
适用性	普适	受限制	普适
排出物	无毒、无色	有毒、有色	含 NO_x 等
后续处理	不需要	需要	需要

　　从以上的比较，可以看出，SCWO 有着非常特殊的优势：

① 绿色化学，环境友好，且用途广泛；

② 对难分解性有机物处理效率高（99.9999％以上）；

③ 被排的气体中无 NO_x、酸气和粉尘等二次大气污染物；

④ 处理水满足排放水国家标准，存在极微量的有机物；

⑤ 可进行多样浓度的废水处理；

⑥ 氧化反应非常快，可以在几分钟内将有机物完全转化成 CO_2 和 H_2O；

⑦ 无需进行二次处理；

⑧ 当有机物含量超过 2％时，超临界水中的完全氧化反应过程可以形成自热而不需额外供给热量。如果浓度更高，则放出更高的氧化热，这部分热能可以回收。

以上 SCWO 的特性，使得它与 WAO、焚烧法等传统的废水处理技术相比，具有一定的独特的优势，使其在环境污染治理中发挥着一定的作用。

17.3.3　超临界流体沉积技术

超临界流体沉积（Supercritical Fluid Deposition，SCFD）技术的基本原理是利用 SCF 的独特性质来溶解金属前驱物和还原剂，并携带其到达基材的表面或者多孔基材孔道的内部，通过浸渍一定的时间使金属前驱物吸附沉积在基材表面或者孔道的内部，然后选择适当的还原方法把金属前驱物还原，使金属在基材表面或者孔道内、外部成核并且长大形成金属纳米粒子、金属薄膜或金属纳米线，得到金属/无机物、金属/聚合物、金属/氧化物等多种形式的金属基纳米复合材料，其反应原理如图 17-4 所示[7]（以在基材表面沉积 Cu 膜为例），主要由 3 个步骤构成：

① 前驱物和还原剂氢气在 SC-CO$_2$ 中扩散并沉积到基材表面；

② 还原剂 H_2 与相邻的前驱物发生还原反应，释放出 Cu 和加氢的配体；

③ 加氢的配体从基材表面上脱附并扩散到溶液中，Cu 单质留在基材表面。

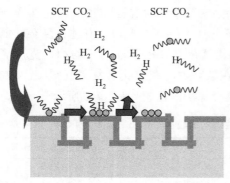

图 17-4　SCFD 技术 H_2 辅助金属镀膜机理示意图

制备复合纳米材料的传统方法主要有物理法和化学法，其中物理法包括：物理粉碎法、物理气相沉积法（PVD）、流动液面真空蒸发法、放电爆炸法、溅射法等；化学法主要有沉淀法（Deposition）、溶胶-凝胶（Sol-Gel）法、水解法、微乳液法（Microemulsion）、化学气相沉积法（Chemical Vapor Deposition，CVD）。但是均存在一定的缺陷，例如：沉淀法中粒子大小不易控制，表相和体相不易控制；水解法中制备粒度分布集中的纳米粒子非常困难；溶胶-凝胶法反应时间长，价格昂贵，需要大量有机溶剂，制备多孔材料时在干燥过程中有机溶剂蒸发产生应力会导致孔道坍塌断裂；微乳液法在制备负载型催化材料的过程中，在加热移去表面活性剂的时候，容易发生粒子团聚现象；CVD 法中前驱物的溶解度较低、沉积温度高等。

与传统制备纳米复合材料的方法相比，SCFD 具有以下优点：

① 溶剂为 SCF，高扩散性，能够将前驱物溶解并携带其进入纳米级孔道；

② 零表面张力，在泄压的时候，孔道的内部不会产生应力作用，不会造成孔道的坍塌破坏，在制备负载型催化剂时不会造成再次破坏，从而保证了催化剂拥有大的比表面积；

③ 常用的超临界流体为 CO_2，易于在实验室和工厂操作，廉价、无毒、不燃、化学性质稳定、使用安全，同时适用于一些热稳定性较差的材料，污染程度小；

④ 制备条件温和，操作简单，整个过程在准均匀介质中进行，能够更准确地来控制结晶过程，活性组分可以均匀地沉积在载体的表面不会发生团聚和聚集现象，可形成平均粒径很小的均匀粒子，表现出极高的催化活性。

随着超临界流体化工技术的发展，人们对 SCF 性质认识的深入和相关技术的开发，一些新型的超临界流体技术，例如：超临界流体色谱技术、超临界染色、超临界喷涂、超临界清洗等，也得到了越来越广泛的应用。

17.4　超临界流体技术的化学工业应用

17.4.1　超临界流体技术在煤炭工业中的应用

煤直接液化工艺过程产生了约占原煤质量 30% 的液化残渣，这部分残渣是高碳、高灰、高硫的物质，过程不经济且环境不友好。煤的超临界流体萃取是英国国家煤炭局最早开发的煤液化技术[8,9]。由于 SCF 对有机物的溶解能力显著、萃取能力强、分离简单、处理过程安全等优点，有利于提高煤焦油中有机物的溶解度，提高目标产物萃取率；有利于煤焦油与 SCF 形成均相体系；有利于煤焦油在 SCF 中反应速率的提高（轻质化或催化加氢过程）；有利于提高催化剂的催化活性以及寿命。

煤的超临界流体液化就是在超临界状态下煤直接液化技术，在溶剂和催化剂作用下，加热加压至超临界温度和压力（大于 400℃ 和 15MPa），加 H_2 或 CO 裂化（热解、溶剂萃取、非催化液化等）呈液体烃类，生成少量气体烃，脱除煤中氮、氧和硫等杂原子的转化过程。其萃余物煤渣可用作活性炭，从而提高煤的利用价值。该技术具有低黏度、挥发度差别大、萃取物和萃余物易分离、能耗低于传统煤加工范围的优点。

煤的超临界流体直接液化技术主要有：美国 HTI 工艺、德国 IGOR 工艺、英国 SCFE 工艺、日本 NEDOL 工艺[10-12]，如表 17-3 所示。

表 17-3　煤的超临界流体直接液化技术

工艺	溶剂	反应温度	反应压力
美国 HTI 工艺	原油或重油	420～450℃	17MPa
德国 IGOR 工艺	原油或重油	470℃	30MPa
英国 SCFE 工艺	甲苯和水	350～450℃	10～20MPa
日本 NEDOL 工艺	重油	430～465℃	17～19MPa

（1）美国 HTI 工艺

该工艺是美国 HTI 公司开发的煤直接液化工艺，亦称氢煤法（H-COAL），是在两段催化液化法和 H-COAL 工艺基础上发展起来的，采用近十几年开发的悬浮床反应器和 HTI 拥有专利的铁基催化剂。主要特点是：以重油或原油为溶剂，420～460℃、17～20MPa，采用高活性的钴-钼催化剂，反应容器为液体循环沸腾床，达到全返混反应器模式；在高温分离器后面串联在线加氢固定反应器，对液化油进行加氢精制；固液分离采用 SCFE，从渣油中最大限度回收中质和重质油。由于采用的反应器底部油中有循环泵，延长了重质油的反应时间，轻质油产率较高。

（2）德国 IGOR 工艺

该工艺是德国鲁尔煤矿公司和费巴石油公司对最早开发的煤加氢裂解为液体燃料的柏吉斯法进行改造建成的工业试验装置，将煤炭液化与加氢精制过程合为一体。该工艺操作压力由原来的 70MPa 将至 30MPa，温度为 450～470℃，固液分离改过滤，离心分离为真空闪蒸方法。将循环剂加氢和液化油提质加工与煤的直接液化串联在一套高压系统中，避免了分离流程中物料降温降压升温带来的能量损失，并在固定床上使 CO_2 和 CO 甲烷化，使碳的损失量减到最小，可节约投资 20% 左右，同时提高了能量效应。

在加氢精制过程，酚类化合物同时被消除，也不用处理废水中酚类，大大减少工艺废水量和处理过程。在 IGOR 中试中，用液化反应产物和预热的精制气与煤浆进行热交换，使煤浆温度上升到反应开始温度，省去了煤液化过程中，昂贵的又容易坏的煤浆预热器，提高了过程效率和经济性，达到了化工过程强化的要求。

（3）英国 SCFE 工艺

该工艺是由英国 Whitehead 和 Williams 提出，以甲苯、二甲苯等为溶剂，在超临界条件下，进行萃取抽提煤炭烃类成分的方法。

1978 年，英国国家煤炭局研制出 5kg/h 煤的连续试用装置，煤的抽提物产率达 32.5%。Amestica 等在间歇式高压釜中，350～450℃、5.89～16MPa 下用甲苯抽提烃类，考察了温度、压力、溶剂/煤比、反应时间等对煤抽提产率的影响，结果表明随温度升高，抽提物产率及油收率上升；恒温下，压力升高，抽提物产率升高但是油收率不变。在恒温恒压下，溶剂/煤比增大，抽提物产率增大，温度、压力、溶剂/煤比不变，反应时间延长，抽提物产率及油收率都有最大值。

（4）日本 NEDOL 工艺

NEDOL 工艺也称 BCL（Brow Coal Liquefaction）工艺，是日本新能源产业技术开发综合机构（NEDOL）主持开发，日本褐煤液化公司（NBCL）研究制造。该工艺由煤浆制备和煤浆脱水、一段加氢反应、溶剂脱灰及二段加氢反应四部分组成。

将原料煤与循环溶剂（重油）和催化剂（合成硫化铁）一起进行湿式粉碎至 0.074mm。由于褐煤含水量大，煤浆进入液化反应前须脱水。湿式粉碎后的煤浆进入热交换器、通过水蒸气加热，保持湿度 140～150℃，加热后煤浆中褐煤的水以水蒸气的形式在蒸发器中分离出来，脱水后的煤含水量为 5%。将脱水后的煤浆与氢混合，预热后加入一段液化反应器中，430～450℃、15MPa，反应时间约 1h。在缓和的液化条件下，煤中的氧大部分转化为 CO_x，一段反应产物经高温分离器和低温分离器进行气液分离。低温分离器进入常压蒸馏塔被切割为轻油和中油，常压蒸馏塔底部产物部分用于制备煤浆，其余进入二段加氢反应器。低温分离器的富氢气被循环至一段液化反应器。高湿分离器底部产物部分用来制备煤浆，其余进入溶剂脱灰单元。高温分离器底部产物与来自装置本身的轻油混合，进入沉降器脱灰。沉降器操作条件为温度 270℃，压力 3.5MPa。在沉降器中，高沸点沥青与未反应煤、灰分及其他固体物由于重力沉降而被脱除。沉降器中的轻质液体进入蒸发器，被分离为回收灰、溶剂和脱灰油，脱灰溶剂与高温分离器底部产物混合循环使用，脱灰油与常压蒸馏塔底部物一起进入二段反应器。二段反应器为固定床反应器，催化剂为氧化铝载体的镍-铂催化剂，操作温度 360～400℃，压力 15～20MPa，空速 $0.5～0.8h^{-1}$。反应产物进入常压蒸馏塔，在此回收石脑油。塔底油循环至煤浆制备单元。

日本 NBCL 公司在 5t/d 工业性试验装置成功运转的基础上，对 BCL 工艺进行了技术改进，并在试验装置上进行了试验，获得了理想的效果。改进后的 BCL 与原工艺相比，煤浆制备单元在煤浆脱水后增加了煤浆热处理。煤浆制备所用的溶剂由轻质组分和重质组分组成，称为双峰溶剂。脱水后煤浆在 300～500℃ 下加热，使双峰溶剂中的轻质组分挥发，煤浓缩有利于加氢液体，同时使褐煤中的羧基分解，脱除 CO_x 化合物。

改进的 BCL 工艺具有如下特点：

① 液化反应流程大大简化，溶剂脱灰的处理量均为原来的 50%，工艺效率提高，生产成本降低；

② 采用双组分溶剂，循环量减少，装置的效率提高；

③ 特殊的反应系统提高了工艺的可操作性，在线加氢反应器提高了产品油的质量；

④ 脱灰溶剂的直接循环操作提高了油收率，减少了腐蚀；

⑤ 采用高活性催化剂，提高了油收率和工艺的可靠性；

⑥ 高温分离器底部粗油直接进入反应器，减少了预热器的燃料消耗量；

⑦ 采用多级反应模式改善了产品结构，增加了油收率，减少了碳氢化合物气体产率；

⑧ 高温分离器底部粗油在高温高压下循环利用的同时，减少了催化剂的消耗量。

改进的 BCL 工艺在煤炭直接液化试验装置上的运转表明油收率得到了提高。此外，用于煤液化的技术还有 $SC\text{-}H_2O$ 提取工艺、超临界醇气体萃取工艺。但是，$SC\text{-}H_2O$ 提取工艺萃取的油物质中含氧量高，抽提物冷却后大部分不溶于水，会在冷凝器的分离器中沉淀，而使连续化操作较难实现。因此，作为工业化的可性能较小。

胡浩权[13]等研究发现，利用超临界甲苯可以萃取回收渣油中 2/3 左右低含量重金属的有机质，萃取时间是收率和转化率的重要影响因素。李文等[14]利用间歇式反应器对难脱硫的高变质焦煤进行了超临界醇萃取脱硫的研究，实验表明，煤的脱硫率随温度、时间和压力的增加而增大。刘朋飞等[15]利用甲苯、苯和乙醇三种溶剂在反应釜中对神华煤直接液化残渣进行了超临界溶剂萃取，结果表明溶剂超临界萃取过程中，有其他组分向 HS 组分转化，提高了 HS 的收率。三种溶剂中，苯显示了和甲苯相似的萃取性能，而乙醇的萃取性能相比苯和甲苯则较差，但乙醇萃取得到的重质液体中轻质组分含量高于苯和甲苯。

目前，超临界流体液化煤工艺已应用于褐煤、烟煤、大雁褐煤的超临界水萃取等方面。中国科学院山西煤炭化学研究所用工业混合二甲苯从褐煤中萃取分离燃料油。在日处理 30kg 原煤的模式装置上，以超临界混合二甲苯为流体，在 400℃、15MPa 条件下从三种褐煤中萃取燃料油，抽出物的收率可达 35%～40%。由于操作温度高，部分煤分子发生热解反应，使得煤中可萃取成分的含量大大提高。在超临界萃取物中发现萃取物 10%～15% 的甲苯不溶物，说明超临界二甲苯的萃取能力很强，可以萃取一些甲苯不溶物质。王旭珍等对云南先锋褐煤和金所褐煤进行了甲苯和二甲苯的超临界流体萃取工艺抽提研究，并分析了抽提产物的性质。薛文华等在半连续装置上对国内主要褐煤矿进行了超临界甲苯萃取的实验研究[10,16]。

先进的煤液化工艺应是在低能耗和低污染的条件下生产出清洁、高能的液体燃料和化工产品，超临界流体技术凭借其高效、绿色、环保、节能的优势，在煤液化方面有着广阔的应用前景。

17.4.2 超临界流体技术在石油化工中的应用

以超临界流体萃取技术为主要技术手段，在石油化工中的应用主要包括：分离渣油中的沥青质和脱沥青油、废油的回收利用以及三次采油等方面。

由于渣油中的沥青质含量高、金属含量高、残炭值高，这些物质在渣油加工过程中易引起结焦和沥青质沉淀，影响渣油的加工。因此在进一步加工之前，需要脱出渣油中的沥青质，得到金属含量低、残炭值低的脱沥青油。脱沥青技术作为分离渣油的一项技术，是提高减压渣油加工深度及增加重油附加值的有效方法之一。它是通过溶剂的作用把减压渣油中很难转化的沥青质和稠环化合物，以及对下游加工有害的重金属、硫和含氮化合物加以脱除的过程。使用该工艺可得到脱沥青油和脱油沥青组分，从而满足市场对轻质油的需求。

由于常规的分离方法（如蒸馏法）并不能进一步分离渣油，因此需要有新的方法进行分离。将超临界流体技术用于渣油的分离过程中，实现了沥青质的分离和溶剂的回收，提高了萃取效率，与传统的溶剂脱沥青技术相比，其优越性在于[6,17,18]：

① 明显降低脱沥青油中的金属含量和残炭含量，获得合格的催化裂化原料；

② 利用超临界流体的性质，通过改变压力、温度即可实现产物的分离与溶剂的回收，使过程的能耗降低，流程简化；

③ 通过适当调节各级分离器的操作条件，经过多级分离，可将重质油按相对分子质量和极性的大小依次分离成多个窄馏分，实现精密分离。

国外对溶剂脱沥青技术的研究还在继续深入进行。主要有美国 Kerr-MeGee Refining Corporation、UOP、Foster Wheeler 和 Kellogg 等公司，它们开发了许多各具特色的溶剂脱沥青工艺技术。其中影响较大的是渣油超临界流体萃取（Residuum Oil Supercritical Extraction，ROSE）技术和 DEMEX 工艺[19-21]。由于 ROSE 和 DEMEX 工艺采用了超临界溶剂回收技术，使用丁烷或戊烷等较重的溶剂，使得回收溶剂温位较高，易于回收热能，所以节能明显。国外几种溶剂回收脱沥青技术经济指标对比如表 17-4 所示。

表 17-4　国外几种溶剂回收脱沥青技术经济指标对比

工艺名称	生产方案	燃料 /(MJ/t)	电 /(kW·h/t)	蒸汽 /(L/t)	冷却水 /(L/t)	综合能耗 /(MJ/t)
ROSE	润滑油料,催化料	667.5	13.3	0.036		949.1
DEMEX	润滑油料	581.02	8.23	0.013		722.3
LEDA	润滑油料,催化料	1604.3	14.0	0.35	7.56	1925.5
Solvahl	催化料	658.2	8.83			684.7

ROSE 工艺与 DEMEX 工艺不同之处：

① DEMEX 工艺抽提塔下半部通入副溶剂，尽可能地把原料中的轻组分抽提出来，而 ROSE 工艺抽提塔则无副溶剂入塔；

② DEMEX 工艺沉降塔底胶质一部分回抽提塔，另一部分作为产品，或全部作为胶质产品，而 ROSE 工艺则全部把胶质作为产品或与 DAO（脱沥青油）混在一起作为产品，此时 DAO 品质稍差，但收率高；

③ ROSE 工艺增压泵位于混合器之前，所以 ROSE 工艺抽提-沉降-超临界回收塔均处于同一压力之下，抽提塔也处于较高压力，而 DEMEX 工艺增压泵位于沉降塔之后，这样只有超临界溶剂回收塔处于较高压力，抽提-沉降部分压力较低。

17.4.2.1　ROSE 工艺流程

ROSE 工艺是 20 世纪 70 年代，美国 Kerr-McGee 炼油公司开发的国际最先进的脱沥青技术，设备耗能低、投资少、脱油率高，可同时生产脱沥青油、脱油沥青和树脂三种产品，处理硬沥青效果较好，ROSE 工艺是在沥青分离塔中进行减压渣油原料和戊烷溶剂的接触，完成分离，然后于超临界条件下在 DAO 分离塔中回收溶剂。在超临界条件下，油在溶剂中的溶解度很低，使溶剂从油中分离出来而不必采用高剂油比，就能得到优质的脱沥青油，其工艺流程如图 17-5 所示。

渣油与经压缩的高温高压循环的轻烃溶剂在混合器 M-1 混合，然后进入沥青质分离器 V-1，温度维持在稍高于溶剂的临界温度，此时最重的馏分沥青质从流体相中以液态析出，其中溶有部分溶剂。此股物流经加热器 H-1 进入闪蒸塔 T-1，将溶剂蒸出，塔底放出液态沥青质。从分离器 V-1 顶部离开的含有树脂质-脱沥青油-溶剂的混合物，经换热器 E-1 与循环溶剂换热升温后，进入树脂质分离器 V-2，由于温度的升高，在此分离出第二个液相-胶质，此液相进入闪蒸塔 T-2，回收溶剂，塔底获得树脂。从分离器 V-2 顶部离开的脱沥青油与溶剂混合物，经换热器 E-4 和加热器 H-2 加热后，温度比溶剂的临界温度高出许多，然后进入脱沥青油分离器 V-3，由于超临界溶剂对溶质的溶解度继续下降，使最轻的馏分脱沥青油析出，含有部分溶剂的脱沥青油进入闪蒸塔 T-3，回收溶剂，塔底得脱沥青油。从 V-3 顶部离去的溶剂经 2 次换热回收热量，在换热器 E-2 调节温度后，由高压泵增压后循环使用。由闪蒸塔 T-1、T-2、T-3 顶部脱出的溶剂汇合经换热器 E-3 冷却，送入储槽 S-1，供循环使用。

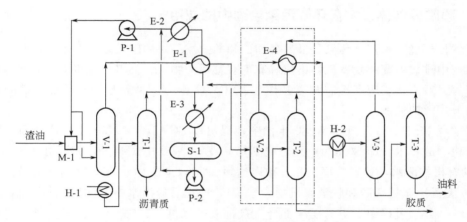

图 17-5　ROSE 工艺流程

M—混合器；H—加热器；V—分离器；S—储槽；T—塔；E—换热器；P—泵

美国 Kerr-McGee 公司于 1954 年采用 ROSE 工艺建成了日处理量为 120m³ 的工业装置，利用超临界流体的特性回收循环使用的溶剂，省略了常规的汽化和液化工序，降低能耗 40%～50%。与常规蒸馏法回收工艺相比，采用超临界丙烷，费用降低 40.8%，超临界丁烷降低 28.2%[10]。

17.4.2.2　DEMEX 工艺

美国 UOP 公司开发的脱金属工艺——DEMEX 工艺，是加工减压渣油的溶剂抽提过程，可以从减压渣油中分离出从用于下游转化装置的原料到生产润滑油基础油组分和沥青，可以从渣油中分离芳烃和可加工的胶质组分，将高金属含量的渣油分离成含金属相对较少的脱金属油和脱油沥青副产品。主要用于脱除渣油中的沥青质和重金属，主要用于处理金属含量较高的渣油，解决了传统的丙烷脱沥青工艺难以处理高金属含量的问题，生产出残炭值低、金属含量少的催化裂化原料。其工艺特点是采用了管道静态混合、两段沉降、溶剂超临界回收等技术，同时高压溶剂闭路循环，溶剂在超临界状态回收，回收率高，可利用溶剂的高温位热能降低装置的能耗。低压溶剂回收一塔三用，蒸发、气提、洗涤在一塔中完成。

采用较重的烷烃溶剂（C_4、C_5溶剂），如丁烷或丁-戊烷混合物，以沉降法两段脱沥青工艺为基础，应用静态混合器-沉降塔，实现减压渣油的 2 组分或 3 组分分离，使用的溶剂量少，降低了加工费用，减小了装置规模，采用超临界溶剂回收技术，省去了压缩机，简化了流程。该工艺脱沥青油收率可达 85%，比丙烷脱沥青装置的脱沥青油收率高 30% 以上（丙烷脱沥青装置收率 55% 左右），其残炭值在 3.6% 以下，完全满足催化裂化原料的质量要求。

此外，在超临界萃取技术的基础上发展起来许多组合工艺，例如：超临界萃取精密分离渣油技术是将超临界萃取技术和精馏技术结合，对物质进行分离和纯化的。许延等[22]在超临界流体萃取技术的基础上，用连续式溶剂脱沥青装置将加氢尾油进行梯级分离，得到轻脱油、重脱油和脱油沥青。结果表明，在轻脱油收率为 52.2%、总脱沥青油收率为 84.7% 时，金属的脱除率达到 99.5%，残炭脱除率达 60.0%；轻脱油总金属含量仅为 8.7μg/g，残炭为 4.49%，超临界萃取技术由于黏度低、操作温度低，适合处理易聚合结焦的重质油，因而在油品轻质化方面有着广阔的应用前景。

17.4.3 超临界流体技术在环境污染治理中的应用

由于保护环境，水资源污染是世界各国面临的急需解决的问题之一，水中的污染物，尤其工业生产中排放的高浓度有机污染物和有毒有害污染物，种类多、危害大，有些污染物难以生物降解且对生化反应有抑制和毒害作用。SCWO 作为一种新型的、环境友好的技术受到了国内外广泛的关注。

美国学者 Modell[6]于 20 世纪 80 年代中期提出以 $SC-H_2O$ 作为化学反应介质，彻底氧化破坏有机物的技术，即 SCWO，并建成了第一座 SCWO 中试装置，每天处理 950L 浓度为 10% 的有机物废水，处理效率在几分钟内达到 99% 以上。1994 年，美国亨斯曼公司建立了 SCWO 装置用于处理醇和胺类有机物废水[23]，处理后排出水中 TOC 含量由 50g/L 降到 3~10mg/L，处理过程中产生的废气符合直接排放的标准。1995 年在美国奥斯汀建成了商业化的 SCWO 装置处理胺和各种长链有机物[24]，处理后废水中的 TOC 含量低于 5mg/L。如今欧洲、美国等一些发达国家已经建立了一批中试和商业化的 SCWO 装置，表 17-5 列出的是国外商业化的 SCWO 装置应用实例[25]。

表 17-5　国外商业化的 SCWO 装置

公司	反应器及提供商	始运行时间	应用（处理能力）
Nittetsu Semiconductor 公司	Modar 逆流反应器	1998 年	半导体加工废料（63kg/h）
美国国防部	GA	2001 年	军工废料（949kg/h）
Huntsman Chemical	EcoWasteTechnologies	1994 年	醇类及有机胺类（1.5t/h）
AquaCritox Process, Karlskoga（Sweden）	Chematur	1998 年	含氮废物（250kg/h）
Aqua Cat Process，Johnson Matthey Premises(UK)	管式反应器	2004 年	回收铂族催化剂
日本三菱重工	SRI International（AHO 工艺）	2005 年	多氯联苯和含氯物质

我国从 20 世纪 90 年代中期开始从事 SCWO 处理废水的研究。南开大学庄源益教授、清华大学王涛教授、浙江大学林春绵教授等在超临界水氧化的研究中做了大量的工作，分别以苯酚、苯胺、$(NH_4)_2S$ 等难降解有机废水为研究对象，对超临界水氧化的影响因素、废物去除动力学、反应条件优化、氧化剂选择等进行了深入研究如表 17-6 所示。

表 17-6 SCWO 处理废水研究进展

处理对象	温度/℃	压力/MPa	停留时间/s	去除率/%
苯酚[26]	505	25	40	99.98
邻二氯苯[27]	500	45	16.2	99.63
喹啉[28]	600	30	<10	100
含硫废水[29]	500	26	17	100
乙醇[30]	550	25	>15	100
甲基磷酸二甲酯[31]	555	24	11	99.99
苯胺废水[32]	500	25	35	99
丙烯腈废水[33]	299～552	25	3～30	97
印染废水[34]	400～600	25	50.76	99.79
TNT 生产废水[35]	550	24		99.9
酒精废水[36]	440	24		99.2
垃圾渗滤液[37]	400	25		99.61

目前世界上最大处理有机废水的 SCWO 装置是 1994 年在德国药商联合公司建造有机废液处理厂，处理能力为 30t/d，而开发的废水处理装置达到 90t/d[38]。瑞典建立了一个用于处理造纸工业废水的 SCWO 装置，处理量为 250kg/h。德国主要致力于设计新型的 SCWO 反应器，已经成功设计的反应器有膜冷双区反应器、双管反应器等。1998 年，日本某半导体公司在千叶县建成一套 SCWO 处理电子元件生产工艺废水的工业装置，处理能力 35t/d，处理效率达到 99.9% 以上，处理后的出水达到该厂补充水要求，可以回用。石家庄开发区奇力科技有限公司使用 1.7L＋2.2L 两级串联反应器，当进水 COD 浓度 60000～172000mg/L、反应时间 2min 时，COD 去除率>98%；反应时间大于 4min 时，COD 去除率>99%。2012 年西安交通大学成功建造了中国第一座中试规模的 SCWO 装置，用于处理污水[39]。

在工程应用中腐蚀和盐沉积是制约 SCWO 推广和应用的关键问题，随着 SCWO 研究的深入，催化剂和高温、高压条件下耐腐蚀新材料的开发，以及工艺系统的优化设计会使 SCWO 的优势更加明显，所需的运行费用也将会大大降低。随着环保要求更加严格，该技术用于有毒有害废物、污泥、高浓度难降解有机废水处理的优势将更加明显。

17.4.4 超临界流体技术在材料制备中的应用

超临界流体作为反应介质合成纳米材料从 20 世纪末成为材料合成领域的热点，研究工作涉及超细微粒材料、微孔材料、复合材料等的制备和性能研究[7,40,41]。SCFD 由 Watkins 等[42,43] 在 20 世纪 90 年代根据化学气相沉积（Chemical Vapor Deposition，CVD）技术提出，应用初期主要是在半导体基材表面镀金属薄膜，现被广泛应用于各种纳米复合材料的制备。

超临界流体中的材料合成有两个截然不同的过程：基于物理变化和基于化学反应。基于物理过程驱动颗粒的成核和生长（如快速降压，反溶剂效应等）方面已经成功地制得了多种材料，如 Rapid Expansion of Supercritical Solutions（RESS）、Supercritical Anti-Solvent

（SAS）、Supercritic Alassisted Atomization（SAA）等[23-26]。基于化学反应尤其是利用超临界流体作为反应介质的，在近十几年来更是得到了人们极大的关注，通过不同的化学反应如热分解反应、氧化还原反应等，制备金属、半导体、氮化物以及氧化物等从微米级到纳米级的无机材料。主要包括四种反应：

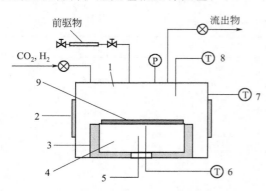

图 17-6　高压冷壁沉积系统装置示意图

1—高压釜；2—高压釜加热器；

3—陶瓷衬垫；4—底座加热器；

5—加热器电源；6—加热器测温仪；

7—壁温测定仪；8—流体测温仪；9—基片

① 在超临界流体中以两步反应为机理的水热化学反应，主要是指一些金属硝酸盐和有机金属前驱体的水解和脱水；

② 有机金属前驱体的热分解；

③ 金属盐和有机金属前驱体的氧化还原反应；

④ 以两步机理水解和缩聚为典型特征的溶胶-凝胶反应。

目前，SCFD 制备纳米复合材料主要涉及在基材表面沉积金属薄膜、在基材表面或孔道内沉积金属纳米颗粒以及超临界模板技术制备多孔材料三个方面。

（1）在基材表面沉积金属薄膜

Watkins 等[44-47]选用 CODPtMe$_2$、CpPd（π-C$_4$H$_7$）、（acac）Rh（1,5-COD）、（acac）Au（CH$_3$）$_2$ 为前驱体，SC-CO$_2$ 为溶剂，H$_2$ 为还原剂，分别在含 TaN、TiN 涂层的硅晶片、未修饰的氧化硅晶片、聚四氟乙烯、聚酰亚胺、PMP、玻璃以及镍箔片上沉积制备了 Pt、Pd、Rh、Au、Cu、Ru、Co、Ni 等金属薄膜。近期，采用高压冷壁沉积系统，如图 17-6 所示，将前驱物二茂钴和二茂镍溶解在 SC-CO$_2$ 中，采用 H$_2$ 还原，在硅氧化物基片、涂有氮化钛和氮化钽的硅基片上沉积了高纯度的钴和镍薄膜，如图 17-7 所示。Watkins 等一系列的结果表明采用 SCFD 能够在任何形状的基材表面沉积制备均匀的、纯度高的、规则的、与基材结合牢固的金属薄膜。

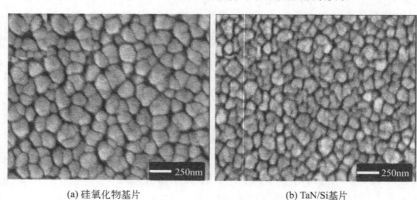

(a) 硅氧化物基片　　　　　　　　　　(b) TaN/Si基片

图 17-7　SCFD 法镍薄膜沉积 SEM 图

（2）在基材表面或孔道内沉积金属纳米颗粒

将金属纳米颗粒沉积到多孔基材的表面或孔道中，可以制备出催化活性高和选择性高的催化材料以及具有特殊功能的纳米复合材料。

Wakayama 等[48]以 Pt（acac）$_2$ 为前驱物，C$_n$FSM-16（n = 8，10，12，16）为载体，SC-

CO_2 为溶剂，丙酮作为夹带剂，H_2 作为还原剂，制备出了粒径分布窄且均匀的 Pt 纳米粒子；而采用传统的液体溶剂制备的 Pt 纳米粒子在孔道的外部出现了聚集现象，如图 17-8 所示。

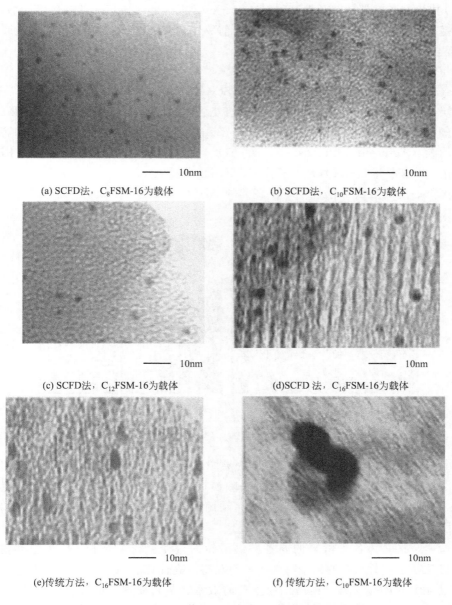

(a) SCFD法，C_8FSM-16为载体

(b) SCFD法，C_{10}FSM-16为载体

(c) SCFD法，C_{12}FSM-16为载体

(d) SCFD法，C_{16}FSM-16为载体

(e) 传统方法，C_{16}FSM-16为载体

(f) 传统方法，C_{10}FSM-16为载体

图 17-8　SCFD 法和传统方法制备 Pt 纳米粒子 TEM 图

银建中等[49]采用 SCFD 法以 CO_2 为溶剂，乙醇或乙二醇为共溶剂，$AgNO_3$ 为前驱物，SBA-15 为载体制备担载型纳米复合材料，结果表明担载的 Ag 纳米粒子分散均匀，粒径范围 3～7nm，分散性较好，选择合适的沉积条件可以控制复合材料中金属相的形态。Johnston 等[50]借助高压 CO_2 成功地将纳米 Au 材料加载到了介孔硅材料中，加载量达到 2%（质量分数），与单纯甲苯溶剂相比加载量明显提高。Ichiyawa 等[51]采用 SCFD 技术以 $[Rh(OAC)_2]_2$、$Pt(acac)_2$ 和 $[Rh(OAC)_2]_2$ 作为前驱物，以 SC-CO_2 为溶剂，以 FSM-16 作为载体，制备了 Rh/FSM-16 和 RhPt/FSM-16 催化剂，结果表明采用 SCFD 方法制备的

催化剂中 Rh 粒子的分散度很大，可以达到 71%，而用传统方法制备的催化剂中 Rh 粒子的分散度很差，仅仅占到 SCFD 制备的催化剂中 Rh 粒子分散度的 21%，而且与传统方法相比，SCFD 技术制备的催化剂活性高很多。Morley 等[52]利用 SCFD 以多孔聚乙烯颗粒和硅气凝胶为基材，Ag(hfpd) L 和 Pd(hfpd)$_2$ 为前驱物制备了多孔聚乙烯和硅气凝胶担载 Ag 和 Pd 的复合材料。

（3）超临界模板技术制备多孔材料

Wakayama 等[53]以活性炭作为模板，以 SC-CO$_2$ 为溶剂来溶解金属前驱物，并携带其进入活性炭中，沉积反应一定时间后，通过焙烧去除活性炭模板，制备了纳米级的多孔材料。许群等[54-56]分别以乙酰丙酮铝［Al(acac)$_3$］、四丁基钛酸盐（Tetrabutyl Titanate）、正硅酸四乙酯（Tetraethyl Orthosilicate，TEOS）和 Fe(acac)$_3$ 等为前驱体，将其溶解到 SC-CO$_2$ 中，并携带其进入活性炭、高聚物 PEG 等模板上，沉积一定时间后，冷却、泄压，在一定温度下通过煅烧去除模板，即得多孔的 Al$_2$O$_3$、SiO$_2$、TiO$_2$/SiO$_2$ 和 Fe$_2$O$_3$ 等复合材料，如图 17-9 所示。

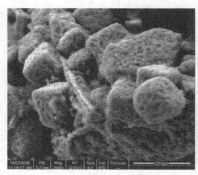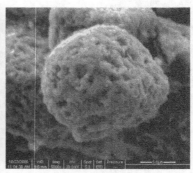

(a) 40℃，22MPa　　　　　　　　(b) 550℃，22MPa

图 17-9　SC-CO$_2$ 制备 TiO$_2$/SiO$_2$ 多孔材料 SEM 图

Cott 等[57]以 SC-CO$_2$ 为溶剂，二甲苯为碳源，利用 SCFD 成功地在介孔阳极氧化铝薄膜中复制了原有的纳米线结构，通过煅烧去除模板，得到纯的有序介孔碳纳米材料。Ryan 等[58]以 SC-CO$_2$ 为溶剂，介孔薄膜作模板，利用超临界流体模板技术在硅和石英基材上成功地合成了有序的锗纳米线。

综上所述，SCF 为各种材料的制备提供了新的重要途径，以 SCFD 为主要技术手段，能够制备出粒径小、分布窄的纳米材料，从而获得较高性能的纳米材料。同时能够降低传统材料生产过程中的环境污染，提高工业生产的效率、节约成本，从而获取更高的利润。因此，与传统方法相比，超临界流体在纳米复合材料的制备方面显示出了独特的优势。由 SCFD 制备的复合材料，在磁学、电学、光学、催化等领域具有广阔的应用前景，随着超临界流体技术的不断发展和研究的逐步深入，该技术将得到更广泛的推广与应用，将把材料制备中的应用发展推向一个更高的台阶。

17.5　结语

绿色化学是化学化工发展的新阶段，是发展生态经济和工业的关键，是实现可持续发展战略的重要组成部分。超临界化工技术作为新一代环境友好型技术，经过 30 多年的发展，已经与化学、物理学、地学等多门学科和领域相互交叉渗透。由于其良好的溶解能力和传热、传质特性、节能、高效等优势，在食品工业、精细化工、医药工业、环境保护等领域展现出了良好的应用前景，成为取代传统化学方法的首选。

目前，世界各国都集中人力物力对超临界技术基础理论、设备装置和工业应用等方面进行了系统研究，取得了长足进展，但是在工业应用中仍面临一些问题亟待解决，例如：超临界化工技术高温高压的环境使其对设备的要求较高；设备腐蚀、堵塞，能源回收等问题。因此，开发新型反应器和耐超临界流体的新材料对超临界化工技术的发展具有重要意义。相信随着人们对于超临界化工技术认识和研究的进一步深化，这一新兴的技术必将得以更广泛和深入的应用，对人类科技进步和经济发展产生深远的影响。

◆ 参考文献 ◆

[1] 朱自强. 超临界流体技术——原理和应用 [M]. 北京：化学工业出版社，2000.

[2] 郑岚，陈开勋. 超临界 CO_2 技术的应用和发展新动向 [J]. 石油化工，2012，41（5）：501-509.

[3] Herrero M, Cifuentes A, Ibanez E. Sub-and supercritical fluid extraction of functional ingredients from different natural sources: Plants, food-by-products, algae and microalgae: A review [J]. Food Chemistry, 2006, 98（1）: 136-148.

[4] 韩布兴. 超临界流体科学与技术 [M]. 北京：中国石化出版社，2005.

[5] Brunner G. Supercritical process technology related to energy and future directions—An introduction [J]. The Journal of Supercritical Fluids, 2015, 96: 11-20.

[6] 廖传华. 超临界流体与环境治理 [M]. 北京：中国石化出版社，2007.

[7] Zong Y F, Watkins J J. Deposition of copper by the H_2-assisted reduction of Cu（tmod）$_2$ in supercritical carbon dioxide: kinetics and reaction mechanism [J]. Chemistry of Materials, 2005, 17（3）: 560-565.

[8] 李贵贤，曹彦伟，李昱等. 超临界流体技术在煤焦油加工中的研究进展 [J]. 化工进展，2015，34（10）：3623-3629.

[9] Aydin K S, Gerhard H B. Mechanism of supercritical extraction of coal [J]. Industrial & Engineering Chemistry Research, 1990, 29（5）: 842-849.

[10] 廖传华，王重庆. 超临界流体与绿色化工 [M]. 北京：中国石化出版社，2007.

[11] 李克健，吴秀章，舒歌平. 煤直接液化技术在中国的发展 [J]. 洁净煤技术，2014，20（2）：39-43.

[12] 李艳红，赵文波，夏举佩等. 煤焦油分离与精制的研究进展 [J]. 石油化工，2014，43（7）：848-855.

[13] 胡浩权，R·拉默特. 超临界甲苯萃取含重金属渣油回收有机质 [J]. 大连理工大学学报，2000，40（增刊）：s34-s37.

[14] 李文，郭树才. 煤的乙醇超临界萃取脱硫 [J]. 燃料化学学报，1994，22（1）：83-88.

[15] 刘朋飞，张永奇，房倚天等. 神华煤直接液化残渣超临界溶剂萃取研究 [J]. 燃料化学学报，2012，40（7）：776-781.

[16] 薛文华，陈受斯，武练增. 褐煤的超临界流体萃取研究 [J]. 煤化工，1996，2：22-25.

[17] Canlaz R O, Erkey C. Process intensification for heavy oil upgrading using supercritical water [J]. Chemical Engineering Research and Design, 2014, 92（10）: 1845-1863.

[18] 沈本贤. 我国溶剂脱沥青工艺的主要技术进展 [J]. 炼油设计，2000，20（3）：5-9.

[19] 张晓冬，李志义，刘学武等. 超临界流体技术在重质油加工中的应用 [J]. 石化技术与应用，2004，22（5）：320-324.

[20] 刘同举，杜志国，郭莹等. 超临界流体技术在石油化工中的应用 [J]. 化工进展，2011（8）：1676-1680.

[21] 李敏洁. 超临界二氧化碳萃取在石油工业中的应用探究 [J]. 当代化工，2016，45（5）：954-956.

[22] 许延，徐伟池，许志明等. 基于超临界流体萃取的悬浮床加氢尾油的分离与评价 [J]. 石油学报（石油加工），2008，24（5）：563-568.

[23] Helmut S, Johannes A. Supercritical water oxidation: state of the art [J]. Industrial and Engineering Chemistry Research, 1999, 22 (11): 903-908.

[24] James G W, Dennis H R. The first commercial supercritical water oxidation sludge processing plant [J]. Waste Management, 2002, 22: 453-459.

[25] 徐志红，高云虎，王涛等. 超临界水氧化技术处理难降解有机物的研究进展 [J]. 现代化工，2013，33（6）：19-22.

[26] 漆新华，庄源益，袁有才等. 超临界水氧化处理苯酚废水 [J]. 环境污染与控制，2001，23（2）：56-58.

[27] Svishchev I M, Plugatyr A. Supercritical water oxidation of o-dichlorobenzene: degradation studies and simulation insights [J]. Journal of Supercritical Fluids, 2006, 37 (1): 94-101.

[28] 王涛，杨明，向波涛等. 超临界水氧化法去除尿液中有机物的探索 [J]. 航天医学与医学工程，1997，10（5）：370-372.

[29] 向海波，王涛，刘军. 超临界水氧化法处理含硫废水研究 [J]. 化工环保，1999，19（2）：75-79.

[30] 向波涛，王涛，沈忠耀. 乙醇废水的超临界水氧化处理工艺研究 [J]. 环境科学学报，2002，22（1）：17-20.

[31] 徐明仙，林春绵，周红艺. 超临界水氧化法改善有机污染物可生化性的研究 [J]. 环境污染治理技术与设备，2002，3（3）：24-26.

[32] Péreza I V, Rogaka S, Branio R. Supercritical water oxidation of phenol and 2, 4-dinitrophenol [J]. The Journal of Supercritical Fluids, 2004, 30 (1): 71-87.

[33] 鞠美庭，冯成武. 连续式超临界水氧化装置处理有机废液的应用研究 [J]. 水处理技术，2002，28（1）：35-37.

[34] 王齐. 超临界水氧化处理印染废水的实验研究 [D]. 太原：太原理工大学，2013.

[35] Chang S, Liu Y. Degradation mechanism of 2, 4, 6-trinitrotoluene in supercritical water oxidation [J]. Journal of Environmental Sciences, 2007, 19 (12): 1430-1435.

[36] 林春绵，潘志彦，周红艺. 超临界水氧化法处理高浓度有机发酵废水 [J]. 环境污染与防治，2000，22（4）：23-24.

[37] 马承愚，朱飞龙，彭英利. 超临界水氧化法处理垃圾渗滤液的试验研究 [J]. 中国给水排水，2008，24（1）：102-104.

[38] 余蜀宜，李建华，余蜀兴. 一种新兴的高效污泥处理技术——超临界水氧化法 [J]. 中国造纸，1998，3：66-67

[39] Xu D H, Wang S Z, Tang X Y, et al. Design of the first pilot scale plant of China for supercritical water oxidation of sewage sludge [J]. Chemical Engineering Research and Design, 2012, 90 (2): 288-297.

[40] 许群，倪伟. 超临界流体技术制备纳米材料的研究与展望 [J]. 化学进展，2007，19，9：1419-1427.

[41] 乔培，陈岚，李广田等. 超临界流体技术制备微细颗粒的方法及装置 [J]. 医药工程设计杂志，2010，31（1）：35-39.

[42] Watkins J J, Mccarthy T J. Polymer/metal nanocomposite synthesis in supercritical CO₂ [J]. Chem Mater, 1995, 7 (11): 1991-1994.

[43] Watkins J J, Mccarthy T J. Method of chemically depositing material on a substrate [P]. US 5789027, 1998.

[44] Hunde E T, Watkins J J. Reactive Deposition of cobalt and nickel films from their metallocenes in supercritical carbon dioxide solution [J]. Chemistry of Materials, 2004, 16 (3): 498-503.

[45] Watkins J J, Blackburn J M, Mccarthy T J. Chemical fluid deposition: reactive deposition of platinum metal from carbondioxide solution [J]. Chemistry of Materials, 1999, 11 (2): 213-215.

[46] O'Neil A, Watkins J J. Reactive deposition of conformal Ruthenium films from supercritical carbon dioxide [J]. Chemistry of Materials, 2006, 18 (24): 5652-5658.

[47] Fernandes N E, Fisher S M, Watkins J J, et al. Reactive deposition of metal thin films within porous supports from supercritical fluids [J]. Chemistry of Materials, 2001, 13 (6): 2023-2031.

[48] Wakayama H, Setoyama N, FukushimaY F. Size-controlled sunthesis and catalytic performance of Pt nanoparticles in micro-and mesoporous sillca prepared using supercritical solvents [J]. Advanced Materials,

2003, 15（9）: 742-745.

［49］ 银建中，张传杰，徐琴琴，王爱琴. Ag/SBA-15 纳米复合材料的超临界流体沉积法制备、性能表征和催化特征
［J］. 无机材料学报，2009，24（1）: 129-132.

［50］ Gupta G, Shah P S, Zhang X, et al. Enhanced infusion of gold nanocrystals into mesoporous silica with supercritical carbon dioxide［J］. Chemistry of Materials, 2005, 17: 6728-6738.

［51］ Dhepe P L, Fukuoka A, Ichiyama M. Novel fabrication and catalysis of nano-structured Rh and RhPt alloy particles occluded in ordered mesoporous silica templates using supercritical carbon dioxide［J］. Physical Chemistry Chemical Physics, 2003, 5: 5565-5573.

［52］ Morley K S, Licence P, Marr P C, et al. Supercritical fluids: A route to palladium-aerogel nanocomposites ［J］. Journal of Materials Chemistry, 2004, 14: 1212-1217.

［53］ Wakayama H, Fukushima Y. Supercritical CO_2 for making nanoscale materials［J］. Industrial and Engineering Chemistry Research, 2006, 45（10）: 3328-3331.

［54］ Jiao J X, Xu Q, Li L M. Porous TiO_2/SiO_2 composite prepared using PEG as template direction reagent with assistance of supercritical CO_2［J］. Journal of Colloid & Interface Science, 2007, 316（2）: 596-603.

［55］ Xu Q, Ding K L, He L M, et al. A new mechanism about the process of preparing nanoporous silica with activated carbon mold［J］. Materials Science and Engineering B, 2005, 121: 266-271.

［56］ Fan H J, Xu Q, Guo Y Q, et al. Nanoporous ferric oxide prepared with activated carbon template in supercritical carbon dioxide［J］. Materials Science and Engineering A, 2006, 422: 272-277.

［57］ Cott D J, Petkov N, Morris M A, et a1. Preparation of oriented mesoporous carbon nano-filaments within the pores of anodic alumina membranes［J］. Journal of the American Chemical Society, 2006, 128: 3920-3921.

［58］ Ryan K M, Erts D, Olin H, et a1. Three dimensional architectures of ultra-high density semiconducting nanowires deposited on chip［J］. Journal of the American Chemical Society, 2003, 125: 6284-6288.

第 8 篇

微化工技术

　　微化工技术是 20 世纪 90 年代初兴起的多学科交叉的新型化工技术，它是集微机电系统设计思想和化学化工基本原理于一体，并移植集成电路和微传感器制造技术的一种高新技术，涉及化工、化学、材料、物理、机械、电子、控制学等各种工程技术和学科。微化工技术的一个重要特征是设备特征尺寸小（数百微米），具有极高的热质传递速率（较常规尺度化工设备提高 1~3 个数量级），尤其适于快速、强放热等受传质、传热速率影响较大的反应过程；同时由于微化工设备的通道特征尺度小于火焰传播临界尺度，以及设备体积小、物料持有量小，大大提高了反应过程本征安全性；微化工技术还具有易控制、直接放大（模块结构、并行放大）、适用面广等优点，可实现过程连续和高度集成、分散或柔性生产。因此，微化工技术可大幅度提高反应过程中资源和能源的利用效率，减小过程系统体积并增加其单位体积生产能力，实现化工过程强化、微型化和绿色化[1,2]。微化工技术主要包括微热、微反应、微分离、微分析等系统，其中微热、微反应系统是核心部分。本篇着重介绍微反应器内的流动和传递特性及其应用研究进展。

第 18 章　微反应器

18.1　概述

反应器是化工生产过程的核心硬件基础,与整个过程的安全、能耗和效率密切相关。近 20 年来,化工过程强化技术的发展与进步给相关的化工行业注入了新的动力和活力。微反应技术作为化工过程强化的重要手段之一,兼具过程强化和小型化的优势。并以其所具有的优异的传热传质性能、安全性好、过程易于控制和直接放大等特点,可显著提高反应过程的安全性、生产效率、快速推进实验室成果的实用化进程。

由于微反应器内的时空特征尺寸微细化所引起的过程特性变化对传统"三传一反"现象和理论提出了新挑战,微化学工程着重研究微时空尺度下的基本传递规律和反应特征,以具体反应或体系为导向,实现过程及设备的优化设计和应用。

18.1.1　微反应器内传递特性和强化原理

微反应器内传递过程的强化源自于特征尺寸的微细化。根据常规尺度的传热机理,对于圆管内层流流动及恒定管壁温度时,传热 Nu 数为定值,如式(18-1)所示。传热系数 h 与管径 d 成反比,即管径越小,传热系数越大。当通道尺寸在 $100\mu m\sim1.0mm$ 范围内时,水的层流换热系数可高达 $2000\sim20000W/(m^2\cdot K)$,空气的层流换热系数亦高达 $100\sim1000W/(m^2\cdot K)$。二者均远高于常规尺度下水和空气的层流换热系数[1]。

$$Nu=hd/k=3.66 \tag{18-1}$$

$$Sh=k_cd/D=3.66 \tag{18-2}$$

式中　Nu——努塞尔数;

　　　h——传热系数,$W/(m^2\cdot K)$;

　　　d——通道直径,m;

　　　k——热导率,$W/(m\cdot K)$;

　　　Sh——舍伍德数;

　　　k_c——传质系数,m/s;

　　　D——扩散系数,m^2/s。

同样，对于传质过程而言，传质系数和管径成反比关系。在非均相如气-液、液-液等过程中，微反应器能提供高达 $10000m^2/m^3$ 的相界面积，而常规尺度的鼓泡塔很难超过 $1000m^2/m^3$。研究表明，微反应器内相间传质系数可较常规反应器内增加 $1\sim2$ 个数量级[3,4]。图 18-1 中示出了微反应器与常用常规尺度反应器中传质传热速率的比较。可见，微反应器在传质与传热方面均有非常明显的优势。

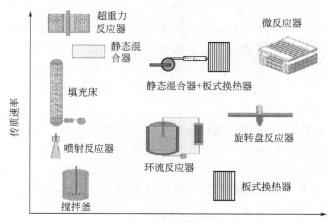

图 18-1 微反应器与常规反应器热质传递速率比较[5]

化工过程为"三传一反"间的耦合过程，而反应效率受传质或混合性能的影响。一般的，反应过程可分为瞬时反应、快速反应以及慢反应，其中瞬时反应的特征反应时间通常小于 1s，而快速反应的特征反应时间介于 $1\sim10$s。在传统反应器内由于混合效率不足，瞬时反应或快速反应的特征反应时间通常小于混合时间，使反应副产物增加。对于这类反应，工业上往往需要降低反应温度或增加溶剂量以降低反应速率，因而反应器及其过程存在效率低、能耗高等问题。微反应器内特征尺寸约在 $100\mu m\sim1mm$ 之间，流体微元的混合尺寸在 $10\sim100\mu m$ 量级。根据 Einstein-Smoluchovski 方程（式 18-3）可知，混合时间 t 与混合尺寸 l 的平方成正比，与扩散系数 D 成反比。气相的扩散系数通常为 $10^{-5}\sim10^{-6}m^2/s$，液相的扩散系数则处于 $10^{-9}\sim10^{-10}m^2/s$。故微反应器内气相混合时间在 $0.01\sim10$ms，相应地液相混合时间在 $0.05\sim50$s。由于混合性能好，同样反应条件下微反应器能够明显地提高反应过程的选择性及收率，提高过程效率。

$$l^2=2Dt \tag{18-3}$$

式中　l——混合尺寸，m；
　　　D——扩散系数，m^2/s；
　　　t——混合时间，s。

18.1.2　微反应技术的优势

除了热质传递速率高外，微反应技术还有许多内在、独特的优点[1]。

（1）快速放大

传统的放大过程（Scale Up）存在着放大效应，实验室研究结果需通过中试逐级放大，不仅耗时费力，而且过程风险大。由于微反应器中每一通道相当于一个独立的反应器，因此放大过程即是通道数目以及设备单元的叠加（Numbering-Up），可节约时间、降低成本，实现科研成果的快速转化。

（2）柔性或分散生产

化工生产领域，化学原料和产品的运输过程不仅增加生产成本，还易发生安全事故，特别是对于易燃易爆、有毒物质的生产、运输和储存。由于微反应系统是模块结构的并行分布系统，具有便携式特点，可实现原料或产品的就地转化与生产，不仅消除了危险品运输中的潜在危险，也可显著降低安全防护所需的巨额费用。同时，也可使分散资源得到充分合理利用。另外，微反应系统多模块叠加的特性也使生产过程具有很高的操作弹性，可根据市场情况增添或关闭部分单元来调节生产。

（3）过程连续

精细化学品和医药生产等许多化工过程采用间歇操作，先进的合成方法受限于低效的反应设备往往带来一系列严重的问题，如产品质量差、"三废"多、反应效率低及过程不安全等。对于受传递控制的反应过程，采用微反应器可实现连续操作，大幅降低生产成本。相同条件下，由于传质速率高，停留时间短，可有效地抑制副反应，提高目的产物的选择性，因而时空收率将可能高于间歇反应器。

（4）等温操作和过程安全

由于微反应器具有很强的传热性能，能实现强放热反应过程的等温操作，反应过程容易控制，有效地提高了复杂反应的选择性和转化率；同时有可能实现在常规反应器中无法进行的反应，以开辟新的反应工艺。微反应器对温度的优异控制能力可有效避免飞温现象的发生，使反应过程安全性大幅提高。另外，由于反应器体积小、物料持有量低，即使发生危险事故所造成的危害也极为有限。

18.2　微反应器内传递特性

18.2.1　单相流动

对于特征尺度为数十至数百微米的微通道，气相或液相的流动特性可通过压降规律阐述。微通道中单相层流流动压降结果可分为三类[6]，分别是：①$fRe>C$，压降大于常规尺度通道；②$fRe<C$，压降小于常规尺度通道；和③$fRe=C$，压降规律符合经典理论，与常规尺度通道中一致。这表明，有关微尺度下流动状况与常规尺度下流动特征是否一致并无明确定论，尤其是有研究者观察到微通道中层流与湍流间的临界Re数较2000有提前或滞后现象[7]。然而，学术界及工业界越来越倾向于认为，在数十至数百微米的微通道中单相流动仍然符合常规流动理论[8]。出现上述状况的原因可能是微通道的尺寸测量误差、壁面粗糙度、流动过程的黏性热等因素所致。对比光滑和粗糙壁面微通道内的实验结果[8]，发现相同Re数时，粗糙壁面微通道的阻力摩擦因子较大，且临界Re数较小；矩形微通道内易出现临界Re数提前现象。赵等[9]分别以水和煤油为介质，研究了尺寸在$400\sim800\mu m$范围的微通道内单相流体流动，发现临界Re数在1800附近。他们认为在这一尺度范围内，微通道内的流体流动与传统尺度下的流动基本一致，可用传统流动理论对流动阻力等参数进行预测。

18.2.2　气-液两相流动与传质

18.2.2.1　气-液两相流动

微通道内气-液两相流动流型可一般分为泡状流（Bubbly Flow）、弹状流（Slug 或 Taylor Flow）、不稳定弹状流（Unstable Slug Flow）、弹状-环状流（Slug-Annular Flow）、搅拌流（Churn Flow）、环状流（Annular Flow）和分散流（Dispersed Flow）。少数情况下，也有研究者观察到并行流的存在。不同流型的流动特征及其流动分布示于图 18-2。泡状流的特征为流动过程中产生小于通道特征尺寸的气泡，发生的条件为气相流速较小，受表面张力控制，而液相流速较大，惯性力及剪应力作用明显。弹状流发生的区域占据流型图中较大区域，操作范围较宽，其流动特性为气相以分散气柱（气泡长度大于通道特征尺寸）的形式流动。此流型下气泡的尺寸分布窄，流动可控性强，具有广阔的应用范围。随着体系中气速升高或气相惯性作用增强，不稳定弹状流、弹状-环状流和环状流依次发生；相应地，随着液速增加或液相惯性作用增强，逐渐发生搅拌流和分散流，如图 18-2 所示。

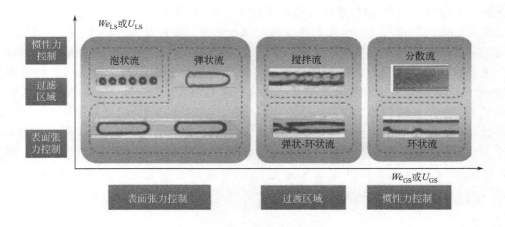

图 18-2　微通道内气-液流型分布图

气-液两相流型分布规律受壁面性质、两相流速、液体性质以及通道结构、尺度、流向等参数影响。Triplett 等[10]基于两相表观速度分别绘制了具有圆形截面和半三角形截面的微通道内的流型分布图，发现非圆形通道内液相滞留在通道角落处导致环状流提前发生，如图 18-3 所示。基于两相表观速度得到的流型分布图和流型转变线适用于特定的流动体系和通道结构，普适性不强。例如，Yue 等[11]发现 Triplett 等[10]等提出的流型转换曲线能合理预测其在当量直径为 $667\mu m$ 的微通道中的两相流型；但是当量直径进一步减小时，这些关联式或曲线的预测性能变差。基于所获实验数据，Yue 等[11]提出了由 Taylor 流向非稳态弹状流转换的经验公式：

$$We_G = 0.0172We_L^{0.25} \tag{18-4}$$

式中　We_G——气相韦伯数；

　　　We_L——液相韦伯数。

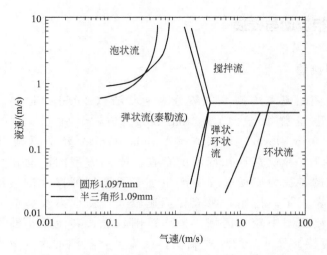

图 18-3　圆形截面和半三角形截面的微通道内的流型分布图[10]

以两相韦伯数（We）为坐标划分流型分布图包含了惯性力和表面张力的影响，其适用性更广。

在诸多的流型中，气-液弹状流以操作范围宽、气泡/液弹尺寸均一、易调控、返混低等优势受到广泛关注。弹状流，其基本特征为：气相作为分散相以气泡形式存在，其长度通常大于通道宽度；液相作为连续相以液弹形式存在，相邻液弹通过气泡与通道壁面间的液膜连接；气泡和液弹交替出现，液弹内存在内循环使径向混合程度增加，进一步提高了传质性能。气-液弹状流是一种适于强化气-液反应的理想流型。

弹状流下气泡和液弹的长度是影响两相传质和反应的重要因素，受通道结构、流体性质和流动状况等因素影响。由于气泡的断裂与形成是其在惯性力、剪切力和压降等作用下克服表面张力束缚的结果，气泡的生成机理根据受力情况可分为挤压、剪切和过渡模式。挤压模式下，气泡的断裂驱动力为气泡堵塞通道后上游集聚的压力差，其长度规律遵循线性规律[12]：

$$L_B/W = \lambda_1 + \lambda_2 \frac{Q_G}{Q_L} \tag{18-5}$$

式中　L_B——气泡长度，m；

　　　W——通道宽度，m；

　　　Q_G——气体流量，m^3/h；

　　　Q_L——液体流量，m^3/h。

其中系数 λ_1 和 λ_2 只取决于通道结构。由于该模型忽略了惯性力、剪切力以及泄漏流等的影响，仅极少数情况符合该模型，大多数情况下流体性质/流动条件对气泡长度有显著影响。如惯性作用可促进气泡断裂，固定气-液流量比，增大流速气泡长度降低。众多研究者根据实际情况提出了修正的关联式以适用于更宽的条件。Yao 等[13]在式（18-5）的基础上引入韦伯数成功地预测了惯性作用下气泡的长度。

$$L_B/W = \lambda_1 + (1 + 1.37 We^{-0.349}) \frac{Q_G}{Q_L} \tag{18-6}$$

修正的关联式拓宽了线性模型的适用范围，也可应用于过渡甚至剪切模式[14]。但因各研究者的实验条件及微通道结构差异，各种预测式之间的吻合程度还较差。文献中还有包含

Re、Ca、We、ε 等无量纲参数的纯经验关联式，使用方便且适用范围宽，但是准确性较低。

当液相润湿通道壁面时，气泡和壁面被一层液膜隔绝而不直接接触。这一液膜的厚度对传质传热过程有重要影响。研究表明液膜厚度可表达为毛细管数 Ca 的函数[15]。圆形通道中，气泡截面形状和周围液膜分布呈轴对称状。惯性作用可忽略时，液膜厚度符合以下关系：

$$\delta/r = 1.34Ca^{2/3}/(1+3.35Ca^{2/3}) \tag{18-7}$$

式中　δ——液膜厚度，m；

　　　r——半径，m；

　　　Ca——毛细管数。

方形通道中，液膜分布是非轴对称的。当液体黏度增大，Ca 数增加时，气泡截面形状由非轴对称向轴对称转变。这个转变过程存在一个临界 Ca 值，约为 $0.04\sim0.1$[16]。而对于矩形通道，气泡的形状和临界 Ca 还受通道深宽比影响。方形通道内液膜分布用壁面处液膜 δ_{wall} 和直角处液膜 δ_{corner} 来描述。当 $Ca<0.02$ 时，δ_{wall} 几乎为一定值，更大范围 Ca 下的 δ_{wall}，可用式(18-7)预测。对于直角处液膜 δ_{corner}，Kreutzer 等[15]提出了如下可在较大 Ca 数范围内进行预测的关联式。

$$\delta_{corner}/d_h = 0.357-0.25\exp(-2.25Ca^{0.445}) \tag{18-8}$$

式中　δ_{corner}——直角处液膜厚度，m；

　　　d_h——水力直径，m。

上述液膜厚度关联式只适用于惯性作用很小的情况，当惯性作用增强时，液膜厚度急剧增加。Han 和 Shikazono[17]测量了方形微通道内液膜厚度，并提出了惯性作用下液膜厚度关联式。图 18-4 中比较了不同的液膜厚度关联式，可见惯性作用下液膜厚度都较无惯性情况下大。Yao 等[13]通过气-液弯曲界面对光反射原理研究了矩形通道内气泡的形状和液膜分布，发现惯性对液膜的增厚作用更加明显。如图 18-4 所示，在相同的毛细管数 Ca 下，矩形通道内因惯性效应强，较之圆形和方形通道液膜厚度大幅增加，相应地气泡变得纤细和尖锐。

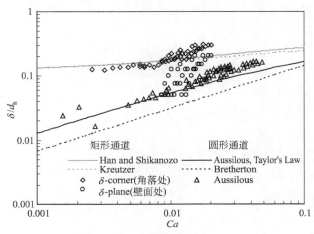

图 18-4　液膜厚度随毛细管数 Ca 变化

弹状流的另一个重要特征是液弹内部存在循环涡流，可进一步促进传质传热速率。直通道中液弹内两个并生内循环涡流是镜面对称的，而弯曲通道中受离心力引起的狄恩流

(Deanflow) 使其对称性遭到破坏，严重时甚至使涡流分裂成两个或更多的小涡。研究表明减小弯道曲率半径有助于增强涡强度，增加气速或液速则会使强涡流面积增大，而不改变旋度和涡强度峰值[18]。内循环还受到溶液性质和通道截面形状的影响。一般地，液弹长度越小、总流速越大，内循环速度越大[19]，越有利于传质和混合。在矩形或方形通道中，由于表面张力作用，气泡与壁面间的角落中存在较大空间，部分液体经此空间绕流过气泡，形成泄漏流[20]。泄漏流与内循环之间的传递机制对于调控传质传热有重要的影响。图 18-5 中示出了二者相互作用的示意图，直观展示了泄漏流和液弹内流体交换规律。泄漏流的驱动力源自气泡两端的拉普拉斯压差，气泡尾端附近液体被卷吸入液膜内，然后从气泡前端喷出。此过程中，液体速度可高达气泡速度的数倍。液体从气泡前端喷出后与内循环流汇合，在循环流作用下向通道中心运动。经此，相邻液弹间发生物质交换，增强轴向混合。

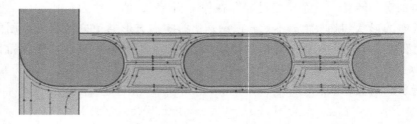

图 18-5　泄漏流和内循环示意图[20]

18.2.2.2　气-液两相传质

对于气-液两相过程，相间传质能力是决定反应器效率的重要因素。而反应器的优点就是能提供巨大的传质传热速率。Yue 等[3]分别用物理吸收和化学吸收法分别测定了弹状流、弹状-环状流以及搅拌流流型下的传质系数，并与传统气-液设备比较。如表 18-1 所示，微反应器内液相总体积传质系数 k_La 与相界面积 a 分别可高达 $21s^{-1}$ 与 $9000m^2/m^3$，比常规气-液接触器至少高出 $1\sim2$ 个数量级。然而，微反应器内高 k_La 主要源自于其极高的比表面积，而 k_L 与其他接触器相比并无明显提高。根据实验结果，Yue 等[3]提出了用于预测不同流型下传质系数的经验关联式：

弹状流

$$Sh_La d_h = 0.084 Re_{GS}^{0.213} Re_{LS}^{0.937} Sc_L^{0.5} \qquad (18-9)$$

式中　Sh_L——液相舍伍德数；

　　　a——比表面积，m^2/m^3；

　　　d_h——水力直径，m；

　　　Re_{GS}——表面气相雷诺数；

　　　Re_{LS}——表面液相雷诺数；

　　　Sc_L——液相施密特数。

弹状-环状流与搅拌流

$$Sh_La d_h = 0.058 Re_{GS}^{0.344} Re_{LS}^{0.912} Sc_L^{0.5} \qquad (18-10)$$

鉴于弹状流独特的流动特性和宽操作范围，弹状流的传质特性引起了广大研究人员的兴趣。弹状流下气泡和液相间的传质主要包括两部分[21]：①气泡两端向液弹主体传质，受循环速度影响；②气泡主体向气泡周围液膜传质，受气泡与液膜的接触时间影响。因而，总传

表 18-1　不同气液接触器中传质系数[3]

接触器类型	$k_L \times 10^5 /(m/s)$	$a /(m^2/m^3)$	$k_L a \times 10^2 /s^{-1}$
鼓泡塔(Charpentier,1981)	10~40	50~600	0.5~24
库爱特-泰勒旋流式反应器(Dlusa 等,2004)	9~20	20~1200	3~21
碰撞射流吸收器(Herskowits 等,1990)	29~66	90~2050	2.5~122
填料塔,并流(Charpentier,1981)	4~60	10~1700	0.04~102
填料塔,逆流(Charpentier,1981)	4~20	10~350	0.04~7
喷淋塔(Kies 等,2004)	12~19	75~170	1.5~2.2
静态混合器(Heyouni 等,2002)	100~450	100~1000	10~250
搅拌釜(Kies 等,2004)	0.3~80	100~2000	3~40
管式反应器,水平/螺旋式(Charpentier,1981)	10~100	50~700	0.5~70
管式反应器,竖直(Charpentier,1981)	20~50	100~2000	2~100
气-液微反应器(Yue,2007)	40~160	3400~9000	30~2100

质系数可计算为：

$$k_L a = k_{LC} a_{cap} + k_{LF} a_F \tag{18-11}$$

式中　k_L——液相传质系数，m/s；

k_{LC}——气泡传质系数，m/s；

k_{LF}——液膜传质系数，m/s；

a_{cap}——气泡比表面积，m^2/m^3；

a_F——液膜比表面积，m^2/m^3。

总体传质能力与许多因素如气泡/液弹长度，气泡速度等有关。弯角和内构件可强化液相内的混合，增加相间传质速率。

van Baten 和 Krishna[22]利用上述模型并结合渗透理论得到传质系数的计算公式：

$$k_L a = 2\frac{\sqrt{2}}{\pi}\sqrt{\frac{D u_B}{d_h}}\frac{4}{L_{UC}} + \frac{2}{\sqrt{\pi}}\sqrt{\frac{D u_B}{\varepsilon_G L_{UC}}}\frac{4\varepsilon_G}{d_h} \tag{18-12}$$

式中　u_B——气泡速度，m/s；

L_{UC}——单元长度，m；

ε_G——气相能量耗散，W/kg。

可见，$k_L a$ 和通道尺寸、单元长度成反比关系，与气泡速度成正比关系。此公式计算传质系数需要很多流动细节信息，使用不便。由于气泡两端和气泡主体在不同条件下对传质的贡献不同，上式可根据实际情况简化。例如，当液膜部分的传质贡献占主导作用时，上式右边第一项可忽略；而当气泡很长，液膜部分因饱和而失效，上式右边第二项可忽略，传质系数只受液弹长度影响[23]。Yao 等[24]研究了 CO_2 气泡在微通道中的溶解规律，发现在较短的接触距离内气泡溶解速率相差不大，而气泡的最终溶解量和液弹长度成正比。这是因为单个液弹的传质传热容量只和液弹长度有关，而不受总流速的影响[25]。根据气泡的溶解规律，Yao 等提出了单元传质模型以在线测量传质系数，分别得到了预测不同溶液性质和不同系统压力下的传质系数关联式[24,26]：

不同溶液性质

$$Sh_L a d_h = 1.367 Re_G^{0.421} Re_L^{0.717} Sc_L^{0.640} Ca_{TP}^{0.5} \tag{18-13}$$

式中　Re_G——气相雷诺数；

　　　Re_L——液相雷诺数；

　　　Ca_{TP}——两相毛细管数。

不同系统压力

$$Sh_L ad_h = 0.094 Re_G^{0.0656} Re_L^{0.654} Sc_L^{1.449} Ca_{TP}^{0.839} \tag{18-14}$$

18.2.3　液-液两相流动与传质

18.2.3.1　液-液两相流动

与气-液两相系统类似，微通道内液-液流动过程也有多种流型，如液滴流、弹状流、弹状-环状流和搅拌流等。由于液体性质变化大，液-液两相流型的种类更多，复杂性大为增加。如因互不相容的液体性质差异小，液-液并行流发生的概率增加。Zhao等[27]采用煤油-水为工作体系，在T形入口微通道中观察到六种流型（图18-6）：(a) 弹状流；(b) 单分散滴状流；(c) 液滴群流；(d) 稳定界面并行流；(e) 不稳定界面并行流；(f) 不规则薄条纹流。液-液不同流型的发生也是由表面张力和惯性力等力共同作用导致的。以表面张力和惯性力为基准把油水两相流型图划分为界面张力控制、惯性力控制、界面张力和惯性力共同控制的三个区域，并以韦伯数 We 和分散相体积分数成功地预测了分散相液滴当量半径。

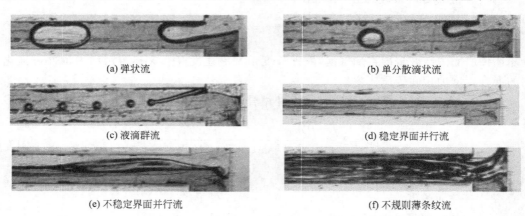

(a) 弹状流　　　　　　　　　　　　　　　　(b) 单分散滴状流

(c) 液滴群流　　　　　　　　　　　　　　　(d) 稳定界面并行流

(e) 不稳定界面并行流　　　　　　　　　　　(f) 不规则薄条纹流

图18-6　T形口处液-液流型

通道壁面性质对液-液两相系统有重要的影响，易润湿壁面的液相优先成为连续相。Zhao等[28]通过改性的方法研究了壁面性质的影响，发现在表面对油相优先润湿的微通道内，在油水比很大且总流量很小的情况下水相可以分散流动，而当流量增加时，两相趋向于以并行流型流动；在表面对水相优先润湿的微通道内，油水比较大情况下，两相呈并行流动。

在诸多的液-液流型中，液滴流和弹状流因其良好的分散性和可控性得到广泛的关注。弹状流一般发生在两相流速接近且惯性作用影响不显著的条件下，此时表面张力的作用占主导。这种情况下，分散相与壁面间表面张力比连续相与壁面间表面张力大，且大于两相间表面张力。Garstecki等[12]研究了低惯性和低剪应力时液滴的尺寸规律，发现液滴长度和两相流量比成线性关系，流体性质的影响不明显。随着系统 Ca 数的增加，流体性质对液滴生成过程的影响开始显著。一般地,液滴流和弹状流之间的流型转变发生在 Ca 数为 0.01 附近[29]。液滴流中液滴的长度与液柱断裂位置有关,随 Ca 数的增加而减小。Cramer 等[30]对入口处液滴断裂和通道下游液柱的形成及断裂过程进行了研究,发现高流速和高分散相黏度及低界面张力均有利于通道下游液柱的形成,此时液滴尺寸较均一;高连续相流速和低界面张力时,能够获得尺度较小的液滴,但是分散相黏度对液滴尺度影响较小。

液-液两相分散流动(液滴流和弹状流)时分散液滴可看作独立的"微反应器",是很多应用过程包括化学反应、动力学测定、乳液制备和微纳材料合成等的理想流型。这类流型下的一个重要特征是连续相液弹和分散相内部均存在可控的循环涡流,如图 18-7 所示。内循环涡流特征可通过 μ-PIV、共聚焦显微和数值模拟等方法测定。连续相内通道中心的流体速度最大,当流体微元接近液滴时被迫折返,形成循环涡流。液滴内循环产生的机理类似,但是受壁面及连续相流体的剪切作用明显。该循环速率可通过改变通道尺寸、流体性质、操作条件等参数来调控,是液-液两相流动过程的重要研究内容。由于内循环的存在,径向方向的对流相对于单相的 Poiseuille 流混合速率可大幅提高,另外内循环也使相间边界层厚度减小,有利于混合和传质。然而,因液滴内部的涡流相互隔绝,这个混合过程有时不能满足需求,需要通过其他方式对其进一步强化,如添加内构件、周期性扰动等。例如,Song 等[31]设计了波浪形的通道结构,不断扰动流场,可在 10ms 内实现液滴内部的完全混合。

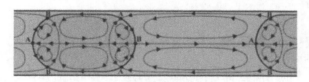

图 18-7 分散相液滴和连续相液弹内循环示意图[32]

18.2.3.2 液-液两相传质

与气-液两相过程类似,液-液两相传质在微反应器内也可得到强化[4,33,34]。Zhao 等[4]将微通道内的传质过程分成五个传质区域:T 形交叉点处、混合通道内、出口管路、液滴下落过程、样品分离过程等区域,采用"时间外推法"消除了样品分离过程对传质性能的影响,精确测量了微通道内传质效果。通过比较微通道反应器和传统反应器内传质系数,发现微通道内传质效果要高 2～3 个数量级[4],如图 18-8 所示。

Zhao 等[4]研究了入口构型和通道壁面性质等因素对液-液两相传质的影响,发现整个微通道内两相流体初始接触区域附近的总体积传质系数最大,而在低 Re 数区域,入口结构的影响不明显;当水油体积流量比小于 1 时,通道壁面性质对微通道反应器的整体传质性能影响较大。Kashid 等[35,36]以水-丙酮-甲苯体系为模型体系研究了通道结构和流型对两相传质的影响,发现传质系数在任意流型下都随连续相流量增加而增大,传质系数较传统反应器大,表明微细通道将成为现有两相接触设备和方式的重要补充。

液-液弹状流的传质特征和气-液弹状流相似,传质理论是一致的。然而,由于液-液两相间表面张力较低且对壁面的润湿性差异较气-液系统小,故液-液弹状流易出现分散相液滴直接和通道壁面接触的情形。此情况下,液膜部分对传质的影响需要重点关注[37]。Ghaini 等[38]利用快速一级反应测量了弹状流传质过程的有效面积,通过与拍照法物理测定的相界面积比较,判断出液膜的有效性和对传质的贡献。受限于检测技术,准确计算液膜对传质影

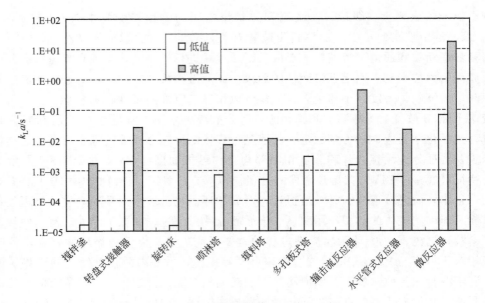

图 18-8　液-液接触器传质系数的比较

响仍然是个难题，需要继续深入的研究。

18.2.4　气-液或液-液系统压降

气-液两相流动过程的压降包含摩擦压降、加速压降和静态压降。水平管道中静态压降可以忽略不计。加速压降在发生相变或摩擦压降较大时很明显，若微通道较短，加速压降可忽略。故本节仅介绍微通道内气-液流动过程的摩擦压降。

分相流和均相流模型常用于预测两相压降，优点是无需通道内的具体流动信息，使用比较方便。均相模型中，两相流动处理为均相虚拟流动，虚拟流体的性质用两相流体平均值代替，故该模型的准确性依赖于平均密度、黏度等性质的估算，其中黏度的作用更为重要。分相流模型则根据每一相单独流过的压降计算总体压降，其中代表性的是 Lockhart 等[39]提出的 Lockhart-Martinelli 关系式如下：

$$\left(\frac{\Delta p}{\Delta L}\right)_{\mathrm{TP}} = \Phi_{\mathrm{L}}^{2}\left(\frac{\Delta p}{\Delta L}\right)_{\mathrm{L}} \tag{18-15}$$

$$X^{2} = \frac{(\Delta p_{\mathrm{F}}/\Delta L)_{\mathrm{L}}}{(\Delta p_{\mathrm{F}}/\Delta L)_{\mathrm{G}}} \tag{18-16}$$

Chisholm[40]描述了二者之间的关系，即

$$\Phi_{\mathrm{L}}^{2} = 1 + \frac{C_{\mathrm{x}}}{X} + \frac{1}{X^{2}} \tag{18-17}$$

式中，C_{x} 的值在层流或湍流中分别为常数。

以上两种模型均可用于预测微通道内气-液两相压降，但具体应用情况有所不同。微通道内，Lockhart-Martinelli 关系式中 C_{x} 与通道尺寸[41]和流体性质均[42]有关。Yue 等[4,11]分别比较了分相流和均相流模型在矩形微通道内的适用性，结果表明多数均相流模型的预测性能较差，分相流模型准确性虽高但也需要改进。Yue 等[11]发现微通道存在质量通量效应对压降有影响，并据此提出一个修正的 C_{x} 关联式，较好地预测了实验结果。微通道内两

相压降也受流型影响。因此，分相流和均相流模型仅适用于除弹状流之外的流型（泡状流、环状流和搅拌流等），与弹状流分段流动的实际情况相差很大而不适用。

由于弹状流流动周期性强，气泡的分散尺寸均一，可根据该流型的水力学特征计算压降。水平通道内两相总压降等于通道中气泡和液弹的总压降[43]：

$$\Delta p_{\text{tot}} = n_{\text{S}} \Delta p_{\text{S}} + n_{\text{B}} \Delta p_{\text{B}} \tag{18-18}$$

式中　Δp_{tot}——气泡和液弹的总压降，N/m^2；

Δp_{S}——气泡的压降，N/m^2；

Δp_{B}——液弹的压降，N/m^2；

n_{S}——通道中气泡数；

n_{B}——通道中液弹数。

气泡压降可细分为气泡主体和气泡两端的压降，故上式可改写为：

$$\Delta p_{\text{tot}} = n_{\text{S}} \Delta p_{\text{S}} + n_{\text{B}} (\Delta p_{\text{body}} + \Delta p_{\text{caps}}) \tag{18-19}$$

式中　Δp_{body}——气泡主体压降，N/m^2；

Δp_{caps}——气泡两端压降，N/m^2。

弹状流中气相和液相通常为层流，液弹的压降可近似为 Hagen-Poiseuille 压降和内循环导致的附加压降之和，如下式：

$$\Delta p_{\text{S}} = \frac{f_{\text{P}}}{Re_{\text{S}}} \frac{L_{\text{S}} \rho_{\text{L}} u_{\text{S}}^2}{2 d_{\text{h}}} + \Delta p_{\text{circulation}} \tag{18-20}$$

式中　f_{P}——液弹流动的摩擦因子；

Re_{S}——气泡的雷诺数；

L_{S}——液弹长度（即相邻气泡间距离）；

$\Delta p_{\text{circulation}}$——内循环导致的附加压降，$\text{N/m}^2$。

当液弹长度较长（$>3d_{\text{h}}$）时，液弹内流动几乎为 Hagen-Poiseuille 流动，上式中右侧第二项可以忽略。

根据 Bretherton[44] 的理论分析结果，气泡两端的压力降和 $Ca^{2/3}$ 成正比，可以采用下式计算：

$$\Delta p_{\text{caps}} = c Ca^{2/3} \frac{\sigma}{d_{\text{h}}} \tag{18-21}$$

式中，c 依赖操作条件和通道结构；σ 为相界面张力。Bretherton[44] 计算了 Ca 数极低情况下圆形通道中的 c 值为 14.89。Wong 等[45] 通过解析的方法发现上式同样适用于方形或矩形通道中，但 c 值只有 6.4 左右。

气泡主体的压降和液膜厚度、液膜速度等性质有关，目前还无法通过实验测量。在忽略液膜速度的情况下[43]，气泡主体压降相对于其他项可忽略不计，两相总压降为：

$$\Delta p_{\text{tot}} = n_{\text{S}} \left(\frac{C}{Re_{\text{S}}} \frac{L_{\text{S}} \rho_{\text{L}} u_{\text{S}}^2}{2 d_{\text{h}}} + \Delta p_{\text{circulation}} \right) + n_{\text{B}} \left(c Ca^{2/3} \frac{\sigma}{d_{\text{h}}} \right) \tag{18-22}$$

式中，C 为与通道结构相关的常数。

若通道中气泡和液弹数量相同，弹状流压降梯度为：

$$\frac{\Delta p_{\text{tot}}}{\Delta L} = \frac{1}{L_{\text{B}} + L_{\text{S}}} \left(\frac{C}{Re_{\text{S}}} \frac{L_{\text{S}} \rho_{\text{L}} u_{\text{S}}^2}{2 d_{\text{h}}} + \Delta p_{\text{circulation}} + c Ca^{2/3} \frac{\sigma}{d_{\text{h}}} \right) \tag{18-23}$$

由于上式中 $\Delta p_{\text{circulation}}$ 和 Δp_{caps}（Δp_{body} 不能忽略时也可包括在内）无法用数学关系描

述，Kreutzer 等[46]建议用式(18-24) 中的函数来描述二者贡献。

$$\xi = a_1 \frac{d_h}{L_s}\left(\frac{Re}{Ca}\right)^{1/3} \tag{18-24}$$

其中当 $Re>50$ 时，a_1 为 0.07；当 $Re<50$ 时，a_1 为 0.17。把式(18-24) 代入式(18-23)，得到总表观摩擦因子：

$$f = \frac{16}{Re}(1+\xi) \tag{18-25}$$

当不考虑液相中杂质引起 Marangoni 效应时，式(18-25) 的预测值和实验值吻合较好。

Yue 等[43]考察了尺寸为 $400\mu m$ 和 $200\mu m$ 的方形微通道中的压降，发现液弹较短时实际压降远高于式(18-25) 的预测值，原因在于该式仅适用于内循环速度较小的情况，而此时液弹中内循环速度快，$\Delta p_{circulation}$ 的影响更明显。基于此，Yue 等[43]在式(18-25) 的基础上提出修正的预测压降关联式：

$$f = \frac{56.9}{Re}\left[1+0.07\frac{d_h}{L_s}\left(\frac{\rho_L d_h \sigma}{\mu_L^2}\right)^{1/3}+5.5\times10^{-5}\left(\frac{L_s}{d_h Re}\right)^{-1.6}\right] \tag{18-26}$$

Yue 等[47]最近将此模型拓展到气-液-液三相流动，取得了良好的预测效果。

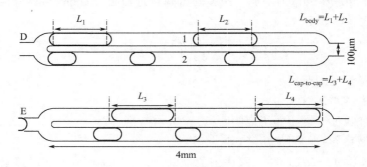

图 18-9　Fuerstman 等[48]所设计的实验装置

Fuerstman 等[48]通过并行双管的装置来研究微通道中弹状流的压降，如图 18-9 所示。因两个分支通道拥有共同的出入口和相同尺寸，二者压降相等。根据式(18-18) 或式(18-19)，每一分支中压降均可表示为：

$$\Delta p_{tot} = \frac{\alpha u_B \mu}{H^2}\left[a(L_{Total}-L_{cap\text{-}to\text{-}cap})+bL_{body}+c_1 Ha^{1/3}Ca^{-1/3}\right] \tag{18-27}$$

式中　　α——气泡和液相速度的比值；

　　　　H——深度，m；

　　　　μ——液相动力黏度，kg/(m·s)；

　　ΔL_{tot}——气泡和液弹的总长度，m；

　ΔL_{body}——气泡主体长度，m；

$\Delta L_{cap\text{-}to\text{-}cap}$——气泡一端到另一端的长度，m。

通过实验测定，a、b 和 c_1 是相关参数，通过两分支压降相等这一关系求解。以纯水和不同浓度的 Tween-20（表面活性剂）溶液为工作介质，研究结果表明纯水体系中气泡主体压降 Δp_{body} 的贡献非常小，而 100 倍 CMC 浓度的 Tween-20 溶液中 Δp_{body} 的贡献较大，说明此时气泡与通道间液体流速（泄漏流）很大，从而导致气泡的运动速度大幅降低至两相表观速度的一半。当 Tween-20 浓度增加到 1000 CMC 时，Δp_{body} 的贡献又降低，气泡的运动速度升高到两相表观速度的 80%。该结果表明气液弹状流的压降受流体性质的影响十分显著，在应用各种关联式时需注意。对于液-液两相压降，上述分析基本适用。所不同的是，液-液系统中溶液性质变化非常大，在应用压降模型时需结合具体情况进行分析。

18.2.5　三相系统

微通道内三相系统包括气-液-固系统和气-液-液系统等。利用固体催化剂催化的气-液反应是化学工业中非常重要的一类反应，包括加氢、氧化、氯化等。常用的反应器有浆料床、鼓泡塔、流化床以及固定床反应器等。气-液-液系统在化学工业和生物化工中也有重要的应用，所使用的反应器和液-液反应相似。这些多相系统往往要求良好的分散性能以提供足够的相界面积和反应的可控性。而上述常规尺度的反应器难以满足条件，造成设备运行过程的效率低和高能耗，特别是当反应过程为强放热或易爆炸反应时。微反应器内，表面力在相间相互作用中占据主导地位，因而十分有利于控制多相的分散过程，能产生均一尺寸的气泡或液滴以及调控它们的运动行为。另外，微反应内能提供巨大的比表面积，也是有利于多相反应过程的。因此，利用微反应器开展三相反应过程具有巨大的应用前景。

18.2.5.1　气-液-固/液-液-固微反应器

气-液-固/液-液-固微反应器有两种形式，分别是气-液-固（壁载）、液-液-固（壁载）三相反应器，以及气-液-固（填充颗粒）、液-液-固（填充颗粒）三相反应器。Stefan 等[49]进行 Mizoroki-Heck 反应时，将有机金属钯催化剂负载于介孔硅胶中并将其涂覆到微通道壁面，发现反应效率可大幅提高。在间歇搅拌釜中，因反应过程铵盐的累积，催化剂只能重复利用两次而反应效果未见明显降低；在微反应器中，连续化的操作方式可有效减缓催化剂的失活，提高催化剂使用寿命。对于均相催化剂，将催化剂涂覆在反应器壁面上的重要优点是可以降低产品中重金属含量以提升产品质量和无需催化剂回收设备而大幅降低生产成本。

通过实验手段研究气-液-固（壁载）、液-液-固（壁载）三相间的传质及传热性能难度较大，目前相关的研究较少。Dai 等[50]利用 CFD 模拟了气-液和液-液弹状流经过固定热流微通道时的传热特性，发现传热系数严重依赖于流动的水力学特征。他们将传热过程分为三部分（图 18-10）：①壁面向连续相液膜传热；②液膜向连续相液弹传热；③液膜向分散相气泡或液滴传热，并据此提出如下传热模型

$$\frac{1}{h_{TP}} = \frac{1}{h_W} + \frac{L_{UC}}{L_D}\left(\frac{m}{m+1}\right)^2 \frac{1}{h_{FD}} + \frac{L_{UC}}{L_S}\left(\frac{m}{m+1}\right)^2 \frac{1}{h_{FS}} \tag{18-28}$$

$$m = \frac{Q_D \rho_D C_{pD}}{Q_C \rho_C C_{pC}} \tag{18-29}$$

式中　　h_{TP}——两相传热系数，$W/(m^2 \cdot K)$；

h_W——壁面传热系数，$W/(m^2 \cdot K)$；

h_{FD}——液膜向分散相传热系数，$W/(m^2 \cdot K)$；

h_{FS}——液膜向液弹传热系数，$W/(m^2 \cdot K)$；

L_S——液弹长度，m；

L_D——分散相长度，m；

m——热容率比；

Q_D——分散相流量，m^3/h；

Q_C——连续相流量，m^3/h；

ρ_D——分散相密度，kg/m^3；

ρ_C——连续相密度，kg/m^3；

C_{pD}——分散相比热容，$J/(kg \cdot K)$；

C_{pC}——连续相比热容，$J/(kg \cdot K)$。

其中，m 代表了两相热容对总体传热的重要程度。对于气-液弹状流，m 趋近于 0，液膜向气泡的传热阻力可忽略。对于液-液弹状流，液膜向液滴的传热阻力最大，特别是当液滴的长度较长时。该模型可以在较宽的范围内（$Nu < 40$）准确预测微通道的传热能力。

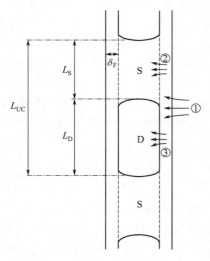

图 18-10　三相传热模型
①壁面向连续相液膜传热；
②液膜向连续相液弹传热；
③液膜向分散相气泡或液滴传热[50]

对于气-液-固（填充颗粒）、液-液-固（填充颗粒）三相系统，相关研究不仅专注于化学反应，还涉及传质的强化。这一类三相微反应器又叫微固定床反应器。Losey 等[51]设计了如图 18-11 所示的气-液-固三相加氢微反应器，气体与液体分别通过数个宽 25μm 的微细通道预先混合后进入反应通道，催化剂以浆料的形式填充进入反应通道，反应器出口设置栅栏结构形成过滤器防止催化剂被夹带出去。与传统的固定床反应器相比，该反应器可提供极高的相界面积，促进气-液传质过程，进而提高反应效率。如果填充的颗粒为惰性颗粒（无催化功能），则颗粒亦可使两相总体积传质系数提高 1～2 倍。在微颗粒的作用下，液-液两相并行流亦较容易转变为分散相流型，油相破裂成液滴，油水两相激烈混合，比表面积和表面更新速度增加，传质过程得到极大强化。Su 等[52]利用微固定床进行邻硝基甲苯的硝化反应，发现在不到 3s 的停留时间内反应物转化率可达 94%。

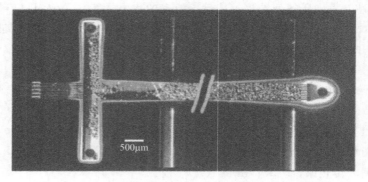

图 18-11　Losey 等[51]设计的环己烯加氢微固定床反应器

18.2.5.2　气-液-液微反应器

气-液-液三相微流动体系在化学或生物化学方面有重要的应用前景。Önal 等[53]报道了微反应器内 α,β-不饱和醛的均相催化加氢反应，利用气-液-液三相流型（气泡、含催化剂水滴和油相连续相）可快速筛选催化剂和测量反应动力学。气-液-液三相的特殊流型还可用于隔绝液滴融合，以实现生物筛选和微纳材料的均匀合成等应用。通过引入惰性气体进行搅拌，液-液两相并行流较容易转变为分散相流型，水相破裂成液滴，油水两相比表面积和表面更新速率增加，液-液间传质和反应得到强化。Su 等[54]以 30％TBP（煤油）-乙酸-水为实验体系，考察了微通道内气体搅拌作用对液-液两相传质过程的影响，结果表明气体的搅拌可进一步使总体积传质系数提高 1～2 倍，弯曲微通道内气体搅拌作用更为明显。随着微流控技术的发展，气-液-液三相微流体也常用来合成中空包囊材料、微气泡/微乳液等材料。常用气-液-液三相微流体的应用见图 18-12。

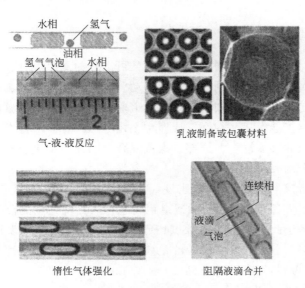

图 18-12　微反应器内气-液-液三相微流体的应用

18.3　微混合器

18.3.1　混合机理和理论

混合过程是指物料从不均匀分布或离集状态到分子尺度的均匀化过程。混合过程是化学反应进行的前提和关键，也是化工学科的关键科学问题。混合过程包括宏观对流分散、介观黏性变形、微观分子扩散。如图 18-13 所示，物料由不均匀或离集的初始状态，首先在对流的作用下被分散成大小不等的流体微团；然后流体微团经拉伸、折叠、撕裂等变形过程，使微团接触面增加、厚度减小，在容器局部区域形成交错排列的层状结构；最后通过分子扩散，经过微观混合时间 $t_m \sim l^2/D$，物料实现分子尺度的均匀化。

与传统反应器相比，在特征尺度为数十至数百微米量级的微通道反应器内，流体微团特征尺度可减小两到三个量级，可认为与湍流混合过程中的 Kolmogoroff 尺度处于同一量级或更小，此时流体微团的介观变形和分子扩散成为影响混合效果的主要因素。因而，微混合器的设计理论应该从增加流体微元的介观变形和减小分子扩散路径出发。

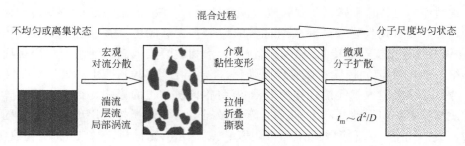

图 18-13　混合过程示意图

18.3.2　微混合器的分类

根据混合过程中对流形态的不同，混合过程又可以分为湍流混合、层流混合、局部二次流混合。层流、湍流属于充分发展的长程对流流动。局部二次流，顾名思义，指的是局部的相对于长程主流动的二次流动，例如主流动在管道弯角处产生的局部漩涡。在传统化工混合设备中，主要是依靠湍流混合。而在微反应器中，由于 Re 数小，流体处于层流状态，湍流混合无法实现，只能依靠层流混合、局部二次流混合。因此，微混合器可分为基于层流混合和基于局部二次流混合两大类。

由于物料保持平行层状，没有横向速度，故层流混合只能依靠分子扩散进行。根据 Einstein-Smoluchovski 方程式(18-3)，微通道距离越小，实现完全混合的时间越短。微混合器内的快速混合正是基于此原理。如图 18-14 所示，通过在微通道中设计分支结构，将物流流体进行一次，或者多次分层，使物料间的距离成倍减小，可实现快速混合。一般来说，层流微混合器可使层状物料的厚度减小到 $10\sim100\mu m$，由式(18-3) 可知，其混合时间为 $0.1\sim10s$（液体扩散系数 $10^{-9}\,m^2/s$）。

对于微通道中局部二次流混合，主要是通过结构或者外场在通道中形成局部的涡流或混沌对流将流体微元变形或进一步分散，从而减小物料间的扩散距离，最终实现强化混合。根据引起涡流的能量提供方式，局部二次流微混合器分成两种：一种是通过通道的结构设计使流体动压部分转化为局部二次流，即通常所说的从动式微混合器；另一种是施加外场引起局部二次流，即主动式微混合器。从此角度讲，前面所述的层流微混合器也属于从动式微混合器。对于从动式微混合器，根据其通道结构，大致可以分为通道弯折型、通道障碍型、喷流撞击型、液滴液弹型等，如图 18-14 所示。通道弯折型是把通道做成弯角或弧形，使流体在拐角处被迫转向引起二次流，或在圆弧中由于离心力作用形成横向的 Dean 流。通道障碍型主要是在通道内添加内构件，流体在内构件作用下引起局部二次流。喷流撞击型是通过一股或多股高速流体碰撞，在喷射或碰撞的区域形成涡流。液滴液弹型则是在微通道中形成两相间隔的液滴或液弹，在液滴、液弹内形成内循环流以强化混合。

主动式混合器根据外场类型可分为压力扰动型、电场驱动型、磁场驱动型、超声驱动型等[55]。压力扰动型是通过引入周期性扰动，使通道中的层流流动出现压力波动，引起局部的混沌对流。电场驱动型主要是在通道中加入周期性变化或非均匀的电场，使极性分子、离子、带电颗粒物质产生横向的流动或局部涡流，以促进横向混合。磁场驱动型与电场驱动型相似，流体在磁场的洛伦兹力作用下，产生磁流体动力学流动以强化混合。超声驱动型是将声场导入到微通道中，在流体中引起声流现象以强化混合。

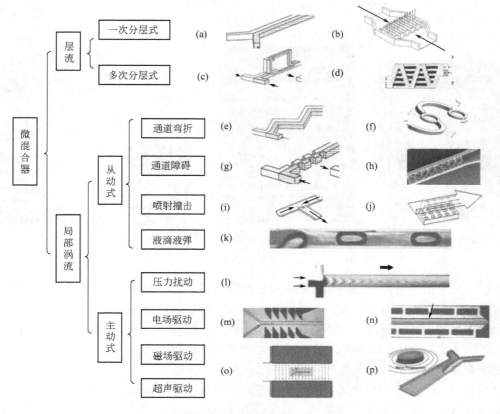

图 18-14　微混合器分类

压力扰动型微混合器操作往往比较复杂，应用较少。由于电场、磁场驱动型微混合器对流体的导电性有要求，而且不易并行放大，因此在化工中的应用范围有限，目前主要应用于生物分析领域。超声驱动型的微混合器是非常有应用前景的微混合器。一方面，微混合器尺寸小，超声分布可控，而且微通道特征尺寸和超声的共振尺寸一致，超声能量的利用率高。另一方面，由于声场具有穿透性，超声换能器可以置于微反应器外部，结构较简单，通过调节超声换能器的功率大小即可调控混合效果，装置也容易实现并行放大。同时，因微通道内超声可控，在微反应器内研究超声强化混合及传质的机理也十分方便，这一优势在常规尺度设备内是难以比拟的。中国科学院大连化学物理研究所开发了郎之万超声微反应器，通过合理设计反应器及连接方式，超声微反应器形成半波振子，可高效率地利用超声能量，如图 18-15所示。研究发现，超声在微通道中引起声空化现象，气泡（引入或空化形成）在超声作用下剧烈振动，不仅可极大地促进混合过程，也能将气-液传质强化一个数量级[56]。

与主动式相比，从动式微混合器只需设计好通道结构，而不需要附加装置；而且流体流速越大时，混合效果越好，因此在学术界和工业界应用非常广泛。但需要注意的是，对于给定结构的从动式微混合器，混合效果只能通过改变物料流速来调控，因而物料在微反应器中的停留时间也随之改变，而这未必是工艺所能接受的。即其可调参数只有流量（或流速）一个，调控自由度小。对于主动式微混合器，特别是超声驱动微混合器，增加了外场能量这个可调参数，操作空间更大，更具优势。

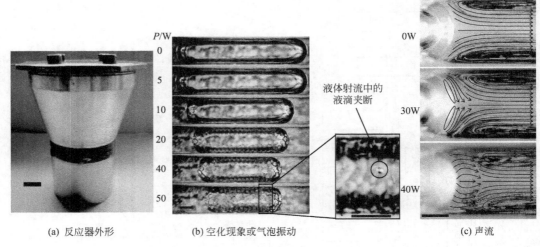

(a) 反应器外形 （b) 空化现象或气泡振动 (c) 声流

图 18-15 郎之万超声微反应器

虽然上文将微混合器按流动形态和通道结构进行了分类，但实际上一个微混合器往往兼具多种类型。例如内含填料的微混合器，填料一方面作为障碍物引起局部二次流，另一方面也将流体多次切割成多股薄层流体，因此既属于局部二次流混合也属于层流混合。再例如图 18-14 （f）所示的微混合器结构，它不仅通过圆弧结构引起 Dean 流强化混合，还利用两个圆弧连接处通道高度不一样的结构导致局部二次流。另外，流体每次从大圆弧流入小圆环都会被分成两股，即经过一次分层，因此也属于层流微混合器。该微混合器综合了三种不同的混合强化方法，其混合效果非常优异。微混合器强化混合方法基本上就是上面综述的类型。目前其发展趋势主要是综合多种混合类型，发展新的微混合器结构。

18.3.3 微混合器混合性能的表征方法

目前表征微混合器混合性能的方法主要有两种。第一种是示踪法，主要是利用示踪剂的变色或发光特性跟踪物料的浓度分布情况，从而评价混合性能。该方法可通过在一股物料中引入染料或荧光物质，也可通过添加反应指示剂（如酚酞）的方法表征混合。两股物料混合后，流体的颜色或荧光强度及其分布会随着混合过程而发生变化，直至混合完成。据此，可计算流体混合均匀所需要流过的长度（即混合长度）和混合时间。示踪法优点是实验操作简单、重复性好，同时由于是在线摄像测量，结果准确可靠。其缺点是要求微混合器至少一面有光学透明的窗口，而这有时难以满足。

另一种表征混合性能的方法是化学反应探针法，利用一些对物理混合效果非常敏感的化学反应，通过定量分析反应产物浓度，以表征反应器的混合性能。例如目前应用最广泛的 Villermaux/Dushman 平行竞争反应体系：

$$H_2BO_3^- + H^+ \longrightarrow H_3BO_3 \qquad 拟瞬时反应 \qquad (18\text{-}30)$$

$$5I^- + IO_3^- + 6H^+ \longrightarrow 3I_2 + 3H_2O \qquad 快速反应 \qquad (18\text{-}31)$$

$$I_2 + I^- \longrightarrow I_3^- \qquad 瞬时反应 \qquad (18\text{-}32)$$

一股物料中包含硼酸根离子、碘离子和碘酸根离子，另一股物料为稀酸溶液。当两股物料快速均匀混合时，反应（18-30）瞬间进行，少量的氢离子被瞬间消耗完，I_3^- 离子无法经反应(18-31) 和(18-32) 生成。当两股物料混合较慢或混合不均匀时，氢离子在一些局部区域相对于硼酸根离子过量，因此经反应(18-30) 后剩余的氢离子继续进行反应(18-31) 和(18-32)，生成一定量的碘三离子 I_3^-。利用紫外-可见分光光度计测量出混合器出口的 I_3^- 浓度，即可知道两股物料混合的均匀程度和混合快慢。在相同的物料初始浓度下，微混合器出口 I_3^- 的浓度越大，该微混合器的混合性能越差。

化学反应探针法的优点是对混合器结构没有要求，而且适用于多通道微混合器总体混合性能的测量。但其缺点也很明显。首先，化学反应探针法是一种离线的测量方法，其测量结果包含了出口和取样分析时的影响，测量结果重复性较差。另外 I_3^- 易分解，取样分析需要熟练的操作技巧。其次，由于 I_3^- 浓度对反应物料的初始浓度非常敏感，即使相同的混合性能，不同初始浓度测得的结果也有差别，因此很难比较不同文献的测量结果。目前，研究者们已经开始认识到这个问题，建议采用统一的反应物料初始浓度、前处理方法、取样和测量步骤，尽快建立一个测量微混合器混合性能的通用标准。可以预见，化学反应探针法在微化工领域将会被广泛应用。最后，值得注意的是，化学反应探针法是对流体混合性能的间接表征，无法直接得到混合时间数据。这需要结合特定的混合模型来推导计算，但计算过程复杂，可靠性也有待研究。

18.3.4 微混合器性能比较

评价混合性能的参数主要有混合均匀程度（或离集程度）、混合时间和能量耗散、混合效率。混合均匀程度通常通过物料浓度分布的方差来表示。混合时间指的是达到完全混合、或某一固定混合均匀程度（例如95％均匀）的时间。一般情况下，微混合器内基本能实现流体完全混合，只是不同微混合器的混合时间有差异。因此在评价微混合器时，更多的是讨论其混合时间、能量耗散以及混合效率。

混合时间通常由混合长度 l_m 和平均流速求得：

$$t_m = l_m / u \tag{18-33}$$

式中　t_m——混合时间，s；

　　　l_m——混合长度，m；

　　　u——平均流速，m/s。

能量耗散指的是混合单位质量的流体所消耗的能量，可根据混合器压降和流量计算：

$$\varepsilon = \frac{Q \Delta p}{\rho V} \tag{18-34}$$

式中　ε——能量耗散，W/kg；

　　Δp——混合器压降，N/m²；

　　　Q——流量，m³/s；

　　　ρ——密度，kg/m³；

　　　V——体积，m³。

Engler[57]用CFD模拟了四种主动式微混合器的混合情况，发现能量耗散 ε 在 $10^4 \sim 10^5$ W/kg 量级，而且能量耗散越大，混合时间越短。微混合器的能量耗散值比传统釜式反应器（10 ～ 100W/kg[58]）高几个数量级，这是其混合性能高的原因。Falk 和 Commenge[59]整理了不同文献中的微混合器的混合实验数据，进一步定量验证了上面的结论。他们发现 t_m 和 ε 的实验数据满足关系式：

$$t_{\mathrm{m}} = 0.15\varepsilon^{-0.45} \tag{18-35}$$

由图 18-16 可知微混合器的能量消耗在 $10\sim10^5\,\mathrm{W/kg}$，混合时间可达 $0.001\sim0.1\mathrm{s}$。

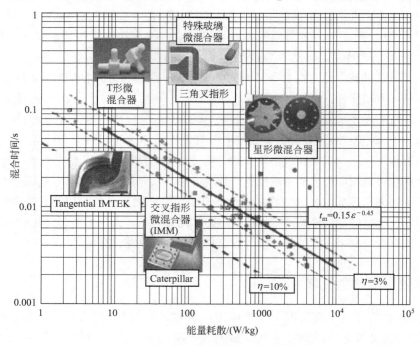

图 18-16　各种微混合器混合性能比较[59]

实际上，微混合器的总能量耗散并不能完全用于混合过程，这其中还牵涉到能量效率问题。Falk 和 Commenge[59]将混合模型应用到微混合器中，经推导和近似，得到混合时间与能量耗散、能量效率的理论关系式：

$$t_{\mathrm{m}} = \frac{1}{\eta}\sqrt{\frac{\upsilon}{2\varepsilon}\ln(1.52\,\eta Pe)} \tag{18-36}$$

式中　η——能量效率；

　　　υ——运动黏度，$\mathrm{m/s^2}$；

　　　Pe——佩克莱数。

该理论关系中 t_{m} 和 $\varepsilon^{-0.5}$ 成正比，与式（18-35）很接近，可验证该理论的正确性。Kashid 等[60]考察了五种结构的微混合器的混合时间和能量耗散，同样发现了 -0.5 的幂次关系。比较式（18-36）和式（18-35），可计算出这些微混合器的能量效率在 3% 左右，比传统混合器的能量效率稍大。然而，不管微混合器结构如何，其能量效率变化不大，很少能达到 10%。由此可见，高能量效率的微混合器的设计依然比较困难。需要指出的是，上述结论只适用于从动式微混合器，主动式微混合器的能量效率能否更高还需继续深入研究。

18.4　微反应技术应用

18.4.1　万吨级磷酸二氢铵的工业应用

磷酸二氢铵溶液是分子筛催化剂生产过程中的重要工作溶液，其生产过程为间歇操作方式，包括三个生产单元：氨水配制、浓磷酸稀释、磷酸二氢铵生产。这三个过程皆为强放热反应过程。

图18-17所示为传统磷酸二氢铵溶液生产工艺中主要设备。氨水配制单元——液氨与水流经并流喷射混合系统，因系统的混合和传热效果差，易导致液氨汽化，管道振动剧烈、噪声大、存在严重安全隐患。浓磷酸稀释过程采用大型气体搅拌罐式反应器，空气为搅拌气体促进混合，因过程放热，同时空气排放，造成原料损失且污染环境。磷酸二氢铵生产过程主要调控产品的pH值（pH＝4.5～5.0）。NH_3与H_3PO_4的摩尔比（也称中和度）为1.0～3.0时，可得到不同的磷铵产物；中和度为1.0时产物主要为磷酸二氢铵，此时溶液的理论pH（第一等当点）为4.68。但第一等当点附近pH值急速突变，当要求pH值控制在4.5～5.0范围内，这要求氨与磷酸的摩尔比控制在0.995～1.005之间，即误差控制在±0.5％，若控制不当则产品磷酸二氢铵的纯度将会降低（见图18-18）。由于反应放热量大、致使部分氨挥发，过程调控难度大增，需要反复微调才能调配生产出合格产品。

(a) 并流喷射混合器

(b) 浮头式换热器

(c) 气体搅拌罐式反应器

图18-17　传统磷酸二氢铵溶液生产工艺中主要设备

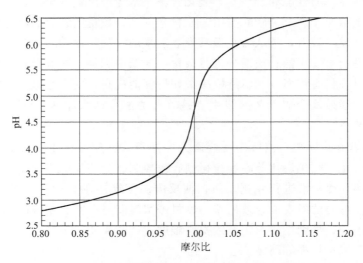

图18-18　氨/磷酸摩尔比与产物pH值间关系

因此磷酸二氢铵生产过程中反应物料的快速均匀混合、反应热的快速转移是保障安全生产和实现节能减排的关键。要实现这些目标，须从根本上强化反应器内的传递过程和微观混合效果。因此，磷铵生产过程中所需的反应器性能对于提高过程的安全性和资源利用效率、控制产品质量稳定性、减少环境污染、实现过程的节能减排等方面具有重要意义。

大连化学物理研究所研制了处理量为 10t/h 规模（即年处理能力可达 8 万吨）的用于磷酸二氢铵生产的微反应系统（图 18-19），并顺利实现工业运行。因微反应设备的通道特征尺寸在亚毫米级，混合效率高，成功地抑制了液氨汽化所带来的管道振动和含氨废气的排放。微反应技术具有系统体积小（微反应器、微混合器和微换热器体积均小于 6L）、压降低（小于 0.1MPa）、移热速度快、响应快、过程连续且易于控制、运行平稳、无振动、无噪声、无废气排放、产品质量稳定等优点，是一种能实现过程强化、安全、高效、清洁的生产设备和工艺。

图 18-19　微反应系统工业应用（万吨级磷酸二氢铵工业生产现场）

18.4.2　万吨级石油磺酸盐应用示范

石油是关系国家能源安全的一级战略资源，为提高现有油田采收率，必须大力发展三次采油技术。表面活性剂的性能和价格是影响化学驱技术经济效益的关键，也是限制该技术工业化应用的重要技术瓶颈。石油磺酸盐由于原料来源广、数量大、界面活性强、与原油配伍性好、水溶性好、成本较低，被认为是最具商业前景的三次采油用表面活性剂。

石油磺酸盐是指对适当的石油馏分进行磺化，经碱中和得到的混合物，但由于原料的复杂性，其工业化过程仍有许多问题亟待解决，如过程能耗高、安全性差、规模化工业生产难度大等。目前石油磺酸盐合成工艺路线主要是以石油馏分油为原料、SO_3 为磺化剂的液相间歇釜式磺化工艺。

液相 SO_3 间歇釜式磺化工艺所用反应器为搅拌釜式反应器，并于低温下运行，通过降低反应速率使过磺化、结焦炭化等副反应得到有效控制。为使反应过程安全、平稳进行，采用大量 -15℃ 的循环冷却液进行强制换热，使反应温度维持在 0~5℃，造成过程能耗大幅增加。且由于反应釜内的微观混合效果差、物料停留时间分布宽、釜内磺化反应热难以及时导出、反应时间较长、溶剂用量大，导致操作难度大、产品质量不稳定、局部温度过高、过程安全性差、生产成本较高等问题。

微反应技术因其通道特征尺度通常小于 1mm，与常规尺度系统相比，具有热质传递速率快、内在安全性高、过程能耗低、集成度高、放大效应小、可控性强等优点，可实现化工生产过程安全、过程强化、微型化和绿色化。因此微反应技术为 SO_3 液相连续磺化馏分油生产石油磺酸盐提供了新路子。

采用微反应技术，在微反应器内进行磺化反应，其优异的换热性能使反应温度提高到常温甚至更高，而物料在微反应器内混合均匀则可有效地抑制副反应。目前，由大连化学物理研究所微化工技术研究组开发的微反应工艺已完成万吨级的工业示范（图18-20）。示范运行结果与原有工艺相比，反应时间由数小时减小到数百毫秒且微反应系统内的反应温度可有效控制在60℃，因此可直接采用常温或15～20℃的冷却水替代低温盐水（－15℃），实现反应过程节能30%以上；同时，活性物含量和单磺化物选择性均较原有工艺显著提高，SO_3用量减少30%以上。可见，对于快速强放热反应，微反应技术不仅减小了反应器体积，也使过程能耗大幅度降低，经济效益明显，为微反应技术的推广应用奠定良好基础。

图18-20　万吨规模石油磺酸盐生产示范的微反应系统

18.4.3　阻燃添加剂 Mg(OH)₂ 生产工艺

氢氧化镁作为一种无机阻燃剂具有分解温度高、抑烟效果好、不产生有毒气体、本身无腐蚀等优点，在塑料、橡胶、电线电缆等领域有着广泛的应用。根据不同阻燃用途，对氢氧化镁产品的粒径、粒径分布、纯度、比表面积、形貌、杂质含量、白度、结晶度、堆积密度、表面性质等有不同程度的要求，其中粒径、粒径分布及比表面积是较为关键的指标。目前市场上理想的高档氢氧化镁阻燃剂平均粒径多在 $0.5～1.5\mu m$，比表面积小于 $10 m^2/g$。

图18-21　4000吨/年氢氧化镁阻燃剂工业试验装置

微反应器因其优异的混合性能而特别适用于微纳材料的制备。高品质的阻燃材料要求粒径尺寸在特定范围且粒径分布均一。阻燃材料 $Mg(OH)_2$ 的生产过程包括沉淀、洗涤、水热、干燥和焙烧等多个单元操作。其中液相沉淀反应为瞬时反应，受微观混合控制，是影响纳米材料粒径大小及其分布的关键步骤。通过釜式反应器生产存在劳动强度大、重复性差、质量难控制等一系列问题。大连化学物理研究所微化工技术研究组开发出基于微反应器的沉淀反应设备，并改良了后续工艺，成功地完成了 4000 吨/年氢氧化镁中试，制备得到粒径分布窄、平均粒径可控、比表面积低的优质氢氧化镁产品（图 18-21）。

18.5　结语

经过将近二十年的发展，微反应技术已经被证实在过程强化领域具有广阔的应用前景。在化学工业中，特别是精细化学品和药物合成过程中，微化工技术因极高的传质传热速率，不仅可极大地降低生产过程的能耗、原料消耗和"三废"的产生，还能提高过程的安全性。基于此，国内外针对微反应技术的研究越来越多，产业界也逐渐关注和投入研发力量。目前微化工技术已处于大规模应用前夜。

微化学工程与技术作为一个多学科交叉的新兴研究领域，针对微尺度内的传递与反应规律以及它们间的协调控制机制等重要科学问题，还有待继续深入研究。未来的研究方向包括：多相流体混合及强化、反应控制、新型反应器加工与制造、解决堵塞、系统集成和系统放大等方面。21 世纪的化学工业，面临着前所未有的机遇和挑战。积极推进微化工技术的发展和应用，将是现有化工技术和设备制造的一项重大突破，也将会对整个化学化工领域乃至国民经济产生重大影响。

◆ 参考文献 ◆

[1] 陈光文, 袁权. 微化工技术 [J]. 化工学报, 2003, 54: 427-439.

[2] 陈光文. 微化工技术研究进展 [J]. 现代化工, 2007, 27 (10): 8-13.

[3] Yue J, Chen G W, Yuan Q, Luo L, Gonthier Y. Hydrodynamics and mass transfer characteristics in gas-liquid flow through a rectangular microchannel [J]. Chem Eng Sci, 2007, 62 (7): 2096-2108.

[4] Zhao Y C, Chen G W, Yuan Q. Liquid-liquid two-phase mass transfer in the T-junction microchannels [J]. AIChE J, 2007, 53 (12): 3042-3053.

[5] Jenck J F. Impact of microtechnologies on chemical processing // Thomas Dietrich. Microchemical Engineering in Practice [M]. John Wiley & Sons, 2009: 3-28.

[6] Yue J, Chen G W, Yuan Q. Pressure drops of single and two-phase flows through T-type microchannel mixers [J]. Chem Eng J, 2004, 102 (1): 11-24.

[7] Weilin Q, Mala G M, Dongqing L. Pressure-driven water flows in trapezoidal silicon microchannels [J]. Int. J. Heat Mass Transfer, 2000, 43 (3): 353-364.

[8] Hetsroni G, Mosyak A, Pogrebnyak E, Yarin L. Fluid flow in micro-channels [J]. Int J Heat Mass Transfer, 2005, 48 (10): 1982-1998.

[9] 赵玉潮. 微通道内液-液两相传递与反应过程规律研究 [D]. 大连: 中国科学院大连化学物理研究所, 2008.

[10] Triplett KA, Ghiaasiaan SM, Abdel-Khalik SI, Sadowski DL. Gas-liquid two-phase flow in microchannels - Part I: two-phase flow patterns [J]. Int. J. Multiphase Flow, 1999; 25 (3): 377-394.

[11] Yue J, Luo L, Gonthier Y, Chen G, Yuan Q. An experimental investigation of gas-liquid two-phase flow in single microchannel contactors [J]. Chem Eng Sci, 2008, 63 (16): 4189-4202.

[12] Garstecki P, Fuerstman M J, Stone H A, Whitesides G M. Formation of droplets and bubbles in a microfluidic T-junction-scaling and mechanism of break-up [J]. Lab Chip, 2006, 6 (3): 437-446

[13] Yao C Q, Zhao Y C, Ye C B, Dang M H, Dong Z Y, Chen G W. Characteristics of slug flow with inertial effects in a rectangular microchannel [J]. Chem Eng Sci, 2013, 95: 246-256.

[14] Xu J H, Li S W, Chen G G, Luo G S. Formation of monodisperse microbubbles in a microfluidic device [J]. AIChE J, 2006, 52 (6): 2254-2259.

[15] Kreutzer M T, Kapteijn F, Moulijn J A, Heiszwolf J J. Multiphase monolith reactors: Chemical reaction engineering of segmented flow in microchannels [J]. Chem Eng Sci, 2005, 60 (22): 5895-5916.

[16] Thulasidas T C, Abraham M A, Cerro R L. Bubble-train flow in capillaries of circular and square cross-section [J]. Chem Eng Sci, 1995, 50 (2): 183-199.

[17] Han Y, Shikazono N. Measurement of liquid film thickness in micro square channel [J]. Int J Multiphase Flow, 2009, 35 (10): 896-903.

[18] Fries D M, von Rohr PR. Liquid mixing in gas-liquid two-phase flow by meandering microchannels [J]. Chem Eng Sci, 2009, 64 (6): 1326-1335.

[19] Zaloha P, Kristal J, Jiricny V, Völkel N, Xuereb C, Aubin J. Characteristics of liquid slugs in gas-liquid Taylor flow in microchannels [J]. Chem Eng Sci, 2012, 68 (1): 640-649.

[20] Yao C Q, Dong Z Y, Zhang Y C, Mi Y, Zhao Y C, Chen G W. On the leakage flow around gas bubbles in slug flow in a microchannel [J]. AIChE J, 2015, 61 (11): 3964-3972.

[21] Sobieszuk P, Pohorecki R, Cygański P, Grzelka J. Determination of the interfacial area and mass transfer coefficients in the Taylor gas-liquid flow in a microchannel [J]. Chem Eng Sci, 2011, 66 (23): 6048-6056.

[22] van Baten JM, Krishna R. CFD simulations of wall mass transfer for Taylor flow in circular capillaries [J]. Chem Eng Sci, 2005, 60 (4): 1117-1126.

[23] Berčič G, Pintar A. The role of gas bubbles and liquid slug lengths on mass transport in the Taylor flow through capillaries [J]. Chem Eng Sci, 1997, 52: 3709-3719.

[24] Yao C Q, Dong Z Y, Zhao Y C, Chen G W. Gas-liquid flow and mass transfer in a microchannel under elevated pressures [J]. Chem Eng Sci, 2015, 123: 137-145.

[25] Zaloha P, Kristal J, Jiricny V, Völkel N, Xuereb C, Aubin J. Characteristics of liquid slugs in gas-liquid Taylor flow in microchannels [J]. Chem Eng Sci, 2012, 68 (1): 640-649.

[26] Yao C, Dong Z, Zhao Y, Chen G. An online method to measure mass transfer of slug flow in a microchannel [J]. Chem Eng Sci, 2014, 112: 15-24.

[27] Zhao Y C, Chen G W, Yuan Q. Liquid-liquid two-phase flow patterns in a rectangular microchannel [J]. AIChE J, 2006, 52 (12): 4052-4060.

[28] Zhao Y C, Su Y H, Chen G W, Yuan Q. Effect of surface properties on the flow characteristics and mass transfer performance in microchannels [J]. Chem Eng Sci, 2010, 65 (5): 1563-1570.

[29] Wang K, Lu Y C, Xu J H, Tan J, Luo G S. Generation of micromonodispersed droplets and bubbles in the capillary embedded T-junction microfluidic devices [J]. AIChE J, 2011, 57 (2): 299-306.

[30] Cramer C, Fischer P, Windhab E J. Drop formation in a co-flowing ambient fluid [J]. Chem Eng Sci, 2004, 59 (15): 3045-3058.

[31] Song H, Tice J D, Ismagilov R F. A microfluidic system for controlling reaction networks in time [J]. Angew Chem Int Ed, 2003, 115 (7): 792-796.

[32] Baroud C N, Gallaire F, Dangla R. Dynamics of microfluidic droplets [J]. Lab Chip, 2010, 10 (16): 2032.

[33] Burns J, Ramshaw C. The intensification of rapid reactions in multiphase systems using slug flow in capillaries [J]. Lab Chip, 2001, 1 (1): 10-15.

[34] Dessimoz A L, Cavin L, Renken A, Kiwi-Minsker L. Liquid-liquid two-phase flow patterns and mass

transfer characteristics in rectangular glass microreactors [J]. Chem Eng Sci, 2008, 63（16）: 4035-4044.

[35] Kashid M N, Renken A, Kiwi-Minsker L. Influence of flow regime on mass transfer in different types of microchannels [J]. Ind Eng Chem Res, 2011, 50（11）: 6906-6914.

[36] Kashid M N, Harshe Y M, Agar D W. Liquid-liquid slug flow in a capillary: an alternative to suspended drop or film contactors [J]. Ind Eng Chem Res, 2007, 46（25）: 8420-8430.

[37] Kashid M N, Renken A, Kiwi-Minsker L. Gas-liquid and liquid-liquid mass transfer in microstructured reactors [J]. Chem Eng Sci, 2011, 66（17）: 3876-3897.

[38] Ghaini A, Kashid M, Agar D. Effective interfacial area for mass transfer in the liquid-liquid slug flow capillary microreactors [J]. Chem Eng Process, 2010, 49（4）: 358-366.

[39] Lockhart R W, Martinelli R C. Proposed correlation of data for isothermal two-phase, two-component flow in pipes [J]. Chem Eng Prog, 1949, 45（1）: 39-48.

[40] Chisholm D. A theoretical basis for Lockhart-Martinelli correlation for two-phase flow [J]. Int J Heat Mass Transfer, 1967, 10（12）: 1767-1778.

[41] Mishima K, Hibiki T. Some characteristics of air-water two-phase flow in small diameter vertical tubes [J]. Int J Multiphase Flow, 1996, 22（4）: 703-712.

[42] Lee H J, Lee S Y. Pressure drop correlations for two-phase flow within horizontal rectangular channels with small heights [J]. Int J Multiphase Flow, 2001, 27（5）: 783-796.

[43] Yue J, Luo L, Gonthier Y, Chen G W, Yuan Q. An experimental study of air-water Taylor flow and mass transfer inside square microchannels [J]. Chem Eng Sci, 2009, 64（16）: 3697-3708.

[44] Bretherton F P. The motion of long bubbles in tubes [J]. J Fluid Mech, 1961, 10（02）: 166-188.

[45] Wong H, Radke C J, Morris S. The motion of long bubbles in polygonal capillaries. Part 2. Drag, fluid pressure and fluid flow [J]. J Fluid Mech, 1995, 292: 95-100.

[46] Kreutzer M T, Kapteijn F, Moulijn J A, Kleijn C R, Heiszwolf J J. Inertial and interfacial effects on pressure drop of Taylor flow in capillaries [J]. AIChE J, 2005, 51（9）: 2428-2440.

[47] Yue J, Rebrov E V, Schouten J C. Gas-liquid-liquid three-phase flow pattern and pressure drop in a microfluidic chip: similarities with gas-liquid/liquid-liquid flows [J]. Lab Chip, 2014, 14（9）: 1632-1649.

[48] Fuerstman, MJ, Lai A, Thurlow, M E, Shevkoplyas S S, Stone H A, Whitesides G M. The pressure drop along rectangular microchannels containing bubbles [J]. Lab Chip, 2007, 7（11）: 1479-1489.

[49] Stefan C Stouten, Wang Q, Noël T, Hessel V. A supported aqueous phase catalyst coating in micro flow Mizoroki-Heck reaction [J]. Tetrahedron Letters, 2013, 54（17）: 2194-2198.

[50] Dai Z, Guo Z, Fletcher D F, Haynes B S. Taylor flow heat transfer in microchannels—Unification of liquid-liquid and gas-liquid results [J]. Chem Eng Sci, 2015, 138: 140-152.

[51] Losey M W, Schmidt M A, Jensen K F. Microfabricated multiphase packed-bed reactors characterization of mass transfer and reactions [J]. Ind Eng Chem Res, 2001: 2555-2562.

[52] Su Y H, Zhao Y C, Jiao F J, Chen G W, Yuan Q. The intensification of rapid reactions for multiphase systems in a microchannel reactor by packing microparticles [J]. AIChE J, 2011, 57（6）: 1409-1418.

[53] Önal Y, Lucas M, Claus P. Application of a Capillary Microreactor for Selective Hydrogenation of α, β-Unsaturated Aldehydes in Aqueous Multiphase Catalysis [J]. Chem Eng Technol, 2005, 28（9）: 972-978.

[54] Su Y, Chen G, Zhao Y, Yuan Q. Intensification of liquid-liquid two-phase mass transfer by gas agitation in a microchannel [J]. AIChE J, 2009, 55（8）: 1948-1958.

[55] Lee C Y, Chang C L, Wang YN, Fu LM. Microfluidic mixing: a review [J]. Int J Mol Sci, 2011, 12（5）: 3263-3287.

[56] Dong Z Y, Yao C Q, Zhang Y C, Chen G W, Yuan Q, Xu J. Hydrodynamics and mass transfer of oscillating gas-liquid flow in ultrasonic microreactors [J]. AIChE J, 2016, in press, DOI 10. 1002/aic. 15091.

[57] Engler M. Simulation, design, and analytical modelling of passive convective micromixers for chemical production purposes [D]. Freiburg: University of Freiburg, 2006.

[58] Cybulski A, Sharma M, Sheldon R, Moulijn J. Fine chemicals manufacture: technology and engineering

［M］. Gulf Professional Publishing, 2001.

［59］ Falk L, Commenge J M. Performance comparison of micromixers ［J］. Chem Eng Sci, 2010, 65 (1): 405-411.

［60］ Kashid M, Renken A, Kiwi-Minsker L. Mixing efficiency and energy consumption for five generic micro-channel designs ［J］. Chem Eng J, 2011, 167 (2): 436-443.

反应与分离过程耦合技术

在化工生产中，反应过程和分离过程通常分别在不同设备中完成，反应过程在各种形式的反应器中进行，而过剩反应物、产物和副产物之间的分离则在分离设备中进行。在化学反应中，常由于产物的生成而抑制反应过程的进行，为了及时将产物移出，促进反应的进一步进行，提高转化率，获得更高质量和高产量的产品，减少副产物的生成以及最大化地降低能量消耗，20世纪初，科研工作者对反应与分离过程进行了一体化设计研究。反应与分离过程一体化设计是指在一套设备中同时完成反应和分离两个过程。广义上也可理解为将一系列分离器与反应器集成于一个系统中操作（简称：反应与分离过程耦合）。反应与分离过程耦合的特点是：①在反应过程中将对反应有抑制作用的产物分离，可提高总收率和处理能力；②可在反应过程中不断消除对反应特别是对催化剂有害的物质，维持高的反应速率；③利用反应热供分离所需，降低能耗；④简化产品后续分离流程，减少投资。

目前对反应与分离过程耦合技术的研究与开发应用越来越多，特别是在耦合方法方面已取得了显著进展，有的技术已得到了工业应用。在简化工艺流程，节省投资成本，提高生产效率方面成效显著。本文着重介绍反应-膜分离耦合技术、反应精馏技术和反应萃取技术。

第 19 章　反应-膜分离耦合技术

19.1　概述

化学工业的迅猛发展带来了高污染、高能耗以及高物耗等弊端。伴随着当前环保节能的世界主流，化学工业发展面临着一定的挑战。化工过程强化是实现化工生产过程节能减排、降低物耗的有效手段。反应-膜分离耦合技术结合膜技术和反应器构建膜反应器，将反应与膜分离两个单元操作耦合成一个系统，在实现高效反应的同时，实现物质的原位分离，使反应分离一体化，简化工艺流程，节省投资成本，提高生产效率，其作为化工过程强化的重要分支已经越来越受到人们的关注[1]。

反应与膜分离耦合技术首先是在研究开发相对成熟的有机膜领域得到发展，所涉及的主要过程是高分子膜对液相的低温超滤或者微滤。但有机膜固有的一些特性决定了其应用仅局限于条件较为温和的均相催化和生物体系。20 世纪 80 年代，新材料的发展为膜技术的应用开辟了广阔的前景。随着无机膜材料的发展，特别是具有稳定性质的陶瓷膜的开发，为膜在苛刻条件下的应用开辟了途径。陶瓷膜具有高温下的长期稳定性、对酸碱及溶剂的优良化学稳定性、高压下的机械稳定性以及寿命长等一系列优点，为膜反应器应用于更为广泛的操作条件提供了契机。

无机膜反应器的早期应用主要是与反应的平衡限制相关，利用膜的选择渗透性，析出部分或者全部的产物来打破化学平衡，提高反应的转化率，且此类研究主要是针对高温气相反应。然而，受限于膜的制备技术，能够对气体具有高分离系数的主要是透氢、透氧致密膜。因此，膜反应的研究对象一般都是气相反应，例如加氢、脱氢和氧化反应。其中，涉及氢传递的膜反应器，多采用金属钯膜，钯银、钯镍等钯合金膜。而氧化反应多采用金属银及其合金、固体氧化物及钙钛矿。这些材料所制备的膜对氧气具有选择渗透性。但这类膜制造成本高、渗透通量低，在高温条件下经过重复的升温、降温循环，易引起变脆和金属疲劳。此外，反应体系中气相含硫、氯杂质，碳沉积以及添加的合金材料造成膜催化活性降低等问题，都限制了膜的工业使用。随着研究的展开，无机膜反应器技术的应用从气相反应扩展到了液相以及多相催化反应中。在多相催化反应过程中，利用膜的选择性分离与渗透功能，将产物从反应体系中移出，同时对催化剂进行截留，实现产物与催化剂的原位分离，保证催化剂活性的同时抑制副反应的发生，使反应过程从原来的间歇操作转变成连续过程，继而提高反应效率。

本章首先对膜反应器的构型进行简要分类，重点突出以膜的功能来分类膜反应器，选取了膜反应器应用于催化领域的一些典型案例来阐述膜反应器的发展现状，并对其未来发展趋势进行了展望。

19.2 反应与膜分离耦合技术的分类

膜反应器有很多不同的分类标准，如图 19-1 所示。其中最常用的是根据膜的功能分类，将膜反应器分为萃取型、分布型和接触型膜反应器[2]。根据膜材料的不同，可以将膜反应器分为有机膜反应器（膜材料为高分子材质）和无机膜反应器（膜材料由陶瓷或者金属制成）。第三种分类标准是基于膜在催化过程中的作用分类。若膜材料本身自带催化活性，就称为催化膜反应器；若膜仅提供分离的功能，反应功能由膜的内部或外部的催化剂来实现，催化剂被装填成固定床、流化床或者悬浮在反应器系统中，分别被称为固定床膜反应器、流化床膜反应器以及悬浮床膜反应器，统称为惰性膜反应器。不同催化剂的性质也可以作为膜反应器分类的标准，如采用生物催化剂酶作为催化剂的膜反应器，称为酶膜反应器。

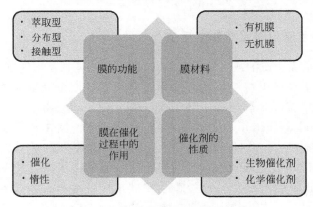

图 19-1 膜反应器的不同分类标准

从膜反应器的众多分类标准中可以发现，膜反应器比传统的反应器具有更多的功能和优点。利用膜的选择渗透性移除部分或者全部的反应产物，可以有效促进产品的下游处理，打破热力学平衡对化学反应的限制，大幅度提高可逆平衡反应和慢速反应的转化率和选择性；可以用于连续催化反应过程中催化剂的回收、再生和回用；可以控制进料的浓度和进料的分布；还可以改善不同反应相之间的接触，例如，在相转移催化反应过程中，膜可变为为膜的两侧分别进料的不互溶两相提供密切接触的介质。

19.3 反应与膜分离耦合技术的典型应用

19.3.1 萃取型膜反应器

最常见的膜反应器是通过萃取的原理工作的。膜一般无催化活性，只具有选择渗透性，催化剂填充或者悬浮在反应器中，反应在催化剂区域进行。此类膜反应器可以被进一步细分为"选择性产品移除"和"催化剂截留"两种功能，前者只有产品通过膜渗透出去，使反应平衡移动［图 19-2（a）］，后者所有组分通过膜渗透出去，只有催化剂被拦截［图 19-2（b）］。

　　"选择性产品移除"功能的典型应用是轻质烷烃的催化脱氢制氢，如蒸汽重整反应、水汽变换反应，采用氢渗透膜；也可应用于各种其他烃的脱氢反应中，例如乙苯脱氢制备苯乙烯、环烷烃脱氢、醇类的脱氢等。此功能还可用于酯化反应或者费托合成，通过移除部分反应产物提高反应转化率，采用水渗透膜，如分子筛膜、渗透汽化膜。"催化剂截留"的功能主要用于均相催化剂和非均相催化剂的截留。

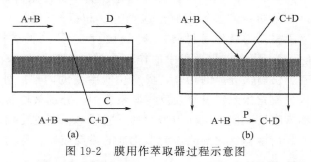

图 19-2　膜用作萃取器过程示意图

19.3.1.1　钯膜反应器用于甲烷重整制氢反应

　　制氢的原料主要是煤、石油或者天然气等化石原料，其中天然气制氢最为经济和合理。天然气的主要成分为甲烷，甲烷制氢的方法主要有：甲烷水蒸气重整法（Methane Stream Reforming，MSR），甲烷部分氧化法（Partial Oxidation of Methane，POM），甲烷自热催化重整（Auto Thermal Reforming of Methane，ATR）等。其中，甲烷水蒸气重整法是目前工业上较成熟的制氢方法。此反应是强吸热反应［反应式(19-1)］，工业上反应温度一般高达 750～900℃，反应压力为 15～25atm，催化剂一般采用镍基催化剂。反应进料中提供过量的水蒸气，以防止甲烷水蒸气转化过程中积碳反应的发生，水碳摩尔比一般为 3～5，生成的 H_2/CO 一般≥3。冷却后进入水汽变换反应［反应式(19-2)］，将 CO 转换成 CO_2 和 H_2。甲烷水蒸气重整制氢过程受热力学反应平衡限制，得到的氢气含量不高，制氢过程的能耗高。因此，亟待开发新型低能耗高效的制氢技术。

水蒸气重整反应：
$$CH_4 + H_2O \rightleftharpoons CO + 3H_2, \quad \Delta H^\circ_{298K} = 206kJ/mol \tag{19-1}$$

水汽变换反应：
$$CO + H_2O \rightleftharpoons CO_2 + H_2, \quad \Delta H^\circ_{298K} = -41kJ/mol \tag{19-2}$$

水蒸气重整与水汽转换耦合反应：
$$CH_4 + 2H_2O \rightleftharpoons CO_2 + 4H_2, \quad \Delta H^\circ_{298K} = 165kJ/mol \tag{19-3}$$

　　金属钯及其合金膜因具备独特的透氢性能和化学惰性、良好的机械稳定性和热稳定性，成为最早用于高纯氢气分离的无机膜之一，也是目前用于氢气分离的商品化的无机膜[3]。与聚酰亚胺和聚砜等有机膜相比，钯膜能够胜任更高的工作温度且具有较好的稳定性能。因此，目前用于甲烷水蒸气重整反应制氢的膜反应器多数采用钯膜来实现氢气分离的目的。

　　钯膜中氢气渗透遵循溶解-扩散机制，主要包含如下五个步骤[4]：①氢分子从气相扩散至钯膜表面，化学吸附于 Pd 表面；②表面氢原子解离溶解于钯膜；③氢原子在浓度差驱动下体相扩散，从钯膜一侧扩散到另一侧；④氢原子从钯膜中析出，呈化学吸附态；⑤表面氢原子化合成氢分子并脱附。第①和⑤步为表面过程，第③步为体相扩散过程。氢渗透的总速率取决于其中最慢的步骤。

在膜分离应用于甲烷水蒸气重整制氢过程的研究初期，反应和分离两种功能的结合主要是通过简单的串联实现，膜分离器仅代替变压吸附技术（Pressure Swing Adsorption，PSA）作为氢气的后续提纯步骤。中国科学院大连物化所与大连华海制氢设备有限公司共同研发了金属钯膜用于氢气的纯化，如天然气制氢、甲醇制氢、生物质制氢等，产品氢气浓度达到99％以上。后来研究者将反应器和膜分离器结合成为一个单元设备，即萃取型膜反应器，反应产生的氢气被膜分离出去，促使反应向生成物的方向移动，从而得到高的甲烷转化率和产物收率，同时可得到较纯净的氢气，集催化反应和产品分离于一体，简化了反应装置和操作。膜反应器在甲烷水蒸气重整制氢过程中的应用比膜分离器的潜在优势大，可持续性更强[5]。由于膜反应器在甲烷重整制氢过程中的优势明显，研究者给予了极大的关注[6]。

钯本身可以作为脱氢催化剂，但是反应速率低，因此，用于甲烷重整制氢的膜反应器中的钯膜的功能不是催化而是分离氢气。主要研究的反应器构型是固定床膜反应器和流化床膜反应器。

（1）固定床钯膜反应器

固定床钯膜反应器是将钯膜和固定床结合而成的一种反应器，膜反应器的结构形式、氢气与尾气操作方式并流或逆流；反应与分离区域的浓度、温度梯度优化等流动、传热、传质方面的研究，对反应与膜分离过程是否能够达到最佳耦合状态起着至关重要的作用。

根据催化剂的装填位置的不同，固定床钯膜反应器分为两种：一种是重整催化剂装填在钯膜与反应器壳层内，生成的氢气透过钯膜后经膜管内流出，称为环式膜反应器；另一种是重整催化剂装填在钯膜管内，生成的氢气透过钯膜经钯膜与反应器之间的壳层流出，称为管式膜反应器。对比了两种装填方式下所对应的固定床膜反应器性能的差异，由于膜管内的催化剂阻碍了热量的传递，使得前一种装填方式比后者具有更高的传热系数。在达到反应平衡前，前者比后者的甲烷转化率高，只有当反应器大于1m后，两者才相等。在反应器较短时，后种装填方式的膜反应器的甲烷转化率甚至小于固定床反应器。Caravella 等[7]讨论了并流和逆流流动方式对甲烷转化率及氢气收率的影响，认为固定床膜反应器应用于甲烷水蒸气重整制氢反应中，逆流的操作方式获得的效果更好。Iulianelli 等[8]研究了低温（400～500℃）、低压（0.1～0.3MPa）状况下的膜反应器中甲烷蒸汽重整反应特性。结果表明：在450℃、0.3MPa时，固定床反应器内甲烷转化率仅为6％，而膜反应器中却达到50％，膜反应器中生成的氢气有70％被膜选择性渗透出去而制得纯氢。膜反应器中存在"浓差极化"现象，在钯膜分离氢气过程中，由于氢气透过钯膜而使钯膜表面的其他气体浓度增加，在膜表面形成浓度分布边界层，它对氢气的透过起着阻碍作用，影响了甲烷转化率和氢气收率的提高。对固定床膜反应器进行改进，如减小反应器内径、增加挡流板能有效地减少"浓差极化"[9]。

如果将甲烷制氢反应中的主要生成物氢气应用于质子交换膜燃料电池（Proton Exchange Membrane Fuel Cell，PEMFC），对氢气的纯度要求更高，若氢气中一氧化碳浓度超标，易造成燃料电池中铂等贵金属电极中毒。但在研究中发现在固定床膜反应器中，随着甲烷重整制氢反应时间的延长，通过钯膜的氢气浓度逐渐下降，而CO渗透量却出现上升趋势，或者如果钯复合膜的钯膜表层存在缺陷，CO等杂质气体也会透过钯膜。因此，研究者一方面致力于增强高温下Pd及其合金膜的稳定性及大面积无缺陷超薄金属钯膜的制备研究[10]，一方面集中在新型固定床膜反应器的设计开发上[11]。

（2）流化床钯膜反应器

流化床反应器是一种利用气体或液体通过颗粒状固体层而使固体颗粒处于悬浮运动状态，并进行气固相反应过程或液固相反应过程的反应器。与固定床反应器相比，流化床反应器的优点是：流体和颗粒的运动使床层具有良好的传热传质性能；床层内部温度均匀；良好的气固接触率。流化床膜反应器耦合了流化床和膜分离技术，能够直接从天然气生产高纯度的氢气。Ye 等[12]采用 Aspen Plus 对流化床膜反应器进行了模拟计算，获得了流化床膜反应器用于甲烷重整制氢反应的规律性认识。结果表明：反应温度不仅可以促进重整反应而且可以促进膜的透氢效果，但反应温度不宜过高，否则影响膜的寿命；高压有利于氢气透过膜造成氢气浓度的减少，促进重整反应的进行；增加水碳摩尔比可提高甲烷转化率，但对氢气透过量无影响，不影响氢气收率；降低膜侧氢气分压有利于更多的氢气透过并提高甲烷的转化率；加大膜的渗透能力能够有效提高氢气的透过量以及促进重整反应。Patil 等[13]提出新型流化床膜反应器结构。在该反应器中，集成了透氧膜和透氢膜两种膜。透氧膜安置于反应器的底部，分离空气中的氧气。透氢膜安置于反应器的上部，用于分离重整反应生成的氢气。在反应器底部，氧气与甲烷发生部分氧化反应，用于预热甲烷水蒸气重整制氢的原料。反应得到的合成气与一部分天然气和水蒸气混合进入反应器上部重整反应区域，进行重整制氢反应。由于透氧膜的存在，甲烷基本上转化为二氧化碳和氢气。该装置可以通过控制天然气和水蒸气进入部分氧化段的量来控制整个系统的温度。该流化床膜反应器在重整制氢反应区域操作温度为 $500 \sim 600^{\circ}C$，部分氧化反应区域操作温度为 $900 \sim 1000^{\circ}C$。

对于反应器来说，流化床膜反应器存在很明显的局限性：固体催化剂在流动过程中会与钯膜表面发生剧烈撞击和摩擦，对钯膜造成破坏，从而无法实现分离氢气的作用。目前，甲烷重整制氢反应在流化床膜反应器中的应用还处于理论阶段，实验研究较少。

19.3.1.2　混合导体氧渗透膜反应器及其制氢技术

混合导体（Mixed Ionic Electronic Conductor，MIEC）透氧膜是一类同时具有氧离子及电子导电性能的致密陶瓷膜，其在高温条件下对氧具有绝对的选择性，可直接用于氧气分离。将氧分离过程与反应过程耦合，在能源、资源以及环境治理等领域有着重要应用。混合导体氧渗透膜反应器为 CO_2、N_xO 等温室气体的治理提供新的方法，利用混合导体氧渗透膜与催化反应过程相耦合，可以将 CO_2、N_xO 分解的氧气移出反应区，提高反应的转化率和选择性。应用于生物乙醇制氢被认为是比较有潜力的制氢工艺。

（1）二氧化碳分解耦合甲烷部分氧化膜反应过程

近几年来，由于二氧化碳过量排放所导致的"温室效应"使得全球气候变暖。国内外众多研究项目都在试图转化或固定 CO_2，其中一种可行的方法是将 CO_2 直接高温分解为 CO 和 O_2。分解产生的 CO 可作为合成多种化工产品的重要原料，而 O_2 又可作为大众化学品。然而该反应是一个强吸热过程，必须在高温下才能实现。且受热力学平衡的限制（在 $900^{\circ}C$ 时二氧化碳的平衡转化率仅为 0.00052%），因此该反应在传统反应器中是难以实现的。利用混合导体透氧膜与反应过程相集成，可以将二氧化碳分解的氧气移出反应区而打破化学反应平衡的限制。Nigara 等[14]首次报道了使用 $ZrO_2\text{-}CaO$ 氧渗透膜反应器进行 CO_2 高温分解反应。在 1960K 下，在渗透侧使用 CO 作为吹扫气时，CO_2 的转化率可以达到 21.5%，而在此温度下的热力学平衡转化率仅为 1.2%。Jin 等[15]提出了将二氧化碳热分解与甲烷部分氧化制合成气耦合在一个反应器中新的膜反应过程，实现了 900℃下二氧化碳的热分解，转化率达到 15.8%[16]。同时，此方法理论上适用于一切含氧化物（气相或可汽化气体）的分解。因此也为作为大气重要污染物及温室气体之一的 NO_x 的资源化利用提供的新的途径[17]，这也是目前国际上的研究热点之一。

（2）乙醇制氢耦合水分解膜反应过程

生物乙醇是一种可再生的清洁能源，可直接用于重整制氢反应，节省精（蒸）馏浓缩乙醇水溶液所需的能耗。据 Nature 报道，Novozmes 公司已经将纤维素乙醇的生产成本降到 0.6 美元/升，这意味着生物乙醇制氢将显示出更诱人的前景。

乙醇可通过以下三种重整方式制氢：

乙醇蒸汽重整

$$C_2H_5OH + 3H_2O \longrightarrow 2CO_2 + 6H_2, \Delta H^{\circ}_{298K} = +174.4 \text{kJ} \cdot \text{mol}^{-1} \tag{19-4}$$

乙醇部分氧化重整

$$C_2H_5OH + 1.5O_2 \longrightarrow 2CO_2 + 3H_2, \Delta H^{\circ}_{298K} = -544 \text{kJ} \cdot \text{mol}^{-1} \tag{19-5}$$

乙醇氧化蒸汽重整

$$C_2H_5OH + 2H_2O + 1/2O_2 \longrightarrow 2CO_2 + 5H_2, \Delta H^{\circ}_{298K} = -68.3 \text{kJ} \cdot \text{mol}^{-1} \tag{19-6}$$

乙醇蒸汽重整得到的氢气选择性最高，但该反应是吸热过程，对能耗要求太高；乙醇部分氧化重整是强放热反应，启动快，但是较难控温，而且得到的氢气选择性也较低；乙醇氧化蒸汽重整结合了蒸汽重整和部分氧化重整的优势。一方面，乙醇氧化蒸汽重整是一个微放热反应，弥补了乙醇水蒸气重整需要外部供热的缺点，另一方面，乙醇氧化蒸汽重整弥补了乙醇部分氧化重整氢气选择性低的缺点，同时，由于氧气的加入，提高了抗积碳能力。但是也正由于需要纯氧，提高了该技术的生产成本。

目前，对于乙醇氧化蒸汽重整的反应器研究主要集中在固定床反应器和微孔道反应器[18-20]，而在这基础上，研究的侧重点又在于开发一种高效的、价格低廉的催化剂。Park 等[21]首次将 $La_{0.7}Sr_{0.3}Cu_{0.2}Fe_{0.8}O_{3-\delta}$ 混合导体氧渗透膜（MIEC）应用于乙醇氧化蒸汽重整，文中所述反应器一侧通空气，另一侧通水和乙醇的混合溶液，利用 MIEC 的透氧性能使得在膜的一侧发生乙醇氧化蒸汽重整反应，在温度为 973K、水与醇的物质的量比为 3 时，乙醇的转化率为 58.7%，氢气的产率为 0.12cm³ (STP)/(cm² · min)。

同时，水作为一种可再生的最绿色的资源，也受到了广泛的关注。根据水分解反应式 $H_2O \rightleftharpoons 1/2O_2 + H_2$，$\Delta H^{\circ}_{298K} = +241.8 \text{kJ} \cdot \text{mol}^{-1}$（WS），氢气也可以通过水的分解产生。

Jiang 等[22,23]在 $BaCo_{0.4}Fe_{0.4}Zr_{0.2}O_{3-\delta}$ 中空纤维膜上进行水分解耦合甲烷部分氧化反应研究，当温度为 1223K 时，氢气的产率为 3.1cm³ (STP)/(cm² · min)；在该中空纤维膜上还可进行水分解耦合氧化乙烷脱氢反应，当温度为 1073K 时，氢气的产率为 1.0cm³ (STP)/(cm² · min)。Jin 等[24]提出将水分解制氢与 OSRE 制氢耦合在同一个膜反应器中的新型制氢工艺路线。在膜管内侧，水分解生成氢气，产生的氧被混合导体氧渗透膜及时移出反应区，打破反应平衡，大大提高了水分解制氢效率；在膜管外侧，乙醇和水与透过来的氧发生 OSRE 反应产生氢气和 CO_2。因此，在膜管两侧同时得到氢气。

19.3.1.3 渗透汽化膜反应器用于水和醇的分离

渗透汽化作为一个典型的膜过程，利用膜两侧的压力及浓度差对不同组分进行分离。酯化反应是一种受平衡限制的反应，产物主要是水和酯。耦合渗透汽化与酯化反应可以将反应体系中的水分离，打破化学平衡，使反应向正反应方向进行，提高平衡转化率及酯的产率[25]。其中，酯的生成速率由酯化反应动力学所决定，水的渗透分离则与膜过程因素相关。需综合考虑膜反应器中各种因素对酯化反应化学平衡移动的影响。Zhang 等[26]以乙酸和正丁醇酯化反应为模型反应，以带有催化活性的 PES 复合膜为分离膜（催化层由离子交换树脂、高度交联的苯乙烯-二乙烯苯共聚物与 PVA 共混，过渡层为致密的 PVA 层），对渗透汽化膜分离酯化反应进行了研究，考察了该膜的分离性能及其对酯化反应转化率的影响。结果表明，膜选择性地将反应生成的水连续除去，使反应转化率显著提高，反应温度为 85℃时，反应 20h，转化率达到 91.4%，而同样条件下的平衡转化率仅为 71.9%。

　　渗透汽化过程还应用于发酵过程。发酵与渗透汽化耦合过程通过膜分离技术富集菌体和除去产物，减少菌体和产物对发酵的影响，从而提高产量。乙醇作为可再生的新一代绿色能源具有广阔的应用开发前景。传统的乙醇发酵由于不能将产物乙醇从发酵液中及时分离而对反应产生抑制效应，限制了发酵原料液中含糖量的提高和乙醇浓度的提高，增加了原料糖化和无水乙醇制取的成本。徐南平等[27]提出了生物质发酵与渗透汽化耦合制备燃料乙醇的新工艺，采用聚二甲基硅氧烷（PDMS）、聚四氟乙烯（PTFE）、聚丙烯（PP）等透醇膜，在发酵的同时原位分离乙醇，实现连续操作的同时，避免产物对发酵反应的抑制，提高发酵产率和效率，大大降低后期蒸煮浓缩能耗。在乙醇发酵-渗透汽化耦合过程中，发酵液中的乙醇浓度维持在 4%～9%（质量分数）之间，PDMS/陶瓷复合膜性能稳定，总通量为 $0.9\sim1.2kg/(m^2 \cdot h)$，分离因子为 8.3～8.9，渗透侧乙醇浓度可达 40%（质量分数）[28]。与补料分批发酵相比，将渗透汽化与乙醇发酵相耦合，使得葡萄糖的消耗速率和乙醇的生产速率分别提高了 1.6～2.2 倍和 2～2.5 倍。此外，在 ABE（丙酮丁醇乙醇）发酵-渗透汽化耦合制备燃料丁醇的过程中[29]，PDMS/陶瓷复合膜也表现出较好的渗透汽化性能，平均通量和分离因子分别为 $0.68kg/(m^2 \cdot h)$ 和 20，渗透侧收集的 ABE 总浓度为 129g/L，为发酵液中的 10 倍。

19.3.1.4　多孔膜反应器用于催化剂的分离

　　（1）均相催化剂的分离

　　均相催化反应符合绿色化学的基本原理，是现代化工过程的重要基础和技术支撑。均相催化剂具有较高的活性和选择性，在精细化学品、专用化学品、医药品的生产中发挥着重要作用。但是，均相催化剂的分离与回收一直是该领域面临的巨大挑战。一方面，均相催化剂如酶催化剂、有机催化剂以及过渡金属催化剂的价格昂贵，在很多情况下需要很大的用量，因此要实现这些催化反应在工业上的应用，必须解决催化剂的回收与再利用问题；另一方面，对于医药等化工产品来说，即使极少量的催化剂残留也是禁止的，需要通过繁琐的后处理过程来清除产物中残留物，增加了成本，且造成了污染。基于膜的筛分机理可实现均相催化剂的高效回收。

　　根据膜过滤的操作方式，应用于均相催化剂回收的膜分离形式分为三种：①渗析模式，如图 19-3（a）所示。这种模式主要集中在实验室范围内研究均相过渡金属催化剂和生物催化剂的回收[30]。催化剂溶液首先被注入膜中，后将膜封闭，膜组件随后置入反应底物溶液中，反应物和产物通过扩散以及浓度梯度进出膜。反应结束后，用新鲜的反应底物溶液置换产品溶液，开启新的一轮反应。②终端过滤[31]，如图 19-3（b）所示。反应液由泵连续不断地加入反应器，膜截留催化剂，产品和未反应的原料透过膜循环反应。此过程操作简单，但存在浓差极化现象。膜表面催化剂的堆积使得过滤阻力增大，膜渗透速率下降。在实际应用过程中，必须周期性地对膜表面进行清洗。这种模式主要被实验室用来进行原理论证，很难放大到工业规模。③错流过滤，如图 19-3（c）所示。错流过滤中，料液平行于膜面流动，产生的剪切力把膜表面滞留的颗粒带走，可以降低膜污染。错流过滤更为复杂，但是能够保证良好的膜性能，且易放大，适用于催化剂浓度较高情况下催化剂的分离，常用于示范装置或者生产设备上。终端过滤和错流过滤是通过压力来驱动反应物和产物透过膜，外压可以由活性气体或者惰性气体来提供[32]。

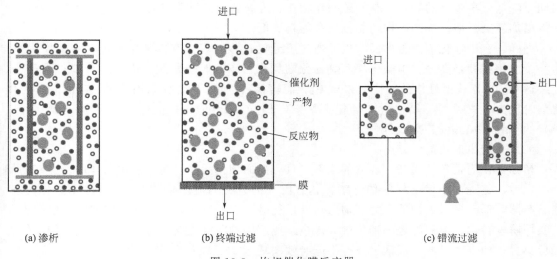

(a) 渗析   (b) 终端过滤   (c) 错流过滤

图 19-3 均相催化膜反应器

近年来，可溶性高分子催化剂得到了迅速发展。该类催化剂通过选择合适的载体能够实现均相条件下的催化反应，在保证催化剂高选择性和高催化活性的同时，利用高分子与反应产物在体积上的差别，在反应结束后通过超滤或纳滤的方法实现产物与催化剂分离。例如，酶是一类特殊、高效的可溶性高分子催化剂。酶反应条件温和，在有机反应、医药合成和食品工业等领域的应用日趋广泛。在一个需要辅因子的酶催化反应中，辅因子是相当昂贵的，因此辅因子的回收具有重要意义。通常把消耗每摩尔的辅因子得到产品的摩尔数定义为总转换数。为达到最大的经济效益，要使得总转换数达到最大值。为了提高总转换数，可以将辅因子直接固定于酶上，或者是可溶性的聚合物载体，如聚乙二醇上，再通过超滤或纳滤膜将这种辅因子和酶一起回收。Evonik Degussa 公司[33]在酶膜反应器中进行了 L-氨基酸脱酶催化还原氨基化 α-酮酸制备 α-氨基酸的反应，为了节省昂贵的辅因子 NADH，使其在低于化学计量比时作用，过程中使用甲基脱氢酶 FDH，一种相对较便宜的酶来使辅酶因子再生。研究表明，聚酰胺复合膜能够在压力小于 1.5MPa、温度低于 45℃、pH 在 3～8 之间使用，对于酶和辅因子的截留率在 0.86～0.98 之间，这是由于它们具有较大的分子量和体积，而对于反应液中的其他物质则具有较小的截留率。使用纳滤膜对反应过程中的辅酶因子截留和再生，初始只需要加入少于化学计量的辅酶。在长时间的连续反应中，由于酶不可避免地出现失活，需要定期在反应体系中加入一定量的酶和辅酶来维持反应。过程大大节省了辅酶因子的使用量，提高了产率，具有很高的经济效益，与没有辅酶因子再生的系统比较，总转换数增加了 3 倍以上。

　　尽管酶的膜分离过程已经工业应用超过三十年,均相过渡金属催化剂的膜分离过程的应用和开发还远远不够。过渡金属复合物比酶小很多,一般分子量小于 2000Da。绝大多数过渡金属催化反应是在有机溶剂中进行的,因此需要使用耐溶剂纳滤膜。随着耐溶剂纳滤膜材料的发展,使得均相过渡金属催化剂的膜分离过程的实现成为可能。均相催化剂的回收可以通过重复间歇操作的纳滤膜分离过程而实现。Priske 等[34] 报道了 Rh 催化的 1-辛烯和 1-十二碳烯的加氢甲酰化反应与亲有机质的纳滤膜分离耦合过程。一般此过程的产物是通过精馏的方式与催化剂分离,精馏带来团簇聚集导致催化剂的失活。作者指出,纳滤过程可以有效用于高沸点的烯烃,如辛烯、十二碳烯的加氢甲酰化反应过程,保持催化剂以活化形式存在的同时降低分离步骤的能耗。与间歇操作相比,连续膜过滤过程需要更专业的设备,操作也变得更加复杂。但是连续操作的总投资和能耗更低。

　　同样,有机催化剂的分离回收也可通过膜分离过程实现。有机催化剂不含有金属中心。第一个应用案例是高分子担载噁唑硼烷催化硼氢化物还原四氢萘酮反应与膜分离过程耦合,连续运行 60h,获得最佳的转化率和 ee 值,总转换数达到 560,而采用单体噁唑硼烷作为催化剂时仅为 5～20[35]。第二个应用案例是高分子担载寡肽催化剂催化 a,β-不饱和酮（查尔酮）的 Julia-Colonna 环氧化反应[36]。

　　(2) 非均相催化剂的分离

　　超细催化剂是新一代高性能的催化剂,具有高的催化活性、高的催化选择性、良好的催化稳定性,是一种环境友好的催化剂,具有巨大的研究与应用价值,已受到广泛关注。日本、美国等都已投入大量的人力、物力对其进行基础与开发研究,某些研究成果已经或正在向实用阶段转化。但制约超细催化剂大规模工业应用的关键之一是催化剂的回收利用。传统的分离过程如离心过滤、板框过滤等不能有效实现超细颗粒的分离,同时反应常涉及高温、高压等苛刻条件和有机物或腐蚀性体系,使得超细催化剂与产品的分离问题变得尤为复杂。南京工业大学膜科学技术研究所提出以建立在材料基础上的陶瓷膜分离技术实现超细催化剂的高效回收,进而发展出非均相催化-陶瓷膜分离耦合过程,其中膜作为分离介质,主要用于分离非均相催化剂和产物,利用膜的选择筛分与渗透性能,既实现超细催化剂的优良催化性能,又实现产物或催化剂的原位分离,从而提高催化剂使用效率、简化工艺流程,实现过程的连续化。由于耦合了反应和分离两个核心单元过程,所以过程的影响因素多而复杂,存在诸多的科学和技术难题。

　　耦合过程的形式直接关系到工艺流程长短及效率和能耗高低。根据膜组件位置不同,主要有外置式和浸没式两种形式[37]。外置式膜反应器 [见图 19-4(a)],膜组件置于反应器外部,通常使用泵来完成物料的循环和膜的错流过滤。分置式膜反应器中膜组件自成体系,易于清洗、更换及增设。目前已在化工、石油化工等领域实现了大规模的应用。浸没式膜反应器 [见图 19-4(b)],膜组件浸没于反应器内部,两者形成一个有机整体,通过抽吸作用将渗透液移出。除了上述两种构型的膜反应器,研究者还构建了多种膜反应器构型。一体式悬浮床膜反应器[38] [见图 19-4(c)],无机膜管本身作为反应器,即膜管的内部空间作为反应空间。这样,催化剂只可能吸附在膜管的内壁,从而减少催化剂在管路及泵上的吸附损失而引起的反应性能下降,提高操作的稳定性。膜管同时兼任分离器的作用,实现超细纳米催化剂的原位分离的同时,反应过程可连续进行。外环流气升式膜反应器[39] [见图 19-4(d)],将陶瓷膜分离系统和膜曝气系统与气升式反应器进行耦合,依靠气体喷射以及密度差产生定向循环，可以省掉循环泵，大大降低了过程能耗。利用气液两相流既可以在膜面形成不稳定的错流运动，实现错流过滤，减少膜污染，又能增强反应器中的混合。为了强化物料传质，基于多孔膜纳微尺度多孔结构可控制原料的输入方式和输入浓度，使反应物料均匀分布，从而提高反应选择性；同时，实现超细纳米催化剂的原位分离，衍生出浸没式双管式膜反应器[40]［见图 19-4(e)］。

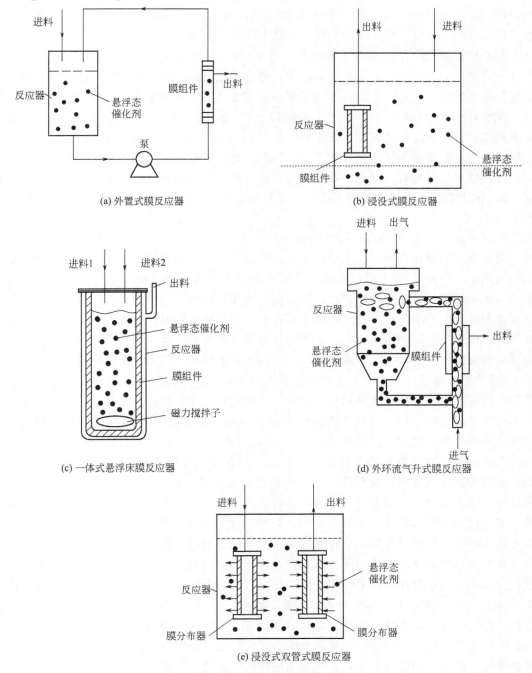

图 19-4　陶瓷膜反应器结构示意图

催化剂的催化活性和膜的分离效率是评价耦合过程性能的两个重要的指标。如何匹配催化反应-膜分离耦合过程，实现催化反应与膜分离的协同控制，是研究的重点。Chen 等[41] 采用不同热处理温度下制备的形貌不一的纳米镍催化剂，用于反应-膜分离耦合过程中对硝基苯酚液相加氢制对氨基苯酚反应。研究发现，由于催化剂特有的结构特征，不同热处理温度下制备的纳米镍催化剂的催化活性不同。催化剂的粒径与膜的渗透通量不成线性关系，他们认为这是由于膜表面的滤饼层性质不同和膜孔堵塞造成的。使用 100℃ 下煅烧得到的纳米镍作催化剂时，不仅催化性能高，膜分离性能也好。Lu 等[42] 通过单因素实验优化法，系统考察了停留时间、搅拌速度、反应温度、催化剂浓度、苯酚双氧水摩尔比等过程参数对反应转化率和选择性以及膜过滤阻力的影响，获得了反应-膜分离耦合过程的最佳操作条件，在此条件下，膜反应器连续稳定运行 20h 以上，其生产能力远远高于间歇反应器和文献报道的固定床反应器的生产能力。在耦合过程中增加微米级大小的颗粒，如 Al_2O_3 颗粒、SiO_2 颗粒，可减少系统中纳米催化剂的吸附，减轻膜污染，提高系统的稳定性[43,44]。这主要得益于微米颗粒的冲刷效应，此颗粒可以将膜表面沉积的超细纳米催化剂颗粒冲刷下来。另外，部分纳米颗粒也会吸附到微米颗粒表面，降低纳米催化剂在固体壁面的吸附。在碱性反应环境中，增加微米级硅颗粒，基于同离子效应和微米颗粒对壁面的物理冲刷效应，还可以达到抑制 TS-1 催化剂的溶解失活与分子筛在装置避免吸附的目的，极大地增加反应转化率和选择性[45]。

随着研究者对反应-膜分离耦合过程研究的逐步深入，人们发现由于受实验条件的限制，难以原位获得反应器尺度的膜、膜结构中及反应器局部的多相流动、传递、反应和纳米催化剂颗粒的信息，限制了反应-膜分离耦合技术的进一步研究开发。数学模型是一种实用可靠的方法，主要用于定量预测反应器内化学反应与传递规律交互作用下的反应性能，揭示各影响因素及各因素的影响程度，最终可用于多相催化无机膜反应器的分析、设计、优化以及工程放大。对于膜反应器的模型研究，多数是针对某一特定的膜反应器系统进行建模计算描述此类反应器的特性，并与传统反应器对比，以描述由此类膜反应器所带来或可能带来的在转化率/选择性上的改进。通过对反应器局部或者整体的各种衡算，包括物料衡算、热量衡算以及综合反应器中的反应动力学和传递过程，可得到反应器的数学模型。Chen 等[46] 基于苯酚羟基化本征动力学方程和物料平衡方程构建了纳米催化反应-膜分离耦合的数学模型，获得了可靠的数据进行关键操作参数的优化。采用计算流体计算力学（Computational Fluid Dynamics，CFD）和计算传递学数值模拟方法，结合多相流体力学和反应动力学模型，对微观、细观和宏观尺度的膜及膜反应器中的传递和反应进行模拟研究，是反应-膜分离耦合过程设计和实现工程放大的有效手段之一。目前，关于反应器中的多相流体力学问题，国内外科学家做过大量的模拟和实验研究工作，包括固液、气液、气固两相及气液固三相体系，研究工作主要集中在通过对流场分布的观察来指导反应器构型和操作条件的优化设计和过程放大。膜分离过程的流体力学问题的研究也是近年来的热点，研究主要集中在膜分离中的传质机理（如对浓差极化现象的研究）、过程强化（如外加场对传质过程的影响）和膜元件的优化设计上。由于催化反应-膜分离耦合过程具有典型的多尺度特性，其中的多相流动、反应与传质的耦合存在复杂性，对于催化反应-膜分离耦合过程中流体力学问题的研究还较少。Meng 等[47] 采用 CFD 方法对反应-膜分离耦合过程进行了物理模型构建、计算网格划分和流场信息模拟，分析了陶瓷膜引入对宏观流场的作用，量化了陶瓷膜与搅拌桨间距离、搅拌桨桨型、桨叶倾斜角度等因素与陶瓷膜膜面剪切速率和纳米尺度催化剂分散性的关系，研究结果从理论角度阐释了流场分布对反应-膜分离耦合过程的重要影响，指导了耦合过程的进一步设计和优化。

膜反应器中的膜污染是不可避免的现象，当膜的渗透通量下降到一定程度时，继续过滤无法保证反应过程与分离过程的稳定运行，有必要对膜进行清洗再生，提高膜的使用寿命。针对不同体系的膜反应过程，首先应明确主要的污染阻力、污染物的主要成分，在此基础上有针对性地选择合适的清洗剂和相应的清洗条件，制定可行的清洗策略[45,48]。如，对于环己酮氨肟化体系，污染物主要包括超细颗粒 TS-1 催化剂、硅溶胶、有机物和离子沉淀物，通过顺序使用强酸强碱可以有效消除膜污染；对于对硝基苯酚加氢制对氨基苯酚体系，膜污染主要是由于催化剂的吸附导致，通过强酸清洗可以消除膜污染。如果通量没有恢复，颗粒清洗与化学清洗的方法相结合可以有效恢复膜通量。如微米级氧化铝颗粒可有效去除膜面的TS-1 颗粒，使膜通量恢复，且氧化铝颗粒的粒径越大、浓度越高膜通量恢复效果越好。此种方法可以节约大量化学药剂，清洗时无需加热，且微米颗粒可重复使用，尤其当滤饼比较坚实，常规的增大流速和反冲等没有效果时，颗粒清洗方法是较好的选择。

目前，多孔陶瓷膜反应器技术在化工和石油化工行业中，如以超细纳米颗粒催化剂的催化反应和生成超细颗粒的沉淀反应中展现出良好的应用前景和市场，提升了传统产业的市场竞争力，对节能减排发挥重要作用。例如，己内酰胺是合成纤维和工程塑料的重要原料。环己酮肟是生产己内酰胺的中间体，90%的己内酰胺产品都由其重排而得。目前，工业上生产环己酮肟的工艺都存在着中间步骤多、工艺复杂、副产品多、三废多等缺点，改进现有工艺具有重要意义。其中，钛硅分子筛（TS-1）催化环己酮氨肟化制环己酮肟的新工艺最引人关注。该工艺具有反应条件温和、选择性高、副产物少、能耗低、污染小的特点，已进入工业化应用阶段。在以钛硅分子筛为催化剂生产环己酮肟的过程中，由于催化剂颗粒小，催化剂随产品流失现象十分严重，成为其工程化的关键问题之一。采用陶瓷膜截留钛硅分子筛催化剂，构成反应与分离耦合系统，可以有效解决催化剂的循环利用问题，缩短了工艺流程，实现了生产过程的连续化。氯碱工业将盐制成饱和盐水，在直流电作用下，电解生产得到烧碱和氯气。工业盐中含有大量的 Ca^{2+}、Mg^{2+}、SO_4^{2-} 等无机杂质，以及细菌、藻类残体等天然有机物以及泥砂等机械杂质，这些杂质离子进入离子膜电解槽后，生成的金属氢氧化物在膜上形成沉积，造成膜性能下降，电流效率降低，严重破坏电解槽的正常生产，并使离子膜的寿命大幅度缩短。盐水精制就是采用精制剂，使原盐中的各种杂质离子生成可分离的固体悬浮颗粒，然后采用物理方法进行分离。将沉淀反应与膜分离耦合可以解决传统盐水精制工艺存在的工艺流程长，生产不稳定等问题。与聚合物膜过滤技术相比，反应与膜分离耦合技术生成 $Mg(OH)_2$、$CaCO_3$ 与 $BaSO_4$ 等固体物质的反应一步完成，减少了操作步骤，流程大大缩短，设备也大幅减少，占地和建筑面积减小。且陶瓷膜反应器的关键材料陶瓷膜由于具有优良的机械稳定性和化学稳定性，不存在聚合物膜表面剥离、撕裂与腐蚀等现象，使得陶瓷膜反应器寿命可达五年以上。以每吨盐水为例，可节约运行成本 50%以上，降低设备投资 30%～40%。此外，该工艺在苯二酚、丁酮肟、对氨基苯酚等精细化学品的连续生产中均得以成功应用。目前，基于陶瓷膜的反应-膜分离耦合技术已经推广应用 30 多个工程，产生了显著的经济与社会效益。

19.3.2 分布型膜反应器

膜可以起分布的功能，可用于串联或者平行反应中，最典型的应用就是烃的部分氧化反应。烃类的部分氧化反应等连串反应中，氧气浓度影响了烃的产率和产物的选择性，控制氧气沿反应器的加入，防止中间产物的深度氧化，引起了研究者的关注。在固定床反应器中，氧气的浓度在进口处最大，然后沿反应器长度方向单调减小，这导致了反应器入口处反应速率最高、选择性却较小，从而影响总产率。利用膜来控制氧气沿反应器长度方向的浓度和被氧化对象在催化反应区域的分布 [图 19-5(a)]，以减少氧气在反应器中的分压与烃的反向扩散，动力学上有利于部分氧化反应而不利于完全氧化，通常可以得到较好的中间氧化产物的选择性和产率。同时，膜还可以作为上流的分离单元，如钙钛矿膜，选择性地移除空气中的氧气用于下一步反应中 [图 19-5(b)]。使用分布型膜反应器的另一优势是可以避免在部分氧化反应过程中，因过热反应而引起飞温。

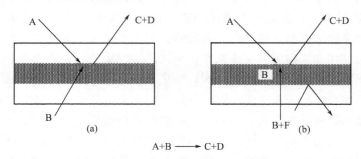

图 19-5　膜用作分布器过程示意图

Coronas 等[49]采用陶瓷膜作为氧气分布器用于甲烷部分氧化反应，反应的选择性比传统的固定床反应器有明显提高。Tonkovich 等[50]以乙烷氧化脱氢制乙烯反应为模型体系，采用多孔氧化铝膜分布氧气，结果表明，在低的乙烷/氧气进料比下，膜反应器优于管式反应器。Julbe 等[51]提出"化学阀膜"的概念，在 Al_2O_3 支撑体上负载 $V_2O_5/AlPO_4$ 晶体，利用 V_2O_5 的氧化还原性，根据氧气量的过量与否，自动调节膜的孔径分布来控制膜的透氧量。沿膜反应器的长度，随着反应物的减少，透过膜的氧气量也减少，实现氧与反应物的合理配比，防止发生过度氧化。Jin 等[52]耦合膜的萃取和分布两种功能，将纯氧分离与甲烷部分氧化反应集成在一个反应器中，分别采用 $La_{0.6}Sr_{0.4}Co_{0.2}Fe_{0.8}O_{3-\delta}$（LSCF）和自主开发的 ZrO_2 掺杂的 $SrCo_{0.4}Fe_{0.6}O_{3-x}$（SFCZ）两种膜材料，在片式膜反应器和管式膜反应器装置上考察了膜材料、反应过程的操作参数（如反应温度、甲烷的进料分压、吹扫气速率等）、催化剂装填量、进料方式等对膜反应过程及膜微观结构的影响。结果表明分布式膜反应器比传统氧分离设备降低操作成本 30% 以上，并且能够控制反应进程，防止过热反应引起的飞温失控。

多孔膜用于液固反应或者气液固反应中，也可用作液体或者气体反应物的分布器来提高反应物料混合均匀性，强化相间传质，应用于萃取分离、乳液制备、纳米颗粒制备及多相催化反应等过程中。Meng 等[53]采用陶瓷中空纤维膜作为膜分布器分布过氧化氢，研究了陶瓷中空纤维膜微结构参数对于微尺度分散效应及苯酚羟基化反应的影响，获得了膜分散强化下不同操作条件对苯酚羟基化反应的影响规律。Chen 等[54]采用单通道管式陶瓷膜作为环己酮氨氧化的氨气进料分布器，发现传质性能有明显的改善，环己酮的收率明显提升。

19.3.3　接触型膜反应器

膜两侧的几何结构为反应物的接触提供了不同的选择。膜本身即是反应的催化剂或催化剂的载体，催化活性组分通过浸渍、离子交换及其有机金属化学蒸汽沉积（MOCVD）等方法沉积在膜上。同时，膜也是气相反应物的进料系统，提供反应物的扩散界面，控制气相反应混合物与催化剂的接触。涉及的反应过程有脱氢、加氢、氧化反应等，采用的反应器形式多为催化膜反应器。有两种不同的操作模式：一是催化扩散模式，其原理如图 19-6(a)[55] 所示，液相的反应物在毛细力的作用下吸入催化膜层，气相反应物从膜的另一侧通过支撑体到达催化层，从而实现两相的有效接触。可以通过气体压力的调控来改变气液接触面，从而影响催化剂的催化性能。在这种操作模式下，压力要在支撑层的泡点之上和顶层膜的泡点之下。二是强制流动模式，其原理如图 19-6(b) 所示，在泵的作用下强制反应物通过催化膜，改变反应物的流动速率调控物料与催化剂的接触时间，以解决孔扩散导致的传质限制对宏观反应速率的影响。

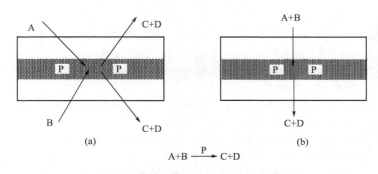

图 19-6　膜用作接触器过程示意图

　　该类催化膜反应器的研究主要集中在有机物的加氢脱氢和有机物的氧化等方面。Schmidt 等[56] 研究了 1,5-环辛二烯部分加氢反应，在反应温度为 50℃，氢气压力为 1MPa 时，该反应分别在含一个毛细管膜的单通道膜反应器和包含一束 27 个毛细管膜的膜反应器中进行。与固定床反应器或淤浆床反应器中的微尺寸球形催化剂相比，此膜反应器中有效减少了质量传递的限制。1,5-环辛二烯在膜反应器中的转化率主要受催化膜上 Pd 的数量和反应混合物通过膜的质量流率的影响。在最佳工艺条件下 1,5-环辛二烯全部转化完，得到的产物环辛烯的选择性达 95%。此结果相当于在淤浆床反应器中使用颗粒尺寸大约为 $25\mu m$ 的催化剂进行反应得到的反应结果，如果对此反应进行微观动力学控制，可能会得到更高的选择性。Vospernik 等[57] 通过一系列的铂掺杂，利用蒸发-结晶技术制备了管式陶瓷膜。使用空气或氧气作为氧源，在一个间歇三相反应器系统中进行甲酸（$0.2\sim10g/L$）在水溶液中的液相氧化过程来判断膜的活性。文中在一个大范围的操作条件内测量了跨膜压差、反应温度、催化剂负载量和再循环率对甲酸液相氧化程度的影响，并构建了数学模型来描述此过程中的基本物理现象，预测了在薄膜壁和反应区厚度内的反应物的浓度分布剖面图。计算结果表明催化膜反应器的生产能力受反应区内溶解氧的浓度和反应物摩尔浓度的影响，后者受甲酸催化氧化过程转化率的影响。

　　发展反应-膜分离耦合技术，实现化工过程强化，已经成为技术领域研究开发的重要方向。尽管反应-膜分离耦合技术相关基础研究已取得长足发展，并有了一些工程应用，未来仍然需要开展大量的工作。开发高反应稳定性的膜材料的微结构设计与制备技术是反应-膜分离耦合过程的基础，需针对不同的过程开发不同特性的膜材料。如，作为萃取器的膜，膜常浸没在反应体系中，故需要优良的耐溶剂、耐酸碱、耐温特性；作为分布器的膜，气体或液体在高压下透过膜孔，故在保证膜孔径均一的基础上，需要提高膜的力学强度；作为接触器的膜，气体和液体从膜两侧进入膜孔中并在孔道中反应，故需要优良的耐溶剂、耐酸碱、耐温特性及力学性能。在保证膜元件机械强度的基础上，提高膜元件的分离面积，对研制高装填密度的膜组件及提高膜反应器的可行性具有重要意义。同时，膜组件结构优化设计和高温密封问题也是反应-膜分离耦合过程的关键。膜反应器的结构特性显著影响其整体性能，对反应体系中的流体流动、质量传递、热量传递过程的研究与数学模拟，将为开发适合的膜反应器结构形式以及膜反应器的放大和优化提供指导。此外，如何协同控制反应过程和膜分离过程，研究各因素之间相互影响、制约、促进的关系，探究工艺的最优运行参数，使两个过程都处于相对优化的条件，亦是研究的重点所在。

参考文献

[1] Fontananova E, Drioli E. Membrane Reactors: Advanced Systems for Intensified Chemical Processes [J]. Chem Ing Tech, 2014, 86: 2039-2050.

[2] Westermann T, Melin T. Flow-through Catalytic Membrane Reactors-Principles and Applications [J]. Chem Eng Proc: Proc Intensif, 2009, 448 (1): 17-28.

[3] Morreale B D, Ciocco M V, Enick R M, et al. The Permeability of Hydrogen in Bulk Palladium at Elevated Temperatures and Pressures [J]. J Membr Sci, 2003, 212 (1-2): 87-97.

[4] Hulbert R C, Konecny J O. Diffusion of Hydrogen Through Palladium [J]. J Chem Phys, 1961, 34 (2): 655-658.

[5] Campanari S, Macchi E, Manzolini G. Innovative Membrane Reformer for Hydrogen Production Applied to PEM Micro-Cogeneration: Simulation Model and Thermodynamic Analysis [J]. Int J Hydrogen Energy, 2008, 33 (4): 1361-1373.

[6] Marcano J G S, Tsotsis T T. Catalytic Membranes and Membrane Reactors [M]. Germany: Wiley-VCH, 2002.

[7] Caravella A, Di Maio F P, Di Renzo A. Computational Study of Staged Membrane Reactor Configurations for Methane Steam Reforming: I. Optimization of Stage Lengths [J]. AIChE J, 2010, 56 (1): 248-258.

[8] Iulianelli A, Manzolini G, De Falco M, et al. H_2 Production by Low Pressure Methane Steam Reforming in a Pd-Ag Membrane Reactor over a Ni-based Catalyst: Experimental and Modeling [J]. Int J Hydrogen Energy, 2010, 35 (20): 11514-11524.

[9] Mori N, Nakamura T, Noda K, et al. Reactor Configuration and Concentration Polarization in Methane Steam Reforming by a Membrane Reactor with a Highly Hydrogen-Permeable Membrane [J]. Ind Eng Chem Res, 2007, 46 (7): 1952-1958.

[10] Al-Mufachi N A, Rees N V, Steinberger-Wilkens R. Hydrogen Selective Membranes: A Review of Palladium-Based Dense Metal Membranes [J]. Renew Sust Energ Rev, 2015, 47: 540-551.

[11] Wu X, Wu C, Wu S F. Dual-Enhanced Stream Methane Reforming by Membrane Separation of H_2 and Reactive Sorption of CO_2 [J]. Chem Eng Res Des, 2015, 96: 150-157.

[12] Ye G, Xie D, Qiao W, et al. Modeling of Fluidized Bed Membrane Reactors for Hydrogen Production from Steam Methane Reforming with Aspen Plus [J]. Int J Hydrogen Energy, 2009, 34 (11): 4755-4762.

[13] Patil C S, Annaland M, Kuipers J. Fluidised Bed Membrane Reactor for Ultrapure Hydrogen Production via Methane Steam Reforming: Experimental Demonstration and Model Validation [J]. Chem Eng Sci, 2007, 62 (11): 2989-3007.

[14] Nigara Y, Cales B. Production of CO by Direct Thermal Splitting of CO_2 at High Temperature [J]. Bull Chem Soc Jpn, 1986, 59: 1997-2002.

[15] Jin W Q, Zhang C, Zhang P, et al. Thermal Decomposition of Carbon Dioxide Coupled with POM in a Membrane Reactor [J]. AIChE J, 2006, 52: 2545-2550.

[16] Jin W Q, Zhang C, Chang X F, et al. Efficient Catalytic Decomposition of CO_2 to CO and O_2 over Pd/Mixed-Conducting Oxide Catalyst in an Oxygen-Permeable Membrane Reactor [J]. Environ Sci Technol, 2008, 42 (8): 3064-3068.

[17] Jiang H Q, Wang H H, Liang F Y, et al. Direct Decomposition of Nitrous Oxide to Nitrogen by In Situ Oxygen Removal with a Perovskite Membrane [J]. Angew Chem Int Ed, 2009, 48: 2983-2986.

[18] Cai W J, Wang F G, Zhan E S, et al. Hydrogen Production from Ethanol over Ir/CeO_2 Catalysts: A comparative Study of Stream Reforming, Partial Oxidation and Oxidative Stream Reforming [J]. J Catal, 2008, 257: 96-107.

[19] Munoz M, Moreno S, Molina R. The Effect of the Absence of Ni, Co, and Ni-Co Catalyst Pretreatment on Catalytic Activity for Hydrogen Production via Oxidative Steam Reforming of Ethanol [J]. Int J Hydrogen Energy, 2014, 39: 10074-10089.

[20] Pirez C, Capron M, Jobic H, et al. Highly Efficient and Stable CeNiHZOY Nano-Oxyhydride Catalyst for H_2 Production from Ethanol at Room Temperature [J]. Angew Chem Int Ed, 2011, 50: 10193-10197.

[21] Park C Y, Lee T H, Dorris S E, et al. Hydrogen Production From Fossil and Renewable Sources using an Oxygen Transport Membrane [J]. Int J Hydrogen Energy, 2010, 35: 4103-4110.

[22] Jiang H Q, Wang H H, Werth S, et al. Simultaneous Production of Hydrogen and Synthesis Gas by Combining Water Splitting with Partial Oxidation of Methane in a Hollow-Fiber Membrane Reactor [J]. Angew Chem Int Ed, 2008, 47: 9341-9344.

[23] Jiang H Q, Cao Z W, Schirrmeister S, et al. A Coupling Strategy to Produce Hydrogen and Ethylene in a Membrane Reactor [J]. Angew Chem Int Ed, 2010, 49: 5656-5660.

[24] Zhu N, Dong X L, Liu Z K, et al. Toward Highly-effective and Sustainable Hydrogen Production: Bio-ethanol Oxidative Steam Reforming Coupled with Water Splitting in a Thin Tubular Membrane Reactor [J]. Chem Commun, 2012, 48: 7137-7139.

[25] 祝春芳, 王忠铭, 袁振宏 等. 用于酯化反应的亲水性渗透汽化膜研究进展 [J]. 膜科学与技术, 2011, 31 (5): 94-99.

[26] Zhang W D, Qing W H, Chen N, et al. Enhancement of Esterification Conversion Using Novel Composite Catalytically Active Pervaporation Membranes [J]. J Membr Sci, 2014, 451: 285-292.

[27] 徐南平, 林晓, 仲盛来. 生物质发酵和渗透汽化制备无水乙醇的方法 [P]. CN 03113440. 8, 2003-10-22.

[28] Xiangli F J, Chen Y W, Jin W Q, et al. Polydimethylsiloxane (PDMS)/Ceramic Composite Membrane with High Flux for Pervaporation of Ethanol-Water Mixtures [J]. Ind Eng Chem Res, 2007, 46: 2224-2230.

[29] 金万勤, 姜岷, 刘公平, 吴昊. 生物质发酵与渗透汽化耦合生产丙酮、丁醇和乙醇的工艺 [P]. CN 201010136813. 5, 2010-08-18.

[30] Gaikwad A V, Boffa V, ten Elshof J E, et al. Cat-in-a-cup: Facile Separation of Large Homogeneous Catalysts [J]. Angew Chem Int Ed, 2008, 47: 5407-5410.

[31] Peeva L, Da Silva Burgal J, Vartak S, et al. Experimetal Strategies for Increasing the Catalyst Turnover Number in a Continuous Heck Coupling Reaction [J]. J Catal, 2013, 306: 190-201.

[32] Janssen M, Mueller C, Vogt D. Recent Advances in the Recycling of Homogeneous Catalysts Using Membrane Separation [J]. Green Chem, 2011, 13: 2247-2257.

[33] Kragl U, Vasic-Racki D, Wandrey C. Continuous Processes with Soluble Enzymes [J]. Chem Ing Technol, 1992: 499-509.

[34] Priske M, Wiese K-D, Drews A, et al. Reaction Integrated Separation of Homogeneous Catalysts in the Hydroformylation of Higher Olefins by Means of Organophilic Nanofiltration [J]. J Membr Sci, 2010, 360: 77-83.

[35] Rissom S, Beliczey J, Giffels G, et al. Asymmrtric Reduction of Acetophenone in Membrane Reactors: Comparison of Oxazaborolidine and Alcohol Dehydrogease Catalysed Process [J]. Tetrahedron:

Asymmetr, 1999, 10: 923-928.

[36] Tsogoeva S B, Woltinger J, Jost C, et al. Julia-Colonna Asymmetric Epoxidation in a Continuously Operated Chemzyme Membrane Reactor [J]. Synlett, 2002, 5:707-710.

[37] Li N N, Fane A G, Ho W S W, et al. Advanced Membrane Technology and Applications [M]. New Jersey: Wiley, 2008.

[38] Li Z H, Chen R Z, Xing W H, et al. Continuous Acetone Ammoximation over TS-1 in a Tubular Membrane Reactor [J]. Ind Eng Chem Res, 2010, 49: 6309-6316.

[39] Zhang F, Jing W H, Xing W H, et al. Experiment and Calculation of Filtration Processes in an External-loop Airlift Ceramic Membrane Bioreactor [J]. Chem Eng Sci, 2009, 160: 2859-2865.

[40] Jiang H, Meng L, Chen R Z, et al. A Novel Dual-membrane Reactor for Continuous Heterogeneous Oxidation Catalysis [J]. Ind Eng Chem Res, 2011, 50: 10458-10464.

[41] Chen R Z, Du Y, Wang Q Q, et al. Effect of Catalyst Morphology on the Performance of Submerged Nanocatalysis/Membrane Filtration System [J]. Ind Eng Chem Res, 2009, 48 (14): 6600-6607.

[42] Lu C J, Chen R Z, Xing W H, et al. A Submerged Membrane Reactor for Continuous Phenol Hydroxylation over TS-1 [J]. AIChE J, 2008, 54 (7): 1842-1849.

[43] Chen R Z, Bu Z, Li Z H, et al. Scouring-ball Effects of Microsized Silica Particles on Operation Stability of the Membrane Reactor for Acetone Ammoximation over TS-1 [J]. Chem Eng J, 2010, 156 (2): 418-422.

[44] Zhong Z X, Liu X, Chen R Z, et al. Adding Microsized Silica Particles to the Catalysis/Ultrafiltration System: Catalyst Dissolution Inhibition and Flux Enhancement [J]. Ind Eng Chem Res, 2009, 48 (10): 4933-4938.

[45] Jiang H, Meng L, Chen R Z, et al. Progress on Porous Ceramic Membrane Reactors for Heterogeneous Catalysis [J]. Chin J Chem Eng, 2013, 21 (2): 205-215.

[46] Chen R Z, Jiang H, Jin W Q, et al. Model Study on a Submerged Catalysis/Membrane Filtration System for Phenol Hydroxylation Catalyzed by TS-1 [J]. Chin J Chem Eng, 2009, 17 (4): 648-653.

[47] Meng L, Cheng J C, Jiang H, et al. Design and Analysis of a Submerged Membrane Reactor by CFD Simulation [J]. Chem Eng Technol, 2013, 36: 1874-1882.

[48] 邢卫红, 金万勤, 陈日志 等. 陶瓷膜连续反应器的设计与工程应用 [J]. 化工学报, 2010, 61 (7): 1666-1673.

[49] Coronas J, Menendez M, Santamaria J. Methane Oxidative Coupling using Porous Ceramic Membrane Reactors-II. Reaction Studies [J]. Chem Eng Sci, 1994, 49: 2015-2025.

[50] Tonkovich A L Y, Zilka J L, Jimenez D M, et al. Experimental Investigations of Inorganic Membrane Reactors: A Distributed Feed Approach for Partical Oxidation Reactions [J]. Chem Eng Sci, 1996, 51: 789-806.

[51] Julbe A, Famisseng D, Guizard C. Porous Ceramic Membranes for Catalytic Reactors-Overview and New Ideas [J]. J Membr Sci, 2001, 181: 3-20.

[52] Jin W Q, Gu X H, Li S G, et al. Experimental and Simulation Study on a Catalyst Packed Tubular Dense Membrane Reactor for Partial Oxidation of Methane to Syngas [J]. Chem Eng Sci, 2000, 55: 2617-2625.

[53] Meng L, Guo H Z, Dong Z Y, et al. Ceramic Hollow Fiber Membrane Distributor for Heterogeneous Catalysis: Effect of Membrane Structure and Operating Conditions [J]. Chem Eng J, 2013, 223: 356-363.

[54] Chen R Z, Mao H L, Zhang X R, et al. A Dual-membrane Airlift Reactor for Cyclohexanone Ammoximation over Titanium Silicalite-1 [J]. Ind Eng Chem Res, 2014, 53: 6372-6379.

[55] Coronas J, Santamaraia J. Catalytic Reactors based on Porous Ceramic Membranes [J]. Catal Today, 1999, 51: 377-389.

[56] Schmidt A, Wolf A, Warsitz R, et al. A Pore-Flow-Through Membrane Reactor for Partial Hydrogenation of 1, 5-Cyclooctadiene [J]. AIChE J, 2007, 54 (1): 258-268.

[57] Vospernik M, Pintar A, Levec J. Application of a Catalytic Membrane Reactor to Catalytic Wet Air Oxidation of Formic Acid [J]. Chem Eng Proc, 2006, 45 (5): 404-414.

第 20 章　反应精馏技术

20.1　引言

通常情况下，化工生产过程主要分为反应过程与分离过程，它们分别在两类独立的设备中完成。在反应器中进行化学反应后一般得到混合物，包括过剩和未反应的反应物、生成物与副产物，有时还有均相催化剂或溶剂，它们必须在后续的各类分离设备中进行处理，其中主要是精馏单元操作。将化学反应与精馏分离两种操作耦合在同一个设备中，便产生了反应精馏的概念。

有关反应精馏的研究最早可以追溯到 1921 年 Backhaus 的专利报道[1]。从 20 世纪 30 年代到 60 年代初，大量的研究工作主要针对某些特定体系的工艺开发，且局限于板式塔中的均相反应。1966 年起基于非均相催化剂的反应精馏技术开始得到研究者的关注[2]，并进一步扩展了反应精馏技术的应用领域。1971 年由 Eastman Chemicals 公司首先开发并成功实施了乙酸甲酯合成反应精馏工艺，成为反应精馏技术应用的经典案例[3]。该技术将传统工艺 11 个步骤（1 个 CSTR 反应器，6 个精馏塔，1 个萃取精馏塔，1 个共沸精馏塔）集成于一个反应精馏塔中完成，极大地节约了设备投资和生产操作成本。到 20 世纪 80 年代，非均相反应精馏技术被成功应用于甲基叔丁基醚（MTBE）的大规模工业生产并取得了巨大的成功。反应精馏技术在醋酸甲酯和 MTBE 两个大宗基本化学品的成功应用，促使人们对反应精馏技术的反应类型、催化剂装填方式、过程模型与模拟计算、过程特性与多态现象等进行了深入的研究。目前，反应精馏技术是最为成熟和能大规模生产的过程强化技术，已经广泛应用于酯化、醚化、加氢等工业过程。

20.2　反应精馏技术的原理与特点

20.2.1　反应精馏技术的原理和主要特点

反应精馏是一种过程耦合技术，反应过程与分离过程同时进行，相互影响相互强化。其利用反应物与生成物间相对挥发度的差异，通过精馏作用在反应区间将反应物形成对反应有利的浓度分布，并及时将生成物从反应区间移出，使过程一直按正反应方向进行，从而突破

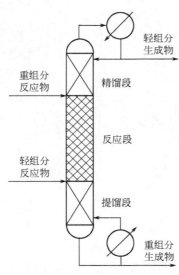

图 20-1 反应精馏过程原理

化学平衡限制。

反应精馏过程原理如图 20-1 所示，一般包含精馏段、反应段和提馏段三部分。高沸点反应物从反应段的顶部进入，而低沸点反应物从反应区的底部进入。高沸点和低沸点的生成物分别从塔底和塔顶出料。催化剂一般为固体。

相比于传统过程的先反应后精馏工艺流程，反应精馏技术的特点是：

① 化学反应与精馏分离两种操作完全耦合。催化剂装填在精馏塔中，化学反应发生在液相。

② 反应段装填固体催化剂，因而也具有分离功能。固体催化剂能提供气液两相接触面积，因而和传统填料一样，具有一定的分离功能。

③ 塔内压力、温度和组成由相平衡确定。这与传统精馏相同，因此化学反应的优化条件（温度和浓度）和精馏作用所形成的条件要匹配才能发挥反应精馏的耦合作用。

④ 塔内组分浓度分布主要由操作条件来调节，受进料的影响小。精馏塔具有物质分离能力，因此反应精馏塔可采用低浓度反应物进料，通过精馏作用和过程调控使得塔内形成高浓度的反应物分布。

⑤ 反应放热直接被利用来加热液相。对于放热反应过程，反应热被塔板上的相变过程迅速消耗，一方面避免反应过程中出现"热点"温度过高或者"飞温"现象，另一方面降低塔釜再沸器的加热负荷。

20.2.2 反应精馏技术的优势与限制

反应精馏技术能够极大地简化工艺、减少设备的数目使得生产过程更加绿色环保、产品更具竞争力。下面通过一个简单的示例来展示反应精馏技术的优势。

设想一个可逆反应 A＋B $\rightleftharpoons$ C＋D，C 或者 D 是目标产物，四个物质沸点由小到大的顺序是 A＜C＜D＜B[3]。实现该过程的传统工艺是如图 20-2（a）所示的反应器与精馏塔串

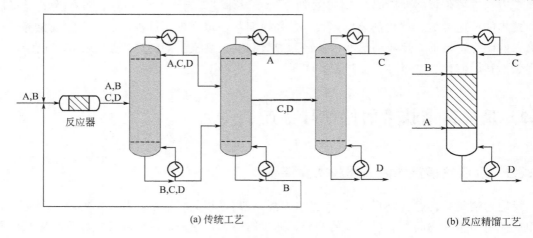

(a) 传统工艺   (b) 反应精馏工艺

图 20-2 传统工艺和反应精馏工艺的对比

联工艺。反应物 A 和 B 在反应器内达到反应平衡后，进入一系列精馏塔分离得到纯的生成物 C 和 D，未反应的反应物 A 和 B 循环进入反应器继续反应。事实上，如果体系内有共沸物的存在，反应器后的精馏塔序列会更加复杂。

图 20-2(b) 所示为实现该过程的反应精馏方案，该反应精馏塔除了具有分离作用的精馏段与提馏段外，两者之间填充催化剂还会形成反应段。提馏段主要作用是回收反应物 A；精馏段主要作用为回收反应物 B；反应物 A 与 B 分别从反应段下端与上端进料，在反应段内生成产物 C 和 D。在反应段内，产物 C 和 D 由于相对挥发度的差异被及时移出反应区间，促使反应的正向移动，同时抑制副反应的发生。对于设计合理的反应精馏塔，反应物在反应段内被完全反应掉，塔顶和塔底分别得到纯的产品。

与传统工艺相比，反应精馏技术具有诸多突出优点：

① 突破化学反应平衡，提高转化率。对于可逆反应过程，由于精馏作用使得生成物及时移出反应区间，系统远离反应平衡状态，促使反应的正向移动，使得最终转化率大大超过平衡转化率。

② 提高产品的选择性。由于生成物的及时移除，生成物在反应区域停留时间较短且生成物浓度保持较低的水平，因而抑制副反应的发生，减少副产物的生成。

③ 充分利用反应热。反应热被直接用来加热液体而迅速消耗，既可避免反应过程出现"热点"温度或者"飞温"现象，又节省了塔釜再沸器的加热负荷。

④ 延长催化剂寿命。现在的反应精馏过程，一般采用固体催化剂。在固定床反应器中，固体催化剂的活性中心往往会被副产物覆盖而导致失活。得益于精馏作用，在反应精馏塔中极大地减少了副产物的生成，从而显著延长催化剂的寿命。

⑤ 利用了固体催化剂的分离作用。在反应精馏塔中，催化剂不仅是催化反应的场所，也因为其为固体且均匀分布在塔中，因而具有精馏分离的作用。

⑥ 打破共沸物，突破精馏边界线的限制，提高精馏效率。对于某些沸点极为接近或者存在共沸物的混合物体系，采用普通精馏工艺难以分离，采用共沸精馏或者萃取精馏工艺也难以找到合适的溶剂。对于这样的难分离体系，可通过反应萃取剂和反应精馏塔，与体系中某一物质选择性地发生化学反应，实现分离。

虽然反应精馏技术具有以上诸多优点，但并不是所有体系均适合这一过程。反应精馏技术对反应体系具有一定选择性或者限制。

① 反应物和产物相对挥发度的限制。反应物和产物的相对挥发度将保证通过精馏作用使反应物汇聚于反应区，而生成物能够及时移出反应区。

② 停留时间的限制。由于反应精馏塔内不能提供较长的停留时间，所以反应速率要适中，过慢的化学反应难以利用反应精馏技术进行过程强化。对于慢反应，必须加大催化剂装填量或者液相持液量才能满足反应的要求，而这时分离的要求（高相界面积）和反应的要求（高催化剂装填量或者持液量）发生矛盾。

③ 过程条件的匹配限制。由于反应过程和精馏过程在同一设备内同时发生，两者温度、压力与组成等条件需匹配，特别是反应的最佳温度和相平衡所决定的温度要匹配，以及对反应有利的组成与精馏作用所形成的浓度分布要匹配。

针对停留时间限制和过程条件匹配限制，Schoenmakers 和 Buehler[4] 提出了在精馏塔外配置反应器的背包式反应精馏概念。外置反应器的形式、体积、操作条件等可以根据要求调节，使反应和分离在各自的最佳条件下操作，既保留了传统反应精馏耦合技术的优势又克服了其缺点。本章主要讨论的是传统的在塔内耦合的反应精馏技术。

20.2.3 反应精馏技术的复杂性

由于过程耦合的影响，反应精馏的设计与操作比传统精馏塔或反应器要困难很多。由于非均相催化剂与化学反应的存在，气液相平衡受到影响，在同一塔板上气液相平衡与反应平衡是否同时达到、哪个先达到或者远离平衡，都是重要但难以明确回答的问题。使用一种通用方法精确描述塔板上涉及的多相间传质反应过程、相平衡与反应平衡是非常困难的，原因是体系物性、催化剂及反应特性、操作条件等各不相同，需要确定对各因素的影响。

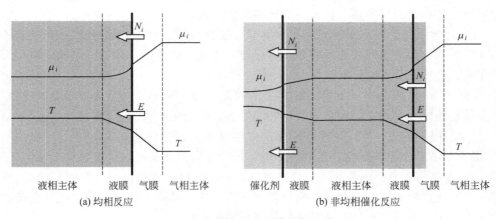

图 20-3　反应精馏的多相传递与反应过程

对复杂过程分析，一般是在抓住过程主要特征的前提下，通过一系列合理简化，建立过程的机理模型[5]，通过数学方程进行描述，并进行过程模拟、分析和优化。图 20-3 所示为针对实际反应精馏塔构建的两种多相反应-扩散模型，该模型以双膜理论为基础，认为只有在气膜与液膜界面达到气液相平衡，而各相主体浓度与温度均一。液固界面与气液界面存在热量与质量传递，传递速率除了受温度、压力、体系物性、组成及流体力学等因素的影响外，还受反应速率的影响。反应速率不同，对传递过程的影响也不同。慢反应主要在液相主体中进行，在液膜内的反应量几乎可以忽略不计，因此可以忽略化学反应对传递速率的影响，传递过程按无反应的多组分传递过程计算。而瞬时反应在液膜内进行，传递过程由气相扩散控制，液相扩散阻力可以忽略，在液相中的物质组成满足化学平衡的约束。对于应用反应精馏的大部分体系，是介于慢反应和瞬时反应之间的反应类型，多相间的反应与扩散必须综合考虑。

除了多相间的传递与反应问题，如图 20-4 所示，反应精馏过程还涉及从原子级别到流程级别的多尺度问题，长度尺度从纳米级的催化剂颗粒到以米为单位的过程设备，时间尺度从毫秒级的化学反应到以小时为单位的过程现象（震

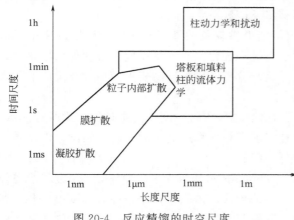

图 20-4　反应精馏的时空尺度

荡或波动）。在反应区域原位分离产物的过程中，相平衡行为、传递行为与反应动力学行为高度耦合并且存在多时空尺度，系统可能表现出各种复杂的非线性、多稳态或震荡行为。

20.2.4　反应精馏技术可行性分析与过程开发方法

应用反应精馏技术的三个限制即相对挥发度的限制、停留时间的限制与过程条件的匹配限制。后两个限制可以通过背包式反应精馏技术在一定程度上得到缓解，而相对挥发度的限制是所有形式的反应精馏技术应用的前提和基础。

针对反应精馏技术可行性与相对挥发度的关系，将待研究体系分为以下四类：

① 所有反应物的挥发度均大于或者小于所有产物的挥发度；

② 所有反应物的挥发度介于所有产物的挥发度之间；

③ 所有产物的挥发度介于所有反应物的挥发度之间；

④ 反应物与产物的挥发度相同。

对于反应精馏而言，第①和②种情况比较适用，第③种情况次之，而第④种情况难以适用。

剩余曲线图法可以较为形象地表示出待研究体系各物质及其共沸物相对挥发度的关系。剩余曲线图是一种多组分分离过程的可行性分析工具。起初，它被利用指导设计间歇蒸馏过程。对反应釜中的混合物进行加热，由于组分的相对挥发度不同，液相组分会随加热时间的变化而发生变化，测得不同时间内液相组分的含量便可得到剩余曲线图。在同一条剩余曲线上，不同的点代表不同的蒸馏时间，箭头指示的方向既是温度升高的方向，同时也是时间延长的方向。剩余曲线除了通过实验进行测得，也可以通过模拟计算获取。剩余曲线计算如式（20-1）所示。

$$\frac{\mathrm{d}x_i}{\mathrm{d}t} = x_i - y_i + \nu_i R \tag{20-1}$$

式中，ν_i 是化学反应计量系数；R 是反应速率；x_i，y_i 分别是 i 物质液相和气相的摩尔分数，该数值要满足相平衡方程与归一方程，即

$$x_i \gamma_i p_i^* = y_i \varphi_i p \tag{20-2}$$

$$\sum_{i=1}^{NC} x_i \sum_{i=1}^{NC} y_i = 1 \tag{20-3}$$

式（20-2）中，p_i^* 是 i 物质的饱和蒸气压。各物质的活度系数、逸度系数分别通过活度系数方程和状态方程计算。

剩余曲线直观可视，对于三组分的体系而言，曲线可以在二维平面内的等腰三角形中清晰地表述出来。四组分的体系可在三维平面内的正四面体中表述。然而，针对四组分以上的体系，由于维度的限制，无法直观地表述。为解决该问题，可利用曲线的颜色来表述第五个组分的信息（图20-5）。假定体系中含有 A、B、C、D 和 E 五个组分，以 D+E 作为虚拟组分作为正四面体的顶点，利用剩余曲线的颜色代表组分 D 和 E 的比值，即 D/（D+E）。因此，通过该方法可以直观地观察含有五个组分体系的剩余曲线上的所有信息。

反应精馏过程的开发步骤如图20-6所示。大致分为以下步骤：

① 通过剩余曲线判断体系反应物与产物的相对挥发度关系，可以初步判断反应精馏技术的可行性。通过查阅文献或实验测定等获得该体系的反应与分离相关基础数据，对反应体

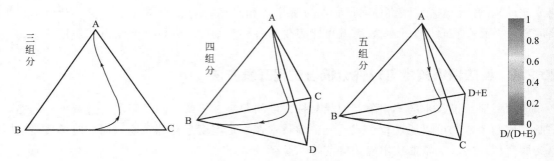

图 20-5　剩余曲线的图示法

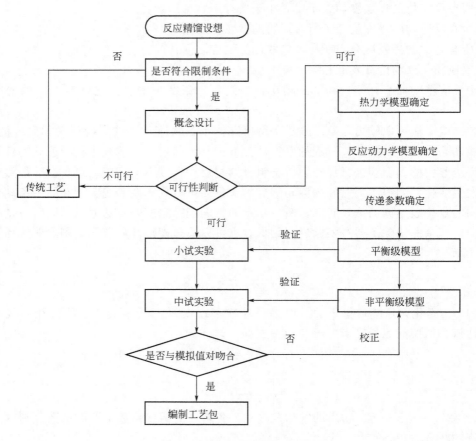

图 20-6　反应精馏过程的开发步骤

系与分离过程的匹配性进行分析。

　　② 进行概念设计并确定初步的工艺流程。

　　③ 通过查阅文献或者实验获得该体系的热力学、动力学和传递性质等基础数据，建立过程模型。

　　④ 对过程进行模拟计算，得到优化的工艺流程和操作参数。

　　⑤ 采用模拟和优化得到的优化结果，进行小试实验，并验证模型计算结果。

　　⑥ 结合数学模拟和中试实验，最终确定最优工艺参数和操作条件。

　　⑦ 一般情况下，需要在动态模拟计算的基础上，制定控制方案。

⑧ 形成反应精馏技术工艺包，并进行工程设计。

在反应精馏技术开发过程中，过程模型的选择、活度系数方程和反应动力学方程参数的准确性都至关重要，往往决定了模拟和优化结果的准确度。此外，选择高效的计算平台也能帮助反应精馏新技术的开发。

20.3 反应精馏的典型应用

反应精馏技术作为一种新型反应器技术，适用于多种类型的反应，如连串反应、可逆反应，但更多应用于转化率受化学平衡限制的反应体系。该技术可以打破反应平衡的限制、提高反应转化率与选择性、充分利用反应热等。目前，已广泛用于醚化、酯化、烷基化、加氢、酯交换、水合、水解、缩醛、缩合和氧化反应等过程[6]。此外，反应精馏技术还能应用于共沸体系和沸点接近物质混合物的分离或者高纯物质的制备，关键在于选择合适的反应萃取剂，与混合物中的特定组分进行选择性反应。反应精馏的典型应用见表 20-1。下面就反应精馏在化工生产中的应用作简要叙述。

表 20-1 反应精馏的典型应用

过程	目的	体系举例
反应过程	打破反应平衡的限制，增大转化率	甲醇+乙酸⇌乙酸甲酯+水 甲醇+异丁烯⇌甲基叔丁基醚 甲醛+甲醇⇌甲缩醛+水
	提高反应选择性	氯代丙醇→环氧丙烷+水→丙二醇 丙酮+双丙酮醇→异亚丙基丙酮+水
	利用反应热	丙烯+苯→异丙苯 环氧乙烷+水→丙二醇
分离过程	沸点接近体系分离	环己烷-环己烯(反应萃取剂:甲酸) 正丁烯-异丁烯(反应萃取剂:甲醇、水)
	共沸体系分离 高纯物质分离	乙酸甲酯-水、乙酸甲酯-甲醇(萃取剂:乙酸) 己二胺/水(反应萃取剂:己二酸)

20.3.1 酯化反应

醋酸酯与丙烯酸酯等酯类是重要的有机原料中间体，广泛用于纺织、香料和医药等行业，该产品主要通过酸与醇的酯化反应制备。酯化反应一般是可逆放热反应，单程转化率较低，传统的工艺流程一般利用复杂反应器、精馏塔连接序列以及过量一种反应物的方法来提高其余反应物的转化率。

例如乙酸甲酯的制备过程，由于体系中存在液液分相现象，并形成乙酸甲酯-甲醇和乙酸甲酯-水等低沸点共沸物，反应采用均相催化剂，为提高转化率使用过量的甲醇，整个过程需要 9 个分离单元操作，能耗高。Eastman 公司[3]首次开发并成功应用乙酸甲酯反应精馏技术，只需一个反应精馏塔，如图 20-7 所示。该工艺的主要优点体现在：流程简单，极大降低了操作费用；原料甲醇和乙酸的进料比接近化学反应计量系数 1:1，无需后续分离流程；反应物转化率可达 99.8% 以上；塔顶和塔底产物分别为高纯度的乙酸甲酯和水，乙酸甲酯产品纯度大于 99.5%；采用固体强酸离子交换树脂，不会随产品流出，减少了对环境的污染。

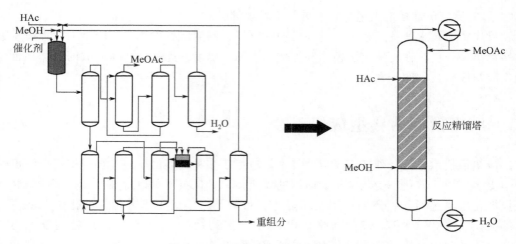

图 20-7　乙酸甲酯合成工艺的对比

除了乙酸甲酯以外，反应精馏技术还可以用来生产乙酸乙酯、乙酸异丙酯、乙酸丁酯和乙酸戊酯等。醋酸酯类体系的物性相似但却又各不相同。Tang 等[6]系统地研究了乙酸和 $C_1 \sim C_5$ 醇的酯化反应精馏过程，通过相平衡和经济分析设计出了三种不同的工艺流程，用以生产各类酯化物。Peng 等[7]通过模拟分析研究了离子液体作为催化剂制备乙酸正丁酯的反应精馏过程，利用 COSMO-RS 弥补了相平衡数据缺失的难题，实现了工艺能耗的大幅下降。此外，利用丙烯酸和醇作为原料，通过反应精馏技术可以生产出如丙烯酸甲酯、丙烯酸乙酯与丙烯酸正丁酯等高附加值的酯化物。

20.3.2　酯类水解反应

工业生产过程中产生的低浓度酯溶液一般通过水解反应回收利用，但酯水解反应的平衡常数一般较小、单程转化率较低，并且水解液为酯-酸-醇-水及其共沸物组成的复杂混合物，后续分离需要多个特殊精馏和普通精馏装置才能得到纯组分。大量未水解的酯需循环进行反应，加上复杂的分离流程，使得设备投资大、能耗高。采用反应精馏技术后，可以极大简化工艺流程和降低能耗。

在聚乙烯醇（PTA）的生产及对苯二甲酸的纯化过程中会产生大量的废溶剂乙酸甲酯（1.68kg/kgPTA），根据工艺需要一般将其水解进行回收利用。Fuchigami[8]开发了乙酸甲酯水解反应精馏技术（见图 20-8）。该工艺利用阳离子交换树脂作为催化剂，制备负载型催化剂颗粒小球，直接装填于塔内。水和乙酸甲酯分别从塔顶上方和反应段下方进入塔体，整个塔采用全回流操作以确保乙酸甲酯完全转化。塔底组分（水、甲醇和乙酸）通过后续的两个精馏塔得到完全分离。乙酸甲酯的转化率达到 99%，节能约 50%。

福州大学[9]开发的乙酸甲酯水解反应精馏工艺较大程度地克服了传统工艺的弊端，水解率提高到 57%，节省约 28% 的能耗。在 1m 直径工业试验塔长期正常运转的基础上，建成了与 20kt/a 聚乙烯醇相配套的乙酸甲酯水解反应精馏装置。Tong 等[10,11]研究了基于辅助化学反应（甲醇脱水）直接强化的乙酸甲酯水解反应精馏过程，通过引入辅助反应改变原有反应精馏体系的诸多性质，例如共沸物组成、体系的最轻与最重组分以及化学反应速率等，最终从精馏和化学反应两个方面同时对原有反应精馏过程进行强化，使新的工艺流程更为

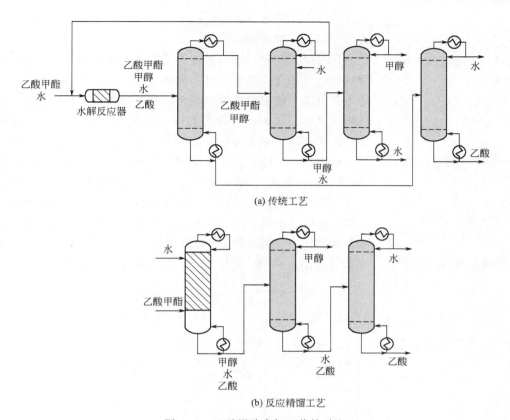

图 20-8　乙酸甲酯水解工艺的对比

简化、能耗更低、设备更少。同时，通过甲醇脱水反应可以生产出高附加值的产品二甲醚。

20.3.3　水合反应

反应精馏技术可以应用于环氧化合物及烯烃水合反应生成相应醇的过程[12]。针对环氧乙烷水合生成乙二醇，反应精馏塔采用全回流多段进料方式，环氧乙烷从塔底端进料，水从上部多段进料。环氧乙烷水合反应为放热反应，反应热可以用于液相汽化，降低再沸器的负荷。此外，反应精馏技术可以很好地控制反应温度，避免"飞温"现象，同时抑制副产物二乙二醇的产生。研究者对各种烯烃（例如，异丁烯、丙烯、异戊烯、环己烯）水合反应精馏过程进行了可行性研究。在一般情况下，醇类作为高沸物，在全回流的条件下由塔底离开系统。典型的烯烃水合反应精馏过程是叔丁醇（TBA）生产工艺。TBA 与 H_2O 的沸点分别为 82℃和 100℃，两者由于形成二元最低共沸物，使得塔底产出 TBA，H_2O 则形成共沸物以轻组分形式返回反应区，因此该反应精馏过程不需要过量的水，异丁烯与水的转化率均接近 100％，且后续分离简单。

此外，环己烯水合制备环己醇也可以通过反应精馏技术实现。在环己烯与水直接水合反应工艺中存在诸多问题，主要是环己烯和水存在液液分相，且彼此的互溶度很小；固体催化剂（沸石分子筛、离子交换树脂等）不能和有机相及水相充分接触，使得水合反应速率受到极大限制。此外，在常压下各物质的沸点排序为：环己烯（82.9℃）＜水（100℃）＜环己醇（161.1℃），采用反应精馏技术，目标产物环己醇作为体系最重组分可以作为塔底产物，但

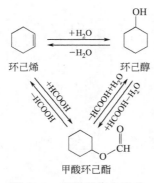

图 20-9　以甲酸作为反应夹带剂的环己烯间接水合强化过程

再回流到酯化塔循环利用。

在塔下部由于环己醇会在均相催化剂作用下发生逆反应，在塔底也无法得到高纯度的环己醇。

针对以上问题，研究者提出了以甲酸作为反应夹带剂来间接强化环己烯水合反应精馏过程的概念[13]。如图 20-9 所示，环己烯先和甲酸生成中间产物甲酸环己酯，再经由水解反应生成目标产物环己醇。该方法的优势在于，甲酸和环己烯的反应速率很快，因此利用甲酸作为反应夹带剂大大提高了总的反应速率。

根据这一思路，整个反应精馏工艺流程包括两个反应精馏塔（如图 20-10 所示）。第一个反应精馏塔为酯化塔，甲酸和环己烯生成中间产物甲酸环己酯，从塔底出料，而原料中的惰性物质环己烷则从塔顶出料。第二个反应精馏塔为水解塔，将甲酸环己酯进行水解反应，塔底得到目标产物环己醇，而甲酸从塔顶出料，再回流到酯化塔循环利用。在此过程中，中间产物甲酸环己酯和甲酸均停留在体系内。

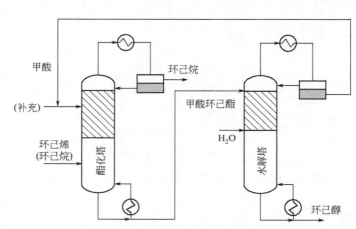

图 20-10　环己烯间接水合反应精馏过程

20.3.4　醚化反应

甲基叔丁基醚（MTBE）、乙基叔丁基醚（ETBE）及叔戊基甲基醚（TAME）等汽油添加剂可以提高汽油的辛烷值、利于燃料的充分燃烧与降低尾气 CO 等有害气体的排放，全世界汽油添加剂基本通过反应精馏技术生产，主要是利用反应精馏技术来打破化学平衡限制，实现烯烃原料的完全转化。该过程一般利用石油炼制催化裂化过程和石油化工蒸汽裂解制乙烯过程副产物中的 C_4 或 C_5 馏分，分别与甲醇和乙醇进行醚化反应。MTBE 制备过程如图 20-11 所示，在反应精馏塔前设置预反应器。该反应精馏塔由三部分组成，反应段装填固体催化剂位于塔的中间段，顶部精馏段用于分离惰性气体和多余的甲醇，底部提馏段脱除 MT-

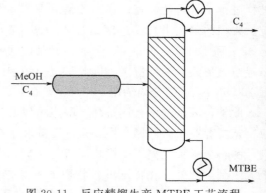

图 20-11　反应精馏生产 MTBE 工艺流程

BE。尽管甲醇的沸点（64.7℃）比 MTBE（55.2℃）高，但是甲醇和异丁烯会形成低沸点的共沸物，使得甲醇富集于提馏段上部，MTBE 为塔底唯一的产物。美国 CR&L 公司率先将这一技术工业化应用，并拥有多项专利技术涉及催化剂的结构、塔内结构设计以及工艺流程等。我国 MTBE 的生产工艺主要采用齐鲁石化的专有反应精馏技术。

由于 MTBE 在美国加州等地被发现会污染地下水且性质非常稳定难以生物降解，所以在 2003 年立法规定禁止向汽油中添加 MTBE。此后，美国生产厂家寻找 MTBE 的替代品，促使了反应精馏技术应用于其他醚化产品的生产。UOP[14] 报道了利用反应精馏技术生产二异丙醚（DIPE）的工艺流程。该工艺以丙烯和水作为进料，水合和醚化反应同时进行。产物 DIPE 是最重组分，从塔底获得。

20.3.5 二聚反应和缩合反应

从 C4 烯烃出发经间接烷基化反应所制得的烷基化物的辛烷值很高，其平均辛烷值为 93～96，是一种优良的新一代汽油添加剂。由于 MTBE 被禁止使用，一些原本生产 MTBE 的工厂经过改进，开始生产烷基化物（例如异辛烷）。该技术利用 MTBE 的原料、简单改装 MTBE 生产的反应精馏塔，所得产品能直接替代 MTBE 加入到汽油中。在反应精馏塔中，混合 C4 馏分中的异丁烯二聚得到 C8 烯烃，由于异丁烯二聚物为最重组分，一旦生成就会由于精馏作用立即从反应区移走，从而极大地抑制副反应低聚反应的发生。Kamath[15] 等采用过程模拟的方法研究了反应精馏塔设计和操作过程中的一些重要参数。研究结果表明，在存在或不存在极性物质的情况下，通过精确控制反应温度都可以获得高的异丁烯二聚物选择性。

醛类的缩合反应，如乙醛缩合成三聚乙醛和甲醛缩合成三聚甲醛，也可以由反应精馏技术实现[16]。该反应精馏塔采用全回流的操作模式，缩合产物从塔底获得。此外，反应精馏技术还能应用于丙酮的醛酮缩合反应[17]，该工艺利用阴离子交换树脂作为催化剂，生成的缩合产物从塔底获得。与传统工艺相比，具有转化率高，选择性好，副产物亚异丙基丙酮浓度低等优势。

20.3.6 加氢反应

加氢反应是典型的含不凝性气体的复杂化工过程。一般而言，像氢气、氧气以及超低沸点化合物很难溶于液相中，不利于液相化学反应。近年来，加氢精制、加氢脱硫和加氢裂化等反应精馏技术实现了工业化。

苯选择性加氢制环己烷反应可以高效脱除汽油中的致癌物质苯，CR&L 公司采用反应精馏技术实现苯加氢反应。将制备的 Ni 催化剂装填到反应精馏塔中（见图 20-12），在 260～280℃和 6atm 下进行反应。反应精馏整体上气液逆流传质与反应的特点有利于氢气和苯的充分接触，反应热被汽化过程迅速移走从而避免了"热点"或"飞温"现象，反应温度更容易控制。催化剂表面气相与液相的连续流动冲刷了

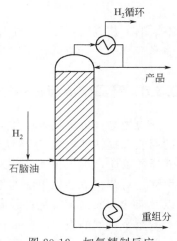

图 20-12　加氢精制反应精馏过程[18]

表面的积碳、延长了催化剂的使用寿命[18]。

丁二烯选择性加氢反应可以降低 C_4 馏分丁二烯的含量，降低烷基化装置酸性催化剂的消耗与再生费用，同时还能将 C_4 馏分中的轻质硫化物加氢生成 H_2S 排放，达到脱硫的目的。CR&L 公司利用甲基叔丁基醚的生产装置实现了这一工艺，能使丁二烯的含量降至 100ppm 以下[19]。同样，C_5 烷基化生产甲基叔戊基醚的装置中需要有效去除戊二烯。该工艺使用的催化剂对结焦后产生的硫醇物十分敏感，所以在反应过程中需要将其去除。CR&L 公司开发的反应精馏技术可以在同一设备中去除戊二烯和硫醇物。此外，加氢与反应精馏的结合是一种去除烷基化产物中烯烃/二烯烃等杂质的有效方法。丙烯中含有丙炔/丙二烯等高反应活性的杂质，传统的方法是在固定床反应器中进行加氢反应来去除。在反应精馏过程中，可以将上述杂质转化为丙烯，同时能将丙烷和轻组分等物质分离出去，从而促进反应的进行达到提高转化率的目的。除此之外，可以用于反应精馏的还有环戊烯加氢制环戊烷、1-丁烯选择性加氢异构化得到 2-丁烯反应、石油蒸馏中有机含硫组分脱出等。

20.3.7 缩醛反应

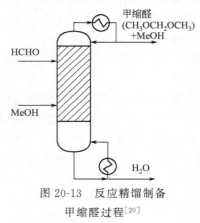

图 20-13 反应精馏制备
甲缩醛过程[20]

缩醛反应也是反应精馏技术重要的应用之一。由于受到反应平衡的限制，反应后的母液含有大量的未被反应的醛和酮，造成原料的浪费和环境的污染。Masamoto[20] 首次开发了利用反应精馏生产甲缩醛的技术（见图 20-13），该技术采用阳离子催化剂，工艺流程由一个精馏塔和多个反应器构成，塔顶可得到质量分数 95％以上的甲缩醛产品。Kolah 等[21] 研究了甲缩醛的间歇和连续反应精馏工艺，结果表明传统工艺在甲醇和甲醛进料比为 6：1 时，甲醛的转化率只有 85％。而反应精馏技术在进料比即使为 3：1 时，转化率也能高达 99％。天津大学[22] 也开发了制备甲缩醛的反应精馏技术，利用阳离子交换树脂催化剂，考察了回流比、进料速率、进料组成和催化剂等对产品的影响，设计出了两种不同的工艺流程，可以使甲醛的转化率达到 99.8％，甲缩醛的浓度为 99.1％。此外，由于缩醛产物的沸点较低，反应精馏技术还能利用缩醛反应的特点回收醛、酮和醇类。

20.3.8 产品分离与提纯

反应精馏技术不仅可以作为新型反应器技术应用于化学品的工业生产，还能用于化学产品的回收和提纯[23]。对于传统的难分离体系，可以通过反应萃取剂与混合物中目标回收物的选择性反应，生成中间产物来进行分离，再将该中间产物分解为原来的目标产物。在对苯二甲酸、对苯二甲酸二甲酯的工艺中，会产生大量的低浓度乙酸，传统的回收工艺如共沸精馏以及液液萃取精馏等能耗较高，而利用反应精馏技术通过乙酸和甲醇的酯化反应回收其中的乙酸是个典型的应用。Neumann 和 Sasson[24] 以离子交换树脂作为催化剂，以拉西环为填料，首次进行了反应精馏过程实验验证。由于采用了酸性离子交换树脂催化剂，因此无需考虑催化剂对设备的腐蚀作用，从而大大降低了设备成本，使得 84％的乙酸通过乙酸甲酯的方式得以回收。

在产品提纯方面，反应精馏可以应用于苯酚的提纯工艺。苯酚是聚碳酯级双酚 A 生产的重要原料，在生产工艺中杂质主要为羰基化合物诸如丙酮和亚异丙基丙酮等。杂质的含量必须从 3000ppm 级降低至 10ppm 以下，通过反应精馏技术可以实现这一要求[25]。

20.4 反应精馏过程模型

反应精馏技术耦合了化学反应与精馏分离两种单元，涉及催化剂和填料等元件，相互影响，共同作用。实验过程操作条件微小的变化可能引起过程系统不可预料的影响，仅凭经验难以掌握其规律，在反应精馏过程设计、放大、操作及控制方案选择的过程中存在较大难度。因此，反应精馏过程的模拟与分析，不仅可以预测实验结果，还能系统地研究各操作变量的影响规律及其相互关系，因此在反应精馏技术的开发中特别重要。

近年来，随着计算机技术以及过程模拟技术的迅速发展，已经成为化工过程开发、设计和操作优化过程不可或缺的一部分。对反应精馏过程而言，计算机模拟技术不仅为其过程开发提供了可靠的理论依据，同时大大缩短了反应精馏过程的开发周期，已经成为反应精馏技术新工艺和新领域开发的主要手段。

过程模型是模拟计算、参数优化和过程控制的基础和关键。根据对传质和传热阻力的考虑，将反应精馏过程描述为平衡级模型和非平衡级模型。相对于普通精馏过程的数学模型，反应精馏过程模型加入了反应动力学模型，以描述化学反应进行的方向与程度。反应精馏过程模型可分为稳态模型与动态模型，稳态模型可用于过程可行性分析与设计优化，而动态模型对过程的开停车和动态变化具有指导意义。目前，比较成熟的反应精馏数学模型有平衡级模型、非平衡级模型。表 20-2 列出了反应精馏平衡级模型与非平衡级模型的基本假设。由于基本假设的不同，导致了模型方程的差别，使得最终计算的结果有所不同。

表 20-2 两种模型的基本假设

平衡级模型	非平衡级模型
气液两相主体间达到相平衡	气液两相界面间达到相平衡
不考虑气相和液相间传递阻力	考虑气相和液相间的传递阻力
气液两相的温度均一	气液两相的温度不一样
化学反应只发生在液相	化学反应只发生在液相(固相)

20.4.1 平衡级（EQ）模型

EQ 模型是反应精馏最基本和常用的模型。其主要有三个基本假设：

① 离开每一级（或理论塔板）的气相和液相都处于相平衡状态；

② 每一级上的气相和液相完全混合，且温度和组分均匀分布；

③ 反应只发生在液相中。

图 20-14 是一个平衡级模型示意图，完整的过程被模拟为多个平衡级串联排布的结果。

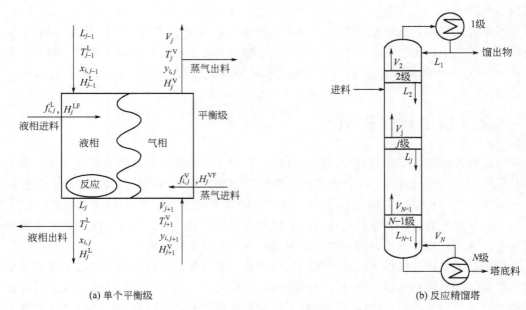

(a) 单个平衡级　　　　　　　　　　　　(b) 反应精馏塔

图 20-14　平衡级模型示意图

描述 EQ 模型的方程简称 MESH 方程，MESH 是不同类型方程的首字母缩写。

M 方程为物料衡算方程。总物料衡算方程为：

$$\frac{\mathrm{d}U_j}{\mathrm{d}t}=V_{j+1}+L_{j-1}+F_j-(1+r_j^{\mathrm{V}})V_j-(1+r_j^{\mathrm{L}})L_j+\sum_{m=1}^{r}\sum_{i=1}^{c}\nu_{i,m}R_{m,j}\varepsilon_j \tag{20-4}$$

式中，U_j 为 j 级上的持液量，在大多数情况下，U_j 为液相的持液量，高压下才考虑增加气相的持液量；V_j，L_j，F_j 分别为 j 级上的气相流率、液相流率和进料流率。组分的物料衡算（忽略气相的持液量）为：

$$\frac{\mathrm{d}U_j x_{i,j}}{\mathrm{d}t}=V_{j+1}y_{i,j+1}+L_{j-1}x_{i,j-1}+F_j z_{i,j}-(1+r_j^{\mathrm{V}})V_j y_{i,j}-$$

$$(1+r_j^{\mathrm{L}})L_j x_{i,j}+\sum_{i=1}^{c}\nu_{i,m}R_{m,j}\varepsilon_j \tag{20-5}$$

式中，$x_{i,j}$，$y_{i,j}$，$z_{i,j}$ 分别是 j 级上组分 i 的液相、气相和进料组成；r_j 是 j 级侧线流 S 和塔内物流的比值：

$$r_j^{\mathrm{V}}=\frac{S_j^{\mathrm{V}}}{V_j} \qquad r_j^{\mathrm{L}}=\frac{S_j^{\mathrm{L}}}{L_j} \tag{20-6}$$

$\nu_{i,m}$ 为反应 m 中组分 i 的计量系数；ε_j 为 j 级的反应体积；$R_{m,j}$ 为 j 级中反应 m 的反应速率。

E 方程为相平衡方程：

$$y_{i,j}=K_{i,j}x_{i,j} \tag{20-7}$$

式中，$K_{i,j}$ 为 j 级组分 i 的气液平衡常数。

S 方程为加和方程：

$$\sum_{i=1}^{c}x_{i,j}=\sum_{i=1}^{c}y_{i,j}=1 \tag{20-8}$$

H 方程为能量衡算方程为：

$$\frac{dU_j H_j}{dt} = V_{j+1} H_{j+1}^V + L_{j-1} H_{j-1}^L + F_j H_j^F - (1+r_j^V) V_j H_j^V - (1+r_j^L) L_j H_j^L - Q_j$$

$$(20\text{-}9)$$

式中，H_j 代表 j 级某相的焓，方程左边焓值代表该级的总焓值，通常情况下为液相的焓；Q_j 为 j 级的外加能量。需要注意的是，如果焓是基准态的焓值，能量衡算方程无需考虑反应热项。

在稳态条件下，上述方程中时间的导数均为 0。由于实际的反应精馏操作并非在稳态下进行，因此引入了板效率的概念来解决这一问题。板效率的定义有很多种，其中 Murphree 板效率 E_j^{MV} 最为常用，它的定义如下：

$$E_j^{MV} = \frac{\overline{\gamma_{iL}} - \gamma_{iE}}{\gamma_i^* - \gamma_{iE}}$$

$$(20\text{-}10)$$

式中，$\overline{\gamma_{iL}}$ 为气相组分 i 离开塔板 j 的实际摩尔分率；γ_{iE} 为气相组分 i 进入塔板 j 的摩尔分率，γ_i^* 为平衡条件下的气相组分 i 离开塔板 j 的摩尔分率。对于含有 3 种及 3 种以上组分的反应精馏体系而言，各组分的 Murphree 板效率各不相同，可以大于 1 或小于 0。在填料塔模拟中，可利用等板高度（HETP）的概念将填料塔模拟转换为筛板塔模拟。由于 Murphree 板效率和等板高度大都通过经验式关联，很难提出一个普遍适用的准确模型，使得 EQ 模型的可靠性受到影响。针对 EQ 模型的缺点，研究者提出了非平衡级模型。

20.4.2　非平衡级（NEQ）模型

反应精馏过程的 NEQ 模型以双模理论为基础[5]，主要包括：气液相物料平衡方程、能量守恒方程、气液相传质速率方程、相界面气液平衡方程、归一化方程[26]。NEQ 模型的原理如图 20-15 所示。

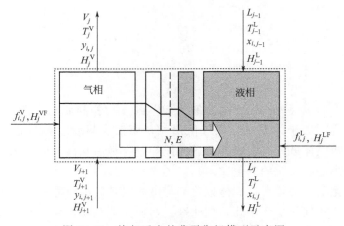

图 20-15　均相反应的非平衡级模型示意图

对任意一级 j，气相和液相组分的物料衡算方程为：

$$V_j y_{i,j} - V_{j+1} y_{i,j+1} - f_{i,j}^V + N_{i,j}^V = 0$$

$$(20\text{-}11)$$

$$L_j x_{i,j} - L_{j-1} x_{i,j-1} - f_{i,j}^L + N_{i,j}^L = 0$$

$$(20\text{-}12)$$

式中，$N_{i,j}$ 和 $f_{i,j}$ 分别为 j 级组分 i 的界面质量传递速率和侧线出料速率。在气-液界面的连续性方程为：

$$N_i^V|_I = N_i^V|_I = 0 \tag{20-13}$$

气相和液相的焓衡算方程为：

$$V_j H_j^V - V_{j+1} H_{j+1}^V - F_j^V H_j^{VF} + E_j^V + Q_j^V = 0 \tag{20-14}$$

$$L_j H_j^L - L_{j-1} H_{j-1}^L - F_j^L H_j^{LF} - E_j^L + Q_j^L = 0 \tag{20-15}$$

式中，E_j 为 j 级界面能量传递速率，等于能量通量和净界面面积的乘积。界面能量传递速率的连续性方程为：

$$E^V|I = E^L|I \tag{20-16}$$

对多组分系统，质量传递的最基本的方法是使用 Maxwell-Stefan 理论[27]，对气相和液相分别为：

$$\frac{y_i}{RT^V} \frac{\partial \mu_i^V}{\partial z} = \sum_{k=1}^{c} \frac{y_{ik}^V - y_{ki}^V}{c_t^V - D_{i,k}^V} \tag{20-17}$$

$$\frac{x_i}{RT^L} \frac{\partial \mu_i^L}{\partial z} = \sum_{k=1}^{c} \frac{x_{ik}^L - x_{ki}^L}{c_t^L - D_{i,k}^L} \tag{20-18}$$

式中，$D_{i,k}$ 为某相内组分 i-k 间的 Maxwell-Stefan 扩散系数。方程式（20-17）和式（20-18）中，只有 $c-1$ 个独立方程；两相中最后一个组分的摩尔分数可由加和方程得到。

传导和对流传热对能量传递的贡献如下：

$$E_j^L = -\lambda_j^L \frac{\partial TL}{\partial \eta} + \sum_{i=1}^{c} x_{i,j}^L H_{i,j}^L \tag{20-19}$$

$N_{i,j}$ 可由如下修正的 Maxwell-Stefan 方程计算得到：

$$\frac{x_{i,j}}{RT_j} \frac{\partial \mu_{i,j}^L}{\partial \eta} = \sum_{k=1}^{c} \frac{x_{i,j} K_{k,j}^L - x_{k,j} K_{i,j}^L}{c_{t,j}^L (K_{i,k}^L a)_j} \tag{20-20}$$

式中，K 为液相中 $i-k$ 组分对的传质系数，它可以通过 Taylor[3] 的标准程序，根据 Maxwell-Stenfan 扩散系数 $D_{i,k}$ 估算求得；a 为相界面的面积。

能量传递速率方程为：

$$E_j^L = -h_j^L a \frac{\partial T^L}{\partial \eta} + \sum_{i=1}^{c} x_{i,j}^L H_{i,j}^L \tag{20-21}$$

在气-液界面上假设相平衡方程为：

$$y_{i,j}|_I = K_{i,j} x_{i,j}|_I \tag{20-22}$$

反应精馏的非平衡级模型根据所用的催化剂不同（均相和非均相催化剂）又有所区别。对于均相催化剂而言，由于体系只存在气液两相，而反应只发生在液相，所以根据双膜理论，组分先通过气相主体进入气相膜，再进入液相膜，最后从液相膜进入液相主体。在液相膜和液相主体中，都伴有反应的发生。

对于非均相催化剂，必须考虑固体催化剂与液相主体间的传质速率对反应的影响。固体催化剂可以分为非孔状催化剂和多孔状催化剂。当使用非孔状催化剂时，反应物先从气相主体透过气膜和液膜进入液相主体，再由液相主体进入催化剂表面并发生反应。生成产物从催化剂表面进入液相主体，再由液相主体进入气相主体。反应物和生成物在催化剂表面、气相主体间的传质速率可以由 Maxwell-Stefan 方程求得。在催化剂表面上的反应速率等于液相与催化剂交界面处的传质速率。在某些情况下，上述的传递过程存在控制步骤，因此可以对整个传递过程进行简化。

当使用的催化剂为多孔结构时，反应物进入催化剂表面后，会逐步向催化剂内部孔道扩散，同时发生化学反应，而生成物会从催化剂孔道扩散到催化剂表面，再进入液相主体和气相主体。针对此种情况，有不同的模型可以使用。为了简化该过程，可以利用拟均相模型进行计算，如图 20-16 所示。

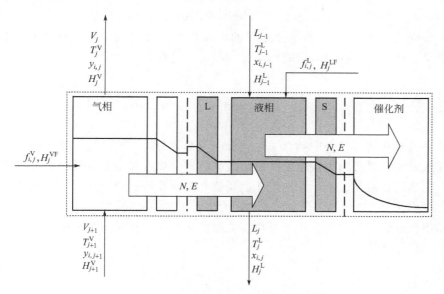

图 20-16　非均相反应的非平衡级模型示意图

20.4.3　反应精馏过程模型的计算

反应精馏的数学模型是一组强非线性方程组，计算十分复杂且难以收敛。传统的计算方法主要有逐板计算法、三对角矩阵法、松弛法、同伦延拓法等。下面简单地进行介绍。

逐板计算法是最早的计算反应精馏的方法，该方法从塔底或塔顶依次同时求解 MESH 方程。优点在于适合手工计算，方程比较简单。缺点是由于模型假设简化太多，计算的结果与实际情况有所偏差。Belck[28]最早用该方法进行了手工的计算，他对含有两组分和三组分的反应精馏塔进行了计算，其关联式只考虑了简化和理想的情况。Hu 等[29]利用逐板计算的方法对三氧杂环己烷的反应精馏过程进行了研究，在回流比和热负荷一定的情况下，确定了最优的塔板数。

三对角矩阵法[30]是基于 Wang 和 Henke 的泡点法，利用 Amundson 等提出的三对角矩阵法结合改进 Muller 法而得到的。该方法的优点在于，无需函数的导数运算，占用内存小。适用于物系非理想性不强、反应级数小于二级的反应精馏过程。缺点在于其迭代的初值要求高，计算不容易收敛。

松弛法是利用非稳态方程来确定稳态解的一种方法。它利用欧拉反差式代替了动态模型方程中组分物料衡算式左边残差对时间的导数。优点在于适合用于非理想性较强的体系，对迭代变量初值要求低，初始迭代收敛速度快，稳定性好。缺点在于迭代的次数较多且后期迭代速度较慢。周传光和郑世清[31]把松弛法和 Newton-Raphaon 法结合起来使用，先用松弛法迭代数次，而后转入同时校正法，该法具有松弛法的稳定性和同时校正法的快收敛性。

同伦延拓法是一种具有极强的全局收敛特性的计算方法。Chang 和 Seader[32]在 1988 年首次将其应用于模拟普通精馏过程。其优点在于具有良好的收敛性、可靠性和通用性，并适合研究参数的灵敏性和确定多稳态。但是它的计算时间较长，计算效率不及 Newton-Raphaon 法。目前，国外建立了以同伦算法为基础的非线性动力系统，对反应精馏过程中的传质现象进行研究，并借助 AUTO 数学软件简化非平衡级模拟计算。英国 BP 化学公司、德国 Hoechst 及 BASF 等二十几家公司共同开发出的新型反应精馏模拟软件 DESIGNER，直接考虑了反应-扩散动力学、多组分之间的相互作用，可以被应用于均相和非均相反应，瞬时、一般及快速反应，各种塔型的流体力学和传质过程。

20.5 结语

反应精馏技术在同一设备中耦合了化学反应与精馏分离两种过程，通过精馏作用极大强化了化学反应效果，是可以大规模生产的新型绿色反应技术和最重要的化工过程强化技术之一。它已广泛适用于醚化、酯化、加氢深度脱硫和其他反应过程，显示了该技术突出的过程强化效果和技术优势。

反应精馏技术的开发强烈依赖于过程模拟与优化，而过程系统工程原理对反应精馏技术的开发起重要指导作用。

◆ 参考文献 ◆

［1］ Backhaus A A. Continuous processes for the manufacture of esters［P］. US1400849, 1921.

［2］ Spes H. Katalytische Reaktionen in Ionenaustaucherkolonnen unter Verschiebung des chemische Geleichgewichts［J］. Chemiker Atg/Chemische Apparatur, 1966, 90: 443-446.

［3］ Taylor R, Krishna R. Modelling reactive distillation［J］. Chemical Engineering Science, 2000, 55（22）: 5183-5229.

［4］ Schoenmakers H G, Buehler W K. Distillation column with external reactors-an alternative to the reaction column［J］. German Chemical Engineering, 1982, 5: 292-296.

［5］ Babcock P D, C W Clump // Norman N Li ed. Recent development in separation science［M］. West Palm Beach, Fla: CRC Press, IV, 1978:149.

［6］ Tang Y T, Chen Y W, Huang H P, Yu C C, Hung S B, Lee M J. Design of reactive distillations for acetic acid esterification［J］. AIChE Journal, 2005, 51（6）: 1683-1699

［7］ X Peng, L Wang. Design and Control of Ionic Liquid-Catalyzed Reactive Distillation for n-Butyl Acetate Production［J］. Chemical Engineering & Technology, 2015, 38（2）: 223-234.

［8］ Fuchigami Y. Hydrolysis of methyl acetate in distillation column packed with reactive packing of ion exchange resin［J］. Journal of Chemical Engineering of Japan, 1990, 23（3）: 354-359.

［9］ 王良恩, 刘家祺. 催化精馏技术在乙酸甲酯水解工艺中的应用［J］. 福建化工, 2001,（3）: 1-4.

［10］ Liwei Tong, Wenguang Wu, Yinmei Ye, Günter Wozny, Zhiwen Qi. Simulation study on a reactive distillation process of methyl acetate hydrolysis intensified by reaction of methanol dehydration［J］. Chemical Engineering and Processing: Process Intensification, 2012, 67: 111-119.

［11］ Liwei Tong, Lifang Chen, Yinmei Ye, Zhiwen Qi. Analysis of intensification mechanism of auxiliary reaction on reactive distillation: methyl acetate hydrolysis process as example［J］. Chemical Engineering Science, 2014, 106: 190-197.

［12］ Ciric A R, Gu D. Synthesis of nonequilibrium reactive distillation processes by MINLP optimization［J］. AIChE Journal, 1994, 40（9）: 1479-1487.

[13] Steyer F, Qi Z W, Sundmacher K. Synthesis of cylohexanol by three-phase reactive distillation: influence of kinetics on phase equilibria [J]. Chemical Engineering Science, 2002, 57 (9): 1511-1520.

[14] Marker T L, Funk G A, Barger P T, et al. Two-stage process for producing diisopropyl ether using catalytic distillation [P]. US5504258, 1996-4-2.

[15] Kamath R S, Qi Z W, Sundmacher K, Aghalayam P, Mahajani S M. Process analysis for dimerization of isobutene by reactive distillation [J]. Industrial & Engineering Chemistry Research, 2006, 45 (5): 1575-1582.

[16] Hu M, Zhou X-G, Yuan W-K. Simulation and optimization of a coupled reactor/column system for trioxane synthesis [J]. Chemical Engineering Science, 1999, 10: 1353-1358.

[17] Podrebarac G G, Ng F T T, Rempel G L. The production of diacetone alcohol with catalytic distillation: Part I: Catalytic distillation experiments [J]. Chemical Engineering Science, 1998, 53 (5): 1067-1075.

[18] Steyer F, Qi Z W, Sundmacher K. Synthesis of cylohexanol by three-phase reactive distillation: influence of kinetics on phase equilibria [J]. Chemical Engineering Science, 2002, 57 (9): 1511-1520.

[19] Arganbright R P. Hydroisomerization process [P]. US5087780, 1992-2-11.

[20] Masamoto J, Matsuzaki K. Development of methylal synthesis by reactive distillation [J]. Journal of Chemical Engineering of Japan, 1994, 27 (1): 1-5.

[21] Kolah A K, Mahajani S M, Sharma M M. Acetalization of formaldehyde with methanol in batch and continuous reactive distillation columns [J]. Industrial & Engineering Chemistry Research, 1996, 35 (10): 3707-3720.

[22] Zhang X, Zhang S, Jian C. Synthesis of methylal by catalytic distillation [J]. Chemical Engineering Research and Design, 2011, 75 (6): 573-580.

[23] Hildreth J M. Removal of alpha-methyl styrene from cumene [P]. US5905178, 1999-5-18.

[24] Neumann R, Sasson Y. Recovery of dilute acetic acid by esterification in a packed chemorectification column [J]. Industrial & Engineering Chemistry Process Design and Development, 1984, 23 (4): 654-659.

[25] Sharma M M. Some novel aspects of cationic ion-exchange resins as catalysts [J]. Reactive and Functional Polymers, 1995, 26 (1): 3-23.

[26] Krishnamurthy R, Taylor R. A nonequilibrium stage model of multicomponent separation processes. Part I: Model description and method of solution [J]. AIChE Journal, 1985, 31 (3): 449-456.

[27] Krishna R, Wesselingh J A. The Maxwell-Stefan approach to mass transfer [J]. Chemical Engineering Science, 1997, 52 (6): 861-911.

[28] Belck L H. Continuous reactions in distillation equipment [J]. AIChE Journal, 1955, 4: 467-470.

[29] Hu M, Zhou X-G, Yuan W-K. Simulation and optimization of a coupled reactor/column system for trioxane synthesis [J]. Chemical Engineering Science, 1999, 10: 1353-1358.

[30] Suzuki I, Yagi H, Komatsu H, et al. Calculation of multicomponent distillation accompanied by a chemical reaction [J]. Journal of Chemical Engineering of Japan, 1971, 4 (1): 26-33.

[31] 周传光, 郑世清. 部分牛顿法模拟反应精馏过程 [J]. 化学工程, 1993, 21 (3): 30-34.

[32] Chang Y A, Seader J D. Simulation of continuous reactive distillation by a homotopy-continuation method [J]. Computers & Chemical Engineering, 1988, 12 (12): 1243-1255.

第 21 章　反应萃取技术

21.1　概述

　　基于可逆化学反应的萃取分离方法对于极性稀溶液的分离具有高效性和高选择性，经过一个多世纪的研究发展，特别是经历几十年的工业实践，更加显现出其高效提取和精密分离的特点，并在核燃料前后处理，稀土、有色和稀贵金属的提取分离，废水处理及废弃物的回收和生物产品的提纯等多个领域获得日益广泛的应用[1]。

　　对于伴有化学反应发生的萃取过程，也称为萃取分离与反应过程的耦合，包括相内反应及界面反应体系，常简称为反应萃取或化学萃取。反应萃取是一种复杂的物理化学过程，其理论即来源于化学热力学、溶液理论、配位化学、胶体化学、反应动力学和传质动力学等各学科，而又自成体系。反应萃取的特性与选用的萃取剂有关，依赖于溶质与萃取剂之间的化学作用，如金属化合物通常参与的各种化学转化（如络合物形成、水解、聚合、解离及离子聚集等），因此，不同溶质浓度时，金属离子的反应萃取平衡分配系数常常变化，所以，反应萃取的相平衡较物理萃取更为复杂。

　　反应萃取存在多种萃取机理，如中性溶剂络合、螯合、溶剂化、阳离子交换、阴离子交换、离子缔合和协同作用萃取等。被萃溶质与萃取剂之间形成络合物溶于有机相是带有化学反应的传质过程[2-5]。由于萃取过程经常在非平衡条件下进行，需要根据宏观萃取速率的信息确定多相化学反应萃取过程的动力学特性，以便为其工业应用及过程强化提供理论依据和基础数据。

21.2　反应萃取的原理、设备结构及其分类

21.2.1　反应萃取的原理

　　反应萃取是包含两相或两相以上的非均相过程，除相定律适用于这一过程外，萃取过程也可以描述为一般的化学反应。大部分反应萃取是可逆的，并均适用于质量作用定律。反应萃取的相平衡关系决定了萃取过程质量传递的方向与两相的宏观平衡特性。因此，相平衡关系是反应萃取中最基础的特性之一，并与溶质和萃取剂的化学作用有关。

21.2.1.1 金属离子萃取的原理

对于金属离子液液萃取体系，依据其萃取机理，主要可以划分为阳离子交换体系、阴离子交换体系、中性溶剂络合（溶剂化）萃取体系以及协同（加合）萃取体系等四种类型。

（1）阳离子交换体系

反应通式可表示为：

$$M^{n+} + n\overline{HR} \Longrightarrow \overline{MR_n} + nH^+ \tag{21-1}$$

式中，M、HR 分别代表金属离子和萃取剂；上划线代表在萃取剂相中的组分。

这类体系的萃取剂也称为酸性萃取剂，主要包含羧酸、磺酸及酸性含磷萃取剂等三类。常用的酸性萃取剂有环烷酸、Versatic 酸、5,8-二壬基萘磺酸（DNNSA）、磷酸-（2-乙基己基）酯（M2EHPA）、磷酸二（2-乙基己基）酯（D2EHPA，P204）、2-乙基己基磷酸-（2-乙基己基）酯（P507）、二 2-丁基（4,4,4-三甲基丁基）次膦酸（Cyanex272）等[1]。

羧酸类萃取剂包括合成的 Versatic 酸和石油分馏的副产物环烷酸和脂肪酸，已获得应用的 Versatic 酸有 Versatic9 和 Versatic911，它们的一般结构式为：

Versatic9

磺酸类萃取剂的通式为 RSO_2OH，属于强酸性萃取剂。由于分子结构中存在—SO_3H，有较大的吸湿性及水溶性，需要引入长链的烷基苯或萘取代基，其中具有代表性的是十二烷基苯磺酸和双壬基萘磺酸。这类萃取剂能够从 pH<1 的酸性溶液中萃取金属阳离子，但其选择性不佳，易乳化，且稀释剂中的溶解度太小。

酸性含磷萃取剂属于酸性有机磷化合物，其种类很多，包括正磷酸酯、膦酸酯、偏磷酸酯和含有多官能团的同类化合物，是一类在工业上应用最广泛的萃取剂。酸性磷酸酯的结构通式可表示为 $R^1R^2P(O)(OH)$，其中 R^1，R^2 是烷基、烷氧基、芳基、芳酰基及其他取代基，二者之一还可以是羟基。酸性磷酸酯类萃取剂的基本特征是形成分子内氢键的倾向很小，而形成分子间氢键的倾向很大，一般在各种稀释剂中存在自缔合，即具有易形成二聚体或多聚体的倾向，例如，0.02~0.06mol/L 的 D2EHPA/正己烷的平均自缔合度为 2.1。由于—PO_2H 基中存在电子给体和受体，因此，又具有分子缔合、溶剂效应及与其他稀释剂形成分子络合物等特性。

虽然磷酸烷基酯的萃取作用机理主要是金属阳离子与氢的交换机理，但很多时候它又通过磷酰氧发生配位，从而形成多聚螯合产物。这样磷原子上的取代基就起主要作用，而这些作用往往与离子交换作用机理相矛盾。同样，萃取剂的结构会影响其水溶性，多数情况是烷基的碳链短时溶解度大，但长链烷基因空间效应又使其金属负荷能力下降。烷基磷酸的取代基数对水相中的溶解度同样有影响。例如，磷酸正丁酯的水溶性无限大，而二酯在 25℃时的溶解度只有 17g/L。

采用 D2EHPA 萃取 Co^{2+} 以及采用 LIX65N 萃取 Cu^{2+} 均属于这一类型。

（2）阴离子交换体系

反应通式可表示为：

$$MA_m^{n-} + n(R_3NH \cdot A) \Longrightarrow \overline{(R_3NH)_n MA_m} + nA^- \tag{21-2}$$

这类反应萃取的机理是阴离子交换及加成反应，主要有伯、仲、叔胺及季铵盐等，前三者属于中等强度的碱性萃取剂，它们必须与强酸作用生成胺盐阳离子后（如 RNH_3^+、$R_2NH_2^+$ 和 R_3NH^+），才能萃取金属络合阴离子，所以，一般认为，伯、仲、叔胺的萃取只在酸性溶液中才能进行，而季铵盐属于强碱性萃取剂，自身含有阳离子 R_4N^+，所以，能够直接与金属络合阴离子缔合，因此，季铵盐在酸性、中性和碱性溶液中均可进行萃取。

有机胺（铵）类萃取剂的分子量通常在 250～600 之间，分子量小于 250 的烷基胺在水中溶解度较大，使用时易造成萃取剂在水相中的溶解损失，分子量大于 600 的烷基胺大部分为固体，在稀释剂中的溶解度小，而且易出现分相困难以及萃取容量较小等问题。

伯、仲及叔胺中，叔胺是最为常用的萃取剂，主要因为相同分子量的条件下，伯胺和仲胺在水中的溶解度大；而且伯胺的萃水能力强，影响溶质的萃取效果，所以，一般采用带有多个支链的伯、仲胺作为萃取剂。常用的胺类萃取剂主要为，伯胺（N1923）、N-十二烷基-1,1,3,3,5-六甲基己胺（Amberlile LA-2）、三辛胺（TOA）和氯化甲基三烷基胺（Aliquat 336，N263）等，例如，在硫酸介质中叔胺对铀的萃取。胺类萃取剂的萃取能力与水相中金属离子形成络合阴离子的能力有关。

（3）中性溶剂络合（溶剂化）萃取体系

反应通式可表示为：
$$M^{n+} + nA^- + \overline{qS} \Longrightarrow \overline{MA_n \cdot qS} \tag{21-3}$$

式中，A^-、S 分别代表溶液中的阴离子和萃取剂。

这类萃取剂有时称为中性络合萃取剂，又可分为含氧萃取剂、含硫萃取剂、中性含磷萃取剂及酰胺类萃取剂等。在这类反应萃取中，被萃溶质及萃取剂都是中性分子，二者通过络合反应结合成为中性络合物而进入有机相。如磷酸三丁酯（TBP）萃取硝酸铀酰即是典型的络合反应。

含氧萃取剂主要指醚（R_2O）、酯（RCOOR）、酮（RCOR）、醛（RCHO）、醇（ROH）等类有机化合物，也是使用最早的一类萃取剂。官能团的碱性、分子的极性及空间效应等是影响分子结构变化的主要因素。这类萃取剂的萃取能力一般随形成𨦖盐能力的增加而增大，其次序为：$R_2O<ROH<RCOOR<RCOR<RCHO$。除醇之外含氧的中性萃取剂都属于给电子体，而醇即可给予电子，又可接受电子，与水的性质十分相似。具有工业应用价值的含氧萃取剂主要是醇和酮类，而醇类主要作为稀释剂或助溶剂参与萃取。

中性含磷萃取剂主要有磷酸三正丁酯（TBP）、磷酸三（2-乙基己基）酯、正丁基膦酸二丁酯、2-乙基己基膦酸二（2-乙基己基）酯、二正丁基膦酸正丁酯、二（2-乙基己基）膦酸-2-乙基己基酯、氧化三正辛基磷、氧化三（2-乙基己基）膦等，其中 TBP 是最具代表性、研究最多、应用最广的一种中性含磷萃取剂。这类萃取剂中均具有一P═O 官能团，由于磷酰基极性的增加，它们的黏度、在非极性溶剂中的溶解度按以下次序增加：$(RO)_3PO \longrightarrow R(RO)_2PO \longrightarrow R_2(RO)PO \longrightarrow R_3PO$。由于碱性也随分子中 C—P 键数目的增加而增加，因而萃取能力按以下顺序递增：$(RO)_3PO<R(RO)_2PO<R_2(RO)PO<R_3PO$。一般而言，这类萃取剂化学稳定性较好，水解或酸分解通常发生在 C—O 键上，而 P—C 键比 P—O—C 键更强，因此，膦酸酯抗酸分解的能力比磷酸酯强一些。

中性含硫萃取剂，如石油亚砜（R_2SO），便宜易得，是很有发展前景的工业用萃取剂，也称为贵金属的特效试剂。亚砜是硫醚的氧化产物，其萃取机理与 TBP 相类似，大多数情况下，其萃取机制为有机相内与氧原子进行络合配位生成单核中性络合物或离子缔合物[6]。

典型的取代酰胺类萃取剂为取代乙酰胺（$R^1CONR^2R^3$），是含有羰基的碱性萃取剂。这类萃取剂的碳氧给电子能力比酮类强，例如，A101 的萃取能力稍大于甲基异丁基甲酮（MIBK）。由于取代酰胺中导入一个一NR_2 基团，其水溶性及挥发性减小，而闪点及沸点升高，这类萃取剂的抗氧化能力较酮、醇类强。纯取代酰胺虽然较酮、醇的黏度大，但加入煤油或二乙苯等稀释剂物性即可改善。经多年的工业应用证明，这类弱碱性萃取剂具有稳定性高，水溶性小，挥发性低，选择性好等优点，可用于钽铌分离，以及铊、铼、镓、锂的提取，并有望用来提取其他一些金属[7]。

（4）协同（加合）萃取体系

协同萃取体系是指两种或两种以上混合萃取剂萃取某一溶质时，其分配系数显著大于相同条件下单一萃取剂萃取溶质时的分配系数之和的萃取体系，该特性又称为协同萃取效应。反之，若混合萃取剂的分配系数显著小于单一萃取剂的分配系数之和，称为反协同萃取体系。显然，协萃体系中生成了更稳定的协萃络合物，萃取能力显著提高[8]。1958 年 Blake 等[9]在研究用 D2EHPA 从硫酸溶液中萃取铀时，发现有些中性磷氧类化合物（如 TBP）等，在硫酸溶液中对铀几乎不萃取，但添加到 D2EHPA/煤油溶液中，不但能防止反萃时第三相的生成，而且可使铀的分配系数增加若干倍。

近五十年来，关于金属离子协同萃取体系的研究发展迅速，新的协同萃取分离过程不断出现，研究工作者对协同萃取的机理进行了研究和讨论。对于金属萃取通常认为有加成、取代以及溶剂化等三种机制，以 HDEHP 与 TBP 从硝酸体系中萃取 UO_2^{2+} 为例：

加成机理反应： $$UO_2^{2+} + \overline{4HR} \rightleftharpoons \overline{UO_2R_2(HR)_2} + 2H^+ \tag{21-4}$$

$$\overline{UO_2R_2(HR)_2} + \overline{S} \rightleftharpoons \overline{UO_2R_2(HR)_2 \cdot S} \tag{21-5}$$

此时，络合物 $UO_2R_2(HR)_2$ 比中性化合物 $UO_2(NO_3)_2$ 更容易被中性溶剂 S（TBP）萃取。

取代机理反应： $$UO_2^{2+} + \overline{4HR} \rightleftharpoons \overline{UO_2R_2(HR)_2} + 2H^+ \tag{21-6}$$

$$\overline{UO_2R_2(HR)_2} + 2\overline{S} \rightleftharpoons \overline{UO_2R_2S_2} + 2HR \tag{21-7}$$

此时，被置换的酸性萃取剂 HR 可以从水溶液中萃取更多的金属离子。

溶剂化机理反应为： $$[UO_2(H_2O)_x]^{2+} + \overline{4HR} \rightleftharpoons \overline{UO_2(H_2O)_x R_2(HR)_2} + 2H^+ \tag{21-8}$$

$$\overline{UO_2(H_2O)_x R_2(HR)_2} + q\overline{S} \rightleftharpoons \overline{UO_2R_2(HR)_2 qS} + x H_2O \tag{21-9}$$

用酸性溶剂萃取时络合离子以水合的形式进入有机相，因而假定中性溶剂具有置换水合物中部分水或全部水的能力，减少了萃合物的水合，使其更容易萃取。此时协萃反应的相平衡也更为复杂。

协萃体系中，通常有一种或几种具有较大疏水性的新萃合物生成，其热力学稳定性高于单独萃取剂所形成的各种萃合物，在萃取过程中起主导作用。因此，在讨论和预测协萃机理、协萃络合物的组成和结构时常常从待萃溶质的配位需要及其是否饱和进行讨论，如在酸性磷酸酯萃铁中的萃合物 FeA_3，因 A^- 含有两个给电子配体，已经满足八面体六配位的结构需求。

从加成或取代的角度，一般外加溶剂不会产生协同效应，而实际上由于影响协萃的因素很多，如萃取剂的酸碱性及其溶剂化作用、金属离子的配位需求、稀释剂的溶剂化效应、水相及有机相结构组成等，因此，协同萃取机制比较复杂。

从化学角度和溶剂间相互作用以及界面特性的角度出发，通过外加溶剂可以改变萃取剂活性基团的化学特性，常常可以产生预想不到的协萃效应。如于淑秋等发现在弱碱性溶液中伯胺与中性磷酸酯（或膦酸酯）类可以协同萃取高铼酸实现钼铼分离[10,11]，这类协同萃取主要是通过形成氢键实现。

对于金属萃取体系，除热力学平衡的协萃效应外，动力学过程的协萃也十分常见，所谓动力学协萃是指两种或两种以上萃取剂混合后，其萃取溶质的速率常数明显大于单一萃取剂在相同条件下的萃取速率常数之和，例如，在镍钴硫酸盐溶液中，Versatic911/LIX63 对二价金属离子具有显著的协萃作用，但该体系萃取镍的速度很小，需要 3h 才能达到平衡。采用 Versatic911 和 LIX70 中加入二壬基萘磺酸（DNNSA）可使萃取平衡时间缩短到 5min，镍钴的分离系数可达 125。上述 LIX63 和 DNNSA 就是动力协萃剂[12]。

应当指出，金属离子或溶质（被萃物）在两相中的分配系数不仅与相应物质的浓度有关，而且与相应物质的活度系数有关。分配系数的表达式指有机相中萃合物及水相中的溶质均只存在一种化学状态的情况。如果存在着不可忽视的其他化学状态，则应根据各种化学状态的溶质之间的平衡关系，对分配系数表达式加以修正。

由于反应萃取过程在两相中进行，萃取动力学不仅与其中的化学反应速率有关，还与扩散速率、相界面积以及界面两侧的膜厚等因素有关。依据萃取体系的扩散和化学反应的相对速率，可分为扩散控制、反应控制以及混合控制机制。湿法冶金工业中，金属元素的多数萃取过程动力学为扩散控制或混合控制机制，如 TBP 萃取铀、钍，有机磷类萃取剂萃取镍、钴，各类酸性、中性和胺类萃取剂萃取稀土等，它们的萃取速率很快。但羟肟类萃取剂萃取铜有所不同，反应速率较慢，为化学反应控制的萃取动力学控制机制。显然，对于反应控制的萃取动力学体系，强化扩散速率、相界面积以及界面两侧的膜厚效果十分有限，因此，对于反应萃取过程的强化必须依据过程控制的类型选用适宜的方法。

21.2.1.2　极性有机物稀溶液萃取的原理

20 世纪 80 年代初，King 提出了一种基于可逆络合反应的极性有机物萃取分离过程（以下简称络合萃取过程）[13]。这是一种典型的反应萃取过程，对于极性有机物稀溶液的分离具有高效性和高选择性。

络合萃取适用于分离和回收的主要待分离体系有：

① 一般是带有 Lewis 酸或 Lewis 碱官能团的极性有机物，如有机羧酸、有机磺酸、酚、有机胺、醇及其多官能团有机物，可以与络合剂发生反应；

② 有机物稀溶液，即一般待分离物质的浓度小于 5%（质量分数），因为在低溶质浓度区具有更高的分配系数；

③ 待分离物质亲水性强，在水中活度系数较小，物理萃取方法分离困难。络合剂与溶质间的化学作用可使两相平衡分配系数达到相当大的数值，使分离过程得以实现；

④ 低挥发性的溶质，采用蒸馏（精馏）的方法无法实现溶质的分离，如醋酸、二元酸（丁二酸、丙二酸等）、二元醇、乙二醇醚、乳酸及多羟基苯（邻苯二酚、1，2，3-苯三酚）稀溶液等。

一般络合萃取过程的萃取剂是混合溶剂，主要由络合剂、助溶剂以及稀释剂组成。

（1）络合萃取剂

络合剂应当具有以下特征[13]：

① 具有特定的官能团：与待分离溶质所带有的 Lewis 酸或 Lewis 碱性官能团相对应，能够参与和待分离溶质的反应，其化学作用键能应在 10～60kJ/mol 之间，以便于形成萃合物，实现溶质的分离，同时也易于完成第二步逆向反应，即萃取剂的再生。图 21-1 列出了

适宜的反应键能范围。中性含磷类萃取剂、叔胺类萃取剂经常选作分离带有 Lewis 酸性官能团极性有机物的络合剂。酸性含磷类萃取剂则经常选作分离带有 Lewis 碱性官能团极性有机物的络合剂。

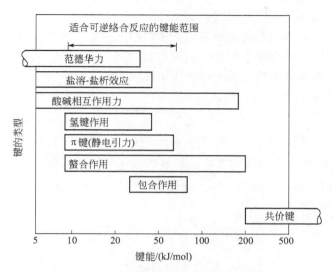

图 21-1 适合络合萃取分离的键能范围[14]

② 具有良好的选择性：络合萃取剂在发生络合反应、有针对性地分离溶质的同时，必须要求其萃水量尽量减少或容易实现溶剂中水的去除。

③ 萃取过程无其他副反应：络合剂不应在络合萃取过程中发生其他副反应，同时络合剂热稳定好，不易分解和降解，以避免不可逆损失。

④ 反应速率快：不同条件下，其正逆方向的反应均应具有足够快的动力学机制，以便在工业生产过程中对于料液的停留时间和设备尺寸没有过长和过大的要求。

（2）助溶剂和稀释剂

在络合萃取过程中，助溶剂和稀释剂的作用是十分重要的。常用的助溶剂有辛醇、甲基异丁基酮、醋酸丁酯、二异丙醚、氯仿等。常用的稀释剂有脂肪烃类（正己烷、煤油等）、芳烃类（苯、甲苯、二甲苯等）。

助溶剂的主要作用为：

① 络合剂的良好溶剂：一些络合剂本身很难形成液相直接使用，如三辛基氧膦（TOPO）为固体。

② 萃合物的良好溶剂：一些萃取体系中络合剂本身可能不是萃合物的良好溶解介质，此时助溶剂应作为萃合物良好溶剂促进萃合物的形成和相间转移，提高萃取容量，并避免第三相的出现。如采用三辛胺萃取草酸的过程中，辛醇作为助溶剂可以消除纯三辛胺萃取草酸形成的第三相，并显著地提高其萃取率[15]。因此，助溶剂也常常称为改性剂。

稀释剂的主要作用是调节形成的混合萃取剂的黏度、密度及界面张力等物性参数，使液液萃取过程易于在萃取设备中实施。对于络合剂或助溶剂的萃水问题成为络合萃取法使用的主要障碍的体系，加入稀释剂可以降低萃水量，显然，稀释剂的加入是以降低萃取体系的分配系数为代价的。

（3）有机物络合萃取过程的机理分析

一般而言，除特殊情况外，络合萃取过程并非是单一的萃取剂与溶质的反应机制。例如，胺类萃取剂（如 TOA）萃取有机羧酸以及酸性磷氧类萃取剂（如 D2EHPA）萃取有机胺的过程中都包含离子缔合和氢键缔合两种机制；而中性磷氧类萃取剂（如 TRPO）对有机羧酸的萃取则仅包含氢键缔合机制。事实上，反应机制也并不是总能清晰分类，这使得萃取过程模型的描述可能出现不同的形式。

相对而言，胺类萃取剂对有机羧酸的络合萃取的机理比较复杂。在大量工艺研究的基础上，许多研究者对于胺类络合剂萃取有机羧酸的机理进行分析[14-17]。其中，Eyal 等比较全面地提出了胺类络合剂萃取有机羧酸的四种作用机制[17]：

① 阴离子交换萃取　反应通式可表示为：

$$\overline{R_{4-n}NH_n^+X^-} + HA \rightleftharpoons \overline{R_{4-n}NH_n^+A^-} + HX(n=1,2 \text{ 或 } 3) \tag{21-10}$$

式中，HA 表示待萃物质，上划线代表有机相中的组分。阴离子交换萃取决定 HA 及 HX 的 pK_a、水相 pH 值及有机相的组成。如季铵盐萃取氨基苯磺酸[18]。

② 离子缔合萃取　络合剂首先与 H^+ 形成 $\overline{R_nNH_{4-n}^+}$，然后与待萃物阴离子形成一种离子缔合型萃合物 $\overline{R_nNH_{4-n}^+A^-}$

$$\overline{R_nNH_{3-n}} + H^+ \rightleftharpoons \overline{R_nNH_{4-n}^+} \tag{21-11}$$

$$\overline{R_nNH_{4-n}^+} + A^- \rightleftharpoons \overline{R_nNH_{4-n}^+A^-}(n=1,2 \text{ 或 } 3) \tag{21-12}$$

例如，在酸性条件下，三辛胺萃取苯酚稀溶液[19]。

③ 氢键缔合萃取　若络合剂碱性较弱或溶质的酸性较弱，则络合剂与被萃物质之间可以形成氢键。

$$\overline{R_nNH_{3-n}} + HA \rightleftharpoons \overline{R_nNH_{3-n}----HA}(n=1,2 \text{ 或 } 3) \tag{21-13}$$

在三辛胺萃取二元羧酸的体系中，部分二元羧酸的第二个羧基与三辛胺之间的缔合机制即为氢键缔合[20]。

④ 溶剂化萃取　待萃物质或萃合物在萃取溶剂中溶剂化而转移至有机相中。

$$HA \rightleftharpoons \overline{HA} \tag{21-14}$$

（4）影响有机物络合萃取的特征性参数

一般而言，络合萃取适用于分离和回收带有 Lewis 酸或 Lewis 碱官能团的极性有机物的稀溶液体系。络合剂通过离子对缔合或氢键缔合机制与待萃取物质发生络合反应，形成疏水性更强的萃合物，实现由料液相向萃取相的转移。分离溶质的疏水性参数、电性参数以及萃取剂的碱（酸）度是影响有机物络合萃取平衡特性的重要特征参数[21]。

分离溶质的疏水性参数：疏水性是有机化合物的基本物性，其物性参数为疏水性常数（$\lg P$）。疏水性常数通常用有机化合物在两种互不相溶的液相中的分配系数表示，目前，采用 Hansch 推荐的有机化合物在正辛醇/水体系中的分配系数 P。由于不同有机物的 P 值跨度很大，甚至相差十几个数量级，因此，一般采用它的对数形式 $\lg P$ 来表示。文献[22]报道了多种有机化合物的 $\lg P$ 值。

分离溶质的电性参数：在有机物络合萃取过程中，依据络合萃取机理，溶质的酸碱性是直接反映被萃溶质和络合剂缔合能力的电性参数，有机化合物的解离常数的负对数值即 pK_a（pK_b）是溶质酸（碱）性强弱的标志。

萃取剂的碱（酸）度——表观碱（酸）度：络合萃取溶剂一般是由络合剂、助溶剂以及稀释剂组成的。络合萃取剂的萃取能力受络合萃取剂的组成，包括络合剂、助溶剂以及稀释剂的种类和配比的影响。为此，1995 年 Eyal 提出[17]同一种碱性络合剂在不同稀释剂体系中表现出的结合质子的能力不同，并将这种碱性络合剂结合质子的能力称为表观碱性，采用 $pK_{a,B}$ 表示。例如，三辛胺（TOA）的 $pK_{a,B}$ 可以表示为：

$$\overline{R_3NH^+} \overset{K_{a,B}}{\rightleftharpoons} \overline{R_3N} + H^+ \tag{21-15}$$

$$K_{a,B} = \overline{[R_3N]}[H^+]/\overline{[R_3NH^+]} \tag{21-16}$$

$$pK_{a,B} = -lg(\overline{[R_3N]}[H^+]/\overline{[R_3NH^+]}) \tag{21-17}$$

式中，R_3N 代表三辛胺，上划线表示在有机相中的组分。此时的表观碱度只与络合剂浓度、助溶剂及稀释剂的浓度和种类有关。

单欣昌等[23,24]进一步完善了碱性络合萃取剂相对于 HCl 的表观碱度 $pK_{a,B}$ 的定义和酸性络合萃取剂相对于 NaOH 的表观酸度 $pK_{a,A}$ 的定义及其测量的方法。采用分离溶质的疏水性参数（lgP）、电性参数（pK_a）以及萃取剂的表观碱度（$pK_{a,B}$），可以很好地预测 TOA 萃取有机羧酸的平衡特性[21]。

萃取剂的碱（酸）度——相对碱（酸）度：从酸碱基本理论出发，以被萃溶质为对象描述络合萃取剂的成键特性，单欣昌等[25]提出了萃取剂相对于溶质的相对碱（酸）度参数。其定义为对于指定的络合萃取体系，假设碱性络合剂与待萃取溶质生成（1:1）型萃合物，在体系的自由络合剂浓度与生成的萃合物浓度相等的条件下，络合萃取体系水相的 pH 值的大小的二倍即为以该待萃取溶质为对象的碱性络合剂的相对碱度，记为 $pK_{a,BS}$。

对于碱性络合剂 E，如三辛胺（TOA）、三烷基氧膦（TRPO）及磷酸三正丁酯（TBP）等：

$$\overline{E \cdot HA} \overset{K_{a,BS}}{\rightleftharpoons} \overline{E} + H^+ + A^- \tag{21-18}$$

$$K_{a,BS} = \overline{[E]}[H^+][A^-]/\overline{[E \cdot HA]} \tag{21-19}$$

$$pK_{a,BS} = -lg(\overline{[E]}[H^+][A^-]/\overline{[E \cdot HA]}) \tag{21-20}$$

式中，E 表示碱性络合剂；HA 表示酸性被萃溶质；上划线表示在有机相中的组分。可以看出，当体积比为 1:1，HA 浓度为络合剂浓度的 1/2 时，达到萃取平衡后，对于具有较大萃取平衡分配系数的萃取剂，可以将绝大部分的 HA 萃入萃取相中。此时，能够满足 $\overline{[E]} \approx \overline{[E \cdot HA]} \gg [H^+]$，水相溶液的 pH 值的二倍即为络合剂的相对碱度。显然，$pK_{a,BS}$ 越大，络合剂的相对碱性越强，碱性络合萃取剂对被萃溶质的萃取能力越强。

采用分离溶质的电性参数（pK_a）以及萃取剂的相对碱度（$pK_{a,BS}$）两个参数的差值，即 $pK_a - pK_{a,BS}$ 可以较好地预测 TOA 萃取有机羧酸的平衡特性[25]。

21.2.2 萃取设备的结构及其分类[26]

几十年来，液液萃取广泛应用于湿法冶金、石油化工、环境保护和原子能化工等领域，并且随着液液萃取基础研究、应用基础研究的深入，生产过程的经验积累以及计算机技术的应用和拓展，萃取设备在理论研究和工业应用方面也发展迅速，工作人员研制和开发了各种性能优异、高效节能的设备构件及萃取设备。

在萃取设备中，实现液液萃取过程的基本条件是液体的分散、两液相的相对流动及聚并分相。首先，为了使溶质更快地从料液进入萃取剂，必须使两相间具有很大的接触面积。一般的萃取过程中，一个液相为连续相，另一个液相以液滴形式分散在连续相中，通常称为分散相，液滴表面就是两相接触的传质表面；显然，液滴愈小，两相的接触面积愈大，传质愈快。其次，两相需要进行相对流动、液滴的聚并和两相的澄清分层。十分明显，分散相液滴愈小，相对流动愈慢，聚并分层愈难。因此，上述两个基本条件相互矛盾。萃取设备结构的设计与操作参数的选择，需要在这两者之间找出最适宜的条件。

萃取设备种类繁多，一般以设备的操作方式及两相混合方式进行划分。根据萃取设备的操作方式可以分为两大类：逐级接触式萃取设备和连续接触式萃取设备。逐级接触式萃取设备可一级单独使用，也可多级串联使用。多级串联时，每一级内由混合接触和澄清分相两个部分组成。混合澄清槽是逐级接触式萃取设备的典型代表，其中两相在混合室中充分混合接触，一相分散在另一相中，实现相间传质并趋于平衡，然后进入澄清室，分散的液滴凝聚、分层，实现两相的分离。流出的料液相和萃取相分别再引入相邻的接触级进行下一级的萃取操作。在逐级接触萃取设备中，两液相的组成呈阶梯式变化。在连续逆流接触式设备中，分散相在其入口被分散成液滴不断地通过连续相进行逆流流动，并接触进行传质。在此过程中，分散的液滴也可能经历聚并、再分散、再聚并的过程，两相的溶质浓度连续发生变化，填料塔即是典型的连续逆流接触式萃取设备。

根据萃取设备的两相混合方式或形成分散相的动力方式进行分类，可分为无外加能量与有外加能量两类，或分别称为无搅拌萃取设备及搅拌萃取设备。无搅拌萃取设备是利用分布器喷淋形成液滴，即依靠液体送入设备时的压力和两相密度差在重力场中使液体分散，如，最简单的喷淋塔、填料塔等；搅拌萃取设备是通过输入能量来促进液滴的分散和两相的混合的，如转盘塔、脉冲筛板塔等。

许多塔式萃取设备，包括不搅拌萃取塔及搅拌萃取塔，通常利用重力场条件下的两相密度差来实现两相的逆流流动。对于两相密度差异有限的体系（如$<0.1g/cm^3$），在重力作用下两液相间的相对流速较小，分相速度也较小，为此，可以采用施加离心力场的方法，如离心萃取器借助高速搅拌和离心力来实现两相的混合澄清和逆流流动。

根据萃取分离工艺的需要，发展了不同类型的液液萃取设备，表21-1列出了一些工业生产中常用的具有代表性的萃取设备。

表 21-1 常用萃取塔设备

相分散方法	逐级接触设备	连续接触设备
重力	筛板塔	喷淋塔
		填料塔
		挡板塔
机械搅拌	偏心转盘塔	转盘塔（RDC）
		带搅拌的多孔板
		萃取塔（Kuhni）
机械振动		振动筛板塔（Karr萃取塔）
脉冲		脉冲填料塔
		脉冲筛板塔

虽然萃取设备多种多样，但它们有一些共同的特点，即可以把液液萃取过程看作是三个阶段的循环。

① 将一相分散到另一相中，形成很大的相界面；

② 在两相接触时，实现相间传质，使之趋近平衡；

③ 分散相液滴聚合，两相分离并分别进入下一级或作下一步的处理（如反萃、浓缩）。

按照"分散-传质-聚并"，然后再"分散-传质-聚并"的多次循环的操作特点，从相间传质强化的角度出发，针对处理能力和传质效率两个关键因素，对萃取设备性能进行定性的比较，详见表 21-2 和表 21-3。

表 21-2　几类萃取设备的优缺点

设备分类	优点	缺点
混合澄清槽	相接触好，级效率高；处理能力大，操作弹性好；在很宽的相比范围内均可稳定操作；扩大设计方法比较可靠	滞留量大，需要的厂房面积大；投资较大；级间可能需要用泵输送流体
无机械搅拌的萃取塔	结构简单，设备费用低；操作和维修费用低；容易处理腐蚀性物料	传质效率低，需要高的厂房；对密度差小的体系处理能力低；不能处理相比很高的情况
机械搅拌萃取塔	理论级当量高度低，处理能力大，结构简单，操作弹性好	对密度差小的体系处理能力较低；不能处理相比很高的情况；处理易乳化的体系有困难；扩大设计方法比较复杂
离心萃取器	能处理两相密度差小的体系；设备体积小，接触时间短，传质效率高；滞留量小，溶剂积压量小	设备费用大，操作费用高，维修费用大

表 21-3　萃取塔的最大负荷

塔型	最大直径/m	最大负荷/(m³/h)	最大通量/[m³/(m²·h)]
Scheibel 塔	1.0	16	20
偏心转盘塔（ARD 塔）	4.0	250	20
脉冲填料塔	2.0	120	40
转盘塔（RDC）	8.0	2000	40
Kuhni 塔	3.0	350	50
脉冲筛板塔	3.0	420	60
振动筛板塔（Karr 塔）	1.5	<180	80～100

注：体系性质：界面张力 $0.03\sim0.04\mathrm{N/m}$；黏度与水接近；油水相比为1；两相密度差为 $600\mathrm{kg/m^3}$。

塔式萃取设备具有占地面积小、处理能力大、密封性能好等优点，在石油化工、核化工、湿法冶金、精细化工、制药工业和环境工程等领域得到了广泛应用。反映塔式萃取设备效率的参数主要是设备的处理能力和传质效率。许多研究者实验研究了一些塔式萃取设备通量与分离效率的关系，比较了塔式萃取设备的性能，给出了不同塔式萃取设备的操作区域。例如，Baird 等[27]在以操作通量和单位塔高的理论级数为横、纵坐标的图中（图 21-2）标绘出不同塔式萃取设备的操作区域，讨论了各类塔式萃取设备的性能优劣。Stichlmair[28]给出了中间工厂规模萃取设备的通量与分离效率关系（图 21-3），突出表明了具有增强聚结隔栅板的塔式萃取设备具有负荷范围大、分离效率高的特点。实际上，很多萃取设备是根据特定的工艺要求而发展起来的，根据体系的物理化学性质、处理量和萃取要求正确选择萃取设备，是十分重要的。

21.3　填料萃取塔

21.3.1　填料萃取塔[29]

填料萃取塔是应用广泛的无搅拌类塔式萃取设备之一。它具有结构简单，便于制造和安装等优点。近年来，新型填料的开发使填料萃取柱的处理能力大幅度提高，传质效率有所改善，填料萃取塔的研究和应用发展迅速[30]。

填料萃取塔的主要设备内构件是填料，用于将分散相分散成小液滴，增大两相接触面积，提高传质效率，同时要求填料具有尽可能大的空隙率，以保证填料的加入不会大量减少塔内流体流动的截面积。用于萃取分离的填料在结构上与用于精馏和吸收塔的填料有一定的差异。为了适应不同的操作条件和不同的体系两相接触和传质的要求，填料结构也多样变化。填料的种类繁多，按其结构可以分为散装填料和规整填料两大类。每一种又有多种结构，如环形、波纹板形、鞍形及金属丝网。图 21-4 示出了若干新型高效散装填料，图 21-5 示出的是几种常用的规整填料。

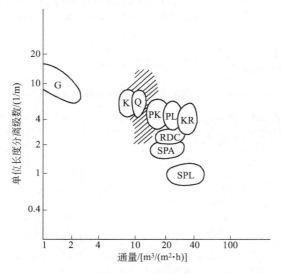

图 21-2　塔式萃取设备的通量与分离效率[27]
阴影部分—带溢流管振动筛板塔；G—Graesser 卧式提升搅拌萃取器；K—Kuhni塔；KR—Karr 振动筛板塔；PK—脉冲填料塔；PL—脉冲筛板塔；Q—QVF 旋转搅拌塔；RDC—转盘塔；SPA—填料塔；SPL——静态板式塔

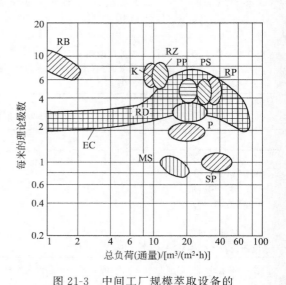

图 21-3　中间工厂规模萃取设备的通量与分离效率[28]
EC—增强聚结隔栅板塔；RB—喷淋塔；K—Kuhni塔；RZ—QVF 旋转搅拌塔；RP—振动筛板塔；PP—脉冲填料塔；PS—脉冲筛板塔；RD—转盘塔；P—填料塔；SP—筛板塔；MS—混合澄清器

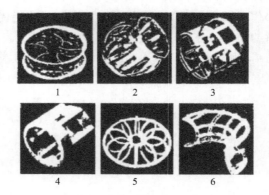

图 21-4　几种新型高效散装填料
1—阶梯短环；2—托泼填料；3—高通量环形填料；4—高通量磁环填料；5—花环；6—高通量鞍形填料

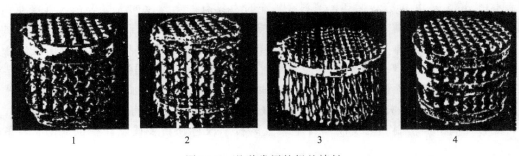

图 21-5　几种常用的规整填料

1—麦勒填料（250Y）；2—鲁尔填料（250YC）；3—蒙兹填料；4—吉姆填料（4BG）

填料的材质可以是陶瓷、高分子材料或金属材料。填料材质的选择不仅要考虑体系的腐蚀性，还应考虑其浸润性对于分散相的分散性能及聚并特性的影响。填料应被连续相优先浸润，而不易被分散相浸润，以避免分散相液滴在填料表面聚并而减小两相接触面积[31]。一般而言，瓷质填料易被水相浸润，石墨填料和高分子材料填料则易被大部分有机相润湿。金属填料易被水相润湿，也可能被有机相润湿。

萃取过程中对填料形状和结构要求与精馏和吸收过程有明显的差别。Stevens 明确地指出[32]，在汽-液接触过程如精馏和吸收过程中，液相沿着填料表面流动，传质过程的相际界面与填料被湿润的表面积有关，因此，在汽-液传质过程中优先选用比表面积大而易被液相湿润的填料。一些比表面积很大而且表面带毛刺的规整填料用于减压精馏时性能优异，但用于液-液萃取时性能并不理想。尹国玉进行了规整填料萃取性能的研究[33]，结果表明表面带毛刺的填料传质效率大幅度下降。这是因为分散相液滴容易附在填料表面上，形成较厚的液膜，增大了传质阻力所致。Kister 等[31]提出了采用流动参数 F_p 作为选择柱内构件准则的建议，F_p 通常大于 0.3，因而选用散装填料比较有利。

$$F_p = \frac{L}{V}\left(\frac{\rho_V}{\rho_L}\right)^{0.5} \tag{21-21}$$

式中，L、V 分别代表料液相和有机相的流量，kg/h；ρ_L、ρ_V 分别代表料液相和有机相的密度，kg/m³。

填料的作用是降低连续相的轴向混合，促进分散相的破碎和聚并以强化传质。为了减少沟流现象的发生，对于较高的填料塔通常隔一定距离安装一个液体再分布器。为减小壁效应，散装填料的尺寸应小于塔径的 1/8～1/10。对于标准的工业填料，在液液萃取中有一临界的填料尺寸 d_{FC}，

$$d_{FC} = 2.42\left(\frac{\sigma}{\Delta\rho g}\right)^{0.5} \tag{21-22}$$

式中，σ、$\Delta\rho$ 分别代表两相界面张力和密度差，N/m、kg/m³。

填料尺寸应选择大于 d_{FC}，对于大多数的液液萃取体系，填料的临界尺寸为 12mm 或更大些。在工业生产中，一般可选用 15～25mm 直径的填料，以保证适宜的传质效率和两相的处理能力。

近年来，根据液液萃取的特点研究工作者开发研制了多种新型填料，如费维扬等研制的内弯弧形筋片扁环填料（SMR）[34]（图 21-6）和挠性梅花扁环填料（PFMR）[35]（图 21-7）。这两种填料采用极低的高径比（0.2～0.3）和独特的内弯弧形筋片结构，促进

了液滴群的分散-聚并-再分散循环，填料在填充时也具有一定程度的有序排列，有效地抑制两相的非理想流动。有助于提高处理能力和传质效率。实验研究和工业应用表明，这两种填料用于中、低界面张力体系的液液萃取时，性能明显优于 Pall 环、Intalox 鞍等引进的新型填料[36]。这两种扁环填料已在润滑油糠醛精制和酚精制、芳烃抽提和反抽提、裂解气洗涤、液化气脱硫、含酚废水处理、木酚萃取、丙酮回收、汽油脱硫醇等 20 座工业装置的技术改造中获得成功应用[37]。朱慎林等开发的蜂窝（FG）型规整填料具有处理能力大和防堵性能好等特点，在润滑油精制和丙烷脱沥青等装置的技术改造和新装置设计中也取得了良好的效果[38]。

图 21-6　内弯弧形筋片扁环填料（SMR）

图 21-7　挠性梅花扁环填料（PFMR）

近年来，在系统地开展填料萃取塔两相流体力学特性、轴向混合、传质特性等设备性能研究的基础上，开发了填料萃取塔设备设计计算的方法及软件，详情请参阅文献［39］。

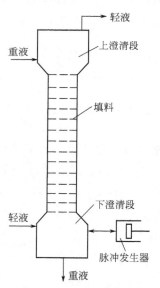

图 21-8　脉冲填料萃取塔示意图

虽然由于填料的存在，使萃取柱内实际的流动截面积有所减小，因此，填料塔的处理能力要比喷淋塔的稍小，但填料的存在大大改善了两相的接触，减小了轴向混合，因此与喷淋塔相比，有效地提高了传质效率。填料塔的优点是结构简单，处理能力大、造价低廉，操作方便，其缺点是选用一般填料时传质效率低，理论级当量高度大。填料萃取塔没有外界能量的输入，两相流动依赖于重力和密度差，所以，填料萃取塔主要应用于一些界面张力较低、处理量大、所需理论级数不多的萃取体系。

21.3.2　脉冲填料萃取塔[40]

脉冲填料萃取塔是为进一步强化填料萃取塔性能而研制的一种具有搅拌的连续接触式萃取设备，其结构如图 21-8 所示。在萃取塔的下澄清段设有脉冲管，通过脉冲管引入外界能量促使塔内流体进行脉冲运动。采用脉冲的方法可以有效地减小液滴的平均直径，增大两相的接触面积，加速液滴的"破碎-聚并"的循环，因此，可以大幅度提高传质效率。

近年来，随着高孔隙率新型填料的开发应用，新型填料脉冲填料塔的生产能力得到了明显改善，例如，在相同脉冲条件下，装填 QH-1 型的脉冲填料塔的液泛通量比装填陶瓷拉西环（16×16×4）的高 20％以上[41]；在相同体系的条件下，装有 Sulze 公司的 Mellatmk 500Y 填料、Glitsch 公司的 Gempak 4AT 和 Montzflak B1-00 填料的脉冲填料塔的通量和操作范围均比开孔率为 20％的脉冲筛板塔高 1 倍以上[42]。

脉冲填料塔轴向混合方面的研究工作很多，尽管在研究中采用的填料和试验体系不同，但在恒定的液相流速下，当脉冲强度从零开始增加时，连续相轴向扩散系数先减小，达到一个最小值后迅速增加。说明存在一个脉冲强度范围，在该范围内脉冲填料塔的轴向扩散系数低于填料塔。轴向扩散系数存在最小值的主要原因是适当的脉冲可减小连续相径向流速分布的不均匀程度，但过大的脉冲又会加大返混，同时获得脉冲填料塔的轴向混合与表观流速、脉冲强度及填料的性质有关，而与塔径无关[43]。

脉冲填料塔中液滴不断与填料发生碰撞，液滴的表面更新频率加快，传质效果好。Ho-ting 等[44]采用乙酸丁酯/丙酮/水体系对比了装填 Montz-Pak B1-350 规整填料的脉冲填料塔和使用标准板的脉冲筛板塔的等板高度，在相同的脉冲强度下前者的等板高度比后者低 50％以上，脉冲填料塔的等板高度最低可达 0.10m。说明脉冲填料塔的处理能力和传质效率均高于脉冲筛板塔。同时，Hoting[45]采用 Montz-Pak B1-350 规整填料进行的乙酸乙酯/丙酮/水体系中单液滴传质性能实验的研究结果表明，脉冲对液滴的总传质系数没有影响，说明脉冲填料塔传质性能的提高主要由于脉冲明显增大了传质比表面积。

荷兰的 DSM 公司于 20 世纪 70 年代开始将大型脉冲填料塔用于石油化工，并在己内酰胺、肟-环己醇等工业过程中推广应用。工业中应用的脉冲填料塔塔径已达 3.0m，处理量超过 250m³/h。我国从 20 世纪 90 年代初先后引进了多套己内酰胺的生产装置，一些装置中的肟化塔、硫萃塔和反萃塔都是脉冲填料塔。我国投入运行的脉冲填料萃取塔将近 10 座。

脉冲填料塔具有通量大、轴向混合小、传质效率高、设备投资少等优点，它的性能还可以通过使用新型填料得到进一步提高。由于采用脉冲搅拌，萃取塔内没有运动部件和轴承，对处理强腐蚀性和强放射性的物料体系特别有利。

21.4 气体扰动作用的化学萃取过程

液液萃取过程中，液液两相宏观流动、液滴的破碎和聚并、液液界面的湍动及传质、不同尺度的传递行为是萃取设备性能的重要研究内容，其中液滴的破碎和聚并对萃取效率影响显著。经典的强化液滴破碎方式主要包括通过能量输入进行的内构件振动（振动筛板塔）、流体的脉冲（脉冲筛板塔、脉冲填料塔）、内构件的转动（转盘塔、Kühni 塔）等机械搅拌方式，上述三种方式都可以在不同程度上对分散相液滴的破碎具有强化作用，并成功应用于核工业、湿法冶金、石油化工、医药、环境保护等领域。

气体扰动作用的化学萃取过程（以下简称气体扰动萃取）其操作原理为在一般的液液两相萃取过程中，引入另一个惰性气体的分散相，对液液分散相产生扰动并影响液滴的破碎与聚并行为，进而提高液液萃取的传质效率，减小操作过程的能耗，以期实现萃取过程的节能降耗和过程优化。十分明显，这是一类气液液三相的分离过程。与机械搅拌相比，气体扰动作用的萃取装置内可以无运动部件（或内部构件），具有结构简单，操作稳定，能耗低的优势[46-48]。

根据袁乃驹[49]发展的"场""流"的概念及定义对气体扰动萃取过程进行分析，气体扰动萃取是多种"流"和"场"叠加组合产生的分离过程。在重力场中，一般的液液反应萃取过程包括料液相和萃取相两个"流",以及一个化学位"场"。把液液萃取过程和一个惰性气体形成的分散相"耦合"成为一个过程,就是三"流"一"场"的气体扰动萃取过程,其过程强化手段是引入一个气相"流"。一般引入的惰性气体分散相"流"只对塔内的流体流动特性以及质量传递过程等动力学特性产生影响。

经过几十年的发展,关于气体扰动萃取过程的研究十分活跃,主要包括不同类型萃取设备中引入气体扰动对于设备流体力学特性(分散相存留分数、液泛速度)、传质性能(传质系数或传质单元高度)的影响,如混合澄清槽、喷淋塔、填料萃取塔和筛板塔等[50-52]。文献[46]报道了在蒽醌法生产过氧化氢中,采用喷雾进行 H_2O_2 的萃取过程中,喷射气体从塔底经分布器进入喷淋塔,与连续相逆流接触,并将分散相(蒽醌氧化液)分散成更为细小的液滴。与一般的喷淋塔相比,分散相的流量及空塔气速增加 2~3 倍,塔的理论等板高度仅为普通液液萃取的一半。Sovilj 等[51]以水/苯甲酸为实验体系,研究了在喷淋塔底引入空气搅动对于流体力学性质的影响,并得到随扰动气体流量的增加,分散相的存留分数、扰动气体的气含率都随之增大。Priestley 等[47]研究了扰动气速对筛板塔和填料塔的气体扰动萃取过程的影响,在扰动气体的表观气速为 0.02~0.03m/s 时,可以获得最低的理论等板高度。Milyakh 等[48]对于氢氧化钾水溶液萃取苯醚中苯酚体系进行了传质特性的实验研究表明,通过从塔底通入惰性喷射气体可以极大地提高萃取效率,理论传质单元高度降低了约 12 倍。熊杰明等[52]在填料塔内,以空气为扰动气体,水为连续相,负载苯甲酸的煤油为分散相,研究了表观气速对萃取效率的影响,获得了气含率、分散相存留分数、传质系数均随表观气速增大而增大,在空气搅动作用下,装有填料的萃取塔传质性能明显优于未装填料的萃取塔。侯贵军等[53]采用 30% 磷酸三丁酯(TBP)/煤油-醋酸-水体系开展了填料萃取塔中气体扰动对液滴破碎及传质的影响的研究,观测了气泡在规整填料塔内的破碎行为,得到气泡的平均直径为 2~3mm,且分布均匀,远低于普通筛板塔内的气泡直径(6~7mm);在相同的操作条件下,通入气体后分散相存留分数平均比无气体扰动的普通规整填料萃取塔高出 35% 左右,表观传质单元高度平均比无气体扰动萃取塔低 15% 左右。

对于立式萃取塔设备,气体扰动萃取过程一般为从塔底持续通入一定量的扰动或喷射气体,以强化液液传质过程,在一定程度上降低传质单元高度,操作过程无需任何塔内构件,节省了设备投资及操作维护费用,但同时由于气体的剧烈扰动作用也会加剧轴向混合程度。为进一步减小轴向混合,Sohn[54,55]等提出了径向气体喷射溶剂萃取过程,如图 21-9 所示,该装置为卧式萃取设备,即在水平放置的萃取设备中由挡板平均分成等宽的若干区域,依次

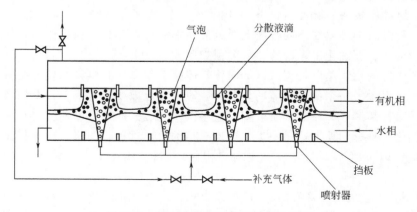

图 21-9 新型喷射溶剂萃取过程示意图

为乳化喷射区和分离澄清区，轻、重两相分别从两端逆流进入。压缩空气或其他惰性气体从底部设置的多个喷嘴进入向上喷出，在萃取装置内形成乳化喷射区，在该区域中，小气泡、被分散的重相及轻相的无数细小液滴充分混合传质，压缩空气的扰动作用极大地增加了相间的接触面积；充分接触后的两相进入分离澄清区分相后进入下一个乳化喷射区。此过程轴向返混小，无塔内构件，但此过程适合于连续相与分散相密度差比较大的体系。

21.5　加盐反应萃取精馏

近年来，化工过程强化的一个重要发展趋势是多过程的耦合技术，有反应-分离耦合（如催化精馏、反应萃取、化学吸收、络合吸附）、分离-分离耦合［萃取结晶、电泳萃取、渗透汽化、膜萃取（吸收、吸附）、萃取精馏］等，由于耦合技术综合了多种技术的优点，具有独到之处。

加盐萃取精馏是利用溶盐与混合溶液中各组分作用力的差异，增大组分之间的相对挥发度，使混合体系易于分离。该技术应用于具有恒沸组成的混合物体系如乙醇水溶液中制取无水乙醇已取得良好的效果。在乙醇-水的加盐萃取精馏体系中，溶液是含有氢键的强极性含盐溶液，盐可以通过化学亲和力、氢键力以及离子的静电引力等作用与溶液中的溶质发生溶剂化反应，生成难挥发的缔合物使该组分子在气相的分压降低。由于水分子的极性远大于醇，因此，盐与水分子间的相互作用力远大于盐醇分子，可以认为盐水之间优先发生溶剂化反应，从而提高了醇对水的相对挥发度，有利于两者的分离。

在加盐反应萃取精馏中，盐的选择尤为重要，涉及盐效应理论。盐效应理论中较为重要的是 Debye-McAulay 静电作用理论、范德华力理论、离子极化理论、McDevit-Long 内压力理论、Pitzer 电解质溶液理论和 Pieratti 定标粒子理论（Scaledparticle Theory）等[56]。

加盐反应萃取精馏是向溶剂中加入一种化合物，它能与某一被分离组分发生可逆的化学反应，进而大幅度地提高被分离组分间的相对挥发度，使得被分离的组分采用精馏技术更容易实现分离，是典型的反应-分离过程耦合技术，即反应萃取与精馏原位耦合的过程。从反应和分离"流"和"场"的观点来看[49]，加盐所产生的"场"体现在离子和被分离组分之间的相互作用力；反应所产生的"场"体现在载体和被分离组分之间的化学亲和力；萃取所产生的"场"体现在萃取剂和被分离组分之间的范德华力或者氢键力。十分明显，对于适宜体系的加盐反应萃取精馏比单纯的加盐萃取精馏和反应萃取精馏都具有优势。在此过程中，加盐反应萃取与经典的液液两相萃取的概念完全不同，其核心的分离过程是精馏。

以醇水共沸体系的分离为例，加盐反应萃取精馏可以利用的机理为[57]：

$$乙二醇钾＋水 \rightleftharpoons 乙二醇＋氢氧化钾$$

乙二醇钾起"载体"的作用，它与被分离体系中的水发生反应生成乙二醇和氢氧化钾，而在溶剂回收过程中乙二醇又和氢氧化钾生成乙二醇钾和水，相当于乙二醇钾将体系中的水不断"载"出，而它本身不发生变化，只起着迁移水分的载体作用，体现了分离技术中利用载体促进转移的思想。可以看出，对于加盐反应萃取精馏过程所涉及的化学反应需具备三个条件：

① 可逆化学反应的，其中一个组分作为载体可负载所需要除去的组分，萃取剂可以回收循环使用；

② 可逆反应的生成物之一是沸点较低的物质，以便可以采用精馏的方法不断去除，使

反应进行完全；

③ 反应萃取剂与被分离组分除了发生上述可逆反应外，无其他副反应的发生。

2001 年雷志刚[57]等以分离异丙醇的水溶液为例，报道了加盐反应萃取精馏分离的特性，获得了加盐反应萃取精馏比单独的加盐萃取精馏更优的结果，当溶剂比为 1∶1 时，容易得到产品纯度 96％以上的异丙醇。

另一个经典的加盐反应萃取精馏体系为聚乙烯醇（PVA）工业生产过程中醋酸甲酯-甲醇分离体系，近年来相关的研究工作也多有报道。赵林秀等[58]采用水为萃取剂，醋酸钾为盐，在溶剂体积比为 1∶1，盐质量浓度为 0.08g/mL 时，塔顶可得到质量分数大于 99％的醋酸甲酯。萃取剂回收塔在常压下操作，塔釜温度为 87℃时，甲醇从塔顶采出，水和盐由塔釜采出，水的回收率为 98％，盐可以全部回收。杨东杰等[59]采用 $MgCl_2$、CH_3COOK 和水组成的复合盐萃取剂（其中 $MgCl_2$ 与 CH_3COOK 的质量比为 3∶7）在常温下可显著增大体系的非均相区，醋酸甲酯在有机相中的极限质量分数由 87％提高到 98％，减轻了精馏塔的分离负荷，比传统分离工艺节能约 35％。

◆ 参考文献 ◆

［1］　汪家鼎，陈家镛. 溶剂萃取手册［M］. 北京：化学工业出版社，2001.

［2］　徐光宪，袁承业. 稀土溶剂萃取［M］. 北京：科学出版社，1987.

［3］　李以圭，李洲，费维扬，杨基础. 液-液萃取过程和设备［M］. 北京：原子能出版社，1993.

［4］　Ritcey G M. Some economic considerations in recovery of metals by solvent-extraction processing［J］. CIM Bulletin, 1975, 63（758）: 85-94.

［5］　时钧，汪家鼎，余国琮等. 化学工程手册（上卷）：第 15 篇萃取与浸取［M］. 北京：化学工业出版社，1996.

［6］　李玲颖，孙元明，任洪吉等. PTSO 萃取金（Ⅲ）的性能和机理的研究［J］. 高等学校化学学报，1985，6（12）：1097-1101.

［7］　于淑秋，陈家镛. 胺类萃取过渡金属时盐析效应与萃取机理的关系［J］. 金属学报，1984，20（6）：B342-B351.

［8］　徐光宪，王文清，吴瑾光，高宏成. 萃取化学原理［M］. 上海：上海科学技术出版社，1984.

［9］　Blake C A, Coleman C F, Brown K B, Baes C F. Solvent extraction of uranium and other metals by acidic and neutral organophosphorus compounds［J］. J Inorg Nucl Chem, 1958, 7（1-2）: 175.

［10］　Yu S Q, Chen J Y. Mechanism of synergistic extraction of Rhenium（Ⅶ）by primary amines and neutral phosphorus esters［J］. Hydrometallurgy, 1985, 14（1）: 115-126.

［11］　于淑秋. 混合溶剂在金属萃取中"协同"与"反协同"效应的研究（Ⅰ）［J］. 稀有金属，1989，13（4）：289-296.

［12］　Flett D S, COX M, Heels J D. Kinetics of nickel extraction by alpha hydroxy oxime-carboxylic acid mixtures［J］. J Inorg Nucl Chem, 1975, 37（12）: 2533-2537.

［13］　King C J. Chap 15 Separation Process Based upon Reversible Chemical Complexation//Rousseau R W ed. Handbook of Separation Process Technology［M］. New York: John Wiley & Sons, 1987.

［14］　Tamada J A, Kertes A S, King C J. Extraction of carboxylic-acids with amine extractants. 1. Equilibria and law of mass-action modeling［J］. Ind Eng Chem Res, 1990, 29（7）: 1319-1326.

［15］　Qin W, Cao Y Q, Luo X H, Liu G J, Dai Y Y. Study on the extraction mechanism and behavior of oxalic acid by TOA［J］. Sep Purif Tech, 2001, 24（3）: 419-426.

［16］　Tamada J A, King C J. Extraction of carboxylic-acids with amine extractants. 2. Chemical interactions and interpretation of data［J］. Ind Eng Chem Res, 1990, 29（7）: 1327-1333.

［17］　Eyal A M, Canari R. pH-dependence of carboxylic and mineral acid-extraction by amine-based extractantseffects of pK_a, amine basicity, and diluent properties [J]. Ind Eng Chem Res, 1995, 34 (5): 1067-1075.

[18] Li Z Y, Qin W, Dai Y Y. Extraction behavior of amino sulfonic acid by tertiary and quaternary amines [J]. Ind Eng Chem Res, 2002, 41 (23): 5812-5818.

[19] Tanase D, Anieuta G S, Oetavian F. Reactive extraction of phenols using sulfuricacid salts of trioctylamine [J]. Chem Eng Sci, 1999, 54: 1559-1563.

[20] Zhou Z Y, Li Z Y, Qin W. Reactive extraction of saturated aliphatic dicarboxylic acids with trioctylamine in 1-octanol: equilibria, model, and correlation of apparent reactive equilibrium constant [J]. Ind Eng Chem Eng, 2013, 52 (31): 10795-10801.

[21] Qin W, Li Z Y, Dai Y Y. Extraction of monocarboxylic acids with trioctylamine: equilibria and correlation of apparent reactive equilibrium constant [J]. Ind Eng Chem Res, 2003, 42: 6196-6204.

[22] Leo A, Hansch C, Elkins D. Partition coefficients and their uses [J]. Chem Rev, 1971, 71 (6): 525-616.

[23] Shan X C, Qin W, Wang S, Dai Y Y. Dependence of extraction equilibrium on apparent basicity of extractant [J]. Ind Eng Chem Res, 2006, 45 (11): 9075-9079.

[24] 单欣昌, 秦炜, 戴猷元. Lewis 碱性混合萃取剂碱度的测定 [J]. 高等学校化学学报, 2007, 28 (6): 1104-1106.

[25] Shan X C, Qin W, Dai Y Y. Dependence of extraction equilibrium of carboxylic acid from aqueous solutions on the relative basicity of extractant [J]. Chem Eng Sci, 2006, 61: 2574-2581.

[26] 李洲, 秦炜. 液-液萃取 [M]. 北京: 化学工业出版社, 2013.

[27] Baird M H I, Rao N V R, Vijayan S. Axial mixing and mass-transfer in a vibrating perforated plateextraction column [J]. Can J Chem Eng, 1992, 70 (1): 69-76.

[28] Stichlmair J. Performance and cost comparisons for various kinds of liquid-liquid-extraction equipment [J]. Chem Ing Tech, 1980, 52 (3): 253-255.

[29] Feick G, Anderson H M. performance of a packed liquid-liquid extraction column [J]. Ind Eng Chem, 1952, 44 (2): 404-409.

[30] 费维扬. 萃取塔设备研究和应用的若干新进展 [J]. 化工学报, 2013, 64 (1): 44-51.

[31] Kister H Z, Larson K F, Yanagi T. How do trays and packings stack up [J]. Chem Eng Prog, 1993, 90: 23-32.

[32] Stevens G W. 8. Packed Column//Godfreyn J C, Slater M J ed. Liquid-Liquid Extraction Equipment. Chichester [M]. New York: John Wiley & Sons, 1994: 227-256.

[33] 尹国玉. 板波填料萃取塔的性能研究 [D]. 北京: 清华大学, 1998.

[34] 费维扬, 张宝清, 温晓明, 房诗宏. 内弯弧形筋片扁环填料 [P]. 中国发明专利 ZL 89109152-1, 1993.

[35] 费维扬, 温晓明. 挠性梅花扁环填料 [P]. 中国发明专利 ZL95117866. 0, 1998.

[36] 温晓明, 房诗宏, 费维扬. 新型填料塔轴向混合的研究 [J]. 高校化学工程学报, 1992, 6 (1): 49-55.

[37] 费维扬, 陈德宏, 温晓明. 内弯弧形筋片扁环填料的特点和应用前景 [J]. 化工进展, 1997, 16: 36.

[38] 朱慎林, 骆广生, 张宝清. 新型规整填料 (FG 型) 用于低界面张力萃取体系的研究 [J]. 石油炼制与化工, 1995, 26 (7): 11-15.

[39] 费维扬, 尹晔东, 陈锡勇. 填料萃取塔塔高的设计计算 [J]. 炼油设计, 2001, 34: 33-37.

[40] 于杰, 朱慎林, 费维扬. 脉冲填料塔研究新进展及其在石油化工中的应用 [J]. 石油化工, 1999, 28 (3): 189-193.

[41] 于杰, 陈锡勇, 费维扬. 填料类型对脉冲填料萃取塔性能的影响 [J]. 高校化学工程学报, 1999, 13 (4): 323-328.

[42] Bäher W, Schafer J P, Schroter J. Use of ordered packings in liquid-liquid-extraction [J]. Chem Ing Technol, 1991, 63 (10): 1008-1011.

[43] Mak A N S, Koning C A J, Hamersma P J, Fortuin, J M H. Axial-dispersion in single-phase flow in a pulsed packed-column containing structured packing [J]. Chem Eng Sci, 1991, 46 (3): 819-826.

[44] Hoting B, Vogelpohl A. Studies on fluid dynamics and mass transfer in extraction columns with structured packings. 2. Influence of mass transfer on fluid dynamic behaviour and attainable separation performance

　　　　　［J］. Chem Eng Technik, 1996, 68（1/2）: 109-113.

［45］ Hoting B. Modelling of fluid dynamics and mass transfer in extraction columns on the basis of simple single droplet experiments［J］. Chem Eng Technik, 1997, 69（4）: 487-492.

［46］ Rheinfelden G K, Beuggen S R. Process for the Extraction of Hydrogen Peroxide from Working Solutions of the Alkylanthraquinone Process［P］. US3742061, 1973.

［47］ Priestley R, Stephen R M E. Gas Agitated Liquid Extraction Columns［J］. Chem Ind, 1978, 8（5）: 757-760.

［48］ Milyakh S V, Ivanova V O. Increasing the operating efficiency of extraction towers［J］. Int Chem Eng, 1978, 18（1）: 112-114.

［49］ 袁乃驹, 丁富新. 分离和反应工程的"场""流"分析［M］. 北京: 中国石化出版社, 1996.

［50］ Matehers W G, Winter E E. Principles and operation of an air operated mixer-settler［J］. Can J Chem Eng, 1959, 37（3）: 99-104.

［51］ Sovilj M, Knezevic G. Gas-agitated liquid-liquid-extraction in a spray column［J］. Collect Czech Chem Commun, 1994, 59（10）: 2235-2243.

［52］ 熊杰明, 宋永吉, 任晓光等. 空气搅动的填料萃取塔性能实验研究［J］. 化工学报, 2002, 53（1）: 100-102.

［53］ 侯贵军. 液滴破碎现象及其对液液传质影响的实验研究［D］. 天津: 天津大学, 2003.

［54］ Sohn H Y, Doungdeethaveeratana D. A novel solvent extraction process with bottom gas injectionwithout moving parts［J］. Sep Purif Technol, 1998, 13: 227-235.

［55］ Doungdeethaveeratana D, Sohn H Y. The kinetics of extraction in a novel solvent extraction process with bottom gas injection without moving parts［J］. Hydrometallurgy, 1998, 49（3）: 229-254.

［56］ 杨东杰, 黄锦浩, 陈玉珍等. 定标粒子理论在加盐萃取分离醋酸甲酯的应用［J］. 化工学报, 2010, 61（6）: 1475-1477.

［57］ 雷志刚, 周荣琪, 叶坚强等. 加盐反应萃取精馏分离醇水溶液［J］. 化学工业与工程, 2001, 18（5）: 290-294.

［58］ 赵林秀, 王小燕, 崔建兰等. 加盐萃取精馏分离醋酸甲酯-甲醇二元恒沸物［J］. 石油化工, 2005, 24（2）: 144-147.

［59］ 杨东杰, 楼宏铭, 庞煜霞等. 醋酸甲酯-甲醇-水的复合盐萃取分离研究［J］. 高校化学工程学报, 2007, 21（2）: 239-244.

第10篇

分离过程耦合技术

在工业分离过程中，分离技术及其工艺的好坏决定着产品质量和分离成本。各种分离技术在适应性、分离效率、能耗、投资费用和运行费用等方面各不相同。对于工业生产中的分离任务，有时一种分离技术便可完成。但当一种分离技术难以达到分离质量要求，或是能耗较高、工艺存在缺陷、投资和运行费用较高时，往往需根据各种分离技术的优点和缺点，将不同分离过程进行有机耦合，取长补短，形成相应的分离过程耦合技术和最佳的分离工艺过程，以满足达到分离要求，同时降低成本，最终实现分离效率最大化、资源和能源消耗最小化、工艺和经济最优化。因此，分离过程耦合技术在强化分离过程方面具有重要作用。国内外研究者相继在此方面进行了大量研究。目前，分离过程耦合技术主要有膜蒸馏、膜吸收、膜萃取、精馏-渗透汽化、渗透汽化-萃取、膜渗透-变压吸附、吸附精馏等。由于篇幅限制，在此不一一加以详细介绍。本篇重点介绍膜蒸馏和膜吸收这两种分离过程耦合技术，通过介绍相关的技术原理、传质机理及其技术应用等，了解分离过程耦合技术在过程强化方面的技术优势，以及在节省能耗和提高效率方面所发挥的重要作用。

第22章 膜 蒸 馏

22.1 概述

　　膜蒸馏（Membrane Distillation，简称 MD）作为一种新型的膜分离技术，早在 20 世纪 60 年代中期就由 M. E. Findley[1] 提出，并开始了初步研究，但是由于受到当时技术条件的限制，膜蒸馏效率不高。在随后的一段时间里虽然出现一些专利对该技术进行改进，但膜蒸馏一直没有引起人们的足够重视。直到 20 世纪 80 年代初由于高分子材料和制膜工艺技术的迅速发展，以及太阳能及新型热泵技术的发展，膜蒸馏显示出其实用潜力，人们逐渐开始重视膜蒸馏技术。近年来随着膜蒸馏用疏水膜材料的研发，膜蒸馏过程的开发和应用得到了进一步的发展，虽然至今还未见大规模工业生产应用的报道，但无论在传质、传热机理方面还是在应用方面都取得了巨大的进步，一些与膜蒸馏相关的膜集成过程相继出现并同样引起人们的重视。

22.1.1 膜蒸馏基本原理

　　膜蒸馏是膜技术与蒸馏过程相结合的膜分离过程。它以疏水微孔膜为介质，在膜两侧蒸气压差的作用下，料液中挥发性组分以蒸气形式透过膜孔，到达透过侧冷凝，而其他组分则被疏水膜阻挡在原料液中，从而实现分离或提纯的目的（图 22-1）。

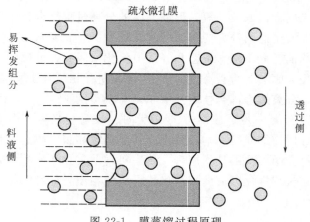

图 22-1　膜蒸馏过程原理

膜蒸馏是有相变的膜过程，同时发生热量和质量的传递，其传质推动力为膜两侧透过组分的蒸气分压差。例如当不同温度的水溶液被疏水微孔膜分隔开时，由于膜的疏水性，两侧的水溶液均不能透过膜孔进入另一侧。但由于热侧水溶液与膜界面的水蒸气压高于冷侧，水蒸气就会透过膜孔从热侧进入冷侧而冷凝，这与常规蒸馏中的蒸发、传质、冷凝过程十分相似，所以称其为膜蒸馏过程。

22.1.2 膜蒸馏的特征

1986 年 5 月意大利、荷兰、日本、德国和澳大利亚等国的膜蒸馏专家在罗马举行了膜蒸馏专题讨论会，会议规范了关于膜蒸馏技术的专用术语，并确认膜蒸馏过程需要满足的特征[2]：

① 所用的膜为微孔膜。

② 膜不能被所处理的液体润湿（疏水膜）。

③ 在膜孔内没有毛细管冷凝现象发生。

④ 只有蒸气能通过膜孔传质。

⑤ 所用膜不能改变所处理液体中所有组分的气液平衡。

⑥ 膜至少有一面与所处理的液体接触。

⑦ 对于任何组分，该膜过程的推动力是该组分在气相中的分压差。

22.1.3 膜蒸馏技术的优缺点

22.1.3.1 与常规蒸馏相比膜蒸馏的优点

① 在膜蒸馏过程中蒸发区和冷凝区十分靠近，其间隔只是膜的厚度，蒸馏液不会被料液污染，所以膜蒸馏与常规蒸馏相比具有较高的蒸馏效率，并且蒸馏液更为纯净。

② 在膜蒸馏过程中，由于液体直接与膜接触，最大限度地消除了不可冷凝气体的干扰，无需复杂的蒸馏设备，如真空系统、耐压容器等。

③ 蒸馏过程的效率与料液的蒸发面积直接相关，膜蒸馏可以在有限的空间中提供更大的蒸发面积，提高蒸馏效率。

④ 膜蒸馏过程无需把溶液加热到沸点，只要膜两侧维持适当的温差就可以进行，并且有可能利用太阳能、地热、温泉、工厂的余热和温热的工业废水等廉价能源。

22.1.3.2 与其他膜过程相比膜蒸馏的优点

① 膜蒸馏过程几乎是在常压下进行，设备简单、操作方便。

② 膜蒸馏过程中只有蒸气能透过膜孔，所以蒸馏液十分纯净，对离子、大分子、胶体、细胞及其他非挥发性物质能达到近 100% 的截留。

③ 膜蒸馏过程可以处理高浓度的水溶液，如果溶质是易结晶的物质，可以把溶液浓缩到过饱和状态而出现膜蒸馏结晶现象，是目前唯一能从溶液中直接分离出结晶产物的膜过程。

④ 膜蒸馏组件可以设计成潜热回收形式，并具有以高效的小型组件构成大规模生产体

系的灵活性。

22.1.3.3　膜蒸馏的缺点

目前膜蒸馏技术尚存在以下问题：

① 膜蒸馏是一个有相变的膜过程，所以在组件的设计上必需考虑到潜热的回收，以降低运行成本。

② 膜蒸馏采用疏水微孔膜，与亲水膜相比在膜材料和制备工艺的选择方面局限性较大。

③ 膜蒸馏用疏水膜在使用中存在亲水化渗漏问题。

22.1.4　膜蒸馏技术分类

22.1.4.1　常见膜蒸馏过程[3]

按照疏水膜透过侧的不同蒸气收集冷凝方式，已有五种膜蒸馏工艺过程：

（1）直接接触膜蒸馏（Direct Contact Membrane Distillation，DCMD）

如图 22-2 所示，直接接触膜蒸馏是膜的一侧直接接触热料液，另一侧直接接触冷流体。传质过程为：

① 水从被处理液体主体扩散到与疏水膜表面相接触的边界层；

② 水在边界层与疏水膜的界面汽化；

③ 汽化的蒸气扩散通过疏水性膜孔；

④ 蒸气在疏水膜的透过侧直接与冷流体接触而被冷凝。

DCMD 是最简单的膜蒸馏形式，其设备结构简单，膜蒸馏通量较大，在五种膜蒸馏过程中研究最为广泛。其主要的缺点就是由热传导引起的损失较大，DCMD 膜两侧的温差为过程的推动力，热量从进料侧传导到透过侧，相对而言热效率较低。

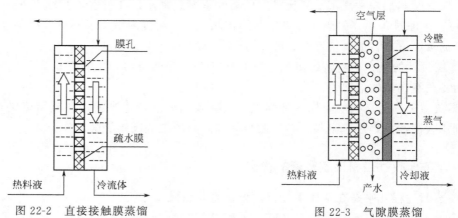

图 22-2　直接接触膜蒸馏　　　　　　　　图 22-3　气隙膜蒸馏

（2）气隙膜蒸馏（Air Gap Membrane Distillation，AGMD）

如图 22-3 所示，传质过程的前三步与 DCMD 相同，从第四步开始，透过侧的蒸气不直接与冷液体接触，而是保持一定的间隙，透过蒸气扩散穿过空气隔离层后在冷凝板上进行冷凝。加入气隙层的优点在于能够减少热传导带来的损失，但是，附加的气隙层增加了传质阻力。因此，AGMD 具有热效率高的特点，其缺点是膜蒸馏通量较低，并且膜组件结构形式相对较为复杂。

（3）减压膜蒸馏（Vacuum Membrane Distillation，VMD）

减压膜蒸馏又称真空膜蒸馏，是在膜的透过侧用真空泵抽真空，以造成膜两侧更大的蒸气压差。传质的前三步与 DCMD 相同，第四步透过蒸气被真空泵抽至外置的冷却器中冷凝，见图 22-4。VMD 过程中的热传导损失较小，一般可以忽略，且由于透过侧压力较低，增大了膜两侧的蒸气压差，过程推动力增大，使膜蒸馏通量较其他膜蒸馏过程的通量增大，近几年来受到比较大的关注。但同时膜两侧的料液压差的增加，使得进料侧流体更容易进入膜孔，因此，VMD 过程中须采用透水压力较高且强度较大的疏水性微孔膜。VMD 还可以用来脱除溶液中易挥发溶质。

（4）气扫膜蒸馏（Sweeping Gas Membrane Distillation，SGMD）

用载气吹扫膜的透过侧，从膜组件中夹带走透过侧的蒸气，使蒸气在外置的冷却器中冷凝。传质过程也是在第四步发生变化，传质推动力除了蒸气的饱和蒸气压外，还有由于载气的吹扫夹带作用，促进传质，因此传质推动力可以比 DCMD 和 AGMD 大，载气中水蒸气的分压以及冷凝温度控制对膜蒸馏产水量有重要影响。工艺原理见图 22-5。但由于 SGMD 过程消耗较大，挥发性组分不易进行冷凝，仅有少量的液体能从大量的吹扫气中冷凝下来，故这种膜蒸馏过程通常效率较低，因而，相应的研究和应用报道相对较少。

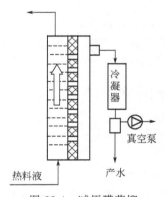

图 22-4　减压膜蒸馏

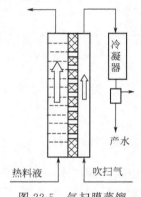

图 22-5　气扫膜蒸馏

（5）吸收膜蒸馏（Absorbed Membrane Distillation，AMD）[4-5]

吸收膜蒸馏（图 22-6）也称为渗透膜蒸馏（Osmotic Membrane Distillation，OMD）。疏水膜两侧液体的主体温度相近，疏水膜的产水侧为对水分子有强烈吸收作用的吸收液，这样在膜两侧水分子化学位差的作用下，水分子从膜的料液边界层吸热汽化，在膜的吸收液边界层被吸收液化并放出相变热，再利用膜两侧吸热/放热形成的逆向温度差，通过膜材料将热能回传料液侧，疏水膜具有传质与导热双重作用，膜孔传质，膜材料传热。

前四种膜蒸馏过程传质驱动力均是膜两侧气相中的水蒸气分压差，吸收膜蒸馏的传质驱动力则是膜两侧液体中水分子的化学位差，其传质速度与膜

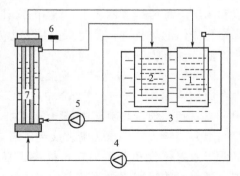

图 22-6　吸收膜蒸馏海水淡化实验
装置工艺示意图

1—海水；2—吸收剂；3—加热水浴；

4,5—循环磁力泵；6—温度计；7—膜组件

面温度和吸收液的吸收能力（水合能力、浓度）有关。吸收膜蒸馏无前四种膜蒸馏过程的相变热回收问题，吸收剂则可参照采用正渗透技术所用的吸收剂及吸收剂再生方式。

赵晶等[6-7]对 VMD、DCMD 和 SGMD 的传质机理和脱盐性能做了系统研究。由图 22-7（a）可知，当原料液盐水浓度较低时（低于 40g/L），三种过程的膜蒸馏通量随料液浓度变化的趋势并不明显；而当浓度超过 80g/L 后，随着盐水浓度继续增加，三种膜蒸馏过程通量都呈缓慢下降的趋势。在 VMD 过程中，当料液浓度大于 320g/L 时，产水通量迅速降低。由图 22-7（b）可看到，三种膜蒸馏机理的产水水质有明显差别，VMD 过程有着较高的通量与较低的产水电导率。一般来说，DCMD 的设备最简单且操作容易，是被研究最多的膜蒸馏过程，适于脱盐或浓缩水溶液（果汁等），水为主要透过成分；SGMD 或 VMD 用于从水溶液中除去挥发性有机物或可溶气体；AGMD 主要用于平板膜的膜蒸馏过程。

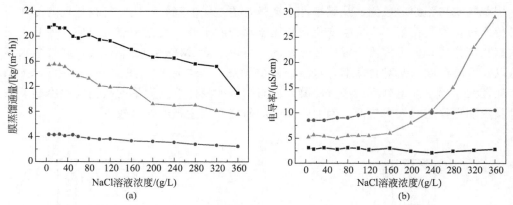

图 22-7　NaCl 浓缩过程中三种膜蒸馏过程的通量和产水电导变化
■ VMD；● SGMD；▲ DCMD

22.1.4.2　新型膜蒸馏过程

（1）鼓泡膜蒸馏（Bubble Membrane Distillation，BMD）[8-12]

众所周知，反渗透、纳滤、超滤等膜分离过程均是单一的传质控制过程，目前的膜蒸馏研究也大多集中于传质过程，实际上，膜蒸馏过程同时存在传热和传质两个过程，而且，控制过程是较慢的传热过程，因此，膜蒸馏研究还应重点研究传热过程。传热过程有传导、对流和辐射三种传热基本机理，现有膜蒸馏技术的传热状态基本属于传导传热。通过鼓入空气来强化流体的热扰动，同时减少料液边界层厚度，可以降低膜蒸馏过程的浓差极化和温差极化作用，显著提高膜蒸馏通量。

图 22-8 所示为鼓泡减压膜蒸馏过程（BVMD）鼓气量对膜蒸馏过程的影响，实验条件为：原水为 3.5%（质量分数）的 NaCl 水溶液，操作温度 70℃，真空度 0.085MPa。从图中可以看到，随着热流体中鼓气量增加，BVMD 过程通量显著增加。混合流体的雷诺数呈直线上升趋势，从层流逐渐发展到湍流，提高了膜面剪切力，降低了流体边界层厚度，从而降低了浓差极化和温差极化，提高了膜蒸馏通量。并且，如图 22-9 所示，在 BVMD 过程中，膜表面的沉积物显著减少，说明鼓气过程可以明显抑制膜污染。

（2）曝气膜蒸馏（Aeration Bubble Membrane Distillation，ABMD）[13]

曝气膜蒸馏过程是直接利用疏水膜在热料液中进行微泡曝气，通过空气泡吸湿将水蒸气携带出蒸发部件，然后在外置的冷凝器中冷凝液化。利用空气在不同温度下吸湿量不同的原

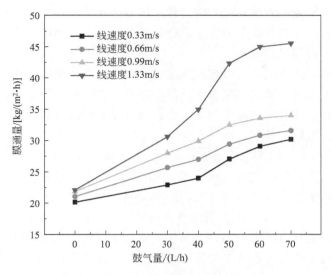

图 22-8 鼓气量对膜蒸馏过程的影响

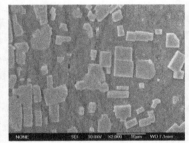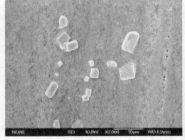

(a) 盐水浓缩至10倍时，无鼓气　　　(b) 盐水浓缩至10倍时，有鼓气　　　(c) 初始膜

图 22-9 中空纤维膜内表面 SEM 照片（×2000）

理，来获得膜蒸馏产水。在韩怀远[14]研究中，膜蒸馏通量和产水电导率均接近于气扫式膜蒸馏。在曝气膜蒸馏过程中，疏水膜与被处理液体之间存在空气隔离层，不直接接触，因而大大降低了对膜材料性能的要求；膜表面随时处于被空气吹脱清洗状态，回避了料液侧的膜污染问题；膜孔内部处于被空气实时吹扫状态，不存在疏水膜的润湿渗漏问题；通过疏水膜进行微泡曝气，大大增加空气泡与热液体的气液接触面积；通过气液混合区高度差的设置，使膜蒸馏产水电导率在可以接受范围内。

（3）超滤膜蒸馏（Ultrafiltration Membrane Distillation，UFMD)[15]

由于现有疏水膜制备所用材料与方法的限制，使膜蒸馏通量与膜机械强度均较低。袁野[16]不采用疏水膜作为气液分离介质，改为使用透水性超滤膜作为原料液分布机构。因为透水性超滤膜所提供的蒸发面积大于膜孔道的实际气液接触界面面积，与疏水膜相比，具有在单位体积内蒸发面积更大的特点；利用膜组件壳程空间和自然重力作用，实现气液分离，可以得到低电导率的膜蒸馏产水；蒸发过程是发生在分离膜的表面而不取决于膜孔通道，因而可以制备低孔隙率和小孔径的膜，相应可以得到更高机械强度的膜；由于可以提高膜的机械强度，因而可以制备更薄的膜，提高膜的导热性能，有利于蒸发温度的提高；无需蒸汽透过膜孔进行传质，因而降低了气相传质阻力；因不使用疏水膜，相应避免了疏水膜的亲水化渗漏问题。这样可以实现高效的膜法蒸馏过程。该方法在严格意义上也不符合现有的膜蒸馏定义，但同样是将膜技术与传统蒸馏技术结合的膜蒸馏技术，利用了分离膜气液接触面积大的优点，是一种高效的膜蒸馏技术。

依据具体实施的方式不同，可以有减压超滤膜蒸馏，即在超滤膜的透过侧施加负压，将在超滤膜表面蒸发的水蒸气抽出到膜组件外部的冷凝器内进行冷凝液化；可以有气扫式超滤膜蒸馏，即在超滤膜的透过侧施加吹扫气，将在超滤膜表面蒸发的水蒸气吹出到膜组件外部的冷凝器内进行冷凝液化，等等。

（4）多效膜蒸馏（Multiple-Effect Membrane Distillation，MEMD)[17]

膜蒸馏过程中水蒸气的相变热（约为 2600kJ/kg）远大于水的比热容 [4kJ/(kg·K)]，因此，若按常规膜蒸馏方式使水蒸气冷凝，需要大量的冷却水，如按目前减压膜蒸馏方式，约需要 30t 冷却水才能获得 1t 淡水。因热泵的能效比一般不超过 4：1，通过机械式热泵来吸收蒸汽潜热，系统能耗也很高。同时目前热泵系统价格较高，导致膜蒸馏系统的处理成本较高。将膜蒸馏过程中产生的水蒸气与料液之间进行一次热交换，则冷料液只能部分冷凝蒸汽，不能完全吸收蒸汽潜热。

吕晓龙[18]首次提出了多效膜蒸馏概念，是将化工多效蒸发技术的蒸汽相变热多级利用原理应用于膜蒸馏过程，有效回收相变热。多效膜蒸馏是一个多级蒸发与多级换热的组合工艺，即将各级膜蒸馏组件产出的蒸汽，作为次级热源，用于加热料液，并使料液在该级工艺条件下能够发生蒸发，只有料液多级蒸发，才能被降温，使其具备持续的冷却能力。由此，解决膜蒸馏过程能耗高、蒸汽冷凝需要大量冷却水的问题。依具体膜蒸馏过程不同，可以有减压多效膜蒸馏[19,20]、气隙多效膜蒸馏、气扫多效膜蒸馏[21,22]及其组合等。

22.1.5 膜蒸馏的膜材料及组件

22.1.5.1 膜材料

在膜蒸馏过程中，起着关键作用的便是所使用的膜材料。对于膜蒸馏技术来讲，膜蒸馏用膜材料至少应具备一定透水压力的疏水性和多孔性两个特点，以保证液体既不会渗入到膜孔内又具有较高的通量。为了优化膜材料的性能，尽可能提高膜通量和分离性能，既要求所用的膜具有尽可能大的孔径，但是膜两边的溶液又不能透过膜孔。因此，需要合适的膜孔径，一般膜蒸馏所用膜材料的孔径范围在 $0.1 \sim 0.5 \mu m$ 之间。另外，为了在膜蒸馏过程中获得良好稳定性能和操作性能，膜蒸馏用膜材料还要具备良好的热稳定性能、较强的力学性能、稳定的化学性能、较强的抗污染性能、低表面活性能以及较低的导热性能等。并且，针对不同的膜蒸馏机理，对膜材料的孔径、透水压力、导热性、强度等要求均有不同。总的来讲，膜材料的选择需要从膜蒸馏过程的传热、传质以及膜疏水性能的影响因素来考虑。

20 世纪 60 年代 Bodell[23]、Findley 和 Wely[24] 等首先发明了膜蒸馏技术，当时他们使用的是纸、胶木、玻璃纤维、玻璃纸、尼龙、硅藻土等非疏水材料，但是从后来的技术发展看来，这些材料并不适用于膜蒸馏。1970 年，Gore 制成聚四氟乙烯（PTFE）膜，1976 年他又用延展法制成 PTFE 膜，该膜具有化学稳定性和疏水性。1980 年，Millipore 制成平板疏水性聚偏氟乙烯（PVDF）膜。80 年代末期以来，膜蒸馏所用的材料主要有 PTFE、

PVDF、聚丙烯（PP）。这三种材料各有特点，PTFE 的表面张力最小，疏水性最好，耐氧化性和化学稳定性较强；PVDF 的疏水性、耐热性、可溶性都很强，而且膜机械强度好，易制取，可开发的潜力大；PP 的制膜简单易于产业化，且价格低廉，但易产生静电、易被污染、耐氧化性差。近几年对膜材料的文献报道多集中在 PVDF 膜上，PVDF 的疏水性、耐热性和可溶性使之成为膜蒸馏用的理想材料，而且 PVDF 膜较 PTFE 膜易制备，可开发的潜力较大。

（1）PP

PP 是部分结晶性聚合物，其结晶度在 70% 以上，其软化点为 165℃，具有较好的力学性能，良好的耐酸碱、耐溶剂等性能。缺点是耐氧化性能力差、易老化。PP 膜的热稳定性及化学稳定性都不如前述的两种膜材料，但是其价格低于另外两种膜，所以应用也较广。

PP 因具备软化温度较高、力学性能好等优点，可以采用熔融拉伸（MSCS）法和 TIPS 法来制备微孔膜。MSCS 法是在 20 世纪 70 年代中期研发出的制备微孔膜的方法，在拉伸制备过程中无定形区被拉伸容易形成裂纹状微孔。该方法制备出的 PP 膜的孔呈长条形（图 22-10），长约 $0.1\sim0.5\mu m$，宽约 $0.01\sim0.06\mu m$；孔径范围在 $0.1\sim3\mu m$。目前 PP 膜的制备法主要为 TIPS 法，此法易制备孔径分布很窄的 PP 膜。目前制备 PP 膜的混合体系有：等规聚丙烯（i-PP）-矿物油、i-PP-双羟乙基牛脂胺（TDEA）、i-PP-正烷烃；i-PP-正脂肪酸等。

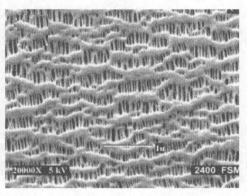

图 22-10　MSCS 法 PP 膜表面 SEM 照片[25]

（2）PTFE

PTFE 是一种全氟化合物，碳元素被四个氟元素所包裹，俗称"塑料王"，具有极佳的耐高温、耐酸碱、耐腐蚀、强疏水性等，不溶于任何溶剂，熔点为 327℃，低温下不变脆，可在 $-180\sim260$℃的环境下长期使用。PTFE 是由四氟乙烯（TFE）为单体聚合而成的高结晶聚合物，结晶度可达 90%~95%。PTFE 为白色蜡状塑料，密度约为 $2.2g/cm^3$，极小的吸水率，大约只有 0.01%。在 PTFE 分子中，无游离的电子，呈现电中性，介电损耗很小，介电性能十分优异。PTFE 的相对分子质量很大，从十几万到上千万不等，聚合度约有 10^4 数量级。PTFE 与聚乙烯（PE）具有十分相似的化学结构，因为氟原子半径比氢原子大，因此各单元间不能像 PE 那样形成反式交叉的结构，PTFE 是在取向的基础上呈现螺旋状排列，氟原子覆在碳原子表面，分子结构如图 22-11 所示。

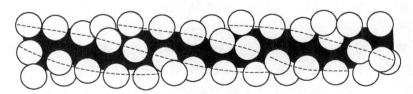

图 22-11　PTFE 分子结构示意图[26]

因 PTFE 分子具有螺旋型构象，PE 中的氢原子全部被氟原子所取代，形成一层致密的全氟保护层，保护容易受到化学侵蚀的碳链骨架。所以，PTFE 具有其他材料都无法可比的化学稳定性和耐腐蚀性，PTFE 可以承受除熔融的碱金属及液氟外，其他所有的强酸、强氧化剂、还原剂和各种有机溶剂。另 C—F 键的键能高达 460.2kJ/mol，其他元素取代氟元素非常困难，性能极为稳定，使 PTFE 具有极好的热稳定性及化学惰性。PTFE 耐溶剂性极强，几乎不溶于其他溶剂，并且热熔融温度很高，所以很难加工成膜。由于 PTFE 不溶不熔的特性，目前 PTFE 成膜主要通过烧结和拉伸致孔法制备。最先制造生产 PTFE 拉伸膜的公司是杜邦公司，20 世纪 70 年代初美国 GE 公司成功研制出双向拉伸的 PTFE 平板膜，之后日本住友电工也有相关产品问世。后来 RadiumHuang 等[27] 通过"挤出-拉伸"法制得 PTFE 平板膜，其平均孔径在 0.07~0.45μm 之间、孔隙率在 25%~57% 之间。PTFE 微孔滤膜疏水性强、耐高温、化学稳定性好，可耐酸碱及各种有机溶剂（图 22-12）。

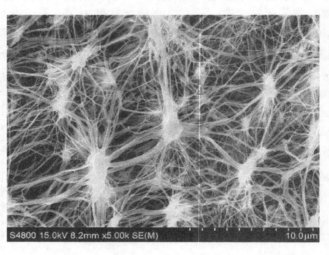

图 22-12　双向拉伸法膨体 PTFE 微孔滤膜[28]

（3）PVDF

PVDF 是一种比较折中的具有一定优异性能的膜蒸馏材料。PVDF 的密度为 1.76~1.78g/cm³，结晶度在 60%~80% 之间，其熔点为 170℃，可在 −40~150℃ 条件下长期使用。在所有氟塑料中，PVDF 的机械强度最大，并且韧性高，冲击强度及耐磨性均较好。PVDF 具有较好的化学稳定性和耐气候性，耐紫外、抗老化、耐辐射等性能，能耐脂肪烃、芳香烃等多种有机溶剂，具有较高的耐热性，能经受 120℃ 的蒸汽杀菌消毒，对无机酸和有机酸均具有较好的耐受性，然而，PVDF 在碱性环境下难以长期使用。PVDF 具有良好的耐氧化性，不易污染，易清洗，是用于高污染分离体系的较理想的膜。

PVDF 可溶于 N-甲基吡咯烷酮（NMP）、二甲基甲酰胺（DMF）、二甲基乙酰胺（DMAc）、磷酸三乙酯（TEP）、二甲基亚砜（DMSO）等溶剂，可采用相转化法制备成平板膜或中空纤维膜。早期，PVDF 中空纤维微孔膜大多采用非溶剂致相转化（NIPS）法制备，在 NIPS 法制膜过程中，由于水溶性高分子材料的添加剂会残留在膜中，不易除尽，所以影响微孔膜的截留性能和使用寿命，并且降低了微孔膜的疏水性。因此，在常规的制膜方法及制膜工艺条件下，在铸膜液里加入适量的非溶剂，可以更好地促进膜组成进入分相区，从而改善微孔膜的性能。采用 NIPS 法制备的 PVDF 中空纤维微孔膜孔隙率大多在 80% 左右，导致微孔膜强度较低。近几年推出的热致相分离（TIPS）法制备的 PVDF 中空纤维微孔膜，膜的强度与膜的通量均大幅提升。PVDF 膜具有较好的疏水性，而且容易制备。图 22-13 所示为常见的 NIPS 法 PVDF 中空纤维膜断面结构 SEM 照片。

（4）其他膜材料

除了上述 PTFE、PVDF 和 PP 的均聚物外，许多研究中也有用它们的嵌段共聚物进行了探索，如 Hyflons® AD、PVDF-TFE、PVDF-HFP、PVDF-CTFE 等。这些共聚物具有较好的疏水性和物化性能，有望用于膜蒸馏过程。另外，聚三氟氯乙烯（ECTFE）与 PVDF 材料相比具有更好的耐碱性，与 PTFE 相比，可以进行熔融加工，有可能成为一种新型的膜蒸馏用疏水膜材料。

图 22-13　NIPS 法 PVDF 中空纤维膜断面结构

22.1.5.2　疏水膜材料性能参数

膜蒸馏材料性能包括膜通量、孔隙率、孔径、孔径分布、膜壁厚度、透水压力、机械强度、水接触角以及膜材料的热导率等。

（1）透水压力

透水压力（LEPw）是液体（水）进入膜孔所需的最小压力，是膜蒸馏用膜的一项重要参数，一般而言，疏水膜的 LEPw 值应大于 0.30MPa[29]。料液一定不能渗透进入膜孔，所以料液侧的压力一定不能超过 LEPw 的极限值。LEPw 取决于最大膜孔径和膜本身的疏水性，同时料液中有机物浓度、温度或表面活性物质含量均直接影响 LEPw 的数值。LEPw 可以直接测定或通过下式计算：

$$\Delta p_{\text{interface}} < \text{LEPw} = -\frac{2\gamma B \cos\theta}{r_{\max}} \tag{22-1}$$

式中，$\Delta p_{\text{interface}}$ 为界面压力；γ 为料液的表面张力；B 是膜孔几何系数（当为柱状孔时，B 值等于 1）；θ 为料液与膜表面的接触角；$r_{\max}$ 为膜孔的最大半径。

膜蒸馏用膜要具备高的接触角（强的疏水性），小的孔径，低的表面能，这样能为料液提供一个高的 LEPw 数值。此外，在 VMD 中，料液渗透进入膜孔的可能性比其他膜蒸馏形式的高，所以要求更高的 LEPw。

（2）孔径

Martinez 等[30] 的研究结果表明，当膜的疏水性足够好时，孔隙率在 60%～80%、孔径在 0.1～0.5μm 之间的膜比较适合膜蒸馏。高的通量需要较大的孔径，但是由于大孔径的膜孔容易被润湿，孔径的增大是有限度的。为防止膜被润湿，最大膜孔径在 0.1～0.6μm 之间，并且还应尽可能减小孔径分布和适度控制最大孔径，以降低膜孔润湿的危险。孔径分布比较窄的膜更适合于膜蒸馏过程。

（3）膜壁厚度

通常说来，在一般膜过程中，膜壁厚度与膜通量呈反比关系，当膜厚减薄时，传质阻力减小，通量增加。然而在 DCMD 过程中，膜壁厚并不是越薄越好，这主要是因为在 DCMD 中同时存在着传质和传热过程，壁厚减薄，降低传质阻力的同时，热量损失也增加了，致使膜蒸馏通量会降低。Laganà 等[31] 对膜的形态，如膜壁厚度、膜的孔径分布等从理论上做了系统的研究。他们指出膜蒸馏用膜的最优膜壁厚度为 30～60μm。在 AGMD 中膜厚的影响可以忽略，因为停滞的气隙层是传质的主要阻力。

（4）膜的孔隙率和弯曲因子

孔隙率是指膜内孔隙占膜总体积的百分比。通常说来，膜蒸馏用膜的孔隙率在 60%～80% 之间。干湿称重法测得的孔隙率（ε）的计算公式如下：

$$\varepsilon = \frac{(W_w - W_d)/\rho_w}{(W_w - W_d)/\rho_w + W_d/\rho_p} \times 100\% \tag{22-2}$$

式中，W_w、W_d 为湿膜和干膜的质量；ρ_w 和 ρ_p 分别为浸润液和高聚物的密度。

弯曲因子是膜孔结构偏离圆柱状的程度。弯曲因子越高，通量越低。Macki-Meares 提出的弯曲因子的计算公式为[32]：

$$\tau = \frac{(2-\varepsilon)^2}{\varepsilon} \tag{22-3}$$

不同的膜蒸馏机理，对膜结构的要求也不尽相同，需要相应不同的疏水膜内径、断面结构与壁厚优化。对于内接触式 DCMD 过程，中空纤维疏水膜的内径不宜过小，以使热料液携带足够的热量，避免膜组件出口温度过低，并且为减少膜蒸馏过程中冷侧与热侧的热量损失，所用疏水膜的壁厚不宜过薄，断面结构应以隔热效果好的、高孔隙率的指状孔结构为宜；对于 VMD 过程，断面结构应选择相对致密、导热性好的海绵体结构，防止水蒸气在膜孔内的降温，并且在保证足够的自支撑强度下，疏水膜的壁厚应尽量薄为好，以提高蒸发效率；对于 AGMD 过程，则需要较大的长径比才能得到较大的膜蒸馏通量。

22.1.5.3　膜组件

膜组件是膜蒸馏装置中最小的膜单元，是膜蒸馏的最重要的部分。膜组件的优化设计一直是膜蒸馏研究的重点。目前，膜蒸馏组件主要有板框式、中空纤维式、管式以及卷式。

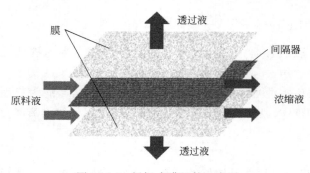

图 22-14　板框式膜组件示意图

① 板框式膜组件（图 22-14）：板框式膜组件在实验室中应用较多，因为其清洗和重装较容易。但是，它的填充率较低，对密封要求高，并且需要膜支撑物。板框式膜组件通常在脱盐和水处理方面用得较多。

② 中空纤维膜组件（图 22-15）：中空纤维膜组件中填充大量的中空纤维，组件两端密封，形成管程和壳程。热料液可在壳程流动，透过物进入纤维内腔，或者热料液在管程流动，透过物在壳程收集。中空纤维膜组件的优势是具有较高的填充密度和较低的能量消耗。

③ 管式膜组件（图 22-16）：在这种组件形式中，采用的膜为管状的。从商业角度来说，这种组件更具有吸引力，因为它被污染性较低，易机械冲刷清洗。然而，其填充率较低且操作成本高。

④ 卷式膜组件（图 22-17）：将袋式膜片开口的一边黏结在含有开孔的产水中心管上，另一边卷绕到中心管上，使给水水流从膜的外侧流过，使淡水通过膜进入膜口袋后汇流入产品水中心管内。为了便于产水在膜袋内流动，在膜袋内夹有一层导流的织物支撑层；为了使给水均匀流过膜袋表面并给水流以扰动，在膜袋与膜袋之间的给水通道中夹有隔网层。

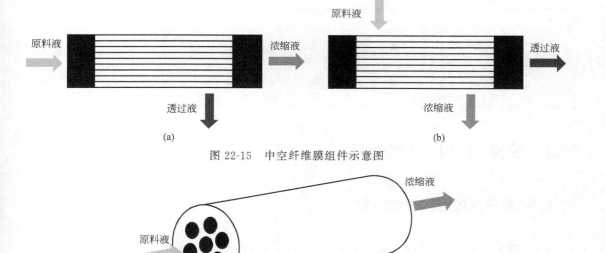

图 22-15　中空纤维膜组件示意图

图 22-16　管式膜组件示意图

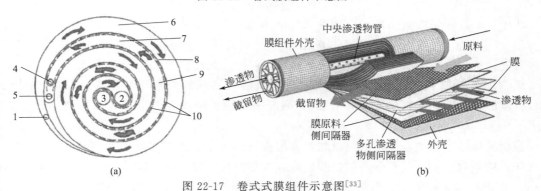

图 22-17　卷式式膜组件示意图[33]

1—冷却水入口；2—冷却水出口；3—料液入口；4—料液出口；5—透过液出口；

6—冷却通道；7—蒸发通道；8—冷凝片；9—透过液通道；10—疏水膜

上述膜组件的优缺点比较见表 22-1。

新型的膜组件有加折流挡板、带中心分布管、方形错流式和具有框单元的三相式膜组件。膜蒸馏组件设计和开发的原则如下：尽量提高过程传递速率；尽量消弱浓度极化和温度极化效应；尽量使壳程流体分布均一，组件的各个部位的性能稳定；控制和减少膜污染。

表 22-1　膜组件优缺点比较

类型	优点	缺点	适用状况
板框式	结构紧凑、简单、牢固、能承受高压；可使用强度较高的平板膜；性能稳定，工艺简便	装置成本高，流动状态不良，浓差极化严重，易堵塞，不易清洗，膜的堆积密度较小	适于小容量规模
管式	原水流动状态好，压力损失较小，耐较高压力；膜容易清洗和更换；能处理含有悬浮物的、黏度高的，或者能析出固体等易堵塞流水通道的溶液体系	装置成本高；管口密封较困难；膜的堆积密度小	适于中小规模

类型	优点	缺点	适用状况
卷式	膜堆积密度大,结构紧凑;使用强度好的平板膜;价格低廉	制作工艺和技术较复杂,密封较困难;易堵塞,不易清洗;不宜在高压下操作	适于较大容量规模
中空纤维式	膜的堆积密度大;不需外加支撑材料;浓度极化可忽略;价格低廉	制作工艺和技术较复杂;易堵塞,不易清洗	适于大容量规模

22.2 膜蒸馏过程研究现状

22.2.1 膜蒸馏过程的机理研究

22.2.1.1 膜蒸馏的传质机理研究

Drioli 等[34]在早期研究膜蒸馏传质机理时,指出跨膜传质通量可以表示为膜两侧易挥发组分的蒸气分压差的线性函数,表达式为:

$$J = K\Delta p \tag{22-4}$$

式中,J 为跨膜传质通量;K 为跨膜传质系数;Δp 为跨膜压差,可由式(22-5)表示:

$$\Delta p = p_{m,f} - p_{m,p} \tag{22-5}$$

式中,$p_{m,f}$ 为热侧液气界面处的饱和蒸气压;$p_{m,p}$ 为冷侧界面处的蒸气压。

式(22-5)随着膜蒸馏研究的不断深入而得到各种形式的补充与丰富,为膜蒸馏中传质过程机理的普遍形式。膜蒸馏传质系数 K 只与多孔膜材料本身的性质(如孔隙率 ε,弯曲因子 τ,膜厚 δ)有关,而与操作条件无关。

假设膜蒸馏过程中表面扩散可以忽略,根据气体分子运动的平均自由程(λ)和膜孔直径($2r$)的相对大小,气态分子通过膜孔存在 3 种机理,即 Knudsen 扩散、分子扩散和 Poiseuille 流动。当 $\lambda \ll 2r$ 时,气体分子间碰撞对传质产生重要影响,传质可用 Poiseuille 流动描述;当 $\lambda \gg 2r$ 时,气体分子与孔壁碰撞对传质产生重要影响,传质可用 Knudsen 扩散来描述。

(1)Knudsen 扩散模型

气体在多孔膜材料中扩散,如果膜孔直径远小于气体分子平均自由程,相对于气体分子与膜壁的碰撞,气体分子间的碰撞可忽略,Knudsen 扩散传质系数为:

$$K_K = \frac{2}{3} \frac{r\varepsilon}{\tau\delta} \left(\frac{8M}{\pi RT_m}\right)^{0.5} \tag{22-6}$$

式中,M 为透过物的摩尔分子质量,g/mol;R 为气体常数,J/(mol·K);T_m 是膜内平均温度,K。

(2)分子扩散模型

当膜的孔径远大于气体分子的平均自由程时,气体分子间的碰撞比分子与膜壁的碰撞更加频繁,占主导地位,阻力主要来源于分子之间的碰撞,分子扩散传质系数为:

$$K_D = \frac{1}{G} \frac{\varepsilon D}{\tau\delta} \frac{M}{RT_m} \tag{22-7}$$

式中，D 为气体分子的扩散系数，m^2/s；G 为气体摩尔分数的对数平均数。

（3）Poiseuille 流动

Poiseuille 流动模型认为分子处于黏性流动状态，在蒸气压差作用下，分子会由高浓度区域向低浓度处流动，Poiseuille 流动的传质系数为：

$$K_P = \frac{1}{8} \frac{\varepsilon r^2}{\tau \delta} \frac{M p_m}{\mu R T_m} \tag{22-8}$$

式中，μ 为气体黏度，$Pa \cdot s$。

（4）混合模型

由于存在孔径分布、温差极化、浓差极化等因素的影响，实际传质过程中难以用单一的机理模型来描述。如当气体分子的平均自由程与膜的平均孔径大小接近时，上述两种或三种传递扩散方式在膜蒸馏传质过程中共存，故有研究者将某些传质模型相结合，得到过渡模型。

① 尘气模型[35-36]　maxwell 在分子扩散、Knudsen 扩散和黏性流基础上根据气动力学理论提出了气体透过微孔材料的"尘气模型"（Dusty-Gas Model，DGM）理论，后被广泛应用于膜蒸馏领域的机理研究。DGM 通量表达式为：

$$0.53 \frac{\tau J_i^K}{\varepsilon r \sqrt{\dfrac{RT}{\pi M_i}}} + \sum_{j=1 \neq i}^{n} \frac{p_j J_i^K - p_i J_j^K}{\dfrac{\varepsilon}{\tau} p D_{ij}} = \frac{\Delta p_i}{RT} \tag{22-9}$$

$$J_i^n = \frac{1}{8} \frac{p_i \varepsilon r^2}{\tau R T \mu} \Delta p \tag{22-10}$$

式中，J_i^K 为组分 i 的扩散通量；J_i^n 为组分 i 的黏性流动通量；p_i 和 p_j 分别为组分 i 和 j 的分压，总传质通量表达式为：

$$J_i = J_i^K + J_i^n \tag{22-11}$$

② 介于 Knudsen 和 Poiseuille 之间的过渡模型　由 Schofield 等[37]提出的介于 Knudsen 和 Poiseuille 之间的过渡模型对传质系数随温度的变化进行了量化；同时强调，如果出现传质系数随温度升高而明显升高的现象，则 Poiseuille 流动可能在跨膜传质中起着很重要的作用，因为纯 Poiseuille 流动对应的传质系数将会随温度的升高呈指数规律上升。这一理论在一定程度上对膜蒸馏过程进行了较好的描述，但该模型中仍然存在大量经验参数，需要通过实验才可以确定，缺乏预测性和通用性，而且未考虑水溶液的浓差极化问题。为了弥补这一不足，研究人员提出下述新型的膜蒸馏模型。

③ 介于 Knudsen 和分子扩散之间的过渡模型　余立新等[38]，对 DCMD 的过程机理进行了研究，建立了数学模型。该模型中，除了膜组件的传热系数需经实验给出外，不包含其他需经实验才能确定的参数，有较好的预测性和通用性。其所用数学模型是以早期提出的数学模型为基础进行修饰或改进的，如基于 Schofield 等提出的模型、基于经典的尘气模型、基于多组分气态扩散的 Stefan-Maxwell 数学模型。1997 年，由美国德克萨斯大学 Lawson 等[39]在研究 MD 跨膜传质过程时，提出的介于 Knudsen 和分子扩散之间的过渡模型，在对传质系数随温度的变化进行了量化的基础上把温差极化、浓差极化的因素考虑在内，并采用基于 Stefan-Maxwell 数学模型和对数平均压差法代替算术平均差法的计算方法对膜蒸馏的通量进行了更为准确的计算。

④ 膜蒸馏新模型（TPKPT、KMPT）　丁忠伟、马润宇等[40]基于 Knudsen 扩散、Poiseuille 流动两参数的跨膜传质模型，即 TPKPT 模型，用这种模型参数计算膜在不同温度下的传质系数，其值与实验值吻合较好，能比较好地描述膜蒸馏的跨膜传质过程，但只是对传质系数有较好的计算。2003 年，北京化工大学丁忠伟等[41]，以 DCMD 作为研究基础，测试了几种膜在不同温度下的跨膜传质通量，据此算出了不同膜在各种实验测试温度下的传质系数，又提出基于 Knudsen-分子扩散-Poiseuille 流动的三参数模型 KMPT 来预测膜蒸馏系数和通量，也得到较好的结果。

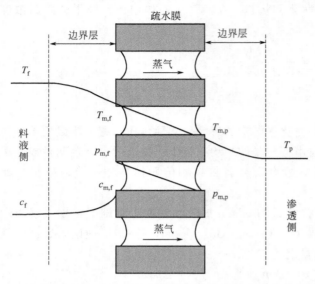

图 22-18　DCMD 过程中传质传热过程示意图

22.2.1.2　膜蒸馏的传热机理研究

膜蒸馏过程中的热量传递主要是汽化潜热和跨膜热传导两部分。以 DCMD 为例，在 DCMD 过程中包括三个过程：首先，热量由料液侧通过热边界层从热侧主体传递到膜表面（Q_f）；随后，一部分热量以蒸汽潜热的形式、另一部分热量则以传导形式通过膜（Q_m）；最后，热量通过热边界层从膜表面传递到冷侧主体（Q_p）。如图 22-18 所示其过程速率方程分别如下：

$$Q_f = h_f(T_f - T_{m,f}) \tag{22-12}$$

$$Q_m = h_m(T_{m,f} - T_{m,p}) + J\Delta H \tag{22-13}$$

$$Q_p = h_p(T_{m,p} - T_p) \tag{22-14}$$

式中，T_f、T_p 分别为料液（热）侧和透过（冷）侧的主体温度；$T_{m,f}$、$T_{m,p}$ 分别为热侧和冷侧的膜表面温度；h_f、h_p、h_m 分别为热侧边界层、冷侧边界层以及膜的传热系数；J 为跨膜通量；ΔH 为汽化潜热。根据能量守恒，稳定状态下

$$Q_f = Q_m = Q_p \tag{22-15}$$

跨膜传热过程中，$h_m = \lambda_m/\delta_m$，式中 δ_m 为膜的厚度；λ_m 是膜的热导率，λ_m 与膜孔中气体和膜材料的性质有关。微孔膜中 $\lambda_m = \varepsilon\lambda_g + (1-\varepsilon)\lambda_s$，式中 ε 为膜的孔隙率；λ_g 和 λ_s 分别是膜孔中气体的热导率和膜材料的热导率。

22.2.2　膜蒸馏过程影响因素

就膜蒸馏的工艺过程而言，通量、截留率和热效是膜蒸馏的主要性能参数。

22.2.2.1　膜通量

膜通量（Membrane Flux）是判断膜蒸馏性能的关键指标。其计算公式如下：

$$J = \frac{\Delta m}{St} \tag{22-16}$$

式中，Δm、S、t 分别为一定时间内的产水质量、膜组件面积以及测试时间。

影响膜通量的主要因素有所用膜材料的结构参数、膜组件结构参数以及膜蒸馏过程的操作条件等。

① 温度。温度是影响通量的最主要因素，提高热侧溶液的温度或提高膜两侧的温差，均能使通量显著增加，但不成线性关系。

② 水蒸气压差。通量随膜两侧水蒸气压差的增加而增加，且呈线性关系。

③ 料液浓度。料液浓度对非挥发性溶质水溶液和挥发性溶质水溶液有不同的影响，随浓度的增加，非挥发性溶质水溶液的通量降低而挥发性溶质水溶液的通量则增加，且浓溶液的膜蒸馏行为比稀溶液复杂，对水通量的影响也更大。

④ 料液流速。增加进料流量和冷却水流量均可使通量增加。

⑤ 运行时间。随着运行时间的延长，会出现通量衰减的现象。其原因一般有两个：一是随蒸馏的进行，膜孔被浸润，传质面积减小；二是膜污染造成通量的衰减。

⑥ 分离膜的结构参数。包括膜孔径、壁厚度、膜内径、孔隙率、弯曲因子等。如前所述用于膜蒸馏的分离膜应该有足够大的孔径又不能使料液进入膜孔，孔径分布比较窄的膜性能更为优秀。

22.2.2.2　截留率

膜蒸馏过程中，对难（非）挥发组分分离性能的评价参数——截留率（Rejection）的定义式为：

$$R = \left(1 - \frac{c_p}{c_f}\right) \times 100\% \tag{22-17}$$

式中，c_p、c_f 分别为透过侧难挥发组分的浓度和料液侧难挥发组分的初始浓度。

因为膜蒸馏用膜的疏水性，膜蒸馏的截留率比其他膜分离过程要高，一般都接近100%。其影响因素主要有两个：一是孔径，一般认为孔径在 $0.1 \sim 0.5 \mu m$ 较为合适，用得比较多的为 $0.2 \sim 0.4 \mu m$。二是膜两侧的压力差不能超过膜的透水压力。

22.2.2.3　造水比

造水比（Gained Output Ratio，GOR），是指膜蒸馏过程中料液汽化所需的热量与系统提供的总热量之比，即生产出馏出液所对应的蒸发潜热与实际所消耗的热量之比，用来衡量多效膜蒸馏过程的热量利用率，其数值越大说明多效膜蒸馏装置热回收利用率越高。其表达式为：

$$GOR = \frac{F \Delta H}{Q c_p \Delta T} \tag{22-18}$$

式中，c_p 为料液的比热容，J/(kg·℃)；Q 为料液的循环流量，L/h；F 为产水的体积流量，L/h；ΔT 为热料液进口温度与冷料液出口温度差，℃；ΔH 为热料液的蒸发焓，J/kg。

膜蒸馏过程中有相变发生，需要消耗热能，提高 MD 过程的热效率是增加 MD 技术与多级闪蒸（MSF）、低温多效（MED）过程相竞争的一个重要因素。热料液温度的升高和膜参数改进是提高膜蒸馏过程热效率的主要方法。其中膜孔径和孔隙率的增大，会促进蒸气的传质和降低热传导热量，进而提高热利用率；此外降低膜材料的热导率和适当增加膜厚度会减少传导热量。

22.2.3　提高膜蒸馏通量及选择性的措施

（1）减小浓差极化和温差极化

从膜蒸馏的传质机理分析，改变料液的流动状态，减小浓差极化和温差极化的措施都有利于提高膜蒸馏通量，如提高流速、在流道中放置隔离物、使用超声波辅助等。

（2）料液中加盐提高选择性

对于回收挥发性溶质的膜蒸馏过程，可以在料液中加入盐类降低水的蒸汽压，从而提高挥发组分的透过通量。

（3）选择合适的操作条件

在中空纤维膜组件的真空膜蒸馏操作中，操作方式对通量有明显影响。2002 年法国国立科学应用实验室 Wirth 等[42]在水溶液脱盐试验中，对内进/外抽和外进/内抽两种操作方式的总传热系数和总传质系数进行对比，认为外进/内抽式操作更有工业生产的价值。

（4）膜组件结构的优化设计

膜组件结构的优化设计是确保膜过程高效运行的重要条件。2003 年北京化工大学丁忠伟等[43]对中空纤维膜组件设计提出的数学模型指出，由于中空纤维膜内径的多分散性和在壳体中装填的不均匀性都会引起流动的不良分布，从而使通量降低，而且后者的影响更严重。

（5）疏水膜表面的超疏水化处理

疏水膜的表面超疏水化是疏水膜制备技术中的重要研究方向之一，通过疏水膜表面超疏水化，可以提高疏水膜表面的气液相界面面积，即膜蒸馏的蒸发面积，因而可以提高膜蒸馏通量，但由于膜污染是由于料液与膜表面的接触产生的，因此作者认为疏水膜表面的超疏水化并不能提高疏水膜的抗污染性和解决亲水化渗漏问题。超疏水表面一般是指与水的接触角大于 $150°$ 的表面。自然界中许多植物叶的表面具有微纳米级的乳突双微观结构，从而具备超疏水性。超疏水性固体表面一般来说可以通过两种方法制备：一种是在疏水材料表面构建粗糙结构；另一种是在粗糙表面上修饰低表面能的物质。林汉阳[44]、王贤荣[45]、刘嘉铭[46]、张如意[47]等采用稀溶液相转移法，对 PVDF 膜的表面进行本体超疏水改性，成功得到了类荷叶表面乳突状粗糙结构（图 22-19），PVDF 膜的水接触角从 $80°$ 提高到 $160°$ 以上。

图 22-19　超疏水改性前后 PVDF 膜表面的 SEM 照片

22.2.4　膜蒸馏过程中的膜污染问题

和其他膜过程一样，膜蒸馏过程也存在膜污染问题，而且膜污染会伴随膜的润湿，所以近年来日益引起人们的重视。膜蒸馏的实际运行中，膜的性能会随时间发生变化。由于浓差极化、温差极化、吸附以及膜表面凝胶层的形成等原因会对料液侧的传递过程形成新的阻力，主要表现为膜孔润湿（亲水化渗漏）及膜表面污染物质的沉积，从而影响膜通量，造成通量衰减。其中，膜孔润湿是膜蒸馏过程中最严重的膜污染。

22.2.4.1 膜表面污染物的沉积及其清洗

膜污染使膜表面疏水性能降低，膜蒸馏通量下降，从而影响膜的长期运行稳定性，致使膜性能降低，使用寿命缩短。对于不同的分离体系，膜污染的表现和影响程度也不尽相同。膜蒸馏过程中的主要污染形式有膜表面无机盐物质的结垢及有机物质（如腐殖酸、蛋白质、多糖）的沉积。

代婷等[48]对膜蒸馏过程中典型污染物（腐殖酸、卵清蛋白、硅溶胶、$CaCO_3$ 等）对膜蒸馏过程的影响做了系统研究。研究发现，膜蒸馏操作初期，有机质、胶体等在 Ca^{2+} 的作用下形成污染物聚集，加速过程通量的衰减并沉积在膜材料表面。代婷等[49]又选取水体中具有代表性的有机物（腐殖酸）、微溶无机盐（$CaCO_3$）作为典型污染物，研究其对膜蒸馏过程膜污染进程的影响规律，并探讨天然有机物-无机微溶盐混合水体中腐殖酸聚集体对于无机盐结晶过程的控制机理。其结果表明：膜蒸馏通量的衰减大致可分为由滤饼层的形成造成的不可恢复部分以及由浓差极化、膜孔"半润湿"而造成的可部分恢复的通量降低。Ca^{2+} 通过加速腐殖酸分子的聚集过程，使表面负电性降低的腐殖酸聚集体率先吸附在膜表面，形成有机基质污染层；$CaCO_3$ 在有机腐殖酸聚集体的诱导下在膜内表面异相成核，最终成长为稳定的晶体。腐殖酸聚集体为无机盐晶体在疏水性膜表面的生长提供了异相成核的基础。因此指出，可通过控制污染水体中有机物的含量控制微溶 $CaCO_3$ 在膜表面成核及生长，实现控制其在膜表面附着进而诱发疏水膜发生亲水化的过程。

目前用于控制膜污染的技术主要有进料液预处理和膜的清洗。预处理的程度取决于进料液体的特征、膜的种类及膜清洗的频率。含有有机物料液的蛋白质污染，可将料液煮沸，然后超滤预处理，可以得到缓解；微生物的污染，不但膜上游侧，膜下游侧和孔道中也会污染，可在较高温度、较高盐浓度或较低 pH 下抑制微生物生长；对于高浓度盐水的盐颗粒的污染，可采用超声波技术或料液的超滤预处理减轻污染。另外，通过将膜蒸馏和其他膜过程结合也可以减少污染。

22.2.4.2 疏水膜的亲水化渗漏及其干燥

目前，疏水膜的亲水化渗漏及其干燥，仍是膜蒸馏技术在实际应用中面临的难点之一。疏水膜发生亲水化渗漏，主要原因是料液中的污染物在膜孔中发生不可避免的吸附，形成亲水化涂层，诱使液态水进入疏水膜孔中，从而发生疏水膜的亲水化渗漏。还有一个原因是水蒸气传质过程中在膜孔内冷凝液化，导致膜孔发生亲水化渗漏。因此，若不对膜蒸馏过程进行适当的控制，则疏水膜的亲水化渗漏现象会不可避免地发生，与所使用的疏水膜材料无关。

目前最常用的疏水膜干燥方法有热风吹扫干燥和真空干燥，对于大尺寸工业型膜组件，难以作为工程化应用实施方法。虽然微波加热的方法能耗低，但需要大型微波箱体，且膜组件浇铸用环氧树脂也属于微波敏感材料，因而微波加热的方法也难以工程化应用。

程认认、吕晓龙等[50]提出疏水膜的自脱水概念及其实施方法：设想对于特定材料与结构的疏水膜材料，存在一个临界润湿深度和自脱水效应，当膜孔被润湿深度小于该疏水膜材料的临界润湿深度时，通过常规清洗去除膜孔中的污染物，再用清洁的水清洗，之后使液体水脱离疏水膜表面，此时膜孔中的水会在表面张力的作用下被自动从疏水膜孔中排出，实现疏水膜的自脱水干燥。实验中采用具有很强界面润湿性能的十二烷基苯磺酸钠作为快速污染物，用 PVDF 中空纤维疏水膜进行了 VMD 实验。结果表明：对于疏水膜来说，存在临界润湿深度和自脱水效应，并且临界润湿深度与膜丝的厚度无关。在膜孔润湿深度小于临界润湿深度时对疏水膜进行清洗，并通过循环地进行 MD-清洗-自脱水干燥过程，实现了疏水膜的自脱水干燥，从而实现了膜蒸馏过程的持续运行。

22.3　膜蒸馏技术的应用

膜蒸馏作为一项新的分离技术，目前主要用于海水和苦咸水淡化、化工产品浓缩和提纯，近年来 MD 在废水处理中的应用报道也比较多。

22.3.1　海水和苦咸水淡化

淡水资源短缺成为当今社会一大问题，世界的水资源危机目前在某些地域已相当严重，而海水淡化是目前最经济环保的淡水取用方式。目前从海水或苦咸水获得淡水的主要方法有：电渗析法、蒸发法、多级蒸馏法和反渗透法等。近年来迅速发展起来的膜蒸馏技术在海水淡化的应用中获得了成功，可望成为一种廉价高效制取淡水的新方法。利用工业上使用的海水余热或用工业废热加热海水进行膜蒸馏海水淡化，具有成本低、设备简单、操作容易、能耗低等优点，使膜蒸馏技术在诸多海水淡化工程有一定竞争力！

目前，从海水或苦咸水获得淡水的主要有 MSF、MED 和反渗透（RO）技术。RO 技术占据着世界海水淡化产量的 44% 份额，成为海水淡化主流。但由于 RO 操作压力高达 5.0~6.0MPa，渗透压问题限制其处理高盐度的水溶液（给水的回收率一般为 40%~50%）。而膜蒸馏技术凭借着 RO 技术所不具备的优点，如产水质量高、经过膜蒸馏后的含盐废水含盐量明显降低、使用简单、要求低等，吸引了研究者们的注意力，对膜蒸馏用于海水、苦咸水脱盐方面进行了大量研究工作。

将膜蒸馏技术应用于海水、苦咸水淡化的优点非常明显，其过程在常温和常压下进行，结构简单，操作方便。膜蒸馏最初开发是用来进行海水淡化的，但是由于材料的限制，通量太小，没能引起人们的兴趣。随着材料技术的飞速发展，膜蒸馏技术也有了较大的进步。20世纪 80 年代后期，N. Kjellander 等首先在 Hono 岛上安装了两套中试设备进行海水淡化实验，其结果表明膜蒸馏装置易于操作且非常稳定，产水电导率一直维持在较低的水平。90年代初，日产淡水 25t 和 10t 的膜蒸馏装置在日本投入运行。TNO 在其实验室内成功进行了模拟和真实海水的膜蒸馏脱盐试验，并由 KeppelSeghers 公司在新加坡建成了日产 24~48t 的 Memstill 膜蒸馏设备[51]。

膜蒸馏脱盐的产水质量是其他膜过程不能比拟的。李欢等[52]采用自制 PVDF 中空纤维疏水膜对天津市渤海湾海水进行 VMD 的海水淡化小试实验，实验结果表明，产出淡水的脱盐率可以达到 99.99% 以上。于德贤等[53]采用自行研制的 PVDF 中空纤维微孔膜进行了海水淡化的小试和中试试验，海水温度在 55℃ 时，经一次过程获得的淡化水含盐量均低于自来水的含盐量，脱盐率达 99.7% 以上。李玲、张建芳等[54]用减压膜蒸馏处理新疆地区的苦咸水，当苦咸水中溶解性总固体含量在 400g/L 左右时，截留率能够维持在 99.9%。

由于目前膜蒸馏技术总体处于中试研究状态，尚未有工程化工业应用，在膜蒸馏工艺优化以及系统集成、蒸汽相变热再利用、相应于膜蒸馏机理的膜组件结构设计、膜材料的亲水化渗漏及其干燥方法等环节上仍然存在一些问题。除去在海岛或有太阳能等特殊情况下，作者不推荐采用膜蒸馏技术直接对海水进行淡化，而是应首先采用反渗透技术进行海水淡化，然后用膜蒸馏技术对反渗透浓盐水进行再处理。这样，一方面可以提高海水淡化收率，另一方面，海水高度浓缩后，可以直接进行浓海水中的化学资源的提取，从而降低海水淡化的综合成本。

22.3.2　化工产品浓缩和提纯

膜蒸馏与其他膜过程相比，其主要优点之一就是可以处理浓度极高的水溶液，并且当溶质是易结晶的物质时，可以把非挥发性溶质的水溶液浓缩到极高的程度，甚至达到饱和状态，直接从溶液中分离出结晶产物，这是其他膜分离技术所难以做到的。用 PVDF 中空纤维膜对天然盐水进行膜蒸馏，可以将溶液中的 NaCl 和 Na₂SO₄ 分别浓缩结晶出来，脱盐率分别达到 95.1% 和 98.8%，产水率为 125～140L/dm²，并且经过 500h 的运行，膜的性能良好。MD 还用于处理热敏性物质的水溶液，北京化工大学孙宏伟等[55]应用 VMD 对透明质酸热敏性水溶液进行浓缩分离，实验结果可使原料液的浓度提高 1.8 倍以上，透明质酸的截留率为 85%。另外如对古龙水溶液、人参露、果汁等的浓缩也具有独特功效，显示了膜蒸馏在常温下分离浓缩热敏性物质的优越性。

22.3.3　废水处理

近年来，水污染和水资源短缺的问题频繁地出现在我们的生活中，因此随着水污染的加剧，水资源短缺现象越来越严重，如何更有效地利用高含盐度的生活污水和工厂高重金属含量的废水是解决当前水资源短缺的一个根本途径。膜蒸馏作为一种新兴的技术凭借着它对环境无污染、耗能低、占地面积少等特点，逐渐被人们认可而被迅速地应用到废水处理的巨大工程中，并且随着膜蒸馏技术日益成熟，也逐渐占据一定的应用领域。近年来膜蒸馏分离技术用于废水处理的研究报道较多，可用于处理高浓度含盐废水、高浓度的氨氮废水、染料废水、药用废水、含重金属的工业废水及含低量放射性元素的化学废水等。

张凤君[56]等采用中空纤维膜蒸馏技术对含酚废水进行了研究，使浓度高达 5000μg/mL 的苯酚经处理后可降至 50μg/mL 以下，苯酚的去除率可达 95% 以上。刘金生[57]等采用自制中空纤维膜蒸馏组件对油田联合站含甲醇污水进行膜蒸馏处理研究，质量浓度高达 10mg/mL 的甲醇水溶液经处理后可降至 0.03mg/mL 以下。沈志松等[58]用 VMD 技术处理丙烯腈废水，废水中丙烯腈的去除率在 98% 以上，出水浓度低于 5mg/L，达到排放要求。这一试验的结果显示了 VMD 在挥发性有机污染物的处理方面有着重要的作用。

另外，膜蒸馏还被发现具有一些独特的优点，即能用于处理低放射性废水。MD 技术不涉及高压，对进料浓度无严格要求，可实现高的去除率，使其在核工业中的应用潜力巨大。

由于核电工业中的废热和冷却液在许多工段都可以回收并重新用于产生驱动力，MD的应用就变得相对便捷，而且可在源头进行处理，使成本大为降低。Khayet[59]考察了DCMD处理中低级放射性液体废物过程，证实了这一点。Dytnersky和Zakrzewska[60]等也分别报道用MD可用来处理含放射性元素的液体废水。可以预见，膜蒸馏技术在废水处理中的潜力是巨大的。

22.4　膜蒸馏存在问题及发展方向

22.4.1　存在问题

膜蒸馏过程具有一些其他膜过程所不具备的优点，但在膜蒸馏工艺优化以及系统集成、蒸气相变热再利用、相应于膜蒸馏机理的膜组件结构设计、膜材料的亲水化渗漏及其干燥方法等环节上仍然存在一些问题。此外适合膜蒸馏的膜材料还比较少，且目前所用的膜材料如PTFE膜和PVDF膜成本较高。所有这些都影响了膜蒸馏技术的大规模工业应用。

22.4.2　发展方向

从近几年相关文献数量和质量的不断增加可看出，膜蒸馏过程研究的发展十分迅速，人们不再满足于对膜蒸馏过程普遍规律的描述，而是根据各自研究体系的特点，对其进行改良。从近年来膜蒸馏的研究和发展情况看，其发展方向主要有以下几方面：

① 研制分离性能好，价格低廉的膜，以提高MD在实际应用中的竞争力。

② 改进膜组件，以提高膜蒸馏过程的分离性能和热效率。膜组件的优化涉及传质传热、设备投资等方面，应与特定的MD过程及工艺条件相结合，尤其是将多个方面综合起来研究，从系统角度进行优化，力求获得整体性能的提升，加快MD技术的工业化步伐。

③ 完善机理模型。正确了解MD机理是进行过程强化和设计计算的理论指导。对MD的过程机理虽然已有不少的研究和解释，但模型中一般包含大量的需经实验测定的参数，通过性和可靠性较差。进一步完善机理模型，尽量将众多影响膜蒸馏过程的因素都考虑在内，同时减少模型中需经实验测定的参数。

④ 提高热利用率。造水比是衡量MD过程的热量利用率的一个重要的技术经济指标，热效率低是影响MD大规模工业应用的主要因素。因此，如何减少MD中的热损失，开发能量回收装置，提高热效率是值得研究的一个课题。

⑤ 扩展应用范围。目前MD的应用主要还在于水溶液的分离和浓缩，但对恒沸物的分离方面还不多。特别是对有机溶剂混合物的分离就更少，这是MD可以研究发展的一个大领域，也是决定MD可否替代常规蒸馏的关键。

⑥ 过程集成。MD可与其他的分离过程相结合，发挥各自的优势，设计出新的具有更好分离性能、操作更简便、能耗更小、更易产业化的膜分离过程，如反应与蒸馏的集成，渗透蒸发与膜蒸馏的结合等。

⑦ 加强对真空膜蒸馏的研究。与其他几种膜蒸馏装置相比，真空膜蒸馏的通量相对较大，而且操作过程中膜不易损坏，下游侧的阻力比较小，所以，近几年来对真空膜蒸馏研究报道日益增多。

⑧ 扩展膜蒸馏技术的应用范围，使其不仅仅应用于水溶液的分离和浓缩，还应在恒沸物的分离、有机溶剂混合物的分离等领域有广泛应用。

22.5 结语

近年来 MD 技术的飞速发展，向人们展示了巨大的应用潜力。但作为一种尚处于应用初期的新技术，MD 的大规模应用仍需要学者们不断地努力，早日突破工业化道路上所面临的主要瓶颈。高的能耗与低的热效率是 MD 过程亟待解决的问题，借助风能、地热能、太阳能等可再生能源，使用多级热回收装置，都是可借鉴的优化途径。加强这方面的研究，对于拓宽应用范围，降低运行成本意义重大。目前 MD 过程尚无特定的商业用膜，膜材料的性能提升，膜的抗润湿与抗污染，始终是研究的热点领域，最终的结果是研制出适用于 MD 过程的低价高效膜材料。

随着膜材料的开发和制膜工艺的进步，疏水膜的性能将提高而其成本会下降，膜蒸馏分离技术将会得到更快的发展，其应用的领域也将越来越广，尤其是在食品、医药、和废水处理中的应用将发挥越来越重要的作用。

参考文献

[1] Findley M E. Vaporization through porous membranes [J]. Industrial and Engineering Chemistry Process. Design and Development, 1967, 6(2): 226-230.
[2] Smolders K, Franken A C M. Terminology for membrane distillation [J]. Desalination, 1989, 72(3): 249-262.
[3] 吕晓龙. 面向应用的膜蒸馏过程在探讨 [J]. 膜科学与技术, 2011, 31(3): 96-100.
[4] 王攀, 赵洁, 陈华艳等. 吸收膜蒸馏的传热传质过程 [J]. 化工学报, 2014, 65(8): 2889-2895.
[5] 赵洁, 陈华艳, 吕晓龙等. 吸收膜蒸馏淡化海水研究 [J]. 水处理技术, 2013, 39(5): 76-79.
[6] 赵晶, 武春瑞, 吕晓龙. 膜蒸馏海水淡化过程研究:三种膜蒸馏过程的比较 [J]. 膜科学与技术, 2009, 29(1): 83-89.
[7] 赵晶. 膜蒸馏过程优化及其在 RO 浓水处理中的应用 [D]. 天津:天津工业大学材料科学与化学工程学院, 2008.
[8] 赵恒, 武春瑞, 吴丹等. 鼓气减压膜蒸馏过程研究 [J]. 水处理技术, 2009, 35(12): 34-37.
[9] Wu C R, Lu X L. Study on air-bubbling strengthened membrane distillation process [J]. Desalination and Water Treatment, 2011, 34:2-5.
[10] 李振刚, 武春瑞, 高启君等. 鼓气减压膜蒸馏高收率海水淡化过程研究 [J]. 水处理技术, 2015, 41(5): 26-29.
[11] Chen H Y, Lu X L. Comparison of three membrane distillation configurations and seawater desalination by vacuum membrane distillation [J]. Desalination and Water Treatment, 2011, 28: 321-327.
[12] 高薇, 于文静, 武春瑞等. 鼓气强化循环气扫式膜蒸馏过程研究 [J]. 水处理技术, 2011, 37(3): 96-99.
[13] 吕晓龙. 一种压气膜蒸馏装置与方法 [P]. 中国发明专利 200810052864. 2, 2008-04-23.
[14] 韩怀远. RO 浓水浓缩及耦合热泵的膜蒸馏过程研究 [D]. 天津:天津工业大学材料科学与工程学院, 2011.
[15] 吕晓龙, 武春瑞, 高启君等. 膜蒸馏海水淡化技术探讨 [J]. 水处理技术, 2015, 41(10): 26-30.
[16] 袁野. 减压超滤膜蒸馏技术研究 [D]. 天津:天津工业大学环境化工学院, 2015.
[17] 吕晓龙. 膜蒸馏技术研究进展 [A]//2015年亚太脱盐技术国际论坛论文集 [C]. 北京, 2015.
[18] 吕晓龙. 多效膜蒸馏装置与方法 [P]. 中国发明专利 200910245020. 4, 2011-6-29.

[19] 张猛，高启君，文晨等. 减压多效膜蒸馏过程试验研究 [J]. 水处理技术，2012，38 (6)：57-62.

[20] 刘超，高启君，吕晓龙等. 耦合热泵减压多效膜蒸馏过程研究 [J]. 水处理技术，2015，41 (6)：57-61.

[21] 杨丹，高启君，吕晓龙等. 气扫式多效膜蒸馏过程研究 [J]. 水处理技术，2014，40 (8)：33-37.

[22] 杨丹，高启君，吕晓龙等. 气扫式多效膜蒸馏过程数学模型研究 [J]. 膜科学与技术，2014，34 (5)：58-64.

[23] Bodell B R. Silicone rubber vapor diffusion in saline water distillation [P]. US285032，1963.

[24] Weyl P K. Recovery of demineralised water from saline water [P]. US3340186，1967.

[25] 骆峰，张军，王晓琳，等. 热诱导相分离法制备高分子微孔膜的原理与进展 [J]. 南京化工大学学报，2001，23 (4)：91-96.

[26] Lgnatieva L，Kuryaxiy V，Tsvetnikov A，et al. The structures of new forms of polytetrafluoroethylene obtained by modification of commercial PTFE using different methods [J]. Journal of Physics and Chemistry of Solids，2007，68 (526)：1106-1111.

[27] Huang R，Hsu P S，Kuo C Y，et al. Paste extrusion control and its influence on pore size properties of PTFE membranes [J]. Advances in Polymer Technology，2007，26 (3)：163-172.

[28] 宇波昌祺微滤膜科技有限公司. 膨体聚四氟乙烯(e-PTFE)微孔滤膜 [OL]. http://www. ptfe-membrane. com/cn/product_detail. asp? id= 8.

[29] 吕晓龙. 中空纤维多孔膜性能评价方法探讨 [J]. 膜科学与技术，2011，31 (2)：1-6.

[30] Martinez D L，Florido D F J. Study of evaporation efficiency in membrane distillation [J]. Desalination，1999，126 (1-3)：193-197.

[31] Laganà F，Barbieri G，Drioli E. Direct contact membrane distillation: modelingand concentration experiments [J]. Journal of Membrane Science，2000，166 (1)：1-11.

[32] Srisurichan S，Jiraratananon R，Fane A G. Mass transfer mechanisms and transport resistances in direct contact membrane distillation process [J]. Journal of Membrane Science，2006，277 (1-2)：186-194.

[33] Winter D，Koschikowski J，Wieghaus M. Desalination using membrane distillation: experimental studies on full scale spiral wound modules [J]. Journal of Membrane Science，2011，375 (1-2)：104-112.

[34] Drioli E，Wu Y L，Calabro V. Membrane distillation in the treatment of aqueous solutions [J]. Journal of Membrane Science，1987，33: 277-284.

[35] Banat F A，Al-Rub F A，Jumah R，et al. On the effect of inert gases in breaking the formic acid-water azeotrope by gas-gap membrane distillation [J]. Chemical Engineering Journal，1999，73 (1)：37-42.

[36] Drioli E，Laganà F，Criscuoli A，et al. Integrated membrane operations in desalination processes [J]. Desalination，1999，122 (2-3)：141-145.

[37] Schofield R W，Fang A G，Fell C J D. Heat and mass transfer in membrane distillation [J]. Journal of Membrane Science，1987，33 (3)：299-313.

[38] 蒋维钧，余立新，刘茂林. 膜蒸馏过程传质传热机理研究 [J]. 水处理技术，1992，18 (4)：230-234.

[39] Lawson K W，Lloyd D R. Membrane distillation [J]. Journal of Membrane Science，1997，124 (1)：1-25.

[40] 丁忠伟，马润宇，Fane A G. 膜蒸馏跨膜传质过程的新模型-TPKPT [J]. 高校化学工程学报，2001，15 (4)：312-317.

[41] Ding Z W，Ma R Y，Fane A G. A new model for mass transfer in direct contact membrane distillation [J]. Desalination，2003，151 (3)：217-227.

[42] Wirth D，CabassudC. Water desalination using membrane distillation: comparison between inside/out and outside/in permeation [J]. Desalination，2002，147 (1-3)：139-145.

[43] Ding Z W，Liu L M，Ma R Y. Study on the effect of flow maldistribution on the performance of the hollow fiber modules used in membrane distillation [J]. Journal of Membrane Science，2003，215 (1-2)：11-23.

[44] 林汉阳，武春瑞，吕晓龙. 聚偏氟乙烯膜的超疏水改性 [J]. 膜科学与技术，2010，30 (2)：39-44.

[45] 王贤荣，吕晓龙，刘嘉铭等. 聚偏氟乙烯超疏水分离膜的制备 [J]. 功能材料，2012，43 (8)：1056-1060.

［46］ 刘嘉铭，吕晓龙，武春瑞等. 聚偏氟乙烯中空纤维膜表面疏水化制备方法研究 ［J］. 功能材料，2013，44 （14）：2101-2105.

［47］ 张如意，吕晓龙，汪洋等. 高疏水表面的聚偏氟乙烯中空纤维膜制备方法研究 ［J］. 膜科学与技术，2015，35（5）：13-17.

［48］ 代婷，武春瑞，吕晓龙等. 典型污染物对膜蒸馏过程膜污染的影响 ［J］. 水处理技术，2012，38（8）：9-14.

［49］ 代婷，武春瑞，吕晓龙等. 腐殖酸聚集体对膜蒸馏过程膜污染的作用机理 ［J］. 化工学报，2012，63 （5）：1574-1583.

［50］ 程认认. 膜蒸馏过程膜污染控制研究 ［D］. 天津：天津工业大学环境化工学院，2015.

［51］ Hanemaaiier J H，Van Medevoort J，Jansen A E，et al. Memstill membrane distillation-a future desalination technology ［J］. Desalination，2006，199（1-3）：175-176.

［52］ 李欢，陈华艳，吕晓龙. 减压膜蒸馏法淡化渤海海水的研究 ［J］. 水处理技术，2009，35（4）：65-68.

［53］ 于德贤，于德良，于万波等. 膜蒸馏海水淡化研究 ［J］. 膜科学与技术，2002，22（1）：17-20.

［54］ 李玲，匡琼芝，闵犁园等. 减压膜蒸馏淡化罗布泊地下苦咸水研究 ［J］. 水处理技术，2007，33（1）：67-70.

［55］ 孙宏伟，郑冲，谭天伟等. 膜蒸馏方法分离浓缩透明质酸水溶液的实验研究 ［J］. 水处理技术，1998，24 （2）：92-94.

［56］ 张凤君，李俊锋，梁玉军等. 膜蒸馏法处理污水中酚的研究 ［J］. 水处理技术，1997，23（5）：271-274.

［57］ 刘金生. 膜蒸馏法对含甲醇废水的处理实验研究 ［J］. 特种油气藏，2003，10（4）：87-89.

［58］ 沈志松，钱国芬，迟玉霞. 减压膜蒸馏技术处理丙烯腈废水研究 ［J］. 膜科学与技术，2000，20（2）：55-60.

［59］ Khayet M. Treatment of radioactive wastewater solutions by direct contact membrane distillation using surface modified membranes ［J］. Desalination，2013，321：60-66.

［60］ Zakrzewska T G，Harasimowicz M，Chmielewski A G. Membrane processes in nucleartechnology application for liquid radioactive waste treatment ［J］. Separation and Purification Technology，2001，22 （1）：617-625.

第 23 章　膜　吸　收

23.1　概述

传统吸收过程是依靠液相或气相的分散来提供气/液传质界面。当用喷淋塔、填料塔进行气体吸收时，吸收液是以液滴或薄膜状与气体进行逆流接触；当用筛板塔进行气体吸收时，气体需要鼓泡通过液体。因此，在操作过程中，为避免液泛、沟流或雾沫夹带发生，气液两相的流速范围都受到一定的限制。此外，传统的吸收技术还存在着设备比较庞大，能耗高，设备的维护费用高，单位体积内的气/液相界面小，吸收率低等显著不足。

1985 年 Z. Qi 和 E. L. Cussler[1]首次提出了膜吸收技术。该技术是结合膜分离技术的特点与传统吸收技术的优缺点发展起来的一种新型气体分离技术，具有设备紧凑、技术简单、能耗低、高效灵活等优点。20 世纪 90 年代国际能源署（International Energy Agency）研究认为，膜吸收技术是烟气中脱除 CO_2 等温室气体最有前景的方法之一[2]。

23.2　膜吸收原理及特点

（1）膜吸收原理

膜吸收技术是将膜分离技术与传统吸收技术相结合，用膜作为气/液两相接触界面的一种新型的气体吸收技术[3]。以疏水性微孔膜吸收 CO_2 为例，工作原理如图 23-1 所示，微孔膜作为一种传质介质，将气/液两相在膜的两侧相隔离。在操作过程中，通过调节气/液两相间的压力差，使得靠近吸收液侧的膜孔处为待吸收气体组分 CO_2 分子的传递提供一个相对稳定的界面，在气/液两相间化学位差的推动下，便可完成 CO_2 分子在气/液两相间的传递。

（2）膜吸收技术的特点[4]

① 膜吸收过程中，膜本身并不提供任何选择性，膜的作用仅仅是提供相界面，由待吸收气体组分在膜两侧气/液两相中的化学位差提供选择性。所以，膜吸收过程是膜过程，而不是膜分离过程。

② 气/液两相分别在膜的两侧独立流动，互不影响，可以分别获得较大的流速而不影响操作，从而大大增加了操作的弹性。

③ 膜吸收过程将气/液两相分割在膜的两侧，在整个传质过程中，不发生相的分散和聚

合，从而可以有效地避免传统吸收操作过程中的雾沫夹带、液泛等问题。

④ 膜呈自支撑结构，无需另加支撑体，可大大降低膜组器制备时的复杂性，且膜组器可做成任意形状和大小，另外，膜组器的放大也很简单。

⑤ 中空纤维膜组器具有很高的装填密度，可以提供很大的比表面积，远大于传统吸收设备，从而减小了设备尺寸与重量。

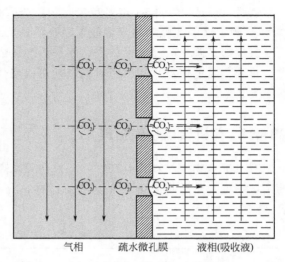

图 23-1　膜吸收原理示意图

23.3　膜吸收的分类

按照膜材料结构的不同，膜吸收过程可分多孔膜吸收过程，无孔膜吸收过程以及复合膜吸收过程。按照多孔膜是否被吸收液润湿，如图 23-2 所示，膜吸收过程的操作方式可分为非润湿模式（a）、完全润湿模式（b）及半润湿模式（c）三种[5]。因为待吸收气体组分在非浸润膜孔（气相）中的扩散系数远大于在吸收液（液相）中的扩散系数，而完全浸润的膜孔不仅传质效率低下，而且会影响长期运行的稳定性，因此膜吸收过程多采用非润湿模式操作，膜吸收多使用疏水性膜。

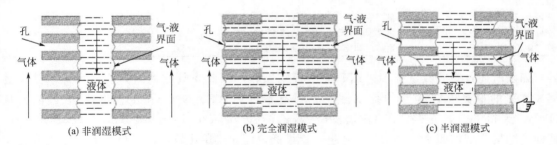

(a) 非润湿模式　　　　　(b) 完全润湿模式　　　　　(c) 半润湿模式

图 23-2　膜吸收过程的三种操作模式[5]

23.4　吸收膜材料

通常，膜吸收过程所使用的膜应具有以下性能：

① 良好的分离效果，透过通量大；

② 良好的耐化学腐蚀性和抗生物侵蚀性能；

③ 韧性好，拉伸强度高；

④ 便于清洗；

⑤ 持久耐用，寿命长；

⑥ 膜材料廉价易得。

膜吸收过程若采用非润湿模式的操作方式，选用的疏水性多孔膜还应具有以下性能：

① 膜材料需要具有强疏水性以防止膜孔被吸收剂润湿；

② 膜孔需要尽可能小以避免吸收剂渗透入其中；

③ 膜材料的孔隙率要尽可能大以获得较大的气/液接触面积。

膜性能是膜吸收技术的核心，而膜性能又依赖于膜材料，所以膜吸收过程的膜材料选择尤为重要。目前广泛采用的膜材料包括有机聚合物膜材料、无机膜材料和有机无机复合膜材料三类。

23.4.1　有机聚合物膜材料

有机聚合物膜材料具有韧性好、拉伸强度高，易做成中空纤维形式等优点，可获得更大的装填密度，是近年来重点开发的膜材料。常用的有机聚合物膜材料种类和主要特征列于表 23-1。

表 23-1　有机聚合物膜材料[6]

膜材料	特　征
聚碳酸酯（PC）	干、湿强度高；其力学性能适合用径迹刻蚀法制备
醋酸纤维素（CA）	高度亲水；对热和化学降解敏感；拉伸强度低
硅橡胶（PDMS）	耐高低温，良好的热稳定性、电绝缘性，优异的黏结性
聚砜（PS）	适用的 pH 和温度范围宽；对烃类的耐受力差
聚醚砜（PES）	高耐热性和化学稳定性
聚醚酮（PEK）	高耐热性和化学腐蚀性
聚芳醚酮（PAEK）	高耐热性和化学腐蚀性；室温下只溶于浓无机酸
聚酰亚胺（PI）	优异的热稳定性；良好的耐化学腐蚀性
聚乙烯（PE）	耐腐蚀，绝缘性好，耐热耐老化性差
聚丙烯（PP）	良好的耐热性、耐化学腐蚀性，较好的疏水性
聚偏氟乙烯（PVDF）	耐高温，耐氧化，固有的疏水性
聚四氟乙烯（PTFE）	耐高温和化学（酸）腐蚀；固有的疏水性

如前所述，膜吸收过程多采用非润湿模式操作，因此膜吸收使用的膜多为疏水性微孔膜。常用的最具有代表性的疏水性膜材料有聚丙烯（Polpyropylene，PP）、聚偏氟乙烯（Polyvinylidene Fluoride，PVDF）、聚四氟乙烯（Polytetrafluoroethylene，PTFE）三种，其分子结构分别如图 24-3 所示。PP 膜造价最低，商业应用比较广泛，然而其疏水性和化学稳定性不如 PTFE 与 PVDF 膜。PVDF 膜具有较好的疏水性且比 PTFE 膜容易制备，所以在中空纤维膜中被广泛应用。PTFE 膜的疏水性极强，但造价较高。

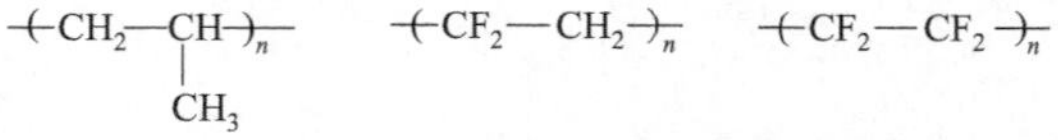

图 23-3　PP、PVDF 及 PTFE 分子结构式

23.4.2　无机膜材料

无机膜具有耐高温、耐腐蚀、耐生物降解和机械强度高等优点，但也存在着易碎、装填面积小、高温密封困难等不足。根据制备用材料，无机膜可分为：

（1）对称金属膜

对称金属膜（如铝、银等）是将金属粉末等原料涂装成管式膜，通过烧结工艺制成。管式膜排列成管束形式，在膜组器构成上类似于金属换热器结构。虽然金属膜具有良好的耐高温性和耐压性，但化学稳定性受到限制，尤其在具有强电解质存在的情况下，因此在工业使用上局限性大。

（2）玻璃膜

玻璃膜（如硅酸盐等）是由各相同性的海绵状结构联结而成。通常是将 SiO_2、B_2O_3 和 Na_2O 等组成的均匀玻璃熔融物，经过热离析成两相而制成。其中一相主要成分为不溶解于无机酸的 SiO_2，而另一相则溶解于无机酸。这样用酸即可使另一个相通过溶解而去除掉。玻璃膜可以很容易地加工成中空纤维，但目前还不能成熟地进行工业化应用。

（3）不对称陶瓷膜

不对称陶瓷膜（如氧化铝等）一般由载体层、中间层及分离膜层等构成。这种不对称的构成，能减小膜的液压阻力，并保障膜的机械强度。载体层具有孔径为 $1\sim10\mu m$ 的粗孔结构，厚度约为几毫米；载体上的中间层具有孔径为 $50\sim100nm$ 的小孔结构，厚度为 $10\sim100\mu m$；具有分离功能的分离膜层通常很薄，厚度约为 $1\mu m$，孔径为 $2\sim50nm$。

23.4.3　有机无机复合膜材料

随着膜技术的发展，膜的应用体系越来越复杂，对膜的结构和性能提出了越来越高的要求，单一性质的膜难以满足使用条件。通过两种或多种材料功能的复合，实现不同材料的性能互补和优化，制备出性能优异的复合膜，是膜技术发展的趋势。

无机纳米粒子由于其优良的亲水性、高比表面积等特性，在聚合物膜的亲水改性方面，常常被引入聚合物膜中以制备有机无机复合膜。无机粒子的引入能显著改善聚合物膜的性能，如调整亲-疏水平衡，控制膜溶胀，改善和修饰膜孔结构，增强膜的机械强度，提高聚合物膜的热稳定性、耐溶剂性、选择性和渗透性等。

根据有机相和无机相之间结合方式的不同，有机无机复合膜可分为两类：以共价键结合的有机无机复合膜，以范德华力或氢键等弱相互作用力结合的有机无机复合膜。

有机无机复合膜的制备主要包括以下五种方法：

（1）膜表面涂覆或组装无机纳米粒子制备有机无机复合膜

首先制备出无机纳米粒子溶液。然后，将无机纳米粒子通过涂覆或组装等方法引入膜表面，从而制成有机无机复合膜[7]。但涂覆或组装上的无机纳米粒子存在着容易从膜表面脱落的问题，从而影响其长期作用的稳定性。

（2）无机纳米粒子与有机聚合物共混制备有机无机复合膜

该法包括预先合成无机纳米粒子、共混制膜两步[8]，被认为是制备有机无机复合膜步骤最简单的方法。采用该法制膜，有机聚合物和无机粒子的相对含量容易调控，但由于无机粒子易在膜中团聚，因此无机粒子的添加量非常有限。

（3）界面聚合法制备有机无机复合膜

作为常见的制备复合膜方法，界面聚合法[9,10]也可应用于制备有机无机复合膜。但界面聚合法步骤繁琐，且需要严格控制聚合条件。

（4）原位聚合法制备有机无机复合膜

原位聚合法[11]是将无机前驱体加入聚合物溶液中，原位形成无机纳米粒子，依靠无机粒子表面可反应的功能基团如羟基、羧基引发单体在其表面聚合，从而制备出有机无机复合膜。原位聚合法能使无机纳米粒子表面的功能基团与有机聚合物链以共价键相连，可以实现一定含量下的无机纳米粒子在有机聚合物基体中均匀分散，但较高含量下仍存在无机纳米粒子在膜中团聚的现象。

（5）溶胶-凝胶法制备有机无机复合膜

溶胶-凝胶法[12,13]制备复合膜的过程与原位聚合法类似。有机单体、低聚物或聚合物和无机纳米粒子前驱体在溶液中均匀混合。在聚合物中，无机粒子前驱体经过水解、缩合步骤，形成均匀分散的无机纳米粒子。该法具有反应条件温和，常温常压下即可反应，有机组分和无机组分的含量可控且在膜中能均匀分散等优点。溶胶-凝胶法制膜中，需要严格控制凝胶点，否则会显著影响复合膜的形成。

23.5　膜组器和流动方式

（1）膜组器概述

对于膜吸收过程，膜组器是指用于实现过程气/液两相接触的膜系统。如前所述，膜组器内的膜对各组分不具有任何选择性，而是仅仅充当气/液两相间的屏障，使各相在确定的界面上进行接触。被分开的两相不发生相互混合和分散，待吸收气体组分仅靠扩散的方式从一相转移到另一相。所用的膜可以是亲水膜也可以是疏水膜。

膜组器比传统吸收设备效率更高的主要原因，不仅是气/液两相间具有更高的传质效率，更主要的是能够提供更大的界面面积。膜组器单位体积的界面面积为 $1500 \sim 3000 \mathrm{m}^2 / \mathrm{m}^{3[14]}$，而传统吸收设备的这个比值仅为 $100 \sim 800 \mathrm{m}^2 / \mathrm{m}^{3[15]}$。

（2）膜组器构型与流动方式

膜吸收过程中，膜组器的性能不仅与膜的化学性质和膜的结构有关，还与膜组器的构型有关。膜过程中，常用的膜组器形式有板框式（平板式）、圆管式、螺旋卷式和中空纤维式四种类型。板框式（平板式）及圆管式膜组器装填密度较低。螺旋卷式膜组器尽管装填密度较高，但制作时膜的黏结及污染后的清洗均较困难。中空纤维膜组器具有比表面积大、结构紧凑、制作方便、体积小和重量轻等优点，一直是膜技术领域研究和工业化推广应用的重点。

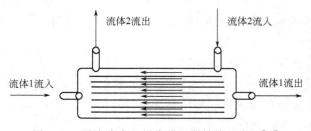

图 23-4　平流式中空纤维膜组器结构示意图[16]

根据气/液两相相对流动方式的不同，中空纤维膜组器又可以划分为平流式膜组器、错流式膜组器和缠绕式膜组器三种类型。一般情况下，当整个膜吸收的传质阻力在膜或管程流体边界层内时，优先选择平流式膜组器（见图 23-4）[16]；而当整个膜吸收的传质阻力在壳程流体边界层内时，优先选择错流式膜组器。其中，错流式膜组器又以在膜组器内引入多孔的中心分配管［见图 23-5（a）］[17]和折流板［见图 23-5（b）］[18]最为常见。缠绕式中空纤维膜组器，如图 23-6 所示，是通过弯曲的流道来制造二次流（也叫 Dean 漩涡），从而起到改善膜组器内管程和壳程的流动状况而强化传质的作用。

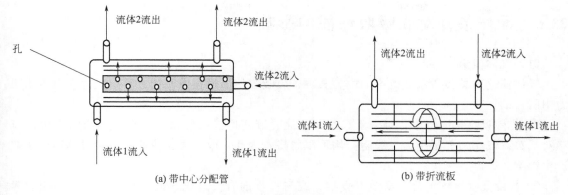

图 23-5　错流式中空纤维膜组器结构示意图[17,18]

（3）膜组器的设计与使用

在膜组器设计时，需要考虑如下因素：

① 膜的自身性能，如孔隙率、厚度、曲折因子；

② 膜组器装填密度；

③ 中空纤维膜的长度与直径；

④ 操作工况，如流速、压力和浓度等；

⑤ 膜组器内的流动形式（并流、逆流、错流）及流体压降。

在选用膜组器时，通常需要考虑以下几个指标：

① 尽可能高的传质速率；

② 减少和控制膜污染；

③ 流动阻力小，能耗低；

④ 膜组器各个部件的性能均稳定。

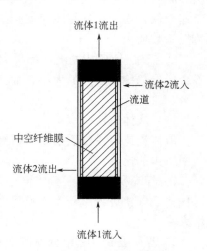

图 23-6　缠绕式中空纤维膜组器

（4）商用膜组器

一些商用膜组器（见表 23-2），可以用于膜吸收过程，较有代表性的是由 Cellgard LLC 公司开发的 Liqui-Cel® Extra-Flow 膜组器，如图 23-7 所示。该膜组器内，多根聚丙烯（PP）中空纤维微孔膜互相编织交错，壳程设有中心挡板以减少壳程的旁路，并使壳程液体流速垂直于膜表面，从而大大提升过程传质效率。膜组器端部由耐溶剂的环氧或聚乙烯板密封，外壳用 PP、PVDF 或 316L 不锈钢材质。

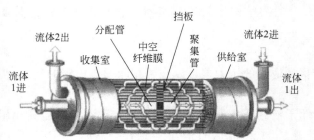

图 23-7　商用 Liqui-Cel® Extra-Flow 膜组器[19]

表 23-2　商用膜组器[19]

公司	膜类型	膜面积/m²	孔径/μm
Microdyn Technologies(Enka)	PP 中空纤维膜	0.1~10	0.2
GVS Spa	PP 平板膜	0.5~5	0.02~5
Cellgard LLC	PP 中空纤维膜	0.18~220	0.03

23.6　操作条件对膜吸收性能的影响

（1）气体流速

气体流速对总传质系数的影响主要表现于膜吸收传质过程中气相边界层阻力在总传质阻力中所占的比重。

① 若待吸收气体组分，难溶于吸收剂，此时液相边界层传质阻力在总传质阻力中占有绝对优势，气相边界层阻力、膜阻力均可以忽略，因此，改变气相流速，不会对总传质系数产生影响。

② 若待吸收气体组分，易溶于吸收剂或与吸收剂有快速化学反应发生，此时气相边界层和膜阻力占总传质阻力的绝大部分，液相传质边界层的传质阻力可以忽略。如果这时气相流速较低，则增大气相流速就会减小气相传质边界层厚度，降低气相传质阻力，从而使得总传质系数增大。

③ 当气/液两相的流速都很大时，气相的边界层阻力可以忽略，此时，气相流速的改变不会影响总传质阻力的大小，而选择具有合适膜结构参数的膜组器才会获得较高的总传质系数。

（2）液体流速

液体流速对总传质系数的影响主要表现于膜吸收传质过程中液相边界层阻力在总传质阻力中所占的比重。

① 若待吸收气体组分难溶于吸收剂，此时液相边界层传质阻力在总传质阻力中占有绝对优势，气相边界层阻力、膜阻力均可以忽略，因此，增大液相流速则会使总传质系数显著增大。

② 若待吸收气体组分易溶于吸收剂或与吸收剂有快速化学反应发生，此时气相边界层和膜阻力占总传质阻力的绝大部分，液相传质边界层的传质阻力可以忽略，因此改变液相的流速对总传质系数基本没有影响。

③ 当气/液两相的流速都很大时，液相的边界层阻力可以忽略，此时，液相流速的改变不会影响总传质阻力的大小，而选择具有合适膜结构参数的膜组器才会获得较高的总传质系数。

（3）气液间压差

在膜吸收操作时，气/液两相之间应保持适当的压力差，以在两相间形成稳定的气/液传质界面，防止两相间的相互渗透。

① 对于非润湿模式，气相压力应略低于液相压力，以防气相鼓泡进入液相，但气相压力又不能过低，以防液相进入膜孔。使液体进入膜孔的最小穿透压（Δp，MPa）可由Laplace方程进行估算：

$$\Delta p = \frac{4\sigma_L \cos\theta}{d_{max}} \tag{23-1}$$

式中　σ_L——液体表面张力，N/m；

　　　θ——吸收液和膜之间的接触角，（°）；

　　d_{max}——膜最大孔径，μm。

② 对于完全润湿模式，膜孔被液相润湿，液相压力应等于或略低于气相压力，以防止

液相以液滴的方式分散到气相中。与非润湿模式相同，只要液相压力不大于最小穿透压，界面将维持在亲水膜靠近气相一侧的孔口处。

③ 对于膜孔径沿着膜厚度逐渐减小的非对称膜，通过在膜孔较大一侧施加一个高于临界值的压力，就可以在气/液两相不分散的情况下实现两相接触。由于液相穿透压力与膜孔径成反比，因此在沿着膜孔的方向上，孔径较小处不被液相润湿，而孔径较大处会被润湿，这样就在膜孔内建立了稳定的气/液两相接触界面。

由上可知，膜吸收过程，气/液两相间的压差均不大。两相间的压差仅在于防止两相间的渗透，对总传质系数没有直接影响，这是与以压差为推动力的气体膜分离过程所不同的。分析认为，在膜吸收过程中，传质的推动力是被吸收气体组分在气/液两相间的化学位差。其中，化学位差包括两相间的压差及两相间的活度差，但由于两相间的压差对化学位差的贡献远远小于活度差对化学位差的贡献，因此膜吸收过程的传质系数基本不受两相压差的影响。

23.7　吸收剂选择

对于膜吸收过程而言，膜材料本身对待吸收气体组分并不提供选择性，而是由吸收剂溶液提供该选择性，因此吸收剂性质对膜吸收操作成功与否至关重要。选择吸收剂时应考虑以下几个方面[20]：

① 具有良好的选择性，即对待吸收气体组分有良好的吸收能力，对组分中其他气体基本不吸收或吸收很少；

② 表面张力大，低表面张力的吸收剂容易浸润到疏水膜孔中，从而使吸收效率大大下降；

③ 吸收剂与膜材料之间有良好的化学兼容性，即吸收剂与膜不发生化学反应，不能改变膜的表面特性；

④ 易于再生，再生能耗低；

⑤ 黏度要低，这样可以改善流动状况从而提高吸收率；

⑥ 吸收剂要尽可能无毒、无腐蚀性、不易燃、廉价易得，并且具有化学稳定性。

对于捕集 CO_2 的膜吸收过程，理论上来说，传统的物理吸收、化学吸收工艺中所用的各种 CO_2 吸收剂都可用于膜吸收过程中，包括纯水、海水、氢氧化钠、氢氧化钾、碳酸盐、碳酸氢盐、氨水、氨基酸盐和各种醇胺类溶液等。膜吸收过程常用的化学吸收剂的性能如表 23-3 所示。

表 23-3　常用的化学吸收剂的性能[21]

类别	吸收剂名称	代号	优点	缺点
一级胺	一乙醇胺	MEA	吸收速率快,价格便宜,对碳氢化合物吸收极少	吸收容量低,较具腐蚀性,热容量高,解吸能耗大,容易被烟气中的 SO_2 和 O_2 氧化
二级胺	二乙醇胺 二丙醇胺	DEA DIPA	吸收速率快,热容量低	吸收容量低,有一定的腐蚀性
三级胺	三乙醇胺 N-甲基二乙醇胺	TEA MDEA	吸收容量高,热容量低,腐蚀性低,气提特性佳,解吸能耗低	吸收速率比较慢

续表

类别	吸收剂名称	代号	优点	缺点
空间位组胺	2-胺基-2甲基-1-丙醇	AMP	吸收容量高,吸收速率快,气提特性佳	热容量高,解吸能耗高
碳酸盐	碳酸钾	K_2CO_3	吸收容量高	热容量高,腐蚀性强,解吸能耗比较高
强碱	氢氧化钠 氢氧化钾	NaOH KOH	脱除效率高	价格昂贵,溶剂无法再生
强酸	硫酸	H_2SO_4	吸收容量高	吸收速率快,腐蚀性强

23.8　膜吸收过程的传质机理

23.8.1　疏水膜吸收过程传质模型[22]

（1）总传质方程

图 23-8 所示为待吸收气体组分 i 从气相通过疏水多孔平板膜传递到液相吸收液的浓度分布。该过程，传质阻力来自于气、液边界层和膜。

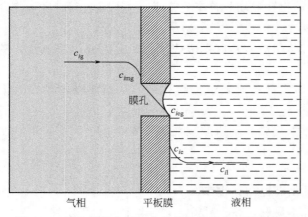

图 23-8　疏水膜吸收过程待吸收气体组分 i 浓度分布

组分 i 从气相主体通过疏水膜达到液相主体的传质主要由三步组成：待吸收气体组分 i 由原料气相主体扩散到膜壁（简称为气膜过程）；待吸收气体组分透过膜孔扩散到气-液接触界面（简称为跨膜过程）；待吸收气体组分由另一侧膜壁扩散到吸收液相主体（简称为液膜过程）。

由图 23-8 可知，稳态下，气膜过程、跨膜过程及液膜过程的传质通量均相等，都等于膜吸收过程组分 i 的传质通量 J_i，即：

$$J_i = k_{ig}(c_{ig} - c_{img}) = k_{im}(c_{img} - c_{ieg}) = k_{il}(c_{ie} - c_{il}) \quad (23-2)$$

式中　k_{ig}——待吸收组分 i 在气相中的传质系数，m/s；

k_{im}——待吸收组分 i 在疏水膜中的传质系数，m/s；

k_{il}——待吸收组分 i 在液相中的传质系数，m/s；

c_{ig}——待吸收组分 i 在气相中的浓度，mol/m^3；

c_{img}——待吸收组分 i 在气/膜界面上的浓度，mol/m^3；

c_{ieg}——待吸收组分 i 在气/液界面上的浓度，mol/m^3；

c_{ie}——待吸收组分 i 在液/气界面上的浓度，mol/m^3；

c_{il}——待吸收组分 i 在液相中的浓度，mol/m^3。

组分 i 的通量也可以用总传质系数来表示：

$$J_i = K_g(c_{ig} - c_{ig}^{ideal}) = K_1(c_{il}^{ideal} - c_{il}) \quad (23-3)$$

式中　K_g——基于气相的总传质系数，m/s；

K_1——基于液相的总传质系数，m/s；

c_{ig}^{ideal}——组分 i 在气、液两相中达到理想溶解平衡时，其在气相中的浓度，mol/m^3；

c_{i1}^{ideal}——组分 i 在气、液两相中达到理想溶解平衡时，其在液相中的浓度，mol/m^3。

当气、液两相接触到平衡状态下，气体在液相中的浓度与其分压、亨利常数成正比，即：

$$p_i = H_i c_i \tag{23-4}$$

式中　p_i——气体分压，Pa；

H_i——亨利常数，$Pa \cdot m^3/mol$；

c_i——气体在液相中的浓度，mol/m^3。

$$p_i^{ideal} = H_i c_{i1} \tag{23-5}$$

$$c_i^{ideal} = \frac{p_{ig}}{H_i} \tag{23-6}$$

联合以上方程，并代入上述平衡表达式，则总传质系数可表达为：

$$\frac{1}{K_1} = \frac{1}{k_{i1}} + \frac{1}{k_{im}H_0} + \frac{1}{k_{ig}H_0} \tag{23-7}$$

$$\frac{1}{K_g} = \frac{H_0}{k_{i1}} + \frac{1}{k_{im}} + \frac{1}{k_{ig}} \tag{23-8}$$

式中　H_0——无量纲亨利常数。

当膜为中空纤维膜，且液相吸收液在膜的壳程、气相在膜的管程时，则气/液相界面位于膜外表面上膜孔处，则总传质系数可表达为：

$$\frac{1}{K_1 d_o} = \frac{1}{k_{i1}d_o} + \frac{1}{k_{im}H_0 d_{lm}} + \frac{1}{k_{ig}H_0 d_i} \tag{23-9}$$

$$\frac{1}{K_g d_o} = \frac{H_0}{k_{i1}d_o} + \frac{1}{k_{im}d_{lm}} + \frac{1}{k_{ig}d_i} \tag{23-10}$$

式中　d_i——中空纤维膜内径，m；

d_o——中空纤维膜外径，m；

d_{lm}——中空纤维膜对数平均直径，m。

（2）跨膜传质系数

在疏水膜内，膜孔中充满气体，且依据膜孔半径 r_p 与待吸收气体组分 i 平均自由程 λ_i 之比（r_p/λ_i）的不同，组分 i 主要以努森流或（和）黏性流进行传递[23]。当比值远小于 1 时，主要为努森流；当比值远大于 1 时则主要为黏性流；当比值介于中间时，则努森流、黏性流两种流型共存。比较常见的情况是努森流在膜孔内占主要地位，跨膜传质系数表达式为：

$$k_{im} = D_{ig}^k \frac{\varepsilon}{\tau\delta} \tag{23-11}$$

文献[23]中：

$$D_{ig}^k = \frac{2r_p}{3\left(\dfrac{8RT}{\pi M_i}\right)^{0.5}} \tag{23-12}$$

式中　D_{ig}^k——待吸收组分 i 的努森扩散系数，m^2/s；

ε——膜的孔隙率；

τ——膜孔的曲折度；

δ——膜的厚度，m；

M_i——待吸收组分 i 的摩尔质量，kg/mol；

R——气体常数，J/(mol·K)；

T——温度，K。

（3）管程传质系数

膜接触器内，管程传质系数一般遵循 Leveques 方程[24]：

$$Sh=1.62\left(\frac{d^2v}{LD}\right)^{0.33}\qquad(23\text{-}13)$$

式中　v——流速，m/s；

d——中空纤维膜内径，m；

L——中空纤维膜有效长度，m；

D——组分 i 在液相中的扩散系数，m²/s。

（4）壳程传质系数

由于中空纤维膜空间分布不均匀或者膜自身的变形，导致壳程流体分布不均匀，容易发生分流、反流、绕流和沟流现象，进而导致壳程传质系数至今未有通用的表达式来描述。此外，传质系数还随着膜组器内流体流动状态（平流或错流）的变化而变化。因此，文献中得到的传质系数表达式差异较大。

表 23-4 给出了一些研究者得到的壳程传质计算关联式。

表 23-4　文献报道的壳程传质计算关联式

作者	关联式	装填密度	年份	文献
Yang & Cussler	$Sh=1.25\left(Re\,\dfrac{d_h}{L}\right)^{0.93}Sc^{0.33}$	0.03~0.26	1986	[25]
Costello & Fane	$Sh=(0.53-0.58\phi)Re^{0.53}Sc^{0.33}$	0.32~0.76	1993	[26]
Wu & Chen	$Sh=(0.31\phi^2-0.34\phi+0.10)Re^{0.9}Sc^{0.33}$	0.048~0.70	2000	[27]

23.8.2　亲水膜吸收过程传质模型[22]

（1）总传质方程

图 23-9 所示为待吸收气体组分 i 从气相通过亲水平板膜传递到液相吸收液的浓度分布。待吸收组分 i 从气相主体通过亲水膜达到液相主体的传质主要由三步组成：待吸收气体组分 i 由原料气相主体扩散到气-液接触界面（简称为气膜过程）；待吸收气体组分 i 由气-液接触界面透过膜孔扩散到另一侧膜壁（简称为跨膜过程）；待吸收气体组分 i 由吸收液侧膜壁扩散到吸收液相主体（简称为液膜过程）。

由图 23-9 可知，稳态下，气膜过程、跨膜过程及液膜过程的传质通量均相等，都等于膜吸收过程组分 i 的传质通量 J_i，即：

$$J_i=k_{ig}(c_{ig}-c_{ieg})=k'_{im}(c_{ie}-c_{iml})=k_{il}(c_{iml}-c_{il})\qquad(23\text{-}14)$$

式中　k_{ig}——待吸收组分 i 在气相中的传质系数，m/s；

k'_{im}——待吸收组分 i 在亲水膜中的传质系数，m/s；

k_{il}——待吸收组分 i 在液相中的传质系数，m/s；

c_{ig}——待吸收组分 i 在气相中的浓度，mol/m^3；

c_{ieg}——待吸收组分 i 在气/液界面上的浓度，mol/m^3；

c_{ie}——待吸收组分 i 在液/气界面上的浓度，mol/m^3；

c_{iml}——待吸收组分 i 在液/膜界面上的浓度，mol/m^3；

c_{il}——待吸收组分 i 在液相中的浓度，mol/m^3。

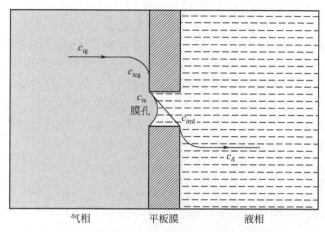

图 23-9　亲水膜吸收过程待吸收气体组分 i 浓度分布

与前述疏水膜类似，根据气-液界面上平衡表达式，则总传质系数可表达为：

$$\frac{1}{K_l} = \frac{1}{k_{il}} + \frac{1}{k'_{im}H_0} + \frac{1}{k_{ig}H_0} \tag{23-15}$$

$$\frac{1}{K_g} = \frac{H_0}{k_{il}} + \frac{H_0}{k'_{im}} + \frac{1}{k_{ig}} \tag{23-16}$$

式中　H_0——无量纲亨利常数。

当膜为中空纤维膜，且液相吸收液在膜的壳程、气相在膜的管程时，则相界面位于膜的内径处，则总传质系数可表达为：

$$\frac{1}{K_l d_i} = \frac{1}{k_{il}d_o} + \frac{1}{k'_{im}d_{lm}} + \frac{1}{k_{ig}H_0 d_i} \tag{23-17}$$

$$\frac{1}{K_g d_i} = \frac{H_0}{k_{il}d_o} + \frac{H_0}{k'_{im}d_{lm}} + \frac{1}{k_{ig}d_i} \tag{23-18}$$

式中　d_i——中空纤维膜内径，m；

d_o——中空纤维膜外径，m；

d_{lm}——中空纤维膜对数平均直径，m。

（2）跨膜传质系数

在亲水膜内，膜孔中充满液体，待吸收气体组分 i 的传递一般取决于其在液相中的扩散系数，膜传质系数可用下式计算[23]：

$$k'_{im} = D_{il}\frac{\varepsilon}{\tau\delta} \tag{23-19}$$

式中　D_{il}——待吸收组分 i 在液相中的扩散系数，m^2/s；

ε——膜的孔隙率；

τ——膜的孔曲折度；

δ——膜的厚度，m。

（3）管程及壳程传质系数

参考疏水膜吸收过程管程及壳程传质系数计算方法。

23.8.3　部分润湿及疏水-亲水复合膜吸收过程传质模型[22]

（1）总传质方程

图 23-10 所示为待吸收气体组分 i 从气相通过部分润湿平板膜传递到液相吸收液的浓度分布。待吸收组分 i 从气相主体通过部分润湿平板膜达到液相主体的传质主要由四步组成：待吸收气体组分 i 由原料气相主体扩散到膜壁（简称为气膜过程）；待吸收气体组分 i 由气相侧膜壁透过疏水膜孔扩散到气-液接触界面（简称为跨疏水膜过程）；待吸收气体组分 i 由气-液接触界面透过亲水膜孔扩散到吸收液侧膜壁（简称为跨亲水膜过程）；待吸收气体组分 i 由吸收液侧膜壁扩散到吸收液相主体（简称为液膜过程）。

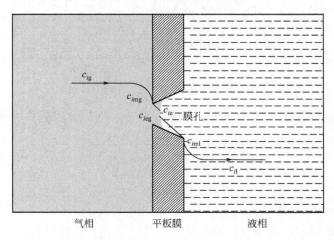

图 23-10　部分润湿膜吸收过程待吸收气体组分 i 浓度分布

由图 23-10 可知，稳态下，气膜过程、跨疏水膜过程、跨亲水膜过程及液膜过程的传质通量均相等，都等于膜吸收过程组分 i 的传质通量 J_i，即：

$$J_i = k_{ig}(c_{ig} - c_{img}) = k_{im}(c_{img} - c_{ieg}) = k'_{im}(c_{ie} - c_{iml}) = k_{il}(c_{iml} - c_{il}) \quad (23\text{-}20)$$

式中　k_{ig}——待吸收组分 i 在气相中的传质系数，m/s；

k_{im}——待吸收组分 i 在疏水膜中的传质系数，m/s；

k'_{im}——待吸收组分 i 在亲水膜中的传质系数，m/s；

k_{il}——待吸收组分 i 在液相中的传质系数，m/s；

c_{ig}——待吸收组分 i 在气相中的浓度，mol/m³；

c_{img}——待吸收组分 i 在气/膜界面上的浓度，mol/m³；

c_{ieg}——待吸收组分 i 在气/液界面上的浓度，mol/m³；

c_{ie}——待吸收组分 i 在液/气界面上的浓度，mol/m³；

c_{iml}——待吸收组分 i 在液/膜界面上的浓度，mol/m³；

c_{il}——待吸收组分 i 在液相中的浓度，mol/m³。

根据气/液界面上平衡表达式，则总传质系数可表达为：

$$\frac{1}{K_1}=\frac{1}{k_{il}}+\frac{1}{k_{im}H_0}+\frac{1}{k'_{im}}+\frac{1}{k_{ig}H_0} \tag{23-21}$$

$$\frac{1}{K_g}=\frac{H_0}{k_{il}}+\frac{1}{k_{im}}+\frac{H_0}{k'_{im}}+\frac{1}{k_{ig}} \tag{23-22}$$

式中　H_0——无量纲亨利常数。

以上方程对于疏水-亲水复合平板膜同样适用。但是，由于部分润湿膜通常很难确定膜孔中气/液界面的位置，因此也导致传质系数难以计算。然而，对于疏水-亲水复合平板膜吸收过程，膜孔内气/液界面与疏水-亲水界面重合，因此易于计算膜传质系数。

当膜为中空纤维膜，且液相吸收液在膜的壳程、气相在膜的管程时，则总传质系数可表达为：

$$\frac{1}{K_1 d_{int}}=\frac{1}{k_{il}d_o}+\frac{1}{k_{im}H_0 d_{lm}}+\frac{1}{k'_{im}d'_{lm}}+\frac{1}{k_{ig}H_0 d_i} \tag{23-23}$$

$$\frac{1}{K_g d_{int}}=\frac{H_0}{k_{il}d_o}+\frac{1}{k_{im}d_{lm}}+\frac{H_0}{k'_{im}d'_{lm}}+\frac{1}{k_{ig}d_i} \tag{23-24}$$

式中　d_{int}——中空纤维膜总厚度（亲水及疏水部分之和）的对数平均直径，m；

　　　d_i——中空纤维膜内径，m；

　　　d_o——中空纤维膜外径，m；

　　　d_{lm}——中空纤维膜疏水部分的对数平均直径，m；

　　　d'_{lm}——中空纤维膜亲水部分的对数平均直径，m。

（2）跨膜传质系数

部分润湿及疏水-亲水复合膜吸收过程中，膜孔内同时充满气体和液体，待吸收气体组分 i 的传递耦合了疏水膜传质系数和亲水膜传质系数：

$$\frac{1}{k^{pw}_{im}}=\frac{1}{k_{im}}+\frac{1}{k'_{im}} \tag{23-25}$$

其中

$$k_{im}=D^k_{ig}\frac{\varepsilon}{\tau\delta_{dry}} \tag{23-26}$$

$$k'_{im}=D_{il}\frac{\varepsilon}{\tau\delta_{wetted}} \tag{23-27}$$

式中　k^{pw}_{im}——部分润湿及疏水-亲水复合膜吸收过程待吸收组分 i 跨膜传质系数，m/s；

　　　D^k_{ig}——待吸收组分 i 的努森扩散系数，m^2/s；

　　　D_{il}——待吸收组分 i 在液相中的扩散系数，m^2/s；

　　　ε——膜的孔隙率；

　　　τ——膜孔的曲折度；

　　　δ_{dry}——干膜的厚度，m；

　δ_{wetted}——湿膜的厚度，m。

（3）管程及壳程传质系数

参考疏水膜吸收过程管程及壳程传质系数计算方法。

23.8.4　微孔-无孔复合膜吸收过程传质模型[22]

（1）总传质方程

图 23-11 所示为待吸收气体组分 i 从气相通过微孔-无孔复合平板膜传递到液相吸收液的

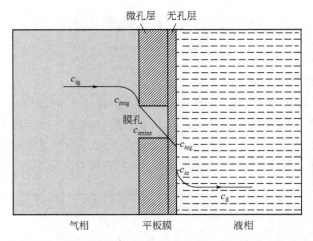

图 23-11　微孔-无孔复合平板膜吸收过程待吸收气体组分 i 浓度分布

浓度分布。

此时，待吸收气体组分 i 必须扩散通过疏水膜孔、致密层，到达与致密层接触的液相，因此稳态下，穿过各层的通量相等，都等于膜吸收过程组分 i 的传质通量 J_i，即：

$$J_i = k_{ig}(c_{ig} - c_{img}) = k_{im}(c_{img} - c_{imint}) = k_{im}^{d}(c_{imint} - c_{ieg}) = k_{il}(c_{ie} - c_{il}) \tag{23-28}$$

式中　k_{ig}——待吸收组分 i 在气相中的传质系数，m/s；

k_{im}——待吸收组分 i 在疏水膜中的传质系数，m/s；

k_{im}^{d}——待吸收组分 i 在膜无孔部分的传质系数，m/s；

k_{il}——待吸收组分 i 在液相中的传质系数，m/s；

c_{ig}——待吸收组分 i 在气相中的浓度，mol/m³；

c_{img}——待吸收组分 i 在气/膜界面上的浓度，mol/m³；

c_{imint}——待吸收组分 i 在微孔/无孔界面上的浓度，mol/m³；

c_{ieg}——待吸收组分 i 在气/液界面上的浓度，mol/m³；

c_{ie}——待吸收组分 i 在液/气界面上的浓度，mol/m³；

c_{il}——待吸收组分 i 在液相中的浓度，mol/m³。

根据气-液界面上平衡表达式，则总传质系数可表达为：

$$\frac{1}{K_l} = \frac{1}{k_{il}} + \frac{1}{k_{im}H_0} + \frac{1}{k_{im}^{d}H_0} + \frac{1}{k_{ig}H_0} \tag{23-29}$$

$$\frac{1}{K_g} = \frac{H_0}{k_{il}} + \frac{1}{k_{im}} + \frac{1}{k_{im}^{d}} + \frac{1}{k_{ig}} \tag{23-30}$$

式中　H_0——无量纲亨利常数。

微孔-无孔复合膜吸收过程，液相吸收液一般均与膜致密层接触。当膜为中空纤维膜，且液相在膜的壳程、气相在膜的管程时，则总传质系数可表达为：

$$\frac{1}{K_l d_o} = \frac{1}{k_{il}d_o} + \frac{1}{k_{im}H_0 d_{lm}} + \frac{1}{k_{im}^{d}H_0 d_{lm}^{d}} + \frac{1}{k_{ig}H_0 d_i} \tag{23-31}$$

$$\frac{1}{K_g d_o} = \frac{H_0}{k_{il}d_o} + \frac{1}{k_{im}d_{lm}} + \frac{1}{k_{im}^{d}d_{lm}^{d}} + \frac{1}{k_{ig}d_i} \tag{23-32}$$

当膜为中空纤维膜，且液相吸收液在膜的管程、气相在膜的壳程时，则总传质系数可表达为：

$$\frac{1}{K_1 d_i} = \frac{1}{k_{il} d_i} + \frac{1}{k_{im} H_0 d_{lm}} + \frac{1}{k_{im}^{d} H_0 d_{lm}^{d}} + \frac{1}{k_{ig} H_0 d_o} \tag{23-33}$$

$$\frac{1}{K_g d_i} = \frac{H_0}{k_{il} d_i} + \frac{1}{k_{im} d_{lm}} + \frac{1}{k_{im}^{d} d_{lm}^{d}} + \frac{1}{k_{ig} d_o} \tag{23-34}$$

式中　d_i——中空纤维膜内径，m；

　　　d_o——中空纤维膜外径，m；

　　　d_{lm}——中空纤维膜疏水部分的对数平均直径，m；

　　　d_{lm}^{d}——中空纤维膜无孔部分的对数平均直径，m。

（2）跨膜传质系数

对于微孔-无孔复合膜吸收过程，待吸收气体组分 i 跨膜传质系数结合了微孔传质系数和无孔膜传质系数：

$$\frac{1}{k_{im}^{md}} = \frac{1}{k_{im}} + \frac{1}{k_{im}^{d}} \tag{23-35}$$

式中　k_{im}^{md}——微孔-无孔复合膜跨膜传质系数，m/s；

　　　k_{im}^{d}——无孔层跨膜传质系数，m/s，取决于待吸收气体组分 i 在其中的渗透性。

（3）管程及壳程传质系数

参考疏水膜吸收过程管程及壳程传质系数计算方法。

23.8.5　膜吸收过程总传质方程简化[22]

利用分传质系数来计算膜吸收过程总传质系数时，例如在疏水膜吸收过程中，利用 k_{ig}、k_{im} 及 k_{il} 来计算 k_g、k_1 时，可根据过程的具体情况而简化总传质方程，例如待吸收气体组分 i 穿过疏水膜的传质阻力与边界层阻力相比，通常可忽略不计。但当待吸收气体组分 i 在液相中的溶解度很大或能与吸收剂发生快速化学反应时，则穿过疏水膜的传质阻力变得重要，不能忽略。针对不同的膜吸收过程，根据过程的具体情况而简化的总传质方程见表 23-5。

表 23-5　膜吸收过程总传质方程简化汇总

类别		基于平板膜的膜吸收过程总传质方程简化结果	基于中空纤维膜的膜吸收过程总传质方程简化结果
疏水膜吸收过程	当液相吸收液对待吸收气体组分 i 的溶解度较低时	$\dfrac{1}{K_1} = \dfrac{1}{k_{il}}$　　$\dfrac{1}{K_g} = \dfrac{H_0}{k_{il}}$	$\dfrac{1}{K_1 d_o} = \dfrac{1}{k_{il} d_o}$　　$\dfrac{1}{K_g d_o} = \dfrac{H_0}{k_{il} d_o}$
	当液相吸收液对待吸收气体组分 i 的溶解度较高或组分 i 与吸收液发生快速化学反应时	$\dfrac{1}{K_1} = \dfrac{1}{k_{im} H_0} + \dfrac{1}{k_{ig} H_0}$　　$\dfrac{1}{K_g} = \dfrac{1}{k_{im}} + \dfrac{1}{k_{ig}}$	$\dfrac{1}{K_1 d_o} = \dfrac{1}{k_{im} H_0 d_{lm}} + \dfrac{1}{k_{ig} H_0 d_i}$　　$\dfrac{1}{K_g d_o} = \dfrac{1}{k_{im} d_{lm}} + \dfrac{1}{k_{ig} d_i}$

续表

类别		基于平板膜的膜吸收过程总传质方程简化结果	基于中空纤维膜的膜吸收过程总传质方程简化结果
亲水膜吸收过程	当液相吸收液对待吸收气体组分 i 的溶解度较低时	$$\frac{1}{K_l}=\frac{1}{k_{il}}+\frac{1}{k'_{im}H_0}$$ $$\frac{1}{K_g}=\frac{H_0}{k_{il}}+\frac{H_0}{k'_{im}}$$	$$\frac{1}{K_l d_i}=\frac{1}{k_{il}d_o}+\frac{1}{k'_{im}d_{lm}}$$ $$\frac{1}{K_g d_i}=\frac{H_0}{k_{il}d_o}+\frac{H_0}{k'_{im}d_{lm}}$$
	当液相吸收液对待吸收气体组分 i 的溶解度较高或组分 i 与吸收液发生快速化学反应时	$$\frac{1}{K_l}=\frac{1}{k_{ig}H_0}$$ $$\frac{1}{K_g}=\frac{1}{k_{ig}}$$	$$\frac{1}{K_l d_i}=\frac{1}{k_{ig}H_0 d_i}$$ $$\frac{1}{K_g d_i}=\frac{1}{k_{ig}d_i}$$
部分润湿及疏水-亲水复合膜吸收过程	当液相吸收液对待吸收气体组分 i 的溶解度较低时	$$\frac{1}{K_l}=\frac{1}{k_{il}}+\frac{1}{k'_{im}}$$ $$\frac{1}{K_g}=\frac{H_0}{k_{il}}+\frac{H_0}{k'_{im}}$$	$$\frac{1}{K_l d_{int}}=\frac{1}{k_{il}d_o}+\frac{1}{k'_{im}d'_{lm}}$$ $$\frac{1}{K_g d_{int}}=\frac{H_0}{k_{il}d_o}+\frac{H_0}{k'_{im}d'_{lm}}$$
	当液相吸收液对待吸收气体组分 i 的溶解度较高或组分 i 与吸收液发生快速化学反应时	$$\frac{1}{K_l}=\frac{1}{k_{im}H_0}+\frac{1}{k_{ig}H_0}$$ $$\frac{1}{K_g}=\frac{1}{k_{im}}+\frac{1}{k_{ig}}$$	$$\frac{1}{K_l d_{int}}=\frac{1}{k_{im}H_0 d_{lm}}+\frac{1}{k_{ig}H_0 d_i}$$ $$\frac{1}{K_g d_{int}}=\frac{1}{k_{im}d_{lm}}+\frac{1}{k_{ig}d_i}$$
微孔-无孔复合膜吸收过程	当液相吸收液对待吸收气体组分 i 的溶解度较低时	$$\frac{1}{K_l}=\frac{1}{k_{il}}$$ $$\frac{1}{K_g}=\frac{H_0}{k_{il}}$$	吸收液在膜的壳程、气相在膜的管程时： $$\frac{1}{K_l d_o}=\frac{1}{k_{il}d_o}$$ $$\frac{1}{K_g d_o}=\frac{H_0}{k_{il}d_o}$$ 吸收液在膜的管程、气相在膜的壳程时： $$\frac{1}{K_l d_i}=\frac{1}{k_{il}d_i}$$ $$\frac{1}{K_g d_i}=\frac{H_0}{k_{il}d_i}$$
	当液相吸收液对待吸收气体组分 i 的溶解度较高或组分 i 与吸收液发生快速化学反应时	$$\frac{1}{K_l}=\frac{1}{k_{im}H_0}+\frac{1}{k^d_{im}H_0}+\frac{1}{k_{ig}H_0}$$ $$\frac{1}{K_g}=\frac{1}{k_{im}}+\frac{1}{k^d_{im}}+\frac{1}{k_{ig}}$$	吸收液在膜的壳程、气相在膜的管程时： $$\frac{1}{K_l d_o}=\frac{1}{k_{im}H_0 d_{lm}}+\frac{1}{k^d_{im}H_0 d^d_{lm}}+\frac{1}{k_{ig}H_0 d_i}$$ $$\frac{1}{K_g d_o}=\frac{1}{k_{im}d_{lm}}+\frac{1}{k^d_{im}d^d_{lm}}+\frac{1}{k_{ig}d_i}$$ 吸收液在膜的管程、气相在膜的壳程时： $$\frac{1}{K_l d_i}=\frac{1}{k_{im}H_0 d_{lm}}+\frac{1}{k^d_{im}H_0 d^d_{lm}}+\frac{1}{k_{ig}H_0 d_o}$$ $$\frac{1}{K_g d_i}=\frac{1}{k_{im}d_{lm}}+\frac{1}{k^d_{im}d^d_{lm}}+\frac{1}{k_{ig}d_o}$$

23.9　膜吸收技术的应用

23.9.1　在氨气回收中的应用

合成氨对农业生产及国防建设均具有重要意义。合成氨生产中会产生大量的含氨混合气，合成氨铜洗再生气就是较具有代表性的一种，主要成分为 CO、NH_3、CH_4、N_2、H_2等。通常，为利用铜洗再生气中的 CO 以增加化肥产量，一般是将铜洗再生气返回到变换车间，但因 NH_3 的存在而生成的 $(NH_4)HCO_3$ 易造成管路堵塞。由于各企业生产规模、设备、管理和操作不同，其气量和成分波动较大，直接排放势必污染环境。因此，在对含氨混合气回收使用或者放空排放时，必须将其中的 NH_3 脱除。

合成氨生产中，传统的从混合气中脱氨方法是采用填料塔的软水吸收工艺，虽然 NH_3 的脱除率较高，但这不仅消耗了大量的软水，也产生了大量难以处理的稀氨水。能够提供稳定气/液接触界面的膜吸收技术已引起人们的重视。

王建黎等[28]采用疏水性聚丙烯中空纤维微孔膜组器为吸收器，以一定浓度的硫酸或盐酸水溶液为吸收液，开展了膜吸收法从模拟合成氨铜洗再生气中脱氨的研究，探讨了影响氨脱除效率的主要因素，实验流程如图 23-12 所示。研究表明，膜吸收法对合成氨铜洗再生气中的氨有很好的脱除效果，当在标准状态下混合气中氨的浓度为 $20.0g/m^3$，膜组器的处理能力为 $5.1m^3/(m^2 \cdot h)$ 时，氨的脱除率大于 99.9%，即标准状态下脱氨后氨的浓度低于 $0.02g/m^3$。当膜组器内吸收液供应充足时，吸收过程的传质阻力主要在膜和气体边界层内。当用挥发性盐酸水溶液作为吸收剂时，HCl 与 NH_3 会在膜孔内反应而生成 NH_4Cl 晶体。晶体的存在，一方面阻挡了 NH_3 的传质通道，另一方面该晶体的桥联作用，会导致疏水性微孔膜亲水化，因此不宜选用挥发性水溶液作为吸收剂。膜吸收法脱氨效率高，能耗低，工艺简单，节约了软水，且回收的氨能转变为具有较高附加值的高纯度硫酸铵，因此避免了传统工艺上因稀氨水的产生造成二次污染。

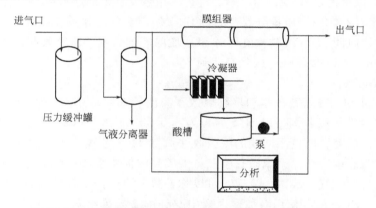

图 23-12　从模拟合成氨铜洗再生气中膜吸收法脱氨流程[28]

23.9.2 脱除 SO_2、H_2S 等酸性气体的应用

工业排放尾气中，尤其是化石燃料燃烧的烟气中，均含有大量的酸性气体，如 SO_2、H_2S。SO_2 和 H_2S 有腐蚀性，毒性大，直接排入大气中，会导致大气污染，造成酸雨以及温室效应等危害。如何有效脱除这些酸气，已引起世界各国的关注。除去酸性气体的传统方法大多会造成二次污染或投资费用高。用膜吸收法脱除 SO_2、H_2S 等酸性气体，脱除率高，能耗低，无二次污染，投资少，且操作简便[29]，因此被认为是一种高效节能的气体分离技术。

（1）SO_2 的脱除

金美芳等[29]采用聚丙烯中空纤维膜组器为吸收器，以 SO_2 浓度为 $44.6\sim89.2mol/m^3$ 的 SO_2、N_2 混合气为原料气，分别以纯水、2%（质量分数）$NaOH$ 水溶液、2%（质量分数）柠檬酸钠水溶液为吸收液，研究了吸收液种类、浓度、压力，进料气浓度和速率等因素

对 SO_2 脱除率的影响，实验流程如图 23-13 所示。研究表明，2% NaOH 水溶液为本系统最佳吸收液；降低进料气体流速或提高吸收液流速，有利于 SO_2 脱除率的提高；膜吸收器可稳定操作，具备了实现工业化应用基础。

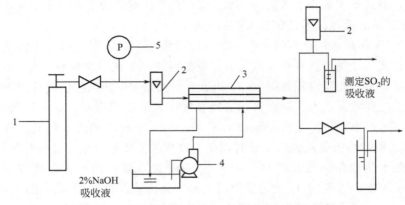

图 23-13　膜吸收法脱除 SO_2 酸性气体实验流程[29]

1—SO_2 气体；2—转子流量计；3—膜吸收器；4—循环泵；5—压力表

韩永嘉等[30]以聚丙烯（PP）为中空纤维膜，用甲基二乙醇胺（MDEA）为 SO_2 的吸收液，以 SO_2 含量为 2.02%（质量分数）的 SO_2、N_2 混合气为原料气，研究了吸收液温度及流量、原料气停留时间、气/液两相流程对 SO_2 脱除率的影响。研究表明，当吸收液温度为 35℃、流量 100mL/min 时，SO_2 脱除率达到 86%。

（2）H_2S 的脱除

K. Li 等[31]制备了聚砜微孔膜和聚醚砜致密膜两种非对称中空纤维膜，以 10%（质量分数）NaOH 水溶液为吸收剂，以 H_2S 含量为 $0.000016 \sim 0.000024 \mu L/L$ 的 H_2S、N_2 混合气为原料气，对比研究了两种不同膜的膜吸收法脱除 H_2S 过程。研究表明，两种膜吸收过程，控制步骤均在膜内；使用聚砜微孔膜获得了较高的传质系数；对于使用聚醚砜致密膜的膜吸收过程，通过增加气、液两相流速，可以弥补致密膜中传质效率低的问题。

Z. Qi 与 E. L. Cussler[1]使用对称聚丙烯中空纤维微孔膜组器为吸收器，分别以三乙醇胺（TEA）、2-氨基-2-甲基-丙醇（AMP）、乙基羟乙胺（EAE）为吸收液，以 H_2S 质量含量为 20% 和 CO_2 质量含量为 17% 的混合空气为原料气，研究了对 H_2S 和 CO_2 两种组分的同时膜吸收过程。研究表明，当以 TEA 为吸收剂时，H_2S/CO_2 的选择性高达 30；当以 AMP 为吸收剂时，H_2S/CO_2 的选择性为 11；当以 EAE 为吸收剂时，H_2S/CO_2 的选择性仅为 5。

23.9.3　在 CO_2 气体脱除和固定上的应用

（1）CO_2 的脱除

科学研究已经表明，大气层中存在水气、CO_2 等温室气体的过量排放所导致的温室效应，正使得全球变暖。不同的气候模型预测表明，到 2100 年时，全球气温平均温度将上升 1.4～5.8℃[32]。温室效应严重威胁着人类的生存和发展环境。因此，发展低碳经济应对气候问题、谋求生存和发展已在全世界范围内达成了共识[33]。2009 年年底的哥本哈根会议上，温家宝总理代表中国政府庄严地承诺：到 2020 年 CO_2 排放量比 2005 年减少 40%～45%。

目前，我国温室气体的排放总量已位居世界前列。因此减少 CO_2 等温室气体的排放，正面临着巨大的压力和严峻的技术经济挑战。在未来相当长的一段发展时期内，化石燃料仍然是我国能源结构的主体，尤其是煤的利用仍将持续占据最高比例，而燃烧 1t 煤将产生 4.12t CO_2[33]。目前，CO_2 捕集和封存（CO_2 Capture & Storage，CCS）技术被公认为是解决化石燃料燃烧尾气中 CO_2 减排问题最有前途的一种方法，但 CO_2 的捕集费用通常占据 CCS 总成本的 70%～90%[34]。因此，寻找一种低成本、低能耗的 CO_2 捕集分离技术，无论从经济、社会和科研等各方面都具有极其深远的意义。

常用的 CO_2 捕集分离技术有变压吸附法、膜分离法、吸收-解吸法等，鉴于 CO_2 排放量大、浓度低、难处理等特点，对比发现：变压吸附法只适用于中小规模的应用，而不适合燃烧尾气中 CO_2 的分离；膜分离法虽然可以达到无污染生产，但是生产规模仍不能满足大批量 CO_2 气体的处理；相比较而言，吸收-解吸法在技术上比较成熟，生产规模比较大，在 CO_2 气体脱除方面有着较广泛的应用前景。用膜作为气/液两相接触界面的膜吸收技术，兼有膜分离技术与传统吸收技术的优点，近年来，在 CO_2 捕集分离应用方面已经成为一个研究热点。

崔丽云等[35]以自制的疏水性聚偏氟乙烯（PVDF）中空纤维膜组器为吸收器，二乙醇胺（DEA）溶液为吸收液，研究膜吸收法脱除 CO_2 过程中微孔膜润湿性随运行时间的变化，以及吸收液浓度、温度对膜润湿进程的影响，实验流程如图 23-14 所示。研究表明，随着吸收时间的进行，膜润湿逐渐增加；随着 DEA 溶液浓度的增大，膜润湿降低；随着 DEA 溶液温度升高，膜润湿增加。并给出了膜吸收过程中膜润湿进程随运行时间变化的理论方程，实验结果与理论方程预算值能够较好地吻合。

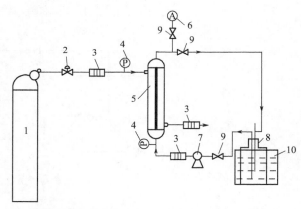

图 23-14 膜吸收脱除 CO_2 过程中微孔膜润湿研究实验流程[35]

1—CO_2 气体钢瓶；2—气体调节阀；3—流量计；
4—压力表；5—膜组器；6—取样点；7—蠕动泵；
8—料液罐；9—闸阀；10—智能循环冷凝器

（2）CO_2 的固定

近年来，CO_2 的固定、资源化利用已引起了人们的重视。利用微藻固定 CO_2 的光生物技术[36]是一种控制 CO_2 的新方法。岳丽宏等[36]在浓度固定的鼓泡吸收、浓度渐增的鼓泡吸收、旁路中空纤维膜组器膜吸收三种不同的供气条件下，研究供气条件对小球藻固定 CO_2 速率的影响，实验流程如图 23-15 所示。研究表明，用鼓泡系统供气时，在 CO_2 浓度渐增的条件下，比在 CO_2 浓度固定条件下，小球藻对 CO_2 固定速率要大。用旁路中空纤维膜组器的膜吸收法向系统供气时，CO_2 的传递率要高于鼓泡供气系统；在鼓泡系统与膜吸收法这两种供气系统中，小球藻的生长模式和 CO_2 的固定速率相似。

23.9.4 在天然气净化中的应用

天然气作为一种高能量的化工能源，商业使用前需要对其净化处理，以脱除其中的

CO_2、H_2S 等酸性气体及水，从而增加天然气燃烧的热值，降低输送体积，减少输送和分配过程中的腐蚀，并防止其中的 H_2S 燃烧成 SO_2 造成大气污染。

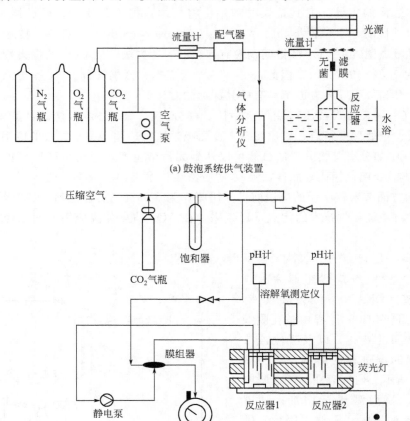

(a) 鼓泡系统供气装置

(b) 旁路中空纤维膜组器膜吸收法供气装置

图 23-15　供气条件对小球藻固定 CO_2 速率研究的流程[36]

针对天然气中 CO_2、H_2S 等酸性气体及水的脱除，膜分离法已进入工业化应用阶段，是利用原料气各组分在膜中渗透速率不同而实现分离的目的。通常，首先使用膜分离法对高含碳天然气进行粗脱，再应用化学溶剂法（醇胺法）或变压吸附法进行精脱，从而使净化气达到商品气要求。

膜吸收作为传统吸收技术与膜分离技术相耦合的一种新技术，应用于天然气中 H_2S 脱除已有报道。马路等[37]以聚偏氟乙烯（PVDF）中空纤维膜组器为吸收器，碳酸钠溶液为吸收剂，H_2S 浓度为 65.45mg/m^3 的 H_2S 和 CH_4 混合气为原料气，研究膜孔径和操作条件对天然气脱除 H_2S 效果的影响，实验流程如图 23-16 所示。研究表明，随着气体流量、吸收液流量、浓度和温度的增加，总传质系数也随之提高；膜孔在 $0.03 \sim 0.08 \mu\text{m}$ 范围时，孔径越大传质系数越高；进气流量对总传质系数的影响最大，液体流量的影响最小。

23.9.5　挥发性有机废气的净化

挥发性有机废气（Volatile Organic Compounds，VOC）指的是沸点在高温条件下，饱和蒸气压高于 133.3Pa 的容易挥发的有机化合物，成分主要包括硫烃、含氧烃、氮烃、卤代烃以及低沸点的多环芳香烃。挥发性有机废气在一定程度上不仅对环境造成一定的危害，而且也威胁着人类的身体健康。因此，需要对挥发性有机废气进行净化治理。

S. Majumdar 等[38]设计了如图 23-17 所示的耦合膜吸收和膜脱吸两种过程的膜接触器，用于含有甲乙基酮、乙醇等的挥发性有机废气的净化处理，实验流程如图 23-18 所示。图 23-17 中的中间挡板将膜吸收、膜脱吸分成前后两区，前区液体流动由中心向外，流动过程中气体通过膜与液体充分吸收，然后液体到达壳程边缘，绕过挡板后即进入后区。

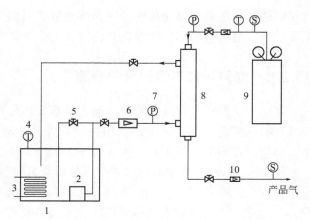

图 23-16　膜吸收法脱除天然气中 H_2S 研究的流程示意图[37]

1—吸收液储罐；2—潜水泵；3—加热器；4—温度计；
5—阀门；6—液体转子流量计；7—压力表；
8—中空纤维膜组件；9—天然气钢瓶；10—气体流量计

在后区液体由壳程边缘向中心流动，直到排出膜接触器。无论在前区还是后区，液体与气体

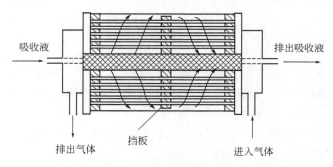

图 23-17　耦合膜吸收和膜脱吸两种过程的膜接触器[38]

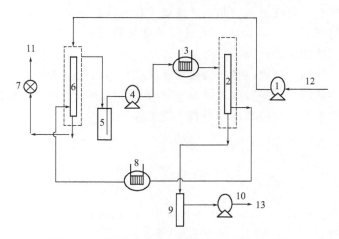

图 23-18　膜吸收法净化有机废气工艺流程[38]

1—空压机；2，6—膜脱吸器；3，8—热交换器；4—计量泵；5—吸收液贮槽；7—控压器；
9—冷却器；10—真空泵；11—净化气体；12—污染气体；13—纯化有机气体

在膜两侧的分散面积都比传统的填料床或板式塔的气/液接触面积要大 5～30 倍，这就大大提高了吸收与脱吸效率。挥发性有机废气去除效率可达 90％以上。

23.9.6 饱和烃和不饱和烃的分离

烯烃、烷烃的分离涉及石化工业中最重要的分离过程。由于烯烃、烷烃相对物的沸点是在很窄的温度范围内，一般的低温蒸馏（如冷冻蒸馏）较为困难，存在分离不完全、能耗高、投资大等问题。近年来，膜吸收法应用于烯烃、烷烃分离的研究已有报道。

K. Nymeijer[39] 采用聚丙烯中空纤维膜作为膜吸收器的支撑材料，在膜表面分别涂覆乙烯-丙烯-二乙烯的三元共聚物（EPDM）、磺化聚醚醚酮（SPEEK）、聚乙烯氧化物（PEO）/聚对苯二甲酸丁二酯（PBT）等三种分离皮层，使用硝酸银溶液作为吸收剂，研究了三种不同膜表面材料的膜吸收器对乙烯/乙烷混合物的分离性能和系统稳定性。研究表明，PEO/PBT 表面材料表现出最佳的分离性能，即使在高液体流速下也能获得 4～5MPa 的渗透系数和 165 的分离因子。

D. T. Tsou 等[40] 利用亲水性中空纤维膜组器为吸收器，使用硝酸银溶液作为吸收剂，吸收剂走膜吸收器管程，成功地实现乙烯含量为 74％（质量分数）的乙烯/乙烷混合物的分离。

23.10 结语

膜吸收技术是将传统气体吸收技术与膜分离技术相耦合的一种新型分离技术。在膜吸收过程中，气/液两相分别在膜两侧流动，膜本身不具有分离作用，只起到分隔气/液两相和固定相界面的作用，所使用的膜多是疏水性多孔膜。

本章从膜吸收技术的起源、原理及特点、分类、膜材料、膜组器、影响因素、吸收剂选择、传质机理及应用领域等九个方面进行了阐述。

鉴于膜吸收技术能克服传统气体吸收过程存在的液泛、雾沫夹带等缺点，并具有单位体积接触面积大、通量高、可任意改变两相的流量等优点，在 NH_3 回收、H_2S 及 SO_2 等酸性气体脱除、CO_2 脱除及固定、氢回收、天然气及挥发性有机废气净化、饱和烃与不饱和烃分离等方面得到了广泛的应用研究。

在很长的一段时间内，膜吸收技术将会以围绕膜材料研制、膜组器开发、过程传质机理及过程模拟、膜污染防治、新型吸收剂研发、新应用领域开拓等方面为研究热点和重点，便于更好地服务于环境治理、社会经济发展和人类健康。

◆ 参考文献 ◆

[1] Qi Z, Cussler E L. Microporous hollow fibers for gas absorption：Ⅰ. Mass transfer in the liquid [J]. Journal of Membrane Science, 1985, 23（3）：321-332.

[2] Rongwong W, Fan C, Liang Z, et al. Investigation of the effects of operating parameters on the local mass transfer coefficient and membrane wetting in a membrane gas absorption process [J]. Journal of Membrane Science, 2015, 490：236-246.

［3］ 高启君，吴丹，武春瑞 等. 膜鼓气/吸收法提溴连续吸收过程［J］. 化工学报，2012，63：1757-1764.

［4］ Karoor S，Sirkar K K. Gas absorption studies in microporous hollow fiber membrane mudules［J］. Ind Eng Chem Res，1993，32：674-684.

［5］ Lu J G，Zhang Z F，Chen M D. Wetting mechanism in mass transfer process of hydrophobic membrane gas absorption［J］. Journal of Membrane Science，2008，308：180-190.

［6］ 舒建辉. 聚丙烯中空纤维膜接触器脱除 CO_2 及膜孔润湿影响分析的试验研究［D］. 南昌：华东交通大学土木建筑学院，2014.

［7］ Kim S H，Kwak S Y，Sohn B H，et al. Park，Design of TiO_2 nanoparticle self-assembledaromatic polyamide thin-film-composite (TFC) membrane as an approach to solve biofouling problem［J］. Journal of Membrane Science，2003，211：157-165.

［8］ Genre I，Kuypers S，Leysen R. Effect of the addition of ZrO_2 topolysulfone based UF membranes［J］. Journal of Membrane Science，1996，113：343-350.

［9］ Miao J，Zhang R，Bai R. Poly (vinyl alcohol)/carboxymethyl cellulose sodium blend composite nanofiltration membranes developed via interfacial polymerization［J］. Journal of Membrane Science，2015，493：654-663.

［10］ Jeong E H B，Yan Y S. Interfacial polymerization of thin film nanocomposites［J］. Journal of Membrane Science，2007，294：1-7.

［11］ Patel N P，Aberg C M，Sanchez A M，et al. Morphological，mechanical and gas-transport characteristics of crosslinked poly(propyleneglycol): homopolymers，nanocomposites and blends［J］. Polymer，2004，45：5941-5950.

［12］ Yolanda C，Jadra M，Mario A，et. al. Sol-gel hybrid membranes loaded with meso/macroporous SiO_2，TiO_2-P_2O_5 and SiO_2-TiO_2-P_2O_5 materials with high proton conductivity［J］. Materials Chemistry and Physics，2015，149-150：686-694.

［13］ Iwata M，Adachi T，Tomidokoro M，et al. Hybrid sol-gel membranes of polyacrylonitrile-tetraethoxysilane composites for gas perm selectivity［J］. Journal of Applied Polymer Science，2003，88：1752-1759.

［14］ Ghosh A C，Borthakur S，Dutta N N. Absorption of carbon monoxide in hollow fiber membranes［J］. Journal of Membrane Science，1994，96(3)：183-192.

［15］ Kreulen H，Smolders C A，Versteeg G F，et al. Determination of mass transfer rates in wetted andnonwetted microporous membranes［J］. Chemical Engineering Science，1993，48（11）：2093-2102.

［16］ （意）恩瑞克·德利奥里，阿来桑德拉·克里斯科利，埃弗雷姆·库尔乔. 膜接触器——原理、应用及发展前景［M］. 李娜，贾原媛，苏学素译. 北京：化学工业出版社，2009：56.

［17］ Bhaumik D，Majumdar S，Sirkar K K. Absorption of CO_2 in a transverse flow hollow fiber membrane module having a few wraps of the fiber mat［J］. Journal of Membrane Science，1998，138：77-82.

［18］ Seibert A F，Fair J R. Scale-up of hollow fiber extracators［J］. Sep Sci Technol，1997，1-4：573-583.

［19］ （意）恩瑞克·德利奥里，阿来桑德拉·克里斯科利，埃弗雷姆·库尔乔. 膜接触器——原理、应用及发展前景［M］. 李娜，贾原媛，苏学素译. 北京：化学工业出版社，2009：61-62.

［20］ 李云鹏. 中空纤维膜吸收 CO_2 过程的膜浸润研究［D］. 北京：北京化工大学化学工程学院，2013.

［21］ 林佳璋，刘文宗. 二氧化碳回收技术［M］. 台湾：工业技术研究院化学工业研究所，2007.

［22］ （意）恩瑞克·德利奥里，阿来桑德拉·克里斯科利，埃弗雷姆·库尔乔. 膜接触器——原理、应用及发展前景［M］. 李娜，贾原媛，苏学素译. 北京：化学工业出版社，2009：65-75.

［23］ Sirkar K K. Other new membrane processes//Ho W S W，Sirkar K K. Membrane Handbook［M］. New York：Chapman and hall，1992：2153-2159.

［24］ Zhu Z，Hao Z L，Shen Z S，et al. Modified modeling of the effect of pH and viscosity on themass transfer in hydrophobic hollow fiber membrane contactors［J］. Journal of Membrane Science，2005，250(1-2)：269-276.

［25］ Yang M C，Cussler E L. Designing Hollow-fiber Contactors［J］. AIChE J，1986，32：1910-1916.

［26］ Costello M J，Fane A Q，Hogan P A，et al. The effect of shell side hydrodynamics on the performance of axial flow hollow fiber modules [J]. Journal of Membrane Science, 1993, 80: 1-11.

[27] Wu J, Chen V. Shell-side mass transfer performance of randomly packed hollow fiber modules [J]. Journal of Membrane Science, 2000, 172: 59-74.

[28] 王建黎, 徐又一, 徐志康等. 膜接触器从混合气中脱氨性能的研究 [J]. 环境化学, 2001, 20 (6): 588-594.

[29] 金美芳, 曹义鸣等. 膜吸收法脱除二氧化硫 [J]. 膜科学与技术, 1999, 19 (3): 44-46.

[30] 韩永嘉, 王树立, 李辉等. 聚丙烯中空纤维膜吸收法烟气脱硫实验研究 [J]. 环境科学与技术, 2011, 34 (1): 155-158.

[31] Li K, Wang D, Koe C C, et al. Use of asymmetric hollow fiber modules for elimination of H_2S from gas streams via a membrane absorption method [J]. Chem Eng Sci, 1998, 53: 1111-1119.

[32] 晏水平, 方梦祥, 张卫风等. 燃煤烟气中 CO_2 膜吸收分离工艺设计与经济性分析 [C] // 第三届全国化学工程与生物化工年会论文摘要集(上). 南宁: 中国化工学会生物化工专业委员会, 2006: 157.

[33] Bachu S. Sequestration of CO_2 in geological media: criteria and approach for site selection in response to climate change [J]. Fuel and Energy Abstracts, 2002, 43 (2): 145-145.

[34] 徐文佳, 王万福, 王文思. 二氧化碳捕集研究进展及对策建议 [J]. 绿色科技, 2013, 1 (01): 60-63.

[35] 崔丽云, 王宇, 李云鹏等. 膜接触器吸收二氧化碳过程中的膜润湿研究 [J]. 膜科学与技术, 2014, 4: 33-38.

[36] 岳丽宏, 陈宝智, 钱新明. 供气条件对小球藻固定二氧化碳的影响 [J]. 安全与环境学报, 2001, 5: 49-52.

[37] 马路, 王树立, 王剑等. 膜吸收器碳酸钠溶液脱除天然气中硫化氢的研究 [J]. 天然气化工: C1 化学与化工, 2013, 38 (05): 51-54.

[38] Majumdar S, Bhaumik D, Sirkar K K, et al. A pilot-scale demonstration of a membrane-based absorption-stripping process for removal and recovery of volatile organic compounds [J]. Environmental Progress, 2001, 20 (1): 27-35.

[39] Nymeijer K. Gas-liquid membrane contactors for olefin/paraffin separation [D]. The Netherlands: University of Twente, Enschede, 2003.

[40] Tsou D T, Blachman M W, Davis J C. Silver-facilitated olefin/paraffin separation in a liquid membrane contactor system [J]. Ind Eng Chem Res, 1994, 33: 3209-3216.

第11篇

其他过程强化技术

随着现代过程工业的发展，产品不断更新，环保要求日益提高，建设生态经济和实现可持续发展的要求更为迫切。为此，过程强化从概念到实践，得到了快速和全面的发展，人们对化工过程强化的方法与技术的研究更加重视。除前面篇章介绍的化工过程强化的主要方法与技术外，仍有很多的研究成果值得介绍，如将催化剂设计和反应器设计结合在一起，使得其同时具备催化剂和反应器的特点与性能，极大地促进反应的进行，通过设计反应器的结构控制物料的停留时间以及内部的反应、流动等和人为地使操作条件、反应物流向或加料位置呈周期性变化从而使系统在非定态条件下进行，可以显著改善反应的时均性能、系统的稳定性和实现降低参数灵敏度的非定态操作。本篇重点介绍规整结构催化剂及反应器、挤出反应器、旋转盘反应器、旋风分离器、旋流分离器和非定态操作等。

第 24 章　规整结构催化剂及反应器

24.1　概述

24.1.1　规整结构催化剂的产生

  时代的不断发展、人们生活水平提高和工业化进程的加快，对化学工业提出了更高的要求，现在已经确立了一个十分明确的发展方向：安全、清洁、高效，最终实现绿色化学的零排放。在化工工业中，要实现这个目标主要从两方面入手，一是化学方面，二是工程方面。其中催化剂的选择是通过化学途径实现发展方向的主要方面，合成新的、选择性更高的催化剂从而通过新的高效、污染产物更少的生产路线，减少能源消耗，抑制副产物生成。工程方面要研发新的工艺及手段。

  众所周知，现代化学工业中一个比较关键的核心问题催化剂的研究和开发，催化剂的使用极大地促进了现代化学工业的发展。目前 90％以上的化工产品的生产需要借助催化剂，所以有"没有催化剂，就不可能建立现代的化学工业"的说法。其中非均相催化反应是化学反应最重要的反应之一，涉及从炼制到精细、特种化学的许多化学过程。其中，气固相和气液固相催化反应是非均相催化反应中比较重要的反应。这些领域对催化剂的选择性、活性或（和）稳定性有十分高的要求。因此催化剂设计和制备技术是此类反应中研究的重点。通常，催化剂设计的讨论主要是在活性位的分子层面，在催化剂工程方面，如孔隙率、催化剂形状、微观结构和组成等也会分开考虑。但在多相催化反应中，有效的多相接触、对反应速率影响的最小化以及对反应物扩散、产物反扩散选择性影响的最小化，一直促使许多学者在催化剂构造方面——宏观尺度上考虑催化剂的设计，即研制创新型的宏观结构化催化剂。

  在实际的化学生产过程中，催化剂的应用离不开工程方面的问题，二者不可分离。反应器是装填催化剂和催化反应进行的场所，是工程研究方面的核心。因此近年来工业催化领域更多考虑或研究方向更多地倾向于如何将催化剂和反应器的研究或设计结合起来。在多相催化反应中，主要有鼓泡塔、浆态床、滴流床和固定床反应器。反应器的选择取决于如催化剂特性、传质和传热限制、流体力学和流动状态、压力降和液体持量等因素。目前为止没有一种反应器能够做到满足工业生产的所有条件。如固定床反应器是目前非均相反应中应用最广的反应器类型，在各种化学反应过程和反应体系中均有应用。常规的固定床反应器是由众多具有一定形状和大小的催化剂颗粒堆积填充于反应容器而构成，从而得到反应进行的催化床层。床层的结构具有随意性并且催化剂在床层上不均匀分布。这些特点会使得流体有流回床层中心的趋势，造成沟流或短路。同时不均匀分布导致反应物不能均匀地流过催化表面，从而导致整个过程性能下降，出现过热点。同时存在压力下降过快，易被尘灰堵塞，整体效率低，催化剂再生成本较高和催化剂易磨损等问题。而浆态床虽然在传递方面更有利于反应，但是催化剂和产物较难分离。

为了实现生产过程的安全、清洁、高效，乃至实现生产过程的零排放，克服常规反应器的缺点，并且满足多相催化剂反应性能优化的要求，从事工业催化研究的学者开始研究催化剂的结构化。研究者通过将催化剂设计和反应器设计结合在一起，研究结构催化剂及反应器。从而使得其同时具备催化剂和反应器的特点与性能，克服传统催化剂床层分布不均匀，压降较大以及催化剂选择性和活性较低的缺点。

为此，研究者想要研究一种能够综合各种传统催化反应器（如浆态床和固定床反应器）的优点的同时能够做到尽可能摒除其缺点的技术。从而结构化催化剂及反应器应运而生。

结构化催化剂是在孔道壁上以薄层涂覆形式存在，从而具有浆态催化剂细小粉末特性的但又无须担心催化剂磨损和分离困难问题的固定催化剂。同时它兼具表面积大、压力降低和扩散距离短的各种优点，研究者越来越多地关注这种催化剂及反应器。

24.1.2 规整结构催化剂的发展

20 世纪 50 年代，规整结构催化就开始得到多种应用，如热交换器[1]。Anderson[2]研究了规整结构催化剂用于硝酸的尾气脱色。与此同时 Keith[3]讨论了规整结构催化剂用于汽车尾气排放控制，有催化组分的结构陶瓷开始出现。20 世纪 60 年代后期，汽车制造商和那些排放大量有害气体的工业界开始研究规整载体。对于汽车后燃气和尾气焚烧中很重要的一个因素是规整结构催化具有较低的压力降，传统的催化剂反应器会造成反应过程中压力升高这一不利因素而规整结构化催化剂的低压力降的特点使得其在汽车尾气处理方面大受欢迎。同时在汽车尾气处理方面的应用也极大地促进了陶瓷规整载体制造技术的发展。1975 年第一辆安装催化转化器的汽车诞生，如今全球超过 85％的新车都装配有这类尾气净化催化剂。随着研究者对规整结构催化剂在气固催化反应体系中的逐渐深入研究，他们探究了规整结构催化剂及其反应器在工业中的其他应用。20 世纪 80 年代，瑞典 Chalmers 科技大学开始研究规整结构催化剂在气-液-固多相催化反应中的应用[4]，其中他们提出将规整结构催化剂用于蒽醌加氢的想法最终实现了工业化。这也是规整结构催化剂在气-液-固多相催化反应中实现的第一个工业化应用。EKA 公司采纳了他们提出的将规整结构催化剂应用于蒽醌加氢的想法，后经过 Akzo-Nobel 公司的后续研究最终实现了工业化生产。从而实现了规整结构催化剂在气-液-固多项催化反应中的第一个工业化应用。从 20 世纪 90 年代开始，以荷兰 Delft 科技大学工业催化专业的学者为代表的研究人员做了大量研究工作并建立了一定的数学模型。2001 年召开了第一届国际结构催化剂及反应器会议（ICOSCAR-1，2005 年第二届，荷兰；2009 年第三届，意大利；2013 年第四届，北京）提出从宏观尺度上设计催化剂，一个催化剂（如一个规整结构催化剂个体）就是一个化学反应器[5]，将催化剂计和反应器设计结合起来。特别是第四届国际结构催化剂及反应器会议组织全球结构化催化剂与反应器相关领域专家对其制备方法及其在化学、化工、环境工程、能源等各个领域中的应用研究情况进行探讨。会议议题涉及结构化催化剂与反应器的多个研究方向，主要包括催化剂和载体制备、表征、反应动力学、流动传递特性、数学模型及工业应用等。目前，在催化剂/反应器的研究和应用方面，Delft大学的"反应器和催化剂工程"研究课题小组处于世界领先地位。

24.1.3　规整结构催化剂的研究与前景

规整结构催化剂是由多条规则的、相互平行的直通孔道构成，催化活性组分被制成极薄的涂层结构（10~150μm）负载在孔道的内壁。装有规整结构催化剂的反应器被称为规整反应器。由于规整结构催化剂所具有的特殊蜂窝孔道结构，使规整反应器具有较低的压力降、均匀的床层分布、催化剂磨损率低、易于放大、操作较灵活等特点，能够克服常规颗粒型固定床反应器中的问题。

当前，环保和燃烧领域中所涉及的气固相催化反应是规整结构催化剂最主要的应用，其中应用量最大、技术最成熟、最重要的领域是汽车尾气净化。汽车尾气净化控制和大气环保法规极大促进了规整结构催化剂技术改进。规整结构催化剂具有降低的压力将使其很好适应于汽车行驶条件。从而使规整结构催化剂及反应器成为现代汽车的标准配置。而且随着汽车工业的发展，规整结构催化剂/反应器也几乎成为最普遍使用的一类催化反应器。同时对于电厂、炼厂尾气和化工厂烟道气的排放等有固定污染源的污染，烟道气规整结构净化器现也已是一个标准单元。在汽轮机、沸腾炉、加热器等的燃料燃烧方面规整结构催化剂也发展迅速，正向着工业化、商业化进程发展。

汽车尾气净化催化剂的发展为规整结构催化剂的工业应用提供了许多成熟的技术。汽车尾气净化催化剂的生产线使得规整结构催化剂能够被自动化、连续地、大批量地生产。蜂窝结构规整体的大规模工业化生产，降低了其应用成本，为规整结构催化剂在其他催化反应中更广泛应用提供了技术上和经济上可行的有利条件。

随着规整结构催化剂在处理汽车尾气污染和气固相催化反应方面的成功应用，人们对这种结构催化剂研究也逐渐增多（见图24-1）。除了上述领域应用，规整结构催化剂也被应用于在其他一些非常规应用，如产氢、合成、气化等气相反应中的应用也取得了一定的进展。同时相应的气固模型的应用增加人们对结构催化剂的认识。

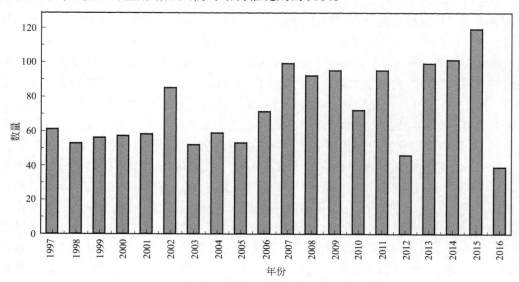

图 24-1　关于规整结构催化剂的文献/专利结果

目前人们开始尝试更多地将规整结构催化剂应用到其他催化反应体系中。瑞典 Chalmers 科技大学最早对规整结构催化剂应用于气-液-固相催化反应进行了介绍和研究。规整结构催化剂的研究逐步延伸到气-液-固多相催化反应过程中，特别是集中在加氢、氧化和生化反应方面。在反应中同时存在三相而且气体和液体同时流动，只有通过液体层气相物质才能扩散到发生反应的固体催化剂表面，因此反应器结构设计对界面传输的影响十分重要。规整结构催化剂具有较大的比表面积，均匀直通的孔道结构，内扩散阻力小的催化剂薄涂层结构，以及低压力降等特点，从而表现出特有的流体力学性质和传递性质。同时在操作模式上它也是灵活多样的——（半）间歇或连续方式，活塞流或搅拌釜反应器，并流、逆流或交叉流动等。

与此同时，众多化学公司对规整结构催化剂在多相催化反应中的潜在应用表现了极大的兴趣。其中美国 Corning 公司（蜂窝载体的发明者和世界上此类载体最大的供应商）一直在致力于此方面的研究。世界三大汽车尾气净化催化剂生产商 Engelhard、Degussa 和 Johnson Matthey 也联合诸多大学展开了相应的研究。

24.1.4 前景展望

随着对规整结构催化剂反应器的不断深入研究，规整结构催化剂会在石油化工等有众多催化反应的领域中得到很好的应用，具有广阔的应用前景。下面总结一下规整结构催化剂/反应器的特征以及可能的应用（表 24-1）。

表 24-1 规整结构催化剂/反应器的特征及应用

应用领域	特征	操作	重要性
	单相和多相操作	G-L-L-S-S	
	简单放大		经验较少
	低压力降	高速流动-快速反应	
	防尘		
	安全		
催化应用	催化剂	上量可调整	
		沿长度成型	
		固定和移动床	
		高利用	
	好的传质	气-液-固	
	反应器类型	间歇/连续/循环操作	无径向传质
		活塞流/混合流/再循环	
		并流/逆流/交叉流	低径向传热
		气体、液体和固体流动	
		不同催化剂	
		通过膜分离	
	反应耦合	热传递	
		蒸馏	
多功能作用应用		萃取	
	反应+物理操作	汽提	
		膜分离	
		吸附	

续表

应用领域	特征	操作	重要性
无催化作用应用		吸附(变压吸附,干燥) 汽提 萃取 膜分离 热交换 过滤 湿润作用/蒸发作用 吸收	

　　规整结构催化剂/反应器的应用打开了新的工艺路线。催化转化能够与分离结合，可热集成，强化化工过程，使用规整结构催化剂过程操作更安全。为设计新的工艺或改进存在的工艺提供了强有力的工具。

　　简而言之，规整结构催化剂/反应器可应用于替代滴流床反应器和淤浆床，并且具有较高的转化率、较好的选择性以及活性。规整催化剂也可以有效使用小尺寸沸石颗粒，使其可以应用于石油化学中。相信在不久的将来通过进一步的研究改进将使其应用于多功能反应器操作。

　　同时针对于实验室内催化剂测试的单元放大，规整结构也可作为一个有效工具，如微型反应器技术和组合催化作用为化学工程研究提供了一个通用和强有力的工具。规整结构催化剂包含了所有影响选择的三个决定性因素，即催化剂最优化、热量和质量输入/交换以及流体力学。通过综合对三个决定因素的最优化选择，规整结构催化剂可能达到"理想"反应器构造。

　　总之，规整结构催化剂将逐渐应用到更多的化学、生物化学转化和精细化学过程中。

24.2　规整结构催化剂

　　规整结构催化剂由活性组分、助催化剂、分散担体和骨架基体四部分构成。充当骨架基体的规整结构载体具有尺寸均一、分布均匀的平行直通孔道，一般是一块整体的陶瓷或金属材质载体块。活性组分、助催化剂和分散担体被制备成涂层结构，涂覆负载在骨架基体（规整结构基体）的孔道壁上。由于载体独特的结构特征，规整结构催化剂形成的催化反应床层的流体流动、传质和传热等特征与常规颗粒型催化剂反应床层不同。从催化剂活性组分负载的角度来说，其骨架作用的规整载体（或规整载体的壁）可看作是规整结构催化剂的第一载体——规整载体，起到为涂层催化剂作支撑体的作用；分散担体部分被视为第二载体，一般使用常规的催化剂担体材料，如氧化铝、氧化硅等，起到增加表面积、分散、负载催化剂的作用。

24.2.1　规整结构催化剂主要分类

　　规整结构催化剂可按照孔型和载体种类划分。规整载体的外形界面直径跨度从几厘米到几十厘米，内部的孔道截面直径是几毫米。规整载体不同的构造对应于不同的规整结构催化剂类型，主要有蜂窝形（孔道位置直通，在轴向上相互平行，没有径向连通）、泡沫型（有三维相互连通的海绵结构）和交叉流动型（相邻空道层相互十字交叉），如图 24-2[6]所示。

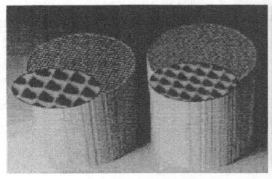

(a) 蜂窝形规整载体(正方形孔道堇青石陶瓷)　　　　(b) 泡沫型陶瓷海绵

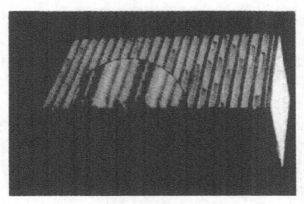

(c) 交叉流动型规整载体

图 24-2　规整载体示意图

　　蜂窝结构的规整结构催化剂是其中研究最多、最成熟、应用最广泛的一个。我们将着重介绍一下蜂窝结构的规整结构催化剂。窝载体按其外形可分为圆形、正方形、三角形等。其材质可以分为两大类：陶瓷载体和金属载体（图 24-3），陶瓷载体比较常用的材料是堇青石和莫来石，金属载体为箔片、铜等材料。

(a) 蜂窝陶瓷载体　　　　　　(b) 金属材质的蜂窝载体

图 24-3　蜂窝结构的规整结构催化剂载体

　　蜂窝陶瓷载体具有高强度、低膨胀性、耐热震性好、吸附能力强、耐磨损等优点，与金属蜂窝载体相比强度高、价格低、易于制造。因此逐步用来取代贵金属载体。载体的性能关系到催化剂的转化率、使用寿命以及整个催化转化器的装配要求，对系统性能如压力降、强度、传热传质特性、催化燃烧性能等都有很大的影响。目前堇青石作为蜂窝载体的材料备受人们的青睐。堇青石蜂窝陶瓷是一种低表面规整载体，具有良好的抗热冲击性能、较低的热膨胀系数、较高的机械强度以及相对较高的耐火性能，熔点达 1450℃ 以上。

金属材质的蜂窝载体最早用于摩托车的尾气净化。金属材质与蜂窝陶瓷载体相比有较高的机械强度、较大的孔隙率、较薄的壁以及较低的压力降、较轻的质量和较高的热传导率等优点。在相同孔密度情况下，如孔密度为 400 孔/m^2，陶瓷蜂窝载体的型号为 400/6.5，壁厚 6.5mm；而金属载体壁厚仅为 0.05mm。因此，金属的孔隙率较高。虽然金属载体熔点比陶瓷载体低，载体的热膨胀系数比陶瓷载体大。但是金属载体涂覆催化剂及后处理技术要求较高。由以上可知，蜂窝载体使用陶瓷和金属的制造，各有优点和限制。

24.2.2　规整结构催化剂的特点

规整结构催化剂结构上最主要的特点是具有宏观尺度上的蜂窝均匀孔道结构。这种结构使规整化催化剂有别于传统的多相催化反应中所使用的固体催化剂（一般为粉末、小球颗粒或是条状结构）。借助第一载体——规整载体孔道壁的支撑作用，利于物料与催化剂的均匀充分接触。使得反应物扩散到活性中心距离缩短，减少了内扩散的影响，提高了催化剂的利用效率，而且减少了催化剂的磨损。

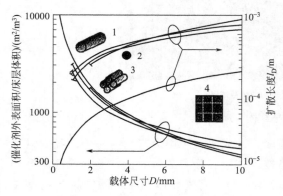

图 24-4　不同几何形状的催化剂的
几何表面积与扩散距离之间的相互关系
1—圆柱体；2—球形；3—四瓣叶形；4—规整结构

图 24-4 是规整结构催化剂与常规固体催化剂的几何表面积和扩散距离的比较。从中可以看出，载体几何尺寸与单位体积催化剂的几何表面积成反比，而与对应的特征扩散长度却成正比。特别是在孔密度大于 400cpsi（即 62cell/cm^2），孔道尺寸 <1.3mm 时，规整结构催化剂表现出较高的几何表面积与较短扩散距离，与常规固体催化剂相比，扩散距离约小一个数量级。

另外规整结构催化剂孔道的规则排列阻止了任意不均匀分布（如随意填充于颗粒床层中）的，有利于使物料与催化剂的接触均匀。同时这也不容易导致流动不均匀从而出现过热点的现象。另外规整结构催化剂的放大比较简单且直接。结合反应器中的传递特征，规整结构催化剂的这些特点能够改善多相催化反应的性能。

对于质量传递控制的过程，反应过程能够有更高的活性和生产效率。如 α-甲基苯乙烯（AMS）催化加氢成异丙基苯[7]［式(24-1) 所示］：

$$\text{（结构式）} \xrightarrow{H_2} \text{（结构式）} \tag{24-1}$$

规整结构催化剂的薄催化剂涂层，使得反应物在规整孔道中理想的活塞流动有助于在连串反应中在有副反应存在时，增加反应选择性。如苯甲醛选择性加氢成苯甲醇[8]［式(24-2) 所示］：

$$\text{苯甲醛} \xrightarrow{H_2} \text{苯甲醇} \xrightarrow{H_2} \text{甲苯} + H_2O \tag{24-2}$$

　　此外，由于规整结构催化剂在反应过程中没有物料与催化剂、催化剂与催化剂之间相互碰撞，规整结构催化剂可以减少催化剂的损失和细小粉末的产生。而相比于浆态床反应器中最终还需要分离催化剂与物料，对规整结构催化剂也是不需要的。涂层负载方式可以被应用于现有的许多的催化剂，从而扩大了规整结构催化剂潜在的应用领域。

24.2.3　规整结构催化剂的制备

24.2.3.1　规整结构载体的制备

　　规整结构催化剂的载体主要有金属载体和陶瓷载体，不同材质的载体具有不同的制备方法。陶瓷载体已经有多种，其中最常见的是波纹板成型、挤出成型的方法，并且已经实现工业应用。图 24-5 所示为金属蜂窝载体的制备过程[9]。金属蜂窝载体的制备是使用物理方法。图 24-6 所示为挤出成型的方法制备规整结构催化剂的过程示意图[10]。

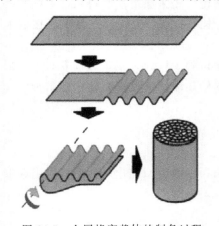

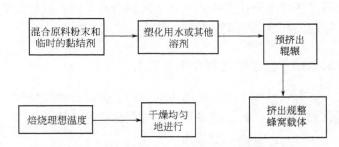

图 24-5　金属蜂窝载体的制备过程　　　　图 24-6　挤出成型的方法制备规整结构催化剂

24.2.3.2　涂层的制备

　　根据使用的涂层材料状态不同，制备涂层的方法[11]可分为：

　　① 胶体溶液浸渍法：直接利用溶液进行浸渍，使溶液填充整个孔道，随时调整 pH 值使得在孔内能够形成水合氧化物层，从而不会减少载体的前端开口面积。

　　② 溶胶-凝胶涂覆法：即将所需物质制成溶胶，涂层物以胶粒尺度分散在液相中，这种方法也是涂覆物进入载体孔道内的涂覆法。

　　③ 悬浮液涂覆法：悬浮液涂覆法是使用最广泛的方法，涂层主要在载体的孔道壁上沉积，从而缩短了通过孔道的反应物与活性催化剂中心的扩散距离，另外涂覆的最大上限不受整体式载体大孔体积的限制。因此，悬浮液除了要有与整体式载体上较大孔尺寸相当的颗粒，还需要小的黏结剂颗粒使大颗粒有合适的附着层。缺点是涂层较厚，载体净开孔的面积较小。图 24-7 是载体涂覆涂层后的理想状态和真实情况示意图[12]。

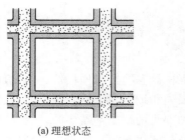

(a) 理想状态　　　　　　　　(b) 真实情况

图 24-7　蜂窝状载体孔道内涂层示意图

24.2.3.3　活性组分的负载

能真正称为规整结构催化剂的是指不仅涂有涂层而且负载了活性组分的整体式载体。目前，离子交换法、浸渍法、粉末涂覆法和沉积-沉淀法是在载体上涂覆活性组分最常用的方法。其中浸渍法最常见，它是将载体直接浸渍在含有活性组分的溶液中，然后经过干燥、焙烧等过程制备规整结构催化剂。浸渍法工艺简单，易操作；但是活性物质分布不均匀，使规整结构利用率偏低。粉末涂覆法是将催化剂粉末制成浆状涂覆在规整结构催化载体上，这种方法涂覆所用的浆状物的颗粒度小，球磨耗时长。相对来说，粉末涂覆法制得的催化剂黏着性不如浸渍法好。另一个常用方法是沉积-沉淀法，将整体式载体直接放入溶液中，在溶液中沉淀得到化合物。

除此之外，负载分子筛的水热合成法以其优良的性能得到了广泛关注。这种方法大大提高了活性组分在整体式载体上的黏附稳定性，且负载效果好、操作简单，逐渐成为制备分子筛膜或规整结构催化剂的主要方法。

24.2.3.4　规整结构催化剂的制备

有两种基本的规整结构催化剂：①混合掺入型催化剂；②涂层型催化剂。根据应用和催化剂本身性能选择制备规整结构催化剂的途径。

（1）混合掺入型催化剂[13]

将有足够的机械强度的催化剂材料和一些黏结剂材料一起直接掺入，以规整载体的形状挤出。再经过规整载体制备步骤：成型、干燥、煅烧，得到产品的孔道壁直接具有催化作用。制造过程中的煅烧阶段要特别注意，因为催化组分可能会融化，也可能与规整载体本体或气氛发生反应。

这样得到的规整结构催化剂的优点是：规整载体壁含有催化剂，催化剂量远大于涂覆方法。对于对催化效率要求不高和需较大量应用催化剂的场合，这种制备类型是可能的。但是它只有对大规模的应用是经济的，而且制造方式更专业并需要专门的挤出机。

更重要的是，这样的规整结构催化剂的活性组分被深深固定在载体中，其中一些被"埋"入闭孔中。这样会延长进入活性位的扩散路径，减少接近反应物的机会，催化剂的效率远低于以涂覆方式得到的催化剂。

同时较大比表面积规整载体可以采用与颗粒催化剂制备相同的浸渍方法，使规整载体壁直接具有催化作用。这种情况下，催化组分差不多均匀地分散通过规整载体壁。但这个催化剂壁要比低表面积规整载体采用涂覆得到的涂层厚 10 倍，这样至少延长了反应物到达催化剂表面部分的路程。

（2）涂层型催化剂[14,15]

一般规整催化剂制备过程包括：首先在规整载体壁上涂覆单一的分散担体，其中用活性组分负载第二载体；还可以先在第二载体上负载活性组分，然后将负载活性组分的第二载体层涂在规整载体上。

规整载体涂覆涂层型规整结构催化剂能够利用现成的催化剂或其他无需特殊载体材料的催化剂，如分子筛，制成规整结构催化剂。因此它能够利用已开发好的常规催化剂进行制备。涂覆技术的优点是能够更有效地利用催化剂，到活性中心的扩散距离的缩短。使得其对涂覆已有的催化剂以及先第二载体涂覆再活性相沉积的催化剂都是有利的。扩散距离短使得催化剂更有效地被利用，例如在上节提到过的苯甲醛选择加氢反应，使其具有更高的选择性。

实施涂覆有两种方法：孔充填涂覆和浆液涂覆。但是无论是这两种过程中的哪一个，其中最主要的步骤是分散担体被涂到规整载体孔道内壁上的过程。其步骤是：将空白规整载体进行较短时间（一般几秒到几分钟）的浸渍或蘸湿，规整载体的孔道被含分散担体也即第二载体材料的浆液所充满，浆液中的水分从规整载体壁上的孔进入，悬浮在浆液中的固体层将沉积在规整载体壁上，然后用空气将孔道中剩余的浆液吹出。水平放置涂覆好的规整载体，并干燥浸湿规整载体，防止由于重力造成尚不稳定的涂层不均匀分布。最后高温烧结使涂层固定在孔道壁上。

不同涂覆技术的区别在于使用的涂覆材料状态不同，大致有以下几种：胶体溶液溶胶-凝胶、浆液和聚合物涂覆（如碳涂层的制备）。

24.2.4 规整结构催化剂的表征

24.2.4.1 催化剂的表征

催化剂的表征方法比较多，通常分为结构表征、宏观物性表征、酸性及酸强度表征、金属性表征、金属与载体/助剂相互作用等。与常规的催化剂相比规整结构催化剂的表征与常规催化剂类似。下面简单介绍常用的表征方法：

（1）催化剂的形貌

催化剂的表面形貌可以用电镜进行表征。确定样品晶体类型，晶体分为单晶体和多晶体。

（2）组成表征

常用的有 X 射线荧光光谱分析（XRF）、电感耦合等离子体法（ICP）、X 射线光电子能谱分析（XPS）以及分析电镜（AEM）等。

（3）宏观物性表征

宏观物性包括粒度（密度、强度）、形貌、多孔性、稳定性等。

① 粒度（密度，强度）：扫描电镜（SEM），透射电镜（TEM），X 射线衍射（XRD），激光衍射和光散射（用来统计结果）。

② 形貌：扫描电镜（SEM）＋透射电镜（TEM）。

③ 多孔性：氮气吸附，压汞法，烃分子探针。

④ 稳定性：差热分析法（TG-DTA），X 射线衍射（XRD）。

（4）酸性及酸强度表征

主要包括酸度、酸强度、内外表面酸的识别等。

① 酸性：NH_3-IR，吡啶（Py）-FT-IR，FT-IR，MAS-NMR（31Al，1H）。

② 酸强度：NH_3-TPD，Hammett 指示剂，吸附量热。

③ 内外表面酸的识别：探针分子反应法。

（5）金属性表征

① 分散度：H_2 吸附，HOT，透射电镜（TEM），X 射线光电子能谱分析（XPS）。

② 还原性：程序升温还原（TPR）。

③ 氧化还原态：X 射线光电子能谱分析（XPS）。

24.2.4.2　规整结构载体孔道结构表征

蜂窝规整载体是两端开放的结构，两端是互通的，孔道间相互平行，且孔形状相同。一般用孔道形状、孔密度和壁厚来表征。前面章节已经提到过载体通常是圆形、椭圆形或是方形。其中商业上大量使用的是正方形和等边三角形[7,15]。

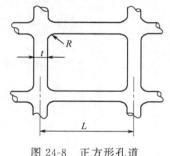

图 24-8　正方形孔道
参数示意图

（1）正方形孔道

基本描述参数如图 24-8 所示，正方形的孔间距 L、壁厚 t 和圆角半径 R。

几何特性

① 孔密度

$$n = \frac{1}{L^2} \tag{24-3}$$

② 几何表面积 GSA

$$\text{GSA} = 4n\left[(L-t) - (4-\pi)\frac{R}{2}\right] \tag{24-4}$$

③ 前端开口程度（点位表面积的开孔面积之和，相当于固定床的空隙率）

$$\text{OFA} = n\left[(L-t)^2 - (4-\pi)R^2\right]$$

④ 水力直径

$$D_h = 4\left(\frac{\text{OFA}}{\text{GSA}}\right) \tag{24-5}$$

⑤ 堆积密度

$$\rho = \rho_c(1-P)(1-\text{OFA}) \tag{24-6}$$

式中，P 为孔壁的空隙分数。

⑥ 热积分系数

$$\text{TIF} = \frac{L}{t}\left(\frac{L-t-2R}{L-t}\right) \tag{24-7}$$

⑦ 机械积分系数

$$\text{MIF} = \frac{t^2}{L(L-t-2R)} \tag{24-8}$$

⑧ 流动阻力

$$R_f = 1.775 \frac{(GSA)^2}{(OFA)^3} \tag{24-9}$$

⑨ 整体热传递

$$H_s = 0.9 \frac{(GSA)^2}{(OFA)^2} \tag{24-10}$$

⑩ 起燃系数

$$LOF = \frac{(GSA)^2}{4\rho C_p (1-P)[OFA(1-OFA)]} = \frac{(GSA)^2}{4\rho C_p (OFA)} \tag{24-11}$$

简化表达，忽略 R 也即 $R=0$ 可得到相应的简化表达式

$$n = \frac{1}{L^2} \tag{24-12}$$

$$GSA = 4n(L-t) \tag{24-13}$$

$$OFA = n(L-t)^2 \tag{24-14}$$

$$D_h = L-t \tag{24-15}$$

$$TIF = \frac{L}{t} \tag{24-16}$$

$$MIF = \frac{t^2}{L(L-t)} \tag{24-17}$$

(2) 等边三角形

基本描述参数如图 24-9 所示，等边三角形的孔间距 L、壁厚 t 和圆角半径 R。

几何特征

① 孔密度

$$n = \frac{4/\sqrt{3}}{L^2} \tag{24-18}$$

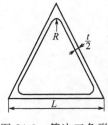

图 24-9　等边三角形
孔道参数示意图

② 几何表面积 GSA

$$GSA = 3n\left[(L-\sqrt{3}t) - \left(\frac{2\pi}{3} - 2\sqrt{3}\right)R\right] \tag{24-19}$$

③ 前端开口程度（单位表面积的开孔面积之和，相当于固定床的空隙率）

$$OFA = \frac{1}{L^2}\left[(L-\sqrt{3}t)^2 - 4\left(3 - \frac{\pi^2}{\sqrt{3}}\right)R^2\right] \tag{24-20}$$

④ 水力直径

$$D_h = 4\left(\frac{OFA}{GSA}\right) \tag{24-21}$$

⑤ 堆积密度

$$\rho = \rho_c(1-P)(1-OFA) \tag{24-22}$$

⑥ 热积分系数

$$TIF = 0.82 \frac{L}{t}\left(\frac{L-\sqrt{3}t-2\sqrt{3}R}{L-\sqrt{3}t}\right) \tag{24-23}$$

⑦ 机械积分系数

$$\mathrm{MIF}=\frac{2t^2}{L(L-\sqrt{3}\,t-2\sqrt{3}\,R)} \tag{24-24}$$

⑧ 流动阻力

$$R_{\mathrm{f}}=1.66\,\frac{(\mathrm{GSA})^2}{(\mathrm{OFA})^3} \tag{24-25}$$

⑨ 整体热传递

$$H_{\mathrm{s}}=0.75\,\frac{(\mathrm{GSA})^2}{(\mathrm{OFA})^2} \tag{24-26}$$

⑩ 起燃系数

$$\mathrm{LOF}=\frac{(\mathrm{GSA})^2}{4\rho C_p(1-P)\left[\mathrm{OFA}(1-\mathrm{OFA})\right]}=\frac{(\mathrm{GSA})^2}{4\rho C_p(\mathrm{OFA})} \tag{24-27}$$

简化表达，忽略 R，也即 $R=0$ 可得到相应的简化表达式

$$n=\frac{4/\sqrt{3}}{L^2} \tag{24-28}$$

$$\mathrm{GSA}=3n(L-\sqrt{3}\,t) \tag{24-29}$$

$$\mathrm{OFA}=\frac{1}{L^2}(L-\sqrt{3}\,t)^2 \tag{24-30}$$

$$D_{\mathrm{h}}=\frac{4\varepsilon_{\mathrm{m}}}{\mathrm{GSA}}=\frac{L}{\sqrt{3}}-t \tag{24-31}$$

$$\mathrm{TIF}=0.82\,\frac{L}{t} \tag{24-32}$$

$$\mathrm{MIF}=\frac{2t^2}{L(L-\sqrt{3}\,t)} \tag{24-33}$$

24.3　规整结构反应器的分类

在化学工业中，催化反应尤其是非均相催化反应在化学反应过程中占有非常重要的地位，其中又以气-固相催化反应和气-液-固相催化反应最为重要。规整结构催化剂及反应器作为一种新型的催化反应器在具有催化剂特点的同时兼具反应器的特点，更加有利于提高催化剂活性及选择性，提高反应床层上的反应物整体分布状态，改善反应器中的传热与传质状况，提高反应的整体效果。

24.3.1　气-固两相催化反应中的规整结构反应器[16]

之所以称其为规整结构反应器，是由于其反应器内部装填的催化剂有较为规整的结构。催化剂就相当于反应器中的催化床层，其间的孔道便是床层空隙，即为流体流动的通道，因为在设计规整结构催化剂之时就已经考虑了其同时可以作为反应器的情况。固定床反应器是气-固相催化反应中被广泛应用的主要反应器类型之一，因固相催化反应和气-液-固相催化反应在固定床反应器中反应性能较其他反应器优异。固定床反应器是由固定形状大小的固体催

化剂颗粒任意堆积在反应器内部所构成的。然而正是由于固体状颗粒物的无规则堆积，从而导致催化剂床层的形状不规则，进而影响到流体流经催化剂床层时状态异常，不利于反应正常进行。将规整结构催化剂填充在反应器中作固定床应用是规整结构反应器常见的一种形式，图24-10[17]所示为一种规整结构催化剂使用的催化反应器，可用于规整结构催化剂的天然气和氧气或者空气、水蒸气催化转化制合成气。如图所示该催化反应器具有多层结构，规整结构催化剂作为主催化剂，氧分布器位于其氧分布器通道内，规整结构催化剂位于内衬高温陶瓷浇铸保温层的反应器中，空隙间填充了颗粒催化剂为次催化剂。

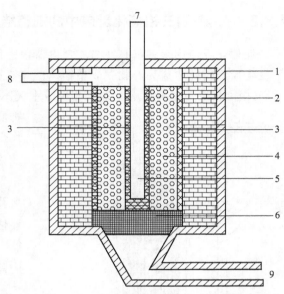

图 24-10 天然气重整制合成气的规整结构
催化反应器的结构示意图

1—不锈钢外壳；2—高温陶瓷浇铸保温层；3—颗粒催化剂；
4—规整结构催化剂；5—氧分布器；6—带孔陶瓷支撑盘；
7—氧气或空气入口；8—甲烷入口；9—合成气出口

规整结构催化剂及反应器具有的优异特征为：外表面积较大；总体压降较低；流体流动较为均匀；轴向分散较低；径向传热较低，基本为绝热状态。

流体在规整结构催化剂载体内的流动状态一般情况下是层流状态，其雷诺数一般小于500。层流状态下产生的压力降非常低，相比颗粒直径与规整载体孔道宽度在同数量级的球形颗粒床层，压力降可以是其百分数甚至为千分数。

规整载体内的传质和传热速率通常比常规固定床反应器中的低一些。规整载体之间的孔道平行，在径向上的流体流动没有混合，因此也没有由于流体流动而引起的径向传热（径向传热只以热传导的形式通过层状流动和固体壁表面）。

规整载体中的空隙率比固定床的大得多，这点与几何表面积所不同。规整载体内的孔表面在涂覆催化剂之后就得到规整结构催化剂，这直接导致了催化剂用量明显降低。因此当孔扩散不是速度限制步骤时，规整结构催化剂的每单位体积上反应速率比颗粒床层的小。对于内扩散控制的竞争反应，规整载体能够实现过程的强化，由于其中的内扩散路径较短，可预测得薄催化涂层的规整载体对工艺条件中的改变有相当快的响应。因此，对复杂动力学的优化过程有更多空间，对此吸附、脱附速率和表面反应之间的比例可能影响选择性。对内扩散限制过程，规整载体与颗粒床的比较没有定论，对每个特殊过程都必须分别做规整载体和固定床的比较。

规整载体中，流体主体和催化剂表面之间的传质与传热系数都比较低，但是传热和传质系数的减少和压力降的减少并不一致。孔道在流通气体且 $Re < 600$ 时的规整载体几何表面积（即物质和能量交界面积）比在固定床中的表面积大得多。在两种类型反应器中，尽管规整载体传质和传热系数更低，但单位体积上主体和催化剂表面的传质总量是相同的。通过使用短规整载体能够增强规整结构反应器中传质和传热。在规整载体中的速度、温度和浓度曲线处于展开状态，传质和传热条件比完全展开状态时的流动情况更好。

24.3.2　气-液-固三相催化反应中的规整结构反应器[6,18]

工业催化反应中很多都是在三相反应器中进行的，气相和液相反应物在固体催化剂的作用下发生反应转化生成为产物。规整结构反应器在气-固催化反应中表现出的一些特征对气-液-固三相催化反应也有影响。在三相反应中气体和液体同时流动，存在气-液-固三相，气体

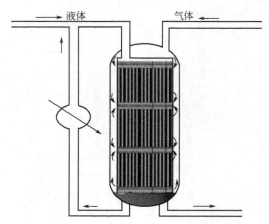

图 24-11　常规并流规整结构反应器

物质必须通过液体层扩散到发生反应的固体催化剂表面，因此传递问题显得十分重要。通常液体层的扩散速率比反应速率小。因此气-液相界面中，在环绕催化剂的液体膜中和最终在多孔催化剂中的传质限制可能十分重要。为了评估规整结构反应器在气液固反应中的整体性能，需要研究在三相反应过程中，规整结构反应器中存在的问题，即流体力学问题和传递现象。图 24-11 所示为常规并流规整结构反应器简单模型。

有关三相反应的研究相对气固反应要复杂和困难，大多数这些关系是从数量有限的试验中得来的。目前大多数理论工作是关于圆柱形孔道中的 Taylor 流动（也称为分段流动或活塞流）。对于其他几何形状和流动类型，需要依靠经验或半经验关系。

规整载体通常是由被薄壁所隔开的许多微型的平行孔道所组成。与常规固定床不同，这些孔道是有明确的几何截面形状的，如三角形、正方形、环形、六边形和正弦曲线等。孔道壁可以是催化活性物质，通常是负载了催化剂涂层，涂层中催化物质沉积在多孔氧化物担体上。另外规整载体具有开放结构，这允许反应器在低压力降下有高流速。

由于规整结构反应器的孔道之间不存在流体的径向传递，故而也不存在径向的热传递，每个孔道相互隔离故可以当作一个独立的反应器来看待。由于陶瓷规整结构反应器的材质热传导性较低，可近似认为反应能在绝热条件下操作。但在气液反应中，由于液体热传导性能较好，只要在原先基础上添加一个外热交换器就可以控制反应温度，而有较高热导率的金属规整结构反应器径向热流动则更为剧烈。

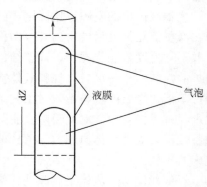

图 24-12　流体在规整结构反应器孔道内的 Taylor 流动

在气液催化反应中，气体和液体在规整结构反应器的一端同时加入（向上或向下），并向流动。所以流体在规整结构反应器的孔道中流动特性，对规整结构反应器的性能影响巨大，目前所公认的通过反应器微孔道的理想流动类型是 Taylor 流动[19]（如图 24-12 所示），它由较为规整的气泡所隔开的连续液体区域所构成。在气泡与孔道壁之间，存在着一层较薄的液体膜，这与液体区域中存在的径向混合共同作用增强了从气泡区域到催化剂表面的传质效果，并且由于液体膜极薄使得轴向分散非常低。在多相反

应中，内外传质阻力是影响催化剂性能的重要因素，主要由反应系统中流体的特征、气液接触面积和扩散长度决定。由于规整结构反应器的结构较为简单而且并不存在限制扩散的条件，可预测它能提供接近本征动力学的表观反应速率。规整结构反应器的高传质速率使催化剂利用率更高，并且可能改善反应选择性。

由于规整结构反应器内部压力降较低，气泡内部的流动循环在这种条件下是可能存在的。当在规整结构反应器中流体以平推流状态操作向下流动时，流体不受通过孔道的外部压力驱动，而是被自身重力所拉动通过孔道，这相当于大约 $0.45\,\mathrm{m/s}$ 的总体表观速度。当在孔道中加入液体速度更低时，气体将被拖带导致总体速度达到 $0.45\,\mathrm{m/s}$。规整结构反应器表现出最佳性能，需要气体和液体在横截面上均匀和稳定地分布。在规整结构反应器内可以获得均匀的气体和液体流动分布，这对于强化反应过程具有重要意义。

总之，目前与常规反应器相比，使用规整结构反应器可以看到其具有以下优缺点，见表 24-2。

表 24-2　气-液-固三相反应中规整结构反应器的优缺点

规整结构反应器的主要优点	规整结构反应器的主要缺点
1. 单位催化剂体积压降比固定床中低。 2. 对于规整载体中的所有孔道,压力降传热和传质特性具有高度的重复性,这有利于对规整载体的整个截面均匀的流动分布和传热传质条件。 3. 金属规整载体具有良好的径向热传递性能,甚至优于固定床。 4. 薄催化剂层以及相应的短扩散长度,改善反应物到催化剂表面的可接近性,加速反应,调整内扩散限制过程。 5. 反应混合物中低轴向分散和陶瓷规整载体壁的低热传导导致稳定状态的较少重复。 6. 活塞和 Taylor 流动状态下气-液和气-固接触状态良好,加速反应的质量传递。 7. 反应物表面浓度容易控制。 8. 反应器易放大	1. 昂贵规整载体损坏后难以恢复,使用受限于稳定的催化剂。 2. 规整载体相对其他载体而言成本较高。 3. 对于气相反应,流体与催化剂壁间的外传热传质系数较低。 4. 对气相反应,从单通道陶瓷规整载体到周围的传热难控制,导致对气-固过程实际上的绝热操作,使规整载体的使用限制于最大温度(会超过绝热温度并稳定上升),影响过程选择性和催化剂稳定性。 5. 对经过规整载体截面不均匀初始速度分布高度敏感

出于催化过程强化的考虑，结构催化剂及反应器具有替代固定床反应器和流化床反应器的发展潜力，未来有着相当重要的工业应用。在催化作用方面，规整结构反应器将在更多领域得以应用，下节将详细介绍。

24.4　规整结构反应器的应用

规整结构反应器作为一种新型的"过程强化"反应器，在气-液-固三相催化反应，如催化加氢、烷基化、加氢脱硫以及费托（Fischer-Tropsch）合成等涉及石油化工、生物和环境化工等过程工业中有广阔的应用前景。规整结构催化剂及反应器的最早应用是在气-固两相催化反应上，其典型应用是在工业废气排放和催化燃烧方面。自 20 世纪 80 年代以来，规整结构催化剂已经受到了国内外的广泛关注，除了在环保领域得到广泛应用外，在其他化工过程中的应用也越来越多，如甲烷化反应，制氢反应，加氢及脱氢反应，烷烃的蒸汽转化以及合成汽油等气相反应过程。

24.4.1　环保领域

规整结构催化剂最为成功的应用是在环保方面的应用。早在 1966 年，Anderen 等就已经使用它开始对硝酸车间产生的尾气中做 NO 的还原以及脱色，完成了规整结构催化剂的首次工业应用。由于规整结构催化剂不仅具有催化效率高、床层压降低及放大效应小等优点，还具有易于控制反应的特点。近些年来规整结构催化剂在化工领域已经有了较为广泛的应用，例如典型的 VOC 的催化燃烧，NO 的选择性催化还原（SCR）及一些有机合成的多相反应等。

24.4.1.1　汽车废气净化[20,21]

随着我国国民经济的发展，汽车数量飞速增长，同时汽车尾气中的 CO、HC 和 NO_x 已经成为大气的主要污染因素，威胁着人类的生命健康。随着大气污染的加重以及人们环保意识的不断加强，对治理汽车尾气的要求也越来越高，目前治理汽车尾气的手段有多种：改善燃油质量；改进汽车发动机系统；使用电能、太阳能作为汽车能源；使用汽车尾气净化器等。目前减少汽车尾气污染的主要措施是尾气催化转化技术，即在汽车排气管安装催化剂转化器。

最早由美国加利福尼亚州提出了对发动机燃烧不完全的 CO 和未然烧的 HC 进行后处理，要求在汽车的发动机排气系统中安装氧化型催化转化器，把污染物 HC、CO 转化为无污染的 CO_2、H_2O。之后汽车尾气催化转化器成功问世，陶瓷蜂窝状规整催化剂得已成功应用，迄今为止全世界已经安装了超过五亿台汽车尾气催化转化器（如图 24-13 所示）。三效催化剂（Threewaycatalyst，TWC）作为汽车尾气催化转化器的核心功能部分，决定着催化转化器的主要性能指标。它以蜂窝状堇青石或金属作为载体，在其表面再附上一层高比表面的 Al_2O_3 薄涂层，然后再负载 Pt、Pd 和（或）Rh 等贵金属活性组分，可同时脱除 CO、NO_x 及 HC。

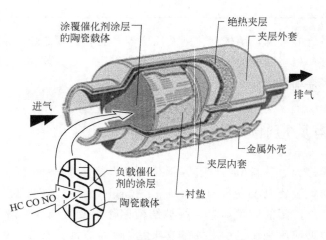

图 24-13　催化转化器的内部结构

随着科技的不断进步以及人们能源意识的增强，非贵金属催化剂的开发逐渐成为研究人员的焦点。因为资源日益短缺以及价格不菲，开发具有更高性能催化剂的同时，为了资源的持续发展也不得不将降低催化剂的制造成本考虑进去，如以 ABO_3 型钙钛矿结构的复合氧化物为主要代表的非贵金属催化剂及负载金属氧化物催化剂[22]。然而现有的研究表明目前贵金属催化剂在汽车尾气净化方面仍然占据着不可撼动的地位，非贵金属催化剂在起燃性、空燃比性，甚至在抗毒能力上都难以与贵金属催化剂相较高低。

随着汽车尾气排放标准的日趋严格化，催化剂工艺的发展势必会步入崭新的台阶，但是目前三效催化剂的应用仍然存在着诸多问题，例如三效催化剂的操作条件仅限于在化学计量比附近，贫燃条件下对 NO_x 的还原能力将大大下降。其中贫燃条件是指空燃比（A/F）偏离了化学计量点并且空气过量的情况。研究开发新型的贵金属三效催化剂，扩大理论空燃比操作窗口，提高贫燃条件下 NO_x 的还原性能已成为科技工作者研究的热点，针对贫燃条件下尾气排放中 NO_x 含量高而 CO、HC 含量低的特点，重点研究如何消除在富氧条件下的 NO_x。目前广泛应用的铂基三效催化剂并不适用于氧气过量的情况，这将导致 NO 的还原性能大幅度降低，所以贫燃条件下的催化净化技术的开发研究对于有效控制汽车尾气的污染排放有着至关重要的影响。

24.4.1.2 烟气脱硝

规整结构催化剂在环保方面的另一重要应用是用于工业废气中氮氧化物的脱除。工业中 NO 的发生源主要包括发电厂烟道气，燃气炉、硝酸工业、石油工业的排放气等。据统计，工业固定源产生的 NO 总量已经超过了汽车 NO 的排放量，因此解决固定源尾气脱氮问题刻不容缓。

选择性催化还原（Selective Catalytic Reduction，SCR）方法被认为是目前最成熟有效的从废气中脱除氮氧化物的方法。SCR 脱硝过程的实质即从燃煤锅炉中排放出来的烟气中所含氧化性 NO_x 污染物在催化剂作用下与喷入烟道的还原性 NH_3 发生化学反应生成氮气和水。衡量 SCR 脱硝性能的两个主要指标是脱硝率和氨逃逸率，这在很大程度上取决于进入催化剂床层之前的氮氧化物和还原剂混合物的总体浓度以及总体速度分布的均匀程度。另外，催化剂是否合理以及催化剂的性能是否优异将直接影响烟气脱硝的效果。

目前，烟道气 NO_x 净化系统普遍使用以蜂窝状 V_2O_5-WO_3/TiO_2 为催化剂的 SCR 技术（如图 24-14 所示）。蜂窝状结构化催化剂反应器一般需要经过仔细筛选，因其包括很多平行的直径均一的直通道，并且具有低压降、高比表面积和比较强的抵抗燃烧过程中产生的碳尘附着的优点。另外堇青石具有比较高的机械强度、比较好的热稳定性和较低的成本，作为支撑物，蜂窝状堇青石基反应器与其他类型的蜂窝状反应器相比有着十分优异的表现。一般情况下，蜂窝状堇青石孔道内壁被涂抹上一层很薄的催化活性物质，或者是将催化剂和载体混合在一起做成多孔催化剂层，涂敷在堇青石器壁上或者直接做成型催化剂。此外，还可利用复合氧化物作为载体以改善 TiO_2 单一载体的高温性能，例如 Pt/Al_2O_3 以及 Cu 或 Fe 离子交换的分子筛也是良好的脱除 NO_x 催化剂。

与发达国家相比，我国烟气脱硝工业起步发展较晚，技术相对而言并不成熟，相应的工程实践经验更是尤其贫乏。目前相关 SCR 的核心技术主要掌握在欧美国家，我国拥有 SCR 自主产权的企业寥寥无几，同时又存在着建设投资大、运行费用高等一系列困难，所以说 SCR 的工艺研究任重而道远。

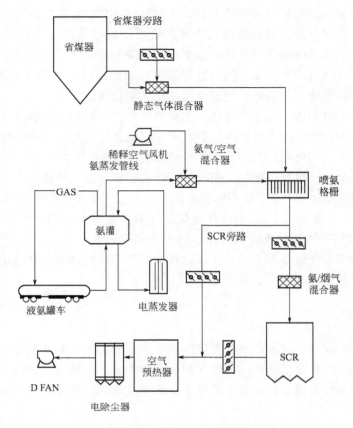

图 24-14 典型 SCR 脱硝系统

GAS—输气管线；D FAN—散热风扇

24.4.1.3 VOCs 催化燃烧

挥发性有机化合物（Volatile Organic Compounds，VOCs）是指常温下饱和蒸气压超过 70Pa、沸点在 260℃ 以下的易挥发性有机化合物，包括烃类、卤代烃、芳香烃、酯类、醛类等[23]。如今已经鉴别出的有 300 多种。大家最熟知的如二甲苯、甲苯、苯、苯乙烯、三氯甲烷、三氯乙烷、三氯乙烯、二异氰甲苯酯、二异氰酸酯（TDI）等。大气中的挥发性有机污染物主要来自石油炼制和石油化工行业、煤炭加工与转化行业、废水处理、食品工业、建筑装饰装修等过程。目前 VOCs 的污染问题日益严重，早在 1996 年我国就已经颁布了《大气污染物综合排放标准》，制定了严格的空气中各类有机污染物的排放标准。目前 VOCs 污染物的治理方法主要有吸附法、冷凝法、吸收法、膜分离技术、生物处理技术、直接燃烧法以及催化燃烧法等，其中催化燃烧法作为一种新型高效的清洁燃烧的技术，是指在较低的温度条件下有机废气在催化剂作用下充分燃烧以达到净化效果。与传统的治理 VOCs 处理技术相比，催化燃烧方法具有低能耗、高效率、低起燃温度并且无二次污染等优点，目前已被证明是最有效的 VOCs 处理方法之一。

规整结构催化剂是由催化活性组分、整体式载体以及涂层构成的一体式新型催化剂，其具有催化剂特点的同时兼具反应器的特点，相比传统颗粒催化剂及固定床反应器更加有利于提高催化剂活性及选择性，提高反应床层上的反应物整体分布状态，改善反应器中的传热与传质情况，提高反应整体效率。规整结构催化剂的一体化特点可减小工程放大效应，并且使反应器的组装、维护、拆卸和清洗等操作大为简便，大大降低了反应过程成本，在 VOCs 催化燃烧方面具有十分重要的应用价值。

图 24-15[24] 所示为在研究 VOCs 的催化燃烧时提出的反应工艺流程，图中所示的规整结构催化剂被切分为几段对传质效率的提高有着显著影响。金属丝网状蜂窝催化剂是一种新型的以规整的金属丝网作为支撑载体的结构化催化材料，它以金属丝网作为流体的流通道壁。其中金属丝网之间的孔为流体流动时的

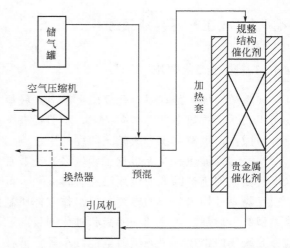

图 24-15　固定床规整结构催化燃烧反应工艺流程

径向混合提供了主要场所，可以明显改善流体的分布混合状况，提高传热传质效率。但由于气体混合物在载体中的停留时间较短，导致催化燃烧的反应时间不均，总体反应效率较差。近几年金属泡沫工艺发展迅速，目前已制备出的金属泡沫孔隙从毫米级到纳米级不等。

在工业设计中，有效的过程强化方法可以缩小反应器的尺寸，节约总体造价成本，提高反应热量的利用率，实现工业过程的强化。由于甲烷催化燃烧是强放热反应，若将甲烷催化燃烧的放热与一些吸热反应相耦合，开发出吸-放热耦合反应，能够节约能源减少能耗。反应器中的流向变换强制周期操作作为一种新型高效的过程强化方法广受关注，其基本原理是通过控制反应装置中操作阀门的时间及顺序，从而可以实现催化燃烧反应器内流向的周期性改变。典型的流向变换周期操作甲烷催化燃烧反应工艺流程如图 24-16 所示[25]。吸-放热耦合反应工艺的未来发展很有潜力，但因其对反应条件的要求十分苛刻，目前的所有研究成果很难应用到工业生产中。

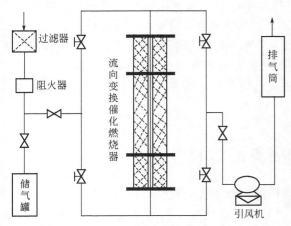

图 24-16　流向变换催化燃烧工艺流程

催化燃烧技术的操作温度较低，通常在 1000℃ 以下，从而节省了能源，提高了燃烧效率，扩大了催化剂的选择范围，这是与一般燃烧技术的最大不同之处也是优异之处。因此催化燃烧技术相对于其他有关 VOCs 处理技术而言备受瞩目，尤其是催化燃烧系统在大风量低 VOCs 浓度的处理和循环处理方式中的应用上。催化燃烧在处理 VOCs 方面表现十分优异，目前大型催化燃烧系统已经获得了一定程度的应用，但仍然不如常规燃烧系统的应用普遍。为加快其工业应用的进程，目前仍然有大量的工作要做，如提高催化剂性能、研制

大空速、大比表面积、低起燃点及抗毒能力强的非贵金属催化剂等。

24.4.2　化工产品合成领域[26]

24.4.2.1　化肥工业领域

规整结构催化剂在甲烷化反应上的应用较早。规整结构催化剂具有床层压力降低、几何表面积大、传质效率低等诸多特点，不但提高了反应的转化率和选择性，反应器设备也更加简单易操作，更有利于合成较高浓度的甲烷。

规整结构催化剂在无机化工领域另一个非常重要的应用是作为水煤气变换催化剂。目前水煤气变换催化剂的工业应用已经有将近一个世纪的历史，可谓相当成熟。然而目前采用许多相互隔离且均匀分布的蜂窝状材料作载体所制备规整结构水煤气变换催化剂，明显优于其他类型的催化剂。规整结构蜂窝状催化剂目前已经在不少领域应用，如汽车尾气的处理、控制工业废气的排放、甲醇燃料电池汽车等。但在某些情况下规整结构水煤气变换催化剂的活性并不如颗粒状催化剂高，目前对其研究开发仍在探索中。

24.4.2.2　石油化工领域

规整结构催化及反应器作为一种新型的"过程强化"反应器，在气-液-固三相催化反应，例如烷基化、催化加氢、加氢脱硫以及费托（Fischer-Tropsch）合成等涉及石油化工、生物和环境化工等过程工业中有广阔的应用前景。目前为止只有在蒽醌生产过氧化氢和邻二甲苯选择氧化成邻苯二甲酸酐（PA）的实际工业过程中实现了多相反应中规整结构催化剂及反应器的工业化应用。

使用蒽醌（AQ）自氧化工艺大规模生产 H_2O_2 是目前过氧化氢生产的主要技术路线。其中的关键步骤是 AQ 高选择液相加氢成相应的氢醌，主要步骤是在加氢、氧化与抽提三个反应单元中循环，其中加氢与氧化反应都是催化过程。应用规整结构催化剂进行 AQ 加氢的想法是 Chalmers 科技大学的研究者提出，后被化学公司采纳，20 世纪 90 年代诞生了第一个工业规模的规整结构催化反应器。

石油化工领域的反应许多都是气-液-固三相反应，其中大多数对其应用规整结构催化反应器的研究仍处于实验室阶段。但值得注意的是，规整结构反应器具有薄层催化剂结构、几何表面积高、床层压力降低和产物易分离等优点，使其在未来能够逐渐替代固定床和流化床反应器成为可能。但目前规整结构催化反应器也存在一些难题亟待解决，例如传热效果不佳，局部流体分布不均匀等。目前规整结构催化反应器仍然处在发展阶段，仍需要不断探索优化其结构性能。

24.5　规整结构反应器与常规反应器的比较

将规整结构催化剂装填于反应器中，这种反应器称为规整结构反应器。因为规整结构催化剂在设计时结合了反应器的设计原理，因此，规整结构催化剂本身就相当于催化反应床层，孔道既是床层空隙，也是流体流动的通道。低压力降，均匀的通道，独特的反应器特征也是规整结构反应器所具有的优点。

工业中常用的常规反应器有固定床反应器和浆态床反应器。在化学工业中固定床反应器是广泛应用的反应设备之一。目前，催化反应过程中大部分是在固定床反应器中进行的，如合成氨、邻二甲苯氧化制苯酐、乙烯氧化制环氧乙烷、三氧化硫合成、甲醇合成等。固定床反应器与返混式反应器（如流化床）相比，流体的流动近似于平推流，所以可用较小的反应器容积和少量的催化剂来取得较大的生产能力[27]；且催化剂不易磨损，可长期使用（除非失活）。

浆态床反应器是一种气-液-固三相反应器，它的结构相对简单。它基本可分为两种形式：第一种是搅拌釜式反应器，它混合浆液主要是通过机械搅拌的方式，主要适用于流量小的气体、含量高固体或以间歇进料的方式加入气液两相的情况；第二种是三相流化床式反应器，在反应器中固体颗粒的悬浮主要是借助于气流上升的推动作用，同时使浆液混合，避免了在机械搅拌时发生轴封问题，尤其适用于高压反应。以南非 Sasol 公司工业化应用的鼓泡浆态床反应器为例[28]（如图 24-17 所示）。其主体结构由气体分布板、反应器壳体、取热盘管等组成。正常生产时内部充满鼓泡浆液，原料气经反应器下部的分布板后，以鼓

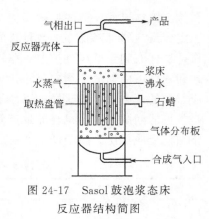

图 24-17　Sasol 鼓泡浆态床
反应器结构简图

泡形式进入充满了浆液的反应器内，并在悬浮的催化剂颗粒表面发生反应，反应生成的热量可以经取热盘管取出，产物一部分随浆液排出，一部分和未反应的原料一起从反应器顶部出口排出[29]。

24.5.1　规整结构反应器与填充床反应器比较

在填充床反应器中实现多相反应过程中的固体相如：催化剂或反应物首先就装入了反应器中。填充床反应器又称为固定床反应器。它的催化剂颗粒构成了一个固定床层，根据引进气液反应物到反应器中的方式的不同可划分为不同类型的填充床反应器。

填充床反应器有三种基本的反应器形式。第一种：轴向流动绝热式反应器。在反应器中流体自上而下沿轴向流经床层，且床层与外界之间没有热交换。第二种：径向流动绝热式反应器。在反应器中流体沿径向流经床层，并且可采用离心式或向心式等流动方式，同时床层与外界之间没有热交换。比较两种反应器可知，径向中流体流动的距离更短，流体压降更小，流道截面积更大。但是它的结构更为复杂。它们都属绝热形式的反应器，均适用于热效应较低的反应或是反应体系所能接受的绝热情况下温度的变化是由于反应热效应所引起的场合。第三种：列管式填充床反应器，它是由多根并联的反应管所构成的。在管内或管间放置有催化剂，当载热流体流经时在其中进行冷却或加热，反应管在数量上可达到上万根，管径的大小通常为 25~50mm 之间。列管式填充床反应器在反应热效应比较大的反应中更为适用。另外，还有多级固定床反应器，它是由以上几种基本形式的反应器串联组合而成的[30]。例如：在反应热效应大或需要分段控制温度的情况下，可以将几个绝热反应器串联在一起组成多级绝热式填充床反应器，在反应器之间放置换热器或不断补充填充物料来调节温度，这样可以控制在接近于最佳温度条件下对反应进行操作。

固定床反应器有如下优点：①返混小，流体在反应过程中与催化剂之间可进行充分有效接触。并且当反应中有串联副反应进行时可使反应有更高的选择性。②反应器结构简单。

③反应过程中催化剂的机械损耗小。固定床反应器有如下缺点：①反应器内传热差，当反应过程中产生的热量很大时，反应器中可能会出现飞温现象即反应温度失控，温度快速上升，超过反应规定的温度范围。②反应生产操作过程中催化剂不能替换，不适于催化剂需要频繁再生的反应，因此会选择用移动床反应器或流化床反应器来替代。

固定床反应器最常用的类型是气液下流的滴流床反应器。其中连续相为气体，而在固体颗粒上液体以液体膜的形式流动。但是固定床反应器中的压力降较高。而规整结构反应器比固定床反应器可降低2个数量级的压力降。并且在大空速条件下规整结构催化剂也能进行操作，这样有利于减少外扩散对非均相催化反应的影响。高压力降会导致提高泵输送能量的成本和气体反应物的不均匀分布，影响反应器性能。也可通过使用更大的催化剂颗粒来减小反应器中的压力降，但这样是以粒子内扩散限制为代价的。在常规填充床反应器中床层堵塞也是常见的问题，同时也会导致产量的降低。从表24-3可见，两反应器中颗粒床层对比，规整结构反应器压力降降低了2~3个数量级。

表 24-3　规整结构反应器与固定床反应器的比较

特征参数	固定床反应器	规整结构反应器
气体压力降/(kPa/m)	23	0.28
(空气,1.1m/s,293K)		
液体压力降/(kPa/m)	0.51	0.018
(空气,1.1m/s,293K)		
床层空隙率	0.40	0.70
几何表面积/(m²/m³)	2400	1900
催化剂中扩散长度/mm	0.75	<0.15

但是流体流过填充床反应器的横截面时流体分布不均匀，这会导致流体在反应器内流动分布不均匀。但在规整结构反应器中，只要流动在反应器入口正确孔道中，在孔道中的流动就是稳定的、均匀分布的。

填充床反应器存在着一些问题如：催化剂难以润湿、沟流及短路，放大效应大等。而规整结构反应器的放大是简单的，仅仅是增加了孔道数量，且这些都得到了证明填充床反应器中的另一些问题，如不良的径向传热会导致过热点且在一些情况下温度会失控。其他已知的填充床反应器的缺点是低的内外传质速率。在滴流床反应器中，$k_L a$ 和 $k_s a_s$ 的代表性数值均为 $0.06s^{-1}$。就像前面所提到的，在规整结构反应器中，因为提高了液体段塞中的径向传质和减小了液体膜和固体催化剂中的扩散长度，相应的值也会更高。在流动能力方面对比规整结构反应器和滴流床反应器可以发现，对这两种类型反应器，液体的流动能力相同，但后者相比于前者可在更高的气体流速条件下进行操作。在规整结构反应器中，要想获得活塞流就应该降低气体流速并控制在一个不太高的水平，并且可以通过分割规整结构反应器使气相反应物较好地与液膜或催化剂接触使反应更好地完成[31]。

表 24-4　滴流床反应器和规整结构反应器的特点

项目	滴流床反应器	规整结构反应器
催化剂制造技术	成熟技术	气相成熟、液相在发展
催化剂成本	低	中或高
催化剂装填体积/%	传统床层0.55~0.6,壳型小于0.3	0.05~0.25
装填方式	成熟技术	整体堆砌
催化剂大小/mm	颗粒1~5	孔道1~4,涂层0.05~0.15
催化剂表面积/(m²/m³)	1000~3000	1500~2500,外扩散阻力小
外扩散距离/mm	0.1~2.5	0.05~0.15

项目	滴流床反应器	规整结构反应器
操作临界速率/(m/s)	液相 0.005～0.05,气相 0.05～1.5	液相 0.03～0.15,气相 0.05～1.0
压力降	颗粒小压力降大	非常低
操作模式	亚稳态	非稳态
气相循环	外循环,需要压缩机	内循环,无须泵
工程放大	气液分布问题	容易
分布	要求有较好的初分布,液相倾向壁流	对初分布要求较高

表 24-4 是滴流床反应器和规整结构反应器特点的比较。规整结构反应器优势主要是在更低的压力降、放大容易和更高的传质速率的方面超越了常规填充床反应器。

24.5.2　规整结构反应器与浆态床反应器比较

浆态床反应器[32]是以鼓泡形式的气体通过悬浮有固定颗粒的液体层（浆液），来实现气-液-固三相反应过程的反应器。其中液相可以是反应物，也可以是悬浮固体催化剂的载液。浆态床反应器有以下优点：①浆液具有良好的传质、传热以及混合性能，使反应器内温度均一，应用在合成气转化反应中不容易出现超温、热点等现象；②反应器直径较大、内部构造简单、床层压降小、控制简单、操作成本不高；③可以采用颗粒较细的催化剂，一方面增加了原料与催化剂表面的接触，提高了反应效率，另一方面还可以通过浆液在线更换催化剂，有效地提高生产强度。当然，浆态床也存在一定的问题，例如催化剂与浆体及产物的分离困难、反应器的工程放大、与工艺的结合等[33]。

浆态床反应器其较好的传质特性被广泛地用于化学反应过程中。已被应用于不饱和脂肪油的催化加氢、烯烃的催化氧化以及烯烃聚合等反应中。在浆态床反应器中，气体流动本身为机械搅拌器提供搅动动力，保持催化剂颗粒处于悬浮状态，通常粒径在 $1～200\mu m$。可以看出其短距离扩散、快速传质和催化剂利用率高等优点。气体和液体的体积传质系数值 k_La 在浆态床反应器中范围在 $0.01～0.06s^{-1}$ 之间（k_L 是气液界面的液相传质系数；a 是气液相界面积，k_La 是 k_L 与 a 的乘积），而相应的值在规整结构反应器中是 $0.05～0.30s^{-1}$；可以看出它的传热效果好，控制温度也简单。

浆态床反应器的缺点有：①在连续操作过程中它的返混情况严重，在串联副反应过程中其选择性会降低；②通常有较高的液固比，在有液相副反应发生时其选择性会降低；③会出现催化剂细粉颗粒难分离；难搅拌、管线和阀容易堵塞、产物与固体催化剂分离困难、反应器不易放大等问题。虽然浆态床反应器中被破坏的催化剂可快速地替换掉，但使用规整结构反应器可在工业操作中省去昂贵催化剂的回收步骤。当催化剂自燃时，回收步骤经常是危险的。而且，为了保持悬浮所能提供动力输入催化剂在用量上也被限制。返混严重，可能必须对反应器分段，这也增加了成本。而规整结构反应器，既保留了浆态床反应器的优点，又克服了它的缺点[34]。

如表 24-5 可知浆态床反应器适于传质限制过程，但是由于浆态床反应器中固体催化剂的浓度低，在这些反应器中每单位体积的产率比规整结构反应器低，规整结构反应器易于操作。浆态床反应器高浓度催化剂悬浮服从非牛顿流体体系，在传热传质效应中有负的结果。

24.5.3　工程放大方面的比较

Delft 大学的研究人员[29]从循环方式、传热、反应器的生产能力和操作的安全性等几方面对上述几种多相催化反应器进行了比较。

（1）循环方式

规整结构催化反应器可在多种物相流动方式下反应，可以是单向流动模式，也可以是物相的循环利用，就是说可以在半间歇反应釜或连续反应器的条件下进行操作。由于此类反应器的压降很小，所以未反应的气体循环无须使用压缩机，而液相循环对反应的选择性有负面影响。

淤浆搅拌反应器同样可以在釜式反应器和理想全混釜的条件下进行操作。未反应的气体循环可以通过中空轴或多搅拌器在反应器内进行，但循环量有限。液体不能内循环，若需要外循环则需要外界提供能量如配备泵，并且会消耗含有催化剂的浆料用于循环。在 $4 \sim 5 m^3$ 的精细化工反应器中，液体循环和混合需要输入的能量为 $7.5 \sim 25 kW$（$1.5 \sim 5 kW/m^3$）。而在规整结构催化反应器中，仅需要 $5 kW$ 左右的能量就可以满足液体的外循环。

表 24-5　比较主要的浆态床、滴流床和规整结构反应器之间的气液催化反应

特征	浆态床	滴流床	规整结构反应器
颗粒或孔道直径/mm	0.01~0.1	1.5~6.0	1.1~2.3
催化剂体积分数	0.005~0.01	0.55~0.6	0.07~0.15
几何表面积/(m²/m³)	300~6000	600~2400	1500~2500
扩散长度/μm	5~50	100(壳)~3000	10~100
表观液体速率/(m/s)			
测试反应器	—	0.0001~0.003	0.1~0.45
全尺寸	—	0.001~0.02	0.1~0.45
表观气体速率/(m/s)			
测试反应器	—	0.002~0.045	0.01~0.35
全尺寸	0.03~0.5	0.15~3.0	0.01~0.35
压力降/(kPa/m)	<6.0	50.0	3.0
体积质量传递系数/s⁻¹			
$k_L a$	0.01~0.6	0.06	0.05~0.30
$k_s a_s$	1~4	0.06	0.03~0.09

注：催化剂载量 1%，搅拌速率 $500 \sim 1000 r/min$；$k_s a_s$ 为液固界面体积质量传质系数值。

（2）传热

工业三相反应的速率通常在 $0.5 \sim 15 mol/(m^3 \cdot s)$ 范围，相应的热量生成速率为 $0.25 \sim 7.5 MW/m^3$。标准的淤浆反应器（$3 \sim 6 m^3$）的换热面积在 $2.5 \sim 3.5 m^2/m^3$，如此反应器的热负荷约为 $0.25 \sim 0.35 MW/m^3$。在淤浆搅拌反应器条件下催化加氢所需的热负荷约在 $0.65 \sim 1 MW/m^3$。这就是说，快速放热反应的热量不易交换。这种反应器作为精细化工加氢反应受传热性能控制，为控制放热速率只能通过改变催化剂量、活性金属量、反应温度、氢气压力和流量等参数。在规整结构催化反应器的反应区中没有其他的传热方式。反应热的 90% 以上是通过气体、液体流过催化剂的孔道移出，并可以通过液体外循环加换热器的方法冷却。

（3）生产能力

可以假设加氢过程是在 $2 m^3$ 的半间歇淤浆反应器中进行。反应混合物占反应区体积的

75%，气体量在 30%～35%，则液体量在 50%左右，催化剂的量为 3%（15kg）。在规整催化剂反应器中同样催化剂量的体积约为 1m³，加上反应区后的换热器体积，反应器的总体积为 3m³。但是在淤浆反应器中，由于传热能力的限制，淤浆反应器中催化剂的不生产时间要比规整结构催化反应器中高 30%～150%（与催化剂的大小有关，随大小的不同而不同）。有数据表明单位体积的规整催化剂反应器的生产能力是淤浆反应器的 2.5 倍，同时需加以说明的是，后者的最大体积为 15m³，最大操作压力为 3.5MPa，而规整结构反应器在这方面没有这些限制。

（4）安全性

规整结构催化反应器的安全性高。反应区的体积小使操作安全；一旦泵停止，液体会自动停止加入到反应区中；不必过滤混合液中的催化剂，减少时间和麻烦，减少有毒催化剂的污染。而在淤浆搅拌反应器中如果换热量不足，则有飞温的危险。如果需要替换固定床反应器中的催化剂就必须停产。由此可见，规整结构催化反应器可以替代淤浆搅拌反应器[35]。

24.6 规整结构反应器工程问题

24.6.1 规整结构催化剂在 Fischer-Tropsch 合成中的应用

24.6.1.1 Fischer-Tropsch 合成及意义

在众多间接液化煤的工艺里，其中之一为费托合成即 Fischer-Tropsch Synthesis，可简称为 FT 反应，它以天然气、煤或生物质[36-38]、半纤维素、木质素等制取的合成气（CO 和 H_2）为原料在催化剂（主要是铁系）及适当的反应条件下，合成出液态燃料（大部分为石蜡烃）或另外种类化学品的一种工艺过程。

将天然气或煤转换成化学品或液体燃料是缓解如原油不足等资源紧张的重要途径。此技术不仅可有效减少大气污染，且为替代石油资源提供了新途径，同时所生产的这种超清洁液态燃料也可以满足人们对日益苛刻的环境保护要求，因而越来越为人们所关注[39-41]。

24.6.1.2 Fischer-Tropsch 合成技术和要求

费托合成反应的烃产物多遵从典型的 ASF（Anderson-Schulz-Flory）分布规律，单一产物选择性低、分布范围宽（C_1～C_{200} 不同烷、烯的混合物以及含氧化合物等）。故而生产出目的烃类（烯烃类、重质烃类或液态燃料等）、降低甲烷的产生及研究拓宽 ASF 分布规律的催化剂一直是费托合成的研究方向[42]。

反应的热力学平衡和产物分布差异很大，这是受反应工艺参数和催化剂的影响，其中催化剂是重中之重。一般催化剂由活性金属（如过渡金属所在的第Ⅷ族）、结构助剂（稀土氧化物、Al_2O_3、SiO_2 等）或氧化物载体、贵金属助剂（Re、Ru 等）及化学助剂（碱金属氧化物）组成。Ru，Ni，Co，Fe 等金属是较理想的催化剂，可能以碳化物、氧化物或金属状态存在，再或许会对反应物产生化学或物理吸附。其中 Ni 适用合成长链烃。Ru 活性最好，但价格昂贵、资源有限，无法大量工业化。铁系催化剂倾向选择烯烃类，产品中天然气少，是工业生产中最初用的催化剂，活性好但易有水汽变换反应即 WGS。钴系催化剂 H_2/CO

比和运行温度相对宽。钴系比铁系活性更好，且反应可在低温下进行[43]。低温下钴比铁使用寿命长且更稳定，时空产率低，产品中有较低的烯烃含量。

反应器是费托合成系统中重要的一部分，其反应特性直接决定合成效率。目前工业化大规模生产的主要有 4 类：固定床、固定流化床、循环流化床及浆态床反应器[44,45]。优点是构造简单、易大规模生产，难在催化效率不好、难于更换等[46]。

规整结构催化剂是将活性组分与载体复合在一起的一种新型催化剂，又称为构件化催化剂、规整结构催化剂。普通的规整结构催化剂包括活性组分、基体和载体三部分。制备时在基体上涂覆一层载体，载体上负载活性组分。基体起支撑和传热作用，为反应提供空间；载体起负载活性组分的作用，并节省贵金属的使用；活性组分是起催化作用的部分。规整结构催化剂的最大特点在于整体化，可随时更换、不易粉化。既有浆态床特性，又有固定床的简单性，且抗磨损性能好，产物分离方便。很易实现模块化和集成化，使微反应器的维护、组装、拆卸等大为简便，降低维护成本。由于通道设计的有序化，反应方向可控，吸放热变得均匀，压力降也大大降低，是一种有效的，可控的催化剂制备新工艺。

24.6.1.3　规整结构催化剂用于 F-T 合成

① 反应器设计。截至目前，很多研究者共开创出以固定床、浆态床及流化床为主要形式的三类反应器。几种 F-T 合成反应器的操作条件和总烃收率比较见表 24-6。

表 24-6　几种 F-T 合成反应器的操作条件和总烃收率比较

床型	高气速固定床			循环流化床 Sasol	浆态床	
	煤炭化学研究所		Arge		Mobil	煤炭化学研究所
操作温度/℃	250~270	220~250	300~350	250	260	250~280
操作压力/MPa	2.5	2.3~2.5	2.0~2.3	1.2~2.4	1.5	1.4~2.4
尾气循环比	3.0~4.0	2.5	2.0~2.4	0	0	0
H_2/CO 比	1.3~1.5	1.3~2.0	2.4~2.7	0.67	0.685	0.5~1.5
合成气转化率/%	63~82	60~66	77~85	90	84~89	79.1
C_1^+ 收率 $\delta/m^2(H_2+CO)$	106~140	104	110	178	191	201

Ronald[47,48]等通过建立数学模型等证明了规整结构催化反应器所具备的高传质、高传热的特性能够使催化床层的温度梯度以及浓度梯度变小，并且能够提高产物烃的选择性，是一种新式反应器，其兼具固定床产物易分离及浆态床温度易控制的优点。Kalyani Pangarkar[49]等通过使用一种蜂窝陶瓷作为载体制备出整体结构催化剂，并将它用在费托合成反应中考察了它的反应性能，实验表明，产物中的 C_5^+ 烃选择性会高于传统颗粒形状的催化剂。Christian Guizard[50]等则制取了金属基规整结构费托合成催化剂，应用于费托合成反应，结果表明，此种类型催化剂不仅传热效率高而且床层温度易控制，同时稳定性也较好。Freek[51]和 Robert[52]等则分别制取了规整结构费托合成催化剂，在温度易控制的同时，又让催化剂的稳定性以及所生成的产物选择性都较高。

与传统常规的催化剂相比较，规整结构催化剂作为一种新型催化剂，因其具有传质传热效率高、催化剂床层压损小、放大效应小和可调变的反应物接触方式等优点，而备受国内外关注。其在高温催化氧化领域和高温催化加氢领域如甲烷化、费托合成、催化燃烧、氮氧化物消除等反应中得到了广泛的研究。

② 实验部分。泡沫镍是一种新型功能材料，它的密度低并且空隙率可达到98%，结构是特殊的三维网状。具有低压投入孔、独特的开孔结构、抗热冲击和固有的抗压强度等特点，能用作催化燃烧、使气体改性、精细化学品的氢化反应和费托合成反应的泡沫催化剂载体。张玉玲[53]的实验引入泡沫镍作载体，同时负载活性组分应用在反应中。对使用泡沫镍作为催化剂载体并用于费托合成反应的可行性做了初步的探索。首先利用泡沫镍载体的比表面积大的特性，用溶胶电泳沉积法在其表面制备了涂层；后利用其骨架多孔性，制备了填充式规整结构催化剂，并用于费托合成，以考察其催化效果。

表 24-7 规整结构催化剂与传统催化剂的催化性能对比

类　型	转化率 X_{CO}/%	产物选择性			
		S_{CO_2}/%	S_{CH_4}/%	$S_{C_2 \sim C_4}$/%	$S_{C_5^+}$/%
规整结构催化剂	39.21	0.96	11.01	3.35	84.68
传统常规 Al_2O_3	63.72	1.35	4.36	3.92	90.37

表 24-7 是填充式规整结构催化剂和传统的 Al_2O_3 催化剂的催化性能对比，从表中数据中可以看出，虽然前者质量约为后者的两倍，但是其 CO 的转化率却约为后者的 2/3。

对比二者产物选择性，其 CO_2 和 $C_2 \sim C_4$ 烃的选择性相差不大，其甲烷选择性要比传统催化剂的高得多，这可能是受部分暴露在外面的泡沫镍基体的影响，因为镍金属对费托合成也有催化活性，当用镍做活性组分时，其甲烷的选择性很高。规整结构催化剂的 C_5^+ 烃选择性可高达 84.68%，其液相产物中的汽油馏分（$C_5 \sim C_{11}$）为 13.06%，柴油馏分（$C_{12} \sim C_{18}$）为 64.38%，液相产物中汽油熘分和柴油馏分高达 77.44%，液相的产物柴油和汽油馏分占大部分。

③ 结论。实验表明规整结构催化剂反应器用于费托合成可以替代传统反应器。

24.6.2　规整结构催化剂在 VOCs 催化燃烧中的应用

24.6.2.1　VOCs 催化燃烧的意义

由于大量工业生产，巨量排放的挥发性有机物（VOCs）成为继粉尘后的第二大类气体污染物。石化企业生产过程中的废气为 VOCs 的主要来源，特点是：可燃、数量大、具有一定毒性，有机物含量波动性较大，间或伴有恶臭，其中排放的氯氟烃能使臭氧层受到破坏。一些有机溶剂使用时及油类燃烧中也可产生 VOCs，故而汽车、轮船及飞机等现代交通工具的使用也是 VOCs 产生的重要来源。

通常单一种类浓度低于卫生标准的 VOCs 不会对人类有危害。一旦多种不同 VOCs 混合在一起，或人长时间受这些污染物侵害，容易造成人体细胞病变如癌变，可同某些氧化剂发生光化学反应而产生光化学烟雾、易燃易爆类化合物，是企业生产的大隐患。我国颁布实施了《中华人民共和国大气污染防治法》，要求企业采取措施控制生产中产生的可燃性气体，而《大气污染物综合排放标准》（GB 16297—1996）限制排放废气中的 33 种有害物质，这其中有 16 种是有机化合物。环保方面控制 VOCs 的排放量及去除 VOCs 是很必要的。

24.6.2.2　用于 VOCs 催化燃烧的规整结构催化剂及其优点

如今，用于处理 VOCs 的主要方法为：吸收法、吸附法、燃烧法、生物降解法等。而催化燃烧是其中一种最常用的方法，它可以在较低的温度下通过无焰燃烧将 VOCs 直接氧化成 H_2O 和 CO_2，并释放出大量热能，且基本上不会产生二次污染。反应表达式为：

$$C_mH_n + \left(m + \frac{n}{4}\right)O_2 \longrightarrow mCO_2 + \frac{n}{2}H_2O \tag{24-34}$$

催化燃烧 VOCs 技术的关键是反应的催化剂。按载体类型可以将其分为规整结构催化剂和颗粒状催化剂。规整结构催化剂载体一般为蜂窝陶瓷和金属基底载体等，粒状催化剂通常用于商业，以氧化物（Al_2O_3）为载体。按照活性组分可将催化剂分为两类，贵金属催化剂（Pt、Pd、Rh 等）和非贵金属催化剂（Cu、Ni、Ti、Mn、Zn 等氧化物）[54]。传统颗粒状催化剂很难应用到工业化生产中。因此，制备一种具有压降低、导热导电性好、易塑型、不易脱落、活性高的规整结构催化剂成为研究的重点[55]。目前研究出的用于催化燃烧的新型催化剂主要为规整结构催化剂，该种催化剂通常基体为堇青石蜂窝陶瓷，第二载体的表面涂覆 Al_2O_3 涂层，并将活性组分贵金属 Pd、Pt 等负载其上。因传统常规 Al_2O_3 涂层的热稳定性不好，容易与助剂在高温下发生固相反应从而产生尖晶石（AB_2O_4）类化合物，使催化性能受影响。然而，将 Al_2O_3 涂层用 Y_2O_3 涂层替换制备出的负载 Pd 规整结构催化剂，即使对甲苯有良好的催化活性，但用于乙酸乙酯则较差。如今非贵金属催化剂 Mn、Cu 等用于含氧类有机物催化活性较好，而贵金属 Pd 等催化剂用于芳烃类有机物活性好，但在实际中工业排放的 VOCs 经常是混合有机物。

24.6.2.3　反应器设计

由于规整结构陶瓷蜂窝载体有很多优点，拟在陶瓷蜂窝基体上用一种新颖的方法制备一种非贵金属 $Ce_xCu_{1-x}O_{2-\delta}$ 固溶体氧化物涂层，使其对乙酸乙酯等含氧类有机物具有较高活性，且具有较高热稳定性。活性组分是在涂层表面浸渍贵金属 Pd，其对甲苯等芳烃类有机物有较好的催化活性，从而制备出一种兼具贵金属催化剂和非贵金属催化剂特性的 $Ce_xCu_{1-x}O_{2-\delta}$ 固溶体负载 PdO（Pd）双功能催化剂。前期研究指出前驱体为硝酸盐的 CeO_2-Y_2O_3 涂层性能较好，可用于负载及制备 Pd 催化剂，并且对甲苯有较好的催化燃烧性能，但对乙酸乙酯的催化性能较差。Larsson 等[56]研究了 CuO 及 CuO-CeO_2 等复合氧化物负载在 Al_2O_3 上对 CO、乙醇及乙酸乙酯的催化活性，结果显示对含氧类有机物 Cu 物种活性较好；Yang 等[57,58]的研究也显示 CuO 物种对乙酸乙酯有较好的活性；广泛应用在工业中的贵金属有 Pd 物种，其对芳香族有机化合物催化活性较高。苏孝文等[59,60]以堇青石陶瓷蜂窝为第一载体，用黏结剂 Y_2O_3 将 $Ce_xCu_{1-x}O_{2-\delta}$ 固溶体黏覆在堇青石陶瓷蜂窝载体上作为涂层，将其用作活性组分对含氧有机物进行氧化。氧化芳烃类有机化合物的活性组分是在涂层表面浸渍贵金属 Pd，制备出陶瓷蜂窝规整结构催化剂 $Pd/Ce_{0.9}Cu_{0.1}O_{1.9}$-$Y_2O_3$，同时用传统的浸渍法制备 CeO_2-CuO-Y_2O_3 涂层及 Pd/CeO_2-CuO-Y_2O_3 规整结构陶瓷蜂窝催化剂以进行对比。并以乙酸乙酯、甲苯完全燃烧为模型反应研究了催化剂的高温热稳定性及催化活性。研究表明，对乙酸乙酯催化氧化发挥主要作用的是催化剂 Pd/CCY 的高分散于 CCY 涂层中的 CuO 物种，而其催化氧化甲苯的活性位是 Pd-PdO 的共存相，且在涂层中引入 Pd 物种后没影响其氧化乙酸乙酯的性能。研究了催化剂 Pd/CCY 的高温热稳定性后可看出，高温焙烧会使催化剂粒子烧结，从而减少高分散 CuO 物种，这降低了其对乙酸乙酯的氧化活性；而对甲苯的氧化，在 500℃、900℃焙烧的催化剂也由于 Pd-PdO 高温焙烧后粒子的长大，故而降低了其对甲苯的氧化活性，但 1000℃焙烧催化剂可产生金属态 Pd，可一定程度恢复其氧化活性。因此，规整结构催化剂适合于 VOCs 催化燃烧过程。

24.7　新型泡沫/纤维结构的非涂层催化功能化及其多相催化应用

　　规整结构催化剂与反应器技术已被广泛证实能显著优化固体催化剂床层的流体力学行为和提高催化剂床层内部的热/质传递性能，因而在多相催化领域的研究受到越来越多的关注，成为当前催化与化工交叉领域的热点和国际前沿。不过，目前的研究和应用还主要限于涂层技术的规则二维（2D）空隙蜂窝陶瓷（Cordierite Honeycomb）和微通道（Microchannel）规整结构催化反应器。蜂窝陶瓷反应器能很好地平衡催化剂利用效率与压力降之间的矛盾，如上文所述，已普遍用于汽车尾气催化净化、烟气脱硝和催化燃烧，乃至蒽醌加氢等过程中，同时在其他催化过程中的应用也在广泛探索中。

　　近年来，规整结构泡沫（foam）和纤维（fiber）等一些新结构填料形式也不断出现并受到广泛关注。要强调的是，具有 3D 非规则空隙结构的 foam/fiber 基体，不仅导热性好、面体比更大，而且在消除径向扩散限制、强化涡流混合传质、规模化制备等方面显示出规则 2D 空隙微通道难以企及的优势，为诸如 C_1 能源化工等众多反应过程中存在的强烈热/质传递限制等问题的解决以及为满足环境催化（如：VOCs 催化燃烧）和"模块"化工厂等对高通量、低压降等的特殊要求提供新的技术途径，但高效的 foam/fiber 基体 3D 骨架表面催化功能化新策略和新方法还面临挑战。虽然通过涂层技术，可以在现有结构填料上涂敷几微米到数十微米厚的催化剂层，但这一技术成本高、实施难度大，特别对于金属基 3D 非规则空隙结构的 foam/fiber 而言，还存在催化剂涂层与金属基体热膨胀系数的差异导致涂层龟裂剥落、基体骨架的不规则棱角造成的应力效应导致涂层均一性差和涂层易开裂等诸多难以克服的问题。

　　最近，华东师范大学在金属 foam/fiber 基体的"非涂层"原位催化功能化规整结构催化剂制备取得了重要进展，发展形成了湿式化学刻蚀、原电池反应置换、分子筛原位生长、介孔 Al_2O_3 同源衍生和偶联剂辅助自组装等规整结构催化功能化新方法和新技术，突破了"涂层技术"通适性差的局限性，将规整结构催化剂和反应器从规则 2D 空隙蜂窝和微通道结构拓展到了非规则 3D 空隙金属 foam/fiber 等新结构，形成了特色鲜明的反应器（top，流动与传递）-催化剂（down，表界面反应）高效耦合一体化设计新策略。在煤/生物质基合成天然气、甲醇制丙烯、草酸二甲酯加氢制乙二醇、VOCs/CH_4 催化燃烧、甲烷重整制合成气等多个过程的应用中得到了有力验证。

24.7.1　泡沫/纤维结构的湿式化学刻蚀催化功能化及其应用

　　自发原电池置换反应沉积技术可实现贵金属纳米催化剂在 Ni（Cu，Al）-foam/fiber 上的高效负载，得到结构化贵金属催化剂，然而对于低电极电势金属（如 Ni、Fe、Cu、Co 等）纳米颗粒的沉积却难以奏效。但是，如果能合理利用 foam/fiber 金属材质自身的化学活性，采用化学刻蚀的方法，也能制得高性能规整结构非贵金属纳米催化剂。例如，将 Ni-foam 置于组成为 $C_{12}H_{25}OSO_3Na$、CH_3COOH、$Al(NO_3)_3$ 和 $Ce(NO_3)_4$ 的化学液中，在一定温度下刻蚀一段时间后，经水洗、干燥、焙烧，即可制得 $Ni\text{-}CeO_2\text{-}Al_2O_3$/Ni-foam 催化剂[61]。

24.7.1.1　合成天然气 (SNG)

合成气甲烷化是实现煤炭清洁利用和生物质能源化利用的高效途径。鉴于该过程的强放热效应和高通量、低压降等操作要求，实现高效催化与强化热/质传递的统一，解决现有氧化物负载型催化剂采用尾气循环或水蒸气稀释移热的高耗、低效问题，是一个兼具学术和应用价值的课题。Lu 等[61-63]以金属泡沫（镍、铜、白铜）为基体，发展形成了一步湿法化学刻蚀的金属泡沫"非涂层"原位催化功能化新方法，创制了热/质传递效率高、催化性能好的金属 foam 结构化 Ni-基 SNG 催化剂，并实现了 m^3-级的催化剂工业试制（图 24-18）。其中 Ni-CeO$_2$-Al$_2$O$_3$/Ni-foam 催化剂具有宽的原料气组成适应性和良好的抗积碳/抗烧结性能以及一定的抗硫中毒能力，为发展无循环、高通量、快速移热结构化 SNG 催化反应器工艺提供了核心技术。在 10mL 催化剂装量下，CO 甲烷化 1500h 及 CO$_2$ 甲烷化 1200h 稳定性测试以及 CFD 模拟计算结果表明，该催化剂上实现了高活性、高选择性、优异稳定性和良好导热性的统一。

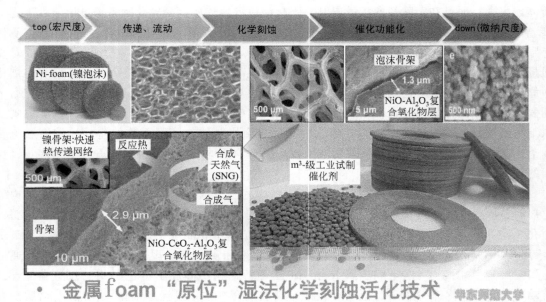

图 24-18　金属 Ni-foam 结构化 Ni 基合成气甲烷化催化剂的湿法化学刻蚀制备

24.7.1.2　高通量甲烷部分氧化制合成气 (COMR)

COMR 工艺较甲烷水蒸气重整技术具有能耗低、反应器体积小、H$_2$/CO 接近 2.0（可直接用于甲醇合成等后续过程）等优点，且廉价的镍基催化剂对该反应具有很好的催化性能，但是氧化物负载型颗粒催化剂的低导热性和高通量操作导致的固定床反应器高压降的问题还有待解决。Lu 等[64]通过改性的湿式化学刻蚀法制备了规整结构 Ni-Al$_2$O$_3$/Ni-foam 催化剂，在高通量条件下具有与负载型颗粒催化剂相当的 COMR 催化活性和选择性。在 700℃、100L/(g·h)、CH$_4$/O$_2$＝2 条件下，CH$_4$ 转化率、H$_2$ 和 CO 选择性分别达 86.7%、96.0% 和 92.5%，但催化剂抗积碳稳定性还有待提高。

24.7.2 基于原电池置换反应的泡沫/纤维结构催化功能化及其应用

高电极电势金属阳离子和低电极电势金属单质之间的原电池置换反应是最基本的化学反应之一。借助该反应可实现贵金属纳米颗粒一步原位锚定于 foam/fiber 结构表面。以规整烧结 Ni 纤维结构化 Au 纳米颗粒催化剂 Au/Ni-fiber 制备为例：将 Ni 纤维浸渍于 $HAuCl_4$ 溶液中，由于 Ni^0/Ni^{2+}（$-0.23V$）和 Au^0/Au^{3+}（$1.69V$）之间存在较大电势差，Ni 纤维和 $HAuCl_4$ 发生原电池置换反应，最终 Au 纳米颗粒牢固地锚定于 Ni 纤维表面。通过对 Ni 纤维进行前处理或调节制备条件，如反应温度、$HAuCl_4$ 浓度等，可实现 Au 纳米颗粒尺寸的调节（从 $8\sim12nm$ 至 $25\sim30nm$）。

24.7.2.1 草酸二甲酯 (DMO) 加氢制乙二醇 (EG)

煤制乙二醇是煤化工的热点之一，其中 DMO 加氢制 EG 技术相对不够成熟。创制高效、稳定的非传统氧化物负载型 DMO 加氢催化剂，解决现有 Cu/SiO_2 催化剂 SiO_2 流失问题以及提升乙二醇品质，是一个兼具学术和应用价值的富有挑战性的课题。

Lu 等[65]开展了烧结 Cu-fiber 结构化 Pd、Au 和 Au-Pd 催化剂的原电池反应置换沉积制备及其催化 DMO 加氢制 EG 性能的研究。结果表明：Pd、Au 离子可被 Cu 纤维高效还原置换且均匀分散于纤维表面；Pd 能够有效活化 H_2，但会促进 Cu_2O 还原，对稳定性不利；Au 能够有效抑制 Cu_2O 的还原、对催化剂稳定性有利，但该催化剂活性和 EG 选择性较差；Au-Pd 共置换沉积形成了 $Au-Pd-Cu^+$ 三元活性位结构，AuPd 以合金的形式存在，促进了 Cu_2O 的 DMO 加氢活性，同时抑制了 Cu_2O 的还原，所制催化剂具有良好的催化活性、乙二醇选择性和稳定性。在重时空速（又称质量空速）$0.44h^{-1}$、氢气/DMO 摩尔比 180、2.5MPa 和 270℃下，DMO 转化率和 EG 选择性在 200h 的测试中可分别稳定在 97%～99% 和 90%～93%。为提高催化剂的低温活性，Lu 等[66]采用 La_2O_3 对 Au-Pd/Cu-fiber 进行了后改性，在 230℃、保持其他条件不变，乙二醇收率提高至 93%，且连续测试 500h 未见失活迹象。

24.7.2.2 煤层甲烷 (CBM) 脱氧

非常规的煤层气资源的高效利用十分重要。煤层气除含有 20%～80% 的甲烷之外，还含有 4%～20% 的氧气，通过变压吸附将其净化提质为管道天然气正受到越来越多的关注。但氧气需预脱除以消除净化提浓时进入爆炸极限带来的安全隐患。甲烷催化燃烧是一种高效、经济、可靠的 CBM 脱氧技术。然而，低温高活性、高通量低压降、抗强热冲击和使用寿命长以及适于模块化制备的新型高效甲烷催化燃烧催化剂的研发，仍然面临挑战性。Lu 等[67,68]借助原电池置换沉积 Pd 和原位反应活化的方法制备了 PdNi(alloy)/Ni-foam 催化剂，对高通量甲烷贫氧催化燃烧反应不仅低温活性高、选择性高（无 CO 生成，避免了二次污染），而且消除了传统纯 Pd 催化剂惯有的反应振荡现象。此外，催化剂良好的导热性，能快速移热消除热点，可极大地缓解 Pd-Ni 烧结和甲烷热解生碳，提高了催化剂的稳定性，在 500h 的稳定性测试中未观察到失活迹象。DFT 计算和动力学研究表明[69]，Pd-Ni 合金化改善了表面 Pd 原子的电子结构，PdNi (111) 上的 O^* 更活泼有利于 CH_4 活化，使 O_2-吸附/活化和 CH_4-活化/氧化两步过程实现瞬态平衡，因此消除振荡；Pd-Ni 合金化降低了脱氧反应的活化能且明显提高了 O_2 的反应级数（为负数）。

24.7.3　铝基结构的水蒸气氧化功能化及其应用探索

氧化铝是一种优异的催化剂或催化剂载体，在能源化工、环境保护等领域的应用十分广泛。

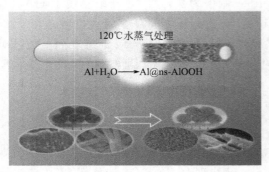

图 24-19　金属基体上水蒸气氧化辅助的
AlOOH 内源生长示意图

基于金属铝-水蒸气在温和条件下的氧化还原反应（$2Al + 4H_2O \rightleftharpoons 2AlOOH + 3H_2$），Wang 等制备了拟薄水铝石纳米片在规整 Al-fiber（直径 $60\mu m$）基体上内源生长并自组装形成类蜂窝结构的 ns-AlOOH/Al-fiber 规整材料，再经高温焙烧转晶可得 γ-Al_2O_3/Al-fiber 规整材料[70]，实现了三维开放网络的宏观特征和大比表面积、强黏附性的微观特性以及优良的传质/传热性能的一体化集成（图 24-19）。要强调的是，金属铝基体的形态还可以是泡沫、薄膜、丝网和微通道[70]。

24.7.3.1　合成气制 DMO

CO 常压气相偶联合成 DMO 是煤制 EG 等大宗化学品的重要反应过程，但是工业催化剂 Pd/α-Al_2O_3 存在 Pd 含量高（2%，质量分数）、导热性差和压降大等问题。规整结构催化剂作为一种新型催化剂技术，能显著强化热/质传递、优化床层内的流体力学行为和提高活性组分利用率，但传统涂层技术涂层容易剥落，导致催化剂活性和稳定性较差。Lu 等[70,71]以 ns-AlOOH/Al-fiber 材料为载体，采用初湿浸渍法制备了规整结构 Pd/ns-AlOOH/Al-fiber（0.25%，质量分数）催化剂，对 CO 与亚硝酸甲酯（MN）偶联合成 DMO 具有优异的催化活性和选择性：在气时空速 3000L/(kg·h)、150℃和 MN/CO/N_2 摩尔比 1/1.4/7 下，MN 完全转化，CO 转化率可达 68%，DMO 选择性为 96%，并在 200h 的测试中未显失活迹象。相同条件下，Pd/α-Al_2O_3 颗粒催化剂的 CO 转化率为 55%，DMO 选择性为 92%。要指出的是，增加气时空速达 20000L/(kg·h)时，结构催化剂的 CO 转化率仍可达 60%，DMO 选择性为 95%，显示出优异的高通量催化反应性能。研究发现，结构催化剂的羟基-钯协同作用提高了活性物种桥式 CO 的吸附，进而对 CO 偶联合成 DMO 具有高的催化性能[71]。

24.7.3.2　费托合成制低碳烯烃

合成气直接合成低碳烯烃（$C_2^=\sim C_4^=$）是替代石油基生产路线的可行途径。氧化物负载型 Fe 基催化剂是当前国内外的研究热点，但是其低导热性和黏结成型致使大颗粒催化剂在实际应用中经受强烈的热/质传递限制。Lu 等[72]通过焙烧处理 ns-AlOOH/Al-fiber 制备了规整 γ-Al_2O_3/Al-fiber 载体，并通过浸渍法负载 FeMnK 制得了 FeMnK/meso-Al_2O_3/Al-fiber 结构催化剂。在 350℃、4MPa、H_2/CO=2/1、10000mL/(g·h) 下，CO 转化率高达 90.0%，低碳烯烃选择性可达 40%（质量分数），产物低碳烯烃/低碳烷烃摩尔比为 4.6。薄层介孔壳层催化剂可以强化传质而消除内扩散限制，使得催化剂在高空速/高压力下实现CO 的高转化率并维持较高的选择性；Al-fiber 的高导热性可以迅速移热，利于实现床层等温操作。

24.7.4 偶联剂辅助的 NPs@Oxides 核-壳催化剂的规整结构化及其应用

提高纳米催化剂的抗烧结能力一直是催化科技人员致力研究的重要课题。核-壳结构催化剂能显著提高纳米颗粒的抗烧结性能，大大提高催化剂的使用寿命。然而，核-壳结构催化剂复杂的制备步骤、大规模合成方法的缺乏及其粉末形态等不利因素，极大地制约了其规模化应用。

Lu 等[73]采用水蒸气氧化同源生长技术制备了薄层大面积、具有良好热/质传递的 ns-AlOOH/Al-fiber 规整结构复合载体，用氨丙基三乙氧基硅烷（APTES）络合的 Pd^{2+} 溶液浸渍后，经烘干、焙烧实现 $Pd@SiO_2$ 核-壳纳米催化剂在 meso-Al_2O_3 孔道表面的锚定载持（图 24-20）。所制规整结构催化剂具有 Pd 负载量低（约 0.3%，质量分数）、导热性好、压降小、几何构型设计灵活等诸多优点，在低浓度甲烷和 VOCs 催化燃烧中体现出活性高、起燃温度低和稳定性良好的优点。以甲烷-空气（1% CH_4，体积分数）混合气为原料，该催化剂在高空速下可稳定运行至少 1000h 而未表现出明显的失活迹象。

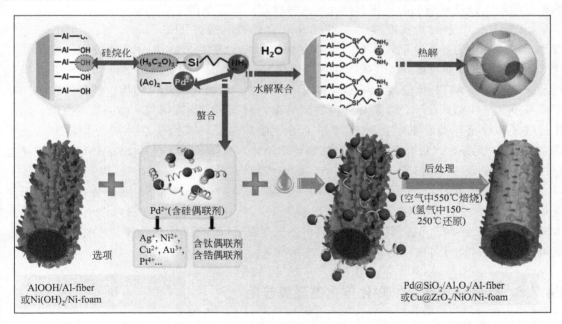

图 24-20 偶联剂辅助的"NPs@Oxides"核-壳结构一步"宏-微-纳"一体化组装示意图

通过调变核（如 NiO、Cu、Ag、Pt 和 Au 等）和壳（TiO_2 和 ZrO_2）的种类（图 24-19），可拓展合成多种规整结构核-壳催化剂[73]。例如，采用 Ti 试剂为偶联剂、Ni 盐为纳米颗粒前驱体制备了 NiO@TiO_2/Al_2O_3/Al-fiber 催化剂，用于乙烷氧化脱氢制乙烯这一高温/强放热反应，在 450℃下，乙烷转化率和乙烯选择性分别为 30% 和 70%，并稳定反应 13h 不失活；而细颗粒 NiO/TiO_2 催化剂在同等条件下，初始转化率和选择性分别为 30% 和 50%，且转化率在 6h 内快速降至 15%。此外，采用 Zr 试剂为偶联剂、Cu 盐为纳米颗粒前驱体以及 Ni(OH)$_2$/Ni-foam 为载体制备了 Cu@ZrO$_2$/NiO/Ni-foam 规整结构催化剂，用于 DMO 加氢制乙醇酸甲酯（MG），在 230℃下，该催化剂可平稳运行 110h 而未显示任何失活迹象，DMO 转化率达 100%，MG 选择性达 80%；而细颗粒 Cu/ZrO$_2$ 催化剂在 40h 内，DMO 转化率即由 50% 快速降至 30%。显而易见，基于可控的化学反应，将不同结构单元一步"宏-微-纳"一体化组装，是实现核-壳结构催化剂工程化的有效途径。

24.7.5 金属 Fiber 结构上原位晶化生长 ZSM-5 分子筛及其 MTP 性能

乙烯和丙烯是现代化工的重要基础原料，实现其传统石油裂解生产向煤/天然气/生物质可持续生产转变极具意义。其中，以煤/天然气/生物质为原料制甲醇，然后经由 MTP 工艺制丙烯受到极大关注。

尽管基于 ZSM-5 分子筛催化剂的 Lurgi 固定床 MTP 工艺技术已商业化运行，科学家们仍在 ZSM-5 分子筛催化 MTP 过程的研究方面倾注极大的工作热情，以期进一步提高低碳烯烃特别是丙烯选择性和催化剂稳定性。目前，研究工作主要集中在 ZSM-5 分子筛的改性修饰，重点在于酸强度、酸种类和酸密度的调变，分子筛晶粒大小和形貌的控制，以及多级孔结构的设计。尽管有些基础研究结果展现了很好的丙烯选择性提升效果，但其用于催化剂在固定床反应器中的实际应用仍然面临着巨大的挑战，主要表现在传质传热限制、高压降、无规则流动，以及黏结剂的使用对催化剂选择性和活性带来的不利影响等。

Lu 等[74,75]以烧结金属纤维（如 8～50μm 直径的不锈钢（SS-fiber）、铝（Al-fiber）等纤维）网络结构为基底，通过水热晶化等方法，一步实现了 ZSM-5 分子筛的宏（反应器尺度）-微（催化剂介质尺度）-纳（晶内孔）结构化设计，合成了规整结构 ZSM-5/SS-fiber 催化剂，大幅提高了 MTP 反应过程稳定性和丙烯选择性。结构化强化了传质，使酸性位利用效率提高了 5 倍；结构化窄化了流体停留时间分布，利于串行反应中间产物丙烯的生成；结构化促进了烯烃循环路径的同时明显抑制了芳烃循环路径，减缓了催化剂的积碳失活速率（图 24-21）。此外，二级介孔网络可以缩短传质路径，抑制积碳，进而提高 ZSM-5 的催化稳定性。在合成 ZSM-5/SS-fiber 的基础上，添加焦糖为绿色介孔模板，Lu 等[76]一步合成了具有晶内多级孔道的 ZSM-5 分子筛壳层的规整结构 meso-HZSM-5/SS-fiber 催化剂。在近工业条件（＞90% 甲醇转化率，64%（质量分数）的甲醇水溶液为原料，甲醇重时空速 0.65h^{-1}）下，100mL 催化剂装量时单程寿命已达 25 天，初始丙烯选择性可达 40%（稳定期可达 55%），且可多次再生，具有工业应用前景。

24.7.6 烧结纤维包结细颗粒催化剂及其应用

烧结 fiber 包结细颗粒技术可高负载量地包结微米尺寸的催化剂/吸附剂，制成薄层（厚度在 0.2μm 至数毫米）大面积和/或褶皱结构[77]，以完全不同于颗粒填充床、微通道和蜂窝陶瓷等方式，来调变催化剂对反应物的接触效率和床层压力降。这种 fiber 结构化的催化-吸附床层综合了固定床结构简单和流化床热/质传递良好的优点。微米尺寸催化剂-吸附剂的应用可极大地消除大颗粒填充床所受到的内扩散以及颗粒内部传热的限制；另外，微米尺度颗粒催化剂的使用较大程度地提高了内扩散效率因子，使得催化剂-吸附剂尽可能发挥本征反应特性，也可减少放大效应。烧结 3D 网状结构将微米尺寸催化剂/吸附剂像流化床或淤浆床那样悬浮在反应介质中，但不存在返混以及不受径向扩散限制。事实上，大空隙率、大面积-体积比、开放结构和良好的热/质传递是提高反应器稳态体积反应速率的关键要素。

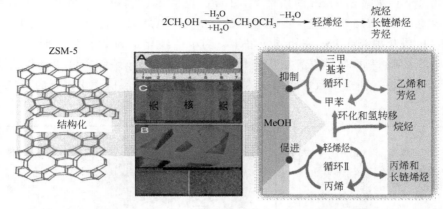

图 24-21　纤维结构化 ZSM-5 分子筛及其 MTP 反应强化构效示意图

24.7.6.1　氨分解制氢

氨气是一种清洁的高能量密度氢载体，其分解过程简单，无需引入氧气和水，不产生燃料电池毒物 CO，因而作为小型燃料电池氢源反应而广受关注[77-79]。Lu 等[79] 研制了含约 3％8μm-Ni-fiber 和 35％Ni-CeO$_2$/Al$_2$O$_3$（100～200μm）催化剂的包结结构催化剂，其空隙率达 62％，比表面积为 69m^2/g，相当于面积-体积比 45m^2/cm^3。将之用于氨分解制氢，与大颗粒（2mm）Ni-CeO$_2$/Al$_2$O$_3$ 相比，在 90％转化率的条件下，反应温度低 100℃，床层体积和重量分别降低 4 倍和 5 倍。在 0.5mL 床层体积和 145mL/minNH$_3$ 流速条件下，纤维包结 Ni-CeO$_2$/Al$_2$O$_3$ 的结构催化剂 NH$_3$ 转化率在 600℃ 和 650℃ 分别可达 99％ 和 99.999％，但在 Ni-CeO$_2$/Al$_2$O$_3$ 上 NH$_3$ 转化率分别仅有 35％ 和 67％。

在此基础上，Lu 等[78] 设计了内置电加热源的管式微反应器。该反应器总体积 50cm^3、总重 195g。在 600℃、氨气进料流速 1100mL/min 条件下，在 300h 的测试过程中，NH$_3$ 转化率一直在 99.9％ 以上，产氢速率为 1650mL/min，相当于 158W 的 PEMFC 的等值功率。该反应器的功率密度可达 3160kW/L，基于 3kg 负载、14 天工作任务和 85W 电加热功率消耗，估算的能量密度可达 2150W·h/kg；300h 内，采用酸化碳纤维布吸附剂，可将尾气中残留 NH$_3$ 含量从 0.05％ 降至 0.0001％ 以下，可满足 PEMFC 的要求。要强调的是，该氨分解反应器在反应条件下的床层压力降仅为相应颗粒填充床的 1/5，而且纤维包结结构催化剂在长时间测试后仍保持如初。

24.7.6.2　甲醇蒸汽重整制氢

甲醇不含硫/氮、H/C 比高，也是一种清洁的高能量密度氢载体。甲醇可在较低温度下通过蒸汽重整反应"释出"H$_2$，且纯化步骤少，是一个理想的小型燃料电池氢源反应。高通量甲醇蒸汽重整及高效 CO 选择氧化反应器的研制是富有挑战性的课题。

Lu 等[80] 研制了纤维包结 Pd-ZnO/Al$_2$O$_3$ 的甲醇蒸气重整制氢复合催化剂，其中 8μm-Ni-fiber 和 100～250μm Pd-ZnO/Al$_2$O$_3$ 所占比例分别为 3.5％ 和 38％。Pd-ZnO/Al$_2$O$_3$ 的优化配方为：Pd 负载量 3％～5％，Pd/Zn 原子比 1/10～1/5。在内径 1.6cm 的微反中评价结果表明，在 300℃、重时空速 10h^{-1} 的条件下、进料的甲醇/水摩尔比 1/1.2 时，甲醇转化

率可达98%以上，富氢重整气（干）中 CO 浓度在2%以下。在反应器出口温度300℃、$10h^{-1}$、产气（干）速率2L/min 的条件下，1000h 的测试过程中，甲醇转化率始终保持在97%以上，未检测到 CH_4 的生成，规整结构在1000h测试后完好无损。然而在 $100\sim250\mu m$ Pd-ZnO/Al_2O_3 颗粒填充床上，在相同条件下，当甲醇转化率为98%以上时的最大空速仅为 $2h^{-1}$，即催化剂的利用效率仅有结构催化剂的1/5。纤维包结结构催化剂强化效能的本质可能在于高导热性、高接触效率和均一的流场等有利于稳态反应速率提升的诸多关键要素一体化。

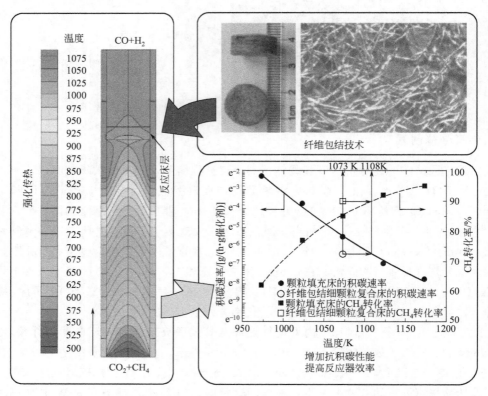

图 24-22　纤维床反应器对 Ni/Al_2O_3 催化甲烷干气重整反应的强化作用

24.7.6.3　甲烷重整制合成气

在能源和环境的双重压力下，甲烷干气重整（DMR）制合成气成为实现 CO_2 化学循环值得重视的课题之一[81]。同时，该反应的强吸热性（247kJ/mol）使其有望用于核能或太阳能的转化利用。DRM 反应温度通常须高于750℃，而传统的填充床内低下的传热效率加之强烈的反应吸热，使床层内产生明显的冷点。热力学分析表明，低温下不仅转化率低，且易导致积碳生成。这也是 DRM 过程工业化受阻的主要原因之一。针对以上问题，Lu 等[82]研制了 Cu 纤维包结 Ni/Al_2O_3 催化剂并用于 DRM 过程。如图 24-22 所示，Ni/Al_2O_3 催化剂颗粒被均匀地包结在 Cu 纤维烧结形成的三维网状结构内，床层压降由同等大小的 Ni/Al_2O_3 催化剂填充床的 39860Pa/m 大大降低至 7487Pa/m；包结结构改善了 Ni/Al_2O_3 颗粒内扩散，有助于转化率的提高；即便催化剂被稀释后热效应有所削弱，但相对铜的高导热性，Al_2O_3 本身偏低的热导率仍然限制了热量在反应区域的传递。总之，反应结果和模拟计算两个方面共同表明了 Cu 纤维包结 Ni/Al_2O_3 催化剂对传质/传热的显著强化效能，及由此对反应器稳态反应速率和抗积碳性能的明显促进作用。

◆▶ 参考文献 ◀◆

[1] Lachman Ir win M. Monolithic Catalyst Systems // Alumina Chemicals [M]. Westerville: The American Ceramic Society Inc, 1990: 283-288.

[2] Anderson H C, Green W J, Romeo P L. A New Family of Catalysts for Nitric Acid Tail Gases [J]. Techn Bull (Engelhard Industries Inc), 1966, 7 (6): 100.

[3] Keith C, Kenah P, Bair D. A Catalyst for Oxidation of Antomobile and Industrial Fumer [P]. US 3565830, 1969.

[4] Said I, Bengt A. Monolithiccatalys for nonautomobile applications [J]. Catal Rev Sci Eng, 1988, 30 (3): 341-392.

[5] Jacob A Moulijn. Gas-liquid mass transfer of aqueous Taylor flow in monoliths [J]. Catal Today, 2001, 69 (1-4): 51-55.

[6] 邵潜, 龙军, 贺振富. 规整结构催化剂及反应器 [M]. 北京: 化学工业出版社, 2005.

[7] 田立顺, 刘中良, 马重芳. 规整蜂窝载体几何特性研究 [J]. 陶瓷, 2007, 7: 25.

[8] Kapteijn F, Nijhuis T A, Heiszwolf J J, Moulijn J A. Monolithic catalysts as efficient three-phase reactors [J]. Catal Today, 2001, 66: 157-165.

[9] Shan Z, Kooten W E J V, Oudshoorn O L, Jansen J C. Optimization of the preparation of binderless ZSM-5 coatings on stainless steel monoliths by in situ hydrothermal synthesis [J]. Micropor Mesopor Mat, 2000, 34: 81-91.

[10] Pedro A, Mario M, Eduardo E Miró. Monolithic reactors for environmental applications A review on preparation technologies [J]. Chem Eng J, 2005, 109: 11-36.

[11] 刘莹. TS-1 整体式催化剂的制备及在环己酮氨肟化反应中的应用 [D]. 天津: 天津大学, 2008.

[12] Nijhuis T A, Kreutzer M T, Romijn A C J, Kapteijn F, Moulijn J A. Monolithic catalysts as efficient three-phase reactors [J]. Chem Eng Sci, 2001, 56: 823-29.

[13] Jung K T, Shul Y G. A new method for the synthesis of TS-1 monolithic zeolite [J]. Microporo Mesopor Mat, 1998, 21: 281-288.

[14] Cybulski A, Moulijn J A. Monoliths in heterogeneous catalysis [J]. Rev Sci Eng, 1994, 36 (2): 179-270.

[15] Kapteijn F, Heiszwolf J J, Nijhuis T A. Monoliths in multiphase catalytic processes—aspects and prospects [J]. Cattech, 1999, 3 (1): 24-41.

[16] 龙军等. 规整结构催化剂及反应器研究进展 [J]. 化工进展, 2004, 23 (9): 925-930.

[17] 李春林, 徐恒泳. 一种整体催化剂反应器及其在天然气重整制合成气中应用 [P]. CN 102649540 A, 2012.

[18] 霍英霞. 规整结构催化剂及反应器 [J]. 大众科技, 2012, 14 (159): 88-91.

[19] Cybulski Andrzej, Moulijn Jacob A. Monoliths in Heterogeneous Catalysis [J]. Catalysis Reviews, 1994, 36 (2): 179-270.

[20] 康新婷, 汤慧萍. 汽车尾气净化用贵金属催化剂研究进展 [J]. 稀有金属材料与工程, 2006, 35 (z2): 442-447.

[21] 孔德良, 白玉兰. 汽车尾气净化催化剂的研究进展 [J]. 青岛科技大学学报, 2003, 24 (2): 132-137.

[22] 赵震. 稀土-碱土-过渡金属类钙钛矿 (A_2BO_4) 复合氧化物催化剂的固态物化性质及对 NO_x 消除反应的催化性能 [J]. 中国稀土学报, 2003, 21 (22): 35-39.

[23] Wallace L, Tai H, Lam S. Personal Exposures. Indoor-outdoor Relationships and Breath Levels of ToxicAir-PollutantsMeasuredfor 355 PersonsinNewJersey [J]. Atoms Environ, 1985, 19 (11): 652-661.

[24] Kolodziej A, Lojewska J. Optimization of structured catalyst carriers for VOC combustion [J]. Catal Today, 2005, 105 (34): 378-384.

［25］　蒋赛，郭紫琪. 甲烷催化燃烧反应工艺研究进展［J］. 工业催化，2014，22（11）：816-822.

［26］　赵阳. 郑亚锋. 整体式催化剂性能及应用的研究进展［J］. 化学反应工程与工艺，2004，20（4）：357-362.

［27］　刘学义. 燃煤烟气脱硝结构化催化剂与反应器的数值模拟［D］. 北京：北京化工大学，2010：2-12.

［28］　WallaceL, TaiH, LamS. Personal exposures, indoor-outdoor relationships, and breath levels of toxic air pollutants measured for 355 persons in New Jersey［J］. Atoms Environ, 1985, 19（11）：652-661.

［29］　赵永才，郑重. VOCs 催化燃烧技术及其应用［J］. 绝缘材料，2007，40（5）：70-74.

［30］　董宝川，刘雪东，苏世卿. 基于 CFD-DEM 耦合的固定床管式反应器流体流动特性数值模拟［J］. 中国粉体技术，2015，04:11-14.

［31］　魏刚，王华，魏永刚. 轴向固定床反应器内压降的数值模拟与分析［J］. 材料导报，2010，10:79-82.

［32］　郭雪岩. CFD 方法在固定床反应器传热研究中的应用［J］. 化工学报，2008，08:1914-1922.

［33］　孙启文. 煤炭间接液化［M］. 北京：化学工业出版社，2012:156-164.

［34］　刘良宏，袁渭康. 固定床反应器的控制［J］. 化工学报，1996，06:727-742.

［35］　Albers R Edvinsson, Nyström M, Sellin A. Development of amonolith-based process for H_2O_2 production: From ideato large-scale implementation［J］. Catal Today, 2001, 69: 247-252.

［36］　Greene D L. An Assessment of energy and environmental issues related to the use of gas-to-liquid fuels in transportation［R］. Oak Ridge, Tennessee, USA: Oak Ridge National Laboratory, 1999.

［37］　Srinivas S, Malik R K, Mahajani S M. Fischer-Tropsch synthesis using bio-syngas and CO_2［A］. 4th & 5th NationalConference on Advances in Energy Research［C］. Mumbai: IIT-Bombay, 2006: 317-322.

［38］　Alleman T L, McCormick R L, VertinK. Assessment of criteria pollutant emissions from liquid fuels derived from natural gas［R］. Golden, Colorado; Washington, D C: National Renewable Energy Laboratory, 2002.

［39］　Steynberg A P, Nel H G. Clean coal conversion options using Fischer-Tropsch technology［J］. Fuel, 2004, 83（6）: 765-770.

［40］　Dry M E. Fischer-Tropsch reactions and the environment［J］. Appl Catal A: Gen, 1999, 189: 185-190.

［41］　Szybist J P, Kirby S R, Boehman A L. NO_x emissions of alternative diesel fuels: A comparative analysis of biodiesel and FT diesel［J］. Energ Fuel, 2005, 19（4）: 1484-1492.

［42］　Iglesia E, Reyes S C, Madon R J. Transport-enhanced α-olefin readsorption pathways in Ru-Catalyed hydrocarbon synthesis［J］. J Catal, 1991, 129（1）: 238-256.

［43］　Burtron H Davis. Fischer-Tropsch synthesis: relationship between iron catalyst composition andprocess variables［J］. Catal Today, 2003: 84.

［44］　Steynberg A P, Dry M E, Davis B H. Fischer-Tropsch reactors［J］. Stud Surf Sci Catal, 2004, 152: 64-195.

［45］　Sie S T, Krishna R. Fundamentals and selection of advanced Fischer-Tropsch reactors［J］. Appl Catal A: Gen, 1999, 186（1）: 55-70.

［46］　侯朝鹏，夏国富，李明丰. FT 合成反应器的研究进展［J］. 化工进展，2011，30（2）：251-257.

［47］　Ronald M, Freek K, Jacob A. Moulijn［J］. Topicsin Catal, 2003, 26（14）: 29-39.

［48］　Ronald M, de D, Rahul B. Is amonolithic loop reactor a viable opt ion for Fischer-Tropsch synthesis［J］. Chem Eng Sci, 2003, 58: 583-591.

［49］　Kalyani P. Experimental and numerical comparison of structured packingswith a randomly packed bed reactor for Fischer-Tropsch synthesis［J］. Catal Today, 2009（120）: 123-131.

［50］　Christian G, Agnes P. Preparation and characterization of catalyst thin films［J］. Catal Today, 2009, 146: 367-377.

［51］　Freek K, Ronald M, de D, et al. Fischer-Tropsch synthesisusing monolithic catalysts［J］. Catal Today, 2005, 105: 350-356.

［52］　Robert G, Jens K, Ulrich K, et al. Preparation and catalyticevaluation of cobalt-based monolithic and powder catalysts for Fischer-Tropsch synthesis［J］. Ind Eng Chem Res, 2008, 17: 6589-6597.

［53］　张玉玲. 泡沫镍基整体式费托合成催化剂的制备［D］. 大连：大连理工大学，2012: 6-7.

［54］　Tang X F, Li Y G, Huang X M, et al. MnO_x-CeO_2mixed oxide catalysts for complete oxidation of formaldehyde: Effect of preparation method calcination temperature [J]. Appl Catal B Environ, 2006, 62 (3-4): 265-273.

[55] 李涛. VOCs 催化燃烧催化剂的制备及反应系统研究 [D]. 上海：华东理工大学，2015: 5-6.

[56] Larsson P O, Ersson A. Oxides of copper, ceria promoted copper, manganese and copper manganese on Al₂O₃ for the combustion of CO, ethyl acetate and ethanol [J]. Appl Catal B Environ, 2000, 24: 175-192.

[57] Yang Y X, Xu X L, Sun K P. Ahighly efficient copper supported catalyst for catalytic combustion of ethyl acetate [J]. Catal Cornrnun, 2006, 7: 756-760.

[58] Yang Y X, Xu X L, Sun K P. Catalytic combustion of ethyl acetate on supported copper oxide catalysts [J]. J Hazar Mater B, 2007, 139: 140-145.

[59] 苏孝文. Pd/Ceₓ Cu₁₋ₓO₂₋δ-Y₂O₃：整体式催化剂的制备 [D]. 浙江金华：浙江师范大学，2009.

[60] 金凌云. Pd/CeO₂-Y₂O₃ 蜂窝整体式催化剂的制备和催化燃烧性能研究 [D]. 浙江金华：浙江师范大学，2007.

[61] Li Y, Zhang Q, Chai R, Lu Y, et al. High-performance Ni-Ce-Al₂O₃/Ni-foam catalyst with enhanced heat transfer for substitute natural gas production via syngas methanation [J]. Chem Cat Chem, 2015, 7: 1427-1431.

[62] Li Y, Zhang Q, Chai R, Lu Y, et al. CO₂ methanation: high-performance catalyst with enhanced heat transfer obtained by modified wet chemical etching of Ni-foam [J]. AIChE J, 2015, 61: 4323-4331.

[63] Li Y, Zhang Q, Chai R, Lu Y, et al. Metal-foam-structured Ni-Al₂O₃ catalysts: Wet chemical etching preparation and syngas methanation performance [J]. Appl Catal A: Gen, 2016, 510: 216-226.

[64] Chai R, Li Y, Lu Y, et al. Monolithic Ni-MOₓ/Ni-foam (M= Al, Zr or Y) catalysts with enhanced heat/mass transfer for energy-efficient catalytic oxy-methane reforming [J]. Catal Commun, 2015, 70: 1-5.

[65] Zhang L, Han L, Lu Y, et al. Structured Pd-Au/Cu-fiber catalyst for gas-phase hydrogenolysis of dimethyl oxalate to ethylene glycol [J]. Chem Commun, 2015, 51: 10547-10550.

[66] Han L, Zhao G, Lu Y, et al. Cu-fiber-structured La₂O₃-PdAu (alloy)-Cu nanocomposite catalyst for gas-phase dimethyl oxalate hydrogenation to ethylene glycol [J]. Catal Sci Technol, 2016, 6: 7024-7028.

[67] Zhang Q, Wu X, Lu Y, et al. High-performance PdNi alloy in-situ structured on monolithic metal-foam for coalbed methane deoxygenation via catalytic combustion [J]. Chem Commun, 2015, 51: 12613-21616.

[68] Zhang Q, Zhao G F, Lu Y, et al. Low-temperature active, highly oscillation-resistant PdNi (alloy)/Ni-foam catalyst with enhanced heat transfer for coalbed methane deoxygenation via catalytic combustion [J]. Appl Catal B: Environ, 2016, 187: 148-158.

[69] Zhang Q, Wu X, Lu Y, et al. High-performance PdNi nano-alloy catalyst in-situ structured on Ni-foam for coalbed methane deoxygenation: Experimental and DFT studies [J]. ACS Catal, 2016, 6: 6236-6245.

[70] Wang C, Han L, Lu Y, et al. Endogenous growth of 2D AlOOH nanosheets on 3D Al-fiber network via steam-only oxidation [J]. Green Chem, 2015, 17: 3762-3765.

[71] Wang C, Han L, Lu Y, et al. High-performance, low Pd-loading microfibrous-structured Al-fiber@ ns-AlOOH@ Pd catalyst for CO coupling to dimethyl oxalate [J]. J Catal, 2016, 337: 145-156.

[72] Han L, Wang C, Lu Y, et al. Thin-sheet microfibrous-structured FeKMn/meso-Al₂O₃/Al-fiber catalysts for Fischer-Tropsch to olefins [J]. AIChE J, 2016, 62: 742-752.

[73] Zhang Q, Zhao G, Lu Y, et al. From nano-to macro-engineering of oxide-encapsulated-nanoparticles for harsh reaction: One-step organization via cross-linking molecules [J]. Chem Commun, 2016, 52: 11927-11930.

[74] Wang X, Wen M, Lu Y, et al. Microstructured fiber@ HZSM-5 core-shell catalysts with dramatic selectivity and stability improvement for the methanol-to-propylene process [J]. Chem Commun, 2014, 50: 6343-6345.

[75] Ding J, Zhang Z, Lu Y, et al. Self-supported SS-fiber@ meso-HZSM-5 core-shell catalyst via caramel-assistant synthesis toward prolonged lifetime for methanol-to-propylene reaction [J]. RSC Adv, 2016, 6: 48387-48395.

[76] Wen M. Ding J, Lu Y, et al. High-performance SS-fiber@ HZSM-5 core-shell catalyst for methanol-to-propyl-

ene: A kinetic and modeling study [J]. Micro Meso Mater, 2016, 221: 187-196.

[77] Liu Y, Wang H, Lu Y, et al. Microfibrous entrapped Ni/Al$_2$O$_3$ using SS-316 fibers for H$_2$ production from NH$_3$ [J]. AIChE J, 2007, 53: 1845-1849.

[78] Wang M M, Li J F, Lu Y, et al. Miniature NH$_3$ cracker based on microfibrous entrapped Ni-CeO$_2$/Al$_2$O$_3$ catalyst monolith for portable fuel cell power supplies [J]. Int J Hydrogen Energy, 2009, 34: 1710-1716.

[79] Lu Y, Wang H, Liu Y, et al. Novel microfibrous composite bed reactor: high efficiency H$_2$ production from NH$_3$ with potential for portable fuel cell power supplies [J]. Lab Chip, 2007, 7:133-140.

[80] Ling M, Zhao G, Lu Y, et al. Microfibrous structured catalytic packings for miniature methanol fuel processor: Methanol steam reforming and CO preferential oxidation [J]. Int J Hydrogen Energy, 2011, 36: 12833-12842.

[81] Chen W, Sheng W, Lu Y, et al. High carbon-resistance Ni/CeAlO$_3$-Al$_2$O$_3$ catalyst for CH$_4$/CO$_2$ reforming [J]. Appl Catal B: Environ, 2013, 136-137: 260-268.

[82] Chen W, Sheng W, Lu Y, et al. Microfibrous entrapment of Ni/Al$_2$O$_3$ for dry reforming of methane: Heat/mass transfer enhancement towards carbon resistance and conversion promotion [J]. Int J Hydrogen Energy, 2012, 37: 18021-18030.

第 25 章　挤出反应器

25.1　概述

　　反应挤出（Reactive Extrusion，又名挤出反应），是聚合物反应加工的一种技术。它是以螺杆挤出机作为连续化反应器，使聚合物单体或聚合物熔体在挤出过程中发生物理变化的同时发生化学反应，最终直接挤出获得新的聚合物材料或制品的方法。具体地讲，它利用螺杆挤出机处理高黏体系的独特功能，通过调整螺杆组合、螺头形状和螺块排布及配接，对螺杆挤出机各个区段的温度、剪切强度和物料停留时间及分布进行独立的控制，使物料连续完成熔融、流动、化学反应、混合分散、排气和挤出成型等一系列基本单元操作，从而实现聚合物的化学反应与挤出加工有机的结合。

　　反应挤出是 20 世纪 60 年代才兴起的反应技术，最早主要用于聚合物的降解控制和熔融接枝。例如，1966 年埃克森化学公司通过反应技术控制聚合物的自由基降解，制得了分子量窄聚丙烯（PP）；进而他们又在螺杆挤出机中将马来酸酐、丙烯酸以及其他单体接枝到聚烯烃中，从而改善了聚烯烃的极性[1]。反应挤出技术因生产连续化、工艺灵活、操作简单经济并能使聚合物性能多样化和功能化而备受重视。到 1983 年，就已有 150 个公司申请了 600 多个有关反应挤出技术方面的专利。到 20 世纪 80 年代，许多公司和高校等研究机构开始通过反应挤出技术进行聚合物共混改性，制备高性能的聚合物材料。之后，随着研究不断深入，反应挤出逐渐成为聚合物加工领域的热门议题。目前，反应挤出技术的应用已从聚合物的可控降解、熔融接枝、共混改性扩展到聚合物的交联和偶联反应、聚合物单体的连锁聚合和逐步聚合等多个方面，开发的聚合物材料涉及聚烯烃、聚酯、聚酰胺、聚甲基丙烯酸酯、聚氨酯、聚甲醛和聚酰亚胺等各类聚合物，研究的水平与深度上都在进一步扩展和深入。

25.2　反应挤出原理及设备

25.2.1　反应挤出原理

　　典型的反应挤出过程如图 25-1 所示。主反应物通常从加料口加入到挤出机中，各种液体或其他反应剂按照合理的次序在合适的位置引入。旋转的螺杆将物料向前输送过程中，物

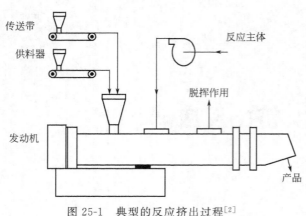

图 25-1　典型的反应挤出过程[2]

料受到料筒的外加热和螺杆与料筒之间的强烈的剪切摩擦产生的内热作用，温度不断升高，主反应物与加入的反应剂之间发生混合而进行化学反应，然后通过脱挥除去未参与反应的小分子反应物和可挥发的反应副产物，最后通过口模，冷却、固化成型。

反应挤出过程远比传统的挤出过程复杂。传统挤出过程一般以聚合物为原料，在挤出过程中，熔体的特性不随时间变化。但在反应挤出过程由于存在化学变化如单体之间的缩聚、加成、开环形成聚合物的聚合反应，聚合物与单体之间的接枝反应、聚合物与聚合物之间的偶合反应和交联反应等，反应物的特性沿挤出方向会发生明显变化。例如，在本体聚合过程中，反应体系的黏度会随着反应挤出的进行而急剧增加。反应物的这种特性变化会强烈地影响反应体系的传热、传质和流动过程，进而影响反应进程，这些因素互相影响渗透，共同决定着最终的反应程度和产品的性能。

25.2.2　反应挤出设备

反应挤出设备是反应挤出技术的关键和基础，一般是根据化学反应的特征有针对性设计制造的。通常，反应挤出对所使用的设备有如下要求：①高效的混合和输送能力。反应挤出过程中各组分之间的混合状态的优劣决定着反应速率和产品的质量。由于反应混合物的黏度高且各组分之间的黏度差别大，混合输送相对困难，因而反应器的输送和混合能力都应很强。②合适的停留时间及其分布。这直接影响着聚合物的相对分子量及其分布。一方面，反应器应为物料提供足够的塑化时间、反应时间和混合分散时间，即需有较大的长径比；另一方面，反应器在保证化学反应充分完成的前提下，要防止部分物料因停留时间长而引起降解和交联等其他副反应。③优异的排气性能。未反应的单体、小分子副产物以及物料中夹杂的挥发性组分要能在短时间内迅速排出，否则会影响反应过程的进行和完成，也影响制品质量的稳定性和密实性。④多功能连续化操作。反应挤出将多个物理过程和化学过程集中在同一装置内，随物料向前输送连续化完成，反应体系的物理特性和化学特性都是不断变化，因而反应器应能满足高的空间和时间效率及连续性的工艺要求。

这诸多的要求在传统的化学反应器中一般是不可能是实现的，而挤出机作为反应器能同时处理低黏和高黏流体，并集进料、熔化、输送、混合、挤出和成型的功能为一体，可以很好地解决上述反应挤出的要求，是最常见的反应挤出设备。反应挤出设备主要有单螺杆型和双螺杆型两种。单螺杆挤出机是最简单的挤出机，设计制造相对容易；双螺杆挤出机一般分为非啮合型或啮合型，更进一步可分为同向或异向旋转型，剪切混合功能强，但是设计制造困难，造价高。

25.2.3　单螺杆挤出机

单螺杆挤出机通常分为进料段、熔化段和均化段三段，可以同步连续完成加料、塑化、输送、混合、反应和挤出等单元操作，是最早用于反应挤出的设备。

单螺杆挤出机中的物料输送是拖曳型流动，固体输送过程为摩擦拖曳，熔体输送过程为黏性拖曳，因此，单螺杆挤出机输送能力主要取决于固体物料与料筒和螺杆表面之间摩擦系数的大小以及熔体物料的黏度。若有些物料摩擦性能不良，则很难将物料加入到单螺杆挤出机中。单螺杆挤出机中产生的混合剪切强度是拖曳流和压力流共同作用的结果，但总体混合能力有限。因此，为了获得更好的均匀性，在螺杆挤出机中往往需采用如图25-2所示的各种混合增强元件，或采用双阶式整体设计，强化塑化和混炼功能，保证物料之间的混合和反应。

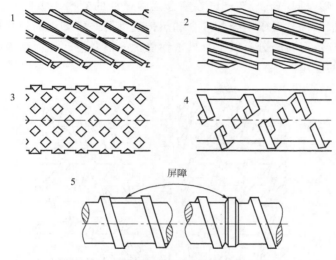

图25-2　单螺杆挤出机混合增强元件
1—Saxton混炼头；2—Dulmage混炼头；
3—菠萝型混炼头；4—销钉型混炼头；5—屏障型混炼头

25.2.4　双螺杆挤出机

双螺杆挤出机与单螺杆挤出机的最大区别之处在于双螺杆挤出机的螺杆不是一根而是两根平行的螺杆。两根螺杆可以使加料方式由单螺杆速度决定的饱和加料变为饥饿加料，从而平均填充程度低于1，可以沿着螺杆加入不同组分来控制反应。更重要的是，双螺杆挤出机可以根据反应挤出的需要灵活地将螺杆划分为具有不同功能的独立区段，单独控制工艺，使得加料方式、运输能力、混合能力、排气能力和热交换能力都大大改善和加强。因而，双螺杆挤出机则日益受到人们的青睐。

双螺杆挤出机形式多样，螺杆的设计和操作条件在很大程度上影响着物料在双螺杆挤出中的流动行为，同时影响着物料的混合和反应程度。大体上，根据螺杆的啮合程度和旋转方向的不同，Sakai[3]将双螺杆挤出机分类为如图25-3所示的6种形式。啮合程度的差异是两根平行螺杆之间的距离不同。若一根螺杆的螺棱伸不到另一根螺杆的螺槽中，则为非啮合型双螺杆挤出机；若一根螺杆的螺棱可插到另一个螺杆的螺槽中，并与其螺槽根部之间有间隙，则为部分啮合双螺杆挤出机；若一根螺杆的螺棱顶部与另一个螺棱根部之间不留任何间隙，则为完全啮合双螺杆挤出机。对于非啮合双螺杆挤出机，由于两根螺杆不能形成封闭或半封闭的腔室，在加料量大、充满度高的条件下，其物料输送与单螺杆挤出机类似，物料对料筒和螺杆的摩擦力和黏性力是控制挤出机输送量的主要因素；而啮合双螺杆挤出机的输送主要靠螺棱的推动沿挤出方向向前输送，其机理主要是正位移输送，其输送和混合能力都比非啮合双螺杆更强。旋转方向主要是由螺杆的几何构造所决定的。对于同向旋转的双螺杆挤出机，两根螺杆完全相同，螺纹方向一致，而对于异向旋转的双螺杆，两根螺杆的螺纹方向相反。啮合异向旋转双螺杆中物料是被封闭在彼此隔开的C形腔室中，且这些C形腔室中物料不随螺杆作转动，只沿着螺杆轴线方向作正位移动。由于啮合区螺槽纵横向都是封闭的，两螺杆间没有物料交换，故进入啮合区的物料有强制通过啮合区的趋势，这将在啮合区进口处产生物料积累，进入辊隙的物料会对两螺杆产生很大的压力，因而一般在低速（20～40r/min）下工作。啮合同向旋转双螺杆在啮合区两螺杆的螺槽是纵向开放的，使物料可由一根螺杆流向另一根螺杆，对于均匀的混合和热传递都是非常有利的。并且，啮合型同向旋转双螺杆挤出机具有停留时间分布较窄，排气性能优异以及生产能力高等特性，在反应挤出中得到了更为广泛的应用。

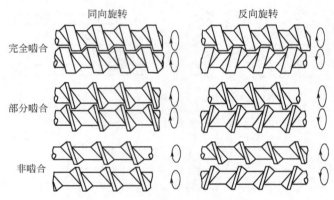

图 25-3　双螺杆挤出机分类[3]

螺纹元件有许多种类，其中最常用的有输送元件、捏合块和特殊混合元件等三种，如图 25-4所示。输送元件［图 25-4(a)］主要是将物料从加料口向挤出模头输送，可通过改变螺距、螺纹头数、螺槽深度等参数来改变其输送能力。捏合块［图 25-4(b)］和特殊混合元件［图 25-4(c)］主要用来提高物料的分布和分散混合能力。对于捏合块来说，其横截面与输送元件相同，但其由一系列错列盘所组成，可以通过改变捏合盘的错列角和厚度来改变其混合能力。特殊混合元件的结构种类较多，图 25-4(c) 只是其中一种齿形盘元件，Werner和 Pfleiderer、Berstorff 和其他一些公司研发许多特殊混合元件，这些混合元件可以提供不同混合能力[4]。有时，为了在螺杆中建立负压，还采用反螺纹元件，阻止物料流体向前输送，以封闭捏合块元件，提高填充程度。

(a) 输送元件　　　　　　　(b) 捏合块　　　　　　　(c) 特殊混合元件

图 25-4　同向旋转双螺杆挤出机常用元件

同向旋转双螺杆的螺杆是由以上不同导程的输送元件、不同错列角和厚度的捏合块和特殊混合元件组成。这些螺纹元件的不同组合会影响物料在螺杆中的填充度和停留时间分布。例如，由薄捏合盘组成的捏合块可以提高物料的填充，延长停留时间，增加纵向混合，而由厚的捏合盘组成的捏合块能产生非常窄的停留时间分布，减小纵向混合和大幅提高横向混合。这些螺杆元件的组合顺序及每个分段的长度可以根据反应特性和物理变化特性来决定。对于高反应速率的凝聚反应，可采用厚的捏合盘组成的捏合块组合以形成柱塞流输送来实现窄分子量分布；对于离子聚合，可以用只有输送元件的螺杆组合来完成反应挤出过程。

通过螺杆、机筒的结构设计，也可以提供良好的温控和传热，使放热反应得到有效控制。对于放热量较大的反应体系，可以通过机筒壁上的循环沟槽内的冷却介质将热量导走。此外，也可对积木式的不同机筒段进行单独的加热或冷却以精确控制反应。

近年来，螺杆挤出机的发展极为迅速，大量改进技术不断出现如增加螺杆长径比、设置大体积的排气口以移去未反应单体、均匀混合而又没有高剪切的螺杆设计等，使得啮合同向旋转双螺杆挤出机功能也日趋完善，更适合反应挤出。此外，一些高转速和高效率的新型挤出机不断问世，为反应挤出提供更广阔的前景。

25.3　反应挤出的优缺点

与传统的釜式反应器需经聚合、分离、纯化、再挤出造粒和成型加工相比，反应挤出将传统的聚合物化学反应工程（聚合反应和化学改性）和挤出加工（聚合物流动、混合分散、脱挥和成型）集中在单一的螺杆挤出机上进行，整个过程无溶剂，这不仅大量节约了溶剂本身以及与溶剂使用有关的设备和操作费用，也使整个过程环境友好，其优势显而易见：设备投资低、生产效率高、环境污染小，反应原料形态可以多样化，产品转型快，可小批量也可大批量进行连续反应和加工生产多种产品。以螺杆挤出机为连续反应器的反应挤出技术，还具有如下特点：

① 宽黏度范围适用性。聚合物反应体系的黏度可以从 $10Pa \cdot s$ 变化到 $10000Pa \cdot s$，在传统釜式反应器中已不能进行，若通过溶剂稀释来降低其黏度，势必会需要大量的沉淀剂进行后续的分离，经济和环境效应都是不允许的。而反应挤出可利用各式各样的螺纹块或捏合块的排列组合，同时处理低黏度和非常高黏度的反应体系，并且可以将多个化学反应过程集中在单一的挤出机内。

② 连续操作和多单元并行处理。物料经加料器加入到挤出机中，在螺杆旋转作用下，聚合物向前运动，并可使聚合物熔体反应体系受到强烈的剪切、拉伸和挤压作用，提高混合均匀程度，促进反应，最后挤出成型。反应挤出的这种连续操作可以减小产品加工周期，可以将多个单元操作同时完成。更重要的是，挤出机能够调整螺纹元件，控制螺杆各段的功能。

③ 分段式控温和积木式螺杆组合。根据化学反应自身的特点和规律，螺杆挤出机可根据需要沿螺杆的轴向设置多处加料口，将物料按一定程序和合适的方式分步加入，并可通过分段设定温度和螺纹块的排布组合改变剪切强度沿螺杆轴向的分布和分布梯度来控制反应进行的速率和程度，以减少副反应的发生。并且，物料始终处于传质传热的动态过程，螺杆使熔融物形成薄层，并且不断更新表面，这样有利于热交换、物质传递，从而能迅速精确地完成预定的变化。

④ 耐高温高压性好。挤出反应器通常可以耐 30MPa 的高压和 500℃ 的高温。

⑤ 自清洁性。非常黏的聚合物产品很难从传统的反应器中取出，而挤出机很容易将黏性产品从口模中挤出，防止物料在螺杆和机筒内表面沉积和粘挂。并且，未反应单体和副产物在聚合物熔体中可以很容易地通过脱挥除去。

但是，挤出机作为反应器也带来了一些限制，更为确切地说是挑战：

① 停留时间限制。螺杆挤出过程中停留时间很短，通常只有 0.5～5min，因此，挤出机反应器只适合于反应速率较快的化学反应。通过调整螺杆转速、进料速度和螺杆的几何结构，可以在一定范围内控制反应物料的停留时间和停留时间分布，但是调整幅度不大。

② 热量移除困难。对于聚合物熔体，热传导系数通常约为 0.2W/(℃·m)，热熔约为 2×10^6J/(℃·m³)，热扩散系数约为 10^{-7}m²/s。通过料筒外加热和螺杆转动的黏性耗散产生内热使聚合物从室温升温至 150～300℃ 发生反应是没有问题的。但是，由于聚合物熔体的黏度典型为 $10^2\sim10^4$Pa·s，是水的 $10^5\sim10^7$ 倍，正比于反应体系的黏度和剪切速率的平方的黏性耗散所产生的热量是不可以忽略的。若反应体系短时间内同时产生大量的热，由于挤出机的冷却系统是有限的，这就导致热量很难移快速地通过料筒移除。因此，反应挤出不适用于放热量大的反应体系。

此外，其高温（可达 500℃）、高压（30MPa）、特高黏度（可达 1000Pa·s）、短停留时间（数秒钟或数分钟）的过程特征聚合物化学本身、流动、（微）混合和传热等提出了前所未有的挑战。

25.4　反应挤出的应用

由于反应挤出技术的原料选择余地大、无三废污染、适用于工业化生产，所以国内外对反应挤出的研究一直方兴未艾。目前，反应挤出技术已广泛应用于聚合物的可控降解与交联、聚合物的合成、聚合物的接枝改性、反应共混和高效脱挥等方面。

25.4.1　聚合物的可控降解与交联

在一些实际应用中，已合成出聚合物往往需要降低或提高其分子量，或使分子量分布变窄，才能达到材料或制品的要求。例如，常规反应釜中生产的聚丙烯通过具有较高的分子量和较宽的分子量分布，由此带来的高熔体黏度在超细纤维的熔融纺丝和薄膜的挤出等实际应用中限制了它的加工效率，并可能导致产品质量变差。

反应挤出的早期研究之一就是聚合物的可控降解，典型的例子是聚丙烯（PP）的可控降解。PP 一般会通过链引发、链断裂、链转移和链终止等一系列自由基反应而发生降解。在 180℃ 和过氧化物存在的条件下，反应约 200s 后 PP 的分子量就会降到平衡位置。这样的反应时间尺度非常适合于反应挤出工艺。Suwanda D 等[5]以 2,5-二甲基-2,5-双（过氧化叔丁基）己烷为引发剂，在单螺杆挤出机中通过反应挤出技术成功可控降低了 PP 的分子量，并使其分子量分布变窄。王益龙等[6]发现封闭反应挤出机排气口更利于 PP 的可控降解反应。

聚乙烯（PE）的反应挤出降解与聚丙烯的降解机理不同：当过氧化物存在时，PE 在双螺杆挤出机内通常是先发生交联，施加更大的机械剪切后才能使分子量高的部分明显降解，分子量分布变窄。

聚合物的可控降解在废旧塑料回收方面也有很好的应用。如利用双螺杆挤出机回收废旧聚苯乙烯（PS）。在高温下 PS 可降解为低分子，回收得到甲苯、苯乙烯单体以及乙苯等。

反应挤出技术不仅可以用于聚合物的可控降解，而且可以用于单个聚合物大分子与缩合剂、多官能团偶联剂或交联剂的偶合/交联反应，提高分子量或增加熔体黏度，从而提高其物理性能。例如，聚乙烯交联后的拉伸强度、耐磨性、耐热性和耐溶剂性等性能均有提高。由于偶联/交联反应中熔体黏度会大幅增加，因此适用于偶联/交联反应的挤出机应有若干个强力混合带，使产品质量均匀。

25.4.2　聚合物的合成

反应挤出合成聚合物是指从单体、混合单体或预聚物以螺杆挤出机作为反应器，在无溶剂或只含极少溶剂的情况下，直接通过加聚或缩聚，制备所需分子量或分子结构的聚合物。通常反应体系的黏度会随聚合过程的进行骤然增加，可以从 0.1Pa·s 以下增加到 10000Pa·s 甚至更高。若采用传统的搅拌釜为反应器，在反应后期，随着物料的黏度提高搅拌效率迅速降低，反应体系中的传质和传热会变得非常困难，使得聚合物产物的分子量变宽甚至出现爆聚的现象。若采用减小投料量或溶剂稀释，一方面降低了设备的使用效率，另一方面会增加溶剂的使用和回收成本。因此，采用"一步到位"的反应挤出聚合合成方式，不仅可在螺杆挤出机的不同段区同时输送黏度差别极大的原料或产物，而且能在狭窄的区间内有效地控制反应介质因聚合物所引起的温度梯度，并且能缩短工艺流程，无环境污染，是一种经济和有发展前途的方法。

当然，并非所有的聚合体系都能采用反应挤出的方法来实现聚合物的合成。应用反应挤出技术合成聚合物最关键的问题在于：①由于物料在螺杆挤出机中的停留时间是有限度的，从而要求聚合反应的时间最多不能超过 10min，且此时的转化率要达到 90% 以上，方便单体及副产物能完全地脱除；②由于聚合反应仅在数分钟内完成，需要迅速排除聚合物反应热以保证反应体系的温度低于聚合反应的上限温度，因此挤出机的热传导能力是否满足聚合热量的快速疏散，是聚合反应体系能够采用反应挤出技术进行合成聚合物的重要因素。

目前，采用反应挤出技术进行聚合物合成的聚合反应的例子包括：阴离子活性聚合，如聚苯乙烯（PS）及其共聚物、尼龙6（PA6）等；自由基反应，如丙烯酸酯及其共聚物；缩聚反应如聚酯、聚酰亚胺等。

（1）聚苯乙烯及其共聚物

为了使苯乙烯的聚合能够通过反应挤出实现，通常有两种方式，一是延长反应时间，二是选用合适的聚合方法，加快反应速率，缩短聚合时间。为了延长停留时间，Illing 等将三台双螺杆挤出机互相连接起来，成功用于制备苯乙烯与丙烯腈、甲基丙烯酸甲酯或丙烯酰胺的共聚物。一个典型的例子是：含有自由基引发剂的苯乙烯/丙烯腈混合单体在 5℃ 被加到第一台挤出机，输送并加热升温至 130~180℃，并在 20~40s 内输送到螺杆直径更大的第二台挤出机内，强烈的捏合使物料发生聚合，通过螺杆转速调节使得物料的停留时间为 1.5~18min，然后物料被送入第三台挤出机，通过真空排气口除去未反应单体，最后挤出造型[3]。

苯乙烯的活性阴离子反应速率很快，且转化率高，但是放热反应，而且放热量很大，在绝热反应时，体系的温度可以达到350℃。挤出机能够快速移除70%的热量，可使聚合体系维持在200℃，这为苯乙烯活性阴离子反应挤出聚合提供了可能。例如，Gao 等[7]以丁基锂为引发剂已成功在双螺杆挤出机中通过反应挤出技术合成了聚苯乙烯。他们研究了反应挤出过程随反应时间和停留时间的变化，结果表明苯乙烯的聚合主要在沿螺杆 400～1000mm 的区域发生，相应的停留时间为 1～4min。

螺杆构型和加料方式也对聚苯乙烯及其共聚物的聚合反应过程有着重要的影响。Michaeli 等[8]对比了如图 25-5 所示的四种螺杆构型和加料方式对苯乙烯和异戊二烯的聚合过程的影响。从图所示温度分布图可以看出，丁基锂的加入的位置直接影响着挤出螺杆的温度分布。从图 25-6 可以看出，不论预聚物的含量和引发剂的用量如何，螺杆构型 1 所得产物的分子量分布呈现双峰分布，而螺杆构型 3 所得产物的分子量大，且呈单一分布。螺纹元件的构型也对聚合产物的分子量分布有很大的影响。正如图 25-7 所示，输送螺纹元件的螺距越小，聚合物产物越均匀；随着螺杆转速的增加，采用错列盘厚度越小和强制输送作用越强的捏合块，聚合物产物分子量分布越窄。

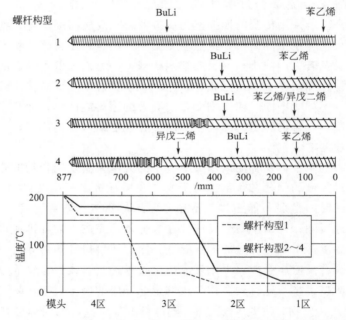

图 25-5　苯乙烯聚合或与异戊二烯共聚所采用的螺杆构型及其温度分布[8]

在传统的丁二烯和聚苯乙烯溶液共聚合技术中，由于丁二烯竞聚率远高于苯乙烯的，导致丁二烯先自聚，然后再嵌段上苯乙烯的链节，所以所制备的聚合物多为两嵌段共聚物。周颖坚等[9]采用苯乙烯和丁二烯的混合单体为原料，通过反应挤出技术制备出了多嵌段共聚物。在反应挤出过程中，由于竞聚率高的单体丁二烯首先会汽化，再以气泡形式进入反应体系参与聚合，因此，所形成的共聚物分子是由一条 $1 \times 10^4 \sim 4 \times 10^4$ 的聚苯乙烯链段连接着数十个苯乙烯-丁二烯嵌段的结构。并且该多嵌段共聚物会出现微相分离，使橡胶相以纳米尺度的球形颗粒分在母体聚苯乙烯中，从而明显提高断裂伸长率。此外，还可以在苯乙烯与其他单体共聚时，通过引入添加剂来减小竞聚率差异。例如，张锴等[10]在苯乙烯-异戊二烯混合单体反应挤出过程中，加入沸点较高（161℃）的二乙二醇二甲醚添加剂，减小了苯乙烯和异戊二烯的竞聚率差异。随着添加剂用量的增加，反应挤出苯乙烯与异戊二烯共聚物的无规苯乙烯单元的含量逐渐提高。

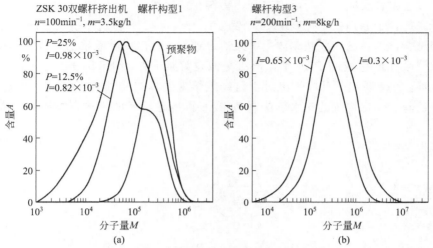

图 25-6 螺杆构型和预聚物含量对分子量分布的影响[8]

P—预聚物含量；I—指数

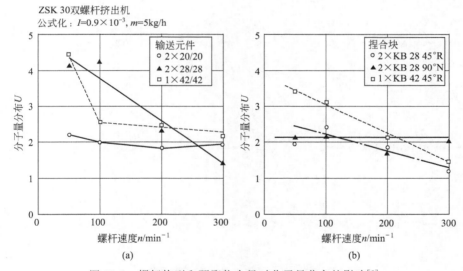

图 25-7 螺杆构型和预聚物含量对分子量分布的影响[8]

（2）尼龙 6 的阴离子聚合

在引发剂异氰酸酯和催化剂己内酰胺钠存在的条件下，己内酰胺会发生如图 25-8 所示活性阴离子聚合反应[11]：首先，通过引发剂异氰酸酯将己内酰胺快速地转化为 N-酰基己内酰胺，然后在己内酰胺钠盐的作用下，产生己内酰胺阴离子，最后增长生成高分子量的 PA6。该反应的转化率可以在几分钟内达到 $90\% \sim 95\%$。与反应时间要求长达 10h 的水解聚合过程相比，己内酰胺活性阴离子聚合快速简单，没有废液产生，若能通过反应挤出实现该过程，生产效率会提高，生产成本会减低。

由于 PA6 的活性阴离子的反应原料多且反应速率非常快，必须将相对少量的引发剂和催化剂与熔融的己内酰胺充分混合，因此，加料方式非常关键。常见的己内酰胺阴离子反应挤出工艺如图 25-9 所示。己内酰胺/引发剂和己内酰胺/催化剂先分别置搅拌釜中，然后在己内酰胺的熔点以上的温度（如 90℃）下混合均匀后，分别经齿轮泵泵入到挤出机中，在 140～170℃发生聚合反应，随着反应进行，物料在挤出机中不断向前输送，进入 230℃熔融封闭区进行脱挥，最后经挤出得到 PA6 制品。Rothe 等[12,13]将这个挤出反应过程与纳米粒子的复合相结合，即在己内酰胺单体中引入纳米黏土，在己内酰胺挤出聚合的过程中，将纳米黏土原位分散在所生成的 PA6 中，形成分散良好的 PA6/纳米黏土复合材料。BASF 公司[14]进一步将 PA6 阴离子反应挤出过程与纤维熔融纺丝二次加工相结合，实现了 PA6 的直接一步法纺丝。相比传统的先水解法制备 PA6 再熔融纺丝的工艺，能耗和三废排放都将大大降低。

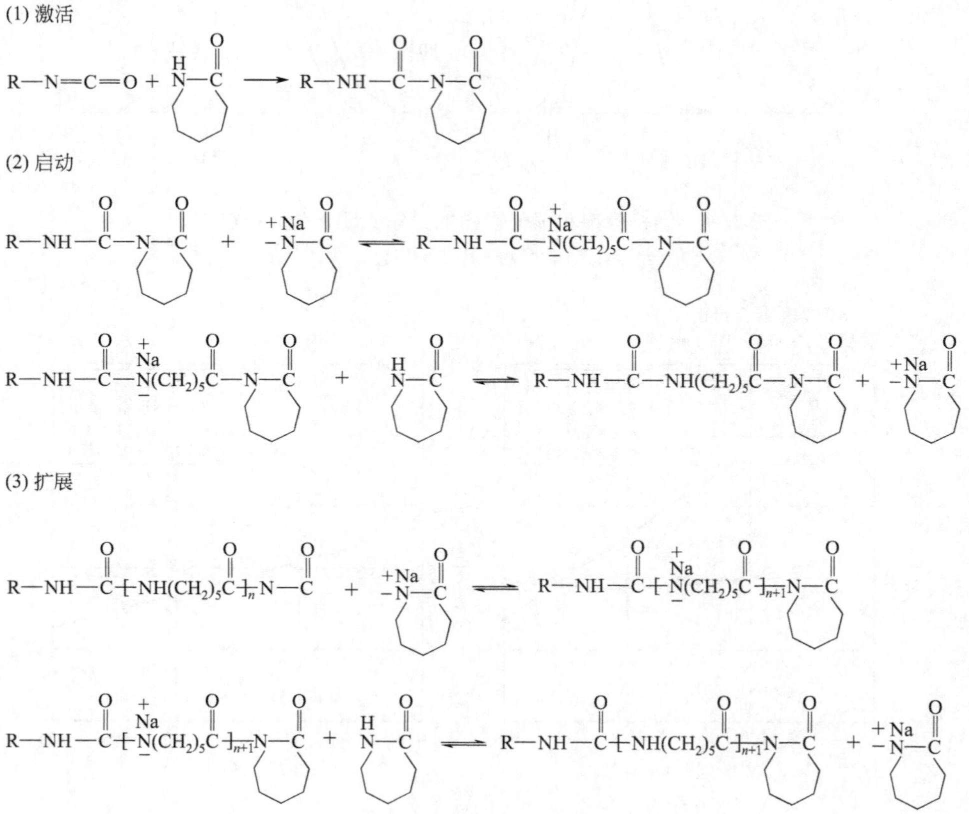

(1) 激活

(2) 启动

(3) 扩展

图 25-8　己内酰胺活性阴离子聚合机理

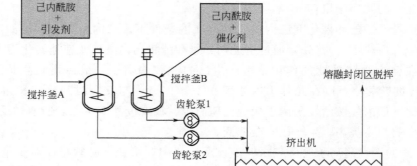

图 25-9　己内酰胺活性阴离子反应挤出制备 PA6 工艺

（3）丙烯酸酯及其共聚物

在传统的间歇搅拌反应釜中，丙烯酸单体的本体自由基聚合往往由于传热不良，混合不充分，造成黏度增加过快、分子量分布控制不好和形成凝胶等不良现象。以较高混合效率的双螺杆挤出机为反应器，采用反应挤出技术可以解决这些问题，制备出高分子量、窄分子量分布和低凝胶含量的聚丙烯酸酯及其共聚物。

丙烯酸酯单体通常在单独的搅拌釜中与引发剂预先混合，然后泵入挤出机中。通常丙烯酸酯与引发剂的预混液的黏度非常低，低于 $0.001Pa \cdot s$，为了提高物料的黏度，改善物料的传输性能，挤出机机筒的温度和引发剂必须促使反应单体在挤出过程的早期聚合。这可以通过使用半衰期不同的多种引发剂和增加挤出机机筒的温度分布来实现。在反应挤出的前期，低温引发剂使单体快速反应，达到 $10\%\sim15\%$ 的转化率，随着物料向前输送，温度升高，另一种引发剂的引发效率达到最大，使反应转化率达到 90%，而在挤出后期，高温引发剂进一步提高反应的转化率。Jongbloed 等[15]采用半衰期在 $126\,℃$ 和 $173\,℃$ 分别为 $1min$ 的两种引发剂，通过反应挤出技术制备了甲基丙烯酸正丁酯与甲基丙烯酸-2-羟基丙酯共聚物。

（4）聚酯

聚酯主要是通过两种不同的单体经过反复缩合生成的，在产生高分子量聚酯的同时，会生成小分子副产物（如水或乙醇）。为了保证获得较高分子量的聚酯，就必须高效率地除去反应体系中的低分子副产物。由于反应挤出机的表面更新快，料层厚度小，因而反应挤出技术能有助于缩聚产生的小分子副产物迅速地迁移至体系表面并被脱出反应体系。这样不但可以提高产物分子量，而且可以提高反应速率和缩短反应时间。并且，用于典型的聚酯缩聚反应的挤出机反应器都在机筒的一段或几段上设置了真空排气口。

由于聚酯是通过逐步增长聚合机理形成的，因此两种不同反应单体的精确化学摩尔配比对于高分子量聚酯的生成至关重要。但是，以两种单体的固体物料加料，并要把精度控制在 1%（质量分数）以内是非常困难的。因而，对于聚酯的反应挤出，反应物常常是以它们预聚物的形式加入到挤出机中，进行熔融缩聚来提高分子量的。

另外，使用反应挤出技术还可以对聚酯进行扩链，提高其分子量和黏度，获得高性能的工程塑料[16,17]。例如，Incarnato L 等[18]以均苯四酸酐为链增长剂，对苯二甲酸乙二醇酯（PET）边角料进行扩链反应，明显提高物料的分子量和性能，使分子量分布变宽。

25.4.3　聚合物的接枝改性

由于聚合物接枝改性的黏度很高，且接枝单体用量较少，因而要求反应器有高效的混合能力。与传统的聚合釜相比，挤出机不仅具有更优异的分散性和分布性混合能力，而且反应物在挤出机中混合时，挤出机螺杆能将熔融物料分散成薄层，增加表面积与体积之比，同时不断更新表面层，更有利于物质传递与热交换。因此，反应挤出技术是聚合物改性的最常用的方法，可以方便、经济地在聚合物分子链上引入各种官能团或单体，从而改善和提高原有聚合物的特性[19,20]。

有关非极性的聚烯烃的极性改性研究最多。目前，如图 25-10 所示的各种各样的 1-取代物［例如丙烯酸酯（**1**，X＝CO_2R）、乙烯基硅酯（**1**，X＝$SiOR_3$）、苯乙烯（**1**，X＝⬡）］、1,1-二取代物［例如甲基丙烯酸酯（**2**）］、1,2-二取代物［例如 MAH（**3**，X＝O）、马来酸酯（**4**）、马来酰亚胺衍生物（**3**，X＝NR）］等大量的单体以及大分子单体通过自由基引发已经成功地接枝到聚烯烃的基体上[19]。

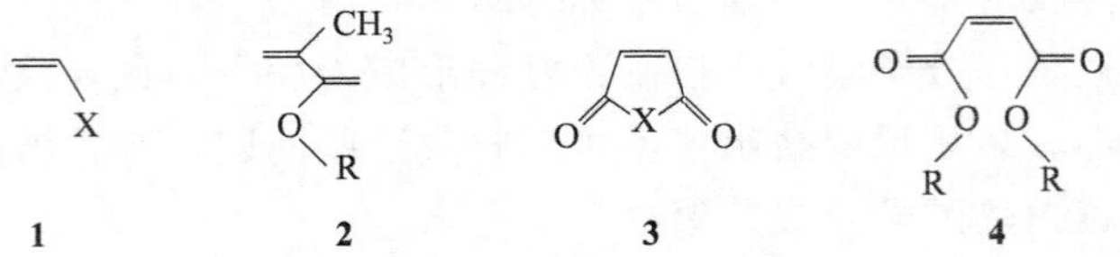

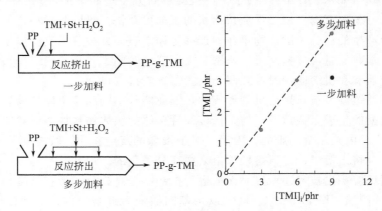

图 25-10　接枝单体的结构

但是，有些接枝单体［如马来酸酐（MAH）］由于接枝活性很低，不仅接枝率较低，会导致聚合物降解或交联严重。提高接枝单体的接枝率的方法之一是引入与大分子自由基有较高反应活性的另一单体，并且该单体与大分子自由基所形成的自由基能够与所要接枝的单体反应，从而减少副反应和提高接枝率。例如，苯乙烯作为共聚单体能够显著提高 MAH 和甲基丙烯酸缩甘油酯（GMA）接枝到聚丙烯上的接枝率，并且还可以抑制聚丙烯的降解[21-23]。

通过改变加料方式也可以提高接枝单体在聚合物上的接枝率[24]。如图 25-11 所示，将接枝单体 3-异丙烯基-α,α-二甲基苄基异氰酸酯（TMI）、共聚单体苯乙烯（St）和引发剂过氧化物分成三份，从挤出机的不同位置加入到挤出机中，可明显提高 TMI 在聚丙烯上的接枝率。

图 25-11　加料方式对极性单体接枝的影响

反应接枝改性不仅可以改变聚合物的极性，而且可以用于生成接枝共聚物。若接枝单体易发生均聚，则所生成的接枝链具有足够的长度，这一接枝产物可以被认为是一种真正的接枝共聚物。还有一种方法就是"Grafting From"的方法，它是基于接枝链从主链上引发点的位置由单体聚合增长而形成的。换句话说是，聚合物大分子引发剂引发另一聚合物单体的本体的聚合方式。它所涉及的反应体系是高黏的大分子引发剂和低黏单体之间的反应。Zhang 等[25,26]将异氰酸酯引入到聚苯乙烯主链上形成己内酰胺聚合的大分子引发剂，通过反应挤出技术使该大分子引发剂引发己内酰胺聚合，成功制备了 PS 和 PA6 的接枝共聚物。

25.4.4　反应共混

聚合物共混是目前制备综合性能优良的聚合物材料最简便有效的方法。但是，大多数聚合物是不相容的，共混过程中易发生相分离，导致最终产品性能下降。现在最常用的解决方法是反应相容技术，主要在螺杆挤出机中实现。

25.4.5 原位相容

原位相容是在聚合物共混过程中通过界面反应原位生成接枝或者嵌段共聚物起相容作用[27]。以PP/PA6混合体系为例来说，如果一部分PP是经MAH改性过的PP接枝物（PP-g-MAH），那么在混合过程中PP-g-MAH的酸酐官能团会与PA6的末端氨基反应，在界面原位生成PP与PA6共聚物（PP-g-PA6）作为相容剂（其反应机理如图25-12所示），以改善PP和PA6的界面相容性。

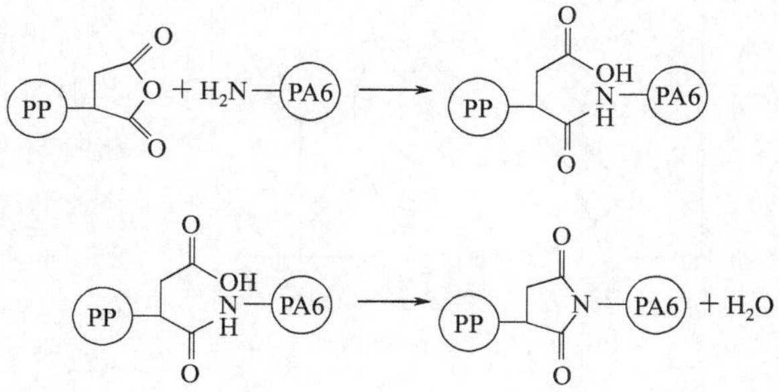

图25-12 相容剂原位形成机理

原位相容的界面反应只能发生在界面上，强剪切作用不仅能促进更好的分散，而且可以产生更大的界面面积，从而提高界面反应速率。因此，通常采用混合能力更强的啮合双螺杆挤出机作为原位相容反应器。

聚合物共混过程加工时间通常少于10min，在双螺杆挤出机中加工有时甚至小于3min。因此，这就要求界面反应速率很快[28]。典型的聚合物共混过程中涉及的官能团之间的界面反应如图25-13所示。Orr等[29]测量了一系列端基官能团化的聚苯乙烯在180℃下的反应动

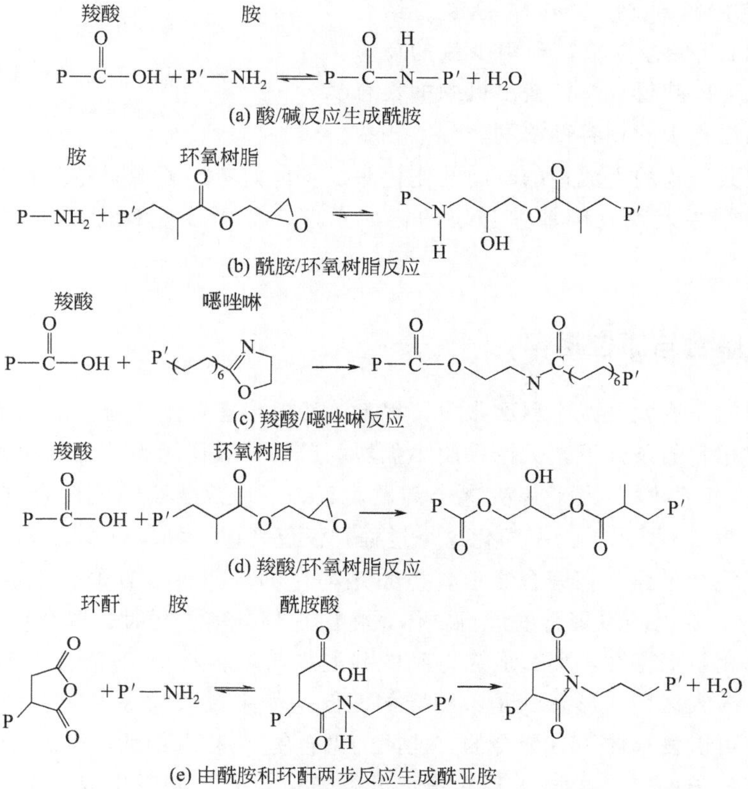
羧酸
胺
(a) 酸/碱反应生成酰胺
胺
环氧树脂
(b) 酰胺/环氧树脂反应
羧酸
噁唑啉
(c) 羧酸/噁唑啉反应
羧酸
环氧树脂
(d) 羧酸/环氧树脂反应
环酐
胺
酰胺酸
(e) 由酰胺和环酐两步反应生成酰亚胺

图25-13 官能团之间的化学反应

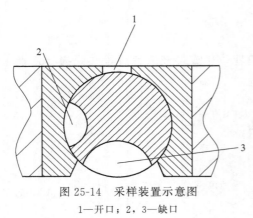

图 25-14　采样装置示意图
1—开口；2，3—缺口

力学。研究结果表明，官能团之间的反应活性顺序是：酰胺/异氰酸酯＞酰胺/酸酐＞酸/环氧树脂＞酸/噁唑啉＞酰胺/环氧树脂。其中酰胺/异氰酸酯之间的反应在 2min 内反应转化率已超过 99％。

当聚合物相容共混在双螺杆挤出机中进行时，共混过程中的界面反应的转化率是随双螺杆挤出机螺杆长度的变化。Machado 等[30]研发出一种如图 25-14 所示的采样装置。当旋转阀门处于如图 25-14 所示的位置时，是关闭状态，没有聚合物熔体从挤出机开口中流出。当旋转阀门的缺口 2 或 3 与开口 1 对齐时，可以进行采样并分析其界面

反应的转化率。他们在挤出机不同的位置安装这种采样装置，并分析了界面反应的转化率，结果表明：从进料口到停留时间为 38s 的采样点，作为相容剂的苯乙烯-马来酸酐共聚物（SMA）的酸酐含量由最初的 23.9％下降到 17.6％（摩尔分数）；停留时间分别为 53s 和 145s 的采样点的酸酐含量只是略有下降。最终当物料从口模离开双螺杆挤出机（总停留时间为 5min），酸酐的含量为 14.5％。因此，可以看出反应共混过程中的界面反应主要发生在双螺杆挤出机前段。

Ji 等[31]将荧光性官能团引入到反应相容剂异氰酸酯改性的聚苯乙烯中，形成如图 25-15 所示的反应型示踪相容剂 PS-TMI-MAMA。结合停留时间分布 RTD 瞬态实验，利用少量的反应型示踪相容剂就可以获得双螺杆挤出机中的聚合物反应相容共混过程中的相容剂浓度、分散相粒

图 25-15　反应型示踪相容剂
PS-TMI-MAMA 结构示意图

径和界面上接枝共聚物的生成量随时间的变化曲线。他们考察了不同混合元件的分布混合和分散混合效率。结果表明，增加捏合块的错列角度，界面反应程度增加，分布混合效率提高。

25.4.6　原位聚合与原位相容

界面相容剂的作用就是减小界面张力，稳定体系的形态，阻止粒子的团聚。但是，大量实验表明在原位相容的条件下，无论采用多强烈的剪切分散作用力，分散相的粒径基本上不可能达到 100nm 以下[32]。为了解决这个问题，Hu[32-34]提出了原位聚合与原位相容的方法，其机理如图 25-16 所示。为了简化这个过程，仅仅考虑一种聚合物 A 和一种可以聚合的单体 MB 的均相混合过程。在聚合之前，体系是均相的。如果 MB 聚合生成的聚合物 B 与聚合物 A 不相容，那么随着聚合的进行，体系将出现相分离。同时，聚合物 B 的粒径增大。如果体系中没有相容剂存在，那么最终得到的共混物与聚合物 A 和聚合物 B 直接混合的共混物基本上没有多大区别，形态都是不稳定的。但是如果聚合物 A 中有一部分的链末端或者沿着主链上有可引发单体 MB 聚合的官能团的聚合物 A′存在的话，聚合物 B 将可以从 A′的引发位置开始增长聚合。这样 A-B 共聚物可以和聚合物 B 同时生成。实际上，在这个过程中包含有四个过程：单体 MB 聚合生成聚合物 B 而引起相分离；A-B 共聚的形成作为相

容剂而使共混物稳定。因而，这种方法叫做原位聚合和原位相容。

原位聚合和原位相容的方法的共混体系的形态结构形成过程与传统的机械共混和原位相容的方法完全不同，如图 25-17 所示。开始为均相体系，随着单体聚合生成聚合物，开始出现相分离，而且分散相的粒径逐渐增大。在没有相容剂存在的条件下，分散相的粒径会一直增大，因而，所得的共混物与机械共混得到的形态基本上没有什么区别。但是，在有大分子引发剂存在的情况下，单体一方面聚合生成均聚物，另一方面又可生成共聚物作为相容剂。在相容共混的过程中官能团化的聚合物只有达到聚合物与聚合物相界面时才能形成相容剂，由于相界面的体积有限，因而，相容剂的生成受到相界面体积的限制，而原位相容和原位聚合中，则相容剂的生成没有反应体积的限制，因而所得到的聚合物的粒径可以达到纳米级。

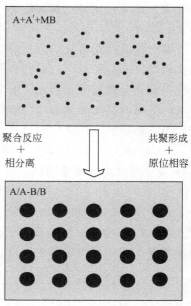

图 25-16　原位聚合和原位相容过程

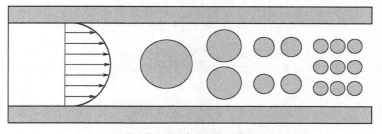

(a) 聚合物与聚合物共混的形态形成过程

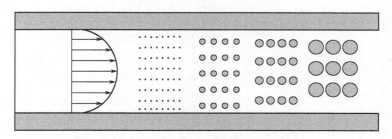

(b) 原位聚合和原位相容的形态形成过程

图 25-17　不同方法的共混物的形态结构形成过程的对比

Hu 等[32-34]采用 PP-g-TMI 作为大分子引发剂，通过原位聚合和原位相容方法成功制备 PP/PA6 纳米共混物，该共混物展现出优异的力学性能，特别是断裂伸长率。Yan 等[35]采用类似的方法制备出了具有核壳结构纳米分散的增韧尼龙材料。

25.4.7　高效脱挥

聚合物脱挥是一种从聚合体系中分离低分子量组分的工艺过程。这些低分子量组分主要包括未反应的单体、溶剂、水以及各种聚合物副产物，它们的存在会影响聚合物的物理与化学性质，最终会制约产品的使用。因此，将小分子挥分从反应体系中的脱除是反应挤出工艺的重要过程。

聚合物脱挥是挥发组分在高黏体系中的质量传递过程，主要涉及三个过程，挥发组分在聚合物熔体中的扩散，气液相界面的扩散以及气相主体中的扩散。聚合物脱挥是受热力学、传质控制的分离过程，因此需要专门设计特殊的分离设备来强化体系中的质量传递。双螺杆挤出机的结构具有多样性，能够根据需要设计排气功能，获得高效的脱挥性能，因此在聚合物脱挥方面得到了广泛应用。

Latinen[27]在 1962 年基于渗透理论首次建立了单螺杆挤出机扩散脱挥的数学模型。Sakai 等基于 Latinen 模型提出了双螺杆挤出机中的脱挥特性，可用下式表示：

$$\lg(c_O-c_E)/(c_L-c_E)=(KSLN^{1/2})/W \tag{25-1}$$

式中，c_O、c_E 和 c_L 是挥发组分的初始、平衡和最终浓度，$(c_O-c_E)/(c_L-c_E)$ 是脱挥效率；K 是常数；L 是螺杆长度；N 是螺杆转速；W 是产出率；S 是有效界面面积。影响脱挥效率的重要因素是表面更新能力、排气口的真空度以及加速脱挥的添加剂如水等。

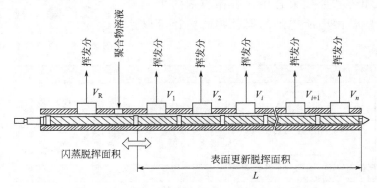

图 25-18　多级排气双螺杆挤出机的示意图[36]

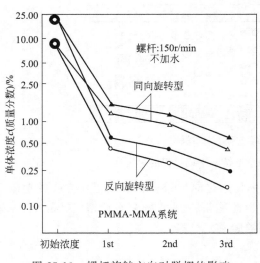

图 25-19　螺杆旋转方向对脱挥的影响

当双螺杆挤出机应用于脱除高浓度的挥发分或者要求最后产品中挥发分含量非常低的场合时，通常采用多级排气挤出机（如图 25-18所示），这样可以减少真空泵的负荷、有效控制气泡长大和抽真空的速率以及防排气管路堵塞等[36]。

当聚合物溶液经过排气口时，过热的溶液会形成泡沫，在双螺杆挤出机的通道中占据一定的体积，并且在排气口的下壁翻滚。而聚合物熔体在两个螺杆的捏合处向上攀升。在排气压力和螺杆的转动作用下，泡沫会破裂，留下凝聚的聚合物颗粒的半透明熔体，造成聚合物熔体的滞留和浓缩性挥发组分的返混。为了改善对泡沫和熔体的控制，设计出了许多排气口结构。例如，将排气口安装在双螺杆挤出机的侧面，堵住了捏合区，覆盖排气区，减少熔体的攀升，改善对熔体的控制，脱挥效率更高[37]。

Sakai[38]利用双螺杆挤出机对聚甲基丙烯酸甲酯（PMMA）中的甲基丙烯酸甲酯（MMA）单体进行脱挥，脱挥效率如图 25-19 所示。从图中可以看出，双螺杆挤出机中螺纹元件构型相同时，反向旋转双螺杆挤出机的脱挥效率明显高于同向旋转双螺杆挤出机。然而，同向旋转双螺杆挤出机的自清洁结构可以防止在排气区的物料由于滞留而产生降解。因此，需要根据具体产品的性质选择双螺杆挤出机的类型。

工业上，当单体含量为 10%～30% 时，苯乙烯的本体聚合反应终止。为了降低产品的可燃性及其异味，最大程度地提高聚苯乙烯的性能，应尽可能降低聚苯乙烯中挥发成分含量。将单体含量为 10.2% 的抗冲聚苯乙烯物料在 220℃ 和 0.6MPa 下进入 ZSK-90 型双螺杆脱挥器，经过闪蒸、汽提和脱气后可将产品中残留的苯乙烯含量降低到 1.23×10^{-4}[37]。

25.5 结语

反应挤出以螺杆挤出机为连续化反应器，集塑化、输送、混合、反应、脱挥和挤出等多任务于一体，能实现聚合物产品小批量、多品种、专门化的生产，因而备受关注。目前，反应挤出已广泛应用于聚合物合成、改性与加工等各个方面。但是，也存在一些问题，例如：反应挤出过程中传热、传质及其流动等理论不足，缺少反应挤出的数学模型，流动和反应及混合的偶合关系还不清楚等。因此，反应挤出发展还需加强对反应挤出过程的物理和化学变化进行深入研究，有针对性设计制造新型的反应挤出部件及设备，并多方位开发反应挤出产品。

◆ 参考文献 ◆

[1] Xanthos M. Reactive extrusion: principles and practice [M]. New York: Hanser Publishers, 1992.

[2] Tzoganaakis C. Reactive extrusion of polymers: a review [J]. Advances in Polymer Technology, 1989, 9 (4): 321-330.

[3] Sakai T. Intermeshing twin-screw extruder//Manas-Zloczower, I, Tadmor, Z, ed. Mixing and Compounding of Polymer: Theory and Practice [M]. New York: Hanser Publishers, 1994.

[4] White J L, Keum J, Jung H, Ban K, Bumm S. Corotating twin-screw extrusion reactive extrusion-devolatilization model and software [J]. Polymer-Plastics Technology and Engineering, 2006, 45 (4): 539-548.

[5] Suwanda D, Lew R, Balke S T. Reactive extrusion of polypropylene I. controlled degradation [J]. Journal of Applied Polymer Science, 2003, 35(4): 1019-1032.

[6] 王益龙，吴长伟，范思远，金津. 改性聚丙烯反应挤出可控降解研究 [J]. 现代塑料加工应用, 2006, 18 (6): 11-14.

[7] Gao S, Zhang Y, Zheng A, Xiao H. Polystyrene prepared by reactive extrusion: kinetics and effect of processing parameters [J]. Polymers for Advanced Technologies, 2004, 15: 185-191.

[8] Michaeli W, Fring S, Höcker H, Berghaus U. Reactive extrusion of styrene polymers [M]. Intern. Polymer Processing Ⅷ, Munich: Hanser Publishers, 1993.

[9] 周颖坚，张错，孙刚，危大福，郑安呐. 苯乙烯/丁二烯聚合反应挤出多嵌段共聚物结构表征及共聚机理的研究 [J]. 高分子学报, 2006, (3): 437-442.

[10] 张错，周颖坚，孙刚，胡福增，郑安呐. 二乙二醇二甲醚对反应挤出苯乙烯/异戊二烯共聚物微观结构的影响 [J]. 高分子材料科学与工程, 2009, 25 (3): 42-45.

[11] Hu G H, Cartier H. Reactive extrusion: toward nanoblends [J]. Macromolecules 1999, 32(14):

4713-4718.

[12]　Rothe B, Elas A, Michaeli W. In situ polymerisation of polyamide-6 nanocompounds from caprolactam and layered silicates [J]. Macromolecular Materials and Engineering, 2009, 294 (1): 54-58.

[13]　Rothe B, Kluenker E, Michaeli W. Masterbatch production of polyamide 6-clay compounds via continuous in situ polymerization from caprolactam and layered silicates [J]. Journal of Applied Polymer Science, 2012, 123(1): 571-579.

[14]　Burlone D A, Hoyt M B, Helms Jr C F, Hodan J A, Kotek R, Morgan C W, Sferrazza, R A, Wang F A, Ilg O M, Roberts T D, Morow R G. Continuous polymerization and direct fiber spinning and systems for accomplishing same [P]. US6616438, 2003.

[15]　Jongbloed H A, Kiewiet J A, Van Dijk J H, Janssen L P B M. The self-wiping co-rotating twin-screw extruder as a polymerization reactor for methacrylates [J]. Polymer Engineering & Science, 1995, 35 (19): 1569-1579.

[16]　Tang X, Guo W, Yin G, Li B, Wu C. Reactive extrusion of recycled poly(ethylene terephthalate) with polycarbonate by addition of chain extender [J]. Journal of Applied Polymer Science, 2007, 104: 2602-2607.

[17]　Guo B, Chan C. Chain extension of poly(butylene terephthalate) by reactive extrusion [J]. Journal of Applied Polymer Science, 1999, 71: 1827-1834.

[18]　Incarnato L, Scarfato P. Structure and rheology of recycled PET modified by reactive extrusion [J]. Polymer, 2000, 41 (2): 6825-6831.

[19]　Moad G. The synthesis of polyolefin graft copolymers by reactive extrusion [J]. Progress in Polymer Science, 1999, 24: 81-142.

[20]　Moad G. Chemical modification of starch by reactive extrusion [J]. Progress in Polymer Science, 2011, 36: 218-237.

[21]　Cartier H, Hu G H. Styrene-assisted free radical grafting of glycidyl methacrylate onto polyethylene in the melt [J]. Journal Polymer Science, Part A: Polymer Chemistry, 1998, 36: 2763-2774.

[22]　谢续明, 李颖, 张景春, 杨讯. 马来酸酐-苯乙烯熔融接枝聚丙烯的影响因素及其性能研究 [J]. 高分子学报, 2002, (1): 7-12.

[23]　张才亮, 许忠斌, 冯连芳, 王嘉骏, 顾雪萍. 在 St 存在条件下 MAH 熔融接枝 PP 的研究 [J]. 高校化学工程学报, 2005, 19: 648-653.

[24]　Lee B H, White J L. Formation of a polyetheramide triblock copolymer by reactive extrusion: Process and Properties [J]. Polymer Engineering & Science, 2002, 42(8): 1710-1723.

[25]　Zhang C L, Feng L F, Gu X P, Hoppe S, Hu G H. Kinetics of the anionic polymerization of ε-caprolactam from an isocyanate bearing polystyrene [J]. Polymer Engineering & Science, 2011, 51 (11): 2261-2272.

[26]　Zhang C L, Feng L F, Hoppe S, Hu G H. Grafting of polyamide 6 by the anionic polymerization of ε-caprolactam from an isocyanate bearing polystyrene backbone [J]. Journal of Polymer Science Part A: Polymer Chemistry, 2008, 46 (14): 4766-4776.

[27]　Baker W E, Scott C E, Hu G H. Reactive polymer blending [M]. Munich: Hanser Publishers, 2001.

[28]　Macosko C W, Jeon H K, Hoye T R. Reactions at polymer-polymer interfaces for blend compatibilization [J]. Progress in Polymer Science, 2005, 30(8): 939-947.

[29]　Orr C A, Cernohous J J, Guegan P, Hirao A, Jeon H K, Macosko C W. Homogeneous reactive coupling of terminally functional polymers [J]. Polymer, 2001, 42(19): 8171-8178.

[30]　Machado A V, Covas J A, Van Duin M. Evolution of morphology and of chemical conversion along the screw in a corotating twin-screw extruder [J]. Journal of Applied Polymer Science, 1999, 71(1): 135-141.

[31]　Ji W Y, Feng L F, Zhang C L, Hoppe S, Hu G H. Development of a reactive compatibilizer-tracer for studying reactive polymer blends in a twin screw extruder [J]. Industrial & Engineering Chemistry Research, 2015, 54 (43): 10698-10706.

［32］ Hu G H, Cartier H. Reactive extrusion: toward nanoblends［J］. Macromolecules, 1999, 32: 4713-4718.

［33］ Hu G H, Feng L F. Extrusion processing for nanoblends and nanocomposites［J］. Macromolecular Symposia, 2003, 195: 303-308.

［34］ Hervé C, Hu G H. A novel reactive extrusion process for compatibilizing immiscible polymer blends ［J］. Polymer, 2001, 42: 8807-8816.

［35］ Yan D, Li G, Huang M, Wang C. Tough polyamide 6/core-shell blends prepared via in situ anionic polymerization of ε-caprolactam by reactive extrusion［J］. Polymer Engineering & Science, 2013, 53（12）: 2705-2710.

［36］ Wang N H. Polymer extrusion devolatilization［J］. Chemical Engineering & Technology, 2001, 24（9）: 957-961.

［37］（美）Albalak R J 著. 聚合物脱挥［M］. 赵旭涛, 龚光碧, 谷育生译. 北京: 化学工业出版社, 2005.

［38］ Sakai T. Report on the state of the art: reactive processing using twin-screw extruders［J］. Advances in Polymer Technology, 1991, 11（2）: 99-108.

第 26 章 旋转盘反应器

26.1 概述

过程工程中约 2/3 的单元操作涉及多相接触，由于不存在外加的加速度场，流体力学受表面力控制，相间接触面积相对较小，使得过程的反应、分离、传质等性能变差。如化工过程常用的釜式反应器因其结构简单、适用范围广在化学反应中普遍采用。而当涉及强化化学反应，特别是多相流反应时，釜式反应器则表现出很多不足：①对于一些剧烈反应，单靠釜的夹套散热很困难，容易造成反应失控，为了提高反应的安全性，通常采用降低原料浓度从而降低反应强度的方式，从而影响反应速率、转化率和生产效率；②化学反应是在分子尺度上进行的过程，无论对简单反应还是复杂反应，分子尺度上的混合（即微观混合）、相间传质均影响化学反应的转化率和选择性。而搅拌釜的混合效果随其体积的增大混合效果变差，影响到反应过程的性能。

如果给反应过程施加高的加速度场，可以促进小气泡的生成，提高泛点速度和剪切应力，这个施加加速度场的技术即为超重力技术，该技术的一个特殊体现就是旋转填料床。旋转盘反应器（Spinning Disc Reactor，SDR）是超重力转子的另一种形式，它可以作为传质接触设备或强化气液反应器，其反应场所是其中的旋转盘表面，液体自进液管进入转盘中心，液膜最初在转盘和液体间的剪应力作用下切向加速，使得液体接近了转盘的角速度，然后在离心加速度作用下以发散的薄液膜形式沿径向向外运动，转盘与转盘表面的液膜间以及液膜和气相间会为热量、质量和动量的传递提供理想的流体动力学环境。Woods[1] 根据实验研究得出转盘表面的液膜有近二维（2D）和三维（3D）两种类型的液膜波纹存在。当液膜波幅达到了局部液膜平均厚度的 3~4 倍时，液膜波纹将从 2D 转变为 3D，液膜产生的波痕引起附加的剪切力，进一步强化了传质和传热性能。

26.2 反应器结构

SDR 反应器由以下几部分组成：外壳、进料管、转盘（加热或冷却）、电机、出料口等。典型结构如图 26-1 所示：

反应器外壳材质可以使用不锈钢、聚丙烯、有机玻璃等。

反应器转盘：由于铜材的传热系数较大，因而对需要加热或冷却的反应体系一般采用铜

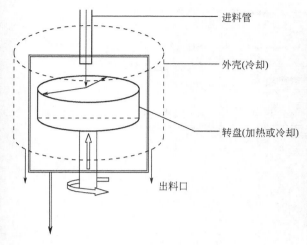

图 26-1　SDR 结构简图

图 26-2　带同心圆沟槽的转盘

材转盘；此外，根据反应器的特点，还可选用不锈钢、硼硅酸盐玻璃、有机玻璃等材质。转盘直径根据处理能力可设计为不同参数，一般为 6～50cm；为了强化液体的湍动，提高转盘表面不同相间的传质传热效率，转盘的表面可采用同心圆沟槽（图 26-2）、网眼状等凹凸结构。

进料方式可为单股进料或两股进料（见图 26-3）。

加热或冷却方式：大部分化学反应需要一定的反应温度，根据反应温度的需求，旋转盘可设计类似釜式反应器的加热套，通过调节加热介质的流量和温度，在转盘表面设置不同的热电偶测温点，可有效控制转盘表面的温度（具体见

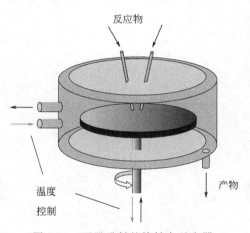

图 26-3　两股进料的旋转盘反应器

图 26-4）。由电机带动转盘旋转，一般控制转速为 100～6000r/min。安装方式可采用水平安装或垂直安装（图 26-5）。

26.3　传递特性

26.3.1　转盘表面的流体流动

在 SDR 中，液体由进料管引入转盘表面的中心，在切向剪切力的作用下液体达到转盘的旋转速度，然后沿着径向向外运动，最后从转盘的外缘离开。由于旋转盘表面的液膜会受到固液表面剪切力的影响，使得圆盘上的实际膜状流动过程的流体动力学非常复杂，因此基于 Nusselt 对冷凝液膜的处理方法建立一个近似的过渡流动（Interim Flow）模型（努塞尔流模型）。假定流动是稳定的（即无波纹），圆盘和液体间无周向滑动，气液界面无摩擦。该模型推导时根据图 26-6 进行[2]。

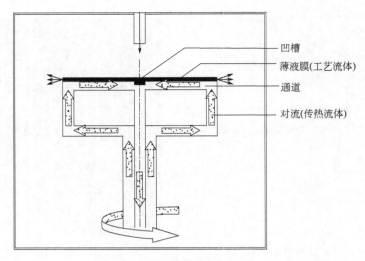

图 26-4 转盘的传热方式

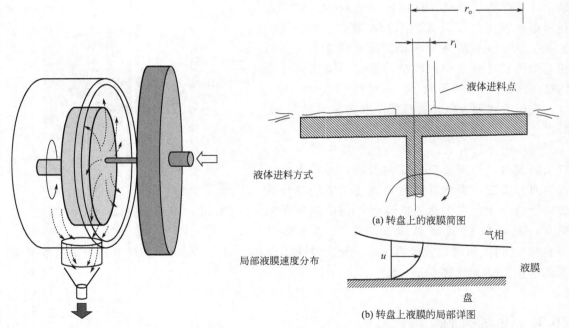

图 26-5 垂直安装的旋转盘反应器

图 26-6 转盘表面流体流动模型

其中图 26-6(b) 所示为半径 r 处的局部液膜。根据液膜内平均速度和最大速度可推导出液膜的厚度 s 和在转盘表面的停留时间 t。

$$s=\left(\frac{3\mu M}{2\pi\omega^2\rho^2}\right)^{1/3}r^{-2/3} \tag{26-1}$$

$$t=\frac{3}{4}\left(\frac{12\pi^2\rho\mu}{M^2\omega^2}\right)^{1/3}(r_o^{4/3}-r_i^{4/3}) \tag{26-2}$$

式中，s 为液膜厚度，μm；μ 为运动黏度，N·s/m^2；M 为质量流率，kg/s；ρ 为液体密度，kg/m^3；r 为转盘中心到液体外沿的轴向距离，m；下标 o 和 i 分别代表外径和内径；$\omega=2\pi N/60$；N 为转盘转速，r/min；t 为停留时间，s。

例如，当水在圆盘上流动时，在转盘直径为 500mm、$\omega = 955\text{r}/\text{min} = 100\text{s}^{-1}$、质量流率为 $3 \times 10^{-2}\text{kg}/\text{s}$ 的条件下，据式(26-2)可知液体流经圆盘的平均时间是 0.25s，而式(26-1)表明转盘边缘液膜的厚度为 $28\mu\text{m}$（假定液膜没有破碎为溪流）。对于黏性液体（如聚合物黏度为 $10\text{N} \cdot \text{s}/\text{m}^2$），则转盘边缘液膜的厚度变为 $600\mu\text{m}$，而液体流经圆盘的平均时间为 5s。

26.3.2　传质性能

转盘的传质性能可以通过 Nusselt 模型进行保守的估算，假定液体在流向圆盘边缘的过程中没有液膜混合。对于有限停滞薄层内的非稳态扩散，图 26-7 给出了不同时间薄层内相对浓度的分布，初始时刻 $t=0$ 时表面浓度 $c_0 = 0$，图中曲线的参数为傅里叶数[2]，其定义为式(26-3)。

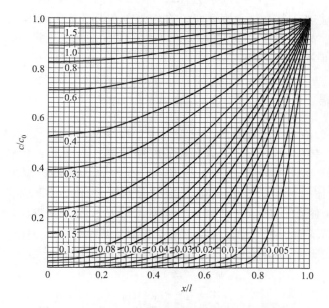

图 26-7　$0 < x < l$ 的薄层内不同时间的浓度分布

（初始浓度为 0，表面浓度为 c_0，x/l 为 t 时刻液体从中心流动的距离 x 与中心到转盘边缘距离 l 之比）

$$F_0 = \frac{Dt}{s^2} \tag{26-3}$$

式中，D 为溶质在膜内的扩散系数；t 为液膜表面的暴露时间；s 为膜厚度。

如果 $F_0 < 0.02$，液膜内的浓度变化主要发生在表面层，局部的传质系数可以利用 Higbie 渗透理论求出，见式(26-4)。

$$K_L = \left(\frac{D}{\pi t}\right)^{1/2} \tag{26-4}$$

由液膜表面速度和停留时间可以推导出液膜的传质系数为式(26-5)。

$$K_L = \left(\frac{D}{\pi}\right)^{1/2} \left(\frac{2M^2 \omega^2}{3\pi^2 \rho \mu}\right)^{1/6} \frac{1}{(r_o^{4/3} - r_i^{4/3})^{1/2}} \tag{26-5}$$

只要液体完全润湿转盘，随着液膜在转盘上流动，液膜厚度越来越薄，从而使得垂直转盘表面方向上的浓度分布被压缩，从而引起溶质扩散速率的成比例增加，而这是渗透模型无法预测的。因此，局部的传递系数可以乘以一个 s_1/s 来近似解释浓度梯度变陡，其中 s_1 是半径 r_1 处的液膜厚度，可由式(27-1) 确定，因此修正的局部传质系数可用式(26-6) 表示：

$$K_L=\left(\frac{D}{\pi}\right)^{1/2}\left(\frac{2M^2\omega^2}{3\pi^2\rho\mu}\right)^{1/6}\left(\frac{r}{r_1}\right)^{2/3}\frac{1}{(r_o^{4/3}-r_i^{4/3})^{1/2}}\tag{26-6}$$

在液膜形成处（$r=r_1$ 处），式（26-6）中 K_L 趋近∞。因此，转盘表面传质系数的平均值变为式(26-7)。

$$K_{\text{lav}}=\frac{1}{\pi(r_2^2-r_1^2)}\int_{r_1}^{r_2}2\pi K_L r\,\mathrm{d}r\tag{26-7}$$

式(26-7) 的求解需要数值分析。由于忽略了由液膜表面波纹而导致的扰动，使得式(26-7) 体现的传质性能的估算偏于保守。扰动会显著减少停留时间，特别是对于非黏性液体。

英国 Newcastle 大学[3] 利用极限流技术研究了转盘上的液-固传质系数。转盘直径为 30cm，材质为有机玻璃，盘上装有铜电极。在电场的作用下，用不同径向位置铜的沉积量测定固-液传质系数。研究结果表明，转盘上的液固传质系数为 10^{-4}ms^{-1} 数量级，证明转盘的薄膜具有突出的传质性能。

26.3.3　传热性能

Nusselt 模型最初被用于关联蒸汽冷凝器性能，冷凝的潜热自气液界面释放，随后以传导通过冷凝的液膜，传导的路径长度是局部的液膜厚度。当液膜在旋转盘表面加热或冷却时，因为显热不必全部以传导通过整个液膜，热传导的路径将会缩短（约为液膜厚度的 50%）。由于多数液体的热扩散系数只有 10^{-7} 数量级，和质量扩散系数 10^{-9} 数量级相比，传热的傅里叶数约为图 26-7 所示传质傅里叶数的 100 倍。这意味着液膜内的传热过程将在整个液膜内进行，而不像传质那样，仅在靠近旋转盘表面的薄层内进行。

对于傅里叶数较大的传热过程，将膜内温度分布近似用二次多项式表达较为合理[式(26-8)]。

$$T=A+By+Cy^2\tag{26-8}$$

式中，A、B、C 是常数，可由下述边界条件确定：

① $y=0$，$T=T_w$。

② $y=s$，$T=T_s$。

③ $y=s$，$\mathrm{d}T/\mathrm{d}y=0$。

由此可得温度分布和温度梯度表示为式(26-9)、式(26-10)

$$T=T_w-2(T_w-T_s)\frac{y}{s}+(T_w-T_s)\frac{y^2}{s^2}\tag{26-9}$$

$$\frac{\mathrm{d}T}{\mathrm{d}y}=\frac{2(T_w-T_s)}{s}\left(\frac{y}{s}-1\right)\tag{26-10}$$

由于液膜内的温度梯度垂直于转盘，其值远大于径向温度梯度，所以进入液膜局部的热通量 Q 将由转盘表面处的 $\mathrm{d}T/\mathrm{d}y$ 控制，可用式(26-11) 表示：

$$Q=k\left(\frac{\mathrm{d}T}{\mathrm{d}y}\right)_{y=0}=\frac{2k}{s}(T_w-T_s)\tag{26-11}$$

所以有效的膜传热系数为式(26-12)：

$$h=\frac{Q}{T_w-T_s}=\frac{2k}{s} \tag{26-12}$$

对于前面的水在500mm直径转盘上流动的例子，式(26-12)表明转盘边缘处的传热膜系数为43kW/(m²·K)，而膜厚度仅为28μm。这些估算结果符合实际的前提是液膜必须润湿转盘，而且不能破碎为溪流。这取决于最初的"干点"处受力平衡情况。在液膜的停滞点，液膜的动量可能被表面力平行于转盘的分量破坏。因此，对于平均速度为u_{av}的液膜，必须满足式(26-13)的条件方能维持溪流。

$$T(1+\cos\theta)>u_{av}^2\rho s \tag{26-13}$$

式中，T是单位长度的表面张力；θ是接触角；ρ是液体的密度；s是局部液膜厚度。

Newcastle大学[4]也对SDR传热系数进行了研究，研究结果表明，SDR中对流传热系数高达14kW/(m²·K)，传质系数K_L为$30\times10^{-5}ms^{-1}$，K_G为$12\times10^{-8}ms^{-1}$。表明SDR能提供微观的混合环境和流体动力学环境，从而加快反应速率。

英国伦敦大学的Grigori M. Sisoeva[5]等对转盘上液体薄膜对气体的强化吸收做了研究，研究表明，转盘上薄膜下面的非线波对扩散边界层产生了极大的影响，从而强化了气体在液膜中的吸收，并建立了流体力学模型，解决了二维对流扩散方程中的溶质浓度的求解，最终得出了转盘上的波状薄膜可强化气体吸收的结论。

德国的Nikolas C. Jacobsen等[6]以碘-碘酸盐反应为例，研究了旋转盘反应器微观混合特性。微观混合效果可用离集指数X_s表示：

$$X_s=\frac{Y}{Y_s} \tag{26-14}$$

式中，$Y=\frac{4[c(I_2)+c(I_3^-)]}{c(H^+)_0}$，$Y_s=\frac{6c(IO_3^-)_0}{6c(IO_3^-)_0+c(H_2BO_3^-)_0}$

离集指数$X_s=0$，表示为理想混合，对于一般的混合状态，有$0<X_s<1$，$X_s=1$表示完全离集。实验结果表明，SDR具有高效的微观混合效果，当转速为5000r/min时，微观混合时间为12ms，可得到离集指数接近于0.01。实验通过纳米$BaSO_4$的合成，进一步证明，SDR具有可控的、优异的微观混合效率，相较于其他设备，该反应器还具有不结垢、不易堵塞等优点。

26.4 旋转盘反应器的应用

26.4.1 自由基聚合

（1）苯乙烯溶液聚合

Newcastle大学K. V. K. Boodhoo等[7-11]研究了苯乙烯等的自由基溶液聚合及其动力学。装置如图26-8所示。SDR转盘材质为铜，直径360mm，表面传热面积约为0.1m²，上刻有直径为70~160七个同心沟槽；在距转盘表面2mm高的距离不同位置配有六个热电偶可测温；在转盘下方40mm处配有3.9kW的电热丝加热；反应器壁由不锈钢制作；转盘转速0~1500r/min。

在传统聚合过程中，苯乙烯的聚合采用大型带搅拌釜式反应器或无搅拌塔式反应器，这

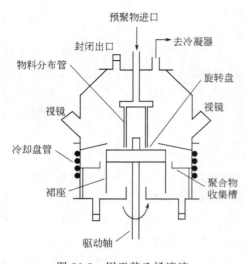

图 26-8　用于苯乙烯溶液
聚合的 SDR 装置

些反应器在单体达到高转化率时存在以下局限：高转化率使得体系黏度增大（大于 $3 \sim 4 Pa \cdot s$），黏度增大的结果必然造成聚合热散热困难，从而造成局部温度过高，产生"热点"及"温度峰值"，使得聚合产品分子量分布变宽，降低了产品质量。因而，新的聚合反应器必须能够强化聚合过程中的传质传热速率（特别是高黏度时），SDR 技术的高效传质传热特点正好满足了这一要求。

研究采用常规反应器与 SDR 反应器进行对比。在 SDR 中进行聚合前，首先在常规反应器（带搅拌三口瓶）进行预聚合，使得聚合转化率达到一定值（溶液黏度达到一定值）时再进入 SDR 中。研究表明，预聚物单体转化率越高，经过 SDR 的单程反应后最终产物转化率提高幅度越大，如当预聚物单体转化率分别为 29%、56%、61% 时，经过 SDR 可达到 35%、65.4%、77.3%。

图 26-9 所示为转盘转速 850r/min 时，研究所加入不同转化率的预聚物时经 SDR（停留时间约 2s）单程反应可提高的程度。

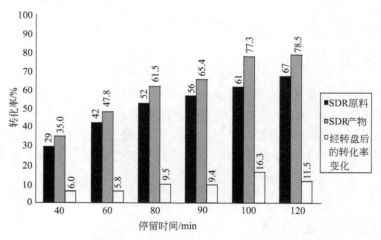

图 26-9　SDR 中停留时间与单程转化率的关系（转盘转速为 850r/min）

通过与常规反应器进行对比可知，采用 SDR 进行后期的聚合，可大幅缩短聚合时间，达到节能增效的目的。如用常规反应器使转化率从 61% 提高到 77.3% 需要 80min，而 SDR 只需要 2s，可节时 80min。

将 SDR 技术应用于苯乙烯溶液聚合可提高聚合速率，缩短聚合时间，同时聚合物的分子量分布较窄。除节能 40% 这一突出效果外，使用 SDR 聚合还可得出如下结论：

① 使用 SDR 所得聚合物其分子量分布可达到 $1.5 \sim 1.6$，明显窄于普通反应器所得聚合物分子量分布（2.5 左右），从而提高了聚合物质量；②由于 SDR 中可有效控制聚合速率，避免了自由基聚合中的暴聚现象，提高了过程的安全性；③通过对苯乙烯聚合动力学的研究得知，在 SDR 中聚合表观活化能低于传统反应器。

（2）苯乙烯本体聚合

伊朗的 M. R. Moghbeli 等[12]研究了苯乙烯的自由基本体聚合，研究方法同溶液聚合相似，分两个阶段聚合，首先在三口瓶中聚合到一定转化率，再进入 SDR 中继续反应。实验结果表明，在间歇反应器中聚合转化率越高，经过 SDR 的单程反应后最终产物转化率提高率越高，同一初始转化率情况下，在 SDR 中转化率随着转速的提高而增加，此研究结果与上述溶液聚合结果相似，即 SDR 起到了缩短聚合时间的作用。

（3）丙烯酰胺的反相乳液聚合

中北大学的张巧玲等[13,14]将旋转盘反应器用于丙烯酰胺的反相乳液光引发聚合研究。

研究背景：丙烯酰胺的聚合可采用热引发、辐射引发、光引发等。其中紫外光引发具有设备简单、成本低、可低温进行等优点。光引发通常用于透明溶液体系或透明/半透明的微乳液体系，由于微乳液体系乳化剂浓度很高，使得生产成本增加，从而限制了其应用。乳液与微乳液体系相比具有不透明性，因而紫外光透过率低，影响了聚合效率。旋转盘反应器的突出特点是在离心力作用下转盘表面形成高剪切薄膜，液膜厚度为微米级，这一特点使其有利于乳液聚合这一不透明体系中光的透过；反相乳液聚合的特点是乳化剂含量少、体系黏度低、散热容易、聚合物分子量比较高等。该研究将转盘反应器的特点与反相乳液聚合的优势相结合，研究了低温紫外光引发丙烯酰胺反相乳液聚合反应的特征及各种影响因素。

光引发丙烯酰胺聚合装置如图 26-10 所示。

该研究以 OP-10/Span-80 为复合乳化剂，环己烷为溶剂，在室温且不使用引发剂，采用紫外光直接引发丙烯酰胺

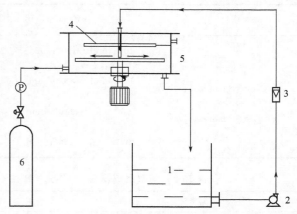

图 26-10　光引发丙烯酰胺聚合装置
1—储罐；2—泵；3—流量计；4—紫外灯；
5—转盘反应器；6—氮气瓶

反相乳液聚合，系统研究了单体浓度、光照强度、液体流量、转速等因素对聚合反应的影响。图 26-11、图 26-12 所示分别为转速对单体转化率和相对分子质量的影响。其影响规律为：随转速的增加，转化率和分子量均呈现先增加后减小的趋势，当转速为 300r/min 时呈最大值，当转速大于 300r/min 时，随着转速的增加，聚合物分子量减小。

该研究得到如下结论：将旋转盘反应器应用于紫外光直接引发丙烯酰胺反相乳液聚合制备聚丙烯酰胺，得到聚合物分子量达 10^7，表明旋转盘反应器是新型、高效的光反应器，在离心力作用下，转盘表面形成的微米级液膜具有高效的传质特性，同时可维持紫外光的高透过率，适宜于不透明乳液聚合体系的光引发聚合反应。该反应器具有结构简单、制作成本低、处理能力大等优点，为光聚合反应实现连续化、工程放大提供了可能。

（4）聚合动力学研究

除对聚合过程进行研究外，Newcastle 大学[9]还对苯乙烯溶液聚合的动力学进行了研究，并将 SDR 技术与间歇聚合反应器进行了对比。结果见表 26-1、表 26-2。

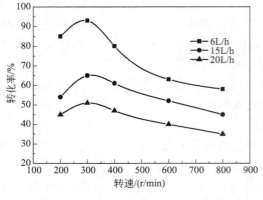

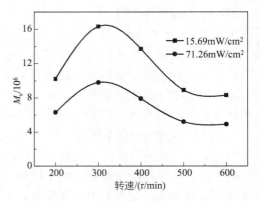

图 26-11　转速对单体转化率的影响　　　　　图 26-12　转速对相对分子质量的影响

表 26-1　SDR 与间歇聚合反应器速率常数对比（温度 90℃）

项目	运行条件	旋转盘反应器速率常数	间歇反应器速率常数
k_d/s^{-1}	10%，6mL/s，500r/min	0.96×10^{-3}	1.19×10^{-4}
$k_p/[dm^3/(mol \cdot s)]$		8.20×10^3	8.18×10^2
k_d/s^{-1}	10%，6mL/s，750r/min	1.75×10^{-3}	1.19×10^{-4}
$k_p/[dm^3/(mol \cdot s)]$		9.00×10^3	8.18×10^2
k_d/s^{-1}	10%，6mL/s，1100r/min	3.00×10^{-3}	1.19×10^{-4}
$k_p/[dm^3/(mol \cdot s)]$		10.0×10^3	8.18×10^2
k_d/s^{-1}	10%，6mL/s，1500r/min	5.90×10^{-3}	1.19×10^{-4}
$k_p/[dm^3/(mol \cdot s)]$		11.5×10^3	8.18×10^2

表 26-2　间歇反应器在 90℃ 与 SDR 在不同温度下的聚合速率常数对比

反应器及温度	k_d/s^{-1}	$k_p/[dm^3/(mol \cdot s)]$	$k_t/[dm^3/(mol \cdot s)]$
间歇反应器(90℃)	1.10×10^{-4}	820	1.32×10^8
旋转盘反应器(90℃)	1.25×10^{-2}	1.20×10^4	1.32×10^8
旋转盘反应器(80℃)	9.90×10^{-3}	9.80×10^3	1.32×10^8
旋转盘反应器(75℃)	8.00×10^{-3}	8.00×10^3	1.32×10^8

　　从表 26-1、表 26-2 可看出，在同样的聚合条件下，SDR 技术的链分解速率常数 k_d 和链增长速率常数 k_p 均大于间歇反应器，并且在 SDR 中，当转速为 1500r/min 时 k_d 和 k_p 达到最大值。在终止速率常数相同的条件下，SDR 中的聚合速率远大于间歇反应器，表明 SDR 可明显加快聚合速率，缩短聚合时间，达到过程强化的目的。

26.4.2　逐步聚合

　　Newcastle 大学 R. J. Jachuck 等[15]在 SDR 中进行了不饱和聚酯树脂的聚合研究。不饱和聚酯树脂的原料采用马来酸酐和丙二醇，该反应采用熔融缩聚法，由于聚合反应是平衡反应，为了得到一定分子量的聚合物，必须将缩出的小分子水及时从体系驱除，在传统间歇反应器中，聚合后期体系黏度增大，小分子的驱除变得困难，因而不得不采取高温、高真空措施，对设备的要求高，且能耗大，耗时长。SDR 技术中转盘上液膜很薄，高的传质传热系数加速了小分子水的逸出，从而可在较短的聚合时间内达到所需的分子量。

　　研究过程与前述自由基聚合研究相似，聚合工艺同样采取预聚和聚合两个阶段进行，即先在间歇反应器将马来酸酐与丙二醇按 1.47∶1 的质量比加入，使预聚物的酸值达到一定值（达到一定的聚合程度）；再将预聚物加入 SDR 中进行进一步的聚合，转盘表面温度为 200℃，预聚物加料速度为 50mL/s，通氮气保护以防止氧化反应及其他副反应发生。

酸值的测定采用传统滴定法，单位为 mgKOH/g。

将不同酸值（不同反应程度）的预聚物加入 SDR 中，研究结果如表 26-3 所示。从表中可看出，当预聚物的酸值大于 300 时，体系黏度较小，此时无论在 SDR 还是在间歇反应器中，传质还未受到限制，因而在 SDR 中聚合速率提高程度较小，与间歇反应器相比节约时间很短；当预聚物的酸值小于 300 时，体系黏度较大，传统反应器的传质受到限制，小分子逸出困难，而 SDR 中的液膜中传质系数大，小分子逸出容易，与间歇反应器相比节约时间为 40～50min。同时研究还发现，当达到相同的酸值时，SDR 可节省能源 40%；如果适当控制转盘上物料的停留时间，SDR 所得聚合物其分子量分布明显窄于间歇反应器所得聚合物分子量分布，从而提高了产品质量。

表 26-3 与间歇反应器相比在 SDR 中节约的时间

初始酸值（预聚物）	最终酸值（SDR 产品）	转盘温度/℃	转盘转速/(r/min)	SDR 技术节省时间/min
547±16	408±12	200	1000	3
428±13	378±11	200	1000	2
300±9	255±8	200	1250	40
233±7	204±6	200	1000	50
190±6	160±5	200	1000	40
164±5	136±4	200	1000	50

通过该研究可得出如下结论：① 当预聚物的酸值低于 300 时，使用 SDR 进行单程聚合可节省聚合时间 50min，相应节省能源 40%；②SDR 中较低的聚合物负载量使得聚合过程的安全性能得到提高；③使用 SDR 所得聚合物其分子量分布明显窄于普通反应器所得聚合物分子量分布，从而提高了产品质量。

26.4.3 有机催化反应

Newcastle 大学 Marija Vicevic 等[16,17]采用 SDR 对 α-蒎烯氧化物重排为樟脑醛进行了研究（异构体重排）。α-蒎烯氧化物的重排反应在制药工业占有重要的地位，在不同的条件下经重排反应可以得到 100 多种产品。而樟脑醛是重排产物中最重要的一种，是香料工业中的重要原料。

传统的 α-蒎烯氧化物的重排反应采用均相催化剂，该法在反应完成后都涉及催化剂的分离（用萃取剂萃取催化剂达到分离目的），这样增加了分离工序，成本较高；后来非均相催化剂的应用使得分离变得容易，利用过滤技术就可实现分离，如果将非均相催化剂固定在 SDR 表面，就可省去催化剂的分离工序，由于流体与固定在表面的催化剂间的高剪切力而使催化剂活性大幅度提高，从而提高反应速率。

图 26-13 所示为传统反应器的反应转化率与选择性，可以看出，随着反应时间的延长，转化率呈增大趋势，但选择性则先增大后减小，在转化率为 100% 时，选择性只有 40%，可见，在确保高转化率时有较高的选择性，在传统反应器中很难实现。

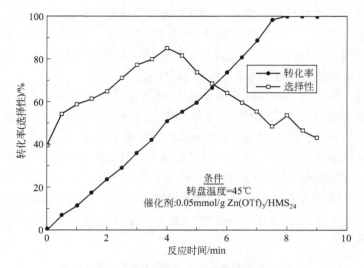

图 26-13　传统反应器反应转化率与选择性

在 SDR 中，图 26-14 所示为转化率与转速的关系，图 26-15 所示为选择性与转速的关系，图 26-16 所示为 SDR 中选择性与停留时间的关系。从图中可知，在液体流率较低时，高转速下可保持很高的转化率（接近 100%）；而在 SDR 中通过控制液体流率和转盘转速，停留时间就可控制在适宜的范围，可达到同时提高转化率和选择性的目的。

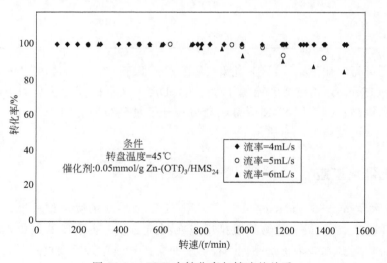

图 26-14　SDR 中转化率与转速的关系

上述结果表明，与普通反应器相比，SDR 具有如下优势：

① SDR 使用的催化剂量是普通反应器的 1/2，节省了催化剂成本；②由于液体与转盘表面涂覆固体催化剂的高剪切力，使得催化剂的活性大幅度提高；③该技术不需要催化剂的后处理，所得产品纯度高，同时减少了中间环节和设备以及过程的能耗，并使生产过程连续化成为可能；④反应物在 SDR 中具有停留时间短的特点，因而减少了普通反应器由于停留时间长而造成的副反应，提高了反应过程的选择性（停留时间在 0.2s 以内，控制一定的进料速率，可保持选择性大于 70%）。

美国堪萨斯大学的 Z. Qiu 等[18]用 SDR 合成了生物柴油，该研究以氢氧化钠为催化剂，

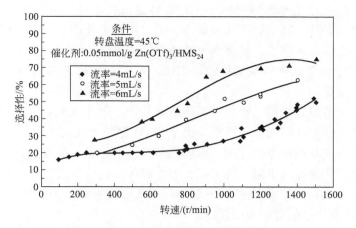

图 26-15　SDR 中选择性与转速的关系

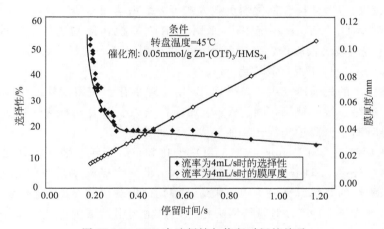

图 26-16　SDR 中选择性与停留时间的关系

用菜籽油与甲醇在 SDR 中合成生物柴油，研究了反应温度、两盘间隙、体积流量、转盘表面结构对反应结果的影响，并与传统间歇搅拌反应器进行了对比。研究结果表明：盘间隙、反应温度和盘表面结构是影响反应器性能的重要因素。随着盘间隙的增加，反应器的性能明显降低，原因是间隙增加，局部剪切应力减小；在较小的间隙尺寸、较高的流量时反应器性能随着磁盘转速减小而变差，而在间隙尺寸较大和较低的相速度时，则出现相反的情况。当转盘表面具有沟槽结构时增加了液体的湍动，进一步强化了传质效率，缩短了反应时间。通过与已知搅拌控制的间歇式反应器相比可知，当达到相同的转化率时，在 SDR 中的停留时间下降了 20～40 倍。

上述研究结果表明，SDR 有效减小了相间的传质阻力，可显著提高反应速率常数，合成生物柴油 SDR 中存在的接触强度给出了一个可行的减少或消除传质阻力的方法。

26.4.4　光催化降解有机废水

难降解有机废水，如含酚废水、氯苯类废水、染料废水等均具有化学性质稳定、高毒性、致癌和致突变性、难生物降解等特点，目前，国内外处理有机废水的方法主要有物理法、化学法和生物法等，其中光催化氧化技术是近几十年发展起来的一种新型废水处理技术，是利用半导体催化剂在光的照射下，将光能转变为化学能，从而使废水中的有机物降解。光催化具有廉价高效、有机物矿化程度高、无二次污染等优点，在处理难降解有机污染物方面发挥着越来越重要的作用。目前常采用的半导体催化剂有 TiO_2、SnO_2、ZnO、CdS、WO_3 等，其中 TiO_2 由于其化学性质稳定、来源丰富、对生物无毒性、能隙较大而被认为是目前最理想的光催化剂。

由于悬浮状态时有机物与催化剂的表面接触面积大，催化效果好，所以早期的 TiO_2 催化反应主要采用悬浮催化，但在实际操作中由于 TiO_2 颗粒直径均小于 $1\mu m$，增加了后续的分离困难。为了解决催化剂的分离问题，研究人员提出了催化剂负载法，如近几年研究报道较多的有物理吸附、化学蒸汽吸附、烷氧基钛的水解等，但这些研究结果均表明，上述方法所述的负载技术对有机物的降解速率远不及悬浮 TiO_2 效果好，因而研发传质效果与悬浮 TiO_2 相当的新型光催化反应器成为必然。

在众多的反应器的研究中，旋转盘反应器因其在强化传质方面具有突出特点而成为研究热点，近几年来在反应器结构、催化剂负载方式等方面做了很多研究。

Newcastle 大学 H. C. Yatmaz 等[19,20]采用 SDR 对有机污染物进行了光催化降解研究。SDR 转盘由硼硅酸盐玻璃板制作，催化剂负载方法采用浸渍法，紫外灯功率为 $2\times15W$，中压汞灯波长为 365nm，低压汞灯波长为 254nm。

光催化氧化技术的先前研究主要是采用 TiO_2 悬浮催化，使用紫外低压汞灯辐照。但该技术在实际操作中存在很多缺陷，因为 TiO_2 的颗粒直径小于 $1\mu m$，这些超细粉体在后处理时需要与反应物分离，分离过程物耗、能耗大，费时费力。

SDR 技术采用浸渍法将 Degussa P-25 TiO_2 催化剂负载于转盘表面，分别采用两种不同波长的紫外灯（365nm、254nm）进行 4-氯苯酚水溶液、水杨酸水溶液的光催化降解研究，结果表明：低压汞灯的降解率远大于中压汞灯；催化剂负载法与 TiO_2 悬浮法降解效果相当（循环 4h 后降解率大于 90%），但与悬浮法相比，催化剂用量减少了 2/3，同时省去了后续的催化剂分离工序，即 SDR 技术解决了催化剂难于分离的难题。

新西兰奥克兰大学的 Irina Boiarkina 等[21,22]在旋转盘反应器中进行了亚甲基蓝降解的过程强化研究，并与传统的环形光反应器进行了对比。实验分别考察了各因素对亚甲基蓝降解情况的影响，并与传统环型反应器进行了对比，对比结果见表 26-4、表 26-5。

表 26-4　SDR 与环形反应器体积反应速率常数对比

转盘反应器体积速率常数		环形反应器体积速率常数	
初始反应速率$(c=c_0)/[\times10^4 mol/(m^3 \cdot s)]$			
最大值	14 ± 1.5	包括光降解	0.13 ± 0.02
平均值	3.60 ± 1.5	不包括光降解	0.099 ± 0.018
1/2 初始浓度时反应速率$(c=1/2c_0)/[\times10^4 mol/(m^3 \cdot s)]$			
最大值	6.83 ± 0.37	包括光降解	0.063 ± 0.013
平均值	0.90 ± 0.38	不包括光降解	0.025 ± 0.018

表 26-5　SDR 与环形反应器表面反应速率常数对比

转盘反应器体积速率常数		环形反应器体积速率常数	
初始反应速率$(c=c_0)/[\times10^7 mol/(m^2 \cdot s)]$			
最大值	3.51 ± 0.26	包括光降解	1.66 ± 0.22
平均值	0.76 ± 0.31	不包括光降解	1.29 ± 0.24

续表

转盘反应器体积速率常数		环形反应器体积速率常数	
1/2 初始浓度时反应速率$(c=1/2c_0)/[\times10^7mol/(m^2 \cdot s)]$			
最大值	1.75±0.07	包括光降解	0.83±0.11
平均值	0.189±0.077	不包括光降解	0.32±0.06

通过两种反应器的对比研究可得出如下结论：

① SDR 中光能利用率是环形反应器的 3 倍，分别为 0.19%±0.08% 和 0.062%±0.009%，表明 SDR 能显著强化光能利用率；②与环形反应器相比，SDR 体积显著减小，但其平均体积流率比环形反应器大一个数量级，分别为 $(3.6\pm1.5)\times10^{-4}$ mol·m^3/s 和 $(0.13\pm0.02)\times10^{-4}$ mol·m^3/s，表明 SDR 具有较大的处理能力；③两种反应器中，反应的初始表面更新率大致相同；但 SDR 与环形反应器相比，其最大表面更新速率（流率为 15mL/s）是环形反应器的两倍，即 SDR 解决了传质受限的问题，可实现光催化过程的强化。

中北大学的刘有智等[23]采用溶胶凝胶负载法进行了含酚废水的降解研究。以 100mg/L 的苯酚初始浓度为研究对象，对影响降解率的各因素进行了系统研究，研究表明，在转速为 50r/min、流量为 60L/h、pH＝6 时，苯酚的最大降解率只有 37%，而添加微量 H_2O_2 可大幅提高降解率，图 26-17 所示为加入 0～10mL/L 质量浓度为 30% 的 H_2O_2 后苯酚的降解率，从图中可以看出，加入 2mL/L H_2O_2 30min 的降解率可以提高到 56%，大于 6mL/L 时无明显变化，30min 时均大于 98%。

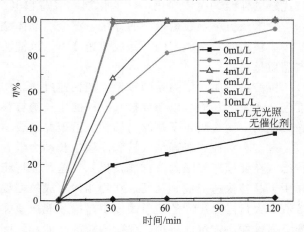

图 26-17 不同 H_2O_2 量对苯酚降解率的影响

为了研究 H_2O_2 与光催化剂的协同作用，将 UV/H_2O_2 与 $UV/H_2O_2/TiO_2$ 两种条件下苯酚的降解率和矿化率进行了对比研究，结果如图 26-18 和图 26-19 所示。

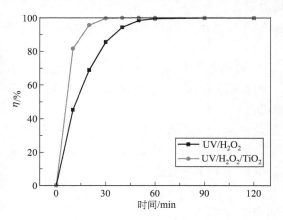

图 26-18 UV/H_2O_2 与 $UV/H_2O_2/TiO_2$ 条件下苯酚降解率

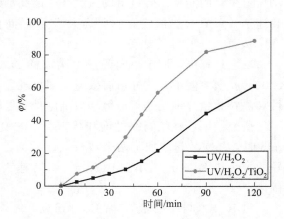

图 26-19 UV/H_2O_2 与 $UV/H_2O_2/TiO_2$ 条件下苯酚矿化率

在催化剂和 H_2O_2 共同存在下，10min 的苯酚降解率为 81%，较 H_2O_2 光照作用时的 45% 升高了 36%，30min 的降解率即可达到 100%，较 H_2O_2 光氧化作用时间缩短了 30min。H_2O_2/TiO_2 光催化氧化 2h 的矿化率较 H_2O_2 光氧化作用时的 61% 升高到 89%，提高了 28%，说明 H_2O_2 与光催化剂具有协同作用，H_2O_2 的加入进一步强化了苯酚光催化反应降解和矿化。

26.4.5 超细粉体制备

Newcastle 大学的 L. M. Cafiero 等[24] 利用 SDR 研究了纳米 $BaSO_4$ 在转盘上的沉淀过程，当转盘直径为 50cm，温度为 25℃，转速大于 900r/min 时，$BaSO_4$ 会自发沉淀析出，通过与文献所报道的 T 形混合器相比，SDR 所需的分散能耗更低。

控制颗粒的大小、形状和粒度分布越来越重要。亚微米级颗粒（直径小于 $1\mu m$）由于其优越的性能，在精细化工、催化剂、医药和电子领域都有广泛的应用。沉淀法是制备纳米、微米或更小颗粒最价廉的办法。沉淀法晶体粒度分布主要受第一步结晶过程的影响，如初级成核过程。在较高的初始成核速度下，沉淀法能够降低纳米颗粒的生产成本，同时提高产品质量。

沉淀法反应和结晶是同步发生的快速过程。初级粒子的数量与反应物是宏观混合、中尺度混合还是微观混合以及成核和晶核的生长等有很大关系。初级粒子是通过成核和晶核的生长形成的，而次级粒子是靠初始颗粒的聚并形成的。

过饱和对控制机理、成核和晶核生长动力学起着重要的作用。非均相成核在任何过饱和状态（在亚稳态界限内）都能发生，在这种非均相情况下，在外部颗粒，特别是尘粒的催化作用下晶核快速形成。相反，在均相体系成核需要非常高的过饱和度，因为在这种情况下，溶液中大量自由运动的溶质团发生碰撞才能成核。所以均相成核推动力是体系的过饱和度，混合强度在决定沉淀机理、强化颗粒的性能和粒度分布等方面均起着重要的作用。所以高的过饱和度和强的混合确保均相成核是主要成核机理。

SDR 技术在离心作用下转盘表面形成很薄的液膜，具有较高的剪切力、较短的停留时间，而且与管式混合器相比能在很低的能耗下连续操作。由于转盘处于运动状态，维持其转动需要少量的能耗。转盘上的液膜产生的高剪切力强化了混合程度，同时也强化了传质、传热速率。SDR 转盘的表面积要远大于 T 形混合器和 Y 形混合器，能够减少颗粒的碰撞频率，从而减少了团聚现象。

反应过程中，固定时间间隔每次取样 2mL，然后迅速将样品倒入 20mL、质量浓度为 0.02% 胶质溶液中，这样可有效避免团聚现象，经过稀释可有效阻止或缓解晶粒的生长。晶性和晶粒数量分别用透射电镜和血细胞计数器测量。

研究结果：在相同的过饱和状态下，改变转盘转速，当转速从 500r/min 增加到 900r/min 时，晶粒数量增加了两个数量级；另外，当转速从 200r/min 增加到 1000r/min 时，晶粒的大小从 $3.0\mu m$ 减小到 $0.7\mu m$，当转速为 1000r/min 时，晶径分布在 $0.5\sim1\mu m$ 的范围内。

SDR 技术与 T 形混合器的对比研究，结果如表 26-6 所示。

研究结论：纳米颗粒的生产过程中初级粒子的均相成核技术呈现广阔的前景，强的混合条件、较短的微观混合时间都对初级粒子的均相成核起到了强化作用。而传统搅拌釜式反应器不能提供微观混合条件，也不能提供均匀的过饱和度。连续流混合器，如 T 形混合器或 Y 形混合器可以提供上述强化条件，但其能耗很大（100kW/kg），而且其连接处易结垢，不易进行工业化。SDR 技术可以提供初级粒子均相成核的强的混合条件。

表 26-6　SDR 技术与 T 形混合器的对比研究结果（过饱和度为 2000）

项目	T 形混合器	SDR
晶粒数量/（个/cm^3）	$(2\sim4)\times10^8$	4×10^9
分散能耗/（W/kg）	100×10^3	115
混合时间/ms	1.05	0.9

采用 SDR 完成了沉淀法制备纳米 $BaSO_4$，转盘表面光滑，直径 0.5m，转速 900～1000r/min，研究结果要优于快速 T 形混合器，能耗为 115W/kg，且晶粒数目多，粒径范围窄（0.5～1μm），在一定操作条件下可确保均相成核。

其他纳米分散颗粒的研究：

① Newcastle 大学的 J. R. Burns 等[25]利用电导测量技术检测 SDR 合成纳米 $CaCO_3$。实验采用电导测试法检测了转盘不同径向位置的 $Ca(OH)_2$ 的转化率，基于旋转薄膜的扩散传质建立了模型，得出了傅里叶和雷诺数的关联式。研究结果表明，在转盘直径为 30cm、$Ca(OH)_2$ 的流量为 $19mol/m^3$ 时，停留时间小于 0.2s，测得 $Ca(OH)_2$ 单程转化率为 100%，气-液传质系数为 0.3mm/s。此时，转盘在高速旋转时，液膜的厚度只有几微米。即在转盘上 CO_2 气体扩散到 $Ca(OH)_2$ 薄膜中的扩散速率得到强化，从而使得 $Ca(OH)_2$ 的单程转化率明显提高。

② Newcastle 大学的 Paul Oxley 等[26]还对采用 SDR 技术制备纳米药物颗粒的工业放大做了评价研究。研究认为：对于快速的有机反应和沉淀反应，SDR 技术与传统搅拌反应器相比具有明显的优势，如在 Darzens 反应中，SDR 技术能将未反应物浓度降低 99%，杂质含量降低 93%；SDR 技术为化学反应提供了优化条件，即强混合、高效传质传热和较短的停留时间；SDR 技术制备的纳米颗粒粒径小，粒径分布窄；转盘直径为 15cm 的 SDR 年生产能力可达到 8t，使得从实验室走向工业化生产成为可能。

③ 西澳大利亚大学的 Karel J. Hartlieb 等[27]采用 SDR 进行了纳米 ZnO 的合成与粒度控制的研究，表明 SDR 确保了强的混合效果和较快的晶核生长，制备的 ZnO 粒径为 1.3nm，多分散性为 10%。该研究机构同时还研究了超顺磁 Fe_3O_4 纳米颗粒以及纳米壳聚糖的制备[28,29]，通过控制 SDR 操作参数，室温制得了粒径为 5～10nm、粒径分布窄、饱和磁化强度为 68～78emu/g 的稳定的超顺磁 Fe_3O_4 纳米颗粒。与传统法相比，SDR 技术具有低成本、环境友好、可连续化操作、对表面活性剂选择性好等优点。

④ 台湾大学的 Clifford Y. Tai 等[30]采用 SDR 技术对制备超细 $BaCO_3$ 进行了研究。研究用原料采用 CO_2 气体和 $Ba(OH)_2$ 浆状液，由于转盘表面高效的混合和传质效果，$Ba(OH)_2$ 浆状液与吸收的 CO_2 生成棒状亚微米级 $BaCO_3$ 颗粒。研究中为了防止 CO_2 气体逸出，在出料口采用了液封装置。通过研究各操作参数对颗粒粒径的影响，得出如下结论：CO_2 气体流量对颗粒直径无明显影响；$Ba(OH)_2$ 浆状液流量越小，所得粒子直径越小；当流量小于 250mL/min 时，转速对颗粒直径无明显影响，而当流量大于 850mL/min 时，转速对颗粒直径影响较大；$Ba(OH)_2$ 浆状液的固含量对粒径大小的影响为：当 $Ba(OH)_2$ 浆状液的固含量范围为 10～55g $Ba(OH)_2$/L H_2O 时所得粒子直径最小。

此外，台湾大学采用 SDR 技术还成功制备了纳米氢氧化镁[31]、纳米水杨酸[32]、纳米银颗粒[33-35]等。

26.4.6　复乳的制备

复乳，全称为复合乳状液，是将简单的 W/O 或 O/W 乳状液（初乳或一级乳）进一步乳化在另外一种连续相中而成的复合型乳剂，常见的两种类型有水/油/水（W/O/W）、油/水/油（O/W/O）。复乳的结构特点是在其分散相的液滴中又包含另一种分散相微滴，可以实现包埋、隔离、掩藏、缓释、控释等多种功能，在食品、日化、药剂学、乳胶漆等领域受到广泛重视。如在药剂学领域，采用复乳体系可实现水溶性药物（疫苗、维生素、酶、荷尔蒙等）的包埋和可控制阶段性释放，或者作为药物过量的解毒剂等[36]。

复乳的制备方法主要有一步乳化法、两步乳化法、高压电场法、热不相容法等。其中两步乳化法是最常用的方法，用两步乳化法制备复乳时，初乳制备过程的乳化强度应该比较高以得到粒径分布较小的初乳，而复乳乳化过程的强度要比较小，以防止分散相乳滴被过分破碎而不能形成复乳结构。所以初乳的制备过程经常采用高压均质、超声波乳化、高速分散等高强度乳化方法，而复乳的制备过程一般采用强度较小的普通的机械搅拌方法。

为了制备出稳定的复合乳液，英国利兹大学的 Mahmood Akhtar 等[37]采用旋转盘反应器进行了芸香苷等黄酮类化合物的多重乳液包覆研究。

芸香苷是许多植物如荞麦中主要的类黄酮类化合物之一，具有对人类健康有益的生物活性，如抗氧化、抗炎作用等，应用于减少毛细血管损伤以及改善下肢静脉功能不全等方面，并作为重要的抗坏血病添加剂添加到食品中。由于芸香苷水溶性差，易氧化，因而保质期短，且不易被人体吸收。基于上述问题，常采用多重乳液包覆法改善其性能，以延长保质期和提高被生物体吸收的能力。

基于前述的复乳的制备方法，首先，在强烈的剪切条件下，使用低 HLB 的乳化剂形成油包水型乳液（W/O，水相为 pH 值为 7 的溶有芸香苷的缓冲液，油相为葵花籽油）。第二阶段是使用高 HLB 的乳化剂形成 W/O/W 型多重乳状液。为了尽可能防止内部液滴破裂，防止液滴的内部排到外部连续相，此阶段理想的方法是使用低剪切装置产生高度稳定的多重乳状液。然而，传统的乳化设备虽然可产生低剪切条件，但乳状液的液滴大且分布很宽（0.5～16μm），最终导致多重乳液不稳定。

该研究第一阶段采用射流均质机（高剪切）制备粒径分布较窄的 W/O 型乳液，第二阶段利用 SDR 非常可控和低剪切的特点制备 W/O/W 型多重乳状液，即将 SDR 技术与射流均质机的优势相结合。

图 26-20 所示为 1.6％乳化剂、有无芸香苷两种情况的初级粒子的粒径分布，从图中可看出，两种乳液表现出非常相似的单峰分布，其平均粒径为 128nm，多分散指数为 0.034。说明在水相中含量为 90μmol/L 的芸香苷没有显著改变水相的液滴尺寸。图 26-21 所示为 W/O/W 型多重乳状液的粒径分布，从图中可见，在芸香苷存在和不存在两种情况下，粒度分布几乎相同，当芸香苷存在时，小液滴的比例略高，说明芸香苷具有较弱的表面活性，部分芸香苷分子从初始乳液逸出。

包覆率的表征结果表明，10 天后芸香苷的浓度分别为其原始值的（80±2）％，即采用 SDR 技术制备的 W/O/W 多重乳液，黄酮类化合物从主乳液的水相中有一定损失，但相比其他乳化方法，其损失相对较小。

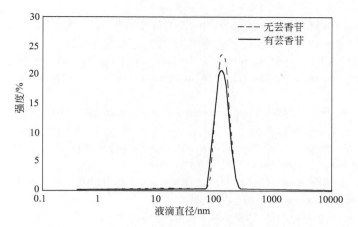

图 26-20　第一阶段初级乳液（W/O）的粒径分布

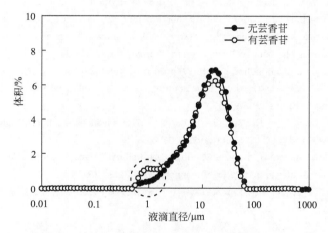

图 26-21　第二阶段 W/O/W 多重乳液的粒径分布

SDR 技术作为比较平缓的连续乳化装置，能够产生适度的单分散且稳定的多重乳状液，可提高芸香苷黄酮类化合物的稳定性，从而提高生物利用率，具有一定的推广价值。

26.5　结语

SDR 是许多强化传热、传质的理想选择，将 SDR 用作化工过程的核心反应器，可大幅改善大宗和精细化工产品的很多重要化工过程的经济性和效率。工业装置的转盘直径为 30cm，原料处理能力为 30g/s，相当于产品产量为 1000t/年。对于药物的生产，转盘直径为 15cm 的处理量为 7g/s，对应的产量为 200t/年。与传统釜式反应器相比，30cm 的转盘直径相当于 2m³ 的间歇式反应器的生产能力。

◆ 参考文献 ◆

[1]　Woods W P. The hydrodynamics of thin liquid films flowing over a rotating disc [D] . Newcastle, U K:New-

castle university, 1995.

［2］　（荷）Andrzej Stankiewicz,Jacob A Moulijn. 化工装置的再设计——过程强化［M］.王广全，刘学军，陈金花译. 北京：国防工业出版社，2012.

［3］　Burns J R， Jachuck R J J. Determination of liquid-solid mass transfer coefficients for a spinning disc reactor using a limiting current technique［J］. International Journal of Heat and Mass Transfer, 2005, 48: 2540-2547.

［4］　Jachuck R J J. Process intensification for responsive processing ［J］. Institution of Chemical Engineers Trans IChemE, 2002, 80: 233-238.

［5］　Sisoeva G M， Matarb O K， Lawrence C J. Gas absorption into a wavy film flowing over a spinning disc ［J］. Chemical Engineering Science,2005, 60: 2051-2060.

［6］　Jacobsen N C， Hinrichsen O. Micromixing Efficiency of a Spinning Disk Reactor ［J］. Industrial & Engineering Chemistry Research, 2012, 51: 11643-11652

［7］　Boodhoo K V K, Jachuck R J J. Process intensification: spinning disk reactor for styrene polymerization ［J］. Applied Thermal Engineering,2000, 20: 1127-1146.

［8］　Leveson P， Dunk W A E， Jachuck R J J. Numerical Investigation of Kinetics of Free-Radical Polymerization on Spinning Disk Reactor ［J］. Journal of Applied Polymer Science, 2003, 90: 693-699.

［9］　Vicevic M， Novakovic K， Boodhoo K V K， Morris A J. Kinetics of styrene free radical polymerization in the spinning disk reactor ［J］. Chemical Engineering Journal, 2007, 41 (5): 1-5.

［10］　Vicevic M， Novakovic K, Boodhoo K V K， Morris A J. Kinetics of methyl methacrylate free radical polymerization in the spinning disc reactor ［C］. Prague, Czech Republic: 17th International Congress of Chemical & Process Engineering (CHISA), 2006.

［11］　Boodhoo K V K， Dunk W A E， Jachuck R J J. Ch. 37 in advances in photoinitiated polymerization//ACS Symposium Series No. 847 ［C］. Washington D C, 2003.

［12］　Moghbeli M R, Mohammadi S, Alavi S M. Bulk Free-Radical Polymerization of Styrene on a Spinning Disc Reactor ［J］. Journal of Applied Polymer Science, 2009, 113: 709-715.

［13］　张巧玲，李小月，郑会敏，刘有智. 薄膜反应器中UV光引发丙烯酰胺反相乳液连续聚合过程［J］.高分子材料科学与工程，2014, 30 (6): 20-23.

［14］　刘有智，张巧玲，罗莹，郑会敏，申红艳，袁志国，祁贵生，栗秀萍. 一种紫外光引发乳液聚合的装置及方法［P］. CN103396501A, 2013.

［15］　Jachuck R J J, Lee J, Kolokotsa D, Ramshaw C, Valachis P, Yanniotis S. Process intensification for energy saving ［J］. Applied Thermal Engineering, 1997, 17: 861-867.

［16］　Vicevic M， Boodhoo K V K， Scott K. Catalytic isomerisation of α-pinene oxide to campholenic aldehyde using silica-supported zinc triflate catalysts Ⅱ. Performance of immobilised catalysts in a continuous spinning disc reactor ［J］. Chemical Engineering Journal, 2007, 133: 43-57.

［17］　Vicevic M, Jachuck R J J, Scott K, Clark J H， Wilson K. Rearrangement of α-pinene oxide using a surface catalysed spinning disc reactor (SDR) ［J］. Green Chem, 2004, 6: 533 -537.

［18］　Qiu Z, Petera J, Weatherley L R. Biodiesel synthesis in an intensified spinning disk reactor ［J］. Chemical Engineering Journal, 2012, 210: 597-609.

［19］　Yatmaz H C， Wallis C， Howarth C R. The spinning disc reactor-studies on a novel TiO_2 photocatalytic reactor ［J］. Chemosphere, 2001, (42): 397-403.

［20］　Gerven T V， Mulc G， Moulijn J， Stankiewicz A. A review of intensifi cation of photocatalytic processes ［J］. Chemical Engineering and Processing, 2007 (46): 781-789.

［21］　Boiarkinaa I， Norris S, Patterson D A. Investigation into the effect of flow structure on the photocatalytic degradation of methylene blue and dehydroabietic acid in a spinning disc reactor ［J］. Chemical Engineering Journal, 2013, 222: 159-171.

［22］　Boiarkina I， Norris S, Patterson D A. The case for the photocatalytic spinning disc reactor as a process intensification technology: Comparison to an annular reactor for the degradation of methylene blue ［J］.

Chemical Engineering Journal, 2013, 225: 752-765.

[23] 魏冰，张巧玲，刘有智等. 旋转盘反应器中 H_2O_2/TiO_2 光催化降解含酚废水 [J]. 化学工程, 2016, 44（5）: 11-16.

[24] Cafiero L M, Baffi G, Chianese A, Jachuck R J J. Process intensification: precipitation of barium sulfate using a spinning disk reactor [J]. Ind Eng Chem Res, 2002（41）: 5240-5246.

[25] Burns J R, Jachuck R J J. Monitoring of $CaCO_3$ Production on a spinning disc reactor using conductivity measurements [J]. American Institute of Chemical Engineers, 2005, 51（5）: 1497-1507.

[26] Oxley P, Brechtelsbauer C, Ricard F, Lewis N, Ramshaw C. Evaluation of spinning disk reactor technology for the manufacture of pharmaceuticals [J]. Ind Eng Chem Res, 2000, 39: 2175-2182.

[27] Hartlieb K J, Raston C L, Saunders M. Controlled scalable synthesis of ZnO nanoparticles [J]. Chem Mater, 2007, 19（23）: 5453-5458.

[28] Chin S F, Iyer K S, Raston C L, Saunders M. Size Selective Synthesis of Superparamagnetic Nanoparticles in Thin Fluids under Continuous Flow Conditions [J]. Adv Funct Mater, 2008,（18）: 922-927.

[29] Jing W L, Schneider J, Carter M, Saunders M, Lim L Y. Spinning disc processing technology: potential for large-scale manufacture of chitosan nanoparticles [J]. Journal of Pharmaceutical Sciences, 2010, 99（10）: 4326-4336.

[30] Tai C Y, Tai C T, Liu H S. Synthesis of submicron barium carbonate using a high-gravity technique [J]. Chemical Engineering Science,2006,（61）: 7479-7486.

[31] Tai C Y, Tai C T, Chang M H, Liu H S. Synthesis of Magnesium Hydroxide and Oxide Nanoparticles Using a Spinning Disk Reactor [J]. Ind Eng Chem Res,2007,（46）: 5536-5541.

[32] Chen Y S, Wang Y H, Liu H S, Hsu K Y, Tai C Y. Micronization of p-Aminosalicylic Acid Particles Using High-Gravity Technique [J]. Ind Eng Chem Res, 2010（49）: 8832-8840.

[33] Tai C Y, Wang Y H,Liu H S. A Green Process for reparing Silver Nanoparticles Using Spinning Disk Reactor [J]. American Institute of Chemical Engineers, 2008, 54（2）: 445-452.

[34] Tai C Y, Wang Y H, Kuo Y W, Chang M H, Liu H S. Synthesis of silver particles below10 nm using spinning diskreactor [J]. Chemical Engineering Science, 2009（64）: 3112-3119.

[35] Tai C Y, Wang Y H, Tai C T, Liu H S. Preparation of Silver Nanoparticles Using a Spinning Disk Reactor in a Continuous Mode [J]. Ind Eng Chem Res,2009,（48）: 10104-10109.

[36] 魏慧贤. 包埋胰岛素的 W/O/W 型复乳的制备及性能研究 [D].无锡：江南大学，2008.

[37] Akhtar M, Murray B S, Afeisume E I, Khew S H. Encapsulation of flavonoid in multiple emulsion using spinning disc reactor technology [J]. Food Hydrocolloids, 2014, 34:62-67.

第 27 章　旋风分离器

27.1　概述

旋风分离器是利用含尘气体旋转所产生的离心力将固体粉尘从含尘气体中分离出来的一种静止机械设备[1]。它具有分离效率高、结构简单、占地面积小、操作维护方便等优点，广泛应用于各种工业过程，除用于气固分离外，亦可用于各种工艺过程中除雾、液-液及液固分离。

作为石油、化工、能源等生产过程的关键设备，旋风分离器性能对生产装置的安全、经济、平稳运行有重要影响，甚至成为某些工艺过程的技术瓶颈。随着过程工业日益复杂化且不断向高性能、长周期方向发展，对旋风分离设备亦提出了更为苛刻的要求。提高旋风分离器的分离性能对解决当前我国面临的环境污染问题，也有十分重要的意义。根据环保部发布的全国环境统计公报（2013 年）显示[2]，全国工业废气中烟（粉）尘排放量达到 1094.6 万吨，每提高 1% 的烟（粉）尘收集效率就会减少约 11 万吨的固体颗粒物排放。

旋风分离器内的流场是复杂的三维强旋湍流流动，认识其中的气固两相流动、作用机理是设计高效分离器的前提。随着计算机技术的发展，数值模拟在很大程度上促进了实验研究和理论的发展。借助计算流体力学（CFD）进行旋风分离器内的两相流场模拟，已成为研究旋风分离器内的气相流动规律和非均相分离过程，优化设计旋风分离器结构、强化两相分离过程的重要手段。

27.2　旋风分离过程机理与工业应用

27.2.1　旋风分离器结构与工作原理

典型的旋风分离器如图 27-1 所示，它由切向入口、出气口、筒体、锥体、灰仓等几部分构成。其分离原理是[3]：含尘气体以一定的速度切向进入筒体时，受筒壁的约束旋转，沿筒壁做向下的螺旋运动。旋转过程中产生的离心力，一方面将悬浮于气流中的尘粒甩向器壁，并使周边气流压力升高；另一方面在圆锥中心部位形成低压区。被甩向器壁附近的粒子主要依靠进口速度的动量作用，随着螺旋向下的气流沿器壁下落，进入灰仓；大部分气流到达锥体底部附近时，因锥体直径的收缩和中心部位低压区的吸引，而向旋风分离器中心靠拢。根据"旋转距"不变原理，即以同样的旋转方向在旋风分离器下部，由下反转而上，继续作螺旋形流动，最后经排气管排出器外，从而达到气固分离的目的。

目前已开发应用的旋风分离器种类很多，主要有：CLT 型、B 型、D 型、龙卷风、多管式、PV 型等，但基本结构都是由筒体、排气管、锥体、灰仓组成[4]。

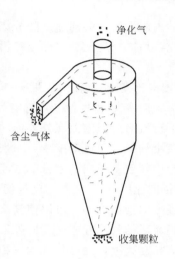

图 27-1　旋风分离器结构示意图

27.2.2　旋风分离器内的流场分布

旋风分离器内是气固两相的三维强旋湍流流场，流场的涡旋运动情况一定程度上决定了颗粒的沉积速率，并反映了颗粒在流场中的运动规律。为深入探讨旋风分离器内气固两相流体的流动形式，揭示旋风分离器的分离机理，以进一步提升其分离性能，百余年来国内外众多学者对分离器中速度分布、压力分布、局部涡流等流场特性开展了大量的流场测试、理论分析和计算流体力学研究，特别是近年来随着计算机和信息技术的快速发展，计算流体力学技术为人们进一步了解、分析并规整优化旋风分离器的内部流场提供了强有力的工具，通过数值计算与现代三维测试技术相结合极大促进了相关实验研究和理论的发展。

（1）旋风分离器流场主流特征

旋风分离器的流场是非轴对称的三维气固流场[5]。流场分布如图 27-2 所示，气流沿切向进口进入筒体内环形空间，外旋流旋转向下形成下行流，内部的旋转气流旋转上升形成内旋流。内旋流类似于刚体旋转的涡核，外旋流则是准自由涡，也就是所谓的兰金组合涡。除了流场内的主流外还伴随着局部的二次涡流[6]。Ter Linden[7]最早通过实验研究提出了一种比较有代表性的理论：阐明了流场中切向、轴向和径向速度场的分布特点。

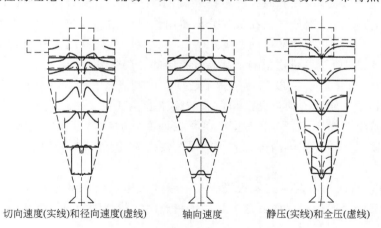

切向速度(实线)和径向速度(虚线)　　轴向速度　　静压(实线)和全压(虚线)

图 27-2　旋风分离器流场分布

① 切向速度 u_θ　在常规旋风分离器流场内，切向速度产生向心加速度，颗粒受到离心力后，从气流中脱离并在壁面沉积。因此切向速度是导致颗粒分离及捕集的主导因素。在旋

转上升的内旋流区，切向速度随分离器的半径增加而增加，称为"内涡"；外侧区域的旋转下降气流，切向速度随分离器半径增大而减小，称为"外涡"，切向速度最大值在内外旋流的交汇处[8]。

②　轴向速度 u_z　轴向速度分布（u_z）表现出非轴对称的特点，沿径向分布亦十分复杂，且沿轴向变化很大。在分离空间，一般分为上行流和下行流。上行流在流场区域的内侧，而下行流沿旋风壁面在外侧流动，两者与旋风分离器的形状有极大的关联。在锥体处，下行流会沿轴向向下逐渐减少，一般会有15%～40%进入灰斗内造成返混，这部分旋流会夹带灰仓中颗粒重新回到上升的气流中，造成旋风分离器性能降低。

③　径向速度 u_r　径向速度与切向速度相比，数值一般要小很多，径向速度的方向大部分沿半径方向指向轴心，可以使气流沿半径方向从外向内进入分离器的内旋涡核。只有小部分在内旋流区的气流径向速度向外形成二次涡。径向速度的存在使得流场湍动剧烈，大大小小的涡流相互碰撞，使已从气相沉积下的粉尘形成二次扬尘，进入内旋流通过排气管排出，降低分离效率。由于黏性参数条件的影响，径向速度分布比较复杂而且难以衡量，在轴向方向上的分布变化差异大，呈现出非轴对称性的特点[9]。

（2）旋风分离器不规整涡流

强旋湍动流场内还存在诸多次流流动如图27-3所示，这些不规则次流流动对分离性能的影响很大。主要有：

①　短路流（进出口的短路流），处于旋风分离器的顶盖、出气管和筒体内壁之间。由于旋转气流的相互摩擦，导致环形空间存在低速旋转的边界层，并且从壁面到中心的静压逐渐降低，于是促使顶盖内静压较高的气体流入此边界层，形成由边壁向漩涡中心"汇流"，气流到达环形空间外壁后旋转向下运动，与旋风的入口气流撞击形成向下的纵向涡流，纵向涡流会携带颗粒直接通过排气口排出，造成"短路流"。

②　在排气管底端附近，上升内旋流的截面大于排气管的流通截面积时，会在排气口入口产生"节流效应"，将导致"节流区"部分气流在旋风分离器内作纵向循环环流运动，促使出气管附近流体的径向速度加大，造成旋风分离器内的气流与上行内旋流的短路，影响了旋风分离器的分离效率。

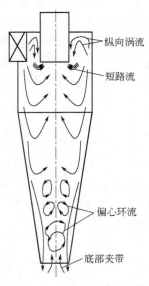

图 27-3　旋风分离器内的
二次涡流

纵向涡流

短路流

偏心环流

底部夹带

③　气流从灰斗返回到内旋流过程中，在下灰口附近遇到高速旋转的内旋流时，产生剧烈的动量交换和强烈的湍流能量耗散，造成内旋流的不稳定运动，并在流场中产生若干个纵向旋涡，容易把已沉积在壁面处的物料重新扬起带入到内旋流中，形成"摆尾"现象。这种下锥体内旋流的"摆尾"使得流场无规律、不规则，严重影响分离效果。

④　底部夹带，从灰仓内返混上来的气流夹带着大量未经沉积的颗粒，这部分旋转气流将通过上升的内旋流直接排出。而且这个过程中将产生大量扰动涡流，增大湍动度，亦会影响到颗粒的沉积。

二次流严重影响了旋风分离器的分离性能，尤其对微细颗粒的分离极为不利，这也是微米以及亚微米颗粒分离效率不高的重要原因。通过采取合理的措施抑制或减少二次流是提高分离性能的有效途径[10]。

27.2.3　旋风分离器内的颗粒运动

旋风分离器内颗粒运动及浓度分布规律是建立分离机理模型的理论基础。在旋风分离器内，颗粒主要受气流曳力和离心力的作用，此外还受到各种扩散作用（对于细颗粒）及颗粒与器壁、颗粒与颗粒间的碰撞弹跳（对于粗颗粒）等的影响[11,12]。

旋风除尘器内气流中的尘粒被认为是在离心力的作用下，以离心沉降速度由内向外穿过整个气流宽度，经过一定的旋转圈数，最后到达器壁被分离，即所谓的"转圈分离理论"。但该理论只考虑了离心力的作用而忽略了向心流对颗粒的影响[9]。

事实上，旋风除尘器中的尘粒，在离心力和流体阻力的共同作用下，大致按类似于螺旋线的轨迹运动（图 27-4）。

通常认为分三个阶段完成：a 初始分离；b 尘粒反弹返回气流；c 二次分离。

当含尘气体沿切线方向进入旋风除尘器开始作旋转流动时，一方面受离心力作用颗粒向外运动，虽然气流对尘粒向边壁运动施加了阻力，但尘粒所获离心力大于此流体阻力；此外，在旋风除尘器的入口，所有的尘粒都会沿着近似直线的轨迹运动，并撞到器壁上，部分尘粒被分离。这种分离过程，称为"初始分离"（见图 27-5）[13]。

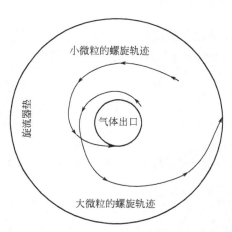

图 27-4　水平截面上大小微粒的轨迹　　　　图 27-5　初始分离和二次分离时，尘粒运动轨迹

如图 27-5 所示，尘粒与器壁相撞后，部分被弹回到气流中，即产生"尘粒反弹返回气流"过程。图中尘粒 1 没有被反弹回气流，这是因为尘粒以很小的角度与壁面相碰撞，并沿器壁向下滑动而被捕集。尘粒 2～5 在与器壁相撞后，都被反弹回气流中，有的能被二次分离，有的从排气管逸出。尘粒 3 和 5 示出的是细尘粒，当与器壁在 3a 和 5a 处相撞时，消失掉部分能量，并反弹回气流后，它们的速度和离心力都减小了。这时，向心径向气流的影响比离心力大，尘粒在 3b 和 5b 处被带入上旋气流，进入排气管。假如尘粒 2 和尘粒 4 是相当大的，它们与器壁在 2a 和 4a 点相撞，并被反弹回到气流中，由于尘粒大，离心力作用占优势，尘粒 2 被二次分离出来。但尘粒 4 在弹回到 4b 后仍可能出现三种情况：①尘粒 4 在流体阻力的影响下，逐渐接近器壁，以很小的角度在 4c 点与器壁相撞，实现二次分离；②当流体阻力不足以保证尘粒 4 逐渐接近器壁，尘粒在与器壁碰撞后，又被反弹回来，最后逐渐接近而被分离；③由于径向流速较大，尘粒被径向气流携带从 4b 到 4d，不能实现二次分离[14]。

颗粒浓度场的实验测量方法还不够理想，测量精度不高，所以迄今为止，旋风分离器内测量颗粒浓度场的工作少有报道[15]，石油大学[16]曾分别采用等速抽气法和激光粒子成像技术对涡壳式和 PV 型旋风分离器内的颗粒浓度进行了测量，得出如下结论：

各种颗粒的浓度沿径向由中心到器壁逐渐升高，接近器壁时剧增。在靠近顶板处的环形空间颗粒浓度高，出现顶灰环；而向下至环行空间下部时颗粒浓度锐减；分离空间内浓度沿径向分布仍为内低外高；在锥体底部靠近排尘口处，颗粒浓度有所升高，存在排尘口返混夹带现象。

27.2.4　旋风分离器的性能指标

旋风分离器运行过程中，评价其性能指标的参数主要有临界粒径、分离效率、压力损失、操作弹性等。

（1）临界粒径

旋风除尘器所能捕集的最小粉尘颗粒直径，称为临界粒径。有两种表示方法：一种以 d_{100} 表示，旋风除尘器可以 100% 捕集的粉尘颗粒，称为 100% 的临界粒径；另一种以 d_{50} 表示，这一粒径的分级除尘效率是 50%，亦称作切割粒径。一般情况下临界粒径越小，旋风除尘器的除尘性能越好，反之越差。

基于颗粒的受力分析，假设旋风除尘器内的内、外涡旋气流交界面是半径为 r_0 的圆柱面，交界面的切向速度是除尘器中的最大切向速度 v_{t_0}，可得到切割粒径的理论计算公式。

$$d_{50} = \left(\frac{18\mu v_{r_0} r_0}{\rho_c v_{t_0}^2}\right)^{\frac{1}{2}}$$ (27-1)

式中　d_{50}——切割粒径，m；

ρ_c——尘粒密度，kg/m³；

v_{r_0}——气流与尘粒在径向的相对运动速度（近似等于交界面上气流径向平均速度），m/s；

μ——空气的动力黏度，Pa·s。

对于式中的 r_0，巴特（W. Barth）[15]提出等于排气管半径 r_c，林登（Ter Linden）[7]假设 $r_0 = 0.65 r_c$。

交界面上的切向速度 v_{t_0} 与旋风除尘器结构尺寸和进口风速有关[16]。可采用井伊谷纲一[17]的经验公式计算。

（2）分离效率

旋风分离器的分离效率 η 有两种表示方法：一种是总效率；一种是分级效率，又称粒级效率 η_i。

总效率是旋风除尘器最关键的性能，也是人们研究得最多的内容。总效率主要用来表示一个具体的分离器、针对具体的物料性质与分散相粒度、在具体的操作条件下所能达到的实际分离效果；同时它能从质与量两方面反映出设备性能的好坏、操作参数的优劣等，是改进设备结构、优化操作参数的主要技术依据。在气固分离中，分离效率表示的是被分离下来的粉尘颗粒占进口粉尘颗粒的质量分数。其相应的公式为：

$$\eta = \frac{m_u}{m}$$ (27-2)

式中　m_u——底部出口粉尘颗粒的质量流率，kg/s；

　　　m——进口处粉尘颗粒的质量流率，kg/s；

　　　η——总效率。

粒级效率 η_i 表明一定尺寸范围内的颗粒被分离下来的质量分率。

（3）压力损失[15]

压力损失 Δp 旋风除尘器的压力损失主要包括下列方面：

a. 进气管的摩擦损失；

b. 气体进入旋风除尘器内，因膨胀或压缩而造成的能量损失；

c. 气体在旋风除尘器中与气壁的摩擦所引起的能量损失；

d. 旋风除尘器内气体因旋转而产生的能量耗损；

e. 排气管内摩擦损失，同时旋转运动较直线运动需要消耗更多的能量；

f. 排气管内气体旋转时的动能转化为静压能的损失。

通常，旋风除尘器的压力损失 Δp 在 $100\sim200\text{mmH}_2\text{O}$。

压力损失以旋风除尘器进、出口全压之差来表示，即

$$\Delta p = (p_q)_j - (p_q)_h \tag{27-3}$$

式中　$(p_q)_j$，$(p_q)_h$——旋风除尘器进、出口全压，mmH_2O。

在压力损失的计算中，常引进一个阻力系数 ζ。定义为旋风除尘器的压力损失与进口动压头之比。即

$$\zeta = \frac{\Delta p}{(v_j^2/2g)\gamma} \tag{27-4}$$

$$\Delta p = \zeta \frac{v_j^2}{2g}\gamma \tag{27-5}$$

式中　ζ——阻力系数；

　　　Δp——旋风除尘器的压力损失，mmH_2O；

　　　g——重力加速度，m/s^2；

　　　γ——气体密度，kg/m^3；

　　　v_j——旋风除尘器进口速度，m/s。

阻力系数计算公式很多，常用的阻力系数计算公式是 Shepherd-Lapple 计算式。其他计算公式参考文献 [18]。

27.2.5　旋风分离机理[14]

由于旋风分离器内颗粒运动的复杂性与随机性，迄今尚无准确可靠能反映各种影响因素的分离理论，各国学者采用不同的简化假设，提出了不同的假说，主要有四类。

（1）转圈假说

转圈理论是由 Rosin 等[19]在 1932 年提出的，它是在重力沉降室分离理论的基础上发展而来的。在沉降室中，粉尘受重力作用向下沉降，同时粉尘亦随流体沿水平方向移动，只要沉降室有足够的长度 l，则粉尘颗粒就能在达到沉降室出口以前到达沉降室底板而分离。旋风除尘器内的颗粒亦有径向向外的离心沉降速度，如果气体旋转圈数足够多，即展开后的长度相当于水平沉降室的长度 l，则粉尘就能从内筒半径到达外筒边壁处的分离界面而分离。

Rosin 认为颗粒进入旋风分离器内后，就一面向下作螺旋运动，一面在离心效应下向器壁浮游。设颗粒在器内共转 N 圈，需时 t_N，则可定义：凡位于排气管外径 r_e 处的颗粒若能在时间 t_N 内恰好浮游到器壁，就认为它的捕集效率为 100%，此颗粒的粒径称为临界粒径 d_{100}。

Lapple 等[20]认为 d_{100} 不易测准，应着重考虑位于平均半径 $\left(\dfrac{r_0+r_e}{2}\right)$ 处的颗粒，它的捕集效率就是 50%，定义此颗粒的粒径为切割粒径 d_{50}，可用式（27-6）表达：

$$d_{50}=\sqrt{\frac{9\mu b}{2\pi N\rho_p v_i}} \tag{27-6}$$

式中　b——旋风分离器入口宽度，m；

r_0，r_e——旋风分离器半径及排气管半径，m；

ρ_p——颗粒密度，kg/m^3；

v_i——旋风分离器入口气速，m/s；

N——颗粒所转圈数，Rosin 等认为 $N=4$，Lapple 则取 $N=5$。

显然，旋风除尘器筒内不仅有旋涡流场，还存在着径向汇流和类汇流；其次，该理论认为颗粒分离只在圆柱段进行，而实际气体旋转将延伸到近锥体，圆锥长度对粉尘分离也有一定的影响。因此，转圈理论仅从层流沉降理论出发，偏差很大。

（2）平衡轨道理论假说

为了修正转圈理论的缺点，从旋风除尘器内的流场既见到"涡"又见到"汇"入手，Barth 等[15]于 1956 年提出了所谓的筛分理论，旋涡流场产生的离心力 F_c 使颗粒受到向外推移的力，同时汇流场产生的曳力 F_D 又使颗粒向内运动。当此两力平衡时，颗粒没有径向位移，而只是在一定半径的圆形轨道上作回转，此半径即为该颗粒的平衡轨道半径 r_b。定义位于内外旋流交界处，即 $r_b=r_t$ 时，此颗粒的捕集效率为 50%，其粒径便称为切割粒径 d_{50}。可推出下式：

$$d_{50}=\frac{1}{\omega}\sqrt{\frac{9\mu F_i}{\pi\rho_p v_i H_s}} \tag{27-7}$$

$$\omega=v_{tm}/v_i$$

式中　F_i——旋风分离器入口面积，m^2；

H_s——排气管下端到排尘口的距离，m；

v_{tm}——在 r_t 处的最大切向气速，m/s。

该理论虽然对流场考虑较全面，但在计算中，常将汇流速度（径向速度 v_r）视作等速，这与实际有一定的误差。因为假想圆筒上的向心流未必以等速流经假想圆筒的整个侧面。所以该理论也具有一定的局限性。

（3）横混假说

1972 年 Leith 与 Licht[21]类比静电除尘器的分离机理提出了分级效率公式，由于考虑了所有几何尺寸的影响，因而结果与实际较吻合，已被广泛应用。该理论认为在分离器空间内的颗粒已很细小，湍流扩散的影响显著，可以假设在分离器的任一横截面上，任意瞬时的颗粒浓度分布是均匀的，但在近壁处的边界层内是层流运动，只要颗粒在离心效应下克服气流阻力而到达此边界层内，就可以被捕集下来。据此推出了粒级效率的公式：

$$\eta_i=1-\exp\left[-2(K\psi)^{\frac{1}{2n+2}}\right] \tag{27-8}$$

其中

$$K = 10.2 K_A K_V$$

$$K_A = \frac{\pi D^2}{4 F_i}$$

$$K_V = \frac{V_1 + 0.5 V_2}{D^3}$$

$$\psi = (n+1) St$$

式中　V_1——在分离器入口高度一半以下的环形空间的体积，m³；

　　　V_2——分离器排气管下口以下的分离空间体积减去内旋流的体积，m³；

　　　D——旋风分离器直径，m；

　　　St——斯托克斯数，$St = \dfrac{\rho_p d_p^2 v_i}{18 \mu D}$；

　　　d_p——当量直径，m；

　　　v_i——旋风分离器入口气速，m/s；

　　　n——旋流指数，由实验定，常为 0.5~0.7。

（4）Dietz 三区域模型理论

1981 年 Dietz[22] 提出了三区域模型。此模型依据 1949 年 Ter Linden[7] 的实验结果，将旋风器分成了三个气流区域：进口区，下流区和上流区。并认为上流区和下流区伴有粒子的交换。此模型表述直观，考虑因素较为全面，但该三区域模型假设在旋风除尘器内各断面上粒子浓度相等，与实际不符。

综上所述，这四类旋风器分离理论从不同角度近似地探讨了旋风分离器的分离收集机理。前两种理论即转圈理论和筛分理论由于考虑的因素不够全面，且导出的公式往往基于一特定的旋风器的实验曲线，应用起来具有很大的局限性。而 Leith 的边界层理论和 Dietz 三区域模型理论虽考虑因素较全面，但也有各自的局限性（如假设粉尘颗粒浓度均匀）。目前这些方法虽仍较粗糙，但随着旋风分离器内气固两相流研究的不断深入，将会日趋完善。

27.2.6　旋风分离器的结构类型[23]

旋风分离器大致上可以分为三类：即切流式、多管式及旋流式。

（1）切流式旋风分离器

① CLT 型旋风除尘器　CLT 型旋风除尘器是应用最早的旋风分离器（图 27-6），现有各种类型的旋风分离器均由它改进而来。它结构简单，制造容易，压力损失小，处理气量大，有一定的除尘效率，适用于捕集重度和颗粒较大、干燥的非纤维性粉尘[24]。

CLT/A 型旋风除尘器是 CLT 型的一种改进，它具有向下倾斜的螺旋切线气体进口，顶板为螺旋形的导向板，气体切向进入，由于有导向板的作用，减少了动能损耗，使除尘效率有所提高。它的另一特点是筒体细长和锥体较长，锥角较小，能提高除尘效率，但压力损失也较高。

② D 型旋风除尘器　D 型旋风除尘器开始用于石油炼制，如流化床 Ⅳ 型催化裂解装置，

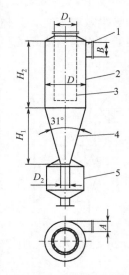

图 27-6　CLT 型旋风
除尘器

1—进口；2—筒体；
3—排气管；4—锥体；
5—灰仓

作为反应器、再生器的内旋风分离器，目前已广泛应用在丙烯腈、顺丁烯二酸酐、苯酐等化学工业[25]。

D 型旋风除尘器，如图 27-7 所示，根据不同的结构形式，分为 D Ⅰ、D Ⅱ与 D Ⅲ型。

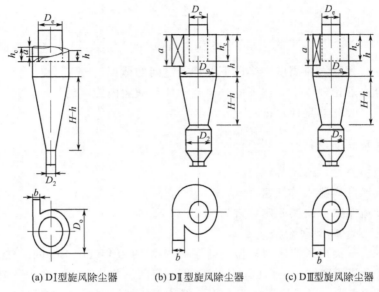

(a) D Ⅰ型旋风除尘器　　(b) D Ⅱ型旋风除尘器　　(c) D Ⅲ型旋风除尘器

图 27-7　D 型旋风除尘器

③ B 型旋风除尘器　B 型旋风除尘器由于处理气量大，压力损失适中，对于较细粉尘的除尘效率较高，且体型较短，在我国石油、化工生产上被日益广泛应用。例如，在流化床装置中作为内旋风除尘器代替 D Ⅰ型旋风除尘器，以捕集昂贵的催化剂微粒。

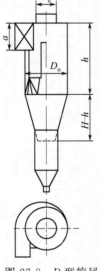

图 27-8　B 型旋风
除尘器

其结构特点是：

a. B 型旋风除尘器采用 180°蜗壳进口，见图 27-8。

b. 设有粉尘旁路通道结构，即"旁室"。利用"旁室"结构将顶部的"上灰环"内粉尘经由器外旁室通道，引入向下旋转的主气流中，使其得以捕集。

c. 排气管收缩型。B 型旋风除尘器把伸入筒体内的排气管直径逐渐缩小，形成收缩形排气管。

④ 其他结构型式　20 世纪 70 年代末，Buell 公司根据弯道内二次环流的形成原理，将旋风分离器的矩形入口底板改成斜底板，取消结构复杂的上旁室，也可以消除顶灰环；同时又加大了分离空间的高径比以减小排尘口返混的影响，成为新型高效旋风分离器[26]，简称 GE型。Ducon 公司根据自己的研究成果将螺旋顶改为平顶结构，入口有直切式及蜗壳式两种，并加大了排尘口的直径及分离空间的高度，有810VM、700VM、810M、700M 等几种型号。美国 Emtrol 公司的旋风分离器的结构与新的 D 型基本一样，只是各部分尺寸比例稍有不同，简称 DE 型。他们的共同特点是：排尘口均加大到 0.4D 左右，分离空间高径比大致在 2.5～3.2 间，矩形入口的高宽比在 2.25～2.4 间，排气管径大致在 0.25D～0.54D 间。

国内在旋风分离方面所用的低阻旋风分离器的型号很多，如螺旋顶的 CLG 型，带外旁室的 XLP 型，带内旁式的 B 型，长锥体式的 CZT 型，有异型入口型（如湖北设计院开发的 XCX 型与 XND 型），扩散锥式的 CLK 型等。它们的共同特点是流体流动阻力低，但对细粉尘的分离效率不高。

石油大学的时铭显等[27]根据自己创立的"旋风分离器结构尺寸优化设计理论"而开发了一种结构简单并依靠尺寸优化获得高效分离的 PV 型旋风分离器，其性能指标已经和代表国外最高水平的 GE 型旋风分离器的性能指标不相上下，在国内已有广泛的应用。

（2）多管式旋风分离器[11]

对于处理气量很大、分离效率又要求很高的场合，往往采用许多小直径旋风分离器进行并联操作。为了简化进出口管路连接，使设备紧凑，可以采用公用的进、排气室及灰斗，这就发展成为多管式旋风分离器[28]。有切向进气型和轴向进气型两种类型。

其中应用较多的是美国壳牌石油公司在 20 世纪 60 年代开发成功的结构，采用轴向进气的导叶式旋风管，直径一般为 $\phi250\text{mm}$。为适应我国炼油厂催化裂化高温烟气能量回收技术发展的需要，我国石油大学与中国石化北京设计院等单位合作开展了系统的研究，开发了新的 EPVC 系列高效旋风管，其关键技术是在排气管下端装了一个分流型芯管[7]，并将导叶片与排尘底板等尺寸作了优化设计。所用的导叶片有三种，即正交型、前向型与后向型，均已广泛用于炼油厂催化裂化装置的第三级旋风分离器中，可在 650℃ 高温下将 $10\mu\text{m}$ 颗粒基本除净。

在天然气净化中，美国、加拿大等国常用双蜗切向入口型旋风管，称为 Aerotec 型系列[4]。双蜗壳进口结构中，当气流绕过旋风管时，在蜗壳的内、外侧会产生局部漩涡，既增大了阻力，又不利于颗粒的分离。为了改进双蜗切向入口型旋风管的不足，1979 年日本日立制作所推出了一种多孔切向进气型旋风管，该旋风管已用于水稻田炼油厂的催化裂化装置中，可将大于 $7\mu\text{m}$ 的催化剂颗粒基本除净。

（3）旋流式分离器[14]

旋流式分离器是联邦德国西门子公司在 20 世纪 60 年代开发并用于工业上的，原名 Drehst Romungsent Stauber（简称 DSE 型）国内又称为"龙卷风型"。它的原理见图 27-9，要处理的含尘气从下部中间引入，经导向叶片转变成高速旋转的气流，一面向上，一面把颗粒甩向外缘。上部再用一定方式引入旋转向下的二次风，此二次风的旋转方向与中间含尘气的旋转方向是一样的，这样，二次风可加强内部含尘气流的旋转强度，使颗粒更快地甩向器壁，并被二次风带下，经排尘环隙而排入灰斗。中心是净化气向上排出。

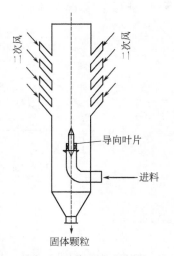

图 27-9 旋流式分离器

日本的小川明等[29]对 $\phi150\text{mm}$ 的旋流式分离器，用中位粒径为 $4.78\sim12.44\mu\text{m}$ 的飞灰作实验，也认为在二次风与一次风之比在 $1\sim1.9$ 范围内可获得最佳的分离效率。有效分离空间则在 $3.1D$ 左右为宜，此时，总压降在 $1.5\sim2.5\text{kPa}$ 间，分离效率可以达到 $98\%\sim99\%$，切割粒径 d_{50} 可在 $1\mu\text{m}$ 以下。

国内在使用旋流式分离器方面虽然还不广泛，但已有了一些成功的经验。例如上海油墨厂将其用作第二级分离器，回收电子复印粉，以净化气部分循环返回作为二次风，分离效率可达 93% 左右。

27.3　旋风分离流场的导流整流与过程强化

27.3.1　旋风分离过程的结构优化

自旋风分离器发明以来，对提高其分离性能的创新与过程强化从未间断。在认识旋风主流场及二次流对分离性能影响的基础上，国内外研究者对旋风结构的优化开展了大量研究：

① 在切向入口、排气管内增设的导流件。梁家豪[30]等针对旋风分离器"上灰环"现象，通过在旋风分离器入口增设导流板提高了旋风分离器的分离效率。祝立萍[31]在对导流板进行大量的实验后，证明导流板对涡流起到了导流、引流的作用，导流板能够规整流场的涡流状况。2007 年赵峰等[32]在入口处增设不同形式的导流板，并进行了对比试验研究。研究表明在旋风分离器入口安装导流板扇叶有效提高了旋风分离的性能，并能够降低压降的阻尼系数。奥地利 PMT 公司[33]发明的高速旋流整流器，把排气管内的流场分散、降阻，有效地提高了 $10\mu m$ 颗粒的分级效率，同时压降的阻尼系数降低 5%～7%。倪文龙[34,35]设计的双排气管旋风分离器，主要用于硅酸盐分离方面，与普通旋风分离器相比分离效率提高，但是气流湍动干扰较大，能量耗散增大导致压降提高。

② 改进进口的结构形式。苏亚欣等[36]提出改进旋风分离器的进口结构形式，采用双进口进气，进气口采用水平相对的方式，以增强流场的对称强度，减少筒体上部的上灰环和短路流（见图 27-10）。由此，涡流紊乱受轴对称性影响得以降低，达到了湍动能耗散降低的目的。Seville 等[37]通过在入口处增设静电分离装置，使含尘气流中小颗粒受到静电作用向大颗粒聚集，并发生团聚，以达到进入离心流场后能够快速分离的目的。Gautam 和 Moore 等[38]进行了大量实验表明双进口旋风在烟尘分离方面有特殊的效果，分离效率提高 7%～10%。

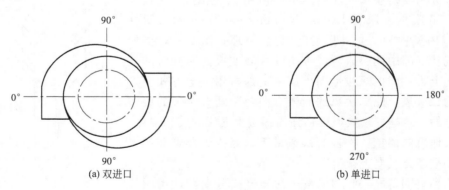

(a) 双进口　　　　　　　　　(b) 单进口

图 27-10　进气口构造对比

③ 旋风分离器排尘锥结构改进[39]。Mothes 发现沿外旋流旋转向下与锥形灰斗旋转上升气流交汇处，存在频繁的气流交换，安装防风帽有利于降低灰斗内的返气量。斯坦曼[40]发现当灰斗满载时，影响防风帽的使用。因此，一些学者提出了把直管料腿安装在旋风分离器下灰口处，使含尘气体在直管内进一步分离，降低旋进涡核的湍动度，提高分离效率。

27.3.2 旋风分离过程的强化

青岛科技大学通过采用 CFD 软件模拟分析了高效 Stairmand 型除尘器气相流场、颗粒运动情况，采用导流、整流的开发理念，对二次涡流扰乱流场的状况提出了针对性的解决办法，实现了强旋流场的导流和整流，使旋风除尘器的性能得到显著提高[41]。

（1）高效 Stairmand 型旋风分离器的大涡模拟[6]

分别构建了高效 Stairmand 型旋风分离器及增设稳流柱和防返混锥的高效 Stairmand 型旋风分离器的物理模型，如图 27-11Type A、Type B 所示。

① 速度矢量图 两种旋风分离器内部流场模拟的速度矢量图和速度云图见图 27-12，Type A 型流场内最大速度达到了 14m/s，内旋流速度最低值为 −8m/s，设备中心存在大量涡流密集处，反映了 Type A 流场中存在大量二次涡流。存在诸多不利于提高分离效率、降低能耗的非理想流动区域。

增设稳流柱和防返混锥的 Type B 内速度最大达到了 13m/s，内旋流的最小值为 −3m/s。内旋流速度显著降低，表明分离器中心区域的内旋流紊乱程度降低，能量耗散减少，降低了涡流湍动耗散能。

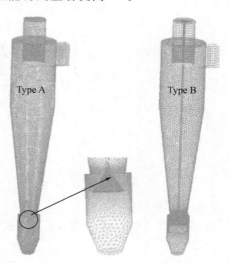

图 27-11 Type A、Type B 物理模型及内构件示意图

由于稳流柱的存在，使锥体段流场变得规整、涡流更有序，降低了二次涡，有效抑制了"摆尾现象"。在防返混锥的作用下，"返混"气体减少，排灰口附近切向速度由 Type A 内的 7～9m/s 降低至 3～4m/s，减少了进入灰仓内的气体量，降低了灰仓内的二次扬尘，从而有效提高了旋风分离器的性能。

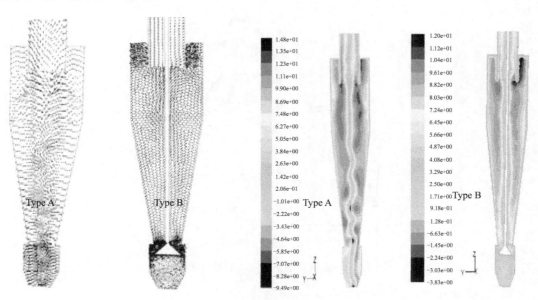

图 27-12 旋风分离器流场速度矢量图及云图

② 切向速度分布　从图 27-13Type A 与 Type B 的切向速度分布分析，两者的切向速度分布曲线类似，都呈 M 形的双涡结构，大致为近轴线的强制自由涡和近壁面的准自由涡构成。Type B 中切向速度在中部、下部，对称性较好，极大地改善了下锥体附近的摆尾现象，Type A 中切向速度对称性较差，会引起内旋流的不稳定扰动，降低了旋风分离器的性能。

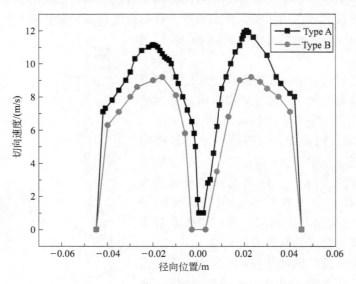

图 27-13　旋风分离器内流体的切向速度分布

③ 轴向速度分布　图 27-14 所示为两种结构的轴向速度对比。从图中可以看出，增设稳流柱后，由于内件的整流导流，消除了小旋涡的形成，规整了流体流型，减小了能量的损失；特别是在锥体壁面附近，由于稳流柱的导流、引流作用，Type B 轴向速度向下衰减程度低，使得更多的粉尘进入灰仓，这有利于含尘气体的二次分离。

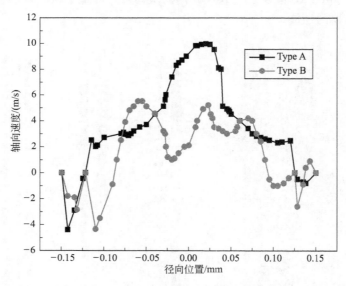

图 27-14　旋风分离器内流体的轴向速度分布

（2）高效 Stairmand 型旋风分离器的实验测试

① 压降与风速的关系　测试了两种类型旋风分离器压降与进气气速的关系，如图 27-15

所示。由图可以看出进气速度为 $8\sim24m/s$ 时，压降在 $500\sim1500Pa$，增设稳流柱和防返混锥后压降变化不大。

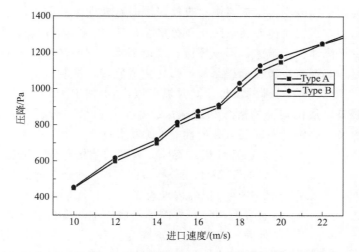

图 27-15　不同进口风速下 Type A 型、Type B 型旋风分离器的压降

② 分离效率测试分析　采用粉煤灰为实验物料分别测定了入口风速为 $15m/s$ 条件下 Type A 和 Type B 的分离效率，并根据粒度分布绘制了粒级效率曲线，见图 27-16。

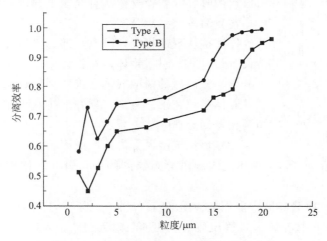

图 27-16　Type A 和 Type B 粒级效率曲线

由图 27-16 可知，切向气流进气量相同的状况下，Type B 旋风分离器对 $10\mu m$ 粉煤灰颗粒的分离效果达到了 75% 以上，$5\mu m$ 颗粒达 65% 左右，$2\mu m$ 的颗达到了 75%。Type A 的分离效率则较低，对于 $5\mu m$ 颗粒的分离效率只有 55% 左右。增设稳流柱后，由于稳流柱的导流、稳流作用，降低了气体涡流的剧烈湍动，避免了中心气流的强烈湍动对微细颗粒的沉积影响，使其分级效率得以大幅提高，分离性能比 Type A 平均提高 $10\%\sim15\%$。

27.3.3　环流式旋风分离技术

青岛科技大学李建隆等依据流场模拟与固体微粒运动行为，设计出有利于全面提高旋风分离和旋流器性能的理想流路；用内构件导流限定流体按设定流路流动，以消除传统流路弊端；由整流抑制湍动、强化旋转，开发出了环流式旋风分离器[42,43]。

其具体构思如下：在直筒段内由内构件组成一次分离区，通过导流使流体在此区内形成同一螺旋向上的旋涡，以改变传统流路中在直筒段同时存在向下和向上两个旋涡相互扰动的情况，降低流体湍动，强化流体旋转，防止重分散相短路。利用内件与外筒的环隙，通过引流和底部负压将少量流体引入锥体，形成环流，既能消除上灰环又可使该部分流体与颗粒在锥体得到二次分离。实现缩短轻连续相路径，强化主流旋转，抑制流体湍动；延长重分散相（固体颗粒）路径，形成两级分离的设想。同时提出以内构件的整流和导流限定和改变器内气体流路，抑制湍流、强化旋转的概念和措施；通过流场测试与分析、大涡模拟优化内构件、导流件结构和尺寸比例，实现旋风分离性能的最优化[44]。

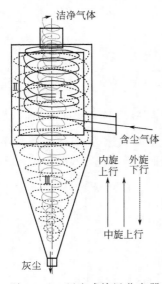

图 27-17　环流式旋风分离器
内流路示意图

（1）环流式旋风分离器的结构与分离机理

如图 27-17 所示，环流式旋风分离器的外型与常规旋风分离器相似，但器内增设了一个直筒形的内构件。入口及内件中设有导流构件，外筒体与内件中间有带导流装置的通道，内件与外筒体靠导流支架连为一体；在外筒体上封头中心有排气管，排气管插入外筒体内一定距离，但不插入内件；在外筒体一侧下端部，穿过外筒体，有切向接入内件的进气管；在外筒体下端连接同径锥体，锥体下部接灰仓[45]。

启用时，含颗粒气体从直筒段下部以切向方式进入分离器内，在直筒段（一次分离区Ⅰ）进行一次分离，达到分离要求的气体直接从顶部排气口排出，部分气体连同固体颗粒由顶部特设旁路（Ⅱ）引入锥体，在锥体内（二次分离区Ⅲ）得到二次分离。分离后的洁净气体在锥底部沿轴向旋转返回一次分离区，固体颗粒在锥体底部富集并从排灰口排向器外，从而使气固两相得到分离[46]。

（2）环流式旋风分离器内的流场分布

① 流场特点　测试了 $\phi426$ 环流式旋风分离器内的静压分布、浓度分布测试结果示于图 27-18、图 27-19，由图可知：

a. 压力分布　一次分离区中静压呈 V 形分布：轴心附近静压较低，靠近内件边壁，静压逐渐增大，到边壁处增至最大，静压最低点在轴心附近摆动。入口处中心内旋流区的静压梯度比其他横截面要小，而外旋流区的静压梯度较大。其原因在于气体从入口进入后，有向中心扩散的趋势，使中心涡核直径收缩，涡核外静压较高。

锥体静压成 V 形分布，靠近边壁静压较高，轴心附近静压较低，低压中心并非固定在轴心处，而是在轴心附近左右摆动。这是由于进入灰仓的气体在从中心部位返回旋风除尘器锥体下端时，与该处高速旋转的下行流混合，两股气流的相互作用强，流体的湍流能量耗散大，使锥体中心处的上行流不稳定。总体来看，锥体下端低压中心静压值要高于锥体上端低压中心静压值。

b. 颗粒浓度分布　在环隙中颗粒浓度呈凹形分布，即在中心处小，在两侧壁面处浓度高。环隙内沿径向浓度差别不显著。高含尘气体进入锥体后，壁面附近的灰尘浓度渐增，在锥底最高（$38g/m^3$），在气体从锥体返回到筒体并由出气口离开分离器的过程中，气体中夹带的粉尘浓度逐渐降低，最终部分细颗粒随气体出口排出。这部分粉尘的浓度决定了该分离

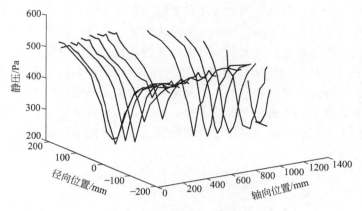

图 27-18 环流式旋风分离器内的静压分布

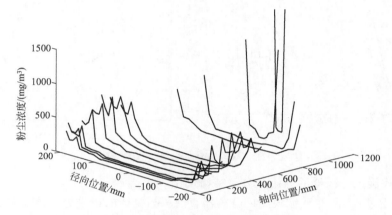

图 27-19 环流式旋风分离器内的粉尘浓度分布

器的分离效率。

② 流场模拟[47] 选择大涡模拟的稳态、隐式、分离解法；压力采用 Standard 方案进行离散，压力速度耦合采用 Simplec 方案进行离散，动量方程采用二级迎风方案进行离散，对环流式旋风分离器内部流场进行了模拟计算。其计算结果的分析如下：

a. 速度分布 图 27-20 示出了环流式旋风分离器中不同截面上切向速度分布。与常规旋

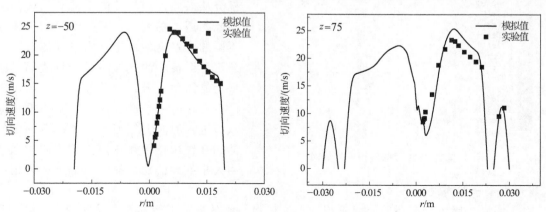

图 27-20 不同截面上的切向速度分布

风分离器相比，环流式旋风分离器的最大切向速度点更靠近中心，可使靠近中心的粉尘获得更大的离心力，有利于细粉尘分离。锥体的切向速度比一次分离区稍小。环隙切向速度相对于一次分离区来说，明显减小。湍流度小，流型规整，粉尘可以沿环隙顺利进入灰仓[48]。

　　b. 轴向速度分布　图27-21示出了分离器内轴向速度分布。从图中可以看出，进气口以上一次分离区内的轴向速度全部向上，不同于常规旋风分离器存在上行流和下行流。这种单方向的旋转流动降低了流体的相互摩擦干扰，同时受内构件导流整流的影响，避免了小旋涡的形成，从而使流型更加规整，提高了分离效率，减少了能量损耗，加之流体流路短，降低了设备的压降[49]。

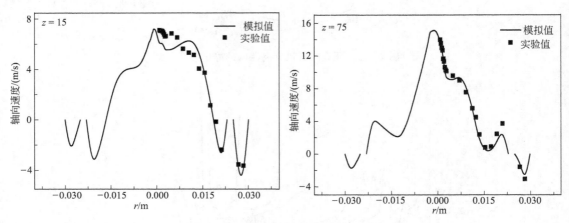

图 27-21　不同截面上的轴向速度分布

　　（3）环流式旋风分离器的导流整流与结构优化

　　① 局部涡分析[50]　在环流式旋风分离器直筒段与锥体的连接处气流湍动剧烈，环隙下行气流、锥体下行气流、锥体轴心上升气流相互扰动，形成较大旋涡和一些局部小涡。

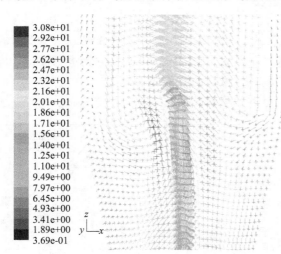

图 27-22　直筒与锥体相接处旋涡

从图 27-22 看出：在锥体与筒体交界处，气体沿环隙向下进入锥体，从锥体返回的气体向上进入一次分离区，二者在内件底部汇集。由于方向不同，在一次分离区下部形成二次涡。同时还有部分从入口直接旋转向下流动的气体也在此相遇。在锥体，不同流层的气体在不同的位置返转向上，由于锥体有一定角度，返转后的气体不是沿直线而是按一定的倾角上升，返转过程有大的旋涡产生。在内筒一次分离区，由于沿切向入口进入的向上气流与从锥体返回的气体相互作用，导致在内筒的不同位置产生大小各异的涡。故一次分离区内也存在着尺度不一的涡流。

　　② 环流式旋风分离器的导流整流　上述旋涡易将从环隙下行的粉尘重新卷入一次分离区，同时在一次分离区内气流旋转上升角度较大，旋转圈数少，颗粒停留时间缩短，造成分

离效率的下降。研究提出在环隙下端及一次分离区内加导流整流件，强制从环隙下来的气流顺利进入锥体部分，从而达到规整流场，提高分离效率的目的。

具体导流措施如下：

a. 在内件气体入口以下加限流导流板，避免流体从入口向下流动或扩张。

b. 在内件气体入口以上加装按一定倾角螺旋上升的导流板，以限定流体按一定倾角流动，避免流体向上的流动倾角过大，旋转圈数减少，切向速度下降。同时，导流板亦起到抑制流体湍动的作用。

c. 在环隙加装导流整流构件，规整环隙流型，并将从环隙下行的高含尘气体顺畅地引导到锥体。

③ 环流式旋风分离器的结构优

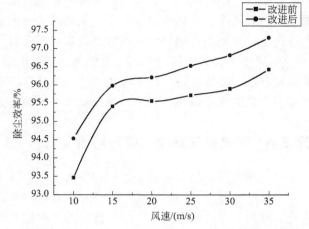

图 27-23　改进前后环流式旋风分离器的分离效率

化[51]　开发者由大涡模拟评价不同环隙尺寸和导流件结构的优劣，对内部构件进行优化；依据模拟结果制作实验模型，进行了流速场测试与评价；考察了进口流速、分流比等操作条件对环流式旋风分离器性能的影响。从而实现结构与操作条件的最优化设计。加设导流件前后分离效率的对比关系如图 27-23 所示。

（4）环流式旋风分离器的性能特点

采用中径为 $10.2\mu m$ 的粉煤灰为介质，对比了 $\phi150$、$\phi426$ 环流式旋风分离器与 $\phi150D$ Ⅲ型旋风分离器的性能，结果示于图 27-24、图 27-25。

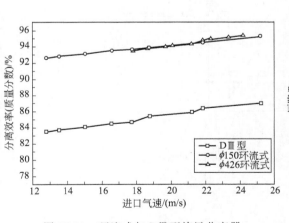

图 27-24　环流式与 DⅢ 型旋风分离器
分离效率的对比关系

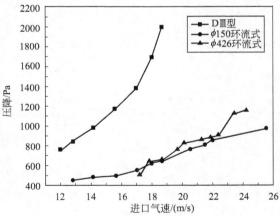

图 27-25　环流式与 DⅢ 型旋风分离器
压降的对比关系

① 压降低。大多数流体由直筒段底部旋转而上，直接从顶部溢流口排出，流体流动路线短，且避免了上、下旋流的干扰摩擦，故能耗低（压降仅为常规型旋流器、旋风分离器的 1/2 左右）。

② 分离效率高。内件的设置和流路的改变，消除了上灰环，并防止了出入口和内外旋流之间的流体短路，强化了流体旋转，使分离效率大幅度提高。

③ 放大效应小。常规型旋流器、旋风分离器内,同时存在向上和向下的两个流体旋涡,设备直径增大将严重影响所形成旋涡的形式,很难保证分离所需的流体旋转速度,并导致分离效率的急剧下降,故放大效应显著。环流式旋流器、旋风分离器一次分离区内的流体均做向上的旋转流动,器内剪应力小、能耗低,在大直径设备中流体仍能保持高速旋转,故放大效应小,克服了常规型设备在大处理量时需多台并联操作的弊病。

④ 弹性大、操作稳定性好。操作条件波动时,易造成常规型旋流器、旋风分离器内流体形式紊乱、流体短路。在本装置中,流体进口位于直筒段下方,远离溢流口,操作条件的波动不会造成流体短路和紊乱,对分离效率影响不大。

27.3.4　环流循环除尘系统与导流整流

（1）环流循环除尘系统的流程与分离机理[52]

工作流程如图 27-26 所示。粉尘由压缩空气携带进入料斗,气体由风机输送,与进入料斗的细粉尘汇合后先进入第一级环流式旋风除尘器,大部分粉尘在此被去除。气体自该除尘器顶部出口流入分离柱,经整流导流旋转上升至柱顶部。在分离柱内,由于气体高速旋转,一级未除去的超细粉尘逐渐向壁面运动,气体到达顶部后大部分气体从柱段顶盖中心排气管排出系统,少量气体携带被甩到边壁的细粉尘从顶部与柱段相切的出气管引出,再进入二级环流式旋风除尘器,经二级除尘后的气体由风机引回柱状旋风分离段的下部或直接引入一级入口,形成循环。

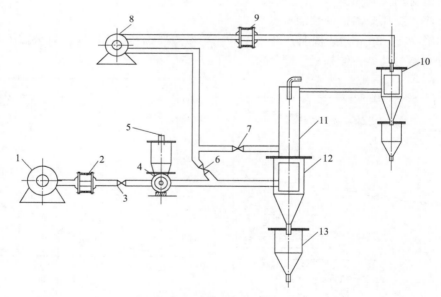

图 27-26　环流循环除尘系统的工作流程

1—风机;2,9—涡街流量计;3—蝶阀 A;4—螺旋加料器;5—加料斗;6—蝶阀 B;
7—蝶阀 C;8—引风机;10—二级环流式旋风除尘器;
11—分离柱;12——级环流式旋风除尘器;13—灰仓

在这一循环过程中,长分离柱保证了对超细粉尘的分离效率,但由于抽出的粉尘太细,再次分离的除尘效率只有 50% 左右,在循环回路上,超细粉尘的浓度逐渐增高。但浓度高,再次分离时由 50% 分离效率除下的超细粉尘的绝对量增大,当其绝对量与入口气体所含超细粉尘总量一致时，循环回路上的粉尘浓度不再增高，形成稳态操作。另外，一级入口气体粉尘含量高、粒度大，与循环气汇合后，超细粉尘有与较大粒度粉尘聚集为一体从而有利于去除的趋势，也使整个系统对细粉尘的分离效率提高。

（2）环流循环除尘系统的流场分析

① 研究测试了 $\phi 400$ 环流循环除尘系统分离柱内的静压分布及切向速度分布，见图 27-27、图 27-28。

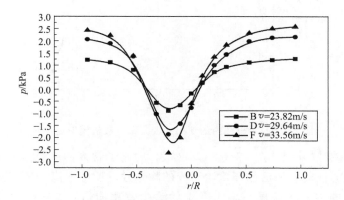

图 27-27　分离柱内径向静压分布（实验测试数据）

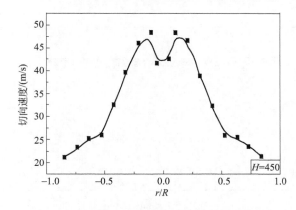

图 27-28　分离柱内切向速度分布（实验测试数据）

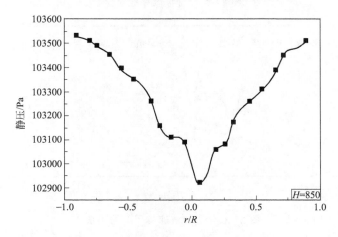

图 27-29　分离柱内的静压分布（数值模拟结果）

② 研究者运用大涡模拟对环流循环除尘系统分离柱内的静压分布及切向速度分别进行了模拟，模拟结果分别见图 27-29、图 27-30。从中可以看出模拟结果与实测值基本吻合。

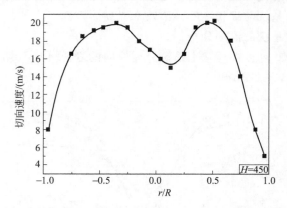

图 27-30　分离柱内的切向速度分布（数值模拟结果）

③ 性能测试结果与讨论。图 27-31、图 27-32 对比了常规除尘器、环流式旋风除尘器、环流循环除尘系统的性能。环流循环除尘系统的除尘效率明显地高于环流式旋风除尘器。在正常的气体流速范围内，环流循环除尘系统的除尘效率均达到 97.5% 以上；d_{50} 值下降至 $0.33\mu m$。其原因是：

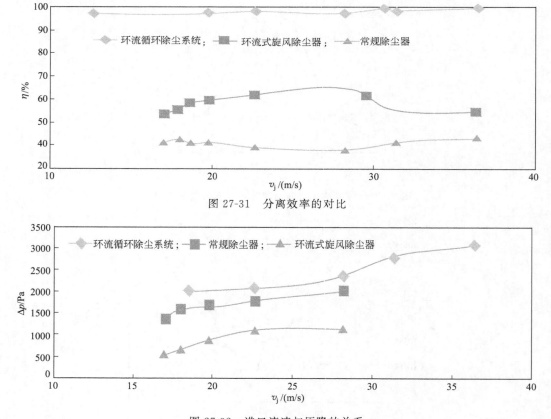

图 27-31　分离效率的对比

图 27-32　进口流速与压降的关系

分离柱是决定细粉尘分离效率的关键区域。在分离柱中，只有一个向上的旋涡，流体的速度梯度小，湍动强度低，提高了细粉尘的分离效率；经气体的充分旋转上升，细粉尘能逐渐向边壁沉积，达到了与流体分离的目的。随着流速的增加，压降增大。环流循环除尘系统的压降小于 2500Pa，只比常规型旋风除尘器的单台压降高 30% 左右。

（3）环流循环除尘系统的导流整流器[53]

由实验和大涡模拟结果均可看出，在分离柱入口处截面的流场极不规则，气体在分离柱底部的螺旋升角约为 50°，升角过高会导致流体在分离柱内旋转圈数减少，不利于粉尘的分离。同时在锥体底部流体存在摆尾现象。由此提出应在一级环流式除尘器与分离柱连接处增加导流整流构件。同时，在长柱体加装导流板以限制流动倾角，并抑制流体湍动。对多种形式构件情况进行大涡模拟，经评价确定最优结构及尺寸，开发出了"环流循环除尘系统的导流整流器"，其结构如图 27-33 所示。

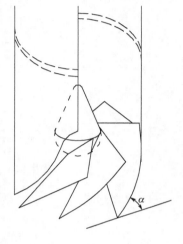

加装导流整流器后，气流经过整流，螺旋上升的倾角减小，旋转圈数增加，路径加长。但在分离柱内的平均轴向速度不变，切向速度增大，粉尘由此可获得更大的离心力，提高了分离效率。导流锥的上下两端均为流线形，使流体渐缩式流过导流整流器，然后渐开式流出导流整流器。在这一过程中，流体被稳流，消除了摆尾现象，流型趋于规范。实验表明由此可使系统的压降从 3000Pa 以上下降至 2500Pa 以下，图 27-31 中的效率上升至 99% 以上[4]。

图 27-33　导流整流器结构简图

27.3.5　直流降膜式旋风除雾器的研究与开发[54]

（1）开发的目的与意义

尿素法生产三聚氰胺的过程中需对尿素洗涤塔的出气除雾。该除雾过程的特点是：除雾要求高、雾滴小，不能用重力沉降法；因尿素溶液中含有三聚氰酸、密胺三聚氰酸酯等杂物，器壁上易产生严重结壳现象，若采用惯性或旋流板捕沫器会堵塞填料层或旋流板通道。因此只有采用旋风除雾器除雾。但因三聚氰胺的存在导致除雾器壁面结壳，需每月用尿素浸润除雾器，以除去结疤物质，生产过程不能连续进行。该除雾器壁面结壳的这一国际性工程难题长期以来一直未能解决。

（2）直流降膜式旋风除雾器研究开发的整体思路

① 气体除雾时，一般认为首先应尽量减少入口气体中的带液量。考虑到 140℃ 的液态尿素有溶解结壳物质的特点，研究者打破常规，提出攻克壁面结壳这一工程难题的以下思路：将前一操作单元尾气尿素洗涤塔的气体和部分液态尿素一同引入除雾器，在入口前的管道内即形成滴状流，由大液滴捕捉小雾滴。液体进入除雾器后，利用气体的旋转和引流，使液相在壁面形成均匀下降的液膜保护器壁，并带走易结垢的雾滴。除雾主要靠气流旋转产生的离心力将小雾滴甩向边壁后，进入壁面液膜由液体带出。由于雾滴到达壁面进入液相后不会形成二次卷扬，采用直流型（相当于只有一次分离区），以降低压降。

② 直流降膜式旋风除雾器结构如图 27-34 所示，其主体都为圆柱形筒体结构，进口为双切向平行四边形入口，在入口处设有流体成膜导流器，以消除液体入口附近的成膜死区，

使整个边壁都能均匀成膜，液体从底部出液口排出。所不同的是，（a）中除雾器气体从底部轴心位置的出气口排出，而（b）中除雾器气体从延伸至除雾器下部的排气管排出。

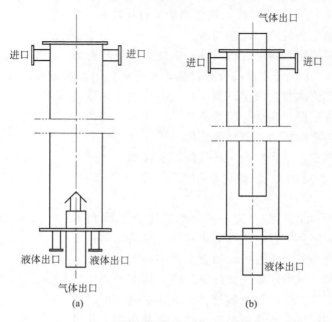

图 27-34　直流降膜式旋风除雾器的结构简图

27.4　结语

化工装备内的流体流动多为湍流，湍流结构仍是当今科学界的热点和前沿研究课题，也是流体力学中公认的难题，对于湍流问题的正确认识直接影响化工过程强化技术的发展。

利用 CFD 对过程装备湍流流场进行数值模拟，深入了解流体在过程装备内的流动规律，是过程强化技术与开发的重要手段。从消除旋风分离器原流路弊端出发，重新设计流路，由导流限定和改变流体流路。以"内构件"实现导流整流，抑制湍流大涡、强化流体旋转，可大幅降低旋风分离器的压降，提高分离效率。再结合大涡模拟和流场分析评价和优化导流结构，是当前进行旋风分离设备过程强化的有效途径。

◀ 参考文献 ▶

［1］　赵付宝．环流式旋风除尘器的流场测试与湍流度分析［D］.青岛：青岛科技大学，2008.

［2］　污染物排放总量控制司．全国环境统计公报(2013 年)［EB］.北京：中华人民共和国环境保护部，2013：1.

［3］　时铭显，吴小林．旋风分离技术的研究与进展［C］.北京：石油高等教育四十年，1995.

［4］　陈光辉．环流循环除尘系统的流场测试与性能研究［D］.青岛：青岛科技大学，2004.

［5］　宋健斐，魏耀东，时铭显．旋风分离器内流场的非轴对称性特点［J］.过程工程学报，2004，(Z1)：62-66.

［6］　吴凯，段继海，张自生．旋风分离器的新结构和新构件的研究进展［J］.当代化工，2015，44（10）：235-237.

［7］　Ter Linden A J，分离液滴用的旋风分离器［J］.沈自求译.化学世界，1956，10（8）：389-394.

［8］　吴凯．强旋气固流场的湍流特性、稳流与整流［D］.青岛：青岛科技大学，2015.

［9］ 项先忠. 旋风流场大涡模拟及粉尘运动行为［D］. 青岛：青岛科技大学，2006.

［10］ 岑可法，倪明红，严建华等. 气固分离理论及技术［M］. 浙江：浙江大学出版社，1999.

［11］ 张晓东. 旋风流场的智能测试与数值模拟［D］. 青岛：青岛科技大学，2003.

［12］ 褚庆柱. 环流循环除尘系统的性能研究［D］. 青岛：青岛科技大学，2011.

［13］ 段鹏文. 关于旋风除尘器减阻措施的实验研究［D］. 阜新：辽宁工程技术大学，2003.

［14］ 时均，汪家鼎，余国琮. 化学工程手册［M］. 第2版. 北京：化学工业出版社，1996.

［15］ 金国淼. 除尘设备设计［M］. 上海：上海科学技术出版社，1985.

［16］ 刘金红. 旋风分离器的发展与理论研究现状［J］. 化工装备技术，1998，19(5)：49-50.

［17］ （日）井伊谷钢一. 除尘技术手册［M］. 北京：机械工业出版社，1981.

［18］ Leith D, Mehta D. Cyclone Performance and Design［J］. Atmospheris Environment, 1973, Vol 7:527-549.

［19］ Rosin P, Rammler E, Intelmann W. Grundlagen und Grenzen der Zyklonentstaubung［J］. Z, Ver Dtsch Ing, 1932, 76（16）: 433-438.

［20］ Lapple C, E. Gravity and Centrifugal Separation［J］. Ind Hyg Quart, 1950, 11(1)：40-48.

［21］ Leith D, Licht W. The Collection Efficiency of Cylone-type Particle Collectors-a new Theoretical Approach［J］. AIChE Symp, 1972, 68(126)：196-206.

［22］ Dietz P W. Collection Efficiency of Cyclon Separators［J］. AIChE Journal, 1981, 27(6)：888-892.

［23］ 王红娟. 环流式旋风除尘器的性能与流速场分析［D］. 青岛：青岛科技大学，2000.

［24］ 上海化工研究院. 流化床催化裂化内旋风分离器的研究［J］. 化学工程，1980，(4)：29-43.

［25］ 田明奎，崔卫民. 除尘技术在煤化工生产中的应用［J］. 煤化工，2007，35(3)：64-67.

［26］ 时铭显等. 炼油工业中气固相分离技术的进展［J］. 石油炼制，1989，(1)：19-29.

［27］ 陈建义，时铭显. 丙烯腈反应器新型两级旋风分离器大型冷模试验研究［J］. 化工机械，2001，28（5）：249-254.

［28］ 张新国，金有海，高香锋. PIM-Ⅱ型旋风分离器在西气东输管道工程中的应用［J］. 石油化工设备技术，2010，31（2）：13-16.

［29］ （日）小川明. 气体中颗粒的分离［M］. 周世辉，刘隽人译. 北京：化学工业出版社，1991.

［30］ 梁家豪，李阳，孔祥功等. 导流板对旋风分离器内气固两相分离性能的影响［J］. 过程工程学报，2014，14（1）：36-41.

［31］ 祝立萍. 旋风除尘器性能实验研究［J］. 华东冶金学院学报，1999，16（4）：309-313.

［32］ 赵峰，陈延信，刘文欢等. 不同形式导流板对旋风器性能影响的试验研究［J］. 硅酸盐通报，2007，26（2）：242-246.

［33］ Schwaiger G. Hurriclon/Hurrivane Low Pressure Loss/High Dedusting Efficiency Cyclone Separator［C］. Cement Manufacturing Technology Symposium, 2000, (57)：24-31.

［34］ 倪文龙，周厚亮. 双出风口旋风分离器的研究与应用［J］. 矿山机械，2006，34(10)：53-55.

［35］ 倪文龙，徐玉哲. 双出风口旋风分离器测试分析与应用［J］. 矿业工程，2006，4(4)：46-48.

［36］ 苏亚欣，郑安桥，赵兵涛. 出口结构对方形旋风分离器性能影响的数值模拟研究［J］. 安全与环境学报，2009，9（4）：32-37.

［37］ Kaya F, Karagoz I. Numerical investigation of performance characteristics of a cyclone prolonged with a dipleg［J］. Chemical Engineering Journal, 2009, 151（1-3）：39-45.

［38］ Chen J H, Liu X. Simulation of a modified cyclone separator with a novel exhaust［J］. Separation and Purification Technology, 2010, 73（2）：100-105.

［39］ 管星星. 强湍流场的数值模拟及旋风除尘器的结构优化［D］. 青岛：青岛科技大学，2013.

［40］ 王宇虹. 双排灰旋风除尘器的结构改进和性能研究［D］. 无锡：江南大学，2008.

［41］ 王伟文，丁丽，李建隆. 去除亚微米粉尘的旋风除尘系统开发［J］. 煤化工，2002，30(1)：235-238.

［42］ 李建隆，王伟文，刘继泉. 环流式旋风除尘器［P］中国专利 ZL02270076.5，2003.

［43］ 车香荣，王伟文，王立新. 新型α旋流器结构改进与实验研究［C］. 宁波：第九届全国非均相分离技术学术交流会，2007.

［44］ 李建隆，王伟文，王立新. 环流式旋风除尘器的结构改进与优化［J］. 化工进展，2005，24(Z1)：143-146.

[45] 王伟文，丁丽，李建隆.环流式旋风除尘器内压力分布与压降［J］.青岛化工学院学报(自然科学版)，2002，23(4)：57-59.

[46] 李建隆，刘贤东，李建新.LR-2000型造气余热回收装置的特点与应用［J］.化肥设计，2001，(2)：31-32.

[47] 谷新春，王伟文，王立新.环流式旋风除尘器内流场的数值模拟［J］.高校化学工程学报，2007，21(3)：411-416.

[48] 管星星.强湍流场的数值模拟及旋风除尘器的结构优化［D］.青岛：青岛科技大学，2013.

[49] 王景超.环流循环除尘系统分离柱内三维强旋湍流流场的研究［D］.太原：太原理工大学，2008.

[50] 王伟文，赵付宝，陈光辉.旋风流场的导流与整流［J］.化学工程，2009，37（6）：24-27，47.

[51] 岳华.旋液环流式液固分离器的性能研究与流场数值模拟［D］.青岛：青岛科技大学，2005.

[52] 王伟文，刘玲，周学林.环流循环除尘系统的开发（Ⅰ）除尘系统的性能［A］.第三届全国传质与分离工程学术会议论文集［C］，2002.

[53] 李建隆，范军领，姜晖琼等.环流循环除尘系统的导流整流器［P］.中国专利 ZL03135058.5，2006.

[54] 段继海.直流降膜式旋风除雾器的流场测试和性能研究［D］.青岛：青岛科技大学，2004.

第28章 旋流分离器

28.1 概述

旋流分离器，简称旋流器。它是依靠离心力将具有密度差的非均相混合物高效旋流分离的设备。由于其无运动部件，离心分离因数高（旋流场内离心加速度约为重力加速度的1000倍），具有结构紧凑、水力负荷高［约 $10^4 m^3/(m^3 \cdot h)$］、操作简便（需提供约0.05MPa以上的压力降）、分离效率高等优点，在环境保护、市政、造纸、石油炼制与化工、天然气、食品、医药、海洋开发和核电等领域获得了广泛的应用[1,2]。

28.1.1 旋流器结构

旋流器主要由入口管、柱段、锥段、溢流管、底流管组成，其结构参数包括：柱段直径 D、柱段高度 H、入口管直径 D_i（L、W）、溢流管直径 D_o、底流管直径 D_u、溢流管插入深度 H_o、旋流器锥段数及锥角 θ[1]。其基本结构及参数如图 28-1 所示。

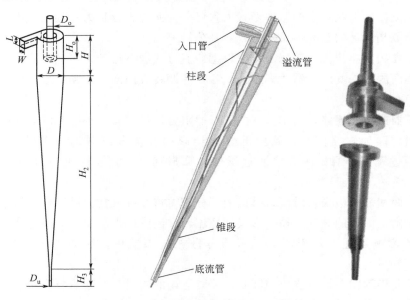

图 28-1 旋流分离器基本结构及参数

柱段直径 D 常称为公称直径，主要影响生产能力及分离精度（切割粒度、分离粒度）。通常设计中，生产能力大和分离粒度粗时，应选大直径旋流器；生产能力小和分离粒度细时，应选小直径旋流器。旋流器按直径大小可分为六类，见表 28-1。

表 28-1　不同公称直径的旋流器

类型	直径 D/mm	分离粒度/μm	生产能力/(m³/h)
微型	$D \leqslant 5$	0.1~1	0.36×10^{-4}~5.40×10^{-4}
微小型	$5 \leqslant D \leqslant 50$	1~10	0.10~2.50
小型	$50 \leqslant D \leqslant 250$	10~40	3.30~61.20
中型	$250 \leqslant D \leqslant 500$	40~74	41.70~200.00
大型	$500 \leqslant D \leqslant 1400$	74~250	200.00~1800.00
特大型	$1400 \leqslant D \leqslant 2500$	125~250	1800.00~7200.00

旋流器的其他结构参数，如柱段高度 H、入口管直径 D_i、溢流管直径 D_o、底流管直径 D_u、溢流管插入深度 H_o、旋流器锥段数及锥角 θ 不仅影响生产能力、能耗，还影响分流比和分离效率。在旋流器设计选型中需综合考虑各个因素。各个结构参数设计取值范围如表 28-2 所示。

表 28-2　旋流器结构参数取值范围

D/mm	D_i/D[3]	D_o/D[4]	D_u/D[5,6]	H_o/D[7,8]	H/D[9,10]	θ[11,12]
0.35~2500	0.13~0.29	0.1~0.32	0.06~0.2	0.3~1.6	0.1~2	1.5°~140°

旋流器按分离介质的相态组成可分为液-液分离器、液-固分离器等，液-液分离器典型的代表有 Martin Thew 型[13]、Amoco 型、Mozley 型[14,15] 和汪型[16] 等。液-固分离器典型的代表有 Svarovsky 型[17]、Rietema 型[18]、Bradley 型[19]、Kelsall 型[20]、Wang 型[21] 和海王型[22] 等。由于用途不同及所处理的对象不同，结构参数也有所不同。

28.1.2　旋流器内的流体流动

旋流器中流体连续相运动的基本形式大致可分为四种，分别为外旋流、内旋流、短路流和循环流；分散相运动的基本形式包括自转及公转[23]。

进入旋流器的两相流体，首先沿器壁以螺旋流方式向下运动，形成外旋流。在此过程中有部分流体逐渐脱离外旋流呈螺线涡形式内迁，并调转方向向上运动，形成内旋流并从上部溢流口排出。

进入旋流器的两相流体，由于其器壁的摩擦阻力作用，其一小部分流体会同内旋流汇合从溢流口排出，称为短路流。短路流的存在会影响旋流分离器的分离效率，Qian[24] 和 Fan[25] 分别通过模拟和测试的方法通过积分计算得到了短路流占进口流动的比例分别为 22.1％ 和 18.23％。

内旋流的两相流体中未被溢流口排出的部分流体将在旋流器的溢流管与器壁之间的空间作由下向上再由上而下的循环运动，形成循环流，溢流管插入深度和盖板对柱段上端轴向截面上的循环流影响明显，对于 35mm 轻质分散相旋流器中，循环流流量为进口流量的 19.57％ 以内[26,27]。

分散相随着连续相在旋流器内绕轴心做公转运动的同时，经高速摄像系统测试，在切向速度梯度的作用下绕自轴做自转运动，速度可达 15000r/min[28]。

旋流器中流体运动的基本形式见图 28-2。

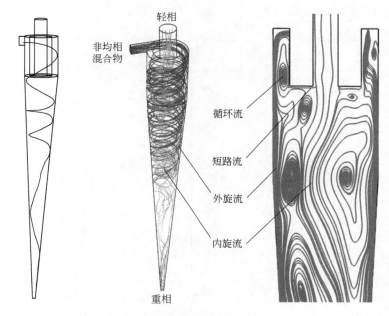

图 28-2　旋流器中流体运动的基本形式

旋流器内流体质点的速度是由切向速度 v_t、径向速度 v_r 和轴向速度 v_z 三部分组成的。近年来，褚[5]、Kelsall[29]、Wang[11,30] 等采用流体力学理论分析法和激光测速法对旋流器的三维速度进行系统的分析和测定，三个速度曲线趋势如图 28-3 所示。

（1）切向速度分布

旋流器分离过程中流体运动的切向速度分布如图 28-3(a) 所示。从图中可以看出，在旋流器柱段，切向速度沿径向的变化不大；在旋流器锥段，切向速度沿径向有明显变化，各断面处的器壁处切向速度最小，由器壁沿径向往轴心其速度逐渐增大，在大约 2/3 的溢流管半径处达到最大值，随后再逐渐减小。在旋流场中就形成了一个以 2/3 的溢流管半径为半径的特殊圆柱面，称为最大切线速度轨迹面。就流体的三个速度在分离过程中的作用而言，切向速度是主要的。这不仅是因为切向速度在数值上远大于其他两向速度，更重要的是切向速度是产生离心力的基本前提。

旋流器切向速度遵从准自由涡与强制涡组成的组合涡运动规律，满足以下公式[31]：

$$v_t r^n = C \tag{28-1}$$

式中，v_t 为旋流器中同旋转半径相应的运动流体质点的切向速度；r 为旋流器中运动流体的旋转半径；n 为指数；C 为常数。

旋流器中 $0 < n < 1$，故称为半自由涡或准自由涡。n 值反应了旋流场中动量矩径向损失的程度，且 $n \propto$（r、H_o、D_i）。由式(28-1) 可以看出，旋流器中运动流体的旋转半径减小，其切向速度呈指数增大，产生的离心力也增大。对于旋流器设计而言，减小旋流器直径能更有利于提高旋流器分离微小颗粒物的分离效率。

（2）径向速度分布

旋流器分离过程中流体运动的径向速度分布如图 28-3(b) 所示。由图中可以看出，径向速度分布规律和切向速度类似。在旋流器柱段，径向速度的变化不大，径向速度的方向由轴心指向器壁。在旋流器锥段，径向速度的方向均由器壁指向轴心，其绝对值随着半径的减小而增大，接近空气柱界面时达到最大值，随后又急剧降低。

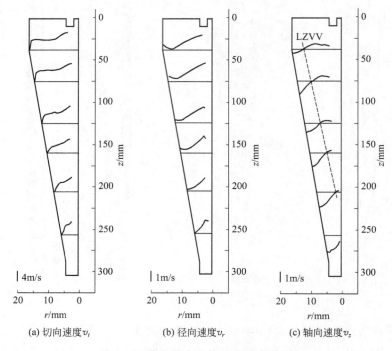

(a) 切向速度v_t　　　　(b) 径向速度v_r　　　　(c) 轴向速度v_z

图 28-3　旋流器中流体运动的速度分布

目前旋流器径向速度基本符合汇流规律，满足以下公式[32]：

$$v_r r^m = -C' \tag{28-2}$$

式中，v_r 为旋流器中同旋转半径相应的运动流体质点的径向速度；r 为旋流器中运动流体的旋转半径；m 为指数；C 为常数；式中的负号表示流体的运动方向是由外向内，即同源流速度的方向相反。

因为颗粒的径向速度是由切向速度引起的，所以，径向速度与切向速度满足下式关系：

$$v_r = 1.741 \sqrt{\frac{d_p(\rho_s - \rho_L)\dfrac{v_t^2}{r}}{\rho_L}} = \sqrt{\frac{d_p(\rho_s - \rho_L)\dfrac{1}{r}}{\rho_L}}\, v_t \tag{28-3}$$

（3）轴向速度分布

旋流器分离过程中流体运动的轴向速度分布如图 28-3(c) 所示。由图中可以看出，在旋流器柱段入口中心线以上，轴向速度方向向上，在入口中心线以下轴向速度方向向下。旋流器锥段部分的各相应断面上，由器壁到轴心的轴向速度方向由下而上，其中以轴速为零的各个点就组成了轴速为零的一个面，即零轴速包络面（Locus of Zero Vertical Velocity，LZVV）。它把运动流体的轴向速度分为两个部分：沿器壁向下运动的外旋流和沿空气柱界面向上运动的内旋流。

28.1.3　旋流分离效率

分离效率η是旋流器的关键性能，它是指进入旋流器的物料中，被分离的分散相颗粒与进入料液中该分散相物料的体积或总质量之比[33]。

$$\eta = 1 - \frac{C_u}{C_i} \tag{28-4}$$

式中，C_i、C_u 分别为入口和底流的体积浓度。

同一旋流器，若在分离某种物料时的效率为 95％，但细一些的进料，效率就达不到 95％，粗一些的进料，效率反而高于 95％。因此，避开进料粒度来评价一个分离器的分离效率是没有意义的，所以一个分离器的分离能力应当用分离效率和粒度一起来反映即分级效率。

旋流分离的级效率曲线一般呈 S 形，粒径为零时对应的级效率值，是一个大于零的固定值，这个值被 Kelsall 假设等于旋流器的底流分液比。但是，越来越多的学者在研究液体、气体介质的微小型旋流器的分离过程时，发现 Kelsall 假设不成立，级效率曲线也不是 S 形，而是表现为如图 28-4 所示的"鱼钩"状，即在粒径小于某个临界粒径（通常是 1μm 以下的粒径），会出现级效率随粒径减小反而增大的现象[34]。wang 等将典型的鱼钩状级效率曲线分成 A～E 五段，A、C、D 段级效率随粒径的增大而增大，B 段则相反，E 段的级效率为 100％，最低级效率 η_h 对应的颗粒粒径 d_h，第一个级效率极大值 η_B 对应的颗粒粒径 d_B，η_B 与 η_h 的差 Δ 称为"鱼钩的深度"。

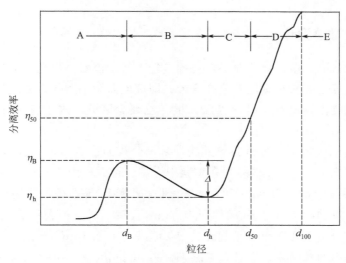

图 28-4　鱼钩状级效率曲线[35]

Schubert[36] 根据 Dück 等的夹带理论分析了小颗粒在大颗粒边界层内的受力情况，初步估计能夹带小颗粒的大颗粒的雷诺数 Re 约为 0.5～25。Majumder 等[37] 认为，鱼钩效应是由于离心场内颗粒雷诺数的突然变化引起的，而且通过可重复的实验证明，鱼钩效应是离心分离过程的特征现象。Wang[38] 则利用 Fluent 模拟研究发现：随旋流器直径的增大，鱼钩最低点的 d_h 值越大，B 区越宽；液相黏度增加，B 区值增大，而 C、D 区值减小，这表明鱼钩效应与液相的拖曳有关。在研究旋流器的排口比对底流分液比的影响时，Kilavuz[39] 发现：进口压力较小的时，鱼钩效应更加显著，但是在小排口比和高底流分液比的时候又消失了。

"鱼钩"效应尚存争议，但如何利用鱼钩效应、如何强化"鱼钩"机制，以提高离子、分子、纳米和亚微米颗粒的旋流分离的级效率，则是本领域需要重点关注的研究课题。

28.2　旋流分离器微小型化

在旋流离心场中，颗粒离心加速度是重力加速度的 F_r 倍。则旋流场中颗粒的旋流沉降速度[40]为：

$$v_r = F_r Sg = F_r \frac{d_\mathrm{p}^2(\rho_\mathrm{s}-\rho_\mathrm{L})}{18\mu}g \qquad (28\text{-}5)$$

式中，S 为细颗粒物离心沉降的 Svedberg 数，$S = \dfrac{d_\mathrm{p}^2(\rho_\mathrm{s}-\rho_\mathrm{L})}{18\mu}$；$F_r$ 为分离因数，$F_r = v_t^2/gr$。

由式（28-5）可知，影响水中细颗粒物旋流分离性能的因素有三方面：①旋流器结构参数，这可以通过旋流器微小型化、改变颗粒在旋流器入口的位置和调整旋流器锥度等来调控；②细颗粒的物性参数，包括细颗粒直径 d_p、入口管的物料混合黏度 μ、细颗粒与水的密度差（$\rho_\mathrm{s}-\rho_\mathrm{L}$）等；③旋流器的操作参数，包括旋流器入口管的流量、压降、分离比等，这些参数可以改变流体的切向速度 v_t，从而调控了分离因数 F_r 的数值。本节重点介绍旋流器微小型化来强化旋流分离水中的细颗粒物。

28.2.1　旋流器微小型化

旋流器结构参数的调整，只是在一定公称直径下对旋流器分离性能的一个优化，而要从本质上提高分离精度就要减小旋流器公称直径，即旋流器微小型化。微旋流器笼统地指小直径旋流器，与常规旋流器没有明确的界限，学者也很少区分，这里将 50mm 以内的旋流器称为微旋流器。

Bhaskar 等[41]通过模拟结合试验的方法，采用公称直径为 50mm 的旋流器来分离水中的粉煤灰，d_{50} 为 28μm。Neesse 等[42]在试验中采用公称直径为 40mm 的旋流器分离水中的石英砂，d_{50} 降低到 25μm。Tavares 等[43]进一步减小旋流器直径，选用公称直径为 25mm 的旋流器来分离水中的磷矿石，d_{50} 可降低到 7μm。汪[34]研发的公称直径为 25mm 的微旋流器，成功地用于分离 MTO 废催化剂，其 d_{50} 可以达到 1.7μm。Cilliers 等[44]采用 10mm 的旋流器，分离水中的硅微粉，在最佳工况下，d_{50} 可以达到 2.8μm。Bhardwaj 等用微流控技术制备了公称直径为 0.35mm 的微旋流器，用来分离 2μm 以下的颗粒效果比较好。

对于公称直径减小的带来了处理量的降低、对大颗粒分离的不适应性的问题，这些都属于利用微旋流技术处理细颗粒物的研究难点。针对处理量降低的问题，可以通过并联放大来解决，对于大颗粒分离的不适应问题则需要串联几个不同公称直径的旋流器来逐级分离。

28.2.2　微细颗粒旋流排序

Chu[45]对旋流器内固相颗粒运动轨迹研究表明旋流器的柱段是一个有利于分离过程的沉降区域，其区域内的离心沉降作用能使固相颗粒基本按粒级大小（内小外大）的有序状态进入锥段。汪[46,47]基于上述基础研究，创造性地研发出适用于快速流动的物料体系、能和旋流器配合且具有通用性颗粒的排序结构（PAU），如图 28-5 所示。在离心力的作用下，利用不同粒径颗粒对离心力场的响应程度不同，将颗粒物从排序器入口处的均匀混合态转变为出口处由小到大的有序排列态，实现颗粒的大小及浓度的排序。

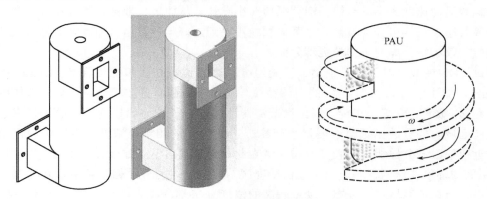

图 28-5 进口微粒排序器模型及工作示意图

28.2.3 排序强化微旋流分离

Wang[48]通过研究发现进口颗粒所处的位置对颗粒的分离性能有很大影响。Liu[49]等通过进口处引入蜗壳结构，改变了小颗粒在旋流器入口的位置，使小颗粒的分离效率得到了有效的提升。汪[46,47]在旋流器微小型化的基础上，结合微粒旋流排序器调控颗粒的大小和浓度在旋流器入口的分布，进一步强化旋流分离微细颗粒。旋流排序器与微旋流器不同组合方式如图 28-6 所示。不加旋流排序器的称为常规的微旋流器；增加旋流排序器且颗粒在旋流排序器与微旋流器内运动轨迹的方向相反的称为逆旋组合；颗粒在旋流排序器与微旋流器内运动轨迹方向相同的称为正旋组合。

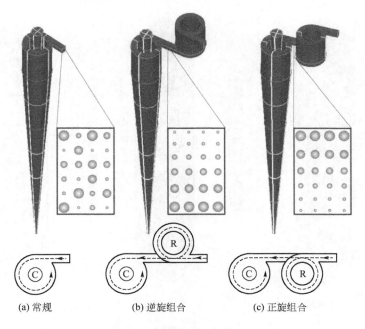

(a) 常规   (b) 逆旋组合   (c) 正旋组合

图 28-6 旋流排序器与旋流器的不同组合方式[48]

从图 28-6 中可以看出，常规旋流器入口截面，颗粒呈均匀混合态；逆旋组合的排序微旋流器通过旋流排序器的排序作用，使得旋流器入口截面，颗粒呈由大到小有序排列态，大颗粒在旋流器内部靠轴心的位置，而小颗粒在旋流器内部靠边壁的位置，在旋流分离过程中，大颗粒运动速度比小颗粒快，能"抓捕"小颗粒，从而极大地强化了旋流分离微小颗粒物的分离效率；正旋组合旋流器入口截面颗粒排序则正好与逆旋组合相反，这样进入微旋流器使得粒径较小难分离的小颗粒更难分离。

通过 CDF 模拟，对常规、正旋、逆旋组合的微旋流器在进口流量在 850L/h 时注入粒径为 5μm，加注量为 0.0001kg/s 的固体颗粒，横向不同截面分散相颗粒浓度分布如图 28-7 所示。在 Z1 截面，常规、正旋、逆旋微旋流器都表现出了较为明显的分离效果，靠近轴心位置径向区域内的分散相颗粒浓度要小于靠近边壁的分散相颗粒浓度，由于单向进口的原因，靠近边壁区域分散浓度较高分布区域在此截面呈现出不对称分布。在溢流管壁厚投影在 Z1 截面的环形区域内，基本属于较低浓度区，该区域内的分散相颗粒基本随连续相从溢流口出去，但在该区域中也分布了少量较高的浓度分布点，这些点基本是由短路流造成的，而常规微旋流器的高浓度点的面积区域要大于逆旋微旋流器的，正旋微旋流器的最小，因此可以看出，进口颗粒排布对消除短路流的影响也有帮助，进口颗粒自边壁横向截面内由大到小排布对短路流的消除作用要大于进口颗粒自小到大排布。Z2 截面分散相浓度自边壁到中心，浓度在边壁附近最高，后降低，到轴心处再略微增高，轴心区域与边壁区域之间呈现环状的低浓度分部区。逆旋微旋流器的该分布规律要比常规、正旋微旋流器的明显，且靠近边壁高浓度靠近轴心低浓度的变化更为明显。Z3 截面，逆旋微旋流器内分散相低浓度区域的面积最大，在轴心区域和边壁区域之间呈环状分布，常规微旋流器内也有此现象，但不明显，正旋微旋流器进口仅在环状区域的某一块有较低浓度分布。Z4～Z6 截面基本都属分散相颗粒浓缩的过程，基本都属于高浓度区，分散相浓度最高点在 Z4～Z6 截面区域之间靠近边壁的位置。

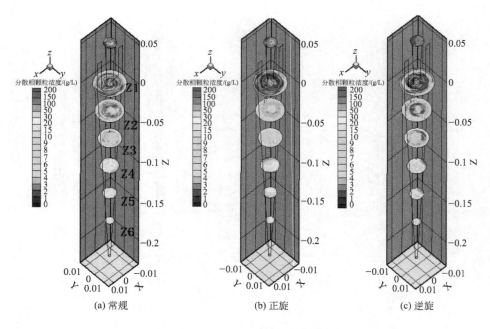

图 28-7　横截面 Z1～Z6 的分散相颗粒浓度分布[44]

进口颗粒排序主要为了克服常规微旋流器对细小颗粒分离效率不高的问题，因此选取较小颗粒进行分离效率的比较。图 28-8 所示为常规、正旋、逆旋微旋流器在进口等质量加注平均颗粒粒径为 $0.53\mu m$ 及 $1.32\mu m$ 时不同流量下的分离效率曲线。由图可以看出，常规、正旋微旋流器的分离效率随着流量的增大，先增大后略微减小；逆旋微旋流器的分离效率也是随着流量的增大，先增大再减小，后又略微增大；正旋、逆旋微旋流器在进口流量为 650L/h 时，可能是由于在流量为 650L/h 时进口颗粒排布效果较好，且旋流器内部流场在进口流量为 650L/h 比较有利于分散相的迁移分离，因此分离效率也较高。流量较低时离心力不够，颗粒难以在进口排布出有序规律，且旋流器内部离心强度不够，所以分离效率不高；而流量过大时，流场湍动增强，不能在进口有序排布，在旋流器内部颗粒停留时间变短，且反混较严重，因此分离效率也会降低。在不考虑进口截面浓度分布影响下逆旋微旋流器的对进口平均颗粒为 $0.53\mu m$ 和 $1.32\mu m$ 的颗粒分离效率要明显优于常规微旋流器，常规微旋流器的要略微优于正旋微旋流器，可见逆旋微旋流器自进口边壁到内侧颗粒由小到大排布，小颗粒更容易进入底流被分离，因此分离效率也较高。

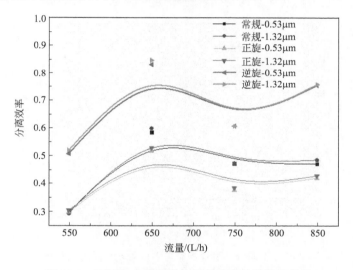

图 28-8　不同组合旋流器的分离效率与流量的关系

28.2.4　旋流分离强化其他方法

被分离物料的其他性质也可作为旋流分离过程的强化手段，如物料的电性、磁性等性质，有些研究者设计了电场、磁场旋流器对某些特殊物料进行处理，但有着应用局限性。Yoshida[50] 采用 20mm 电旋流器分离中径为 754nm 的硅石微粒，利用底流回收箱中金属圆柱壁面与中心金属电极间静电力使切割粒度比一般旋流器减小了 9.2%；Tue Nenu[51] 用 20mm 电旋流器在分流比为 0.2 的条件下分离中径为 $0.2\mu m$ 的超细硅粉末，研究表明：进料分散时间越长，d_{50} 越小；电压大于 40V，硅粉开始分级，且电压越大，分级效果越好；d_{50} 随进料浓度增加先减小后增大，在 1.5%（质量分数）时最小；Pratarn[52] 用 20mm 的电旋流器分离进料体积浓度为 0.2%，中径为 754nm 的硅石微粒，发现在有底流和无底流两种情况下电压的作用正好相反，壁面带正电、中心带负电的条件更有利于分离，且电压能够使切割粒度 d_{50} 比一般旋流器减小 10%。

28.3　微旋流分离器的并联放大

28.3.1　微旋流器组并联配置几何模型

　　众所周知，旋流器的分离精度与处理能力对旋流器结构尺寸的要求是相互矛盾的。由图 28-9 可以看出，旋流器公称直径越小，其分离精度越高，处理量也越小。在微旋流器实际应用中，在满足分离精度的同时还要保证其处理能力，就需要采用多个微旋流器进行并联配置。在理想条件下，微旋流器组的性能线性叠加，即分离精度与单个微旋流器相同，处理能力是所有微旋流器的总和。然而这种线性关系很难得到，其主要原因可能是微旋流器组内存在一个分布不均匀的流场。其中有一些微旋流器可能出现流量严重不足，而另一些则可能流量过剩，这些都将导致微旋流器旋流分离湍动能耗散的增加，从而降低微旋流器组的性能。可见，微旋流器组压降和流量的均匀性分布至关重要。

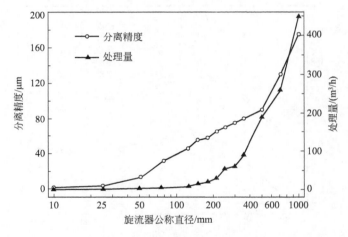

图 28-9　不同公称直径的旋流器的处理量及分离精度

　　目前工业生产中微旋流器并联配置的方式，从其结构形式大致可以分为三种：圆周型、直线型以及两者的组合（称为组合型），如图 28-10 所示。针对实际分离过程中出现的微旋流器压力、流量分布不均从而影响整个分离器分离性能的难题，汪[53-57]课题组通过研究工业生产中应用的微旋流器并联放大的结构方式，发现组合型并联放大结构的旋流器轴向分布物料由 1 通道向上进入旋流器，并分别由 2、3 通道收集回收分离物料，物料运动轨迹宛如两个大大的 U，由此提出了 U-U 型旋流器并联配置模型。并在此基础上提出了微旋流器组并联配置的其他方式：Z-Z 型、U-Z 型、UU-ZZ 模型，以此来研究旋流器并联方法压力、流量不均的问题。

28.3.2　微旋流器组并联配置数学模型

　　数学模型是在考虑摩擦效应和惯性效应的前提下，基于质量和动量守恒定律建立的。通过联立微旋流器组进口源管、溢流汇管的质量与动量守恒方程，同时考虑单根微旋流器的压降经验公式，然后用 Bernoulli 方程进行描述并无量纲化处理，最后得到微旋流器组并联配置的通用控制方程。本节针对 U-U 型微旋流器组直线型并联配置,对其配置结构进行研究、分析并优化,以期获得更好的分离性能,同时拓展到微旋流器组其他形式的直线型并联配置。

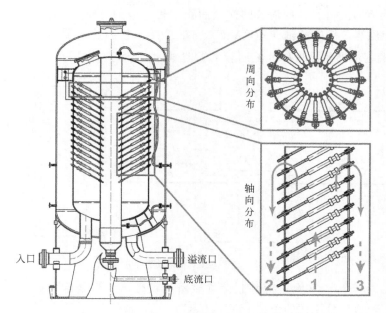

图 28-10　微旋流器并联放大结构形式

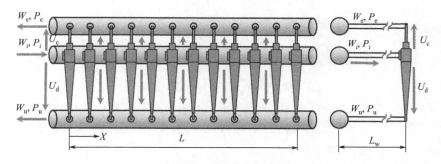

图 28-11　U-U 型并联配置数学模型示意图

图 28-11 描述的是 U-U 型并联配置数学模型,采用进口-溢流联立求解数学模型。

首先建立的模型是基于如下假设的:

① 每根微旋流器的几何尺寸相同,相邻微旋流器的间距相等,进口管和出口管的横截面积为一个常数;

② 每一根微旋流器与进口管、出口管连接通道之间的转向和阻力损失相同;

③ 流体是单相的,且温度不变。

28.3.2.1　微旋流器组的进口分配源管

微旋流器组中第 i 根旋流器处进口分配源管的控制体如图 28-12 所示。

质量和动量守恒方程可以用如下方程式描述:

(1) 质量守恒方程

$$\rho F_i W_i = \rho F_i \left(W_i + \frac{\mathrm{d}W_i}{\mathrm{d}X} \Delta X \right) + \rho F_c U_c + \rho F_d U_d \tag{28-6}$$

式中，F_i 为微旋流器组进口分配源管在第 i 根微旋流器位置处的横截面积；F_c、F_d 分别为第 i 根微旋流器溢流管、底流管的横截面积；相对应的，W_i 为微旋流器组进口分配源管在第 i 根微旋流器位置处的轴向速度；U_c、U_d 为第 i 根微旋流器溢流管、底流管中的轴向速度；X 为微旋流器组沿进口分配源管的轴向坐标；ρ 为流体密度。

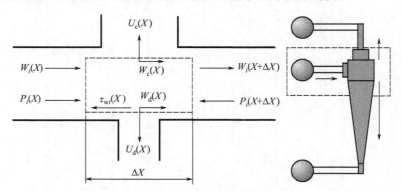

图 28-12　进口分配源管控制体示意图

令 $\Delta X = L/(n-1)$，其中 n 为并联微旋流器的根数，L 为微旋流器组进口分配源管的长度。这里，α 表示为分流比的值。

$$\alpha = \frac{F_d U_d}{F_c U_c}, \quad F_c U_c + F_d U_d = -\frac{F_i L}{n-1} \frac{\mathrm{d}W_i}{\mathrm{d}X} \tag{28-7}$$

（2）动量守恒方程

$$P_i F_i - \left(P_i + \frac{\mathrm{d}P_i}{\mathrm{d}X} \Delta X \right) F_i - \tau_{wi} \pi D_i \Delta X = \rho F_i \left(W_i + \frac{\mathrm{d}W_i}{\mathrm{d}X} \Delta X \right)^2 -$$
$$\rho F_i W_i^2 + \rho F_c U_c W_c + \rho F_d U_d W_d \tag{28-8}$$

式中，P_i 为微旋流器组进口分配源管在第 i 根微旋流器位置处的压强；D_i 为微旋流器组进口分配源管在第 i 根微旋流器位置中的直径；τ_{wi} 由 Darcy-Weisbach 公式给出，$\tau_{wi} = f_i \rho (W_i^2/8)$；$W_c = \beta_c W_i$；$W_d = \beta_d W_i$。式中 β_c、β_d 是轴向速度分量 W_c、W_d 的修正系数；这些系数表明在部分流体进入或离开分支管时惯性效应引起的最初动量变化影响。f_i 为进口分配源管的摩擦系数。

把 τ_{wi}、W_c 和 W_d 代入式（28-7）并忽略高阶小量 ΔX 后，式（28-8）可变形为：

$$\frac{1}{\rho} \frac{\mathrm{d}P_i}{\mathrm{d}X} + \frac{f_i}{2D_i} W_i^2 + \left(2 - \frac{1}{1+\alpha} \beta_c - \frac{\alpha}{1+\alpha} \beta_d \right) W_i \frac{\mathrm{d}W_i}{\mathrm{d}X} = 0 \tag{28-9}$$

28.3.2.2　微旋流器组的溢流汇管

微旋流器组中第 i 根旋流器处溢流汇管的控制体如图 28-13 所示。
质量和动量守恒方程可以用如下方程式描述：
（1）质量守恒方程

$$\rho F_e W_e = \rho F_e \left(W_e + \frac{\mathrm{d}W_e}{\mathrm{d}X} \Delta X \right) + \rho F_c U_c \tag{28-10}$$

式中，F_e、F_c 分别为微旋流器组溢流汇管和底流汇管在第 i 根微旋流器位置中的横截面积；W_e 为微旋流器组溢流汇管在第 i 根微旋流器位置中的轴向速度。

$$U_c = -\frac{F_e L}{F_c(n-1)}\frac{dW_e}{dX} \tag{28-11}$$

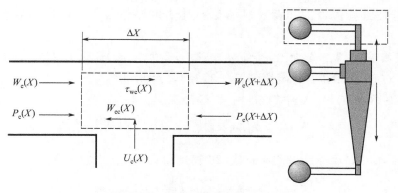

图 28-13　溢流汇管控制体示意图

（2）动量守恒方程

$$P_e F_e - \left(P_e + \frac{dP_e}{dX}\Delta X\right)F_e + \tau_{we}\pi D_e \Delta X = \rho F_e \left(W_e + \frac{dW_e}{dX}\Delta X\right)^2 - \rho F_e W_e^2 + \rho F_c U_c W_{ec}$$

$$\tag{28-12}$$

式中，P_e 为微旋流器组溢流汇管在第 i 根微旋流器位置中的压强；D_e 为微旋流器组溢流汇管在第 i 根微旋流器位置中直径；τ_{we} 由 Darcy-Weisbach 公式给出，$\tau_{we}=f_e\rho(W_e^2/8)$，$W_{ec}=\beta_e W_e$。式中 β_e 是轴向速度分量 W_{ec} 的修正系数；f_e 为溢流源管的摩擦系数。

将 τ_{we} 和 W_{ec} 代入式（28-12）并忽略高阶小量 ΔX，式（28-12）可变形为：

$$\frac{1}{\rho}\frac{dP_e}{dX} - \frac{f_e}{2D_e}W_e^2 + (2-\beta_e)W_e\frac{dW_e}{dX} = 0 \tag{28-13}$$

由式（28-9）和式（28-13）可得到 U-U 并联配置型微旋流管组进口分配源管和溢流汇管轴向速度间的关系：

$$W_e = \frac{1}{1+\alpha}\frac{F_i}{F_e}W_i \tag{28-14}$$

28.3.2.3　U-U 型并联配置控制方程

从式（28-9）中减去式（28-13），并考虑式（28-14），可以得到：

$$\frac{1}{\rho}\frac{d(P_i-P_e)}{dX} + \frac{1}{2}\left[\frac{f_i}{D_i} + \frac{f_e}{D_e}\left(\frac{1}{1+\alpha}\frac{F_i}{F_e}\right)^2\right]W_i^2 - \left[(2-\beta_e)\left(\frac{1}{1+\alpha}\frac{F_i}{F_e}\right)^2 - \right.$$

$$\left. \left(2 - \frac{1}{1+\alpha}\beta_c - \frac{\alpha}{1+\alpha}\beta_d\right)\right]W_i\frac{dW_i}{dX} = 0 \tag{28-15}$$

通道中的流体流动可以用 Bernoulli 方程进行描述。考虑流动转向损失，同时忽略微旋流器进口、溢流口和底流口之间变径连接管的阻力，在第 i 根微旋流器轴心位置处，微旋流器组进口分配源管和溢流汇管间压降与溢流管中轴向速度 U_c 关系如式（28-16）所示：

$$P_i - P_e = \rho\left(1 + C_{fi} + C_{fe} + f_c\frac{l}{D}\right)\frac{U_c^2}{2} = \rho\zeta_c\frac{U_c^2}{2} \tag{28-16}$$

式中，C_{fi} 为流体从进口分配源管进入微旋流器时的转向损失系数；C_{fe} 为流体从微旋流器进入溢流汇管时的转向损失系数；f_c 为微旋流器的平均摩擦损失系数；l/D 为阻力系数。

根据微旋流器的压降经验公式：

$$\Delta P = C_{ic} U_i^2 \tag{28-17}$$

式中，C_{ic} 是微旋流器的压降特征参数；其值由操作条件、设计参数和流体特性所决定[58]。

对于单根微旋流器，分流比 $\alpha = F_d U_d / F_c U_c$，即 $\alpha = D_d^2 U_d / D_c^2 U_c$，则有 $U_c = [(D_i/D_c)^2/(1+\alpha)]U_i$（其中 D_i 为旋流器汇管直径），由此可得 $f_c(l/D) = [2C_{ic}(1+\alpha)^2/\rho](D_c/D_i)^4$。将式（28-7）代入到式（28-16），得到：

$$P_i - P_e = \frac{1}{2}\rho\zeta_c\left(\frac{1}{1+\alpha}\frac{F_i L}{F_c(n-1)}\right)^2\left(\frac{\mathrm{d}W_i}{\mathrm{d}X}\right)^2 \tag{28-18}$$

用式（28-19）中的无量纲方程组将式（28-15）和式（28-18）进行简化：

$$p_i = \frac{P_i}{\rho W_0^2}, \quad p_e = \frac{P_e}{\rho W_0^2}, \quad w_i = \frac{W_i}{W_0}, \quad u_c = \frac{U_c}{W_0}, \quad x = \frac{X}{L} \tag{28-19}$$

$$\frac{\mathrm{d}(p_i - p_e)}{\mathrm{d}x} + \frac{L}{2}\left[\frac{f_i}{D_i} + \frac{f_e}{D_e}\left(\frac{1}{1+\alpha}\frac{F_i}{F_e}\right)^2\right]w_i^2 - \left[(2-\beta_e)\left(\frac{1}{1+\alpha}\frac{F_i}{F_e}\right)^2 - \right.$$
$$\left.\left(2 - \frac{1}{1+\alpha}\beta_c - \frac{\alpha}{1+\alpha}\beta_d\right)\right]w_i\frac{\mathrm{d}w_i}{\mathrm{d}x} = 0 \tag{28-20}$$

$$p_i - p_e = \frac{\zeta_c}{2}\left(\frac{1}{1+\alpha}\frac{F_i}{(n-1)F_c}\right)^2\left(\frac{\mathrm{d}w_i}{\mathrm{d}x}\right)^2 \tag{28-21}$$

将式（28-21）代入方程式（28-20）并简化，可以得到：

$$\frac{\mathrm{d}w_i}{\mathrm{d}x}\frac{\mathrm{d}^2 w_i}{\mathrm{d}x^2} + \frac{2 - \frac{1}{1+\alpha}\beta_c - \frac{\alpha}{1+\alpha}\beta_d}{\zeta_c}\left[1 - \frac{2-\beta_e}{2 - \frac{1}{1+\alpha}\beta_c - \frac{\alpha}{1+\alpha}\beta_d}\left(\frac{1}{1+\alpha}\frac{F_i}{F_e}\right)^2\right](1+\alpha)^2$$
$$\left(\frac{(n-1)F_c}{F_i}\right)^2 w_i\frac{\mathrm{d}w_i}{\mathrm{d}x} + \frac{L}{2\zeta_c}\left[\frac{f_i}{D_i} + \frac{f_e}{D_e}\left(\frac{1}{1+\alpha}\frac{F_i}{F_e}\right)^2\right](1+\alpha)^2\left(\frac{(n-1)F_c}{F_i}\right)^2 w_i^2 = 0 \tag{28-22}$$

方程式（28-22）就是 U-U 型并联配置微旋流器组进口-溢流数学模型的通用控制方程。左边第二项即动量恢复项，代表了惯性效应所带来的影响，而第三项为摩擦力项，代表摩擦效应所带来的影响。

28.3.3 模型求解

这里定义两个常量 Q 和 R，如式（28-23）所示。其中 Q 是动量项，表示惯性效应的作用；R 是摩擦项，表示摩擦效应的作用。

$$Q = \frac{2 - \frac{1}{1+\alpha}\beta_c - \frac{\alpha}{1+\alpha}\beta_d}{3\xi_d}\left[1 - \frac{2-\beta_u}{2 - \frac{1}{1+\alpha}\beta_c - \frac{\alpha}{1+\alpha}\beta_d}\left(\frac{\alpha}{1+\alpha}\frac{F_i}{F_u}\right)^2\right]\left(\frac{1+\alpha}{\alpha}\right)^2\left(\frac{(n-1)F_d}{F_i}\right)^2$$

$$R = -\frac{L}{4\zeta_d}\left[\frac{f_i}{D_i} + \frac{f_u}{D_u}\left(\frac{\alpha}{1+\alpha}\frac{F_i}{F_u}\right)^2\right]\left(\frac{1+\alpha}{\alpha}\right)^2\left(\frac{(n-1)F_d}{F_i}\right)^2 \tag{28-23}$$

从而，式（28-22）被进一步简化：

$$\frac{\mathrm{d}w_i}{\mathrm{d}x}\frac{\mathrm{d}^2w_i}{\mathrm{d}x^2}+3Qw_i\frac{\mathrm{d}w_i}{\mathrm{d}x}-2Rw_i^2=0 \tag{28-24}$$

不难看出，式（28-24）是一个二阶非线性常微分方程。为解出式（28-24），假定一个 $w_i=e^{rx}$ 为式（28-24）的解，将它和它导数的变形形式代入式（28-24），可以得到它的特征方程。

$$r^3+3Qr-2R=0 \tag{28-25}$$

该通用控制方程是一个二阶非线性常微分方程，左边第二项即动量恢复项，定义为参数 Q，表征惯性效应所带来的影响；左边第三项为摩擦力项，定义为参数 R，表征摩擦效应所带来的影响。

最终可得原方程的解为：

$$\begin{cases} r=(R+\sqrt{Q^3+R^2})^{1/3}+(R-\sqrt{Q^3+R^2})^{1/3} \\ r_1=-\frac{1}{2}B+\frac{1}{2}\sqrt{-3(B^2+4Q)} \\ r_2=-\frac{1}{2}B-\frac{1}{2}\sqrt{-3(B^2+4Q)} \end{cases} \tag{28-26}$$

根据多项式 Q^3+R^2 与 0 的大小关系来判别方程根的各种情况，在三种情况下，分析求解 U-U 型并联配置微旋流器组轴向无量纲流速、进口分配源管与底流汇管间无量纲压降的解析解，并用来指导工程放大问题。

28.3.4　准确性验证及工业应用效果

通过求解 U-U 型并联配置微旋流器组的数学模型，理论性地指导微旋流器组在不同参数组合下压降和流量的分布情况。现以 12 根 HL/S 型微旋流器 U-U 型并联配置为研究对象，通过实验的方法对微旋流器组在单相操作介质工况下的压降和流量分布进行分析。实验工艺流程图及实景图如图 28-14 所示。

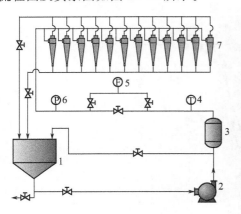

图 28-14　工艺流程图及实景图

1—水槽；2—离心泵；3—调节罐；4—温度计；5—流量计；6—压力表；7—微旋流器

在单相实验中，实验介质为单相常温清水，以进口压力 P 为工况调节参数，采用旁路调节阀粗调、主管道调节阀细调的方法调节至 $0.05\sim0.15$MPa 之间进行实验。

图 28-15(b)、(c) 所示分别为 12 根旋流器 U-U 型并联的压力降及流量分布情况。由图

中可以看出，U-U 型并联配置的 12 根旋流器实验所测的压降和流量分布在不同操作条件下都能够很好地吻合其理论计算值。

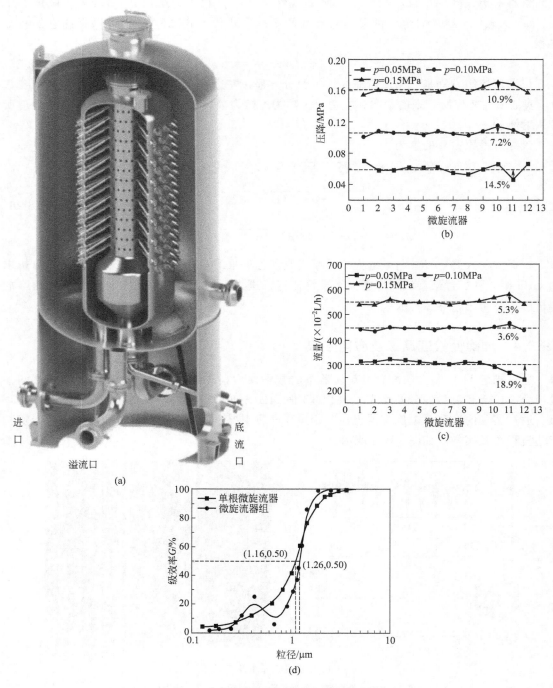

图 28-15　微旋流器组设备图及效率图[3]

通过验证上述模型的准确性后，将其应用在一个处理量为 240m³/h 的集合型微旋流器组，将 300 根 25mm 微旋流器进行并列配置，设备结构主要包括进料腔、溢流腔和底流腔三个套筒，微旋流器倾斜安装且进口朝下，微旋流器组结构如图 28-15(a) 所示。水为连续相，平均粒径为 $3\mu m$ 的催化剂颗粒为分散相。图 28-15(d) 所示为单管分离效率与并联放大后的级效率（G）曲线对比，从图中可以看出微旋流器组在并列放大过程受各因素的影响，级效率曲线有所不同，相对于单根微旋流器的 S 形级效率曲线，微旋流器组的级效率曲线在 $1\mu m$ 以下表现出"鱼钩"现象。但是总体看来，旋流器效率并没有因为并联放大而受到影响。

28.4　微旋流分离器的工程应用——甲醇制烯烃废水处理工艺

甲醇制烯烃（MTO）工艺中，急冷水循环量为 $713m^3/h$，工作温度为 $109°C$，工作压力为 $1.1MPa$，进入急冷水的催化剂含量约 $50mg/(L \cdot h)$，催化剂体积平均粒径为 $1.7\mu m$；催化剂为多孔状，湿水密度约为 $1200\sim1400kg/m^3$ 且催化剂吸附了 50 多种有机污染物。

针对 MTO 工艺中含催化剂微粉急冷水物性条件及操作条件，提出含催化剂微粉急冷水一级澄清、二级浓缩与三级回收的工艺思路，具体处理流程如图 28-16 所示。

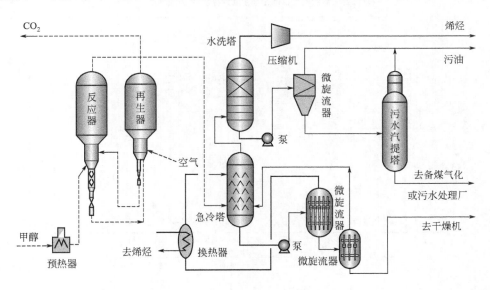

图 28-16　MTO 含催化剂微粉急冷水处理工艺流程[59]

MTO 含催化剂微粉反应气由急冷塔底部进入，从急冷塔顶自上而下多层喷淋雾滴与自下而上的反应气逆向接触，在该段完成对反应气降温和洗涤去除反应气中催化剂微粒的过程，接着再通过塔顶安装的微旋流气-液（固）分离器对产品气出急冷塔前夹带的雾沫及未洗涤下的催化剂微粉进行分离回收，以上两过程完成了对反应气净化，催化剂微粉进入急冷水中。全部或部分的循环急冷水由循环泵注入装有微粒排序器的微旋流澄清器进行微旋流分离，经净化分离后的急冷水返回急冷塔经后续换热后再循环使用；微旋流净化分离过程分离出的含催化剂浓缩液进入微旋流浓缩器进一步浓缩，回收催化剂，该过程产生的澄清液返回急冷塔回用。

图 28-17(a) 所示为微旋流器组进出口催化剂粒度分布及电镜照片，从图中可以看出，进口催化剂粒径普遍小于 $3\mu m$，溢流口催化剂粒径明显偏小，大多在 $1\mu m$ 以内；底流口存在 $3\mu m$ 以上的催化剂颗粒，分析认为是多孔催化剂对水中有机物产生了吸附作用，催化剂

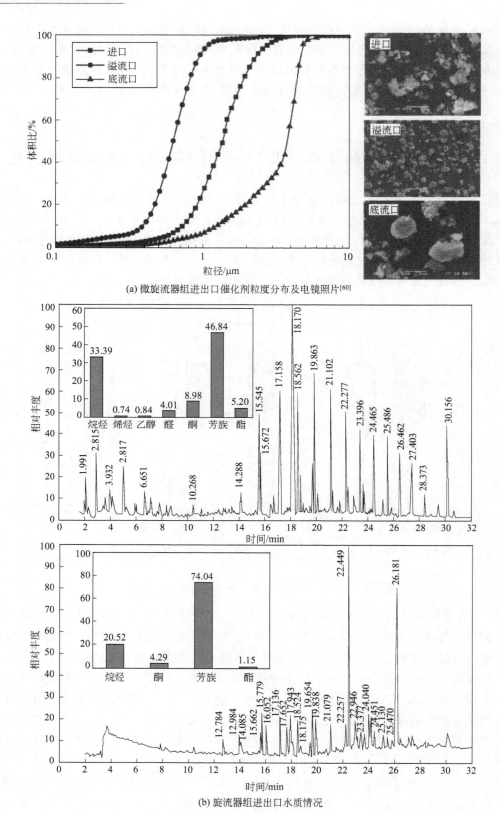

(a) 微旋流器组进出口催化剂粒度分布及电镜照片[60]

(b) 旋流器组进出口水质情况

图 28-17　微旋流器处理废水

颗粒出现团聚现象。电镜照片结果与粒径分布曲线一致，微旋流器组溢流口催化剂颗粒整体较小，大颗粒都被分离，表明微旋流器组净化效果良好。底流口大小颗粒均存在，颗粒团聚长大的现象确实存在。图 28-17（b）所示为旋流器入口与溢流口水质情况，从图中可以看出，旋流器组出口水中的有机物，无论是种类还是浓度都减小了很多，这可能是由于旋流器分离催化剂过程中多孔催化剂对水中有机物吸附造成的。

该 MTO 装置自开工以来，两级微旋流分离器正常投用，分流比 $R_f = 7.5\%$ 的条件下，当进出口压差为 $0.2 \sim 0.23$ MPa，进口流量为 $0.79 \sim 0.89 \text{m}^3/\text{h}$ 时，分离效率都在 88% 以上，切割粒度 d_{50} 可达 $1.7 \mu m$，$3 \mu m$ 以上颗粒去除率达到 85% 以上，$2 \mu m$ 以上颗粒去除率达 65% 以上，有效地脱除了急冷水中的催化剂；完全满足 MTO 工艺中含催化剂微粉急冷水分离净化的要求，保证了装置的长周期运行。

28.5　结语

通过旋流器的微小型化来强化旋流分离技术，能够使废水旋流分离精度达到 $3 \mu m$ 左右。但受湍流扩散制约和黏度、两相密度差的限制，对于废水中亚微米及重金属离子、分子等纳米级污染物则无能为力。因此，如何将分子、离子等污染物由微旋流分离技术低效区域或无效区域调控至高效区域，将微旋流分离技术的去除精度从微米级提到纳米级是微旋流分离技术应用于废水处理领域的关键。

将微旋流分离技术从传统的固体微粒的分级分离发展到离子、分子和多种相态纳米粒子的分离纯化新阶段的同时，还要对旋流场特征、液-固微界面结构有更深入的研究认识。利用新三维体流场测速仪（Volume 3 Velocity，简称 V3V），结合粒子动态分析仪（PDPA）和粒子图像分析仪（PIV），研究三维旋转湍流分离场中短路流、循环流的识别、计量及其调控的方法等，为精细调控旋流分离过程，实现微旋流技术的节能降耗、高效分离，为旋流分离技术的工程应用提供技术支持。

大工程建设和新工艺系统开发为微旋流分离技术发展提供了良好机遇。基于高效、高精度、节能型微旋流分离原理与技术，对现有的过程工艺系统进行重新设计，对新出现的工程需求构思新的工艺系统，是微旋流分离的技术效果最大化的途径之一。如开发百万吨/年 PX 装置的结晶母液的旋流浓缩技术，百万吨/年煤直接液化制油装置中残渣的萃取-旋流分离组合技术和循环浆料分离-换热耦合的工艺技术，湿法冶金过程中萃取-旋流分离组合工艺技术，百万吨/年污水处理中旋流剪切污泥释炭-分离耦合工艺技术等。笔者相信，微旋流分离技术会应用在更多的新过程工艺、工程建设中，丰富和发展化工过程强化方法与技术。

◆ 参考文献 ◆

[1]　Rietema K. Performance and design of hydrocyclones-Ⅳ：Design of hydrocyclones [J]. Chemical Engineering Science，1961，15（3）：320-325.

[2]　Bhardwaj P，Bagdi P，Sen A K. Microfluidic device based on a micro-hydrocyclone for particle-liquid separation [J]. Lab on a Chip，2011，11（23）：4012-4021.

[3]　Tue nenu R K，Yoshida H. Comparison of separation performance between single and two inlets hydrocy-

clones [J]. Advanced Powder Technology, 2009, 20 (2): 195-202.

[4] 蔡小华，袁慧新. 结构参数对油脱水型旋流器分离性能的影响 [J]. 江南大学学报，2002, 1 (4): 391-393.

[5] 褚良银. 水力旋流器 [M]. 北京：化学工业出版社，1998.

[6] 徐继润，罗茜，邓常烈. 水封式旋流器压力分布与能量分配的研究 [J]. 有色金属（选矿部分），1989, (1): 30-35.

[7] Wang B, Chu K W, Yu A B. Numerical study of particle-fluid flow in a hydrocyclone [J]. Industrial & Engineering Chemistry Research, 2007, 46 (13): 4695-4705.

[8] He F Q, Zhang, Y H, Wang J G. Wang H L. Flow patterns in mini-hydrocyclones with different vortex finder depths [J]. Chemical Engineering & Technology, 2013, 36 (11): 1935-1942.

[9] Dwari R K, Biswas M N, Meikap B C. Performance characteristics for particles of sand FCC and fly ash in a novel hydrocyclone [J]. Chemical Engineering Science, 2004, 59 (3): 671-684.

[10] Delgadillo J A, Rajamani R K. Exploration of hydrocyclone designs using computational fluid dynamics [J]. International Journal of Mineral Processing, 2007, 84 (1-4): 252-261.

[11] Zhang Y H, Liu Y, Qian P, Wang H L. Experimental Investigation of a Minihydrocyclone [J]. Chemical Engineering & Technology, 2009, 32 (8): 1274-1279.

[12] 俞厚忠. 水力旋流器的设计 [J]. 化工设备设计，1981, (3): 16-19.

[13] Thew M. Hydrocyclone redesign for liquid-liquid separation [J]. Chemical engineer, 1986 (427): 17-23.

[14] Wolbert D, Ma B F, Aurelle Y, et al. Efficiency estimation of liquid-liquid Hydrocyclones using trajectory analysis [J]. AIChE Journal, 1995, 41 (6): 1395-1402.

[15] Peachey B R. Multiple cyclone apparatus for downhole cyclone oil/water separation [P]. US Patent 5456837, 1995-10-10.

[16] 汪华林，钱卓群，赵小宁，魏大妹等. 液-液分离旋流器 [P]. ZL00217613. 0, 2000-05-16.

[17] Svarovsky L. Solid-Liquid Separation [M]. London: Butterworths, 1981.

[18] Rietema K, Maatschappij S I R. Performance and design of hydrocyclones-Ⅰ: General considerations [J]. Chemical Engineering Science, 1961, 15 (3): 298-302.

[19] Antunes M, Medronho R A. Bradley hydrocyclones: design and performance analysis [M]. Springer Netherlands, 1992: 3-13.

[20] Kelsall D F. A study of the motion of solid particles in a hydraulic cyclone [R]. Atomic Energy Research Establishment, Harwell, Berks (England), 1952.

[21] Bai Z S, Wang H L, Tu S T. Removal of catalyst particles from oil slurry by hydrocyclon [J]. Separation Science and Technology, 2009, 44 (9): 2067-2077.

[22] 刘培坤，邓晓阳，王霄鹏，郭牛喜等. 重介质旋流器 [P]. ZL2006101037849. 9, 2006-11-07.

[23] 黄渊，汪华林，邱阳，付鹏波，张艳红，白志山，杨强，何凤琴. 液体旋流场中微粒自转的同步高速摄像方法及装置 [P]. CN201410323142. 1, 2014-07-08.

[24] Qian F, Wu Y. Effects of the inlet section angle on the separation performance of a cyclone [J]. Chemical Engineering Research and Design, 2009, 87 (12): 1567-1572.

[25] Fan Y, Wang J, Bai Z, et al. Experimental investigation of various inlet section angles in mini-hydrocyclones using particle imaging velocimetry [J]. Separation and Purification Technology, 2015, 149: 156-164.

[26] Liu Y, Yang Q, Qian P, Wang H L. Experimental study of circulation flow in a light dispersion hydrocyclone [J]. Separation and Purification Technology, 2013, 137: 66-73.

[27] Zhao L X, Cui F Y, Jiang M H, Zhu B J. Study on the characteristics of flow field inside de-oiling hydrocyclone based on Reynolds stress model [J]. Chemical Engineering, 2007, 35: 32-35.

[28] 黄渊，汪华林，邱阳，付鹏波，张艳红，何凤琴，白志山，杨强. 液体旋流场中微米级颗粒自转速度测试方法及装置 [P]. CN201410323160. X, 2014-07-08.

[29] Kelsall D F. A study of the motion of solid particles in a hydraulic cyclone [J]. Resent Development in

Mineral Dressing, 1954, 12: 209-227.

[30]   Wang J G, Wang H L, Duan X. Three-Dimensional measurement of the hydrocyclone flow field using V3V [J]. Applied Mechanics and Materials, 2014, 595: 209-214.

[31]   Bradley D. The Hydrocyclone [M]. London: Pergamon Press Ltd, 1965.

[32]   Brdley D, Pulling D J. Flow pattern in the hydraulic cyclone and their interpretation in terms of performance [J]. Trans Instn Chen Engrs, 1959, 37 (1): 34-45.

[33]   袁慧新. 分离工程 [M]. 北京: 中国石化出版社, 2001.

[34]   Wang H L, Zhang Y H, Wang J G. Cyclonic separation technology: researches and developments [J]. Chinese Journal of Chemical Engineering, 2012, 20 (2): 212-219.

[35]   Yang Q, Li Z M, Lv W J, Wang H L. On the laboratory and field studies of removing fine particles suspended in wastewater using mini-hydrocyclone [J]. Separation and Purification Technology, 2013, 102: 15-25.

[36]   Schubert H. On the origin of "anomalous" shapes of the separation curve in hydrocyclone separation of fine particles [J]. Particulate Science and Technology, 2004, (3): 219-234.

[37]   Majumder A K, Shah H, Shukla P, Barnwal J P. Effect of operating variables on shape of "fish-hook" curves in cyclones [J]. Minerals Engineering, 2007, (2): 204-20.

[38]   Wang B, Yu A B. Computational investigation of the mechanisms of particle separation and "fish-hook" phenomenon in hydrocyclones [J]. AIChE Journal, 2010, 56 (7): 1703-1715.

[39]   Kilavuz F S, Gülsoy Ö Y. The effect of cone ratio on the separation efficiency of small diameter hydrocyclones [J]. International Journal of Mineral Processing, 2011, 98: 163-167.

[40]   （日）大矢 晴彦. 分离的科学与技术 [M]. 张瑾译. 北京: 中国轻工业出版社, 1999.

[41]   Bhaskar K U, Murthy Y R, Raju M R, et al. CFD simulation and experimental validation studies on hydrocyclone [J]. Minerals Engineering, 2007, 20 (1): 60-71.

[42]   Neesse T, Dueck J, Minkov L. Separation of finest particles in hydrocyclones [J]. Minerals Engineering, 2004, 17 (5): 689-696.

[43]   Tavares L M, Souza L L G, Lima J R B, et al. Modeling classification in small-diameter hydrocyclones under variable rheological conditions [J]. Minerals Engineering, 2002, 15 (8): 613-622.

[44]   Cilliers J J, Diaz-Anadon L, Wee F S. Temperature, classification and dewatering in 10 mm hydrocyclones [J]. Minerals Engineering, 2004, 17 (5): 591-597.

[45]   Chu L Y, Chen W M. Research on the motion of solid particles in a hydrocyclone [J]. Separation Science and Technology, 1993, 28 (10): 1875-1886.

[46]   Yang Q, Lv W J, Ma L, Wang H L. CFD Study on separation enhancement of mini-hydrocyclone by particulate arrangement [J]. Separation and Purification Technology, 2013, 110: 93-100.

[47]   杨强, 汪华林, 李志明, 王剑刚, 吕文杰, 马良. 基于进口颗粒调控的旋流器 [P]. ZL 201010533906. 1, 2013-09-18. （Yang Q, Wang H L, Li Z M, Wang J G, Lv W J, Ma L. Cyclone Based On Inlet Particle Regulation [P]. US Patent 13/496278, 2013. ）

[48]   Wang Z B, Chu L Y, Chen W M, et al. Experimental investigation of the motion trajectory of solid particles inside the hydrocyclone by a Lagrange method [J]. Chemical Engineering Journal, 2008, 138 (1-3): 1-9.

[49]   Liu P K, Chu L Y, Wang J, et al. Enhancement of hydrocyclone classification efficiency for fine particles by introducing a volute chamber with a pre-sedimentation function [J]. Chemical Engineering & Technology, 2008, 31 (3): 474-478.

[50]   Yoshida H, Fukui K, Pratarn W, et al. Particle separation performance by use of electrical hydro-cyclone [J]. Separation and Purification Technology, 2006, 50 (3): 330-335.

[51]   Tue N R K, Yoshida H, Fukui K, et al. Separation Performance of sub-minin silica particles by electrical hydrocyclone [J]. Powder Technology, 2009, 196 (2): 147-155.

[52]   Pratarn W, Wiwut T, Yoshida H. Classification of silica fine particles using a novel electric hydrocyclone

[J]．Science and Technology of Advanced Materials，2005，6（3-4）：364-369.

[53]　Huang C，Lv W J，Wang J G，Wang J Y，Wang H L．Uniform distribution design and performance evalua-tion for UU-type parallel mini-hydrocyclones [J]．Separation and Purification Technology，2014，125：194-201.

[54]　Chen C，Wang H L，Gan G H，et al．Pressure drop and flow distribution in a group of parallel hydrocy-clones：Z-Z-type arrangement [J]．Separation and Purification Technology，2013，108：15-27.

[55]　Huang C，Wang J G，Wang J Y，Wang H L．Pressure drop and flow distribution in a mini-hydrocyclone group：UU-type parallel arrangement [J]．Separation and Purification Technology，2013，103：139-150.

[56]　Lv W J，Huang C，Chen J Q，Liu H L，Wang H L．An experimental study of flow distribution and sepa-ration performance in a UU-type mini-hydrocyclone group [J]．Separation and Purification Technology，2015，150：37-43.

[57]　黄聪，汪华林，陈聪，刘金明，吴瑞豪．微旋流器组并联配置性能对比：U-U 型与 Z-Z 型 [J]．化工学报，2013，64（2）：624-632.

[58]　Zhao Q G，Xia G D．A theoretical model for calculating pressure drop in the cone area of light dispersion hydrocyclones [J]．Chem Eng J，2006，23：231-238.

[59]　杨强，汪华林，李志明等．MTO 含催化剂微粉反应气优化组合净化分离的方法与装置 [P]．ZL 201010533902. 3，2010-11-05.

[60]　Yang Q，Lv W J，Shi L，Wang H L．Treating methanol-to-olefin quench water by minihydrocyclone clarifi-cation and steam stripper purification [J]．Chemical Engineering & Technology，2015，38（3）：547-552.

第 29 章　非定态操作

29.1　概述

通常认为，化学反应器在最优定态下操作能够达到系统的最佳工况。因此，过程控制的任务就是抑制各种扰动因素的影响使系统尽可能稳定在最优定态。然而，对于某些反应体系，人为地使操作条件、反应物流向或加料位置呈周期性变化从而使系统在非定态条件下进行，可以显著改善反应的时均性能、系统的稳定性和降低参数灵敏度。人们把这种操作模式称为非定态操作，又称动态操作、强制振荡或强制周期操作[1]。

从 20 世纪 60 年代末开始，至今已经先后针对数十个不同的反应体系开展了化学反应器非定态操作的实验研究，主要涉及 CO 催化氧化、SO_2 催化氧化、烃类选择性催化氧化、挥发性有机物催化燃烧、合成氨、合成甲醇、费托合成、NO_x 氨还原、汽车尾气净化和聚合反应等。非定态操作有效提高时均反应速率、转化率、产物选择性和改善聚合物分子量分布。研究涉及固定床、流化床、滴流床、反应釜和燃料电池等多种形式的反应器，在过程强化、环境工程、能源工程、生物化工和低品位资源利用等领域具有广泛的应用前景[1]。

非定态操作的控制变量通常为反应器的输入变量，例如进料流量、流向、组成、位置、反应压力和温度等，可以单独或同时改变一个或几个控制变量，如固定床反应器上流向切换、进料组成周期性调变、反应温度变化、双器切换、流化床反应器上进料点位置、提升管内反应物料流动方向、膜反应器中进料流向、进料气压周期性改变等。

29.2　基本原理

以固定床反应器为例，来说明非定态操作的基本原理，如图 29-1 所示。图中 1～4 是自动定时启闭阀门，5 是径向绝热的固定床催化反应器。1、3 开启时，2、4 关闭，反应混合物自上而下流动，反之则自下而上流动。若阀 1、3 与 2、4 的启闭定时自动交替，则反应混合物流向将实现周期性变换。

非定态操作理论探索源于 20 世纪 60 年代末，通过化学和催化反应过程中自激振荡现象以及周期性反应系统的数学模拟的研究，发现强制周期操作能强化反应过程[2]。

早期研究采用非线性分析方法和定态动力学模型，进行非定态反应过程的理论研究，缺乏实验数据的支持，认为周期操作能改善系统时均性能的原因是由高次谐波等畸变特性引起

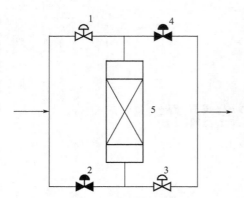

图 29-1　流向变换强制周期操作示意图
1~4—自动定时启闭阀门；5—固定床催化反应器

的，这种改善的效益往往过低而不具有应用价值。但是，早期的理论研究提出了反应器人为非定态操作的概念，为以后的非定态催化反应研究奠定了基础。随后的研究表明，非定态操作特性不仅取决于催化剂乃至整个催化反应器的非线性动态性质，更可能由于在非定态条件下形成了比定态过程更有利的温度场、浓度场甚至催化剂状态，进而影响催化反应的基元动力学。

Douglas 等[3]研究了在等温条件下进行的一个二级反应，发现当进料浓度按正弦规律周期性变化时，反应的时均转化率比定态时的最优值略有提高，而进料浓度和流速同时波动时效果更为显著。说明非定态操作的时均性能优于定态操作。进一步求得近似解析解，证明了人为非定态操作的优越性。Horn 等[4]研究了在进料流速和浓度一定下，釜温对全混流中具有不同反应级数的平行反应的影响。Chang 等[5]对集中参数系统进行的理论分析推广到分布参数系统，通过进料浓度的正弦周期性变化，研究反应热对套管式反应器中进行的连串反应的影响。不考虑反应热时，最优控制接近正弦曲线，收率较最优定值控制时稍有提高；考虑反应热时，最优控制出现相移和畸变，收率较最优定值控制时显著提高。与最优定态过程相比，当振荡周期较小时周期操作的时均收率低于定态操作，而振荡周期较大时正好相反。

此外，对一些物理化学过程，如精馏、萃取、热交换、吸附等也进行了非定态操作的研究[6]。人为非定态操作方式改进过程工艺和提高反应的选择性的关键是有效地组织反应的催化循环。

29.3　工程研究与实践

目前，非定态操作的工程研究与实践主要集中在进料参数周期性变化和流向变换周期操作两方面。

29.3.1　进料参数周期性变化非定态操作

进料组成周期性变化操作是通过反应器进口浓度的扰动来实现非定态操作。目前常用的浓度输入方式有正弦波和矩形波，变化的方式有周期、振幅或循环裂度等。进料组成周期性变化是各种人为非定态操作策略中应用最广泛的一种。它有效地改善工况，降低生产成本，提高反应速率、转化率、选择性和收率，延长催化剂使用寿命，确定催化反应的控制步骤，判识反应机理[7]。

主要涉及反应有加氢反应、氧化反应和化学合成。

29.3.1.1　催化加氢过程的非定态操作

加氢反应主要有烃类的加氢、F-T 合成、合成氨、蒽醌加氢和合成甲醇，其研究结果如表 29-1 所示。

表 29-1 加氢反应周期操作实验研究体系与结果

反应体系	催化剂	操作方式	周期	性能比较
丁二烯加氢生成丁烷	镍	进料参数	2~30s	丁烷收率提高 24%
合成氨	Ru/Os	进料参数	1min	反应速率提高 100~1000 倍
合成氨	铁	进料参数	30~420s	产率提高 50%
合成氨	铁	进料参数	6~20min	反应速率提高 30%
合成氨		进料参数	10~30s	反应速率提高 8%
F-T 合成	铁、钴	进料参数	20min、40min	铁催化剂选择性下降,钴催化剂选择性提高
F-T 合成	铁	进料参数	1~10min	甲烷产率提高
F-T 合成	钴	进料参数	70~100s	CO 转化率提高 150%,选择性显著提高
合成甲醇	Cu/ZnO	进料参数	—	反应速率提高 35%
合成甲醇	Cu/ZnO	流向变换	1.5~16min	低温自热操作
合成甲醇		流向变换	162s	低温自热操作
合成甲醇		流向变换	20~60min	反应、换热、脱硫三集成
乙炔加氢生成乙烯和乙烷	镍	进料参数	60~300s	转化率和收率提高

① 烃类的加氢。Prairie 等[8]研究了乙烯加氢反应,由于表面非线性动态行为,在最优周期为 180s 时,反应速率提高 31%。

② F-T 合成。Feimer 等[9]对 Fe、Co 和 Ru 三种催化剂进行了强制浓度振荡研究,得到了特征响应时间,分别为 3min、20min 和 40min。对于 Fe 催化剂,甲烷的生成速率提高 2 倍,而其他烃类产品生成速率降低。对于 Co 催化剂,各种烃类生成速率都提高,而 C_2 速率增加最显著。对 Ru 催化剂,C_2 的速率增加最明显。

③ 合成氨。Wilson 等[10]研究了 Fe 催化剂上合成氨强制浓度振荡。在不同压力下,采用两路不同浓度混合物进行切换,在低压、低温(320℃)下,强制振荡下氨产率比稳态有显著改善,最佳操作周期为 0.5~1min,但在高温高压的工业条件下氨的产率却相反。

④ 蒽醌加氢。刘国柱等[11]采用蒽醌加氢反应为探针,比较了脉冲流操作、周期性填充和周期性操作三种非定态操作形式对滴流床(TBR)反应器性能的影响。

(1) 脉冲流操作

由于 TBR 流体力学性质的高度复杂性,随操作参数、物料性质和床层几何性质的变化,反应器内可产生不同的流型。脉冲流的特征为富气和富液脉冲交替通过催化剂床层,使得润湿率高,流体径向分布均匀,相间传质系数增大。一般来说,脉冲流操作的液相流量较大,液膜厚度增加,传递阻力增大。但是,富气和富液脉冲交替通过催化剂床层,周期性强化气-固、液-固相间传质系数,使反应更趋于动力学域。Tsochatzidis 等[12]指出脉冲流区的气液和液固传递系数为滴流区的 4 倍以上,支持以上推论。

(2) 周期性填充

由于气液质量传递对反应过程有限制,提高气相组分在液相主体中的含量也是强化反应速率的一种途径。

(3) 周期性操作

周期性操作的模式有 ON-OFF 和 PEAK-BASE 两种。Khadilkar 等[13]指出,对于气相为限制性步骤的反应过程,应采用 ON-OFF 模式;而对于液相为限制性步骤的反应过程,应采用 PEAK-BASE 模式。在相同时均流量条件下,周期性 ON-OFF 操作可以有效实现对传质过程的强化:在不进料半周期,催化剂表面液膜厚度很薄,可以实现气-固相间的良好接触,有效地降低反应物的气-固相传递阻力;在进料的半周期,由于液相流量较稳态操作明显增大，催化剂润湿效率和液固质量传递速率明显增大，另外，较高的催化剂表面也有利于反应速率的提高。因此，采用合理的周期性操作参数，可以实现对反应器性能的强化。

总之，与脉冲流操作可能带来的较高的床层压降和循环进料比需要添加静态混合设备相比，周期性操作不需对反应器进行改造，且能同时提高过程的转化率和选择性，是一种很有前途的操作方式。

29.3.1.2 催化氧化过程的非定态操作

氧化反应主要有烯烃氧化、烷烃氧化、SO_2 氧化、CO 氧化和正丁烷氧化等，其研究结果如表 29-2 所示。

表 29-2 催化氧化反应周期操作实验研究体系与结果

应体系	催化剂	操作方式	周期	性能比较
乙烯氧化	银	进料参数	2~40s	选择性显著提高，消除床层热点
SO_2 氧化	钒	进料参数	4~6h	反应速率提高 24%
SO_2 氧化	V_2O_5	进料参数	26min	转化率由 95.8% 提高至 98.8%
SO_2 氧化	钒	流向变换	20~120min	低温自热操作，达到高转化率
SO_2 氧化	活性炭	流向变换		反应速率提高 50%
SO_2 氧化	钒	流向变换		转化率提高
SO_2 氧化	钒	流向变换	60~420min	低温低浓度自热操作
CO 氧化	Pt/Al_2O_3	进料参数	1~2min	反应速率提高 20 倍
CO 氧化	V_2O_5	进料参数	10~60min	反应速率提高 84%
CO 氧化	V_2O_5	进料参数	20~60min	反应速率提高 150%
VOC 氧化	铬酸铜	流向变换	15~90min	低浓度 VOC 进料可自热操作
苯氧化制顺酐	$V_2O_5\text{-}MoO_3/TiO_2$	进料参数	<1min	选择性提高 1 倍
苯氧化制顺酐	$V_2O_5\text{-}MoO_3$	进料参数	<30s	氧化速率提高 36%
苯氧化制顺酐	V_2O_5	进料参数	20~80s	提高顺酐收率 4%
丁二烯氧化制顺酐	$VMoOT/TiO_2$	进料参数	20~60s	呋喃选择性提高，顺酐选择性降低
正丁烷氧化制顺酐	VPO	进料参数		顺酐收率提高 30%，成本降低 15%
邻二甲苯制苯二甲酸酐	V_2O_5/Ti_2	进料参数		选择性提高 20%，收率提高 15%
乙烯环氧化制环氧乙烷	银	进料参数	1min	选择性提高 5%
甲烷偶联反应	Ce/Li/MgO	进料参数	3~300s	C_2 收率提高 33%~78%

① 烯烃氧化。Reknen 等[14]研究了固定床反应器中乙烯氧化反应，发现进料浓度周期性变化可以明显提高反应的选择性和收率，消除了催化剂床层中由于动态吸附和表面反应形成局部热点，在富氧的半周期表面吸附的氧浓度达到最大值，产物脱附速率增大。

② 烷烃氧化。Pacheco 等[15]采用双区域流化床反应器（TZFBR），其操作原理如图 29-2 所示。它允许烷烃和晶格氧在反应器缺氧的还原区内发生选择性氧化反应，然后把晶格氧耗尽的还原态催化剂通过内部循环到达引进氧气的反应器底部并被再生。丁二烯的产率比传统流化床反应器得到的产率高 200%。

③ SO_2 氧化。Birggs 等[16]采用双床层催化反应器（见图 29-3）进行 SO_2 氧化制硫酸过程研究。由于钒催化剂活性组分熔体对 SO_2 具有催化和吸收两种功能。在这个过程中，反应混合物（含 1% 的 SO_2）进入第一个催化剂床层，SO_2 吸附在催化剂表面，被熔体活性组分吸收，消耗活性组分中的氧并被部分氧化为 SO_3，同时钒部分地被还原，SO_3 随后在吸收塔中被吸收。当尾气中开始出现 SO_2 时，切换原料气到另一个床层，通过空气周期性反向吹扫，可以再生催化剂床层。第二级反应器进料在空气和第一级反应器出料气之间切

换，循环周期为 26min，周期操作提高了反应的时均转化率。其原因可能是 SO_3 与催化剂的相互作用引起 $VOSO_4$ 的生成和分解，提高了催化剂的活性。

④ CO 氧化。Abdul-Kareem 等[17]研究了 CO 在 V_2O_5 催化剂上的氧化反应。进料中 CO 和 O_2 的浓度周期变换为 20min 时，提高了时均反应速率。可能是催化剂表面与气相相互作用的结果。当矩形波进料，反应温度为 395℃，周期为 20～25min 时，振荡反应速率比稳态高 190%。当反应温度为 440℃ 时，则有三个最佳周期：2min、20min 和 40min，相应的反应速率比稳态高 150%、100% 和 60%。气体的扩散过程不能解释此现象，而可能是气体在催化剂上化学吸附、脱附和表面反应以及钒催化剂氧化还原过程的共同作用。

⑤ 正丁烷氧化制顺酐（MA）。主要有两种工艺，循环流化床和固定床。循环流化床反应技术使得正丁烷选择氧化反应和催化剂氧化再生反应在同一装置的不同反应器内进行，而不同反应器可以在各自的最优条件下操作。人为非定态操作

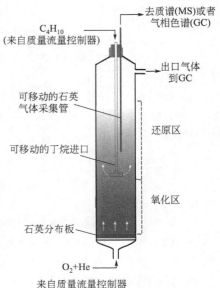

图 29-2 双区域流化床反应器
（TZFBR）操作示意图

周期性地改变同一反应器的操作条件，使一个周期内不同时间段的反应都与相应的最优操作条件相匹配[18]。

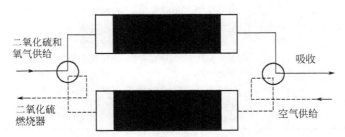

图 29-3 双床层催化反应器结构示意图

29.3.1.3 其他合成反应非定态操作

主要的有乙酸合成乙醇，乙烷脱水制乙醚和乙烯、乙酸制乙酸乙酯、克劳斯反应和氨还原 NO_x，其研究结果见表 29-3。

① 乙醇脱水生成乙醚。Denis 等[19]研究了管式非均相催化反应器中的乙醇脱水生成乙醚的反应。基于 Langmuir 吸附机理建立了瞬态模型和拟定态模型，定性描述进料流量和温度阶跃变化时的瞬态响应。实验表明，进料流量按锯齿波周期性变化，周期为 72min，反应的时均转化率较定态时降低。另外，通过模型预测，温度周期性变化可以提高反应的时均转化率。

② 苯乙烯合成。Grigorios 等[20]介绍了一种可以耦合吸热和放热合成反应的多功能反应器概念。整个过程是通过反应器里定期逆流装置来自动耦合热量来实现。苯乙烷催化脱氢制得苯乙烯作为一个特例，产生的氢可以通过催化燃烧来提供热量。讨论了两种操作模型：第

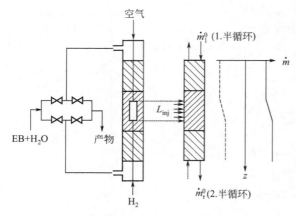

图 29-4　实验室反应器装置图和模型

L_{inj}—进口气体流率，m³/s；$\dot{m}_1^0$—反应器进口左边界
的质量流量，kg/(m²·s)；

$\dot{m}_r^0$—反应器进口右边界的质量流量，kg/(m²·s)

一种是不对称操作模式，即合成反应和燃烧过程是及时分开的；第二种是对称操作模式，即外部燃烧然后注入热气流或者是注入空气使氢在原位燃烧。目前为止，已经建立起实验室规模的带有完整的催化燃烧装置的反应器，对称操作模式的实验也已经实施。由于具有高转化率、高选择性和高效的热回收，热气流注入的对称操作模式是符合苯乙烯合成过程的一个可行的选择。

建立了一个实验室规模的反应器来验证此过程。图 29-4 显示了反应器的缩略图。固定床内径为 50mm，长度为 1200mm，分成惰性边界区域和催化活性中央区域。为了防止热损失，反应器装备了一个高效的真空隔热装置。催化燃烧器在反应器的中心。氢和空气通过独立的管道到达燃烧器，燃烧后排出的气体通过径向孔排出，热量直接供给苯乙烯合成，避免热量损失。

表 29-3　化学合成反应周期操作实验研究体系与结果

反应体系	催化剂	操作方式	周期	性能比较
乙醇脱水生成乙醚		进料参数		时均产率降低 3% 模型预测反应速率提高 9%
乙醇脱水生成乙醚和乙烯	Y-Al₂O₃	进料参数		收率提高 20%
乙酸制乙酸乙酯	硫酸	进料参数		反应速率提高 30%
Claus 反应	Al₂O₃	进料参数	1~10s	反应速率提高 50%
Claus 反应	Al₂O₃	流向变换		降低成本 25%~30%
NO$_x$ 被氨还原	V₂O₅/TiO₂	流向变换	15~50min	低温自热操作，97%~99% NO$_x$ 被除去
NO$_x$ 被氨还原	钒	流向变换 进料参数		氨残留浓度低，对流速波动不敏感

29.3.2　流向变换强制周期非定态操作

流向变换周期操作是将能发生放热反应的低温气相反应物引入预热至反应温度的催化剂床层，由于化学反应和热交换，在催化剂床层内形成一个与气流方向相同、沿轴向缓慢移动的热波，其温升可以明显高于绝热温升；通过周期性地变换进出口，使反应物的流向在热波尚未移出床层之前发生改变。由于反应热几乎全部积蓄在床层内，即使反应物浓度很低，反应也能自热地进行。催化剂床层最终形成中间高两端低的轴向温度分布，从热力学观点看特别适合于可逆放热反应。与传统定态操作的催化反应器相比，这种反应器既是反应加速器，又是蓄热式换热器，对自热操作的进料浓度的要求大约降低了一个数量级，流程集成度高，能耗低，适应性强[1]。

固定床反应器分成三个区域：中间有效的反应区域和两端温度相对较低交替使用的固定床蓄热换热区域。在两端的蓄热换热区域一般采用高热容、高强度的惰性材料代替催化剂。开车之前将催化剂床层预热至足够高的温度（达到催化剂起活温度），然后引入低温、低浓度的反应混合物。这时，由于催化剂温度较高，而气相温度较低，气相被加热，进口端固相缓慢被冷却，当与反应物接触的催化剂活性表面的温度达到催化剂活化温度时，马上发生化学反应，并放出热量。这样将形成一个陡峭的、缓慢向前移动的瞬态温度分布。若在这一温度分布的高温区尚未移出催化剂床层前就换向，形状类似的瞬时温度分布又会沿相反方向移动。经过若干个周期后，相邻的前后两个周期对应时刻的温度、浓度分布几乎重叠，这时即认为已达到循环定态（又称为拟定态）。以含异丙苯的工业废气的催化燃烧净化为例，其典型的瞬时轴向温度分布如图29-5所示[21]。

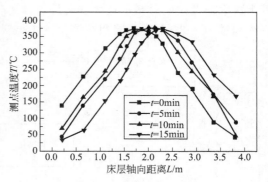

图 29-5 流向变换反应器（RFR）
典型轴向温度分布

$c = 1002 \text{mg/m}^3$；$t_c = 20\text{min}$；$v_s = 209\text{L/min}$

目前流向变换非定态操作的主要应用是催化燃烧技术，集燃烧和蓄热于一体。具有装置集成度高，稳定性和适应性好，流程简单，可以减少设备的投资和损耗，反应热损失小，热量回收利用率高，适用范围广等优点。主要应用有 SO_2 的催化转化、挥发性有机物（Volatile Organic Compounds，VOCs）的催化燃烧和 NO_x 的脱除、合成甲醇，低浓度 H_2S 制硫磺以及含有 CO、H_2 气体和煤层气生产高品质热能等[21]。

29.3.2.1　SO_2 催化转化

Wen 等[22]简要阐述了具有交替流和热移除功能的 SO_2 转化器的研究和发展。从模型到实验室再到试点转化器。处理 SO_2 浓度从 1% 到 4%，在模拟的基础上提出了一个合适的转化器，如图29-6所示。这个转化器包括三个催化剂填料层、两个内部换热装置以及换热装置底端的温度缓冲层。此外，有效地设计了双重内部热交换器的开关控制器。

29.3.2.2　VOCs 催化燃烧

1999 年，牛学坤[21]在固定床反应器采用 NZP-3 型催化剂，进行周期为 15～60min，芳烃类 VOCs 浓度为 0.49～3.92g/m³ 的流向变换催化燃烧的实验研究。系统可以实现低浓自热反应，VOCs 的最低自热浓度较常规 VOCs 脱除装置低一个数量级，主要考察了循环定态和热波性质。

（1）循环定态的判断

催化燃烧反应器中进行的流向变换强

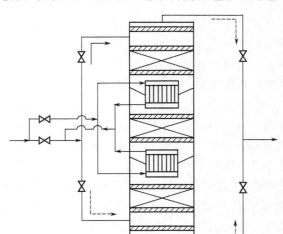

图 29-6　SO_2 转化器热移除模型

制周期操作是非定态反应过程，床层内温度和浓度分布通常情况随时变化，一般认为，循环定态或拟定态指当操作条件不随时间变化时，相邻两个周期对应时刻的温度、浓度分布经过若干次周期性换向后几乎重合，所需的时间与初始条件、操作条件和系统的固有特性有关，大约经过 10～20 个换向周期在催化燃烧小型中试装置上可达到循环定态。

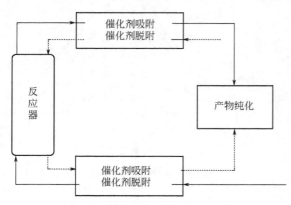

图 29-7 催化剂吸附和脱附反应器

（2）热波的特征

将冷的含 VOCs 的废气通入组合固定床，该固定床由催化剂层和两端装填惰性填料层组成，床层内随着气固两相间的换热和反应，初始形成一个两端低和中间高的瞬态轴向温度分布，经多次换向后，床层内形成中间高两侧低的轴向温度分布，并且该温度分布沿气流方向以远小于气流速度缓慢移动，类似波的传播一样，称为热波（Thermal Wave）。

反向流吸附。在反向流吸附中，反应器进料和出口交替改变反向。催化剂从下游反应混合物中分离，然后从饱和的吸附剂再循环解吸，如图 29-7 所示。

29.3.2.3　甲烷的催化燃烧

夏积恩等[23]研究了流向变换催化燃烧反应系统特性，围绕甲烷高效清洁催化燃烧，采用试验与数值模拟相结合的方法，针对流向变换催化燃烧系统开展了研究。

冷态实验。对流向变换催化燃烧反应器在冷态条件下的流动与阻力特性进行了试验研究，考察了不同填料高度、床层表观流速和换向周期下阻力损失特性和动态响应规律。结果表明，随着反应器流向的周期性变化，阻力特性呈周期性的矩形波形式；压力稳定时间随着填料高度、床层表观流速的增加略有上升；填料性质、高度、床层表观流速对阻力损失影响较大。

热态实验。反应器的总热效应是反应放热与系统散热的综合结果。甲烷流向变换催化燃烧试验研究表明，浓度、换向周期以及风速等操作条件均能够改变反应器的热效应，最终反应器出现三种变化状态：循环定态、飞温和熄火。高浓度和低流速会导致“M”形温度分布甚至“飞温”的出现，通过降低浓度和提高轴向传热可以减少其发生的可能性。

Miguel 等[24]分析了甲烷和空气的混合气在交替流反应器（RFR）中燃烧所使用的催化剂的特性（不同活性和热稳定性）。选取了两种不同的 $\gamma\text{-}Al_2O_3$ 负载的工业催化剂作为代表：金属氧化物（主要是锰氧化物）和基于贵金属（Pd）的催化剂。这些催化剂的不同活性和稳定性在很大程度上会影响交替流的反应历程。这些差异通过数值模拟（认为是异构一维模型）和一定规模的交替流反应器进行广泛地研究。这种交替流反应器具有新型的温度控制系统，可以即刻补偿损失的热量，并且取得了和具有较大产业规模相似的预期结果。因此，为了在交替流反应器中获得稳定的自热反应，催化剂的选择主要取决于被处理的排放气体的性质，同时还会在很大程度上影响主要的操作变量，如预热温度、入口浓度和交换时间。

29.3.2.4　水处理技术

1942 年苏联的物理学家 Kamenetski 探索了交替流技术在固定床反应器 Cu/Al_2O_3 催化

剂上异丙醇/空气周期性改变流向的可能性。随后在 70 年代中，苏联的催化剂小组将其应用于放热反应。此时，他们开始关注于将其工业化应用。交替流技术随后由 Heggs 拓展到吸热反应。Blanks 在天然气部分氧化生产氢气的小试中，进一步采用交替流技术将吸热和放热反应耦合在一起[25]。

交替流技术根据用途的不同可以分为两类：第一类是气液交替技术，此技术多用来处理高浓度、高盐度的有机废水；第二类是一种多功能反应器，它通过控制定时逆转进出反应器的物流方向，利用反应放出的热量来加热冷的原料，充分利用反应热，降低能量消耗，减少操作费用。工业上常用到第二类交替流技术的场合有：氧化挥发性有机化合物以净化工业废气，二氧化硫氧化生产硫酸。交替流反应器根据操作方式的不同分类，主要操作条件有流率、进料组成、温度和循环周期。

交替流反应器可以使反应用于常温，利用反应产生的热来预热反应物达到节能的目的。主要有两大特点：作为一个蓄热式换热器，拓宽了催化剂床层的热存储性，在即使很低的反应物浓度下可以自热进行反应；第二，优化反应器温度，对平衡限制的放热反应创造合适的热力学条件。

(1) 气液交替注入技术

气液交替注入技术，是指通过交替注入油和水，是油气田提高原油采收率的一种有效方法。中国石油大学的杨朝蓬等[26]针对油井出现的管外窜槽导致的水层出水问题进行了室内模拟研究，利用 80cm 长岩心及其并联模型进行试验以避免短岩心试验产生的端面效应，模拟油井近井地带水层通过窜槽向油层窜流时对采油的影响，并利用氮气泡沫进行封堵试验，优选了泡沫注入参数，评价了其封堵强度。结果表明，水气交替注入时的平衡压力和气液比对于泡沫封堵出水层位时的效果影响十分明显。

西安石油大学石油工程学院的乔红军等[27]通过室内岩心实验，研究了低渗储层岩心，水气交替注入方法对驱油效率和相对流度的影响。研究表明，水气交替注入方式可以提高原油驱油效率 17.0%；水气交替注入方式过程中的相对流度比水驱过程中平均提高 0.06 (mPa·s)$^{-1}$。水气交替注入方式第一周期的驱油效率高于第二周期。岩心的渗透率对水气交替注入方式最终驱油效率和相对流度有很大影响。水气交替注入方法对于油田高含水期提高采收率具有重要意义。

(2) 气液交替循环技术

① 气提升交替循环流复合滤池　气提升交替循环流复合滤池（Airlift Alternant Loop Complex Filter，AALCF）是在气提升循环流化床（ALR）和曝气生物滤池（BAF）研究基础上发明的一种新型生化反应器。它的最大优势是运用了复合滤料和交替循环，2 个圆盘状的微孔曝气器分别安装在直立空塔底部，由切换阀控制交替供气，如图 29-8 所示。具体的特点如下：

a. 具有曝气生物滤池的生物处理和过滤功能，但不需反冲洗和沉淀池。

b. 采用由颗粒滤料和悬挂式纤维滤料组成的复合滤料，过滤的颗粒滤料不会堵塞，悬挂式滤料采用加密布置，在水处理中形成优势互补，提高了容积负荷。

c. 通过交替供气，循环流的方向交替变化，处理工况下自动更新，水力条件得到优化。

d. 滤池内形成完全混合型的升流区和推流型的降流区，提供了不同的局部氧浓度，符合碳化、硝化、反硝化生物动力学反应对环境的要求，同时进行碳和氮的去除。

e. 开工和管理简便，工作状态稳定，而且能耗低，效率高。

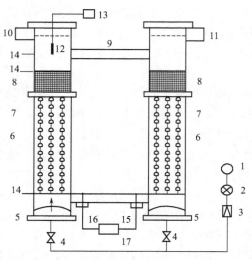

图 29-8 气提升交替循环流复合滤池

1—风机；2—调节阀；3—气体流量计；4—切换阀；
5—曝气器；6—直管；7—组合纤维填料；
8—颗粒滤料；9—横管；10—进水口；11—出水
溢流口；12—溶解氧电极；13—溶解氧仪；
14—压差计；15—超声信号发生器；16—超声信号
接收器；17—超声波流量计

安徽工业大学的陶卫丽等[28]研究了反应器的流体力学和氧传质特性以及气体流量和颗粒滤料层高度的影响。

② 交替流生物反应器 哈药集团制药总厂的马捷等[29]针对高盐度、高浓度制药废水的水质特性的基础上发展了交替流生物反应器（Alternate-flow Biological Reactor，ABR）。该反应器将连续流反应器和间歇式反应器的优点结合起来，形成了交替流生物反应器。

该生物反应器池体为深层曝气式，保证了充足的氧气供应和较高的氧转移效率。池体外作保温处理，以保证微生物在寒冷季节具有较高的生物活性。该反应器为完全混合与推流式相结合的流态，前端为连续流活性污泥形式，后端为间歇式活性污泥形式。出水可直接排放或进入后端的生物深度处理系统进行净化，作为再利用水资源。

交替流生物反应器可驯化出具有良好的有机物降解性能的耐盐性微生物，能有效去除废水中的有机物，去除率在90%以上，并能抵抗有毒有害物质及盐分的影响，出水可直接排放或者进入后段进行深度处理。

工程运行结果表明，该废水处理工艺结合了多种废水处理技术的优点，培养出耐盐性活性微生物，并通过该微生物群落的作用，对废水中的有机物进行有效的降解，使出水不仅能达到国家排放标准，而且可通过后续的深度净化实现中水回用，实现企业内部水资源的良性循环和绿色生产。

③ 交替式氧化沟 交替工作式氧化沟，是指在一沟或多沟中按时间顺序在空间上对氧化沟的曝气操作和沉淀操作做出调整换位，以取得最佳的或要求的处理效果。其特点是氧化沟曝气、沉淀交替轮作，不设二沉池，不需污泥回流装置。基本类型有：A、D、VR 和 T型四种[30]。

a. A 型氧化沟 A 型氧化沟是单沟交替工作式氧化沟，主要用于 BOD 的去除和硝化，且限于较小的处理场合应用，如图 29-9 所示。

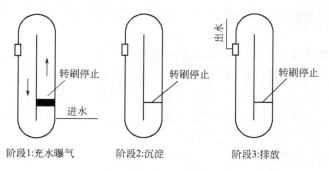

图 29-9 A 型氧化沟

b. D 型氧化沟　D 型氧化沟为双沟交替工作式氧化沟，一般由池容完全相同的两个氧化沟组成，两沟串联交替地作为曝气池和沉淀池，主要也是用于 BOD 的去除和硝化，如图 29-10 所示。其出水水质十分稳定，但曝气转刷的实际利用率较低（约 40％左右）。

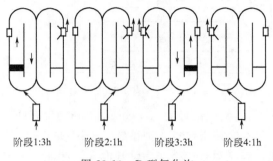

阶段1:3h　　阶段2:1h　　阶段3:3h　　阶段4:1h

图 29-10　D 型氧化沟

c. VR 型氧化沟　VR 型氧化沟也是单沟交替工作式氧化沟（图 29-11），主要也是用于 BOD 的去除及硝化，其特点是将氧化沟分成容积基本相等的两部分，利用定时改变曝气转刷的旋转方向，来改变沟内水流方向，使两部分氧化沟交替地作为曝气区和沉淀区，不设二沉池，不需设污泥回流装置。VR 型系统操作简便，机械设备少，出水水质稳定良好，其转刷实际利用率可达到 75％。

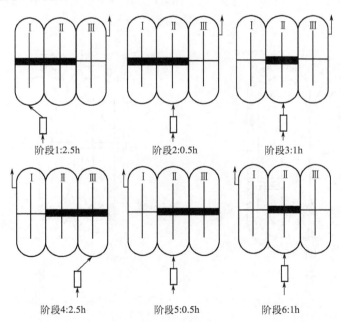

阶段1:2.5h　　　　阶段2:0.5h　　　　阶段3:1h

阶段4:2.5h　　　　阶段5:0.5h　　　　阶段6:1h

图 29-11　VR 型氧化沟

d. 三槽式（T 型）氧化沟　T 型氧化沟是丹麦克鲁格公司开发的一种新型氧化沟，国外采用较多，20 世纪 90 年代初以来，国内也开始推广。T 型氧化沟为三沟交替工作式氧化沟系统，如图 29-12 所示。该系统由 3 个等容量的氧化沟组建在一起作为一个单元运行，3 个氧化沟之间相互双双连通，两侧氧化沟起曝气和沉淀双重作用，中间的氧化沟始终进行曝气，不设二沉池及污泥回流装置，具有去除 BOD 及硝化脱氮的功能。

T 型系统转刷实际利用率可达到 58.13％，在此基础上加以改进，可得到一种称为动态顺序沉淀的 DSS 型系统，其转刷的实际利用率可达 70%。另外，改变转刷的运行模式可实现除磷。

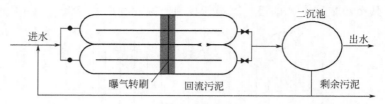

图 29-12　T 型氧化沟

④ 交替工作氧化沟应用实例　由丹麦 Kruger 公司开发，有两池（如图 29-13 所示）和三池（如图 29-14 所示）两种交替工作氧化沟系统。由图 29-13 可见，两池交替氧化沟由容积相同的 A、B 两池组成，串联运行交替作为曝气池和沉淀池，无需设污泥回流系统。该系统必须安装自动控制系统，以控制进、出水的方向，溢流堰的启闭以及曝气转刷的开动与停止[31]。

邯郸市东污水处理厂引入丹麦技术建成了一套规模为 10 万立方米/天的三池交替工作氧化沟系统（图 29-14）。该系统两侧的 A、C 两池交替地作为曝气池和沉淀池，中间的 B 池则一直作为曝气池，原水交替地进入 A 池或 C 池，处理水则相应地从作为沉淀池的 C 池和 A 池流出。经适当运行，该系统可取得优异的 BOD 去除与脱氮效果，且无需污泥回流系统。

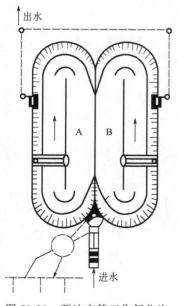

图 29-13　两池交替工作氧化沟

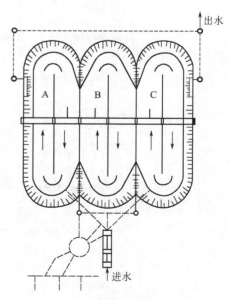

图 29-14　三池交替工作氧化沟

⑤ 半交替工作式氧化沟　半交替工作式氧化沟兼具连续工作式和交替工作式的特点。首先，该类氧化沟系统设有单独的二沉池，可实现曝气和沉淀的完全分离。其次，与 D 型沟不同的是：根据需要氧化沟可分别处于不同的工作状态，使之具有交替工作式运行灵活的特点，特别适用于脱氮。最典型的半交替工作式氧化沟为 DE 型氧化沟。DE 型氧化沟工艺是专为生物脱氮而开发的，它不同于 D 型氧化沟之处在于有独立的二沉池及回流污泥系统，氧化沟内交替进行着硝化与反硝化。在 DE 型氧化沟前增设一厌氧池，可以达到同时脱氮和

除磷的目的。

29.3.3 模型化研究

模型化研究是从实验数据出发，基于对反应机理的了解，对动态反应过程的规律进行数学描述。然而非定态化学反应过程常常表现很强的非线性，随着近代的计算技术的发展，为非线性模型的数值计算和行为分析提供了可能性。深入开展对反应机理和动态动力学的研究，有助于反应器数学模型的建立和预测，从而寻找最优的非定态操作策略，进而在实验室或中试装置上完成验证，是一条理想的技术开发途径。

29.3.3.1 催化反应体系的"共鸣效应"

在进料组成周期性变化对催化反应器时均性能影响的实验研究中已经发现，对于特定的反应体系，在且仅在某些特定的频率范围内，时均性可能发生明显的改善，一般把它称为"共鸣效应"。为了解释共鸣效应所做的模型化工作，迄今主要限于对已经消除了内、外扩散影响的微分反应器的建模、模拟和分析。

Mihail 等[32]从活性表面单组分吸附的角度建立了数学模型，试图说明强制周期操作的性能改善来自吸附能力增强。

29.3.3.2 流向变换催化反应器的模型化

Matros 等[25]详尽地综述了关于固定床催化反应器流向变换强制周期操作的模型研究工作。

鉴于气固两相体积热容量的重大差异和大多数实际情况下进行绝热操作，因而涉及固相有效导热和相际对流传热的一维非均相模型及其简化模型采用得最多。尽管一维拟均相模型[33]也曾用于挥发性有机物催化燃烧和吸热反应。根据是否可以忽略气相瞬变积累项和床层内某些机理引起的传热，模型还可以进行各种不同程度的简化。对于直径较小的催化反应器，床层孔隙率和径向温度分布不均一性的影响可能是不允许忽略的。为此，Bunimovich 等[34]发展了二维非均相模型，模拟结果表明，在原料气绝热温升较小时（反应物低浓度），径向不均一性对反应器性能才有足以察觉的影响。

由于模型所描述的物理化学现象涉及在催化剂固定床中缓慢移动的、陡峭的温度和浓度波，因而数学模型的求解成为一个十分棘手的问题。为此，研究者发展了各种形式的多项式近似方法和有限差分方法。其中稳健的、自动变步长的全隐式和弱隐式差分算法取得了计算量小和稳定性好的良好效果。

流向变换催化反应器数学模型化的另一个重要问题是宏观动力学的模型化。早期的工作基本上沿用定态本征动力学乘以局部效率因子，或者将反应器模型与单颗粒催化剂的反应-扩散模型联立求解。从理论上说，这显然是不合理的，因而刺激了对催化剂活性表面以至体相动态学的研究。这方面的工作也是催化化学研究的前沿，目前尚处于广泛探索的初期阶段。

王辉等[35]采用建立的模型研究了操作条件，包括 SO_2 含量、气速、换向周期、中间换热器冷却量的调节、原料气入口温度、床层预热温度对非定态 SO_2 转化器操作性能的影响。

29.3.3.3　周期性扰动作用下反应器的动态学行为

在绝大多数条件下，任何尺度的催化反应体系都是强非线性系统。半个多世纪以来的理论研究和实验考察已经发现，这样的系统即使不受外界周期性强制的作用，从全局角度看，也可以衍化出许多具有特征的动态学现象，如定态多重性、自激振荡、拟周期时间序列以至混沌。利用微分方程定性分析方法和数值解析技术，可以从数学模型的相空间、参数空间等不同角度对这些现象进行描述和分析。在周期性扰动的作用下，无疑将使问题更加复杂化。

29.3.3.4　交替流反应器的数学模拟研究

交替流填料床反应器可以用来处理气体污染物。Fan 等[36]设计和运行了一种在每个反应器后部和中部都有复热器的改良的交替流反应器。复热器散热比较少，在反应区中插入一个与气流方向相同的金属装置使其散热良好。这种改良的交替流反应器的表征跟数学计算模型基本吻合，可以用于各种反应动力学研究。同时也描述了交替流反应器的内部冷却性质，可以作为一个反应器温度的控制机制用来适当地移除易挥发性有机物。

Davide 等[37]聚焦于设计一种全能控制的可周期变换流向的固定床催化反应器。不断变换的交替流反应器和逆流反应器的比较是这个反应器数学模型简化的基础。本控制系统采用稀释和内部电加热的方法来保证反应物的完全转化和防止催化剂的过度加热。因为系统的全部状态并不是可得到的，而且跟温度测量系统是分离的，所以需要在系统控制里面设计一个观察器。这是一个典型的不确定性的非线性系统。根据 Fissore 等详细描述的步骤，过程的扩大模型已经建立，但是考虑到模型的所有的简化、连接性能、控制规则的强大性，这只是一个简单的状态反馈。运用随机多样性浓缩模拟来验证已建议的控制系统的效率。研究模型如图 29-15 所示。

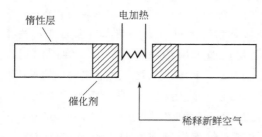

图 29-15　交替流催化反应器的简略模型

Dufour 等[38]研究了交替流催化反应器的多变量输入和输出控制。交替流反应器的目的是通过催化反应，减少易挥发性有机物在大气中的释放。这个过程的一个特点是反应器内部的气流定期地逆流，从而获取反应中释放的热量。提出一个方案来解决前人的单一变量控制的极限。过去一直在解决的是反应中产生的过量的热量使得催化剂失活的问题。为了克服这个困难，会将一定速率的冷气流通入中心区域。这就产生了第二个操作变量：稀释速率。这里所提到的多变量输入输出控制的交替流反应器预测模型是从严谨的第一原则模型得到的。所得到的精确非线性偏微分等式模型对于控制装置是一个不利因素。为了解决这个问题，拟用前人所用到的模型预测控制方案：将偏微分等式模型应用于内模控制结构。这个方案允许用欠精确算法控制模型。研究过程中的模型假设如图 29-16 所示。

周期性的交替流固定床反应器可以作为微浓缩气体自动热燃烧的反应器，已经被认为是一种具有前景的技术。为了对这些系统有更好的理解，Andrew 等[39]建立了一系列的模型。但是利用动态仿真方法以达到稳定的周期运行尚不令人满意。为此提出了一种直接计算的方法，使初始值问题转化为稳态边缘值问题。在稳态方程中，标准分支分析技术可以用来研究该系统中的主要参数的影响。通过对空气中痕量丙烷的催化燃烧，结果说明了该方法的优势。

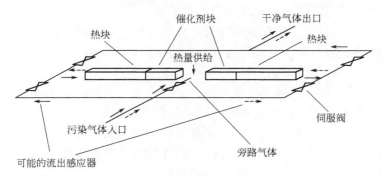

图 29-16　交替流催化反应器模型假设

Nijdam 等[40]在一个直径 1.6m、高 2.85m 的交替流反应器中进行实验，为了得到几乎不变的中心温度，反应器中填满了耐火衬层，在低热量损失的条件下操作。气体质量流量为 2.2kg/s，对流传热起主导作用，不同条件下得到温度曲线，实验得到的结果跟一维模型的模拟结果基本符合。

由于化学反应器是化学加工厂的核心，因此必然会存在一些重要的机会用来增加产业利润和使对生态的影响降到最低。与此同时，提供了改进填料床逆流反应器的热稳定性的机会。Jason[41]在固定床反应器进行了一项对于多角度、短暂性、热扩散效应的基础研究，为了评估其效用，改善热稳定性，满足经济和环境的要求。对一种利用多途径将圆柱体插入填料床的新型反应器的配置进行了相关研究。这些圆柱形棒可以提高填料床的热分散效率，将导热性提高至 2 个数量级。结果表明，该分散的大小可以通过调整关键运行参数，反转的时间来进行控制，这样，在多样化的条件下，保留其热稳定性的同时，仍旧可以保证反应器在没有外部燃料供给的情况下可以被引发。接连发生的多尺度热扩散，和一个简单的控制策略相对应，无限制的反应堆操作允许在失控或不存在的条件下发生，如同预测中的任何化学反应的广义解析模型，与数值模拟说明一样简单。此外，对于反应器的密集操作和控制，可以提高选择性和能源效率，并降低污染程度。

Smit 等[42]描述了交替流催化膜反应器示范装置，并对反应器实验结果进行了详细的分析。为了验证反应器在相关工业化条件下的可行性，准确地获取交替流催化膜反应器示范装置的径向热损失和热缓冲效应，对现有的反应器模型的保温层中延展设置的二维的热传导进行了详细说明。通过大量实验的模拟，径向热损失以及交替流催化膜反应器示范装置的轴向温度分布可以不需要任何拟定参数而被很好地描述出来。此外，研究表明，通过简单的假设，根据热力学平衡可以合理地预测合成气的组分。实验研究的结果与反应器模型的预测结果的高度一致性，表明反应器模型的研究在理论上的可行性。

29.4　结语

人为非定态反应技术向从事催化化学和化学反应工程研究的学者提出了一系列深层次的、多学科交叉的、前沿性的问题：

①　在非定态条件下，串联基元步骤的速率并不相等。为了建立反应系统的数学模型，仅仅掌握传统意义上的定态动力学已经不够了，必须具备基元过程动力学，即所谓动态动力学方程组。这就要求借助于现代表面物理化学手段，在弄清基元过程序列结构的基础上建立动态动力学表达式，而这正是催化化学研究的前沿领域之一。

②　原则上，在建立反应系统数学模型时，必须对包括每一种中间化合物和吸附物种在内的所有物种都列出质量守恒表达式，这无疑使问题的因变量数目大大增加，处理起来也就更加困难。

③　由于气、固两相的体积热容相差大约三个数量级，因此在非定态情况下无论如何不应当采用"拟均相"的假设，这将迫使我们建立复杂得多的非均相模型。

④　在非定态情况下，系统多了一个时间自变量，这使我们面临高维非线性偏微分方程组这样困难的数学模型的建立、求解和用它来预测反应系统操作特性，估计全局性能的问题等。

上述这些问题，正是催化化学、催化剂制备工艺学、化学反应工程学、应用数学和计算机科学之间相互交叉的新生长点和研究的前沿领域。因此，必须通过多学科协同攻关，才能使催化反应器人为非定态操作这一新技术得到更广泛和深入的研究和应用。

◆ 参考文献 ◆

［1］　黄晓峰，陈标华，潘立登，李成岳等．催化反应器人为非定态操作的研究进展［J］．化学反应工程与工艺，1998，12（4）：337-348.

［2］　Bailey J E. Periodic operation of chemical reactors: a review［J］. Chem Eng Comm, 1973, 1: 111-124.

［3］　Douglas J M. Periodic reactor operation［J］. I&ECPDD, 1967, 6（1）: 43-47.

［4］　Horn F J M, Lin R C. Periodic processes: a variational approach［J］. I&ECPDD, 1967, 6（1）: 21-30.

［5］　Chang K S, Bankoff S G. Oscillatory operation of jacketed tubular reactors［J］. I&ECFundamentals, 1968, 7（4）: 633-639.

［6］　Turnoek P H, Kadlee R H. Separation of nitrogen and methane via periodic adsorption［J］. AIChEJ, 1971, 17（2）: 335-342

［7］　杨东海．丁烷选择氧化制顺酐固定床反应器人为非定态操作特性［D］．北京：北京大学，2000.

［8］　Prairie M R, Bailey J E. Experimental and modeling investigations of steady-state and dynamic characteristics of ethylene hydrogenation on Pt/Al$_2$O$_3$［J］. Chemical Engineering Science, 1987, 42（9）: 2085-2102.

［9］　Feimer J L, Silveston P L, Hudgins R R. Influence of forced cycling on the Fischer-Tropsch synthesis. Part I: Response to feed concentration step-changes［J］. The Canada Journal of Chemical Engineering, 1984, 62: 241-248.

［10］　Wilson H D, Rinker R G. Concentration forcing in ammonia synthesis—I: Controlled cyclic operation［J］. Chemical Engineering Science, 1982, 37（3）: 343-355.

［11］　刘国柱．非定态操作滴流床反应器的基础研究［D］．天津：天津大学，2005.

［12］　Tschochatzidis N A, Karabelas A J, Drinkenburg A A H. Pulsing flow in packed beds: a method of processintensification［C］. Antwerp, Belgium. 1st International Conference on Process Intensification for the Chemical Industry, 1995.

［13］　Khadilkar M R, Al Dahhan M H, Dudukovic M P. Parametric study of unsteady-state flow modulation in trickle- bed reactors［J］. Chemical Engineering Science, 1999, 54: 2585-2595.

［14］　Renken A M, Mueller M, Wandrey C. Experimental studies on the improvement of fixed-bed reactors by periodic operation-the catalytic oxidation of ethylene［C］. Deehema, Fnarkufrt: Pocr 4th Inter SymP Chem

React Eng, 1976: 107-116.

[15] Pacheco M L, Soler J, Dejoz A, et al. MoO₃/MgO as a catalyst in the oxidative dehydrogenation of n-butane in a two-zone fluidized bed reactor [J]. Catalysis Today, 2000, 61: 101-107.

[16] Briggs J P, Hudgins R R, Silveston P L. Composition cycling of an SO_2 oxidation reactor [J]. Chemical Engineering Science, 1977, 32: 1087-1092.

[17] Abdul-Kareem H K, Silveston P L, Hudgins R R. Forced cycling of the catalytic oxidation of CO over a V_2O_5 catalyst— I : Concentration cycling [J]. Chemical Engineering Science, 1980, 35（10）: 2077-2084.

[18] 黄晓峰. 丁烷选择氧化制顺酐动态动力学模型及其应用 [D]. 北京: 北京化工大学, 1999.

[19] Denis G H, Kabel R L. Theeffectonconversionofflowratevariationsinaheterogeneouscatalytic reactor [J]. AIChE J, 1970, 16（6）: 972-978.

[20] Grigorios K, Gerhart E. Styrene synthesis in a reverse-flow reactor [J]. Chemical Engineering Science, 1999, 54（13-14）: 2637-2646.

[21] 牛学坤. 流向变换催化燃烧空气净化过程的模型化研究 [D]. 北京: 北京化工大学, 2003.

[22] Wen D X, Hui W, Wei K Y. An SO_2 Converter with flow reversal and interstage heat removal: from laboratory to industry [J]. Chemical Engineering Science, 1999, 54（10）: 1307-1311.

[23] 夏积恩. 流向变换催化燃烧反应系统特性与数值模拟 [D]. 杭州: 浙江大学, 2008.

[24] Miguel A G, Hevia S O, Fernando V D. Effect of the catalyst properties on the performance of a reverse flow reactor for methane combustion in lean mixtures [J]. Chemical Engineering Journal. 2007, 129（1-3）: 1-10.

[25] Matros Y S, Bunimovich G A. Reverse-flow operation in fixed bed catalytic reactors [J]. Catalysis Reviews Science and Engineering, 1996, 38（1）: 1-68.

[26] 杨朝蓬, 赵仁保, 杨浩. 氮气泡沫对管外窜槽的封堵研究 [J]. 石油天然气学报, 2008, 30（5）: 338-340.

[27] 乔红军, 任晓娟. 高含水期水气交替方法提高采收率室内实验研究 [J]. 内蒙古石油化工, 2007,（11）: 260-261.

[28] 陶卫丽, 郭丽娜, 蔡建安. 气提升交替循环流复合滤池的流体力学和氧传质特性研究 [J]. 江苏环境科技, 2008, 21（1）: 12-16.

[29] 马捷. 浅谈制药废水的处理工艺分析 [J]. 中小企业管理与科技（上半月）, 2008,（2）: 141.

[30] 朱静平, 柴立民. 氧化沟工艺技术的发展 [J]. 四川环境, 2004, 23（4）: 57-60.

[31] 刘炳娟. 氧化沟工艺及其在污水处理中的应用 [J]. 邯郸职业技术学院学报, 2008, 21（3）: 58-61.

[32] Mihail R, Paul R. A model to Unni's experiments on cyclic catalytic oxidation of SO_2 [J]. Chemical Engineering Science, 1979, 34: 1058-1061.

[33] Eigenberger G, Nieken U. Catalytic combustion with periodic flow reversal [J]. Chemical Engineering Science, 1988, 42: 2109-2115.

[34] Bunimovich G A, Sapundjiev H, Matros Yu S h. Mathematical simulation of temperature un homogeneities in a flow reversal reactor [A] // Matros Yu Sh eds. USPC Proc Inter Conf [C]. Novosibirsk, USSR, 1990: 461-470.

[35] 王辉, 肖博文, 袁渭康. 中间移热式非定态 SO_2 转化器（ I ）转化器性能与操作条件的关系 [J]. 化工学报, 1998, 49（4）: 447-454.

[36] Fan L C, Jason M K. Designing reverse-flow packed bed reactors for stable treatment of volatile organic compounds [J]. Journal of Environmental Management, 2006, 78（3）: 223-231.

[37] Davide F, Antonello A B. Robust control of a reverse-flow reactor [J]. Chemical Engineering Science, 2008, 63（7）: 1901-1913.

[38] Dufour P, Touré Y. Multivariable model predictive control of a catalytic reverse flow reactor [J]. Computers and Chemical Engineering, 2004, 28（11）: 2259-2270.

[39] Andrew G, Sslinger G E. The direct calculation of periodic states of the reverse flow reactor— I . methodology and propane combustion result [J]. Chemical Engineering Science, 1996, 51（21）: 4903-4913.

[40] Nijdam J U, Van der Geld C W M. Experiments with a large-scale reverse flow reactor [J]. Chemical Engineering Science, 1997, 52（16）: 2729-2741.

[41] Jason M K. Controlling reverse-flow reactors via multiscale transient thermal dispersion [J]. Advances in Environmental Research, 2003, 7 (2): 521-535.

[42] Smit J, Bekink G J, Annaland M V S. Experimental demonstration of the reverse flow catalytic membrane reactor concept for energy efficient syngas production [J]. Chemical Engineering Science, 2007, 62 (4): 1251-1262.